国家林业和草原局（国家公园管理局）国家公园规划研究中心

Research on National Park System

国家公园体系研究

唐芳林◎主编

中国林业出版社
CFPH China Forestry Publishing House

图书在版编目(CIP)数据

国家公园体系研究 / 唐芳林主编. --北京：中国林业出版社，2022.5（2022.10 重印）

ISBN 978-7-5219-1643-0

Ⅰ.①国… Ⅱ.①唐… Ⅲ.①国家公园-研究 Ⅳ.①S759.91

中国版本图书馆 CIP 数据核字(2022)第 061524 号

中国林业出版社·自然保护分社(国家公园分社)

责任编辑：张衍辉　葛宝庆

出版　中国林业出版社(100009　北京市西城区刘海胡同 7 号)

http://www.forestry.gov.cn/lycb.html　电话：(010) 83143521

印刷　北京中科印刷有限公司

版次　2022 年 5 月第 1 版

印次　2022 年 10 月第 2 次

开本　880mm×1230mm　1/16

印张　54.5

字数　1577 千字

定价　280.00 元

《国家公园体系研究》编委会

参编人员

主　　编： **唐芳林**

副 主 编： **孙鸿雁　王梦君　赵金龙　李　云　付元祥**

编著人员：（按拼音排序）

蔡　芳　陈　飞　陈　为　崔晓伟　付元祥　程燕芳
曹智伟　和　霞　贺隆元　郝尚丽　胡业清　黄　骁
黎国强　李百航　李　华　李　玥　李　云　刘绍娟
刘文国　刘永杰　路　飞　罗伟雄　吕雪蕾　马国强
佘丽华　史　川　史　建　苏　琴　孙国政　孙鸿雁
覃阳平　汤慧敏　唐芳林　唐占奎　田勇臣　王丹彤
王恒颖　王继山　王梦君　吴明伟　肖义发　徐志鸿
许先鹏　闫　颜　尹志坚　余　莉　张冠湘　张光元
张齐立　张天星　张小鹏　张治军　赵　荟　赵金龙
朱仕荣　赵明旭　赵文飞　周红斌　朱丽艳

前 言

中国正在建设全世界最大的国家公园体系。这是以习近平同志为核心的党中央站在实现中华民族永续发展的战略高度作出的重大决策，是推动构建人类命运共同体的重大行动，彰显了习近平生态文明思想的实践伟力。

自2013年党的十八届三中全会提出“建立国家公园体制”以来，在习近平总书记亲自谋划、亲自部署、亲自推动下，仅仅用了不到10年的时间，中国国家公园建设就取得了举世瞩目的成绩。先后开展了三江源等国家公园体制试点，出台了《建立国家公园体制试点方案》《建立国家公园体制总体方案》《关于建立以国家公园为主体的自然保护地体系的指导意见》等一系列政策文件，组建了国家林业和草原局并加挂国家公园管理局牌子，科学谋划了国家公园空间布局方案，积极推动《国家公园法》立法进程，编制了系列技术标准、管理办法等，初步构建了我国国家公园制度体系的“四梁八柱”。在国家公园体制试点中积极探索，取得了有益经验，推动了自然保护地整合优化，理顺了管理体制，以国家公园为主体的自然保护地体系建设快速推进。2021年10月12日，习近平总书记在《生物多样性公约》第十五次缔约方大会领导人峰会上宣布，中国正式设立三江源、大熊猫、东北虎豹、海南热带雨林、武夷山等第一批国家公园。这是中国国家公园建设史上具有里程碑意义的重大事件，必将在自然生态保护领域产生深远的影响，在中国生态文明建设史上留下一座丰碑。

从建立国家公园体制到建设国家公园体系，这是从理论到实践的一次跨越。我国的国家公园建设虽然从2013年才正式起步，与国际上已有150年国家公园建设历史相比，起步较晚。但我国也有着传统的自然保护理念，有着60多年自然保护地建设的经验和积累，加上有集中力量办大事的制度优势，只要树立科学的指导思想和先进的理念方法，就能够实现从学习、追踪到引领。在国家公园的发展过程中，既要有顶层设计，又离不开基层的实践探索。政府部门、非政府组织以及广大社会公众、社区居民，都在其中发挥了积极作用。我们在借鉴国际经验的同时，结合实际，研究和探索出了一条符合中国国情、具有中国特色的国家公园体制建设路径。

2018年12月6日，国家林业和草原局在国家林业和草原局西南调查规划院揭牌成立了“国家林业和草原局（国家公园管理局）国家公园规划研究中心”。该中心以唐芳林、周红斌、张光元、孙鸿雁、王梦君、蔡芳、李云、陈飞、张天星等骨干成员为代表，从上世纪90年代以来，一直致力于国家公园等自然保护地领域的研究和实践。2006年参与云南普达措国家公园建设，边实践边研究，积累了丰富的国家公园知识、技术和经验，培养了一批从事国家公园研究和规划方面的专业技术人才70余人。该团队积极推进和倡导先进的国家公园发展理念并付诸实践，先后在云南、西藏、海南、陕西、福建、四川、湖北、山东、山西、江西、新疆等省区承担数十个国家公园的规划设计和前期论证研究工作。团队成员涉及植物、动物、生态、湿地、自然保护区、规划、景观、建筑、园林等领域的专业，具备国家公园理论研究、资源调查及规划设计能力，可完成国家公园创建论证、总体规划、专项规划、方案设计、施工设计各阶段工作。团队已出版《中国国家公园的探索与实践》《国家公园理论与实践》等专著8部、论文150余篇，在《光明日报》《中国绿色时报》等报刊和新华网等媒体上发表了数十篇文章介绍和探讨国家公园，多次主办、协办、参加国家公园会议，还到部分大学、党校以及各地开展讲座，传播国家公园知识和理念，为国家公园在中国的实践提供技术支撑，成为我国国家公园理论研究和技术实践领域的先遣队和主力军。

本书由唐芳林主编，孙鸿雁、王梦君、赵金龙、李云、付元祥为副主编，将团队近20年来积累的大量成果系统整理，按自然保护地体系及体制建设研究、国家公园研究、自然保护区研究、自然公园研究、自然保护地相关研究五个方面汇集成专著，以供读者参考。

不积细流，无以成江海。本书共160多万字，但在国家公园体系建设的伟大进程中，也只是众多成果积累的沧海一粟。非常感谢国家林业和草原局（国家公园管理局）领导的关心和指导，感谢自然保护领域专家同行的帮助和支持。本书出版也得到了国家林业和草原局林业软科学项目“国家公园与自然保护区关系研究”（2018-R13）的支持。中国的国家公园体系建设正在如火如荼地进行，由于近年来发展变化很快，书中收录的部分文章观点可能已经不合时宜，但为了真实反映发展历程，本书未作改动，保留供学术交流，读者在阅读时可对照最新的成果和政策规定，在引用时可参考首发期刊。由于水平有限，错漏在所难免，敬请各位专家和读者批评指正。

唐芳林
2022年3月

内容简介

国家林业和草原局（国家公园管理局）国家公园规划研究中心长期以来开展国家公园等各类自然保护地理论研究和规划实践，形成了一系列成果，发布在国内相关领域期刊、报刊等媒体。为便于读者查阅使用，编者选取了从2004年到2021年的158篇文章，进行了系统梳理和重新编排，汇集了这部《国家公园体系研究》。全书分为五篇，包括：自然保护地体系及体制建设研究、国家公园研究、自然保护区研究、自然公园研究、自然保护地相关研究。本书内容探索了建立以国家公园为主体的自然保护地体系的路径和方法，系统研究了建立国家公园体制的模式、路径，探讨了国家公园的理念、立法、规划、分区、收费等关键问题，对各类自然保护区自然资源调查与评价、信息化建设、生态补偿机制、社区共管、建筑设计等方面进行了研究，并针对森林公园、湿地公园、草原公园、沙漠公园等各类型的自然公园科学保护和合理利用进行了研究探讨。这些成果是我国建设以国家公园为主体的自然保护地体系进程中的重要资料积累，为我国建设全世界最大的国家公园体系提供参考。

目 录

第一篇 自然保护地体系及体制建设研究

第二篇 国家公园研究

国家公园探索

国家公园经验借鉴

国家公园案例研究

国家公园综合论述

第三篇 自然保护区研究

自然保护区发展

湿地类型自然保护区

森林类型自然保护区

自然保护区建设

第四篇 自然公园研究

自然公园保护管理

森林公园

湿地公园

草原公园

第五篇 自然保护地相关研究

第一篇

自然保护地体系及体制建设研究

从 1996 年到 2021 年，编写团队深耕于生态保护领域，见证并参与了我国自然保护事业的改革与发展。团队在对我国自然保护地 60 多年发展历程进行系统梳理、分析和总结的基础上，结合我国政治体制以及经济社会发展，研究提出了建立国家公园体制是时代的呼唤、历史的重托、是改革的必然，建立统一高效的国家公园体制，在全球范围都具有先进性。

党的十八届三中全会提出“建立国家公园体制”之时，团队敏锐地意识到中央的精神不只是建立单一的“国家公园”这一个自然保护地实体，而是对整个自然保护地体系进行重构，意在从体制上根本解决“九龙治水”问题。研究提出了以自然资源和保护现状研究为基础，以资源价值评估为依据，通过整合、归并、优化、转化、补缺5项任务探索自然保护地整合优化方案，为中国自然保护地整合优化提供路径和方法；研究探讨了建立国家公园体制的六大特征、十大体系建设和从空间、管理、分类上所需要的路径；针对社会上不同的声音，对比分析了国家公园和自然保护区的关系和异同；提出通过理顺管理体制、健全法治保障、强化监督管理、强化协同管理、规范特许经营、完善社会参与和加强教育培训等路径及策略实现“最严格保护”的目标。在2018年初提出尽快开展国家公园及自然保护地空间布局的研究和规划，通过梳理现有的自然保护地，解决自然保护地存在的范围交叉重叠、机构重复设置等问题，实现全国自然保护地“一张图”、“一套数”，实现“一个保护区域”、“一个保护类型”、“一个管理户口”。同时，紧跟国家政策，提出通过构建“登记-特征”双尺度的自然资源单元区划模式，阐述了单元区划的一般性思路和方法；在原住居民分类管理上，提出按照原住居民的不同分布类型和特点采取区划调整、生态搬迁、保留保护和控制转换等不同策略的建议；从技术和操作层面，提出了自然保护地的优化整合工作和国家公园体制试点工作同时展开、相辅相成、同步推进，均是我国自然保护地体系改革与实践的重要内容。

编写团队针对自然保护地体系及体制建设方面所做出的研究和探讨是前瞻性、开创性并卓有成效的，为国家相关政策的制定和出台起到了技术支撑作用。

国家公园体制建设背景下的自然保护地体系重构研究*

2019年8月19日，第一届国家公园论坛在青海西宁市召开，习近平总书记发贺信指出："中国实行国家公园体制，目的是保持自然生态系统的原真性和完整性，保护生物多样性，保护生态安全屏障，给子孙后代留下珍贵的自然资产。这是中国推进自然生态保护、建设美丽中国、促进人与自然和谐共生的一项重要举措。"这从战略和全局的高度深刻阐述了我国建设国家公园体制的重大意义、目的及其内涵，指明了中国特色国家公园体制建设的方向，表明了中国政府携手创造世界生态文明美好未来的鲜明态度，彰显了中华民族推动构建人类命运共同体的责任担当和信心决心。

建立国家公园体制是党的十八届三中全会提出的重点改革任务。国家公园是自然保护地最重要的类型之一，国家公园体制是关于自然保护地的体制，即以国家公园为主体的自然保护地的管理体制。国家公园体制试点的目的在于创新体制和完善机制，从而推动自然保护地体系建设。2018年，国务院机构改革时组建国家林业与草原局（加挂国家公园管理局牌子），意在解决"九龙治水"问题，建立并统一管理以国家公园为主体的自然保护地体系。自然保护地的优化整合工作和国家公园体制试点工作同时展开、相辅相成、同步推进，均是我国自然保护地体系改革与实践的重要内容。

1 我国自然保护地体系发展概况

中华人民共和国成立之初，我国就开启了自然保护地建设事业，经过60余年的创设、实践和发展，从无到有、从小到大、从单一类型到多类型并存、从局部保护到构建区域生态安全屏障，自然保护事业得到了长足发展。截至2018年底，我国各类自然保护地的总数多达1.18万个，陆域自然保护地总面积约占陆地国土面积的18%以上。其中，自然保护区2859个，总面积147.9429万km^2，约占陆地国土面积的15.09%，占自然保护地总面积的80%以上[1]。

我国自然保护地大致经历了3个发展阶段。第一阶段：1956—1978年，创建起步阶段。1956年，我国设立了第一个自然保护区—广东鼎湖山自然保护区。同年10月，《关于天然森林禁伐区（自然保护区）划定草案》出台，提出在内蒙古等15个省区划建40个自然保护区的方案，启动了中国自然保护区事业。这一阶段发展的特点是从无到有，先小后大，属开创性工作。

第二阶段：1979—2011年，快速发展阶段。1985年，为指导自然保护区工作，林业部（1998年改为国家林业局，2018年整合为国家林业和草原局）出台了《森林和野生动物类型自然保护区管理办法》。1994年，国务院发布《中华人民共和国自然保护区条例》。这一阶段发展的特点是保护地类型增加、面积扩大、数量增长、队伍壮大。风景名胜区、森林公园、地质公园、湿地公园、海洋特别保护区等保护地相继建立，并不断壮大和完善。

第三阶段：2012年至今，规范提高阶段。党的十八大以来，党中央高度重视生态文明建设，党的十

* 唐芳林，田勇臣，闫颜．国家公园体制建设背景下的自然保护地体系重构研究［J］．北京林业大学学报：社会科学版，2021，20（2）：1-5.

八届三中全会提出建立国家公园体制，中国特色国家公园体制建设正式起步。特别是组建国家林业和草原局（国家公园管理局）后，开始统一监督管理自然保护地。

2 我国自然保护地体系存在的问题

我国现行自然保护地体系主要按照资源要素设立，并依据不同的法规、标准建立和运行。由于缺乏统一的设立方式，就不可避免地存在诸多问题，如分类不科学、区域重叠、保护标准不清晰、公益属性不明确、多头管理、权责不清、保护与开发矛盾难以协调等[2]。

2.1 分类不科学

根据相关法律法规赋予的行政管理职能，我国林业、环保、农业、国土、海洋、水利等行政主管部门在各自职权范围内分别设立了自然保护地。由于缺乏统一标准和规划，我国自然保护地种类繁多，未形成科学完整的分类体系，且各类自然保护地名称、布局、保护力度、资金和人员投入、专业程度等差异明显，自然保护地体系整体结构不均衡。按照资源要素和部门职能划分的自然保护地分类体系，自然生态系统也被部门管理和行政界线人为分割，影响了我国自然保护地综合保护管理效能的发挥。

2.2 管理体制机制不顺

我国的保护地基本都采用国家、省、市（县）三级管理体制，国家层面负责全国保护地的监督管理工作，省级和地市级有关行政主管部门，则重点负责本辖区内保护地的具体保护与管理。各行业主管部门重点负责本部门设立的自然保护地，其中自然保护区较为特殊，因实行综合管理和分部门管理相结合的管理体制，国务院环境保护行政主管部门负责全国自然保护区的综合管理，林业、农业、国土、水利、海洋等有关行政主管部门在各自职责范围内主管各自的自然保护区。尽管环保部门实行“综合管理”，但实际的统一管理仍然局限在各部门所属的自然保护区范围内，环保部门事实上并不是真正的统一管理机构，依然无法对自然保护区实行统一管理。由于在国家层面缺乏统一管理，加上自然保护地实行地方申报制，造成我国自然保护地的交叉重叠、多头管理问题。

2.3 区域重叠，布局不合理

总体来看，我国现有保护地分布不均衡，总体上呈现“东部数量多，西部面积大”的特点。从地区分布情况来看，我国西部省份新疆、西藏、青海、内蒙古等存在大面积的保护地，且这些保护地呈分散状分布；而广东、广西、浙江、福建等东部沿海地区保护地数量众多，但在全国保护地面积中所占比例较少，且多集中分布，交叉重叠情况普遍。与一个区域建有多个保护地的情况不同，许多区域仍然存在保护空缺，一些保存完好的自然生态系统，个别珍稀濒危物种的栖息地未得到完整保护。

2.4 法律法规体系不健全

我国自然保护地类型多，涉及面广，但在国家层面仅出台了《中华人民共和国自然保护区条例》《风景名胜区条例》《国家湿地公园管理办法》《国家级森林公园管理办法》等，法律位阶低，法律法规体系不完善。

2.5 管理水平不高

相较其他国家，我国在各类自然保护地上的投入严重不足，加上管理体制机制不顺，造成我国自然保护地整体上管理粗放。近年来中央环保督察暴露出诸多问题，如自然保护区面积缩水、地方行政法规打折、违法违规开发利用、“以调代改”等，都从侧面反映出管理上面临的问题和困难。

3 我国国家公园体制探索与实践

3.1 国家公园的提出与发展

1996年云南省就开始探索建设国家公园，于2006年建立我国大陆首个国家公园—香格里拉普达措国家公园。2013年11月，党的十八届三中全会首次提出建立国家公园体制。2015年1月，国家发展和改革委员会联合国家林业局等13部委印发《关于印发建立国家公园体制试点方案的通知》，确定在青海、云南等9省（区、市）开展国家公园体制试点。2015年9月，《生态文明体制改革总体方案》对建立国家公园体制提出了具体要求，指出国家公园要实行最严格保护，强调“加强对重要生态系统的保护和利用，改革各部门分头设置自然保护区、风景名胜区、文化自然遗产、森林公园、地质公园等的体制”“保护自然生态系统和自然文化遗产原真性、完整性”。除不损害生态系统的原住民生活生产设施改造和自然观光科研教育旅游外，禁止其他开发建设。2017年7月，中央全面深化改革领导小组第37次会议审议通过《建立国家公园体制总体方案》。2018年3月，中共中央印发《深化党和国家机构改革方案》，组建国家林业和草原局，加挂国家公园管理局牌子，对各类自然保护地进行统一管理。

3.2 国家公园体制试点进展情况

2018年，由国家林业和草原局（国家公园管理局）统一管理国家公园及各类自然保护地。2019年，国家林业和草原局将国家公园与林业、草原组成三位一体核心职能，举全局之力推进，国家公园体制试点工作明显提速。2020年，国家公园体制试点任务基本完成，并开展了第三方试点评估验收，国家公园管理办公室形成了《国家公园体制试点总结报告》，目前正在加快制定《国家公园法》。国家林业和草原局批准发布了《国家公园总体规划技术规范》（LY/T 3188-2020）、《国家公园资源调查与评价规范》（LY/T 3189-2020）两个行业标准，上报并归口管理《国家公园设立规范》等5个国家标准。编制《国家公园空间布局方案》，提出了236个重要生态地理单元，筛选提出了50个左右的国家公园候选名单，初步测算，将整合近700个自然保护地，面积约97.2万km^2，占保护地总面积的53%。中央机构编制委员会办公室印发了《关于统一规范国家公园管理机构设置的指导意见》。2021年年底前，中国政府将正式宣布设立一批有国际影响力的国家公园，将会在国际社会产生良好的效应。

我国目前有国家公园试点区10个，面积22万km^2[1]。2020年国家公园体制试点工作基本结束，取得了明显成效，下一步将进入国家公园建设实质性阶段。这一阶段取得的主要成绩有：①管理体制改革取得重大进展，分级管理国家公园架构已经基本建立。生态保护成效明显，增强了自然生态系统的完整性和原真性保护。试点区内的所有自然保护地均优化整合后划入国家公园管理范围，由各国家公园管理局实行统一管理、整体保护和系统修复。②初步构建了科技支撑体系，科技支撑能力不断增强。各试点区开展了综合科学考察、资源专项调查等工作，初步搭建了生态系统监测平台。③相关法律体系逐步完善。国家公园立法列入全国人大二类立法规划，已形成《国家公园法》草案征求意见稿，并初步征求了各省林草部门及有关部委的意见、建议。各试点法治建设和规划编制工作稳步推进，按照“一园一规”的要求，三江源、普达措、神农架、武夷山、海南热带雨林等5个试点区各自出台了国家公园条例，钱江源、南山等两个试点各自出台了国家公园管理办法。为实现在国家公园内统一执法，青海省将森林公安转为国家公园警察总队。④社区民生逐步改善，共建、共治、共享机制初步形成。三江源试点区将生态保护与精准脱贫结合，实现园区内“一户一岗”，2018年已设立1.72万个生态管护岗位，户均年增收2.16万元[3]。普达措试点区每年拿出2000余万元用于社区居民的直接经济补偿和教育资助，部分社区家庭的年纯收入达10余万元。

4 重构自然保护地体系

4.1 目标

我国建立以国家公园为主体的自然保护地体系的最终目标，是筑牢维护我国国家生态安全并实现经济社会可持续发展的基石，为建设富强民主文明和谐美丽的社会主义现代化强国奠定生态根基。为实现这一根本目的，我国自然保护地体系将在3个重要时间节点分“三步走”，并在不同发展阶段分层次地实现具体目标：①2020年前，重点以确定各类自然保护地范围布局和发展规划为主，并制定建设项目负面清单；②到2025年，完成自然保护地的整合、归并、优化，健全自然保护地体系的法律法规、管理和监督制度；③到2035年，我国自然保护地管理效能和生态产品供给能力显著提高，全面建成中国特色自然保护地体系（见表1）。

表1 我国自然保护地体系发展阶段及目标

发展阶段	发展目标			
	目标一	目标二	目标三	目标四
2020年之前	提出国家公园及各类自然保护地总体布局和发展规划	完成自然保护地勘界立标并与生态保护红线衔接	制定自然保护地内建设项目负面清单	构建统一的自然保护地分类分级管理体制
2021—2025年	完成自然保护地整合、归并、优化	完善自然保护地体系的法律法规、管理和监督制度	提升自然生态空间承载力	初步建成以国家公园为主的自然保护地体系
2026—2035年	显著提高自然保护地管理效能和生态产品供给能力	自然保护地规模和管理达到世界先进水平	全面建成中国特色自然保护地体系	自然保护地占陆域国土面积18%以上
2035年之后	建成中国特色的以国家公园为主体的自然保护地体系	推动各类自然保护地的科学设置	建立自然生态系统保护的新体制、新机制、新模式	建设健康、稳定、高效的自然生态系统

4.2 原则

（1）彰显中国理念

我国国家公园起步之初就确定了人与自然和谐共生的愿景目标，树立了建设中国特色国家公园理念。生态保护第一，实行最严格保护，国家公园需保持重要自然生态系统的完整性、原真性，兼具科研、教育、游憩等综合功能。国家公园首先要有国家代表性，这是突出特点；其次要有全民公益性，这是属性。国家公园坚持国家所有、全民共享，是当代人和子孙后代共有的自然资源遗产。

（2）打造中国模式

在中国这样一个人口大国探索一条大尺度生态系统完整性保护的道路，可以为全世界提供一个新的模式。国家公园不仅仅是在美国、加拿大、澳大利亚这样人口少的区域，用荒野模式才可以建立实施的一种自然保护地类型，中国同样可以开辟一条人与自然和谐相处的国家公园模式。

（3）体现中国效率

中国国家公园建设是在总结国外100多年建设实践、我国60多年自然保护管理经验及国家公园体制试点的基础上，深化改革、开拓创新、高效推进的成果。自2015年起，用6年时间，完成国家公园体制试点工作，整合设立一批国家公园，基本建立分级统一的管理体制，初步形成国家公园空间布局；到2030年，使我国自然保护地规模和管理达到世界先进水平，全面建成中国特色国家公园体制。

4.3 主要内容

（1）重构分类体系

结合我国国情和现阶段的发展要求，借鉴国际上自然保护地的分类体系，重构我国自然保护地的分类体系和功能定位，将以自然保护区为主体的自然保护地体系调整为以国家公园为主体，按照自然保护地生态价值和保护强度高低强弱顺序，依次分为国家公园、自然保护区、自然公园。

（2）重构管理体制机制

中国特色国家公园体制是生态文明建设的重大体制机制创新。国家公园实行中央直接管理，自然保护区、自然公园按照国家和地方两级分别实行中央直接管理和地方管理。根据我国经济社会发展当前及长远目标，合理设定不同阶段的自然保护地分级管理目标[4-6]，在保护管理条件上给予保障，确保我国自然保护地体系从数量型向质量型转变。改革以部门设置、以资源分类、以行政区划分设的旧体制，解决好自然保护地管理上的交叉重叠问题，最终实现一个保护地一块牌子、一家管理。结合我国自然资源资产产权制度改革有关目标和任务，建立自然保护地统一设置、分级管理、分区管控的新体制，落实国家公园管理机构的级别、人员编制和管理层级等机构设置问题。划清国家公园管理部门与地方政府的责任边界，明确管理局、管理分局、基层管理站等单位的性质和职责。

（3）重构资金机制

统筹分散在各部门用于自然保护地的各类资金，按照中央事权由中央财政保障资金的原则，真正建立以中央财政投入为主的资金保障机制。争取加大国家公园中央投入力度，统筹整合现有投资渠道，规范资金支持方向，为国家公园建设和管理提供持续稳定的资金保障。

（4）重构空间布局

通过优化整合，彻底解决自然保护地空间上的交叉重叠问题，并将尚未纳入自然保护地范围的重要生态区域纳入保护范围，填补保护空缺，做到应保尽保、应划尽划。坚定山水林田湖草是一个生命共同体理念，科学编制国家公园空间布局方案和总体发展规划，合理确定国家公园建设数量和规模。中国地域广大，人口众多，自然条件和经济社会发展水平差异很大，需综合考虑经济社会、区域、历史文化、自然资源、权属、社区发展等情况，将生态服务功能强大，以及生态安全屏障地位突出的名山大川、重要湖泊海域、自然和文化遗产地作为国家公园设立的优先区域。

（5）重构法律法规体系

建立完善自然保护地法律法规体系，制定《国家公园法》《自然保护地法》，加快修订《中华人民共和国自然保护区条例》，进一步建立完善自然公园管理制度。加快国家公园法治体系建设，制定自然资源资产管理、特许经营、生态环境和自然资源监督管理等方面的制度办法，在国家公园规划、建设、监测、巡护、监管、科学研究、自然教育、成效评估等方面建立起一整套完善的标准体系。各试点区制定“一园一规”和具体实施办法，满足精细化管理需要。

（6）重构管控措施

在园区范围内必须坚持保护第一原则。各类自然保护地纳入生态红线管控，其中，国家公园和自然保护区按核心保护区和一般控制区进行管控，实行最严格的保护制度[7-9]；创新资源环境综合执法机制，探索执法机构改革、执法职能赋权、执法项目清单和执法司法衔接等；严厉打击一切违法犯罪行为，杜绝违法违规开发项目、偷排偷放污染物、偷捕盗猎野生动物、偷砍盗采野生植物等各类活动[10]；提升科技支撑水平，应用空天地一体化监测、人工智能等高新技术，建立国家级监测平台，实现监测全覆盖。

（7）重构管理方式

制定与各类自然保护地整体保护目标相协调的社区发展规划，探索建立社区共建共享利益联结机制，调动社区支持和参与的积极性，完善社会参与机制[11-13]，加快形成生态保护共同体。转变保护管理方式，加强保护管理设施建设，加大对保护管理人员能力建设的投入力度，全面提升国家公园保护管理能力，提高管理机构为当地社区及其他社会公众提供优质服务的能力和水平。

【参考文献】

[1] 国家林业和草原局. 中国林业和草原年鉴 2020 [M]. 北京：中国林业出版社，2020：167-169.

[2] 赵金崎，桑卫国，闵庆文. 以国家公园为主体的保护地体系管理机制的构建 [J]. 生态学报，2020，40 (20)：7216-7221.

[3] 央视新闻. 国家林草局：明年下半年将正式设立一批国家公园 [EB/OL]. (2019-12-05) [2021-06-28]. http：//m.thepaper. cn/quickApp_ jump. jsp? contid=5150065.

[4] 秦天宝，刘彤彤. 央地关系视角下我国国家公园管理体制之建构 [J]. 东岳论丛，2020，41 (10)：162-171，192.

[5] 汪劲. 中国国家公园统一管理体制研究 [J]. 暨南学报 (哲学社会科学版)，2020，42 (10)：10-23.

[6] 张小鹏，孙国政. 国家公园管理单位机构的设置现状及模式选择 [J]. 北京林业大学学报 (社会科学版)，2021，20 (1)：76-83.

[7] 闫颜，唐芳林，田勇臣，等. 国家公园最严格保护的实现路径 [J]. 生物多样性，2021，(1)：123-128.

[8] 辛培源，田甜，战强. 自然保护地与生态保护红线的发展关系研究 [J]. 环境生态学，2019，(4)：29-33.

[9] 黄德林，赵森峰，张竹叶，等. 国家公园最严格保护制度构建的探讨 [J]. 安全与环境工程，2018，25 (4)：22-27.

[10] 周戡，王丽，李想，等. 美国国家公园自然资源管理：原则、问题及启示 [J]. 北京林业大学学报 (社会科学版)，2020 (4)：46-54.

[11] 李敏，周红梅，周骁然. 重塑国家公园集体土地权利结构体系 [J]. 西南民族大学学报 (人文社会科学版)，2020，41 (12)：88-95.

[12] 肖练练，刘青青，虞虎，等. 基于土地利用冲突识别的国家公园社区调控研究—以钱江源国家公园为例 [J]. 生态学报，2020，40 (20)：7277-7286.

[13] 陈东军，钟林生，肖练练. 国家公园研学旅行适宜性评价指标体系构建与实证研究 [J]. 生态学报，2020，40 (20)：7222-7230.

中国国家公园发展进入新纪元*

在国家林业和草原局加挂国家公园管理局牌子，将自然保护地纳入统一管理，建立以国家公园为主体的自然保护地体系，这一重大举措必将在自然保护领域带来一场深刻的历史性变革。这是以习近平同志为核心的党中央站在中华民族永续发展的高度做出的生态文明建设的重大决策，将对中国的自然保护事业乃至美丽中国建设产生深远的影响。

这次改革，从时间维度看，使自然保护运动在生态文明建设新时代直接进入 2.0 版；从空间维度看，将所有自然保护地纳入统一管理，将解决保护地空间规划重叠的问题；在管理体制上，将从根本上解决“九龙治水”、交叉重叠等顽疾，改革的力度前所未有。这是中国国家公园发展进入新纪元的标志性事件，在自然保护领域具有里程碑式的划时代意义。

1 保护自然生态系统是我们的历史重任

国内外经验表明，保护意识和行为的产生往往是破坏的行为结果倒逼出来的。在漫长的历史长河中，人类享受着自然的供给，人们对自然资源的索取没有超过自然界自我恢复的阈值，人与自然相对相安无事。随着人类数量的增长以及利用自然手段和能力的增强，特别是工业化以来的 200 多年来，资源的短缺和环境的退化现象从局部蔓延到全局，生态环境问题成了全球性问题。具有 5000 多年文明史的中国发展到今天，遇到了前所未有的资源趋紧、生态退化、环境污染加剧、生物多样性锐减的严峻局面，我们赖以生存的自然环境面临严重威胁。保护原生自然生态系统、修复退化生态环境，成了我们这几代人的历史重任。相比破坏了再来投入资金修复（有的生态系统一旦破坏就无法修复），投资自然保护能够获得最大化的费效比，因此，国家十分重视自然保护事业。

2 建立自然保护地是保护自然生态系统的理想模式

自然生态系统是人类赖以生存的生命支持系统，既是人类的生存空间，又直接或间接地提供了各类基本生产资料。构成自然生态系统的水、空气、土壤和动植物等生态要素，是人类须臾不可离开的物质条件，保持一个完整的、健康的自然生态系统，直接关系到经济社会可持续发展，事关国家兴衰和民族存亡，是国家安全的重要组成部分。世界上公认，建立自然保护地是迄今为止最有效的保护自然生态系统、维护生物多样性的理想模式。

3 我国自然保护成绩显著 诸多挑战亟待改革突围

新中国成立以来，特别是改革开放以来，我国的自然生态系统和自然遗产保护事业快速发展，取得了显著成绩，建立了自然保护区、风景名胜区、森林公园、地质公园等多种保护地类型，数量达 10369 处，面积约占陆地国土面积的 18%，基本覆盖了我国绝大多数重要的自然生态系统和自然遗产资源。

但同时，自然保护地存在的问题也相当突出，一是缺乏统一的空间规划。从“条”方面看，各类自然保护地分属林业、环保、国土、农业、水利、海洋等部门管理，交叉重叠，有的自然保护地同时挂着自然保护区、风景名胜区、森林公园、地质公园、自然文化遗产地、A 级旅游区等多个牌子，面积重复，数据打架，各自为政，效率不高。从“块”方面看，完整的生态系统被行政分割，碎片化现象突出。二是产权不够明晰。全民所有自然资源产权人缺位，同一个自然保护区多部门管理，社会公益属性和公共

* 唐芳林．中国国家公园发展进入新纪元．国家林业和草原局政府网 http：//www. forestry. gov. cn/2018-04-02.

管理职责不够明确，土地及相关资源产权不清晰，保护管理效能不高，盲目建设和过度开发的“公地悲剧”现象时有发生。三是管理机构重叠、职责交叉、权责脱节。建设管理缺乏科学完整的技术规范体系，保护对象、目标和要求还没有科学的区分标准。

这些问题的存在，使自然保护领域出现了一些怪现象：自然保护区管理人员不买景区门票就进不了保护区巡山护林；同一块土地，林业和国土部门土地分类标准不统一，土地台账对不上；一些城镇划入了自然保护区，区内人为活动与管理条例发生冲突，矿产资源管理部门在自然保护区颁发矿产勘探和开采权，风景名胜区和自然保护区重叠，利用和保护发生矛盾；执法部门难以执法到位，社区贫困，群众诉求难以满足；有的自然保护区权衡利益后“跳槽”，时而归 A 部门管理，时而归 B 部门管理；检查过多，地方难以应付，有些问题却迟迟难以解决；协调工作量大，出台一个国家公园试点的文件，需要 13 个部委局盖章，等等。问题和矛盾不断积累，出现了新疆卡拉麦里山自然保护区 10 年 6 次调减面积超过 6000 平方公里，野生动物为开矿让路，以及甘肃祁连山长期破坏自然保护区资源问题得不到及时解决等典型事件，触目惊心。现状已经适应不了生态文明建设的需求，问题已经到了非改不可的时候。

4 建立国家公园体制是时代的呼唤、历史的重托

国家公园是人类文明发展到一定阶段后的必然产物，它的出现推动了自然保护事业的兴起和发展，不仅创造了人类社会保护自然生态环境的新形式，也引发了世界性的自然保护运动。自 1872 年美国黄石国家公园诞生以来，国家公园这种自然保护地的模式已经在全球 200 多个国家通行。

中国将国家公园定位为自然保护地最重要类型之一。国家公园是指由国家批准设立并主导管理，以保护具有国家代表性的大面积自然生态系统为主要目的，兼有科研、教育、游憩等功能，实现自然资源科学保护和合理利用的特定陆地或海洋区域。将最具有生态重要性、国家代表性和全面公益性的核心资源纳入国家公园，实行最严格的保护，属于全国主体功能区规划中的禁止开发区域，是国家国土生态安全屏障的主要载体，是全民整体利益的组成部分，用国家意志和国家公权力行使管理权，是统筹国家利益和地方利益的载体，也是中央规范地方行为的工具。与一般的自然保护地相比，国家公园范围更大、生态系统更完整、原真性更强、管理层级更高、保护更严格，突出原真性和完整性保护，是构建自然保护地体系的“四梁八柱”，在自然保护地体系中占有主体地位。通过建立国家公园体制，改革自然保护领域存在的问题，建立以国家公园为主体的自然保护地体系，恰逢其时。

5 改革是脱胎换骨的系统工程、科学工程

建立国家公园体制，是践行生态文明战略的重大部署，改革成败与否，关系着占国土面积 1/5 的高价值生态空间的安全性，关系着能否持续不断地提供生态服务功能和生态安全庇护，其意义十分重大。因此，这次改革绝不是修修补补、小打小闹，而是脱胎换骨，具有系统性和革命性。应该说，对于自然保护地多头管理、权责不明等弊端，人们都深有感触，对于怎么改，也都有一些倾向，但一把部门利益甚至个人利益摆进去，就会影响判断力和客观性、公正性。

中央对此有着深邃的洞察和清醒的认识，习近平总书记多次强调，要建立统一行使全民所有自然资源资产所有权人职责的体制，使国有自然资源资产所有权人和国家自然资源管理者相互独立、相互配合、相互监督。山水林田湖草是一个生命共同体，由一个部门负责领土范围内所有国土空间用途管制职责，对山水林田湖草进行统一保护、统一修复是十分必要的。他还特别指出，要着力建设国家公园，保护自然生态系统的原真性和完整性，给子孙后代留下一些自然遗产。《生态文明体制改革总体方案》明确要求，中央政府主要对石油天然气、贵重稀有矿产资源、重点国有林区、大江大河大湖和跨境河流、生态功能重要的湿地草原、海域滩涂、珍稀野生动植物种和部分国家公园等直接行使所有权。

《建立国家公园体制总体方案》提出，优化自然保护地体系，建立统一事权、分级管理体制，建立统一管理机构。《深化党和国家机构改革方案》明确，将国土资源部、住房和城乡建设部、水利部、农业部、国家海洋局等部门的自然保护区、风景名胜区、自然遗产、地质公园等职能整合，组建国家林业和草原局，加挂国家公园管理局牌子。国家公园管理局作为全民所有自然资源资产所有权人的代表，将承担生态保护功能的自然生态空间和自然资源资产统一管理起来，从而实现真正意义上的严格保护、系统保护和整体保护。

在党和国家机构改革的方针下，在自然保护领域自上而下做好了顶层设计，坚持一类事项原则上由一个部门统筹、一件事情原则上由一个部门负责，加强相关机构配合联动，避免政出多门、责任不明、推诿扯皮。在空间上统一规划，把所有的自然资源统一归自然资源部确权登记，把分散在各部门的自然保护地全部纳入新成立的国家公园管理局统一管理，这将从根本上解决九龙治水的问题，体现了在自然保护领域管理体制改革的先进性。

6 统一高效的国家公园体制在全球范围都具有先进性

经过上百年的探索实践，国家公园的理念和发展模式已成为世界上自然保护的一种重要形式。全球已有 200 多个国家和地区建立了上万个国家公园，总保护面积超过 400 万平方公里，占全球保护面积的 23.6%。

总体来看，国外国家公园主要有 3 种管理体制。

一是自上而下的垂直管理体制。这种体制最为普遍，实行的国家最多，包括美国、巴西、阿根廷、澳大利亚等。作为世界上第一个国家公园的诞生地，美国国家公园走过了 140 多年的曲折历程，建立了成熟的国家公园体系，国家公园管理局管理着 59 个国家公园，以及国家历史公园等 20 多种类型共 417 处国家公园管理单位，总面积为 34.2 万平方公里，约占国土面积的 3.6%；由于美国的自然保护地体系由国家公园管理局、林务局、鱼和野生动物管理局、土地局等部门分别管理，不是“大部制”管理，相对分散，各行其政，完整性仍然受到影响，彼此之间也有难以协调的问题。巴西是生物多样性大国，其国家公园的管理模式为中央集权型管理，自上而下实行垂直领导并辅以其他部门合作和民间机构的协助，管理体系健全，层次清晰，职责划分明确，值得参考借鉴。阿根廷国家公园历史悠久，1934 年成立国家公园管理委员会，正式确立了国家公园为主的自然保护体系。阿根廷的自然保护体系以国家公园为主，此外还有自然保护区、濒危物种保护区、人类文化和自然遗产保护区等。国家公园管理局隶属于阿根廷环境与可持续发展部。国家公园管理局是阿根廷国家公园及其他保护地的管理机构，不仅负责对全国国家公园的管理，同时也要负责自然保护区、世界遗产、国家纪念地等的管理，内设机构简单明了，部门设置科学，职责划分合理。

二是自上而下与地方自治相并行的管理体制。最典型的是加拿大和日本。加拿大的管理机构建立最早，经过 100 多年的发展逐步形成，内设机构健全，分为国家级和省级国家公园，国家级国家公园由联邦政府实行垂直管理，省级国家公园由各省政府自己管理，两级机构没有交叉也不相互联系。

三是地方自治型管理体制。采取这种体制的国家较少，代表性国家是德国。德国国家公园的建立、管理机构的设置、管理目标的制定等一系列事务，都由地区或州政府决定，联邦政府仅为开展此项工作制定宏观政策、框架性规定和相关法规，基本不参与具体管理。

在借鉴国际先进作法和经验的基础上，结合中国自然保护地实际，以加强自然生态系统原真性、完整性保护为基础，以实现国家所有、全民共享、世代传承为目标，理顺管理体制，创新运营机制，健全法制保障，强化监督管理，构建统一规范高效的中国特色国家公园体制，建立分类科学、保护有力的自然保护地体系。国家公园管理局负责管理以国家公园为主体的自然保护地体系，肩负着守护者、管理者、使用的监管者、生态产品的供给者、生态文化传播和对外交流的使者等角色，以构建生态安全屏障、保护野生动植物、维护生物多样性、满足人民认识自然和亲近自然的精神文化需求、确保国家的重要生态资源全民共享、世代传承的职责，以建设美丽中国、维护中华民族永续发展的生态空间为使命。成立国家公园管理局的做法与国际上绝大多数国家做法相近，又结合中国国情，体现了中国特色，具有科学性和前瞻性，一旦实施，将在全球自然保护地体系治理方面独树一帜，为发展中国家保护自然生态环境提供中国经验。

建立自然保护地体系是千秋伟业。构建国土空间开发保护制度，科学划定生态空间、生产空间和生活空间，按照主体功能区分别制定配套政策，严格保护生态空间，适度控制生产空间，合理利用生活空间，实现生产发展、生活富裕、生态良好的可持续发展目标。其中，将由不同层级的自然保护地组成的完善的自然保护地体系，纳入生态红线管理，实现系统保护、完整保护、严格保护，是美丽中国建设和中华民族永续发展的基础。按照规划，中国将在 2030 年建立起完善的自然保护地体系。笔者预估，届时我国的自然保护地面积会超过陆地国土面积的 20%，其中大部分重要的生态空间将被纳入国家公园，用国家意志和国家力量来进行永久保护，这是一项功在当代、利在千秋的伟大事业。

7 以“功成不必在我”精神推进改革

改革是对权力的再分配和利益格局的再调整，必然伤及一些既得利益方。这次调整，中央的方针非常明确，态度非常坚决。一些部门将移交自然保护地的管理职能，国家公园管理局将承接一些新的职能，这对利益相关者是一个考验。我们必须坚持正确改革方向，增强“四个意识”，坚定“四个自信”，坚决维护以习近平同志为核心的党中央权威和集中统一领导，把握好改革发展稳定关系，抓住机遇，有重点地解决阶段性突出矛盾，以“功成不必在我”和自我革命的精神，把工作做深做细，不折不扣把深化机构改革的要求落到实处。一是组建精干高效的国家公园管理局，立足长远设置内设机构。二是选好配强干部队伍，组建专家委员会。正确的路线确定以后，干部就是决定的因素，自然保护专业性强，从业人员的专业经验尤为重要。三是尽快制定标准和技术体系。四是加快制定《国家公园法》。五是开展自然保护地分类，制定国家公园发展规划。

在历史上，美国的西奥多·罗斯福、约翰·缪尔等人因为大力推动自然保护运动而被后人铭记。以国家公园体制建设为标志，中国正在掀起一场新的自然保护运动，这场新时代的国家公园和自然保护运动站在了新的起点和高度上，这既是新时代生态文明建设的现实需求，更是中华民族永续发展的千年大计，其规模和影响力更加巨大，是关乎 13 亿人生态空间的大事，必将产生更加深远的历史意义。中国构建以国家公园为主体的自然保护地体系，必将在中国历史上留下一座生态文明建设的丰碑。

中国特色国家公园体制建设的特征和路径*

建立国家公园体制是党的十八届三中全会于2013年底提出的。截至2019年底，短短6年时间，中国陆续建立了10个国家公园体制试点区，分别是三江源、神农架、钱江源、武夷山、南山、普达措、大熊猫、东北虎豹、祁连山、海南热带雨林国家公园试点，总面积超过22万 km^2[1]。

期间，国家先后出台了《建立国家公园体制总体方案》[2]《关于建立以国家公园为主体的自然保护地体系的指导意见》[3]等纲领性文件，从改革初衷、指导思想、规模调整、机构设立、管理模式、执行力度等各维度，既体现了中国在共产党领导下集中力量办大事的体制优势，又体现了中国政府谋求可持续发展民生福祉的决心和信心。

这场系统性、重构性的变革运动，将占中国总面积近1/5的国土空间纳入了以国家公园为主体的自然保护地体系之中，原有的自然保护地格局被打破，中国自然保护地体系将逐步从以自然保护区为主转变为以国家公园为主。此次改革的规模和影响力绝不亚于20世纪初美国的荒野保护和国家公园运动，势必在全球生态保护领域产生巨大影响，为推动构建人类命运共同体做出卓越贡献。

1 建立国家公园体制的主要历程

2013年，中国政府决定建立国家公园体制。尽管起步较晚，但具有较高的起点和明显的后发优势，经历了理念引入、研究试点、全面建设三个阶段，取得了明显成效。

1.1 理念引入阶段

在建设自然保护地的过程中，中国不断引入和消化吸收了国外先进的自然保护理念和国家公园发展经验。1996年，云南省相关单位在大自然保护协会（The Nature Conservancy，TNC）的支持下，开始开展国家公园相关研究；2006年，云南省林业厅在已有自然保护区的基础上进行国家公园的探索与研究；2008年，经原国家林业局批准，云南省开始进行国家公园的试点工作，建立香格里拉普达措国家公园。期间展开的一系列国家公园探索工作，均停留在地方和部门层面，未达到国家层面。

1.2 试点启动阶段

2013年起，中国改革发展进入新时代。为适应生态文明体制的需要，国家公园体制改革应运而生，但仍处在“摸着石头过河”的探索试点阶段。面对资源约束趋紧、环境污染严重、生态系统脆弱、生态环境退化、生物多样性面临威胁的严峻形势，中国政府做出了生态文明建设的重大战略决策。《生态文明体制改革总体方案》将国家公园体制作为生态文明制度建设的重要组成部分。党的十八届五中全会明确提出要“整合设立一批国家公园”。这标志着国家公园建设已经成为我国大陆国土空间开发保护的重大战略举措。2015年起，由国家发展和改革委员会牵头，原国家林业局等13个部门参与，在12个省市开展国家公园试点工作，完成了大量卓有成效的工作。

1.3 全面推进阶段

2017年9月，中共中央办公厅、国务院办公厅印发《建立国家公园体制总体方案》，明确了建立中国特色国家公园体制的指导思想、基本原则、主要目标。建立具有中国特色的国家公园体制，需要采取科

---

* 唐芳林. 国特色国家公园体制建设的特征和路径［J］. 北京林业大学学报（社会科学版），2020，19（2）：33-39.

学界定国家公园内涵、建立统一事权和分级管理体制、建立资金保障制度、完善自然生态系统保护体制、构建社区协调发展制度等举措。2017 年 10 月，中国共产党第十九次全国代表大会提出“建立以国家公园为主体的自然保护地体系”。这是国家推进绿色发展、解决突出环境问题、加大生态系统保护力度、改革生态环境监管体制的重要举措。2018 年 3 月，组建国家林业和草原局，加挂国家公园管理局牌子，将所有自然保护地纳入统一管理。从管理体制上，根本性解决“九龙治水”和交叉重叠等顽疾。2019 年 6 月，中共中央办公厅、国务院办公厅印发《关于建立以国家公园为主体的自然保护地体系指导意见》，意见明确指出，建立以国家公园为主体的自然保护地体系，是贯彻习近平生态文明思想的重大举措。

这一系列精准政策的出台，标志着国家公园体制的顶层设计初步完成，一场具有中国特色的国家公园及自然保护改革运动正在快速稳步推进。这有助于构建科学合理的自然保护地体系，建立统一规范高效的管理体制，提供高质量生态产品，实现自然生态保护领域的治理体系和治理能力现代化，推进美丽中国建设。

但是，中国的国家公园建设并非对国外现有国家公园模式的生搬硬套，而是在借鉴国际保护理念和治理范式的基础之上，结合中国的国情、政情和民情，高度融入中国的智慧、思想和伦理，形成富有中国特色的国家公园体制。

2 中国特色国家公园体制的理论源泉

除了具备普遍意义上国家公园的特征以外，由于起源不同、国情不同、时代不同、定位不同，中国特色国家公园具有差异化的中国特征，古今思想文化和国内外实践探索为其形成提供了丰富的理论源泉，主要包括以下有四个方面[5]。

2.1 新时代生态文明思想

新时代生态文明思想体系全面，内容丰富，包括了“绿水青山就是金山银山”“像保护眼睛一样保护生态环境，像珍惜生命一样珍惜生态环境”“山水林田湖草整体保护、系统修复”以及“中央环保督查”“绿盾行动”“地方政府主体责任”“生态环境损坏终身追责”“问责制”“三个统一行使”“以人民为中心”等系统思维。这些具有中国特色的词汇，表达的都是中国生态文明的独创思想和有效方法。新时代生态文明思想为中国特色国家公园提供了指导思想，我们要基于生态文明建设的视野下建设国家公园。

习近平总书记指出：“中国实行国家公园体制，目的是保持自然生态系统的原真性和完整性，保护生物多样性，保护生态安全屏障，给子孙后代留下珍贵的自然资产。”精辟地阐述了国家公园建设的主要目的，也为中国国家公园体制建设指明了方向。

2.2 优秀的中华传统文化智慧

在中国源远流长、博大精深的传统文化里，尤其是道家哲学以对世界的独特认识为基础，提出了“道”与“自然”的抽象概念，并以此论证了人与自然的“天人关系”“人地关系”所具备的世界认识与价值观念，古代先贤们把“天地人和”“阴阳调和”“道法自然”“取之有度、永续利用”等观念融入到崇尚自然和保护环境的行动中，形成了具有鲜明生态保护特征的生态思想和生态观念。

在这些具有生态伦理意义的哲学基础观念上，中华传统文化诞生了人与自然和谐共生的相处智慧与伦理规范[6]。这些生态伦理和思想，有别于西方国家强调人和自然的“二元对立”，而是强调“天人合一”，无疑是中国国家公园建设的重要思想源泉。

2.3 中国现代自然保护地实践

60 多年的自然保护地实践经验和 20 年来的国家公园体制探索成果也为中国特色的国家公园建设打下来坚实的理论基础。

60 多年的自然保护实践，为我们积累了可贵而实用的经验。成立于 1956 年的鼎湖山自然保护区，是新中国的第一个自然保护区，也是中国最早建立的自然保护地。经过60多年的建设，中国已有各级各类自然保护地多达11800个，还有近5万个自然保护小区，大约覆盖了我国陆域面积的18%、领海的4.6%[7]。一些重要的自然生态系统和生物多样性都得到了很好地保护，也积累很多自然保护地科学技术、管理经验和治理模式。

20年来国家公园的研究探索和体制试点经验。早在1998年，云南省政府就与美国大自然保护协会签署了《滇西北大河流域国家公园项目建设合作备忘录》；1999年，云南省与清华大学开展了省校合作项目“滇西北人居环境（含国家公园）可持续发展规划研究”[8]。随后，很多研究机构在国家公园的规划技术、政策制度和标准制定等方面做了有意探索，这些探索尝试着国际范式和中国实际相结合的方式，也是中国特色国家公园的理论来源之一。

2.4 国外国家公园的建设经验

1872年，世界上最早的国家公园——黄石国家公园被设立。其秉持的理念是“后代人的权利永远比当代人的欲望更重要”。此后100多年，全球140多个国家和地区都建立了国家公园。这套自上而下、贯彻有力的国家公园体制成为人类保护环境最成功的机制之一。国家公园作为人民的公共资产、共同的国家元素和文化符号，除具有保护、游憩、欣赏等功能，在培养国民意识、凝聚人心方面也起到了独特的作用。

国外国家公园的发展经历了许多曲折、走过不少弯路，也曾出现过一些不光彩的行径。如早期通过暴力驱逐原住民的方式获得土地；大规模狩猎活动致使许多野生动物灭绝；不合理的开发建设和过度的旅游活动导致生态环境恶化等。经过多年的总结和反思，现在改变了一些做法，开始注重生态保护，把生态保护置于与吸引游客同等重要的地位，关注原住民权益，基于科学来管理国家公园。

面对一百多年积累下来的理论基础和实践经验，我们可以取其精华、去其糟粕。“他山之石，可以攻玉”，中国十分注重吸收国外的国家公园建设经验，伊始便将生态保护置于优先地位，逐步形成独具特色的国家公园体制。

3 中国特色国家公园体制的重大意义

建立国家公园体制是我国生态文明建设的重要内容，是实现自然生态保护领域治理体系和治理能力现代化的重要举措，是一项意义重大、充满创新、志在必成的重大改革任务，党中央、国务院对此高度重视。习近平总书记亲自部署，并作出了一系列重要指示批示和重要论述，为推进建立富有中国特色的国家公园体制提供了根本遵循。

3.1 贯彻落实习近平生态文明思想的生动实践

国家公园坚持人与自然和谐共生，实行整体保护、系统修复，充分体现了“山水林田湖草是一个生命共同体”的理念。习近平总书记多次强调，中国实行国家公园体制，目的是保护自然生态系统的原真性和完整性，保护生物多样性，保护生态安全屏障，给子孙后代留下珍贵的自然资产；把最应该保护的地方保护起来，解决好跨地区、跨部门的体制问题；要在总结试点经验基础上，建立国家公园体制，坚持生态保护第一、国家代表性、全民公益性的国家公园理念；要构建以国家公园为主体的自然保护地体系[9]。

习近平总书记的一系列重要指示，系统阐释了国家公园建设中的方向性、根本性、战略性问题，也是习近平生态文明思想的重要内容，为做好新时代国家公园体制工作指明了方向。加快建立富有中国特色国家公园体制，可以充分发挥国家公园在保护自然生态系统、生物多样性和珍贵自然遗产中的主体作用，就是贯彻落实习近平生态文明思想，就是为建设生态文明提供良好的生态基础。

3.2 坚持和完善生态文明制度体系的重大任务

“坚持和完善生态文明制度体系，促进人与自然和谐共生”作为新时代必须坚持和完善的13个制度之一，彰显了生态文明制度体系在中国特色社会主义制度和国家治理体系中的重要地位。构建以国家公园为主体的自然保护地体系，健全国家公园体制，是切实推进生态文明建设的重大改革措施，也是当前必须完成的一项重大改革任务。必须下大气力解决建立中国特色国家公园体制面临的困难和问题，改革生态保护领域不适应、不合理的部分，推动生态文明制度体系更加科学合理、成熟持久，为实现国家治理体系和治理能力现代化发挥更大作用。

3.3 建立中国特色自然保护地体系的迫切需要

国家公园在维护国家生态安全关键区域中居首要地位，在保护最珍贵、最重要生物多样性集中分布区中居主导地位，在自然保护地体系中居主体地位。建国以来，我国的自然保护地建设取得了巨大成就，已建立数量众多、类型丰富、功能多样的各级各类自然保护地，在保护生物多样性、保存自然遗产、改善生态环境质量和维护国家生态安全方面发挥了重要作用，但仍然存在重叠设置、多头管理、边界不清、权责不明、保护与发展矛盾突出等问题。

建立国家公园体制，就是要对目前的自然保护地进行整合，将重要生态系统纳入生态红线管控范围内，实施最严格的保护。在生态文明建设新时代，有必要建立国家公园等新型自然保护地，理顺自然保护管理体制。中国特色的国家公园体制能不能建立建好，直接影响我国自然保护地体系建设的进展，甚至是成败。

4 中国特色国家公园体制的主要特征

中国国家公园体制产生于中国特色社会主义新时代，因而具有明显的特色。中国独特的自然地理和历史文化、中华民族的特质和中国的现行制度，使得中国开展国家公园建设具有独特的优势，体现在10个“性”：中央政府集中统一领导的权威性；全国一盘棋、集中力量办大事的系统性；以科学思想体系为指导的先进性；民主集中制科学决策的高效性；组织体系的完整性；发展规划的连续性；行政调控的有效性；自我纠错的改革创新性；群众广泛的参与性；兼收并蓄、务实开放的包容性等[10]。这些特征决定了在国家公园建设领域，虽然起步晚，但有高起点的后发优势。中国特色国家公园体制的主要特征体现在以下6个方面。

4.1 体现独特的自然地理历史文化特征

中国地域辽阔，从“地球第三极”的最高点珠穆朗玛峰8844.43m到-154.31m的新疆艾丁湖面，从最北的漠河到南海，从帕米尔高原到东海之滨，巨大的水平和垂直跨度，地貌极其复杂，生物多样性极其丰富。

中国历史悠久，作为世界四大文明古国之一，从远古神话传说时代直至今日，勤劳、智慧、节俭、勇敢、包容、开放的中华民族基因铸就了5000多年连贯不断、丰富多彩的中华文明。同时，中华文明又具有“多元一体”的多种文化构成格局。

与国外相比，依托独特的自然地理格局承载着丰富的生物多样性、灿烂的人类文明史和丰富多彩的文化基因，将其中最具国家代表性、生态重要性和管理可行性的国土空间纳入国家公园体系，注入独特的自然地理历史文化特征，独具中国特色的国家公园体系。

4.2 遵循深邃的生态文明思想

生态文明思想集当代生态保护思想之大成，立足于我国自然保护的基本国情和新的发展阶段特征。该思想根植于中华文明丰富的生态智慧和文化土壤，是科学自然观、绿色发展观、基本民生观、整体系统观、严密法治观、全球共赢观的集大成；该思想的基本框架表现在生态文化体系、生态经济体系、目标责任体系、生态文明制度体系、生态安全体系五个方面，是最终建设美丽中国的战略指引[11]。

国家公园建设以生态文明思想为指导思想，以保护自然生态和自然文化遗产原真性、完整性为根本宗旨，通过强化制度创新和管理创新，统筹人与自然、中央与地方、当代与后代的关系，构建起由自然资源资产产权制度、国土空间开发保护制度、空间规划体系等构成的产权清晰、多元参与、激励约束并重、系统完整的国家公园体制[12]。

4.3 以生态保护为首要目标

现实决定了中国必须更加注重自然生态系统的保护。建立以国家公园为主体的自然保护地体系的目的是守护自然生态，保育自然资源，保护生物多样性与地质地貌景观多样性，维护自然生态系统健康稳定，提高生态系统服务功能。国家公园的首要目标是保护生态系统的原真性和完整性。

建立“以国家公园为主体、自然保护区为基础、自然公园为补充”的自然保护地体系，对国家公园实行最严格保护，这种做法既能满足中国现阶段生态文明建设的总体需要，又与国际通行的自然保护区保护等级高于国家公园的要求不同[13]；国家公园的核心保护区原则上禁止人为活动，一般控制区限制建设活动；把国家公园作为国土空间的“生态安全屏障”等具体制度和措施，都充分体现了中国国家公园以生态保护为首要目标的特色。

4.4 以自然资源资产管理为核心

中国的土地和自然资源属性为公有。目前，国有自然资源资产的登记和管理有缺失、边界不清晰，致使全民所有自然资源资产所有权行使不到位。国家公园是实现自然资源科学保护和合理利用的特定区域，国家公园体制的建立必须以自然资源资产管理为核心的。构建产权清晰、系统完整、权责明确、监管有效的国家公园体制，是完善我国自然保护地体系的重要内容。

在国家公园范围内推行自然资源统一确权登记制度。以每个国家公园作为独立的登记单元，清晰界定区域内各类自然资源资产的产权主体，划清各类自然资源资产所有权、使用权的边界，明确水流、森林、山岭、草原、荒地、滩涂等各类自然资源资产的数量、质量、种类、面积和权属性质等，完善国家公园勘界立标，逐步落实国家公园内全民所有自然资源资产代行主体与权利内容。划清全民所有和集体所有之间的边界，划清不同集体所有者的边界，非全民所有自然资源资产实行协议管理。在土地公有的基础之上，国家公园实施自然资源资产管理为核心也是中国特色国家公园体制的特点。

4.5 满足国民福祉需求

人民日益增长的对优美环境的需要，成为全面建成小康社会的必然需求。国家公园成立的初衷就是维护国家生态安全、稳定健康的生态空间、改善生态环境，为大众提供优质的生态产品，使全体人民共享蓝天、碧水、青山和净土。人口众多是中国的最大国情特点，国家公园必须满足外地访客游憩的需要，同时兼顾本都社区发展的需要。

坚持国家公园全民公益性，通过科学分类、合理分区，实行差别化管理措施，在有效保护生态的同时，满足国民亲近自然、体验自然、享受自然等多样化的目标需求。与国外国家公园大多是荒野的情况不同，中国大多数自然保护地都有人口分布。政府不可能把国家公园中的人口全部搬迁出去，还必须允许一部分居民生活在其中，同时为当地社区提供发展机会，为社区脱贫提供机会。除了为国民提供游憩机会之外，国家公园建设还要与社区扶贫相结合，这是中国国家公园的又一特色。

4.6 实施集中统一管理

在机构改革之前，中国数量众多、类型丰富、功能多样的自然保护地都是由部门主导、地方申报而建立的。虽然这些保护地在生态保护方面发挥了重要作用，但由于缺乏系统的顶层设计和存在多头管理，出现了规划不够科学合理、法律法规不健全、管理体制不统一、生态系统破碎化、保护与发展矛盾突出等问题，严重影响了保护效能的发挥。

通过机构改革，成立国家林业和草原局（国家公园管理局），由一个部门集中统一管理国家公园及其他类型自然保护地。利用制度优势，建立起分级管理架构，对国家公园实行中央直接管理、中央和省级政府共同管理、中央委托省级政府管理三种治理模式。这也与其他国家的国家公园治理模式有较大的不同之处。

5 中国特色国家公园体制的顶层设计

在生态文明思想和中国特色国家公园理论的指导下，注重顶层设计与试点相结合，自上而下高位推动，快速推进国家公园体制试点[14]。

5.1 总体目标

紧紧围绕建立统一、规范、高效的管理机构，统一管理国家公园及自然保护地为核心目标，在现有自然保护地基础上，根据国家公园标准和布局规划，建立一批国家公园，有效保护具有国家代表性的大面积自然生态系统的原真性、完整性，形成自然生态系统保护的新体制、新模式，保障国家生态安全，实现人与自然和谐共生。

完成10个国家公园体制试点；制定国家公园法律法规；制定国家公园设立标准；完成国家公园空间布局；优化完善自然保护地体系；建立统一管理机构；建立健全监管机制；构建国家公园资金保障管理机制；健全严格保护管理制度；实施差别化保护管理方式；建立自然资源资产离任审计制度。

2020年，国家公园体制试点基本完成，分批设立国家公园，分级统一的管理体制基本建立，国家公园总体布局初步形成。2030年，国家公园体制更加健全，分级统一的管理体制更加完善，保护管理效能明显提高。

5.2 十大体系建设

加快制定《国家公园法》，推进“一园一法”，建立和健全国家公园法律法规体系；编制包括国家公园保护、监测、管理、巡护、游憩、特许经营、志愿者管理、建设等内容的一整套技术标准；建立稳定统一的管理机构，完善管理体制和运行机制，构建高效的管理体系；对现有自然保护地进行梳理、评价分析、科学分类，制定国家公园规划体系；增加财政投入，形成以国家投入为主、地方投入为补充的投入机制体系；与地方政府充分衔接，完善多目标统筹兼顾的多部门联席的协调工作机制，建立全社会监督机制；搭建国际科研平台，构建完善的科研支撑体系和考核监测评估体系；制定特许经营制度，构建高品质的生态产品体系；规范环境解说系统，开展自然教育、生态体验等活动。

表1 构建中国特色国家公园10大体系

序号	体系名称	具体内容
1	国家公园法律体系	研究制定有关国家公园的法律和配套法规，做好现行法律法规的衔接修订
2	国家公园标准体系	综合标准、基础标准、通用标准和专业标准四个方面
3	国家公园技术体系	运用新型技术手段，促进成熟科技成果转化落地
4	国家公园管理体系	管理机构设置、组织形式、运行机制等方面
5	国家公园规划体系	国家发展规划、空间布局规划、总体规划、专项规划、详细规划等
6	国家公园投入体系	财政投入为主，接受企业、非政府组织、个人等社会捐赠资金，探索多渠道多元化的投融资模式
7	国家公园监督执法体系	研究建立健全社会监督机制，建立举报制度和权益保障机制
8	国家公园科研支撑体系	对国家公园生态系统状况、环境质量变化、建设和管理进行科学研究
9	国家公园监测评估体系	构建国家公园自然资源基础数据库及统计分析平台，完善监测指标体系，定期对国家公园开展监测
10	国家公园生态产品体系	体现全民共享的国家公园生态产品

此外，生物多样性保护、生态保护修复、气候变化的相应、生态服务功能评价、社区发展、环境解说、自然教育、生态旅游、志愿者服务等领域也值得研究。这些体系建设全部完成以后，将成果汇集成“中国国家公园管理手册”，可以作为国家公园从业人员的工作“指南”或“宝典”。

6 中国特色国家公园体制的未来方向

习近平总书记指出：“中国实行国家公园体制，目的是保持自然生态系统的原真性和完整性，保护生物多样性，保护生态安全屏障，给子孙后代留下珍贵的自然资产。”精辟地阐述了国家公园建设的主要目的，为中国国家公园体制建设指明了方向。国家公园空间规划一定要面向子孙后代，要考虑到2049年以后甚至更远，而国家公园规划建设期限应与国民经济和社会发展规划相适应。

根据国家公园论坛主论坛中讨论的成果，中国的国家公园立足实际，从永久保护珍贵自然遗产、应对全球气候变化、人类文明发展趋势、全民公益性、绿色发展及全球视野等“6个着眼点”视角[15]结合我国的国情，考虑适应未来发展需要的国家公园规划和建设方向，科学构建国家公园空间分布格局，落实中国自然保护地的百年大计，传承国家公园千年事业，我们对中国特色国家公园体制的未来方向，做出如下思考。

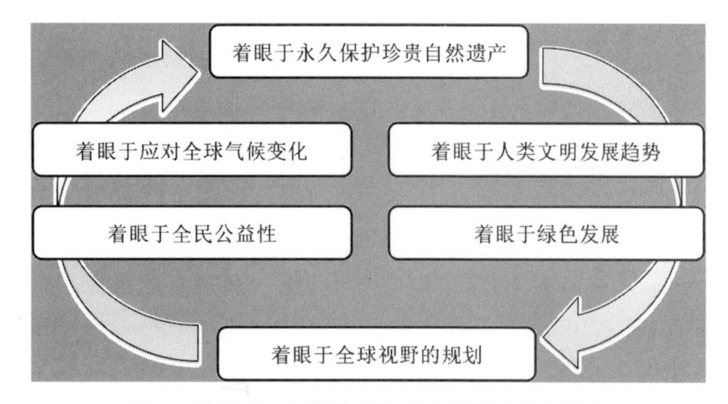

图1 基于“6个着眼点”的中国国家公园展望

6.1 始终坚持以人民为中心的发展理念

国家公园资源的合理利用是建立国家公园体制的题中应有之义，要秉承“以人民为中心”的理念，本着“保护自然、服务人民、永续发展”的宗旨目标，构建高品质、多样化、多功能的生态产品。

探索绿水青山转化为金山银山的实现方式，依托国家公园品牌，发展绿色产业，让当地居民获得收益。核心保护区开展移民搬迁，一般控制区特许经营项目要充分让搬迁居民参与，实现资源变资产、资金变股金、农民变股民，符合条件的移民实现就业，并结合精准扶贫项目开展必要的基础设施建设。通俗地说，国家公园建设要就是实现“守得住青山绿水，富得了一方百姓，迎得了八方宾客，对得起子孙后代”的目标。

6.2 稳步推进国家层面的国家公园系统规划

中国国家公园建设任重道远，国家层面的系统规划方案将决定了国家公园建设的时空格局，具有先导性的引领作用。从规划时限来看，国家公园空间规划一定要立足长远，面向子孙后代，要考虑到2049年以后甚至更远；而且国家公园规划建设期限和发展速度要与国民经济和社会发展规划相适应和相匹配。

根据初步规划，到2049年新中国建立100周年时，我国将会建成60个左右的国家公园实体，面积约占国土面积的1/10，超过自然保护地总面积的50%，国家公园将成为可靠的生态安全屏障和美丽中国的重要象征。

6.3 优先构建“地球第三极国家公园群”

青藏高原是极其独特的地理存在，被称为“地球第三极”“中华水塔”“亚洲水塔”，其生态区位极其重要，决定着中国的生存环境。青藏高原是全球气候变暖反映最强烈的地区，其变暖幅度是全球平均值的2倍[16]。青藏高原变暖将影响中华水塔、亚洲水塔的生态安全。

寻求基于自然的解决方案，亟待实施最严格保护的大尺度自然保护地制度，有必要整合建立一系列国家公园，理顺管理体制，加大投入，实现全面保护、严格保护、永久保护。这对于整体保护地球第三极自然生态系统、亚洲水塔和高原净土具有世界性的战略意义，是我国国土生态安全体系不可或缺的重要组成部分。

目前，已经初步形成了以自然保护区为主体的自然保护地体系，面积超过50万平方千米，为保护高原生态环境发挥了重要的作用。已经开展的三江源、祁连山、大熊猫、普达措等国家公园体制试点区都是“地球第三极国家公园群”的组成部分，珠峰、羌塘、昆仑山等也将逐步纳入。

6.4 重点建设长江黄河流域自然保护地体系

长江和黄河是中华民族的母亲河。千百年来，奔腾不息的黄河同长江一起，哺育着中华民族，孕育了中华文明。保护母亲河是事关中华民族伟大复兴和永续发展的千秋大计。

加强长江黄河生态环境保护，要充分考虑上中下游的差异。长江和黄河的源头已经纳入“地球第三极国家公园群”实施整体保护，但流域中重要的支流和生物多样性富集区域亟待纳入国家公园体系，加上自然保护区和自然公园，构建完善的保护体系。

在此基础上，还要以生物多样性保护和景观保护为重点，将重要的物种栖息地、名山大川、海岛海岸、重要湖泊和重要海域等规划纳入国家公园体系，实现珍贵自然遗产应保尽保。

6.5 尽快建立统一规范高效的管理体制

2016年12月，习近平总书记对生态文明建设作重要指示时强调，深化生态文明体制改革，要“尽快把生态文明制度的‘四梁八柱’建立起来，把生态文明建设纳入制度化、法治化轨道”。中国特色国家公园作为生态文明体制建设的重要组成，必须建立统一规范高效的管理体制。

加强国家公园管理机构能力建设，尽快建立健全国家公园法律体系，构建运作有效的管理体制机制，建立以公共财政为主的资金保障体系，高效的执法体系，以及人才、科技、志愿者服务等体系，多方参与，共建共享，完善治理体系，提高治理能力，使国家公园管理局成为保护管理国家公园的“百年老店”。

中国国家公园建设刚刚起航，在短时间内取得了可喜的成绩，也已经体现出了一些自身的特点，未来还将面临更多的机遇和挑战。中国特色国家公园理论体系和实践模式要尽快形成，中国才能在国家公园领域逐渐从紧跟者转变为引领者，将为全球生态治理贡献中国智慧和中国方案，也体现了道路自信、理论自信、制度自信、文化自信[17]。

【参考文献】

[1] 习近平. 坚持和完善中国特色社会主义制度推进国家治理体系和治理能力现代化［J］. 求知，2020，(2)：4-9.

[2] 侯鹏. 刘玉平. 饶胜. 田俊良. 朱彦鹏. 肖如林. 蒋卫国. 国家公园：中国自然保护地发展的传承和创新［J］. 环境生态学，2019，(7)：1-7.

[3] 吴良镛. 严峻生境条件下可持续发展的研究方法论思考—以滇西北人居环境规划研究为例［J］. 科技导报，2000，(8)：37-38.

[4] 姚檀栋. 刘晓东. 王宁练. 青藏高原地区的气候变化幅度问题［J］. 科学通报，2000，(1)：98-106.

[5] 唐芳林. 中国特色国家公园体制特征分析［J］. 林业建设，2019，(4)：1-7.

[6] 陈建伟. 中国自然保护地体系发展70年［J］. 国土绿化，2019，(10)：50~53.

[7] 唐小平. 中国国家公园体制及发展思路探析［J］. 生物多样性，2014，(4)：427~431.

[8] 王正平. 环境哲学：人与自然和谐发展的智慧之思［J］. 上海师范大学学报（哲学社会科学版），2006，(2)：1-11.

自然保护地管理体制的改革路径*

本文围绕什么是中国特色自然保护地体系、为什么要建立以国家公园为主体的自然保护地体系、怎样建立新型自然保护地体系等一系列问题，立足中国实际，对接国际做法，大胆改革创新，宏观分析论证，解读政策文件，介绍了整体的解决方案和方法路径。

1 背景：系统性变革中的中国自然保护地管理体制

自然保护地是各级政府依法划定或确认，对重要的自然生态系统、自然遗迹、自然景观及其所承载的自然资源、生态功能和文化价值，实施长期保护的陆域和海域。作为我国自然生态空间最重要、最精华、最基本的部分，自然保护地是生态建设的核心载体、美丽中国的重要象征，是我国实施保护战略的基础，在维护国家生态安全中居于首要地位，其中国家公园在保护具有国家或全球意义的最珍贵自然生态系统方面居于主导地位。

2013 年，党的十八届三中全会提出了建立国家公园体制的改革任务；2015 年在 12 个省开展了 10 处国家公园体制试点；2017 年党的十九大进一步确立了建立以国家公园为主体的自然保护地体系的目标；2018 年党和国家机构改革方案明确了国家林业和草原局加挂国家公园管理局牌子，统一管理国家公园等自然保护地；2019 年初，中央深改委又审议通过了《关于建立以国家公园为主体的自然保护地体系指导意见》（以下简称《指导意见》）。这一系列的顶层制度设计重大行动，表明了中国正在快速推进自然保护地体系重构，自然保护地管理体制正在经历一场系统性变革。

2 建立以国家公园为主体的自然保护地体系的重大意义

建立以国家公园为主体的自然保护地体系，推动各类自然保护地科学设置，建立自然生态系统保护的新体制、新机制、新模式，维持健康稳定高效的自然生态系统，为维护国家生态安全和实现经济社会可持续发展筑牢基石，为中华民族伟大复兴奠定生态根基，具有十分重要的意义。

2.1 贯彻习近平新时代中国特色社会主义思想的具体体现

建立以国家公园为主体的自然保护地体系，是化解人民日益增长的优美生态环境需要与优质生态产品供给不平衡不充分之间突出矛盾的系统性变革，是我国生态文明体系的重要制度设计，有利于对国家生态重要区域典型自然生态空间的系统保护，夯实国土生态安全的基石；有利于加大生物多样性和地质地貌多样性的全面保护，世代传承珍贵自然遗产；有利于推动山水林田湖草生命共同体的完整保护，可持续提供生态产品和生态服务，在我国自然保护史上产生深远的影响，具有划时代的重要意义。

2.2 贯彻落实习近平生态文明思想的具体实践

以习近平同志为核心的党中央高度重视生态文明制度建设，将建立以国家公园为主体的自然保护地体系列为全面深化改革的一项重点任务。建立国家公园体制，完善自然保护地体系，对于维护国土生态安全，持续不断地提供生态服务功能，推进自然资源科学保护和合理利用，促进人与自然和谐共生，推动美丽中国建设，具有极其重要的意义。习近平总书记明确指出：“要着力建设国家公园，保护自然生态

* 唐芳林，王梦君，孙鸿雁. 自然保护地管理体制的改革路径 [J]. 林业建设：2019，(2)：1-5.

系统的原真性和完整性，给子孙后代留下一些自然遗产。可以在大熊猫、东北虎的主要栖息地整合设立国家公园，把最应该保护的地方保护起来，解决好跨地区、跨部门的体制性问题。”这些重要讲话为国家公园及自然保护地建设指明了方向，几年来的体制试点表明，以习近平生态文明思想为指导，加快推进国家公园体制建设，具有高度紧迫性和重要性。

2.3 着力构建生态文明制度的先行先试

建立以国家公园为主体的自然保护地体系，是推进美丽中国建设的重大举措，是党的十九大提出的重大改革任务。以国家公园体制改革为抓手，推动自然保护地体制改革，构建统一规范高效的自然保护地体系，可作为生态文明制度建设的先行先试领域，易于推动制度配套落地并形成实效，与生态文明制度之间存在着互为基础、相辅相成的关系。建立国家公园体制是手段，完善国家公园为主体的自然保护地体系是方法和路径，构建生态文明体制，保持一个健康稳定的自然生态系统和维护生物多样性，建成美丽中国是目标。最终目的是保护中华民族赖以生存的生态环境，为当代人提供优质生态产品，为子孙留下自然遗产，为中华民族永续发展提供绿色生态屏障。

2.4 推动建立中国特色自然保护地管理体制的基本路径

我国自然保护区建设成就举世公认，但长期积累的问题也不容忽视。建立以国家公园为主体的自然保护地体系，是弥补我国自然生态保护短板的重要行动，是推动生态文明建设的重大举措。整合建立国家公园，就是要实现重要的物种和重要的自然生态资源“国家所有、全民共享、世代传承”，推动国家生态环境治理体系和治理能力现代化。建立以国家公园为主体的自然保护地体系，将带动我国自然生态保护事业进入全新时代，具有里程碑式的重要意义。

2.5 彰显中国负责任大国形象的重要载体

人类只有一个地球，习近平总书记指出：“建设绿色家园是人类的共同梦想。”良好的生态是人类永续发展的必要条件和重要基础，美丽的绿色是人类共同向往的价值诉求和美好愿景。绿色梦想不只是中国的，也是全球的。建立以国家公园为主体的自然保护地体系，形成人与自然和谐发展现代化建设新格局，推进美丽中国建设，深度参与全球治理，积极应对气候变化等全球性生态挑战，为维护全球生态安全作出应有贡献，这既是着眼实现我国自身可持续发展的客观需要，也是我国为建设人类命运共同体、维护全球生态安全所展现的大国担当作出的积极贡献。

3 正确把握改革的导向和现实需求

3.1 坚持经验导向，在继承中发展

我国60多年自然保护地建设成绩巨大，留下了珍贵的自然遗产，积累了宝贵的建设和管理经验。自从1956年建立第一个自然保护区——广东鼎湖山自然保护区，经过60余年的努力，我国目前已建立自然保护区、风景名胜区、森林公园、地质公园、湿地公园、海洋公园、水产种质资源保护区等各级各类自然保护地达11800个，还有近5万个自然保护小区，大约覆盖了我国陆域面积的18%、领海的4.6%。其中，陆域自然保护区面积就达到147万平方公里，约占陆地面积的15%，它保护了我国90%的陆地自然生态系统类型和野生动植物种群。数量众多、类型丰富、功能多样的各级各类自然保护地，初步形成了以自然保护区为主体、各类自然公园为补充的自然保护地体系格局，使我国重要的自然生态系统和独特的自然遗产得以保存，在保存自然本底、保护生物多样性、改善生态环境质量和维护国家生态安全方面发挥了巨大作用；同时，形成了独具特色的自然保护地类型，构建了完整的管理体系和优秀的人才队伍。这些保护的成果、培养的人才、积累的经验，都为进一步完善自然保护地体系打下了坚实的基础，必须继承和发扬光大。

3.2 坚持问题导向，提出解决方案

我国的自然保护地大多由部门主导、地方自下而上申报而建立，其产生过程中没有经过系统的整体规划，囿于地方分割、部门分治的现实，顶层设计不完善、空间布局不合理、分类体系不科学、管理体制不顺畅、法律法规不健全、产权责任不清晰等原因，导致我国自然保护地存在定位模糊、多头设置、交叉重叠、边界不清、区划不合理、权责不明、人地冲突严重等问题，出现空间分割、生态系统破碎化现象。此外，自然保护地只形成了数量上的集合，完整性和联通性不够，尚未形成整体高效、有机联系的自然保护地体系，管理的有效性降低，影响了保护效能的发挥，自然保护地提供优质生态产品和支撑经济社会可持续发展的基础还很脆弱。解决这些“沉疴顽疾”，迫切需要进行大刀阔斧地改革，通过梳理我国自然保护地建设管理存在的突出问题，进行深入分析，提出解决方案。

3.3 坚持目标导向，立足千年大计

自然保护地至关重要，它是几乎所有国家和国际保护战略的基础。设立自然保护地是为了维持自然生态系统的正常运作，为物种生存提供庇护所，保存自然基线，并维护正常的生态过程。除了保护优先，自然保护地也有多重目的，包括科学研究、保护荒野地、保存物种和遗传多样性、维持环境服务、保持特殊自然和文化特征、提供教育、旅游和娱乐机会、持续利用自然生态系统内的资源、维持文化和传统特征等。自然保护地体系是实施自然生态系统保护的基础，在整个国土空间大格局中占据重要的战略地位，站在国家整体生态安全和经济社会可持续发展的高度去谋篇布局。建立分类科学、保护有力的自然保护地体系，是保障国土生态安全、给子孙后代留下宝贵自然遗产、确保中华民族永续发展的千年大计。

3.4 坚持改革导向，创新体制机制

长期以来，自然保护地管理上交叉重叠、政策标准不一，重复建设、重复检查、重复执法，甚至出现一些地方和部门“争权、争利、推责”的现象。“九龙治水、七虎镇山”，其结果是，各类自然保护类型长期分属不同部门，保护对象、目标和规范体系多样，形成了“山一块、水一块、林一块、草一块”的地域分割局面，同一块保护地“山头林立、名目繁多”，功能定位不清，尚未形成合理完整的自然保护地空间布局，既存在区域重叠，又出现保护空缺，许多重要生态区域没有纳入自然保护地体系，距离“山水林田湖草生命共同体”整体保护系统修复的目标差距还很大，迫切需要进行改革。习近平总书记2019年1月23日主持召开中央全面深化改革委员会第六次会议时指出：“党的十一届三中全会是划时代的，开启了改革开放和社会主义现代化建设历史新时期。党的十八届三中全会也是划时代的，开启了全面深化改革、系统整体设计推进改革的新时代。”因此，全面贯彻习近平生态文明思想，充分体现党的十八大以来的相关改革精神，就要落实中央生态文明、绿色发展等相关要求，精准和科学地分类并优化完善自然保护地体系，创新体制机制。

3.5 坚持中国特色，注重国际接轨

国外已经有一百多年的自然保护地建设历史，1864年，美国的约瑟米蒂谷被列入受保护的地区，这是世界上第一个现代的自然保护地。此后，各种自然保护地在全球相继建立起来。迄今为止，根据IUCN世界自然保护地数据库的统计，全球已经设立了包括自然保护区、国家公园在内的22万多个自然保护地，其中陆地类型的就超过20万个，覆盖了全球陆地面积的12%。许多自然保护先进国家都积累了丰富的经验，值得借鉴。因此，要对接国际，充分吸收国际社会和主要国家在国家公园及各类自然保护地建设管理方面的先进经验，尽量少走弯路。同时，在结合中国实际、避免照搬照套的同时，技术上尽量和国际接轨，加强与国际组织的交流合作。

4 对自然保护地体制改革路径的思考

4.1 明确指导思想和基本原则

深化改革的核心是以保护自然、服务人民、永续发展为目标，重建一个“布局合理、分类科学、定位明确、保护有力、管理有效的具有中国特色的以国家公园为主体的自然保护地体系”，使我国重要的自然生态系统、自然遗迹、自然景观和生物多样性得到有效保护。同时，提出了“严格保护，世代传承；依法确权，分级管理；生态为民，科学利用；政府主导，多方参与；中国特色，国际接轨”五条基本原则。

4.2 提出总体目标和阶段目标

到2020年，完成国家公园体制试点，形成统一的管理体制；到2025年，健全国家公园体制，初步建成以国家公园为主体的自然保护地体系；到2035年，自然保护地规模和管理水平达到世界先进水平，建成中国特色自然保护地体系。

4.3 明确自然保护地功能定位

以管理目标与效能为主线提出了国家公园、自然保护区、自然公园三大类的“两园一区”的自然保护地新分类系统，阐述了各类保护地之间的区别与相互联系，从管理强度上形成了一个较完善的序列。

4.4 阐明以国家公园为主体的内涵

国家公园不但在规模上，而且在维护国家生态安全的区域位置、重要程度、国家代表性上，都起主体作用。提出通过整合优化完善等途径，建立起以国家公园为主体的自然保护地体系。通过整合各类自然保护地，解决现有各类保护地交叉重叠问题；通过归并各类保护地，解决现有各类保护地破碎化、孤岛化问题；通过编制自然保护地空间规划，划定新的保护地解决保护空缺等问题。

4.5 确立自然保护地统一的分级分类管理体制

提出对各类自然保护地要实行全过程统一管理，统一监测评估、统一执法、统一考核，实行两级审批、分级管理的体制，明确了管理主体、管理目标和管理内容。

4.6 提出解决历史遗留问题的措施

针对当前各类自然保护地管理中存在的突出问题，提出了加快推进范围或区划调整、勘界立标、自然资源资产确权登记的意见。

4.7 创新自然保护地建设发展机制

要加强自然保护地建设与生态修复，清理整顿历史遗留问题，创新自然资源使用制度，把保护地该管的地方管住，可以利用的地方科学合理利用。

4.8 探索全民共享机制

适度开展自然体验、生态旅游等活动，明确当地居民可开展的生产生活方式、设施建设和活动区域，推行参与式社区管理，建立志愿者制度，健全社会捐赠制度，建立自然保护地基金，既满足保护的需要，又调动各方参与保护的积极性。

4.9 提出必要的保障措施

提出在党的领导下，落实各级党委政府的主体责任。完善法律体系，增加财政投入，加强机构和队伍建设、强化科技支撑和国际交流合作，保障以国家公园为主体的自然保护地体系的建立和运行。

5 建立新型自然保护地管理体系的路径选择

5.1 进行科学分类

各国的自然保护地分类都不一样，国家林业和草原局组织相关科研单位开展了专题研究，召开了多次研讨会，广泛听取了学界专家、相关管理部门、基层实践者、国际组织的意见，借鉴国际经验，结合中国实际，进行了综合分析。按照自然生态系统原真性、整体性、系统性及其内在规律，本着科学合理、简洁明了、方便管理的原则，依据管理目标与效能并借鉴国际经验重新构建自然保护地分类系统，将自然保护地分为三大类，按生态价值和保护强度高低依次为国家公园、自然保护区、自然公园。

国家公园是指以保护具有国家代表性的自然生态系统为主要目的，实现自然资源科学保护和合理利用的特定陆域和海域，是我国自然生态系统中最重要、自然景观最独特、自然遗产最精华、生物多样性最富集的部分，保护范围大，生态过程完整，具有全球价值、国家象征，国民认同度高。自然保护区是指保护典型的自然生态系统、珍稀濒危野生动植物的天然集中分布区、有特殊意义的自然遗迹的区域。具有较大面积，确保主要保护对象安全，维持和恢复珍稀濒危动植物数量及赖以生存的栖息环境。自然公园是指保护重要的自然生态系统、自然遗迹和自然景观，具有生态、观赏、文化和科学价值，可持续利用的区域。确保森林、海洋、湿地、水域、冰川、草原、生物等珍贵自然资源，以及所承载的景观多样性、地质地貌多样性和文化多样性得到有效保护。包括但不限于风景名胜区、森林公园、地质公园、海洋公园、湿地公园等，这些被公众广泛接受、管理相对规范、各具特色的各类自然公园，名称将予以保留，按自然公园类实行统一建设管理。

下一步，需要制定自然保护地分类划定标准，对现有的自然保护区、风景名胜区等各类自然保护地开展综合评价，按照保护区域的自然属性、生态价值和管理目标进行归类，逐步形成科学合理、简洁明了的自然保护地分类系统。

5.2 突出国家公园的主体地位

在总结国家公园体制试点经验的基础上，由国家进行顶层设计，制定国家公园设立标准，编制发展规划，按程序划建国家公园。确立国家公园在维护国家生态安全关键区域的首要地位，确保国家公园在保护最珍贵、最重要生物多样性集中分布区的主导地位和在全国自然保护地体系中的主体地位。国家公园建立以后在相同区域一律不再保留或设立其他自然保护地类型。

5.3 整合交叉重叠自然保护地

梳理现有自然保护地，开展自然保护地空间规划，解决交叉重叠问题，按同级别的保护优先、不同级别的就高原则，整合优化各类保护地，做到保护面积不减少、保护强度不降低、保护性质不改变，实现自然保护地一个牌子、一个户口、一个机构。除了可以加挂世界自然文化遗产地、生物圈保护区、世界地质公园、国际重要湿地等国际性牌子外，其余的牌子不再保留，实现自然保护地体系统一管理机构、统一空间规划、统一技术标准、统一信息平台，一张图、一套数。

5.4 建立统一高效管理体制

创新自然保护地管理体制机制，统一管理自然保护地，实施自然保护地统一设置、分级管理、分区管控，把具有国家代表性的重要自然生态系统纳入国家公园体系，实行严格保护，形成以国家公园为主体、自然保护区为基础、各类自然公园为补充的自然保护地管理体系。

6 加快推进自然保护地管理体制改革

6.1 抓好顶层设计

摸清自然保护地底数，在统一的国土空间规划指导下，按“多规合一”的思路，科学布局生产空间、生活空间、生态空间，组织编制全国自然保护地发展规划，明确国家公园及自然保护地发展目标与空间布局。科学合理划分“三区三线”，强化规划权威，改进规划审批，健全用途管制，监督规划实施。

6.2 落实责任

落实自然保护地建设管理职责，压实地方各级党委政府责任，全方位开展贯彻实施。

6.3 全面启动现有自然保护地的整合优化

制定整合归并和调整优化的相关标准规范，在空间上解决历史遗留问题；做好自然保护地勘界立标，结合生态保护红线划定工作真正使自然保护地能够落地见效；加强自然保护地建设，分类有序解决历史遗留问题，创新自然资源使用制度，探索全民共享机制，建立监测体系，加强评估考核，严格执法监督，完善自然保护地法律法规，加强管理机构和队伍建设，加强科技支撑和国际交流，实现自然保护地的科学保护与规范管理。

7 结论与讨论

中国特色自然保护地管理体制改革已经形成了清晰的思路：从空间上，通过归并整合、优化调整，解决边界不清、交叉重叠的问题；从管理上，通过机构改革，解决机构重叠、多头管理的问题，实现统一管理；从分类上，构建科学合理、简洁明了的自然保护地分类体系，解决牌子林立、分类不科学的问题。这表明，中国政府针对自然保护地领域长期存在的问题，以宏大的气魄大刀阔斧地推进改革，下猛药治沉疴顽疾，直面长期想解决而没有解决的难题，必将办成过去想办而没有办成的大事，是生态文明体制改革的重大进展。由此看来，《指导意见》是我国自然保护体制的顶层设计，是指导自然保护地体系建设的纲领性文件，是自然保护地领域一项重大的根本性变革，对于解决自然保护地领域长期存在的问题，构建中国特色自然保护地管理体制，确保占国土面积约1/5的生态空间效能发挥，确保国家生态安全，推动国家生态环境治理体系和治理能力现代化，具有重大的现实意义和深远的历史意义。

【参考文献】

唐芳林，王梦君，孙鸿雁，2018. 建立以国家公园为主体的自然保护地体系的探讨［J］. 林业建设（1）：1-5.

唐芳林，2017. 国家公园理论与实践［M］. 北京：中国林业出版社.

唐小平，栾晓峰，2017. 构建以国家公园为主体的自然保护地体系［J］. 林业资源管理（6）：1-8.

王梦君，孙鸿雁，2018. 建立以国家公园为主体的自然保护地体系路径初探［J］. 林业建设（3）：1-5.

Nigel Dudley，2016. IUCN 自然保护地管理分类应用指南［M］. 朱春全，欧阳志云，等译. 北京：中国林业出版社.

国家公园与自然保护区：自然保护领域的“孪生兄弟”*

自1956年以来的60多年里，我国探索走出的是一条以自然保护区为主体的自然保护道路，经过几十年的发展，自然保护区从无到有、从弱到强，对我国珍稀野生动植物、珍贵的自然遗迹和典型的生态系统保护发挥了重大作用。随着自然保护事业的发展和生态文明建设的需要，我国正在开展国家公园体制试点，推动建立以国家公园为主体、自然保护区为基础、各类自然公园为补充的自然保护地体系。

建立自然保护地是保护自然资源和生物多样性、提供优质生态产品与服务、维系生态系统健康最重要和最有效的途径。作为我国高价值的自然生态空间，国家公园和自然保护区是生态文明和美丽中国建设的重要载体。那么，国家公园与自然保护区除了名称不同，还有哪些区别和联系呢？

1 国家公园和自然保护区的共同特征

国家公园是指由国家批准设立并主导管理，边界清晰，以保护具有国家代表性的大面积自然生态系统为主要目的，实现自然资源科学保护和合理利用的特定陆地或海洋区域。自然保护区是指对有代表性的自然生态系统、珍稀濒危野生动植物物种的天然集中分布区、有特殊意义的自然遗迹等保护对象，依法划出一定面积予以特殊保护和管理的陆地、陆地水体或者海域。从概念上看，这对自然保护领域的“孪生兄弟”大同小异，的确有不少相似之处。

首先，它们都是重要的自然保护地类型，在自然保护方面的目标和方向一致。自然保护地对于生物多样性的保护至关重要，它是国家实施保护策略的基础，是阻止濒危物种灭绝的唯一出路。国家公园和自然保护区是最主要和最重要的自然保护地类型，依托它们，可以保存能够证明地球历史及演化过程的一些重要特征，其中有的还以人文景观的形式记录了人类活动与自然界相互作用的微妙关系。作为物种的避难所，国家公园和自然保护区能够为自然生态系统的正常运行提供保障，保护和恢复自然或接近自然的生态系统。

其次，它们都受到严格的保护。国家公园和自然保护区都是以保护重要的自然生态系统、自然资源、自然遗迹和生物多样性为目的，都被划入生态红线，属于主体功能区中的禁止开发区，受到法律的保护。特别是在生态文明建设的大背景下，我国高度重视生态保护，国家公园和自然保护区都是中央生态环保督察的重点。

再次，它们都受到统一的管理。国家机构改革方案明确，成立国家林业和草原局，加挂国家公园管理局牌子，统一管理国家公园等各类自然保护地。此举彻底克服了多头管理的弊端，理顺了管理体制，这在世界范围内都是先进的自然保护地管理体制。

2 国家公园与自然保护区的主要区别

从特征上看，国家公园与自然保护区这对“孪生兄弟”还有不少不同之处。

与自然保护区相比，国家公园的特别之处主要体现在6个“更”，即更“高、大、上”，更“全、新、

---

* 唐芳林. 国家公园与自然保护区：各司其职的“孪生兄弟”. 光明日报. 2018-12-29.

严”。更高，指的是国家代表性强，大部分区域处于自然生态系统的顶级状态，生态重要程度高、景观价值高、管理层级高。更大，指的是面积更大、景观尺度大，恢弘大气。上，指的是更上档次，自上而下设立，统领自然保护地，代表国家名片，彰显中华形象。更全，指的是生态系统类型、功能齐全，生态过程完整，食物链完整。更新，指的是新的自然保护地形式、新的自然保护体制、新的生态保护理念。国家公园在国际上已经有 100 多年历史，但在中国出现才 10 多年，还是新鲜事物，具有鲜明的中国特色。更严，指的是国家公园实行最严格保护、更规范的管理。

与国家公园相比，自然保护区也有鲜明的特点，主要体现为 4 个“更”——更早、更多、更广、更难。更早，指的是成立最早，早在 1956 年，我国就成立了第一个自然保护区——鼎湖山国家级自然保护区。更多，指的是数量最多，目前全国各级各类自然保护区数量达 2750 处，而国家公园试点区才有 10 处。更广，指的是分布范围广，遍布全国各地，包括陆地和海洋等各种类型。更难，指的是管理难度大，历史遗留问题多，特别是自然保护与社区发展矛盾突出，需要被重点关注。

此外，国家公园与自然保护区还有十个方面的具体区别：

一是设立程序不同。国家公园系自上而下，由国家批准设立并主导管理；自然保护区则自下而上申报，根据级别分别由县、市、省、国家批准设立并分级管理。

二是层级不同。国家公园管理层级最高，不分级别，由中央直接行使自然资源资产所有权；自然保护区分为国家级、省级、县级，以地方管理为主。

三是类型不同。国家公园是一个或多个生态系统的综合，突破行政区划界线，强调完整性和原真性，力图形成山水林田湖草生命共同体后进行整体保护、系统修复；自然保护区根据保护对象分为自然生态系统、野生生物、自然遗迹三大类，以及森林、草原、荒漠、海洋等九个类别。

四是国家代表性程度不同。国家公园是国家名片，具有全球和国家意义，如大熊猫、三江源、武夷山等国家公园试点区，以及珠峰、秦岭、张家界等国家公园候选区，有的是世界自然文化遗产地，有的是名山大川和典型地理单元代表；自然保护区不强求具有国家代表性，只要是重要的生物多样性富集区域、物种重要栖息地，或其他分布有保护对象并具有保护价值的区域，均可成为自然保护区。

五是面积规模不同。国家公园数量少但范围大，一般不少于 100 平方公里，大的超过 10 万平方公里；自然保护区数量多，面积大小不一，有的很大，有的甚至就是一颗古树、一片树林或者一个物种的栖息范围。

六是完整性不同。国家公园强调生态系统的完整性，景观尺度大、价值高；自然保护区不强求完整性，景观价值也不一定高，主要保护具有代表性的自然生态系统和具有特殊意义的自然遗迹。

七是功能分区不同。国家公园分为禁止人为活动的“核心区”和限制人为活动的“控制区”；自然保护区分为“核心区、缓冲区、实验区”。为了实现精细化、差别化的专业管理，国家公园管理者会进一步将其功能区细分为“严格保护区”“生态保育区”“传统利用区”“科教游憩区”。

八是事权不同。国家公园是中央事权，主要由中央出资保障；自然保护区是地方事权，主要由地方出资保障。

九是土地属性不同。国家公园国有土地比例高，便于过渡到全民所有自然资源产权由中央统一行使；自然保护区集体土地比例相对较高，一般通过协议等形式纳入保护管理，分级行使所有权。

十是优先性不同。国家公园是最重要的自然保护地类型，处于首要和主体地位，是构成自然保护地体系的骨架和主体，是自然保护地的典型代表。具备条件的自然保护区可能会被整合转型为国家公园，而国家公园则不会转型为自然保护区。

由于国家公园更加强调对自然生态系统原真性的保护，尽量避免人为干扰，维护生态系统的原始自然状态。因此，在基础设施建设方面，国家公园更注重人工设施的近自然设计；在管理理念上，更加开放包容，注重对人的教育和引导，倡导社会公众通过各种渠道参与保护，并积极促进当地社区改变发展方式。

3 国家公园是自然保护地体系的主体

党十九大提出建立以国家公园为主体的自然保护地体系，确立了国家公园的主体定位，也肯定了其他自然保护地的作用。在自然保护地体系中，国家公园处于“金字塔”的顶端，其次是自然保护区，再次就是各类自然公园，共同构成有机联系的自然保护地系统。

国家公园是在各类自然保护地基础上整合建立起来的，但“青出于蓝而胜于蓝”，与其他自然保护地相比，国家公园的生态价值最高、保护范围更大、生态系统更完整、原真性更强、管理层级最高。由于串珠成链地解决了“多头管理、交叉重叠、碎片化”的问题，国家公园实现了一个或多个自然生态系统的完整保护、系统修复、统一管理。

国家公园固然最重要，但并不是说自然保护区就不重要。好花也得绿叶护，国家公园替代不了自然保护区。一部分自然保护区被整合成为国家公园，但大量的分布广泛的各级各类自然保护区仍然是自然保护地体系的重要组成部分。自然保护区在过去、现在和将来仍然在自然保护领域发挥着不可替代的作用。

除了国家公园和自然保护区，自然公园也是自然保护地体系的重要补充。自然公园是以生态保育为主要目的，兼顾科研、科普教育和休闲游憩等功能而设立的自然保护地，是指除国家公园和自然保护区以外，拥有典型性的自然生态系统、自然遗迹和自然景观，或与人文景观相融合，具有生态、观赏、文化和科学价值，在保护的前提下可供人们游览或者进行科学、文化活动的区域。自然公园主要保护具有重要生态价值但未纳入国家公园和自然保护区的森林、海洋、水域、冰川等珍贵自然资源，以及所承载的景观多样性、地质地貌多样性和文化价值，是自然与人文融合、保护和利用结合、人地关系协调的自然保护地类型，可以提供游览、度假、休憩、康养、科学教育和文化娱乐机会，包括风景名胜区、森林公园、湿地公园、海洋公园、地质公园等。

建立国家公园体制，完善自然保护体系，促进生态文明建设*

生态文明是继农耕文明、工业文明以后的文明形态，是人们在利用和改造自然界的过程中，以高度发达的生产力为物质基础，以遵循人与自然和谐发展规律为核心理念，以积极改善人与自然关系为根本途径，以实现人与自然和谐永续发展为根本目标，进行实践探索所取得的全部文明成果。面对资源约束趋紧、环境污染严重、生态系统退化的严峻形势，以习近平为首的党中央提出了尊重自然、顺应自然、保护自然的生态文明理念，把生态文明建设放在突出地位，与经济建设、政治建设、文化建设、社会建设融合成“五位一体”的方略。这是对我国乃至全世界文明发展做出的重要贡献，也是我们的行动指南。

在从人类中心主义向生态中心主义转变的过程中，生态文明建设是的长期任务。自然保护是生态文明建设的重要内容和具体实践，而国家公园体制建设是自然保护体系的重要组成部分。因此，建立国家公园体制，完善中国的自然保护体系，有利于促进生态文明建设。

党的十八届三中全会明确提出：“建立国家公园体制”，把其作为生态文明建设的重要内容，具有重要的现实意义和深远的历史意义。本研究的目的在于，以建设有中国特色社会主义理论为指导，全面贯彻落实党的十八大精神，深刻领会习近平总书记系列重要讲话精神，牢固树立尊重自然、顺应自然、保护自然的生态文明理念，坚定不移实施主体功能区制度，以保障国家生态安全为目的，以实现重要自然生态资源国家所有、全民共享、世代传承为目标，坚持问题导向，积极探索国家公园保护、建设、管理的有效模式，为建立统一规范的中国特色国家公园体制提供政策建议。

2013 年 11 月，《中共中央关于全面深化改革若干重大问题的决定》，在“加快生态文明制度建设”部分提出：“坚定不移实施主体功能区制度，建立国土空间开发保护制度，严格按照主体功能区定位推动发展，建立国家公园体制”。2015 年 5 月，《中共中央国务院关于加快推进生态文明建设的意见》提出“建立国家公园体制，实行分级、统一管理，保护自然生态和自然文化遗产原真性、完整性”。2015 年，国家发改委等 13 个部、委、局联合发文，在云南等 9 省区市开展国家公园试点工作。这标志着我国已经开始了探索建立具有中国特色的与国际接轨的国家公园建设进程。

自然保护是生态文明建设的重要实践内容，国家公园是自然保护的重要形式，建立国家公园体制具有必要性和迫切性，但如何理解国家公园，怎样建设国家公园体制，还没有成熟的经验。因此，准确理解国家公园，正确认识国家公园体制，做好顶层设计，理顺管理体制，就成为建立国家公园体制的关键。

1 国家公园属于自然生态保护范畴

尽管国家公园产生已经有 140 多年的历史，但这一概念在中国还是一个新鲜事物，许多人对此并不熟悉。“国家公园”一词为专有名词，源于美国，由“National Park”翻译而来，在中文语境下，容易望文生义，许多人将其理解为“公园”，将其等同于公园、国家级公园、森林公园，简单理解为普通意义上的供人们休闲游玩的城市公园，一些人从各自的角度出发夸大解读国家公园在某一方面的功能，结果是“盲人摸象”一般以偏概全。那么，什么是国家公园呢？

---

* 唐芳林，于 2015 年中共中央党校厅局级干部进修班（第 64 期）“生态文明建设”研究专题课题组发表.

世界上普遍认为，国家公园是保护区的一种重要类型，而保护区是为保护特定的具有重要价值的自然或文化遗迹而划定的区域，世界自然保护联盟（IUCN）对保护区的解释如下：“一个为实现自然界及相关的生态系统服务和文化价值得到长期保护而通过法律或其他有效途径，明确规定的、公认的、专设的、获得管理的地理空间”。

保护区的类型多种多样，在各国的称谓也不一致。为了减少专业术语带来的混淆，使各国能够用“共同的语言”交流，反映从严格意义的保护区到可以合理开发使用的狩猎区人类保护干预程度的不同，针对特定的背景及目的选择合适的管理类别，强调沟通和理解，促进国际交流和对比，IUCN 根据保护区的主要管理目标，把保护区管理分为 6 类（表 1）。该体系根据保护和利用的不同目的，可采用不同的管理方法和要求，有利于解决保护区体系存在的许多问题，得到 2003 年在南非德班举行的“第五届世界保护区大会”和 2004 年《生物多样性公约》第七次缔约国大会的推荐。2 类保护区开始被表述为“生态系统保护和保育，例如说国家公园”，由于现实存在的国家公园符合这个生态系统保护和保育的特征而且已经为大多数国家所采用，所以就直接使用“国家公园”来代替。因此，国家公园是一个专用名词，是政府为了保护重要的自然生态系统及其景观和文化资源而特别划定并管理的保护区，具有保护、科研、教育、游憩和社区发展功能。国家公园不是一般意义上的公园，也不能简单等同于“国家级公园’，而是自然保护地的一种类型。

表 1 IUCN 保护区管理分类体系

分类	名称	简要描述
1a	严格的自然保护区	是指严格保护的原始自然区域。首要目标是保护具有区域、国家或全球重要意义的生态系统、物种（一个或多个物种）和/或地质多样性。
1b	原野保护区	是指严格保护的大部分保留原貌，或仅有些微小变动的自然区域。首要目标是保护其长期的生态完整性。
II	国家公园	是指保护大面积的自然或接近自然的生态系统，首要目标是保护大尺度的生态过程，以及相关的物种和生态系统特性。
III	自然文化遗迹或地貌	是指保护特别的自然文化遗迹的区域。
IV	栖息地/物种管理区	是指保护特殊物种或栖息地的区域。首要目标是维持、保护和恢复物种种群和栖息地。其自然程度较上述几种类型相对较低。
V	陆地景观/海洋景观保护区	是指人类和自然长期相处所产生的特点鲜明的区域，具有重要的生态、生物、文化和风景价值。
VI	自然资源可持续利用保护区	是指为了保护生态系统和栖息地、文化价值和传统自然资源管理制度的区域。目标是保护自然生态系统，实现自然资源的非工业化可持续利用。

世界自然联盟（IUCN）按保护的价值和管理的严格程度将保护区分为 6 类，其中自然保护区为 1 类，国家公园是严格程度仅次于严格自然保护区的 2 类保护区，IUCN 对国家公园的定义是：国家公园这种保护区是指大面积的自然或接近自然的区域，重点是保护大面积完整的自然生态系统。设立目的是为了保护大规模的生态过程，以及相关的物种和生态系统特性。这些保护区为公众提供了理解环境友好型和文化兼容型社区的机会，例如精神享受、科研、教育、娱乐和参观。

2 建立国家公园体制的实质是完善自然保护体系

国家公园发端于美国，140 多年来，经历了一个曲折的发展历程。国家公园开始建立时，就允许人们进入开展观光游憩活动，1872 年黄石国家公园一开始建立时，主要目的从美学的角度出发，保护原野，让人们便捷地进入，随着旅游活动的开展，大量的人员进入，环境遭到破坏，人们甚至打光了这个地区的狼，生态系统受到严重影响，于是又重新回到保护为主的轨道上，只允许在占国家公园 1%的土地上开展游憩活动，随着时间的推移，又吸收了自然保护区的保护生物多样性等功能，内涵更加丰富，管理更加规范，国家公园的模式于是流行于世界上大多数国家。

1922 年，前苏联开始建立自然保护区，此后一些受苏联影响的国家也开始建立自然保护区，目的在于严格保护自然资源，开展科研活动。新中国建立以后，开始借鉴苏联的管理模式，自 1956 开始建立自然保护区，保护森林和野生动植物。在改革开放以前，游憩、休闲这些都被视为是资产阶级的生活方式而加以排斥，自然保护区理论上是不允许人随便进入的。此后，中国的保护区快速发展，目前已经建立了自然保护区为主的保护区体系，其面积已经占陆域面积的近 18%，超过世界平均水平。然而，保护区体系仍然不完善，且缺失了国家公园这一重要的保护区类型。我国存在着自然保护区、森林公园、湿地公园、地质公园、水源保护区、海洋保护区等类型。

上世纪 80 年代开始，自然保护区和国家公园在管理经验上开始相互借鉴，自然保护区开始强调在保护的同时开展生态旅游、多种经营和照顾社区发展，国家公园则把保护自然生态系统作为主要功能，产生了趋同的倾向，甚至有的国家把二者等同起来。尽管如此，自然保护区仍然强调严格保护管理，国家公园则允许人进入，在保护的前提下可以适度开展游憩等活动，兼顾了保护和发展。

为了发展观光旅游，我国自 1982 年开始建立风景名胜区。风景名胜区是规划性质的，并不以保护自然生态系统为主要目的，和国家公园有本质的区别。至于把风景名胜区翻译为 National Park，《风景名胜区规划规范》（GB50298-1999）第二章“术语”中定义“风景名胜区，也称风景区，海外的国家公园相当于国家级风景名胜区”，这是对国家公园的误读。实际上，“风景名胜区”比较贴切的英文翻译应当是 Scenic Area。

就全球来看，国家公园与严格自然保护区有所区别，仍然是自然保护的一种重要形式。建立国家公园是弥补我国保护区类型中的缺失环节，不是对原有的保护区推到重来，也不是取而代之，而是对保护区体系的补充和完善。国家公园是保护区的其中一种类型，国家公园与保护区的关系是局部与整体的关系。既然国家公园还不能覆盖所有保护区，那么其他类型的如的保护区也不应该被忽视，不能仅仅停留在国家公园这个尺度，而应该站在自然保护这个更大的系统上来考虑，梳理现有的保护区，按新的标准界定各类保护区，调整结构，整合功能，保证自然生态系统的完整性，这样才能完整的发挥生态系统的整体功能，推动生态文明建设。因此，建立国家公园体制的实质在于完善自然保护体系。

3 正确把握国家公园体制建设的方向和原则

体制是指管理系统的结构和组成方式，即采用怎样的组织形式使相关组织组成一个合理的有机系统，并以相应的手段、方法保证管理要素在最优配置基础上实现管理的目的和任务。其核心是管理机构的设置、各管理机构的职权分配以及各机构间的相互协调。自然资源的管理体制直接影响到管理的效率和效能，在整个资源管理中起着决定性作用。国家公园是对自然资源和文化资源的一种管理方式，不同的管理体制，将会促成国家公园在管理范围、权限职责、利益及其相互关系的准则方面的不同。管理体制的核心是管理机构的设置、各管理机构职权的分配以及各机构间的相互协调。管理机构管理职能的强弱直接影响到管理的效率和效能，在国家公园资源管理和资源合理利用中起着决定性作用。

我国保护区类型较多，有自然保护区、森林公园、湿地公园、地质公园、海洋公园等类型，面积约占陆地面积的 18%，超过世界平均水平。其中又以自然保护区占主体，截止 2014 年底，全国已建立自然保护区 2729 处，面积 146.9915 万公顷，分属林业、环保、国土、农业、水利、海洋等部门，其中又已林业部门建立的自然保护区占主体，全国林业自然保护区 2174 处（林业国家级自然保护区占 344 处），占自然保护区总数的 80%。保护区取得了很大成绩，但也存在一些问题。由于建立标准不一，分属不同部门，名称、地域分布、保护力度、投入资金、管理人员、专业程度等差异性非常大，形成目前整体结构不均衡、规则不一的中国保护区现状，尚未形成完整的体系。加上与住建部门的风景名胜区、旅游部门的 A 级旅游景区等出现交叉重叠，管理上出现混乱现象。因此需要进行改革，建立国家公园体制，理顺管理，发挥效能。

建立国家公园体制必须把握正确的方向，体现以下原则：

3.1 国家公园体制建设必须准确理解中央精神

要贯彻十八届三中全会精神，《中共中央关于全面深化改革若干重大问题的决定》“加快生态文明制度建设”部分提出：“坚定不移实施主体功能区制度，建立国土空间开发保护制度，严格按照主体功能区定位推动发展，建立国家公园体制”，这就为国家公园体制建设作出了定位：生态文明制度建设下的国家公园体制，目的是建立国土空间开发保护制度，属于生态文明建设的范畴。因此可以理解为，建立国家公园体制就是以建立国家公园为改革推手，完善我国保护区体系，解决目前的自然价值较高的典型生态系统因地域分割、部门分治，“多龙治水”造成的监管不清、规则不一、投入分散、效率低下等一系列问题，“建立国家公园体制，实行分级、统一管理，保护自然生态和自然文化遗产原真性、完整性”。

3.2 国家公园体制建设必须符合人民群众的需求

随着人们生活水平的提高，群众对生态产品的需求越来越迫切，亟需探索自然资源有效保护和合理利用的新途径。作为同时承担着生态保护功能和满足群众文化、休闲、娱乐、精神重要载体的国家公园，其有效管理是为成效最大的保护和最优质的文化、精神产品供给之间建立一个平衡关系的重要保障。而要体现国家公园的公益性，需要通过科学、高效的管理体制及保障机制来实现。

3.3 国家公园体制建设必须符合国家公园管理要求

开展国家公园体制的研究，提出切实可行的管理体制策略，不仅可以转变现有的管理观念，正确处理保护、利用和管理三者的关系，促进国家公园事业的全面协调发展，而且能够创新管理模式，吸引社会关心和支持国家公园管理，使国家公园从一开始就能走上可持续发展的轨道。

3.4 国家公园管理体制的研究符合现有的法律法规

国家公园的有序运作和管理必有要有严格而完善的法律作为支持，开展国家公园体制的研究，有利于在现有法律法规的基础上针对性地制定各国家公园管理的基本法，有利于国家公园内自然资源的有效保护和可持续性的利用依法得到规范。

3.5 国家公园体制建设既有中国特色又与国际接轨

我国人口众多，国家公园周边都有居民分布，不能过分强调完整连片和移民搬迁，应该有合理的功能分区，照顾社区发展。要尽量吸收国外先进经验，加强国际合作，特别是诸如IUCN这样的国际组织的合作，同时，要认真总结云南省国家公园试点经验，开展了普达措等国家公园试点工作，取得了成效和经验。

4 整合现有保护区，建立国家公园体系

国家公园不是一般意义上的“公园”，也不等同于严格自然保护区，而是IUNC分类体系下的一种保护区类型。国家公园体制建设是生态文明改革的重要部分，是一种新的保护体系，开展国家公园体制建设，不能仅是在现有保护体制下建立某个国家公园，而要根据我国国情，结合国际通用的IUCN保护区分类体系，重构我国自然保护体系，推动完善中国保护区体系的建设。

我国要建立国家公园体制，能够提供的土地和符合条件的未发现（或未划为保护区）的资源已经极少，因此，需要将全国现有的保护区整合，对目前所有的保护区进行疏通理顺、评价分析、科学分类，系统的规划和总体设计，以这次建立国家公园体制的契机，完善我国保护区体系。

建立国家公园体制须首先将中国各类保护区按照统一分类体系进行梳理、归类，使之形成一个完整的、统一的体系。完整的保护区体系，应该是由严格自然保护区、国家公园、省、市级自然保护区、水

源保护区、森林公园、湿地公园、地质公园、海洋公园、沙漠公园等组成，结构合理的保护区体系，从而构建我国的国土生态安全空间。

根据熟悉我国保护区现状的人士估计，我国现有的428处国家级自然保护区只有200个左右达到了严格自然保护区的标准，这些严格自然保护区也可以通过合并使得面积不变数量减少，通过国家投入，严格保护管理，确保最重要的生物多样性和生态安全空间得到有效保护。其余的具有国家公园特征的现有国家级自然保护区，可以和其他类型保护区整合，形成地域上相连、生态系统完整的国家公园，一些现有的森林公园、湿地公园、地质公园、海洋公园，也可以通过整合周边的方式，提升为国家公园，建立与国际接轨、具有中国特色的国家公园体系，实现有效保护、有限利用。

5 国家公园体制建设的政策建议

建立国家公园体制，关键在于理顺管理。世界上各国国家公园的管理模式因国情不同而存在差异。国家公园的管理方式总体上可归纳为：中央集权型（如美国、挪威等）、地方自治型（如德国、澳大利亚等）和综合管理型（如日本、加拿大等）三大类型。在我国，可能的选择有三个方案：

方案一：把分散在部门和地方的职权收归中央，成立国家公园管理局，实行垂直管理；

方案二：地方管理为主；

方案三：综合管理：中央统筹，按资源的主要属性和权属分部门管理，部分直接由专业部门直接管理，部分授权省级人民政府实施管理。

上述模式各有利弊，“方案一”完全由中央集权，不利于调动地方积极性，成立新的部门，会导致机构增多，地域上也会产生割离，也会产生新的交叉。“方案二”完全由地方主导，则容易出现保护不够、利用过度的倾向，不利于体现国家公共利益。“方案三”实行条块结合，更具有操作性。

站在生态文明建设的高度，从自然保护的角度出发，就能超越部门的利益之争，由中央统一协调，由专业部门实施具体管理，以确保国家公园的科学性和专业性。国家公园具有资源属性，必须由资源管理部门实施专业的科学管理，非专业部门的介入，或者撇开专业部门由一个部门一把抓，都会增加新的混乱。国家公园体制的建设，需结合现有的自然资源管理部门对各类资源的管理情况，考虑实施管理的可行性。由国务院委托综合部门对全国保护区的建设进行监督和检查，资源管理部门主管各自范围内的保护区建设，也包括国家公园的建设管理。

因此，需要建立在生态文明制度下的自然保护体制，在自然保护体制下的国家公园机制。具体的，体现在以下五个方面的内容。

5.1 统一协调、专业管理

采用“综合监督+专业管理”的管理模式，将国家公园的监督部门与自然资源的主管部门分离，明确国家公园的主管部门及监督部门。此模式即为党的十八届三中全会提出的“健全国家自然资源资产管理体制，统一行使全民所有自然资源资产所有者职责。完善自然资源监管体制，统一行使所有国土空间用途管制职责”精神之所在。我国现行的综合部门和专业部门结合的管理体制，充分考虑了行业和专业特点，有其合理性。国家公园具有资源属性，必须由资源管理部门实施专业的科学管理，非专业部门的介入或者一个部门一把抓，管理所有专业，都会增加新的混乱。国家公园体制的建设，需结合现有的自然资源管理部门对各类资源的管理情况，考虑管理的可行性。由国务院委托综合部门对全国保护区的建设进行监督和检查。资源管理部门主管各自范围内的保护区建设，也包括国家公园的建设管理。

5.2 央地结合、统一管理

按中央和地方两级分权、两级管理的事权划分，国家公园也可以由中央授权委托省级人民政府进行管理。国家公园由中央政府进行系统的管理，采用直属管理和授权省级政府管理结合的模式。属于或者可收归中央政府管理的土地上的国家公园，如国有林区、垦区、海洋、河湖沼泽湿地，原野区，以及跨省级行政区域的国家公园，可由国家直接垂直管理。其他的国家公园，可以在国家立法监督和业务指导下，委托省级人民政府实行管理。

5.3 健全体系，法律保障

需要建立和健全自然保护法律体系，制定《国家公园法》，或者制定《保护区法》，在其中专门明确国家公园的内容。修订相关法律，形成和《森林法》《野生动物保护法》《湿地保护条例》《自然保护区管理条例》《天然林保护条例》等配套的完整的自然保护法律体系。制定地方法规，制定省级条例，每一个国家公园均需制定国家公园管理条例，实现“一园一法”。

5.4 国家投入，公益为主

国家公园必须由国家投入为主。必要的保护管理设施，由国家投资建设，国家公园的运行费用，由中央财政拨款予以保障。门票或特许项目收入，以及接受的捐赠，实行收支两条线，用于资源保护建设及自然宣传教育支出。

5.5 管经分离，特许经营

在有效保护的前提下，国家公园可以开展适度利用。利用的前提是保护，利用的目的是为人民大众，利用的方式是可持续，是资源的非消耗性。国家公园资源用于适度利用的部分，可以由国家公园管理局代表国家采取“管经分离、特许经营”的模式，即管理和经营分开，开展特许经营，也可以尝试采用政府和社会资本结合的 PPP 模式（Public—Private—Partnership），在有效监管下，由企业投入经营，资源可以评估入股、分红，所得收入用于保护管理和支持社区发展。

5.6 人事直管，合作经营

国家公园的管理机构作为行政机构由国家公园主管部门设立，人员由国家录用，作为公务员管理，主要人员人事按权限由国家公园主管部门任免。他们是代表国家管理国家公园的管理者，是国有自然资产的“物业管理”，是“管家”或看守者、科研人员、服务员、解说员，体现公共利益的公务员，不以国家公园资源作为生产要素营利，不直接参与国家公园门票或纪念品经营活动，管理者自身的收益只能来自岗位工资。建立包括社区、科研机构、非政府组织、景区管理和旅游等相关部门、志愿者组织等参与的伙伴关系。

以国家公园为主体的自然保护地体系如何构建？*

今天，有72亿多人口生活在地球上，在有限的生存空间里，要想实现永续发展，就要合理地保护和利用好每一寸土地。中华民族从祖先传承下来的土地和资源，除了满足我们当代人的需要，也必须保护好，世代传承下去，这就需要科学地规划好生态空间、生产空间和生活空间。其中，规划足够的生态空间，给野生动植物留下栖息地，为人类提供生态服务功能，是确保永续发展的前提。自然保护地作为高质量的生态空间，是人类须臾不可或缺的绿色基础设施。

我国的自然保护地体系正在经历一场自然保护区开始建立60年以来的深刻的历史性变革。党的十九大报告指出："构建国土空间开发保护制度，完善主体功能区配套政策，建立以国家公园为主体的自然保护地体系"。这是以习近平同志为核心的党中央站在中华民族永续发展的高度提出的高瞻远瞩的战略举措，对美丽中国建设具有十分重要的意义。这也意味着，我国的自然保护地体系将从目前的以自然保护区为主体转变为今后的以国家公园为主体，这无疑是一件艰巨的改革任务。

1 建立自然保护地是实施保护策略的基础

受保护的区域被称为保护地，建立保护地（protected area，有时也译为保护区）是世界各国保护自然的通行做法，世界自然保护联盟（IUCN）对保护地有明确的定义：保护地是一个明确界定的地理空间，通过法律或其他有效方式获得认可、得到承诺和进行管理，以实现对自然及其所拥有的生态系统服务和文化价值的长期保护。由于保护地主要指受到保护的自然区域，根据其内涵，一般称其为自然保护地，以便和人工的保护区域相区别。自然保护区和国家公园都是重要的自然保护地类型。

设立自然保护地是为了维持自然生态系统的正常运作，为物种生存提供庇护所，并维护难以在集约经营的陆地景观和海洋景观内进行的生态过程，同时也是我们理解人类与自然界相互作用的基线。自然保护地也有多重目的，包括科学研究、保护荒野地、保存物种和遗传多样性、维持环境服务、保持特殊自然和文化特征、提供教育、旅游和娱乐机会、持续利用自然生态系统内的资源、维持文化和传统特征等。

自然保护地至关重要，它是几乎所有国家和国际保护战略的基础。1864年，美国的约瑟米蒂谷被列入受保护的地区，这是世界上第一个现代的自然保护地，此后，各种自然保护地在全球相继被建立起来，迄今为止，根据IUCN世界自然保护地数据库的统计，全球已经设立了包括自然保护区、国家公园在内的22万多个自然保护地，其中陆地类型的就超过20万个，覆盖了全球陆地面积的12%。中国自1956年在广东设立鼎湖山自然保护区以来，已经建立了以自然保护区为主体的众多自然保护地，据不完全统计，我国目前已经建立了自然保护区、森林公园、湿地公园、风景名胜区、水源保护区等类型的自然保护地超过1万个，面积约占陆地国土面积的18%，超过世界平均水平。

2 自然保护地需要形成体系才能充分发挥生态服务功能

单个和零散的自然保护地难以满足全面生态需求，为了更有效地实现生态目标，需要在不同空间尺度和保护层级上合作并运行若干数量的自然保护地，形成保护网络，这就需要对自然保护地进行系统的

---

* 唐芳林，发表于2017年.

规划，确保自然保护地体系全面、充分，不能出现空缺，具有代表性和生态活力，确保重要的生态系统、栖息地、物种和景观得到全面保护，有足够大的面积，为物种传播和迁徙提供充分机会，关键环境系统的受损部分得到恢复，减轻潜在的威胁。按照生态系统方法将各种自然保护地有机组合起来，以实现对重要生态系统的全面覆盖，达到长久发挥生态服务功能的目标，这就形成了自然保护地体系。建立自然保护地体系有利于从宏观和全面的尺度，维护景观、栖息地及其包含的物种和生态系统的多样性，确保受保护对象的完整性和价值得到长久维持，实现管理和治理体系的正常运转，为区域保护战略做出贡献。

3 国家公园是重要的自然保护地类型

从全球范围看，自然保护地类型繁多，名称不一，为了便于交流和管理，IUCN 基于管理目标把自然保护地分为 VI 类，有完全禁止人为活动的严格自然保护区，有保护大范围的自然生态系统和大尺度的生态过程的国家公园，有用于物种、栖息地、遗址和景观保护的保护区，也有保护自然生态系统、开展自然资源可持续利用的保护地类型。

严格自然保护区属于 I 类，是指处于最原始自然状态、大部分保留原貌，拥有基本完整的本地物种组成和具有生态意义的种群密度，具有原始的极少受到人为干扰的完整生态系统和原始的生态过程。特征是面积很大、没有人类定居、没有现代化基础设施、开发和工业开采等活动，保持高度的完整性，包括保留生态系统的大部分原始状态、完整或几乎完整的自然植物和动物群落、保存了其自然特征，未受人类活动的明显影响，需要采取最严格的保护措施禁止人类活动和资源利用，以确保其保护价值不受影响。按这个标准，中国只有部分自然保护区的核心区才能够达到 I 类严格自然保护区的条件。

国际上把国家公园作为 II 类自然保护地，是指保护大面积的自然或接近自然的生态系统，首要目标是保护大尺度的生态过程，以及相关的物种和生态系统特性。典型特征是面积很大并且保护功能良好的自然生态系统，具有独特的、拥有国家象征意义和民族自豪感的生物和环境特征或者自然美景和文化特征。把自然保护放在首位，在严格保护的前提下有限制地利用，允许在限定的区域内开展科学研究、环境教育和旅游参观。

有人认为，中国的自然保护区属于 I 类的严格保护区，国家公园属于 II 类保护地，但在现实中并不完全如此。在中国，生物多样性丰富的区域往往也都是有人口分布的地方，除了高海拔的青藏高原的无人区外，即使是在现有的自然保护区中，也很难找到纯粹没有人类活动的区域。中国的自然保护区划分为核心区、缓冲区和实验区，实验区允许传统生产生活方式存在以及开展生态旅游活动，还不是严格意义上的严格自然保护区。我国的国家公园基本上都是从自然保护区等现有自然保护地中整合建立，是对自然保护的强化，不应该理解为国家公园是把 I 类的严格自然保护区下降为 II 类保护地来管理。我认为，我国在以自然保护区为主体的保护地体系发展 60 余年后、现阶段结合我国实际所提出和建立的国家公园体制，不会把国家公园置于 II 类自然保护地，而是强化为最重要的自然保护地，是中国特色的 II 类自然保护地，其首要目标是保护具有国家或全球重要意义的生态系统、物种或景观多样性。

根据《建立国家公园体制总体方案》，我国的国家公园是指由国家批准设立并主导管理，边界清晰，以保护具有国家代表性的大面积自然生态系统为主要目的，实现自然资源科学保护和合理利用的特定陆地或海洋区域。国家公园既具有极其重要的自然生态系统，又拥有独特的自然景观和丰富的科学内涵，建立国家公园的目的是保护自然生态系统的原真性、完整性，始终突出自然生态系统的严格保护、整体保护、系统保护，把最应该保护的地方保护起来，给子孙后代留下珍贵的自然遗产。因此，国家公园是我国自然保护地最重要类型之一，属于全国主体功能区规划中的禁止开发区域，纳入全国生态保护红线区域管控范围，实行最严格的保护。

4 建立国家公园体制，完善我国的自然保护地体系

中国 60 年来建立了大量的自然保护地，遍布全国各地，分属多个部门管理。在这些自然保护地中，起步最早、数量最多、面积最大、保护效果最好的是自然保护区，目前，我国已建立 2740 处自然保护区，面积达到 147 万平方公里，约占陆地面积的 15%，它保护了我国陆地 90% 的陆地自然生态系统类型和野生动植物种群。此外，还有相当数量的森林公园、湿地公园、风景名胜区、地质公园等，总数超过 1 万个，构成了我国自然保护地的集合。

众多的自然保护地在保护我国的生物多样性和景观方面发挥了不可替代的作用，但我国的自然保护地大多由部门主导、地方自下而上申报而建立，其产生过程中没有经过系统的整体规划，受困于地方分割、部门分治的现实，出现空间分割、生态系统出现破碎化、孤岛化现象，管理上存在交叉重叠，且出现了生态保护的空缺，自然保护地只形成了数量上的集合而没有形成组织化的有机整体，完整性和联通性不够，尚未形成完整的体系，管理的有效性降低，影响生态服务功能充分发挥。

解决以上问题，需要改革现行的分头设置自然保护地的体制，对我国现行自然保护地保护管理效能进行评估，逐步改革按照资源类型分类设置自然保护地体系，研究科学的分类标准，确立中国的自然保护地体系框架，对现有自然保护地进行结构优化，理清各类自然保护地关系。构建以国家公园为代表的自然保护地体系，意味着许多符合条件的自然保护区将被纳入国家公园管理。国家公园建立后，在相关区域内一律不再保留或设立其他自然保护地类型，只有国家公园一个牌子、一个管理实体，除了依托国家公园而被国际组织授予的世界遗产地、生物圈保护区等荣誉性的称号以外，不会再有其他实质性的多个牌子并列的现象，管理上交叉重叠问题得以解决。

5 建立自然保护地体系的统一管理体制

建立以国家公园为主体的自然保护地体系是一项复杂的改革任务，是对原有职能和利益的重大调整，中央与地方之间、部门之间都会有利益的调整。除了利益相关者在改革进程中需要强化“四个意识”以外，尽快成立国家公园主管部门是当务之急，这是牵动整项工作的“牛鼻子”。《总体方案》确立了建立统一事权、分级管理体制的方针。一是要建立统一的管理机构。整合相关自然保护地管理职能，结合生态环境保护管理体制、自然资源资产管理体制、自然资源监管体制改革，由一个部门统一行使国家公园自然保护地管理职责。二是分级行使所有权。国家公园内全民所有自然资源资产所有权由中央政府和省级政府分级行使。其中，部分国家公园的全民所有自然资源资产所有权由中央政府直接行使，其他的委托省级政府代理行使。条件成熟时，全部实现中央直管。三是统一确权登记。国家公园可作为独立自然资源登记单元，依法对区域内水流、森林、山岭、草原、荒地、滩涂等所有自然生态空间统一进行确权登记。四是构建协同管理机制。合理划分中央和地方事权，构建主体明确、责任清晰、相互配合的国家公园中央和地方协同管理机制。五是建立健全监管机制。健全国家公园监管制度，加强国家公园空间用途管制，强化对国家公园生态保护等工作情况的监管。六是建立资金保障制度。建立财政投入为主的多元化资金保障机制。七是构建高效的资金使用管理机制。八是完善自然生态系统保护制度。健全严格保护管理制度。加强自然生态系统原真性、完整性保护。严格规划建设管控，除不损害生态系统的原住民生产生活设施改造和自然观光、科研、教育、旅游外，禁止其他开发建设活动。

6 几个需要注意的问题

一是要尽快编制全国自然保护地体系规划和国家公园总体发展规划，合理确定国家公园空间布局，自上而下，根据保护需要有计划、有步骤推进工作，切忌一哄而上。二是要尽快制定国家公园的法律，

在明确国家公园与其他类型自然保护地关系的基础上，研究制定有关国家公园的法律法规，明确国家公园功能定位、保护目标、管理原则，确定国家公园管理主体，合理划定中央与地方职责，研究制定国家公园特许经营等配套法规，做好现行法律法规的衔接修订工作，做到有法可依。三是国家公园的范围要合理适度，既要保证完整的生态过程，又要因地制宜，不能只图地图上好看而过分贪大求全，要在实地把勘界工作做实做细，尽量避免将非国有土地划入国家公园范围，确实因为生态保护需要而必须纳入的部分，要尽可能解决土地权属问题，避免因为社区居民在不知情的情况下被纳入国家公园，为今后的管理和执法留下隐患。四是要实施差别化保护管理方式。合理划定功能分区，实行差别化保护管理，不能一刀切。五是要精心制定规划，尽快制定国家公园总体规划、功能分区、基础设施建设、社区协调、生态保护补偿、访客管理等相关标准规范和自然资源调查评估、巡护管理、生物多样性监测等技术规程，确保国家公园质量。六是要在重视国家公园的同时，不能忽视其他类型自然保护地的建设，特别是没有进入国家公园范围的各级各类自然保护区，它们仍然是自然保护地的主要类型，必须强化保护和管理。

建立新的自然保护地体系是一项复杂的系统工程，需要各方有必胜的信心和勇气、自我改革的决心和魄力、成功不必在我的精神境界，认真学习十九大精神，深刻认识建立国家公园体制的重要意义，把思想认识和行动统一到党中央、国务院重要决策部署上来，按照《总体方案》的要求，细化任务分工，密切协调配合，形成改革合力，扎实推进。

建立以国家公园为主体的自然保护地体系的探讨*

2017年9月26日，中办、国办印发的《建立国家公园体制总体方案》提出“优化完善自然保护地体系……构建以国家公园为代表的自然保护地体系。”10月18日，党的十九大报告提出“构建国土空间开发保护制度，完善主体功能区配套政策，建立以国家公园为主体的自然保护地体系。”这蕴含着深刻的涵义。本文首先分析了自然保护地及自然保护地体系的概念和理念，分析了我国建立以国家公园为主体的自然保护地体系与美丽中国、生态文明建设的关系，结合我国现有自然保护地的概况，探讨提出了我国的自然保护地体系分类、组成等观点，提出了建立统一规范的自然保护地治理体系。本文还概括了国外一些国家建设国家森林的经验，结合我国实际，提出建立国家森林，作为自然保护地体系的组成部分。

1 自然保护地分析

自然保护地是指以保护特定自然生态系统和景观为主要目的的土地空间。自然保护地要求比较严格，需要同时满足以下条件：由政府划定；以保护自然生态系统或者物种为主要目的；有明确的地理空间，即有明确的范围和土地使用权属，土地利用的主要方向是保护；由法律或者社会认可的其他形式认定；有独立的主管机构和管理实体实施长期有效的管理；依据明确的法律或者管理办法；有稳定的经费投入等。对比这些标准，国家公园、自然保护区、森林公园、湿地公园、地质公园、沙漠公园、海洋特别保护区（包括海洋公园）、水产种质资源保护区、水利风景区、有土地权属和管理机构的自然类型风景名胜区、国家级公益林、自然保护小区等都可以视为自然保护地的范畴。一些以人工构造物为主的人文资源保护地则不宜笼统纳入自然保护地的范畴。此外，一些新的自然保护地类型可能会被补充进入体系中，如草原公园、国家森林等。

单个的自然保护地功能有限，要形成体系才能最大化地发挥生态服务功能。体系是指若干有关事物或某些意识相互联系的系统而构成的一个有特定功能的有机整体，泛指一定范围内或同类的事物按照一定的秩序和内部联系组合而成的整体。近义词有体制（一定的规则和制度）、系统（部分组成的整体），对应的英文词有 system（系统；体系；体制），setup（组织结构），institutions（机构），framework（框架）等。体系具有系统性、完整性、联系性、功能性等特征。

自然保护地作为国家和国际实施保护战略的重要基础，由于其资源特征、管理机构等的不同而具有类型多样性、管理复杂性等特点。为了有效的实现保护目标，不同空间尺度和管理层级的若干数量自然保护地按照系统的组合和组织，形成有机联系的统一整体，以实现自然生态系统保护的功能和生物多样性保护的目标，这就构成了自然保护地体系。

中国的自然保护事业历经60多年发展，取得了巨大成就，形成了以自然保护区为主体的自然保护地空间，各类自然保护地面积已经占国土面积的18%，超过世界平均水平。但也存在不少问题，各类自然保护地各自为政，交叉重叠，只形成了数量上的优势和空间上的集合，没有达到系统化的组织，有机联系不足，影响了整体功能的发挥。这就需要完善自然保护地体系，遵循自然界的法则，确保可以维持生态系统结构、过程、功能的完整性，从个别的、分散的、分割的生态系统保护到集合的、集中的、有机联系的生态系统群的保护，以构建合理布局、系统联系、可持续发展、具有中国特色的自然保护地体系

---

* 唐芳林，王梦君，孙鸿雁. 建立以国家公园为主体的自然保护地体系的探讨 [J]. 林业建设，2018，(1)：1-5.

为总体目的，通过建立国家公园体制来改革自然保护体制，“建立以国家公园为主体的自然保护地体系”，实现自然保护的升级换代。

各国都基本形成了各自的自然保护地体系，名称不一。世界自然保护联盟把自然保护地分为严格自然保护地及荒野保护地、生态系统保育和保护地（国家公园）、自然历史遗迹或地貌、栖息地/物种管理区、陆地/海洋景观保护地、自然资源可持续利用自然保护地6大类型，并提出了形成自然保护地体系的管理目标。一些国家把国家公园视为保护和游憩兼顾的二类自然保护地类型，而中国特色的自然保护地体系中，要把最应该保护的地方纳入国家公园，禁止开发建设，实行最严格的保护措施，将其上升为顶级自然保护地，由国家直接管理。因此，中国特色的国家公园体制，把国家公园作为一类自然保护地，而不是通常理解的二类。明确这个定位很重要，这是制定空间规划和法律体系的基础，是中国自然保护发展方向上的分水岭。

中国把国家公园明确为自然保护地的一种类型，是指由国家批准设立并主导管理，以保护具有国家代表性的大面积自然生态系统为主要目的，兼有科研、教育、游憩等功能，实现自然资源科学保护和合理利用的特定陆地或海洋区域。中国将国家公园定位为自然保护地最重要类型之一，将最具有生态重要性、国家代表性和全面公益性的自然生态系统整合进入国家公园，纳入全国生态保护红线区域管控范围，实行最严格的保护，属于全国主体功能区规划中的禁止开发区域。与一般的自然保护地相比，国家公园范围更大、生态系统更完整、原真性更强、管理层级更高、保护更严格，在自然保护地体系中占有主体地位。

2 构建以国家公园为主体的自然保护地体系，实现中华民族永续发展

构建国土空间开发保护制度，就是要科学划定生态空间、生产空间和生活空间，按照主体功能区分别制定配套政策，严格保护生态空间，适度控制生产空间，合理利用生活空间，实现生产发展、生活富裕、生态良好的可持续发展目标。其中，构建由不同层级的自然保护地组成的完善的自然保护地体系，纳入生态红线管理，实现系统保护、完整保护、严格保护，是美丽中国建设和中华民族永续发展的基础。

国家公园是国家管理的高价值生态资源，是国家国土生态安全屏障的主要载体，是全民整体利益的组成部分，用国家意志和国家公权力行使管理权，是统筹国家利益和地方利益的载体，也是中央规范地方行为的工具。国家公园具有生态重要性、国家代表性和全民公益性，是构建自然保护地体系的“四梁八柱”，必须将重要的和主要的核心资源纳入国家公园，确保国家公园体系在整个自然保护地体系中的主体地位。没有被整合进入国家公园的其他类型的自然保护地仍然很重要，是自然保护地体系中不可或缺的组成部分，对其保护管理只能加强，不能削弱。除此之外，自然保护地以外的野生动植物和生物多样性仍然需要加强管理。

建立自然保护地，功在当代，利在千秋。美国在140多年时间里建立了59座国家公园和400多个国家公园单位，面积占美国国土面积的3.6%。在美国历史上，西奥多·罗斯福、约翰·穆尔等人因为大力推动自然保护运动而被后人铭记。而中国目前掀起的国家公园和自然保护运动，其规模和影响力更加巨大，是关乎13亿人生态空间的大事，必将产生深远的历史意义。按照中央规划，中国将在2030年建立起完善的自然保护地体系。届时我国的自然保护地面积估计会超过陆地国土面积的20%，其中大部分重要的生态空间将被纳入国家公园，用国家意志和国家力量来进行永久保护。这是一项史无前例的伟大工程，是中国政府和人民站在中华民族永续发展的高度，以确保中华民族的生存空间能够世代传承的伟大情怀，本着对子孙后代负责的态度和历史责任，而做出的政治决策，是国家意志的体现，决心坚定不移，措施坚强有力。中国构建以国家公园为主体的自然保护地体系，是千年大计，必将在中国历史上留下一座生态文明建设的丰碑。

3　建立国家森林，作为自然保护地体系的组成部分

国家森林一般是指由国家林业主管部门直接行使管理职责的国有森林，长期甚至永久作为国家的生态屏障和实现自然资源可持续利用的土地空间。许多国家都设置了国家森林这种土地保护和管理类型，作为国土生态安全的重要屏障。在美国，国家森林是指由国家政府直接管理的国有森林，由林务局直接管理，分布于40多个州和美国属地的135处森林和草地，总面积大约有78万平方公里，为美国人民提供清洁的水源，洁净空气，储存碳汇，为工业和社区提供木材、矿产、石油和天然气以及其他资源。在巴西，国家森林是一种可持续利用的保护地，主要目的是在各种限制下对森林进行可持续的开发利用，开发利用时要求保留至少50%的原生森林，保护沿水道和陡峭斜坡的森林等，目前有超过10%的亚马逊热带雨林被作为国家森林加以保护。在法国，自1566年国王就开始管理皇家森林，成为最早的国家森林。目前法国的国家森林属于国家所有，由法国林业署直接管理，受森林法严格保护。在英国，国家森林丰富了人民的生活，保护了风景和野生动物。国家森林是英国国家林业公司管理的环境保护项目，林业公司通过大力营造多用途的国家森林，将商业林业与生态、景观和公共利益融为一体。国家森林的目标是增加林地覆盖率，林地覆盖率已从1991年的大约6%增加到2013年的19.5%，长远目标是使其边界内的所有土地的三分之一都成为国家森林。在这些国家，国家森林成为自然保护地不可或缺的重要组成部分，在生态保护和森林资源可持续利用方面发挥了不可替代的作用。

中国有必要建立国家森林体系，把重要的国有林、国家公益林都纳入国家森林管理，由中央林业主管部门直接行使所有权和监管权。事实上，中国目前已经具有良好的基础，这就是国有林区和国家重点公益林。公益林是指为维护和改善生态环境，保持生态平衡，保护生物多样性等满足人类社会的生态、社会需求和可持续发展为主体功能，主要提供公益性、社会性产品或服务的森林、林木、林地。国家级公益林是指生态区位极为重要或生态状况极为脆弱，对国土生态安全、生物多样性保护和经济社会可持续发展具有重要作用，以发挥森林生态和社会服务功能为主要经营目的的防护林和特种用途林。目前，一些公益林已经被划入自然保护区等自然保护地，但大部分还没有被纳入。大型的国有林区，正在明确由国家林业局代行自然资源产权所有人职责，国家重点公益林则已经纳入国家生态补偿和管理范畴，停止天然林商业性采伐，就是把生态价值高的森林纳入保护，以实现森林生态系统的生态服务功能和资源可持续利用。国有林区和国家重点公益林都已经符合自然保护地的特征，可以进一步明确其法律地位，明确由中央林业主管部门直接管理，作为自然保护地体系的主要组成部分。这也是构建国土空间开发保护制度和完善主体功能区配套政策的具体举措，具有里程碑式的重要意义。

4　中国特色自然保护地体系的组成建议

中国的自然保护地体系，不能照搬国外做法，应该结合中国实际，要遵循以下原则：一是要系统完整、层次分明。全面梳理我国现有的自然保护地，按照自然资源的重要程度、保护和利用的严格程度进行分类，兼顾事权划分、保护对象等因子，构建包括所有生态系统类型的、完整的、相互联系的体系，形成“大类-亚类-类型”的层次分明、分级分类的体系。二是要特点鲜明、定位明确。综合考虑“主要保护和管理目标”以及“生态系统的完整性保护程度”，自然保护地体系中各类型之间的特点较为鲜明，不同类型自然保护地的特性及功能定位清晰明确。三是要管理便捷、操作简便。考虑管理者的需求，能够将自然保护地快速、便捷的对应到分类体系中，并准确地制定出相应的管理目标。四是要立足实际、科学衔接。充分吸收现有自然保护地、全国主体功能区及生态保护红线等成果，立足实际，本着震动最小、改革成本最小的精神，科学合理进行分类。五是要既与国际接轨又要有中国特色。为与国际接轨，促进国际合作，我国在建立以国家公园为主体的自然保护地体系时，应参考IUCN保护地分类系统，使我

国的自然保护地系统既具有中国特色，同时又可与国际保护地分类系统对接。

依据以上原则，该文提出将自然保护地分为3个大类、6个亚类、若干个类型的中国自然保护地体系组成建议。3个大类就是根据自然保护地的重要程度，将自然保护地体系划分为3个保护和利用等级，即"严格保护类""保育利用类"和"可持续利用类"3个大类。6个亚类就是将3个大类根据保护地的特性和目标，分为6个亚类。"严格保护类"的自然保护地包括国家公园、自然保护区，"限制利用类"包括自然公园、景观遗迹，"可持续利用类"包括观赏旅游类、资源利用类。结合事权划分，定位6个亚类自然保护地的主体功能及特性如下。

（1）国家公园：具有国家或者国际意义的大范围完整的自然生态系统，中央事权，实行最严格保护。

（2）自然保护区：现有各类各级自然保护区，地方事权为主，中央事权为辅，实行更严格保护。

（3）自然公园类：以自然生态资源保护和合理利用为目的建立的各类自然公园，中央指导，地方管理为主。

（4）景观遗迹类：以自然景观为主的保护利用区。

（5）观赏旅游类：以观赏旅游等资源非消耗性利用的自然区域。

（6）资源利用类：保护和持续利用可再生资源的区域。

在以上基础上，将自然保护地亚类按照核心资源的不同，进一步细分为若干个基本自然保护地类型：

严格保护类：国家公园，自然保护区（包括现有陆地自然保护区、海洋特别保护区、种质资源保护区、自然保护小区等）。

保育利用类：自然公园类（森林公园、湿地公园、沙漠公园、草原公园、海洋公园等），景观遗迹类（地质公园、自然类型的风景名胜区等）。

可持续利用类：观赏旅游类（景观林、野生动植物观赏园），资源利用类（水利风景区、国家森林如国家公益林、国有天然林等）。

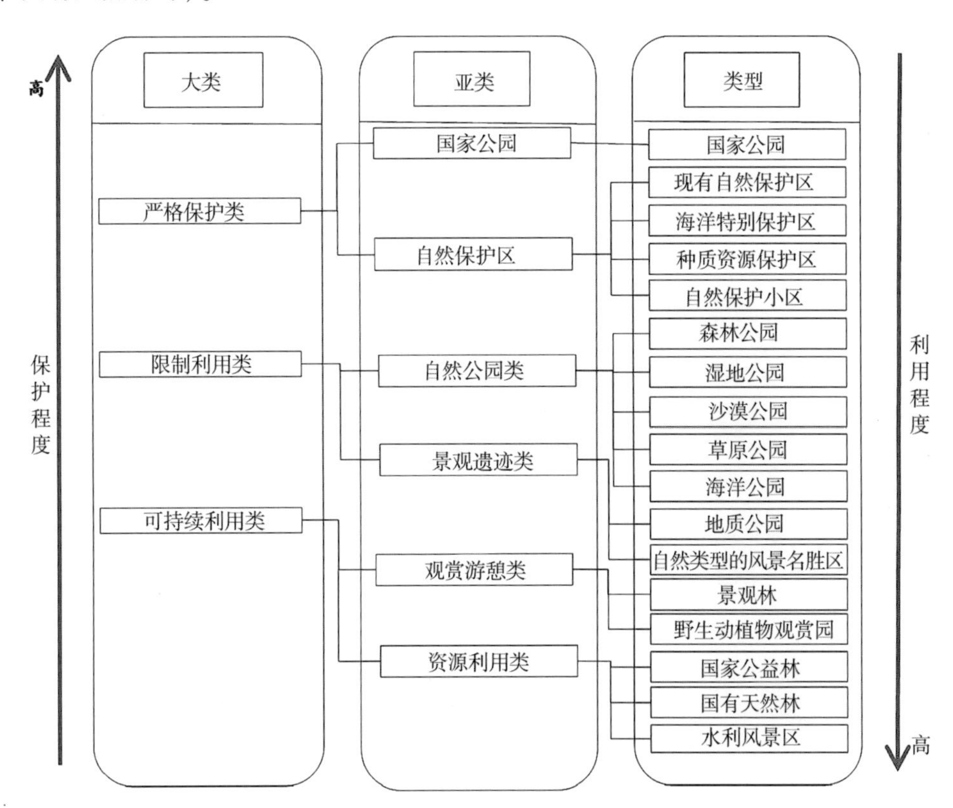

图1 自然保护地体系构成框架图

每一种自然保护地类型都有相应的管理办法。此外，依托以上自然保护地实体而进入被国际、国家认可的名录的自然保护地，除了需要按照各自的标准进行建设和保护管理以外，还需要遵循各自要求履行相应的国际和国家义务。如世界遗产名录、中国生物圈保护区网络、国际重要湿地名录、中国世界记忆名录、中国非物质文化遗产、农业文化遗产、世界生物圈保护区网络、世界地质公园、国家自然与文化双遗产预备名录、国家级非物质文化遗产名录、国家重点保护湿地名录、中国主要水鸟名录、国家级古树名木、国家重点保护古生物化石名录等。

5 建立统一规范的自然保护地治理体系

自然保护地体系既包括完整的空间体系，也包括完善的治理体系。治理体系包括管理体制、法律体系、技术标准体系、资金、人才、科技等保障体系等。其中，明确统一的管理部门尤为重要。要明确自然保护地体系的管理部门，需要考虑原有工作基础，充分吸收既有保护管理成果，稳定基础管理机构，使改革成本最小，改革成效最好，特别要防止大拆大分和激烈变动而有可能引发的剧烈震动和资源破坏。

【参考文献】

唐芳林，2017. 国家公园理论与实践［M］. 北京：中国林业出版社.

王献溥，2003. 自然保护实体与IUCN保护区管理类型的关系［J］. 植物杂志（6）：3-5.

解焱，2007. 中国急需建立新的保护地分类管理体系［J］. 科学观察（6）：40-41.

张希武，唐芳林，2014. 中国国家公园的探索与实践［M］. 北京：中国林业出版社.

NigelDudley，2016. IUCN自然保护地管理分类应用指南［M］. 朱春全，欧阳志云，等，译. 北京：中国林业出版社.

https：//www. nationalforests. org/our-forests. 2017. 12. 6.

https：//en. wikipedia. org/wiki/National_ Forest. 2017. 12. 7.

建立以国家公园为主体的自然保护地体系路径初探*

2017年9月26日，中共中央办公厅、国务院办公厅印发的《建立国家公园体制总体方案》在总体要求中提出“构建统一规范高效的中国特色国家公园体制，建立分类科学、保护有力的自然保护地体系。”2017年10月18日，党的十九大报告提出“加快生态文明体制改革，建设美丽中国。构建国土空间开发保护制度，完善主体功能区配套政策，建立以国家公园为主体的自然保护地体系。”

国家公园是指由国家批准设立并主导管理，边界清晰，以保护具有国家代表性的大面积自然生态系统为主要目的，实现自然资源科学保护和合理利用的特定陆地或海洋区域。自然保护地是由政府划定、法律认可、边界和权属清晰、受到有效管理，以保护特定自然生态系统和景观为主要目的，实现自然资源科学保护和合理利用的区域。

建立以国家公园为主体的自然保护地体系，是美丽中国建设的重要内容，是建设生态文明、促进绿色发展的重大改革任务，是功在当代、利在千秋的重要举措。本文结合中央精神分析了建立以国家公园为主体的自然保护地体系的意义、原则、目标，探讨了自然保护地体系的类型构成，围绕如何体现国家公园主体地位，以及当前自然保护地存在的范围交叉重叠、一个保护区域多块牌子、多个机构，保障措施不够完善等方面的问题，探讨提出初步路径和措施，以期为我国建立具有中国特色的自然保护地体系提供参考。

1 对建立以国家公园为主体的自然保护地体系重要意义的认识

自然是人类社会的母体，既为人类提供了生存空间，又为人类获取生产生活资源提供来源。维护较为完整的自然生态系统，维护生态安全，直接关系到人民群众福祉、经济可持续发展和社会长久稳定，是国家安全体系的组成部分和基石。我国幅员辽阔，自然地理条件多样，森林、湿地、荒漠、海洋等生态系统类型齐全，分布着许多世界闻名的稀有景观和珍奇物种，是世界上生物多样性最丰富的国家之一。我国自然保护事业历经60多年发展，取得了巨大成就，各类自然保护地已逾12000个，总面积约占我国陆域面积的18%，海域的2.3%，在保护生物多样性、保障生态系统稳定和改善生态环境质量等方面发挥了重要作用。

面临人工生态系统无序扩大，自然生态空间被过度挤压，土地退化，水资源短缺，生物多样性丧失等严峻形势，我国目前自然保护地体系中存在的系统性不强，整体功能发挥不够等问题不断凸显，迫切需要建立完善的自然保护地体系，实现以自然保护区为主体向以国家公园为主体的重要转变。建立以国家公园为主体的自然保护地体系，是建立国家公园体制的深化延展，是我国社会主要矛盾变化后，满足人民日益增长的优美生态环境需要的重大举措，有利于解决我国当前资源、生态和环境突出问题，促进经济社会可持续发展；有利于按照自然生态系统的整体性、系统性及其内在规律，进行整体保护、系统修复和综合治理；有利于形成我国生态文明国家品牌，彰显中国特色社会主义制度优越性，增强中华民族的凝聚力和向心力。

---

* 王梦君，孙鸿雁. 建立以国家公园为主体的自然保护地体系路径初探［J］. 林业建设，2018，(3)：1-5.

2 以习近平生态文明思想为根本遵循

习近平生态文明思想是习近平新时代中国特色社会主义思想的重要组成部分，是推进生态文明、建设美丽中国的强大思想武器，是推动生态文明建设和生态环境保护的行动指南和根本遵循。习近平总书记在2018年5月全国生态环境保护大会上强调，新时代推进生态文明建设，必须坚持“人与自然和谐共生”“绿水青山就是金山银山”“良好生态环境是最普惠的民生福祉”“山水林田湖草是生命共同体”“用最严格制度最严密法治保护生态环境”“共谋全球生态文明建设”。此六项原则为大力推进和落实构建以国家公园为主体的自然保护地体系指明了方向。紧紧围绕六项原则，自然保护地体系的建立要以习近平生态文明思想为根本遵循，建议以“保存自然，服务人民”为自然保护地体系的宗旨，遵循“严格保护、整体保护、统筹规划、科学利用”的原则。

保存自然就是要保存自然生态系统的原真性、完整性，保存自然的本真，给子孙后代留下一些自然遗产。服务人民，就是在保护优先的前提下，为公众提供良好的生态产品，让人民体会到生态文明建设带来的福祉。

坚持严格保护。坚持人与自然和谐共生，坚持节约优先、保护优先、自然恢复为主的方针，像保护眼睛一样保护生态环境，像对待生命一样对待生态环境，用最严格制度最严密法治保护生态环境，让自然生态美景永驻人间，还自然以宁静、和谐、美丽。

坚持整体保护。坚持山水林田湖草是一个生命共同体，按照生态系统的整体性、系统性及其内在规律，综合考虑自然生态各要素，整体施策、多措并举，全方位、全地域、全过程开展。

坚持统筹规划。统筹考虑自然生态系统整体性和系统性，统筹考虑保护与利用，系统规划自然保护地空间布局，确立国家公园的主体地位，合理确定各级各类自然保护地的布局、数量与规模，逐步建立以国家公园为主体的自然保护地体系。

坚持科学利用。坚持绿水青山就是金山银山，良好生态环境是最普惠的民生福祉，贯彻创新、协调、绿色、开放、共享的发展理念，坚持生态惠民、生态利民、生态为民，探索资源利用的新模式，不断满足人民日益增长的优美生态环境需要。

3 自然保护地体系的目标

自然保护地体系是实施自然生态系统保护的基础，在整个国土空间大格局中占据着重要的战略地位。要立足于推动形成人与自然和谐共生的自然保护新格局，提出建立目标，为子孙后代留下自然遗产，为中华民族永续发展留下生存空间，为美丽中国建设和中华民族伟大复兴提供生态安全屏障。

《建立国家公园体制总体方案》中提出，构建统一规范高效的中国特色国家公园体制，建立分类科学、保护有力的自然保护地体系。到2020年，建立国家公园体制试点基本完成，整合设立一批国家公园，分级统一的管理体制基本建立，国家公园总体布局初步形成。到2030年，国家公园体制更加健全，分级统一的管理体制更加完善，保护管理效能明显提高。

结合建立国家公园体制的目标，到2020年，自然保护地体系建设要完成国家公园体制试点，整合设立一批国家公园，推动解决自然保护地存在边界不清、重叠交叉等问题，初步建立以国家公园为代表的自然保护地体系框架；到2025年，建立健全自然保护地体系的政策法规、体制机制、标准规范等，基本形成分类科学、保护有力的自然保护地体系；到2030年，建立完善、健全的自然保护地管理体制，以国家公园为主体的自然保护地管理效能全面提高。到2035年，建成完善的以国家公园为主体的自然保护地体系，形成中国特色的国家公园体制。

4 自然保护地类型划分

世界自然保护地类型多样，为了减少专业术语带来的混淆，使各国使用“共同的语言”交流，世界自然保护联盟（IUCN）根据保护地的主要管理目标和管理方式，把自然保护地分为6类，分别为严格的自然保护区/原野保护区、国家公园、自然文化遗迹或地貌、栖息地/物种管理区、陆地景观/海洋景观保护区、自然资源可持续利用保护区。目前我国已有的自然保护地主要按照保护对象或资源类型建立，我国一个类型的保护地可能对应到IUCN保护地管理体系的多种类型。

当前，我国还没有统一规范的保护地分类体系标准。有专家研究提出，基于IUCN保护区分类系统可分为严格自然保护区、国家公园、自然遗迹保护区、野生生物保护区、自然景观保护区和自然资源保护区6类，基于保护对象自然属性分为自然生态系统保护区、野生生物保护区、自然遗迹保护区、自然景观保护区和自然资源保护区5类，基于管理目标社会属性分为国家公园、自然保护区和自然风景区3类。也有专家以管理目标为主线、保护管理效能为导向，将自然保护地划分为国家公园、自然保护区、野生生物保护区、自然遗迹景观保护区、自然资源保育区和自然保护小区6类。唐芳林等在“建立以国家公园为主体的自然保护地体系的探讨”一文中探讨提出按照系统完整、层次分明、特点鲜明、定位明确、管理便捷、操作简便、立足实际、科学衔接的原则，将自然保护地划分为“严格保护类”“保育利用类”和“可持续利用类”3个保护和利用等级，其中“严格保护类”包括国家公园、自然保护区，“限制利用类”包括自然公园、景观遗迹类，“可持续利用类”包括观赏旅游类、资源利用类，也就是3大类、6个亚类、若干个类型的体系。

综合考虑当前我国自然保护地的类型，在明确自然保护地定义及内涵的基础上，建议将国家公园、自然保护区、风景名胜区、地质公园、森林公园、湿地公园、沙漠公园、海洋特别保护区、水利风景区、水产种质资源保护区、沙化土地封禁保护区、饮用水源地保护区、野生植物生境保护点、自然保护小区等保护地统一纳入自然保护地范畴。不同空间尺度和管理层级的自然保护地按照标准组织成为有机联系的统一整体，构成自然保护地体系。

根据功能定位、管理目标的不同，借鉴国际有益做法，结合中国特色，既改革创新，又继承优秀经验，可形成由国家公园、自然保护区、物种和栖息地保护区、自然景观遗迹保护地、自然公园、自然资源保育地或社区保护小区等构成的分类体系，明确不同类型自然保护地的特性及功能定位，确定差别化管理目标和措施。

5 国家公园主体地位的体现

多年来，我国形成了以自然保护区为主体的自然保护空间，自然保护区无论在保护资源的重要性方面，还是在数量、面积规模上都占主体地位。党的十九大报告提出，建立以国家公园为主体的自然保护地体系。要实现从自然保护区为主体到以国家公园为主的转变，需要研究如何体现国家公园的主体地位，如何发挥国家公园的主体作用。

《建立国家公园体制总体方案》提出，国家公园是我国自然保护地最重要类型之一，属于全国主体功能区规划中的禁止开发区域，纳入全国生态保护红线区域管控范围，实行最严格的保护。国家公园的主体性首先体现在国家公园保护了具有国家代表性、典型性的自然生态系统和自然遗产。

为了确保国家公园面积可以维持生态系统结构、过程、功能的完整性，单个国家公园的范围确定要遵循将山水林田湖草作为一个生命共同体的系统保护，进行大尺度、大面积的整体保护，统筹考虑自然生态系统的完整性和周边经济社会发展的需要，合理划定范围。据初步统计，当前我国正在开展的10个国家公园体制试点总面积占国土面积的比例约为2.3%，当前自然保护地总面积约占国土面积的18%。如果要体现国家公园在自然保护地面积规模上的主体性，将来国家公园面积建议至少占自然保护地面积的一半以上，约占国土面积的10%左右。

国家公园在自然保护地体系中处于首要地位，将构成体系的骨架和主体，支撑体系的“四梁八柱”。但是以国家公园为主体是针对全国大范围的总体情况而言，各地根据资源情况因地制宜，不宜上下一般粗，不能强求每一个市县都要以国家公园为主体。

6 自然保护地边界范围、机构牌子问题

《建立国家公园体制总体方案》提出，国家公园建立后，在相关区域内一律不再保留或设立其他自然保护地类型。国家公园与其他自然保护地类型的范围、机构、牌子等方面的关系已经较为明确。除了国家公园，自然保护区、风景名胜区、地质公园、森林公园等现有自然保护地存在的交叉重叠、机构重复设置、多块牌子等问题也需要进行妥善的解决。

2018年5月24日，国家林业和草原局发出了“关于开展全国自然保护地大检查的通知”，切实加强自然保护地管理，全面掌握各类自然保护地保护现状，预防和遏制自然保护地生态破坏问题。其中，自然保护区管理机构设立、确界立标等情况，自然保护地底数、现状数据，包括批复情况、管理机构、四至边界、规划图件、建设情况、各类自然保护地交叉重叠情况等是检查的重点内容。

基于此，建议通过梳理现有自然保护地，建立各级各类自然保护地的统一信息平台，统筹优化自然保护地布局，形成全国自然保护地“一张图”“一套数”。对自然保护地交叉重叠的区域，分析重叠程度，根据资源本底特点，按照保护第一、系统保护的原则，确定类型归属，实现一个保护区域，一种自然保护地类型，实现管理目标的统一。建议对范围尚不明确的自然保护地进行核查和确认，新设立的自然保护地边界范围不能与已有的自然保护地范围交叉重叠。

在确定自然保护地类型的基础上，根据自然保护地管理机构的基本情况，找出存在的问题，以问题为导向，制订解决方案和措施。尚未设立管理机构的自然保护地建议尽快设立实体机构进行管理。重复设置管理机构的自然保护地，本着“精简、高效、统一”的原则，建议制订机构整合方案，实现平稳过渡。按照新的自然保护地分类体系，一种类型自然保护地除了该类型自然保护地管理机构的一块牌子外，建议不再保留其他类型自然保护地的牌子，实现自然保护地“单一身份证”管理。对于国际上授予的世界自然文化遗产地、人与生物圈自然保护区、世界地质公园、国际重要湿地等牌子，在不重复设置管理机构的前提下，建议可以加挂牌子。

7 自然保护地体系管理体制

2018年3月13日，中共中央印发《深化党和国家机构改革方案》，成立国家林业和草原局，加挂国家公园管理局牌子，统一管理国家公园等各类自然保护地。4月10日，国家林业和草原局（国家公园管理局）正式挂牌成立。

国家林业和草原局（国家公园管理局）是自然保护地体系的统一管理机构，建议合理划分自然保护地事权，建立分级分类、统一高效的自然保护地体系管理体制，对国家公园、国家级自然保护地进行全过程管理，对地方级自然保护地建设管理进行指导及监督。

建议国家公园管理局成立国家公园及国家级自然保护地评审委员会，组织对国家公园、国家级自然保护区等自然保护地的审批设立、调整等进行专家审查及评审，提出审批建议，报国务院批准；组织对其他类型国家级自然保护地的审批设立、调整等的专家审查及评审，进行设立或调整的审批，报国务院备案；组织对国家公园、国家级自然保护区、其他类型国家级自然保护地的规划、建设项目等进行审批。地方级自然保护地由省、自治区、直辖市人民政府自然保护地行政主管部门成立地方级自然保护地评审

委员会，参照中央程序，进行审批。

充分发挥中央管总的作用和地方优势，构建主体明确、责任清晰、协作高效、监督规范的自然保护地中央和地方协同机制和治理体系。参照《建立国家公园体制总体方案》提出的构建协同机制的要求，中央政府直接行使全民所有自然资源资产所有权的，地方政府根据需要配合自然保护地管理机构做好生态保护工作。省级政府代理行使全民所有自然资源资产所有权的，中央政府履行应有事权，加大指导和支持力度。自然保护地所在地方政府行使辖区（包括自然保护地）经济社会发展综合协调、公共服务、社会管理、市场监管等职责。

8　自然保护地保障体系

建立以国家公园为主体的自然保护地体系，促进建立层次分明、结构合理与功能完善的自然保护体制，永久性保护重要自然生态系统的完整性和原真性，生物多样性及野生动植物得到保护，文化得到保护和传承，需要建立稳固的保障体系。

（1）稳定的资金保障。对国家公园及国家重要自然保护地建议解决持续稳定投入的问题，建议建立国家投入为主，地方投入为补充的投入机制。优化整合资金渠道，加大建设资金支持力度，探索实践社会资本参与自然保护投入方法，提高资金使用效益。

（2）完善的法律法规。制定与修订相关顶层自然保护地法律法规，建议尽快出台国家公园法，依法规范国家公园及自然保护地管理。制定与国家公园、新的自然保护地体系相适应、相匹配的管理办法。在国家法律的框架，地方政府及各自然保护地根据实际，制定管理条例或管理办法，实现“一园一法”“一区一法”。

（3）机构人才保障。完善各级各类自然保护地的管理机构，加强人才队伍建设。建议综合考虑自然保护地管理人员的专业性，创新人员培养机制，出台吸引人才的配套政策，加强基层人才队伍建设。

（4）创新科技保障。加快研究成果转化，把高新科技引入国家公园和自然保护地体系建设和管理中，用大数据等信息化手段加强管理。根据国家公园及自然保护地自身资源与管理发展设置科研项目，服务于保护管理。构建自然保护地基础数据库及统计分析平台，建立野外大尺度综合观测和研究平台，培育和建设国际一流水平的自然保护地体系监测网络。

（5）有效的监督保障。建立自然保护地保护绩效考核及评估、资源保护利用监督机制，健全监督管理制度，形成职能部门相互协作，社会公众广泛参与的监督体系。

9　结语与展望

建立以国家公园为主体的自然保护地体系是为了保护中华民族赖以生存的生态环境，为当代人提供优质生态产品，为子孙留下自然遗产，为中华民族永续发展提供绿色生态屏障。这是一项浩大的系统工程，具有宏观性和系统性，要以习近平生态文明思想为根本遵循，始终围绕生态文明建设这条主线，充分认识其重要意义，加强方法和路径的深入研究，做好国家层面的顶层设计。

本文提出了我国自然保护地体系分类的一些建议，各类型的功能定位及管控措施等还需下一步深入研究。建议尽快开展国家公园及自然保护地空间布局的研究和规划，使国家公园在国家代表性、国家重要性、面积规模上占到主体地位，成为自然保护地体系的重要支撑。通过梳理现有的自然保护地，解决自然保护地存在的范围交叉重叠、机构重复设置等问题，实现全国自然保护地“一张图”“一套数”，实现“一个保护区域”“一个保护类型”“一个管理户口”。

建立以国家公园为主体的自然保护地体系是一项艰巨的改革任务，这是自然保护的一场变革，但并不意味着推倒重来，而是在现有基础上的继承和创新。继承我国自然保护地多年来成功的建设经验，改革不适宜的弊端，完善自然保护的机制体制，实现整体最优，建立分类科学、保护有力的自然保护地体系，为世界自然保护提供中国方案。

【参考文献】

彭杨靖，樊简，邢韶华，等，2018. 中国大陆自然保护地概况及分类体系构想［J］. 生物多样性，26（3）：315-325.

唐芳林，王梦君，孙鸿雁，2018. 建立以国家公园为主体的自然保护地体系的探讨［J］. 林业建设（1）：1-5.

唐小平，栾晓峰，2017. 构建以国家公园为主体的自然保护地体系［J］. 林业资源管理（6）：1-8.

张希武，唐芳林，2014. 中国国家公园的探索与实践［M］. 北京：中国林业出版社.

Nigel Dudley，2016. IUCN 自然保护地管理分类应用指南［M］. 朱春全，欧阳志云，等，译. 北京：中国林业出版社.

建立以国家公园为主体的自然保护地体系*

自然保护地是各级政府依法划定或确认，对重要的自然生态系统、自然遗迹、自然景观及其所承载的自然资源、生态功能和文化价值，实施长期保护的陆域和海域。国家公园、自然保护区、各类自然公园都是我国重要的自然保护地类型。党的十九大报告提出要“建立以国家公园为主体的自然保护地体系”，启动了自然保护地领域的重大改革。为什么要改革自然保护地管理体制？需要构建什么样的自然保护地管理体制和国家公园体制？如何构建具有中国特色的自然保护地体系？这些都是在改革伊始就必须回答的问题。

1 为什么要改革现行自然保护地管理体制

自然保护地是我国实施保护战略的基础，是建设生态文明的核心载体、美丽中国的重要象征，在维护国家生态安全中居于首要地位。我国的自然保护地建设成绩巨大，历史遗留问题也很多。我国自1956年就开始建立自然保护区，改革开放以来，以自然保护区为代表的各类自然保护地快速发展。1978年11月22日，邓小平在十一届三中全会前夕，专门在《光明日报》内参上的一篇关于呼吁保护福建崇安县生物资源的文章上批示，“请福建省委采取有力措施”，并在标题“保护”二字下重重画了两道横线。次年4月，武夷山国家级自然保护区得以建立。此后，在中央的重视下，全国各地积极性提高，自然保护区数量快速增长，森林公园等多种类型的自然保护地也得到快速发展。到2018年，全国已经建立各级各类自然保护地达1.18万处，包括2750个自然保护区、3548个森林公园、1051个风景名胜区、898个国家级湿地公园、650个地质公园等，占我国陆域面积的18%左右，超过世界平均水平。数量众多、类型丰富、功能多样的各级各类自然保护地，初步形成了以自然保护区为主体的保护地格局，使我国重要的自然生态系统和独特的自然遗产得以保护，在保存自然本底、保护生物多样性、改善生态环境质量和维护国家生态安全方面发挥了巨大作用。

在自然保护地快速发展的过程中，资源保护与开发利用、生态保护与民生发展之间的矛盾，始终如影相随，在各个时期有不同的表现：在粮食短缺时期，曾经把虎豹豺狼等野兽和麻雀大雁等鸟类都视为食物或者害虫加以捕食或消灭，导致生态系统失衡；在自然保护地的划建过程中，由于观念理念、技术粗放等原因埋下了范围和区划不合理等问题的种子。这在当时，并不被视为是严重问题。1994年《自然保护区条例》颁布，这使自然保护区管理有法可依。但大多数自然保护区成立在法律颁布以前，区内不符合法律规定的范围区划和生产经营活动普遍存在，基层实际执法时采取弹性处理措施，保护与发展的矛盾冲突还没有显现出来，为了获得国家更多生态资金补助，各部门和地方政府建立自然保护区的积极性仍然很高。

近年来，经过多年的高强度开发，资源约束趋紧，环境污染加剧，生物多样性丧失，我国生态环境问题越来越突出。为此，国家加大了管理、监督和执法力度，各种问题开始集中暴露出来。以自然保护区为例，许多自然保护区边界范围不合理，功能区划不科学，留下许多遗留问题。把一些乡镇、厂矿、耕地、人工林、商品林、集体林都划入其中，一些在自然保护区成立之前就存在的合法的生产生活活动，一些祖祖辈辈就生活在里面的原住居民，突然间与自然保护区管理规定产生矛盾，于是产生抵触情绪，

* 唐芳林. 建立以国家公园为主体的自然保护地体系［J］. 中国党政干部论坛，2019，（8）：5.

随着执法力度的加大，一些地方甚至到了“谈保护区色变”的程度。这折射出我国自然保护地普遍存在定位模糊、多头设置、交叉重叠、边界不清、区划不合理、权责不明、人地冲突严重等问题。在严峻的形势面前，虽然保护生态环境已成为社会共识，但在一些具体问题上，相关监督管理部门如履薄冰，当地居民发展受限，保护区工作人员叫苦不迭，地方政府深受困扰，无所适从。

究其原因，客观上，一方面是我国人口众多，除了高原和荒漠等不适宜人类居住的地区，许多生物多样性丰富的区域都有人居住；另一方面是一些重要的野生动植物物种和自然生态系统需要采取“抢救性保护”措施。主观上，我国的自然保护地大多由部门主导、地方自下而上申报而建立，其产生过程中缺乏系统的规划。由于对自然保护地的认识还不够全面，加上地方分割、部门分治的管理体制，使得自然保护地体系的顶层设计不完善、空间布局不合理、分类体系不科学、管理体制不顺畅、法律法规不健全、产权责任不清晰。许多人当时对自然保护区的认识不深刻，操作有偏差，往往将建立自然保护地视为争取投资项目的机会，事前调查研究不充分，设立过程中工作不细致，未充分征求相关利益群体意见，评审专家参与面窄，价值取向单一。主客观因素综合作用的结果，使得在自然保护区领域存在大量的历史遗留问题。保护空缺和交叉重叠同时存在，完整的生态系统被人为分割，碎片化现象突出，自然保护地只形成了数量上的集合，完整性和联通性不够，尚未形成整体高效、有机联系的自然保护地体系。

以上问题的存在，使得自然保护地管理的有效性降低，保护与发展的矛盾在自然保护地领域尤其突出，影响了保护效能的发挥，自然保护地提供优质生态产品和支撑经济社会可持续发展的基础还很脆弱。在新时代，人民对优美生态环境的需要与生态产品供给不平衡不充分的矛盾越来越突出，生态产品短缺成为全面建设小康社会的短板，迫切需要深入分析梳理我国自然保护地建设管理存在的突出问题，提出解决方案，进行大刀阔斧的改革。

2 明确自然保护地管理体制改革方向

自然保护地是我国实施保护战略的基础，国家公园是最重要的自然保护地类型，国家公园体制改革是自然保护地领域一场系统性、重构性的变革，这是贯彻落实习近平新时代中国特色社会主义思想的重要举措，是落实为中国人民谋幸福、为中华民族谋复兴的初心使命的具体行动。习近平总书记亲自领导和推动了国家公园建设，他的一系列有关指示和批示，明确了国家公园建设的主要目的，指明了国家公园体制建设的方向，表明了用最严格的制度和最严密的法治保护生态环境的坚强意志和坚定决心。

中国的目标不单是建立若干个国家公园实体单元，而是针对自然保护存在的突出问题，在现有自然保护地基础上整合建立若干国家公园实体，由若干实体单元组成国家公园体系，改革现行管理体制，建立国家公园体制，构建国土空间开发保护制度，建立归属清晰、权责明确、监管有效的自然资源资产产权管理制度，形成系统完整的生态文明制度体系，用最严格的制度和最严密的法治为生态环境保护修复提供可靠保障，实现生态环境治理体系和治理能力现代化，形成一条清晰的改革逻辑和思路目标。建立国家公园体制是手段；完善国家公园为主体的自然保护地体系是方法和路径；构建生态文明体制，推进自然资源科学保护和合理利用，保持一个健康稳定的自然生态系统和维护生物多样性，促进人与自然和谐共生、建成美丽中国是目标。改革必须站在中华民族永续发展的高度，以习近平生态文明思想为指导，从解决历史遗留问题入手，通过建立国家公园体制，构建完善的生态文明制度，保护中华民族赖以生存的生态环境，实现生态环境治理体系和治理能力现代化，为当代人提供优质生态产品，为子孙留下自然遗产，为中华民族永续发展提供绿色生态屏障。

3 加快建立统一规范高效的国家公园体制

当前要按照《建立国家公园体制总体方案》《关于建立以国家公园为主体的自然保护地体系指导意

见》等有关文件，对标生态文明制度建设目标，加快国家公园体制试点，总结可复制可推广的经验，全面建立具有中国特色的国家公园体制。

3.1 建立统一管理机构

根据党和国家机构改革方案，组建国家林业和草原局，加挂国家公园管理局牌子，统一管理国家公园及自然保护地。随着“三定方案”的落实，国家和省级层面的各项改革措施已基本到位，各项任务正在落实。

3.2 科学编制国家公园发展规划，整合建立国家公园

在现有自然保护地基础上，进行梳理、评价分析、科学分类，以我国自然地貌为基础，根据生态功能区、生态系统完整性、系统性及其内在规律，统筹考虑自然生态各要素，按照国家公园标准，制定国家公园发展规划和布局规划，将符合国家公园建设条件的重点自然资源纳入国家公园，整合建立一批国家公园。

3.3 明晰自然资源归属，理顺自然资源管理体制

结合全民所有自然资源资产管理体制改革，对自然生态空间进行统一确权登记。科学确定全民所有和集体所有各自的产权结构，合理分割并保护所有权、管理权、特许经营权，实现归属清晰、权责明确。

3.4 建立和健全国家公园法律法规体系

加快制订国家公园法。制订国家公园“一园一法”。组织编制一整套科学、完整的包括国家公园保护、监测、管理、巡护、游憩、建设等内容的技术标准体系。健全国家公园资金保障机制，建立国家公园人事管理制度，制订国家公园的申报制度、严格保护管理制度、特许经营制度、责任追究制度等制度，为国家公园建设提供制度保障。

4 建立以国家公园为主体的自然保护地体系

4.1 对现有自然保护地进行科学分类

世界自然保护联盟（IUCN）将全球纷繁复杂的自然保护地类型浓缩简化为六类：严格自然保护区和原野保护区、国家公园、自然文化遗迹或地貌、栖息地/物种管理区、陆地景观/海洋景观保护区、自然资源可持续利用保护区。这是一个实用的分类分析工具，但鉴于原有自然保护地类型在分类指南出台之前就已经存在，同样名称在各国有截然不同的管理目标，以处于第二类的“国家公园”为例，各国的冠以“国家公园”名称的自然保护地在以上六类中均有分布。现实中，这个分类标准难以作为管理工具在中国套用，必须另辟蹊径。按照自然生态系统原真性、整体性、系统性及其内在规律，我国依据管理目标与效能并借鉴国际经验重新构建自然保护地分类系统，将自然保护地分为国家公园、自然保护区、自然公园三类，其中国家公园处于第一类。把现有的森林公园、湿地公园、地质公园等归入自然公园类。相比之下，中国特色的自然保护地分类既照顾了历史，又吸收了国际有益经验，更加简洁明了，易于操作，在国际上独树一帜，符合中国国情。

4.2 突出国家公园的主体地位

国家公园的主体地位体现在维护国家生态安全关键区域中的首要地位、在保护最珍贵、最重要生物多样性集中分布区中的主导地位以及保护价值和生态功能在全国自然保护地体系中的主体地位。也就是说，国家公园是我国自然生态系统中最重要、自然景观最独特、自然遗产最精华、生物多样性最富集的部分，保护范围大，生态过程完整，具有全球价值、国家象征，国民认同度高。根据国家公园空间布局规划，按照资源和景观的国家代表性、生态功能重要性、生态系统完整性、范围和面积适宜性等指标要求，并综合考虑周边经济社会发展的需要，自上而下统筹设立国家公园。将名山大川、重要自然和文化

遗产地作为国家公园设立优先区域，优化国家公园区域布局。重点推动西南西北六省区建立以保护青藏高原“亚洲水塔”“中华水塔”生态服务功能的“地球第三极”国家公园群，在东北地区研究整合建立湿地类型国家公园，在长江等大江大河流域、在生物多样性富集的代表性地理单元，重点选择设立国家公园。

4.3 构建完善管理体系

通过国家公园体制建设促进我国建立层次分明、结构合理与功能完善的自然保护体制，构建完整的以国家公园为主体的自然保护地管理体系，永久性保护重要自然生态系统的完整性和原真性，野生动植物得到保护，生物多样性得以保持，文化得到保护和传承。制订配套的法律体系，构建统一高效的管理体系，完善监督体系。增加财政投入，形成以国家投入为主、地方投入为补充的投入机制。搭建国际科研平台，构建完善的科研监测体系。构建人才保障体系、科技服务体系、公众参与体系。制定特许经营制度，适当建立游憩设施，开展生态旅游等活动，使公众在体验国家公园自然之美的同时，培养爱国情怀，增强生态意识，充分享受自然保护的成果。

4.4 完善治理体系

全面贯彻落实习近平生态文明思想，推动形成人与自然和谐共生的自然保护新格局，立足我国现实，对接国际做法，大胆改革创新，通过深入分析，提出解决方案，构建中国特色的自然保护地管理体制，确保占国土面积约 1/5 的生态空间效能发挥，确保国家生态安全。从分类上，构建科学合理、简洁明了的自然保护地分类体系，解决牌子林立、分类不科学的问题。从空间上，通过归并整合、优化调整，解决边界不清、交叉重叠的问题。从管理上，通过机构改革，解决机构重叠、多头管理的问题，做到一个保护地、一套机构、一块牌子，实现统一管理。逐步形成以国家公园为主体、自然保护区为基础、各类自然公园为补充的自然保护地体系，以政府治理为主，共同治理、公益治理、社区治理相结合的自然保护地治理体系。到 2020 年，建立国家公园体制试点基本完成，整合设立一批国家公园，分级统一的管理体制基本建立，国家公园总体布局初步形成，到 2030 年建立完善的、以国家公园为主体的自然保护地体系。

我国自然保护地规划体系架构研究*

我国自然保护地在实施统一管理之后，尚未构建标准化的自然保护地规划体系。通过分析自然保护地规划体系构建需求，提出宏观层面编制国家、省、市（县）三级自然保护地规划，微观层面构建总体规划、专项规划、详细规划、管理计划、年度计划相配合的自然保护地实体规划体系。为自然保护地规划体系架构的搭建、规划编制内容的确定提供技术参考。

1 引言

随着全球自然保护思想的发展、成熟和深化，系统性、整体性、全局性的自然保护成为共识，各个国家从时间序列与空间序列上建立起层级鲜明、目标多样的规划以保障自然保护地的有序、稳步发展，单一、独立的规划已逐步过渡到层层衔接、互为引导支撑的规划体系，实现了生态系统的整体保护[1-3]。《关于建立以国家公园为主体的自然保护地体系指导意见》（以下简称《指导意见》）的颁布实施，标志我国自然保护地进入了全面深化改革的新阶段。我国自然保护地从空间上交叉重叠、管理上九龙治水，逐步转变为分级、统一、规范、高效管理的自然保护地管理体制，保护地在经历调查评估、整合优化之后，亟需构建左右衔接、上下联动的自然保护地规划体系，以分阶段、分目标、分层次、分重点地指导和推进我国的自然保护地建设和管理。

现阶段，我国自然保护地规划体系限于单一的自然保护地类型，如自然保护区采用发展规划、总体规划、项目可行性研究、实施方案相结合的规划体系；风景名胜区采用总体规划和详细规划为主，分区规划、景点规划、控制性详细规划、修建性详细规划等按需编制的规划体系；湿地公园、地质公园等保护地采用总体规划加专项规划的规划体系。以上规划体系仅满足了单类保护地的发展需要，在不同类型保护地的统筹协调保护方面，在与生产、生活空间规划的衔接方面都缺乏大局观、联通性和完整性[4]，未经科学、系统的整体论证。局限、分散甚至孤立的规划体系，导致保护地在保护效能和管理体制上存在交叉重叠或保护空缺，割裂了生态系统保护的完整性，极大地影响了生态系统服务功能的充分发挥。

通过对我国自然保护地规划体系的架构进行需求分析，从自然保护地宏观规划体系和保护地实体规划体系两个层面搭建自然保护地规划体系架构，厘清各类型规划间的相互作用关系，分别论述和明确各层级规划的目标、功能定位及重点规划内容，为自然保护地规划体系建设提供技术参考。

2 我国自然保护地规划体系构建要求

我国自然保护体制机制建设已进入重构期，构建系统、完整的自然保护地规划体系是自然保护地体系构建的重要组成部分，起到承上启下的作用。承上方面，自然保护地体系由国家进行顶层设计，在确立国家公园主体地位，科学划定自然保护地类型，明确自然保护地功能定位的基础上，自然保护地规划体系将自然保护地体系构建的指导思想及宏观理论落实到操作层面，对自然保护地整体和个体的发展目标、规模和范围、建设的实现路径及方式等进行系统设计与细化，形成可操作、可落地的规程规范。启下方面，自然保护地规划体系作为指导实施层面的规范性、标准性文件，是实现保护地保护管理目标的重要保障和有效手段，是保护地有效、稳步实施建设的科学依据，在自然保护地建设与管理中，需要严

* 余莉，孙鸿雁，李云，王丹彤. 我国自然保护地规划体系架构研究［J］. 林业建设，2020,（2）：7-12.

格遵循规划的相关要求，分步骤、分阶段、分重点地建设自然保护地，并实施有效管理。鉴于此，我国自然保护地规划体系构建应满足以下两方面要求。

其一，宏观层面，根据《指导意见》中“依据国土空间规划，编制自然保护地规划，明确自然保护地发展目标、规模和划定区域”的要求，结合《关于建立国土空间规划体系并监督实施的若干意见》安排，充分考虑国土空间规划的指导约束作用，搭建我国自然保护地宏观规划体系架构，明确自然保护地规划与国土空间规划的衔接方式和内容，明确各层级自然保护地规划的定位和目的。

其二，微观层面，为保障自然保护地实体建设和管理实现有目标、有计划、分重点地稳步推进，提出保护地实体规划体系包含的规划类型，明晰各类型规划的衔接关系、解决的主要问题、规划目标及重点，明确各类型的规划定位，实现不同类型规划解决不同精度的保护管理问题。

3 我国自然保护地宏观规划体系架构

国土空间规划是国土空间内各类开发保护建设活动的基本依据和发展指南，自然保护地规划作为国土空间规划的专项规划，内容上需要对国土空间规划中涉及自然保护的政策和措施进行分解落实，形式上也应对标全国、省、市（县）多层级的国土空间规划的规划策略和布局安排，制定全国、省、市（县）三级自然保护地规划，如图 1 所示。

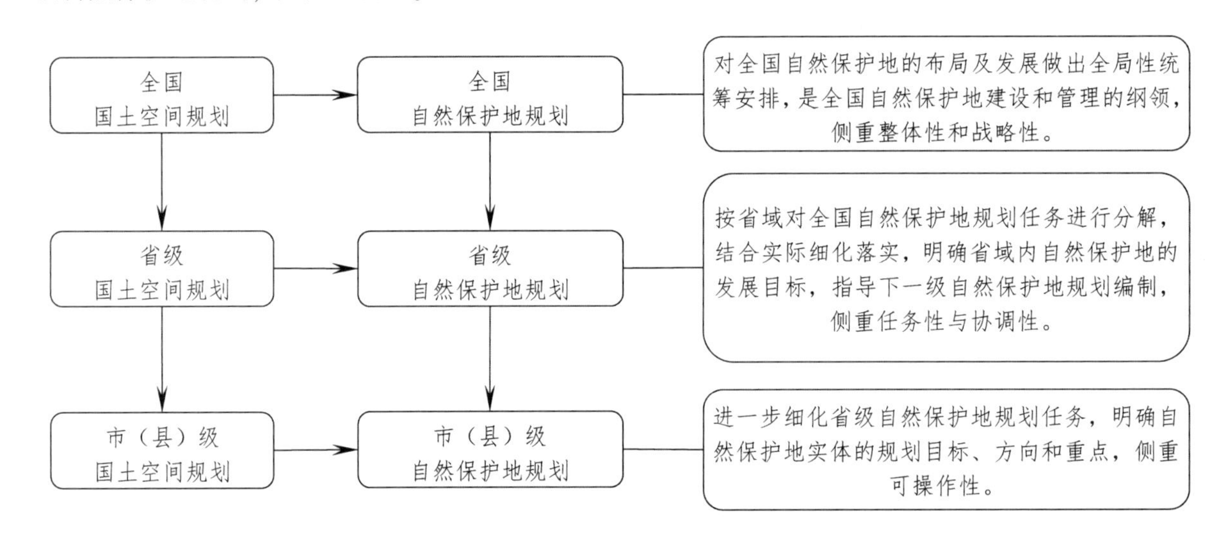

图 1　自然保护地规划与国土空间规划的对应关系

3.1 全国自然保护地规划

全国自然保护地规划应遵循全国国土空间规划明确的自然保护地发展方向及思路，贯彻落实党中央、国务院关于生态文明建设、自然保护地体系构建和国家公园体制建设的重大决策部署，体现自然保护地保护重要生态系统、自然遗迹、自然景观和生物多样性，提升生态产品供给能力，维护国家生态安全的战略意义。

全国自然保护地规划旨在明确我国自然保护事业发展的宏观战略部署，以自然资源的可持续、协调发展为原则，在全国空间尺度下，对重要生态系统和生态过程的演替和发展制定指导性、约束性的保护策略，明确相关政策、法规、标准的制定与落实，其内容主要包括以下 13 个方面：

（1）我国自然保护事业的发展进程；

（2）全国自然保护地建设和管理现状、突出问题及发展趋势；

（3）全国自然保护地建设与管理的指导思想及原则；

（4）全国自然保护地发展的近、中、远期的时间跨度及目标；

（5）自然保护地专项规划与国土空间规划、其他相关规划的衔接情况；

（6）我国生态系统及其重要性和原真性、重要野生生物种群及野生物种多样性、重要地质遗迹和自然景观及其独特性的现状调查与评价；

（7）综合论述我国国家公园、自然保护区、自然公园三类自然保护地的整体保护和发展的方向、模式及内在联系；

（8）全国国家公园的发展目标、空间布局和战略任务；

（9）全国自然保护区的发展目标、布局重点和战略任务；

（10）全国自然公园的发展目标、战略任务；

（11）明确自然保护地管理体制的建设目标、要求和管理重点，包括但不限于明晰各类保护地分级管理的中央和各级政府事权，明确各类保护地管理机构的机构组织及性质构成等；

（12）明确自然保护地体系机制的建设目标和要求，包括但不限于明确各类自然保护地的分区管控方式，明确保护地历史遗留问题的处理思路和原则，明确保护地内自然资源资产的管理任务及要求，明确全民共享机制、自然保护利益协调机制、保护地生态环境监督考核机制的建设目标及任务等；

（13）从政策、法律、人才、资金、科技等方面提出确保自然保护地体系顺利运行的保障机制。

3.2 省级自然保护地规划

省级自然保护地规划立足省内社会、经济、文化发展需要，分解落实国家自然保护地规划提出的发展目标和任务要求。结合省内生态文明建设目标和方向，自然资源、生态系统、遗迹景观等的保护利用需求，对省域范围内，自然保护地的布局、规模、发展目标、管理体制机制、运行机制、保障措施等进行规划设计。

在对全国自然保护地规划主要内容进行分解和落实的同时，省级自然保护地规划更需要强调自然保护地建设和管理的可落地性，具体表现为：

（1）清晰自身定位，明确省级以国家公园为主体的自然保护地体系的建设思路、方向、原则和方法，确立省域范围内自然保护地建设目标，以及在全国自然保护地建设中扮演的角色和发挥的作用；

（2）针对省域内自然保护重点和难点，结合现阶段突显的保护与利用之间的矛盾，梳理分析典型历史遗留问题的现状和产生的根源，以国家自然保护理念与原则为准绳，制定或探索创新解决问题的思路、方案和实施办法，注重过程控制，能够预见或预判解决问题过程中存在的困难或易引发的新问题、新矛盾，提出相应的解决预案；

（3）省级自然保护地发展的近、中、远期规划目标和执行期应立足于各省的自然保护实际，合理分配任务，明确规划实施的先后次序，切忌贪大求全，规划内容应对应规划目标进行分解落地，具备可行性；

（4）对省域内特有的自然资源、生态系统、重要野生生物、重要地质遗迹等，制定相应的保护策略与合理利用方式，管理体制机制、办法、流程等应分别进行论证和计划；

（5）进行全省范围内省级以上自然保护地的空间布局和统筹规划；

（6）结合省内保护地确界实况，对保护地勘界立标的勘定方案、确认程序和标识系统规范等提出技术要求，并进行时序安排；

（7）根据省域内各自然保护地实体的建设管理需求，细化省级以财政投入为主的多元化资金保障制度，明确各自然保护地省级财政资金投入情况，提出合理有效的生态保护补偿机制；

（8）明确省级自然保护地管理机构和队伍的机构设置、职责配置、人员编制等。

3.3 市（县）级自然保护地规划

市（县）级自然保护地规划必须强调可操作性，在充分考虑地方发展特色和存在问题的基础上，衔接市（县）级国土空间规划，以《指导意见》为纲领，将省级自然保护地规划提出的任务进行细化、量化及落地，主要包括：

（1）以国家规划为指导，省级规划为依据，根据市（县）自然资源禀赋和发展需要，制定市（县）级自然保护地规划。县级规划应具备较强的针对性，对辖区内自然保护地发展和建设涉及的重点、难点问题进行系统深入地分析、解决和落实；

（2）对区域范围内含有的不同类型自然保护地如何综合发挥保护功能进行系统论证；

（3）进细化和量化区域内所有自然保护地类型的布局、数量、规模、发展目标及时间安排、管理体制、运行机制、保障措施等，对市（县）级自然保护地的建设管理目标、任务、管理体制等进行具体安排；

（4）对县域内典型的自然资源、生态系统、重要野生生物、重要地质遗迹等的保护利用进行重点规划；

（5）就如何配合省级以上自然保护地的建设管理提出工作安排和计划。

4 我国自然保护地实体规划体系架构

区别于自然保护地规划的宏观统筹，自然保护地实体规划体系是用于指导每个自然保护地建设和管理的系列规划，一般包括总体规划、专项规划、详细规划、管理计划和年度计划。

具体而言，总体规划是专项规划和年度计划的纲领和上位规划，对自然保护地整体的建设、管理、运行进行系统规划，具有相对较强的指导意义；专项规划主要针对自然保护地发挥的功能和建设需要进行分项分重点规划，解决的重点问题导向明确，针对性强；年度计划按时间轴对总体规划的任务进行分年度的细化落实，时序性和可操作性较强，并与专项规划相互配合。管理计划是对自然保护地管理的要求和任务进行梳理和计划，既遵循总体规划的指导方向，又对总体规划的实施提供制度保障。详细规划则是根据具体建设项目落地需要，对项目的建设布局、流程等方面进行细化安排。各项实体相关规划的相互关系如图 2 所示。

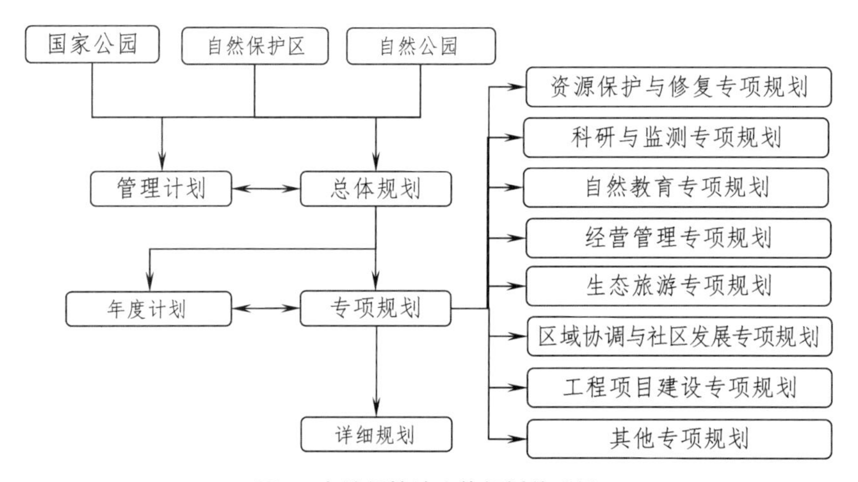

图 2 自然保护地实体规划关系图

4.1 总体规划

自然保护地总体规划是保护地实体建设的综合性、全局性规划，旨在明确未来 10 至 20 年时间内，保护地实体的发展目标和解决保护、利用、建设、管理、运行涉及的重要问题。

每个自然保护地实体都必须编制总体规划，结合自身发展和保护需求，在指导思想、发展方向、建设目标方面与自然保护地规划相衔接，确保宏观导向的正确性；通过系统全面分析，明确保护地实体建设和管理的实施重点难点和需要解决的问题，为专项规划、管理计划、年度计划的编制指明方向、目标、任务和要求。一般而言，总体规划主要内容包括：

（1）阐述自然保护地实体建设的背景及意义；

（2）分析保护地实体建设存在和需要解决的问题，提出相应的建设需求；

（3）明确保护地建设的近、中、远期规划期及规划目标；

（4）分析总体规划与其他相关规划的衔接情况；

（5）对保护地实体的范围、规模、性质进行阐述；

（6）对保护地实体内自然资源、生态系统、地质遗迹等资源的位置分布、数量、质量评价等进行论述；

（7）进行保护地的管控分区[5]和功能分区；

（8）对保护地发挥的功能、管理体制、运行机制等进行分项规划；

（9）对潜在威胁保护地建设、管理、运行的因素进行分析预测，提出相应的解决问题思路；

（10）进行保护地建设的投资估算、效益分析、环境影响评价和保障措施等。

总体规划的编制应充分结合保护地实体的自身资源禀赋和发展情况，规划措施及管理策略应具有科学性、可行性和可持续性。

4.2 专项规划

专项规划是对总体规划内容的细化和深化，针对保护地的功能实现可以编制资源保护与修复、科研与监测、自然教育、生态旅游、区域协调与社区发展等专项规划，针对建设管理需要可提出经营管理、工程项目建设等专项规划。专项规划应采取按需编制，应满足以下要求：

（1）编制深度应满足立项要求，规划内容需要通过详细的调查评估、充分的理论依据、严密的观点论证和合理的指标测试来确定；

（2）工程建设类专项规划需要明确项目的空间布局、建设规模、项目时序安排、资金来源等；

（3）规划需要具有可行性，明确适用的政策条件、合理的组织方式，如实施单位、作业程序、时间节点等，可以落地实施。

4.3 详细规划

详细规划是为自然保护地特定空间内保护利用设施或工程建设项目设计的具体行动方案，主要针对建设的目标、布局、选址、规模、控制条件、工程设计、投资估算等进行的具体规划，强调项目建设的可落地性和可实施性。详细规划应按需编制，建议参考风景名胜区详细规划标准，主要内容包括以下方面：

（1）明确编制详细规划的空间范围，并结合该区域在总规、专规中的规划要求，对区域的资源和保护利用现状进行综合分析，明确区域的建设发展定位；

（2）明确设施或工程建设的目的、设计原则和要求、空间布局与功能布局、规模和建设体量等；

（3）明确建设周期、建设目标、实施步骤，编制建设分期实施项目清单，明确建设内容与控制要求；

（4）做详做实投资估算。

4.4 管理计划

管理计划是开展和协调保护管理活动重要的保障文件，是规范管理行为的基础。管理计划的制定应对照总体规划提出的管理目标，明确管理工作的任务和重点，详细安排各项管理任务的时间表、路线图，确定各项管理任务的组织、实施和绩效要求。制定和实施管理计划的关键包括：

（1）分析、评价保护地实体保护管理面临的系列问题，对问题进行归类和排序，甄别哪些是影响管理目标实现的主要问题，进行重点考虑，并通过改进管理方式或方法积极推进解决现实问题；

（2）将自然保护地的管理任务分解为一系列有时间约束、措施保障、可实现、可度量的目标，并制定有科学性、逻辑性、有效性和可操作性的实施方案和行动计划。

管理计划的内容主要包括以下方面：

（1）保护地实体的概况，包括保护地建设进程、范围和规模、自然资源及生态系统状况、主要保护对象及保护任务、管控分区及功能分区、土地权属、社会经济状况、管理体制、运行机制、建设情况、经营情况等；

（2）保护管理分析与评价，包括保护对象现状调查与评价、管理体制建设进展及评价、项目建设进展与评价、经营管理现状与评价等；

（3）问题分析及风险预估，对保护地资源与环境保护、管理体制建设、项目建设、特许经营等存在的问题及风险因素进行分析和预估，解析问题产生的根源；

（4）管理策略的制定，包括分阶段确定管理目标，制定系统的管理计划的策略，再分别针对各项存在问题和风险因素提出具体的解决办法和应对策略；

（5）管理行动计划，针对管理策略提出具体的行动计划，对每项行动的实施背景、具体方案、执行时间、执行人等制定方案及计划；

（6）投资估算，对应管理行动计划，对每项管理行动需要的经费进行详细估算，并明确经费来源，分年度计划经费的支出额度及用途；

（7）提出管理计划顺利推进的保障措施。

4.5 年度计划

年度计划是根据总体规划、专项规划、详细规划、管理计划的任务安排，在充分考虑任务执行时序性和均衡性的前提下，提取特定年份内需要完成的任务进行分解和落实，制定出各项任务的实施计划，包括任务的时间表、路线图、责任单位或个人、考核清单等。

年度计划主要内容包括以下方面：

（1）回顾自然保护地实体的建设管理情况；

（2）分析现阶段建设管理中存在的问题；

（3）提出保护地未来一年内的建设管理重点；

（4）根据管理重点制定任务清单，包括任务背景、内容、执行人、具体技术方案、时间安排、经费预算及执行方案等。

5 统一编制自然保护地规划必要性的讨论

《指导意见》明确自然保护地分为国家公园、自然保护区、自然公园三类，本文提出统一编制自然保护地规划主要基于三方面考虑：

其一，我国建立以国家公园为主体、自然保护区为基础、各类自然公园为补充的自然保护地分类系统，旨在通过建设不同类型的保护地对我国不同保护强度、不同生态价值、不同管理目标的生态空间进行区别化保护利用，三类保护地各司其能又相互支撑和补充，是一个有机的整体，是对我国重要自然生态空间的系统管理。相比单类自然保护地规划，统一规划可保证生态空间的连续性和保护的整体性，有利于从全局出发，论证保护地综合发挥保护效能的协调机制。

其二，自然保护地规划的编制需要对自然生态系统、自然资源禀赋、自然景观等进行综合的调查、分析和评价，若分类编制保护地规划，亦造成该项工作的重复。

其三，分类编制自然保护地规划，必然会面临规划编制时序的安排，若分类型同时编制自然保护地规划，难以避免各类自然保护地在空间布局、边界勘定、类型划分等阶段存在交叉或重叠；而采用分类型分时序编制自然保护地规划，就需要按国家公园规划、自然保护区规划、自然公园规划逐级编制，前者审批通过才能开展后者的编制工作，导致规划期的延长。

因此，本文建议统一编制自然保护地规划，对国家公园、自然保护区、自然公园三类保护地的空间布局、保护任务、利用效能进行系统规划与统筹。考虑到不同类型保护地的发展和建设重点差异，可在编制自然保护地规划的基础上，根据各类自然保护地发展建设的需要，分类按需编制各类自然保护地发展规划，专项指导特定类型自然保护地的建设和管理。

6 结论

本文通过对我国自然保护地规划体系进行需求分析，在宏观层面提出应编制国家、省、市（县）三级自然保护地规划，并对各级规划的重点进行梳理，建立起从国家到地方、从整体到局部、从理念到实施的自然保护格局。微观层面就自然保护地实体应编制的总体规划、专项规划、详细规划、管理计划、年度计划之间的关系进行梳理，并明确各类规划编制的主要内容，为保护地实体规划的编制提供技术参考。自然保护地规划体系是保障自然保护地健康、稳定、有序发展的基石，具有较强的指导性和预见性，在实际的规划编制中需要结合保护地实际，探索创新规划的新理论、新方法，提升规划的科学性和可行性。

【参考文献】

孙鸿雁，余莉，蔡芳，等. 论国家公园的“管控—功能”二级分区［J］. 林业建设，2019，3：1-6.

唐芳林，王梦君，李云，等. 中国国家公园研究进展［J］. 北京林业大学学报（社会科学版），2018，17（3）：17-27.

唐小平，张云毅，梁兵宽，等. 中国国家公园规划体系构建研究［EB/OL］. 北京林业大学学报（社会科学版）. http://kns.cnki.net/kcms/detail/11.4740.C.20181226.1028.002.html.

严国泰，沈豪. 中国国家公园系列规划体系研究［J］. 中国园林，2015，（2）：15-18.

杨锐. 美国国家公园规划体系评述［J］. 中国园林，2003，（1）：44-47.

我国自然保护地总体规划编制规范探讨*

总体规划是自然保护地建设和管理的纲领性文件，通过对现有自然保护地总体规划编制规范技术文件的梳理，分析自然保护地总规编制规范文件的编制现状及问题，结合我国自然保护建设管理新要求，综合提出国家公园、自然保护区、自然公园三类总规规范编制建议，为自然保护地规划体系构建的规范化、系统化提供技术支撑。

1 引言

根据《关于建立以国家公园为主体的自然保护地体系指导意见》中“依据国土空间规划，编制自然保护地规划，明确自然保护地发展目标、规模和划定区域”的要求，自然保护地规划体系构建、相关规划编制工作已经提上日程。国家机构改革前，我国的自然保护地因建设时间、发展程度的不均衡，管理部门各异，导致规划体系相互独立，规划类型及水平参差不齐，规划目标和重点各具差异，未形成科学、系统的规划体系和编制规范。在建设以国家公园为主体的自然保护地体系背景下，亟需对自然保护地规划体系、各类保护地规划编制工作进行梳理和规范，以保障规划编制的整体性和规范性。

现有自然保护地规划相关研究主要集中在自然保护地规划历程和体系构建方面[1-4]，立足宏观层面论述了自然保护地体系从局部到整体、从分散到系统的发展融合过程，进而提出我国自然保护地体系构建的整体思路。而在微观层面，鲜少有研究针对各层级保护地的具体规划需要如何编制、涵盖的重点内容是什么、如何审批等问题进行分析解答。本文以自然保护地总体规划编制规范作为切入点，研究总规编制规范的具体内容和要求，主要基于以下两方面考虑：

（1）总规在自然保护地规划体系中起到承上启下的关键作用，是构建自然保护地规划体系的重要环节。

一般而言，自然保护地规划的目的、任务、重点、内容根据管理层级和对象的不同而存在差异。发展或战略规划主要从区域宏观和战略层面对自然保护地进行统筹布局，总体规划、专项规划、详细规划、管理计划、年度实施计划更专注于微观层面的自然保护地实体，需要遵循“一园一规”的原则，从资源特征和保护利用需求出发，将保护地实体的管理措施和建设任务在各层级规划中进行不同深度和尺度的逐一落实和规范。研究后发现宏观与微观两个层面的规划看似独立，实则又相辅相成，宏观规划为微观规划的制定提出了指导性和纲领性的要求和准则，微观规划则在实操层面为宏观规划的落实明确了具体的实施路径和技术方法。在宏观到微观的过渡中，总规既延续了宏观规划的思想，需要具有大局观和前瞻性，又为自然保护、科研监测、生态教育等专项规划、与项目建设和设施落地相关的详细规划、阶段性的管理计划等的制定明确目标及方向，对下位规划类型及重点内容的确定奠定基础，起到重要承上启下的衔接作用。

（2）总规平衡了多目标的保护利用需求，科学统筹严格保护与科学利用之间的关系，其编制工作的规范更有利于全面、系统地发现和解决问题。

自然保护地是融合了自然资源、生态系统、历史遗迹等多保护目标，兼顾人文社区发展、自然教育、科学监测等多利用方式的综合生态空间，管理目标类型繁多且关系复杂，需要多角度统筹。总规编制规范能够从基本的规划形式、内容、重点对各自然保护地的建设管理做出限制和要求，明确总规需要涵盖

* 余莉，孙鸿雁，蔡芳. 我国自然保护地总体规划编制规范探讨［J］. 林业建设，2021，(4)：1-7.

的规划内容和拟解决问题，理清严格保护与科学利用之间的关系，将复杂的规划内容格式化、条款化，确保总规编制的全面性和针对性。

鉴于此，本文通过分析我国现有自然保护地总体规划编制的相关技术文件，结合以国家公园为主体的自然保护地体系建设需要，明确保护地总规编制工作的任务及内容，解析规范重点，就国家公园、自然保护区、自然公园三类保护地总规编制规范提出编制建议，为自然保护地总规编制工作提供技术支撑，也为其他层级的规划编制规范提供技术参考。

2 各类自然保护地总体规划编制规范现状

总规是自然保护地建设和管理的纲领性文件，其从指导思想、建设目标、规划期限、规划范围、建设内容、管理方式等方面对自然保护地的建设和管理进行统筹安排。经梳理，我国现有自然保护地总体规划编制、修改和审批相关的规范性文件如表 1 所示，包括国家公园、自然保护区、风景名胜区、海洋自然保护地、森林公园、湿地公园、地质公园、沙漠公园和水利风景区九类保护地的管理办法、总规技术规程、总规审批管理办法等。

表 1 自然保护地总体规划编制相关规范性文件

自然保护地类型		总体规划规范	
		名称	标准/文件号
国家公园		国家公园总体规划技术规程	DB53/T 300-2009
		国家公园总体规划技术规程（报批稿）	2019 年 12 月公示
自然保护区		国家级自然保护区总体规划大纲	环办〔2002〕76 号
		自然保护区总体规划技术规程	GB/T 20399-2006
		国家级自然保护区总体规划审批管理办法	林规发〔2015〕55 号
自然公园	风景名胜区	国家级风景名胜区规划编制审批办法	2002 年发布
		风景名胜区总体规划标准	GB/T 50298-2018
	海洋自然保护地	海洋自然保护区管理技术规范	GB/T 19571-2004
		海洋特别保护区功能分区和总体规划编制技术导则	HY/T118-2010
		国家级海洋保护区规范化建设与管理指南	2014 年发布
	森林公园	国家级森林公园总体规划规范	LY/T2005-2012
		国家级森林公园总体规划审批管理办法	林场规〔2019〕1 号
	湿地公园	国家湿地公园总体规划导则	林湿综字〔2010〕7 号
		国家湿地公园管理办法	林湿发〔2017〕150 号
	地质公园	国家地质公园规划编制技术要求	国土资发〔2010〕89 号
	沙漠公园	国家沙漠公园总体规划编制导则	LY/T2574-2016
		国家沙漠公园管理办法	林沙发〔2017〕104 号
	水利风景区	水利风景区管理办法	水综合〔2004〕143 号
		水利风景区规划编制导则	SL 471-2010

3 各类自然保护地总体规划编制规范分析

研究先从自然保护地总规编制规范涵盖的主要内容入手，分析各类保护地总规内容的异同，再从总规指导思想与目的、内涵、调查内容、功能分区、分项规划、成果文件、编制与报批七个方面分别进行编制规范要求的分析。

3.1 总体规划内容分析

如表2所示，自然保护地总规编制规范主要包含17部分内容，其中指导思想和原则、相关术语界定、规划期及目标、保护地的范围和规模划定、资源调查评价、功能分区、分项规划、成果文件要求是现有保护地总规必须涵盖的内容，其他分项根据各保护地管理的需要，部分内容如规划编制与审批在规划编制审批办法中阐述，另有部分内容则不做强制要求。各类自然保护地因其保护对象和管理重点与方式的差异，在各项规划内容的尺度和深度上也有所不同。最新的《国家公园总体规划技术规程》（已公示）按《指导意见》要求，增加了管控分区的内容，并对功能分区的强制性进行弱化，未规定具体的功能区类型，可按需划分。

表2 各类自然保护地总体规划的主要内容

规划规范内容	国家公园	自然保护区	风景名胜区	海洋自然保护地	森林公园	湿地公园	地质公园	沙漠公园	水利风景区
指导思想及原则	√	√	√	√	√	√	√	-	√
术语定义	√	√	√	√	√	√	√	√	√
规划期及其建设管理目标	√	√	√	√	√	√	√	√	√
与相关规划的衔接	○	○	√	○	√	√	√	√	○
范围、规模、性质	√	√	√	√	√	√	√	√	√
核心资源的定义及其调查评价	√	√	√	√	√	√	√	√	√
管控分区	√	○	○	○	○	○	○	○	○
功能分区	√	√	√	√	√	√	√	√	√
容量估算与客源市场分析	√	√	√	○	√	√	○	√	√
分项规划	√	√	√	√	√	√	√	√	√
管理体制机制	√	√	○	-	○	√	√	√	○
投资估算	√	√	○	-	√	√	√	√	√
效益分析	√	√	○	√	√	√	○	√	√
环境影响评价	√	○	○	√	√	√	○	√	√
保障措施	√	○	○	√	√	√	√	√	○
成果文件	√	√	√	√	√	√	√	√	√
编制与审批程序	√	√	-	√	-	√	√	-	√

注：“√”表示总体规划规范中已对该部分内容进行规范，“-”表示总体规划规范中未对该部分内容进行规范，但相关管理文件中已进行规范，“○”表示总体规划规范和相关管理文件中均未进行规范。

3.2 总体规划指导思想分析

指导思想是保护地总规编制规范中首先应该明确的导向性和原则性问题，从九类保护地总规规范中表明，自然保护地总规主要以生态保护第一、可持续、协调发展为原则，以生态系统、自然资源、生态环境、珍稀野生生物、自然景观、自然遗迹等资源的有效保护为首要任务，科学合理规划保护地内科研监测、教育游憩、社区发展等资源利用活动，促进区域环境、经济、社会等的协调绿色发展。值得注意的是，地质公园和水利风景区总规在指导思想中还对规划的合理性、实用性和可操作性进行强调，要求规划应切合实际需要，规划的内容和方案必须能够充分落实和实施，加强规划的务实性。

3.3 总体规划定义分析

总规编制规范中，除海洋自然保护地和地质公园外，其余七类自然保护地皆对其总体规划的内涵进行界定。梳理可得，总规定义了规划编制的目的和遵循的原则，对规划任务及内容进行概括性说明。部分总规定义中已明确总规是自然保护地建设的纲和领，即总规应结合保护地实体现状，以保护地可持续发展思想为指导，对其管理和建设提出系统、全面的实现构架和实施方案，并进行整体性规范。另外，总规定义也反映出自然保护地的主导职能，如国家公园总规定义明确了国家公园保护、科研、教育、游憩、社区发展的功能；风景名胜区总规定义突出了对风景资源进行保护、利用、经营管理的方向；森林、湿地、沙漠公园总规分别针对森林风景资源、湿地生态系统及湿地资源、沙漠（荒漠）生态系统及沙漠（荒漠）资源提出保护和利用要求。

3.4 总体规划调查评价分析

开展详实、全面的基础调查与评价是自然保护地编制总规的前提和基础。九类自然保护地的调查内容如表3所示，涵盖了保护地建设区域的基本状况，各类自然保护地总规规范根据保护地建设方向和需要，有选择性、分重点地对上述调查内容进行要求。通过整体、系统的调查，可对保护地的范围论证、建设必要性与可行性、建设目标与发展方向等进行科学有效地分析，为保护地的科学规划提供数据支撑。

表3 各类自然保护地总体规划的调查评价内容

规划调查内容	国家公园	自然保护区	风景名胜区	海洋自然保护地	森林公园	湿地公园	地质公园	沙漠公园	水利风景区
自然条件	√	√	√	√	√	√	√	√	√
自然资源及其权属	√	√	√	√	√	√	√	√	√
生物多样性	√	√	√	-	√	√	√	√	√
生态系统状况	√	√	-	-	-	√	√	√	-
保护对象的调查和科研成果	√	√	√	√	-	√	√	√	√
历史与文化	√	√	√	√	√	√	√	√	√
环境状况	-	√	√	√	√	√	√	√	√
经营管理及自养能力	-	√	-	√	√	√	√	-	-
建设条件及基础设施	√	√	√	√	√	√	√	√	√
社会经济	√	√	√	√	√	√	√	√	√
保护利用状况	√	√	√	√	-	-	√	√	-
与相关规划的衔接	-	-	√	-	√	√	√	√	-

注：“√”表示总体规划规范中要求调查该部分内容，“-”表示总体规划规范中未要求调查该部分内容。

3.5 总体规划功能分区分析

功能分区是保护地有效管理的基础，除即将出台的国家公园总规技术规范外，其余保护地总规编制规范也对保护地功能分区的类型、内涵及划分方式进行了详细论述。功能分区的类型划分主要从保护和利用的角度出发，与保护有关的功能区包括保护区、保育区、核心区、缓冲区、保存区、恢复区等，每类保护地根据保护资源或保护对象的分布而划定。与利用相关的功能区指用于游憩、科研、教育、服务管理、居民社区建设等的区域，该部分区域主要为公众提供生态服务和生态产品。功能分区的划定主要以保护地内资源的特征和分布为参考，不同的功能分区需要制定不同的管理计划和执行措施，功能区管理中也明确了人类活动的管控强度和方式，对与保护目标相悖的行为给予限制或禁止说明。

3.6 总体规划分项规划分析

分项规划是对总体规划内容的分解及细化，九类自然保护地总规规范中皆对分项规划的规划目的、内容、实现方式和路径等的编制要求进行了提要说明，但根据自然保护地建设管理重点的不同，分项规划的类型和解决问题的方向也各有差异。分项规划主要分为三类：（1）功能分项规划，对保护地发挥的保护、修复、科研、教育、游憩、社区发展等功能发挥进行分项规划，如保护规划、自然保护与生态修复规划、科研与监测规划、宣传教育规划、社区共管规划。（2）建设分项规划，对保护地内基础设施、标识解说、重点工程、重点项目建设等配套工程和设施建设的布局、设计、过程控制、投资收益估算等内容进行规划。(3)管理分项规划，对保护地的管理体制机制、与经济社会管理的协调性、运营营销、保障维护、防灾应急等方面的管理目标、流程和方法进行规范。

3.7 总体规划成果文件分析

自然保护地总体规划的成果通常由五个部分组成：(1)文本，包括总体规划文本、总体规划编制说明或总体规划说明书。(2)附表，主要是对保护地内自然资源数量、面积和质量、功能区类型和面积、基础设施或建设项目名称及数量、社会经济人口情况统计、投资估算等的情况进行列表说明。(3)附图，包括基础卫星影像图和地形图等测绘类图件、自然资源和生态系统等分布的现状图和分析图、功能分区图、分项规划图、项目建设图等。(4)附录，主要包括野生动植物名录、重点保护物种名录等。(5)附件，主要包括总体规划评审和审批过程中产生的相关文件、政策文件、权属证明材料，专题论证材料等。

3.8 总体规划编制与报批分析

自然保护地总体规划的编制和审批程序与保护地的管理层级息息相关，一般情况下，总体规划的编制是由保护地主管部门负责组织编制工作，并遴选具有相应规划资质的设计单位进行总规编制，编制完成后由主管部门组织专家评审，评审合格并修改完善后，逐层报送上一级行政主管部门审批。国家级自然保护地总体规划由省、自治区、直辖市人民政府或行政主管部门报国务院或上级行政主管部门审批，省级、市县级自然保护地总体规划报省、自治区、直辖市行政主管部门审定后，报送上一级行政主管部门审批备案。

3.9 分析小结

综合以上分析，自然保护地总规编制规范文件对总规编制时需要涵盖的内容皆提出了编制思路和要求，但在规划的方向、尺度和深度上又各有区别。对标《指导意见》，分析总结国家公园、自然保护区、自然公园三类自然保护地总规编制规范文件的编制现状及问题。

新的国家公园总规技术规范已按照国家公园最严格保护策略、差别化管控要求、无资源损伤或破坏的合理利用方式等进行编制并公示，与现阶段自然保护地的发展目标和方向最为契合，但总规规范中尚未结合国家公园管理体制来明确总规的审批程序，缺乏规划期内，维护总规及时性、有效性、科学性的保障措施及要求，该部分内容可在国家公园总体规划审批管理办法、国家公园管理办法中进一步明确。

我国自然保护地体系重构前后，自然保护区的发展方向、保护目标及模式基本保持不变，加之原自然保护区总体规划编制规范文件内容较为全面和详实，可在原有规范技术文件的基础上进行修改后使用。但需注意以下问题：其一，现有自然保护区总体规划编制规范文件主要针对于国家级自然保护区，且由不同部门发布，修改后，应制定自然保护区总体规划技术规程统一规范国家、省、市（县）各级自然保护地总规编制，系统制定调查、评估、规划、建设、管理的标准；其二，根据差别化管控要求，将核心区、缓冲区、实验区与核心保护区、一般控制区进行衔接和转换，在重新划区的过程中，应充分考虑核心区内原住居民、建制城镇、工矿企业等历史遗留问题的解决。

4 自然保护地总体规划编制规范建议

通过对自然保护地总规编制规范文件的梳理及研究，结合《指导意见》要求，对自然保护地总体规划编制规范提出以下建议：

4.1 宏观站位，紧扣习近平生态文明思想

总体规划是保护地建设和管理的指导性文件，在指导思想方面应紧扣习近平生态文明思想，围绕可持续发展的要求，践行绿水青山就是金山银山的生态理念。规范在指导思想、规划原则、实现目标等方

面皆应强调保护优先的重要性，同时也需对自然保护地生态服务、生态产品供给等功能的发挥进行合理安排，促进自然保护和资源利用新模式的探索。

4.2 分级规范，突出各类自然保护地职能特征

《指导意见》按照自然生态系统系统性、整体性、原真性及其内在规律划分了国家公园、自然保护区、自然公园三类生态价值、保护强度、利用程度各不相同的自然保护地，其总规规范的方向和重点必然有所差异，建议分别编制各类自然保护地的总规规范。

国家公园是我国自然保护地体系的主体，既保护着我国生态价值最高的生态区域，又具有国家代表性和全民公益性，因此，国家公园总规规范应与国家自然保护地建设的顶层设计相衔接，确立国家公园在国家生态安全、生物多样性保护、生态系统保护等方面的主体地位，坚持实行最严格的保护策略，科学划分核心保护区，并制定保护分项规划，明确保护的目的、原则、内容、措施、体制机制等，合理规划科研监测、自然教育、游憩、社区发展等功能，以不损害、不降值的原则，对功能实现的规模和形式进行严格控制。

自然保护区虽然在资源的国家代表性、生态价值和保护强度方面弱于国家公园，但也是以保护为主体的自然保护地，自然保护区总规规范中需要突出典型自然生态系统、珍稀濒危野生动植物种的保护策略，保护保护区内自然资源和生态系统的原真性和完整性，在服务保护目标的前提下，对科研监测、自然教育等体系的建设提出系统的规划规范要求，但对生态体验、游憩等资源利用活动的实施规模和形式进行适当控制。

自然公园包含了森林公园、地质公园、海洋公园等多类自然保护地，现有各类保护地总规规范内容及尺度差异较大，亟需整合。考虑到自然公园内，虽然核心保护对象和资源情况各异，但其保护对象的生态价值、利用方式和强度近似，发展的总目标亦是以保护为前提，为人民提供优质生态服务和生态产品，在总规的内容和框架上具有较高的共性，因此，建议编制《自然公园总体规划技术规程》，统领各类自然公园总规编制，而各类自然公园可结合自身资源特点，对总规规划内容的重点和保护对象等进行针对性、差别性阐述。自然公园强调有效保护与可持续利用双向兼顾，自然公园总规规范在坚持保护优先的前提下，需要相对多的篇幅来考虑自然资源的可持续利用，对利用的原则、内容、强度、管理机制、工程建设方式等进行梳理规范，充分落实生态为民、科学利用的理念。

4.3 全面调查评估，充分了解自然保护地现状

目前，我国自然保护地体系建设正处于整合优化阶段，总规规范中的调查应从两方面入手：其一，应对照表 3 中的内容开展基础调查与评估，制定与保护地建设管理目标相一致的调查标准，统一基础调查的方式方法，建立完备的基础调查数据库，保证数据的结构化和规范化，减少数据冗余和缺失，强化数据共享和实时更新，以求全面、细致、真实地反映保护地及其周边的自然、社会、经济等现状。其二，充分梳理调查现有的自然保护地状况，发现空间重叠、分布破碎或孤岛化、存在保护空缺、管理目标模糊或管理条块割裂、历史遗留问题显著等的自然保护地，应在总体规划中拟定相应的解决方案。

4.4 对标《指导意见》，创新管控要求

根据《指导意见》要求，自然保护地应实行分区管控，国家公园和自然保护区内划分为核心保护区和一般控制区，核心保护区内原则上禁止人为活动，一般控制区内限制人为活动。自然公园原则上按一般控制区管理。自然保护地总规编制规范的制定应充分考虑新增管控分区与原功能分区在执行目标、管理机制和管控强度等方面的差异，实施“管控—功能”二级分区[5]，以管控分区划清核心资源分布范围、保护级别及人为活动的管控方式，确保系统性保护有效落实，再以功能分区划分科教游憩、社区发展等功能，理顺保护地的功能布局规划及管理重点，为后续专项规划和管理计划的制定奠定基础。

4.5 强调多方参与，提高总规的科学性

建议在总规规范中明确，应在政府主导的前提下，充分调动企业、社会组织、公众、科研院所等参与总规的编制和评审工作，广泛征询规划意见和建议，作为总规编制科学化、合理化、务实化的重要保障。总规编制规范中应对公众参与的目标、原则、途径等提出规划要求，在总规编制中以分项规划或保障措施等的形式提出规划方案。

4.6 加入总规的可操作性论证，对总规的实施进行质量评价

借鉴于海洋自然保护地总体规划管理方式，总规规范中应对总规的可操作性或可实施性提出论证要求，并对总规实施的效能提出质量评价标准，定期对总规的执行情况进行评估，以充分了解总规实施和建设内容与保护地发展之间的相适应度，能够及时发现规划滞后于现状的部分，适时作出调整，维护总规的科学性。

4.7 以法律法规保障总规的执行强度

总规编制规范中应明确总规编制的法律依据。总体规划从申报、审批到执行都离不开法律法规的保障，规划规范中应对总规的法律法规保障措施做出论证要求，要求在总规编制中应充分预见总规执行过程会遇到阻碍、产生的矛盾冲突，评估解决矛盾的途径和方式是否需要通过法律手段实施保障，若需制定配套的法律规程或管理办法，也应在总规编制中提出要求。

5 结论

自然保护地总体规划编制工作规范是保障总规编制完整性、规范性的必要文件，本文从保护地总规编制的内容、指导思想、定义、调查评价、功能分区、分项规划、成果文件、编制与报批八个方面对我国自然保护地总规编制规范文件进行分析研究，提出了总规编制的建议，并得出以下结论：其一，应该将自然保护地总体规划编制工作规范列入标准化文件编制工作，以国家或行业标准进行编制并强制实施，确保总规编制的有效和高效。其二，应对国家公园、自然保护区和自然公园三类保护地分别编制总规标准化文件，以保障三类保护地有效保护和合理利用方式的差别化实现，而三类保护地总规规范的具体化差异亟待下一步研究。

【参考文献】

孙鸿雁，余莉，蔡芳，等. 论国家公园的“管控—功能”二级分区［J］. 林业建设，2019，3：1-6.

唐芳林，王梦君，李云，等. 中国国家公园研究进展［J］. 北京林业大学学报（社会科学版），2018，17（3）：17-27.

唐小平，张云毅，梁兵宽，等. 中国国家公园规划体系构建研究［J/OL］. 北京林业大学学报（社会科学版）. http：//kns. cnki. net/kcms/detail/11. 4740. C. 20181226. 1028. 002. html.

严国泰，沈豪. 中国国家公园系列规划体系研究［J］. 中国园林，2015，（2）：15-18.

杨锐. 美国国家公园规划体系评述［J］. 中国园林，2003，（1）：44-47.

自然资源统一确权登记的单元划分模式研究*

合理的自然资源单元划分是自然资源调查及权属登记的前置条件，决定着自然资源管理的广度与深度，但现阶段我国尚未明确单元划分的标准和方法。通过构建立体化的自然资源空间结构，兼顾考虑自然资源的自然、经济、社会管理属性，提出“登记—特征”双尺度的单元划分模式，以登记单元划清自然资源产权管理的事权边界，以特征单元划分自然资源种类及所有权主体，为划定资源类型清晰、产权归属明确的自然资源管理单元提供技术方法。

1 前 言

自然资源调查一般为现状调查，以自然资源的起源、自然特征、利用状况、功能用途、管理主体等区划调查单元，调查单元的划分既明确了调查对象的范围，又确定了调查的基本属性，以利于具体内容调查的开展，是资源调查中必不可少的前置性工作。根据《自然资源统一确权登记办法（试行）》（以下简称《办法》）文件要求，自然资源统一确权登记内容包括自然资源的自然状况、权属状况、公共管制情况的调查及自然资源所有权的登记。这就要求在自然资源单元区划时需要划清自然资源种类、权属主体、公共管制类型、行政管理主体之间的界线。《办法》中阐述“按照不同自然资源种类和在生态、经济、国防等方面的重要程度以及相对完整的生态功能、集中连片等原则划分自然资源登记单元”，虽然明确了以自然资源登记单元作为自然资源权属登记的单位，但对其划分的具体技术及方法并未清晰阐述，划分原则中遵循的优先级原则也未明确规定，现阶段开展自然资源统一调查和确权登记需进一步梳理和规范。

自然资源单元的区划既要统筹自然资源调查和自然资源权属登记的需求，也要满足自然资源分级管理的需要。自然资源调查着重于其自然属性的划分，需要查清土地、森林、水流、草原、滩涂、矿产等资源的类型类别，充分衔接现有的资源调查类型类别划分标准，统一各类资源的调查尺度与深度。自然资源权属登记则侧重于其经济属性的划定，要求明晰各类自然资源的所有权及其代表行使主体，明确权利范围和义务，并赋予法律效力。自然资源分级管理从资源的社会管理属性切入，厘清各管理层级在资源开发利用中的权利义务关系，可见，自然资源单元区划既要满足自然资源统一管理的整体性和系统性，又要兼顾多层级、多尺度的工作需求。

本文通过系统分析自然资源“地上—地面—地下”分布的立体空间结构，从自然资源登记管理和确权调查两个尺度区划自然资源单元，形成“登记-特征”双尺度的单元划分模式，实现自然资源自然、经济、社会管理属性的系统整合，服务于生态文明建设背景下的自然资源管理。

2 自然资源立体空间结构构建

传统的自然资源管理主要针对土地、水流、森林等单一资源开展行业侧面的专项调查。调查单元的区划根据单一资源的分布特征，或全覆盖或部分覆盖调查区域，且区划单元界线间无重叠无交叉。根据生物圈中自然资源相互依存、相互制约的整体性需求，自然资源管理方式已在逐步整合，自然资源主管部门涵盖了土地、水、草原、森林、湿地等资源调查及确权登记的管理职责，自然资源统一管理应将自

---

* 余莉，唐芳林，刘绍娟，等. 自然资源统一确权登记的单元划分模式研究 [J]；林业建设；2019，(3)：16-21.

然资源空间结构由二维拓展为三维，涉及整个自然生态空间的山、水、林、田、湖、草、矿等资源，即囊括了地表之上的森林、草原、水体等定着物资源、承载定着物的土地资源和地下的矿产、地下水资源等自然资源，实现了单一资源二维平面结构向自然资源立体空间结构的转变。

"地上—地面—地下"的立体空间结构必然使得自然资源单元区划时出现纵向重叠，如林地资源与林木资源的重叠，矿产资源与土地资源的区划重合等。部分学者提出，自然资源单元区划可将地下资源独立区划，地上资源和土地资源压缩在同一平面，采用与土地利用现状分类相对应的自然资源分类（表1），或将土地利用分类与自然资源类型建立对应关系来确定自然资源的类型、类别，平铺且无叠置地从二维平面区划自然资源单元。

表1 自然资源分类与土地利用现状分类对照表（部分）

自然资源分类		土地利用现状分类	
一级类	二级类	一级类	二级类
森林	乔木林	林地	乔木林地
	竹林		竹林地
	红树林		红树林地
	沼泽森林		森林沼泽地
	灌木林		灌木林地
	灌丛林		灌丛沼泽
	其他林		其他林地

以上方式以土地资源区划为基础，虽然能与土地调查成果充分衔接，但将土地资源与其上定着物资源置于同一单元，存在以下两方面的问题：其一，不利于单元内资源所有权的界定，以森林为例，林地的所有权包括国家、集体所有，林木的所有权包括国家、集体、个人所有，当林地与其上林木所有权主体不一致时，仅以单一的林地或林木所有权来界定该自然资源单元的所有权主体都是不准确的，同时，土地与定着物资源所有权的合并不利于自然资源所有权、使用权、转让权的分离，有碍于资源的市场化流转；其二，不利于资源质量的评价，土地资源与其上林木、草类等定着物资源的特征属性各异，两者的数量测算和质量评价方法与标准难以科学统一。因此，将土地资源与定着物资源分离，以立体空间结构的视角区划自然资源，是明晰资源产权、明确资源类型和特征的有效途径。

3 双尺度的单元划分模式构建

双尺度的单元划分模式是指先从自然资源登记管理的宏观尺度划分具有单一事权管理主体的自然资源登记单元，并依法实施登记，体现自然资源的社会管理属性；再从自然资源确权调查的微观尺度，将自然资源登记单元按自然资源的类型、类别、所有权主体、管制类型等细划分为自然资源特征单元，体现自然资源的自然和经济属性。自然资源特征单元是登记单元的子区域，一般分为两个图层存储，但边界应保持一致性。

3.1 自然资源登记单元

自然资源登记单元是自然资源统一确权登记中的最小单元，也是自然资源管理的基本单元，具有唯一事权管理主体和自然资源登记单元编码，根据单元内生态功能的完整性和系统性需要，其内可包含一种或多种自然资源类型类别。自然资源登记单元主要分为两类：独立登记单元和一般登记单元。

3.1.1 独立登记单元的划分

独立登记单元是指依法申报或具有明确管理机构和范围的风景名胜区域或资源保护区域，如国家公园、自然保护区、国家森林公园、国家湿地公园、地质公园、国有林场、水流、已探明储量的矿产等。独立登记单元的划分方法如下。

(1) 将依法申报且具有明确审批管理界线的国家级自然保护区、省级自然保护区、国家级森林公园、国家级湿地公园、国家级地质公园、市县级自然保护区、省级森林公园、省级湿地公园、市县级森林公园等自然生态空间，按照管理范围线提取作为独立登记单元。

(2) 对于无明确审批管理界线，但有行业主管部门管理的、具有完整生态功能的自然生态空间，可在行业主管部门确认管理范围的基础上，按照管理范围界线提取作为独立登记单元。

(3) 以依法划定的河湖管理界线为基础，分别提取宽度、面积大于等于一定数值的水流、湖泊及其岸线作为独立登记单元。

(4) 以矿产资源储量管理部门提供的已探明储量矿产的测定或估算范围划定独立登记单元，因矿产登记单元与土地及其上定着物资源区划单元存在交叉与重叠，为避免划分单元的破碎，建议将矿产以独立图层存储。

(5) 当多个可划为独立登记单元的自然生态空间重叠或交错时，建议结合行业主管部门管理需要，按照便于资产化管理，对生态、经济、国防的重要性，范围最大化或集中连片的原则，合理调整划分独立登记单元。现阶段我国已在推进建立以国家公园为主体的自然保护地体系，对多头管理的风景名胜区域进行空间整合和边界融合，应优先划定和保留保护级别较高的独立登记单元，管理层面实现相互衔接。

3.1.2 一般登记单元的划分

自然资源一般登记单元是除独立登记单元外的自然资源登记单元，因此，在提取独立登记单元后的空间内，再划分一般登记单元，划定步骤如下：

(1) 初划。首先将依法开展的全国土地调查、地籍调查、不动产权籍调查等权属调查成果中，已完成登记发证的不动产登记、集体土地所有权确权登记发证、国有土地使用权确权登记发证等权属界线进行叠加分析，划清全民所有与集体所有、不同集体所有的范围。其次，叠加市（县）级、乡（镇）级行政界线，划清全民所有、不同层级政府行使所有权的范围。以土地权属界线和行政界线共同初步划分一般登记单元，以确保每个一般登记单元具有单一的土地资源所有权主体或所有权代表行使主体。

(2) 细划。在初划后的一般登记单元内，根据《办法》规定的自然资源登记单元划分原则或自然资源管理的特殊要求进行再划分。一般登记单元被独立登记单元完全分割成多个单元时，原则上应将不连片的单元分为多个一般登记单元。对于权属有争议、且集中连片的区域，可划分登记单元，但不进行登记，待争议调解、处理、确权后，再行登记。

3.1.3 自然资源登记单元编码

自然资源登记单元编码需要体现该单元的位置及社会管理属性，单元码由行政区代码、乡（镇、街道）代码、土地资源所有权人和所有权代表行使主体代码、自然资源登记单元类型代码，以及自然资源登记单元顺序码组成，共五层，具有唯一性。其中，行政代码采用《中华人民共和国行政区划代码》(GB/T 2260—2007) 规定的行政区划代码；乡（镇、街道）代码采用各级民政部门规定的乡（镇、街道）行政区代码作为乡（镇、街道）的代码；土地资源所有权人和所有权代表行使主体代码，包括两层内容，其一为土地资源所有权人代码，分为全民所有、集体所有，其二为土地资源的所有权代表行使主体代码，分为国家、省、市、县、乡（镇、街道）；自然资源登记单元类型代码，分为独立登记单元、一般登记单元，独立登记单元也可按国家公园、自然保护区等类型细化单元编码；自然资源登记单元顺序码按照自然资源统一确权登记范围内自然资源登记单元"由北向南、由西向东"进行顺序编号。

3.2 自然资源特征单元

自然资源特征单元是服务于自然资源调查的最小区划单元，具有唯一的定着物资源所有权主体，其内包含了土地资源类别及其上定着物资源类别，且二者需为单一资源类别，当单元内不存在定着物资源时，仅包含土地资源类别，具有唯一的自然资源特征单元号。自然资源特征单元无缝、不重叠或交叉地平铺覆盖自然资源登记单元。

3.2.1 自然资源类型类别粗划

根据“地上—地面—地下”的自然资源立体空间结构，按自然资源自然特征与属性的不同，粗略将自然资源分土地资源、森林资源、草原资源、水资源、矿产资源五大类型，土地资源类别按土地利用方式划分，与土地调查分类衔接，其他资源类型按资源种类划分类别，与各行业资源调查分类衔接，详见表2。

表2 自然资源（仅限陆地部分）分类简表

类型	类别	说明
土地资源	耕地	与《土地利用现状分类》（GB/T 21010—2017）定义一致
	园地	
	草地	
	林地	
	水域及水利设施用地	指陆地江河、湖泊、水库、坑塘、冰川及永久积雪覆盖的土地，以及沟渠、沼泽和水工建筑物等用地
	滩涂	包含沿海滩涂和内陆滩涂
	建设用地	指建造建筑物、构筑物的土地，主要用于商服、工矿仓储、住宅、公共管理与公共服务、交通运输、特殊的如军事设施、使领馆、监教场所、宗教、殡葬等用地
	自然保护地用地	指我国建立的自然保护地体系中涵盖的自然保护地用地
	其他土地	指上述土地资源以外的其他类型土地，包括但不限于空闲地、设施农用地、田坎、盐碱地、沙地、裸土地等
森林资源（林木资源）	乔木林	根据林业分类标准界定森林资源
	灌木林	
	竹林	
	红树林	
	其他林木	
草原资源	天然牧草	根据草类分类标准界定草资源
	人工牧草	
	其他草类	
水资源	江河	根据水利相关分类标准界定水资源
	湖泊	
	水库	
	坑塘	
	冰川及永久积雪	
矿产资源	能源	根据《中国矿产资源分类细目》划分矿产资源
	金属	
	非金属	
	水气	

3.2.2 自然资源特征单元划分

自然资源特征单元的划分以自然资源登记单元为单位，按以下顺序进行划分：

（1）按自然资源类型及类别区划

按照表2所示自然资源类型及类别，将自然资源登记单元划分为边界闭合且具有单一土地资源类别和单一定着物资源类别的特征单元。

（2）按自然资源所有权划分

再根据自然资源所有权主体及其权利行使主体的不同，划分为不同的特征单元，因土地资源权属在登记单元划分中已确定，该步骤划分主要为定着物所有权，如林木、草类的所有权。

（3）按自然资源公共管制要求划分（可选）

可根据国土、环保、城建等部门的公共管制要求界线划分自然资源特征单元。但考虑到各公共管制界线间存在叠加交错的，因其管制目的差异，导致界线间难以衔接，因此不建议以公共管制界线划分自然资源特征单元，可在填写自然资源登记簿时，将公共管制图层与登记单元进行叠加分析，详细阐述登记单元的公共管制情况。

自然资源特征单元区划方式及单元内主要属性字段记录内容如下所示。

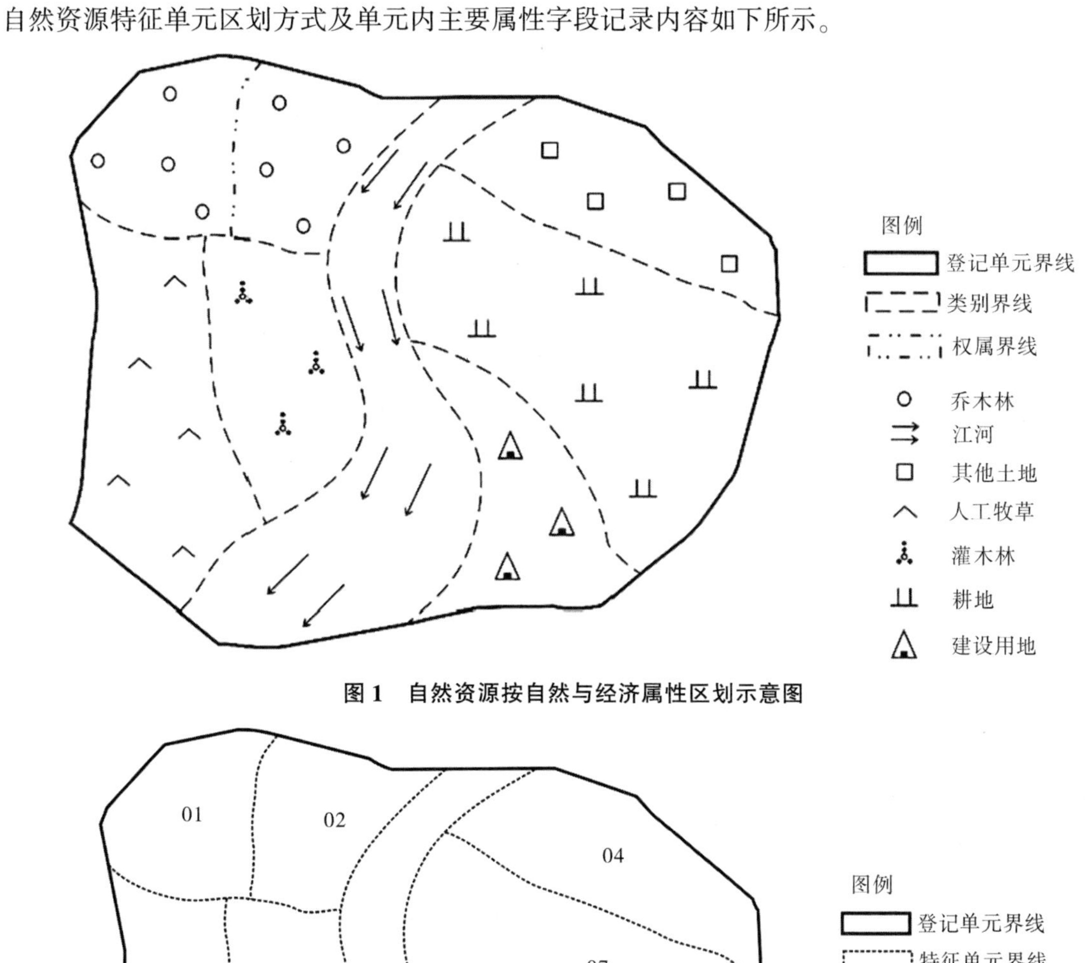

图1 自然资源按自然与经济属性区划示意图

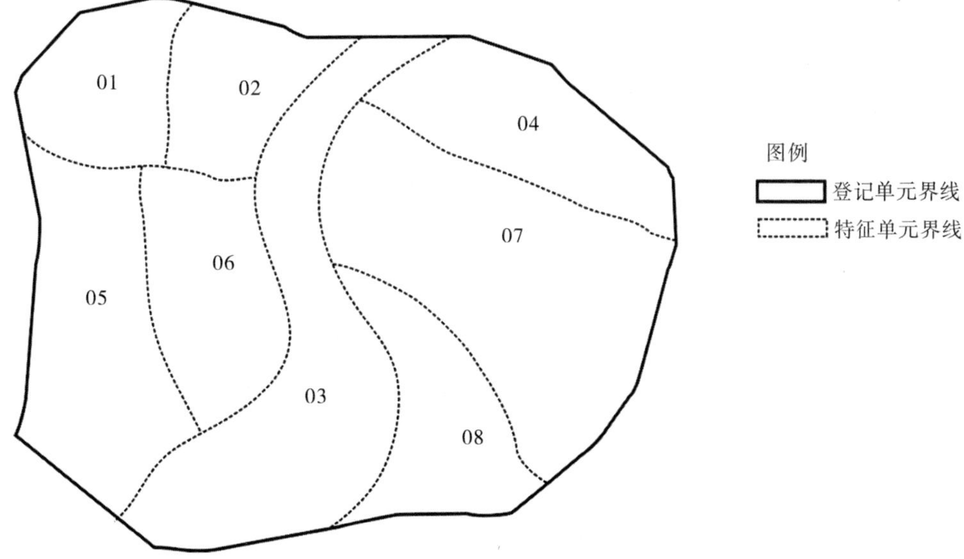

图2 自然资源特征单元区划示意图

由图 1、图 2 和表 3 可知，自然资源登记单元具有唯一的土地资源所有权主体或所有权代表行使主体，自然资源登记单元总面积等于其内自然资源特征单元土地资源类别的面积之和；自然资源特征单元包含单一的定着物资源类别和所有权、定着物所对应的土地资源类别，其所有权可通过不动产登记簿与自然资源登记簿相关联。

表 3　自然资源特征单元主要属性字段记录表

特征单元顺序号	土地资源类别	土地资源所有权	定着物资源类型	定着物资源类别	定着物资源所有权
1	林地	国有	森林资源	乔木林	国有
2	林地	国有	森林资源	乔木林	集体
3	水域及水利设施用地	国有	水资源	江河	国有
4	其他土地	国有	—	—	—
5	草地	国有	草原资源	人工牧草	集体
6	林地	国有	森林资源	灌木林	个人
7	耕地	国有	—	—	—
8	建设用地	国有	—	—	—

3.2.3　自然资源特征单元编码

自然资源特征单元编码需要与其归属的登记单元进行衔接，同时体现该单元内资源的种类及权属，单元码由行政区代码、乡（镇、街道）代码、土地资源所有权人和所有权代表行使主体代码、自然资源登记单元类型代码、自然资源特征单元内定着物所有权人和所有权代表行使主体代码、自然资源类型和类别代码，以及自然资源特征单元顺序码组成，共八层，具有唯一性。其中，自然资源特征单元内定着物所有权人和所有权代表行使主体代码包括两层内容，其一为自然资源特征单元内定着物所有权人代码，分为全民所有、集体所有、个人所有，其二为自然资源特征单元内定着物的所有权代表行使主体代码，分为国家、省、市、县、乡（镇、街道）；自然资源类型和类别代码，包括土地及其定着物的类型和类别代码；自然资源特征单元顺序码按照自然资源登记单元范围内自然资源特征单元“由北向南、由西向东”进行顺序编号。

4　问题与讨论

4.1　土地资源的独立区划问题

自然资源立体空间结构中，土地资源是其他自然资源的载体，在陆地二维平面内实现全覆盖（不考虑海洋资源），其资源类型类别区划和所有权主体区划必然与其他自然资源存在重叠，因此在分类及单元划分中需独立考虑，单独统计土地资源的数量、质量及权属。自然资源统一确权登记是以土地为基础，且土地资源与定着物资源相比，不易出现位移、更换、消失等情况，存在方式较为稳定，因此，以土地作为自然资源管理的事权划分对象，通过划分土地资源的所有权及其权利行使主体来区划自然资源登记单元，既能满足登记单元产权清晰、监管明确的要求，又避免登记单元因自然资料种类的交错分布导致的图斑分布破碎。

4.2　登记单元与自然资源类型类别的区分问题

在确定某一自然生态空间是登记单元还是特定的自然资源类型或类别时，常常存在争议，如湿地、遗产等。自然资源类型类别的划分具有排他性，不同的类型类别间不能相互包含，而登记单元的划分需要凸显的是自然生态空间事权管理整体性和生态功能的系统性，其内可以包含相关度高或相互依存的多种自然资源。鉴于湿地的定义较为广泛，建议国家湿地公园等具有规划并存在明确管理界线的湿地区域可作为独立登记单元，而其他湿地因情况复杂，面积小、分布碎等原因，难于确定其区域，建议将湿地资源采取图层提取的方式来确定湿地资源的现状较为合适。其次，具有多种自然资源类别分布的遗产区建议划定为独立登记单元，再分别以特征单元的模式调查其内涵盖的自然资源类型类别。

4.3 与现有专项资源调查成果衔接的问题

自然资源统一确权登记中的资源调查需要与现有的行业专项资源调查成果相衔接，但因分类体系的不一致，导致图斑边界难以统一，资源定义、划分标准的差异也会导致成果数据存在偏差，在整合统一各行业资源分类等标准的前提下，双尺度单元划分模式将土地与定着物分别区划，以土地区划衔接土地调查成果，以定着物区划衔接专项资源调查成果，能够更为清晰地分析不同资源调查数据库之间的差异，如国土与林业部门对林地认定的差异，土地利用方式与其上定着物不一致的比例分析等。

5 结论

通过构建“登记—特征”双尺度的自然资源单元区划模式，阐述了单元区划的一般性思路及方法。以自然资源登记单元作为自然资源统一确权登记的基本单元，划清土地资源所有权及其权利行使主体，明确自然资源事权管理的边界，服务于自然资源权责管理的需要；又以自然资源特征单元作为自然资源本底调查的单位，与专项资源调查成果相衔接，查清不同类型、类别自然资源的位置、数量、质量及权属状况，为自然资源规划、利用和保护提供基础数据支撑。研究主要针对陆地资源进行单元区划，尚未涉及海洋资源，且类型类别的划分是服务于土地与定着物资源的分开区划，类别定义尚不明晰，需要参照各资源行业管理和利用需求准确定义。

【参考文献】

郭雯静，2006. 略论我国自然资源产权制度改革［D］. 吉林大学.

林志美，2009. 对我国自然资源权属问题的思考［C］. 生态文明与环境资源法——2009年全国环境资源法学研讨会，昆明，439-442.

唐芳林，王梦君，2015. 国家公园类型划分的探讨［J］. 林业建设，5：25-31.

田贵良，丁月梅，2016. 水资源权属管理改革形势下水权确权登记制度研究［J］. 中国人口资源与环境，26（11）：90-97.

徐文海，谭勇，姚德懿，2018. 自然资源统一确权登记的探索与实践［J］. 国土与自然资源研究，3：4-9.

自然保护地原住居民分类调控探讨*

建立分类科学、布局合理、保护有力、管理有效的自然保护地体系，最重要的是处理好与原住居民的关系[1]。根据生态环境部2013-2015年对所有446个国家级自然保护区的监测结果显示，390个保护区的核心区和403个保护区的缓冲区分别有人类活动23976处和38459处[2]。相较于欧美发达国家的人稀地广，我国人均资源量小、分布不均衡，自然保护地内不可避免的居住着大量的原住居民，其生产生活利用与自然资源保护之间的矛盾一直存在，且随着资源的消耗和人口压力的增加仍在持续加剧。党的十九大明确提出"建立以国家公园为主体的自然保护地体系"的重大改革任务，以期解决保护与发展矛盾突出等问题。随着中办、国办《关于建立以国家公园为主体的自然保护地体系的指导意见》的印发，构建统一、规范、高效的以国家公园为主体的自然保护地体系即将在全国各省（市、区）铺开，自然保护地内原住居民的分类管理问题将不可避免的涉及，本文对原住居民的现状、原住居民与自然保护地的矛盾及调控措施进行简要探讨，以期对各省构建以国家公园为主体自然保护地体系提供一定借鉴和参考。

1　自然保护地内原住居民现状

早在我国第一个自然保护区广东鼎湖山自然保护区建立之前，我国的人口和民族分布格局早已形成，广袤土地上的原住居民以其自身固有的生产生活方式，与自然高度融合。由于各种原因，原住居民及其利用的土地被划入自然保护地，自然保护地与原住居民的村落、农田、牧场及集体山林等交错在一起。根据生态环境部"全国自然保护区基础调查与评价"专项调查统计结果，截至2014年底，全国1657个已界定范围边界的自然保护区内，共分布有居民1256万人[3]。我国自然保护地内的原住居民有四类情况。

1.1　城市建成区、建制镇、非建制镇等人口密集区

城市建成区一般是指实际已成片开发建设、市政公用设施和公共设施基本具备的地区，含市政府、县政府所在地。如西藏雅鲁藏布江中游河谷黑颈鹤国家级自然保护区内存在的日喀则市城市主城区，拉孜县、墨竹工卡县及林周县等3县县城部分主城区。

建制镇：即"设镇"，是指经省、自治区、直辖市人民政府批准设立的镇。是指国家按行政建制设立的镇，不含县级政府所在地的县城关镇。如，松花江三湖国家级自然保护区内存在一个建制镇松花镇和两个行政村。

非建制镇：一般指集镇，是指乡、民族乡人民政府所在地和经县级人民政府由集市发展而成的作为农村一定区域经济、文化和生活服务中心，介于乡村和城市之间的过渡性居民点。如，重庆大巴山国家级自然保护区是重庆市最大的自然保护区，区内12个乡镇，3.3万多常住人口；彭水县茂云山和七跃山两个县级自然保护区内存在26个乡镇，涉及26.3万多人，其中23个乡镇位于核心区和缓冲区。

1.2　行政村

行政村是国家按照法律规定而设立的农村基层管理单位。可以由多个自然村构成，也可能一个大的自然村分为若干个行政村。如，西藏珠穆朗玛峰国家级自然保护区行政隶属日喀则市的吉隆、聂拉木、定结、定日四县，涉及34个乡（镇）316个行政村；天津蓟县中上元古界国家级自然保护区核心区内涉

* 李云，孙鸿雁，蔡芳，等. 自然保护地原住居民分类调控探讨 [J]. 林业建设，2019，(4)：39-43.

及3个建制镇、17个行政村。

1.3 自然村落

以家族、户族、氏族或其他原因自然形成的居民聚居的村落称自然村，是与行政村相对而言的。自然村隶属于行政村，几个相邻的自然村可以构成一个大的行政村。我国的自然村落多以不规则散落在自然保护地内，尤其是少数民族村落很多是典型的山地民族，如佤族、瑶族等依山而居，呈现出大分散，小集中的特点，居住文化具有明显的地域特色。如，云南滇西北自然保护地内就分布有独龙族、傈僳族等少数民族的自然村落。

1.4 游牧民族的冬窝子或零星分布的原住居民

冬窝子一般指游牧民族在严冬时为畜群所选防寒避风的地方，一般在以草原与草甸为主要保护对象的保护地内分布有游牧民族的冬窝子。如，新疆阿勒泰科克苏保护区核心区就分布有哈萨克族的冬窝子，每年10月份底转场回到核心区，第二年4月份初离开保护区到夏季牧场。涉及1310户，大约5300人左右。

2 国家层面相关规定的梳理

我国目前颁布实施的涉及自然保护地方面的法律法规，主要集中在自然保护区和风景名胜区，如《中华人民共和国自然保护区条例》《森林和野生动物类型自然保护区管理办法》和《风景名胜区条例》，而其他类型自然保护地多以部门规章进行规定，如《国家级森林公园管理办法》《国家级湿地公园管理办法》《地质遗迹保护管理规定》等。针对人类活动的相关规定的梳理，详见表1所示。

表1 主要自然保护地针对人类活动的相关管理规定的梳理表

法律法规	相关规定	保护层级	人类活动受限程度
中国人民共和国自然保护区条例（2017）	第十八条：自然保护区内保存完好的天然状态的生态系统以及珍稀、濒危动植物的集中分布地，应当划为核心区，禁止任何单位和个人进入。	+++	+++
	第十八条：核心区外围可以划定一定面积的缓冲区，只准进入从事科学研究观测活动	++	++
	第十八条：缓冲区外围划定实验区，可以进入从事科学试验、教学实习、参观考察、旅游以及驯化、繁殖珍稀、濒危野生动植物等活动。	+	+
	第二十六条：禁止在自然保护区内进行砍伐、放牧、狩猎、捕捞、采药、开垦、烧荒、开矿、采石、挖沙等活动；但是，法律、行政法规另有规定的除外。	+	++
风景名胜区条例（2016）	第二十四条：风景名胜区内的居民和游览者应当保护风景名胜区的景物、水体、林草植被、野生动物和各项设施。	++	+
	第二十六条：在风景名胜区内禁止进行下列活动：（一）开山、采石、开矿、开荒、修坟立碑等破坏景观、植被和地形地貌的活动；（二）修建储存爆炸性、易燃性、放射性、毒害性、腐蚀性物品的设施；（三）在景物或者设施上刻划、涂污；（四）乱扔垃圾。	+	++
森林和野生动物类型自然保护区管理办法（2007年）	第十条：核心区只供进行观测活动。实验区可以进行科学实验、教学实习、参观和驯化培育珍稀动植物等活动。	+++	+++
国家级森林公园管理办法（2011年）	第十八条：在国家级森林公园内禁止从事下列活动：（一）擅自采折、采挖花草、树木、药材等植物；（二）非法猎捕、杀害野生动物；（三）刻划、污损树木、岩石和文物古迹及葬坟；（四）损毁或者擅自移动园内设施；（五）未经处理直接排放生活污水和超标准的废水、废气，乱倒垃圾、废渣、废物及其他污染物；（六）在非指定的吸烟区吸烟和在非指定区域野外用火、焚烧香蜡纸烛、燃放烟花爆竹；（七）擅自摆摊设点、兜售物品；（八）擅自围、填、堵、截自然水系；（九）法律、法规、规章禁止的其他活动。	+	++

（续）

法律法规	相关规定	保护层级	人类活动受限程度
国家湿地公园管理办法（2017）	第十一条保育区除开展保护、监测、科学研究等必需的保护管理活动外，不得进行任何与湿地生态系统保护和管理无关的其他活动。	++	++
国家沙漠公园管理办法（2017）	第十二条：国家沙漠公园建设要合理进行功能分区，发挥保护、科研、宣教和游憩等生态公益功能。功能分区主要包括生态保育区、宣教展示区、沙漠体验区、管理服务区。（一）生态保育区应当实行最严格的生态保护和管理，最大限度减少对生态环境的破坏和消极影响。生态保育区可利用现有人员和技术手段开展沙漠公园的植被保护工作，建立必要的保护设施，提高管理水平，巩固建设成果。对具有植被恢复条件和可能发生植被退化的区域，可采取以生物措施为主的综合治理措施，持续提高沙漠公园的生态功能。生态保育区面积原则上应不小于国家沙漠公园总面积的60%。（二）宣教展示区主要开展与荒漠生态系统相关的科普宣教和自然人文景观的展示活动。可修建必要的基础设施，如道路、展示牌及科普教育设施等。（三）沙漠体验区可在不损害荒漠生态系统功能的前提下开展生态旅游、文化、体育等活动，建设必要的旅游景点和配套设施。沙漠体验区面积原则上不超过国家沙漠公园总面积的20%。（四）管理服务区主要开展管理、接待和服务等活动，可进行必要的基础设施建设，完善服务功能，提高服务水平。管理服务区面积应不超过国家沙漠公园总面积的5%。	+	+
地质遗迹保护管理规定（1995）	第十七条：任何单位和个人不得在保护区内及可能对地质遗迹造成影响的一定范围内进行采石、取土、开矿、放牧、砍伐以及其他对保护对象有损害的活动。未经管理机构批准，不得在保护区范围内采集标本和化石。	+	+

通过表1的简要梳理可以看出，不论是自然保护区、风景名胜区还是其他类型的自然保护地，其性质都决定了此类区域是为了保护自然生态而减少人类干预活动，并加以不同程度“隔离”对人类活动有了不同程度的限制。其中，作为生物多样性保护主要载体的自然保护区，其核心区保护层级最高，“只允许严格保护，禁止人类活动”，对人类活动的限制程度也最高，其次是自然保护区缓冲区、森林公园生态保育区等。

3 原住居民与自然保护地的矛盾分析

由于我国早期的自然保护地大多属于抢救性划建，未充分考虑原住居民生存和发展的权利，很多原住居民及其利用的土地被划入保护地[5]。自然保护地相关法律法规和部门规章的制定，不同程度的限制了当地居民对资源的利用，其传统的生产生活方式受到限制或禁止，生态保护与社区发展的矛盾日趋突出。主要矛盾体现在以下两个方面：

3.1 原住居民资源利用与保护的矛盾

当前，大量的原住居民及其原本属于原住居民经营管理的资源，如农田、牧场和集体山林被划入我国自然保护地内。从相关管理规定的梳理中可看出，我国自然保护地内的资源管理实行严格的管理方式，尤其是《中华人民共和国自然保护区条例》中严格限制甚至禁止林木采伐、放牧、药材采集、农作物种植等规定，限制了原住居民对资源的利用，造成原住居民的损失，加之没有妥善解决其生计问题，原住居民贫困程度较深。如，在自然保护区建立之前区内原住居民主要依靠森林资源获取薪柴、建柴等自用材的贵州梵净山国家级自然保护区，在保护区建立后，木材采伐量受到限制，切断了原住居民通过木材产业加工的收入来源和物质来源，在相应的替代产业尚未明确的情况下，导致原住居民与森林资源保护的矛盾突出[6]。

3.2 原住居民经济发展与保护的矛盾

自然保护地原住居民经济发展与保护的矛盾从根本上说是内部效益外部化的矛盾，即保护收益与所承担的保护成本之间的不平衡[7]。我国自然保护区大多分布在交通不便、经济落后、贫困的偏远山区，原住居民自我发展能力差。原住居民为保护生物多样性承担了大部分成本，但自然保护地的生态效益由全民和国家在享受[8]，保护地原住居民并未因其承担机会成本及其他损失而得到差别化的补偿，甚至出现保护区内原住居民收入水平普遍低于保护区外的现象。另外，大多数保护区并未建立野生动物的肇事补偿机制，野生动物对原住居民作物和家畜的破坏进一步恶化了保护区与原住居民的关系，原住居民原本就很薄弱的经济面临更大的挑战。如，2008—2012 年，云南省因野生动物肇事损失 24334.52 万元。其中，野生动物造成的人员伤亡案件主要由亚洲象、毒蛇和黑熊造成，近 5 年共发生 731 起，近 3 年死亡人数为 18 人[9]。

4 自然保护地内原住居民分类调控的建议

结合以上分析，为实现自然保护地的有效管理以及生产、生活、生态“三生空间”的合理划分[10-11]，建议在全面评估自然保护地内原住居民人口产业现状、生活习惯、历史文化价值及对生态保护影响的基础上，根据自然保护地内原住居民文化资源价值、常住人口规模、居民点性质、土地权属分布、与保护地管控分区的位置关系等，对居民点进行分类调控，制定保护、搬迁、聚居、控制等不同策略。结合《关于建立以国家公园为主体的自然保护地体系的指导意见》中自然保护地实行差别化管控分区的原则，大致分为范围调整型、保留保护型、生态搬迁型和控制转换型四种类型。

表 2 自然保护地内原住居民可采取的分类调控措施建议表

原住居民类型	区划调整型	生态搬迁型	保留保护型	控制转换型
城市建成区、建制镇、非建制镇等人口密集区	√			
行政村	√	√		
自然村落		√	√	√
游牧部落或零散居民点		√	√	√

注：本表中的不同“原住居民类型”需满足设定的前置条件才可选择相应的控制类型。

（1）区划调整型：对于保护价值低的建制镇、非建制镇、城市建成区等人口密集区及其社区民生设施建议调控措施为区划调整型，将其调整出自然保护地范围。对位于人口稠密的南方地区的自然保护地，若自然保护地内存在大型的行政村，也可根据实际需要选择区划调整型。区划调整型的选择必须加强监管，尤其是空间位置不在保护地范围内，但原住居民的农林生产和资源利用区域却在保护地内的，需要充分评估现有产业类型和资源利用方式与保护目标的一致性和差距，做好风险评估。

（2）生态搬迁型：对于规模不大，大分散、小集中的行政村、自然村、游牧部落和零散居民点，尤其是生存条件恶劣、地质灾害频发的区域，建议调控措施为生态搬迁型。可结合国家精准扶贫、生态扶贫等政策，在条件允许的情况下，将位于保护地核心保护区内的行政村、自然村、游牧部落和零散居民点一次性搬迁至保护地外。若条件不允许，对暂不能搬迁的可先设立原住居民生产生活区，允许开展必要的、基本的活动，待条件允许逐步搬迁出核心保护区。

（3）保留保护型：对于具有保护价值、承载着历史变迁、积淀着深厚的地方文化，具有很高的历史价值、文化价值、科学价值和旅游价值的自然村落或具有民族文化特色需要保护的游牧部落，调控措施建议为保留保护型。可以考虑保留并划入保护地的一般控制区，通过协调当地国民经济发展规划、国土空间规划等，统筹整合中央预算内投资和各级财政资金，保障原住居民的合法权利，也可优先选择该区域作为开展生态旅游、自然体验、生态教育的区域，探索全民共享共建的机制。但必须严格控制发展规模，禁止外来人口迁入。

（4）控制转换型：对零星分布、保护价值影响小、确实无法退出的核心保护区内自然村落和零散居民点，如空心村等，建议调控措施为控制转换型。严格控制村镇聚落空间扩展，限制外来人口迁入。通过产业转型，部分劳动力参与保护地资源管理、宣传教育、文化活动、特许经营等工作中；尽量引导青壮年异地就业并提供相应的社会保障措施，以时间换空间，逐步降低保护地及周边人口压力，逐步减轻对保护区资源的依赖，进一步缓解保护与利用的矛盾。

5 结论

正确处理原住居民问题，是关系到我国社会稳定、生态安全的问题，需结合客观实际，做出科学的决策。本文通过自然保护地内原住居民的现状、国家层面涉及人类活动相关规定的简单梳理，简要分析了原住居民与自然保护地的矛盾所在，提出范围调整型、保留保护型、生态搬迁型和控制转换型等四种自然保护地内原住居民的分类调控措施，旨在为各省贯彻落实《关于建立以国家公园为主体的自然保护地体系指导意见》中“分类有序解决历史遗留问题”时提供一定的参考和借鉴。

【参考文献】

[1] 唐芳林. 关于国家公园，需厘清哪些关系？[J]. 中国生态文明，2017，(1)：83.

[2] 2016年国家级自然保护区人类活动遥感监测报告 [J]. 人与生物圈，2016，(6)：70-70.

[3] 唐芳林. 中国特色国家公园体制建设思考 [J]. 林业建设，2018，203 (5)：91-101.

[4] 徐网谷，高军，等. 中国自然保护区社区居民分布现状及其影响 [J]. 生态与农村环境学报，2016，32 (1)：19-23.

[5] 王蕾，苏杨等. 自然保护区生态补偿定量方案研究：基于“虚拟地”计算方法 [J]. 自然资源学报，2011，26 (1)：34-47.

[6] 张林. 梵净山自然保护区森林资源保护与社区经济协调发展的矛盾与对策分析 [J]. 农村经济与科技，2018，29 (08)：6-8.

[7] 刘静，苗鸿，等. 自然保护区与当地社区关系的典型模式 [J]. 生态学杂志，2008，27 (9)：1612-1619.

[8] 许延东. 自然保护区生态补偿机制的构建与完善—以主体功能区战略为背景 [J]. 国家林业局管理干部学院学报，2012，(3)：35-39.

[9] 朱波. 生命共同体理念下云南自然保护区与民族社区关系研究 [J]. 西南林业大学学报（社会科学版），2018，2 (4)：6-10.

[10] 唐芳林，王梦君，孙鸿雁. 建立以国家公园为主体的自然保护地体系的探讨 [J]. 林业建设，2018，(1)：1-5.

国家公园最严格保护的实现路径*

国家公园在国外已发展得较为成熟，但在我国才刚刚起步，对中国特色的国家公园，不同人群有不同的认识和理解。在我国，对国家公园实行最严格保护具有重要意义，但对最严格保护的含义人们普遍理解得不够全面准确。最严格保护体现了中国国家公园的本质和特色，明确了国家公园的功能定位，对宣扬正确的国家公园理念、维护和巩固我国六十多年来的保护成果、真正实现自然生态系统的原真性完整性保护和世代传承等具有重要意义。

1 国家公园最严格保护理念的提出

1.1 提出背景

随着我国经济社会的快速发展，自然资源和生态环境面临的压力也日趋增大，不顾资源环境承载力的肆意开发带来了环境污染、森林破坏、湿地萎缩、水土流失、沙漠化、石漠化等一系列环境问题，一些地区气象灾害、地质灾害、海洋灾害等频发，威胁人们的生命财产安全，也造成了巨大经济损失。

建立自然保护地是保护生态环境的重要方式，我国已建的各类自然保护地保护了我国绝大多数的自然生态系统及其生物多样性，保护成效显著。但因交叉重叠、多头管理等管理体制机制问题，一些自然保护地存在管理效率低下，污染破坏严重的现象；自然保护地中保存了大量全民所有自然资源资产，由于所有者不到位、权责不明、监管不力等问题，导致一些珍贵的自然资源在各种利益纠葛中被浪费或破坏。特别是《自然保护区条例》虽然规定得很严，但在实际管理中难以严格执行。我国自然保护地实行分级管理，即便是国家级自然保护地，其实际管理权也在地方政府。以自然保护区为例，其机构、人员、日常管理经费都由地方政府设立和保障，国家层面只对一些保护管理基础设施和管理能力提升给予一定资金支持。地方政府既要发展经济保障民生，又要出资用于自然保护区管理（而保护管理产生的效益难以量化，且并不都是当地享用），因而在保护与发展相矛盾时，往往选择保护给开发让路（苏杨，2017；苏红巧等，2019）。

2013 年，我国正式提出建立国家公园体制，通过改革现有管理体制和管理方式中存在的问题和矛盾，有效解决交叉重叠、多头管理等问题，形成自然保护的新体制新模式，提升生态环境治理能力，形成现代化的治理体系。建立国家公园是为了把最应该保护的地方保护起来，给子孙后代留下珍贵的自然遗产。国家公园是我国最高价值的自然生态空间，保护着极为丰富和重要的生物多样性，囊括了具全球意义、珍稀濒危的野生动植物物种，一旦遭到破坏将很难恢复。作为一种新生事物，社会公众对国家公园的理解存在偏差，认知易与普通“公园”混淆，加上我国生态产品供给不足，地方政府亦希望借新的体制解放手脚，进一步拉动经济，一时间关于国家公园的争论和猜测不断。作为一种自然保护地类型，国家公园在国外已经发展了一百多年，保护是其最基本和最重要的功能，采取的保护管理理念和方式都服从于保护。因此，国家公园最严格保护理念是在我国生态环境面临种种压力、自然保护方面存在诸多问题的情况下提出的，也是由国家公园的作用和功能决定的（唐芳林，2017）。

1.2 提出过程

2015 年 5 月，《中共中央国务院关于加快推进生态文明建设的意见》中提出，经济社会发展必须建立

---

* 闫颜，唐芳林，田勇臣，等. 国家公园最严格保护的实现路径［J］. 生物多样性，2021，29（1）：123-128.

在资源得到高效循环利用、生态环境受到严格保护的基础上。通过建立国家公园体制，实行分级、统一管理，保护自然生态和自然文化遗产原真性、完整性。2015年9月，《生态文明体制改革总体方案》进一步提出：国家公园实行更严格保护，除不损害生态系统的原住民生活生产设施改造和自然观光科研教育旅游外，禁止其他开发建设，保护自然生态和自然文化遗产的原真性和完整性。

2017年9月，《建立国家公园体制总体方案》正式出台，明确了国家公园的定位，指出其首要功能是重要自然生态系统的原真性、完整性保护，始终突出自然生态系统的严格保护、整体保护、系统保护，同时兼具科研、教育、游憩等综合功能。明确国家公园是我国自然保护地最重要类型的之一，属于全国主体功能区规划中的禁止开发区域，纳入全国生态保护红线区域管控范围，实行最严格的保护。国家公园内要禁止除原住民生产生活设施改造和自然观光、科研教育、旅游以外的其他开发建设活动，而这些被允许的原住民生产生活设施改造等活动也要以不损害生态系统为前提；要逐步搬离国家公园区域内不符合保护和规划要求的各类设施、工矿企业等，已设立的矿业权也要逐步退出。

2019年6月，《关于建立以国家公园为主体的自然保护地体系的指导意见》中提出要坚持严格保护、世代传承的基本原则，牢固树立尊重自然、顺应自然、保护自然的生态文明理念，把应该保护的地方都保护起来，做到应保尽保。

2 全面理解国家公园最严格保护

国家公园是就地保护生态系统及其生物多样性的一种自然保护地类型，对国家公园实行最严格保护可以理解为执行国家公园相关法律法规、制度规定、标准规范等特别认真严肃，不容马虎。从这个意义上讲，要实现对国家公园最严格保护，首先要有科学完善的法律制度体系，规范国家公园建设和管理，使各项管理事务有章可循；其次这些法律法规、制度规定、标准规范要切合实际，具有较强的可操作性，能够在实际管理中发挥作用。也就是在正确的国家公园理念指引下，通过制定严格的法律制度体系，引导人们科学合理的行为方式。

自然保护地属于全国主体功能区规划中的禁止开发区域。禁止开发区是在国土空间开发中禁止进行工业化城镇化开发的重点生态功能区，要依法实施强制性保护，严格控制人为因素对自然生态和文化遗产原真性、完整性的干扰，要引导人口逐步有序转移，实现污染物零排放。国家公园是我国自然保护地的主体，要实行严格的规划建设管控，除不损害生态系统的原住民生产生活设施改造和自然观光、科研、教育、旅游外，禁止其他开发建设活动。生态保护红线是我国国家层面确定的生态保护的生命线，是我国生态环境安全的底线。划定生态保护红线的目的是建立最为严格的生态保护制度，实行严格保护的空间边界与管理限值，对我国自然生态服务功能、环境质量安全和自然资源利用等方面提出了更高的监管要求（辛培源等，2019）。将国家公园纳入全国生态保护红线区域管控范围，是实行严格保护制度的生态保护红线中的重点区域。

3 国家公园最严格保护的重要意义

3.1 只有最严格保护才能进一步巩固保护成果

近年来，我国生态环境质量得到很大改善，野生动植物数量增长，这是我国以自然保护区为主体的自然保护地体系经过六十多年保护与发展取得的成效。只有坚持保护第一，对国家公园实行最严格保护，才能持续保护好现有的保护成果。

3.2 能够宣扬正确的国家公园理念

国家公园保护了我国最重要、最独特、最精华、最富集的自然财富，是我国具国家代表性的“自然传家宝”，必须坚持保护第一，才能给子孙后代留下珍贵的自然遗产，并作为国民福祉世代传承，持续不断地为公众提供良好的生态产品。

3.3 有效保护自然生态系统的原真性和完整性

只有实行最严格保护，才能杜绝不合理的开发利用，保存珍贵的自然遗产，真正保护好自然生态系统的原真性和完整性。

3.4 激发全民自然保护意识，增强民族自豪感

只有对国家公园实行最严格保护，才能让社会公众真正认识到国家公园的重要性。我国建立国家公园体制，对国家公园实行最严格保护，将国家公园作为宝藏永久保存，体现了国家对自然资源和生态环境保护的决心，使人们体会到国家公园在保护自然资源和生物多样性方面的重要作用。

4 准确把握最严格保护

"最严格保护"不是"最严格防守"，并不是将国家公园完全封闭起来。国家公园在维护生态服务功能的同时，具有科研、教育、游憩等综合功能，在坚持生态保护第一的前提下，合理利用国家公园自然资源，开展科学研究和自然环境教育，能够为社会提供高质量的生态产品。要在明确国家公园保护管理目标的前提下，综合考虑其各项功能，制定科学合理、具体可操作的法律法规制度标准体系，在具体保护管理工作中不折不扣、严格执行；在实际管理工作中，也要坚持有法必依，执法必严，对国家公园实行严格执法；实现统一规范管理，杜绝不合理的建设利用活动，防止一切污染和破坏。

5 国家公园最严格保护的实现路径

5.1 路径目标

通过建立统一规范高效的国家公园管理体制，形成自然生态系统保护的新体制新模式，实现自然保护领域治理体系和治理能力的现代化。国家公园实行最严格保护的目标是保护好我国最重要的自然生态系统的原真性和完整性，保障国家生态安全。

5.2 路径框架

国家公园严格保护的路径包括理顺管理体制、健全法制保障、强化监督管理、强化协同管理、规范特许经营、完善社会参与、加强教育培训等七个方面，包括实行中央直管、明确央地事权、落实资金保障、加强资金管理、管理科学决策、完善法律法规、实行综合执法等23项具体策略（图1）。

5.3 主要路径

（1）理顺管理体制。包括实行中央直管、明确央地事权、落实资金保障、加强资金管理、管理科学决策5项策略。国家机构改革后，各类自然保护地统一由国家林业和草原局管理，解决了自然保护地横

向的多头管理问题。国家公园体制试点期间，各试点国家公园采用了中央直管、共同管理、委托管理等管理模式，但因自上而下、统一规范的国家公园管理体制还未建立，纵向的多头管理问题仍未解决。实行中央直管有利于中央政府直接行使国家公园内全民所有自然资源资产所有权，有效解决自然资源所有者不到位、所有权边界模糊、责任主体缺失等问题。在事权划分方面，国家公园管理机构主要承担国家公园相关保护管理职责，地方政府要配合做好工作，并承担国家公园内外的经济社会发展综合协调、公共服务、社会管理、市场监管等职责。

国家公园布局确定后，要摸清用于国家公园范围内的各类保护、管理、补偿等方面的资金本底，同时科学测算国家公园各类资金实际需求；国家公园收支统一交由中央财政管理，实行收支两条线，除人头费、日常管理等常规性资金纳入中央财政预算外，用于国家公园建设的各项资金实行"辩论制"项目资金申请模式，充分考虑项目的必要性、可行性、紧迫性，避免无序建设，并根据每年全国财政收入情况

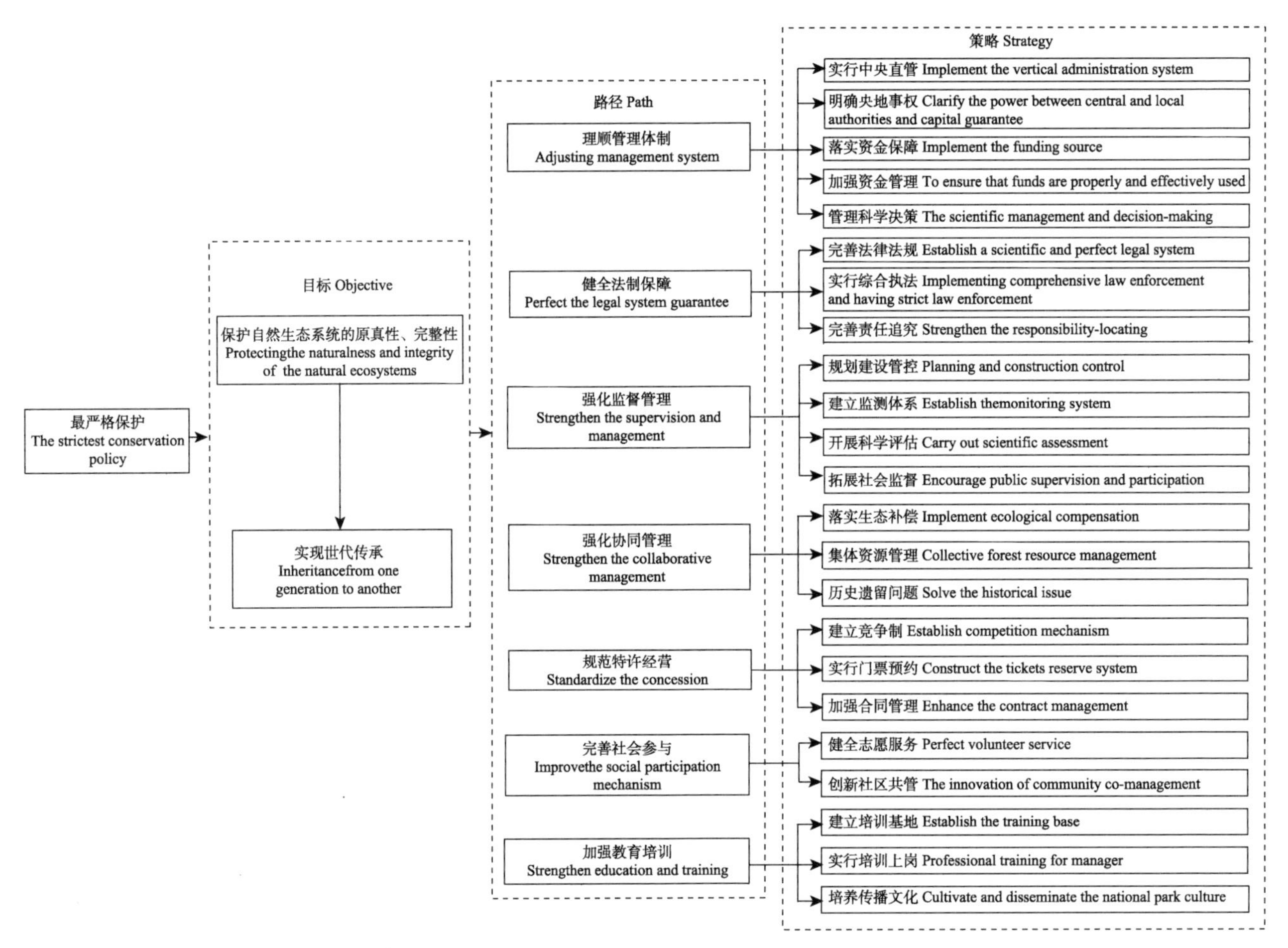

图 1 国家公园最严格保护的实现路径及策略

统筹支出。

在实际管理中，有法律政策依据的要严格按照相关法律法规或政策要求执行，对于一些不明确的管理事项，特别是资金规模较大，对自然环境、生物多样性、经济社会发展等有较大影响的事项要经过严格的科学研究和论证，在科学数据和研究成果的有力支撑下开展管理行动，避免盲目决策给国家公园生态环境、自然资源、自然景观造成污染和破坏；要提高科学家在国家公园管理中的地位，建立国家公园管理科学决策机制和科学顾问机制。

（2）健全法制保障。包括完善法律法规、实行综合执法、完善责任追究 3 项策略。要建立健全国家公园法律制度体系，制定完善相关法律、法规、标准、规范，实行统一规范管理，夯实国家公园建设管理基础，保障中国特色国家公园体制不走样。国家公园保护着我国最重要最有价值的自然资源，特别是一些珍贵稀有的极小种群物种，一旦遭到破坏，后果严重且不可挽回。及时有效、强有力的执法对国家公园至关重要。国家公园作为自然资源综合体，执法专业性特殊性强，只有建立统一规范的执法体系，开展国家公园范围内的资源环境综合执法，才能及时发现和制止非法行为，形成强大威慑力。要明确与国家公园保护管理密切相关的各相关利益主体责任，严格追查国家公园内各类破坏、污染和损害事件，严厉追究相关责任主体责任。国家公园是我国生态文明建设的重要体现地，国家公园保护的好坏是领导干部任期生态文明建设责任落实的关键。领导干部要切实履行国家公园保护责任，在开展领导干部自然资源资产离任审计中，应将国家公园保护管理相关内容与领导干部完成自然资源资产管理和生态环境保护目标情况切实挂钩，查明履责情况，加强考核问责，对违反规定造成国家公园损失的要严厉追责、终身追责。

（3）强化监督管理。包括规划建设管控、建立监测体系、开展科学评估、拓展社会监督 4 项策略。

要充分掌握国家公园内自然生态系统、野生动植物、资源利用现状、生态环境问题等情况，全局性、长远性、战略性考量国家公园各项管理行动方案，从注重新建项目向改造升级转变，严控新建各类人工设施及人工景观，重点提升国家公园管理能力和服务水平。建立国家公园范围及功能分区动态调整机制，在野生动植物分布范围内如自然原因或其他特殊原因发生变化，可根据需要建立机制，动态调整国家公园范围和功能分区；落实国家公园分区管控措施，坚持保护第一的前提下科学合理确定人类活动正负面清单，明确国家公园内禁止、限制、允许的人类活动范围；要加强国家公园建设项目宏观管理，严格控制各类开发建设活动，严格管控国家公园建设项目审批，涉及国家公园的建设项目要按照法律程序进行严格的保护管理评价，深入调查研究国家公园保护对象、有关保护管理工作可能造成的影响，对影响较大的项目不得审批，对影响较小的项目要规划落实减缓措施。要健全国家公园监管制度，建立国家公园监测体系，定期开展国家公园科学评估。特别对一些由于大型兽类出没或其他原因不便于开展巡护管理工作的区域，要注重新技术新方法的运用，完善国家公园监测技术体系，根据实际情况建立科学化现代化的监测网络，及时掌握国家公园内人为干扰情况，构建国家公园自然环境和自然资源数据库，根据其动态变化调整管理决策。国家公园是全民公益性事业，应鼓励公众参与，国家公园的各项保护管理及特许经营活动受社会公众监督，要利用新媒介拓展社会监督的范围和方式，调动全民参与国家公园保护。

（4）强化协同管理。包括落实生态补偿、集体资源管理、历史遗留问题 3 项策略。要综合考虑保护对象、当地经济发展水平、中央财政收入、特许经营情况等，科学确定对国家公园所在地当地政府的生态补偿资金规模，补偿当地政府及社区因建立国家公园减少的发展机会成本，充分调动当地政府积极性。对森林防火、灾害防治等由央地共同承担更有利于保护管理的事项，中央应根据地方政府支出情况，给予足额补偿。国家公园内集体自然资源可通过置换、租赁、赎买等方式规范流转，或与国家公园管理机构签订入股、共享收益等合作协议，着力维护好集体产权人权益。要妥善解决好国家公园范围内的历史遗留问题，应综合考虑生态、社会、经济等多重因素，逐步搬离不符合保护和规划要求的各类设施、工矿企业等，根据对国家公园的影响程度、居民意愿等有序实施生态搬迁，以科学理论和数据为指导，分门别类，建立不同时空尺度的差别化退出机制。

（5）规范特许经营。包括建立竞争机制、实行门票预约、加强合同管理 3 项策略。要严格控制国家公园自然资源的利用方式、规模和强度，在国家公园一般控制区内可划出一定面积开展生态教育和自然体验，通过特许经营方式，落实国家公园自然资源有偿使用制度。摸清现有特许经营情况，包括各类接待设施、产权、经营主体等情况；制定科学合理的特许经营制度，明确特许经营的范围、内容、资金管理等；分门别类制定特许经营项目目录及管理办法，规范当地居民经营活动，建立市场竞争机制，引导管理先进、实力雄厚的企业参与国家公园特许经营活动。主管部门应根据全国国家公园建设管理情况，做好国家公园特许经营规划，按照国家公园的理念和标准，全面提升国家公园服务水平，鼓励条件成熟的国家公园优先开展特许经营活动。建立全国统一的网络信息平台，科学测算国家公园环境容量，全面实行预约制，有效控制访客数量。

（6）完善社会参与。包括健全志愿服务、创新社区共管 2 项策略。积极引导社会公益组织参与国家公园自然教育、社区发展等活动，鼓励社会公益组织帮助国家公园管理机构提高保护管理能力；加强与企业、科研机构的交流合作，优先在自然教育、科研监测等方面开展志愿者服务活动。

（7）加强教育培训。包括建立培训基地、实行培训上岗、培养传播文化 3 项策略。要加强国家公园管理机构能力建设，根据保护管理需要，完善组织机构建设，积极引入专业人才，设立人才教育培训机构，定期对管理人员进行教育培训。实行培训上岗制，科学合理设置培训内容，全面有效提升国家公园管理人员业务水平及管理能力。要加强公众教育，培养形成中国特色国家公园文化，加强舆论引导，广泛传播国家公园知识，推动形成全社会参与国家公园保护管理的良好氛围。

国家公园作为一种保护目标明确、能够合理利用资源、积极调动社会公众广泛参与的极具活力的自然保护地类型，其保护理念与时俱进，在对自然环境予以最大尊重的前提下，保护管理方式极具包容力和灵活性，能够最大程度地服务于保护管理目标。对国家公园实行最严格保护是应我国国家公园体制提出的时代背景，是在环境形势严峻、自然保护面临诸多问题的前提下提出的；实行最严格保护不是意味着将国家公园完全看管、严守起来不可进入、不可利用，而是要明确自然资源的利用方式，规范利用行为，通过科学合理的管理手段和方式实现自然资源的可持续利用；是通过法律法规明确各相关利益者的权利义务及其合法非法行为，并建立综合执法机制，真正实现执法必严违法必究，让全社会特别是在国家公园保护管理中具有主要责任、起到关键作用的管理者、决策者、实施者、参与者们提高生态环境保护意识，切实维护好国家公园的生态环境和自然资源，使其能够全民共享、世代传承（黄德林和孙雨霖，2018；黄德林等，2018）。

【参考文献】

黄德林，赵森峰，张竹叶，孙雨霖，2018. 国家公园最严格保护制度构建的探讨. 安全与环境工程，25（4），22-27.

黄德林，孙雨霖，2018. 比较视野下国家公园最严格保护制度的特点. 中国国土资源经济，31（8），38-43.

培源，田甜，战强，2019. 自然保护地与生态保护红线的发展关系研究. 环境生态学，1（4），29-33.

苏红巧，罗敏，苏杨，2019."最严格的保护"是最严格地按照科学来保护——解读"国家公园实行最严格的保护". 北京林业大学学报（社会科学版），18（1），13-21.

苏杨，2017. 为何和如何让"国家公园实行更严格保护". 中国发展观察（1），57-61.

唐芳林，2017. 试论中国特色国家公园体系建设. 林业建设（2），1-7.

第二篇
国家公园研究

国家公园是我国自然保护地体系的主体，《关于建立以国家公园为主体的自然保护地体系的指导意见》指出，“国家公园是指以保护具有国家代表性的自然生态系统为主要目的，实现自然资源科学保护和合理利用的特定陆域或海域，是我国自然生态系统中最重要、自然景观最独特、自然遗产最精华、生物多样性最富集的部分，保护范围大，生态过程完整，具有全球价值、国家象征，国民认同度高”。

国家公园在我国三类自然保护地中居主体地位，其管理和建设必将在全国自然保护地体系建设中起到关键作用。编写团队通过早期在云南省开展普达措、南滚河等国家公园试点申报和建设的经验总结，对比分析了国家公园和自然保护区的保护成效，在充分借鉴美国、南非、巴西、韩国、阿根廷、新西兰等国外国家公园建设管理经验的基础上，在新时代、新形势下，深入研究探讨了我国国家公园的属性、定义、类型划分、设置条件、范围划定、功能分区、内部机构设置、立法、收费、绿色营建、确权登记、大数据平台构建、科研体系构建、自然资源资产管理、技术标准体系等诸多关键问题。通过研究提出了包括保护功能指标群、科研功能指标群、游憩功能指标群、教育功能指标群、经济发展功能指标群在内的28个评价指标；从使用者付费、碳足迹消除、可持续性、绩效等方面对国家公园适度收费进行了论述。提出了“范围宜小不宜大，项目宜少不宜多，景点宜散不宜聚，设施宜聚不宜散，发展宜慢不宜快，设施宜隐不宜显，产品宜特不宜奢的“七宜七不宜”的国家公园绿色营建原则等诸多意见和建议。这些意见和建议在前期为国家公园的正本清源，后期为我国国家公园建设和管理以及政策文件出台提供了技术支撑，奠定了基础。

特别值得一提的是，编写团队早在2009年发表的《我国建立国家公园的探讨》一文是我国早期较为系统研究国家公园的一篇非常有价值的论文，论文研究分析了我国保护区半个多世纪的实践和现实国情，借鉴国外先进经验，提出了建立适合我国国情的国家公园体系是实现“使该保护的保护起来，该发展的让它发展上去”的最好模式之一，并提出了“大胆试点，规范先行，建立完善的国家公园管理体系”“确立‘保护优先’的原则”“探索保护地交叉、重叠的管理模式”“以人为本，统筹协调社区发展”“建立资金筹措机制”等5条建议。

国家公园探索

我国建立国家公园的探讨*

国家公园既不同于严格的自然保护区，也不同于一般的旅游景区，是介于二者间的保护地类型，按照IUCN的定义，国家公园属于Ⅱ类保护地。严格来讲，国家公园在中国大陆尚属空白，引进与国际接轨的国家公园理念，建立国家公园管理体系，是完善我国保护地体系的必然。本文阐述了国家公园的产生、发展，分析提出了中国大陆建立国家公园的问题和政策建议。

1 引言

1.1 保护地的产生与分类

世界自然保护联盟（World Conservation Union 简称：IUCN）对保护地的解释是："通过法律及其他有效手段进行管理，特别用以保护和维护生物多样性和自然及相关文化资源的陆地或海洋。"IUCN在1994年进一步提出了"保护地管理类别指南"，将保护区管制级别进一步划分为以下6个类别：

Ⅰa 严格的自然保护区——一个地区或海域，拥有出众或具代表性的生态系统/地质或生理特点与/或物种，可作为科学研究或环境监察。

Ⅰb 自然保护区—— 一大片未被改动或只被轻微改动的陆地与/或海洋，仍保留着其天然特点及影响力，没有永久性或重大的人类居所，受保护或管理以保存其天然状态。

Ⅱ国家公园——一个天然陆地与/或海洋区域，指定为：保护该区的一个或多个生态系统于现今及未来的生态完整性；

——禁止该区的开发或有害的侵占；

——提供一个可与环境及文化相容的精神、科学、教育、消闲、访客基础。

Ⅲ 自然遗址——一个地区拥有一个或多个独特天然或文化特点，而其特点是出众，或因其稀有性、代表性、美观质素或文化重要性而显得独有。

Ⅳ 生境/物种管制区——一个地区或海洋，受到积极介入管制，以确保生境的维护与/或达到某物种的需求。

Ⅴ 景观保护区—— 一个附有海岸及海洋的陆地地区，在区内的人类与自然界长时间的互动，使该区拥有与众不同及重大的美观、生态或文化价值特点，以及有高度的生物多样性。守卫该区传统互动的完整性对该区的保护、维持及进化尤其重要。

Ⅵ 资源保护区——一个地区拥有显著未经改动的自然系统，管制可确保生物多样性长期地受保护，并同时可持续性地出产天然产物及服务，以达到社会的需求。

"保护区管理类型指南"不仅解释了6种保护区名称的含义，同时还规定了各类型保护区的管理目标和指导原则，为保护地的计划编制、管理及监督提供了一个国际认可的概念与实践框架。

1.2 国家公园的产生

国家公园（National Park）是指国家为了保护一个或多个典型生态系统的完整性，为生态旅游、科学

---

* 唐芳林，孙鸿雁. 我国建立国家公园的探讨［J］. 林业建设，2009（3）：8-13.

研究和环境教育提供场所，而划定的需要特殊保护、管理和利用的自然区域。它既不同于严格的自然保护区，也不同于一般的旅游景区，是保护地的一种形式，在世界自然保护联盟（IUCN）的定义中，国家公园是指在保护区域内生态系统完整性的前提下，经过适度开发，为民众提供精神的、科学的、教育的、娱乐的和游览的场所。2003 年的统计数据表明，国家公园在全球保护地中所占面积比例最大，是国外保护地体系中所采用的最重要的一种形式。

“国家公园”的概念源自美国，美国于 1872 年通过法律建立了第一个以保护为目的的国家公园——黄石公园。一百多年来，国家公园始终是“美国最引以为荣的创造物”，是“美国最完美的形象”，一位美国政治家说“如果说美国对于世界文明发展作过什么贡献的话，恐怕最大的就是国家公园的创建了”。

自 1872 年美国建立黄石国家公园后，加拿大于 1885 年开始在西部划定了 3 个国家公园，澳大利亚设立了 6 个，新西兰设立了 6 个。19 世纪，几乎全部国家公园都是在美国和英联邦范围内出现的。进入 20 世纪后，世界各国都把建立国家公园看作一种保护自然和自然资源的良好途径，陆续开展了建设国家公园的国际活动。迄今为止，全球已有 125 个国家和地区建立了 9832 处国家公园，形成了比较完善的管理理念和运行模式。

2 我国保护地体系存在的问题

2.1 我国保护地体系现状

中国是世界生物多样性特别丰富的 12 个国家之一，据统计，中国的生物多样性居世界第八位，北半球第一位[2]。但由于我国庞大的人口压力和经济快速发展的压力，又是生物多样性受到最严重威胁的国家之一。由于生态系统的大面积破坏和退化，使中国的许多物种已变成濒危种和受威胁种。在《濒危野生动植物物种国际贸易公约》（CITES）列出的 640 个世界性濒危物种中，中国就占 156 种，约为其总数的 1/4，形势十分严峻。中央和地方政府已经认识到建立保护地对我国生态系统正常功能的发挥、自然资源、生物多样性的保护以及国家经济可持续发展对自身甚至世界的重要意义，对保护地的建设给予了高度地重视。从 1956 年我国建立第一个自然保护区——鼎湖山自然保护区以来，我国一直积极地建立保护地。到 2003 年底，我国已建立各种类型、不同级别的保护地达 5000 余处，占国土面积的 18%以上，超过世界水平指标。其中，自然保护区近 2000 处，风景名胜区 800 余处，森林公园 800 余处，地质公园 50 余处，水利风景区 50 余处，此外还有自然保护小区，农田保护等 1000 余处。

2.2 我国保护地体系目前存在的主要问题

我国的自然保护区主要是保护，很少有休闲游览、资源开发等活动，在为解决开发与保护的矛盾提供多样化的机会和方法方面空间很小，一定程度上制约了当地开发利用优势资源、发展经济的进程，导致保护与开发矛盾日益尖锐，也影响了地方建立自然保护区的积极性，进而影响保护效果。而我国其他各类保护地又过于强调开发利用、忽视保护、缺少相对灵活的保护管理方式，在一些地方造成了生态破坏，起到了事与愿违的反向作用。

一方面，现行自然保护区管理条例强调严格保护，但管理难度大。按照《自然保护区条例》严格讲，我国所建立的自然保护区都属于 IUCN 保护地管理类别中的类别Ⅰa，即严格意义的保护区。但是，目前的自然保护区大都是按抢救性保护的角度建立的，数量多，质量不高，许多保护区存在着规划不科学、功能区划不合理，权属有纠纷、管理机构薄弱等问题，与当地社会经济的发展存在矛盾和冲突，难以实施真正的严格管理。从实际的管理方式上讲，我国的许多自然保护区按照《自然保护区条例》起到保护生物多样性的作用，但同时对游客开放，因此有许多自然保护区实质上属于类别Ⅱ“国家公园”。也有人说，我国的自然保护区就相当于国外的国家公园。

另一方面，现行的“风景名胜区”或“森林公园”偏重于发展，忽略了保护。1994 年，原中华人民共和国建设部于其所发布的《中国风景名胜区形势与展望》绿皮书中指出，“中国风景名胜区与国际上的国家公园（National Park）相对应，同时又有自己的特点。中国国家级风景名胜区的英文名称为 National Park of China”。我国的“风景名胜区”或“森林公园”按理应该算入类别Ⅱ，但现实却很尴尬，中国很少有人认同“风景名胜区”就是国际上通行的“国家公园”，相关的法律法规和管理模式也没有把其纳入仅次于严格保护区的Ⅱ类保护地进行管理。

按照 IUCN 定义，类别Ⅱ“国家公园”虽然部分作为旅游区对游客开放，但前提是对保护生物多样性。但实际上，就目前我国风景名胜区的管理方式而论，这些地方主要按照旅游景点进行管理，基本上没有从保护生物多样性和生态系统的角度进行考虑。所以，笔者认为按照国际标准或含义，我国的“风景名胜区”或“森林公园”并不能等同于“国家公园”，更多的应该属于类别Ⅴ“陆地/海洋景观保护地”。事实上，除台湾外，我国大陆还没有严格意义上的国家公园。

尽管有不同的认识，但从现实看，我国的自然保护区和风景名胜区都不能完全等同于国家公园，国家公园是介于二者间的保护地，从发展看，为了和国际接轨，还是应该按照 IUCN 的定义，在中国大陆建立名副其实的国家公园。

2.3 建立国家公园是我国完善保护地体系的必然

世界上自然保护区的发展经验告诉我们，保护区作用的发挥很大程度上要依赖于当地居民的拥护和支持，传统的“孤岛”和“堡垒”式的封闭管理模式受到挑战，单一的保护目标与当地社区的经济发展明显脱节。

我国大多自然保护区地处“老少边穷”地区，周边群众生活大多处于“生态资源富饶，人民生活贫困”的状态，而且，保护区多为少数民族地区，大多数居民耕作方式落后，依赖自然资源的程度很大，“靠山吃山”是他们的主要经济来源。国家把社区居民的世代赖以生存的森林资源划入保护区后，按照有关法律法规，居民的生产生活来源被“切断”，自然保护区与社区的矛盾突出。

显然，中国应当在自然保护区管理模式上进行革新。新的管理模式应是对保护区资源进行保护性利用，实现经济发展与自然保护的并举，走可持续的摆脱贫困之路。新的自然保护区管理模式的宗旨应当是在完善自然保护的前提下，有效地发挥自然保护区的经济功能，从而对保护区所在地区的经济和社会发展做出全面的贡献。我国已建成的保护区，大都处于远离城市甚至处于高山峡谷之地，保护区除了生物资源外，最大的天然优势就是旅游业的开展。而且，旅游与生物资源利用相比近期利益快些。因此，利用天然资源发展旅游业就成为大多数“可开放的保护区”的第一选择。按照 IUCN 对保护地管理类别的分类系统自然地划归：

Ⅱ（国家公园）—— 生态系统、保护、与环境及文化相容的精神、科学、教育、消闲、访客基础。

Ⅴ（景观保护区）—— 区内的人类与自然界长时间的互动，使该区拥有与众不同及重大的美观、生态或文化价值特点，以及有高度的生物多样性。

在这一意义上来讲，国家公园是解决自然保护与发展经济之间矛盾的模式之一。国外大量国家公园的实践表明，在处理生态环境保护与开发关系上，国家公园已被证明是行之有效的实现双赢的管理模式。国家公园可以使保护与发展有机结合，不仅有力地促进了生态环境和生物多样性保护，同时也极大地带动了地方旅游业和经济社会的发展，做到了资源的可持续利用，实现了生态、经济和社会效益协调统一。从我国保护区半个多世纪的实践和现实国情来看，国家公园可能是最好的模式之一，引进国家公园的管理模式，可以完善和丰富中国大陆的保护地管理体系。

3 我国建立国家公园的实践

3.1 台湾的国家公园

1984 年在中国的台湾省建立了第一个“国家公园”，即“垦丁国家公园”。这是我国第一个以“国家公园”为名称的保护区。截止 2007 年，台湾已建立了太鲁阁等 7 个国家公园。

3.2 中国大陆的国家公园

国家林业局和云南省早在2005 年前就着手进行首个国家公园建设试点，2007 年6 月21 日，云南省迪庆藏族自治州香格里拉普达措国家公园正式揭牌成立，成为我国第一个国家公园。2008 年 6 月，国家林业局批准云南省为国家公园建设试点省。8 月 5 日，云南省政府常务会明确了由省林业厅作为国家公园的主管部门，并在林业厅成立云南国家公园管理办公室。至此，我国建立国家公园的步伐从云南开始，很快将推向全国。2008 年 10 月 8 日，环境保护部和国家旅游局又联合宣布黑龙江汤旺河国家公园为国家公园试点。目前我国大陆已建立的国家公园有：

（1）普达措国家公园

在云南省政府研究室和大自然保护协会（TNC）的支持下，迪庆州政府以碧塔海省级自然保护区和国际重要湿地为依托，于 2007 年建立了中国大陆第一个国家公园——普达措国家公园。普达措公园总面积为 1993km^2，总规划面积为 767.4km^2，其中保护面积占 99.8%，游憩用地面积仅占 1.9‰。用于生态旅游开发的面积低于 2%。

普达措国家公园范围内有 2 个管理机构分别履行各自职能，即省政府批准成立的碧塔海省级自然保护区管理所、迪庆州政府批准成立的香格里拉普达措国家公园管理局。自公园建成向公众开放以来，2 年多时间内，普达措国家公园实现了旅游收入 2.3 亿多元。

（2）汤旺河国家公园

2008 年 10 月，环境保护部和联合批准建设“黑龙江汤旺河国家公园”。该公园地处小兴安岭南麓，范围包括汤旺河原始森林区和汤旺河石林区。此区域是松花江一级支流汤旺河的源头，植被覆盖率 99.8%以上。以红松为主的针阔叶混交林是亚洲最完整、最具代表性的原始红松林生长地，同时分布着大量云杉、冷杉、白桦、椴树等多达 110 余种的珍贵树种。区域内自然景观独特，百余座花岗岩石峰构成了奇特的地质地貌，是目前国内发现的唯一一处造型丰富，类型齐全，特征典型的印支期花岗岩地质遗迹。但范围与国家林业局的黑龙江小兴安岭石林国家森林公园和国土资源部的黑龙江伊春花岗岩石林国家地质公园有交叉重合。

（3）老君山国家公园

老君山国家公园涉及的区域是“三江并流”国家级风景名胜区老君山片区，同时，与老君山国家级地质公园的范围重叠，总面积为 1084.5km^2，其中用于游憩和传统利用的区域占公园面积的 4.1%，其范围内包括国有森工企业林场的国有林地、集体林地、责任山、自留山和部分农地，除国有林外，其他土地的权属情况尚待进一步明确。

老君山国家公园的建设工作启动后，丽江市政府拟依托 2000 年成立的三江并流区丽江老君山保护管理委员会对老君山国家公园进行管理。国家公园的开发和经营活动将由管委会下设的丽江三江并流旅游开发有限公司和隶属于市政府的丽江市旅游开发投资管理公司负责。目前还没有经营收入。

（4）梅里雪山国家公园

梅里雪山国家公园拟依托“三江并流”国家级风景名胜区的梅里雪山景区建设，也包括飞来寺国家级森林公园，总面积 961.3 km^2。梅里雪山国家公园目前仍由梅里雪山景区管理局负责经营和管理。森林保护主要依靠德钦县林业局。

（5）西双版纳国家公园

西双版纳国家公园主要依托西双版纳国家级自然保护区建立，并包含周边部分区域，总面积为2854.21km^2。规划用于道路、建筑等基础设施用地占总面积的3.8%。西双版纳国家级自然保护区面积为2425.1km^2，全部为国有林地。周边扩建部分有部分集体林，集体林占国家公园总面积的14%。

西双版纳国家公园由西双版纳国家级自然保护区管理局统一进行管理。主要采取旅游合作经营的方式，将景点交由企业来经营，企业按门票收入的8%缴纳资源保护使用费、按门票的5%缴纳保护管理费及收益分成。自然保护区管理局依法对区内的旅游实施监管。2008年野象谷景区门票收入超过6000万元，保护区合作经营收入128万元，与山东索道公司合作经费收入82万元，收入上缴财政专户。

3.3 存在的主要问题

3.3.1 从政策层面看，相关法律法规和协调机制相对滞后

国家公园是中国大陆自然保护事业发展过程中形成的新保护地模式，目前尚未制定出台专项法律法规，在各地建立国家公园积极性空前高涨的形势下，出台管理法规迫在眉睫。

3.3.2 从管理层面看，国家公园责权分离，职责不清

（1）国家公园与自然保护区、风景名胜区、森林公园等保护地和林场经营区交叉或重叠，带来管理难度。西双版纳国家公园与西双版纳国家级自然保护区重叠，普达措国家公园范围内有碧塔海省级自然保护区和建塘镇林场。梅里雪山国家公园与国家级风景名胜区、国家森林公园重叠。老君山国家公园与国家级风景名胜区、国家地质公园和天保管护的区域交叉。

（2）同一保护区域，建立了具有不同行政层级、隶属不同系统的多个管理机构，形成有效益都来管，效益不好就都不管的现象。

（3）政企不分。以丽江老君山和迪庆普达措国家公园为例，政府在成立国家公园管理机构的同时，又成立了“投资公司”或“投资管理公司”，政府既是管理主体，又是投资和经营主体。

3.3.3 从经济层面看，国家投入国家公园建设严重不足

世界各地的国家公园都是以提供公共产品为主的公益性事业。国家公园一旦建立就要发生必需的费用。目前，拟建国家公园的自然保护区，各级政府已将人员公资、公务费用纳入财政预算，这些投入虽然不能满足需求，但为维持保护区的日常管理提供了最基本的保障。而如拟建的梅里雪山国家公园，人员工资靠经营收入，难以保证管理的有效性。

3.3.4 从社会层面看，社区、保护和利用三者未形成共同利益体

就云南而言，云南省是一个山区省份，林农交错，目前划建的国家公园面积较大，难以避免将农村集体林和一些村庄划入国家公园。然而，由于直接经营者不同程度忽视甚至排挤保护者和当地社区的利益，在一定程度上挫伤了保护者和社区居民的积极性。应尽快建立生态保护和经济效益的互补性和协调机制。

4 结论与建议

4.1 结论

保护地是全球保护生物多样性的主要模式，建设保护地的目的是走可持续发展的道路，而可持续发展的内涵应是“当代与后代并重，保护与发展并存”。我国的保护地体系包括了自然保护区、风景名胜区、森林公园、地质公园等类型，自然保护区是我国保护地的主要形式，缺失了国家公园这一保护地形式。

国家公园是保护地的一个类别，它既不同于严格的自然保护区，也不同于一般的旅游景区。实践表

明，国家公园以生态环境、自然资源保护和适度旅游开发为基本策略，通过较小范围的适度开发实现大范围的有效保护，既排除与保护目标相抵触的开发利用方式，达到了保护生态系统完整性的目的，又为公众提供了旅游、科研、教育、娱乐的机会和场所，国家公园已被证明是一种能够合理处理生态环境保护与资源开发利用关系的行之有效的实现双赢的保护和管理模式。尤其是在生态环境保护和自然资源利用矛盾尖锐的亚洲和非洲地区，通过这种保护与发展有机结合的模式，不仅有力地促进了生态环境和生物多样性的保护，同时也极大地带动了地方旅游业和经济社会的发展，做到了资源的可持续利用，实现生态、经济和社会效益协调统一。

解决我国目前保护地所面临的困境需要运用科学发展观，国家公园作为一个可供选择的生存模式自然地提到了议事日程上来。从我国保护区半个多世纪的实践和现实国情来看，借鉴国外先进经验，引入国家公园理念，建立适合我国国情的国家公园体系可能是最好的模式之一，是实现“使该保护的保护起来，该发展的让它发展上去”的有效而必要的手段。

4.2 建议

4.2.1 大胆试点，规范先行，建立完善的国家公园管理体系

我国处于国家公园起步阶段而言，目前当务之急是大胆试点，在试点的基础上规范管理，理顺管理体制，建立一套统一的审批和管理国家公园的理念和模式，避免重蹈我国自然保护区管理的覆辙，建设体现真正意义的“国家公园”。应该参照 IUCN 的办法，借鉴国际先进经验，结合我国国情，理顺体管理体制，制定我国国家公园准入、管理和评估法规和相关标准、规程、规范，建立完善的国家公园管理体系。

首先，应理顺国家公园管理体制。从国家层面上，国家公园是“国家名片”，从一开始就是国家级的，没有“省级国家公园”“市级国家公园”的说法。谁来认定？谁来批准？必须由国务院成立跨部门的机构来批准，而不是一个部门或者几个部门联合就能认定。管理上，参照自然保护区管理模式，分类管理，避免出现多头管理、政出多门的状况。从地方政府层面上，在每个国家公园建立统一的管理机构，明确管理机构在国家公园管理中的职责。国家公园管理区域在一个州市范围内，该机构作为当地州、市政府直属事业单位。管理区域跨州市的，由省国家公园管理办公室直接管理，否则将重蹈我国自然保护区管理的覆辙。

其次，制定明确的法律法规。IUCN 和我国对保护区都有一个基本共同的定义，即“通过法律及其他有效方式进行管理的，对保护和维持生物多样性以及自然及文化资源能够起巨大作用的一片陆地或海洋”。国际社会对国家公园的管理普遍实行“国家所有、政府授权、特许经营、社会监督”的政策。

最后，建立健全完善的监管体系。合理划分事权关系，准确定位政府和国家公园管理机构的保护与管理职能，使政府和管理机构与市场脱离开来，把工作重心放在资源的保护与合理利用的管理上，充分发挥政府的协调、指导、支持方面的作用，管理机构在资源保护和合理开发利用的规划、许可、执法监督和管理职能。将经营和投资权真正交给企业，把社会可以自我调节与管理的职能交给社会中介组织。

4.2.2 确立“保护优先”的原则

我国 52 年的自然保护区以及国外 100 多年的国家公园管理和发展经验、教训为我国新时期下建立健全国家公园管理体系提供了较多可供参考的借鉴。国家公园建设必须摈弃“绝对保护”和“绝对利用”两种观念，确定“保护优先”为核心，首先是保护生态系统的完整性，其次才是生态旅游、科学研究和环境教育的场所。建立国家公园资源利用生物多样性影响评价机制，在国家公园资源利用方面建立生物多样性影响评价机制，通过科学论证，科学规范处理工程建设与保护的矛盾，为各级政府和国家公园管理机构提供资源利用决策依据。

4.2.3 探索保护地交叉、重叠的管理模式

根据我国现有各类保护地法规规定，妥善处理好保护地交叉、重叠管理，从资源有效保护和合理利用方面探索新的管理方式。

自然保护区是我国保护地类型中管理最为严格，与自然保护区重叠或交叉的国家公园，其规划要与自然保护区的总体规划和生态旅游总体规划衔接。

风景名胜区在保护、科研、科普和社区共管方面的要求与国家公园的要求有一定差距，但是在资源的利用管理方面有较详细的管理规定。与风景名胜区交叉或重叠的国家公园，保护方面的总体规划要与国家公园一致，风景名胜区管理范围内的总体规划按法规规定报送风景名胜区行政主管部门批准。

国家公园与其他保护地、林场等交叉和重叠，在征求其管理部门同意的前提下，按照国家公园要求统一规划，但要处理要经营利益和管理责权的关系问题。

4.2.4 以人为本，统筹协调社区发展

在德班举行的第五届世界保护地大会曾提出以下原则：“建立并管理保护地应该有利于消除当地贫困状况，至少不应该导致或者加剧贫困”。我国现阶段建立国家公园体系必须重视周边社区的生存利益与经济发展。要致力于减少而不是加重社区贫困，要与乡土居民和当地社区共同管理、共享利益。

4.2.5 建立资金筹措机制

我国建立国家公园的根本目的是为了实现对自然资源有效保护，同时又通过资源的合理利用促进区域经济发展。但是，由于各地地方财力有限，用于国家公园建设管理的经费也有限。因此，构建多渠道的资金筹措机制，使多种资金来源相辅相成，对国家公园建设管理尤为重要。除了政府投入外，应通过合理利用国家公园有形、无形资源，使投入渠道多元化。

【参考文献】

韩念勇，2000. 中国自然保护区可持续管理政策研究［J］. 自然资源学报（3）：201-207.

李如生，2005. 美国国家公园管理体制［M］. 北京：中国建筑工业出版社.

马燕，2006. 我国自然保护区立法现状及存在的问题［J］. 环境保护，11A：42-47.

钱薏红，2001. 制度创新：中国自然保护区可持续经营的根本［J］. 中国人口资源与环境，11（2）：35-38.

世界自然保护联盟，1997. 生物多样性公约指南［M］. 北京：科学出版社：13.

世界自然保护联盟，1997. 我们共同的未来［M］. 吉林人民出版社.

解焱，汪松，Peter Schei，2004. 中国的保护地［M］. 北京：清华大学出版社.

中国社科院，2008. 中国社会和谐稳定研究报告.

Braatz S et al，1992. Conservation Biological Diversity-A Strategy for Protected Areas in the Asia-Pacific Region［M］. Washington，D. C.：the World Bank，5-56.

国家公园效果评价体系研究*

国家公园是指国家为了保护一个或多个典型生态系统的完整性，为生态旅游、科学研究和环境教育提供场所，而划定的需要特殊保护、管理和利用的自然区域。它既不同于严格的自然保护区，也不同于一般的旅游景区[1-3]。国家公园具有保护、游憩、科研、社区发展和教育五大功能。保护就是对脆弱的、处于弱势的对象给予特别的关爱和呵护。国家公园内的生物多样性在生态系统、景观、物种和基因层次都非常丰富，特别是基因资源，对将来社会的发展十分重要[4]。因此，“保护”均是国家公园和自然保护区的首要功能。国家公园都是独一无二的，其本身就是少有的自然或人文景观。“游憩功能”虽然在自然保护区管理中也有体现，但往往处于较为弱化的地位，甚至有些管理者偏激于“保护区内拒谈旅游”的地步。因此，在资源有效管理的基础上突出体现“游憩”功能应为国家公园有别于自然保护区的一大功能[5-6]。国家公园蕴涵着自然与人文科学研究的巨大潜力，特别是依托自然、人文、景观资源而发展的国家公园能为生物学、生态学、地质学、古生物学及其他学科的研究提供有利条件，是科研活动的重要场所之一。国家公园往往是一个国家或地区的标志性形象，是一个天然的教育基地。国家公园的各项保护措施也必须通过区内外群众配合才能得以落实，科研、开发利用等都离不开社会和有关部门的支持。因此，需要向广大群众进行有效的宣传和教育。国家公园在建立过程中考虑了社区的持续发展，制定了合理有效的社区发展项目，这是自然保护区建设所不具备的功能。

在当前由于全球变暖、干扰、森林采伐及景观破碎化等所产生的生物多样性迅速降低的情况下[7-12]，国家公园成为生物多样性保护的重要措施之一[13]。同时，国家公园建设充分考虑了“保护与发展”的和谐。2006 年，迪庆州借鉴国外经验，以碧塔海省级自然保护区为依托，建立了我国大陆第一个国家公园——普达措国家公园。随后，2007 年，云南省明确提出建立“云南的国家公园体系”。2008 年 8 月，国家林业局批复云南省可以在条件成熟的自然保护区试点建设国家公园，这是中国中央政府有关部门首次承认国家公园。9 月，云南省政府批准成立国家公园管理办公室，挂靠在云南省林业厅。目前，中国国家公园从无到有，已具有多层次、多部门参与、从点到面全面推进的趋势。然而，国家公园建设后是否达到了对建设地的保护效果，是否促进了地区旅游事业的发展，社区居民收入是否有所变化等，这些都是对国家公园建设后的评价内容。但到目前为止，有关国家公园效果评价体系的研究还是空白。本文以功能为导向，来构建国家公园的效果评价指标体系，为今后国家公园建设效果评价提供技术方法。

1 研究方法

本文以功能为导向来构建国家公园的效果评价指标体系，从指标选取、权重计算和综合评分 3 方面展开，分别采用德尔菲法（Delphi）确定指标、层次分析法（AHP）计算指标权重和五分制综合评分。

1.1 评价指标的选择

通过大量的文献查阅和德尔菲法（Delphi），确定了 28 个国家公园的效果评价指标。德尔菲法（Delphi）又称专家咨询法或专家评分法，是建立在集体的经验、知识、智慧基础上进行分析、评价与判断的一种定性分析方法，具有匿名性、反馈性和数理行等特点，多用于筛选某一项目的评价指标，可以广泛

---

* 唐芳林，张金池，杨宇明，等. 国家公园效果评价体系研究［J］. 生态环境学报，2010，19（12）：2993-2999.

应用于各种评价指标体系的建立和具体指标的确定过程[14]。

1.2 指标体系的构建

将28个国家公园的效果评价指标形成方案层，将方案层指标按照功能划分为保护、游憩、科研、教育和社区发展5个功能指标，构成准则层。5个准则层的功能指标又隶属于目标层（国家公园评价指标体系），从而构建了以功能为导向的国家公园评价指标体系。

1.3 指标权重的计算

国家公园评价指标体系中各指标的权重利用层次分析法来计算。层次分析法（Analytic Hierarchy Process）也称AHP，是美国著名运筹学家T. L. Satty教授于20世纪70年代提出的一种层次权重决策分析方法。它通过将定性、半定量问题转化为定量计算，从而使人们的思维过程层次化，逐层比较多种关联因素之间的相对重要性，为分析、决策、预测或控制事物的发展提供定量的依据。

根据上述构建的包含了目标层、准则层和方案层的国家公园评价指标体系，在专业的层次分析法计算软件yaahp（Version0.5.1）中建立“层次结构模型”，生成指标间两两比较的“判断矩阵”（表1），按照“1-9标度法”（表2），输入成对比较的结果，在满足一致性（通过检验）原则前提下，确定目标层下各因素的权重，以进行综合评分[15]。

表1 判断矩阵

A	C_1	C_2	…	…	$C_{i\ n}$
C_1	a_{11}	a_{12}	…	…	a_{1n}
C_2	a_{21}	a_{22}	…	…	a_{2n}
…	…	…	…	…	
…	…	…	…	…	
C_n	a_{n1}	a_{n2}	…	…	a_{nn}

表2 运用“两两比较法”对评价因子的定量化标度（1-9标度法）

重要性标度	评定与解释
1	C_1与C_2相比，同等重要
3	C_1与C_2相比，稍微重要
5	C_1与C_2相比，明显重要
7	C_1与C_2相比，非常重要
9	C_1与C_2相比，极端重要
2、4、6、8	表示上述相邻判断的中间值

以上标度的倒数表示C_2与C_1相比的值。

2 研究结果

2.1 以功能为主导的国家公园评价指标体系

通过查阅文献及专家咨询，确定了与国家公园效果相关的28个评价指标，同时以功能为主导，将评价指标归纳为5个功能指标群，分别为保护功能指标群、科研功能指标群、游憩功能指标群、教育功能指标群、经济发展功能指标群（表3）。

表 3 国家公园效果评价指标体系

目标层	准则层	方案层
国家公园效果评价（A）	保护功能（B_1）	自然环境的特殊性（C_1）
		珍稀濒危动植物（C_2）
		植被类型数量（C_3）
		人文资源保护（C_4）
		景观多样性（C_5）
		生物多样性（C_6）
		保护设施设备的完善度（C_7）
	科研功能（B_2）	科学研究项目（C_8）
		对外合作交流（C_9）
		资料库/信息库的建设（C_{10}）
		科研机构（C_{11}）
		研究基地（C_{12}）
		科研设施设备的完善度（C_{13}）
	游憩功能（B_3）	环境容量（C_{14}）
		旅游人数（C_{15}）
		旅游收入（C_{16}）
		游憩产品的丰富度（C_{17}）
		旅游目的地的可达性（C_{18}）
		游憩及服务设施完善度（C_{19}）
		游憩资源的等级（C_{20}）
	教育功能（B_4）	教育展示内容的多样性（C_{21}）
		解说载体的多样性（C_{22}）
		教育设施的完善度（C_{23}）
		教育方式的多样性（C_{24}）
	经济发展功能（B_5）	带动当地经济发展（C_{25}）
		完善社区功能和结构（C_{26}）
		收入/支出比值（C_{27}）
		建设成本（C_{18}）

2.1.1 保护功能指标群

国家公园是保护地的一种重要类型，应对特殊的自然环境、自然资源、人文资源、景观、生物及文化多样性进行持续有效保护。国家公园内主要的自然资源、生物资源及人文资源一般在全球、全国或同一地理区具有代表意义，因此对其保护功能进行评价时，所确定的指标主要包括：国家公园内的自然环境的特殊性（C_1）、珍稀濒危动植物（C_2）、植被类型数量（C_3）、人文资源保护（C_4）、景观多样性（C_5）、生物多样性（C_6）、保护设施设备的完善度（C_7）7 个指标。

2.1.2 科研功能指标群

国家公园作为自然和人文等学科研究的重要基地，是开展生物资源、水资源、地质资源、考古资源、民族文化、历史建筑等研究的理想场所，为了评价国家公园的科研功能是否得到了充分的发挥，确定了以下指标进行评价，主要包括：科学研究项目（C_8）、对外合作交流（C_9）、资料库/信息库的建设（C_{10}）、科研机构（C_{11}）、研究基地（C_{12}）、科研设施设备的完善度（C_{13}）6个指标。

2.1.3 游憩功能指标群

国家公园可以为公众提供娱乐游憩机会，满足人们身心健康需求。在保护的前提下，国家公园划定出具有独特的观赏和体验价值的区域，用于开展与国家公园保护目标相协调的旅游活动，展示大自然风光和人文景观。游憩功能在国家公园的建设中是否得到充分的体现，确定了环境容量（C_{14}）、旅游人数（C_{15}）、旅游收入（C_{16}）、游憩产品的丰富度（C_{17}）、旅游目的地的可达性（C_{18}）、游憩及服务设施完善度（C_{19}）、游憩资源的等级（C_{20}）7个指标进行评价。

2.1.4 教育功能指标群

国家公园是公众环境教育、爱国主义教育以及科普教育的良好场所。在国家公园内，开展宣传活动和环境教育基地建设，是提升公众保护意识，扩大国家公园影响力和知名度，吸引公众参与保护和游憩的主要途径。因此，国家公园的教育功能在国家公园的建设中的作用也不容忽视，为了充分了解教育功能所发挥的效果，确定了教育展示内容的多样性（C_{21}）、解说载体的多样性（C_{22}）、教育设施的完善度（C_{23}）、教育方式的多样性（C_{21}）4个指标进行评价。

2.1.5 经济发展功能指标群

国家公园的建设能够带动国家公园内和周边社区经济、社会、文化和环境的协调发展，特别是在相对落后的区域，国家公园通过与其他相关部门，广大社区紧密合作，可以实现社区的有效组合，并发挥这种组合的规模效益。国家公园的经济发展功能的评价主要包括两个方面的内容，一是国家公园内及周边社区的经济发展（C_{25}）、社区功能和结构（C_{26}）；二是国家公园自身的收入收入/支出比值（C_{27}）、建设成本（C_{28}）等指标。

2.2 评价指标判断矩阵和权重

2.2.1 准则层评价指标判断矩阵和权重

利用“1-9标度法”，构建国家公园各功能指标的“判断矩阵”（表4），准则层评价指标判断矩阵一致性比例为0.0798，即CR<0.1，所得结果通过一致性检验。从判断矩阵得出国家公园评价指标体系中的各功能权重，结果表明，保护功能在效果评价中的权重最大，权重值为0.5590，其次为游憩功能，权重为0.2210，最后为科研功能，权重值为0.1070，经济发展功能和教育功能的权重值较小，权重值分别为0.0588和0.0542（图1）。

表4 准则层评价指标判断矩阵和权重

国家公园	保护功能	科研功能	游憩功能	教育功能	经济发展功能	权重（W_i）
保护功能	1.0000	6.0000	6.0000	6.0000	6.0000	0.5590
科研功能	0.1667	1.0000	0.3333	3.0000	2.0000	0.1070
游憩功能	0.1667	3.0000	1.0000	5.0000	5.0000	0.2210
教育功能	0.1667	0.3333	0.2000	1.0000	1.0000	0.0542
经济发展功能	0.1667	0.5000	0.2000	1.0000	1.0000	0.0588

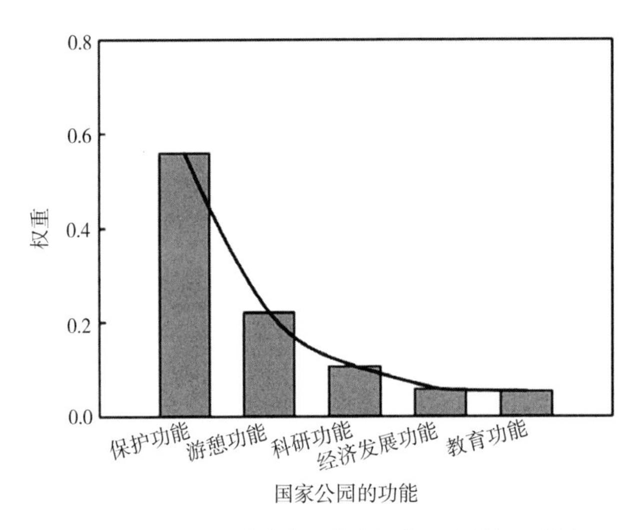

图 1 国家公园各功能在评价指标体系中的权重排序

2.2.2 方案层评价指标的层次单排序及权重

国家公园的保护功能、科研功能、游憩功能、教育功能和社区发展功能的评价指标判断矩阵一致性比例分别为 0.0451、0.0465、0.0557、0.0226 和 0.0439，均小于 0.1，所得结果通过一致性检验。国家公园的方案层各评价指标的层次单排序及权重结果表明（表 5），保护功能中珍稀濒危动植物的权重最大，权重值为 0.2706；科研功能中科学研究项目的权重最大，权重值为 0.2669；游憩功能中旅游收入的权重值最大，权重值为 0.2515；教育功能中教育展示内容的多样性权重最大，权重值为 0.3976；经济发展功能中带动当地经济发展的权重最大，权重值为 0.4782。

2.2.3 方案层评价指标的总排序

国家公园方案层各指标在评价体系中的权重排序结果表明（图 2），位于前 5 位的指标均体现了国家公园的保护功能，分别为珍稀濒危动植物、自然环境的特殊性、生物多样性、景观多样性、植被类型数量，

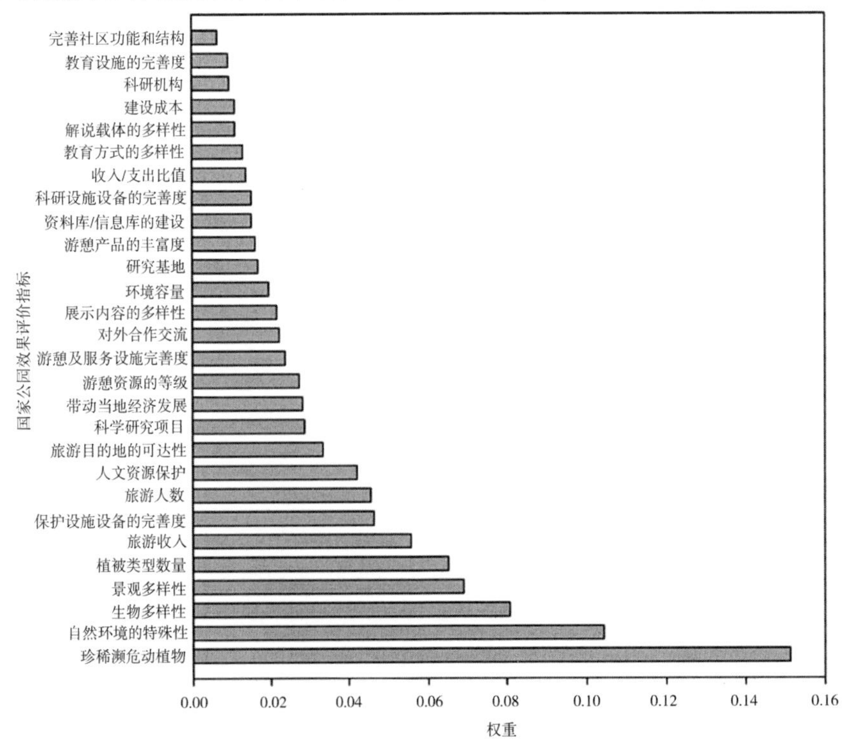

图 2 国家公园方案层各指标在评价体系中的权重排序

其中珍稀濒危动植物的权重最大，权重值为0.1513，位于第6位的是旅游收入指标，其权重值为0.0556，完善社区功能和结构的权重最小，其权重值为0.0064。

表5　方案层评价指标的权重

准则层	方案层	方案层的单权重	总权重
保护功能（B_1）	自然环境的特殊性（C_1）	0.1866	0.1043
	珍稀濒危动植物（C_2）	0.2706	0.1513
	植被类型数量（C_3）	0.1165	0.0651
	人文资源保护（C_4）	0.0831	0.0464
	景观多样性（C_5）	0.0753	0.0421
	生物多样性（C_6）	0.1235	0.0690
	保护设施设备的完善度（C_7）	0.1445	0.0808
科研功能（B_2）	科学研究项目（C_8）	0.2669	0.0286
	对外合作交流（C_9）	0.2077	0.0222
	资料库/信息库的建设（C_{10}）	0.1400	0.0150
	科研机构（C_{11}）	0.0882	0.0094
	研究基地（C_{12}）	0.1572	0.0168
	科研设施设备的完善度（C_{13}）	0.1400	0.0150
游憩功能（B_3）	环境容量（C_{14}）	0.0882	0.0195
	旅游人数（C_{15}）	0.2063	0.0456
	旅游收入（C_{16}）	0.2515	0.0556
	游憩产品的丰富度（C_{17}）	0.0723	0.0160
	旅游目的地的可达性（C_{18}）	0.1507	0.0333
	游憩及服务设施完善度（C_{19}）	0.1075	0.0237
	游憩资源的等级（C_{20}）	0.1236	0.0273
教育功能（B_4）	教育展示内容的多样性（C_{21}）	0.3976	0.0216
	解说载体的多样性（C_{22}）	0.1988	0.0108
	教育设施的完善度（C_{23}）	0.1672	0.0091
	教育方式的多样性（C_{24}）	0.2364	0.0128
	带动当地经济发展（C_{25}）	0.4782	0.0281
经济发展功能（B_5）	完善社区功能和结构（C_{26}）	0.1080	0.0064
	收入/支出比值（C_{27}）	0.2321	0.0136
	建设成本（C_{28}）	0.1817	0.0107

2.3　综合评分原则

根据5分制原则，将每一个评价指标分为5个等级，从低到高分别赋予1~5分，该项没有的赋予0分，然后将各指标赋值乘以各自的权重，所有的项再相加即所评价的国家公园的得分值，依据得分高低来综合评价国家公园建设的好坏。国家公园指标体系的赋分原则详见表6。

表 6　国家公园方案层指标的赋分原则

方案层指标	赋分原则
自然环境的特殊性（C_1）	按照世界（5 分）、国家级（4 分）、省级（3 分）、州级（2 分）、当地（1 分）影响力赋分
珍稀濒危动植物（C_2）	国家Ⅰ级保护动物或Ⅰ、Ⅱ级保护植物为 5 分；国家Ⅱ级保护动物或Ⅲ级保护植物为 4 分；《中国濒危动物红皮书》和《中国植物红皮书》的种类为 3 分；省级重点保护野生动植物种类为 2 分；当地重点保护野生动植物种类为 1 分
植被类型数量（C_3）	植被类型数量涵盖了当地所有植被类型 81%～100%（5 分）；数量占 61%～80%（4 分）；数量占 41%～60%（3 分）；数量占 21%～40%（2 分）；数量占 1%～20%（1 分）
人文资源保护（C_4）	按照世界（5 分）、国家级（4 分）、省级（3 分）、州级（2 分）、当地（1 分）影响力赋分
景观多样性（C_5）	景观或景观组成成分与结构极为复杂（5），景观或景观组成成分与结构较复杂（4），景观或景观组成成分与结构复杂程度中等（3），景观或景观组成成分与结构较简单（2），景观或景观组成成分与结构简单（1）
生物多样性（C_6）	物种多样性极丰（高等植物≥3000 种或高等动物≥400 种（5 分），物种多样性较丰（高等植物 2000～2999 种或高等动物 300～399 种）（4 分），物种多样性中等（高等植物 1000～1999 种或高等动物 200～299 种）（3 分），物种多样性较少（高等植物 500～999 种或高等动物 100～199 种）（2 分），物种多样性极少（高等植物 <500 种或高等动物<100）（1 分）
保护设施设备的完善度（C_7）	根据国家公园已建成达到"国家公园建设标准"的保护设施项目占所有保护设施项目总和的比率（保护设施建设率），平均划分为 5 级，由低至高赋值：81%～100%（5 分）；61%～80%（4 分）；41%～60%（3 分）；21%～40%（2 分）；1%～20%（1 分）
科学研究项目（C_8）	极多（≥40 项）（5 分），较多（30～39 项）（4 分），中等（20～29 项）（3 分），较少（10～19 项）（2 分），少（1～9 项）（1 分）
对外合作交流（C_9）	极多（20 次·年−1）（5 分），较多（16～19 次·年−1）（4 分），中等（11～15 次·年−1）（3 分），较少（6～10 次·年−1）（2 分），少（1～5 次·年−1）（1 分）
资料库/信息库的建（C_{10}）	极为完善（5 分），较为完善（4 分），完善（3 分），一般（2 分），差（1 分）
科研机构（C_{11}）	极为完善（5 分），较为完善（4 分），完善（3 分），一般（2 分），差（1 分）
研究基地（C_{12}）	极多（5 分），较多（4 分），中等（3 分），较少（2 分），少（1 分）
科研设施设备的完善度（C_{13}）	根据国家公园已建成达到"国家公园建设标准"的科研设施项目占所有科研设施项目总和的比率（科研设施建设率），平均划分为 5 级，由低至高赋值：81%～100%（5 分）；61%～80%（4 分）；41%～60%（3 分）；21%～40%（2 分）；1%～20%（1 分）
环境容量（C_{14}）	是游客规模的 3 倍（5 分），是游客规模的 2 倍（4 分），与游客规模基本一致（3 分），仅为游客规模的一半（2 分），少于游客规模的一半（1 分）
旅游人数（C_{15}）	旅游人数 240×10^4 人次·年（5 分），30×10^4～39×10^4 人次·年（4 分），20×10^4～29×10^4 人次·年（3 分），10×10^4～19×10^4 人次·年−1（2 分），1×10^4～9×10^4 人次·年−1（1 分）
旅游收入（C_{16}）	亿元（5 分）、千万元（4 分）、百万元（3 分）、十万元（2 分）和万元（1 分）
游憩产品的丰富度（C_{17}）	极为丰富（5 分），较为丰富（4 分），丰富（3 分），一般（2 分），较少（1 分）
旅游目的地的可达性（C_{18}）	极易到达（5 分），较易到达（4 分），容易到达（3 分），一般（2 分），距离较远较难到达（1 分）

（续）

方案层指标	赋分原则
游憩及服务设施完善度（C_{19}）	根据国家公园已建成达到"国家公园建设标准"的游憩及服务设施项目占所有游憩及服务设施项目总和的比率（游憩及服务设施建设率），平均划分为5级，由低至高赋值：81%～100%（5分）；61%～80%（4分）；41%～60%（3分）；21%～40%（2分）；1%～20%（1分）
游憩资源的等级（C_{20}）	参照《旅游资源分类调查与评价》（GB/T 18972—2003）确定旅游资源的等级
教育展示内容的多样性（C_{21}）	极为丰富（5分），较为丰富（4分），丰富（3分），一般（2分），较少（1分）
解说载体的多样性（C_{22}）	根据国家公园已建成达到"国家公园建设标准"的解说载体项目占所有解说载体项目总和的比率（解说载体建设率），平均划分为5级，由低至高赋值：80%～100%（5分）；60%～79%（4分）；40%～59%（3分）；20%～30%（2分）；1%～19%（1分）
教育设施的完善度（C_{23}）	根据国家公园已建成达到"国家公园建设标准"的教育设施项目占所有教育设施项目总和的比率（游憩及服务设施建设率），平均划分为5级，由低至高赋值：81%～100%（5分）；61%～80%（4分）；41%～60%（3分）；21%～40%（2分）；1%～20%（1分）
教育方式的多样性（C_{24}）	极为丰富（5分），较为丰富（4分），丰富（3分），一般（2分），较少（1分）
带动当地经济发展（C_{25}）	社区住户每年净收入12000元以上（5分）6000～12000元（4分），3000～6000元（3分），1000～3000元（2分），低于1000元（1分）
完善社区功能和结构（C_{26}）	极为完善（5分），较为完善（4分），完善（3分），一般（2分），差（1分）
收入/支出比值（C_{27}）	比值大于1（5分），等于1（3），小于1（1）
建设成本（C_{28}）	低投入高产出（5），投入产出相当（3），高投入低产出（1）

3 结 论

国家公园建设效果评价是极复杂的工作，它涉及国家公园建设的方方面面，同时也受评价人知识水平、专业经验和对被评价对象熟知程度的限制，加上缺乏统一的理论基础和全球通用的国家公园评估体系，导致国家公园建设效果评价极度落后[16]。本文通过查阅文献及专家咨询，确定了与国家公园效果相关的28个评价指标，同时以功能为主导，将评价指标归纳为5个功能指标群：保护功能指标群（7个评价指标）、科研功能指标群（6个评价指标）、游憩功能指标群（7个评价指标）、教育功能指标群（4个评价指标）和经济发展功能指标群（4个评价指标）。评价指标的选择和数量是评价体系的关键[17]。评价指标的选择要具有代表性、针对性、广泛性和数据易收集性。本研究所选的评价指标均是根据大量的文献查阅和德尔菲法确定的。德尔菲法又称专家咨询法或专家评分法，是建立在集体的经验、知识、智慧基础上进行分析、评价与判断的一种定性分析方法，具有匿名性、反馈性和数理行等特点，多用于筛选某一项目的评价指标，可广泛应用于各种评价指标体系的建立和具体指标的确定过程[14]。此外，本研究中指标的选择也充分考虑到了数据收集的难易性、客观性、评价时计算的方便性和可操作性。因此，本文的评价指标选择上具有一定的科学性，符合国家公园评价要求。在评价指标的数量上，评价指标越多其相对权重值越小，且产生重复加权的可能性也越大。本文权衡国家公园整体及其五大功能，设立了28个评价指标，尽可能避免了指标之间存在关联，增加其独立性，减少重复加权的可能性，充分体现重要指标的权重。

国家公园具有保护、游憩、科研、社区发展和教育五大功能，但不同功能之间并非是平衡的。国家公园的首要任务是保护，在保护的基础上兼顾游憩和科研的发展。因此，对国家公园效果评价的指标权重也应体现国家公园的主要功能。本研究中，五大功能指标群的权重中，保护功能指标群权重最大，游憩功能指标群次之；而不同评价指标间权重的大小比较中，位于前5位的指标分别为珍稀濒危动植物、自然环境的特殊性、生物多样性、景观多样性、植被类型数量，均体现了国家公园的保护功能，第6位的是旅游收入指标，反映的是国家公园游憩功能。因此，本文所选的评价指标充分反映了国家公园的主要功能，这也从另一个侧面说明这些评价指标的选择是正确的。

评价指标的选择是建立评价体系的基础，在评价指标确定的基础上，通过对评价指标的赋分（5分制原则）和计算权重，从而达到国家公园建设效果评价的量化，实现对国家公园建设效果的评价。

国家公园建设效果评价的根本目的是改善和提高国家公园功能的发挥，通过评价其建设效果，改善其不足，促进其优点的发挥。尽管国际上已经开发了部分评价方法，但鉴于国情以及国家公园个案情况的差异，需要建立符合中国实际的评价指标体系。本文提出的评价体系对于国家公园建设效果评价是有实际价值的。

【参考文献】

[1] STEFFEN S, THORSTEN T. Beyond buffer zone protection: A comparative study of park and buffer zone products' importance to villagers living inside Royal Chitwan National Park and to villagers living in its buffer zone [J]. Journal of Environmental Management, 2006, 78 (3): 251-267.

[2] 李庆雷. 云南省国家公园发展的现实约束与战略选择 [J]. 林业调查规划, 2010, 35 (3): 132-136.

[3] 罗佳颖, 薛熙明. 香格里拉普达措国家公园洛茸社区参与旅游发展状况调查 [J]. 西南林学院学报, 2010, 30 (2): 71-74.

[4] 唐芳林, 孙鸿雁. 我国建立国家公园的探讨 [J]. 林业建设, 2009, (3): 8-13.

[5] 李经龙, 张小林, 郑淑婧. 中国国家公园的旅游发展 [J]. 地理与地理信息科学, 2007, 23 (2): 109-112.

[6] 宋劲忻. 国家公园解说系统规划探讨 [J]. 林业调查规划, 2010, 35 (3): 124-128.

[7] RAMÍREZ-MARCIAL N, GONZÁLEZ-ESPINOSA M and WILLIAMS-LINERA G. Anthropogenic disturbance and tree diversity in Montane Rain Forests in Chiapas, Mexico [J]. Forest Ecology and Management, 2001, 154 (1): 311-326.

[8] CAYUELA L, BENAYAS J M R, ECHEVRRÍA C. Clearance and fragmentation of tropical montane forests in the Highlands of Chiapas, Mexico [J]. Forest Ecology and Management, 2006, 226 (1/3): 208-218.

[9] CAYUELA L, GOLICHER D J, BENAYAS J M R. Fragmentation, disturbance and tree diversity conservation in tropical montane forests [J]. Journal of Applied Ecology, 2006, 43 (6): 1172-1181.

[10] DE MAZANCOURT C, JOHNSON E, BARRACLOUGH T G. Biodiversity inhibits species` evolutionary responses to changing environments [J]. Ecology Letters, 2008, 11 (4): 380-388.

[11] GOLICHER D J, CAYUELA L, ALKEMADE J R M. Applying climatically associated species pools to the modelling of compositional change in tropical montane forests [J]. Global Ecology and Biogeography, 2008, 17 (2): 262-273.

[12] 姚强, 赵成章, 郝青, 等. 旱泉沟流域次生植被不同恢复阶段的多样性特征 [J]. 生态环境学报, 2010, 19 (4): 849-852.

[13] 马建忠, 杨桂华, 韩明跃, 等. 梅里雪山国家公园生物多样性保护规划方法研究 [J]. 林业调查规划, 2010, 35 (3): 121-123.

[14] 李婷婷. 郊野公园评价指标体系的研究 [D]. 上海: 上海交通大学, 2010.

[15] 原清兰. 基于AHP的桂林生态旅游资源评价研究 [J]. 重庆工商大学学报: 社会科学版, 2009, 26 (6): 83-88.

[16] 韩文洪, 余艳红. 云南省国家公园建设问题探讨 [J]. 林业调查规划, 2009, 34 (4): 140-143.

[17] 权佳, 欧阳志云, 徐卫华, 等. 自然保护区管理有效性评价方法的比较与应用 [J]. 生物多样性, 2010, 18 (1): 90-99.

我国国家公园发展策略初探*

在国外已发展较为成熟的国家公园，被证实是一种能够合理处理生态环境保护与资源开发利用关系的一种保护地类型。针对我国现有保护地类型存在的诸多矛盾和问题，引入国家公园这一保护地类型具有很大的现实意义。本文在充分研究国外国家公园建设情况和我国国家公园建设现状的基础上，讨论了我国开展国家公园建设工作的现实意义和现存问题，并初步提出了我国国家公园的发展策略。

1 引言

1.1 国家公园概念和特征

1.1.1 概念

国家公园是保护地类型之一，兴起于美国，自 1872 年美国建立世界上第一个国家公园——黄石国家公园后，国家公园的理念逐渐被世界各国所接受，国家公园运动从美国一个国家发展到世界上 225 个国家和地区，同时，各国根据自己的特点和条件逐步建立起了适合本国国情的国家公园体系，并完善适宜的国家公园定位和概念，从单一的国家公园概念还衍生出“世界遗产”“生物圈保护区”等相关概念。在世界范围内，不同国家的国家公园的含义不尽相同。

这里采用世界自然保护联盟（IUCN）的定义：国家公园是指“为现代人和后代提供一个或更多完整的生态系统；排除任何形式的，有损于保护地管理目的的开发或占用；提高精神、科学、教育、娱乐及参观的基地，用于生态系统保护及娱乐活动的保护地”。

1.1.2 基本特征

1969 年在印度新德里召开的 IUCN（世界自然保护联盟）第十届大会作出决议，明确国家公园必须具有以下三个基本特征。

（1）区域内生态系统尚未由于人类的开垦、开采和拓居而遭到根本性的改变，区域内的动植物种、景观和生境具有特殊的科学、教育和娱乐的意义，或区域内含有一片广阔而优美的自然景观。

（2）政府权利机构已采取措施以阻止或尽可能消除在该区域内的开垦、开采和拓居，并使其生态、自然景观和美学的特征得到充分展示。

（3）在一定条件下，允许以精神、教育、文化和娱乐为目的的参观旅游。

1.2 我国国家公园建设现状

我国台湾省于 1982 年选定垦丁为第一座国家公园，这是我国第一个以“国家公园”命名的保护区。截至 2007 年，台湾共建立了 7 个国家公园。

1998 年，云南省率先在全国开始探索引进国家公园模式，并尝试研究建立新型保护地的可行性。2004 年，云南省政府研究室组团专项考察了美国的国家公园，该研究室撰写的《关于国家公园的说明》后来被列入了省政府工作报告的背景说明材料。该报告提出，在滇西北地区建设一批国家公园，形成云南最美丽的生态旅游区和科教探险基地，促成生态保护、经济发展、社会进步的多赢。其后，云南省政府成立了国家公园建设领导小组，作为议事和决策机构，有序推进国家公园建设。同时，我国第一个“国家

---

* 闫颜. 我国国家公园发展策略初探［J］. 林业建设，2012，（1）：47-50.

公园发展研究所”在西南林学院成立，为国家公园的科学研究、宣传教育、人才培养提供了支撑。2006年，云南迪庆州借鉴国外经验，以碧塔海省级自然保护区为依托，建立了我国大陆第一个国家公园——普达措国家公园。2008年6月，国家林业局批准云南省为国家公园建设试点省。目前，已在云南建成了老君山、梅里雪山和西双版纳等多个国家公园。2008年8月，云南省人民政府明确了省林业厅作为国家公园的主管部门，并挂牌成立了“云南国家公园管理办公室”。2008年10月8日，环境保护部和国家旅游局又联合宣布黑龙江汤旺河国家公园为国家公园试点。

云南省规划在“十二五”期间建设苍山、腾冲火山、保山高黎贡山、昆明轿子山、元阳梯田和曲靖珠江源六大国家公园，初步构建起全省的“国家公园体系”。

同时，新疆的喀纳斯、陕西的太白山也在积极进行着国家公园建设方面的探索工作，而我国已经或正在使用“国家公园”概念的地区还有江西的庐山、吉林的拉法山、拟建中的四川龙门山等。

2 国家公园在我国的现实意义

2.1 完善我国保护区地体系的需要

我国的自然保护地体系包括自然保护区、风景名胜区、国家地质公园、国家森林公园、国家湿地公园和国家A级景区6种形式。自然保护区是我国主要的保护地类型，其数量和面积所占比例均最大。我国自然保护区实行严格保护，相当于IUCN保护区分类系统的类别Ⅰa（严格自然保护区），但我国的自然保护区大都是在抢救性保护的情况下建立，数量多，质量不高，许多保护区存在着规划不科学、功能区划不合理，权属有纠纷、管理机构薄弱等问题，与当地社会经济的发展存在矛盾和冲突，难以实施真正的严格管理。从实际的管理方式上讲，我国的许多自然保护区按照《自然保护区条例》起到了保护生物多样性的作用，但同时对游客开放，因此有相当一部分自然保护区实质上属于类别II——“国家公园”。

另外，更偏重于发展的“风景名胜区”或“森林公园”等其他保护地，其管理方式也与IUCN保护区分类系统类别II较为相似，但其大多忽略保护，也很少有人认同“风景名胜区”就是国际上通行的“国家公园”，相关的法律法规和管理模式也没有把其纳入仅次于严格保护区的II类保护地进行管理。

因此，从我国保护地的实际出发，寻求自然保护与经济发展的相结合，充分有效发挥保护地的生态、社会、经济效益的发展模式成为当今自然保护领域中的一种新趋势。比照IUCN保护地分类体系，我国目前尚缺乏“国家公园”这一类型的保护地，而在其他国家已发展得如火如荼的国家公园被证实是一种能够合理处理生态环境保护与资源开发利用关系的一种保护地类型。我国大陆地区有必要与国际接轨，引入国家公园的保护地模式，形成完善的保护地体系。

2.2 缓解保护与利用矛盾的途径

我国的自然保护区大多处于经济发展相对落后的“老少边穷”地区，也正因为这些地区未受到经济发展带来的影响，一些珍贵而稀有的生物物种才得以保存。但将这些区域划入自然保护区后，却切断了周边群众的生活来源，“靠山吃山，靠水吃水”的传统使许多保护区根本无法实现严格保护，社区居民与自然保护区间的矛盾日益突出，乱砍滥伐、偷捕盗猎等破坏保护区资源的行为日渐猖獗，严重影响着保护区的保护效果，而作为管理部门的保护区因受多种条件的限制，对这些问题往往也束手无策。

总结世界上各类保护地的发展经验，保护地作用的发挥很大程度上要依赖于当地居民的拥护和支持，传统的“孤岛”和“堡垒”式的封闭管理模式受到挑战。要从根本上解决这些问题，应当在自然保护区管理模式上进行革新。新的管理模式应是对保护区资源进行保护性利用，实现经济发展与自然保护的并举，走可持续的摆脱贫困之路。而国家公园是解决保护与发展间矛盾的模式之一。国家公园可以使保护与发展有机结合，它不仅有力地促进了生态环境和生物多样性的保护，同时也极大地带动了地方旅游业和社会经济的发展，做到了资源的可持续利用，能够实现生态、经济和社会效益的协调统一。

2.3 能够提升和巩固生物多样性保护成效

世界国家公园发展的成功经验表明，国家公园制度是一种资源保护与开发利用实现双赢的先进管理模式。无论哪一种保护地管理模式，其根本目的都是保护生物多样性的可持续，国家公园一方面努力保护公园内的各种自然资源和历史遗迹，一方面又将保护自然资源与促进当地经济发展相结合，通过发展旅游业，为人们提供娱乐、休闲的场所，这不仅能直接增加地方财政收入，也为当地居民提供了就业和创业机会，增加社区居民的经济收入，提高他们的生活水平，这将在很大程度上减轻社区群众对自然资源的压力。同时，也可将部分旅游收入用于一些珍稀濒危物种及其栖息地的保护与恢复上，或者用于自然和环境保护方面的宣传教育，通过提高人们的保护意识，使更多的人参与自然保护的行列中，从而有利于生物多样性保护成效的提升和巩固。

2.4 能够有效促进地方社会经济发展

在使自然资源不受损害的情况下，发挥国家公园的游憩功能，通过科学规范的经营管理方式，适量吸引游客，这不仅能够直接提高当地群众的经济收入，而且能够带动服务、商业、物流、交通运输等其他相关行业的发展，从而极大地促进地方社会经济的发展。

2.5 有利于国际交流与合作

保护区分类系统是保护区进行管理与信息交流的基础。IUCN 保护区分类系统被世界各国普遍使用，一些国家还将此分类系统纳入国家法规之中，联合国国家公园和保护区名录（UN List）也将此分类系统作为统计世界各国保护区数据的标准结构。我国自然保护区分类标准根据自然保护区的主要保护对象将自然保护区划分为 3 个类别 9 个类型，该标准简便、易于操作，对于我国自然保护区的发展、规划以及信息统计起到了重要作用。但由于该标准与 IUCN 保护区分类系统不接轨，这给我国与其他国家的自然保护交流与合作带来诸多不便。同时，我国的自然保护区分类标准还存在保护目标单一，功能定位模糊等不足，针对这些问题，一些专家学者也在积极寻求与国际接轨并适合我国国情的保护区分类方法。而作为 INCN 保护区分类系统类别Ⅱ的国家公园已被世界上许多国家和地区普遍认同，我国国家公园事业的发展无疑将更加有利于自然保护的国际交流与合作。

3 我国国家公园建设现存问题

3.1 管理模式方面

世界上各国国家公园的管理模式因国情不同而存在差异。国家公园的管理模式总体上可归纳为：中央集权型、地方自治型和综合管理型三大类型。三种管理模式各有优缺，必须结合本国国情选择适宜的模式。而我国国家公园建设尚处于尝试和探索阶段，目前国家林业局、环保局、旅游局都已参与了国家公园试点的批准工作，而因这项制度还未全面推进，采用何种管理模式也有待进一步研究。

3.2 管理机构方面

国家公园管理机构是制定法律法规、发布政策、组织规划、实施管理等各项职能的部门，它与管理模式相对应，不同的管理模式也将产生不同的管理机构设置。如采用中央集权型管理模式，由于它自上而下实行垂直领导，并辅以其他部门合作和民间机构的协助，因此须设立强有力的中央管理机构进行统一的监督和政策指导。目前我国还没有统一的国家公园管理机构，地方管理机构方面，仅有作为试点省的云南省在省林业厅成立了国家公园管理办公室。设置合理完善的管理机构，也将是未来我国开展此项工作的重要内容。

3.3 入选标准方面

入选国家公园的区域需拥有某些自然、文化或游憩资源，且其资源须满足一定的条件，如资源的典型性、代表性、稀缺性、科研价值、历史价值等。除此之外，还要满足一定的适宜性条件（如面积、范围、游憩、开发等）和可行性条件（权属是否清晰、政府支持力度大小、旅游市场及其发展条件如何等）。然而，在我国能够满足这些入选条件的区域，大多已划作了其他类型的保护地，如自然保护区、森林公园、风景名胜区等，同一保护地挂多个保护类型牌子的情况在我国也较多，这本身已带来了很多管理难题，目前这些问题尚未解决，存在这些问题的保护地如果申报建立国家公园，就难免使发展方向不明确、管理目标不清晰、管理混乱等问题更为突出。

3.4 功能定位方面

从某种程度上说，保护地的功能定位是保护地管理目标和管理政策的宏观指导。保护地的功能主要有保护、科研、教育、游憩和社区发展，不同的保护地类型因其管理目标和管理方式的不同在各种功能发挥方面有所侧重。在我国，6 种不同的保护地类型都在保护、科研、教育、游憩和社区发展方面发挥着一定的作用，不同功能的发挥程度则因保护类型差异而有所不同，如自然保护区以保护和科研为主，而森林公园、风景名胜区等以游憩、娱乐、社区发展为主。作为新鲜事物的国家公园如何更为细致地定位其功能以区别于现有的其他保护地类型，这也将是国家公园这一保护类型存在合理性的一个方面。

3.5 建设规划方面

国家公园规划是切实保护、合理开发和科学管理公园内资源与环境的综合部署和基本依据。完整而合理的规划体系将在国家公园建设的各个方面发挥积极作用，包括大范围内国家公园的建设规模、时空布局，单个国家公园的功能、范围、目标、具体开发活动的种类层次、具体管理工作等。我国国家公园建设刚刚起步，由于其在资源保护与管理方面特有的优势，目前除在云南和黑龙江进行试点建设外，其他省份也跃跃欲试。而在缺乏总体规划的情况下去建立国家公园体系，就可能出现无序、布局不合理、面积不适宜、效率不高的发展局面。

4 我国国家公园发展策略

4.1 加强国家公园法制建设，健全法律法规体系

根据国家公园建设与管理的实际需要，全方位、多方面地开展立法工作，制定和颁布在宪法指导下并与其他部门法相结合的国家公园法律、法规体系。围绕国家公园的法律地位、发展规划、申报准则、评定标准及组织与管理、评审程序、管理权属等，建立相应的综合性专门法，同时，也要结合各地方的特点和国家公园管理的实际需要，制定地方性的国家公园法规、规章。各国家公园也要结合自身资源条件和具体管理工作制定相应的管理办法，使各项工作有法可依、有章可循。

同时，应在国家公园法律法规中确定社区发展工作的地位，允许并引领在国家公园内及周边的群众社区进行多种有利于自然保护、生态型的生产活动，妥善处理国家公园周边社区发展与资源保护管理之间的矛盾，使国家公园和社区能够同步发展。

4.2 实行垂直领导，建立统一的领导机构

多头管理、各自为政等问题是我国自然保护区面临的管理难题，严重影响着自然保护区的保护和管理效果。国家公园建设必须吸取自然保护区建设与管理方面的教训，参照国外的建设经验，可在国务院下设国家公园管理局，采取自上而下的垂直领导方式，管理局对公园统一管理、统一规划、统一保护、统一建设。同时，在各地方设立派出机构——地方国家公园办公室，负责地方国家公园的建设和管理有关事宜，其负责人和主要人员应由国家公园管理局派出，自主开展相关工作的同时，也要充分听取地方政府及公众的意见。当前，在没有普遍推行国家公园制度的情况下，可先行在试点省建立专门的国家公园办公室，统一主持国家公园的筹建和后续管理。

4.3 综合考虑，严格审核筛选备选提案

作为国立公园的典范，国家公园应该具备全国性意义的自然、文化或游憩资源条件，同时也要满足建立国家公园应该达到的适宜性和可行性条件，这些适宜性和可行性条件是某一地区建立国家公园时必须要考虑的问题和需解决的矛盾，这些条件需在综合性法律或地方性法规中加以明确，以指导具体的申报和审批工作。由于我国目前存在一些“似国家公园”的自然保护区、森林公园、风景名胜区，可将这其中一些资源水平好、海内外声誉高、旅游基础条件和服务较为成熟的景区作为备选，特别要关注一些已入选国际保护网络的景区，如世界自然遗产、世界文化遗产、世界人与生物圈保护区网、国际重要湿地等。因此，入选国家公园体系的备选公园是高品质、具有突出价值的。同时，一旦入选国家公园体系，就必须严格按照国家公园的管理模式开展工作，原有的保护地名称只可作为历史沿革记录，不可作为“第二块牌子”，更不能作为其管理工作的指导。

4.4 坚持非营利、可持续发展的策略

必须明确，无论建立何种保护地类型，其最根本目的都是保护好那些多样、珍贵且脆弱的生态环境、自然资源和历史文化资源，在当前自然和历史文化资源消耗和灭失日益加重的背景下，“保护”应当也必须是建立保护地的前提和主要工作。因此，国家公园不能搞简单的市场化经营，只允许有限的经营，要实行特许经营制度，管理部门也是政府的非营利机构，应当专注于公园内资源的保护与管理，不直接参与公园的营利活动，通过充分调动和组织社会各界及其公众的积极性，使更多的人特别是公园周边社区广泛地参与到国家公园的保护、管理和开发活动中。管理部门也要通过各种方式致力于维持公园内资源的生态、原始和本土，应当避免人工化、商业化、城市化建设入侵国家公园，并杜绝一切有损公园资源可持续的管理方式，切实保障公园内生态环境质量和旅游质量，防止一切破坏环境、导致资源无序开发和过度消耗的人类活动。

4.5 建立完善的国家公园规划体系

规划从长远、全局、战略的角度计划未来，为人们开展工作打好了框架和基础，使一项复杂的工作变得有序而有章可循，避免了人们对一些未知情况的不确定性和盲目性。国家公园体系建设是一项较为复杂的系统工程，更需科学而完善的规划体系作为支撑。这个规划体系不但要包括全国国家公园总体建设规划、实施规划、旅游发展总体规划，也要包括单个国家公园的总体管理规划、战略规划、实施规划、游憩规划、年度工作规划等。这些规划要以相关的法律、法规为依据和出发点，也要建立在科学、技术和详尽的研究分析基础上，更要强调环境影响评价和公众的参与，以提高规划的科学性、合理性和可行性。通过一系列的规划，将具体的建设和管理工作理性地纳入决策过程中，提出切合实际的发展目标、手段和方法，这将大幅提高具体工作的前瞻性和可操作性，也保证了国家公园资源和环境的可持续利用。

【参考文献】

陈鑫峰，2002. 美国国家公园体系及其资源标准和评审程序［J］. 世界林业研究，15（5）：49-55.

韩文洪，余艳红，2009. 云南省国家公园建设问题探讨［J］. 林业调查规划，34（4）：140-143.

黄丽玲，朱强，陈田，2007. 国外自然保护地分区模式比较及启示［J］. 22（3）：18-25.

蒋明康，王智，朱广庆，2004. 基于 IUCN 保护区分类系统的中国自然保护区分类标准研究［J］. 农村生态环境，20（2）：1-6，11.

李庆雷，2010. 云南省国家公园发展的现实约束与战略选择［J］. 林业调查规划，35（3）：132-136.

李如生，李振鹏，2005. 美国国家公园规划体系概述［J］. 风景园林，2：51-57.

李中晶，张路妍，2005. 试论我国国家公园的建立标准和建立程序［J］. 燕山大学学报（哲学社会科学版），6（增刊）：96-97.

林洪岱，2009. 国家公园制度在我国的战略可行性［J］. 中国旅游报，2（2）：7.

唐芳林，孙鸿雁，2009. 我国建立国家公园的探讨［J］. 林业建设，3：8-13.
王智，蒋明康，朱广庆，2004. IUCN保护区分类系统与中国自然保护区分类标准的比较［J］. 农村生态环境，20（2）：72-76.
杨锐，2003. 试论世界国家公园运动的发展趋势［J］. 中国园林，7：10-15.
邹永生，2003. 美国国家公园申报准则及审议程序［J］. 资源·产业，5（4）：9-10.

国家公园在云南省试点建设的再思考*

国家公园在云南试点建设已经5年，取得了很好的效果，也存在着管理体制不顺、保护和利用的关系处理不当等问题。本文通过分析，提出了国家公园不宜和国家级自然保护区重叠等结论和建议。

1 建设国家公园背景和意义

世界自然保护联盟（以下简称IUCN）在1994年提出了“保护地管理类别指南”，将保护区管制级别进一步划分为严格的自然保护区、自然保护区、国家公园、自然遗址、生境/物种管制区、景观保护区6个类别。我国自1956年建立第一个自然保护区以来，一直积极地探索和建立各类保护地。逐步建立了以自然保护区、风景名胜区、森林公园、地质公园等为主的保护地管理体系，但直到2008年，中国大陆还没有真正意义上的国家公园。

在世界自然保护联盟（IUCN）的定义中，国家公园是指在保护区域内生态系统完整性的前提下，经过适度开发，为民众提供精神的、科学的、教育的、娱乐的和游览的场所。1872年美国在黄石建立了世界上首个国家公园。进入21世纪后，世界各国都把建立国家公园看作一种保护自然和自然资源的良好途径，陆续开展了建设国家公园的国际活动。迄今为止，全球已有125个国家和地区建立了9832处国家公园，形成了比较完善的管理理念和运行模式。自1996年起，云南省就开始探索建立国家公园这种资源保护模式。2008年6月，国家林业局将云南省列为国家公园建设试点，同意依托有条件的自然保护区开展国家公园建设试点工作，这标志着我国建立国家公园开始从云南起步。截至2011年年底，经云南省政府批准建立的国家公园已达8个（普达措、丽江老君山、西双版纳、梅里雪山、普洱、高黎贡山、南滚河和大围山）。云南省的8个国家公园共接待游客452万人次，门票等直接收入达3.8亿元。在5年的试点中，云南省国家公园管理办公室编制完成并颁布实施了国家公园系列技术标准，并逐步开展国家公园建设与管理规范、生态补偿标准研究、技术标准体系研究等课题。

国家公园率先在云南省试点建设已经5年，其效果如何，需要总结，下一步该怎么走，需要进行再思考。

2 国家公园与自然保护区建设成效对比分析

国家公园是保护地的一个类别，它既不同于严格的自然保护区，也不同于一般的旅游景区。云南的国家公园试点一开始就依托于自然保护区来开展。我院曾以基本条件相似而选择了不同发展模式的两个云南省级自然保护区——碧塔海自然保护区（普达措国家公园的主要依托）和轿子山自然保护区为例，进行了建设效果的对比研究，以期解决人们普遍关注的国家公园建设效果问题。研究结果如下。

（1）普达措和轿子山在自然资源、人文资源、景观生态资源方面条件相当，但在区位条件、区域社会经济发展条件方面，轿子山占有明显的优势。

（2）普达措国家公园先后投入2.3亿多元进行旅游基础设施建设，至2009年年底，共接待游客195.77万人次，实现旅游收入3.53亿元。普达措国家公园已发展成为云南省的一张旅游名片。而轿子山自然保护区虽已总计投入开发建设资金1.04亿元，2005~2008年，旅游总人数仅为17.9万人次，旅游门

---

* 唐芳林，孙鸿雁，张国学，等. 国家公园在云南省试点建设的再思考［J］. 林业建设，2013，(1)：12-18.

票收入仅为363.2万元，旅游综合收入为6951.1万元。轿子山几家旅游公司的经营状况每况愈下，长期处于亏损状态。

(3) 普达措国家公园以2.3%面积的开发利用，实现了对公园97.7%范围的自然、人文资源的有效保护。社区共管、科研、宣教等多种功能有效发挥。而轿子山则面临着目前我国大多数保护区所共同面临的问题：权属纠纷、管理体制不顺、经费短缺、社会投入少、社区发展滞后等问题，保护与发展矛盾突出，保护区发展迟缓不前。

云南其他国家公园的试点情况也大同小异。5年的试点实践表明，国家公园以生态环境、自然资源保护和适度旅游开发为基本策略，通过较小范围的适度开发实现大范围的有效保护，既排除与保护目标相抵触的开发利用方式，达到了保护生态系统完整性的目的，又为公众提供了旅游、科研、教育、娱乐的机会和场所。国家公园已被证明是一种能够合理处理生态环境保护与资源开发利用关系的行之有效的实现双赢的保护和管理模式。尤其是在生态环境保护和自然资源利用矛盾尖锐的亚洲和非洲地区，通过这种保护与发展有机结合的模式，不仅有力地促进了生态环境和生物多样性的保护，同时也极大地带动了地方旅游业和经济社会的发展，做到了资源的可持续利用，实现生态、经济和社会效益协调统一。国家公园在云南省的试点建设总体上是成功的。

3 国家公园建设试点中存在的问题

3.1 国家公园与其他保护地类型交叉重叠的问题

国家公园与自然保护区交叉或重叠，带来管理上的难度。目前批准建设的普达措、西双版纳、普洱、高黎贡山、南滚河、大围山六个国家公园均在原有自然保护区的基础上建设，而梅里雪山国家公园与国家级风景名胜区、国家森林公园重叠，老君山国家公园与国家级风景名胜区、国家地质公园和森龙森工企业天然林管护的区域交叉。

在各类保护地交叉管理中，以国家公园与自然保护区的冲突较为明显，其中与省级自然保护区冲突程度稍轻，与国家级自然保护区冲突最为突出。依托国家级自然保护区建立国家公园，客观导致保护地的重叠与交差，多头管理，体制混乱等弊端。

首先，二者的保护级别不一样。国家级自然保护区重点强调“保护”的功能，有明确的分区和分区管理条例，核心区和缓冲区严格控制外来人员进入，不允许任何形式的生产生活活动，但实验区可适度开展一些非破坏性、非消耗性的生态旅游活动和生物资源的可持续利用项目。在国家级自然保护区的基础上建立国家公园不能突破国家级自然保护区的功能分区。而国家公园最精华的、当地最希望开发的核心资源往往位于国家级自然保护区的缓冲区或核心区。因此，突破不了国家级自然保护区的功能分区也就不可能也无法产生实质的突破与变化。

其次，依托国家级自然保护区建立国家公园，违背了国家级自然保护区的设立目的、管理目标、设立标准，削弱了保护区功能的发挥。现实情况下，国家级自然保护区相对于其他级别和类型的保护地，相对来说具有完整的法律法规保护体系，较为完善的垂直管理体系，健全的管理机构，相对充裕的资金来源。作为一类在中国得到国家高度重视、相对完善和成熟的保护地模式，它已经深入人心，得到公众的认可，在保护成效上也取得了较大的成功。或许国家级自然保护区还存在一些需要完善的地方，但否定或替代国家级自然保护区模式是不可行的。依托国家级自然保护区建立的国家公园，开发要受《自然保护区管理条例》的制约，要保护却又不能令当地政府满意，陷于保护与开发的两难境地。

因此，将两种管理措施与管理目标不一致的保护地体系赋予同一地域本身就是不合理的。一方面导致了自然保护区的执法困境，自然保护区管理部门不严格管理则有失职渎职之嫌；另外一方面也导致了国家公园在开发利用上的约束，国家公园建设者、管理者在严苛的自然保护区条例下容易产生非主观性违法风险。

3.2 地方政府及保护地管理部门对于“国家公园”的概念仍然模糊

云南省国家公园管理办公室自成立以来在大力宣传和推广国家公园方面做了大量的工作，出版了多种宣讲书籍、画册等，组织制定了国家公园系列技术标准，还召开了多次会议，全面普及国家公园相关知识。普达措在短短几年内以较小的开发面积获得较大的经济效益这一堪称惊艳的成果得到多方特别是各地政府的关注及重视。然而，由于文化、体制等方面的原因，许多地方政府依然将国家公园理解为传统意义上的“公园”，有的称为“国家级公园”。一些地方政府只看到普达措国家公园产生的巨大经济效益，认为在自然保护区基础上建立起来的国家公园可以大兴土木，大搞旅游开发。这种偏颇的认识直接导致各地政府一哄而上，各地兴起国家公园申报热。迪庆州一时之间竟然在很狭窄的地域内出现多个国家公园（虎跳峡大峡谷国家公园、白马雪山国家公园、梅里雪山国家公园、滇金丝猴国家公园），并且提出了“大香格里拉”国家公园群的概念。而另外一些国家级自然保护区甚至想撤销国家级自然保护区申报国家公园。凡此种种无不说明了各方利益群体只看到眼前的经济利益，无限制追逐土地和资源利益，而忽略了国家公园探索自然资源保护和合理利用新模式的初衷，造成对生态保护不利的影响。

3.3 国家公园管理体制较为混乱

国家公园是对自然资源和文化资源的一种管理模式。不同的管理体制，将会促成国家公园在管理范围、权限职责、利益及其相互关系准则方面的不同。管理体制的核心是管理机构的设置，各管理机构职权的分配以及各机构间的相互协调，管理机构职能的强弱直接影响管理的效率和效能，在国家公园资源管理和资源合理利用中起着决定性作用。

目前云南省在自然保护区基础上建立的国家公园均采用一套人马、两块牌子的形式进行管理。很显然，同一地域不可能采用不同保护地体系的管理措施、技术标准及管理条例（办法）。因此，在实际的管理操作中，往往出现管理上的混乱及交叉。云南省国家公园的管理体制已经初步形成，但是缺乏自上而下、直属的、系统的、实质性（财政和人力资源管理权）的上级权威机构和基层务实管理机构。

4 建议

鉴于在试点期间云南省国家公园建设所存在的问题，现从国家公园的建设选址、能力建设、社区共管、融资问题 4 个方面谈几点如何促进国家公园的稳步建设与可持续发展的建议。

4.1 国家公园建设选址

除非今后国家级自然保护区有了退出机制，现阶段不能再在现有国家级自然保护区的地域选址建立国家公园。可以将国家公园建设选址确定在省（州、县）级自然保护区、省级风景名胜区、省级森林公园、地理标志种（geographical indicator species）和文化关键种（cultural keystone species）分布地、重要的文化信仰保护地及其周边区域、生态贫困区等，提升这些保护地的级别。

4.1.1 省（州、县）级自然保护区

这些级别的自然保护区有不少是“纸上保护区”——无管理机构、无管理人员，更谈不上保护行动。管理机构缺失或管理机构级别低（大多为林业局下的二级股室），经费不足、管理人员少、科研能力弱，举步维艰，难以对保护区的资源实现有效管理。可以考虑将这一部分景观价值高、有高保护价值森林（forest with high conservation value）的省（州、县）级保护区纳入国家公园建设计划，既解决了这些保护区的困境，保护了自然资源，又能利用这些景观资源开展生态旅游，促进当地社区的发展。

4.1.2 省级风景名胜区

由于国家公园的保护地级别比风景名胜区高，可以在有条件的现有省级风景名胜区基础上，将其提

升为较高的保护地级别，既可以加强保护，又可以借助国家公园这一响亮的名片进行适度开发利用。

4.1.3 省级森林公园

在云南，大多数省级森林公园，甚至包括一些国家级的森林公园，并没有得到很好的建设与发展，投入严重不足，旅游开展不起来，有些只是一些木材或经济林产品的生产区域而已。

4.1.4 地理标志种和文化关键种分布地

地理标志种和文化关键种对一个区域的经济发展、文化建设具有重大的贡献与价值。例如，云南多个区域存在的由多种茶属茶组植物组成的古茶园、古茶树及野生群落，是茶叶的种质资源基因库。古茶园是特定民族文化的一种完美体现，是人类适度利用自然、克己复礼的表现，是特定人群的文化与自然和谐互动的典范，它给人类一个启示：许多植物已经不单是自然界里的一个物种，还是与当地人的智慧协同演化发展而成的一种文化。

但过度采摘，对古茶园的破坏与改良，于古茶园周边种植台地茶等活动所带来的“遗传污染”与“种质流失”，都有可能导致古茶园丰富的遗传基因丧失。保护好这些古茶园，刻不容缓。

可以选择几个大的区域，建立国家公园，集民族传统茶文化展示、当地人管理生态系统的传统知识、当地人、山地生态农业系统、古茶园组合在一个国家公园，这样的国家公园更有生机，更受人欢迎！

4.1.5 重要的文化信仰保护地及其周边区域

毫无疑问，各种文化信仰保护了丰富的自然资源，中国的许多名山大川，由于佛教文化（峨眉山、普陀山等五大佛教名山）、道家文化（四川青城山）、儒家文化（泰山、黄山）而得到极好的保护，成为今天中国旅游胜地。这种圣地称为自然圣境（sacred natural site）。

在许多少数民族地区和传统文化影响大的地区，原始宗教信仰和现代宗教信仰保护了许多这样的自然圣境，如西双版纳的“寨神林”等。迪庆州每个藏族村寨都建有自己的圣山。但由于这些自然圣境处于人为活动频繁的村寨附近，当地人受市场经济的影响与冲击，这些自然圣境正在遭受破坏与消失。

如此之类的“自然圣境”是当地老百姓心灵中的“自然保护区”，是用心来保护的，面积可观，是当地原始植被的残余，是物种传播的“踏步石”，能够指导当地植被的修复。政府可以挂牌保护，把多样性的保护原理引入自然保护体系的完善之中，可将其组合成国家公园，这样的国家公园，既有民族文化，又有民俗参与式旅游，还有好的自然景观；既保护了自然资源和生物多样性，又可以开展文化、景观均丰富多样的参与式旅游（participatory tourism）。

4.1.6 生态贫困区

要打破国家公园建设是为了保护某区域生态系统完整性和景观资源才建立的思维局限；同样，重建一个区域的生态系统完整性，改变人类利用自然资源的方式，做到“不砍树、照样富”，提供公众可持续利用自然资源的最好案例与实践，评估人类活动对自然景观的影响的基准，也是建设国家公园的重要目标。

一些区域由于严重的植被破坏或地下为煤矿采空区，水土流失严重；土地退化，石漠化加剧；干旱缺水，人畜饮水困难；土地难以支撑当地人的生产生活，广种薄收，由地震、暴雨引发的山体滑坡、泥石流、河道阻塞等次生灾害频发。

联合这些地方较好的小型保护地或景观较好的区域，集中农业、扶贫开发、国家生态建设、退耕还林等资金，建设国家公园，利用先进的植被修复技术，保护和建设生态友好的地表覆盖系统，转变这些区域的资源利用方式，让生态贫困区的人参与到国家公园的建设与管理中来，联合经营，共同管理，打造一个人类修复破坏生态系统的优秀案例。果能如此，将会使国家公园的观念深入人心，使国家公园成为中国保护环境资源的又一重要形式，这也是极富挑战性的工作。

总之，国家公园的建设选址不应局限或依托国家级自然保护区，而应该“到景观最具特色的地方去建，到保护力量最弱但又必须加强保护的地方去建，到传统文化最丰富的地方去建，到最有挑战性的地方去建”，自觉承担起中国保护事业的重担，成为建设“美丽中国”的主要形式与重要力量，成为生态民生休闲林业的主要载体，成为人与自然和谐相处、可持续利用的典范。

4.2 国家公园的能力建设

国家公园的能力建设涉及国家公园建设的多方面问题，需要在以下5个方面加强建设。

4.2.1 法律法规的建立和完善

国家公园建设与管理在中国是比较新的保护形式。总体还缺乏上位的正式制度，立法层次不高，即没有国家和省级层面上的国家公园立法。没有系统性和整体性的法律法规，无法可依，或少法可依。国外引进的国家公园理念与现行国家相关自然资源管理制度，如《保护区管理条例》有不一致，甚至冲突的地方。加快法律法规的建立，完善现有法律法规，对于规范国家公园建设与管理具有重要意义。

4.2.2 加强国家公园管理机构建设

建设国家或省级层面的国家公园管理机构，授权统管全局的景区管理部门行使行政管理权利，统管国家公园内的保护工作、建设工作、旅游开发与管理等工作，变多头管理为垂直管理模式。

4.2.3 理顺国家公园管理体制

国家公园如何实现“有效管理”？目前大多数国家公园管理都存在这一问题。国家公园太多依赖于自身的资源搞开发、开展旅游，把国家公园当作旅游风景区管理；而产生这一问题的根本原因是体制问题。由于体制不顺，国家公园归属地方政府管理，必然纳入地方经济发展的棋盘之中，往往成为地方GDP增长的“未开发处女地”。因此有必要理顺国家公园的管理体制，赋予国家公园管理机构较大的监管权力，明确保护与开发主体的权利与义务，把保护与可持续发展融为一体进行统一管理。

4.2.4 建立有效的产权结构制度

明晰国家公园所有权、行政管理权和经营权的边界。现行的国家公园经营管理制度缺乏权威性与公开性，多是源于政府的行政授权，并没有得到地方人民代表大会的批准；另外一些国家公园的行政管理者就是经营主体，政企不分。

杨士龙（2009）指出：所有权属于国家，但是国家所有权的主体有事实上的缺位，其主体地位的行使是交由各级政府或者政府的各个部门行使，从而形成多个利益主体并存的情况，有进一步明晰产权、完善国家所有权管理机制的必要。此外，如果产权结构制度设计不合理，自然资源国家所有权附属于行政管理权之中，会降低了自然资源的合理交易效率和行政权的威信，是低效率的制度安排。因此，依据国家公园分级管理而设定由不同级别的政府行使所有权、所有权与经营权相分离以及所有权与行政管理权相分离是有效率的选择。

4.2.5 建立稳定的管理队伍

一些地方国家公园人事权在地方政府，随意变动不利于国家公园的稳定。建立全国性和分区域建立若干国家公园管理人员培训中心，在现有大学和科研院所，或彼此联手共建国家公园专业人员培训中心，采取离岗培训管理人员，提高国家公园团队的管理能力。

4.3 社区共管

无论是从历史事实，还是从现实状况看，当地社区居民绝对是影响、保护、改变当地生态系统的重要力量，包括正面的保护力量与负面的破坏力量，文化传统、制度设计、资源的权属、农村发展策略决定着当地人对待周围生态系统和自然资源的态度，进而产生正面与负面的行为结果。

没有当地公众参与决策、参与管理，或者当地公众没有从国家公园的建设与发展中得到较大益处的管理实践，最终结果只可能是与周边社区冲突不断、矛盾升级、生态破坏、资源消失，现实当中如此之案例不胜枚举。

国家公园的使命是让当地生态系统中的生物多样性得到有效保护。转变当地人利用资源的传统方式，让他们与国家公园一起壮大，从国家公园的建设与发展中受益并尽快富裕起来，自觉参与国家公园的发展与自然资源的有效管理与可持续利用实践中来，也是国家公园最具说服力的目标与使命。

4.4 国家公园的融资问题

我国政府每年预算中有巨大的生态环境治理支出，如“天保工程”“退耕还林”“治沙”“治水”“生态恢复”“生态补偿”等。如何把国家公园建设纳入政府预算是一个亟待解决的问题。从国内外的成功经验看，国家公园的投入不仅是靠政府，还应开辟多元化的融资渠道，其中在公共资金筹款方面也应加大力度。

首先是把国家公园纳入政府预算，其次是多渠道开辟公共资金来源，如公共资金的其他方面（企业、税收、银行、社会公益资金等）。除公共资金争取之外，还应加快对国家公园的生态服务价值进行评估及建立融资体系的工作。在此基础上提出合理的自然保护资金公共补偿办法。

最后，要合理利用国家公园的资源作为生态旅游、环境教育和人体康复的设施，在不影响物种和生态系统保护的前提下对资源可持续利用；同时在周边社区共建特色经济发展项目，如种植、养殖、天然产品加工等生态友好型产业，进一步减少对国家公园的压力，从而减少保护管护开支。

公共资金之外的个人融资，对中国国家公园建设似乎是十分渺茫，然而用历史的眼光看，中国历史上的自然保护全靠私人捐助和文化力量。要从公共资金之外的私人资金融资用于自然保护，一靠政策引导（包括相应减免税收政策和其他激励政策）；二靠教育宣传，建立社会捐赠融资的保障机制和管理机构。在这方面可以借鉴国外的经验。

5 结论与讨论

5.1 国家公园建设这条路是正确的，应该继续走下去

国外大量国家公园的实践表明，在处理生态环境保护与开发关系上，国家公园已被证明是行之有效的实现双赢的管理模式。国家公园可以使保护与发展有机结合，不仅有力地促进了生态环境和生物多样性保护，同时也极大地带动了地方旅游业和经济社会的发展，做到了资源的可持续利用，实现了生态、经济和社会效益协调统一。从我国自然保护区半个多世纪的实践和现实国情来看，仍然存在着许多的问题，国家级的投资及管理要好一些，其他级别的，问题还很多。引进国家公园的管理模式，不仅完善和丰富了中国大陆的保护地管理体系，还可以探索一条更适应我国国情的“保护与发展”的道路。因此，云南省在国家公园试点阶段已取得了许多成果和经验，虽然试点中也存在着一些问题，但这些问题不在于路子错了，而是既有矛盾的集中体现，在今后的工作中可以进一步加以完善和解决，不断建立和完善适合云南省的国家公园管理体系，是实现“使该保护的保护起来，该发展的让它发展上去”的有效而必要的手段。应该把国家公园这条路更坚定不移、健康稳定地走下去。

5.2 改变在国家级自然保护区基础上建立国家公园的做法，明确发展思路

在云南省国家公园试点阶段，已批建的8个国家公园中有6个是在原国家级自然保护区基础上建设。这些国家级自然保护区固然是自然浓缩之精华，自然资源尤为重要和可观，也不可避免存在着各种问题。但自然保护区毕竟是我国目前最重要的保护地类型，有着既定的管理体系和投资渠道，管理日臻成熟，只需要加大投入、不断提高管理水平就可以了。为什么还要用另外一种保护级别较低的类型去干扰它呢?国家公园与自然保护区重叠或交叉，必然要遵循自然保护区的管理要求，否则将面临违法问题的出现。所以，在一定程度上来说，依托自然保护区，特别是国家级自然保护区来建设国家公园不仅不能很好地发挥国家公园的效能，还会使国家公园建设更加束手束脚，不伦不类；因此，在今后的国家公园发展道

路上，主管部门和地方政府要改变“依托有条件的国家级自然保护区来建国家公园”的观念，建立“依托省级以下保护区或其他有价值的地方建立国家公园”的理念。这样，既不会出现与现行法律法规相冲突之处，也能有效发挥国家公园的作用。

5.3 理顺国家公园管理体制

首先，合理划分事权关系，准确定位政府和国家公园管理机构的保护与管理职能，使政府和管理机构与市场脱离开来，把工作重心放在资源的保护与合理利用的管理上，充分发挥政府的协调、指导、支持方面的作用。

其次，在每个国家公园建立统一的管理机构，明确管理机构在国家公园管理中的职责。管理机构在资源保护和合理开发利用的规划、许可、执法监督和管理职能。将经营和投资权交给企业，把社会可以自我调节与管理的职能交给社会中介组织。国家公园管理区域在一个州市范围内，该机构作为当地州、市政府直属事业单位。管理区域跨州市的，由省国家公园管理办公室直接管理。

最后，进一步探讨分析现有保护地类型，把部分省级自然保护区和风景名胜区进行科学考察论证，确实不适合的，可以撤销原有管理模式，改变隶属关系，科学规划为国家公园。

5.4 转变观念，正确处理保护与发展的关系

在建设中，国家公园建设必须摈弃“绝对保护”和“过度利用”两种观念。确定“保护优先”为核心，首先是保护生态系统的完整性，其次才是生态旅游、科学研究和环境教育的场所。建立国家公园资源利用生物多样性影响评价机制，在国家公园资源利用方面建立生物多样性影响评价机制，通过科学论证，科学规范处理工程建设与保护的矛盾，为各级政府和国家公园管理机构提供资源利用决策依据。

中国国家公园建设不能完全照搬国外国家公园的做法，要整合集成各种保护地的成功管理与保护经验，借鉴不同文化背景管理生态系统的优秀实践，参考国内外国家公园保护、管理的成功经验，结合我国实际，集成创新建构中国国家公园的管理体系，走出一条适合中国国情、具有中国特色的国家公园建设制度与管理体系。这是可能的，也是中国生态文明建设、自然保护事业必须要走的路。

【参考文献】

国家林业局昆明勘察设计院. 2009. 云南轿子山自然保护区总体规划（2009-2020）［R］. 昆明：国家林业局昆明勘察设计院.

国家林业局昆明勘察设计院. 2009. 云南普达措国家公园总体规划（2009-2020）［R］. 昆明：国家林业局昆明勘察设计院.

蒋明康，等. 2004. 基于IUCN保护区分类系统的中国自然保护区分类标准研究［J］. 农村生态环境, 20（2）.

单之蔷. 2005. 我们为什么没有国家公园［J］. 中国国家地理（12）.

唐芳林，孙鸿雁. 2009. 我国建设国家公园的探讨［J］. 林业建设（3）：8-13.

唐芳林. 2011. 国家公园试点效果对比分析［J］. 西南林业大学学报（1）：39-44.

陶一舟，赵书彬. 2007. 美国保护地体系研究［J］. 环境与可持续发展：4.

杨士龙. 2009. 国家公园理念和发展模式辨析. 中国环境法网.

CNPPA/IUCN，WCMC. 1994. Guidelines for protected area management categories［M］. Gland，Switzerland and Cambridge，UK：IUCN Publications Services Unit.

关于中国国家公园顶层设计有关问题的设想*

中国在2013年11月12日通过了《中共中央关于全面深化改革若干重大问题的决定》，在关于生态文明建设部分明确提出：建立国家公园体制。这标志着在中国大陆，国家公园建设已经成为国家战略，即将付诸行动。它意味着我国以自然保护区为主的各种保护地将重新洗牌，是我国重建科学的与国际接轨的保护地体系的重大机遇，必将对我国自然保护事业带来积极的变化。

国家公园在中国大陆还是新鲜事物，如何构建国家公园体制？笔者从事多年的国家公园理论与实践研究，结合国家公园在云南的试点建设情况，进行了深入思考，大胆提出国家公园体制的顶层设计构想，期待引起同行的思考和讨论。

1 保护地与国家公园

国家公园是保护地的一种，国家公园必然和保护地体系分不开。

1.1 保护地的产生和发展

1.1.1 保护地的定义

为保护特定的具有重要价值的自然或文化遗迹而划定的区域，即是保护地（protected area）。自然保护地的范畴稍微狭窄一些，是指由国家依法予以特殊保护和管理的各种自然区域的总称，包括有代表性的自然生态系统、有重要生态系统服务功能的自然区域、珍稀濒危野生动植物物种和重要遗传资源的天然集中分布地，以及重要走廊地带、有特殊意义的自然遗迹和自然景观等保护对象所在的陆地、陆地水域或海域。

世界自然保护联盟（World Conservation Union 简称：IUCN）对保护地的解释是："通过法律及其他有效手段进行管理，特别用于保护和维护生物多样性和自然及相关文化资源的陆地或海洋"。我国的定义是：保护地是指由政府划定，用于自然资源和人文资源及其景观保护，并通过法律和其他有效手段进行管理的特定区域。

1.1.2 保护地的建立

保护地是人类经济社会发展到一定阶段的必然产物。近代保护地的兴起是从美国开始的，以建立国家公园为主。世界上第一个保护地源于美国，1860年，美国的一群自然保护运动的先驱，看到加州优美胜地（Yosemite，又称约瑟米蒂）的红杉巨木遭到大肆砍伐，积极奔走呼号，终于促成林肯总统在1864年签署了一项公告，将优胜美地区域划为加州州立公园，成立了世界上第一座大型的自然保护公园，这是近代第一个保护地的诞生。1872年美国建立了世界上第一个国家公园—黄石国家公园，此后，在美国的影响和带动下，许多国家都建立了国家公园，国家公园成为了全球大多数国家的保护地的主要形式。在美国，甚至建立了国家公园体系。

而自然保护区也是保护地的主要形式之一。1922年，前苏联建立了世界上第一个自然保护区，于是，受前苏联影响的许多国家建立了以自然保护区为主的保护地。

保护地在中国古已有之，神山、神树，寺庙、皇陵，皇家园林、风景名胜、龙潭水源等有价值的物

---

* 唐芳林，孙鸿雁，王梦君，等. 关于中国国家公园顶层设计有关问题的设想［J］. 林业建设，2013，（6）：8-16.

质文化遗迹就是通过保护而留下来的遗产。从1956年起，我国大陆延续前苏联模式，开始建立自然保护区，1956年我国建立第一个自然保护区——鼎湖山自然保护区以来，成为我国第一个正式的保护地。目前，我国的保护地类型主要有自然保护区、森林公园、湿地公园、国家公园、风景名胜区、地质公园、生态功能保护区、海洋特别保护区等。

1.1.3 各国保护地不同的缘由

自然保护区和国家公园有共同之处，都是保护地的主要类型，组成了世界上所有保护地的主体。狭义的自然保护区和国家公园是不同的，主要是由于国家体制不同，产生了不同的保护地形式。

经济发展程度高的国家，以及受美国及西方影响比较大的国家，多采用国家公园形式，强调在保护的同时允许人们游憩，这样的国家数量在世界上占了绝大多数，国家公园成为世界保护地的主流。

前苏联在1922年建立了世界上第一个自然保护区，目的在于保护环境和资源，进行科学研究，没有赋予游憩的功能，排斥人为活动。前苏联以及受其受影响的东欧国家及包括中国在内的社会主义国家，都采用了自然保护区的保护地形式。而我国台湾地区，则采用了国家公园的模式。

1.2 国家公园的产生和发展

1.2.1 国家公园的定义

“国家公园”的概念源自美国，名词译自英文的“National Park”，据说最早由美国艺术家乔治·卡特林（Geoge Catlin）首先提出。他写到“它们可以被保护起来，只要政府通过一些保护政策设立一个大公园，一个国家公园，其中有人也有野兽，所有的一切都处于原生状态，体现着自然之美”。美国黄石公园在建立之初，就以法令的形式明确表示：“国家公园服务体系是为了保护风景、自然和历史遗迹、区域内的野生动物，并为游客提供娱乐场所而建立的。”

美国国家公园有狭义和广义之分，狭义的国家公园是指直接冠以“国家公园”之名，拥有独特的自然地理属性的大片自然区域，也包括少数的重要的历史文化遗产保护地。广义的国家公园，即“国家公园体系”（National Park System），也就是美国国家公园管理局管理的所有区域，包括国家公园、纪念地、国家战场、历史公园、国家湖滨、国家保留地等。截至2009年，美国国家公园体系的保护地有392处，其中国家公园有58个。

在我国台湾地区，国家公园的定义是：“国家公园”是指具有国家代表性之自然区域或人文史迹。国家公园成立目的是保护国家特有之自然风景、野生动植物及史迹，并供国民之育乐及研究，以达成生物多样性维护及国土永续保育之重要任务及使命。

1994年，IUCN将国家公园定义为：“主要用于生态系统保护及游憩活动的天然的陆地或海洋，指定用于：①为当代和后代保护一个或多个生态系统系统的完整性；②排除任何形式的有损于该保护地管理目的的开发和占有行为；③为民众提供精神、科学、教育、娱乐和游览的基地，用于生态系统保护及娱乐活动的保护地。”

那么，我国对国家公园如何定义呢？

国家公园是一个专有名词，是国家为了保护一个或多个典型生态系统的完整性，为生态旅游、科学研究和环境教育提供场所，而划定的需要特殊保护、管理和利用的自然区域。它既不同于严格的自然保护区，也不同于一般的旅游景区。我国国家公园建设起步较晚，在研究和探索其他国家的国家公园建设理论和实践基础上，应结合我国国情和工作实际，提出符合我国实际的国家公园相关解释。云南省在一系列研究的基础上，根据对云南省国家公园建设试点工作的进一步认识，我们提出了具有中国特色的国家公园的定义：“国家公园是由政府划定和管理的保护地，以保护具有国家或国际重要意义的自然资源和人文资源及其景观为目的，兼有科研、教育、游憩和社区发展等功能，是实现资源有效保护和合理利用的特定区域。”

以上将国家公园定义为一个特定区域，突出了国家公园是保护地的本质，强调了国家公园的管理目标是实现资源有效保护和合理利用，提出了国家公园要综合发挥保护、科研、教育、游憩和社区发展五大功能的要求。这一定义既符合 IUCN 提出的国家公园的管理目标，又充分概括了具有中国特色的国家公园应当发挥的多样化的功能。

上述定义已经包括在我国第一个有关国家公园的标准、中华人民共和国质量监督检验检疫总局备案（备案号 26426-2009）的 DB53/T298-2009《国家公园基本条件》中，本人也是系列标准的主要起草者之一，我认为应该以这个定义为准，不宜再提出新的定义，以免造成混乱。

1.2.2 国家公园和自然保护区的区别

国家公园和自然保护区有类似之处，共同点是，都为保护地类型，甚至在一些国家经常就被视为是一样的。但狭义的概念还是有区别的。在保护对象方面，国家公园强调保护具有国家级保护价值和展示价值的各类资源；自然保护区的保护对象主要是有代表性的自然生态系统、珍稀濒危野生动植物物种，以及有特殊意义的自然遗迹。在保护与利用方面，自然保护区以资源的保护为主要目的，而国家公园不仅强调保护，而且兼顾资源利用，其开发利用的空间比自然保护区大，而且能够满足人们探索、认知自然和体验自然的需求，能够实现生态环境保护与资源开发的良性互动。

1.2.3 国家公园和风景名胜区的区别

风景名胜区有时被翻译成 National Park of China，甚至出现和国家公园等同的说法，其实二者性质区别很大。在保护与利用方面，国家公园保护程度较高，利用程度较低，风景名胜区也强调保护和开发，但在保护方面弱于国家公园。在保护对象方面，风景名胜区强调具有观赏、文化或科学价值的自然景观、人文景观，国家公园保护对象的价值高于风景名胜区。二者保护类别不同。国家公园是二类保护地，在有些国家甚至上升为一类保护地；而风景名胜区尽管也是保护地的一种，但是属于五类，即景观保护地。尽管不排除少数风景名胜区具有国家公园的资源条件，可以转型后按国家公园管理，但整体而言，把风景名胜区等同于国家公园是不准确的，英文翻译有误。

1.2.4 国家公园和一般公园的区别

国家公园和城市一般公园是完全不同的两个概念。国家公园是保护地，功能以保护为主，游憩为辅。一般公园不属于保护地类型，完全是为了休闲游憩。在面积方面，国家公园一般都大于 1000 公顷，一般公园都比较小。在资源方面，一般城市公园多为人造景观，无法与国家公园的资源相媲美。在功能方面，一般城市公园的主要功能是公众娱乐、休憩，而国家公园具有保护、科研、教育、游憩等方面的功能。一般城市公园是全开放的，而国家公园则实行分区管理，严格保护区和生态保育区不允许开展旅游活动。

1.2.5 国家公园的发展

1872 年，美国国会通过《黄石国家公园法案》，划定大部分位于怀俄明州的 80 万公顷土地为黄石国家公园，规定为“是人民的权益和享乐的公园或游乐场”，禁绝私人开发，世界上第一个国家公园宣告诞生。此后，国家公园在各国兴起。加拿大于 1885 年开始在西部划定了 3 个国家公园（冰川国家公园、班夫国家公园、沃特顿湖国家公园）。同时，澳大利亚设立了 6 个，新西兰设立了 6 个。19 世纪，几乎全部国家公园都是在美国和英联邦范围内出现的。1935 年，印度就建立了亚洲第一个国家公园——科伯特国家公园，标志着自然保护思想在发展中国家的发端。进入 20 世纪后，世界各国逐渐把建立国家公园看作一种保护自然和自然资源的良好途径，陆续开展了建设国家公园的国际活动。从 1872 年至今，国家公园运动从美国一个国家发展到世界上 225 个国家和地区，国家公园的数量达到 3800 处。国家公园还从发达国家逐渐推广到发展中国家，从单一的“国家公园”概念衍生出“国家公园和保护区体系”“世界遗产”“生物圈保护区”等相关概念，国家公园成为世界上最流行的保护地形式。

2 我国建立国家公园体制的必要性

和严格自然保护区有所区别的是，国家公园在保护资源的同时，并不排斥人们亲近，还兼有环境教育和游憩、社区发展功能，在中国，这是一种很有生命力的保护地形式。

2.1 从理论上讲，国家公园建设具有必要性

2.1.1 国家公园适合我国国情

我国人多地少，经济发展和环境保护的矛盾突出。不像其他国家一样拥有大量的无人区可以作为严格的自然保护区，我国人口稠密，保护地的建设必须考虑以人为本，在保护好环境的同时满足人民快速增长文化娱乐游憩的需求，通过接触自然，增强人民的环境教育意识，进而更好地保护环境。国家公园始终坚持以资源保护为前提，适度兼顾旅游活动，是资源保护与经济发展实现双赢的有效模式。尤其是在生态保护和自然资源利用矛盾突出的区域，通过这种保护与发展有机结合的模式，极大地促进了生态环境和生物多样性的保护，同时也带动了地方旅游业和国民经济的发展，做到了资源的可持续利用。

2.1.2 建立国家公园是我国生态文明建设的需要

国家公园在各个国家都是让政府和人民引以为傲的自然和文化遗产的代名词，是一个国家生态良好和社会进步的标志。我国目前最大的一类保护地——自然保护区是国家为了保护自然资源和自然环境，维护生态安全，促进生态文明，实现经济社会全面、协调、可持续发展，构建和谐社会的重要保障和有效措施，更是生态建设的中坚力量，但我国的自然保护区历经 50 多年的发展，也面临着诸多的问题与发展瓶颈。建立新一类的保护地——国家公园必将是自然保护区的有力补充，是保护生态环境、自然资源和生物多样性最重要和最有效的措施，同时也是维护生态安全，促进生态文明，实现社会经济可持续发展的重要保障。在生态建设中，自然保护区和国家公园共同在发挥保护生态系统完整性和生物多样性重要作用外，还是向人们宣传生态建设重要性、树立生态价值观的天然教材，是生态文明宣传的示范地。

2.1.3 建立国家公园是实现自然资源保护管理有效性，促进地方经济发展的需求

在可持续发展的时代要求下，对自然资源的保护日渐深入。然而保护的途径和保护的力度尚存在争论，自然保护区对资源保护过于严格，从而导致保护与发展的矛盾冲突严重，地方政府抵触情绪严重，这样反而不利于自然资源的有效保护；而森林公园、地质公园等类型的保护地更倾向于资源的开发与利用，破坏自然资源的现象时有发生。国家公园这一新型保护地类型的建立，将成为介于严格的自然保护区和松散管理的森林公园、地质公园之间的一种保护地类型，将在保护的前提下，兼顾社会经济的发展需求，以最大的保护、极小的开发获得最大的生态、社会和经济效益，其突出特点就在于资源保护方面的有效性，其社会公益性最大限度地体现了可持续发展的需求。因此现阶段研究我国国家公园的建立，是对自然资源保护实现途径的一种探讨，将更有利于自然资源的保存和保护，有利于促进地方经济发展。

2.1.4 建立国家公园有利于理顺管理体制、解决多头管理等问题

我国目前保护地的管理涉及林业、环保、国土、农业、建设、水利、海洋等众多部门。这种“多头管理”的现象造成了严重的后果。各个部门各有各的规定，部门之间协调困难，给保护地的管理带来很多的不便，规划也难以实施。国外国家公园管理体制的典型特征之一就是集权式的一体化管理。这种管理方式有效地避免了“政出多门”的现象，有利于保护地的经营和可持续发展。现阶段研究我国国家公园的建立及其管理体制等问题是对我国保护地管理体制的一种完善，而国家公园自上而下垂直的一体化管理模式的典型特征也将从根本上避免了多方插手的混乱局面，权力和责任分配明确，有章可循，有法可依，对于我国保护地体系建设来说也是一种有益的探讨。

2.1.5 建立国家公园是与国际管理体系接轨的需求

随着全球旅游业的兴起和人们对资源保护意识的逐渐深入，国家公园的理念逐渐被世界各国所接受，各国根据自己的特点和条件建立起自己的国家公园系统，尤其近几十年来更为迅速。国家公园已成为全人类共同的永恒的事业，成为现代文明国家的一种标志，成为人们精神文化生活中不可分割的组成部分。

2.2 从云南试点的实践看，我国建立国家公园具有可行性

2.2.1 国家公园在云南试点的情况介绍

（1）试点进程。1996 年云南省就开始基于国家公园建设的新型保护地模式的探索研究。2004 年，在云南省政府研究室的推动和指导下，迪庆州政府启动了国家公园建设工作。2006 年 8 月 1 日，香格里拉普达措国家公园开始试运行，2007 年 6 月，普达措国家公园正式挂牌成立，成为我国大陆第一个国家公园。

2008 年 6 月，国家林业局批准云南省为国家公园建设试点省。2010 年，经国家质量监督检验检疫总局备案、云南省质量技术监督局发布了中国大陆第一个国家公园的地方标准。随后，省政府先后批准了普达措、丽江老君山、西双版纳、梅里雪山、普洱、高黎贡山、南滚河、大围山 8 个国家公园的总体规划。

（2）试点成效。国家公园建设有利于实现资源保护与经济发展的和谐统一，有利于满足人们日益增长的文化精神需求，有利于树立良好的生态保护形象，也有利于促进旅游业的提质增效。生态效益得到了充分体现，社会效益得到了广泛认可，社区生活得到了普遍改善，社区收入提高，经济效益得到了明显增长。以较少的资源消耗创造了较大的经济价值，其经营或生产行为就越是可持续的。与国家公园建立前相比，各国家公园内及周边社区居民的年收入提高了 16.2%～157.1%。此外，普达措、老君山、梅里雪山等 5 个国家公园用于社区生态补偿的资金达到了 1333 万元，户均补偿 3000～8000 元。2010 年．普达措国家公园的旅游生态效率为 86596 元/hm^2，是四川九寨沟自然保护区的 4.7 倍，福建福州国家森林公园的 31.3 倍，江西省庐山风景名胜区的 32.2 倍。

2.2.2 国家公园是可行的，具有强大生命力

云南省国家公园的积极探索和建设实践证明，国家公园是一种符合我国国情，能在有效保护生态环境和生物多样性的基础上，依托科学研究的成果，充分发挥资源的景观优势，结合自然生态和爱国主义教育，开展合理利用的新型保护地模式。同时，国家公园也是一种兼顾生态、社会和经济效益的新型旅游模式，使旅游活动更为多样化和规范化，旅游行业得到提质增效，游客满意度大为提高，当地社会经济状况和周边社区生活得到明显改善，为传播生态文化、建设生态文化提供了平台。

（1）国家公园建设填补了我国保护地体系的空白。国家公园的探索是对中国保护地体系的补充，填补了我国现行保护地体系的一个空白，实现了与国际上公认的保护地分类系统的对接。开展国家公园建设是我国履行国际义务的具体行动之一，也是对我国的保护地分类管理的探索。

（2）国家公园较好地协调了保护与发展的关系。在现有的管理体制下，我国各类保护地都存在着自然资源保护与当地经济社会发展发生冲突的共性问题。在国家公园功能区划中，划定了严格保护区和生态保育区，以实现资源的有效保护。同时，将景观优美的区域划定为游憩展示区，可以开展游憩、展示、教育和游客服务等活动，为合理利用资源预留了空间。2008—2011 年，国家公园总游客量达到 1186.76 万人次，旅游总收入达到了 12.73 亿元，游客满意度达 60%以上。而各国家公园的生态环境并没有因为游客量的急剧增加而遭到破坏。

（3）国家公园创新了保护地的功能区划分。与其他类型保护地相比，国家公园的功能区划有以下几个创新点：一是同时考虑了资源的保护与利用；二是创新性地考虑了原住居民的利益，在功能区划分中考虑了国家公园内社区分布和土地利用现状，将现有社区生产、生活区域划定为传统利用区，丰富了国

家公园的景观，体现了自然与文化的互动。

（4）国家公园综合体现了其保护、科研、教育、游憩和社区发展五大功能。事实证明，国家林业局批准，云南省省委、省政府开展国家公园建设试点的决策是正确的。在国家公园的管理中，把原住居民作为国家公园的组成部分来考虑，重视社区的管理问题。在国家公园的管理中不排除社区居民，也使社区居民对国家公园有了归属感，主动地保护国家公园的生态资源。国家公园以展示和游憩为主的利用方式也为公众提供了认识自然、欣赏自然、感受自然和融入自然的条件，得到了公众的认可和接受，成为了传播生态文化，建设生态文明的重要基地。

3 国家公园需和重构保护地体系统筹考虑

保护地这一概念已得到广泛的认可和使用，建设生态文明，必须建设完善的保护地体系。自然保护地、国家公园、风景名胜区、森林公园等，都是保护地的类型，与保护地的关系是局部和整体的关系。建立国家公园体制，不能单一地只考虑国家公园，而应该将其纳入保护地体系中来统筹考虑。

我国的保护地主要由自然保护区、风景名胜区、森林公园、地质公园和湿地公园等构成，较为复杂，都是各部门、各地区分别建立的，没有进行过顶层的系统设计，也还没有一个完整的、明确的保护地分类体系，而且缺失了国家公园这一类型。如何科学划分各类保护地，在现有基础上重整、完善我国的保护地体系？我国作为世界自然保护联盟的会员，IUCN 的分类体系给了我们一个很好的借鉴。

3.1 IUCN 保护地分类体系

世界上现有的保护地超过了 13 万个。它们建立的原因很多，如物种、栖息地、景区和风景的保护、流域保护、旅游开发、研究、教育、土著居民的家园、重要的非物质性文化保护等。这些保护地大小不一，层次名称也不同。

表 1 IUCN 保护地分类体系（IUCN，1994）

类别	名 称	描 述
Ⅰa	严格的自然保护区	用于科学研究的保护地——拥有某些特殊的或具有代表性的生物系统、地理特征、自然面貌或独特物种的陆地或海洋，可用于科学研究或环境监测
Ⅰb	原野保护地	用于保护自然荒野的保护地——大面积未经改造或略经改造的陆地或海洋，仍保持其自然特色及影响，尚未有过永久或明显的人类居住史，通过保护和管理，保持其天然状况
Ⅱ	国家公园	用于生态系统保护及娱乐活动的保护地——天然的陆地或海洋，用于：①为现代人和后代提供一个或更完整的生态系统；②排除任何形式的有损于保护地管理目的的开发或占用；③提高精神、科学、教育、娱乐及参观的基地，所有上述活动必须实现环境和文化上的协调
Ⅲ	自然纪念物	用于保护独特的自然特性的保护地——具有一个或多个自然或自然文化方面独特特征的区域，由于其固有的稀有特性、代表性、美学品质或文化意义而具有突出的或独一无二的价值
Ⅳ	栖息地/物种管理地	用于通过积极干预进行保护的保护地——为了维护栖息地和满足特殊物种生存及发展需要而建立的，以积极干预手段进行管理的一片陆地或海洋
Ⅴ	陆地/海洋景观保护地	用于陆地/海洋景观保护及娱乐的保护地——人和自然在长期的和谐发展中形成的具有显著特色的陆地或包括海岸和海洋的陆地，它们具有独特的审美、生态和文化价值，并通常拥有很高的生物多样性。保障这种传统的相互关系的完整性对这个区域的保护、维持和进化具有重要价值
Ⅵ	资源保护地	以自然生态系统的可持续利用的保护地——主要以未经改造的自然系统为主，通过管理确保长期的生物多样性保护和维持，同时满足社区的需要，提供可持续的天然产品和生态服务功能的地方

为了规范管理全球保护地，便于各国进行信息交流，世界自然保护联盟（IUCN）建立了一套能普遍使用的术语和标准体系，将保护地分为以下六个类别。

IUCN 对保护地管理类别的分类系统的优点突出表现在：不同国家用不同的名字称呼具有相似目标的

保护地，分类体系有利于减少专业术语带来的混淆，人们可以使用分类体系中的共同语言来进行交流，促进国际交流报告和对比；显示出人类从严格意义的保护区到可以合理开发使用的狩猎区介入程度有所不同；强调应该针对特定背景和目的选择合适的管理体制类别。

3.2 重构我国的保护地体系

截至2012年年底，我国已建成的自然保护地包括2669处自然保护区、963处风景名胜区、2855处森林公园、298处国家湿地公园（含试点）、171处国家地质公园、518处国家级水利风景区，以及大量水源保护地和自然保护小区。其中一些被列入国际级保护地，包括世界自然遗产地以及世界自然与文化双遗产地20处，国际重要湿地41处，世界地质公园29处，生物圈保护区31处，其中，保护地中面积最大也最重要的是自然保护区。它们分属十几个部门管理，主要涉及国家林业局、国家环保部、住房与城乡建设部、农业部、水利部、国土资源部、国家海洋局等。未来还会建立更多的类型，比如，国家公园、公益保护地、社区保护地等，总面积约占国土面积的18%以上，超过世界水平指标。

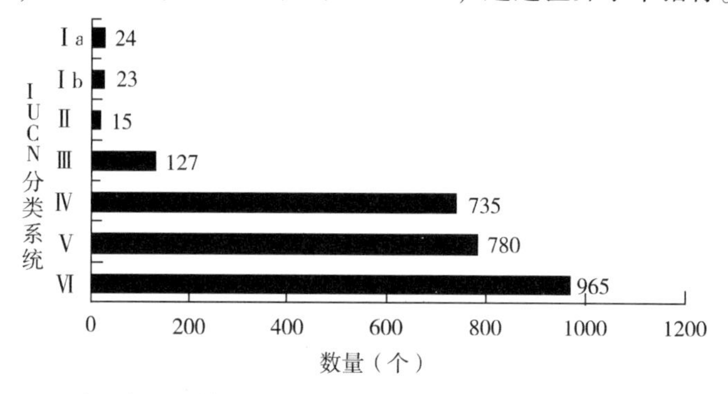

图1 我国自然保护区在IUCN分类系统中各类保护地的数量分析

结合IUCN的保护地分类体系，对我国的2669个自然保护区进行了初步的对应分析，从上图的分析结果可以看出，从总量上看，我国的保护地数量已经不少，但结构上不够合理，一类保护地数量少，二类的国家公园缺失，而一般保护地数量庞大。

我国要建立国家公园，能够提供的土地和符合条件的资源已经极少，现实决定了我国今后的国家公园必须是在现有保护地中整合，对目前所有的保护地进行评价分析，科学分类，进行系统的规划设计，借助这次建立国家公园体制的契机，完善我国保护地体系。

我认为，理想的保护地体系，应该是一个金字塔的结构，如下图所示。

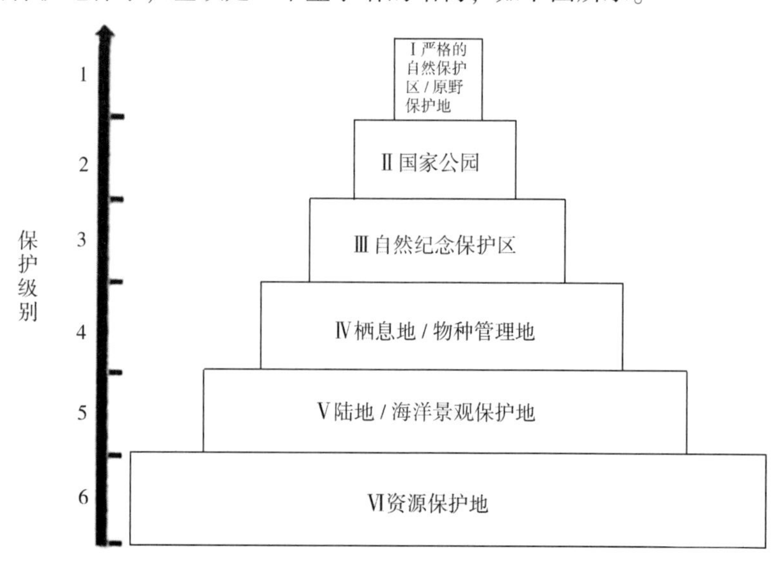

图2 理想的保护地金字塔

3.3 我国现行保护地对应的类别

从各类现有保护地的管理目标和功能来看，自然保护区主要的管理目标是对有代表性的生态系统、野生动植物物种及其栖息地予以特殊保护，风景名胜区、森林公园、地质公园和湿地公园虽然也注重资源的保护，但是更强调资源的可持续利用。国家公园作为世界上保护地的主要类型，在保护自然资源的同时，能够开展科研、游憩和环境教育，还能在一定程度上带动当地经济发展，以较小面积的开发换取较大面积的保护，是资源保护与经济发展实现双赢的有效模式，是适合中国国情的保护地形式。

按照上述分类体系，可对应如下。

自然保护区是我国保护地的主要形式，目前的363个国家级自然保护区应属于一类保护地，但其中很大一部分事实上并没有达到应该达到的生态保护区的标准，应该符合II类保护地，即国家公园。一般的省级、市县级自然保护区则只能分别达到三类乃至四类、六类标准。

风景名胜区属于五类保护地，当然，其中少数顶级的国家级风景名胜区也达到了二类标准，可以转型为国家公园。

森林公园属于五类、六类保护地，但其中少数顶级的国家级的精华部分，如张家界国家森林公园等，也达到了二类标准，可以转型为国家公园。

地质公园、湿地公园以及海洋公园中少数顶级的部分，也可以转型为国家公园，其余的则分属三类以下保护地。

4 我国国家公园体制建设的设想

建立国家公园体制，需要进行系统的顶层设计，为今后国家公园的健康运行提供体制保障。

4.1 我国国家公园体制建设

在研究与借鉴国外国家公园体制的基础上，我国的国家公园体制建设要符合我国的具体国情，建立具有中国特色的、与国际接轨的国家公园体制。

我国现行的综合部门和专业部门结合的管理体制，充分考虑了行业和专业特点，有其合理性。比如说，美国的森林和自然湿地、荒漠等生态资源，分属农业部林务局、内政部国家公园局、环境部管理，而我国统一归国家林业局管理，已经实现了“大部制”。因此，考虑国家公园体制的建设，需结合现有的自然资源管理部门对各类资源的管理情况，充分考虑管理的可行性。

4.2 建立国家公园顶层管理体系

采用“综合监督+专业管理”的模式，强化综合部门的监督职能和行业管理部门的专业管理职能，充分发挥环保部门的综合监督功能，国务院委托环境保护部对全国所有的保护地进行监督和检查，并在业务上进行指导。林业、国土、农业、住建、水利、海洋等专业管理部门具体负责各自分管范围内的保护地建设管理，当然也包括国家公园建设管理。简而言之就是，环境保护部综合监督，各专业部门具体管理。环境保护部不再具体管理保护地，其目前管理的15%的自然保护区交回各专业部门管理。

国家公园由国务院批准。国务院成立跨部门的“全国国家级保护地专家委员会”，负责对国家级的各类保护地的评审，评审委员会办公室设在环境保护部。

4.3 完善国家公园立法

制定《中华人民共和国保护地法》，对全国的保护地进行管理。在《中华人民共和国保护地法》的框架下，进一步修订并完善我国保护地法律体系，制定专门的《国家公园管理条例》。

4.4 建立国家公园准入制度

国家公园是国家的一张名片，有严格的条件。要制定必要的准入制度，保证国家公园建设的质量。

拟建国家公园必须要选择一些典型的有代表性和有科学或实践意义的地段，明确拟建国家公园的核心资源、任务、近期和远期的目标；并使原有保护地与新建国家公园布局合理，形成科学的自然保护体系。国家公园应符合建立的资源条件、适宜性条件和可行性条件等基本条件，尤其是土地权属建议均为国有土地。

4.5 我国国家公园的建立程序

国家公园的申报建立需地方政府向省级主管部门提出申请，由省级主管部门对申报材料进行初审，并报国家主管部门审批。

国务院成立国家级保护地专家委员会，下设自然保护区组、国家公园组、湿地组、风景名胜区组、地质公园组、海洋公园组、森林公园组等专业组，分别对申请建立的保护地进行考察及评审，为国务院审批提供依据。

4.6 完善国家公园的保障措施

完善国家公园法律法规，制定相关技术标准，建立资金筹措机制，建立国家公园的生态补偿机制、收益分配机制。

5 结论和讨论

国家公园建设切忌一哄而上，无序发展。现在，国家公园已经纳入国家改革发展计划中，也不能急躁，而应该积极、稳妥，科学，规范有序，避免造成混乱。建议可以开展以下工作：

（1）尽快开展调研工作，研究制定“建立国家公园体制”的意见，推动改革的进程；

（2）启动国家公园立法，制定《中华人民共和国保护地法》，在此框架下完善相关法律法规，出台《国家公园管理条例》；

（3）深入分析现有保护地类型，进行科学考察论证，尽快研究制定、发布符合我国国情、与国家接轨的权威的保护地系统，为下一步国家公园的建设奠定良好的基础；

（4）尽快对我国所有的保护地进行一次全面评估和系统规划布局，编制全国国家公园规划，把符合国家公园标准的保护地通过重新制定科学规划，转型为国家公园；

（5）编制全国国家公园建设规划。

【参考文献】

唐芳林，孙鸿雁，2009. 我国建设国家公园的探讨. [J]. 林业建设（3）：8-13.

唐芳林，张金池，杨宇明，等，2010. 国家公园效果评价体系研究 [J]. 生态环境学报，19（12）：2993-2999.

唐芳林，2010. 中国国家公园建设的理论与实践研究 [D]. 南京：南京林业大学.

唐芳林，2011. 国家公园试点效果对比分析. [J]. 西南林业大学学报（1）：39-44.

云南省国家公园管理办公室，2012. 云南省国家公园试点建设与管理评估报告 [M].

国家公园属性分析和建立国家公园体制的路径初探*

国家公园这一旨在保护自然生态系统，又能满足人们精神享受、科学研究、社区发展、生态旅游等多种需求的保护区模式，在世界上被广泛采用。自 1872 年美国建立世界上第一个国家公园——黄石国家公园以来，已经有 140 多年的历史，而在我国大陆，国家公园才开始起步。2013 年，《中共中央关于全面深化改革若干重大问题的决定》提出建立国家公园体制，这标志着国家公园建设在中国已经成为国家战略，即将付诸实施。

鉴于国家公园在大陆还处于起步阶段，需要对其有准确的理解和认识，厘清国家公园在各类保护区中的地位和相互关系，发挥后发优势，在较高的起点上，以开阔的视野、长远的意识，借鉴国际经验，发挥中国特有的体制改革优势，改革现有保护区体制，使国家公园建设在我国一开始就步入科学化的健康发展轨道，建立与国际接轨的、具有中国特色的国家公园体制。

1 准确理解国家公园的本质属性

对于国家公园，一些人将其等同于严格自然保护区，另外一些人望文生义，将其理解为一般城市公园，或者等同于风景名胜区，这都是不准确的。甚至，同样叫国家公园，一些国家对其定义也不尽相同。要建立国家公园，必须正确理解国家公园的准确含义，否则就容易出现偏差。因此，为了避免歧义，需要正本清源，厘清国家公园的来源和本质属性。

1.1 国家公园的概念

“国家公园”（National Park）的概念源自美国，最早由美国艺术家乔治·卡特林（Geoge Catlin）首先提出。他写到“它们可以被保护起来，只要政府通过一些保护政策设立一个大公园，一个国家公园，其中有人，也有野兽，所有的一切都处于原生状态，体现着自然之美”。美国黄石公园在建立之初，就以法令的形式明确表示：“国家公园服务体系是为了保护风景、自然和历史遗迹、区域内的野生动物，并为游客提供娱乐场所而建立的。”因此，在美国，国家（National）是区别于私有，公园（park）则是为了强调其公共属性，国家公园是一个专有名词，特指可供民众游览的保护区。

根据美国的定义，国家公园是由国家政府宣布作为公共财产而划定的以保护自然、文化和民众休闲为目的区域（“National Park is a tract of land declared public property by a national government with a view to its preservation and development for purposes of recreation and culture”）。除了国家公园，美国还把其他一些保护区纳入国家公园体系（National Park System）中进行管理。

澳大利亚 1879 年成立世界上第二个国家公园—— 皇家国家公园，他们对国家公园的定义是：国家公园通常是指被保护起来的大面积陆地区域，这些区域的景观尚未被破坏，且拥有数量可观、多样化的本土物种。在这些区域，人类的活动受到严密监控，诸如农耕之类的商业活动则是被禁止的（National parks are usually large areas of land that are protected, because they have unspoilt landscapes and a diverse number of native plants and animals. This means that commercial activities such as farming are prohibited and human activity is

* 唐芳林. 国家公园属性分析和建立国家公园体制的路径初探［J］. 林业建设，2014，(3)：1-8.

strictly monitored.)。

同样是 national park，英国的概念又有所不同：英国的国家公园家族共有 15 名成员，这些国家公园均为有着优美的自然景观、丰富野生动植物资源和厚重历史文化的保护区。居住或工作在国家公园的人以及农场、村镇连同其所在地的自然景观和野生动植物一起被保护起来。国家公园对游客的开放性为每个人提供了体验、享受和学习不同国家公园特有资源的机会（In the UK there are 15 members in the National Park families which are protected areas because of their beautiful countryside, wildlife and cultural heritage. People live and work in the National Parks and the farms, villages and towns are protected along with the landscape and wildlife. National Parks welcome visitors and provide opportunities for everyone to experience, enjoy and learn about their special qualities.）。

我国台湾地区借鉴美国和日本等国经验，自 1982 年起共建立了 8 个国家公园。他们对国家公园的定义是："国家公园"，是指具有国家代表性之自然区域或人文史迹。国家公园成立目的是保护国家特有之自然风景、野生物及史迹，并供国民之育乐及研究，以达成生物多样性维护及国土永续保育之重要任务及使命。

为了规范国家公园定义，世界自然保护联盟（World Conservation Union，简称：WCU）在 1994 年出版的《保护区管理类别指南》中总结了国家公园的特征，强调国家公园对生态系统的保护，提出了国家公园的定义：国家公园是主要用于生态系统保护及游憩活动的天然的陆地或海洋，指定用于：①为当代和后代保护一个或多个生态系统系统的完整性；②排除任何形式的有损于该保护地管理目的的开发和占有行为；③为民众提供精神、科学、教育、娱乐和游览的基地，用于生态系统保护及娱乐活动的保护区。

由云南省政府研究室主持，笔者也参与其中的《云南省国家公园发展战略研究》课题组，借鉴和总结了世界各国的经验，对国家公园的内涵和本质进行了界定，并于 2009 年出版了由国家技术质量监督检验局备案的《云南省国家公园地方标准》。其中将国家公园定义为：国家公园是由政府划定和管理的保护地，以保护具有国家或国际重要意义的自然资源和人文资源及其景观为目的，兼有科研、教育、游憩和社区发展等功能，是实现资源有效保护和合理利用的特定区域。

这一定义将国家公园定义为一个特定区域，突出了国家公园是保护区的本质，强调了国家公园的管理目标是实现资源有效保护和合理利用，提出了国家公园要综合发挥保护、科研、教育、游憩和社区发展五大功能的要求。既符合 IUCN 提出的国家公园的管理目标，又充分概括了具有中国特色的国家公园应当发挥的多样化的功能。

1.2 国家公园是保护区的一种类型，主要目的是自然生态系统保护

主要目标或结果是保护自然的区域就是保护区（protected area，也有翻译为保护地、保护区域的，IUCN 正式出版物称为保护区），IUCN 对保护区的定义是："保护区是明确界定的地理空间，经由法律或其他有效方式得到认可、承诺和管理，实现对自然及其所拥有的生态系统服务和文化价值的长期保护"（The definition of a protected area: A clearly defined geographical space, recognized, dedicated and managed, through legal or other effective means, to achieve the long-term conservation of nature with associated ecosystem services and cultural values.）

世界上有各种类型的保护区，各国称谓都不一样。仅在我国，就有自然保护区、森林公园、国家湿地公园、城市湿地公园、沙漠公园、地质公园、海洋公园、水源保护区、国家公益林保护区、风景名胜区（其中风景名胜区经常依附于其他类型保护区而存在）等各类保护区。为了便于交流，IUCN 在 1994 年出版了保护区分类标准，被世界各国所广泛采用。通过全球协商，世界自然保护联盟在 2008 年 10 月的世界自然保护大会发布了世界自然保护联盟保护区管理分类体系的新指南，2013 年在 2008 年的基础上补充了新的内容再版。

作为国际保护区的"共同语言"，该体系虽然不是强制性要求，但已得到了世界各国的广泛采纳和运

用。我国的保护区分类体系也可参照此类别体系，建立和国际接轨的保护区分类系统，以便于交流合作。

“国家公园”在IUCN保护区分类体系划分的六个类型中属于第二类，是指把大面积的自然或接近自然的区域保护起来，以保护大范围的生态过程及其包含的物种和生态系统特征，同时，提供精神享受、科学研究、自然教育、游憩和参观的机会。

按照IUCN的保护区分类标准，国家公园的基本特征是大面积的完整自然生态系统，首要目标是保护自然生物多样性及其构成的生态结构和生态过程，在保护核心区和严格控制访客数量的前提下，开展环境教育和休闲旅游。在IUCN的保护区分类体系中，国家公园属于保护区的范畴，是保护区体系中的一个非常重要的类型，不属于供游人游览休闲的“城市公园”，也不是主要用于旅游开发的“风景旅游区”。

尽管每个国家对国家公园的定义都不尽相同，但都把保护自然生态系统放在首要位置。IUCN的保护区指南将二类保护区表述为：“生态系统保育和保护，例如国家公园”（Ecosystem conservation and protection，i. e. national park），这足以说明，国家公 园是生态系统保护区的观点得到了国际上的公认。

1.3 我国的自然保护区并不完全等同于IUCN的严格自然保护区

有人把我国现行的自然保护区完全等同于第一类，即严格自然保护区，这也是不准确的。我国的自然保护区借鉴前苏联经验，自1956年开始建立，历经50多年独立发展，已经形成了不同于前苏联的，具有中国自身特色的自然保护区体系，其中吸收了欧美国家的国家公园特征。事实上，最初以保护自然生态和景观的国家公园经过100多年的发展，也在向保护生物多样性为主方向发展，而我国的自然保护区也在向国家公园方向趋同，强调科研宣教功能，允许在实验区开展生态旅游和社区发展。

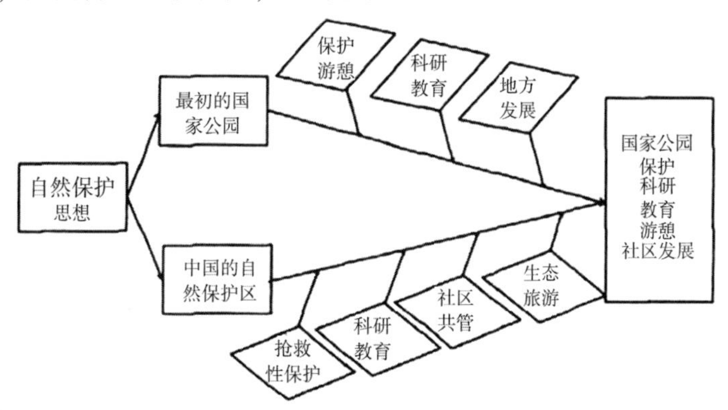

我国的自然保护区按主要保护对象分为三大类九个类型：

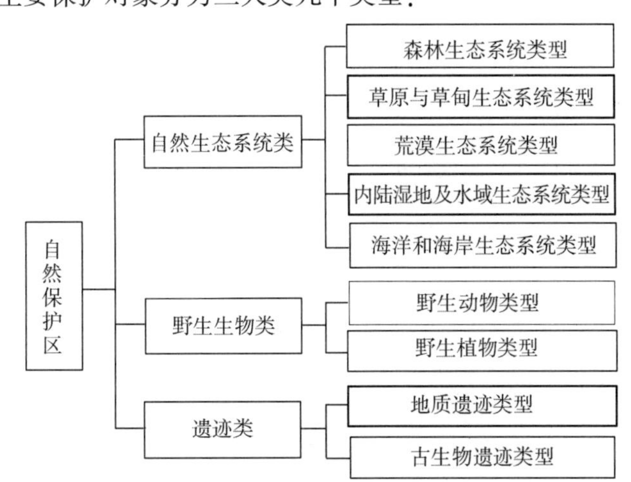

我国根据自然保护区的价值和在国际国内影响的大小，将自然保护区分为国家级自然保护区和地方级自然保护区，总体分为国家级、省级、市级、县级4级自然保护区。目前的2669处各级各类自然保护区中，对照IUCN的分类标准，可以发现我国的各类自然保护区，许多都可以对应到IUCN分类的6类中，其中，国家级自然保护区的一部分有严格自然保护区的特征，另外一部分符合国家公园标准和特征，但

没有按照国家公园来管理。大部分省、市、县级自然保护区则可以对应到上述 IUCN 分类体系物种栖息地、资源保护地等其他 5 类保护区。

除了自然保护区，我国的保护区类型还有森林公园、湿地公园、国家公园、风景名胜区、地质公园、海洋公园、沙漠公园、水源保护区、天然林保护区、国家重点公益林保护区等，形成了以自然保护区为主体的保护区集合，这里面也有一部分符合国家公园特征，可以按照国家公园来管理，其余的则具有其他 4 类特征。

2 明确建立国家公园体制的目的和意义

2.1 强化生态系统保护，缓解我国保护与发展的冲突问题

针对我国目前资源约束趋紧，生态系统功能下降，发展和保护的矛盾突出的现实，有必要强化生态系统保护。通过建立国家公园体制，缓解保护与发展的矛盾，以建立科学的自然保护体制为目的，完善保护区体系，提升中国自然资源保护管理水平，促进中国生态文明建设体制改革。

2.2 弥补国家公园在中国大陆保护区中的缺失

我国目前的保护区以自然保护区为主体，此外，还有森林公园、湿地公园、国家公园、风景名胜区、地质公园、海洋公园、沙漠公园、水源保护区、天然林保护区、国家重点公益林保护区等类型。截至 2012 年年底，我国已建成的自然保护地包括 2669 处自然保护区、962 处风景名胜区、2747 处森林公园、298 处国家湿地公园、218 处国家地质公园、518 处国家级水利风景区，以及大量水源保护地和自然保护小区。这些保护区类型较为复杂，都是各部门、各地分别建立的，地理分布不均衡，结构不合理，没有进行系统设计，只能说是保护区的集合，不能说形成了完整的、明确的保护区体系。

在这些保护区中，没有国家公园这样一种既保护生态系统又通过展示其核心资源，能够较好地解决保护和利用矛盾的保护区模式。在中国建立国家公园，能够弥补我国在国家公园这一保护区类型上的缺失，更好地和国际接轨。

2.3 解决保护区交叉重叠的矛盾和问题

目前我国的各类保护区地域存在重叠，权责存在交叉，导致保护管理效率下降，建立国家公园，有利于建立以资源产权为主体的管理体制，解决现实存在的矛盾和问题，破解中国自然资源保护多部门监管困境，实现“一区一主，一园一法”，提高保护成效。

2.4 整合各类保护区，保证生态系统完整性

一个山头，山上是自然保护区，山下是森林公园，东面是这个市县，西面又属于另外的行政单位，南面有地质公园，北面还有湿地，还可能戴着风景名胜区的帽子，完整的生态系统被人为破碎化。建立国家公园，能够将碎片化、孤岛化的生态系统通过国家公园的整合作用连接起来，形成大面积的完整的生态系统，提高保护成效。

2.5 解决中国自然资源保护资金不足的困扰

目前，只有国家级自然保护区的基本建设投资由国家投入，省级及以下的自然保护区投入参差不齐，西部地区投入严重不足，经济发达的东部地区往往担心保护区对经济发展造成限制，对建立自然保护区积极性下降。森林公园等其他类型保护区，投入就更少。国家公园建设作为国家生态安全的举措，必然会站在国家战略高度，由公共财政来保证建设投入和运行费用，从而从根本上解决自然保护资金不足的问题。

2.6 调动地方政府的自然保护积极性

一段时期，地方政府认为建立大面积的自然保护区能够得到上级投资，随着自然保护区严格的管理

在一定程度上限制了经济发展，自然保护区被视为包袱和限制，地方对建立自然保护区的积极性严重下降，要求调整自然保护区范围，甚至取消自然保护区的情况纷纷发生。自然保护区体现了全民的公共利益，确实也对地方经济发展形成了限制。国家公园这样的保护区模式不仅能保护自然生态，又能发挥顶级自然资源产生的吸引力，带动地方经济发展，这样能够调动地方积极性，把国家利益和地方利益结合起来，促进自然保护事业发展。

3 建立国家公园的基本条件

3.1 资源条件

国家公园内应具备资源的国家代表性，拥有具有国家或国际意义的核心资源。应至少符合以下要求中的一项：

——具有全球或全国同类型自然景观或生物地理区中有典型代表性的区域；

——具有高度原始性的完整的生态系统，生物多样性丰富程度位于全国前列，或者是某个特殊物种的集中分布区域；

——具有全球或全国意义的地质地貌景观，代表地质演化过程的地质构造形迹或具有重要地位、保存完好的古生物遗迹的区域；

——具有全球或全国重要历史纪念意义，或区域生态文明特征鲜明，能很好地展示人类与自然环境和谐共处与发展的例证，具有重大科研、教育价值的生态文明资源集中的区域。

3.2 适宜性条件

（1）面积适宜性

应有足够的满足国家公园发挥其多种功能的区域范围。以自然资源为核心资源的国家公园的总面积不小于 10000hm^2，包含完整的生态系统，最好包括一个完整的地理单元，如山系、水系。

（2）可观赏性和游憩适宜性

在保护的前提下，国家公园内应能划出具有独特的观赏和体验价值的区域，用于开展游憩、科普、公众教育等活动。

（3）资源管理与开发的适宜性

国家公园的建立应有利于保护和合理利用区域内的自然和人文资源。同时，应对社区居民的生产生活与环境条件的改善有促进作用。

（4）范围适宜性

国家公园在区域上应相对集中连片，其边界易于识别和确定。划入国家公园的土地利用类型应适用于资源的保护和合理利用。

（5）类型适宜性

拟建国家公园的核心资源与已建国家公园的核心资源有明显的异质性。

3.3 可行性条件

管理目标的可靠性，确保核心资源在成为国家公园后得到完整保存或增强。

国有产权的主体性，资源权属清楚，不存在权属纠纷，国有土地、林地面积应占国家公园总面积的60%以上，拟建国家公园涉及其他保护区类型的，应整合到国家公园中来，实现“一区一主”。

可通达性，国家公园能够进入，交通、通讯、能源等基础设施条件应能满足国家公园建设管理与经营的需要。

社会环境协调性，国家公园应与区域社会、经济和文化发展规划相协调，并能妥善解决与其他产业布局以及国家重大基础设施建设的冲突，具备良好、稳定、安全的旅游市场和环境。

地方的积极性，当地政府和社区居民对建立国家公园持积极支持态度。

4 国家公园的典型特征

除了国家公园的基本条件外，还要理解国家公园的几大典型特征。

4.1 国家代表性

国家公园的资源应具有全球或全国意义，是自然和人文资源的典型代表。资源条件不具有代表性和典型性的区域不应划为国家公园。且全国的国家公园资源特点应具有异质性，不能一哄而上，遍地开花，人为地降低了国家公园的价值。

4.2 自然保护属性

尽管各国对国家公园的定义和管理模式都有所不同，但共同的一点是，都认同国家公园的自然保护属性。国家公园本质上以生态保护为主要目的，兼有经济、文化、政治、社会建设等次要特征，生态建设才是主要的。那种以开发旅游、发展经济为主要目的，把国家公园当成是打造旅游景区的认识是有偏差的。

4.3 国有性

国家公园必然是国有的。国家公园应具有依法设立的、独立的管理机构，具有独立执法能力。国家公园内的土地及各种资源应完全是权属清楚的国有土地和国有资源，对于具有高保护价值的集体土地可以采取赎买、置换、长期租用、稳定补偿等形式解决好土地的所有权或使用权，确保国家公园土地权属的国有性。明确国家公园土地和资源的国有性质对避免今后国家公园的管理出现权属争议问题极其重要，没有以国有为主体的土地权属，就达不到建设国家公园的基本条件。

4.4 公益性

国家公园为公共利益而设，为全民提供公共生态产品，是一个非营利性的，公益性的保护区。能够提供人民开展精神享受、休闲游憩活动，强调公众教育功能，提倡公众参与。体现在提供国家公园这类生态产品给全民享受，由国家公园产生的生态效益、社会效益，是一种民众的生态福利，国家公园顶级资源产生的感染力能够为民众带来精神文化享受，国家公园展示的高贵品质形象能够让民众产生爱国主义情怀，增强国家认同感。

4.5 全民性

国家公园体现全体人民的利益，具有全民性。国际上也强调游憩的公平性和全民性，但一直有争议，除了地广人稀的发达国家，如美国、加拿大、澳大利亚和俄罗斯，有强大的财政投入，才能保证国家公园的无门票或者低价门票，大多数国家的国家公园由于投入不足或是过度旅游，也会出现国家公园管理不善而产生环境质量下降的问题，结果和国家公园建立的保护目标相悖。有的国家并不赞成用高票价作为控制游客数量的手段，但也通过预约来控制访客数量，以确保国家公园的环境质量不下降，这实际上也是对大众游客的一种限制。就我国而言，国家公园的主要目标是通过保护生态系统而确保生态产品的公平性，而不是游憩这样的次要目标的全民性。因此，国家公园的游憩是生态旅游而不是大众观光旅游，国家公园的全民性体现在间接的生态效益和社会效益两方面。

4.6 国家主导性

国家公园必须由国家建立，由国家制定标准，由国家立法保障，由国家统一规划，经国家批准，由国家投入建设运营，由国家管理和维护。地方无权擅自挂牌建立“国家公园”，已经试点并达到标准的，由国家经过程序进行确认。

4.7 科学性

国家要在充分研究的前提下，建立科学的国家公园体系。国家公园的建设应在科学的本底调查基础上开展科学的总体规划，制定科学合理的发展目标，明确管理范围，进行科学的功能分区，并科学制定发挥国家公园各项功能的措施和项目，指导国家公园的健康发展。国家公园在作为科学研究、科普宣教基地的同时，也需要进行科学合理地利用，以确保可持续发展。

4.8 可持续性

国家公园必须进行有效的保护管理，使当代和后代的公民都有享受它们的机会。

4.9 非商业性

国家公园不以经济效益最大化为目标，只能通过国家公园资源的非消耗性利用，非损伤性获取利益，获取的利益也要回馈社区或者返还作为国家公园保护管理。

4.10 生态系统的完整性

国家公园的生态系统必须是完整的，这就要求国家公园不能以行政区划为依据来划定，而是以自然生态系统的完整性作为主要指标来划定。因此，国家公园范围应该是以地理单元为基础，比如说以山系、水系，确保核心资源被完整保护。

5 如何建立国家公园体制

5.1 明确建立国家公园体制的目标

《中共中央关于全面深化改革若干重大问题的决定》中，“建立国家公园体制”在生态文明建设部分提出，说明了建立国家公园体制的主要目的是生态文明建设。建立国家公园体制，主要目的不是发展经济，开发旅游，而是更好地保护自然生态环境。

建立国家公园体制，确实需要建设和国际接轨的国家公园这一保护区类型，但绝不仅仅是为了建立几个国家公园这么简单，而是为了推动自然保护体制改革，完善中国保护区体系，建立科学的生态文明建设体制。

“建立国家公园体制”是一项改革举措，要通过建立国家公园这一改革契机，借助建立国家公园体制的整合作用，建立以地理单元为单位的完整生态系统保护区，理顺管理关系，重构我国科学的保护区体系，最终建立完善的中国自然保护管理体制。

5.2 完善国家公园体制的顶层设计

做好“顶层设计”是指导我国国家公园有序健康发展的充分必要条件。要从顶层设计着手，厘清概念、明确定位，避免一哄而上，从一开始就把国家公园建设纳入科学化、规范化的轨道。

5.2.1 构建自然保护法律体系

为了保证国家公园的健康、持续发展，按照十八届三中全会建设生态文明制度和国家公园体制的要求，梳理和分析现行法律、行政法规、部门规章等与自然资源保护相关的法律规范，进一步修订完善我国的自然保护法律体系。研究国家层面的《保护区法》，制定《国家公园管理条例》，修订《自然保护区条例》。各省结合地方实际情况，制定省级层面较为完善的国家公园法律法规体系。每个国家公园针对保护对象的不同，制定有效的管理措施，不同类型的国家公园制定不同的管理办法，实现“一园一法”，提高保护和管理成效。

5.2.2 理顺国家公园的管理体制

国家公园的国家主导性和国有性决定了国家公园必须由国家批准，由国务院委托的综合管理机构进行统一协调。国家公园的科学性决定了其专业性，决定了国家公园需要由专业部门来具体管理。国家公园有极其丰富的资源，需要进行科学的调查和研究，需要发挥专业部门的作用，进行科学的管理。所以，我国的国家公园管理体制宜采用“统一协调+专业管理”的管理模式。

以林业部门为例，林业部门是我国自然生态系统恢复建设和保护的主体，在开展国家公园体制建设方面具有明显的优势。建设国家公园势必依托典型的森林、湿地、荒漠和野生动植物栖息地而建。林业部门管理着45.6亿亩林地、8亿亩湿地、8.3亿亩沙地，在这些地域中已经形成了一个比较完善的全国自然保护体系，林业部门经过近60年的建设，现已建立自然保护区2163处（经国务院批准的国家级自然保护区325处），总面积为1.25亿公顷，占国土陆地面积的13%，占全国自然保护区总数的81%、面积的84%，是我国自然保护区建设的主体；建立森林公园2855处（国家级森林公园764处）、湿地公园697处（国家级湿地公园429处）、沙漠公园10处。这些自然保护区域，已占国土陆地面积的14.78%，基本涵盖了我国森林生态系统、湿地生态系统、荒漠生态系统和珍稀野生动植物的主要分布地，具有最洁净的自然环境、最珍贵的自然遗产、最优美的自然景观、最丰富的生物多样性和最关键的生态平衡要素，这些是建立国家公园体制的最有利条件和最有力支撑。林业部门有完善的科研、规划、执法管理体系和队伍，已经在云南开展的国家公园建设试点，取得了的成效，积累了经验。因此，林业部门应该发挥在生态建设方面的主体作用，在国家公园建设方面的带头作用，以自然保护区和森林公园、湿地公园等为基础建立国家公园，履行国家公园建设和管理的主体责任。除了林业部门，国土地质、海洋、农业、水利等部门也可以在国务院综合部门的协调下，在各自专业领域发挥国家公园建设和管理职能。

具体的国家公园，必须实现“一园一主”，彻底改变“一区多主”的混乱局面。一个国家公园，只能有一套管理机构和人员代表国家行使国家公园管理职能。国家公园不要再加挂其他牌子，已经加挂的，只能作为伙伴单位进行合作，不能凌驾于国家公园之上。

5.2.3 明确国家公园的投入体制和人力保障

投入和人力上的保障是确保国家公园公益性的重要前提。作为一项中央事权管理的公益性事业，在财政保障上，应建立以国家财政为主的投入机制。必要的保护管理设施，由国家投资建设，国家公园的运行费用，由中央财政拨款予以保障。门票或特许项目收入，以及接受的捐赠，实行收支两条线，用于资源保护建设及环保宣传教育支出。在人力资源管理上，应以中央编制为主，配备管理人员，负责国家公园的建设和管理。国家公园的经营机制实行“管经分离，特许经营”，管理权与经营权分离。管理者是国家公园的管家或服务员，不能将管理的自然资源作为生产要素盈利，不直接参与国家公园的营利活动，要对国家公园内的特许经营单位具有绝对的管理能力。

5.3 编制全国国家公园建设规划

我国人多地少，现有保护区已经占到国土面积的18%，在现有保护区外，已经很少能找到大面积的原始自然生态系统来建立国家公园，国情决定了我国的国家公园建设只能在现有保护区中选择。因此，要认真评估和梳理现有保护区，对其进行调查、分析和评价，把符合国家公园特征的保护区选择出来，编制好国家公园发展规划。科学理智地明确国家公园的数量等级，借助建立国家公园体制的契机，完善和构建我国科学合理的、与国际接轨的保护区体系，实现分类、分级的精细化管理。

中央政府在完善国家公园体制顶层设计的同时，可同步主持编制全国性的国家公园建设规划，制定国家公园发展计划，解决国土空间格局优化问题。省级政府在国家统筹下开展本省国家公园建设规划，分阶段进行具体的国家公园规划工作。依托符合国家公园管理目标的现有保护区，考虑生态系统完整性，将需要的其他类型保护区纳入其中，建设成大范围的完整的国家公园。优先在国有土地集中区域，如国有林区进行选择，以地理单元如山系和水系为主体，率先建立，以求突破。按照全国主体功能区规划，对攸关国家生态安全的重点区域和生态极其脆弱的敏感地带，优先建立国家公园。

5.4 建立国家公园标准体系

完善的技术标准体系是国家公园规范化建设的重点。例如，我国自然保护区在发展历程中发布了系统的技术规范和规程，规范了自然保护区的建设和管理工作。云南省相继制定了关于国家公园的8项地方推荐性标准，指导了国家公园试点建设工作规范、有序地推进。借鉴自然保护区以及云南省建设试点的经验，在充分研究的基础上，尽快建立、健全国家层面的国家公园技术规范，明确国家公园概念，制定国家公园标准，构建立体化、多元化、科学化、合理化的国家公园技术标准体系，使国家公园的建设和管理工作更加科学、规范。

5.5 明确国家公园的建立程序

在现有保护区中或保护区之外的区域申请建立国家公园，国家需明确国家公园申请建立的程序，确定申报资格、申报步骤、申报材料要求、评审方式、审核报批等。

6 结语

建立国家公园体制是推动建立我国自然保护体制的重大机遇，要加强国家公园发展战略研究，做好顶层设计，充分发挥专家作用，形成国家公园建设科学机制，在云南省试点成功的基础上，扩大和深化试点，总结经验，编制国家公园发展规划，出台技术规范，推动保护区立法，推进国家公园“一园一法”，防止一哄而上，推动我国国家公园健康有序发展，开创我国自然保护事业的新局面。

【参考文献】

蒋明康，王智，朱广庆，等，2004. 基于IUCN保护区分类系统的中国自然保护区分类标准研究［J］. 农村生态环境，20（2）：1-6.

刘映杉，2012. 国外主要国家保护区分类体系与管理措施［J］. 现代农业科技（7）：224-225.

美国国家公园管理局政府网 http：//www. nps. gov.

唐芳林，孙鸿雁，王梦君，等，2012. 关于中国国家公园顶层设计有关问题的设想［J］. 林业建设（6）：8-16.

唐芳林，孙鸿雁，2009. 我国建立国家公园的探讨［J］. 林业建设（3）：8-13.

唐芳林，2010. 中国国家公园建设的理论与实践研究［D］. 南京林业大学.

王梦君，唐芳林，孙鸿雁，等，2014. 国家公园的设置条件研究［J］. 林业建设（2）：1-6.

王智，蒋明康，朱广庆，等，2004. IUCN保护区分类系统与中国自然保护区分类标准的比较［J］. 农村生态环境，20（2）：72-76.

杨锐，2003. 建立完善中国国家公园和保护区体系的理论与实践研究［D］. 清华大学.

云南省质量技术监督局，2009. DB53/T 298-2009. 国家公园基本条件［S］. 昆明：云南省质量技术监督局.

张海霞，2010. 国家公园的旅游规制研究［D］. 华东师范大学.

IUCN，2013. Guidelines for Applying Protected Area Management Categories［M］. IUCN.

中国需要建设什么样的国家公园*

“建立国家公园体制”在党的十八届三中全会做出的《中共中央关于全面深化改革若干重大问题的决定》中一经提出，立即引起社会关注，各部门纷纷行动，一些地方也在积极尝试，更多的地方政府在观望中急切地等待国家的具体改革措施出台。原本在各种改革计划中，建立国家公园体制作为其中一项改革举措，并未排在当务之急的改革优先位置上，但由于社会上的强烈关注和期待，国家公园的讨论比较热烈，助推着建立国家公园体制的进程。

由于国家公园的内涵比较丰富，国内许多人有不同理解，产生各种说法，加上部门和地方各种利益交织，使得对国家公园的理解五花八门，一些理解出现偏差。一些人士、一些媒体甚至望文生义，简单地把国家公园理解为“公园”，认为建立国家公园就是把高价值的资源拿来进行开发建设，开展大众旅游，甚至用建立国家公园来为黄金周旅游提供途径，作为降低景区门票价格的手段，偏离了国家公园主要目的是自然生态保护和国土生态保育的实质，对社会公众产生误导，误读了中央关于生态文明制度改革中建立国家公园体制的初衷。许多从事自然生态保护的专家、学者忧心如焚，担心路子走偏，对五十多年来的自然保护成果造成冲击，影响下一步我国建立国家公园体制的健康发展。

到底如何正确理解国家公园？国家公园建立的主要目的是保护自然生态还是开展旅游开发？我们需要什么样的国家公园体制？这些带有根本性、原则性的重要问题，必须在行动开始前就要厘清，因为我们正处在出发点上，一旦方向出现偏差，其付出的成本将是巨大的。按一些长期从事自然保护的科学家的话来讲，如果把好端端的国家公园路子走偏了，把我国五十多年来付出巨大代价而保护下来的自然精华破坏了，那就是对子孙后代的犯罪，那还不如按原有自然保护区管理，不必要搞国家公园了。一潭稍显浑浊的清水，加入一个元素以后，是变得更清澈，还是变得更加浑浊？这就要看我们怎么去加了。在笔者参与编著的《中国国家公园的探索和实践》一书中，对国家公园的产生、发展、本质属性等进行了详细阐述。为了进一步正本清源，厘清什么是国家公园，我们需要建设什么样的国家公园，笔者结合当前形势，对以下 8 个问题进行重点辨析，以期为正确理解国家公园提供参考。

1 国家公园是什么？

“国家公园”（National Park）的概念源自美国，通行于世界上绝大多数国家，已经有 140 多年的历史，而在我国大陆，还是一项新生事物，有必要重新认识。在认识国家公园之前，需要先认识一下保护区。

主要目标或结果是保护自然的区域称为保护区（protected area，也有翻译为保护地、保护区域的，称为保护区更为准确），世界自然保护联盟（World Conservation Union，简称：IUCN）对保护区的定义是：“保护区是明确界定的地理空间，经由法律或其他有效方式得到认可、承诺和管理，实现对自然及其所拥有的生态系统服务和文化价值的长期保护”。世界上有各种类型的保护区，各国称谓都不一样。为了便于交流，IUCN 在 1994 年出版了保护区分类标准，被世界各国所广泛采用。通过全球协商，世界自然保护联盟在 2008 年 10 月的世界自然保护大会发布了世界自然保护联盟保护区管理分类体系的新指南，2013 年又在 2008 年的基础上补充了新的内容再版。IUCN 依据保护价值和严格程度把国家公园定位为Ⅱ类保护

---

* 唐芳林. 中国需要建设什么样的国家公园［J］. 林业建设，2014，(5)：1-7.

区，也就是说，国际上都接受国家公园是保护区的一种类型这样普遍观点和做法。

国家公园最早由美国艺术家乔治·卡特林（Geoge Catlin）首先提出。他写到“它们可以被保护起来，只要政府通过一些保护政策设立一个大公园，一个国家公园，其中有人也有野兽，所有的一切都处于原生状态，体现着自然之美”。美国黄石公园在建立之初，就以法令的形式明确表示：“国家公园服务体系是为了保护风景、自然和历史遗迹、区域内的野生动物，并为游客提供娱乐场所而建立的”。因此，在美国，国家（National）是区别于私有，公园（park）则是为了强调其公共属性，国家公园是一个专有名词，特指可供民众游览的保护区。根据美国的定义，国家公园是由国家政府宣布作为公共财产而划定的以保护自然、文化和民众休闲为目的的区域。除了国家公园，美国还把其他一些保护区纳入国家公园体系（national park system）中进行管理。

澳大利亚1879成立世界上第二个国家公园——皇家国家公园，他们对国家公园的定义是：国家公园通常是指被保护起来的大面积陆地区域，这些区域的景观尚未被破坏，且拥有数量可观、多样化的本土物种。在这些区域，人类的活动受到严密监控，诸如农耕之类的商业活动则是被禁止的。

英国的概念又有所不同：英国的国家公园家族共有十五名成员，这些国家公园均为有着优美的自然景观、丰富的野生动植物资源和厚重历史文化的保护区。居住或工作在国家公园的人以及农场、村镇连同其所在地的自然景观和野生动植物一起被保护起来。国家公园对游客的开放性为每个人提供了体验、享受和学习不同国家公园特有资源的机会。

我国台湾地区借鉴美国和日本等国经验，自1982年起开始建立国家公园，他们对国家公园的定义是：国家公园是指具有国家代表性之自然区域或人文史迹，成立目的是保护国家特有之自然风景、野生生物及史迹，并供国民之育乐及研究，以达成生物多样性维护及国土永续保育之重要任务及使命。

尽管对国家公园的表述都有所不同，但基本上都包括了在保护自然资源及景观前提下可以开展适度展示利用的核心内容，主要目标或结果是保护自然。

为了规范国家公园定义，IUCN在1994年出版的《保护区管理类别指南》中总结了国家公园的特征，强调国家公园对生态系统的保护，提出了国家公园的定义：国家公园是主要用于生态系统保护及游憩活动的天然的陆地或海洋，指定用于：①为当代和后代保护一个或多个生态系统系统的完整性；②排除任何形式的有损于该保护区管理目的的开发和占有行为；③为民众提供精神、科学、教育、娱乐和游览的基地，用于生态系统保护及娱乐活动的保护区。2013年更进一步把国家公园表述为：这种保护区是指大面积的自然或接近自然的区域，重点是保护大面积完整的自然生态系统。设立目的是保护大规模的生态过程，以及相关的物种和生态系统特性。这些保护区为公众提供了理解环境友好型和文化兼容型社区的机会，例如精神享受、科研、教育、娱乐和参观。

由云南省政府研究室主持，笔者也参与其中的《云南省国家公园发展战略研究》课题组，从2006年就开始了国家公园的理论研究和实践探索，借鉴和总结了世界各国的经验，对国家公园的内涵和本质进行了界定，并于2009年出版了由国家技术质量监督检验局备案的《云南省国家公园地方标准》，其中将国家公园定义为：国家公园是由政府划定和管理的保护区，以保护具有国家或国际重要意义的自然资源和人文资源及其景观为目的，兼有科研、教育、游憩和社区发展等功能，是实现资源有效保护和合理利用的特定区域。

这一定义将国家公园定义为一个特定区域，突出了国家公园是保护区的本质，强调了国家公园的管理目标是实现资源有效保护和合理利用，提出了国家公园要综合发挥保护、科研、教育、游憩和社区发展五大功能的要求。既符合IUCN提出的国家公园的管理目标，又充分概括了具有中国特色的国家公园应当发挥的多样化的功能。

综上所述，已经很清楚，国家公园作为生态空间，首要目标是把大面积的自然或接近自然的区域保护起来，以保护大范围的生态过程及其包含的物种和生态系统特征，同时，通过较小范围的适度利用为人们提供精神享受、科学研究、自然教育、游憩和参观的机会。国家公园的基本特征是大面积的完整自然生态系统，首要目标是保护自然生物多样性及其构成的生态结构和生态过程，在保护核心区和严格控制访客数量的前提下，开展环境教育和休闲旅游。“国家公园”在IUCN保护区分类体系划分的六个类型中属于第二类，在2013年出版的管理指南中曾有如下表述：“生态系统保育和保护，例如国家公园”（ecosystem conservation and protection，i. e. national park）。这足以说明，国家公园是生态系统保护区的观点得到了国际上的公认。因此，国家公园是国家为保护典型自然生态系统的完整性，为保护生物多样性，保护具有国家或国际意义的自然资源与人文景观而划定的、面积较大的自然区域。国家公园是保护区的一种类型，主要目的是自然生态系统保护，不属于供游人游览休闲的“城市公园”，也不是主要用于旅游开发的“风景旅游区”。

2 我国建立国家公园体制的目的是什么？

首先，要了解中央提出建立国家公园体制的背景。经过三十多年的经济建设，我国成为全球GDP处于第二位的经济大国，同时我国面临着前所未有的生态环境退化，资源约束趋近的严峻形势，因此，确定资源消耗上限、环境保护底线、划定生态保护红线，作为党和政府治国安邦、实现伟大中国梦的重要举措，克服日益严峻的资源、环境瓶颈，是实现经济可持续发展绕不过的一道坎。习近平主席指出：“保护生态环境就是保护生产力，改善生态环境就是发展生产力”，“良好生态环境是最公平的公共产品，是最普惠的民生福祉”。这质朴无华而蕴涵深意的重要论述，着眼于国家、民族和人民的长远发展，着眼于我们党全心全意为人民服务的宗旨，体现出深厚的历史责任感。生态环境就是生产力，要求党和政府在谋划发展时，生态环境建设与经济建设必须统筹兼顾；良好生态环境是最公平的公共产品，是最普惠的民生福祉，要求政府必须在生态环保上体现出责任担当，保护生态环境也是保障民生，改善生态环境也是改善民生，生态环保工作是民生工作的重要组成部分。随着人民群众总体上解决温饱、迈向小康，对幸福的内涵有了新的认识，对与生命健康息息相关的环境问题越来越关切，期盼更多的蓝天白云、绿水青山，渴望更清新的空气、更清洁的水源。因此，中央在十八大提出生态文明五位一体建设，把建立国家公园体制作为生态文明建设的重要举措。

其次，要明确国家公园是生态产品还是经济产品？是为了保护还是为了开发？建立国家公园的主要目的是强化还是削弱生态环境保护？显然，应该是前者。国家公园是为保护自然资源而设，是高价值的生态产品，是为了合理划定生态安全空间格局，把自然精华的资源作为重点保护下来，保护生态环境和维护生物多样性，为人民群众提供优质的生态产品，给我们当代人和我们的后代子孙留下一块净土，为可持续发展提供空间。显然，建立国家公园体制是为了强化生态环境保护而不是削弱，不是把高价值的自然资源集中进行开发。这就是《中共中央关于全面深化改革若干重大问题的决定》把建立国家公园体制放到生态文明建设一章中阐述，而不是放到文化建设和经济建设章节中阐述的原因。

最后，要明白一点，那就是为什么在我国已经有自然保护区、森林公园等各种保护区的情况下，还要提出建立国家公园体制？毋庸置疑，我国已经有了各种类型的保护区，但这些保护区类型中缺失了一种国际上通行的以保护为主，兼具游憩展示和社区发展功能的国家公园模式，现有保护区分散，不成体系，交叉重叠，各自为政，影响了保护功能的发挥。为了发挥保护区的整体功能，需要整合各类保护区，将具有国家或国际意义的精华的自然资源拿出来，理顺管理体制，建立大面积的包括完整生态系统和生态过程的新型保护区，建立和国际接轨的国家公园体系，形成国土生态安全空间的骨干格局。建立国家公园体制，实际上同时也是一项改革措施，是完善我国自然保护体制的有力推手。

因此，建立国家公园体制的目的是强化生态文明建设，改革我国现行生态保护体制，整合各类保护区，理顺管理体制，建立与国际接轨的国家公园实体，发挥国家公园既能实现国土生态保育又能为国民提供精神文化享受和环境意识教育的功能，为国民提供生态福祉和生态体验，培养爱国情怀和国家意识，完善我国的自然保护体系，为我们自己也为子孙后代留下一块净土，为中华民族生生不息提供生态安全屏障。

3 国家公园属于自然保护和生态建设范畴，还是属于经济建设和文化建设范畴？

国家公园内涵丰富，含有国家公园范围内具有保护、科研、教育、文化、游憩等价值的一切要素，包括了有形的自然资源和人文资源及其景观，也包括无形的非物质文化形态的遗产资源。自然资源是根本，物质层面的价值是主要的，是“皮”，是文化等资源的载体，所以，保护自然资源是最主要的功能。国家公园主要功能是生态保育，并不排斥其文化和经济功能，从主导方面而言，国家公园属于自然保护和生态建设范畴，文化和经济是辅助功能，不能本末倒置。

由于国家公园所包括的具有国家和国际意义的丰富的资源禀赋，自然会带来国家公园的多种功能发挥。国家公园资源我们国民的共同资源，在保护的基础和前提之下，由于自身的资源和感染力，必然成为在享受所带来的生态效益的同时，可以发挥其科研、游憩、环境教育、精神文化享受等功能，培养国民对祖国大好河山的热爱，陶冶身心，产生自豪感，培养国家意识和民族认同意识。国家公园可以成为文化的载体，发挥文化传承功能，国家公园是物质层面的东西，是躯体，自然生态价值是国家公园的核心，其中所包括的景观、文化则是国家公园内涵和价值的组成部分。

4 国家公园开展生态旅游和大众观光旅游有什么区别？

国家公园开展游憩活动，必然要走生态旅游的路子。生态旅游以保护生态环境为前提，以统筹人与自然和谐发展为准则，并依托良好的自然生态环境和独特的人文生态系统，采取生态友好方式，开展的生态体验、生态教育、生态认知并获得心身愉悦的旅游方式。这是一种有责任的旅游行为，在不干扰自然地域、保护生态环境、降低旅游的负面影响和为当地人口提供有益的社会和经济活动的情况下进行。

国家公园开展生态旅游，目的是通过到国家公园里按规划的生态旅游线路，去观赏、旅行、探索，目的在于享受清新、轻松、舒畅的自然与人的和谐气氛，探索和认识自然，增进健康，陶冶情操，接受环境教育，享受自然和文化遗产等；国家公园开展生态旅游要促进自然生态系统的良性运转。通过小范围的适度开放旅游，促进大范围的生态保护，促进社区不再贫困。无论是生态旅游者，还是生态旅游经营者，甚至包括得到收益的当地居民，都应当在保护生态环境免遭破坏方面做出贡献。国家公园生态旅游的目标主要包括：维持旅游资源利用的可持续性；保护旅游目的地的生物多样性；给旅游地生态环境的保护提供资金；增加旅游地居民的经济获益；增强旅游地社区居民的生态保护意识。国家公园并不排斥经济收入，可以通过开展资源的非消耗性利用，实现非损伤性的获取利益，以促进地方经济的发展，提高当地居民的生活质量，唯有经济发展之后才能真正切实地重视和保护自然；同时，生态旅游还应该强调对旅游者的环境教育，生态旅游的经营管理者也更应该重视和保护自然。

国家公园生态旅游是一种负责任的旅游，这些责任包括对旅游资源的保护责任，对公众的环境教育责任，对旅游的可持续发展的责任等。要实现这个目标，根本措施是通过立法保护生态环境，规定国家公园生态旅游规模的小型化，限定在承受能力范围之内，旅游者在实际体验中领会生态旅游的奥秘，从而更加热爱自然，这也有利于自然与文化资源的保护。

大众旅游则是现代旅游活动开始形成以有组织的团体包价旅游为代表的大众型旅游模式，并且形成广大民众中占支配地位的旅游形式。所谓大众型，主要是指旅游者在旅行社的组织和安排下，借助各类旅游企业提供产品和服务，按照规定的时间、线路和活动的内容，有计划地完成全程旅游活动，其接待人数、经济收入是主要的考核指标。由于开发管理者和旅游者的原因，大众旅游在处理人与自然的关系上存在很多不足，过于偏向人类本位主义和利润的追逐，不利于生态环境的保护，不利于承担环境保护的责任，不利于公平分配利益相关者之间的利益。把大众旅游导入国家公园，难免产生为了经济利益进行无节制、超容量开发的现象。那种把国家公园资源视为大众旅游资源，甚至将其作为黄金周旅游降低景区门票价格的主要路径的观点和做法，偏离了国家公园以自然保护为主的本质属性，误读了中央建立国家公园体制的精神，会带来不可挽回的损失，必须在国家公园试点时就加以纠正。

生态旅游是实现可持续旅游的一种发展模式，比大众旅游更注重对当地自然资源和文化的保护、更注重对旅游者的教育，消费高于国内大众旅游的消费水平，是高层次的旅游活动。国家公园通过科学规划，严格保护区和生态保育区禁止开展旅游活动，只能在游憩展示区和传统利用区以及国家公园外围，有计划开展生态旅游，实现国家公园的展示和游憩服务功能。

5 有了自然保护区就不再需要国家公园吗?

有人说，如果是为了搞自然保护，何必建立国家公园，沿用自然保护区模式不就可以了？这是对我国和国际上自然生态保护现状不了解而提出的问题。虽然已经有了自然保护区，但还是需要建立国家公园，这是基于以下两点：

一是我国目前以自然保护区为主体的自然保护体系并不完善，需要进行改革。在我国，有自然保护区、森林公园、国家湿地公园、城市湿地公园、沙漠公园、地质公园、海洋公园、水源保护区、国家公益林保护区、风景名胜区（其中风景名胜区经常依附于其他类型保护区而存在）等各类保护区，而自然保护区是主体。这些保护区虽然名目繁多，但都是部门和地方各自发展起来的，没有经过系统的科学设计，没有形成科学完整的保护区体系，且缺失了国家公园这一国际上通行的既保护生态又合理利用的保护区模式。

二是需要理顺保护区管理体制。各种类型保护区经常出现交叉重叠现象，有的被挂上了风景名胜区、A 级旅游景区的牌子，导致管理混乱、权责不分。完整的生态系统被人为地割裂，生态破碎化现象严重，影响了生态功能的发挥。

我国现有的自然保护区也不完全属于严格自然保护区，一些自然保护区符合 IUCN 严格自然保护区的标准，属于原野和物种保护区，应该加以严格保护；更多的自然保护区属于其他类型，其中一部分符合国家公园特征，可以在自然保护和生态保育的同时开展游憩活动。因此，建立国家公园体制首先是一项改革举措，在地域上，把分散的片段化的保护区按照自然生态系统的完整性整合起来，形成大范围的完整保护区，保护自然生物多样性及其构成的生态结构和生态过程；在管理体制上，明确责权利，理顺管理，克服原来那种部门之间、地方之间利益交织、各自为政、相互掣肘的现象；同时，建立一些与国际接轨的国家公园实体，弥补我国在国家公园这种二类保护区类型的缺失。归根结底，建立国家公园体制，是为了建立起一套类型齐全、层次分明、管理有序、功能强大的保护区体系，完善我国自然保护体系，强化生态文明建设。

6 建立国家公园体制就是在原有的保护区上挂上国家公园的牌子吗?

显然不是。现有的保护区挂的牌子已经很多了，正因为多头管理，才导致了权责不清，管理效能低下。由于“国家公园”这一金字招牌所包含的品牌影响力和感染力，确实容易诱惑地方和企业纷纷在现有的自然保护区、风景名胜区加挂国家公园的牌子，背离国家公园自然生态保护的本质，打着保护的旗号搞开发，必然造成生态破坏的恶果，与中央建立国家公园体制的初衷背道而驰。建立国家公园，关键是要解决权属问题，理顺管理体制，建立良好的运行机制，真正实现“一园一主，一园一法”。当然，国家公园在实现“一园一主”管理的同时，要开展全方位的合作，和相关利益者建立起伙伴关系。

7 国家公园究竟应该是谁来主管?

国家公园是好东西，在一些人眼中是一块“肥肉”，都争着来管。争着管比没有人管总要好一些，但都管又会形成都不管的结果，争权、争利、推责的形象必然发生。形成责权利清晰的管理，这是国家公园顶层设计的关键。国家公园谁来管，怎么管？这是国家根据政府部门的职能分工和事权划分来决定的。而搞清楚国家公园是什么，则是确定事权的前提。定位为自然保护，是生态保护部门为管理主体，定位为自然遗产或是“公园”，是建设部门主管，定位为旅游，则是旅游主管部门来主管。定位为自然资源，是自然资源部门主管，定位为行政或是经济范畴，则是相应部门管。

从前述可知，国家公园主要属于自然保护和生态保育范畴，国家公园具有资源属性，科学性和专业性都很强，必须由资源管理部门实施专业的科学管理，非专业部门的介入，又会增加新的混乱。因此，建议国家公园实行“统一协调、专业管理”的模式进行管理。

8 我们想象中的国家公园应该是什么样子的?

国家公园是国家为保护典型自然生态系统的完整性，为保护生物多样性，保护具有国家或国际意义的自然资源与人文景观而划定的、面积较大的自然区域，为保护精华的自然资源，为当代和子孙后代保留一块净土。那么，一提到国家公园，人们脑子里就应该浮现出这样的一幅幅景象：无数的野生植物生长栖息在那里，一群群的野生动物自由地奔跑，壮美的景观充满自然之美，一切还保存着自然的原始状态，多样的文化共存，人们可以按规定的路线观察，在小的范围内体验，人与自然和谐共处。一个个的国家公园提供着强大的生态服务功能，提供清洁的水源，调节着气候，维护着生物多样性，绝不是充满着熙熙攘攘的人群，充斥着“到此一游”的大众化游客的热门旅游目的地。

国家公园是提供生态服务功能的载体，是全体人民都能享受的公共生态产品，人们除了接受国家公园提供的生态庇护外，还可以在必要的容量控制下，有序地进入国家公园一角，体验和感受自然之美。国家公园不是充斥着人山人海的风景名胜区或是 A 级旅游区，不是人类大搞开发建设的工地，不是作为“旅游黄金周”降低景区门票价格的权宜之计。建立国家公园体制的根本目的在于改革自然生态保护体制，完善我国自然保护体系，强化生态文明建设。

不只是发达的美国才有一流的国家公园，经济并不发达的非洲也建成了世界级的国家公园，作为中国这样一个正在走向富强文明之路的大国，有着世界级的资源禀赋，如果我们没有世界级的国家公园，我们作为自然保护工作者将感到汗颜。只要我们牢固树立以习近平为总书记的党中央倡导的生态就是民生福祉的观念，牢固树立山水林田湖综合治理的观念，切实统筹自然生态系统建设，我们应该也有能力建设世界级的国家公园。

中国的国家公园之路，我们正处在出发点上，必须保证出发的方向是正确的。借用《国家公园》纪录片中的一句话：“我们的国家公园不仅是我们给后代留下的一个礼物，更是我们和他们立下的一个协议，这是一个关于未来的协议。”

让我们节制自己的贪婪，为了我们的后代，也为了我们自己，在地球上保留一片净土吧！

【参考文献】

唐芳林，等，2013. 关于中国国家公园顶层设计有关问题的设想［J］. 林业建设（6）：8-16.

唐芳林，2014. 国家公园属性分析和建立国家公园体制的路径初探［J］. 林业建设（3）：1-8.

吴晓松，2014. 关于建立我国国家公园体制的思考［J］. 林业经济（8）：3-6.

张希武，唐芳林，2014. 中国国家公园的探索与实践［M］. 北京：中国林业出版社.

IUCN，2013. Guidelines for Applying Protected Area Management Categories［M］.

IUCN，2008. Guidelines for Applying Protected Area Management Categories［M］.

IUCN，1994. Guidelines for protected area management categories［M］.

国家公园的设置条件研究*

国家公园的概念起源于美国，1872 年建立的黄石国家公园（Yellowstone National Park）首次用到“国家公园”这一专有名词。之后世界各国纷纷建立了国家公园以及类似的保护地类型。国家公园所倡导的尊重“大自然的权利”“公民游憩权”的理念，满足了人类保护自然和生态环境以及人类自然游憩的愿望，得到了世界各类政体、国体以及非政府机构的认可[1]。同时，由于能够较为理想地处理人与自然、人与环境的关系，国家公园作为一个国家对本国珍贵的、独特的自然资源和文化资源进行有效保护和利用的一种保护地模式被国际社会广泛采用和推广[2-4]。一百多年来，世界上有国家公园分布的国家或地区根据资源特点、管理要求等纷纷设置了各自的国家公园选择标准或设置条件。为了规范保护地的管理，便于各国的交流，世界自然保护联盟（简称 IUCN）于 1994 年发布了保护地分类体系，并提出了国家公园的选择标准。

我国的保护事业始于 20 世纪 50 年代，相继建立了自然保护区、森林公园、风景名胜区、湿地公园、地质公园等一系列不同类型的保护地。在国家公园建设方面，我国台湾地区有 8 个国家公园，云南省自 1996 年起开始了国家公园的探索、研究和实验，建立了 8 个国家公园试点。台湾地区通过立法，云南省通过发布标准，确定了国家公园的选择标准和基本条件。目前，我国还未在国家层面设立明确的或具有法律效力的国家公园准入条件。

2013 年，《中共中央关于全面深化改革若干重大问题的决定》提出“严格按照主体功能区定位推动发展，建立国家公园体制”。要建立和完善既符合我国国情，又与国际接轨的国家公园体制，需要对现有保护地类型进行梳理。在现行保护体系中哪些保护地可以按照国家公园的模式进行建设，在现有保护地之外哪些区域可以建设国家公园都需要有一个标准进行衡量。因此，参考国外国家公园的经验，结合我国台湾地区和云南省的国家公园选择条件，对我国国家公园的设置条件提出建议，以期为国家公园体制的建设提供一定的参考。

1 国家公园的定义、管理目标

IUCN 将国家公园定义为：“主要用于生态系统保护及游憩活动的天然的陆地或海洋，指定用于：①为当代和后代保护一个或多个生态系统的完整性；②排除任何形式的有损于该保护地管理目的的开发和占有行为；③为民众提供精神、科学、教育、娱乐和游览的基地，用于生态系统保护及娱乐活动的保护地。”

国家公园管理的主要目标是保护国家公园在自然状态的生物多样性以及潜在的生态结构和辅助的环境过程，倡导国家公园的教育与游憩功能。国家公园的管理目标包括：为了精神的、科学的、教育的、游憩的或旅游目的，保护国内外知名的自然景区；尽可能以自然状态来保持和再现各种地形地貌区域、生物群落、遗传资源和物种，维护生态的稳定和多样性；在保持本区域自然和准自然状态下，为参观者提供精神上、教育上、文化上和游憩上的服务；消除和阻止与规划目的不一致的开发和占用；保持所规划的生态、地貌和美学特色；考虑到土著居民生存资源的实际情况，以保证其他管理目标得以实现[3]。国家公园为自然生态过程永久继续下去提供了大规模的保护，为生物进化提供了空间，为那些需要大面

---

* 王梦君，唐芳林，孙鸿雁，等. 国家公园的设置条件研究［J］. 林业建设，2014，（2）：1-6.

积不受人为干扰栖息地的特殊物种和群落提供保护。而且，不仅保护了那些小型保护区所缺失的大规模生态过程，而且保护了与之关联的生态服务。国家公园通过向访客宣传保护项目，能够激发访客的保护观念。同时，国家公园通过发展休闲和旅游活动，促进所在区域的经济发展，特别是能促进当地社区的经济发展[5]。

云南省在一系列研究的基础上，将国家公园定义为：国家公园是由政府划定和管理的保护地，以保护具有国家或国际重要意义的自然资源和人文资源及其景观为目的，兼有科研、教育、游憩和社区发展等功能，是实现资源有效保护和合理利用的特定区域[6]。这一定义突出了国家公园是保护地的本质，强调了国家公园的管理目标是实现资源的有效保护和合理利用，提出了国家公园要综合发挥保护、科研、教育、游憩和社区发展五大功能的要求，既符合 IUCN 提出的国家公园的管理目标，又充分概括了具有中国特色的国家公园应当发挥的多样化的功能，我国可以沿用此定义[7]。

2 国外国家公园的设置条件

在美国，若想建立新的国家公园，国会首先要求内政部评估某些备选地点是否适合划建为国家公园。一个准备进入美国国家公园系统的新区域，需符合国家重要性（National Signifiance）、适宜性（Suitability）、可行性（Feasibility）和美国国家公园管理局的不可替代性（Direct National Park Service Management）4 个基本的入选标准[2,8,9]：

（1）一个区域资源的国家代表性体现在具有全国意义的自然、文化或欣赏价值的资源，该区域是一个特殊类型资源的杰出范例，在说明和表达美国国家遗产的特征方面有突出的价值和质量，能够为公众提供“享受”这一资源或进行科学研究的最好机会，资源保持了很高程度的完整性。

（2）一个区域是否具有加入国家公园系统的适宜性，主要考察该区域所反映的自然和文化资源是否已经在国家公园系统中得到充足的反映，而且该区域的资源类型没有由其他联邦机构、部落、州和地方政府及企业进行类似的表述和保护。

（3）一个区域要具备进入国家公园体系的可行性，必须具备足够大的规模和合适的布局以保证对资源的长期保护和可供公众利用，同时在财政允许的条件下，必须有潜力实施有效管理（重要的可行性因素还包括土地所有权、成本核算、资源的威胁以及管理员工和开发要求）。

（4）关于国家公园管理局的不可替代性，主要是由于在美国有许多由其他公共机构、非公共保护组织和个人对重要的自然文化资源进行成功管理的范例，国家公园管理局提倡并鼓励这些成就，且积极鼓励州、地方、私人企业及其他联邦机构的广泛参与保护行动。除非经过评估，清楚地表明该区域由美国国家公园管理局管理是最优的选择，是别的保护机构不可替代的，否则国家公园管理局将建议一个或更多的单位承担主要管理角色，并且不接受这个地区进入国家公园系统。

如果一个区域的资源符合具有国家意义的标准，不能满足其他的标准，但又希望拥有国家公园的相关称号，美国国家公园管理局则会赋予它们一种特殊地位，即国家公园体系附属地区（Areas Affiliated with National Park System）。

加拿大是世界上建立国家公园历史最早的国家之一，它占据北美大陆的北半部，是唯一一个能够保护近北极区有代表性的北方生物群落的国家[3]。在加拿大，新的国家公园要确定是在加拿大具有重要性的自然区域，一是这一区域必须在野生动物、地质、植被和地形方面具有区域代表性；二是人类影响应该最小。而且国家公园的大小要充分考虑到野生动物活动范围[4-10]。日本国家公园的选择是根据其秀美程度和环境特点决定的，是指全国范围内规模最大并且自然风光秀丽、生态系统完整、有命名价值的国家风景及著名的生态系统[3,4]。新西兰在设立国家公园时遵循一个国家公园必须具有占主导地位的地貌景观或特殊动植物群落，而且最理想的是还有文物古迹点。英国国家公园始建于 1951 年，早在 1949 年，英国颁布了《国家公园与乡村进入法》，规定将那些具有代表性风景或动物群落的地区划为国家公园，设置规定为“大片的国土”和具有“自然美的特征”，并由国家公园进行保护和管理，具体由当地政府执行[11,12]。自1983年俄罗斯索契国家公园成立以来，截止到目前俄罗斯共设立国家公园46个。俄罗斯国家公园的设立主要依托具有特殊生态、历史和美学价值的自然综合体和物象，由俄罗斯联邦公共机构代表和联邦环境保护主管部门即俄罗斯联邦自然资源和环境部提出意见，报俄罗斯联邦政府批准公布[13]。

IUCN将国家公园的选择标准概括为4条标准，并将其作为某个区域是否属于其保护地分类体系中国家公园（类别Ⅱ）的条件。一是面积不小于10km^2，具有优美景观、特殊生态与地貌，具有国家代表性，并且未经人类开采、聚居或建设；二是为长期保护自然原野景观、原生动植物和特殊生态体系而设置；三是应由国家最高权力机构采取措施限制工商业及聚居的开发，禁止伐木采矿、设发电厂、农耕、放牧及狩猎等破坏行为，有效维护生态与自然景观平衡；四是要维护现有的自然状态，作为现代及未来科研、教育、旅游与启智的资源。

3　我国国家公园的设置条件

3.1　台湾地区国家公园

台湾地区在1972年公布“国家公园法”之后，于1984年建立了第一座国家公园——垦丁国家公园，之后又设立了玉山、阳明山、太鲁阁、雪霸、金门、台江及东沙环礁等8座国家公园。据台湾地区“国家公园法”第一、六条规定，国家公园选定的标准主要有三个方面。

（1）具有特殊的自然景观、地形地物、化石及未经人工培育的自然演进生长的野生或孑遗动植物，足以代表台湾自然遗产者。

（2）具有重要的史前遗迹、史后古迹及其环境，富有教育意义，足以培养民众情操，而由政府长期保存者。

（3）具有天赋娱乐资源，风景特异，交通便利，足以陶冶民众性情，供游憩观赏者。

3.2　云南省国家公园试点

20世纪90年代起，云南省开始了国家公园新型保护地模式的探索研究。至2013年底，云南省建立了普达措、丽江老君山、西双版纳、梅里雪山、普洱、高黎贡山、南滚河和大围山8个国家公园，研究发布了一系列关于国家公园建设的地方标准。其中，《国家公园基本条件》（DB53/T298—2009）明确了国家公园需要达到的资源条件、适宜性条件和可行性条件。

（1）资源条件

在资源条件方面，拟建国家公园应具备资源的国家代表性，拥有具有国家或国际意义的核心资源。应至少符合以下要求中的一项：

①具有全球或全国同类型自然景观或生物地理区中有典型代表性的区域；

②具有高度原始性的完整的生态系统，生物多样性丰富程度位于全国前列，或者是某个特殊物种的集中分布区域；

③具有全球或全国意义的地质地貌景观，代表地质演化过程的地质构造形迹，或具有重要地位、保存完好的古生物遗迹的区域；

④具有全球或全国重要历史纪念意义，或区域生态文明特征鲜明，能很好地展示人类与自然环境和谐共处与发展的例证，具有重大科研、教育价值的生态文明资源集中的区域。

（2）适宜性条件

在建设的适宜性条件方面，国家公园应在面积、游憩、资源管理与开发、范围、类型上满足建设国家公园的适宜性。

①面积适宜性：应有足够的满足国家公园发挥其多种功能的区域范围。以自然资源为核心资源的国

家公园的总面积不小于10000hm^2，其中具有核心资源应予严格保护的区域面积不小于总面积的25%。

②游憩适宜性：在保护的前提下，国家公园内应能划出具有独特的观赏和体验价值的区域，用于开展游憩、科普、公众教育等活动。

③资源管理与开发的适宜性：国家公园的建立应有利于保护和合理利用区域内的自然和人文资源。同时，应对社区居民的生产生活与环境条件的改善有促进作用。

④范围适宜性：国家公园在区域上应相对集中连片，其边界易于识别和确定。划入国家公园的土地利用类型应适合于资源的保护和合理利用。

⑤类型适宜性：拟建国家公园的核心资源与已建国家公园的核心资源有明显的异质性。

（3）可行性条件

①建立国家公园是恰当的实现其管理目标的管理模式，确保申报国家公园时所具有的核心资源在成为国家公园后得到完整保存或增强。

②资源权属清楚，不存在权属纠纷，国有土地、林地面积应占拟建国家公园总面积的60%以上。

③拟建国家公园周边地区应具备良好、稳定、安全的旅游市场和环境，交通、通讯、能源等基础设施条件应能满足国家公园建设管理与经营的需要。

④拟建国家公园应与区域社会、经济和文化发展规划相协调，并能妥善解决与其他产业布局以及国家重大基础设施建设的冲突。

⑤当地政府对建立国家公园的支持力度大，应对设立专门管理机构、配备人员、以及配套设施等做出书面承诺。对跨县级（含县级）以上行政区域的国家公园，应能理顺管理体制，明确各方权利与义务关系。拟建国家公园涉及其他保护地类型的，应按国家有关法规及政策妥善处理好两者关系。

4 结论与讨论

从世界各国国家公园的设置条件来看，存在概念模糊和指标交叉的问题。云南省的《国家公园基本条件》为我国制定国家层面的国家公园设置标准提供了一定参考，但是也存在标准粗放、内容不够完善等不足之处。国家公园的设置条件应从资源本身和管理者两个角度考虑，在资源条件、建设条件、管理条件三个大的方面对拟建区域进行综合评价。

首先，资源是国家公园设立的重要依托。国内外关于国家公园的设置条件均对资源做出了要求，如具有国家意义、具有重要性、典型代表性等。建立国家公园的初衷是为了保护区域内的资源，在国家公园产生之初国家公园的选址主要考虑具有重要意义的景观、生态系统、群落、物种等自然资源，之后也包括了人文资源。例如，美国国家公园体系中的国家战争公园、国家历史公园等，新西兰在设立国家公园时考虑的文物古迹点，我国台湾地区国家公园选定标准中的具有重要的史前遗迹、史后古迹等，云南省国家公园资源条件中的具有全球或全国重要历史纪念意义或区域生态文明特征鲜明的例证等。因此，国家层面的国家公园设置标准在资源条件上既要包括自然资源，也应考虑人文资源，资源的属性可概括为典型性、原始性、完整性、重要性。另外，为了充分发挥国家公园的游憩展示和环境教育功能，国家公园的资源条件中要能够突出资源的景观价值，突出景观的感染力、震撼力等。

其次，国家公园除了保护区域内的资源，同时也要为公众提供进入国家公园体验的机会[7,14]。国家公园资源的合理、适度利用需国家公园拟建地具备相应的建设条件，也可称为开发或利用条件。在云南省地方标准《国家公园基本条件》中关于国家公园的建设条件是从建设的适宜性和可行性进行评价，其中适宜性评价从面积、游憩、资源管理与开发、范围、类型等方面说明，可行性评价主要从管理模式、土地权属、旅游市场和环境，交通、通讯、能源等基础设施条件，以及地方政府对国家公园建设的支持力度等方面说明。这些建设条件的指标较为全面，但是从适宜性和可行性评价的角度进行分类使得各指标有些凌乱，系统性有所欠缺。有关学者将开发条件分为区位、环境、基础设施，其中区位条件包括地理区位、旅游区位等，环境条件包括气候条件、环境质量、工程施工条件、旅游市场环境等，基础设施包括交通、通讯、能源、游憩基础设施等[4]。以区位、环境、基础设施3个方面来分析和评价国家公园的建设条件更清晰更具有条理性，符合当前我国实际。

最后，从各国对国家公园的定义以及国家公园管理目标中，可以看出国家公园的管理目标是处理保护与利用之间的关系，发挥国家公园的保护、科研、教育、游憩和社区发展五大功能。管理体制不顺、投入机制不完善、缺乏相应的管理制度等等管理上存在的问题，限制了国家公园的有序、健康发展。尤其是国家公园的土地权属、资金投入等因素在国家公园建立之初就要进行充分的论证，否则将会出现不同的利益诉求，增加国家公园的管理难度。因此，在建设国家公园前，建议从土地、机构、资金、体制、相关利益群体参与等方面对国家公园的管理条件进行分析和评价，确定一个区域是否符合设置国家公园的条件。

综上，我国国家公园的设置应具备资源条件优越、建设条件完备、管理条件有效这三大条件。建议应包括以下主要指标。

（1）典型性：国家公园的资源应具有全球或全国意义，是自然和人文资源的典型代表。

（2）独特性：具有特殊典型的自然景观和地形地貌景观、独特完整原始的生态系统、珍稀野生动植物、保存完好的重要古生物遗迹、重要意义的纪念地。

（3）感染力：国家公园的资源应具有游憩价值和教育价值，环境感染力强，环境的舒适度高，能够陶冶人们的情操，具有教育意义。

（4）面积适宜性：国家公园的面积和范围要满足生态系统的完整性、核心资源的安全性。

（5）可进入性：适度的进入不致于导致资源破坏，不影响其永续存在。具有一定的区位优势，具有可及性和通达性。基础设施满足资源保护和游憩需要，并为到访者提供满意的服务。

（6）管理的有效性：资源的所有者愿意按国家公园的理念进行管理，土地权属原则上均为国有，具有明确的管理机构、管理机制和资金投入机制。

国家公园是当今国际社会保护自然资源的主要模式之一，是增强生态产品生产能力的重要制度和载体。中央提出建立国家公园体制是我国生态文明制度建设的创新和亮点。建议结合国内外经验，对现有标准中设定的指标进行细致梳理、对比研究和适当整合，以三大设置条件为基础，同时兼顾不同地区的差异性，尽快制定符合我国国情的国家公园设置条件。

【参考文献】

[1] 张海霞. 国家公园的旅游规制研究［D］. 2010，华东师范大学.

[2] 李如生. 美国国家公园管理体制［M］北京：中国建筑工业出版社，2004.

[3] 王维正，胡春姿，刘俊昌. 国家公园［M］北京：中国林业出版社，2000.

[4] 罗金华. 中国国家公园设置及其标准研究［D］. 2013，福建师范大学.

[5] Dudley N. Guidelines for Applying Protected Area Management Categories Gland，Switzerland：IUCN，2013.

[6] DB53/T 298—2009，国家公园基本条件［S］. 云南云南省技术质量监督局，2009.

[7] 唐芳林，孙鸿雁，王梦君，等. 关于中国国家公园顶层设计有关问题的设想［J］. 林业建设，2013，(6)：8-16.

[8] 杨锐. 美国国家公园入选标准和指令性文件体系［J］. 世界林业研究，2004，17（2）：64.

[9] 杨锐. 建立完善中国国家公园和保护区体系的理论与实践研究［D］. 2003，清华大学.

[10] 刘鸿雁. 加拿大国家公园的建设与管理及其对中国的启示［J］. 2001.

[11] 程绍文，徐菲菲，张捷. 中英风景名胜区/国家公园自然旅游规划管治模式比较——以中国九寨沟国家级风景名胜区和英国 New Forest（NF）国家公园为例［J］. 中国园林，2009，(7)：43-48.

[12] 安和，麦克，尤恩，等. 英国国家公园的起源与发展［J］. 国外城市规划，1992，(3)：009.

[13] 特别保护自然区域法，俄罗斯，1995.

[14] 唐芳林. 中国国家公园建设的理论与实践研究［D］. 2010，南京林业大学.

国家公园定义探讨*

我国正式的法律中并没有使用国家公园这个概念，只在在学术讨论以及一些文件中有表述，然而这些表述缺乏一致性。中国政府提出建立国家公园体制，却没有对国家公园和国家公园体制做出明确的定义，这样必然导致不同的理解甚至认识上的混乱，产生执行上的偏差。2015 年 1 月 20 日国家发改委等 13 个部门联合下发的《建立国家公园体制试点方案》中也对什么是国家公园采取了搁置争议的方式，没有对国家公园进行明确定义。事实上，国家公园的定义是无法回避的，因此，明确中国国家公园的定义对建立国家公园体制有重要的意义。

1 不能简单从字面意思去理解国家公园

给一个概念下准确的定义并不容易，往往仁者见仁、智者见智，例如，迄今为止，学术界对“文化”的定义就有 160 种以上。“国家公园”也有不同的定义。

从中文字义来理解，“国家”是一个政治地理学名词。从广义的角度，国家是指拥有共同的语言、文化、种族、血统、领土、政府或者历史的社会群体。从狭义的角度，国家是一定范围内的人群所形成的共同体形式。把国家作为限定词，具有国家所有、国家管理、区别于地方的国家级别等含义。“公园”最早是指古代官家的园林，现代则指供群众游乐、休息以及进行文娱体育活动的公共园林。连起来，也不能简单说是国有的、国家级的公园就是国家公园。“国家公园”是一个外来的专用词，是对一种保护区类型的特指，因此，理解国家公园还不能仅仅从中文字面意思去理解。

在英文语境中，national 具有国家的；国有的；国民的；民族主义的；全国性的意思。Park 具有公园的意思。连起来，国家公园是国家政府为公共利益而划定的大片土地（national park is a tract of land declared by the national government to be public property）。显然，即使是在英文语境里，按字面意思去理解也不全面。

因此，要给中国的国家公园下一个准确的定义，还必须要了解国家公园的发生发展和具体内涵。

2 国家公园的起源与发展

国家公园的概念始于美国，是从 national park 直译而来。国家公园是西方自然保护思想影响下的产物。18 世纪以来，在工业化背景下的开发热潮对环境造成了巨大破坏，受浪漫主义思潮的影响，西方兴起了“回归自然”的思潮，这种崇尚自然的思潮也传导到了美国。19 世纪美国正处于大开发的年代，这场被标榜为征服大陆的西进运动，造成了自然的严重破坏。有学者指出，“19 世纪美国开发利用森林、草原、野生动物和水资源的经历，是有史以来最狂热和最具有破坏性的历史。”野蛮的开发受到了对自然有宗教一般热爱的自然主义者以及当地土著的抵制，人们开始反思，意识到了自然和荒野的价值，并认识到保护自然资源的重要性和必要性。美国艺术家乔治·卡特林（George Catlin）1932 年在旅途中看到加州优胜美地谷的红杉巨木遭到大肆砍伐，他给美国总统写信，倡议建立国家公园来保护这里的红树林。在这些先驱者的推动下，1864 年，美国总统林肯将其划为予以保护的地区，因而优胜美地谷被视为现代自然保护运动的发祥地。1872 年 3 月 1 日，国会通过了有关法案，由当时的总统格兰特（Ulysses Simpson

* 唐芳林. 国家公园定义探讨［J］. 林业建设，2015，(5)：19-24.

Grant）签署而创建了美国也是世界上第一个国家公园——黄石国家公园（Yellowstone National park）。此后，被人们誉为“国家公园之父”的约翰·缪尔（John Muir）和美国总统西奥多·罗斯福（Theodore Roosevelt）等推动了国家公园运动。从起源上看，国家公园是自然保护运动的产物。

在黄石国家公园建立后的50年间，国家公园理念在美国得到广泛而迅速的传播，但在世界范围内传播较慢。1879年，澳大利亚成立了世界上第二个国家公园——皇家国家公园。1890年，美国建立了优美胜地国家公园，1899年建立了雷尼尔山国家公园。当时在欧洲只有英国仿效美国，于1895年设立了“国家托拉斯”。加拿大于1885年开始在西部划定了冰川国家公园、班夫国家公园、沃特顿湖国家公园3个国家公园。同期，澳大利亚共设立了6个，新西兰设立了2个国家公园。19世纪，几乎全部国家公园都是在美国及英联邦范围内出现的。

从20世纪开始到第一次世界大战期间，一些国家效仿英国的国家托拉斯，也设立了一些自然保护机构，如德国的自然保护与公园协会、法国的鸟类保护协会等，这些机构发起创立了一批自然保护区或国家公园（如德国的吕内堡海德公园、法国的七岛保护区等）。瑞典仅1900年就设立了8个国家公园，瑞士于1914年设立了1个国家公园。这些国家都加强了国家公园的管理工作，如美国于1916年设立了隶属于内务部的国家公园管理局。

第二次世界大战之前，自然保护工作波及世界大多数地区，特别是非洲、大洋洲、亚洲的一些殖民地国家。如比利时1925年在刚果设立了阿尔贝国家公园，意大利1926年在索马里也设立了一个国家公园，法国人在马达加斯加和印度支那、荷兰人在印度尼西亚都开展了一些工作。另外，新西兰、澳大利亚、加拿大、南非、菲律宾、冰岛、瑞典、丹麦、德国、比利时、罗马尼亚、西班牙、日本、墨西哥、阿根廷、委内瑞拉、厄瓜多尔、智利、巴西、圭亚那等国家，也都设立了一些新的国家公园或自然保护区。

战后，由于生态保护运动的爆发性开展，工业化国家居民对“绿色空间”的渴求，以及世界旅游业的发展等原因，国家公园的划定有了更大的进展，特别在北半球更为迅速。在北美，国家公园的数量扩大了7倍（从50个扩大到356个）；在欧洲，扩大了15倍（从25个扩大到379个）；其他大陆上的发展（特别是亚洲和非洲）同样也很显著。到20世纪70年代中期，全世界已有1204个国家公园。近年来，各国经济快速发展，人民生活水平提高，户外游憩的需求加大，在加上国际旅游事业的发展以及全球对生态环境的重视与关注，促使国际保护事业蓬勃发展，更促进了国家公园的普遍建立。截止到2014年3月，世界保护区委员会（WCPA）数据库统计的属于国家公园（Ⅱ类）的数量为5219个。

从国家公园产生和发展的历程看，国家公园主要是属于自然保护的范畴。当然，与自然保护区隔绝人们进入不同，在国家公园建立伊始，就允许人们进入开展观光游憩活动。1872年黄石国家公园一开始建立时，主要目的从美学的角度出发，保护原野，让人们便捷地进入。随着旅游活动的开展，大量的人员进入，环境遭到破坏，生态系统受到严重影响，于是又重新回到保护为主的轨道上，只允许在占国家公园1%的土地上开展游憩活动。随着时间的推移，又吸收了自然保护区保护生物多样性等功能，内涵更加丰富，管理更加规范。[1]

3 国家公园概念的演变

国家公园概念是美国艺术家乔治·卡特林（George Catlin）首先提出的。1832年，在去达科他州旅行的路上，他对美国西部大开发对印第安文明、野生动植物和荒野的影响深表忧虑。他写道“它们可以被保护起来，只要政府通过一些保护政策设立一个大公园，一个国家公园，其中有人也有野兽，所有的一切都处于原生状态，体现着自然之美”[2]。这里首次提出国家公园这个名词，描述了国家公园的一些特征，提出了国家公园是政府通过保护政策设立的公园形式，但没有对国家公园做出完整定义。

1872年，美国总统格兰特（Grant）签署《黄石法案》（Yellowstone Act），在怀俄明州西北部划定200

万英亩的土地，建立了世界上第一个国家公园——黄石国家公园。至今，黄石国家公园北大门镌刻着“为了人民的利益和快乐”。也就是说，当时黄石国家公园建立的目的主要是供民众参观和游憩。

1916 年，美国国家公园管理局组织法诞生（Act to Establish a National Park Service，简称 Organic Act）。规定国家公园是保存（公园地的）风景、自然、历史遗迹和野生生命并且将它们以一种能不受损害地传给后代的方式提供给人们来欣赏。

美国对国家公园定义为：国家公园是由国家政府宣布作为公共财产而划定的以保护自然、文化和民众休闲为目地的区域。在这里，“国家”是区别于私有的由国家管理和所有的土地和财产，“公园”则是强调其公共特性和游憩特征。后来，由于一些不具有国家公园完全特征的公共区域也归国家公园管理局管理，因此，又形成了国家公园体系（National Park System），指由美国内政部国家公园管理局管理的陆地或水域，包括国家公园、纪念地、历史地段、风景路、休闲地等。

澳大利亚是是继美国以后第二个建立国家公园的国家，他们的定义是：国家公园通常是指被保护起来的大面积陆地区域，这些区域的景观尚未被破坏，且拥有数量可观、多样化的本土物种。在这些区域，人类的活动受到严密监控，诸如农耕之类的商业活动则是被禁止的。

英国则表述为：英国的国家公园家族共有十五名成员，这些国家公园均为有着优美的自然景观、丰富野生动植物资源和厚重历史文化的保护区。居住或工作在国家公园的人以及农场、村镇连同其所在地的自然景观和野生动植物一起被保护起来。国家公园对游客的开放性为每个人提供了体验、享受和学习不同国家公园特有资源的机会。

日本为最早建立国家公园的亚洲国家，1934 年建立第一个国立公园（National Parks）。1957 年，自然公园法（Natural Parks Law）颁布。该法规定自然公园系统包括三个不同类别的自然公园：国立公园（National Parks）、国定公园/准国家公园（Quasi-National Parks）和都道府县立自然公园/地方自然公园（Prefectural Natural Parks）。根据日本自然公园法对国家公园的定义为：国立公园：风景优美的地方和重要的生态系统，值得作为日本国家级风景名胜区和优秀的生态系统。

韩国官方将“national park”翻译为“国立公园”，意在强调“立”——国家建立国家公园这一过程。韩国国家公园主管部门为韩国国家公园管理公团（Korea National Park Service，简称 KNPS），为韩国环境部下属机构。KNPS 将本国国家公园定义为：“代表韩国的自然生态系统、自然以及文化景观的地区”，为了保护和保存以及实现可持续发展，由韩国政府特别指定并加以管理的地区。

中国台湾地区 1972 年开始实施《国家公园法》，规定国家公园是特有的自然风景、野生物及史迹，并供人们娱乐、教育及研究的区域。其区域必须满足具有特殊自然景观、地形、地物、化石及未经人工培育自然演进生长之野生或孑遗动植物，足以代表台湾自然遗产者；具有重要之史前遗迹、史后古迹及其环境，富有教育意义，足以培育国民情操，需长期保存者；具有天赋育乐资源，风景特异，交通便利，足以陶冶国民情性，供游憩观赏者。

还有其他一些国家对国家公园也有对国家公园各自的定义，不尽相同，但共同的一点是强调保护，尽管保护的对象侧重点有所不同，但都是保护有代表性的地理空间，以及该地理空间存在的动植物、自然和文化景观。

世界自然保护联盟（以下简称 IUCN）1994 年出版的《保护区管理类别指南》（Guideline for Protected Area Management Categories）一书明确了设立国家公园的基本条件为：将国家公园（National Park）纳入保护区（Protected Area）六个类别之第二类，对保护区解释为：“一个为实现自然界及相关的生态系统服务和文化价值得到长期保护而通过法律或其他有效途径，明确规定的、公认的、专设的、获得管理的地理空间”。并认为国家公园是主要以生态系统保护和游览为目的实施管理的保护区，对该类陆地/或海洋自然区有以下要求：(1)为现在及将来一个或多个生态系统的完整性保护，(2)禁止有损于保护区规定目标的资源开发或土地占用活动，(3)为精神、科学、教育、娱乐及旅游等活动提供一个环境和文化兼容的基地，在一定范围内和特定情况下，准许游客进入。2013 年修订过的《指南》进一步把国家公园表述为：国家公园这种保护区是指大面积的自然或接近自然的区域，重点是保护大面积完整的自然生态系统。设立目的是为了保护大规模的生态过程，以及相关的物种和生态系统特性。这些保护区为公众提供了理解环境友好型和文化兼容型社区的机会，例如精神享受、科研、教育、娱乐和参观。

这是迄今为止最为普遍接受的国家公园定义。但在中国也有人认为，IUCN 仅仅把国家公园限制在自然区域并不符合实际情况，美国国家公园体系里也有历史和文化遗迹，因此认为中国国家公园也应该包括如长城、故宫这样的有代表性的历史文化遗产。如果扩大国家公园的外延，这样的观点坚持似乎也没有错。

就世界范围看，根据 2013 年 12 月 WDPA（World Database on Protected Areas）的数据，数据库记录了全球 202346 个保护区。按照 IUCN 的分类标准，有Ⅱ类（National Park）保护区 4709 个。经初步分析，在 4709 个Ⅱ类（National Park）保护区中，记录为文化类型的少于 10 个，其余为自然类型的保护区。由此可见，国家公园尽管也有文化类型的案例，但数量屈指可数，占绝对数量的还是自然类型。

4 国家公园的内涵

纵观国家公园诞生以来走过的 140 多年的发展历程，国家公园的内涵不断在丰富：自然主义者从自然角度出发要保护荒野，使其不受侵害；宗教从伦理道德的角度出发要保护动物；生态学家从生态服务角度出发提出要保护生态系统和生物多样性；科学家从科研的需要出发要保护本底；观光者从美学和旅游的角度出发要保护和利用景观；经济学家从可持续发展角度出发而保护资源；文化人从文化和传统的角度出发要保护和利用文化遗产；人民大众要求感受自然之美，希望国家公园提供精神享受的服务；政治家希望国家公园成为承载国民环境教育和增强国家意识的场所，等等。

要体现上述功能需求，必须要有一个物质载体，也就是说，国家公园必须是一个具有典型意义和丰富资源的大面积的地理空间，是具有国家权属和有效管理的地域和水域。

美国的森林学家奥尔多·利奥波德（Aldo Leopold）提出：一个事物，只有它在有助于保持生物共同体的和谐、稳定和美丽的时候，才是正确的；否则，它就是错误的。和谐，是指保持至今一切的尚存生物；稳定，则是维持生物链的复杂结构；美丽，则是提供让人们欣赏的美学价值。

国家公园是体现和谐、稳定和美丽的三位一体，她能在保护的基础上提供永续利用的价值，不仅为当代，更是为后代。由此看来，今天我们要建设的国家公园，不是 100 多年前的国家公园的简单重复，也不是为了单一的目的，而是要承载多样性的功能需求，其中保护自然生态系统是主体功能需求。中国在生态文明建设的背景下提出建设国家公园体制，目的也是完善自然保护体系，强化国家公园的保护自然生态的功能，同时兼有其他如精神享受、科研、教育、娱乐和参观等辅助功能，满足可持续发展的需要。

5 中国国家公园的定义

在中国，国家公园的定义与发展模式无论在法律上还是在学术上并无统一的认识，甚至有的观点认为："中国没有国家公园，只有国家级风景名胜区和自然保护区。但是它们都不是为了培养国家意识而设立。其中一个强调的是游览；一个强调的是保护。"

1994 年 3 月 4 日建设部发布的《中国风景名胜区形势与展望（绿皮书）》指出"中国风景名胜区与国际上的国家公园（National Park）相对应。而自 2006 年 12 月 1 日起施行的《风景名胜区管理条例》对本条例所称风景名胜区，是指具有观赏、文化或者科学价值，自然景观、人文景观比较集中，环境优美，可供人们游览或者进行科学、文化活动的区域。显然，风景名胜区还不能等同于以保护自然生态系统为主要目的的国家公园。

《辞海》对国家公园的解释：一国政府对某些在天然状态下具有独特代表性的自然环境区划出一定范围而建立的公园，属国家所有并由国家直接管辖，旨在保护自然生态系统和自然地貌的原始状态，同时又作为科学研究、科学普及教育和供公众旅游娱乐、了解和欣赏大自然神奇景观的场所。国家公园的面积都很大，从成千上万公顷到几百万公顷。

2008 年国家林业局批准云南省开展国家公园建设试点，云南省政府研究室在 2009 年 7 月《云南省国家公园发展战略研究报告》中提出了国家公园的定义“国家公园是一个由政府主导并具有灵活性，对重要自然区域实施可持续发展和保护，世界各地广泛采用的有效管理体制；是一个能以较小面积为公众提供欣赏自然和历史文化，具有较好经济效益，能繁荣地方经济，促进科学研究和国民环境教育，并使大面积自然环境和生物多样性得到有效保护，达到人与自然和谐共存的地方”，这实际上只是对国家公园的一种愿景表达和含义解释。

在 2009 年由国家技术质量监督局备案、云南省技术质量监督局发布的《国家公园基本条件》（DB53/T 298—2009）中，提出了国家公园的定义：“国家公园是由政府划定和管理的保护地，以保护具有国家或国际重要意义的自然资源和人文资源及其景观为目的，兼有科研、教育、游憩和社区发展等功能，是实现资源有效保护和合理利用的特定区域”。这一定义将国家公园定义为一个特定区域，突出了国家公园是保护区的本质，强调了国家公园的管理目标是实现资源有效保护和合理利用，提出了国家公园要综合发挥保护、科研、教育、游憩和社区发展五大功能的要求。既符合 IUCN 提出的国家公园的管理目标，又充分概括了具有中国特色的国家公园应当发挥的多样化的功能。但由于地方标准的局限性，不能明确指出国家公园必须由国家政府划定，会产生各级政府都可以划定和管理国家公园的歧义。

张希武，唐芳林（2014）《中国国家公园的探索与实践》一书中，提出了中国国家公园的定义：“国家公园是由政府划定和管理的保护区，以保护具有国家或国际重要意义的自然资源和人文资源及其景观为目的，兼有科研教育、游憩和社区发展等功能，是实现资源有效保护和合理利用的特定区域”。这一定义把用保护区取代保护地，意思更为准确，但仍然没有解决有哪一级政府认定国家公园的问题。

为了给国家公园下一个准确的定义，必须遵守下定义的形式逻辑规则，这些规则包括：保持被定义概念的一致性，明确指出被定义概念的类属和它在这个类属中的种差，避免使用未被定义的概念去定义被定义的概念，避免被定义概念与定义概念之间的逻辑循环和同义反复，必须穷尽被定义概念的外延。

据此规则衡量，IUCN 对国家公园的定义是狭义的，把国家公园限制在“自然或接近自然的区域”，属于“自然公园”这一类保护区范畴，这在国际上得到了大多数国家的认可。为了符合中文表达习惯，中国国家公园的定义可以表述为：国家公园是由国家划定和管理的保护区，旨在保护有代表性的自然生态系统，兼有科研、教育、游憩和社区发展等功能，是实现资源有效保护和合理利用的特定区域。

在这里，“国家划定”包含着中央人民政府批准、国家所有、国家投入、国家管理、全民公益的意涵；“保护区”延续 IUCN 对保护区（Protected Area）的定义：一个明确界定的地理空间，该地理空间是被认可的、专用的和被管理的。通过法律或其他有效手段，以实现自然与相关的生态系统服务和文化价值的长期保护。“有代表性的生态系统”则是指完整的、有国家或国家意义的核心资源，应至少符合以下条件中的一项：

①具有全球或全国同类型自然景观或生物地理区中有典型代表性的区域；

②具有高度原始性的完整的自然生态系统、生物多样性丰富程度位于全国前列，或者是某个特殊物种的集中分布区域；

③具有全球或全国意义的地质地貌景观、代表地质演化过程的地质构造形迹，或具有重要地位、保持完好的古生物遗迹的区域；

④具有全球或全国重要历史纪念意义，或区域生态文明特征鲜明，能很好地展示人类与自然环境和谐共处与发展的例证，具有重大科研、教育价值的生态文明资源集中的区域。

定义中除了保护的主要功能，还列举了科研、教育、游憩和社区发展功能，体现了国家公园的丰富内涵，并指出了国家公园的管理目标是实现资源有效保护和合理利用。

也有观点认为国家公园应该包括但不限于自然类型，还应该包括文化和历史遗迹类型，这就引申出了广义的国家公园概念。如果从广义上给国家公园下一个定义，可以表述为：国家公园是由国家划定和管理的以保护重要的自然资源、人文资源及其景观为目的、实现可持续利用的特定区域。

广义的国家公园定义包括了自然，也包括了历史、文化遗迹。这本身没有对错之分，取决于实际需要。从中国政府把建立国家公园体制作为生态文明建设的举措来看，笔者认为，国家公园在我国特指的是自然类型的国家公园，尽管此类国家公园内也可能同时承载了文化和历史的内容，但“皮之不存，毛将焉附?”自然才是物质基础，是国家公园的根本所在，因此，无论是从国际通行的理解，还是中国生态文明建设的需要，中国国家公园的定义应该是狭义的。

【参考文献】

单之蔷，2005. 我们为什么没有国家公园［J］. 中国国家地理：12.

唐芳林，2010. 中国国家公园建设的理论与实践研究［D］. 南京：南京林业大学.

杨锐，2001. 美国国家公园体系的发展历程及其经验教训［J］. 中国园林，1：62-64.

张希武，唐芳林，2014. 中国国家公园的探索与实践［M］. 北京：中国林业出版社.

Dudley N，2013. Guidelines for Applying IUCN Protected Area Categories［M］. Gland，Switzerland：IUCN.

Lary M，1994. Dilsaver. America's National Park System：The Critical Documents［M］. Lanham，U. S.：Rowman & Littlefield.

McDonnell J，Mackintosh B，Harpers Ferry Center，2005. The National Parks：Shaping the System［M］. Washington DC，U. S.：National Park Service Division of Publication.

UCN and WCMC，1994. Guidelines for Protected Area Management Categories［M］. Gland，Switzerland：IUCN.

国家公园类型划分的探讨*

概念上的不一致必然会导致认识上的混乱，中国建立国家公园体制之所以产生不同的理解甚至争议，一是因为对国家公园还没有一个统一的定义，二是作为舶来品的国家公园在世界各国的差别导致借鉴者各取所需，三是国家公园本身内涵丰富、系统复杂，但缺乏科学、精细的类型划分。目前对国家公园的认识，普遍认为属于自然保护范畴，但有的人认为包括但不限于自然类型的保护区，还包括文化遗迹等。事实上，如果国家公园进行细分，其类型也是多样的，有森林、草原、湿地、海洋、荒漠、地质遗迹等，有的是复合型的，有的以单一生态系统为主，有的又是以生态系统中主导因子或者主要地理特征为依据分类。笼而统之地理解国家公园，将出现盲人摸象的片面认识，继而出现管理上的错位、缺位。因此，除了明确国家公园的定义外，还需要对国家公园进行类型划分，以便进行专业化的分工管理。

我国的保护区以自然保护区为主体，其类型划分可以为国家公园分类提供借鉴，也能够促进国家公园体制和自然保护区体系的衔接。本文对我国自然保护区的类型划分及现状、国外国家公园的类型等进行了分析，分别提出了在狭义和广义概念下的我国国家公园类型划分的设想，以期为我国国家公园体制的建立提供一定的参考。

1 我国自然保护区的类型划分

1.1 类型划分标准

在国家环境保护总局和国家技术监督局联合发布的国家标准《自然保护区类型与级别划分原则》(GB/T 14529-93) 中，根据自然保护区的主要保护对象，将自然保护区划分为三个类别九个类型(表 1)。自然生态系统类自然保护区，是指以具有一定代表性、典型性和完整性的生物群落和非生物环境共同组成的生态系统作为主要保护对象的一类自然保护区，下分森林生态系统、草原与草甸生态系统、荒漠生态系统、内陆湿地和水域生态系统、海洋和海岸生态系统 5 个类型；野生生物类自然保护区，是指以

表 1 自然保护区类型划分表

类别	类型	主要保护对象
自然生态系统类	森林生态系统类型	森林植被及其生境所形成的自然生态系统
	草原与草甸生态系统类型	草原植被及其生境所形成的自然生态系统
	荒漠生态系统类型	荒漠生物和非生物环境共同形成的自然生态系统
	内陆湿地和水域生态系统类型	以水生和陆栖生物及共生境共同形成的湿地和水域生态系统
	海洋与海岸生态系统类型	海洋、海岸生物与其生境共同形成的海洋和海岸生态系统
野生生物类	野生动物类型	野生动物物种，特别是珍稀濒危动物和重要经济动物种种群及其自然生境
	野生植物类型	野生植物物种，特别是珍稀濒危植物和重要经济植物种种群及其自然生境
自然遗迹类	地质遗迹类型	以特殊地质构造、地质剖面、奇特地质景观、珍稀矿物、奇泉、瀑布、地质灾害遗迹等
	古生物遗迹类型	古人类、古生物化石产地和活动遗迹

* 唐芳林，王梦君. 国家公园类型划分的探讨 [J]. 林业建设，2015，185 (5)：25-31.

野生生物物种，尤其是珍稀濒危物种种群及其自然生境为主要保护对象的一类自然保护区，下分野生动物、野生植物 2 个类型；自然遗迹类自然保护区，是指以特殊意义的地质遗迹和古生物遗迹等作为主要保护对象的一类自然保护区，下分地质遗迹、古生物遗迹 2 个类型。

1.2 不同类型自然保护区的数量及面积

截止 2013 年底，全国建立了各类自然保护区 2697 处（其中，经国务院批准的国家级自然保护区 407 处），总面积为 1.46 亿公顷，占国土面积的 15.24%。自然保护区的类型涵盖了标准中提出的三个类别九个类型。其中，自然生态系统类的自然保护区为 1906 个，面积达 1.04 亿公顷，占全国总数量的 70.67%，总面积的 70.98%，是数量最多、面积最大的一类自然保护区。

从数量看，森林生态系统类型自然保护区的数量最多，占自然生态系统类自然保护区数量的 73.98%，占自然保护区总数量的 52.28%。从面积看，荒漠生态系统类型自然保护区的面积最大，为 4087.23 万公顷，占自然生态系统类自然保护区面积的 39.36%，占自然保护区总面积的 27.94%。占自然保护区总面积比例超过 20%的类型还有野生动物类型、森林生态系统类型、内陆湿地和水域生态系统类型 3 种类型，分别占自然保护区总面积的 26.6%、20.6%、20.44%。

表 2 我国不同类型自然保护区的数量及面积（截至 2013 年底）

类别/类型	数量		面积	
	总数量（个）	占总数（%）	总面积（万公顷）	占总面积（%）
自然生态系统类	1906	70.67	10385.06	70.98
森林生态系统类型	1410	52.28	3013.32	20.6
草原与草甸生态系统类型	45	1.67	216.52	1.48
荒漠生态系统类型	37	1.37	4087.23	27.94
内陆湿地和水域生态系统类型	344	12.75	2991.25	20.44
海洋与海岸生态系统类型	70	2.60	76.75	0.52
野生生物类	672	24.92	4084.65	27.92
野生动物类型	525	19.47	3891.44	26.6
野生植物类型	147	5.45	193.22	1.32
自然遗迹类	119	4.41	161.26	1.1
地质遗迹类型	85	3.15	106.10	0.73
古生物遗迹类型	34	1.26	55.16	0.38
总计	2697	100	14630.98	100

1.3 不同类型自然保护区的管理部门

根据《中华人民共和国自然保护区条例》，国家对自然保护区实行综合管理与分部门管理相结合的管理体制，国务院环境保护行政主管部门负责全国自然保护区的综合管理，国务院林业、农业、地质矿产、水利、海洋等有关行政主管部门在各自的职责范围内，主管有关的自然保护区。县级以上地方人民政府负责自然保护区管理的部门的设置和职责，由省、自治区、直辖市人民政府根据当地具体情况确定。目前，从中央到地方成立了相应的管理机构或职能部门负责自然保护区的管理。林业部门管理的自然保护区数量为 1997 个，面积为 11560.88 万公顷，占自然保护区总数量的 74.05%，总面积的 79.02%，是管理自然保护区数量最多、面积最大的部门。其次为环保部门，管理的自然保护区数量为 234 个，面积为 2094.45 万公顷，占自然保护区总数量的 8.68%，总面积的 14.32%。

从各部门管理的自然保护区类型看，林业部门管理的类型包括了除古生物遗迹之外的 8 个类型，其中森林生态系统、内陆湿地和水域生态系统、野生动物、野生植物 4 个类型的数量为 1928 个，占林业部门管理自然保护区总数量的96.54%。林业部门管理的荒漠生态系统类型自然保护区数量为27个，其面积在各类型中位居第一，达到3446.21万公顷。林业部门管理的森林生态系统、荒漠生态系统、内陆湿地和水域生态系统、野生动物、野生植物5个类型自然保护区的面积为11457.73万公顷，占林业部门管理自然保护区总面积的99.11%。环保部门管理的自然保护区包括了自然保护区的9个类型，其中森林生态系统、草原与草甸生态系统、内陆湿地和水域生态系统、野生动物、野生植物、地质遗迹6个类型的数量为220个，总面积为2080.6万公顷，分别占环保部门管理自然保护区总数量的94.02%、总面积的99.34%。

目前各部门管理的自然保护区类型与其管理职能在一定程度上保持着一致性。如林业部门主要负责森林、湿地、荒漠及陆生野生动植物等类型的自然保护区建设管理，农业部门主要负责草原与草甸生态系统、水生野生动植物等类型的自然保护区建设管理，海洋部门主要负责海洋和海岸生态系统、水生野生动植物等类型的自然保护区建设管理，国土部门主要负责地质遗迹、古生物遗迹类型的自然保护区建设管理。

表3 各部门管理的自然保护区数量（截至2013年底） 单位：个

类型	林业	环保	农业	海洋	国土	水利	住建	其他	总计
森林生态系统类型	1281	59	2			11	8	49	1410
草原与草甸生态系统类型	11	17	13					4	45
荒漠生态系统类型	27	8	1					1	37
内陆湿地和水域生态系统类型	227	55	8			24		30	344
海洋与海岸生态系统类型	26	4	3	33				4	70
野生动物类型	312	47	89	56		1	1	19	525
野生植物类型	108	22	4	3			1	9	147
地质遗迹类型	5	20			45		3	12	85
古生物遗迹类型		2		2	25			5	34
总计	1997	234	120	94	70	36	13	133	2697

表4 各部门管理的自然保护区面积（截至2013年底） 单位：万公顷

类型	林业	环保	农业	国土	水利	海洋	住建	其他	总计
森林生态系统类型	2780.16	147.21	1.14		61.23		5.83	17.75	3013.32
草原与草甸生态系统类型	68.51	115.71	30.12					2.18	216.52
荒漠生态系统类型	3446.21	636.01	4.93					0.09	4087.23
内陆湿地和水域生态系统类型	2569.16	277.38	3.19		61.16			80.35	2991.25
海洋与海岸生态系统类型	31.77	12.82	1.87			29.08		1.21	76.75
野生动物类型	2553.51	810.35	462.54		0.04	55.93	0.03	9.05	3891.44
野生植物类型	108.69	78.5	1.28			1.26	0.28	3.2	193.22
地质遗迹类型	2.87	15.44		79.75			3.78	4.25	106.1
古生物遗迹类型		1.02		49.02		3.9		1.22	55.16
总计	11560.88	2094.45	505.06	128.77	122.43	90.17	9.92	119.31	14630.98

2 国外国家公园的类型

在IUCN保护区分类体系中，将国家公园（National Park）纳入保护区（Protected Area）六个类别中的第二类[2]，然而目前在国际上还没有国家公园类型的统一划分标准。根据2013年12月WDPA（World Database on Protected Areas）的数据，数据库记录了全球202346个保护区。按照IUCN的分类标准，有Ⅱ

类（National Park）保护区 4709 个[2]。经初步分析，在 4709 个Ⅱ类（National Park）保护区中，可划分为文化类型的少于 10 个，其余为自然类型的保护区。由此可见，国家公园尽管也有文化类型的案例，但占绝对数量的还是自然类型。

作为国家公园发源地的美国，国家公园有狭义和广义之分，现有 59 个直接冠以国家公园之名的保护区为狭义的国家公园，这些国家公园可分为自然和人文两种类型。为了便于管理，美国将自然文化资源保护类型纳入了国家公园体系（National Park System），也就是广义的国家公园，由国家公园管理局（National Park Service）管理。美国国家公园体系由 20 多种类型组成，包括了国家公园、国际历史地段、国家战场、国家战场公园、国家战争纪念地、国家历史地段、国家历史公园、国家湖滨、国家纪念战场、国家军事公园、国家纪念地、国家景观大道、国家保护区、国家休闲地、国家保留地、国家河流、国家风景路、国家海滨、国家荒野与风景河流、其他公园地等 401 个成员，总占地面积约 34 万平方公里，其中水域面积约 1.8 万平方公里[3-4]。与国家公园系统并行的国家森林系统、国家野生动植物庇护区系统等保护区分属林务局、鱼和野生动物管理局的管辖。

表 5　美国国家公园体系

序号	类型	数量（个）
1	国际历史地段（International Historic Site）	1
2	国家战场（National Battlefields）	11
3	国家战场公园（National Battlefields Parks）	3
4	国家战争纪念地（National Battlefields Sites）	1
5	国家历史地段（National Historic Site）	77
6	国家历史公园（National Historical Parks）	48
7	国家湖滨（National Lakeshores）	4
8	国家纪念战场（National Memorials）	28
9	国家军事公园（National Military Parks）	9
10	国家纪念地（National Monument）	78
11	国家公园（National Park）	59
12	国家景观大道（National Parkways）	4
13	国家保护区（National Preserves）	18
14	国家休闲地（National Recreation Area）	18
15	国家保留地（National Reserve）	2
16	国家河流（National Rivers）	4
17	国家风景路（National Scenic Trails）	6
18	国家海滨（National Seashores）	10
19	国家荒野与风景河流（National Wild and Scenic Rivers）	10
20	其他公园地（Parks（other））	9
	合计	401

3　我国国家公园类型的设想

在《国家公园定义的探讨》一文中，笔者认为国家公园在我国的定义也可分为狭义和广义。狭义的国家公园定义可表述为：国家公园是由国家划定和管理的保护区，旨在保护有代表性的自然生态系统，兼有科研、教育、游憩和社区发展等功能，是实现资源有效保护和合理利用的特定区域；广义的国家公园可表述为：国家公园是由国家划定和管理的以保护重要的自然资源、人文资源及其景观为目的、实现可持续利用的特定区域。本文在国家公园定义探讨的基础上，分别提出了对狭义、广义国家公园类型划分的一些设想。

3.1 狭义国家公园的类型划分设想

在狭义的定义中，将国家公园规定为自然类型，除了保护的主要功能，还列举了科研、教育、游憩和社区发展功能，体现了国家公园的丰富内涵。参照我国自然保护区的类型划分以及 IUCN 的保护区分类，国家公园是保护区管理体系中一个重要类型，为了实现对国家公园的精细化管理，可将国家公园进一步细分为森林、湿地、荒漠、草原、海洋、野生动物、野生植物、地质及古生物遗迹类型。

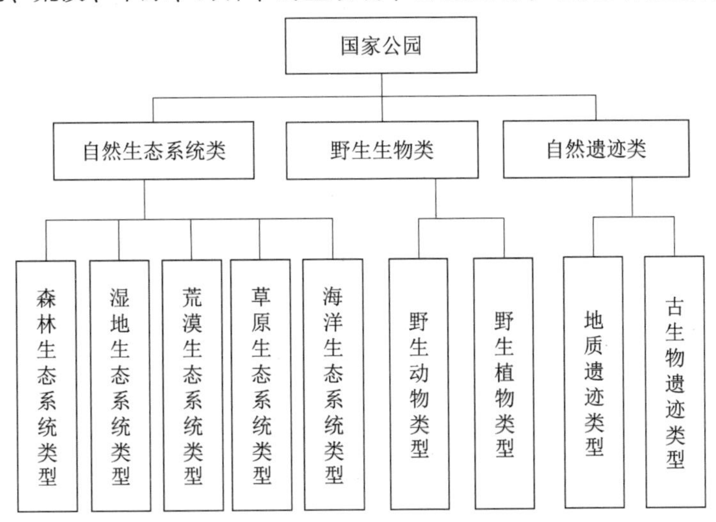

图 1 狭义国家公园类型划分框架示意图

3.2 广义国家公园的类型划分设想

在广义的国家公园定义中包括了自然，也包括了历史、文化遗迹。综合 IUCN 保护区分类、世界遗产分类以及我国自然保护区的类型划分，可将国家公园首先划分为自然、文化和综合三大类别的国家公园，自然类别国家公园再细分为狭义国家公园中的自然生态系统、野生生物类、自然遗迹类 3 个大类，文化类别的国家公园再细分为历史纪念地、文物保存地及文化景观 3 个大类。各大类可根据资源及管理目标的特点进一步往下细分。

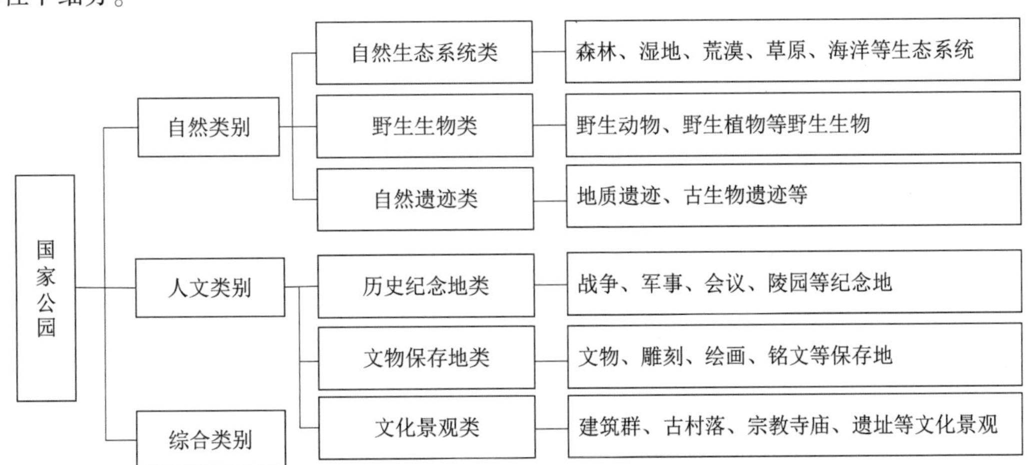

图 2 广义国家公园类型划分框架示意图

4 讨论与结语

(1) 国家公园的定义决定了类型的划分范畴，而类型的划分与管理体制有密切的关系。清晰的定义和明确的分类，便于明确管理部门之间的职责界限，有利于对国家公园实施专业化、精细化管理，减少笼统、含糊而造成的理解不一和职责不清的问题，便于根据管理对象，部门也就清晰了。建议国家层面在先行先试的同时，对国家公园的定义进行界定，制定保护区及国家公园类型划分的原则及标准，对我国现有的各类保护区进行梳理，为建立国家公园体制提供最基本的基础，避免国家公园的建设道路走偏。

（2）无论是狭义还是广义的类型划分，都是以国家公园最主要的核心资源，也就是最典型的主导因子来确定的，和国家公园的主要管理目标是一致的。现实中，确定为某一类型，并不意味着其中不能共存其他类型的资源。比如说野生动物类型的大熊猫、亚洲象、东北虎等类型的国家公园中，同时也有森林生态系统。野生生物和自然遗迹也都存在于某个自然生态系统中，为了体现国家公园的异质性，选取最主要的特征作为类型划分的依据。核心资源丰富，确实难以归为某一专业类别时，可以作为综合类型。

（3）汲取各类保护区的分类精华，制定符合我国国情的国家公园类型划分依据。以主要保护对象为划分依据的自然保护区分类系统较为简单，易于操作，因此一直在我国自然保护区数据信息统计中沿用，但是也存在未对自然保护区的管理目标、政策提出具体要求等问题[5-7]。因此，在国家公园类型的划分中，需综合考虑资源特点确定各类型国家公园的划分条件，科学制定各类国家公园的管理目标，建立符合我国国情且与国际接轨的国家公园类型划分标准、规范，促进形成一个有效的管理体系。

（4）国家公园是保护区的一种类型，不能完全替代我国现有的保护区类型。建立国家公园体制的提出是我国经济社会以及自然保护事业发展到一定阶段的产物。笔者认为，建立国家公园体制并不是用国家公园这一种保护区类型来替代自然保护区、风景名胜区、森林公园、湿地公园等多种类型的保护区，而是进一步优化我国的保护区体系，是中国自然保护的升级版。

（5）根据国家公园的类型，实行专业化管理。我国幅员辽阔、历史悠久，蕴藏着建立国家公园的各种优良资源，决定了国家公园类型的多样性。按国家自然资源资产产权改革思路，实行资源归属管理，明确自然资源的所有权人，所有权人代行占有权、使用权、收益权、处置权。根据“一件事由一个部门管理”的原则，明确国家公园的管理主体，确定国家公园的管理主体由国家综合部门统一协调。鉴于国家公园的专业性和科学性，需要进行深度的精细化的管理。因此，针对不同类型的国家公园，可以采取“统一协调+专业管理”的模式，由国家综合部门统一协调，根据国家公园的类别和主体特征，分由林业、农业、国土、水利、海洋、住建、文物等部门进行专业化管理[8-9]。

【参考文献】

[1] Guidelines for Applying Protected Area Management Categories [M]. IUCN, 2013.

[2] www. wdpa. org. WDPA：World Database on Protected Areas.

[3] www. nps. gov/fidapark/index. htm.

[4] 杨锐. 美国国家公园体系的发展历程及其经验教训 [J]. 中国园林，2001，1：62-64.

[5] 蒋明康，王智，等. 基于IUCN保护区分类系统的中国自然保护区分类标准研究 [J]. 农业生态环境，2004，20（2）：1-6.

[6] 王智，蒋明康，等. IUCN保护区分类系统与中国自然保护区分类标准的比较 [J]. 农业生态环境，2004，20（2）：72-76.

[7] 王献溥，李俊清. 保护区分类和分级的动态管理 [J]. 植物资源与环境学报 2000，9（3）：46-48.

[8] 唐芳林. 中国国家公园建设的理论与实践研究 [D]. 南京：南京林业大学，2010.

[9] 张希武，唐芳林. 中国国家公园的探索与实践 [M]. 北京：中国林业出版社，2014.

国家公园范围划定探讨*

范围泛指一片区域，范围划定是对一个特定区域的划限。根据世界自然保护联盟（IUCN）对保护区的解释，保护区是“一个为实现自然界及相关的生态系统服务和文化价值得到长期保护而通过法律或其他有效途径，明确规定的、公认的、专设的、获得管理的地理空间”。明确规定的地理空间，说明保护区是一个有公认的区域边界的空间[1]。我国的自然保护区、风景名胜区、森林公园、湿地公园、地质公园等各类保护区，在设立之时也要求有明确的范围，并在相关法律法规、规程规范中提出了确定范围的原则及要求。

国家公园作为保护区的一种类型，是实现资源有效保护和合理利用的一个特定区域，也应有其明确、清晰的范围。在正确判断某个区域符合国家公园设立基本条件的前提下，界定国家公园的范围是国家公园规划设计、建设管理的首要环节和重要任务。而且，国家公园的范围与保护措施的实施、建设项目的设置、管理体制的建立、管理策略的实施有着密切的关系。在划定一个国家公园的范围时，需考虑哪些因素，满足哪些要求是当前面临的一些问题。本文在对国内外保护区及国家公园的范围确定进行分析的基础上，对国家公园的范围划定影响因素、划定方法等进行了探讨，认为目前界定国家公园的范围需明晰国家公园是个什么样的特定区域，划定这个区域的目的是什么，需综合考虑自然、管理、社会等多方面的因素，才能保障国家公园的正常运行和有效管理。

1 保护区范围要求概览

保护区是人类经济社会发展到一定阶段的必然产物，国家公园、自然保护区是其中的重要类型。世界自然保护联盟（IUCN）对保护区的解释是：“一个为实现自然界及相关的生态系统服务和文化价值得到长期保护而通过法律或其他有效途径，明确规定的、公认的、专设的、获得管理的地理空间”。明确规定的地理空间，包括陆地、淡水、海水、海岸或上述 2 个或多个空间的组合。“明确规定”是指划定的存在一个公认的区域边界的空间。这些边界可能是能够随时间流逝而发生改变的自然边界，也可能是人为边界[1]。

我国自 1956 年建立第一个自然保护区以来，目前已建立了以自然保护区为主体，森林公园、湿地公园、风景名胜区等多种保护区类型为辅的较为完善的保护区体系。

对于自然保护区的范围，《自然保护区条例》要求：自然保护区的范围和界线由批准建立自然保护区的人民政府确定，并标明区界，予以公告；确定自然保护区的范围和界线，应当兼顾保护对象的完整性和适度性，以及当地经济建设和居民生产、生活的需要；自然保护区的撤销及其性质、范围、界线的调整或者改变，应当经原批准建立自然保护区的人民政府批准；任何单位和个人，不得擅自移动自然保护区的界标；原批准建立自然保护区的人民政府认为必要时，可以在自然保护区的外围划定一定面积的外围保护区带。2013 年 12 月 2 日国务院发布了《国家级自然保护区调整管理规定》（国函〔2013〕129 号），对国家级自然保护区的范围调整做出了规定，要求调整国家级自然保护区原则上应确保主要保护对象得到有效保护，不破坏生态系统和生态过程的完整性，不损害生物多样性，不得改变自然保护区性质。对面积偏小，不能满足保护需要的国家级自然保护区，应鼓励扩大保护范围。

---

* 王梦君，唐芳林，孙鸿雁. 国家公园范围划定探讨［J］. 林业建设，2016，187（1）：21-25.

对于森林公园的范围，《森林公园管理办法》要求：森林公园的撤销、合并或者变更经营范围，必须经原审批单位批准。国家林草局还发布了《国家级森林公园设立、撤销、合并、改变经营范围或者变更隶属关系审批管理办法》。根据《国家级森林公园总体规划规范》，国家级森林公园的规划范围即森林公园设立的批复范围。为了有利于森林公园的保护管理，有利于保持森林风景资源的完整性，可根据实际情况在公园周边划定一定面积的协调控制区。

根据《国家湿地公园总体规划导则》，确定国家湿地公园规划范围主要考虑：湿地生态系统的完整性与湿地类型的独特性；历史文化与社会的连续性；地域单元的相对独立性；保护、管理、合理利用的必要性与可行性；具有明确的地形标志物等；国家湿地公园面积的计量以地形图上的标界范围为依据。

2 国家公园的范围界定前提

2.1 国家公园作为特定区域的内涵

国家公园的范围界定首先应明确国家公园是一个什么样的特定区域，也就是要明晰国家公园的内涵。根据 IUCN 对国家公园的定义，国家公园是指大面积的自然或接近自然的区域，重点是保护大面积完整的自然生态系统。设立目的是保护大规模的生态过程，以及相关的物种和生态系统特性。这些保护区为公众提供了理解环境友好型和文化兼容型社区的机会，例如精神享受、科研、教育、娱乐和参观。

本文作者曾对国家公园的内涵及定义进行了深入的探讨，认为国家公园有狭义和广义之分。狭义的国家公园是由国家划定和管理的保护区，旨在保护有代表性的自然生态系统，兼有科研、教育、游憩和社区发展等功能，是实现资源有效保护和合理利用的特定区域；广义的国家公园是由国家划定和管理的以保护重要的自然资源、人文资源及其景观为目的、实现可持续利用的特定区域。无论是狭义还是广义的国家公园，国家公园的设立都是基于保护的初衷，特别是为了保护自然生态系统的原真性和完整性，为了更好的保护珍稀濒危动植物。因此，国家公园首先是为了保护而设立的特定区域，体现的是保护自然生态为主的宗旨，同时也可以兼有旅游、社区发展等功能，但当这些功能与保护功能发生冲突时，应坚持保护优先，保护功能具有压倒性的地位。

2.2 国家公园拟建地的基础调查

国家公园拟建地的基础调查与评价是界定国家公园范围的基础工作和前提条件。国家公园拟建地的基础调查包括自然环境、生物资源、人文资源、游憩资源、社会经济、建设条件、法律法规、法定规划等方面的调查（表 1），系统掌握拟建地的基本情况、资源条件、建设条件及存在问题。对于野生动物等特殊类型的国家公园，例如以大熊猫、亚洲象、东北虎、藏羚羊等旗舰物种为核心资源的国家公园，还需掌握这些旗舰物种及其栖息地的分布情况，并将此作为划定国家公园范围的重要依据。

表 1 国家公园拟建地基础调查分类表

序号	类别	类型或内容
1	自然环境	地质、地貌、气候、水文、土壤、自然灾害、环境敏感区
2	生物资源	植被、植物、动物（旗舰物种专项调查）
3	人文资源	风物、胜迹、建筑
4	游憩资源	自然游憩资源、人文游憩资源
5	社会经济	土地利用状况、社会条件、经济状况
6	建设条件	用地条件、基础设施、环境安全状况、地方认知和支持情况等
7	法规、规划	

3 国家公园的范围界定

3.1 美国国家公园的范围

美国的国家公园体系中现有58个国家公园，每个国家公园都有明确的、与管理相符的区域范围。明确的范围可以强化国家公园与地方政府、相邻土地管理者和个体业主之间的合作关系[2,3]。

美国的国家公园一般都有各自的管理总体规划，美国国会要求国家公园管理局在规划制定过程中必须考虑“明确潜在边界调整”的相关内容。这是因为，国家公园边界通常反映的是某个时间点上的实际考虑，而不一定反映自然和文化资源的特点、管理方面的因素以及变化的土地使用模式。当国家公园相邻的土地出现问题时，国家公园管理者及政府需确定采取哪些措施保护国家公园的资源。因此，在国家公园管理总体规划中需包含潜在边界调整的内容[3]。

根据2006年《美国国家公园管理局管理政策》，潜在边界调整需符合以下标准[2]：

——保护重要资源和价值，增加与国家公园宗旨相关的公众体验机会。

——解决运营和管理方面的问题，或是为符合地形、自然特征或道路等合理的边界而调整国家公园边界。

——保护对实现国家公园宗旨十分关键的资源。

潜在边界调整在国家公园管理、规模、布局、土地权属和成本等因素上还应具有可行性，此外还必须对其他的管理备选方案和资源保护备选方案进行评估，进而判断备选方案不合适里理由。

某种情况下，国家公园管理总体规划中确定的范围比较笼统，在国家公园建立之后管理部门会再单独开展一项边界研究，从而进行更为细致的评估。

3.2 云南省国家公园试点的范围

参照云南省地方标准《国家公园总体规划技术规程》（DB53/T300—2009），国家公园的范围在区域上应相对集中连片，其边界易于识别和确定。划入国家公园的土地利用类型应适合于该区核心资源的保护和合理利用，并能促进国家公园内不同土地利用类型的优化。确定国家公园范围应依据：国家公园结构和功能的完整性；地域单元的相对独立性和连续性；保护、利用、管理的必要性与可行性；国家公园的界线应有明显的地形标志物，既能在地形图上标出，又能在现场立桩标界；地形图上的标界范围，是国家公园面积的计量依据。而且要求国家公园的范围需满足面积适宜性、资源管理与开发的适宜性、游憩适宜性。

（1）面积适宜性

应有足够的满足国家公园发挥其多种功能的区域范围。以自然资源为核心资源的国家公园的总面积不小于10 000hm^2，其中具有核心资源应予严格保护的区域面积不小于总面积的25%。

（2）资源管理与开发的适宜性

国家公园的建立应有利于保护和合理利用区域内的自然和人文资源。同时，应对社区居民的生产生活与环境条件的改善有促进作用。

（3）游憩适宜性

在保护的前提下，国家公园内能划出具有独特的观赏和体验价值的区域，用于开展科普、游憩、公众教育等活动。

3.3 国家公园界定范围需考虑的因素

对于国家公园的范围，在掌握国家公园拟建地的自然资源、重点保护物种分布及其栖息地、人文资源分布情况，分析拟建地的自然保护区、森林公园等保护地范围边界、建设管理情况的基础上，应通过论证提出国家公园的多个范围方案，进行多方案比对，分析每个方案的利弊，并经过利益相关者的讨论和研究，界定政府、管理者、科学家、当地居民等多方认可的现阶段及今后一个阶段的国家公园范围。在国家公园的范围划定中，需结合多个因素，本文提出了一些主要的因子（表2），作为界定国家公园范围时的考虑。

表2 国家公园范围划定参照因子

序号	一级因子	二级因子	说明
1	自然地理	地形、地貌	山系
		水文	水系、河流、湖泊等
2	生物资源	植被	类型及分布
		珍稀濒危野生植物	分布区域
		珍稀濒危野生动物	分布区域
3	旗舰动物物种	旗舰动物物种	分布区域
		旗舰动物物种栖息地	适宜栖息地、次适宜栖息地
4	资源利用	矿产资源	矿产分布、采矿权、探矿权
		水资源	水电站、水利设施等
		风力资源	风力发电厂、线路
		旅游资源	旅游资源分布、旅游景区
5	资源管理	保护区	自然保护区、森林公园、风景名胜区、世界自然遗产、国有林场林区等
		土地权属	国有、集体
		森林管理	公益林、商品林
6	基础设施	道路	县道、省道、国道、高速
		旅游服务设施	游客中心、餐饮、住宿、购物等
		管理站点	站点分布
7	社区	聚居地	村、乡镇、县城

“国家公园是一个大尺度的保护区”，应对至少一个完整的生态系统，对有价值的特殊地理景观、自然生态系统及物种资源实行整体保护。因此，在确定国家公园的范围中，可首先按照地形地貌、山系水系确定地理单元，充分考虑生态系统的完整性和原真性保护，尤其要考虑旗舰动物物种的分布及栖息地情况，解决重要栖息地破碎化的问题。

对于国家公园内的资源利用应为非损伤性的利用，在国家公园范围内的资源消耗性利用方式如采矿行为应该是禁止的，因此对于资源消耗性的利用区域是否纳入国家公园的范围需进行详细的评估；国家公园旅游应为生态旅游，在不破坏生态的前提下，以极为有限的开发利用来部分满足人们生态体验、游憩、科研、教育、旅游观光等需求，游憩展示区在国家公园范围内所占的比例应非常小，一般不超过国家公园总面积的5%。

基于资源保护及管理的角度，对符合国家公园管理目标的保护区，可尝试突破行政边界的分割，解决各类保护地交叉重叠、破碎化的问题；同时，也要考虑土地的管理问题，优先考虑国有土地的集中区域，如国有林区、林场，优先考虑已经纳入公益林管理的区域；范围的确定还需考虑交通、旅游服务设施、保护管理基础设施等基础设施建设现状及规划情况，以满足资源管理的需要。

对于国家公园拟建地的社区，基于国家公园的自然属性，在范围内尽量不包括建制镇、县城等，对一些本土居民世代居住的村庄，在评估其生产生活的方式的基础上，可包含在国家公园内，并加强对其的管理，国家公园管理机构通过帮助这些社区调整产业结构，促进社区的绿色发展。

4 讨论与结语

（1）国家公园的范围需边界清晰，多方认可。从国外国家公园及我国国家公园试点的经验来看，国家公园的范围要边界清晰，而且一旦确定就是国家公园今后一段时间管理的重要依据和基础。对于较复杂的国家公园拟建地，在国家公园总体规划中需进行说明，并在国家同意设立国家公园之后进行充分研究，最终正式划定经过多方认可的国家公园范围。国家公园的界线不仅在地形图上标注，而且需开展现场确标定界工作。

（2）国家公园的范围界定需综合考虑多方面的因素。国家公园的范围首先要满足生态系统的完整性需要、野生动植物的生存繁衍需要，其次要衡量人们对该区域的资源利用需要，当然资源利用的方式是受到限制的，利用程度也是有限的，必须基于不对资源造成破坏的前提下。对于野生生物而言，国家公园的范围将最大限度地包含其生存的空间，但是野生动物不会认知国家公园的范围，范围的划定更多地是在规范人的行为，人的因素在范围的划定及将来国家公园的管理中是重要因素。因此，在满足生态系统及野生生物保护需求的基础上，国家公园拟建地的资源利用方式和程度、保护地情况、土地权属情况、社区情况等因素在国家公园的范围划定中也要重点考虑。

（3）国家公园的范围确定后不能随意更改。借鉴我国对自然保护区、森林公园、湿地公园等保护地的管理经验，国家公园需制定范围变更的规定，严格规定符合哪些条件才能够进行变更，不能随意更改，擅自变更。

（4）国家公园的范围需定期开展评估。任何事物都不是一成不变的，例如一些在确定国家公园范围时未纳入的区域由于加强了保护措施，逐步恢复为野生动物的栖息地，符合了划入国家公园的基本条件；一些区域由于地形、河流或道路的变化产生了边界的不合理现象；因此，将范围评估作为国家公园管理评估的一项重要内容[7]，定期开展评估是非常必要的，评估结果也将作为范围调整的一个依据，使国家公园的范围按照符合生态文明建设的需求和方向，符合国家公园的本质属性，达到人与自然和谐的最高境界。

【参考文献】

[1] Guidelines for Applying Protected Area Management Categories [M]. IUCN, 2013.
[2] Management Policies. 2006. U. S. Department of the Interior. National Park Service.
[3] General Management Planning Dynamic Sourcebook. 2008. U. S. National Park Service.
[4] 张希武，唐芳林. 中国国家公园的探索与实践 [M]. 北京：中国林业出版社，2014.
[5] 唐芳林. 国家公园属性分析和建立国家公园体制的路径初探 [J]. 林业建设，2014 (3)：1-8.

国家公园收费问题探析*

本文从国家公园的性质和整体功能发挥方面阐述了国家公园的公益性质和可持续发展目标，从使用者付费、碳足迹消除、可持续性、绩效等方面对国家公园适度收费进行了探析。

1 问题的提出

国家公园收费与否是大众和管理者都关心的问题。有人主张，国家公园是全民所有的公共资源，应当充分体现其公益性，实行完全免费。也有人认为国家公园是旅游的金字招牌，从而把精华的自然资源圈起来收费。中国的国家公园能不能做到完全免费？如果做不到，那么怎么收费才合理？这需要从国家公园的公益性和整体功能讲起。

2 国家公园的公益性主要从生态服务功能方面来体现

国家公园是由国家划定和管理的保护区，旨在保护有代表性的自然生态系统，兼有科研、教育、游憩和社区发展等功能，是实现资源有效保护和合理利用的特定区域。根据世界自然保护联盟（IUCN）的定义，国家公园这种保护区是指大面积的自然或接近自然的区域，重点是保护大面积完整的自然生态系统。设立目的是为了保护大规模的生态过程，以及相关的物种和生态系统特性。这些保护区为公众提供了理解环境友好型和文化兼容型社区的机会，例如精神享受、科研、教育、娱乐和参观。

中国提出建立国家公园体制已经两年有余，尽管社会上仍有不同理解，但目前在国家层面的建设思路已经逐渐清晰。在中共中央发布的《生态文明体制改革总体方案》中，界定了国家公园的性质和改革目的："建立国家公园体制。加强对重要生态系统的保护和永续利用，改革各部门分头设置自然保护区、风景名胜区、文化自然遗产、地质公园、森林公园等的体制，对上述保护地进行功能重组，合理界定国家公园范围。国家公园实行更严格保护，除不损害生态系统的原住民生活生产设施改造和自然观光科研教育旅游外，禁止其他开发建设，保护自然生态和自然文化遗产原真性、完整性。"

2016年1月26日，在中央财经领导小组第十二次会议上，习近平主席在听取国家林业局关于森林生态安全问题汇报后，特别强调"要着力建设国家公园，保护自然生态系统的原真性和完整性，给子孙后代留下一些自然遗产。要整合设立国家公园，更好保护珍稀濒危动物。"进一步明确了国家公园要加强自然生态系统、珍稀濒危物种保护的根本要求。

由此可见，国家公园是一个受特别保护的自然地理空间，是把具有国家或国际意义的重要生态系统和景观用法律形式固定下来，通过保护和管理，实现保存生物多样性和保护景观、文化的目的，同时为大众提供游憩休闲和感受自然的机会的场所。国家公园是国家所有、全民共享、世代传承的公共产品，体现的是生态效益和社会效益。因此，国家公园不是一般意义上的"公园"，建立国家公园的目的不是旅游开发，不能以经济效益为主要目的。

整合建立国家公园，保护重要的生态系统和生态过程，保存生物多样性，保持和促进形成天蓝、地绿、水清的健康生态环境，为人民大众提供了生态安全屏障，产生了优良的生态产品，这个产品的形态是生态产品，在其提供的生态服务功能中得到体现，使每一个人都能从中受益，这是最普惠的民生福祉。

---

* 唐芳林. 国家公园收费问题探析［J］. 林业经济，2016，38（5）：13-17.

这类公共利益的体现，如同阳光、空气和水一样，每个人都能直接或间接的感受得到，具有同等的参与体验的机会，是公益性的具体体现。比如说，建立三江源国家公园并实施有效保护和保护，使下游数亿人在饮水安全等多方面受益。

此外，国家公园保存了典型的自然景观，为人们欣赏和体验自然之美提供了机会。国家公园能够保护和保存文化资源，能够满足人们的精神需求。在不损害自然生态系统的前提下，可以适度利用游憩资源，开展科研教育和自然观光活动。

3 游憩是国家公园的辅助功能

国家公园是自然精华和景观价值高的公共资源，除了生物多样性资源，还拥有游憩资源。游憩资源能满足人们的精神需求，开展游憩活动如观光、健行、露营，摄影等，欣赏大自然的美景，能够带给访客心理上的满足和精神上的享受，舒缓工作压力、增进亲友间感情，用户便愿意多支付一些时间和金钱，去换取心理及生理上的满足，从而产生游憩资源效益。通过人们参与的自然体验，还可以培养人们的环境意识，增强爱国情怀。因此，国家公园除了保护这个主导功能，还兼有为人们提供体验自然之美，开展科研教育和游憩活动的辅助功能。当然，这一切都应该以保护为前提，当发挥其辅助功能有可能损害保护功能的发挥时，要从属于保护，降低其利用程度。也就是说，保护的目的是让人类能够世代永续利用，利用的方式是资源的非消耗性和环境的非损伤性。国家公园的利用以开展生态旅游、科普教育为主，限制开发性项目建设。

国家公园不是私人所有或者是部分人独享的后花园，而是国家所有、以代表全民利益的政府来管理的公共产品，人人都有感受和体验的机会。不仅要体现当代人的公平，也包括代际间的公平。国家公园是人们从上代人那里继承来的自然文化遗产，也要传承给下一代人，体现世代正义。

国家公园多种功能的发挥是通过国家公园内部的功能分区和区别化的管理措施来实现的。严格保护区和生态保育区实行严格保护管理，是严格限制访客进入的，也不存在收费问题。游憩展示区和传统利用区可以允许有限的人为活动，为人们提供体验自然的服务，因此，讨论其收费与否问题只在严格保护区和生态保育区之外来讨论。

4 国家公园适度收费的合理性

使用自然环境本身并不需要付费，但维护环境需要付出成本，特别是国家公园这样特定的优质自然生态环境。高福利的发达国家对国家公园实行完全免费，这是以国家财政和税收的方式保证了国家公园的投资和管理成本，这在大多数发展中国家是难以实行的。国家投资主要用于国家公园的保护管理，而在提供游憩和观光服务时的经营性投资项目中收费，是许多国家的通行做法，也具有其合理性。基于以下理由：

4.1 自然资源有价，体现环境可持续性

自然资源不再是任人随意取用或是在毁损时不需赔偿的无主财产，而是公有财产的一部分，只有付出一定相对的代价才能使用，以避免“公地悲剧”。德国在20世纪70年代开始制定环境政策纲领时，即对此原则作了明确的定义：谁使得环境有所负担或污染，谁就应支付所造成负担及污染之费用。这符合公平正义原则，即损毁他人之物均须负损害赔偿之责。此后在环境法中逐渐被具体适用，例如环境污染，可实施对污染者收取使用费，即污染者付费，使污染得以减轻或改善。这样一来，一方面可以产生外部性的费用供给，另一方面可以抑制或减少公害。“使用”和“付费”关系的建立，除了使资源利用更有效率之外，还可以培养民众对保护资源的责任感；而对使用游憩资源来说，访客能够因付费的方式而产生感情，而有效降低不当行为的发生概率，使环境资源可持续保护和利用。

4.2 符合使用者付费原则

使用者付费是指政府服务的使用或消费者为了获得这样的服务而缴纳的特殊费用。这是政府对某种物品、服务或行为确定价格，在公共产品或公共服务中，由使用者或行为者支付这种费用，付出一定的成本代价，即使用的人要付费，不使用的人则不需要付费；政府不用直接禁止或限制某种行为，只需设立收费的水平，运用市场力量来控制这种行为的数量。

现实中，对于稀缺性资源，并不是每一个人都可以直接同时使用，对于国家公园这样以保护为主、有限利用的稀缺性资源，更是如此。因此，为了维持国家公园的正常运转，为了调节人流量以保护自然环境，为了不背上过重的财政负担、减轻国民纳税，对于直接使用者收取一定使用费，也是对其他没有直接使用公共资源的纳税人的一种补偿。

4.3 有利于降低或消除碳足迹

碳足迹指的是由机构、活动、产品或个人引起的温室气体排放的集合。温室气体排放渠道主要有：交通运输、食品生产和消费、能源使用以及各类生产过程。通常所有温室气体排放用二氧化碳当量来表示。一个人的碳足迹可以分为第一碳足迹和第二碳足迹。第一碳足迹是因使用化石能源而直接排放的二氧化碳，比如一个经常坐飞机出行的人会有较多的第一碳足迹，因为飞机飞行会消耗大量燃油，排出大量二氧化碳。第二碳足迹是因使用各种产品而间接排放的二氧化碳，比如消费一瓶普通的瓶装水，会因它的生产和运输过程中产生的排放而带来第二碳足迹。碳足迹越大，说明你对全球变暖所要负的责任越大。

国家公园游憩资源使用者在国家公园游览访问期间的衣食住行和“吃喝拉撒”，都会留下碳足迹，处理废弃物也会增加碳足迹。这些都需要投入来消除和降低。比如，如果你用了100度电，那等于你排放了大约78.5千克二氧化碳，需要种一棵树来抵消；如果你自驾车消耗了100公升汽油，大约排放了270千克二氧化碳，需要付出碳交易成本来抵消。消除碳足迹需要的成本支付，需要按“谁排放、谁买单”的原则，从门票支付中体现。

4.4 体现经济的可持续性

国家公园的资源是全民所有的，任何企业和个人不得擅自收费。国家公园的基本建设投入和保护管理支出由政府负担，而在允许人为活动的传统利用区开展的经营性项目，政府既无必要也不可能大包大揽，可以让渡一部分权利，以特许经营的方式允许社会资本投入，允许投资者以门票或其他方式获得经济收益。在特定的经营项目上，由于经营者投资建设了访客服务设施，访客可以自由选择享受服务，产生消费行为，产生支付意愿，正常开展经营活动是可以允许适度收费的。经营性服务设施建设需要投资，投资收益的重要体现就是门票收费，这样才能鼓励投资者，实现经济上的可持续性。

4.5 公平性

国家公园适度收费的手段可以兼顾公平与效率。政府预算优先解决的是保护和管理设施，而非迫切的公共设施或服务如游憩娱乐设施和停车场等，则可以由社会资金解决。如果无法使用游憩设施和享受服务的民众却仍须却花相同的代价负担营运成本供他人使用，对于其他无法或没有时间使用的纳税人来说是不公平的。因此，经营设施的建设和营运采取适度收费的方式，直接的消费者和受益者支付服务成本，未直接受益者则无须负担成本，这是比较公平的方式。

4.6 流量调节的措施

国家公园是生态敏感区，需要计算环境容量，控制访客数量，调节季节性不平衡的人流量。除了采取预约排队方式，收取和浮动门票价格也是有效的流量调节措施。

5 允许收费可能产生的问题和规避对策

允许国家公园收费后，有可能会面临一些问题：诱导经营者唯利是图，使国家公园沦为一般旅游风景区；部分人有可能认为付费以后就产生“理直气壮”的心理而导致破坏行为发生，产生环境损害；收费行为本身产生收费成本；部分人不理解，产生抵触情绪；形成使用门槛，使弱势群体事实上丧失使用公共产品的部分权利，等等。为了避免或减少负面问题的发生，需要采取一些对策措施。

5.1 对收费行为进行控制，使收费合理和适度

按经济学规律，投资是可以产生收益的。由于资本逐利的本性，任由资本自由驰骋而不加以控制，必然产生环境损害和其他负面结果，如同合理用火可以造福人类，任由火肆虐则会造成危害一样，在利用资本产生经济活力的同时，也必须把资本的作用控制在一定范围以内。收费既要考虑经济可行性，更要保证资源和环境的可持续性。投资者获取收益必须合理适度，在国家公园这样以保护为主、限制开发的区域，严格保护区和生态保育区禁止开发建设，只在游憩展示区和传统利用区可以适度开展生态旅游和环境教育活动，投资建设必要的便利人们享受自然美景、体验文化、愉悦精神的设施，提供服务可以取得一定的收费回报，建设活动必须限制在最小范围，收费也必须控制在合理的财务回报范围内，不能试图通过利用国家公园的资源获取暴利，舍本逐末。云南普达措国家公园门票价格为每人 258 元（包含 120 元游览车费，138 元门票费），经济效益是好了，但高门票也使许多人望而却步，受到许多访客抱怨。

5.2 科学规划，加强宣传教育

通过科学规划，避免过度建设，降低建设强度和管理成本。加强宣传教育，发挥国家公园的环境教育功能，使访客能够通过进入国家公园体验大自然的同时，培养其环境意识。加强管理，纠正不当行为。培养访客“上一个使用者为自己提供了使用的机会和便利，自己也要为下一个使用者提供机会和便利”的理念。

5.3 对特定群体实行免费或者优惠

制定政策，对中国公民中的军人、志愿者、相关科技人员、开展环境教育课的学生、残障人士等特定人群实行免费，对 60 岁以上老人、低保人员、普通学生等特殊人群实行优惠。使国家公园不至于成为富人专享的后花园，而是全体国民都可以体验得到的公共产品。

5.4 实行管经分离的政策

即管理者和经营者分离。国家公园的管理机构代表政府行使管理职责，不能直接开展经营活动，出现集运动员和裁判员于一身的现象。可以通过特许经营的方式，以及 PPP 模式，由企业和社会资本参与投资经营活动。国家公园管理机构负责对经营者进行监管，确保建设行为和收费行为的合理性。

5.5 实行低入门费、适度服务费的政策

进入国家公园游憩区体验的访客，只要在环境容量范围内，可以实行低收费，让绝大多数民众都能够承受得起。而对于享受型服务项目，如住宿业、餐饮业、交通运输服务业（缆车、游园巴士、营业性停车场等）、游憩服务业（温泉浴疗、森林康养、营利性露营场地及其他游憩活动设施或场地）、零售业（出售纪念品或户外运动休闲服装等用品）、文化服务业（发行旅游指南、风景明信片、幻灯片或录（影）音带等解说数据等事业）以及其他与旅游有关的服务业（包括导游解说、访客中心、医疗服务中心等服务）等，则按市场经济法则，给予访客以自由选择消费的机会，适度收费。

6 国外经验的借鉴

国外有免费和收费两种情况。一些实现高福利政策的国家，如英国、德国、挪威、瑞典、澳大利亚、

新西兰等经济发达国家，政府财政预算满足了国家公园建设和运行费用，国家公园向公众免费开放。其他大部分国家则实行收费。

南非国家公园原本由南非政府编列预算补助国家公园委员会，也有土地取得、研究、野生动物经营管理等经费。自 1985 年至 1990 年已由国家公园委员会自行负担三分之一；1991 年起，国家公园委员会的财务已完全独立自给，并针对商业性的经营管理理念而设定政府所赋予的任务，除了原有的保育与游憩策略的运用外，还增加了市场营销人员，提升效益。目前，南非完全采取商业经营政策，通过国家公园的运营解决就业和取得资金收入，政府只在市场运营出现危机时才起调控作用。

巴西的国家公园实行收费，一些热门的国家公园如迪居卡国家公园（耶稣山）每年接待访客 300 余万人，门票收入都约合人民币 2 亿元以上，伊瓜苏国家公园每年也可取得可观的门票收入，这些收入除了支付管理成本以外，其余的滚入国家公园基金，统筹补偿给其他收益不好的如亚马逊等地的国家公园。

美国采取的是低收费政策。每年在国家公园领域的财政预算达 30 亿美元，保证了国家公园的基本建设和运行费用，一般车辆进入一般的国家公园只需缴纳每车 5 美元的门票，7 天内有效，可多次出入，黄石国家公园稍高，每人 12 美元，每车 25 美元，年票 50 美元。商用车按座位收费。值得一提的是，对美国公民中的学生、军人、62 岁以上老人，残障人士、志愿者等特定人群实行免票或者优惠票，老人只需购买 10 美元长期票就可以终生享受，学校组织学生到国家公园参观，只需要填写一张表格说明是教育目的，就可以免票。国家公园管理部门还通过特许经营，收取特许经营费，允许企业开展经营活动。出售狩猎权、纪念品可获得一些收入用于国家公园管理建设，社会捐赠也是弥补国家公园收入的一部分。

我国的台湾地区开始一直是完全免费的，由于财政预算不足导致财务难以为继，服务质量水平难以保障，近年来也广泛征求社会意见，问卷调查结果表明，60%多的民众支持国家公园实行收费，目前已经正在研拟出收费办法，从 2017 年开始收费，以阳明山天溪园为例，每人收费 100 新台币（约合人民币 20 元），大型车每次收费 3000 元新台币（约合人民币 600 元）。

中国是发展中的人口大国，尚有 7000 多万贫困人口，财政需要解决的民生问题众多，还做不到如同某些实行高福利政策的发达国家一样，对国家公园实行完全免费。对有消费能力的使用者收取一定服务收费，既在访客的消费能力和支付意愿范围之内，也是对未使用者的一种补偿，还可以调控淡旺季的客流，是一种现实的可行的做法。

7 结论与讨论

综上所述，主要的结论和观点如下：

（1）政府有权对其所提供的公共服务项目制定收费政策，包括国家公园的游憩服务；

（2）当政府具有财政保证能力时，应该尽可能多地为公众提供免费的公共服务项目；

（3）中国的国情决定了国家公园做不到完全免费，因为如果这样做，势必会增加财政负担，也会造成国家公园人满为患导致资源破坏，还会降低服务标准；

（4）为了不给广大纳税人增加负担，本着“使用者付费”的原则，可以对一些公共服务项目实施适度收费，以减轻财政压力，保证服务质量；

（5）允许国家公园收费，不是把高质量的自然精华圈起来收费，也并不意味着以经济效益为主，而是要确保保护管理目标的实现，完善安全和服务设施；

（6）国家公园管理机构应当把投资者的收益率控制在合理范围，以低门票收费来体现国家公园的公益性；

（7）为确保国家公园的公平性，需要对特定人群实行免票或者优惠票政策；

（8）为调节访客数量，宜实行季节性票价浮动。

总之，国家公园游憩展示区和传统利用区实行适度收费，符合使用者付费的观念，可以抵消环境成本，提升经营管理绩效与服务水平，有效降低政府财政负担。具体收费标准和收费方式，还需要从景观资源价值、区位、消费水平多方面来进行研究，实行一园一策。

【参考文献】

唐芳林，王梦君，2015. 国外经验对我国建立国家公园体制的启示［J］. 环境保护，14：45-50.
唐芳林，徐仁修，2014. 台湾地区的国家公园［J］. 森林与人类，5：104-111+113.
唐芳林，2014. 巴西国家公园上帝的宠爱［J］. 森林与人类，5：146-153.
唐芳林，2015. 国家公园定义探讨［J］. 林业建设，5：19-24.
唐芳林，2014. 国家公园属性分析和建立国家公园体制的路径初探［J］. 林业建设，3：1-8.
唐芳林，2015. 建立国家公园体制的实质是完善自然保护体制（续）［J］. 林业与生态，11：13-15.
张希武，唐芳林，2014. 中国国家公园的探索与实践［M］. 北京：中国林业出版社.
Jay M. Shafritz E. W. Russell Christopher P. borick，1996. 公共行政导论［M］. 北京：中国人民大学出版社.

谈国家公园绿色营建*

国家公园以保护为主，也需要进行必要的设施建设。人工构筑物是国家公园的入侵物，必须严格审慎，体现减量原则和生态工法。本文阐述了基于永续发展目标的国家公园绿色营建设计理念和方法。

1 引言

国家公园以自然保护为主要目的，同时兼有科研监测、环境教育、游憩展示和社区发展功能。人是生态系统的重要组成部分，人的管理是国家公园管理的关键。为实现国家公园管理目标，需要进行必要的设施建设。工程建设难免对环境产生影响，在国家公园这样重要的自然保护地开展设施建设有更严格的要求，虽不苛求完全不伤害自然环境，但也必须将其影响控制在可接受的改变范围内，这就需要提倡绿色营建。国家公园绿色营建是指在生态学的基础上，按照绿色发展理念，应用生态工法，在环境生态与功能安全上寻求合理的平衡点，采用有利于自然的生态技术，在满足建设功能的前提下，寻求最小体量及最小干扰的施工作业方法，确保对国家公园的生物多样性和自然生态系统的伤害降至最低。

绿色营建在自然保护区和国家公园设施建设方面越来越得到推广应用，如我国台湾地区由于地质原因使得自然灾害频发、生态脆弱，因此在国家公园建设方面越发重视生态保育和绿色营建，经验可供借鉴。目前我国大陆的国家公园建设处于快速发展期，提倡绿色营建，防止“建设性破坏”，显得尤为重要。

2 相关概念

绿色营建（green construction）一般是指在全寿命期内，最大限度地节约资源（节能、节地、节水、节材）、保护环境、减少污染，为人们提供健康、适用和高效的与自然和谐共生的产品、使用空间的活动和过程，包括绿色建筑、绿色建造、绿色建材、近自然修复等。

生态工法（ecological engineering method）是指以生物学和生态学为基础，在遵循自然法则，降低人类开发对环境冲击的前提下来进行一切工程建设活动，使工程建设对环境的影响控制在可接受的范围内，最大限度降低对生物多样性的影响，避免损害生态系统健康，进而实现自然与人类永续共生共存的目标而进行工程建设的方法。

3 国家公园绿色营建的理念

不同于一般风景区，国家公园实行更严格保护，在保护、科研、教育、游憩、社区发展五大功能中，游憩处于次要地位。因此，各项设施的设计建设不能喧宾夺主，必须遵守国家公园功能分区的限制，按照各分区容许发展情况进行细部设计与建设。传统建设过程中不适当的工法与不符合环境需求的建材，会破坏自然生态的平衡。为避免传统工程建设对资源的浪费和产生的废弃物污染环境，国家公园内应遵循资源永续利用原则，积极推动绿营建理念，提倡永续性、人性化、简约化、轻量化、本地化，体现省能源、省资源、低污染原则，有效降低环境冲击及负荷。推动绿色营建的目的在于以生态文明理论为指

---

* 唐芳林. 谈国家公园绿色营建［J］. 林业建设, 2017,（5）: 1-6.

导，体现创新、协调、绿色、开放、共享的发展理念，实现以人为本、永续发展的核心价值，保全国家公园资源，发挥国家公园生态服务功能。

3.1 绿色营建的应用

绿色营建理念可应用到国家公园内的设施建设中，如大门、标识标牌、游客中心、管理站、博物馆、展示馆、观景台、眺望亭、游步道以及必要的交通设施、公共设施等，无论规模大小均与国家公园生态系统有密切关系。一些不当的设施如路灯的灯光对野生动物的影响、不透水层对水系统影响，以及相关垃圾收集处理对野生动物觅食的影响等，因此必须考虑各种自然因子的限制，合理选用原材料，能源回收再利用，以及再生资源利用。均应在规划设计时充分地考虑，并坚守设施建设不影响自然系统断裂的原则，以保持生态系统完整性和维护物种多样性。

3.2 绿色建筑技术应用

国家公园内相关建设措施或行为，应考虑与环境共生或与环境友好型技术，考虑节能、环保、循环再利用，兼顾自然系统的平衡与保育。

应尽量避免扩大再开发，而是在既有区域将原有设施予以复建、整建或资源再利用方式，转换使用形态并提升其效益。如果有新建项目，应尽量在已开发土地上进行，而减少在自然林地中整地和建设人工设施，充分利用闲置土地。

3.3 减量原则

体量减小、废弃物减少、能源减少的简约设计是国家公园应该遵循的准则，而大兴土木、大而无当、奢华的“高大上”建筑应该成为国家公园设施建设的大忌。小而美、简洁即是美的自然美学运动已逐渐成为世界的潮流，工程减量、设施减量、空间减量，应该是国家公园设施建设遵循的宗旨。提供必要的功能即可，避免多余、无功能的设施项目及怪异的形式设计，避免过度舒适化、复杂化型式设计，游客中心、管理站、服务设施应以必要服务、合理机能、安全防灾等为优先准则，解说设施、标识标牌等应配合多媒体科技应用，将不必要的多余人工设施减量到最基本需求。

3.4 有机生活系统

以绿色营建为基础单元，整合区域性整体规划，形成一套有机循环系统，包括碳循环、水循环系统、污水处理系统、垃圾有机处理利用、绿地系统等，以有机循环再利用的理念开展规划设计。

3.5 提升资源利用效能

优先利用自然能源，提升利用效能，规划设计低耗能、低废弃物、低运输成本的利用方式；在自然能源的使用上，加强风能、太阳能的有效开发与利用，具备条件的地方可以从国家公园外部规模化生产，如水、电等能源输入供给内部。

3.6 环境生态观工程建设

人类本身也是自然生态系统的一份子，既不能自绝于此系统之外，也不应是控制生态系统的主人，放在自然界中应与其他生物与环境共为一体，相互依赖，彼此互惠。为实现人类与自然环境间的和谐相处和平衡发展，以环境生态为基础，以合理开发为前提，将工程融入自然，自然融入工程，尊重自然，师法自然，创造优质的环境质量，将人类对周边环境生态的影响减至最低，形成人类与自然永久互利共生的关系。这就需要在对生态系统深入认知的前提下，采取顺应自然、合乎生态法的生态工法，并整体用于全过程。

3.7 生态与安全并重

安全是基础，生态是导向，目标物种保护是关键性需求，建构在生态与安全并重的刚性需求基础上采取因地制宜的生态工法。

4 国家公园绿色营建对相关利益者的要求

马克思说过“人和自然的关系，是通过社会来实现的，社会关系不协调，没有处理好，任何自然的关系就绝对好不了”，因此，处理好国家公园利益相关方的关系是一个关键点。所有利益相关者需要达成一个共识：国家公园不同于一般城市公园或旅游景区，而是重要的自然保护地，目的是保护自然生态系统的完整性和原真性，不是大搞开发，在环境保护和资源保全的前提下，有限利用资源，适度开展教育和游憩等生态友好型活动，避免开发行为造成环境破坏。在这样的统一认知基础上，在各自不同角色中充分发挥在国家公园绿色营建中的作用。

4.1 决策者

国家公园资源属于国家所有、全民共享、世代传承，建立的目的是保护自然生态系统的完整性和原真性，不是以开发利用为目的，决策活动必须以维持生物多样性和环境保育、永续发展为前提。要成立由多专业领域组成的专家委员会，广泛吸收社会公众意见，科学决策，寻求最佳管理和经营模式，开发宁少勿多，保育宁多勿少，并保持决策的连贯性与合理性。

4.2 管理者

国家公园管理局（处）受政府授权管理国家公园，以永久保存具有国家代表性的资源为宗旨，肩负保护资源和环境的职责，是国家公园的管家。国家公园实行分区管理，严格保护区实行绝对保护；生态保育区以自然保育为主，可以适当开展为恢复生态而进行的促进活动；传统利用区只为了保持社区居民的基本生活方式，不能搞大规模建设，可以开展环境友好型的生产经营活动；游憩展示区为开展游憩和环境教育活动场所。

4.3 经营者

经营者是在管理者的特许下，在严格保护区和生态保育区以外开展以国家公园游憩等经营性活动为主的企业，是有限利用国家公园资源开展服务性商业活动的主体，一切经营活动均需要置于接受管理者的管理和社会的监督下，而不是凌驾于管理者之上成为国家公园的主宰。

4.4 规划设计者

国家公园应以整体环境生态圈为主体，其中包括物理环境、生物环境、社会环境等，人类活动应只是其中之一小环，任何规划建设均应充分考虑其环境冲击与社会经济冲击。设计要以环境与人文协调，整体考虑布置，对生物活动、生活空间的改变，必须有系统性与仿真演替发展成果的预见，不轻率进行设计决策。

4.5 施工者

施工作业是设施建设的最后一道关口，决定工程的成败。施工者应牢固树立绿色营建的理念，制定完备的措施，确保有能力控制环境冲击，使干扰减至最低，避免造成不可复原的环境灾害。

4.6 监管者

环保、林业、水利、质监等部门负有行业监管职责，要建立充分的横向整合沟通平台与机制，了解国家公园定位和相关各单位的需求，综合应用监管手段，监控建设活动，确保建设和管理按计划和法规实施，寻求对环境最友善的方案实施。

4.7 社区

社区和谐是国家公园和谐的关键，社区兴则国家公园兴，社区衰则国家公园难。国家公园周边社区与国家公园有着荣辱与共、共生互利的关系，应该引导社区居民树立保护国家公园的思想意识，共同确立命运共同体的观念，建立良好的伙伴关系，共存共荣。

5 国家公园绿色营建内容

5.1 绿色营建的工程内容

本着范围宜小不宜大，项目宜少不宜多，景点宜散不宜聚，设施宜聚不宜散，发展宜慢不宜快，设施宜隐不宜显，产品宜特不宜奢的“七宜七不宜”规划原则，合理适度选取设施建设内容，一般包括：

（1）交通设施（车道、停车场、自行车道、步道、简易码头、简易桥梁等）；

（2）景观休憩设施（观景平台等、休憩桌椅、温泉等）；

（3）解说标志设施（户外解说设施、室内解说设施、管理性牌志设施等）；

（4）管理服务设施（管理中心、游客中心、管理站等）；

（5）公共服务设施（厕所、垃圾收集设施等）；

（6）住宿设施（民宿、露营地设施等）；

（7）急难救助设施（避难小屋、直升机停机坪、通讯设施、救生设施等）；

（8）灾害防治设施（防火设施、警示系统等）防灾设施（防火、水土保持设施等）。

5.2 资源分析与环境评价

国家公园具有自然属性和社会属性，要从环境、社会及经济三方面实现永续发展，设施建设需要考虑自然保育、水土保持、节能、减废、建材、绿化、公平发展、安全舒适、文化保存及成本效益十个方面，评估绿色营建效果。需要开展以下工作：

（1）国家公园设施设置适宜性分析；

（2）环境特征与分区自然度分级；

（3）设施与环境自然度关系；

（4）设施开发限制与要求；

（5）设施建设环境影响评价；

（6）设施建设生物多样性影响评价；

（7）社会稳定性影响评价；

（8）水土保持影响评价和方案设计；

（9）对弱势群体的帮助分析，等等。

5.3 生态工法应用

设计时生态功能及环境需求分析，同时应兼顾工程建设的需求及环境生态的维护，确认需求性，整体考虑，建立生态目标。在对环境生态深切的认知下（数据搜集及环境调查）再分析确认其预期的生态目标以作为生态工法的设计基准。目标选择分析应建立在充分的环境生态数据基础上，可以是一种或多种物种（动植物），也可是自然环境营造（绿地、湿地等）。针对区域环境进行整体规划，即使是河岸的一小段也应考虑到全流域及上、中、下游的环境背景及相互关系。

工程建设方面需考虑建设功能、安全需求、景观造型及经济成本和效益；环境生态方面则需满足其生态功能、环境需求、景观融合及材料供需；建设功能及工程安全分析应遵守最新的法规、制度、技术标准。

5.4 因地制宜

因地制宜是国家公园内任何开发建设的中心理念，从工法的选择、材料的选用与施工的规范都应随着不同的生态环境条件而改变，体现地方特色。要预先了解确认区域的环境条件及工程材料，自然材料的取得必须优先考虑到现地环境生态的维护。需同时考虑施工方式及完工后的维护管理，其中施工计划应特别注重环境保护及生态维护。维护管理计划则应注重施工的方便及维护的便利。

针对生态系统特性，在各项工程设计中融入生态的理念，在安全前提下，兼顾生态保育与建设功能的目的。切忌简单套用标准图，先要确认施工图的适用性，若与环境条件不相符时，要适当调整，合理选定各项参数，并依据实际的环境条件进行分析设计，以确保工程的安全与生态的维护，避免造成负面影响。

6 绿色营建设计

6.1 设计理念

在设计上以自然为本，在功能上以人为本。在国家公园设施建设的每一个环节与过程中都要考虑到环境，以全生命周期综合考虑对自然资源及环境冲击的最小化与生态服务功能最大化，增加可再生资源的利用，减少不可再生资源的利用，以可持续利用为终极目标。同时，把人视为自然生态系统中的一个因子，强化人的管理，服务人的需求，体现安全、舒适、健康原则。

6.2 设计原则

遵循国家公园发展定位，确立永续目标与策略，鼓励多方参与，结合永续发展与伦理责任，建立自然演替与人类活动间不可或缺的伙伴关系。汉诺威原则（The Hannover Principles）可作为国家公园设施设计的参考。德国汉诺威市承办2000年世博会将“人文·自然·技术”作为主题，提出了汉诺威原则，主要包括以下9个方面的内容：

（1）坚持人类和自然在健康、多益、多元和可持续的状态下共处的原则。

（2）相互依存的原则。人类设计的各要素与自然界密切相关，在不同尺度上都有具体体现，这就要求设计考虑到对未来的影响。

（3）尊重精神与物质之间关系的原则。考虑人类活动的所有方面，包括社区、居住、工业、贸易等方面在精神和物质上现存的或将来可能出现的联系。

（4）勇于承担设计责任的原则。设计可能对人类健康、自然生态系统以及人与自然共存产生不良后果。

（5）创造有长远价值的安全物品的原则。避免由于疏忽生产的不合格产品、不合理流程或标准带来维护或管理上的潜在威胁，从而让后代承受负担。

（6）消除废弃物的原则。评估并优化产品和流程的全过程，以求达到无废弃物的责任系统状态。

（7）消耗自然能源的原则。人类设计应像自然界一样获取无穷的太阳能，并将这一能源高效、安全利用。

（8）了解设计局限性的原则。没有某一个人的创造永远合理，设计也无法解决所有问题。规划设计者在大自然面前表现出谦和，将自然界作为向导和楷模，而不是看成累赘去躲避或控制它。

（9）通过知识共享追求持续发展的原则。倡导在同事、顾客、生产者与使用者之间的公开交流，从道义上充分考虑可持续的长远作用，重建自然进程和人类活动密不可分的关系。

6.3 设计考虑的要点

国家公园设施设计产品要经得起时间考验，需要把握以下要点：

（1）人类与环境和资源间和谐，并肩负起对自然的道德责任。

（2）与当地环境内涵相协调，注重生态功能和成本控制。

（3）把对开发带来的冲击控制在可接受的自然变化的范围内，随时间在动态变化中达到平衡。

（4）设施功能尽量简单，以满足人类基本的舒适和安全需求即可，考虑长期的社会和环境成本，而非短期的建造成本。

（5）园区里没有任何东西是无价值的，要充分利用资源。

（6）在计划开始前，分析和仿真水及养份的循环周期，最重要的是“做无害的事”，尽量减少干扰植物生态、整地和改变水道的范围。

（7）拟订出对环境安全的能源制造和储存方式，架设最能有效运用自然能源的设施，以提供人类的舒适性。

（8）提供空间来处理园区内产生的所有废弃物，以防止有害废弃物污染环境。

（9）分阶段监控开发计划在环境所累积的影响，尽量让自然生态系统能自给自足。

（10）将当地材料和工艺融入构筑物，把原生的植物融入景观，并把当地习俗融入到节目和日常运作过程中，开发能结合环境维护功能与游客体验的设施。

6.4 建筑材料生命周期分析

检查每一种建筑材料的生命周期能量，以及与环境和废弃物间的关系。生命周期分析，能够追溯对材料、副产品从最初的源料开发到修饰、制造、处理、加入添加剂、运输、使用，一直到最后被重复利用或被丢弃。分析以下影响：

（1）原料成份的来源（再生性、永续性、本地取得、无毒性）；

（2）原料开采的影响（能源投入、破坏栖息地、侵蚀表面土壤、径流造成的淤积和污染等）；

（3）运输过程（是否本地来源、燃料性消耗、空气污染）；

（4）处理过程和制造过程（能源投入、空气/水/噪声、产生的废弃物和丢弃方式）；

（5）处理方式和添加剂（化学品的运用、接触和丢弃）；

（6）使用和操作（能源需求、产品寿命、室内的空气质量、产生废物）；

（7）资源回收再利用（重复利用材料可能性）。

6.5 建筑材料选择的顺序

首选自然界的材料，例如石头、泥土、植物（麻、黄麻、茅草、棉花）、羊毛、木材等。其次选取资源可回收的产品，例如木、铝、纤维质和塑料等制成的材料，再次选取人造材料（人工的、化学合成的、非再生的），这种材料对环境会造成不同程度的影响，例如塑料和铝。

（1）天然材料比较节省能源，制造时也较少造成污染和污染室内空气。

（2）就地取材的能源成本较低，运输时较少造成污染，且有助维持当地的经济。

（3）耐用的材料可以节省维护、生产和更换过程所产生的能源成本。

（4）确定木材的合法来源。

（5）确定材料的制造过程不会消耗大量能源、造成污染和制造废物。

（6）鉴定从旧建筑物回收的材料和产品的功能效率和环境安全性。

（7）仔细检查回收再用的产品成份，因为也许仍然存有毒素。

（8）仔细评估含有回收性碳氢化合化的产品，若使用它们，也许能够帮助减少掩埋场内的塑料数量，但这样并不能减少人们制造和使用新的塑料产品。

（9）使用新工艺和新的再生环保材料。

（10）避免使用会散发挥发性有机合成物的材料，以免污染室内空气。

7 国家公园绿色营建案例

云南省已经建立并成功运行了若干国家公园，普达措是中国大陆第一个国家公园，在设施建设中充分体现了绿色营建的理念，拒绝了许多不合理的建设和行政干预，只保证基本的功能需求，在有效保护自然生态系统的同时，兼顾了游憩和传统文化保护和社区和谐发展。西双版纳热带雨林国家公园野象谷园区的设施建设，在国家公园管理机构的严格监管下，经营者在保护、展示、游憩、教育方面的设施建设均充分考虑了环境生态因子，体现了绿色营建理念。

【参考文献】

郭艳丽，史静，2013. 浅谈绿色建筑的绿色营建［J］. 城市建设理论研究（电子版）.

纪慧祯，张盈慧，2002. 生态工法用于国家公园之研究［R］. 中华大学营建研究中心.

张希武，唐芳林，2014. 中国国家公园的探索与实践［M］. 北京：中国林业出版社.

W. J. Mitsch and S. E, 1989. Jørgensen (Editors), Ecological engineering: An introduction to ecotechnology［M］. Wiley, Chichester, UK. 472.

我国国家公园总体布局初探*

国家公园是国际公认的一种保护地类型。自2013年党的十八届三中全会《中共中央关于全面深化改革若干重大问题的决定》中首次明确提出“建立国家公园体制”以来，国家公园在我国受到了社会各界的高度关注。近年来，很多专家学者从国家公园的属性、体制、路径、评估等多个方面对国家公园进行了研究，中央政府也将在2017年出台“国家公园体制总体方案”。随着国家公园体制试点的开展，各地对建立国家公园的热情不断高涨，有的省份根据本省情况进行了先期研究，为下一步国家公园的建立做准备。在此形势下，国家亟需尽快制定相应的国家公园标准规范，明确国家公园准入条件，把好国家公园的设立关、规划关和建设关；需要遵照“山水林田湖”的思想，基于生态文明建设统筹考虑国家公园的总体布局。本文作者在深入解析和认识国家公园、国家公园体制等内涵的基础上，结合我国自然地理、生物地理分区及主体功能区划分，探讨了国家公园的遴选原则及总体布局。

1 国家公园的再认识

1.1 国家公园的内涵

关于国家公园，各国的定义大同小异。世界自然保护联盟（IUCN）在《保护地管理类别指南》中提出“国家公园是主要用于生态系统保护及游憩活动的天然的陆地或海洋，指定用于为当代和后代保护一个或多个生态系统的完整性，排除任何形式的有损于该保护地管理目的的开发和占有行为，为民众提供精神、科学、教育、娱乐和游览的基地，用于生态系统保护及娱乐活动的保护区。”

纵观国家公园诞生以来走过的140多年的发展历程，从单纯的保护荒野、野生动物，到保护生态过程、生态系统和生物多样性；从损伤性的自然资源利用，到可持续、非损伤性的有限利用；从感受自然之美，到精神享受及升华，等等。国家公园的内涵不断在丰富，但其首要目标和任务非常明确，就是要保护自然生态系统的完整性和原真性，在保护的基础上提供永续利用的价值，承载多样性的功能需求，体现美丽、和谐、融合与发展，不仅为当代，更是为后代。我国在生态文明建设的背景下提出建设国家公园体制，目的也是完善自然保护体系，强化国家公园的保护自然生态的功能，同时兼有其他如精神享受、科研、教育、娱乐和参观等辅助功能，满足可持续发展的需要。

1.2 国家公园体制的内涵

国家公园体制是对自然保护地体系进行组织化的制度安排，构成相互联系的有机整体和配套的管理体制，共同发挥生态服务功能。国家公园体制是国家生态文明体制的重要组成部分，国家公园体制与自然资源资产产权制度、用途管制制度、生态补偿制度和生态损害责任追究制度等生态文明制度改革协调推进。建立国家公园体制，更进一步的是完善自然保护管理体制，实现山、水、林、田、湖等自然资源的统一管理。国家公园在新的自然保护地体系中处于核心地位，不属于自然资源和自然生态系统保护的类型，不应纳入自然保护地体系。

---

* 王梦君，唐芳林，孙鸿雁，等. 我国国家公园总体布局初探 [J]. 林业建设，2017，(3)：7-16.

2 国家公园的布局

2.1 国外案例——加拿大国家公园系统计划

加拿大国家公园管理部门在20世纪70年代初期开始编制加拿大国家公园系统计划，并分别于1991年和1996年作了补充与修改。根据自然地理、植被类型、地貌特征、气候特征和动物谱系等区域特征，该计划把全国划分成39个陆地自然区域，要求每一自然区域都应该在国家公园系统中有所代表。为达此目的，在每一个自然区域内确立一定的自然小区，最大程度地包括多种自然主题（生物、地质、地文、地质地貌和海岸地貌），这些小区被称为“具加拿大重要性的自然小区”（NACS），潜在的国家公园就是从中选择出来的。

国家公园系统规划方案的出台，是加拿大政府对国家公园地域系统的大盘点，它指明了加拿大国家公园管理部门在这以后的工作重点，有利于从科学意义上填补国家公园的地域空白，从而真正完善自然地域意义上的国家公园系统。《国家公园政策》规定，国家公园局的最低目标是要在39个自然区域的任何一个区域，建立至少一个具有地域与生态代表性的国家公园。经过100多年的发展，目前加拿大共设立了38个国家公园和8个国家公园保留地，总面积达5000万公顷，约占加拿大国土面积的5%，代表全国39个陆地自然区域中的25个。

2.2 我国国家公园布局思路

结合我国生物地理分区和国家重点生态功能区，根据国家公园的遴选原则，按照山系、水系等完整自然生态系统保护要求，初步筛选出自然生态典型、管理体制复杂的区域，对这些区域能否建设成为国家公园的资源禀赋、建设适宜性和管理可行性进行综合分析，进而提出国家公园拟建区的布局。

多年来，我国建立了以自然保护区为主的多个保护地，保护了我国典型自然生态系统、生物多样性的精华，国家公园的建立不是在一张白纸上。因此，应全面收集和分析自然保护区、湿地公园、森林公园、地质公园、风景名胜区等不同类型保护区的分布情况，对其进行科学评估和系统评价，选择符合国家公园条件的保护区域建立国家公园，按照国家公园体制的改革目标，做好在现有保护地与国家公园布局的衔接（图1）。

3 我国自然环境概况及分区探讨

3.1 我国自然环境概况

我国地处欧亚大陆东南部，约有960万平方公里的广阔疆域和300万平方公里的管辖海域。从北到南跨越纬度约50°，近5500公里的距离，因而自北向南有寒温带、温带、暖温带、亚热带和热带五个温度带；从西到东约5200公里，东南濒临太平洋，有来自东南的季风，西南与南亚次大陆接壤，受印度洋季风影响。因此，在我国东部和西南部降水量丰富，西北深入欧亚大陆腹地，极为干旱，两者之间存在着半干旱的过渡带。由于气温与降水的不同组合，致使我国不同地区的气候条件多种多样。

我国地貌类型复杂多样，从东向西，地势逐渐升高，形成三大阶梯。我国又是个多山国家，丘陵、山地面积约占国土面积的2/3，有世界最高峰珠穆朗玛峰，海拔高达8848m，也有海拔高度在海平面以下154m的吐鲁番盆地的艾丁湖，高度差异极大。在不同气候带内还分布有许多山地，构成了多种多样的垂直分布生境类型，更增加了我国自然条件的复杂性，特别是我国西部青藏高原的隆起，对周围地区的地貌、气候和生命界产生巨大影响。

我国自白垩纪以来，除西北内陆干旱区外，基本上保持着温暖而湿润的亚热带、热带气候。第四纪冰川时期，我国没有直接受到北方大陆冰川的破坏，加之有复杂的地形条件，形成了许多古老物种的避

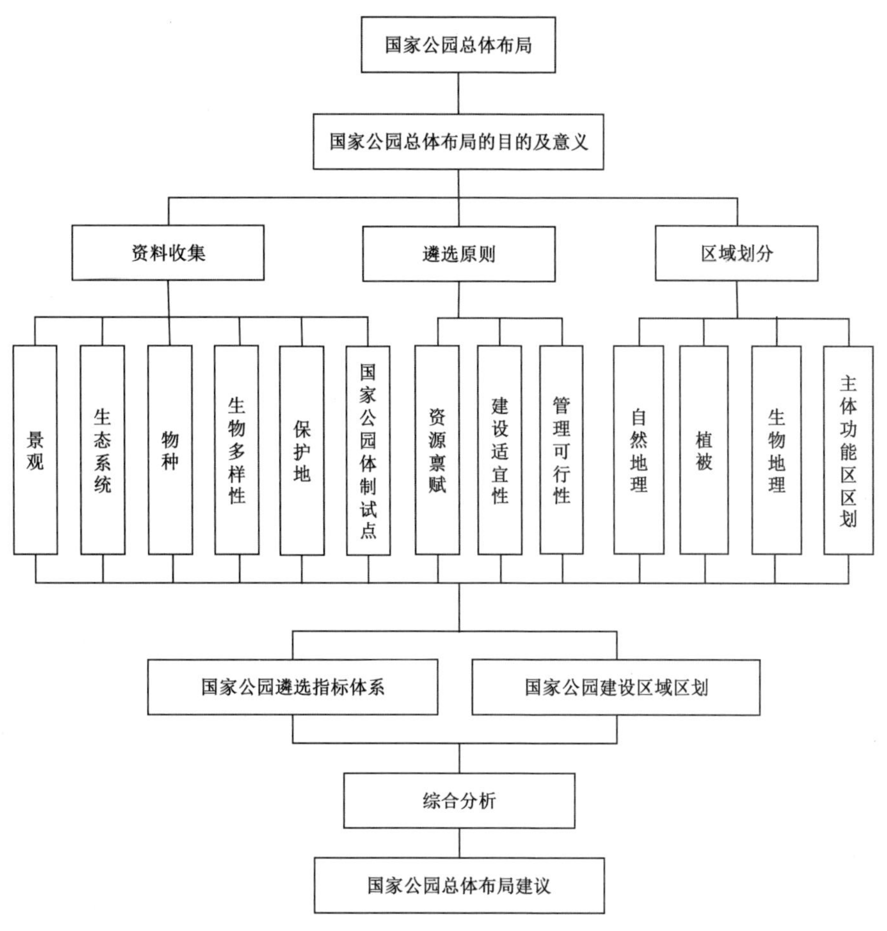

图 1 国家公园总体布局思路框架

难所或新生孤立类群的发源地。

总之，我国国土辽阔，气候多样，地貌类型丰富，河流纵横，湖泊众多，东部和南部又有广阔的海域，复杂的自然地理条件为各种生物及生态系统类型的形成、发展提供了多种生境。第三纪及第四纪相对优越的自然历史地理条件更为我国生物多样性的发展提供了可能。从而，使我国成为世界上生物多样性最为丰富的国家之一。

3.2 我国分区探讨

关于我国的分区，有自然地理、植被、生物地理、人文地理等多个角度。依据《中国植被》，我国植被区划包括 8 个植被区域、28 个植被地带、119 个植被区和 453 个植被小区（包括台湾和南海）。植被类型可以划分为 11 个植被型组、53 个植被型和 600 个主要群系（包括人工植被）。《中国生态系统》将我国的生态系统进行了生态系统型、生态系统纲、生态系统目、生态系统科、生态系统属、生态系统丛 6 级分类。2012 年 12 月 21 日，国务院印发的《全国主体功能规划》将我国国土空间按开发方式，分为优化开发区域、重点开发区域、限制开发区域和禁止开发区域；按开发内容，分为城市化地区、农产品主产区和重点生态功能区；按层级，分为国家和省级两个层面。解焱等（2002）在中国综合自然地理区划的基础上，利用大量的物种分布资料，通过计算分析客观的相似性指数进行了相应的区划。

基于国家公园的特点及属性，本文以资源为重要基础和先决条件，结合地理区划、资源特色、管理状况、主体功能区的国家重点生态功能区，综合分析我国关于中国自然地理及生物地理区划，主要参照解焱等（2002）的中国生物地理区划，把全国区划为 4 个大区域 9 个亚区域，为国家公园总体布局奠定基础。

3.2.1 东北部

东北部包括内蒙古西部沙漠以西，秦岭、黄河以北，以及山东半岛，包括内蒙古高原及东北平原、小兴安岭和长白山、华北及黄土高原三个亚区域。东北部主要包括8个国家重点生态功能区，分别为大小兴安岭森林生态功能区、三江平原湿地生态功能区、长白山森林生态功能区、科尔沁草原生态功能区、黄土高原丘陵沟壑水土保持生态功能区、呼伦贝尔草原草甸生态功能区、浑善达克沙漠化防治生态功能区、阴山北麓草原生态功能区。

（1）内蒙古高原及东北平原

包括大兴安岭、东北平原内蒙古高原及鄂尔多斯高原。该区域处在我国最北端，远离海洋，降水量较少，且受西伯利亚冷气团的影响，冬季严寒而漫长，所以境内有大片或呈岛状分布的永冻层。在这种气候条件下，植被类型较为单一，物种组成也较贫乏。该区域有我国最为典型、最为原始、面积最大的以落叶松林（Form. Larix gmelinii）为代表的寒温带针叶林，还是欧亚草原区的最东端，有我国最为典型的温带草原植被，分布有我国面积最大、生态系统功能重要且脆弱的北中国森林-草原生态交错带（Forest-steppe ecotone in North China）。

（2）小兴安岭和长白山

包括小兴安岭、长白山地、三江平原及辽东半岛。该区域主要为东北平原的东部山地，处在我国最东部。全国仅在此区有分布的以红松林（Form. Pinus koraiensis）、杉松林（Form. Abies holophylla）等为代表的温带针叶林。

（3）华北及黄土高原

该区域有我国最为典型的暖温带落叶阔叶林生态系统。绚丽多彩的秋色景观，在全国首屈一指。非常重要但极其脆弱的黄土高原森林草原生态系统，是具有国家意义的水土保持生态功能区的根本，有重要保护价值。

3.2.2 东南部

东南部包括秦岭（含秦岭）、黄河以南，横断山以东地区，以及台湾，包括华中、长江以南丘陵和高原、中国南部沿海和岛屿三个亚区域。东南部主要包括7个国家重点生态功能区，分别为秦巴生物多样性生态功能区、三峡库区水土保持生态功能区、大别山水土保持生态功能区、武陵山区生物多样性及水土保持生态功能区、南岭山地森林及生物多样性生态功能区、海南岛中部山区热带雨林生态功能区、桂黔滇喀斯特石漠化防治生态功能区。

（1）华中

包括淮北平原、长江中下游平原、秦岭和大巴山地区、四川盆地。该区域的北亚热带常绿、落叶阔叶混交林生态系统，物种丰富，特有性显著，是秦巴生物多样性生态功能区及我国三大特有中心之一——川东-鄂西特有中心所在。

（2）长江以南丘陵和高原

包括东南丘陵、长江南岸丘陵及云贵高原。该区域分布有我国最具代表的中亚热带常绿阔叶林生态系统。在区系发生上，该区西部的云南高原是中国-喜马拉雅区系成分的发源地，具有重要科研及保护价值。该区域还是我国最为典型的喀斯特地貌及在这种特殊生境下孕育的我国三大特有中心之一——滇东南-桂西古特有中心。

（3）中国南部沿海和岛屿

包括岭南丘陵、云南南部、海南、雷州半岛、台湾及南海诸岛。该区的季雨林、雨林植被区为我国最南端的植被区域，是东南亚热带植被的北缘类型，具有一定的过渡性而自有其地区性的特点，具有重要科研及保护价值。该区处在世界上最丰富的植物区系——马来西亚植物亚区的北缘，起源古老，特有性显著，珍稀植物丰富，具有重要的科研价值。该区的红树林植被在我国仅在此区有分布。

3.3.3 西南部

范围包括青藏高原、横断山、柴达木盆地和祁连山。可分成青藏高原东南部和南部和青藏高原中北部二个亚区域。西南部主要包括 7 个国家重点生态功能区，分别为藏西北羌塘高原荒漠生态功能区、三江源草原草甸湿地生态功能区、若尔盖草原湿地生态功能区、藏东南高原边缘森林生态功能区、甘南黄河重要水源补给生态功能区、祁连山冰川与水源涵养生态功能区、川滇森林及生物多样性生态功能区。

（1）青藏高原东南部和南部

包括云南高原西部、四川南部和西部、西藏东部、喜马拉雅山地。该区域分布有我国最为原始的高原山地寒温性、温性针叶林及硬叶常绿阔叶林生态系统及我国分布最北的热带植被——季雨林、雨林植被。从海拔仅 152 米的西藏最低点墨脱县巴昔卡村到世界屋脊珠穆朗玛峰，呈现由热带至寒带的全世界最完整的、海拔差异最大的植被垂直带谱。

（2）青藏高原中北部

包括青藏高原东北部及中西部。该区域有我国最为原始的高原高寒草甸、草原植被生态系统。该区有长江、黄河等重大河流的源头，是具有国家意义的水源保护地。

3.3.4 西北部

西北部包括阿拉善高原、北疆、塔里木盆地及昆仑山山脉。西北部主要包括 3 个国家重点生态功能区，分别为塔里木河荒漠化防治生态功能区、阿尔金草原荒漠化防治生态功能区、阿尔泰山地森林草原生态功能区。

该区域处在我国的干旱荒漠带，其独特的高原高寒荒漠植被、暖温带荒漠植被、温带荒漠植被生态系统具有重要科研及保护价值。该区生态地位重要，其荒漠植被是防治华北、华中地区沙尘暴天气的天然生态屏障。特殊胡杨生态系统、绿洲生态系统是西北干旱区值得保护的防止沙漠化进程的重要生态系统。

4 国家公园的遴选原则探讨

结合国内外国家公园建设的设置经验、我国生态文明建设及国家公园体制建立目标，以及当前我国保护地存在的主要问题，国家公园的遴选可从资源禀赋、建设适宜性、管理可行性三个方面进行评估。

4.1 资源禀赋

国家公园应具备资源的国家代表性，拥有具有国家或国际意义的核心资源。对拟建立国家公园的区域，可主要从代表性、独特性、完整性与重要性 4 个方面评估拟建地的自然资源。

4.1.1 代表性

国家公园拟建地的景观、生态系统、物种等自然资源在全球或国家层面具有代表性和典型性。通过建立国家公园，可以有效保护国家的代表或典型自然资源不致丧失，从而起到支撑当地生态文明战略的重大作用。

从物种层次而言，拟建地的生物多样性丰富程度位于全国前列，是国际生物多样性热点地区或中国生物多样性优先保护区域，或具有重要地位、保存完好的古生物遗迹的区域。如横断山作为中国三大特色中心的新特有中心，生物多样性极其丰富。在这个区域，选择植被天然性好，生态系统完整的区域建设国家公园是有必要的。或者被评估地是某个珍稀濒危物种的集中分布区域，如大熊猫、东北虎、亚洲象、藏羚羊、滇金丝猴、海南长臂猿的集中分布区域。在这些旗舰物种（Flagship species）或者伞护种（Umbrella species）的集中分布地并包括其历史分布地、潜在分布地建设国家公园，可以伞护其他物种和大尺度的生态系统，容易引起公众关注并参与保护。

从生态系统视角而言，国家公园拟建地要具有极其重要的自然生态系统，是全球或全国同类型自然生态系统或生物地理区中有典型代表性的区域。植被类型是地带性顶级植被类型，或生境性顶级植被类型。

从景观层次而言，国家公园拟建地具有全球或全国意义的植被景观、地质地貌景观、河流湿地景观，景观的美学价值、人文价值高，感染力强。

4.1.2 独特性

国家公园的景观、生态系统、物种等自然资源，尤其是自然景观，应具有全球或国家意义的独特性，具有独特的生态、审美、文化价值，无论是规模还是价值都是其他地方所不具备，或者不能相比的，与其他保护地的自然资源有明显的异质性。

4.1.3 完整性

国家公园要具有高度原始性的完整的生态系统，应包含至少一个完整的生态系统结构、过程和功能，拥有一个自然地理区域内的数个生态系统如完整的山系、流域、湖沼、河谷、垂直或水平带谱等，其主要管理目标是对保护区域内所有特殊地理景观、自然生态系统及土地资源、物种资源等实行整体的、可持续性保护。

4.1.4 重要性

生态系统的服务极其重要，生态保护价值高，对中华民族生存和国家社会经济可持续发展有重要影响的区域，如大江大河中上游、河道入海口、重要湿地等。

4.2 建设适宜性

“建设适宜性”指拟建国家公园要具有一定规模和确定的范围、适宜开展公众生态教育、能促进社区发展。

4.2.1 面积适宜性

应有足够的满足国家公园发挥其多种功能的区域范围。以自然资源为核心资源的国家公园的总面积不小于 10 000 hm^2，包含完整的生态系统，最好包括一个完整的地理单元，大尺度的水平带谱和完整的垂直带谱，如山系、水系，以确保当地重要的自然资源可以得到完整保存或增强。

4.2.2 范围适宜性

国家公园在区域上应相对集中连片，其边界易于识别和确定。划入国家公园的土地利用类型应适合于资源的保护和合理利用。

4.2.3 教育适宜性

在保护的前提下，国家公园内应能划出具有独特的观赏和体验价值的区域，用于开展公众教育、宣传展示、游憩体验等活动。

4.2.4 社区利用资源的适宜性

国家公园的建立应有利于保护和合理利用区域内的自然和人文资源。除保护好区内的自然资源外，评估拟建国家公园内或周边社区对资源的利用方式与利用程度，分析其使用方式对自然资源的影响。根据其影响，制定相应策略，与社区一起共同解决资源利用问题，国家公园的建立应对社区居民的生产生活与环境条件的改善有促进作用，社区支持国家公园的建设与发展，愿意参与国家公园的建设与管理，并从中可以分享国家公园建设与发展带来的好处。

4.2.5 类型适宜性

拟建国家公园的核心资源与已建国家公园的核心资源有明显的异质性。

4.3 管理可行性

4.3.1 管理有效性

对国家公园拟建区域现有的自然生态系统的管理体制、机制与模式进行评估，在国家公园设立后，已有管理措施与国家公园的管理目标可以实现无缝对接，确保国家公园管理的有效性，管理目标的可靠性，使核心资源在成为国家公园后得到完整保存或增强。

4.3.2 国有产权的主体性

确保全民所有的自然资源资产占主体地位，资源权属清楚，不存在权属纠纷，国有土地、林地面积应占国家公园总面积的60%以上。划入国家公园的土地利用类型应适合于资源的保护和合理利用，或者可以限制其土地利用方式不会“蚕食”到国家公园现有的自然资源保护。

4.3.3 可进入性

国家公园的展示和利用区域具有可进入性，交通、通讯、能源等基础设施条件应能满足国家公园建设管理与经营的需要。

4.3.4 社会环境协调性

国家公园应与区域社会、经济和文化发展规划相协调，并能妥善解决与其他产业布局以及国家重大基础设施建设的冲突，具备良好、稳定、安全的旅游市场和环境。国家公园应重视社区民族所拥有的保护自然资源、土地利用与管理的传统生态文化，充分发挥其在保护生物多样性方面的极积作用，并努力让这些传统生态知识能够体现在当地的社区集体土地和集体森林的管理上。

4.3.5 地方积极性

当地政府和社区居民认识到国家公园拟建地的生态系统保护价值，对建立国家公园的积极性高，支持力度大。

5 我国国家公园布局建议

基于我国分区的探讨、国家公园遴选原则及保护地分布的研究，本文提出在84个区域建设国家公园，在各区的国家公园建设布局具体如下。

5.1 我国东北部的国家公园建设布局建议

建议在我国的东北部选择北京八达岭、河北昌黎黄金海岸、河北塞罕坝—木兰围场、山西五台山、山西恒山、山西、陕西黄河壶口瀑布、内蒙古锡林郭勒、内蒙古大青山、内蒙古—宁夏贺兰山、辽宁双台河口、辽宁努鲁儿虎山、辽宁锦州、吉林长白山、吉林—黑龙江东北虎、黑龙江五大连池、黑龙江大兴安岭、黑龙江小兴安岭、山东泰山、山东胶东半岛海滨、河南嵩山、河南黄河湿地、甘肃敦煌西湖、宁夏六盘山等23个区域建设国家公园。

5.2 我国东南部的国家公园建设布局建议

建议在我国的东南部选择上海崇明东滩、江苏盐城湿地、江苏云台山、江苏南京紫金山、江苏太湖、浙江雁荡山、浙江天目山、浙江南麂列岛、浙江钱江源、安徽黄山、安徽九华山、福建—江西武夷山、福建泰宁、江西庐山、江西三清山、江西鄱阳湖、湖北神农架、湖北武当山、湖北—重庆长江三峡、湖南张家界、湖南洞庭湖、湖南南山、广东丹霞山、广东南岭、广西桂林、广西红树林、广西桂平西山、海南三亚珊瑚礁、海南热带雨林、海南海南三沙、重庆金佛山、四川青城山—都江堰、贵州茂兰、贵州赤水竹海、陕西秦岭、陕西华山等36个区域建设国家公园。

5.3 我国西南部的国家公园建设布局建议

建议在我国的西南部选择大熊猫、四川若尔盖、云南香格里拉普达措、云南亚洲象、云南三江并流

（高黎贡山、梅里雪山、白马雪山）、云南怒江大峡谷、云南红河、云南南滚河、云南哀牢山、西藏纳木措—念青唐古拉山、西藏玛旁雍错—冈仁波齐、西藏雅鲁藏布大峡谷、西藏珠穆朗玛峰、西藏羌塘、西藏色林错、甘肃尕海—则岔、青海青海湖、青海三江源、甘肃—青海祁连山等19个区域建设国家公园。

5.4 我国西北部的国家公园建设布局建议

建议在我国的西北部选择新疆天山天池、新疆雪豹、新疆塔里木胡杨、新疆帕米尔高原、新疆阿尔金山、新疆哈纳斯等6个区域建设国家公园。

6 结语

2015年9月，中共中央、国务院印发的《生态文明体制改革总体方案》（中发〔2015〕25号）中提出，“建立国家公园体制。加强对重要生态系统的保护和永续利用，改革各部门分头设置自然保护区、风景名胜区、文化自然遗产、地质公园、森林公园等的体制，对上述保护地进行功能重组，合理界定国家公园范围。……”建设国家公园是现阶段我国社会经济发展的历史需求。建立国家公园体制是一项改革举措，通过改革有效解决我国现有各种保护地普遍存在的交叉重叠、权责不清的矛盾和问题，完善我国的自然保护体系。

有关研究表明，我国国家级自然保护地的建设在空间分布上呈凝聚型分布，从数量上看高密度集中在地势平坦、气候宜人、水资源丰富、植被景观差异性大、土壤肥沃、文化历史悠久和交通可达性高的华东和华中地区。在我国经济高速发展、土地资源紧张、发展和保护的矛盾突出的背景下，国家公园的布局受到各种复杂的条件约束。开展国家公园的总体布局研究，主要是为了在最具条件的区域建设国家公园，在景观、生态系统、物种及生物多样性等各个层面都具有典型性和代表性，进行国家公园的均衡布局和建设，对于国家公园体系健康稳定发展及完善我国自然保护体系的意义是不言而喻的。

根据自然地理、地形地貌、气候特征、植被类型、生物分布等特征，将全国区划为不同的自然区域，可以为国家公园的选址建设提供基本的参考框架，也便于将来国家公园体系的管理。本文尝试结合全国主体功能区划的国家重点生态功能区，主要参照解焱等（2002）的中国生物地理区划，把全国区划为4个大区域9个亚区域，对亚区域的再细分还需进一步的研究。关于国家公园的遴选，本文主要提出了资源禀赋、建设适宜性、管理可行性三个方面的原则。在资源禀赋方面，国家公园应具备代表性、独特性、完整性与重要性；在建设保护宜性方面，国家公园要具有一定规模和范围完整保护生态系统及生态过程，在保护的前提下，国家公园还应能够区划出适宜开展公众教育的区域，其建设应对社区居民的生产生活与环境条件的改善有促进作用；在管理可行性方面，国家公园范围内的全民所有的自然资源资产应占主体地位，应具有可进入性，与当地发展协调性，而且当地政府和社区居民等相关利益群体应积极支持国家公园的建设。在综合分析的基础上，本文提出了在我国的84个区域建设国家公园的建议，期望本文提出的理念和思路能够为我国国家公园的总体布局提供一定的参考。

附表1 我国国家公园建设地点建议

序号	国家公园建设建议地点	所在分区	涉及省、自治区、直辖市	该区域的保护地类型
1	燕山（八达岭长城）	I	北京	以长城的名称已列入国家公园体制试点，森林公园、风景名胜区
2	昌黎黄金海岸	I	河北	自然保护区、风景名胜区
3	塞罕坝—木兰围场	I	河北	自然保护区、森林公园、风景名胜区
4	五台山	I	山西	自然保护区、森林公园、风景名胜区、世界遗产地、地质公园
5	恒山	I	山西	自然保护区、森林公园、风景名胜区
6	黄河壶口瀑布	I	山西、陕西	风景名胜区、地质公园
7	锡林郭勒	I	内蒙古	自然保护区

（续）

序号	国家公园建设建议地点	所在分区	涉及省、自治区、直辖市	该区域的保护地类型
8	大青山	Ⅰ	内蒙古	自然保护区
9	贺兰山	Ⅰ	内蒙古、宁夏	自然保护区、森林公园
10	双台河口	Ⅰ	辽宁	自然保护区
11	努鲁儿虎山	Ⅰ	辽宁	自然保护区
12	锦州	Ⅰ	辽宁	自然保护区、森林公园、风景名胜区、地质公园
13	长白山	Ⅰ	吉林	自然保护区、森林公园、地质公园
14	东北虎	Ⅰ	吉林、黑龙江	自然保护区
15	五大连池	Ⅰ	黑龙江	自然保护区、森林公园、风景名胜区、地质公园
16	大兴安岭	Ⅰ	黑龙江	自然保护区
17	小兴安岭	Ⅰ	黑龙江	自然保护区、森林公园、地质公园
18	崇明东滩	Ⅱ	上海	自然保护区
19	盐城湿地	Ⅱ	江苏	自然保护区
20	云台山	Ⅱ	江苏	自然保护区、风景名胜区
21	南京紫金山	Ⅱ	江苏	森林公园、风景名胜区、世界遗产地
22	太湖	Ⅱ	江苏	森林公园、风景名胜区、地质公园
23	雁荡山	Ⅱ	浙江	森林公园、风景名胜区、地质公园
24	天目山	Ⅱ	浙江	自然保护区
25	南麂列岛	Ⅱ	浙江	自然保护区
26	钱江源	Ⅱ	浙江	已列入国家公园体制试点，涉及自然保护区、森林公园、风景名胜区
27	黄山	Ⅱ	安徽	风景名胜区、地质公园、世界遗产地
28	九华山	Ⅱ	安徽	森林公园、风景名胜区、地质公园
29	武夷山	Ⅱ	福建、江西	福建武夷山已列入国家公园体制试点，主要涉及森林公园、风景名胜区
30	泰宁	Ⅱ	福建	森林公园、风景名胜区、地质公园、世界遗产地
31	庐山	Ⅱ	江西	自然保护区、风景名胜区、地质公园、森林公园、世界遗产
32	三清山	Ⅱ	江西	风景名胜区、地质公园、世界遗产地
33	鄱阳湖	Ⅱ	江西	自然保护区
34	泰山	Ⅰ	山东	自然保护区、风景名胜区、地质公园、森林公园、世界遗产
35	胶东半岛海滨	Ⅰ	山东	自然保护区、风景名胜区、地质公园
36	嵩山	Ⅰ	河南	森林公园、风景名胜区、地质公园、世界遗产地
37	河南黄河湿地	Ⅰ	河南	自然保护区
38	神农架	Ⅱ	湖北	已列入国家公园体制试点，自然保护区、森林公园、风景名胜区、地质公园
39	武当山	Ⅱ	湖北	自然保护区、风景名胜区
40	长江三峡	Ⅱ	湖北、重庆	自然保护区、森林公园、风景名胜区、地质公园
41	张家界	Ⅱ	湖南	自然保护区、森林公园、风景名胜区、地质公园、世界遗产地
42	洞庭湖	Ⅱ	湖南	自然保护区、风景名胜区
43	南山	Ⅱ	湖南	已列入国家公园体制试点，涉及自然保护区、森林公园、湿地公园、风景名胜区
44	丹霞山	Ⅱ	广东	自然保护区、风景名胜区、地质公园、世界遗产地

（续）

序号	国家公园建设建议地点	所在分区	涉及省、自治区、直辖市	该区域的保护地类型
45	南岭	Ⅱ	广东	自然保护区、森林公园
46	桂林	Ⅱ	广西	森林公园、风景名胜区、地质公园
47	红树林	Ⅱ	广西	自然保护区
48	桂平西山	Ⅱ	广西	自然保护区、风景名胜区、森林公园
49	三亚珊瑚礁	Ⅱ	海南	自然保护区、风景名胜区
50	热带雨林	Ⅱ	海南	自然保护区
51	海南三沙	Ⅱ	海南	自然保护区
52	金佛山	Ⅱ	重庆	自然保护区
53	青城山—都江堰	Ⅱ	四川	自然保护区、森林公园、风景名胜区
54	大熊猫	Ⅲ	四川、陕西、甘肃	已列入国家公园体制试点，涉及自然保护区、森林公园风景名胜区、地质公园、世界遗产地等
55	若尔盖	Ⅲ	四川	自然保护区
56	茂兰	Ⅱ	贵州	自然保护区、风景名胜区
57	赤水竹海	Ⅱ	贵州	自然保护区、森林公园、风景名胜区
58	香格里拉普达措	Ⅲ	云南	已列入国家公园体制试点，涉及自然保护区、风景名胜区
59	亚洲象	Ⅲ	云南	自然保护区、森林公园、风景名胜区
60	三江并流（高黎贡山、梅里雪山、白马雪山）	Ⅲ	云南	自然保护区、风景名胜区、世界遗产地
61	怒江大峡谷	Ⅲ	云南	自然保护区、风景名胜区、世界遗产地
62	红河	Ⅲ	云南	自然保护区、风景名胜区、世界遗产地
63	南滚河	Ⅲ	云南	自然保护区、风景名胜区
64	哀牢山	Ⅲ	云南	自然保护区
65	纳木措—念青唐古拉山	Ⅲ	西藏	自然保护区、风景名胜区
66	玛旁雍错—冈仁波齐	Ⅲ	西藏	自然保护区、森林公园
67	雅鲁藏布大峡谷	Ⅲ	西藏	自然保护区
68	珠穆朗玛峰	Ⅲ	西藏	自然保护区
69	羌塘	Ⅲ	西藏	自然保护区
70	色林错	Ⅲ	西藏	自然保护区
71	秦岭	Ⅱ	陕西	自然保护区、森林公园、地质公园
72	华山	Ⅱ	陕西	风景名胜区
73	敦煌西湖	Ⅰ	甘肃	自然保护区
74	尕海-则岔	Ⅲ	甘肃	自然保护区
75	青海湖	Ⅲ	青海	自然保护区、风景名胜区
76	三江源	Ⅲ	青海	已列入国家公园体制试点，主要涉及自然保护区
77	祁连山	Ⅲ	甘肃、青海	主要涉及自然保护区
78	六盘山	Ⅰ	宁夏	自然保护区、森林公园
79	天山天池	Ⅳ	新疆	自然保护区、森林公园、地质公园
80	雪豹	Ⅳ	新疆	自然保护区
81	塔里木胡杨	Ⅳ	新疆	自然保护区
82	帕米尔高原	Ⅳ	新疆	自然保护区
83	阿尔金山	Ⅳ	新疆	自然保护区
84	哈纳斯	Ⅳ	新疆	自然保护区

【参考文献】

唐芳林，王梦君，2015. 国外经验对我国建立国家公园体制的启示［J］. 环境保护：45-50.

唐芳林，2010. 中国国家公园建设的理论与实践研究［D］. 南京林业大学.

唐芳林，2014. 国家公园属性分析和建立国家公园体制的路径初探［J］. 林业建设：1-8.

唐小平，2014. 中国国家公园体制及发展思路探析［J］. 生物多样性，22（4）：427-430.

王连勇，2003. 加拿大国家公园规划与管理［M］. 重庆：西南师范大学出版社.

王维正，胡春姿，刘俊昌，2000. 国家公园［M］. 北京：中国林业出版社.

吴征镒，王荷生，1983. 中国自然地理-植物地理（上册）［M］. 北京：科学出版社，1-125.

解焱，李典谟，J MacKinnon，2002. 中国生物地理区划研究［J］. 生态学报，22（10）：1599-1615.

张荣祖，1999. 中国动物地理［M］. 北京：科学出版社.

张希武，唐芳林，2014. 中国国家公园的探索与实践［M］. 中国林业出版社.

朱里莹，徐姗，兰思仁，2017. 中国国家级保护地空间分布特征及对国家公园布局建设的启示［J］. 地理研究，02：307-320.

Status of Planning for Natural Regions. Canada National Park System Plan.

建立国家公园体制目标分析[*]

2013年，我国提出建立国家公园体制。由于初期基础研究不够充分，顶层设计滞后，目前还处于以借鉴国外经验、由基层试点、“摸着石头过河”为特征的探索阶段。各方面对国家公园体制的认识不一，试点过程中的利益博弈再次显现了自然保护领域多头管理的弊端。这一方面证明了改革自然保护体制的必要性和迫切性，另一方面也显示了明确国家公园体制建设目标的重要性。

1 建立国家公园体制的目的在于改革自然保护地存在的弊端

我国自1956年开始60多年来的自然保护工作，成绩巨大，积累的矛盾和问题也不容忽视。国家公园体制试点的重要目标是使各类保护地交叉重叠、多头管理的破碎化问题得到基本解决。这便牵出了一些深层次的问题，随着政府重视度和社会关注度的升高、环保督察能力的增强以及问责力度的加大，使各种问题集中暴露，主要表现在以下方面。

1.1 自然保护地布局不合理，出现保护空缺

自然保护地缺乏系统规划和通盘考虑，由地方自下而上申报、各部门为主审批，容易受地方态度影响。一些地方积极性高一些，这个地方的保护区面积和数量就大一些；一些地方担心自然保护区限制经济发展，积极性不高，这些地区有的重要自然生态系统没有被纳入保护，出现生态保护的空缺。经济欠发达的西部面积比例大，仅西藏就有1/3的国土面积被纳入自然保护区。经济发达的地方自然保护地数量和面积相对较少，一些生物多样性富集的区域未被纳入保护。

1.2 自然保护地分散，完整性、联通性不足，破碎化、孤岛化现象显现

客观上，我国人口众多，许多山区都有人居住，特别是南方，很难找到完整的没有人居住的区域，划设自然保护区时，难以避开居民点和集体耕地、林地，而当时也没有能力进行移民搬迁，自然保护区被隔离成斑块状，联通性不够。为了行政审批和管理上的方便，自然保护地范围一般并未完全按照山系、水系等自然生态系统来区划，而主要限制在县、市级行政范围内，很少有跨地、跨省的。目前，仅仅以大熊猫为主要保护对象的国家级自然保护区就达67个，一些本来相邻的栖息地被人为分割，完整性和联通性受到影响，种群之间基因交流不畅，孤岛化现象显现。

1.3 多头管理，交叉重叠，影响生态服务功能整体发挥

现有的自然保护地由国家林业局、住房和城乡建设部、环境保护部、国土资源部等多个部门交叉管理，存在不同部门职能交叉和法规冲突，影响了管理效率。自然保护区、风景名胜区、自然文化遗产、森林公园、地质公园等各类保护地在国土空间上的范围重叠，使得交叉重叠区域管理目标不明确，形成了完整生态系统的管理破碎化，影响生态服务功能的整体发挥。

1.4 自然资源产权不够清晰，非国有土地进入自然保护区，管理难度大

抢救性保护的一个特征是现场工作不细致，行政性命令多于群众性协商，结果把一些低保护价值的非国有土地都划入了自然保护区，集体土地即使有协议，也因为补偿不够或者比较效益失衡、契约意识缺乏而产生矛盾，给依法管理带来困扰。一些南方林区把农民有承包证的耕地和有林权证的林地都划进

---

* 唐芳林，王梦君. 建立国家公园体制目标分析［J］. 林业建设，2017，（3）：1-6.

来了，甚至有一些建制的乡镇、县城都划进了自然保护区，给后来的管理留下了许多不便。如西藏珠峰保护区把定日等四个县全部划入了自然保护区，建设活动受到限制。自然保护区和林区、农区、牧区犬牙交错，随着监控手段的提高和监督问责力度的加大，一些在自然保护区开展生产生活活动和建设的现象不断被曝光，将这些矛盾冲突暴露无遗。

1.5 经济发展和自然保护矛盾尖锐，地方积极性下降

自然保护区内居民按照物权法和土地承包办法、林权证等主张权益，和自然保护区条例相冲突，导致基层保护区管理人员和居民矛盾加剧，陷入执法困境。在牧区，牧民责怪野生动物吃了家畜的草，巡护员则说那里本来就是野生动物的领地；在南方一些地区，有农民抱怨，按“谁种谁有”的号召而种下的人工林，由于自然保护区条例的限制，成材了却不能砍伐利用，与保护区管理人员发生冲突，甚至引起群体性事件，社区矛盾爆发。一些地方干部说：用本地的资源、编制、人员和经费来建立和运转自然自然保护区，反过来对本地发展造成了限制，增加自身被检查、处罚和问责的风险，趋利避害的本能导致建立自然保护区的积极性明显下降。

1.6 居民贫困，社区关系不够协调

自然保护地大多数都地处偏远，周边居民发展条件差，靠山吃山的传统对自然资源的依赖较重。维稳、扶贫攻坚的刚性需求和生态保护的红线产生碰撞，基层自然保护区管理人员工作处境艰难，和社区关系不够和谐。那种和村民、集体签订保护协议把集体土地纳入自然保护区的做法只是权宜之计，其关系也是脆弱的，随着比较效益发生变化，矛盾随时可能爆发。

1.7 人才缺乏，经费投入不足

由于工作条件艰苦和待遇较低，自然保护地基层留不住专业人才，大部分自然保护区目前只能达到“看管”的护林员水平，科普监测等活动难以开展。保护区的投入和补偿标准都太低，全国 446 处国家级自然保护区，每年只有 10 亿元左右的基本建设投入，运行费由地方负责。加大自然保护地投入既是自然保护的需求，也是改善社区生产生活条件，增强可持续发展能力，增加居民收入，促进社区群众脱贫致富的需要。

尽管我国已经建立了上万个自然保护地，面积占国土面积的 18%左右，因为以上种种问题的存在，影响了生态服务功能发挥，难以提供生态安全保障。亟待用改革的思路解决这些问题，通过制度创新，完善自然保护体系，而建立国家公园体制是一个重要改革举措。

2 建立国家公园体制，完善自然保护体系

国家公园、国家公园体系和国家公园体制是不同的概念和不同层次的目标。国家公园是纳入重点保护的高价值生态空间，是重要自然保护地的实体单元。国家公园体系是经过系统规划后设立的若干国家公园实体单元组成并产生有机联系的集合。国家公园体制则是关于包括国家公园体系在内的自然保护地体系的管理体制和运行机制，属于生产关系和上层建筑。

2.1 把国家公园等自然保护地当作基础设施来建设

自然保护是在原本自然和近自然的生态系统基础上，通过主动保护，维持其原生状态，恢复退化了的自然生态系统。投入和产出的效费比非常高，比起破坏了再来恢复（有一些地方一旦被破坏了甚至永远不可能恢复），成本要小得多。设立自然保护地是迄今为止最为有效的保护生物多样性的方式，在生态保护及生物多样性维持方面，自然保护地起到了不可替代的历史性作用。因此，自然保护地是公共利益的体现方式，如同公路、铁路和博物馆、广场一样，自然保护地也是绿色基础设施，是公共利益的体现，是国民经济和社会建设必不可少的生态空间和绿色屏障，在国家安全方面有基础性作用。

2.2 建立国家公园体制是一项改革任务

建立国家公园体制不是只建立若干建设国家公园实体单元。建立国家公园体制是一项改革任务，具有宏观性和系统性，是跨部门和跨行政区域的全局性任务，不是层层分解到基层和部门的微观改革任务，需要做好顶层设计。改革就会有局部利益关系的调整，目的是要理顺管理体制和运行机制，要实现整体最优。体制的关键在于合理划分事权，明确重要自然生态空间的产权、管理权、使用权和监督权，在人、财、物方面做出合理安排，从整体上入手，全面系统地保护生物多样性，实现自然资源的有效保护和合理利用。

2.3 建立国家公园体制在现有基础上继承创新

新的体制必须体现“保护最有效、成效最好、成本最小”，这就意味着自然保护体制不是推倒重来，而是继承和创新，继承自然保护区 60 多年来的经验，改革不合时宜的弊端，完善机制体制。

3 建立国家公园及国家公园体系的目标

3.1 建立国家公园以保护为最主要的目的，实现多目标

国家公园的目的是保护重要的自然生态系统的原真性和完整性，必须实现整体保护、严格保护。《生态文明体制改革总体方案》中提出：“国家公园实行更严格保护，除不损害生态系统的原住民生活生产设施改造和自然观光科研教育旅游外，禁止其他开发建设，保护自然生态和自然文化遗产原真性、完整性。”作为生态空间保护体系的重要实体单元类型，国家公园要围绕“保护”这一核心目的，实现以下多目标：

（1）保护重要的景观特征、地质和地貌，为子孙后代留下自然遗产；

（2）提供具有调节性的生态系统服务，例如减缓气候变化的影响；

（3）保护具有国家重要文化、精神和科研价值的自然生态和自然美景；

（4）根据其他的管理目标，为居民和当地社区带来利益，实现国家公园社区发展功能；

（5）根据其他的管理目标，提供休闲娱乐的机会，实现国家公园游憩功能；

（6）协助开展具有较低生态影响程度的科研活动，进行与自然保护地价值相关和一致的生态监测工作，实现国家公园科研功能；

（7）采用具有可调整性的管理策略，从长远来改善管理有效性和质量；

（8）帮助提供教育机会（包括管理办法）；

（9）帮助获得公众对保护工作的支持。

为实现上述目标，建立国家公园的具体指标为：

（1）自然景观和生物多样性得到有效的保护；

（2）物种数量保持稳定，重要物种种群数量增加；

（3）生态系统的生产和服务功能不断完善，关键生态系统、传统历史文化得到有效保护；

（4）核心区保持原真性，提供自然基线，保育区生态修复，游憩区科普展示；

（5）社区人民生活达到全国中等水平。

3.2 明确国家公园体系建设目标与指标

建设国家公园体系的目的在于从个别的、分散的、分割的生态系统保护到集合的、集中的、有机联系的生态系统群的保护，以促进构建合理布局、系统联系、可持续发展的、具有中国特色的自然保护地体系为总体目的，实现以下目标：

（1）以国家公园体系建设为契机梳理我国现有的自然保护地体系；

（2）自然保护地布局合理，最大限度地减少生态空缺；

（3）自然保护地连通性增强，最大限度地缓解自然保护地孤岛化；

（4）国家公园、自然保护区等自然保护地在体系中定位明确，功能上有侧重分工又相互关联；

（5）实现游憩与社区发展的国家公园功能分区构建形成可持续发展网络体系，与生态文明建设、经济建设、政治建设、文化建设和社会建设合理对接。

3.3 中国国家公园体系的特色

中国具有行政调控能力强、统一行使集体意志、土地国有、资源监管能力强等突出优势，也具有人口密度大、发展不均衡、资源消耗量大、生态环境压力巨大、发展和保护的矛盾集中体现等不利条件。除了具备国际上国家公园的普遍特征，中国特色国家公园体制还具有特有的突出特征：

（1）更加注重自然生态系统保护。生态环境退化的现实决定了中国国家公园必须肩负起国家生态安全屏障的使命，而不是像美国一样强调文化和娱乐；

（2）更加强调整体保护、严格保护，以最大限度地保护生物多样性和濒危动植物；

（3）更加强调体系建设，实现重要生态系统保护的有效与长效机制；

（4）更加强调生态保护和消除社区贫困，通过生态补偿和发展生态友好型项目，降低对自然资源的依赖程度，使自然保护地周边社区居民关系和谐，生活协调。

4 建立国家公园体制的目标

国家公园体制建设需要实现以下改革目的：边界清晰，产权明晰；管理顺畅，运行高效；系统完整，体系健全；保护最好，成效最好；成本最低，代价最小；利益兼顾，积极性高；事权划分合理清晰；法律体系健全，政策保障有力。

4.1 搭建我国自然生态空间保护的“四梁八柱”的稳固体系

通过国家公园体制建设促进我国建立层次分明、结构合理与功能完善的自然保护体制，构建完整的体系：

（1）完整的自然保护地体系，永久性保护重要自然生态系统的完整性和原真性，所有的野生动植物得到保护、生物多样性保持，文化得到保护和传承。

（2）稳定的资金投入体系：解决持续稳定投入的问题，确保财政为主的投入机制；解决国家级自然保护区由地方为主的问题，形成以国家投入为主、地方投入为补充的投入机制。

（3）统一高效的管理体系：解决跨部门管理的问题，形成高效统一的管理体系。

（4）完善的科研监测体系：瞄准国家公园自身资源与管理发展的科研项目设置，服务于国家公园保护管理与搭建国际科研平台。

（5）配套的法律体系：制定与修订相关顶层自然资源保护法，制定符合地方实际的、完善的国家公园法律法规，制定与国家公园自身保护对象相适应相匹配的国家公园管理办法，实现“一园一法”。

（6）人才保障体系：以中央编制为主，配备负责国家公园的建设和管理的人员，以确保国家公园公益性的实现。

（7）科技服务体系：整合现有国家公园优秀的研究团队和建设团队，建立国家公园研究服务机构，加快国家公园体制研究步伐。

（8）有效的监督体系：构建以职能部门相互协作，以及社区居民与公众积极参与的监督体系。

（9）公众参与体系：横向协作，多方参与，志愿者服务完善。在体验国家公园自然之美的同时，培养爱国情怀，增强环境意识。

（10）特许经营制度：通过特许经营方式，在游憩展示区适当建立游憩设施，使公众充分享受自然保护的成果。

4.2 实现国家公园体制建设目标的举措建议

4.2.1 满足生态系统完整性的管理需求，建立职能集中的国家生态管理部门

根据“一件事情由一个部门管理”的原则，可以考虑将分散在林业、农业、水利、国土、海洋、住建等部门的生态保护职能集中，在国家林业局基础上组建生态保护部，全面负责国家公园的建设与管理，解决因部门职能分散而导致的生态系统不完整与破碎化。环境保护部则实施综合监督职能。

4.2.2 在现有自然保护地基础上进行空间与功能整合，构建事权分配合理的国土生态安全体系

形成占国土面积1/5左右的自然生态空间，初步构成国土生态安全体系。梳理全国所有的自然保护地，按照自然生态系统完整性、原真性的要求，科学规划，整合建立100个左右的国家公园实体，面积约占国土面积的5%~8%；符合条件的自然保护区、森林公园、湿地公园、沙漠公园、草原公园、海洋公园等自然保护地可以被整合进入国家公园，不再保留原来的牌子。没有进入国家公园的国家级自然保护区合理调整边界范围和功能区划，由目前的446个减少为200个左右，面积约占国土面积的5%左右。国家公园和国家级自然保护区要涵盖所有重要的有代表性的自然生态系统和关键物种，构成基本生态安全屏障的骨架，构建生态空间的“四梁八柱”，定位为中央事权，土地国有，人员和机构垂直管理，经费由国家财政支持，成为国土空间里的永久性绿色基础设施。其余的包括省市级自然保护区、森林公园、湿地公园、沙漠公园、自然保护小区等在内的次一级自然保护地，数量众多，可以达到10000个左右，分布广泛，面积约占国土面积的10%左右，作为自然保护地体系的补充，主要定位为地方事权，管理相对灵活，充分调动地方的保护积极性。

4.2.3 科学化、规范化建设管理国家公园

确保国家公园建立方法技术的科学性。针对现有自然保护地存在的问题，形成绩效评估机制，确保国家公园相关设立、管理与评估标准在国家公园建设上的应用。如解决跨行政区域的问题，以山系、水系为依据，按照相对独立的地理单元来划分自然保护地，而不是按行政区划人为切割，以保持自然生态系统的完整性和连通性。当然，如果能结合地理单元和行政区划，也能增强管理的便捷性和有效性。

5 建立国家公园体制的要点

5.1 用生态系统方法梳理现有自然保护地

单个自然保护地应该在尽可能的情况下，为国家和区域自然保护地体系和更大范围的保护计划做出贡献。此外，每一个自然保护地都应整合在统一的自然保护地体系中，而这些体系也应该与更大范围的自然保护以及土地和水的利用方式相互整合，这包括土地、水的保护以及其他多种可持续经营管理方式。这些大尺度的保护和可持续利用战略被称为“生态系统方法”。这是一种更广泛的框架，通过一种综合的方式，制定和实施自然保护、以及土地和水的利用管理规划，这也包含了对自然保护地之间连接区域的保护，被称之为“连通性保护”。

5.2 合理定位各级自然保护地

在系统梳理、科学评估现有各类自然保护区的基础上，合理定位各级自然保护区的特性及功能，从而构建我国更加完善的自然保护地体系。本文从资源特性、管理目标的角度提出了以下自然保护地的定位。

国家公园：具有全球意义的完整自然生态系统；

国家级自然保护区：具有国家意义的关键生态系统；

省、市级自然保护区：具有地区意义的重要自然资源；

自然保护小区：重要的物种栖息地；

森林公园：具有观赏和游憩功能的保护性森林和景观；

湿地公园：具有湿地保护、教育、研究、观光、游憩等多种功能的公益性湿地生态系统；

沙漠公园：具有游憩与观赏功能的保护性沙漠及其景观；

海洋公园：为保护海洋生态系统以及生物多样性，可提供科研、教育、游憩等功能的海洋区域；

地质公园：具有特殊地质科学意义，可提供科研、教育、游憩、观光功能的地质遗迹景观和生态自然区域；

依托以上自然保护地而被授予的“世界自然遗产”“生物圈保护区”“国际重要湿地”“世界地质公园”等，为具有世界意义与影响力标签的自然保护地。

5.3 建立国家公园资源产权制度

国家公园资源产权制度主要包括国家公园的自然资源所有权制度、自然资源的使用权制度、自然资源的经营权制度等。根据《自然资源统一确权登记办法（试行）》，国家公园作为独立自然资源单元进行登记，因此应对国家公园内的水流、森林、山岭、草原、荒地、滩涂等自然生态空间进行统一确权登记，通过确权登记明确各类自然资源的种类、面积和所有权性质。在国家公园资源产权制度中，对国家公园内全民所有和集体所有的产权结构进行科学确定，合理分割并保护所有权、管理权、经营权等，不同权属的土地及自然资源边界清晰，权责明确。对于国家公园内全民所有自然资源资产所有权，由中央政府统一行使或由中央政府和省级政府分级行使；对于集体所有的自然资源产权，可通过征收、流转、出租、协议等方式进行管理，对土地权属进行合理调整，明晰资源权属。

5.4 合理划分事权

5.4.1 划分原则

国家公园体制下，自然保护地事权划分遵循“分级分类，划分事权，整合机构，明确职责”原则。

5.4.2 具体举措

国家级自然保护区是最关键的自然生态系统，是野生动植物的重要栖息地，应确定为中央事权。目前存在的国家级自然保护区由地方出资源、出人、出钱来维持运行，反过来还可能会对地方经济发展造成限制，使得一些地方对自然保护区的工作积极性下降，这样的矛盾也应当通过建立国家公园体制来逐步解决。其他类型的自然保护地宜实行分级分类管理，主要界定为地方事权，充分调动地方积极性，使自然生态系统就能够得到完整、有效保护。

目前自然保护地数量和面积里面掺杂了一些“水分”，即一些低价值的区域和非必要的区域进入了自然保护地，需要采取措施使其名副其实。一方面国家出钱赎买一部分，根据财力情况一次性或者分年度逐步把一些符合自然保护区条件的集体土地流转进来。另一方面把不符合自然保护条件的土地调整出自然保护区，当然，这种调整必须科学、严密，有利于保护，不能借此扩大开发保护区土地。

表1 自然保护地的事权匹配

<table>
<tr><th>金字塔级</th><th colspan="2">自然保护地</th><th>事权匹配</th></tr>
<tr><td>1</td><td>国家公园</td><td rowspan="5">依托各自然保护地而授予的世界自然遗产地、世界生物圈保护区、国际重要湿地</td><td>中央事权</td></tr>
<tr><td>2</td><td>国家级自然保护区</td><td>中央事权</td></tr>
<tr><td>3</td><td>省级自然保护区 种质资源保护区 水产资源保护区</td><td>地方事权</td></tr>
<tr><td>4</td><td>国家森林公园 国家湿地公园 国家沙漠公园 国家地质公园 国家海洋公园 国家级风景名胜区</td><td>中央事权</td></tr>
<tr><td>5</td><td>省级以下自然保护区 森林公园 湿地公园 沙漠公园 地质公园 海洋公园 风景名胜区 自然保护小区（物种保护区）水源涵养区 其他自然保护地</td><td>地方事权</td></tr>
</table>

5.4.3 自然保护地的事权匹配

自然保护地事权匹配合理是确保其有效和长效建设的前提，依据重要程度和保护严格程度而构建的自然保护地金字塔与匹配事权。

6 结论与讨论

建立国家公园体制不单是建立若干个国家公园实体，需要从国家公园单元、国家公园体系、国家公园体制不同层次明确目标。

国家公园作为自然保护地的一个重要类型，建立的主要目标是保护自然生态系统的完整性、原真性，实现自然资源的世代传承、代际共享。国家公园的首要功能是重要自然生态系统的完整性、原真性保护，围绕“保护”这一核心功能，国家公园同时兼具科研、教育、游憩、带动社区发展等综合功能。国家公园的建设目标是一个以保护为主体的多目标体系，将国家公园等自然保护地其作为绿色基础设施加强建设，是国家生态安全的基础，也是公共利益的体现方式。

国家公园体系的建设是优化完善我国自然保护地体系的重要契机。利用生态系统方法，通过系统梳理、科学评估及目标定位，使国家公园等各类自然保护地布局合理，孤岛化的自然保护现象得到缓解，各类自然保护地功能定位明确。在构建国家公园体系的基础上，促进构建合理布局、系统联系、可持续发展的、具有中国特色的自然保护地体系。

国家公园体制是国家生态文明体制的重要组成部分，与自然资源资产产权制度、用途管制制度、生态补偿制度和生态损害责任追究制度等生态文明制度紧密相关。国家公园体制在广义上是对包括国家公园体系在内的自然保护体系进行组织化的制度安排，包括稳定的资金投入体系、统一高效的管理体系、完善的科研监测体系、配套的法律体系、人才保障体系、科技服务体系、有效的监督体系、公众参与体系等多个有机联系的管理体制和运行机制。

随着国家公园内涵的明确及我国建立国家公园体制的不断深入，以国家公园为主要类型的自然保护地体系及体制的指标特征也会不断增加，本文从定性的角度提出了一些观点，关于定性与定量结合的研究有待进一步研究和分析评价。

【参考文献】

雷光春，曾晴，2014. 世界自然保护的发展趋势对我国国家公园体制建设的启示［J］. 生物多样性，22（4）：423-424.

唐芳林，2015. 国家公园定义探讨［J］. 林业建设，5：19-24.

唐芳林，2014. 国家公园属性分析和建立国家公园体制的路径初探［J］. 林业建设，3：1-8.

唐芳林，2015. 建立国家公园体制的实质是完善自然保护体制（续）［J］. 林业与生态，11：13-15.

唐芳林，2017. 试论中国特色国家公园体系建设［J］. 林业建设（2）：1-7.

张希武，唐芳林，2014. 中国国家公园的探索与实践［M］. 北京：中国林业出版社.

试论中国特色国家公园体系建设*

中国政府在生态文明建设背景下提出了建立国家公园体制，在云南等 12 个省区市开展了 9 处试点工作，开始了中国特色的国家公园体制建设进程。在国家公园建设的前期，需要准确、全面地了解国家公园的内涵，把握国家公园体制建设的实质。

1 国家公园源于自然保护思想发展

1.1 中国的自然保护思想源远流长

春秋时代的《管子·八观》中认为："山林虽近，草木虽美……禁发必有时，……江海虽广，池泽虽愽，鱼鳖虽多，网罟必有正"，提出尽管生物资源丰富，也必须注意保护，利用有度，强调要根据时令，结合生物的生长发育情况，保护其再生能力。道法自然、天人合一等保护自然的观念和理念对中华文明产生了极为深刻的影响。农耕文明时期人类对大自然的干预还处在自然可以恢复的阀值以内。在漫长的中国历史上，中华民族一直在利用丰富的生物资源。尽管使用了几千年的中医中药，中国仍然拥有得天独厚的生物医药资源，仍然是世界上生物多样性最为丰富的国家之一。但现代工业化、城镇化进程加快以后，自然生态系统受到了前所未有的威胁。

1.2 现代自然保护思想与工业化进程相生相伴

19 世纪美国正处于大开发的年代，这场被标榜为征服大陆的美国西进运动，造成了自然的严重破坏。美国艺术家乔治·卡特林（George Catlin）1832 年在旅行途中看到加州约塞米蒂谷的红杉巨木遭到成片砍伐，野牛被大肆猎杀，提议设立保护地，国家公园（National Park）的概念首先被提出。

1864 年，美国总统林肯将其划为予以保护的地区，因而约塞米蒂谷被视为世界上第一个现代的自然保护地。1872 年 3 月 1 日，美国创建了美国也是世界上第一个国家公园 ——黄石国家公园。

美国国家公园开始建立时，其出发点是"为了人民的利益和欣赏"，将国家公园视为"游乐场所"。美国还把国家公园赋予培养国家意识的爱国主义教育功能。1783 年美国赢得独立战争胜利以后，各州之间和各族裔之间矛盾错综复杂，共同的文化元素缺乏，国家认同感不强，废奴的林肯总统遭到刺杀，内部争斗随时可能爆发。政治家们必须找到一些共同的国家符号和共同记忆以增强国家意识。而壮美的山河、特有的动植物、共同的战争记忆、历史遗迹、文化纪念地成为了这个年轻的联邦国家共同的元素和特征符号。于是，国家公园自然而然地成为培养国家意识的载体之一，连同战争纪念地、文化遗址、博物馆、公园也被纳入国家公园体系（national park system）。今天，美国广义的国家公园体系包括了国家公园管理局管辖的不限于 59 处国家公园的共 401 个成员单位，这在全球国家公园中是独一无二的。

在国家公园运行的一个阶段，随着大量的人员进入，环境遭到破坏，一些物种消失，生态系统受到严重影响。于是美国再度将保护提到了更高的位置，只允许在占国家公园 1%的土地上开展游憩活动。随着时间的推移，国家公园又吸收了自然保护区的生物多样性保护特点。

1.3 俄罗斯自然保护区奉行严格保护的理念

19 世纪末和 20 世纪初期，俄罗斯的自然保护理念开始萌芽，出现了为了严格保护未被人类干扰的自

---

* 唐芳林. 试论中国特色国家公园体系建设［J］. 林业建设，2017，(2)：1-7.

然区域而设立的保护地。1917 年 1 月，俄罗斯沙皇尼古拉斯二世宣布将贝加尔湖附近的土地设立为俄国的自然保护区，接下来的苏联又建立了上百个自然保护区。1992 年苏联解体后，大部分土地和遗产由俄罗斯继承下来，目前有国家级自然保护区面积 33 万 km^2，占国土面积的 1.4%。

与美国国家公园的开放理念相反，俄国环保主义者一直在倡导严格保护的理念：保护好俄罗斯的自然财富，严禁人类（即便是俄罗斯人）涉足。“无需增加、减少或者改善什么，人类不能干涉大自然，只需欣赏它就够了”成为俄罗斯自然保护区坚持的信条。俄语中“自然保护区（zapovednik）”意思为“戒律”，意为严格保护，甚至有绝对保护的意思。俄罗斯自然保护区是指有足够大的面积，有顶级食肉动物存在的完全食物链，能够实现自我循环，拒绝人们进入和严禁经济活动，只允许科学家和护林员出入，用于科学研究，以便和已经开展经营的如农业、林业等活动的区域作为自然基线来对照的绝对保护区域。俄罗斯的自然保护区从一开始就属于严格自然保护区，遵循严格自然保护理念，属于世界自然保护联盟（以下简称 IUCN）分类的 Ia 类，即最严格的一类。

俄罗斯自然保护经历了 100 年的曲折历程。在一段时期，开放的环保主义思想被贴上了资本主义的标签而受到批判。这对保护当然是有利的，但带来的最大的问题是国民认知和认同程度低，因为他们一开始就被排除在外。时至今日，想要游览自然保护区需要特殊的许可证，而拥有许可证的人微乎其微。于是俄罗斯开始谋求改变，开始建立国家公园，希望更多民众游览，以平衡生物多样性、景观保护与生态旅游发展。1983 年开始建立了属于 IUCN 分类中的 II 类的国家公园。目前，俄罗斯建立了完整的自然保护地体系，包括国家自然保护区、国家公园、自然公园和森林公园，列入世界自然文化遗产名录的客体等，都受法律保护。迄今为止，俄罗斯有 101 个国家级自然保护区、48 座国家公园、59 个联邦避难所和 17 个联邦天然遗迹。

1.4 国家公园与自然保护区相互借鉴

从美国和俄罗斯自然保护的百年历程来看，过度开放与封闭保护都不适宜。20 世纪 80 年代开始，自然保护区和国家公园在管理经验上开始相互借鉴，形成了严格保护与适度开放的模式。自然保护区在强调保护的同时允许开展生态旅游、多种经营和照顾社区发展，国家公园则把保护自然生态系统作为主要功能，产生了趋同的倾向，有的人甚至把二者等同起来。这些做法也深刻地影响了世界上大多数国家，以自然保护区和国家公园为主的自然保护地纷纷被建立起来。

1.5 中国的自然保护区起步晚、发展快

中国建立的第一个自然保护区是在 1956 年，比西方发达国家晚了半个多世纪。中华人民共和国成立初期，为迅速改变我国的落后面貌，国家对国土资源本着尽快开发的理念，进行了大规模开发，极大地消耗了我国的森林资源，生态环境受到威胁。林业部开始建立禁伐区，广东建立了鼎湖山自然保护区，这成为我国自然保护区建设的缘起。我国自然保护区的早期建设理念受苏联影响较深，是在划定禁伐区为科学研究提供基地的基础上形成的。它与美国国家公园为国人提供知性观光与游憩的理念有着明显的差异。在那个时代，观光、游憩、启智与娱乐等理念还被列为资产阶级意识形态而加以批判。

中国自然保护区的早期发展阶段正值天灾人祸的困难时期，发展十分缓慢。截至 1965 年，我国正式建立自然保护区仅 19 处。但文革期间，这寥寥可数的保护区亦遭到严重摧残，许多都名存实亡。直至 1980 年代改革开放以后，各项事业走向正轨，我国的自然保护事业才获得了新生。20 世纪 80 年代以后出现了快速增长，并吸收了西方的一些理念。这段时间也正是我国经济快速发展的时期，经济发展和自然保护本来是一对矛盾，为什么会出现二者同步增长的奇怪现象？一个可能的解释是：经济发展对自然生态系统的威胁增加，人口增长对资源和环境的压力加大，自然资源迫切需要进行抢救性保护，而良好的经济基础又为建立自然保护区提供了物质条件。

20 世纪 60 年以来，我国的自然保护区事业得到了快速发展，取得了巨大的成绩，自然保护区的面积

居世界前列，占国土的比例已经超过世界平均水平。截至 2015 年底，全国已建立各类自然保护区 2740 个，总面积 1.47 亿公顷，占陆地国土面积的 14.84%。其中林业系统已建立自然保护区 2229 处，总面积 1.25 亿公顷，占全国自然保护区总面积的 85%。这些自然保护区保护着我国最典型的自然生态系统，也使我国 90.5%的陆地生态系统类型、85%的野生动物种类、65%的高等植物群落，300 多种重点保护的野生动物和 130 多种重点保护的野生植物得到了有效保护，在保护生物多样性和自然资源、维护国家生态安全等方面起到了重要作用，显著提升了水源涵养、防风固沙、土壤保持、洪水调蓄、气候调节、生态产品提供等重要生态服务功能。

1.6 自然保护区存在的弊端催生了国家公园

自然保护区抢救性保护的做法往往缺乏系统的规划，自下而上申报的体制难免出现生态空缺，多头管理、部门分治和行政分割的弊端使得完整性和联通性受到影响，孤岛化现象显现，生态服务功能发挥受到影响，交叉重叠的管理又使有效性降低。目前，仅仅以大熊猫为主要保护对象的自然保护区就达 67 个，一山之间可能有多个自然保护地，一河之隔就是不同的管理单位，完整的自然生态系统被人为分割，碎片化现象突出，弊端显而易见，迫切需要进行改革。在此背景下，需要以生态文明建设理论为指导，以建立国家公园为改革抓手，理顺我国现有自然保护管理体制。

2 国家公园是自然保护地的一种重要类型

2.1 中国保护的概念比较综合

中文的“保护”一词，应用较广，从最严格的监护到一般意义上的维护都可以用。根据《现代汉语词典》的解释是：爱护使免受可能遇到的伤害、破坏或有害的影响。在自然领域，保护的含义相对宽泛，如濒危动物保护、环境保护、天然林保护等，界线不够清晰，容易产生歧义。

2.2 西方的保护概念比较精细

现代的自然保护运动主要发端于美英等西方国家，关于保护有多个专门词汇。

Protect：保护；警戒；防止（危险、损害等）；指通过各种措施、手段维持生态现状，使其不出现负面变化和负效应，如保护地（protected area）。

Reserve：保存；保留；封存保管；使事物维持在原状态。指人力不予干预，而顺应自然生态过程，如自然保护区（ nature reserve）。

Preserve：维护；禁猎；保留地；封禁地。如保护主义者（preservationist）。

Conserve：保护；使守恒；保育；维持（健康）。并非关起来原封不动，而是允许人力在一定程度上的积极干预，但干预结果通常应为正效应，强调可持续发展，因此常被理解为动态的保护管理和利用。conservation 翻译为“保育”似更准确，应用较普遍，如野生动物保护（ conservation of wildlife）、生物多样性保护（biodiversity conservation）。

Refuge：庇护所，避难地。如美国国家野生动物保护园（National Wildlife Refuges）。

以上适应不同自然保护要求，含义相对具体和明确，便于采取精准的措施。

2.3 设立自然保护地是最有效的做法

受保护的区域被称为保护地（protected area）。在 IUCN 保护地指南中，保护地有着明确而清晰的含义，主要是指受到保护的自然区域而非人工构筑物，中文译本根据其内涵翻译为自然保护地，以便和非自然的保护区域相区别。

设立自然保护地有多重目的，包括科学研究，保护荒野地，保存物种和遗传多样性，维持环境服务，保持特殊自然和文化特征，提供教育、旅游和娱乐机会，持续利用自然生态系统内的资源，维持文化和传统特征等。不同的保护对象和保护目标衍生出了多种多样的保护地，世界各国相继建立了类型多样、称谓不一的各种自然保护地。为了减少专业术语带来的混淆，使各国能够用“共同的语言”交流，反映从严格意义的保护区到可以合理开发使用的狩猎区人类保护干预程度的不同，针对特定的背景及目的选择合适的管理类别，促进国际交流和对比，IUCN 根据保护地的主要管理目标，把自然保护地分为以下 6 类。

Ⅰa：严格的自然保护区

Ⅰb：原野保护区

Ⅱ：国家公园

Ⅲ：自然文化遗迹或地貌

Ⅳ：栖息地/物种管理区

Ⅴ：陆地景观/海洋景观保护区

Ⅵ：自然资源可持续利用保护区

2.4 自然保护地分类体系适合作为分析工具使用

IUCN 的分类体系是基于管理目标进行分类，而我国的自然保护地类型是基于管理对象划分，现实中很难将各种自然保护地一一对应到相应的类别中。比如说自然保护区一般被认为是严格自然保护区，应该被归到 Ia 类，但实际上 6 个类别中都有，让人感到困惑。有一些大型的自然保护地同时具有几类特征，如国家公园的大部分面积都是严格保护的，但也有自然展示和游憩利用的区域，不能把一个完整的保护地单元归类到多个不同的管理类别中去。现行法律也没有按照这些分类来制定，而习惯采用自然保护区、森林公园等公众习惯的称谓来进行区别化管理。这就使得 IUCN 的分类体系在中国适合作为分析工具而非管理工具使用。

2.5 国家公园是自然保护地的类型

在 IUCN 的分类中，Ⅱ类开始被表述为“生态系统保护和保育，例如说国家公园”。由于现实存在的国家公园符合这个生态系统保护和保育的特征而且已经为大多数国家所采用，所以就直接使用“国家公园”来代替。

3 中国特色的国家公园特征

3.1 中国的自然保护地存在弊端

中国的自然保护地由不同的部门进行管理，名称、地域分布、保护力度、投入资金、管理人员、专业程度等差异性较大，形成目前整体结构不均衡、规则不一的现状。据不完全统计，我国目前已经建立了自然保护区、森林公园、湿地公园、风景名胜区、水源保护区等类型的自然保护地一万个左右，面积约占国土面积的 18%，超过世界平均水平。众多的自然保护地在保护中国的生物多样性和景观方面发挥了不可替代的作用。但也存在自然生态系统被行政界线和部门管理分割，生态系统出现破碎化、孤岛化现象。自然保护地只形成了数量上的集合而没有形成系统化、组织化的有机整体，完整性和联通性不够，影响了自然保护效能的发挥，因此需要建立国家公园。

3.2 国家公园内涵丰富

目前我国正式的法律中并没有使用国家公园这个概念，只在学术讨论以及一些文件中有表述，对国家公园定义有着不同的解释。要准确理解国家公园需要了解其内涵。

纵观国家公园诞生以来走过的 140 多年的发展历程，人们从各自的角度赋予国家公园不同的内涵：自然主义者从回归自然角度出发要保护荒野，使其不受侵害；宗教从伦理道德和精神需求的角度出发要保护自然；生态学家从生态服务角度出发提出要保护生态系统和生物多样性；科学家从科研的需要出发要保护自然本底；风景园林学派从美学和旅游的角度出发要保护和利用景观；经济学家从经济利用角度出发而保护和可持续利用自然资源；文化学者从文化和传统的角度出发要保护和利用文化遗产；普通民众要求感受自然之美，希望国家公园提供精神享受的服务；社会学家希望国家公园成为承载国民环境教育和增强国家意识的场所，生态马克思主义者从人与自然和谐关系角度出发把国家公园作为生态文明建设的重要载体，等等。

要体现上述多功能需求，需要有一个物质载体，一个具有典型意义和丰富资源的大面积的自然地理空间，是具有国有权属和国家有效管理的地域和水域，这就是国家公园。IUCN 的《自然保护地管理类别指南》把国家公园表述为：国家公园这种保护区是指大面积的自然或接近自然的区域，重点是保护大面积完整的自然生态系统。设立目的是保护大规模的生态过程，以及相关的物种和生态系统特性。这些保护区为公众提供了理解环境友好型和文化兼容型社区的机会，例如精神享受、科研、教育、娱乐和参观。这是迄今为止国际上最为普遍接受的国家公园定义。

中国的国家公园产生于生态文明建设的背景下，是指国家划定和管理的大范围的自然保护地。设立目的是保护具有国家代表性的自然生态系统的完整性和原真性，发挥生态服务功能，兼有科研、教育、游憩和社区发展等功能，是实现资源有效保护和合理利用的特定区域。

3.3 国家公园属于典型的自然生态系统保护区域

也有观点认为中国的国家公园应该包括但不限于自然类型，还应该包括风光、文化和历史遗迹类型，这就扩大了国家公园外延。由于历史文化遗迹已经纳入文物保护的范畴加以保护，风光则已经列入风景名胜区加以保护和利用，国家公园应该主要强调自然生态保护功能。从中国政府把建立国家公园体制作为生态文明建设的举措来看，国家公园在我国特指的是自然类型的国家公园。尽管此类国家公园内也可能同时承载了文化的内容，但自然保护是根本目的，其他的是辅助目标。

到 2013 年 12 月为止，根据 IUCN 世界自然保护地数据库的统计，全球已经设立了包括自然保护区、国家公园在内的 220 452 个自然保护地，其中陆地类型的 206 645 个，覆盖全球陆地面积的 12%。根据全球保护地数据库 WDPA 的数据，冠以国家公园之称的有上万个。按照 IUCN 的分类标准，其中符合Ⅱ类的自然保护地有 4709 个，基本上都以自然为主，以文化类型为主的不足 10 个。因此，无论是从国际通行的理解，还是生态文明建设的需要，中国国家公园主要是指自然生态系统而非人工构造物或遗迹，那种把国家公园视为供人们休闲游玩的场所的认识是片面的。

3.4 中国特色国家公园典型特征

中国具有人口庞大、发展不均衡、资源消耗量大、生态环境压力巨大、发展和保护的矛盾集中体现等国情特点。除了具备国际上国家公园的普遍特征外，中国特色国家公园还具有特有的特征。

3.4.1 更加注重自然生态系统保护

人口众多、资源紧缺、生态环境退化的现实决定了中国国家公园必须肩负起国家生态安全屏障的使命。因此中国国家公园体制的重点是生态文明建设，而不是像美国一样重点强调文化娱乐功能和培养国家意识。习近平主席指出："要着力建设国家公园，保护自然生态系统的原真性和完整性，给子孙后代留下一些自然遗产。要整合设立国家公园，更好保护珍稀濒危动物。"其明确了国家公园建设的目的，指明了国家公园体制建设的方向。

3.4.2 更加强调整体保护、严格保护

中国政府具有行政调控能力强、统一行使集体意志的执政优势，能够站在国家和民族长远发展的高度和生态文明建设的角度上，从整体上开展对包括国家公园在内的自然保护地体系建设。

3.4.3 更加强调体系建设

土地国有的属性和资源监管能力强等特点，能够在高的起点上从国家公园体制角度来建设国家公园体系。

3.4.4 更加强调生态保护和消除社区贫困的结合

中国的社会主义制度能够统筹生态和社会经济文化协调发展，中国政府把消除贫困作为国策，给社区发展提供更多机会。

4 建立国家公园体制，构建国土生态安全屏障

4.1 国家公园不等于国家公园体制

国家公园、国家公园体系和国家公园体制有着不同的内涵。“国家公园”是高价值的生态空间，是纳入重点保护的一种自然保护地类型的实体单元；经过系统规划设立的国家公园实体单元的集合在有机组织和统一管理下就构成了国家公园体系。国家公园体系和包括自然保护区等其他自然保护地一起就构成了自然保护体系，对自然保护地体系进行组织化的制度安排，构成相互联系的有机整体和配套的管理体制，共同发挥生态服务功能，这才是国家公园体制。

4.2 国家公园体制建设是生态文明制度建设的重要内容

建立国家公园体制的目的在于解决前述的诸多弊端，构建完善的自然保护地体系。要站在中华民族永续发展的高度和生态文明建设的角度，在国家重要生态系统保护的宏观尺度上，将中国各类自然保护地按照统一分类体系进行梳理、归类，使之形成一个完整的、统一的体系，明确管理事权，合理界定管理边界，在研究与借鉴国外国家公园体制的基础上，结合我国的具体国情，建立具有中国特色、与国际接轨的国家公园体制。

4.3 国家公园实行更严格保护

中央颁布的《生态文明体制改革总体方案》中明确：“国家公园实行更严格保护，除不损害生态系统的原住民生活生产设施改造和自然观光科研教育旅游外，禁止其他开发建设，保护自然生态和自然文化遗产原真性、完整性。”因此，国家公园体制是建立在由国务院授权的统一的权责机构承担各项有效管理包括人事编制、管理职能、科学研究、法制法规建立、经费提供、规划标准、运营机制等的国家公园管理体制，是实现整体保护、系统保护的自然保护地管理体制。

4.4 国家公园体制包括完整的自然保护地体系

国家公园是为保护最关键的一个或多个自然生态系统和大尺度的生态过程而建立。与一般的自然保护区相比，面积更大，范围更广。一般以完整的山系、水系等地理空间和重要物种完整的栖息地为单元，不受行政边界限制，生态系统更完整，保护层级更高，处于自然保护地类型中最重要的顶级地位，具有国家代表性和国际意义，构成国家重要的生态安全屏障。一部分符合条件的自然保护区和森林公园、湿地公园等自然保护地可以被整合进入国家公园，实行更严格保护，构成国土生态安全空间的四梁八柱。没有进入国家公园的其他自然保护地类型如自然保护区、森林公园等，这些层级不一、分布范围更广的自然保护地与国家公园一道共同组成完整的自然保护体系，发挥重要的生态屏障作用。完整的自然保护地体系，应该是建立由国家公园、国家级自然保护区、省、市级自然保护区、水源保护区、森林公园、湿地公园、地质公园、海洋公园、沙漠公园等组成，结构合理、功能完善的自然保护地体系，从而构建我国的国土生态安全空间，如图1所示。

4.5 构建完善的管理体系

4.5.1 明确事权划分

目前存在的国家级自然保护区由地方出资源、出人、出钱来维持运行。其对地方经济发展造成限制

的矛盾，应当通过建立国家公园体制来逐步解决。国家公园、国家级自然保护区以及依托各种自然保护地而被授予的世界自然遗产地、世界生物圈保护区、国际重要湿地、世界地质公园的客体，是最典型的具有国家或者国际意义的重要生态系统，需要由国家意志直接来推动建设和实施管理，宜确定为中央事权，由中央直接管理或者委托省级人民政府代行管理权。其他类型的自然保护地，实行分级分类管理，主要界定为地方事权。

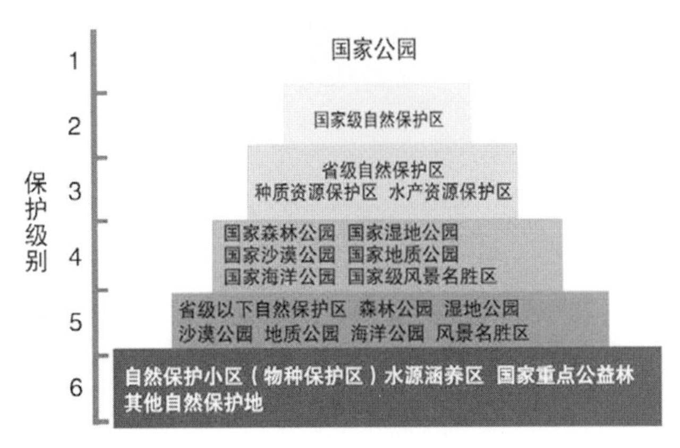

图1 依据重要程度和保护严格程度而构建的自然保护地金字塔结构体系

4.5.2 国家公园的所有权、管理权、监督权应该分开行使

国家公园宜作为自然资源产权独立单元由国土部门登记，由资源管理部门实施管理，一部分适宜的资源通过特许经营由企业使用，由综合部门实施监督。

4.5.3 要处理好严格保护与公益性发挥的关系

对国家公园的理解，容易出现的两个极端的倾向：要么把国家公园视为人人可以自由、免费出入的大众旅游地，要么把国家公园封闭起来进行严格保护而排斥游憩展示和教育功能。两个极端倾向互相作用，一方越强调旅游开发越引发另外一方的强烈担心，导致后者更加强调极端保护。事实上，应该选择一条中间道路，以保护为前提，适度科学利用，保护和利用相互促进实现双赢。大多数国家公园除了具备自然保护的主体功能外，也同时兼有科学研究、游憩展示、环境教育和社区发展等功能，但保护功能具有压倒性的主体地位，当其他功能的发挥影响到保护时，要服从和服务于保护这个根本。

正确认识国家公园的公益属性，并非大众可以免费进入就体现了全民公益性。国家公园的公益性主要体现在其生态效益方面，国家公园这种优良生态产品能够提供强大的生态环境服务功能，保护生物多样性，有利于形成天蓝、水清、地绿的良好环境，使人人都能够感受得到，还能传承给子孙后代，这是最普惠的民生福祉。如果核心资源没有保护好，所谓的公益性也就无从谈起。

4.5.4 通过功能分区和差异化管理实现有效保护和合理利用的双赢

当前，中国面临的生态环境压力更大，生态保护的需求更高，更加强调国家公园的自然生态系统保护功能成为国家公园体制的中国特色。更严格保护就意味着更严格地管理，更规范地使用。国家公园的核心区和生态保育区严格禁止人为活动，只能在可接受的范围内拿出极小比例（一般不超过5%）的土地区划为游憩展示区，进行最低限度的必要的服务设施建设，在规范化的管理下，能够引导民众进入，感受自然之美，接受环境教育，培养爱国情怀，促进社区发展，增强参与性和公益性，反过来促进自然保护。

5 结论与讨论

国家公园、国家公园体系和自然保护地体系是个体、集群和体系的关系，是受保护的自然资源的物质载体，国家公园体制是针对自然保护地管理的生产关系和上层建筑。建立国家公园体制不仅仅是建立若干国家公园实体单元，而是理顺自然保护地管理体制。中国的国家公园体制建设是在生态文明建设的背景下开展，更加强调自然生态系统保护，强调整体保护、严格保护，强调体系建设，强调生态保护和消除社会贫困的结合，具有鲜明的中国特色。

建立国家公园体制仍然在探索中，建议通过国家公园体制的基层试点找出问题，以问题和结果导向倒逼改革，优先从法律和管理体制领域突破，寻求制度创新，高起点、系统化地做好顶层设计。

【参考文献】

奥尔多·利奥波德，1996. 沙乡年鉴［M］. 侯文蕙，译. 长春：吉林人民出版社.

张希武，唐芳林，2014. 中国国家公园探索与实践［M］. 北京：中国林业出版社.

Nigel Dudlley，2016. IUCN 自然保护地管理分类应用指南［M］. 朱春全，欧阳志云，等，译. 北京：中国林业出版社.

构建国家公园技术标准体系初探*

2017年9月26日，中共中央办公厅、国务院办公厅印发了《建立国家公园体制总体方案》，方案“七、实施保障”（二十）中指出，“……制定国家公园总体规划、功能分区、基础设施建设、社区协调、生态保护补偿、访客管理等相关标准规范和自然资源调查评估、巡护管理、生物多样性监测等技术规程。”为国家公园技术标准的建立指明了方向。

实施国家公园保护地类型的国家、地区，均对其境内国家公园制定了一定数量的技术标准化文件，但多数国家并没有实现体系化。因此，建立、健全一套全面、系统的国家公园技术标准体系，在国际上并无可以直接借鉴的先例或者经验[1]。本文参照其他行业制定技术标准的一般规则，结合已有国家公园技术标准及云南国家公园建设的经验，将国家公园技术标准体系、结构、原则和实现对策做了论述。

1 标准、标准体系、国家公园技术标准体系

根据国际标准化组织（ISO）的定义，标准（Standard）是指可反复适用，规定有关条件、要求、规格、准则和特性以保证原料、产品、工艺和服务与其目的相符的文件。标准是以法律法规、当代先进科学技术和经验成果为基础，经相关各方广泛协商一致制定并共同遵守，由公认权威机构批准发布实施的规范性文件。

标准体系（Standardization System）是指标准化过程中有关事物或思想意识互相联系而构成的一个整体。标准化体系包括标准化科学理论体系、标准体系、标准制修订体系、标准实施体系、标准监督评估体系，这些子体系相互融合渗透，共同构成了标准化体系。其中标准制修订体系、标准实施体系、标准监督评估体系构成了标准化管理体系。

国家公园技术标准体系（National Park Technical Standardization System）是由一系列涉及国家公园等领域的具有内在联系的国家标准、行业标准组成的有机体。它是指导国家公园从审批、建设、管理、监督等工作的纲领性文件，是国家公园体系的基础。

2 构建国家公园技术标准体系的重要性

技术标准体系为了发挥标准化特有的功能和作用，唯一途径就是通过制定标准和贯彻标准来实现。而这种功能只有在这些标准形成一个科学的、有机的整体后才能得到充分发挥，这个科学的、有机的整体就是标准体系。标准体系越完善，标准化活动就越趋于最佳化。

目前我国国家公园体制试点进展顺利，尚未建立一套完整的国家公园技术标准体系。科学、合理、系统地构建国家公园技术标准体系，对于指导和促进我国国家公园事业全面、协调发展将发挥重要作用，具有以下几个方面的意义。

2.1 有利于科学规划和合理布局

我国在保护地的建设和管理方面，虽然已取得了比较突出的成就，但现有保护体系规划不科学、决策不科学的现象不胜枚举，构建国家公园技术标准体系必须从源头避免此类现象发生，实现自然生态系统和文化自然遗产资源的国家所有、全民共享、世代传承。

---

* 孙鸿雁，唐芳林，赵文飞，等. 试论中国特色国家公园体系建设［J］. 林业建设，2017，（5）：7-10.

2.2 协调各部门关系的重要依据

长期以来，由于不同部门设置了不同类型的保护地，各类保护地由多部门分头管理，各部门分别制订各自的标准，各标准体系之间的协调性不够，存在结构模糊重叠、内容重复、不相兼容和相互矛盾的现象。构建国家公园技术标准体系统一规范高效的管理体制，对于统筹协调跨地区、跨部门关系尤为重要。

3 国内外国家公园技术标准体系

美国作为国家公园理念的发源地，在现行成文法体系中，《美国法典》第16卷和《联邦法规》第36卷的相关法律条款，构成了美国国家公园各项技术标准的基本内容和直接依据。除法律法规中的直接规定以外，在与国家公园相关的，或者特别制定适用于国家公园的各类标准化文件中，主要的文件形式分为标准、基准、标准操作程序、指南和其他类型的标准化文件。从不同层面，对国家公园应达到的基本要求和条件、活动操作步骤和要求等统一程序性规定。

台湾地区在1972年6月颁布了《国家公园法》（以下简称“公园法”），并在1983年进行了一次修订。“公园法”对选定标准、管理机构、土地使用、资金投入、占地补偿等方面进行了较为详细的规定。1991年，台湾地区营建署制定了《国家公园设施规划设计规范及案例汇编》，为各国家公园管理处在进行各项景观设施设计中提供了参考依据；2004年，对该汇编进行了修编，分理念篇、执行篇、设计篇三个篇章，从“管理服务设施”“游客中心”“住宿设施”（民俗、露营设施）、“公务服务设施”（厕所、垃圾收集设施）、“交通设施”（车道、自行车道、步道、停车场）、“景观休憩设施”（休憩平台、休憩桌椅、温泉设施）、“解说标志设施”（解说牌、管理牌设施）、“急难救助设施”（避难山屋、直升机停机坪、急难设施）、“防灾设施”（防火设施、水土保持设施）等方面制定和颁布了《国家公园规范》。在该规范中引进了生态工法、绿建筑、绿营建等新观念，对我国台湾地区国家公园的建设提供了详细的参考依据并起到了积极的指导作用。

云南省是我国大陆开展国家公园建设最早的试点省。经过十余年的研究、探索和实践，经省人大立法，颁布了《云南省国家公园管理条例》这一地方法规，规范了云南省内国家公园的设立、规划、保护、管理、利用等活动。制定颁布了《国家公园申报指南》《国家公园基本条件》《国家公园资源调查与评价技术规程》《国家公园总体规划技术规程》《国家公园建设规范》《自然保护区与国家公园生物多样性监测技术规程》《自然保护区与国家公园巡护技术规程》《国家公园管理评估规范》《国家公园标识系统设置指南》《高黎贡山国家公园生态旅游景区建设及管理规范》等一系列云南省地方标准。这些地方法规和技术标准的颁布实施，有效规范了云南省国家公园的申报和建设标准，提升了国家公园管理水平。

国内外在国家公园领域技术标准体系的建立以及我国在自然保护区、森林公园、湿地公园等保护地方面已建立技术标准体系的经验和实践，为现阶段构建符合中国国情的国家公园技术标准体系提供了很好的参考与指导。

4 构建国家公园技术标准体系的基本原则

标准体系构建包括标准的制定、实施和监督。标准制定的是标准化工作过程中的首要环节，也是标准化管理的起点。构建标准体系是一项政策性和技术性都很强的工作。一个标准制订得是否先进合理、切实可行，直接影响到该标准的实施效果，影响到社会效益的大小。因此，在制定国家公园技术标准体系时，必须认真遵循以下几个原则。

4.1 系统性

系统是由若干要素以一定结构形式联结构成的具有某种功能的有机整体，系统性是构建标准体系的一个主要出发点。在一个标准体系中，标准的效应除了直接产生于各个标准自身之外，还需要从构成该标准体系的标准集合之间的相互作用中得到。构成标准体系的各标准并不是独立的要素，标准之间相互联系、相互作用、相互约束、相互补充，从而构成一个完整的统一体，才能充分发挥标准的作用[2]。国家公园技术标准体系的建立是以实现人与自然的和谐为终极目标，因此应保证标准体系的系统性，增强本体系与其他体系之间的协调性和有效衔接。

从国际经验来看，在国家公园技术标准体系较为成熟的一些国家，通常是“多方参与”的，加强顶层设计和统筹管理，充分调动各地区、各部门的积极性，把他们系统地、有序地、受控地纳入标准体系的制定和管理框架之中。

4.2 科学性

只有在了解国家公园从设立、规划到管理各方面的客观需求的基础上，利用科学的理论和方法构建的标准体系，加强研究，才能客观地反映实际需求和发展趋势，才有科学意义。

“科学为本，全面创新”是指以科学研究作为标准体系构建的基础，采用相关学科的最新研究成果，对中国国家公园技术标准体系进行全面创新，其中包括观念创新、目标创新、管理创新、技术创新和方法创新。采用一切实践探索中行之有效的新技术、新方法达到有效保护国家公园资源的目的。

4.3 可拓展性

标准在大多数情况下只是某一时期技术水准、管理水平和经验的反映，具有一定的先进性。随着科学的发展、技术的进步以及管理的规范而不断创新，标准对象的变化、技术或管理水平的提升都要求制定或修订相关标准，这就要求对标准进行可持续的扩展和更新，紧跟国外先进标准，其中包括标准的修改、修订、废止等。加强国际间交流和合作，借鉴发达国家的经验和国际惯例，又要结合现阶段我国的发展特点，这样才能使体系的构建既能与国际接轨，提高我国标准与国家标准一致性程度[3, 4]。

这就要求标准体系在构建的初始，要保证标准体系的开放包容性，通过合理构建标准体系框架，使该体系能方便地纳入随着形势发展而增加的新标准。

4.4 先进性

国家公园技术标准体系的构建是一个长期的过程，在这个过程中，标准的规范对象会随着时间、技术的变化而不断发生变化。因此，该标准体系的建立应以已有的国家标准、国际标准为首要依据，以国内现有林业行业标准或生态环境标准或国外现有的国家公园技术标准体系为参考，以当代科学现状和需要为基础，兼顾未来发展的需求，体现出前瞻性和先进性。

4.5 可操作性

构建国家公园技术标准体系，需应用统一、简化、选优和协调等标准化的基本原理，使国家公园技术标准体系的总体功能最佳，避免各个标准间内容不协调，互相矛盾；避免标准层级设置过多，造成协调困难现象；合理规划，突出重点，才能保证国家公园标准化工作的适用性、实用性和可操作性。

5 国家公园技术标准体系的结构

建设实施国家公园技术标准体系，就是通过标准化手段实现国家公园建设与管理的规范化、统一化。制定国家公园技术标准体系的过程，就是通过制定、发布、实施技术标准文件，规范国家公园建设、管理中存在的共性问题。

根据世界贸易组织（WTO）和国际标准化组织（ISO）有关文献和分类方法，国家公园技术标准体系应该包括纵向结构分类和横向结构分类等两种维度上的分类和建构方法[1, 5]。

5.1 纵向结构的分类

国家公园技术标准的纵向结构是根据标准性文件法律效力和制定机关层级的不同，对国家公园技术标准体系所作的分类；根据标准性文件法律效力的不同，从强到弱依次可以将技术标准体系中的技术标准分为技术法规、技术规范和技术指南[1]；依照制定机关层级的不同，可以将技术标准体系中的技术标准分为国家标准、行业标准、地方标准和国际标准，纵向结构图见图1。参考国外经验，结合我国现行的自然保护区政策法规，可设立以下国家公园技术标准体系政策法规。

（1）《自然保护地法》或《国家公园法》

（2）《国家公园管理条例》

（3）《国家公园申报指南》

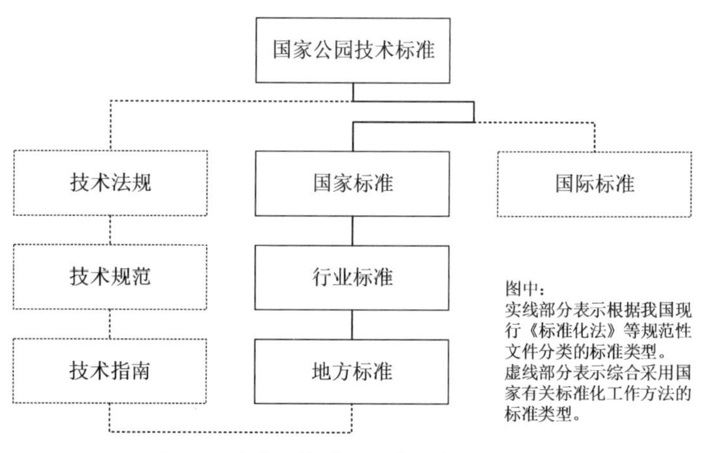

图1 国家公园技术标准体系纵向结构图

5.2 横向结构的分类

国家公园技术标准的横向结构是根据标准性法律文件的功能性及其所适用工作范围的不同，对国家公园技术标准体系所作的分类。依照国家公园功能性的不同，可以将技术标准体系中的技术标准分为保护标准、科研监测标准、教育展示标准、游憩标准、基础设施建设标准和管理标准等。横向结构图见图2。

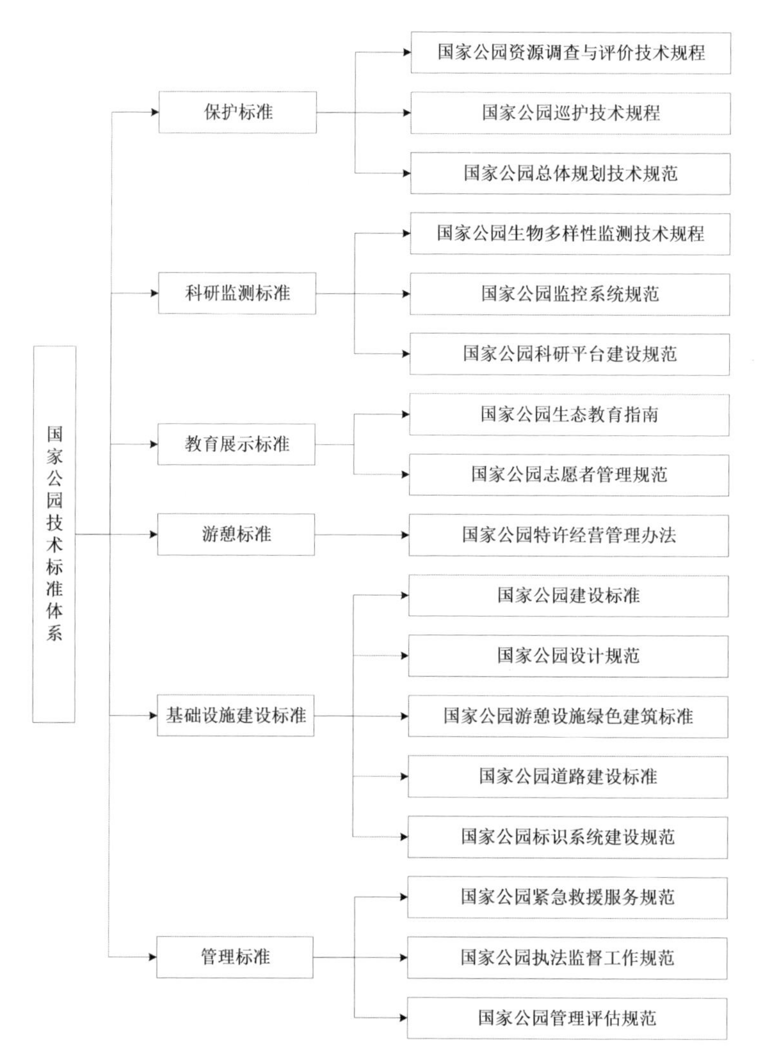

图2 国家公园技术标准体系横向结构图

6 结语

推动实现我国国家公园规范化、标准化建设与管理，是促进我国国家公园健康发展的一项关键手段和措施，是推动我国自然保护事业走向管理科学化、建设标准化、科学研究系统化的重要环节。国家公园技术标准的横向结构、纵向结构既是一种探索新的分类、梳理，也将是一个动态调整、不断完善的过程。通过不懈的研究和探索，在不断的实践、总结和完善中，将构建出适合中国国情的国家公园标准化体系。这也将是下一步国家公园体制建设工作的一个重点。

【参考文献】

舒旻，简光华. 国家公园技术标准体系框架：云南的探索与实践［M］. 2013：云南人民出版社.

唐芳林，孙鸿雁. 我国建立国家公园的探讨［J］. 林业建设，2009，(3)：8-13.

王辉，孙静. 美国国家公园管理体制进展研究［M］. 辽宁师范大学学报（社会科学版），2015，(1)：44-48.

王连勇，霍伦贺斯特·斯蒂芬. 创建统一的中华国家公园体系——美国历史经验的启示［J］. 地理研究，2014，33（12）：2407-2417.

肖练练，等. 近30年来国外国家公园研究进展与启示［J］. 地理科学进展，2017，36（2）：244-255.

熊诗琦，刘军. 中国国家公园发展研究综述［J］. 旅游纵览（下半月），2017，(1)：124-125.

周睿，等. 中国国家公园体系构建方法研究——以自然保护区为例［J］. 资源科学，2016，38（4）：577-587.

国家公园功能分区探讨*

国家公园是我国最重要自然保护地类型之一，属于全国主体功能区规划中的禁止开发区域，纳入全国生态保护红线区域管控范围，实行最严格的保护。同时，国家公园坚持全民共享，允许开展自然环境教育，为公众提供亲近自然、体验自然、了解自然以及作为国民福利的游憩机会，开展不损害生态系统的原住民生产生活设施改造和自然观光、科研、教育、旅游活动[1-2]。既然是纳入生态红线实行最严格保护的禁止开发区域，为什么又允许开展游憩等人为活动？深入分析，这实际上是严格保护与合理利用的辩证统一。保护的目的是为了利用，合理的利用可以促进保护。这主要通过合理的功能分区来实现。

国家公园的首要功能是重要自然生态系统的原真性、完整性保护，同时兼具科研、教育、游憩等综合功能。也就是说，国家公园有多功能的目标需求。国家公园主要有保护、科研、教育、游憩和社区发展五大功能。要实现国家公园的多目标管理，就需要在空间上进行功能区划，把国家公园划分为多个不同的功能分区，实施差别化的管理措施，发挥各功能区的主导功能[3]。

分区管理是国际上普遍采用的管理方式，有利于发挥国家公园的多重功能。科学的功能分区是协调国家公园各种利益关系的重要手段。美国国家公园的分区管理经历了一个不断发展的过程。由二分法演进至三分法、四分法，到现今采用的 ORRRC 分区模式：高密度游憩区、一般户外游憩区、自然环境区、特殊自然区、原始区、历史文化遗址等，从而最大化发挥其多重功能。加拿大国家公园按照生态系统和文化资源的保护要求、现存和潜在的游客体验机会及影响进行分区，划分为特别保护区、荒野区、自然环境区、户外游憩区、公园服务区[4]，从而在有效保护自然生态环境的同时，也让国家公园充分发挥其公益性功能。日本依据保护对象重要程度和可开发利用强度将国家公园划分为特别保护地区、特别地域（又分为Ⅰ级、Ⅱ级和Ⅲ级）、普通地域和海中公园地区[5]，使保护目标与可持续利用界线分明。我国台湾地区按资源特性与土地利用形态将国家公园划分为生态保护区、特别景观区、史迹保存区、游憩区和一般管制区，以不同措施达成保护与利用功能[6]。目前，联合国教科文组织提出的三圈层结构是较为流行的功能分区方法。

国家公园具有自然资源保护、科研监测、访客体验、解说教育、社区发展等多重功能，采用合适的分区模式是实现国家公园科学管理、有效提升其功能的关键。功能分区是国家公园总体规划的重要基础，已受到国家公园管理者的普遍关注。而生态环境监测、生物多样性保护监测、社区发展监测、游客体验监测等在不同国家成为国家公园的监测指标以及国家公园功能区划的重要指标[7]。

《建立国家公园体制总体方案》要求“按照自然资源特征和管理目标，合理划定功能分区，实行差别化保护管理。”由于当前我国在国家公园总体规划方面的标准还在编制阶段，尚无规范可依，各试点区在功能分区方面的名称、数量、措施都不一致，不便于在国家层面制定统一管理措施。尽管每一个国家公园都有各自共同和不同的资源特征，但为了确保国家公园的品质，方便管理，有必要制定统一的国家公园功能分区标准和方法，在统一的法律和规程下实施规范化管理。

1 国家公园体制试点功能分区基本情况

截至 2017 年 12 月，我国有三江源、东北虎豹、祁连山、大熊猫、神农架、武夷山、钱江源、湖南南

---

* 唐芳林，王梦君，黎国强. 国家公园功能分区探讨［J］. 林业建设，2017，198（6）：5-11.

山、北京长城以及香格里拉普达措等10个国家公园体制试点正在进行，涉及青海、吉林、黑龙江、四川、陕西、甘肃等12个省份。根据中办、国办印发的三江源、东北虎豹、大熊猫及祁连山国家公园体制试点方案，国家发改委印发的神农架、武夷山、钱江源、南山、北京长城及香格里拉普达措国家公园体制试点实施方案梳理了各国家公园体制试点的功能分区情况（见表1）。

表1 国家公园体制试点区功能分区基本情况

试点名称	功能区划	面积（km^2）	比例（%）	试点区总面积（km^2）
三江源	核心保育区	无具体面积和比例		123100
	生态保育修复区			
	传统利用区			
	……			
东北虎豹	未具体区划			14612
大熊猫	核心保护区	19872	73	27134
	生态修复区	3150	12	
	科普游憩区	480	2	
	传统利用区	3632	13	
祁连山	未具体区划			50200
神农架	严格保护区	608	52	1170
	生态保育区	489	41.8	
	游憩展示区	48	4.1	
	传统利用区	25	2.1	
武夷山	特别保护区	424.07	43.16	982.59
	严格控制区	160.39	16.32	
	生态修复区	365.44	37.19	
	传统利用区	32.69	3.33	
钱江源	核心保护区	71.79	28.49	252
	生态保育区	123.08	48.84	
	游憩展示区	15.8	6.27	
	传统利用区	41.33	16.4	
南山	严格保护区	213.64	33.59	635.94
	生态保育区	344.09	54.11	
	公园游憩区	18.22	2.88	
	传统利用区	59.89	9.42	
北京长城	未具体区划			59.91
香格里拉普达措	严格保护区	157.9	26.2	602.1
	生态保育区	396.5	65.8	
	游憩展示区	27.6	4.6	
	传统利用区	20.1	3.4	

三江源试点在方案中提出了分区的名称和管理思路，提出将按照生态系统功能、保护目标和利用价值将各园区划分为核心保育区、生态保育修复区、传统利用区等不同功能区，实行差别化保护，并提出了各区的管理方向和目标。

东北虎豹、祁连山、北京长城3个试点在方案中未进行具体的功能区划，原则性的提出了对功能区划的要求。东北虎豹国家公园体制试点方案在试点原则中提出“按照生态系统功能和保护目标，合理划定功能分区，实行差别化保护，核心保护区实施最严格的保护措施”。祁连山试点在试点中提出要科学划定国家公园功能分区[10]。北京长城试点在实施方案中提出建立分区、分类、分级的资源保护体系，实行分区保护[11]。

大熊猫、神农架、武夷山、钱江源、南山、香格里拉普达措6个国家公园体制试点在方案中进行了具体的功能区划，提出了区划方案。内容包括各功能区的面积和比例，与现有保护地的衔接，以及功能区管理的总体目标及措施等。基本体现了国家公园的首要功能是重要自然生态系统的原真性、完整性保护，同时兼具科研、教育、游憩等综合功能。

2 国家公园体制试点功能分区分析

2.1 功能分区依据

各国家公园体制试点的功能分区主要按照生态系统的功能、脆弱性、敏感性，自然生态分布特征，保护对象的敏感度、濒危度、分布特征等，统筹考虑生态保护和利用现状、原住居民生产生活与社会发展的需要，以及资源展示的必要性进行区划。分区的依据基本体现了国家公园保护重要自然生态系统的首要功能，同时兼具科研、教育、游憩等综合功能。普达措试点还提出为了便于识别和管理，各分区界线尽可能采用自然界线（如山脊、河流，河谷等）。

2.2 功能分区名称

除了东北虎豹、祁连山、北京长城3个国家公园体制试点外，三江源、大熊猫、神农架等7个试点在试点方案和实施方案中，明确提出了功能分区的名称[9-16]。总体来看，功能分区的名称叫法有所不同。体现严格保护的功能分区命名有严格保护区、核心保护区、核心保育区、特别保护区；体现可适度人为干预进行保育、修复的功能分区有生态保育区、生态修复区、生态保育修复区；体现科普宣教、游憩展示功能的功能分区命名有游憩展示区、科普游憩区、公园游憩区；体现原住民利用的功能分区命名较为统一，均为传统利用区。

2.3 功能分区所占比例

各国家公园体制试点在不同功能分区所占面积比例上的差别较大（见表1）。例如，大熊猫试点的核心保护区占总面积73%，神农架试点的严格保护区占总面积的52%，钱江源试点的核心保护区占总面积的28.49%，普达措试点的传统利用区占总面积的3.4%，钱江源的传统利用区占总面积的16.4%。

2.4 与现有自然保护地分区的衔接

国家公园体制试点都不同程度的整合了自然保护地，主要涉及自然保护区、自然保护小区、湿地公园、森林公园、国有林场、风景名胜区、地质公园、水产种质资源保护区8种类型的200多个保护地。神农架、南山、武夷山等试点在实施方案中提出了国家公园功能分区与现有保护地分区衔接的方案。例如，严格或核心保护区包括了自然保护区的核心区和缓冲区、森林公园的特级和一级保护区、地质公园的遗迹保护区、风景名胜区的特级保护区。生态保育或修复区包括了自然保护区的缓冲区或实验区、风景名胜区的风景恢复区、森林公园的二级和三级保护区等。

2.5 管理目标及措施

10个国家公园体制试点在试点方案及实施方案中不同程度的提出了各功能分区的管理目标及措施

（表2）。三江源试点区划为核心区、生态保育修复区、传统利用区3个区。大熊猫、神农架、钱江源、普达措等试点的功能区划为严格保护区（核心保护区）、生态保育区（生态修复区）、游憩展示区（科普游憩区、公园游憩区）、传统利用区4种类型的分区。其名称上叫法上有所不同，各区的管理目标及措施有类似之处。严格或核心保护区实行最严格的保护措施，以强化保护和自然恢复为主；生态保育或修复区可实施必要的人工干预措施，以保护和修复为主；游憩展示或科普游憩区在保护的前提下，为人们提供教育和游憩的空间；传统利用区是原住居民生活和生产的区域。武夷山试点区划为特别保护区、严格控制区、生态修复区、传统利用区4个区，未区划游憩展示或科普展示区，除了特别保护区，另外的3个区允许开展干扰程度不同的旅游活动。

表2 国家公园体制试点区各功能分区的主要管理目标及措施[9-16]

体制试点	各功能分区的主要管理目标、措施等
三江源	1. 核心区：以强化保护和自然恢复为主，保护好冰川雪山、江源河流、湖泊湿地、草原草甸和森林灌丛，着力提高水源涵养和生物多样性服务功能； 2. 生态保育修复区：以中低盖度草地的保护和修复为主，实施必要的人工干预保护和恢复措施，加强退化草地和沙化土地治理、水土流失防治、天然林地保护，实施严格的禁牧、休牧、轮牧，逐步实现草畜平衡，使湖泊湿地草地得以休养生息； 3. 传统利用区：适度发展生态有机畜牧业，合理控制载畜量，保持草畜平衡。
东北虎豹	按照生态系统功能和保护目标，合理划定功能分区，实行差别化保护，核心保护区实施最严格的保护措施。
大熊猫	1. 核心保护区：包括原有自然保护区核心区和缓冲区、风景名胜区的核心景区、森林公园生态保育区、大熊猫分布高密度区、国家一级公益林中的大熊猫适宜栖息地；以强化保护和自然恢复为主，禁止生产经营活动，确保生态系统原真性，提高生态系统服务功能； 2. 生态修复区：包括核心保护区外的大熊猫栖息地、局域种群交流重要廊道。以保护和修复为主，是核心栖息地的重要屏障，实施必要的人工干预措施，加快生态系统退化区域的修复； 3. 科普游憩区：包括生态旅游与环境教育资源、核心保护区与生态修复区之外的生态旅游区域及通道。在强化资源保护管理的同时，留出适度空间满足公众科研、教育和游憩需要； 4. 传统利用区：包括居民聚居区、居民传统利用的交通通道、成片非栖息地经济林；结合当地传统民俗文化以及地域、生态与资源特色，适度发展生态产业，合理控制生产经营活动。
祁连山	根据祁连山生态系统的脆弱性、敏感性和自然生态分布特征，立足主体功能定位，统筹考虑祁连山生态保护和利用现状、原住居民生产生活需要，进一步摸清生态环境和自然资源本底情况，编制总体规划，科学划定国家公园功能分区。
神农架	1. 严格保护区：主要包括神农架国家级自然保护区的核心区和缓冲区、大九湖湿地自然保护区的核心区和缓冲区、原始森林保护区、神农架国家地质公园地质遗迹保护区，风景名胜区的部分自然景观保护区及生态保护区。原则上禁止游人进入，因科学研究确需进入的，应当征得国家公园管理机构的同意；禁止在严格保护区内建设任何开发性的建筑物、构筑物；严格保护区范围内的其他保护地类型按照对应的法律法规管理；禁止开展任何开发建设活动，建设任何生产经营设施； 2. 生态保育区：主要包括神农架国家级自然保护区部分实验区、大九湖湿地自然保护区部分实验区、其他森林、湿地保育区，风景名胜区的部分自然景观保护区、生态保护区及风景恢复区。生态保育区只允许建设保护、科研监测类型的建筑物、构筑物；生态保育区的生境及植被恢复在遵照自然规律的基础上，允许适度的人工干预；生态保育区不得建设污染环境、破坏自然资源或自然景观的生产设施； 3. 游憩展示区：主要包括神农架国家级自然保护区部分实验区、大九湖湿地自然保护区部分实验区、风景名胜区的部分风景游览区、其他景区、公路沿线等。游憩展示区细分为专业游憩展示区、大众生态旅游区；专业游憩展示区，只允许少量游客进入，在严格执行环境影响评价程序的基础上，允许少量基础设施建设，禁止大规模的开发；大众生态旅游区在环境评估的基础上，可适当设置观光、游憩、度假、娱乐、饮食、住宿等设施； 4. 传统利用区：主要包括乡镇、村所在区域，基本农田区域，森林、水资源的有限利用区域。在传统利用区内，引导社区居民对森林资源开展非损伤性的可持续利用；控制区域内建筑风格；建立生态补偿机制，引导社区居民的行为；对小水电利用实行减量化管理。

（续）

体制试点	各功能分区的主要管理目标、措施等
武夷山	1. 特别保护区：该区域为保护天然状态的生态系统、生物进程以及珍稀、濒危动植物的集中分布区域。包括自然保护区的核心区和缓冲区、风景名胜区的特级保护区。特别保护区是保护级别最高的区域，区域内的生态系统必须维持自然状态。其中，自然保护区核心区禁止任何人进入（经过批准的科考人员除外）； 2. 严格控制区：该区域为保护具有代表性和重要性的自然生态系统、物种和遗迹等的区域。包括自然保护区的实验区、风景名胜区的一级保护区。严格控制区可以安置必要的步行游览道路和相关设施，可以进入从事科学试验、教学实习、低干扰生态旅游以及驯化、繁殖珍稀、濒危野生动植物等活动。严禁开展与自然保护区保护方向不一致的参观旅游项目； 3. 生态修复区：该区域为生态修复重点区域，同时也是向公众进行自然生态教育和遗产价值展示的区域。包括风景名胜区的二级保护区、三级保护区以及九曲溪上游保护带（扣除村庄区域）。生态修复区以生态修复为目标，通过征收、置换等手段，逐步将区内商品林调整为生态公益林，培育以阔叶树为主的林分，提高试点区的整体生态功能。严格控制旅游开发和利用强度，允许游客进入，但只能安排少量管理及配套服务设施，禁止与生态文明教育及遗产价值展示无关的设施建设； 4. 传统利用区：该区域为原住居民生活和生产的区域。包括九曲溪上游保护带涉及的 8 个村庄区域。传统利用区允许原住居民开展适当的生产活动，建设必要的生产和生活设施，如公路、停车场、环卫设施等，但必须与生态环境相协调。
钱江源	1. 核心保护区：包括古田山国家级自然保护区核心区和缓冲区，钱江源国家森林公园的特级和一级保护区。试点区范围内保存完整的自然生态系统和生物栖息地、空间连续的核心分布区、自然环境脆弱的地域。禁止新建、改建、扩建任何与防洪、保障供水和保护水源等无关的建设项目。禁止从事可能污染饮用水水体的活动。杜绝任何对亚热带阔叶林生态系统有干扰和破坏的人为活动。严禁任何单位和个人非法采摘、挖掘、种植、引种、出卖和收购区内珍稀濒危物种。除经批准的科研活动外禁止任何单位和个人进入，也不得开展旅游和生产经营活动。定期开展对森林、湿地等生态系统和野生生物的影响评估工作； 2. 生态保育区：包括古田山国家级自然保护区的实验区、钱江源国家森林公园二级和三级保护区以及连接两处保护地的有林地。试点区范围内维持较大的原生生境或已经遭到不同程度破坏而需要自然恢复的区域，为核心保护区的生态屏障。不得建设污染环境，破坏资源或者景观的生产设施；加强对保护区的原生生境和已经遭到不同程度破坏而需要自然恢复的区域的控制和管理，对重点保护植物种质资源视情况开展迁地保护，以恢复和扩大其种群数量。建设项目污染物排放不得超过国家和地方规定的排放标准； 3. 游憩展示区：包括古田山庄，齐溪、长虹、田畈居民点集中的区域。试点区范围内景观优美，开展游憩活动，展示大自然风光和人文景观的区域。保护自然生态系统完整性、风景名胜资源和文化遗产资源原真性，控制游客容量；建设不与自然环境相冲突的自然与文化遗产参观、体验、宣教、解说设施。游憩展示区作为承担国家公园集中游憩、展示、教育功能的区域，具有观光游憩、科普教育、社区引导等功能。对于拟开展的基础设施建设，严格执行环境影响评价制度； 4. 传统利用区：包括长虹、齐溪东部区域。试点区范围内现有社区生产、生活及开展多种经营的区域。保存特有文化及其遗存物，保障原住民利用传统自然资源的权益，保护古村落及古建筑，在修缮和保护利用古建筑民居时，禁止与周边环境相冲突，在不影响自然资源、文化遗产和主要保护对象的前提下，可开展生态林业、生态农业、传统文化展示等利用活动。
南山	在国家公园相关法律规划为正式出台前，各功能分区的保护措施总体上按照国家现有保护地法规条例对原属保护地类型及保护分级进行严格保护。试点期间，加大对试点区周边区域森林、湿地、野生动植物等的管护力度，加强对试点区及周边社区居民的环境教育。
北京长城	对试点区的资源结合现有的法规、规划和未来“国家公园体制试点区总体规划”要求，划定区域进行分区保护。例如，在长城保护方面，参考《北京市人民政府关于公布第八批文物单位保护范围及建设控制地带的通知》（京政发〔2011〕23 号）对于长城文物保护范围的建设项目，严禁增量，逐步消减存量。对于长城周边建设控制地带的建设项目，结合国家公园体制试点区总体规划、经国务院批准实施的八达岭-十三陵风景名胜区总体规划要求，加强监督管理，对区域内建设强度、建筑高度、色彩、格局、历史风貌、环境安全等做出严格限制。

（续）

体制试点	各功能分区的主要管理目标、措施等
香格里拉普达措	1. 严格保护区是试点区范围内自然生态系统保护最完整或者核心资源分布最集中、自然环境最脆弱的区域。包括典型地质地貌遗迹、硬叶常绿阔叶林、寒温性针叶林、国家重点保护的珍稀濒危物种的主要分布区域； 2. 生态保育区是试点区范围内维持较大面积的原生生态系统或者已遭到不同程度破坏而需要自然恢复的区域，分布于严格保护区外； 3. 游憩展示区是试点区范围展示自然风光和人文景观的区域； 4. 传统利用区是试点区范围内原住居民生产、生活集中的区域，包括洛茸、尼汝村等传统社区生产、生活的区域。

3 功能分区的理论、方法及类型

通过分析以上试点区情况，目前正在试点的国家公园采用了不同的功能分区体系，大体存在主观性较强、概念不清、操作性不高等诸多问题，名称和含义有一定的差异，尚未完全符合《建立国家公园体制总体方案》的精神。如何提高功能分区的科学性，建立功能明确、优势互补的发展格局，建立国家公园开发保护制度，从而严格按照功能分区定位保护发展，其方法值得研究讨论。

3.1 功能分区的理论和方法

国家公园的功能区划是一个基于地理学、生态学、保护生物学、经济学、社会学等多个学科的理论和方法，对拟建区域进行评估与决策的过程。国外国家公园功能分区采用的可接受改变的限度（limits of acceptable change，LAC）、游客体验和资源保护（visitor experience & resource protection，VEEP）、游憩机会谱（recreation opportunity spectrum，ROS）等分区理论框架和方法主要提出了区划的理念、思路以及一些基本的原则和步骤。定性的经验判断是这些理论框架和方法实现的主要途径。如何实现功能分区的定量化是国家公园功能区划的一个巨大挑战[8]。近年来，一些专家尝试将数学规划模型、启发式算法、空间多标准和多目标适应性分析、多准则决策方法等方法运用到国家公园及保护地的功能分区区划设计中，探索功能分区的定量化与定性化相结合，为国家公园功能区划奠定了一定的理论和实践基础。

借鉴国内外国家公园功能区划的方法和经验，遵循国家公园的建设理念，以“保护优先”为根本出发点，立足长远，兼顾当前，按照国家相关法律法规，遵循保护生物学基本理论和岛屿生物地理学、最小存活种群、集合种群等相关理论，运用ArcGis空间分析技术及生物地理属性加权分析等技术，评估国家公园内的生物多样性重要性评价、生境自然性评价、人类活动影响评价、可进入性评价、资源限制性利用机会和威胁因子等，识别生态关键地段，确定资源的不同保护等级，分析资源限制性利用格局，作为功能区划的重要参考值。综合考虑国家公园的地形、地理和社会因素，以及国家公园生境特征和保护对象分布状况，从更加合理有效地保护该地区天然植被和重点物种并调动周边社区群众保护积极性、主动性的角度出发，进行多目标适应性分析及结果判别，对国家公园进行科学合理的功能分区。

3.2 功能分区类型的建议

为了统一功能分区类型，吸收当前试点区的经验，结合国家公园方面的相关研究成果、自然保护地及国家公园的规划经验，提出了按照资源特征、原真性要求、人为活动状况、管理的严格程度、主导功能、管理目标等因子综合考虑，结合含义准确、公众易于接受的原则，将国家公园划分为严格保护区、生态保育区、科普游憩区、传统利用区四个功能区，分述如下。

3.2.1 严格保护区

严格保护区是国家公园的核心部分，是核心资源的集中分布地，具有典型的荒野特征，目标是作为自然基线进行封禁保护，保留原真性特征，面积比例一般不低于25%，纳入生态红线管理，禁止人为活动，实行最严格保护。

3.2.2 生态保育区

生态保育区是自然或半自然的区域，是严格保护区的外围缓冲区。目标是保护和恢复自然生态系统，以自然恢复为主，辅以必要的人工修复和保育措施，确保生态过程连续性和生态系统的完整性。该区面积较大，和严格保护区之和应大于50%，构成国家公园的主体，纳入生态红线管理，实行严格保护，除了生态修复活动外，禁止开发性建设和其他人为活动。

3.2.3 科普游憩区

科普游憩区是国家公园范围内区划出的小面积点状和带状空间，是开展科研、教育、科普、游憩、自然体验等活动的场所，不纳入红线管理，但要严格限制范围，面积比例一般不超过5%。在经过生物多样性和环境影响评价不会对保护目标产生影响的前提下，可以开展必要的防火、巡护道路、游憩步道、观光路线、管理和服务站点等基础保障设施建设，满足公众科研、教育、游憩等多方面需求。

3.2.4 传统利用区

传统利用区是国家公园范围内原本和允许存在的社区和原住民传统生产生活区域，目标是实现人与自然的和谐相处、保护和传承传统优秀文化。该区可以不纳入红线管理，但只能开展限制性利用，排除工业化开发活动，除了必要的生产生活设施，禁止大规模建设，可以开展绿色生产方式，开展环境友好型社区发展项目，开展游憩服务活动。

在四个区以外，还可以根据需要设置协调控制区。协调控制区不属于国家公园范围，但在规划上需要与国家公园建设和管理目标相协调。在不影响国家公园保护需求的前提下，可以设置生物走廊带，可以在出入口设置管理、服务和保障设施，结合旅游开展特色小镇建设，带动周边社区发展。协调控制区可以根据需要布设，是服务国家公园管理目标的外围区域。根据国家公园功能定位，明确国家公园区域内居民的生产生活边界，相关配套设施建设要符合国家公园总体规划和管理要求，并征得国家公园管理机构同意。周边社区建设要与国家公园整体保护目标相协调，鼓励通过签订合作保护协议等方式，共同保护国家公园周边自然资源。引导和鼓励当地政府在国家公园周边合理规划建设人口社区和特色小镇。

4 结论与讨论

统一功能分区类型有利于制定规范的管理措施。国外一些国家公园的功能分区采取动态的方法，可以适当进行调整。但在中国，国家公园范围和功能区划一旦划定，调整就是一项敏感而困难的工作。因此，国家公园的范围和功能区一定要在国家公园划定之初就开展深入细致的工作，尽量做到科学、合理。

核心保护区和生态保育区是国家公园的主体，纳入红线管理。核心保护区禁止人为活动，生态保育区除了科研和生态修复外，限制其他人为活动，实行最严格管理。科普展示区和传统利用区是国家公园的外围和缓冲，是体现国家公园辅助功能的区域，可以不纳入红线范围，允许开展限制性的传统生产生活活动和科普、游憩活动。

通过分区管理，最大限度地发挥国家公园的生态服务功能，兼顾科研、教育和游憩等功能，实现严格保护与合理利用的协调统一。各功能分区要遵循科学的理论和方法，要识别生态关键地带，确定保护格局和资源利用方式。遵循保护生物学基本理论和岛屿生物地理学、最小存活种群、集合种群等相关理论，综合考虑国家公园的自然和社会因素，以及生境特征和保护对象分布状况，从有利于保护生态系统的原真性和完整性、有利于管理、有利于社区发展和调动周边社区群众保护主动性和积极性的角度出发，探索创新定性和定量相结合的方法进行功能区划，并制定相适应的管理措施。

【参考文献】

[1] 唐芳林. 中国国家公园建设的理论与实践研究 [D]. 南京：南京林业大学，2010.

[2] 张希武，唐芳林. 中国国家公园探索与实践［M］. 北京：中国林业出版社，2014.
[3] 唐芳林，孙鸿雁. 我国建立国家公园的探讨［J］. 林业建设，2009（3）：8-13.
[4] Price MF Management planning in the sunshine area of Canada's Banff National Park. Parks，1983，7，6-10.
[5] Xu H Evolvement，system and characteristics of national parks in Japan. World Forestry Research，2013，26（6）：69-74.
[6] He D The enlightenment of Taiwan national parks on the construction management of the mainland nature reserves. China Forest Products Industry，2015，42（5）：58-60.
[7] 唐芳林，孙鸿雁，王梦君，等. 关于中国国家公园顶层设计有关问题的设想［J］. 林业建设，2013，（6）：8-16.
[8] 杨子江. 多目标约束下的梅里雪山国家公园功能分区研究［M］. 北京：科学出版社，2016：9-10.

国家公园功能分区区划指标体系初探*

本文通过对国内外国家公园及自然保护地功能区划的梳理，基于国家公园体制试点区、云南省国家公园等功能区划的实践，初步探讨了国家公园功能分区的指标体系、区划流程、结果评价等，提出了包括基础指标、衍生指标和结果评价指标三种类型的功能区划指标体系。

1 引 言

国家公园功能区划，也称“功能分区”或“分区规划”，主要是指以生态系统和文化资源的完整性和价值为标准对国家公园进行空间上的保护、管理和利用的规则，即按照国家公园资源有效保护和适度利用的目标来划分国家公园的内部结构的方法。国内外的实践证明，功能区划分是实现国家公园管理目标的核心管理手段，是国家公园战略与具体运营计划的衔接点，还是总体规划及管理计划中必不可少的重要内容[1-4]。而且，科学的分区管理是协调国家公园内各个利益关系的重要手段，是实施科学管理的一项基础性工作，在贯彻规划思想、优化项目布局、指导后续管理和制度设计以及最终实现管理目标等方面至关重要。本文基于对国内外国家公园及自然保护地功能分区的认识，以及国家公园体制试点区及云南省国家公园的规划实践，提出了功能区划的原则及依据，探讨了国家公园功能区划的指标体系，以期在我国国家公园的功能区划技术，以及国家公园的有效管理中起到一定的借鉴作用。

2 国家公园及自然保护地的功能区划概述

世界很多国家和地区的国家公园及自然保护地的规划及管理中使用了功能区划。例如，加拿大将国家公园区划为特别保护区、荒野区、自然环境区、户外游憩区和国家公园服务区；美国将国家公园区划为原始自然保护区、自然资源区、人文资源区、公园发展区、特殊使用区五个基本分区，每个基本区都可以包括一些亚区；南非将国家公园划分为偏远核心区、偏远区、安静区、低强度休闲利用区、高强度休闲区；我国台湾地区划分为生态保护区、特别景观区、史迹保存区、游憩区、一般管制区等[5-7]。概括起来有一些共同的特点：一是通过法律和法案，对国家公园的各分区做出了规定；二是分区总体集中关注保护和游憩利用两个方面，此外美国设置了特殊使用区开展一些例如商业用地、探采矿用地、工业用地、畜牧用地、农业用地、水库用地等；三是在管理规划或总体规划中，有明确的分区图，对每个分区允许做什么不能做什么有详细的要求或管理政策。

在保护地的功能分区方面，人与自然生物圈保护区开创了核心区、缓冲区和过渡区的三区划分法。我国的自然保护地主要有自然保护区、森林公园、湿地公园、地质公园、风景名胜区等类型。自然保护区沿用了人与自然生物圈保护区的分区方法，总体上将自然保护区划分为严格保护区域和一般保护区域，严格保护区域包括核心区和缓冲区，一般保护区域范围严格控制在实验区内；森林公园根据资源类型特征、游憩活动强度以及功能发展需求等划分为核心景观区、一般游憩区、管理服务区和生态保育区；湿地公园根据规划对象的属性、特征和管理的需要，划分为保育区、恢复重建区、宣教展示区、合理利用区和管理服务区；地质公园划分为游客服务区、科普教育区、地质遗迹保护区、公园管理区、居民点保留区等；风景名胜区在风景分类保护中提出风景保护的分类包括生态保护区、自然景观保护区、史迹保

* 王梦君，唐芳林，张天星．国家公园功能分区区划指标体系初探［J］．林业建设，2017，(6)：6-13.

护区、风景恢复区、风景游览区和发展控制区[1]。

国内外国家公园及自然保护地关于功能分区的经验和技术对我国国家公园的功能区划中具有一定的借鉴意义，但是由于不同的国情，不同的建设和管理目标，一些功能分区不能简单的直接应用于我国国家公园的功能区划。我国现有各类保护地的分区标准不一，在国家公园的功能区划中也不能直接使用，目前有关研究也对各类自然保护地在利用强度方面的分区控制提出了相对统一的标准[8]，对国家公园分区有较为深刻的思考。云南省在国家公园的试点中提出了将国家公园划分为严格保护区、生态保育区、游憩展示区和传统利用区的思路[9,10]，并在云南省国家公园规划设计中得到应用。而且当前我国正在开展的国家公园体制试点也不同程度的借鉴了此分区方法。本文认为严格保护区、生态保育区、游憩展示区、传统利用区的分区方法，体现了国家公园保护重要自然生态系统的原真性、完整性的功能，同时兼顾了科研、教育、游憩等综合功能，分区之间有着明显的区别，而且较易操作。因此建议在我国国家公园的功能区划中可以借鉴此思路，将国家公园划分为严格保护区、生态保育区、科普游憩区、传统利用区四个功能区，对各分区的区划原则、依据及管理政策等进行完善，形成符合我国国家公园特点的功能区划类型和区划标准。

3 功能区划原则及依据

3.1 区划原则

建立国家公园的目的是保护自然生态系统的原真性和完整性，给子孙后代留下珍贵的自然遗产。国家公园功能区的划分目的首先是为了使国家公园内的重要自然生态系统得到有效保护，必须坚持生态保护优先的原则。在保护的前提下，可持续地、以非消耗性资源的方式利用好区内的资源，带动和辐射周边社区发展，为公众提供自然教育和游憩的场所。综上，在国家公园的功能区划中，总体上应遵循以下原则：

——坚持生态保护第一的原则，保持自然生态系统的原真性和完整性；

——充分衔接原有的自然保护区、森林公园、湿地公园等自然保护地的功能分区；

——合理划分游憩区域，以有限空间最大限度地满足公众需求；

——尊重原住民生产生活方式，严格控制传统经营用地，有利于社区的绿色发展；

——客观反映国家公园的资源在保护、科研、教育和游憩等功能发挥上的地域空间关系和需求；

——有利于实行差别化保护管理。

3.2 区划依据

（1）严格保护区的区划依据

严格保护区是国家公园的核心部分，是核心资源的集中分布地，具有典型的荒野特征，目标是作为自然基线进行封禁保护，保留原真性特征，面积比例一般不低于25%，禁止人为活动，实行最严格保护。国家公园的严格保护区需考虑国家公园主要自然生态系统的完整性。例如，神农架国家公园试点功能区划中的严格保护区充分考虑了神农架典型的山地垂直自然带谱，特别是常绿落叶阔叶混交林生态系统的分布情况[11]；云南大围山国家公园的严格保护区包括了从热带湿润雨林到山顶苔藓矮林的典型植被分布区域[12]；这些考虑都是为了保证森林生态系统的完整性。严格保护区还要充分考虑和分析各种动植物资源，特别是国家重点保护的珍稀濒危物种的数量、分布及生境状况，保证珍稀物种的生境适宜性。笔者在开展雅安大熊猫国家公园试点规划的功能分区中，就充分结合了大熊猫及其栖息地的分布[14]。此外，严格保护区还要与现有保护地的分区相结合。例如，神农架国家公园试点的严格保护区就包括了神农架国家级自然保护区的核心区和缓冲区，大九湖湿地自然保护区的核心区和缓冲区，国家地质公园的地质遗迹特级及一级保护区，风景名胜区的部分自然景观保护区及生态保护区[11]。

(2) 生态保育区的划定依据

生态保育区是自然或半自然的区域，是严格保护区的外围缓冲区，目标是保护和恢复自然生态系统，以自然恢复为主，辅以必要的人工修复和保育措施，确保生态过程连续性和生态系统的完整性。生态保育区与严格保护区的目的是保护和恢复，两者最大的区别在于生态保育区允许人在尊重自然规律的前提下开展一定的生态恢复活动。

(3) 科普游憩区的划定依据

科普游憩区是国家公园范围内区划出的小面积点状和带状空间，是开展科研、教育、科普、游憩、自然体验等活动的场所，要严格限制范围，面积比例一般不超过5%。根据资源特点及游憩者的需求和条件，科普游憩区可细分为专业科普游憩区和大众生态旅游区。例如，在神农架国家公园试点的官门山、神农顶、大九湖等区域是大众生态旅游区，老君山片区就是专业的游憩展示区[11]。

(4) 传统利用区的划定依据

传统利用区是国家公园范围内原本和允许存在的社区和原住民传统生产生活区域，目标是实现人与自然的和谐相处、保护和传承传统优秀文化。传统利用区可用于保存特有文化及其遗存物，并进行展示，可作为社区参与国家公园游憩活动的主要场所，只能开展限制性利用，排除工业化开发活动，除了必要的生产生活设施，禁止大规模建设，可以开展绿色生产方式，开展环境友好型社区发展项目，开展游憩服务活动。

4 功能区划指标体系

在运用多目标适应性分析、多准则决策、3S技术、最大熵模型[13]等定性与定量方法进行功能区划的过程中，都需要在大量的数据中筛选出区划需要的指标，因而探讨国家公园功能区划中需要构建的指标体系具有基础意义。本文提出，国家公园功能区划的指标体系整体可包括基础指标、衍生指标、结果评价指标三种类型的指标（表1）。

表1 国家公园功能分区区划指标因子表

指标因子类别	一级指标因子	二级指标因子	说明
1. 基础指标	1.1 基础地理信息	遥感影像	选择最近年份的数据
		地形地貌	山系
		水文、地质	水系和特殊地质
		土壤	土壤分布
	1.2 旗舰物种	物种分布	痕迹点、分布区域
		栖息地分布	现实栖息地、潜在栖息地 适宜栖息地、次适宜栖息地
	1.3 生物资源	植被	研究不同植被类型的分布规律，分析其与珍稀濒危动植物的关系
		珍稀濒危野生植物	分布区域
		珍稀濒危野生动物	分布区域
	1.4 资源管理	森林管理	公益林、商品林、森林起源
		保护区域	自然保护区、森林公园、风景名胜区、世界自然遗产、国有林场林区等
		土地权属及利用信息	国有、集体

（续）

指标因子类别	一级指标因子	二级指标因子	说明
1. 基础指标	1.5 资源利用	矿产资源	矿产分布、采矿权、探矿权
		水资源	水电站、水利设施等
		风力资源	风力发电厂、线路
		旅游资源	旅游资源分布、旅游景区
	1.6 基础设施	道路	县道、省道、国道、高速
		旅游服务设施	游客中心、餐饮、住宿、购物等
		管理站点	站点分布
	1.7 社区	聚居地	村寨、乡镇、城市等
2. 衍生指标	2.1 生态适宜性	适宜	根据实际情况确定等级，以提高评价结论的准确性
		次适宜	
		不适宜	
	2.2 生态敏感性	不敏感	
		轻度敏感	
		中度敏感	
		高度敏感	
		极敏感	
	2.3 可利用度	适宜利用	
		不适宜利用	
3. 结果评价指标	3.1 各功能区的面积比例	严格保护区的面积比例	建议不低于25%
		生态保育区的面积比例	根据实际情况确定
		科普游憩区的面积比例	建议不高于5%
		传统利用区的面积比例	根据实际情况确定
	3.2 土地权属比例	国有土地在整个国家公园的面积比例	建议不低于60%
		严格保护区中国有土地所占的比例	建议均为国有
	3.3 社区数量比例	各功能区社区及人口数量比例	建议严格保护区和生态保育区没有社区分布，社区的90%以上集中在传统利用区

4.1 基础指标

基础指标主要包括国家公园拟建地的基础地理信息数据、旗舰物种数据、生物资源数据、资源管理数据、资源利用信息、基础设施建设、社区信息等。基础地理信息数据主要包括遥感影像、地形、水文地质、土壤等信息；旗舰物种信息包括物种及其栖息地信息；生物资源数据包括植被、珍稀濒危野生动植物信息；资源管理管理信息包括森林管理、保护区域、土地权属及利用信息；资源利用信息包括对矿产资源、水资源、风力资源、人文及游憩资源信息；基础设施信息包括道路交通、旅游服务设施、管理站点等信息；社区主要为乡村、乡镇、城市等人类聚居地的信息；利用 ArcGIS 软件，构建基础指标因子库，为进一步的分析做好准备。旗舰物种及珍稀濒危动植物分布点、栖息地、植被类型等因子，是确定严格保护区、生态保育区等保护类型区域的重要参照指标；参照人为活动、游憩资源、社区分布、游憩资源分布等因子确定旅游和社区可持续利用的区域，从而划定游憩展示区和传统利用区。

4.2 衍生指标

对基础数据选择模型进行分析计算得出的指标，例如生态适宜性、敏感度或可利用度等类型的指标，这些指标可以划分为不同的级别。指标划分为几个级别可以根据国家公园的类型、重点保护对象等实际情况进行调整，以提高评价及在功能区划中的准确性。

4.3 结果评价指标

依据基础指标和衍生指标，经过综合叠加分析及征求相关利益群体的意见，可以区划出各功能区，对划分结果的评价可选择一些可量化、具有可操作性的指标作为评价的指标。例如，面积是较容易获取的指标，对各功能区在整个国家公园所占的比例，可以做出比例的要求。严格保护区的面积建议不少于国家公园总面积的25%，严格保护区和生态保育区之和大于国家公园总面积的50%，科普游憩区的面积控制在国家公园总面积的5%以内。此外，土地权属是决定国家公园管理政策的一个重要指标，也可对国家公园范围内及严格保护区中国有土地所占的比例做出要求，建议国家公园范围内的国有土地、林地面积占国家公园总面积的60%以上，严格保护区的土地（林地）权属应为国有。

5 功能区划流程

如前所述，功能区划是国家公园规划和管理的一个重要环节，因此在前期调研和现场调查过程中，对功能区划所需的数据要进行详细的收集和分类。根据国家公园的特点、价值和威胁等确定功能区划的原则和区划方法，建立国家公园功能区划的数据库，这也是国家公园规划的重要数据库之一。根据各类

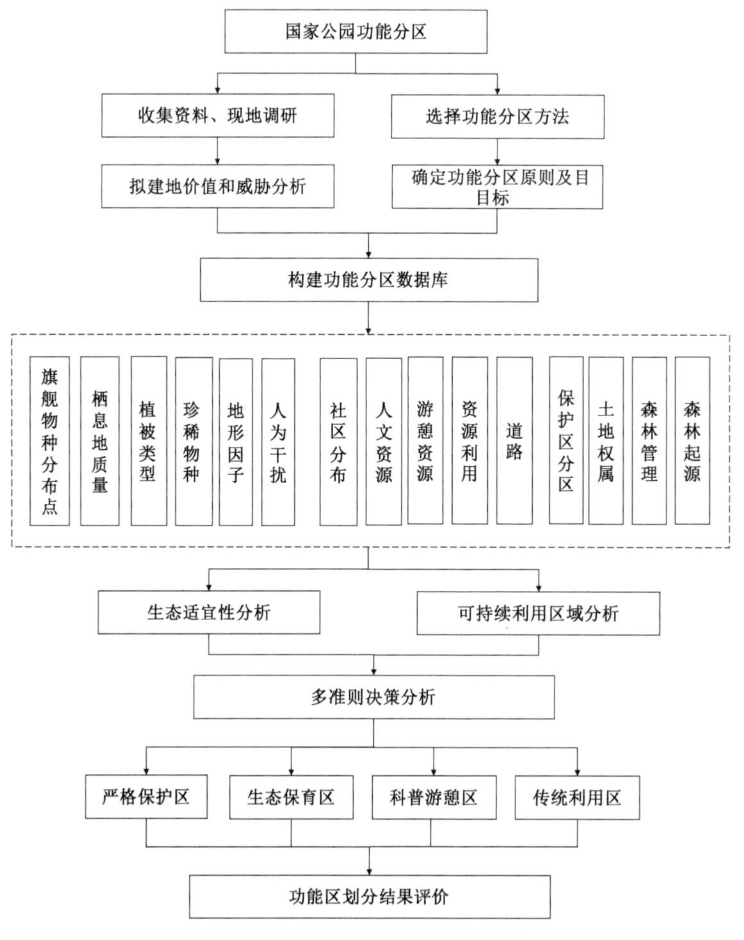

图1 国家公园功能分区逻辑框架图

指标的计算和分析，首先满足生态适宜性的需要，然后是可持续利用的需求及多准则决策分析，在目标体系的指引下，经过多次与相关利益群体的沟通，最终确定国家公园的功能区划。同时，还可在后期国家公园建设中通过定期对功能区划评价，提出调整的方案，以在后续规划中不断优化。国家公园的功能区划逻辑框架详见图 1。

6 功能区划结果评价

除了指标体系中提出的结果评价指标定量评价和衡量外，还可从地域区划的适宜性、核心资源的安全性、资源保护和持续利用的合理性等方面对区划结果进行定性的评价。地域区划的适宜性主要评价国家公园各功能区的总体划分情况，例如功能区在空间上是否符合各地块功能现状和潜在发展方向，是否体现了各功能区的主导功能，功能区面积是否总体满足需要等。关于功能区划对核心资源的安全性的评价，可评价以保护为主的功能区（如严格保护区、生态保育区）的范围能够使该国家公园重点保护的野生动植物及生态系统得到较好的保存，自然环境脆弱的地域得以良好的恢复。对资源的保护和利用一直国内外社会关注的热点问题之一，实现珍稀资源的世代传承、可持续利用资源、建立人与自然和谐的国家公园也是国家公园功能区划遵循的目标。关于资源保护和持续利用的合理性，需评价区划结果是否在在保护第一的前提下，是否能够提高资源可持续利用效率，为公众提供游憩场所和体验机会，为国家公园内及周边群众提供更多的发展机会，让居民真正认识到实惠。

7 结语与讨论

综上，国家公园的功能区划要充分依据国家公园拟建地的实际情况和自身特征，以保持生态系统、珍稀濒危动植物栖息地、自然景观、生物多样性和文化资源的原真性、完整性和代表性为首要原则，按照强化国家公园的保护功能、合理处理生态保护与资源可持续利用之间关系的管理目标，对国家公园进行空间上的保护、管理和利用分区。国家公园可划分为严格保护区、生态保育区、科普游憩区、传统利用区等分区，各功能区的范围和界线需明确，要合理控制游憩用地，严格控制传统经营用地，以有限空间最大限度地满足公众需求，减小社区对资源的影响。

借鉴国家公园及保护地分区方法及逻辑思路，笔者在国家公园功能区划实践中按照“价值—威胁—目标—分区—管理”的逻辑思路[15]，在分区所参考的指标体系中尽量选择能够定量化的指标作为分区的依据，再加以定性的分析。此逻辑思路和方法在实践较为实用，可对此进行进一步优化和完善，形成国家公园功能区划的理论框架及技术，合理划分国家公园的内部结构，对国家公园进行空间上的保护、管理和利用。

本文将国家公园功能区划的指标体系分为基础指标、衍生指标和结果评价指标三种类型。根据基础指标可提炼分析产生衍生指标，然后划分出功能分区，根据结果评价指标判断划分结果是否合理。三类指标之间存在着相辅相成、互为参考的关系，需在区划的过程中，不断补充完善。另外，本文在指标体系中提出的多为能够量化的定量指标，对一些定性的指标如何定量的体现，并在指标体系中得以应用，还需要进一步的研究。

国家公园功能区划是一个不断重复和咨询的过程，功能分区和对应的管理策略制定之后，或许仅适用于一个规划期或者一定的阶段，因此需要加强对国家公园的监测和评价[16]，根据不同时空国家公园区域内生物多样性的发展与变化情况、周边生态环境的改善，本着不断加强保护的原则适时做出调整，用动态、发展的理念去管理范围和功能分区[17]，以更好地实现国家公园的建设目标及美好愿景。

【参考文献】

[1] 张希武，唐芳林. 中国国家公园的探索与实践［M］. 北京：中国林业出版社，2014.
[2] 杨锐. 建立完善中国国家公园和保护区体系的理论与实践研究［D］. 清华大学，2003.
[3] 王维正，胡春姿，刘俊昌. 国家公园［M］. 中国林业出版社，2000.
[4] 杨子江. 多目标约束下的梅里雪山国家公园功能分区方法及管理研究［D］. 云南大学，2009.
[5] 王连勇. 加拿大国家公园规划与管理——探索旅游地可持续发展的理想模式［M］. 西南师范大学出版社，2003.
[6] 杨锐，等. 国家公园与自然保护地研究［M］. 中国建筑工业出版社，2016.
[7] 张全洲，陈丹. 台湾地区国家公园分区管理对大陆自然保护区的启示［J］. 林产工业，2016，43（6）：59-62.
[8] 赵智聪，彭琳，杨锐，等. 国家公园体制建设背景下中国自然保护地体系的重构［J］. 中国园林，2016（7）：11-17.
[9] 云南省质量技术监督局. 2009. 国家公园基本条件（DB53/T 298-2009）.
[10] 云南省质量技术监督局. 2009. 国家公园总体规划技术规程（DB53/T 300-2009）.
[11] 国家发展改革委. 湖北神农架国家公园体制试点区试点实施方案. 2016.
[12] 云南大围山国家公园总体规划. 内部材料，2012.
[13] 徐卫华，罗翀. MAXENT模型在秦岭川金丝猴生境评价中的应用［J］. 森林工程，2010，26（2）：1-4.
[14] 雅安大熊猫国家公园总体规划. 内部材料，2016.
[15] 杨锐，庄优波，党安荣. 梅里雪山风景名胜区总体规划技术方法研究［J］. 中国园林，2007，（4）：1-6.
[16] 唐芳林，张金池，杨宇明，等. 国家公园效果评价体系研究［J］. 生态环境学报，2010，19（12）：2993-2999.
[17] 王梦君，唐芳林，孙鸿雁，等. 国家公园范围划定探讨［J］. 林业建设，2016，（2）：21-25.

国家公园建筑生态仿生设计策略——自然界的启示*

建筑生态仿生学虽然是个老课题，但是目前也是一种最新的科研趋向。它是根据自然生态与社会生态规律，并结合建筑科学技术特点而进行综合应用的科学。它的主要研究内容包括：城市仿生、功能仿生、结构仿生、形式仿生等方面。建筑生态仿生学的应用范围非常广泛，从城市总体设计、单体建筑，到居住环境、材料都可涵盖。建筑仿生学既是为了建筑应用类比的方法从自然界中吸取灵感进行创新，同时也是为了与自然生态环境相协调，保持生态平衡。其在保护生态环境、创新建筑创作、完善建筑科学体系等方面具有重要意义。未来的建筑就是生态的、仿生的，城市将是仿生与生态的城市。生态仿生体现的环境适应性和完美的进化模式的共生策略为国家公园建筑设计找到了一条有效的途径，提供了借鉴的方向，为国家公园建筑生态仿生设计策略的研究，开启了一个崭新的设计视觉。

1 建筑仿生设计的本源

美籍华裔建筑师、城市和区域规划师崔悦君（Eugene Tsui）提出“要创作有意义有美感的建筑，我们就要回归意义与美感的源头——自然中去”，这一观点充分体现建筑设计中的本源思想[1]。回顾建筑的历史，无论在哪个阶段，在其漫长的发展进程中，差不多与人类同时诞生的建筑，无不体现与自然紧密结合。大自然是建筑创作的源泉，自然界的生命体对建筑的启示是非常深远的。千万年生物进化需要一套自觉应变、肌体完整、高效低耗、新陈代谢的保障系统，才能得以生存与繁衍。为了适应自然界的规律，生物需要不断完善自身的性能与组织。只有这样，自然界才能成为一个整体，才能保持生物链的平衡与延续。这种发展进化过程同人类的发展有异曲同工之处。作为大自然中一员的人类为了生存与发展不仅需要建筑，而建筑也需要适应自然界的规律；否则不仅会破坏自然环境，也会毁灭人类自身。自然界的生物由于生命力本身无意识的坚持不懈的活动，创造出令人惊叹的“建筑”。对比生物的构筑行为，类似人类的建造活动，同时自然界的某些高度协调的构筑本领和建筑行为，到目前为止人类没有学会。

有一种观点认为，从人与自然界的关系来看，建筑是人自身皮肤、衣服以外的第3层皮肤。它是人与自然界之间的中介，建筑意味着必须能适应环境的自然规律，又能适合人类不断发展的需要。正因为如此，轻质结构建筑大师弗赖·奥托主张“了解存在于自然中的生成过程，人工的完成这种过程，乃为设计之道”。建筑设计很多程度上归根于模仿生物界行为。建筑仿生设计的本源就是研究生物构筑行为及其构筑物的形态，借鉴生物进化过程中的合理形式，有效寻找和利用自然界生物的成长规律，通过具体或抽象的语言体现在我们的建筑上，来适应人类社会发展对建筑的需要。

2 建筑生态仿生表现手法

21世纪的建筑，面临着自然资源和环境的困境，急需生态性设计，在满足美观、安全、适用、经济的条件下，要具备高效、节能、可持续发展的要求。而当前生态建筑正囿困于套路化、同质化、陈旧化的思维，没有真正体现生态的特性，突破势在必行。其中最为关键在于从大自然撷取设计灵感，制定设

---

* 蔡芳. 国家公园建筑生态仿生设计策略——自然界的启示［J］. 林业建设，2017，（3）：17-21.

计策略，将生物与自然环境的共生策略转化为建筑策略，让建筑有对环境的动态适应性，让建筑似生物一样适应自然界的规律，让建筑结构、建筑功能和自然生态环境有机的结合和完美的搭配，对自然环境起到丰富、美化和调节、改善的作用。当然生态仿生不仅仅只是局限于使建筑物更好看，而且希望通过复制大自然中发现的各种功能系统来给新设计的建筑提供能量、绿色，甚至环境改善的技术。用仿生学原理设计建筑，不只是一个噱头，而将具有实实在在生态、绿色、经济的意义。因此，目前从自然界得到启示成为建筑设计这一课题下不可或缺的一个研究方向，为建筑提供了全新视角。

建筑生态仿生的表现与应用方法有什么？归纳起来大致有四个方面，主要有城市环境仿生、使用功能仿生、建筑形式仿生、组织结构仿生。未来还应实现综合性的仿生，使得城市与建筑形成一种仿生整体[2]。

2.1 城市环境仿生

值得借鉴案例为1853年巴黎的城市改造计划。该改建规划就是借助模拟人的生态系统进行，它的主要思路为在巴黎东、西郊规划建设的两座森林公园，犹如人的两肺，围绕两个森林公园形成环形绿化带与赛纳河，堪比人的呼吸管道，利用城市道路的辐射渗透，让新鲜空气可以输入城市的各个区域，启动了城市自身的循环系统。这种城市环境仿生思想，不仅疏解了城市的交通，同时也提升了城市的环境，使巴黎成为世界上城市改建的成功范例。这种规划思路不仅在当时已起到了积极的作用，而且在当下中国的城市改建中其环境仿生理论值得借鉴和完善。

2.2 使用功能仿生

由于使用的要求不同，建筑的功能错综复杂，应有机组织各种功能成为一种综合的整体。自然界中的生物为我们提供了范例。这不仅仅为单一功能元素的叠加，更多的是多功能发展过程的综合。使用功能的仿生，其表现形式非常多样，可以说是最能从自然界吸取灵感的处理方式，通过使用功能上的仿生，使建筑的空间布局更具有新意。成功的案例非常多，例如由法国建筑师勒·柯布西耶在1950—1955年间设计建造的法国朗香教堂就是典范之一。它的平面就是模拟人的耳朵，象征着上帝可以倾听信徒的祈祷。正是因其平面具有超现实的功能，以致在造型上也相应获得了奇异神秘的效果。又如由芬兰著名建筑师阿尔托设计的德国不莱梅的高层公寓（1958—1962），它的平面就是仿自蝴蝶的原型，服务部分为蝶身、卧室部分为翅膀。这样的设计使得内部空间布局新颖，同时也使建筑的造型变得更为丰富。建筑功能的生态仿生在当今高层建筑与多功能建筑中体现的最为突出。这种建筑要求我们在有限的空间内要高效低耗地组织好各部分的关系，使得这些空间可以适应多种功能。建筑师必须学会在复杂的功能组合中，不浪费空间和材料。大自然就是我们最好的学习对象。

2.3 建筑形式的仿生

建筑形式的生态仿生最能吸引目光。通过仿生的应用可以取得新颖的造型，也可以为发挥新结构体系的作用创造出非凡的效果。丹下健三在1964年东京建造的奥运会游泳馆与球类比赛馆就是建筑艺术作品的优秀范例。他利用悬索结构仿贝壳体形，使建筑在功能、结构与造型上达到有机结合，令人耳目一新。1961年埃罗·萨里宁（Eero Saarinen）设计的纽约环球航空公司航站楼也是举世瞩目的例子。它形如飞鸟，结合自然环境，给建筑以自然的形态，达到和环境融为一体的境界。该大楼不仅在建筑上创造了仿生奇迹，同时在结构设计方面，他同结构大师威廉·加德纳（WilliamGardner）创建了一种新的结构体系。通过四瓣组合式薄壳的建造，使得结构的中间有缝隙采光，四瓣薄壳则由下部的丫形柱支撑，利用人头盖骨的拼合结构肌理，不仅解决了自由曲线造型的难点，而且在结构与形式上又能达到有机的融合。这种有机的结构与新颖的形式可以相互共生的设计理念是指导生态仿生建筑设计的方向。

2.4 结构仿生方面

在结构仿生方面，已经取得了非凡的成就。结构工程师比建筑师更善于观察自然界的一切生态规律，通过现代技术的应用创造了一系列崭新的仿生结构体系。他们从一滴水珠、一个蛋壳就看到了自由抛物线型曲面的张力与薄壁高强的性能；通过对一片树叶叶脉的观察，交叉网状的支撑组织肌理发现了放射形拱肋的构造形式。这些对建筑结构的创新设计都是十分有益的启示。意大利都灵展览馆的巨形拱顶就是仿叶脉肌理而建造起来的。罗马奥运会小体育宫内部采用了钢筋混凝土网格的结构系统，是受葵花的启发，不仅受力合理、用材经济，而且创造了内部装饰新颖的效果。美国结构工程师富勒（Buckminster Fuller）从自然界中的结晶体与蜂窝的棱形结构中获得启示，创造了一系列惊人的大空间结构作品。1958年他在美国巴吞鲁日（Baton RougeLA）建造的联合油罐车公司的巨大弯顶，直径达115.2m，就是应用晶体结构的原理建造的。年轻的西班牙建筑师圣地亚哥·卡拉特拉瓦（Santiago Calatrava）1989—1993年为法国里昂塞托拉斯机场（Satolas Airport）附近的铁路车站设计中，应用了动物骨架的结构原理，造型新颖，令人刮目，充分发挥了节省材料提高效能的特性，堪称结构仿生的典范之作。

3 国家公园建筑要求与特点

3.1 国家公园

根据我国第一个有关国家公园的标准、经国家质量监督检验检疫总局备案（备案号26426-2009）的《国家公园 基本条件》（DB53/T 298-2009）对国家公园的定义：是由政府划定和管理的保护地，以保护具有国家或国际重要意义的自然资源和人文资源及其景观为目，兼有科研、教育、游憩和社区发展等功能，是实现资源有效保护和合理利用的特定区域。这样就界定了国家公园为一个特定区域、是一个保护地，突出了国家公园是保护地的本质，强调了国家公园的管理首要目标是实现资源有效保护和合理利用，在综合发挥保护、科研、教育、游憩和社区发展五大功能的要求下，既符合IUCN提出的国家公园的管理目标，又充分概括了具有中国特色的国家公园应当发挥的多样化的功能[5]。

3.2 建筑特点及要求

既然国家公园是一个保护地，对公园内基础设施的建设要求高，其设施必须是生态、绿色、与自然协调的，应同周边的生态环境构建成一个有机的生态体系。这些设计要素同建筑生态仿生设计的理念不谋而合。鉴于国家公园承担的教育功能，其设计中应强调融入自然保护理念，以鲜明突出、符合公园景观特色的设计风格建设，突出公园设施的功能性和便利性，并且具有鲜明的自然友好型特点。建筑是国家公园的重要组成部分之一。从设计而言，国家公园的建筑是公园自然环境中的一员，在建筑种类、数量、功能、布局的规划设计中，既要满足访客的要求，同时又要与地形、地貌及周边环境国家公园自然环境的相结合，体现生态文明的先进理念。因此，国家公园的建筑在建造上突出“生态、绿色”；在建筑设施上展现“生态化”“无痕迹化”；在建筑景观效果上彰显“环境友好”。国家公园的建筑要求外形、结构、采光、通风、水处理等设计应呈现国家公园自然环境属性，材料、颜色应呈现国家公园自然景观效果。

4 国家公园建筑生态仿生设计策略研究

国家公园中重要的展示元素为自然界，生物与自然环境必然是国家公园建筑设计的借鉴源泉。建筑本身不仅只具有“容器”的功能，更要符合生态、绿色、低碳的时代要求。生态仿生体现的环境适应性和完美的进化模式的共生策略为国家公园建筑设计找到了一条有效的途径，提供了借鉴的方向，为国家公园建筑生态仿生设计策略的研究，开启了一个崭新的设计视觉。

设计策略的核心就是从自然界得到启示，源于自然又回归自然，让国家公园每一类建筑具备仿生特性、体现别具一格[3]。如果在公园内我们可以看到建筑有的能够像向日葵一样旋转；有的能够像仙人掌一样开花；有的能够像盛开的马蹄莲一样迎风招展；有的建筑围护材料就像动物的皮肤一样，拥有防寒、透气、不透水等多重特性，而且随着外界气候条件的变化来改变表皮的透光、保温特性，从而创造出舒适的室内环境；有的建筑能够像生物的毛细血管一样运作，可以调节温度、控制室内空气的流速和流向，而且相对于普通的空调系统，大幅降低了材料使用成本；有的建筑利用细胞胀压原理，体现各种新颖别致的充气充液结构，具有造型优美、光彩悦目的时代魅力；有的建筑是一座仿照植物新陈代谢设计的，一个个垂直的圆形交通塔，内为电梯、楼梯与各种服务设施，所有办公空间则建立其间，这样可以根据需要不断扩建或减少[6]。这一系列的建筑为人们提供健康、舒适、安全的居住、工作和活动的空间，同时在建筑全生命周期中实现高效率地利用资源（节能、节地、节水、节材）、最低限度地影响环境的建筑物。

4.1 生物个体的启示

生物界体现的“物竞天择、适者生存”的意境，各种图案与形式都是自然演化内在法则的产物。它们是天生的数学家、力学家，黄金分割法则的先导者，是建筑结构美丽的一个形式要素。例如以动物为展示主题的国家公园，其建筑元素就可借鉴鱼鳍、鸟的翅膀、四足动物、蜂巢的结构、龟壳等生物结构体系及外型，达到受力构件优良的力学形态、材料的节约。

4.2 生物行为的启示

生物体的演变和自然淘汰形成了复杂的结构，可以行使相应的功能。它们具备的生存功能、采光功能、美观功能、抗风功能、捕食功能、穿透功能、保护功能，精巧、协调、合理而高效，是国家公园建筑的生态仿生借鉴。大自然中的植物具有的生长模式是国家公园建筑最应该借鉴的。可以想象，如果我们的仿树状生长模式，可以充分发挥这种具有克服外力、不断向上延伸的树状支撑的生长态势结构体系，能得到大的空间和通透的环境，减少了建筑的能耗，对能源是一种很好的节约。

4.3 材料的启发

生物巢穴的材料从自然来又回归自然。生物材料有许多天然合理的组织结构、化学成分，天生具有功能适应性和损伤愈合等优越的生态功能。如果在国家公园建设中加以应用，能提高建筑材料的使用效率，同时类似生物材料的自我调节和自我修复功能大幅降低了建筑的维护成本、延长了建筑的使用寿命，建筑做到了科学可持续发展。

4.4 颜色的启发

颜色仿生也是策略之一。美丽的自然色彩应用到建筑的外观中，可以设计不同视觉、不同季节或时间、不同角度其颜色会有所变化的建筑，使建筑环境更加自然、美观、和谐，同时也利用色彩的变化来适应光线、温度的变化节能降耗，使人身心放松。变色龙建筑就是仿照变色龙生态特征建造的，具有在不同的环境下呈现不同颜色的功能，是一种“适应性”建筑，这种建筑设计在国家公园建筑中具有巨大的前景。

4.5 水处理的启发

建筑的能耗和可持续性发展一直是建筑师探索的课题，生物学可以提供解决之道。有“沙漠之舟”之称的骆驼特别耐饥耐渴。它的鼻腔有种特色的本领，能防止呼气时失去水分，吸气时鼻腔中贮藏的湿气蒸发。在此过程中鼻腔冷却，呼气时空气中的湿气就凝结在鼻腔上。建筑设计师们得到启示，将这种自然设计带到全新的水平，利用建设立面安装能蒸发的“散热板”，通过泵取温热海水下渗到这些单元中，经海风吹过导致海水蒸发，留下盐分；其余清洁、湿润的空气继续流动，直到碰到竖立的内有来自海面 1000 米以下的深海冷凝水的冷凝水管，湿热的空气碰到这些水管时，水就冷凝滴落下来，可以收集起来作为清洁用水的来源，巧用仿生原理淡化海水，找到一个把海水变成清洁饮用水而不花费太多能源的办法。这种处理水的生态方法，在西藏等缺淡水区域国家公园建设中将是一种有效的借鉴。

4.6 生物界法则的启迪

生物体间个体差异是很大的，但就生命形式而言之间存在许多相似之处，有很多普遍规律。这些规律同建筑的优化是相同的。在整体优化的原则中，生物界系统存在整体性，是一个大系统。一种生物排出废料，正是其他生物的生存养料[4]。这是一个良性循环，在竞争的同时，存在相互协作、相互促进、共生的整体性。那就启发了我们，建筑设计不应单一、片面，应从整体出发，把建筑特别是处于国家公园自然环境中的建筑要在一个大的生态环境系统中考量，具有物质、能量以及信息的流动及储存，以较强的生物气候调节能力应对变化的环境，使建筑与环境之间形成双向互动关系。

5 小结

国家公园生态仿生建筑强调资源和环境，强调建筑在整个寿命周期内要减少资源能源的消耗和降低环境污染，其建造的目标就是尽可能减少资源能源的消耗，把环境直接和建筑的污染降到最低，保护自然生态环境，创造健康舒适的室内外环境，建筑生态、经济取得平衡。

【参考文献】

[1] 胡卫华，张海燕. 生态仿生建筑的设计方法 [J]. 工业建筑，2009，(39)：55-58.
[2] 姚晓微. 建筑仿生设计探讨——源于生物的灵感 [D]. 北京：北京建筑工程学院，2006.
[3] 张颖. 灵感从自然中来——仿生建筑结构美学 [J]. 中外建筑，2009，(8)：51-53.
[4] 许启尧. 仿生建筑 [M]. 北京：知识产权出版社，2008.
[5] 张希武，唐芳林，著. 中国国家公园的探索与实践 [M]. 北京：中国林业出版社，2014.
[6] [德] 英格伯格·弗拉格，托马斯·赫尔佐格. 建筑+技术 [M]. 李保峰，译. 北京：中国建筑工业出版社，2003.

中国国家公园研究进展*

国家公园是自然保护思想发展到一定阶段的产物，自 1872 年世界上第一个国家公园——黄石国家公园建立以来，已经经历了 140 多年的历史。我国 1956 年建立第一个自然保护区，多年来形成了以自然保护区为主体的自然保护地体系，在各类自然保护地建设中吸收了世界上各国国家公园建设的一些理念和做法。党的十八届三中全会提出“建立国家公园体制”，党的十九大进一步提出“建立以国家公园为主体的自然保护地体系”。建立国家公园体制对推进自然资源科学保护和合理利用，推进美丽中国建设具有重要的现实意义[1]。建立以国家公园为主体的自然保护地体系是我国社会主要矛盾变化后，满足人民日益增长的对优美生态环境的需要的重大举措之一。

截至目前，我国启动了三江源、东北虎豹、大熊猫和祁连山等 10 个国家公园体制试点，涉及青海、吉林、黑龙江、四川、陕西、甘肃等 12 个省（自治区）。《建立国家公园体制总体方案》提出，到 2020 年，建立国家公园体制试点基本完成，整合设立一批国家公园，分级统一的管理体制基本建立，国家公园总体布局初步形成。到 2030 年，国家公园体制更加健全，分级统一的管理体制更加完善，保护管理效能明显提高。随着国家公园在生态文明建设中的定位越来越高，建设力度越来越大，其在社会各界受到的重视程度也越来越高，研究广度和深度不断延展，取得了很多研究成果。《建立国家公园体制总体方案》是国家公园体制的顶层设计和重要成果，本文结合总体方案，对近年来国家公园的一些研究成果进行了梳理，尝试对国家公园的发展历程及研究阶段进行划分，简要概述了国家公园的概念、属性及特征、体制建立的目的及意义、管理体制、规划及设施建设、法制保障等内容，期望为我国国家公园及自然保护地体系的深入研究，提供一定的参考。

1 研究概况

截至 2018 年 6 月，笔者以“国家公园”为关键词在 CNKI 数据库共检索到文献 6624 篇。其中，期刊类文献 3379 篇，报纸类文献 1647 篇，硕士论文 1105 篇，博士论文 214 篇，国内、国际会议类文献 234 篇，学术辑刊文献 18 篇，其他类型文献 27 篇。

针对检索出的文献资料，从研究机构来看，前 10 名依次为北京林业大学、清华大学、国家林业局昆明勘察设计院、北京大学、中科院地理科学与资源研究所、云南大学、国务院发展研究中心、东北林业大学、中南林业科技大学、同济大学；从作者分布来看，前 10 名依次为杨锐、唐芳林、苏杨、王梦君、张玉钧、王宪溥、钟林生、孙鸿雁、吴承照、蔚东英。这显示了相关单位和个人在国家公园研究领域的活跃程度。

对检索结果中报纸类、期刊类文献进行计量分析发现，报纸类发文量前 5 名依次为《青海日报》《中国旅游报》《中国绿色时报》《光明日报》《云南日报》；期刊类发文量前 10 名依次为《中国园林》《北京林业大学学报》《森林与人类》《中国林业科技大学》《风景园林》《东北林业大学学报》《环境保护》《林业建设》《世界林业研究》《旅游科学》。

---

* 唐芳林，王梦君，李云，等. 中国国家公园研究进展［J］. 北京林业大学学报（社会科学版），2018，17（3）：17-27.

2 发展历程及研究阶段

结合国家公园的研究成果及发展情况，本文将国家公园的发展历程及研究分为国家公园理念借鉴、理念引入和地方探索、国家推进发展 3 个阶段。

2.1 国家公园理念借鉴阶段

第一阶段从 1956 年到 1995 年，是我国国家公园理念借鉴阶段。1956 年我国建立了第一个自然保护区——广东鼎湖山自然保护区，也是我国开始建设自然保护地的标志。1982 年，国务院审定公布第一批 44 处国家重点风景名胜区，林业部门批准建立了第一个国家森林公园——张家界国家森林公园。

这个阶段关于国家公园的文献数量不多，主要为对世界国家公园建设的介绍以及与我国自然保护区、风景名胜区等的比较。徐大陆撰文介绍了美国、加拿大、日本国家公园的情况[2]；卢琦等回顾和展望了世界国家公园的发展[3]；严旬概述了世界国家公园的发展，并根据中国的实际情况，提出了建立国家公园的依据、途径、标准和管理措施等[4]；谢凝高介绍了世界国家公园的发展，认为就我国国家风景名胜区的性质、功能及其保护利用而言，相当于国外的国家公园，提出我们应建立起中国特色的国家公园（即国家风景区）系统[5]。这些文献是我国较早思考中国国家公园建设的文章。此阶段，我国自然保护区、风景名胜区、森林公园等自然保护地在建设中借鉴了一些国外国家公园的建设经验。

2.2 国家公园理念引入和地方探索阶段

第二阶段从 1996 年到 2012 年，是国家公园理念引入和地方探索阶段。云南省首开国家公园建设先河，1996 年开始基于国家公园建设的新型保护地模式的探索研究，2006 年建立了我国大陆首个国家公园——云南香格里拉普达措国家公园。2008 年 6 月，国家林业局将云南省作为国家公园建设试点省。截至 2012 年，云南省开展了普达措、丽江老君山、西双版纳、梅里雪山、普洱、高黎贡山、大围山、南滚河等国家公园的规划和建设[6]。云南省的探索基本形成了完整的国家公园模式，为在全国开展国家公园试点提供了经验。从 1996 年到 2012 年，特别是 2000 年以来，关于国家公园的研究逐渐增加，研究内容不仅包括了对国外经验的借鉴，还结合了一些探索实践，从宏观上思考了我国国家公园的发展方向，提出了具体的建设路径和建议。

此阶段，关于国家公园的专著主要有《国家公园》[7]《国家公园游憩设计》[8]《美国国家公园管理体制》[9]《加拿大国家公园规划与管理》[10]《美国国家公园巡礼》[11]《普达措国家公园规划和建设》[12]《中加国家公园自然游憩资源管理比较研究》[13]等。杨锐、李如生、张金泉、唐芳林、杨子江、张海霞等将国家公园作为攻读学位的研究选题，分别开展了建立完善中国国家公园和保护区体系的理论与实践研究[14]美国国家公园与中国风景名胜区比较研究[15]国家公园运作的经济学分析[16]中国国家公园建设的理论与实践研究[17]多目标约束下的梅里雪山国家公园功能分区方法及管理研究[18]国家公园的旅游规制研究[19]等。

在文献方面，杨锐、李如生等对美国国家公园的发展历程[20-21]、规划体系[22]、立法体系[23]、入选标准和指令性文件体系[24]、申报准则及审议程序[25]、管理体制[9]、体系及其管理[26-27]、资源保护和管理[28]等进行了系统的研究。专家学者还就加拿大[10-29]、澳大利亚[30]、巴西[31]、尼泊尔[32]、新西兰[33-35]、英国[36]等国家的国家公园经验，以及国外国家公园运动的教训、趋势及其启示[37-38]、国家公园研究的系统回顾[39]、国家公园体系的多元化世界[40]等进行了大量的研究。结合中国实际，万本太提出建设国家公园，促进区域生态保护和经济社会协调发展[41]，唐芳林等就我国建立国家公园进行了探讨[42]。还有一些专家学者就我国广义国家公园体系称谓问题[43]、国家公园发展策略[44]、国家公园评价指标体系[45-47]、国家公园野生生物保护管理[48]、国家公园解说系统规划[49]等进行了研究。国内国家公园试点案例主要为对云南省国家公园建设试点情况[50]，以及以西双版纳热带雨林[51-52]、普达措[53-55]、梅里雪山[56]等为载体的研究。

2.3 国家公园的国家推进发展阶段

第三阶段从2013年至今，为国家公园的国家推进发展阶段。2013年11月，党的十八届三中全会通过的《中共中央关于全面深化改革若干重大问题的决定》提出建立国家公园体制。在经历了各部门各自解读的"盲人摸象"时期之后，2015年国家发展和改革委等13部委联合印发了《建立国家公园体制试点方案》，开启了"摸着石头过河"的国家公园体制试点。从2015年到2017年，《生态文明体制改革总体方案》《建立国家公园体制总体方案》等一系列重要文件陆续出台，为我国国家公园的建设指明了方向。2018年3月，《深化党和国家机构改革方案》提出成立国家林业和草原局，加挂国家公园管理局的牌子，4月国家公园管理局正式揭牌，标志着中国国家公园进入了新纪元。

2013年提出建立国家公园体制以来，我国国家公园建设进程明显加快，与此同时关于国家公园的文献数量成倍增长。短短几年时间，就有《中国国家公园的探索与实践》[5]《国家公园与自然保护地研究》[57]《国家公园理论与实践》[58]《中国国家公园体制建设研究》[59]《国家公园体制研究与实践》[60]《国家公园体制比较研究》[61]《国家公园技术标准体系框架——云南的探索与实践》[62]《国家公园制度解析》[63]《国家公园旅游生态补偿：以云南为例》[64]《多目标约束下梅里雪山国家公园功能分区研究》[65]《基于生态文明战略的国家公园建设与管理》[66]《国家公园：探索中国之路》[67]《美国国家公园管理政策（最新版）》[68]《美国国家公园管理总体规划动态资源手册（最新版）》[69]《旅游与国家公园：发展、历史与演进的国际视野》[70]等10余部书籍出版。这些专著在总结国家公园建设经验的基础上，对国家公园的体制、制度、建设及管理等进行了有益的探索，为今后进一步深入研究我国国家公园相关理论及实践奠定了良好的基础。

截至目前，期刊、报纸等发表的关于国家公园的文章有5000多篇。对国外国家公园经验的借鉴，依然以对美国国家公园的研究最为深入和系统，王连勇、王雷、汪昌极从美国历史及美国国家公园的百年发展史、美国国家公园体系建设等方面研究了美国经验[71-73]；陈耀华等以美国国家公园为例，探讨了国家公园生态观及国家公园的国家性[74-75]；吴承照等以美国黄石国家公园为例，研究了国家公园生态系统管理及其体制适应性[76]；刘海龙等以美国自然类型国家公园为例，研究了国家公园体系规划与评价[77]；王辉、安超、赵智聪等从美国荒野管理[78]、游客体验指标[79]、特许经营[80]、志愿者服务及机制[81]、解说与教育服务[82]、国家公园管理局丹佛服务中心[83]等方面进行了具体研究。一些专家学者还综述了国外国家公园的发展趋势和研究进展[84-86]，研究了加拿大[87]、英国[88-89]、法国[90]、德国[91]、西班牙[92]、芬兰[93]、巴西[94]、肯尼亚[95]、南非[96]、日本[97]等国家的国家公园管理体制和经验，提出了对我国国家公园体制建设和管理的启示。

围绕我国为什么建国家公园，建设什么样的国家公园，怎么建设国家公园，怎么管理国家公园等一系列的问题[98-100]，专家学者们既从国家自然保护地分类体系、国家自然保护体制等宏观角度[101-106]，又从国家公园定义、属性特征、功能、管理目标等基本问题[107-114]，特别是对国家公园体制建立的意义、目标、路径、框架、发展思路、方案、需处理的关系、重点难点等进行了深入的探讨[115-141]。在国家公园设置条件[142]、总体布局[143]、范围及功能分区[144-146]、管理机构及模式[147-148]、土地权属[149-150]、资源及空间保护管理[151]、游憩[152-154]、社区参与保护[155]、公众参与[156]、志愿者机制[157]、资金保障机制[158]、立法及政策保障[159-160]等方面，也有一些相关研究。在生态文明建设大背景下，各种观点在碰撞中越辨越明，逐渐趋于一致，为我国国家公园体制总体方案的出台以及国家公园的建设奠定了研究基础。

3 研究内容概述

3.1 国家公园概念研究

国家公园的概念始于美国，是从"National Park"直译而来。第一个提出使用"Nation's Park"的是美国艺术家乔治·卡特林（George Catlin）。1832 年，乔治·卡特林发表了《美国野牛和印第安人处于濒危状态》的文章，他写道，“通过政府的保护政策……设立一个雄伟的公园，一个国家的公园，其中有人，也有野兽，所有的一切都在自然之美中处于原始和鲜活的状态”[7]。这里首次提出国家公园这个名词，描述了国家公园的一些特征，提出了国家公园是政府通过保护政策设立，但没有对国家公园做出完整定义[114]。1916 年，美国国家公园管理局组织法（Act to Establish a National Park Service）诞生，规定国家公园设立的目的是为了“保护自然风光、野生动植物和历史遗迹，为人们提供休闲享受，同时不能破坏这些场所，将之流传给后代”[161]。美国将国家公园定义为，国家公园是由国家政府宣布作为公共财产而划定的以保护自然、文化和民众休闲为目的的区域[114]。其后，澳大利亚、英国、日本等国家根据各国特征对国家公园进行了定义。各国国家公园概念的表达可能有所不同，但无一例外强调 2 个最重要的“生态”内涵：资源的生态基底和保护利用的生态要求，即国家公园应具备完整的生态系统本底，以及排除外来伤害的生态保护机制[75]。

国际上关于国家公园的定义，迄今为止得到普遍接受的是世界自然保护联盟（International Union for Conservation of Nature，以下简称 IUCN）对国家公园的定义。该定义可追溯到 1969 年，IUCN 明确提出了国家公园必须具备的基本特征，将国家公园定义为：“国家公园是一个土地所有或地理区域系统，该系统的主要目的就是保护国家或国际生物地理或生态资源的重要性，使其自然进化并最小地受到人类社会的影响。”[7] 1994 年，IUCN 出版的《保护区管理类别指南》将国家公园定义为：“主要用于生态系统保护及游憩活动的天然的陆地或海洋；为当代和后代保护一个或多个生态系统的完整性；排除任何形式的有损于该保护地管理目的的开发和占有行为；为民众提供精神、科学、教育、娱乐和游览的基地，所有这些活动必须实现生态环境和文化上的协调。”[162] 2013 年新修订的指南将国家公园进一步表述为：“是指大面积的自然或接近自然的区域，用以保护大尺度生态过程以及这一区域的物种和生态系统特征，同时提供与其环境和文化相容的精神享受、科学、教育、娱乐和参观的机会。”[163]

我国在学术上对国家公园的定义也有一些探讨，唐芳林提出，“国家公园是由国家划定和管理的自然保护地，旨在保护有国家代表性的自然生态系统的完整性和原真性，兼有科研、教育、游憩和社区发展等功能，是实现资源有效保护和合理利用的特定区域”[114]。在这里，“国家划定”包含着中央人民政府批准、国家所有、国家投入、国家管理、全民公益的意涵[58]。罗金华认为，“中国国家公园是以具有中国区域代表性和典型性、生态完整性的高等级遗产地为资源依托，以保护为目的，提供限制性游憩、科研、教育活动等公共服务，由中央政府的专门权威机构实行整体保护、独立管理的特定区域”[164]。

国家技术质量监督局备案、云南省技术质量监督局发布的《国家公园基本条件》(DB53/T 298—2009)提出：“国家公园是由政府划定和管理的保护地，以保护具有国家或国际重要意义的自然资源和人文资源及其景观为目的，兼有科研、教育、游憩和社区发展等功能，是实现资源有效保护和合理利用的特定区域。”但由于地方标准的局限性，不能明确指出国家公园必须由国家政府划定，会产生各级政府都可以划定和管理国家公园的歧义[58]。

2018 年，国家林业局发布的林业行业标准《国家公园功能分区规范》（LY/T 2933—2018）将国家公园定义为，“由国家批准设立并主导管理，以保护具有国家代表性的大面积自然生态系统为主要目的，实现自然资源科学保护和合理利用的特定陆地或海洋区域。其首要功能是重要自然生态系统的原真性、完整性保护，兼具科研、教育、游憩等综合功能”。我国的法律中还没有对国家公园进行定义，中国共产党中央委员会办公厅（以下简称中办）、中华人民共和国国务院办公厅（以下简称国办）印发的《建立国家公园体制总体方案》中规定，“国家公园是指由国家批准设立并主导管理，边界清晰，以保护具有国家代表性的大面积自然生态系统为主要目的，实现自然资源科学保护和合理利用的特定陆地或海洋区域”。《国家公园功能分区规范》（LY/T 2933—2018）对国家公园的定义与《建立国家公园体制总体方案》基本一致，明确了国家公园为国家批准设立并主导管理的特定区域，强调了建立国家公园的主要目的，提出了国家公园的首要功能及综合功能。

3.2 国家公园属性及特征研究

国家公园不是一般意义上的“公园”，它是自然保护思想发展到一定阶段的产物，是自然保护地的一种重要类型[124]，是自然保护基地[111]。国家公园的本质属性是自然保护，得到了社会的普遍认同。在国家公园特征方面，唐芳林认为，国家公园应具有国家代表性、自然保护属性、国有性、公益性、全民性、国家主导性、科学性、可持续性、非商业性、生态系统的完整性等 10 个特征[113]。除了普遍特征外，中国特色国家公园还具有更加注重自然生态系统保护、更加强调整体保护和严格保护、更加强调体系建设、更加强调生态保护和消除社区贫困的结合等特有特征[124]。通过对国外一些国家公园案例的分析，马克平认为，比较好的国家公园一般应该具备高端、大气、自然和公益 4 个特点[111]。陈耀华认为，公益性、国家主导性和科学性这 3 大特性，其中公益性是国家公园设立的根本目的，国家主导性和科学性则是践行公益性的两大保障[107]。国家公园不仅构筑了国家重要的生态安全屏障，而且能够产生优良的生态产品，这是最普惠的民生福祉，体现了生态效益和社会效益，也是公益性的具体体现。因而，国家公园的公益性，还应该从生态服务功能方面来体现[165]。杨锐认为，国家公园必须强化公有、公管、公正的“三公”属性。公有是国家公园的所有权属性，公管是管理权属性，公正是伦理属性[166]。

《建立国家公园体制总体方案》明确提出了“生态保护第一、国家代表性、全民公益性”的国家公园理念。“生态保护第一”体现了自然保护是国家公园的本质属性，明确了建立国家公园的目的是保护自然生态系统的原真性、完整性，始终突出自然生态系统的严格保护、整体保护、系统保护，把最应该保护的地方保护起来。国家公园坚持世代传承，给子孙后代留下珍贵的自然遗产。“国家代表性”不仅体现了国家公园设置的资源要求[58]，而且体现了国家公园在自然保护地体系中的重要地位。国家公园既具有极其重要的自然生态系统，又拥有独特的自然景观和丰富的科学内涵，国民认同度高。国家公园以国家利益为主导，坚持国家所有，具有国家象征，代表国家形象，彰显中华文明。“全民公益性”是国家公园的基本属性之一[58]，也是设立国家公园的重要目的[107]。国家公园坚持全民共享，着眼于提升生态系统服务功能，开展自然环境教育，为公众提供亲近自然、体验自然、了解自然以及作为国民福利的游憩机会。鼓励公众参与，调动全民积极性，激发自然保护意识，增强民族自豪感。

3.3 国家公园体制建立的目的及意义

2013 年，中央文件首次提出建立国家公园体制，对我国自然保护事业的发展具有里程碑式的意义[6]。从管理对象看，国家公园体制包括国家公园本身和国家公园体系两个部分[105]。国家公园不等于国家公园体制、国家公园体系。国家公园是国家代表意义的高价值生态空间，是纳入重点保护的一种自然保护地类型的实体单元。经过系统规划设立的国家公园实体单元的集合在有机组织和统一管理下就构成了国家公园体系。国家公园体系和包括自然保护区等在内的其他自然保护地一起就构成了自然保护体系，对自然保护地体系进行系统化、组织化的制度安排，构成相互联系的有机整体和配套的管理体制，共同发挥生态服务功能，这才是国家公园体制[124]。国家公园、国家公园体系和自然保护地体系是个体、集群和体系的关系，是受保护的自然资源的物质载体，国家公园体制是针对自然保护地管理的生产关系和上层建筑。中国的国家公园体制建设是在生态文明制度建设的背景下开展，是关于自然保护地的管理体制，是以国家公园为代表的自然保护地运行机制[58]。

3.3.1 建立国家公园体制旨在解决当前自然保护地存在的问题

我国自然保护事业历经 60 多年发展，取得了巨大成就，各类自然保护地已逾 12000 个，总面积约占我国陆域面积的 18%，海域的 2.3%，在保护生物多样性、保障生态系统稳定和改善生态环境质量等方面发挥了重要作用。同时，我国自然保护地的建设也存在布局不合理、多头管理、交叉重叠、产权不清等问题。建立国家公园体制的目的在于改革自然保护地存在的弊端，使各类保护地交叉重叠、多头管理的破碎化问题得到基本解决[132]。其本质是借鉴国际经验，结合我国国情，从加强国家治理能力的需求出发，改革现有的自然保护体制，建立一个适合我国的国家自然保护体制[105]。我国建立国家公园体制的主要目标是建立统一、规范、高效的中国特色国家公园体制，使交叉重叠、多头管理的碎片化问题得到有效解决。

3.3.2 建立国家公园体制推动了我国自然保护地新体系的构建

党的十八届三中全会提出“建立国家公园体制”，为我国自然保护事业的发展带来了难得的机遇。建立国家公园体制不仅停留在国家公园这个尺度，还应站在自然保护这个更大的系统上来考虑，应设置双重目标，即在建立国家公园体制的同时完善中国自然保护地体系[42-140]。以此为契机，解决目前自然价值较高的典型生态系统因地域分割、部门分治造成的监管不清、规则不一、投入分散、效率低下等一系列问题，推进重要区域保护区整合，从根本上理顺我国自然保护地的管理、立法和分类体系，理顺国家自然保护管理体制，结合国际通用的 IUCN 保护地分类体系，完善我国自然保护体系，通过落实优化国土空间开发战略提高自然保护的有效性[86,99,101,103,126,167]。《建立国家公园体制总体方案》在总体要求中明确提出“构建统一、规范、高效的中国特色国家公园体制，建立分类科学、保护有力的自然保护地体系”。2017 年 10 月 18 日，十九大报告提出“加快生态文明体制改革，建设美丽中国。构建国土空间开发保护制度，完善主体功能区配套政策，建立以国家公园为主体的自然保护地体系”。

3.3.3 建立国家公园体制是我国落实加快生态文明制度建设的重要举措

2015 年 9 月，中共中央、国务院印发《生态文明体制改革总体方案》，在健全自然资源资产产权制度、建立国土空间开发保护制度及生态文明体制改革的实施保障等内容中对国家公园体制工作做出了要求。建立国家公园体制是国家生态文明制度建设的重要组成部分，与自然资源资产产权制度、用途管制制度、生态补偿制度和生态损害责任追究制度等生态文明制度紧密相关，必须符合生态文明理念和《生态文明体制改革总体方案》的要求[132]。

国家公园作为资源荟萃的高价值自然生态空间，拥有国家所有、全民共享、世代传承的重点生态资源，是优先保护的区域，国家形象的代表名片，是生态保护的重点和优先区域。国家公园有最好的条件成为生态文明制度的先行先试区，易于推动生态文明基础制度配套落地并看到成效[168-169]。而生态文明制度是绿色发展的制度保障，以生态文明制度为基础的国家公园体制建设好了，绿色发展就能在最有价值的区域先行实现[170]。建立国家公园体制，是践行生态文明战略的重大部署，是构建生态文明制度和建设美丽中国的重大实践[58]。

3.3.4 国家公园管理体制研究

关于国家公园管理体制的构建，《建立国家公园体制总体方案》中提出“建立统一事权、分级管理体制”，其中包括建立统一管理机构、分级行使所有权、构建协同管理机制等内容。

2018 年 3 月，党的十九大三中全会通过了《深化党和国家机构改革方案》，提出成立国家林业和草原局，加挂国家公园管理局牌子，主要职责之一是管理国家公园等各类自然保护地。按照深化党和国家机构改革要求，中央层面的国家公园管理局于 2018 年 4 月 10 日揭牌。唐芳林等通过研究一些国家的国家公园管理机构设置和职责分工，根据我国现状初步探讨了国家公园管理局机构设置，建议按照依法设置、职能优先、完整统一、权责一致、精简高效的原则，明确管理职责，根据职能内设相关管理部门，并建议下设国家公园规划设计、科研与监测等科技保障和支撑机构，根据国家公园布局设置区域协调机构[171]。

对国家公园单体而言，国家公园管理机构是各项事务的具体承担者和执行者，是开展各项工作和实施规划计划的前提和重要组织保障[58]，是独立设置的对国家公园范围内自然资源进行统一管理的机构，应与相应层级地方政府形成明确的权责分工[141]，也就是要合理划分中央和地方事权，充分发挥中央的作用和地方优势，构建主体明确、责任清晰、协作高效、监督规范的中央和地方协同管理机制。

国家公园管理机构组织架设的合理性、科学性可从治理与管理质量进行诊断[147]。按照保护管理事务全覆盖的原则设立国家公园管理机构的内设部门，对生态保护核心任务、综合事务和规划建设等工作实行全面管理，可设置资源保护、科研监测、宣传教育、游憩管理及社区发展等部门。同时，为充分保护和研究国家公园具有国家代表性的宝贵资源，加强国家公园的科学研究、综合执法、信息管理等工作，可考虑设置直属机构[58]。根据中办、国办印发的三江源、东北虎豹、大熊猫、祁连山国家公园体制试点方案及国家发展与改革委员会印发的神农架、武夷山、钱江源、南山、北京长城、普达措国家公园体制试点区试点实施方案，各国家公园体制试点区把成立国家公园管理实体机构作为试点的重要工作，体现了统一规范、精简高效等机构设置原则。国家公园的良好运行还涉及利益协调、社会参与、资金运转、特许经营、游憩访客管理、各级监督等多个方面的因素。

3.3.5 国家公园规划及设施建设研究

规划是规范建设与管理的纲领性文件，是实现国家公园保护管理目标的重要保障和有效手段。在规划的基础上，应对国家公园进行系统规划与管理，平衡和处理国家公园自然与人文景观资源及生态环境保护与发展的辩证关系，从而构建人与自然和谐发展的新格局。以美国国家公园为例，美国国家公园规划体系包括体系规划、总体规划、专项规划和实施计划等层次[22]，美国国家公园管理局丹佛服务中心是管理局的内设机构，专门负责美国国家公园系统的规划、设计和建设管理，形成了十分完备的体系，其对保护、科研、规范性和广泛合作的重视，促使其形成了一系列高质量的规划设计和建设项目[83]。

《建立国家公园体制总体方案》要求，研究提出国家公园空间布局，明确国家公园建设数量、规模。当前，我国关于国家公园的规划体系还不够完善，规划体系可包括全国自然保护地体系规划、全国国家公园体系规划、国家公园规划 3 个层次，其中国家公园规划可包括系统规划、总体规划、专项规划、详细规划和年度计划等层次[58]。我国的规划设计在制度设计上应强调规划与设计的严肃性、科学性和强制性，在内容和深度要求上强化基于调查数据、科学分析和多方案比较后的科学决策，在规范性上逐渐形成适用于中国自然保护地体系规划设计和建设的标准、规范体系等[83]。徐卫华等从国家尺度系统分析了我国现有的保护区体系对于生物多样性与服务功能的保护效果，提出可根据生态系统代表性与典型性规划国家公园体系的总体布局[172]。

目前我国正在开展的 10 个国家公园体制试点，三江源、东北虎豹、大熊猫、祁连山国家公园体制试点在试点方案中都提出了开展总体规划和相关专项规划的编制。神农架、武夷山、钱江源、南山、北京长城、香格里拉普达措国家公园体制试点在试点实施方案中也都提出了编制总体规划，各试点根据实际情况提出了编制相关专项规划，专项规划主要围绕国家公园的功能及管理目标进行设置，形成规划体系。如武夷山试点提出编制总体规划，以及保护、科研、宣教、游憩、社区发展 5 个专项规划，形成“1+5”的规划体系。钱江源试点提出了编制总体规划、生态保护与利用、科研发展、控制性详细计划及特许经营项目计划。南山试点提出规划体系包括总体规划、专项规划、管理计划和年度计划 4 个类型。北京长城国家公园试点拟从基础层面、战略层面和具体实施层面 3 个层面，制定一套完整的保护规划体系。香格里拉普达措试点已经在实施云南省人民政府批准的总体规划，在体制试点区试点实施方案中提出，编制管理计划等专题规划（计划）。云南省在开展梅里雪山、西双版纳、普洱、丽江老君山等 10 余个国家公园探索中也都编制了总体规划。据不完全统计，在当前国家公园规划编制工作中，涉及的规划设计单位主要有国家林业局昆明勘察设计院、国家林业局调查规划设计院、清华大学、中国国际工程咨询公司、中科院地理科学与资源研究所、中国城市建设研究院有限公司等单位。

国家公园以保护为主，也需要进行必要的设施建设。人工构筑物是国家公园的入侵物，必须严格审慎，体现减量原则和生态工法。基于永续发展目标的国家公园绿色营建设计理念和方法，强调按照绿色发展理念，应用生态工法，在环境生态与功能安全上寻求合理的平衡点，采用有利于自然的生态技术，在满足建设功能的前提下，寻求最小体量及最小干扰的施工作业方法，确保对国家公园的生物多样性和自然生态系统的伤害降至最低[173]。国家公园的建筑设计可借鉴建筑生态仿生设计，通过研究生物构筑行为及其构筑物的形态，借鉴生物进化过程中的合理形式，有效寻找和利用自然界生物的成长规律，通过具体或抽象的语言体现在国家公园的建筑设计上，实现建筑与自然的协调，同周边的生态环境构建成一个有机的生态体系[174]。

3.3.6 国家公园法制保障研究

法制是国家公园建设的根本保障。《建立国家公园体制总体方案》要求，在明确国家公园与其他类型自然保护地关系的基础上，研究制定有关国家公园的法律法规，明确国家公园功能定位、保护目标、管理原则，确定国家公园管理主体，合理划定中央与地方职责，研究制定国家公园特许经营等配套法规，做好现行法律法规的衔接修订工作。制定国家公园总体规划、功能分区、基础设施建设、社区协调、生态保护补偿、访客管理等相关标准规范和自然调查评估、巡护管理、生物多样性监测等技术规程。

分析以美国为代表的建立了完善的国家公园体制的国家可以发现，国家公园的建立和发展均离不开立法的紧密支持。美国国家公园立法体系的形成过程就是国家公园的发展过程，与国家公园管理、经营、建设相关的行为也都能找到切实可行的法律依据[58]。从现行法律体系看，我国自然保护方面的法律还不够健全。为了给建立分类科学、保护有利的自然保护地体系提供法律保障，秦天宝等建议从体系性、超前性、渐进性、本土性、协调性、针对性6个维度，建立健全统一完善的国家公园立法及其体系[175]。张振威等分析了我国国家公园立法展望阶段存在的薄弱问题及既有的以地方为主导的立法模式的局限性，提出我国国家公园的立法应以自然保护地立法作为先决条件，并明确后者的立法定位与立法目的。在制定《自然保护地基本政策法》的基础上，制定包括《国家公园法》在内的与各类保护地相对应的专类保护地法，形成系统化的自然保护地法律体系[159]。

云南省在探索国家公园建设的过程中，为规范云南省的国家公园建设，经国家质量监督检验检疫总局备案，省质量技术监督局发布了《国家公园基本条件》《国家公园资源调查与评价技术规程》等9项地方推荐性标准，指导国家公园建设工作规范、有序地推进。云南省还颁布实施了《云南省国家公园管理条例》，是我国大陆首部国家公园法规。目前，国家林业和草原局发布了林业行业标准《国家公园功能分区规范》（LY/ T 2933—2018），本标准起草单位为北京林业大学。同时，国家林业和草原局已经立项编制《国家公园总体规划技术规范》《国家公园资源调查与评价规范》《国家公园项目建设标准》《国家公园绿道体系建设规范》等技术规范，其中总体规划、资源调查与评价、项目建设标准的主要承担单位为国家林业局昆明勘察设计院，绿道体系建设规范的主要承担单位为国家林业局调查规划设计院。

4 结语及展望

研究广度不断拓展，研究深度还需加强。我国关于国家公园的研究工作紧跟国家政策，研究内容丰富度较高，研究方向包括了国家公园、国家公园体制、自然保护地、自然保护地体系、管理体制、生态文明建设等方面。特别是2013年提出建立国家公园体制以来，对国家公园体制机制的研究明显增多。但是，当前的研究还存在研究方法比较缺乏、研究深度还不够深入的问题。因而，国家公园的研究还需在基本理论、基本方法、实操技术等方面进一步加强。建议在国家层面的国家公园管理方面，加强对国家公园法律法规、制度体系、标准体系、资金及政策保障、事权划分、空间布局、规划设计、自然资源资产、建设运行管理、科研监测、监督评估等方面的研究；在国家公园单体方面，以建设实例为载体，加强对国家公园资源调查、规划建设、资源保护管理、科研监测、宣传教育、管理运行、特许经营、访客管理、效益发挥、社区发展等方面的深入研究。

研究队伍不断壮大，亟需加强交流与合作。自我国建立第一个自然保护区以来，几代从事自然保护地研究的科技工作者付出了艰苦的努力，为推动我国自然保护事业的发展贡献着智慧和力量。当前，国家公园及自然保护地的研究队伍不断壮大，对国家公园体制建设进行了多方面的研究，奠定了深厚的研究基础。国家公园需要进行多专业、多学科融合的研究，但是当前不同专业的研究人员多围绕自身领域开展，相互之间的沟通交流还不够，共同研究的平台还非常缺乏，造成了热点问题扎堆研究，而一些重要的基础问题研究却寥寥无几。因而，建议积极搭建交流平台，加强学术合作与交流。组建国家公园研究智库，形成研究合力，共同推动自然保护事业的蓬勃发展。

以问题为导向，突出立法等重点以加强研究。中央决定新组建国家林业和草原局，加挂国家公园管理局的牌子，管理国家公园等各类自然保护地等，充分体现了以习近平同志为核心的党中央对自然生态保护工作的高度重视。建立国家公园体制是践行习近平生态文明思想的重大举措，是解决当前自然保护体制机构中存在问题的重要途径，其根本目标是建立具有中国特色的自然保护地体系。党的十九大报告明确提出“建立以国家公园为主体的自然保护地体系”，如何体现国家公园的主体地位，如何体现国家公园的中国特色，是否可以用国家公园体系代表自然保护地体系，如何衔接国家公园与现有自然保护地的关系，如何建立自然保护地体系的管理体制机制等基本问题、实施问题、保障问题都需要继续加强研究。因而，建议尽快制定国家公园及自然保护地研究的系统计划，以国家公园立法、国家公园自然资源管理体制等为研究重点，对宏观政策、微观管理、科学问题等进行深入研究，形成系列成果，更好、更系统地服务于国家公园及自然保护地体系的建设和管理。

【参考文献】

[1] 黄路. 改革自然资源和生态环境管理体制［M］//《深化党和国家机构改革方案》辅导读本. 北京：人民出版社，2018：170-178.

[2] 徐大陆. 外国国家公园梗概［J］. 南京林业大学学报（自然科学版），1985，(2)：9.

[3] 卢琦，赖政华. 世界国家公园的回顾与展望［J］. 世界林业研究，1995，8 (1)：34-40.

[4] 严旬. 关于中国国家公园建设的思考［J］. 世界林业研究，1991，(2)：86-89.

[5] 谢凝高. 世界国家公园的发展和对我国风景区的思考［J］. 城乡建设，1995，(8)：24-26.

[6] 张希武，唐芳林. 中国国家公园的探索与实践［M］. 北京：中国林业出版社，2014.

[7] 王维正，胡春姿，刘俊昌. 国家公园［M］. 北京：中国林业出版社，2000.

[8] 艾伯特·H·古德. 国家公园游憩设计［M］. 吴承照，姚雪艳，严诣青，译. 北京：中国建筑工业出版社，2003.

[9] 李如生. 美国国家公园管理体制［M］. 北京：中国建筑工业出版社，2004.

[10] 王连勇. 加拿大国家公园规划与管理——探索旅游地可持续发展的理想模式［M］. 重庆：西南师范大学出版社，2003.

[11] 乐卫忠. 美国国家公园巡礼［M］. 北京：中国建筑工业出版社，2009.

[12] 叶文，沈超，李云龙. 香格里拉的眼睛：普达措国家公园规划和建设［M］. 北京：中国环境科学出版社，2008.

[13] 黄向. 中加国家公园自然游憩资源管理比较研究［M］. 北京：中国旅游出版社，2008.

[14] 杨锐. 建立完善中国国家公园和保护区体系的理论与实践研究［D］. 北京：清华大学，2003.

[15] 李如生. 美国国家公园与中国风景名胜区比较研究［D］. 北京：北京林业大学，2005.

[16] 张金泉. 国家公园运作的经济学分析［D］. 成都：四川大学，2006.

[17] 唐芳林. 中国国家公园建设的理论与实践研究［D］. 南京：南京林业大学，2010.

[18] 杨子江. 多目标约束下的梅里雪山国家公园功能分区方法及管理研究［D］. 昆明 ：云南大学，2009.

[19] 张海霞. 国家公园的旅游规制研究［D］. 上海：华东师范大学，2010.

[20] 杨锐. 试论世界国家公园运动的发展趋势［J］. 中国园林，2003，(7)：10-15.

[21] 杨锐. 美国国家公园体系的发展历程及其经验教训［J］. 中国园林，2001，(1)：62-64.

[22] 杨锐. 美国国家公园规划体系评述［J］. 中国园林，2003，(1)：45-48.

[23] 杨锐. 美国国家公园的立法和执法. 中国园林［J］，2003，(5)：64-67.

[24] 杨锐. 美国国家公园入选标准和指令性文件体系 [J]. 世界林业研究，2004，17 (2)：64.
[25] 邹永生. 美国国家公园申报准则及审议程序 [J]. 资源·产业，2003，5 (4)：9-10.
[26] 柳尚华. 美国的国家公园系统及其管理 [J]. 中国园林，1999，(1)：48-49.
[27] 朱璇. 美国国家公园运动和国家公园系统的发展历程 [J]. 风景园林，2006，(6)：22-25.
[28] 唐纳德·墨菲. 美国国家公园资源保护和管理 [J]. 风景园林，2006，(3)：28-33.
[29] 刘鸿雁. 加拿大国家公园的建设与管理及其对中国的启示 [J]. 生态学杂志，2001，20 (6)：50-55.
[30] 刘莹菲. 澳大利亚国家公园管理特点及对我国森林旅游业的启示 [J]. 林业经济，2003，(12)：47-48.
[31] 柏成寿. 巴西自然保护区立法和管理 [J]. 环境保护，2006，(21)：69-72.
[32] 张向华. 尼泊尔的国家公园和自然保护区的介绍 [J]. 中国园林，2006，(9)：92-94.
[33] 马建忠，杨桂华. 新西兰的国家公园 [J]. 世界环境 [J]，2009，(1)：76-77.
[34] 王月. 新西兰国家公园的保护性经营 [J]. 世界环境 [J]，2009，(4)：77-78.
[35] 杨桂华，牛红卫，蒙睿，等. 新西兰国家公园绿色管理经验及对云南的启迪 [J]. 林业资源管理，2007，(6)：96-104.
[36] 陈英瑾. 英国国家公园与法国区域公园的保护与管理 [J]. 中国园林，2011，(6)：61-65.
[37] 周年兴，黄震方. 国家公园运动的教训、趋势及其启示 [J]. 山地学报，2006，(6)：721-726.
[38] 王丹彤，明庆忠，李庆雷. 世界国家公园运动对中国边疆民族地区国家公园建设的启示 [J]. 林业调查规划，2010，(5)：103-108.
[39] 刘静艳，孙楠. 国家公园研究的系统性回顾与前瞻 [J]. 旅游科学，2010，24 (5)：72-83.
[40] 王连勇，陈安泽，高召锋. 探索国家公园体系的多元化世界——全球背景里的中国前景 [J]. Journal of Geographical Sciences，2011，(5)：882-896.
[41] 万本太. 建设国家公园，促进区域生态保护和经济社会协调发展 [J]. 环境保护，2008，(21)：35-37.
[42] 唐芳林，孙鸿雁. 我国建立国家公园的探讨 [J]. 林业建设，2009，(3)：8-13.
[43] 穆晓雪，王连勇. 中国广义国家公园体系称谓问题初探 [J]. 中国林业经济，2011，(2)：49-53.
[44] 闫颜. 我国国家公园发展策略初探 [J]. 林业建设，2012，(1)：47-50.
[45] 刘亮亮. 中国国家公园评价体系研究 [D]. 福州：福建师范大学，2010.
[46] 唐芳林，张金池，杨宇明，等. 国家公园效果评价体系研究 [J]. 生态环境学报，2010，19 (12)：2993-2999.
[47] 马国强，周杰珑，丁东，等. 国家公园生态旅游野生动植物资源评价指标体系初步研究 [J]. 林业调查规划，2011，(4)：109-114.
[48] 吴爱华，和亚珺，王红崧. 国家公园野生生物保护管理研究进展 [J]. 世界林业研究，2011，(6)：29-33.
[49] 宋劲忻. 国家公园解说系统规划探讨 [J]. 林业调查规划，2010，35 (3)：124-128.
[50] 郭辉军. 云南国家公园建设试点调研报告 [J]. 云南林业，2009，(2)：24-25.
[51] 沈庆仲. 西双版纳热带雨林国家公园试点建设的探讨 [J]. 林业调查规划，2011，(2)：124，127，132.
[52] 叶文，马有明，杨殷迪. 绿色通道在保护地游憩规划中的应用研究——以西双版纳热带雨林国家公园绿道规划设计为例 [J]. 旅游研究，2011，3 (1)：32-36.
[53] 唐芳林. 国家公园试点效果对比分析——以普达措和轿子山为例 [J]. 西南林学院学报，2011，31 (1)：39-44.
[54]《香格里拉普达措国家公园文集》编委会. 香格里拉普达措国家公园文集 [M]. 北京：中国环境科学出版社，2012.
[55] 张一群，孙俊明，唐跃军，等. 普达措国家公园社区生态补偿调查研究 [J]. 林业经济问题，2012，32 (4)：301-307.
[56] 杨子江. 基于 CAP 方法的梅里雪山国家公园威胁评估与对策研究 [J]. 生态经济，2011，(1)：40.
[57] 杨锐. 国家公园与自然保护地研究 [M]. 北京：中国建筑工业出版社，2016.
[58] 唐芳林. 国家公园理论与实践 [M]. 北京：中国林业出版社，2017.
[59] 苏杨，何思源，王宇飞，等. 中国国家公园体制建设研究 [M]. 北京：社会科学文献出版社，2018.
[60] 李俊生，朱彦鹏，罗遵兰，等. 国家公园体制研究与实践 [M]. 北京：中国环境出版集团，2018.
[61] 国家林业局森林公园管理办公室. 国家公园体制比较研究 [M]. 北京：中国林业出版社，2015.
[62] 简光华. 国家公园技术标准体系框架——云南的探索与实践 [M]. 昆明：云南人民出版社，2013.
[63] 刘红婴. 国家公园制度解析 [M]. 北京：知识产权出版社，2017.
[64] 张一群. 国家公园旅游生态补偿：以云南为例 [M]. 北京：科学出版社，2016.

[65] 杨子江. 多目标约束下的梅里雪山国家公园功能分区研究 [M]. 北京：科学出版社，2016.
[66] 傅广海. 基于生态文明战略的国家公园建设与管理 [M]. 成都：西南财经大学出版社，2014.
[67] 李春晓，于海波. 国家公园：探索中国之路 [M]. 北京：中国旅游出版社，2015.
[68] 贺艳，殷丽娜. 美国国家公园管理政策（最新版）[M]. 上海：上海远东出版社，2015.
[69] 贺艳，殷丽娜. 美国国家公园管理总体规划动态资源手册（最新版）[M]. 上海：上海远东出版社，2017.
[70] 沃里克 · 弗罗斯特，C. 迈克尔 · 霍尔. 旅游与国家公园 ：发展、历史与演进的国际视野 [M]. 王连勇，译. 北京：商务印书馆，2014.
[71] 王连勇，霍伦贺斯特 · 斯蒂芬. 创建统一的中华国家公园体系——美国历史经验的启示 [J]. 地理研究，2014，(12)：2407-2417.
[72] 王蕾，马友明. 国家公园，美国经验 [J]. 森林与人类，2014，(5)：162-165.
[73] 汪昌极，苏杨. 知己知彼，百年不殆：从美国国家公园管理局百年发展史看中国国家公园体制建设 [J]. 风景园林，2015，(11)：69-73.
[74] 陈耀华，张帆，李斐然. 从美国国家公园的建立过程看国家公园的国家性——以大提顿国家公园为例 [J]. 中国园林，2015，(2)：19-22.
[75] 陈耀华，陈远笛. 论国家公园生态观——以美国国家公园为例 [J]. 中国园林，2016，(3)：57-61.
[76] 吴承照，周思瑜，陶聪. 国家公园生态系统管理及其体制适应性研究——以美国黄石国家公园为例 [J]. 中国园林，2014，(8)：21-25.
[77] 刘海龙，王依瑶. 美国国家公园体系规划与评价研究——以自然类型国家公园为例 [J]. 中国园林，2013，(11)：84-88.
[78] 王辉，刘小宇，王亮，等. 荒野思想与美国国家公园的荒野管理——以约瑟米蒂荒野为例 [J]. 资源科学，2016，(11)：2192-2200.
[79] 沈海琴. 美国国家公园游客体验指标评述：以 ROS、LAC、VERP 为例 [J]. 风景园林，2013，(5)：86-91.
[80] 安超. 美国国家公园的特许经营制度及其对中国风景名胜区转让经营的借鉴意义 [J]. 中国园林，2015，(2)：28-31.
[81] 王辉，刘小宇，郭建科，等. 美国国家公园志愿者服务及机制——以海峡群岛国家公园为例 [J]. 地理研究，2016，(6)：1193-1202.
[82] 王辉，张佳琛，刘小宇，等. 美国国家公园的解说与教育服务研究——以西奥多 · 罗斯福国家公园为例 [J]. 旅游学刊，2016，(5)：119-126.
[83] 赵智聪，马之野，庄优波. 美国国家公园管理局丹佛服务中心评述及对中国的启示 [J]. 风景园林，2017，(7)：44-49.
[84] 肖练练，钟林生，周睿，等. 近 30 年来国外国家公园研究进展与启示 [J]. 地理科学进展，2017，(2)：244-255.
[85] 唐芳林，王梦君. 国外经验对我国建立国家公园体制的启示 [J]. 环境保护，2015，(14)：45-50.
[86] 雷光春，曾晴. 世界自然保护的发展趋势对我国国家公园体制建设的启示 [J]. 生物多样性，2014，(4)：423-425.
[87] 苏杨，胡艺馨，何思源. 加拿大国家公园体制对中国国家公园体制建设的启示 [J]. 环境保护，2017，(20)：60-64.
[88] 马洪波. 英国国家公园的建设与管理及其启示 [J]. 青海环境，2017，(1)：13-16.
[89] 王应临，杨锐，埃卡特 · 兰格. 英国国家公园管理体系评述 [J]. 中国园林，2013，(9)：11-19.
[90] 陈叙图，金筱霆，苏杨. 法国国家公园体制改革的动因、经验及启示 [J]. 环境保护，2017，(19)：56-63.
[91] 黄颖利，隋婷，宁哲. 德国国家公园管理质量评估标准 [J]. 世界林业研究，2017，(5)：80-83.
[92] 陈洁，陈绍志，徐斌. 西班牙国家公园管理机制及其启示 [J]. 北京林业大学学报（社会科学版），2014，13（4）：50-54.
[93] 吕偲，雷光春. 芬兰的保护体系与国家公园 [J]. 森林与人类，2014，(5)：125-127.
[94] 贺隆元. 巴西国家公园体制研究 [J]. 林业建设，2017，(4)：11-15.
[95] 刘丹丹. 基于地域特征的国家公园体制形成：以肯尼亚国家公园为例 [J]. 风景园林，2014，(3)：120-124.
[96] 唐芳林，孙鸿雁，王梦君，等. 南非野生动物类型国家公园的保护管理 [J]. 林业建设，2017，(1)：1-6.
[97] 马盟雨，李雄. 日本国家公园建设发展与运营体制概况研究 [J]. 中国园林，2015，(2)：32-35.
[98] 唐芳林. 中国需要建设什么样的国家公园 [J]. 林业建设，2014，(5)：1-7.

[99] 吕植. 中国国家公园：挑战还是契机？[J]. 生物多样性，2014，(4)：421-422.
[100] 曾贤刚，吴倩艳. 国家公园怎么建？怎么管？[J]. 环境经济，2015，(8)：20-21.
[101] 欧阳志云，徐卫华. 整合我国自然保护区体系，依法建设国家公园 [J]. 生物多样性，2014，(4)：425-427.
[102] 吴承照，刘广宁. 管理目标与国家自然保护地分类系统 [J]. 风景园林，2017，(7)：16-22.
[103] 唐芳林. 建立国家公园体制的实质是完善自然保护体制 [J]. 林业与生态，2015，(11)：13-15.
[104] 唐小平，栾晓峰. 构建以国家公园为主体的自然保护地体系 [J]. 林业资源管理，2017，(6)：1-8.
[105] 孟沙. 国家公园体制是关于国家自然保护的体制 [J]. 森林与人类，2014，(5)：20-23.
[106] 赵智聪，彭琳，杨锐. 国家公园体制建设背景下中国自然保护地体系的重构 [J]. 中国园林，2016，(7)：11-18.
[107] 陈耀华，黄丹，颜思琦. 论国家公园的公益性、国家主导性和科学性 [J]. 地理科学，2014，(3)：257-264.
[108] 陈耀华，张丽娜. 论国家公园的国家意识培养 [J]. 中国园林，2016，(7)：5-10.
[109] 李鹏. 国家公园中央治理模式的“国”“民”性 [J]. 旅游学刊，2015，(5)：5-7.
[110] 刘蔚. 国家公园如何兼顾保护和公益性？[J]. 中国生态文明，2016，(6)：91.
[111] 马克平. 国家公园首先是自然保护基地 [J]. 生物多样性，2014，(4)：415-417.
[112] 苏杨. 为何和如何让“国家公园实行更严格保护”[J]. 中国发展观察，2017，(1)：57-61.
[113] 唐芳林. 国家公园属性分析和建立国家公园体制的路径初探 [J]. 林业建设，2014，(3)：1-8.
[114] 唐芳林. 国家公园定义探讨 [J]. 林业建设，2015，(5)：19-24.
[115] 谢凝高. 中国国家公园探讨 [J]. 中国园林，2015，(2)：5-7.
[116] 刘金龙，赵佳程，徐拓远，等. 国家公园治理体系热点话语和难点问题辨析 [J]. 环境保护，2017，(14)：16-20.
[117] 王夏晖. 我国国家公园建设的总体战略与推进路线图设计 [J]. 环境保护，2015，(14)：30-33.
[118] 吴承照，刘广宁. 中国建立国家公园的意义 [J]. 旅游学刊，2015，(6)：14-16.
[119] 李渤生. 国家公园体制之我见 [J]. 森林与人类，2014，(5)：78-81.
[120] 刘锋，苏杨. 建立中国国家公园体制的五点建议 [J]. 中国园林，2014，(8)：9-11.
[121] 吴晓松. 关于建立我国国家公园体制的思考 [J]. 林业经济，2014，(8)：3，6，25.
[122] 唐芳林，孙鸿雁，王梦君，等. 关于中国国家公园顶层设计有关问题的设想 [J]. 林业建设，2013，(6)：8-16.
[123] 唐芳林. 关于国家公园，需厘清哪些关系？[J]. 中国生态文明，2017，(1)：83.
[124] 唐芳林. 试论中国特色国家公园体系建设 [J]. 林业建设，2017，(2)：1-7.
[125] 唐小平. 国家公园体制辨析 [J]. 森林与人类，2014，(5)：23-25.
[126] 唐小平. 中国国家公园体制及发展思路探析 [J]. 生物多样性，2014，(4)：427-431.
[127] 陈君帜. 建立中国特色国家公园体制的探讨 [J]. 林业资源管理，2014，(4)：46-51.
[128] 贾建中，邓武功，束晨阳. 中国国家公园制度建设途径研究 [J]. 中国园林，2015，(2)：8-14.
[129] 邓毅，毛焱，蒋昕，等. 中国国家公园体制试点：一个总体框架 [J]. 风景园林，2015，(11)：85-89.
[130] 苏杨，王蕾. 中国国家公园体制试点的相关概念、政策背景和技术难点 [J]. 环境保护，2015，(14)：17-23.
[131] 王蕾，苏杨. 中国国家公园体制试点政策解读 [J]. 风景园林，2015，(11)：78-84.
[132] 唐芳林，王梦君. 建立国家公园体制目标分析 [J]. 林业建设，2017，(3)：14-15.
[133] 钟林生，肖练练. 中国国家公园体制试点建设路径选择与研究议题 [J]. 资源科学，2017，(1)：1-10.
[134] 钟林生，邓羽，陈田，等. 新地域空间——国家公园体制构建方案讨论 [J]. 中国科学院院刊，2016，(1)：126-133.
[135] 王昌海. 国家公园体制建设的几个关键点 [J]. 中国发展观察，2016，(10)：27-29.
[136] 吴承照，贾静. 基于复杂系统理论的我国国家公园管理机制初步研究 [J]. 旅游科学，2017，(3)：24-32.
[137] 魏民. 试论中国国家公园体制的建构逻辑 [J]. 中国园林，2014，(8)：17-20.
[138] 严国泰，张杨. 构建中国国家公园系列管理系统的战略思考 [J]. 中国园林，2014，(8)：12-16.
[139] 杨锐. 防止中国国家公园变形变味变质 [J]. 环境保护，2015，(14)：34-37.
[140] 杨锐. 论中国国家公园体制建设中的九对关系 [J]. 中国园林，2014，(8)：5-8.
[141] 王蕾，卓杰，苏杨. 中国国家公园管理单位体制建设的难点和解决方案 [J]. 环境保护，2016，(23)：40-44.
[142] 王梦君，唐芳林，孙鸿雁，等. 国家公园的设置条件研究 [J]. 林业建设，2014，(2)：1-6.
[143] 王梦君，唐芳林，孙鸿雁，等. 我国国家公园总体布局初探 [J]. 林业建设，2017，(3)：7-16.

[144] 王梦君，唐芳林，孙鸿雁．国家公园范围划定探讨［J］．林业建设，2016，（1）：21-25.
[145] 唐芳林，王梦君，黎国强．国家公园功能分区探讨［J］．林业建设，2017，（6）：1-7.
[146] 王梦君，唐芳林，张天星．国家公园功能分区区划指标体系初探［J］．林业建设，2017，（6）：8-13.
[147] 张海霞，钟林生．国家公园管理机构建设的制度逻辑与模式选择研究［J］．资源科学，2017，（1）：11-19.
[148] 郑月宁，贾倩，张玉钧．论国家公园生态系统的适应性共同管理模式［J］．北京林业大学学报（社会科学版），2017，（4）：21-26.
[149] 方言，吴静．中国国家公园的土地权属与人地关系研究［J］．旅游科学，2017，（3）：14-23.
[150] 郭冬艳，王永生．国家公园建设中集体土地权属处置情况分析［J］．中国国土资源经济，2015，（5）：21-23.
[151] 何思源，苏杨，罗慧男，等．基于细化保护需求的保护地空间管制技术研究——以中国国家公园体制建设为目标［J］．环境保护，2017，（Z1）：50-57.
[152] 贾倩，郑月宁，张玉钧．国家公园游憩管理机制研究［J］．风景园林，2017，（7）：23-29.
[153] 张朝枝．国家公园体制试点及其对遗产旅游的影响［J］．旅游学刊［J］，2015，（5）：1-3.
[154] 李宏，石金莲．基于游憩机会谱（ROS）的中国国家公园经营模式研究［J］．环境保护，2017，（14）：45-50.
[155] 廖凌云，赵智聪，杨锐．基于 6 个案例比较研究的中国自然保护地社区参与保护模式解析［J］．中国园林，2017，（8）：30-33.
[156] 张婧雅，张玉钧．论国家公园建设的公众参与［J］．生物多样性，2017，（1）：80-87.
[157] 戴胡萱，宗诚，李俊鸿，等．台湾地区环保志工参与动机、工作满意度及组织承诺的探讨——以太鲁阁和阳明山国家公园为例［J］．北京林业大学学报（社会科学版），2015，14（2）：34-40.
[158] 李俊生，朱彦鹏．国家公园资金保障机制探讨［J］．环境保护，2015，（14）：38-40.
[159] 张振威，杨锐．中国国家公园与自然保护地立法若干问题探讨［J］．中国园林，2016，（2）：70-73.
[160] 汪永福．论我国国家公园生态补偿的法治路径［J］．环境保护，2018，（7）：56-59.
[161] DILSAVER L M，America's national park system：the critical documents［M］．U. S.：Rowman & Littlefild of Lanham，1994.
[162] WCMC I A. Guidelines for Protected Area Management Categories［M］．Gland，Switzerland：IUCN，1994.
[163] DUDLEY N. Guidelines for Applying IUCN Protected Area Categories［M］．Gland，Switzerland：IUCN，2013.
[164] 罗金华．中国国家公园设置及其标准研究［D］．福州：福建师范大学，2013.
[165] 唐芳林．国家公园收费问题探析［J］．林业经济，2016，（5）：9-13.
[166] 杨锐．生态保护第一、国家代表性、全民公益性——中国国家公园体制建设的三大理念［J］．生物多样性，2017，25（10）：1040-1041.
[167] 朱春全．关于建立国家公园体制的思考［J］．生物多样性，2014，（4）：418-421.
[168] 苏杨．国家公园体制试点是生态文明制度配套落地的捷径［J］．中国发展观察，2016，（7）：54，57，61.
[169] 陈叙图，王宇飞，苏杨．依托国家公园体制试点区率先配套建立生态文明制度［J］．环境保护，2017，（14）：11-15.
[170] 苏杨．国家公园、生态文明制度和绿色发展［J］．中国发展观察，2016，（5）：56-58.
[171] 唐芳林，孙鸿雁，王梦君，等．国家公园管理局内部机构设施方案研究［J］．林业建设，2018，（2）：1-15.
[172] XU W，XIAO Y，ZHANG J，et al. Strengthening protected areas for biodiversity and ecosystem services in China［J］．Proceedings of the National Academy of Sciences of the United States of America，2017，114（7）：1601.
[173] 唐芳林．谈国家公园绿色营建［J］．林业建设，2017，（5）：1-6.
[174] 蔡芳．国家公园建筑生态仿生设计策略——自然界的启示［J］．林业建设，2017，（3）：17-21.
[175] 秦天宝．论我国国家公园立法的几个维度［J］．环境保护，2018，（1）：41-44.

国家公园管理局内部机构设置方案研究*

根据党中央印发的《深化党和国家机构改革方案》，我国将彻底解决各类自然保护地多头管理、权责不清等问题，之前由不同部门管理的国家公园、自然保护区、风景名胜区、森林公园、地质公园、湿地公园、沙漠公园、海洋特别保护区、海洋公园、水利风景区、水产种质资源保护区、自然保护小区等自然保护地类型，将统一由国家公园管理局管理。国家公园管理局将肩负着守护者、管理者、使用的监管者、生态产品的供给者、生态文化传播和对外交流的使者等角色，其内设机构设置是否科学合理，决定了自然保护地体系的管理成效。本研究按照生态文明建设要求和国家公园建设目标，以中国自然保护地实际情况为基础，借鉴国外先进经验，提出了中国国家公园管理局的机构设置建议方案。

1　国外主要国家的国家公园管理机构设置及职责

1.1　主要国家的国家公园管理机构概况

国家公园管理机构的设置取决于国家公园体系包含的内容和赋予的职责。目前，各国都有统一的国家公园管理机构，但其管理机构的组织架构却因其国家政府机构设置和国家公园体系内容不同而不同。以下梳理了美国、英国等 8 个主要国家的国家公园管理机构概况，可供参考。

1.1.1　美国国家公园管理局机构设置和职责分工

美国的国家公园有狭义和广义之分，狭义的国家公园是指现有 59 个直接被冠以国家公园之名的保护地，广义的国家公园是指国家公园体系（National Park System），由国家公园、国际历史地段、国家战场、国家战场公园、国家战争纪念地、国家历史地段、国家历史公园、国家湖滨、国家纪念战场、国家军事公园、国家纪念地、国家景观大道、国家保护区、国家休闲地、国家保留地、国家河流、国家风景路、国家海滨、国家荒野与风景河流、其他公园地等 20 多种类型组成。美国国家公园体系内的各类保护地都由国家公园管理局（National Park Service）统一管理。

美国国家公园管理局为美国内政部的下设机构，负责统筹管理所有国家公园事务。管理局由一位局长统筹，将管理事务分为运营类和国会及对外关系类。其中运营类事务又分为“自然资源保护和科学”“解说、教育和志愿者”“访客和资源保护”“商务服务”“文化资源、伙伴关系和资源”“人力资源及其相关事务”“公园规划、设施和土地”“信息资源”“伙伴关系和公民参与”八类，由八位主任分别管理。此外，管理局还分设跨州的 7 个地区局作为国家公园的地区管理机构，并以州界为标准来划分具体的管理范围。国家公园管理局的基层管理部门为体系内的各个国家公园，单个的国家公园则实行园长负责制，并由其具体负责其任职的国家公园的综合管理事务。虽然近几年美国国家公园管理局的总部机构组织变动频繁，但是主要负责的事务大致相同。

此外，为使国家公园的规划更加科学合理，美国国家公园管理局还专门成立了丹佛规划设计中心（Denver Service Center，简称 DSC），负责国家公园规划设计的研究与规划编制工作。为使国家公园的科普教育功能得到更为有效的发挥，国家公园管理局成立了哈珀斯·费里规划中心（Harpers Ferry Center，简称 HFC），为美国 NPS 体系内所有单位提供解说与教务服务。

---

* 唐芳林，孙鸿雁，王梦君，等. 国家公园管理局内部机构设置方案研究［J］. 林业建设，2018，(2)：1-15.

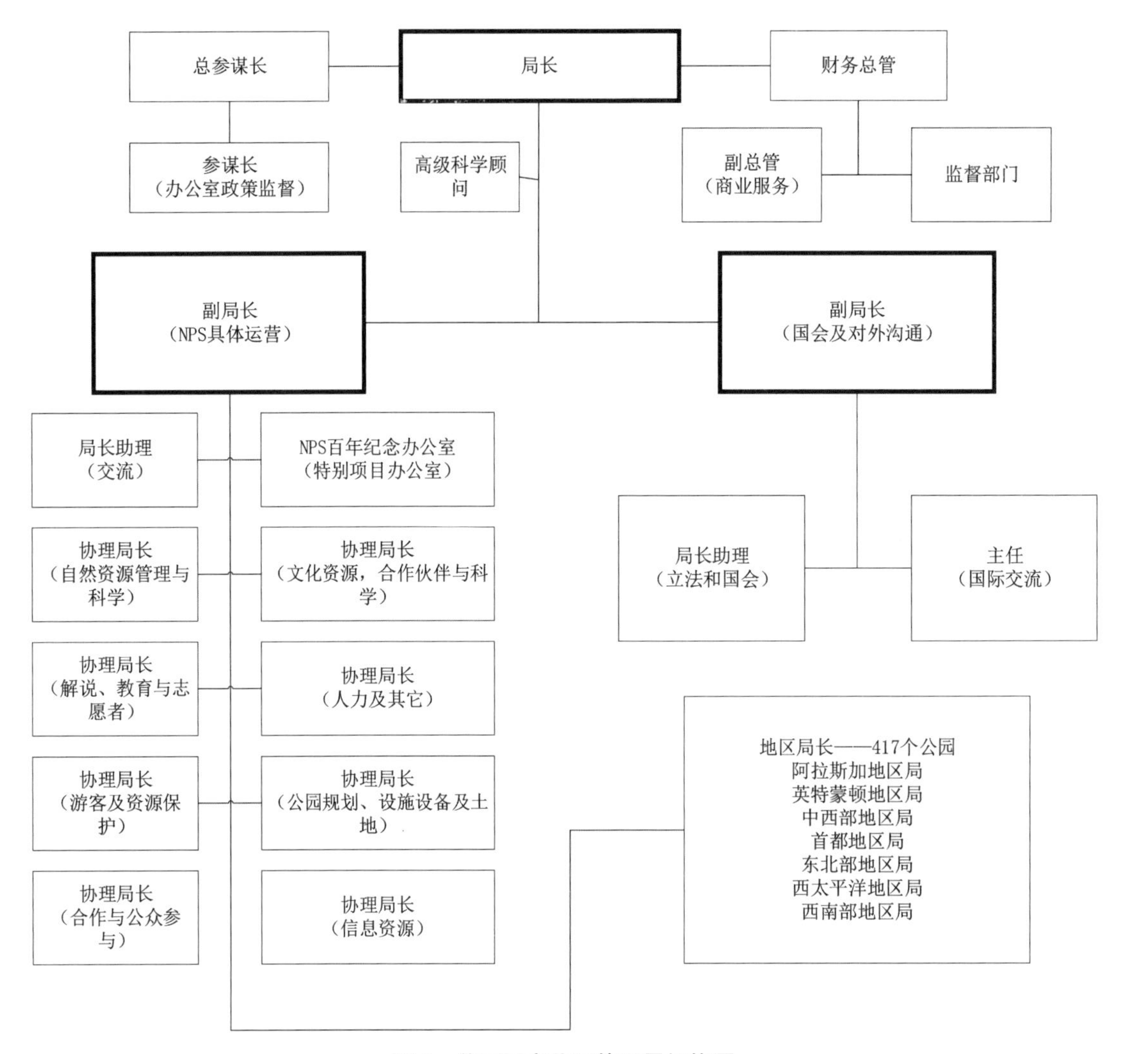

图1 美国国家公园管理局机构图

1.1.2 英国国家公园管理局机构设置和职责分工

英国的国家公园管理以各个国家公园管理局为主体，同时又由全国统一协调。在管理机构上，国家环境、食品和乡村事务部（Defra）负责联合王国内所有的国家公园，但在联合王国内部则由不同的部门负责，英格兰自然署（Natural England）、苏格兰自然遗产部（Scottish Natural Heritage）、威尔士乡村委员会（Countryside Council of Wales，CCW）则分别负责其国土范围内的国家公园事务。每个国家公园具体的管理由各自所属的国家公园管理局（National Park Authority，NPA）进行管理。

从联合王国层面上讲，英国国家公园联合会（National Parks UK）为全国性质的国家公园协调机构（非官方机构），该机构主要职责是协调发展15个国家公园，提升国家公园形象，倡导国家公园间的协作。英国国家公园联合会仅有3名固定职员，负责处理联合会日常工作。全国15个国家公园各推选代表组成董事会，在需要时由会议召集人召集各国家公园代表开会。

由于英国分为英格兰、苏格兰、威尔士三个相对独立部分，各部分在国家公园管理上有独立的机构，这些机构在设置上存在一定的差异，以国家公园数量最多（10个）的英格兰为例，英格兰的国家公园由英格兰国家公园协会（NPE）进行日常管理，协会内部人员设置如下：

协会主席：自10个国家公园管理局局长中选举产生，协会主席负责为协会提供战略发展方向，组织召开国家公园董事会会议，代表协会参加政府组织的会议。

行政总裁：负责协会日常运行，协会网站更新，社会媒体，为董事会提供服务。

高级政策主管：负责协调国家公园的各项活动，为英格兰国家公园发展制定全国性政策。

高级项目主管：负责各国家公园项目协调，项目影响评价等。

各国家公园管理局的常见架构如下：

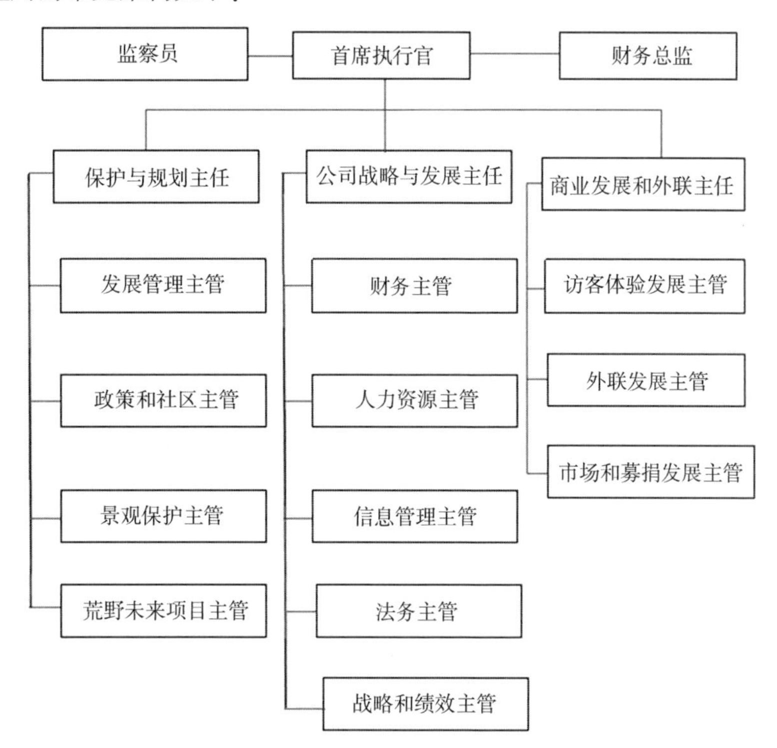

图 2　英国国家公园管理局管理架构图

1.1.3　加拿大国家公园管理局机构设置和职责分工

加拿大国家公园主要采用自上而下的管理体系，加拿大公园管理局（Parks Canada，也称为 Parks Canada Agency）作为加拿大的一个政府机构，受托保护国家重要的资源。加拿大遗产部对加拿大国家公园管理局负责，其管辖范围主要涉及对国家具有重要自然或历史意义的地区，包括国家公园、国家海洋保护区、国家历史遗迹、历史运河等，以及主要涉及文物建筑的方案设计和实施。

加拿大国家公园管理局的组织机构按照其管理的内容可分三个领域，分别是运营、项目和内部支持服务。

运营部分分为加拿大东部管理处和西部与北部管理处，分别为当地的现场工作区域和服务中心提供战略性政策指导。

项目部分包括国家公园处、国家公园历史遗产部门以及外部关系与游客服务部门等，其中外部关系和游客服务部门主要为国家公园管理局提供战略性通讯支持以及游客的相关服务功能等。

内部支持服务包括行政、财务、投资和人力资源，其中行政主管把握国家公园管理局的综合职能方向；投资计划和财务主管主要负责国家公园的年度投资计划、建设项目等，负责提供商务、产业、不动产和财经方面的服务，同时享有一个保值账号，可以全额保留国家公园收入，并用作投资，在财力上支持新建国家公园、国家历史遗迹和国家海洋保护区等；人力资源主管负责招聘国家公园管理局的工作人员，能自我设计人力资源管理的政策框架，从而能保障雇佣适合于国家公园管理特殊业务要求的职员。

加拿大国家公园管理局在加拿大境内还设立有 32 个现场工作区域负责各种政策项目的运转，包括为游客提供现场服务；一个现场工作区域由相邻的国家公园、国家历史遗迹和国家海洋保护区组成，由于地域上的近邻关系，它们可以共享业务资源和管理资源；现场工作区域主任对国家公园管理局首席执行官负责，要准备年度商务计划和商务报告；也要向加拿大东部管理处或西部与北部管理处主任汇报工作。

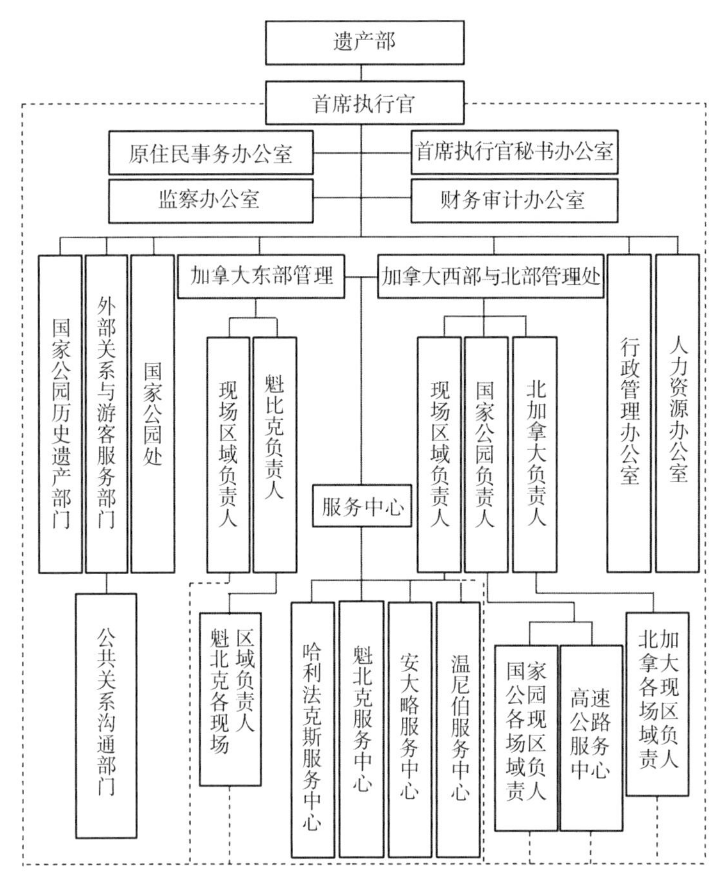

图 3 加拿大国家公园管理机构示意图

国家公园管理局还在全国设立了 4 个服务中心，在生态学和历史学等专业学科领域为国家公园管理局提供专业技术支撑。

1.1.4 韩国国家公园管理局机构设置和职责分工

韩国国家公园主管部门是韩国国家公园管理局，（官方翻译为韩国国家公园管理公团，英文：Korea National Park Service-KNPS），为韩国环境部下属机构。

韩国国家公园管理局设立于 1987 年，是韩国管理国家公园的专业机构，秉持“保存自然、满足游客的世界一流国家公园管理专业机构”的愿景，负责管理除汉拿山国家公园以外的其他 20 座国家公园（济州道汉拿山国家公园于 1970 年被指定为韩国国家公园，由于济州道为特别自治道，所以汉拿山国家公园由济州政府管理，目前全国仅此一处为地方政府管理的国家公园，但不影响其他国家公园系统化管理）。韩国 22 座国家公园包括 17 个山岳型国家公园、4 个海洋与海岸国家公园及 1 个历史国家公园。

1987 年以前，韩国国家公园实行属地管理。1987 年，韩国国家公园管理局（KNPS）成立，成立之初隶属于建设部，韩国开始了由中央管理国家公园阶段。1990 年，韩国修订《自然公园法》，韩国国家公园管理局依法由内政部管理。1998 年，韩国国家公园管理局最终移交环境部管理。

韩国国家公园管理局在机构设置上按照其管理职能分为三大类：经营企划部门、资源保存部门和探访管理部门。管理局对下属的 29 个国家公园实行直接管理，每个国家公园则有独立的管理机构，如“智异山国家公园管理事务所”。

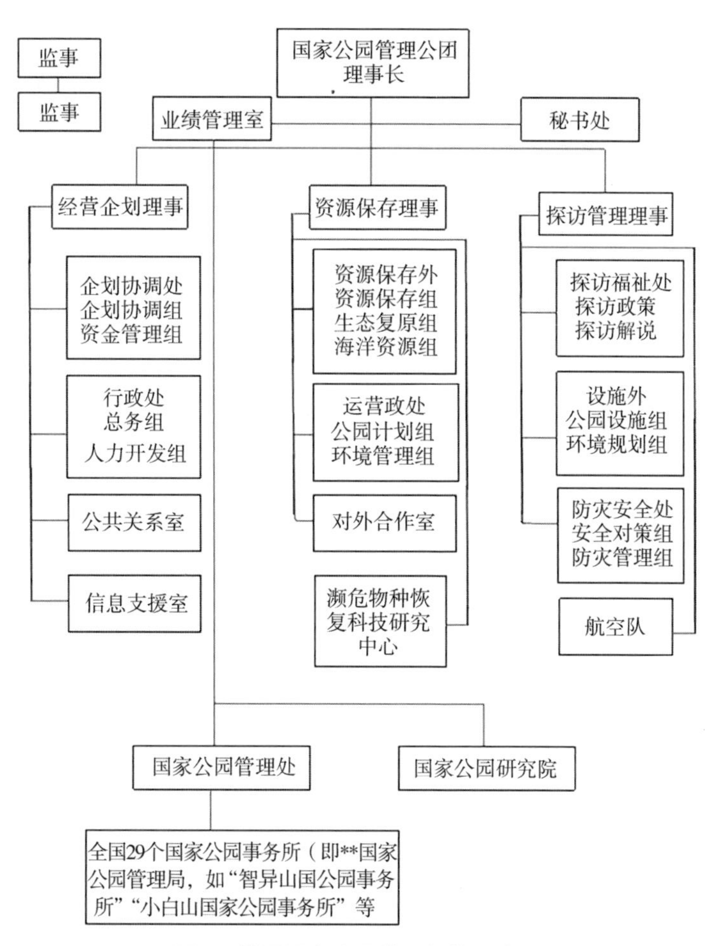

图 4　韩国国家公园管理机构示意图

根据韩国《自然公园法》第 50 条，韩国国家公园管理局机构及人员设置如下：①管理局中包括理事长 1 人，副理事长 1 人，常务理事 2 人，10 名以下理事和 1 名监事。②理事长及监事由环境部部长任免。③副理事长以及理事得到环境部部长的承认后，由理事长任命，当然理事由部长确定。④任职人员任期 3 年（当然理事除外）。第 51 条任职人员的职务内容 ①理事长代表国家公园管理局，总管业务。②副理事长辅助理事长的工作，在理事长因为不得已的原因无法执行职务时，代行理事长的职责。③常务理事按照章程的规定，分掌管理局业务，在理事长和副理事长因不得已原因无法执行职务时，代行理事长或副理事长的职责。④监事负责监察管理局财务以及业务的进展情况。

每个国家公园事务所的机构设置如下：每个国家公园管理事务所设一名所长；事务所下设四个科室：保护科、解说科、安全科、行政科，每科设一名科长；每个事务所在野外均设有管理站，根据实际情况，数量与规模不同。目前韩国全国国家公园系统员工 1168 人，人员编制与工资经费均由 KNPS 负责。

1.1.5　南非国家公园管理局机构设置和职责分工

南非国家公园管理局（South African National Parks，简称“SANPARKS”）是南非国家公园的法定管理机构，隶属于南非环境事务部，是一个半独立的机构，统一负责南非 19 个国家公园的管理运营和整体监督。国家公园管理局的职责是保护和管理国家公园及根据保护地法指派其管理的其他类型保护地，促进保护事业和旅游业的发展。当地社区参与管理的程度是评价国家公园管理局业绩的主要指标。

为由环境事务部任命成立的南非国家公园管理局董事会（Sanparks Board）是南非国家公园管理局的最高决策层。董事会的成员来自生态、经济、旅游、企业等不同的部门，一般由环境事务部部长担任董事长。董事会具有审批规划、预算支出财务审批、任命国家公园部门主管等职权。目前董事会有 15 名董事会成员，董事会设有董事会秘书 1 名。

董事会任命首席执行官（CEO）对国家公园进行实际管理，CEO 的任期不得超过 5 年，一般为 3~4 年。首席执行官和部门负责人负责组织国家公园的日常管理工作。目前部门负责人有业务总经理、首席财务总管、公园管理主管、克鲁格国家公园管理主管、旅游管理及市场管理主管、保护管理主管、社会经济发展管理主管各 1 名，对外合作管理主管暂时空缺。

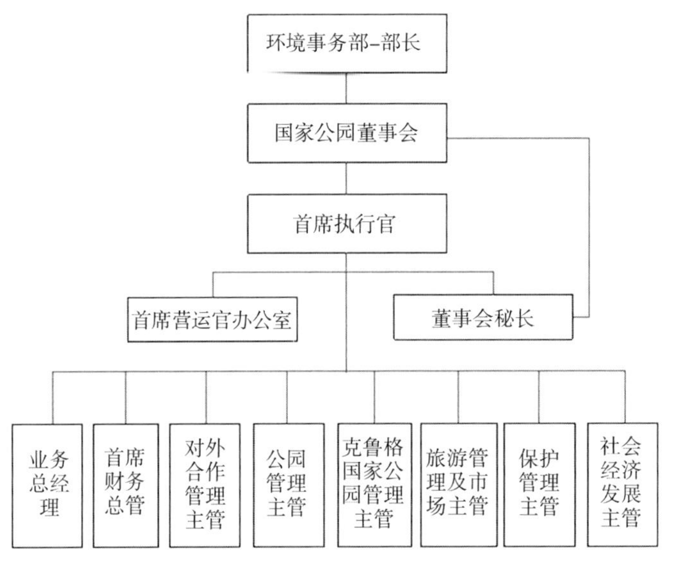

图 5　南非国家公园管理局组织机构图

南非国家公园管理局共有 4275 名管理人员，其中最高管理人员 8 名，高层管理人员 54 名，具有专业资格的管理人员 324 名，具有熟练技能的人员 595 名，半熟练技能人员 1879 名，无技能的人员 1415 名。

1.1.6　巴西国家公园管理局机构设置和职责分工

巴西国家公园的管理模式为中央集权型管理，实行自上而下垂直领导并辅以其他部门合作和民间机构的协助。奇科门德斯生物多样性保护研究为巴西的全国性国家公园管理机构。该研究所负责执行国家保护区制度的行动，并可提出、实施、管理、保护和监督各类保护区。它还有责任推动和执行生物多样性研究、保护方案，并行使环境警察的权力，以保护联邦保护单位。它的组织框架如下：

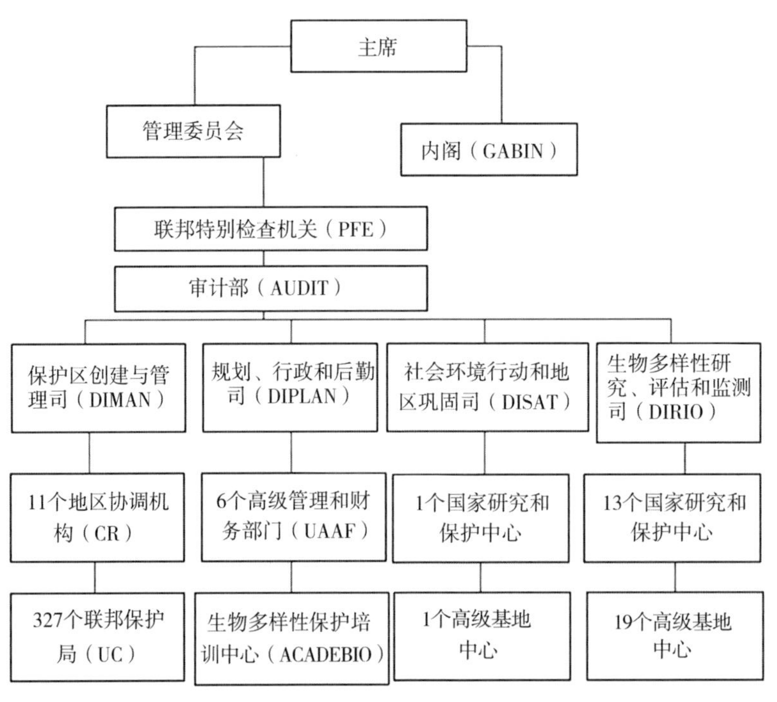

图 6　巴西奇科门德斯生物多样性保护研究所组织架构图

Ⅰ最高机构：管理委员会（由主席，联邦检察官，审计和通信，国际和议会顾问等组成。）

Ⅱ直接和即时协助主席机构：内阁（GABIN）

Ⅲ分部机构：

a）联邦特别检查机关（PFE）

b）审计部（AUDIT）

c）规划、行政和后勤司（DIPLAN）

Ⅳ具体机构：

a）保护区创建和管理司（DIMAN）

b）社会环境行动和地区巩固司（DISAT）

c）生物多样性研究、评估和监测司（DIBIO）

Ⅴ区域机构：

1. Ⅰ级联邦保护单位

a）地区协调机构

2. Ⅱ级联邦保护单位

b）高级特殊部门

c）国家研究和保护中心

d）生物多样性保护培训中心

e）高级管理和财务部门

1.1.7 阿根廷国家公园管理局机构设置和职责分工

阿根廷国家公园历史悠久，最早的国家公园雏形可以追溯到1903年个人捐赠生圣卡洛斯地区75平方公里土地用于建设保护区。1934年，阿根廷通过一项法律，成立国家公园管理委员会，正式确立了国家公园为主的自然保护体系。这样阿根廷也成为继美国和加拿大之后，拉丁美洲第三个建立国家公园体系的国家，也是世界上建立国家公园体制较早的国家之一。

阿根廷的自然保护体系以国家公园为主，此外还有自然保护区、濒危物种保护区、人类文化和自然遗产保护区等。截至2016年底，阿根廷国家公园体系下辖的各类保护地面积占国土面积的7%，其中有国家公园33处。阿根廷的国家公园涵盖了多种生态系统，自北端与玻利维亚交界的八里杜国家公园到国土最南端的火地岛国家公园，国家公园在阿根廷的国土上遍地开花。

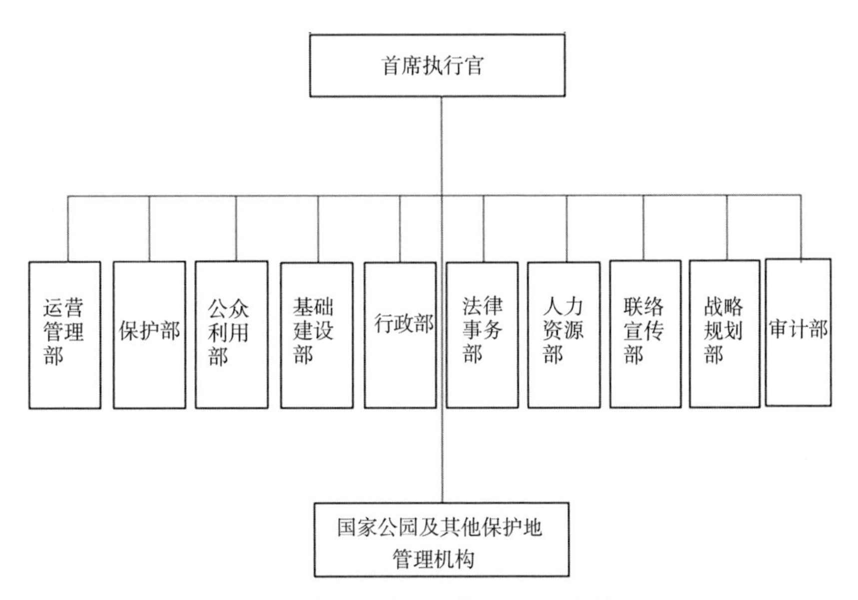

图7 阿根廷国家公园管理局组织架构图

国家公园管理局隶属于阿根廷环境与可持续发展部。国家公园管理局是阿根廷国家公园及其他保护地的管理机构，不仅负责对全国国家公园的管理，同时也要负责自然保护区、世界遗产、国家纪念地等的管理。

1.1.8 新西兰国家公园管理局机构设置和职责分工

新西兰的公共资源管理曾经实行的是国家所有、多头管理的机制，为解决这一问题，新西兰政府把原分属林业、野生动物保护和土地管理三大部门管辖的保护职能集中到一个部门来，成立了综合性和唯一的全国性保护部门——保护部，这是保护新西兰自然和历史遗迹的主要中央政府机构。保护部具体管理国家公园、海洋保护区、保护公园、有害物种无控制岛屿等多种类型的保护地。新西兰的保护管理体系是在美国的“统一保护”管理体系的基础上，在新西兰生态系统较为脆弱、公众保护意识较强的国情下，形成的“双列统一管理体系”。

新西兰的保护管理最高机构是议会，议会之下分两列管理系列。一列是政府管理，由保护部代表政府直接管理12个中央核心保护管理部门和14个地方保护管理部门，中央核心管理部门主要是在国家范围内，负责政策制定、计划编制、审计、资源配置及一些维护和服务等工作，而地方保护管理部门的分界主要是根据地理和生态特征、地方政府管理等来确定，保护部上对议会负责，下对新西兰公众负责；另一列是非政府管理，公众参与保护并形成一些保护组织。新西兰典型的非政府保护组织是保护委员会，保护委员会由13个代表不同地区和产业的代表组成，这个委员会独立于政府之外，代表公众的利益，负责立法和监督。国家下属的各省（或区）也同样成立省级保护委员会，也是由各利益团体代表组成，具有同样的保护和监督功能。

除管理上清楚的职能划分，建设国家公园具体方案也充分体现其民主性和科学性。新西兰国家公园制订建设方案由“国家公园和保护区指导中心”提出。这个机构依照有关规定由10位具有国家公园建设和自然保护方面专业知识的能手承担，其决策直接影响到政府制订国家公园管理计划。

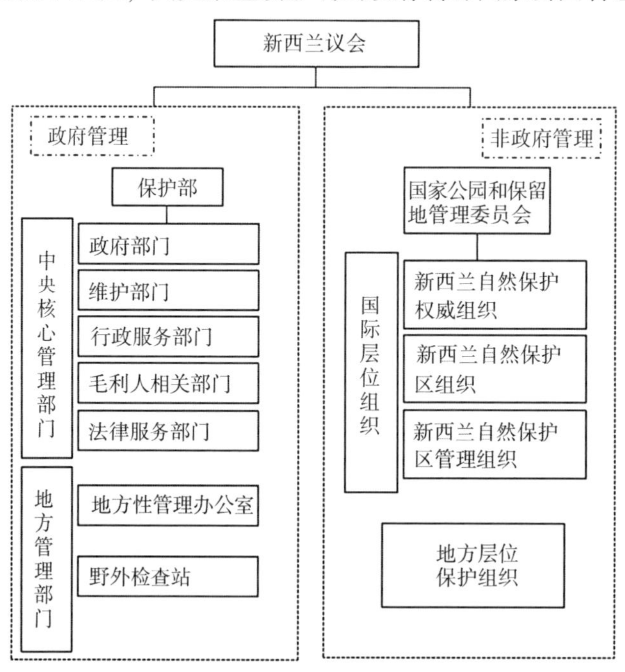

图8 新西兰保护管理体系

1.2 国家公园内设机构职责详解

1.2.1 巴西国家公园管理局内设机构职责

（1）管理委员会职责：

建议研究所主席的任命；在其能力范围内提出与联邦环境管理有关的替代决策的决定。

分析、讨论和展示：

a）研究所的战略和运作规划；

b）监督和评估研究所的机构管理、绩效和指导方针；

c）内部行政和人力资源政策及其发展；

d）研究所机关和单位的内部条例制定；

e）研究所职权范围的规则；

f）根据现行立法，任命、免除、雇用和晋升人员；

g）确定研究所行动的技术，经济和社会参数。

促进研究所各部门之间的一体化。

（2）内阁职责：

协助研究所主席的政治和社会代表性。

计划、协调活动的技术支持，管理国际研究中心的利益。

计划和协调内部和外部媒体活动的执行情况，传播和监测研究所感兴趣的事项。

指导和协调研究所的战略规划进程。

协调有关精简、现代化和改进行政管理的行动。

行使管理委员会执行秘书处的职能，为其提供必要的资源支持。

（3）联邦特别检查机关职责：

在法律上代表及指导研究所。

在研究所范围内开展法律咨询活动。

（4）审计部职责：

在现行规定下开展审计活动。

确保研究所内部控制的质量，效率和有效性，以保证内部行政行为的规范性。

监督和控制联邦政府的透明度。

审查和发表研究所年度会计报表。

监督、指导和评估研究所的预算、财务、会计、财产和资源管理。

在研究所的框架内开展监察和法律顾问的活动。

（5）规划、行政和后勤司职责：

计划、协调、监督、评估和推动实施：

a）规划和控制研究所的预算；

b）研究所的管理政策，合同的招标和所内的基础设施和体制进程。

管理和监督项目的实施和环境资源的收集。

（6）保护区创建和管理司职责：

计划、协调、监督、评估和推动与以下方面有关行动的执行：

a）为建立联邦保护区准备提案；

b）对森林砍伐，火灾和其他形式的保护；监测，预防和控制生态系统退化以及环境行政处罚；

c）编制和修改联邦保护区的管理计划；

d）保护区的公众访问、生态旅游和自然资源的经济利用。

监督和评估联邦保护区的管理实施情况以促进改善管理并编制联邦保护区的情况综合评估报告。

将联邦保护区纳入 PAOF。

（7）社会环境行动和地区巩固司职责：

计划、协调、监督、评估和促进与以下方面有关行动的执行：

联邦保护区的创建和运作；促进联邦保护区周边区域社会经济一体化；

社会参与生物多样性保护和生物多样性管理的进程和措施；

环境教育过程、项目和计划，包括培训环境教育者和联邦保护环境教育方法指南的制定；

志愿者的工作；

管理与土地权属相关的冲突和社区对自然资源的利用；

联邦保护区可持续利用自然资源；

根据社会、经济和文化政策制定可持续利用的保护措施；

在联邦保护区实现正规化和地域整合。

（8）生物多样性研究、评估和监测司的职责：

制定生物多样性保护战略的准则；

计划、协调、监督、评估和执行以下行动：

a）监测生物多样性，促进和授权研究以及管理生物多样性信息；

b）科学诊断物种和生态系统的保护状况，制定行动计划，确定濒危物种集中分布地区，行使 CITES 及其他保护名录的科学权威；

c）对影响重大环境影响活动的环境许可授权。

（9）地区协调机构职责：

开展与环境管理有关的管理和技术相关活动；

编制技术计划，项目和行动的计划；

执行、监督和评估制定的管理行动。

（10）联邦保护局职责：

管理、维护环境的完整性，促进地域的可持续发展；

编制技术计划，项目和行动的计划；

执行、监督和评估在联邦保护区进行的管理行动。

（11）高级特殊部门职责：

负责管理、维护环境的完整性，促进可持续发展，并以综合方式实施、监督和评估一系列行动。

（12）国家研究和保护中心职责：

开展和协调保护环境所需的科学研究和监测活动；

为物种保护和濒临灭绝生态系统的恢复的管理行动提供技术和科学支持；

协调和支持生物多样性保护状况评估；

开展和协调科学研究活动，为科学发展提供科学技术支持。

（13）生物多样性保护培训中心职责：

协调、执行、监督和评估年度培训计划和其他活动的实施情况；

提供与生物多样性保护和保护区有关的培训；

支持生物多样性科学和技术知识的管理。

（14）高级管理和财务部门职责：

服从研究所的指导方针，负责在其范围内执行行政、预算、财务和业务支持活动。

1.2.2 阿根廷国家公园管理局内设机构及职责

根据管理职能需要，阿根廷国家公园管理局内设 12 个管理部门，分别对国家公园及其他保护地的保护、环境教育、公众利用、基础建设等进行统一管理。每个管理部门负责管理自己的职责分工内的各项业务，各职能部门的职责分工如下：

表 1 阿根廷国家公园管理局内设机构职责分工

序号	机构名称	主要职能
1	运营管理部	负责指导和监督全国各类保护地的日常运营及管理，制定管理目标，协调各个区域的保护地管理政策与目标与国家保持一致。
2	保护部	负责全国各类保护地保护政策和规划的制定，涵盖各类保护地的科学研究与监测、保护、可持续利用评估等，同时该部门还负责对纳入以国家公园为主的保护地系统的新区域进行评估。
3	公众利用部	负责规划、管理各类保护地的旅游活动，包括国家公园的推广、特许公司的管理、旅游许可证的发放等。
4	基础建设部	负责各类保护地的基础建设项目的规划、审批、监督执行，协调国家及地区基础建设部门在保护地内开展的建设活动。
5	行政部	负责国家公园管理局日常行政工作，协调、指导国家公园管理局内部各部门的日常管理活动，协调各部门计划，编制国家公园管理局年度预算，向各类保护地派驻人员或机构。
6	法律事务部	负责国家公园管理局与法律有关的一切事务，以及向国家公园管理局及下属机构提供法律支持。
7	人力资源部	负责国家公园管理局机构编制、人员录用、员工培训、绩效考核等。
8	联络宣传部	负责规划、实施国家公园的宣传活动，管理国家公园管理局的内部媒体，以及国家公园管理局与外部媒体的交流、沟通。
9	战略规划部	负责制定国家公园管理局及下属机构的战略目标，制定全国范围内国家公园及其他保护地战略规划，获取其他国家在国家公园管理上的先进经验，通过实施“示范国家公园”推动全国国家公园发展。
10	审计部	根根国家财务管理和控制法的规定，建立内部财务控制制度，对国家公园管理局及所辖机构开展财务审计。

1.3 国外国家公园管理机构的特点

从以上可以看出，各国的国家公园都有专门的管理机构进行统一管理，内设机构都比较完善，能够覆盖国家公园管理的各项任务。但由于各国的政府机构设置不同，以及国家公园体系包含的内容不同，内设机构也不尽相同。

由于美国的自然保护地体系由联邦政府的内政部国家公园管理局、农业部林务局、农业部鱼和野生动物管理局等部门分别管理，不是“大部制”管理，显得相对分散，彼此之间也有难以协调的问题。

加拿大的管理机构建立最早，经过一百多年的发展逐步形成，内设机构健全，统一管理，但显得过于复杂，具有明显的地域特征。

巴西是生物多样性大国，其国家公园的管理模式为中央集权型管理，自上而下实行垂直领导并辅以其他部门合作和民间机构的协助。管理体系健全，层次清晰，职责划分明确，值得参考借鉴。

阿根廷国家公园历史悠久，1934 年成立国家公园管理委员会，正式确立了国家公园为主的自然保护体系。阿根廷的自然保护体系以国家公园为主，此外还有自然保护区、濒危物种保护区、人类文化和自然遗产保护区等。国家公园管理局隶属于阿根廷环境与可持续发展部。国家公园管理局是阿根廷国家公园及其他保护地的管理机构，不仅负责对全国国家公园的管理，同时也要负责自然保护区、世界遗产、国家纪念地等的管理。内设机构简单明了，部门设置科学，职责划分合理。

相比之下，阿根廷的做法最值得我国参考借鉴。

2 我国保护地管理机构设置现状

自然保护地是指以保护特定自然生态系统和景观为目的，由政府划定、法律认可、边界和权属清晰、受到有效管理的地理空间（IUCN）。自然保护地有广义和狭义之分，狭义的自然保护地需满足以保护自然生态系统或者物种为主要目的；有明确的地理空间，即有明确的范围和土地使用权属，土地利用的主要方向是保护；由法律或者政府认可的其他形式认定；有独立的主管机构和管理实体实施有效的管理；依据明确的法律或者管理办法；有稳定的经费投入。

对照自然保护地的判断标准，我国目前建立了自然保护区、森林公园、湿地公园、地质公园、沙漠公园、海洋特别保护区、海洋公园、风景名胜区、水利风景区、国家级公益林、水产种质资源保护区、自然保护小区等不同类型的保护地。

截止2017年，全国各类自然保护地数量有1万多个（表2），预计总面积占国土面积的18%以上（不完全统计），超过世界平均水平。在2018年3月国务院机构改革以前，这些自然保护地分属林业、环保、国土、农业等部门管理。此外，还有即将在上述自然保护地基础上建立的国家公园，以及分析保护空缺以后可能新增的国家森林、草原公园等自然保护地类型，都是以国家公园为主体的自然保护地体系的组成部分。依托以上自然保护地而被有关国际组织授予的“世界自然遗产地”“人与生物圈保护区”“国际重要湿地”“世界地质公园”等，除了遵照自然保护地法规管理外，还有履行国际条约的任务。

表2 我国自然保护地现状

名称	数量（个）	面积（万公顷）	占国土比例（%）	主管部门
自然保护区	2249	13000	13.10%	林业
	236	2269.6	2.30%	环保
	119	505.9	0.50%	农业
	22	28	0.03%	海洋
	134	115.7	0.10%	其他
风景名胜区	962	1937	2.00%	住建
森林公园	2855	1738.2	1.80%	林业
地质公园	218	128.8	0.10%	国土
矿山公园	72	—	—	国土
湿地公园	898	390	0.40%	林业
水利风景区	2500	107.3	0.10%	水利
沙漠公园	103	41	0.04%	林业
海洋公园	33	16	—	海洋

3 新形势下我国自然保护地体系的组成和分类

根据《深化党和国家机构改革方案》，所有自然保护地统一由国家公园管理局行使管理职责。我国的自然保护地类型众多，需要系统梳理，重新体系化。以国家公园为主体，与自然保护区、各类自然公园等共同形成完整的自然保护地体系，纳入国家公园管理局统一管理。基于此，本文提出了国家公园及自然保护地类型划分的方案建议，详见下表。

表3 国家公园及自然保护地类型划分方案建议

类别	类型	维护生态安全作用	功能定位	管控原则	对应的现有自然保护地
严格保护类	国家公园	保护具有国家代表性的大面积自然生态系统；山水林田湖草的整体保护、系统修复、综合治理；国家重要生态安全屏障	保护重要自然生态系统的原真性、完整性，同时兼具科研、教育、游憩等综合功能	按国家法律	国家公园（体制试点）；国家级自然保护区（部分）；其他国家级保护地（部分）；

（续）

类别	类型	维护生态安全作用	功能定位	管控原则	对应的现有自然保护地
严格保护类	自然保护区	保护大面积未受人为影响的区域；国家或区域生态安全屏障	保护有代表性的自然生态系统、珍稀濒危野生动植物物种、有特殊意义的自然遗迹等保护对象	按国家法律	大多数自然保护区
景观类保护地（限制利用类）	自然公园类	保护区域集中的生态系统和自然景观，维护区域生态安全	保护自然生态资源，具有宣传教育、生态旅游、游览休憩等综合功能	按国家法律	森林公园 湿地公园 沙漠公园 草原公园
	景观遗迹类	维护区域生态安全	保护自然遗迹及景观，具有宣传教育、生态旅游、游览休憩等综合功能	按国家法律	地质公园 风景名胜区
自然生态保留地	自然保护小区	保护小区域或者特定区域小范围的生态系统，维护小范围的生态安全	保护特定的物种或者栖息地；保护基于文化定义的，有保存价值的生态系统（如风水林）	乡规民约；地方管理办法	自然保护小区
海洋类保护区	海洋特别保护区	维护海洋生态安全	保护具有特殊地理条件、生态系统、生物与非生物资源及海洋开发利用特殊需要的区域	按国家法律	海洋特殊地理条件保护区； 海洋生态保护区； 海洋公园； 海洋资源保护区

4 国家公园管理局的职责和任务建议

根据党的十九大报告、《中共中央关于深化党和国家机构改革的决定》《深化党和国家机构改革方案》《建立国家公园体制总体方案》《生态文明体制改革总体方案》等相关文件精神，国家公园管理局负责管理国家公园等各类自然保护地，对新形势下国家公园管理局的职责和任务，提出以下建议：

（1）对以国家公园为主体的自然保护地体系进行统一监督管理。贯彻执行中央关于自然保护地体系的有关方针政策；组织拟订自然保护地体系有关的法规和规章草案；拟订全国国家公园及自然保护地体系建设的方针政策、战略规划及中长期规划，并监督、指导实施。制定国家公园及自然保护地的管理规章制度，实行自然保护地体系的统一规范管理。

（2）承担由中央政府直接行使全民所有自然资源资产所有权的国家公园、国家级自然保护区等自然保护地的管理职责，统一行使全民所有自然资源资产所有者职责，统一行使国土空间用途管制和生态保护修复职责。

（3）组织、协调、指导和监督自然保护地的资源环境保护管理工作。拟订自然保护地自然资源、文化资源及生态环境等保护管理的有关国家标准和规定，组织实施、协调指导自然保护地的资源调查、巡护管理、科研监测、执法检查等保护管理工作。

（4）组织、协调、指导和监督自然保护地的科教游憩。组织制定科普宣教、生态旅游、游憩、休闲等利用资源利用的国家标准及规定，指导和监督相关活动开展，掌握相关信息。

（5）组织、协调、指导和监督自然保护地的资源合理利用。组织拟定资源利用管理制度，发布建设项目负面清单，审查、许可相关建设项目及资源利用活动，指导、监督特许经营活动，监测国家公园及国家级自然保护地的人为活动。

（6）编制中央资金年度预算并组织实施，提出中央专项资金的预算建议，管理监督中央级资金，提出国家公园及国家级自然保护地固定资产投资规模和方向、国家财政性资金安排意见，按国家规定权限，审批、核准国家规划内和年度计划内固定资产投资项目。组织、指导自然保护地生态补偿制度的建立和实施。

（7）承办中央直管的国家公园及国家级自然保护地的人事和机构编制事项；指导自然保护地人才培训和教育发展规划并组织实施；承办指导自然保护队伍建设的有关工作。

（8）开展国家公园及自然保护地建设方面的国际交流与合作，参与涉外保护地事务谈判与磋商，履行相关国际公约。组织审核世界自然遗产的申报，会同文物等有关主管部门审核世界自然与文化双重遗产的申报。

（9）承办上级交办的其他事项。

5　机构设置

5.1　设置的原则

（1）依法设置的原则

贯彻落实党的十九大关于深化机构改革的决策部署，遵循《中共中央关于深化党和国家机构改革的决定》（2018.2），遵循“三定”规定，依法依规设置和完善国家公园管理局机构职能，依法履行职责，依法设置管理机构和编制。

（2）职能优先的原则

职能是机构存在的前提；科学界定国家公园管理局总体职能；科学配置和划分各司、处职能；以国家公园管理局总体是否顺利实现来检验机构设置的合理性。

（3）完整统一的原则

国家公园管理局职能是完整统一的；设置的各司、处应互相协调、互相衔接，有利发挥组织整体功能，组织内部既有分工，又有合作，协调一致，实现国家公园管理局行政权力完整统一的目标。

（4）权责一致的原则

在机构设置中，要使机构的职权与职责相称、平衡，责权要分明，使每一项管理职能都能落实到一个执行机构。不能实行多头领导，造成相互扯皮推诿。

（5）精简高效的原则

机构设置切忌因人设事，而要根据国家公园管理局在新时代下中央所赋予的任务性质以及工作的繁重程度等，因事设职。要贯彻精简的原则，即做到机构设置要精简；人员编制要精干；办事程序要简化。

5.2　内设机构配置建议

在自然资源部的统一领导下，国家林业和草原局与国家公园管理局目前阶段是一个机构、两块牌子。顶级机构为国家公园管理局、国家公园专家委员会，根据职能内设相关管理部门，可下设国家公园规划设计、科研与监测等科技保障和支持机构，并可根据国家公园布局设置区域协调机构。将来国家公园实体可分为国家公园管理局直接行使管理职责的国家公园、区域协调机构和授权省级人民政府行使管理的国家公园两个部分。本文对内设相关管理部门、下设机构可包括的职责，提出以下建议。

5.2.1　规划和建设部门

（1）制定全国国家公园及各类自然保护地管理机构的管理目标，对管理目标完成情况以及日常运营及管理进行指导、监督。制定国家公园管理局及下属机构的战略目标，制定全国范围内国家公园及其他保护地战略规划等。

（2）编制和组织实施部门预算，提出中央财政专项转移支付资金的预算建议；管理监督中央级资金；

审核重点建设项目，提出中央固定资产投资规模建议，编制各类自然保护地及其生态建设年度生产计划；内部财务及下属机构的审计等。

5.2.2 综合事务管理部门

（1）协助领导处理日常事务，督促检查党务、行政事务的贯彻落实情况；机关党务、行政事务和综合协调工作；信息、公文、会务、信访、档案、收发、卫生文明创建等工作；接待、车辆管理及后勤管理服务等工作；文电、会务、机要、档案等机关日常运转工作；信息、安全、保密和信访工作。

（2）提出我国国家公园及各类自然保护地的有关方针政策、政策建议；组织起草有关国家公园及各类自然保护地的法律法规和部门规章；拟订我国自然保护地体系法制建设规划和年度工作计划；行政执法监督，协调行政执法中的重大问题；行政应诉、行政复议和听证相关工作。

（3）人事和机构编制事项；指导各类自然保护地人才培训和教育发展规划并组织实施；承办指导队伍建设的有关工作。

5.2.3 对外合作部门

管理并协调以国家公园为主体的各类自然保护地的国际国内合作与交流工作；与国际、国内科研机构、有关国际组织以及科技情报网间的沟通与联系。组织、指导各类保护地的国际合作与交流；承办保护地及其生态建设的重要国际活动和履约工作；承担签署并执行有关国际协定、协议和议定书的工作；审批和实施有关国际合作与交流项目。

5.2.4 国家公园管理部门

全国国家公园的管理。宣传贯彻执行有关国家公园的法律、法规和政策；制定和完善国家公园相关管理制度和管理措施；指导和管理中央行使管理职责的国家公园的保护管理、科研监测、宣传教育、社区发展、生态旅游等工作；指导授权省级人民政府行使管理的国家公园的相关管理工作。审批、监督、评估全国国家公园的相关工作。

5.2.5 保护地管理部门

全国除国家公园以外的森林公园、地质公园、湿地公园等自然保护地的管理。宣传贯彻执行有关各类自然保护地的法律、法规和政策；制定和完善各类自然保护地相关管理制度和管理措施；审批、监督、评估各类自然保护地的相关工作。

5.2.6 野生动植物保护管理部门

指导各类自然保护地以外的陆生野生动植物的救护繁育、栖息地保护恢复；监督管理全国陆生野生动植物猎捕或采集、驯养繁殖或培植、经营利用及其专用标识、疫源疫病监测；研究提出国家重点保护的陆生野生动物、植物名录的调整意见；生物多样性保护及其履约的有关工作；监督管理陆生野生动植物进出口；承担濒危野生动植物种国际贸易公约履约的有关工作。

5.2.7 科教游憩管理部门

（1）宣传贯彻执行国家公园及各类自然保护地的法律、法规和政策；指导和管理自然保护地内科研、宣传教育、生态旅游、志愿者服务等工作；制定和完善自然保护地科研、宣传教育、生态旅游、志愿者服务等相关管理制度和管理措施。

（2）指导和管理国家公园及各类自然保护地内社区可持续发展的工作；制定和完善自然保护地社区发展相关管理制度和管理措施。

（3）指导和管理国家公园及各类自然保护地内特许经营管理等工作；制定和完善自然保护地特许经营管理相关管理制度和管理措施。

5.2.8 国家公园规划设计机构

承担全国自然保护地体系和各类自然保护地的建设和发展中长期规划；受国家公园管理局委托，对各类保护地申报、调整、总体规划等各项工作进行技术审查，开展国家公园等各类保护地战略和有关政策研究，为国家公园管理局做好技术支持和服务工作。

5.2.9 科研与监测机构

组织开展国家公园及各类自然保护地科学研究和技术推广工作；组织、指导保护地体制改革和创新体系建设，承办国家公园及各类自然保护地标准化、技术监督、管理质量监督和评估的有关工作。

5.2.10 区域协调机构

在国家公园管理局的领导下，承担各区域国家公园等各类自然保护地监督、管理、评估等工作。

6 结论与讨论

国际上自然保护地组成复杂，分类也不统一，IUCN 的保护地分类指南可以作为分析工具可以参照使用，具体管理分类还应结合各国实际。作为自然保护地管理机构，集中、统一管理是国际趋势。

国家公园管理局机构设置是一项复杂的工作，特别是对于我国这样的生物多样性大国，情况更为复杂。本文仅仅作了一些初步探讨，抛砖引玉，期待为实际工作提供参考。

【参考文献】

郭宇航，包庆德，2013. 新西兰的国家公园制度及其借鉴价值研究［J］. 鄱阳湖学刊. 第 4 期.

唐芳林，2017. 国家公园理论与实践［M］. 北京：中国林业出版社.

王连勇，2003. 加拿大国家公园规划与管理［M］. 重庆：西南师范大学出版社.

杨桂华，牛红卫，等，2007. 新西兰国家公园绿色管理经验及对我国的启迪［J］. 林业资源管理. 第 6 期.

张希武，唐芳林，2014. 中国国家公园的探索与实践［M］. 北京：中国林业出版社.

国家公园管理单位机构的设置现状及模式选择*

2020年是我国国家公园体制试点建设的收官之年。5年来，在中央全面深化改革委员会的统一部署下，我国国家公园体制建设取得了十分显著的成效，先后在涉及12省设立了三江源、东北虎豹、大熊猫、祁连山、神农架、武夷山、钱江源、湖南南山、普达措和海南热带雨林等10处国家公园体制试点区。在中央层面，已明确由国家林业与草原局统一行使国家公园管理职能，加挂国家公园管理局牌子；在各试点层面，积极探索了分级行使所有权和央地协同管理机制，组建完成了10处管理机构。为区别于国家层面的国家公园管理机构（国家公园管理局），本文将针对各个国家公园的管理机构统称为国家公园管理单位机构（如三江源国家公园管理局等）。

从目前情形看，国家公园管理单位机构的设置模式尚未统一，各试点做法不一，形成了“上面一根针，下面千条线”的多元现象。开启新征程在即，有必要及时总结试点经验，逐一剖析10处管理单位机构的组建特征，提炼共性和特性，进而推动从理论层面上构筑归类清晰的机构设置逻辑。

1 研究进展

自党的十八届三中全会提出建立国家公园体制以来，相关理论探讨方兴未艾，不断有新的研究成果涌现。总体来讲，研究内容繁多[1-2]，但针对管理机构的议题讨论还较为有限，且较少有适用于管理单位机构设置的理论成果出现。2020年9月，笔者以“国家公园”和“管理机构”为共同关键词在CNKI数据库进行模糊检索，相关文献数量尚不足50篇；而从研究方法来看，其中多数是聚焦国内外管理模式的比对分析，主题重叠度较高，对我国体制试点进程中的机构设置特色关照不足。

由此可见，管理单位机构的设置模式研究仍应是当前我国国家公园体制建设中的关键一环。如钟林生等[3]就曾提议将“国家公园组织构建与运行模式研究”列为体制试点建设的重要议题，并指出应“尽快明确管理单位体制，研究管理机构的人员安置方案”等；王蕾等[4]也提出应“明确国家公园宏观和微观管理机构的设置方式及其权责利范围”，并认为它是“中国国家公园体制试点中的难点”。

本文从机构组建、事权划分和人员编制3方面来拆解当前10处试点管理机构的设置现状，归纳总结其共性特征，以期提出适合我国实际的国家公园管理单位机构设置模式参考。

2 各试点机构组建情况

目前，10处试点均已完成了机构组建，形成了具有独立法人资格的实体机构。其中，三江源国家公园是中央政府直接批复的我国第一处国家公园体制试点区，机构组建起步较早，在原三江源自然保护区管理局的基础上完成了职能设定和人员重组，管理局率先于2016年6月挂牌成立。海南热带雨林国家公园是最后一处批复的体制试点区，管理机构依托海南省林业局完成组建，于2019年4月正式成立。钱江源国家公园管理局虽然成立时间较晚（2019年7月挂牌），但其前身钱江源国家公园管理委员会（2017年3月揭牌）也属于我国第一批成立的国家公园管理单位机构[5]。可以说，在机构组建方面，各试点均顺利完成了《建立国家公园体制总体方案》中“建立统一管理机构”的基本任务（见表1）。

通过对比不难发现，各试点在机构组建形式上差异明显。具体而言，在以下3个方面不相统一。

---

* 张小鹏，孙国政. 国家公园管理单位机构的设置现状及模式选择［J］. 北京林业大学学报（社会科学版），2021，20（1）：76-83.

2.1 机构级别和性质不统一

目前，由中央全面深化改革领导小组（2018年机构改革，改为中央全面深化改革委员会）批复的5处试点（三江源、东北虎豹、大熊猫、祁连山、海南热带雨林）的管理机构级别均为正厅级或是按正厅级对待，其余试点的管理机构按正处级对待。其次，各试点机构的单位性质也不尽相同[6]。笔者通过国家事业单位登记管理局官网（http：//www.gjsy.gov.cn/）查询获取，东北虎豹、神农架、湖南南山和普达措等4处试点管理机构为事业单位性质（见表1）。截至2020年9月，中央对国家公园管理单位机构的级别和性质尚没有作统一要求（部分省份作了原则性规定①），这或是基于各试点在管辖面积、资源类型和权属结构等方面差异明显，如果在试点期间直接予以明确，无助于摸索出一套统一规范高效管理体制的考量。

表1 国家公园体制试点管理机构组建情况一览表

国家公园名称	管理机构	挂/揭牌时间	级别	性质
三江源	三江源国家公园管理局	2016年6月	正厅级	行政单位
东北虎豹	东北虎豹国家公园管理局	2017年8月	正厅级	事业单位
大熊猫	大熊猫国家公园管理局	2018年10月	正厅级	行政单位
祁连山	祁连山国家公园管理局	2018年10月	正厅级	行政单位
海南热带雨林	海南热带雨林国家公园管理局	2019年4月	正厅级	行政单位
武夷山	武夷山国家公园管理局	2017年6月	正处级	行政单位
神农架	神农架国家公园管理局	2016年11月	正处级	事业单位
湖南南山	湖南南山国家公园管理局	2017年10月	正处级	事业单位
钱江源	钱江源国家公园管理局	2019年7月	正处级	行政单位
普达措	香格里拉普达措国家公园管理局	2018年8月	正处级	事业单位

2.2 负责人任命形式不统一

各试点管理机构中，东北虎豹、大熊猫和祁连山是分别依托国家林业和草原局驻长春、成都和西安森林资源监督专员办事处（以下简称专员办）组建的，目前由专员办专员兼任机构负责人；海南热带雨林是依托海南省林业局组建成立，目前由林业局局长兼任机构负责人；钱江源、神农架和湖南南山实行“政区协同”治理模式，目前由地方政府主要领导人兼任机构负责人；三江源和普达措的机构负责人未兼任其他职务。机构负责人任命形式呈现多元化，也侧面体现了我国国家公园管理单位机构组建的复杂性。

2.3 分级管理模式不统一

当前，我国国家公园体制试点探索了3种管理模式：中央直管、中央和省级共管、省级代管。其中，明确由中央直管的试点区仅有东北虎豹；大熊猫和祁连山实行中央和省级政府共同管理；其余试点则是委托省级政府代为管理（见图1）。对此可直观理解为，东北虎豹、大熊猫和祁连山3处试点涉及跨省协调，中央直接或参与管理的形式可为试点机构履职提供便利条件。但这并不是说，只有跨省（区）的国家公园才有必要实行中央事权，按中央文件精神，条件成熟时，应逐步过渡到所有国家公园均由中央政府直接管理。

① 例如《青海省贯彻落实〈关于建立以国家公园为主体的自然保护地体系的指导意见〉的实施方案》（2019）中提出“原则上国家公园按副厅级以上设置”。

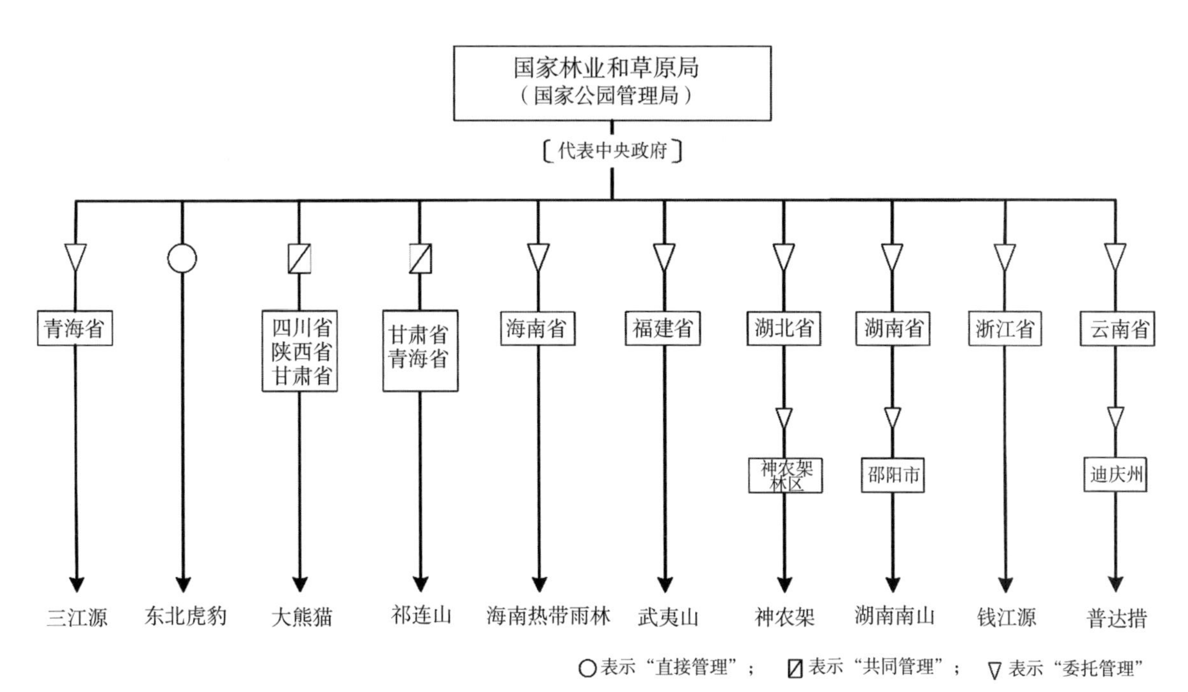

图 1 国家公园体制试点区管理模式图

3 园地事权划分情况

明确职能配置是管理机构设置的基础内容。《建立国家公园体制总体方案》（2017）和《关于建立以国家公园为主体的自然保护地体系指导意见》（2019）等中央文件均对国家公园事权划分作了方向性规定，见表 2、表 3。其基本精神可简要概况为：与生态保护相关的职能由国家公园管理单位机构承担，与社会经济发展相关的职责交由属地政府行使。

表 2 《建立国家公园体制总体方案》中关于"事权划分"的表述

管理机构	事权划分指导
国家公园管理机构	履行国家公园范围内的生态保护、自然资源资产管理、特许经营管理、社会参与管理、宣传推介等职责，负责协调与当地政府及周边社区关系。可根据实际需要，授权国家公园管理机构履行国家公园范围内必要的资源环境综合执法职责（第 8 条）
属地政府	行使辖区（包括国家公园）经济社会发展综合协调、公共服务、社会管理、市场监管等职责（第 10 条）

表 3 《关于建立以国家公园为主体的自然保护地体系指导意见》中关于"事权划分"的表述

管理机构	事权划分指导
自然保护地管理机构	会同有关部门承担生态保护、自然资源资产管理、特许经营、社会参与和科研宣教等职责（第 25 条）
属地政府	当地政府承担自然保护地内经济发展、社会管理、公共服务、防灾减灾、市场监管等职责（第 25 条）

除此外，按中央统一部署，三江源国家公园和东北虎豹国家公园还另承担着行使区域内全民所有自然资源资产所有者职责，分别加挂了三江源国有自然资源资产管理局和东北虎豹国家公园国有自然资源资产管理局牌子。这与机构改革后自然资源部的"两统一"职责内涵接近，也为未来更全面进行国家公园管理单位机构职能配置提供了思路。

事权划分方向已明，但在具体落地层面，各试点管理机构与地方政府之间仍处于不断调整优化的磨合阶段，特别是对于人口密度较大、经济基础较好的试点区，协同难度更大。2019 年 4 月，湖南省政府办公厅曾印发《湖南南山国家公园管理局行政权力清单（试行）》，尝试将发改、自然资源等 10 个省直相关部门的44项行政权力，集中授予南山国家公园管理局[7]，但因牵涉既有利益广，在权限下放及划转、政策指导支持和履职成效等方面，还需经过较长时间的实践检验。

再如，对于自然资源防灾减灾，如森林防火和林业有害生物防治等，《关于建立以国家公园为主体的自然保护地体系指导意见》（2019）和相关法律法规等①已明确由地方政府负主要责任，但因其与自然生态系统保护息息相关，国家公园管理单位机构在实际工作中如何拿捏尺度，建立与属地政府相互配合的协同管理机制也是难点之一。

值得一提的是，为减少沟通成本，部分地方还探索实行了国家公园“政区协同型”治理模式，即由地方政府代行管理机构相关职能，部门进行综合设置，同步履行事权，如钱江源体制试点区。事实上，我国历史上也曾对国有林区和自然保护区管理作过类似探索。如1968年，伊春特区成立，伊春市政府和伊春林管局合并，人马兼用，有关企业工作以林业部领导为主，地方工作以黑龙江省政府领导为主，特区党委隶属林业部党组和黑龙江省委双重领导[8]。再如1983年，国务院批准将卧龙保护区内汶川县的卧龙、耿达两个公社划定为汶川县卧龙特别行政区，实行林业部（2018年职责整合，组建国家林业和草原局）、四川省双重领导体制，由四川省林业厅（2018年整合为四川省林业和草原局）代管，其在区划上属于阿坝州汶川县，但管理上是由四川省林草局负责，阿坝州及汶川县的一般经济社会规划不再列入，只有少数功能例外（如特区的法庭、检察科还是汶川县法院、检察院的派出机构）[4]。尽管这种模式能有效降低辖区政府和管理机构之间的沟通摩擦，但面对地理省情各异的其他国家公园是否具有普适价值，仍是一个值得深入探讨的议题。

4 人员编制配置情况

确定人员编制规模同样是管理机构设置的重要内容。因各试点区批复面积差异较大，为更直观进行比对，此处以人均管理面积②进行说明。以三江源和武夷山为例，三江源国家公园批复面积123100km^2，机构人员编制354人[9]，则人均管理面积为347. 74km^2/人；武夷山国家公园批复面积1001. 41km^2，机构人员编制120人[10]，则人均管理面积为8. 35km^2/人；二者相差近42倍。对此可以理解为，武夷山国家公园以森林生态系统类型为主，区内资源权属情况复杂，原住民较多，相较于三江源国家公园（草原、湿地生态类型为主）单位管理难度更大，因而人均管理面积相对较小。

再以国外国家公园的用人情况作进一步比对。一般而言，美国作为全球最早建立国家公园的国家，其管理经验是各国学习和效仿的对象。但就人员配置方面来讲，美国地广人稀，国家公园自然生态多以荒野为主，此方面与我国国情相差较大，不宜于作为参照对比。相比之下，德国是欧盟中人口最多的国家，人口密度高，人类活动对自然改变大，反映出了更多协调人与自然互动的特点。这方面与我国接近，可作为本项研究的参照样本。

参考《国家公园体制的国际经验及借鉴》[11]一书相关数据，归纳德国国家公园的人员配置情况，汇总为表4。可知，德国国家公园的人均管理面积大多维持在0. 73~5. 20km^2/人；仅有汉堡瓦登海等3处以湿地生态类型为主的国家公园人均管理面积较大，保持在45. 83~68. 57km^2/人。这与我国国家公园的用人数量趋向相同。

由此可知，国家公园人均管理面积呈现明显的因资源类型而异的特点，这也构成了未来国家公园管理单位机构人员配置的重要考量要素之一。

---

① 如《中华人民共和国森林法》（2019年修订）第34条提出“地方各级人民政府负责本行政区域的森林防火工作”；第35条提出“重大林业有害生物灾害防治实行地方人民政府负责制“。

② 人均管理面积=试点区批复面积/编制人数

表 4 德国国家公园管理机构人员配置一览表

国家公园名称	成立时间	自然生态类型	全职人员（人）	面积（km^2）	人均管理面积（km^2/人）
巴伐利亚森林	1970	森林	151	243	1.61
贝希特斯加登	1978	森林、湿地	50	210	4.20
石勒苏益格-荷尔斯泰因瓦登海	1985	湿地	48	2850	59.38
下萨克森北海浅滩	1986	湿地	35	2400	68.57
汉堡瓦登海	1990	湿地	3	137.5	45.83
亚斯蒙德	1990	地质遗迹	20	30	1.50
哈尔茨山	1994	森林	167	158	0.95
萨克森小瑞士	1990	森林、地质遗迹	70	360	5.14
米利茨	1990	森林	85	322	3.79
下奥得河谷	1995	湿地	20	104	5.20
海尼希	1997	森林	38	75	1.97
艾弗尔	2004	森林	74	107	1.45
科勒瓦爱德森	2004	森林	38	57	1.50
黑森林	2014	森林	81	100	1.23
洪斯吕克-霍赫维尔德	2014	森林	55	40	0.73

5 3 种机构设置模式

通过对各试点管理机构设置情况对比分析，可知其在组建形式、事权划分和人员配置规模等方面都存在明显差异。总结归类其共性特征，可按“政区协同型”“目标管理型”和“混合治理型”等类型进行研究。3 种类型可以囊括当下试点进程中机构设置的考量要素，亦可为后续国家公园管理单位机构组建提供模式参考。但需要说明的是，3 种分类方式仅为方便本研究需要，并不作为当下自然保护地管理机构整合的官方或权威表述。

5.1 “政区协同型”模式

“政区协同型”设置模式的基本特点是倾向于与地方政府搭建共同体，将生态保护义务与社会发展责任打包一体，减少沟通成本，以达到权力有效分配和高效实现的目标。基本表现形式为机构负责人由属地政府主要领导人兼任，或机构的内设机构与属地政府的内设部门综合设置，两块牌子、一套人马。较为典型的案例有钱江源、神农架和湖南南山国家公园等。此处以钱江源国家公园为例进行剖析说明，机构设置示意见图 2。

钱江源被列入我国国家公园体制试点后，即展开了“政区协同体制”的探讨。浙江省开化县政府率先最先提出了“区政合一”生态治理理念，并于 2014 年组建了衢州市政府派出机构——“钱江源国家公园管理委员会”，与开化县政府实行“两块牌子，一套班子”，统一调度和集中使用各类党政资源。同时下设了生态资源保护中心作为委员会的下属公益一类事业单位，主要承担范围内自然资源资产运营管理、生态保护、特许经营、社会参与、科研教育和宣传推广的具体工作。

2019 年 4 月，浙江省委机构编制委员会下发《关于调整钱江源国家公园管理体制的通知》，决定在管委会基础上成立由省政府垂直管理的钱江源国家公园管理局，由省林业局代管，并将生态资源保护中心调整为综合行政执法队；管理局沿用原治理模式，仍试图最大限度地保留“政区合一”优势，由县政府主

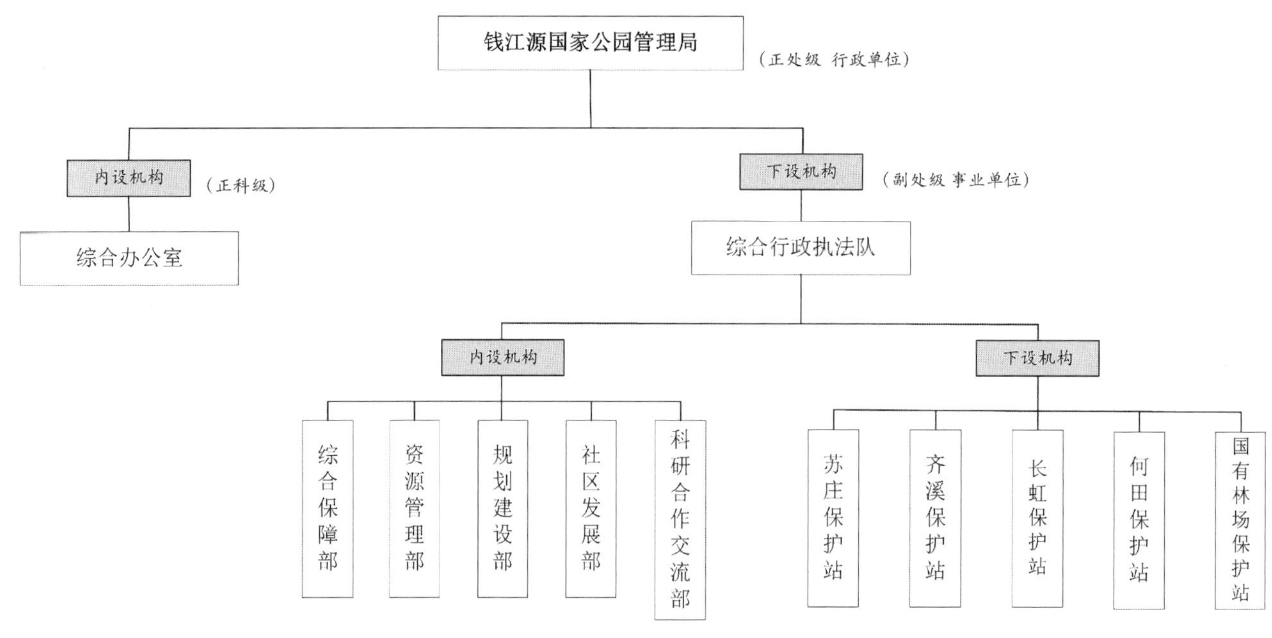

图 2　钱江源国家公园管理机构设置图

要领导担任管理局局长的同时，两名副局长同时兼任县政府党组成员，其中 1 名常务副局长负责日常工作。管理局整合划转了原古田山国家级自然保护区管理局、钱江源森林公园管委会（开化县林场齐溪分场）、钱江源省级风景名胜区等人员编制。可以说，钱江源国家公园遵从了“垂直管理、政区协同”的操作理念，是典型的“政区协同型”机构设置模式代表。

必须承认，将国家公园管理职责同步纳入地方政府治理责任范畴，一定程度上可缓解资源保护管理上的职责交叉和权责脱节等问题，提高区域生态治理效能，对促成范围内社会参与生态建设的局面亦具有推动作用。但从长远来看，“政区协同型”模式应致力于考量并解决可能产生的如下问题：①在制度设计方面，将国家公园的全民公益性交由承担社会经济发展压力的地方政府，矛盾突出，如何避免出现“激励不相容”的制度设计弊端是考量之一；②如何建立通畅的资金管理渠道，使地方政府有效行使国家公园管理职能的同时，避免因财政负担过重而滋生“纸上公园”；③在面向自然资源科学保护与利用等专业化管理目标时，应如何拥有与国家公园相匹配的管理能力；④国家公园的自然生态空间边界并非地方政府的行政区治辖边界，通过属地管理提高保护地管理强制执行力的同时，如何避免人为割裂生态系统的完整性等。

5.2　“目标管理型”模式

“目标管理型”设置模式是指管理单位机构由林草相关职能部门直接转划而来，管理目标更为纯粹。实际操作中，往往通过增大管理幅度、优化管理层级、向下分权等方式来提高组织效能，避免属地政府过多介入国家公园的直接管理。较为典型的案例有三江源、武夷山、普达措和海南热带雨林国家公园等。此处以三江源国家公园为例进行说明，机构设置示意见图 3。

三江源国家公园管理局是依托原三江源国家级自然保护区管理局组建而来的，具有天然可追溯的“林草血统”，目前实行由中央委托青海省政府代管的模式。需说明的是，管理局下设的几个园区管委会（管理处）的负责人虽是由当地县政府主要领导兼任，受管理局和所属州政府双重领导，但已明确是以三江源管理局管理为主，纵向直贯到底。这点有别于“政区协同型”，可归为“目标管理型”进行研究。

三江源国家公园管理局（筹）组建于 2016 年 6 月。同年 11 月，青海省委、省政府下达了《关于设立三江源国家公园管理局的通知》，三江源国家公园管理局正式成立。管理局下设长江源、黄河源、澜沧江源 3 个园区管委会，级别明确为正处级；同时，长江源区管委会及相应管理处加挂青海可可西里世界自

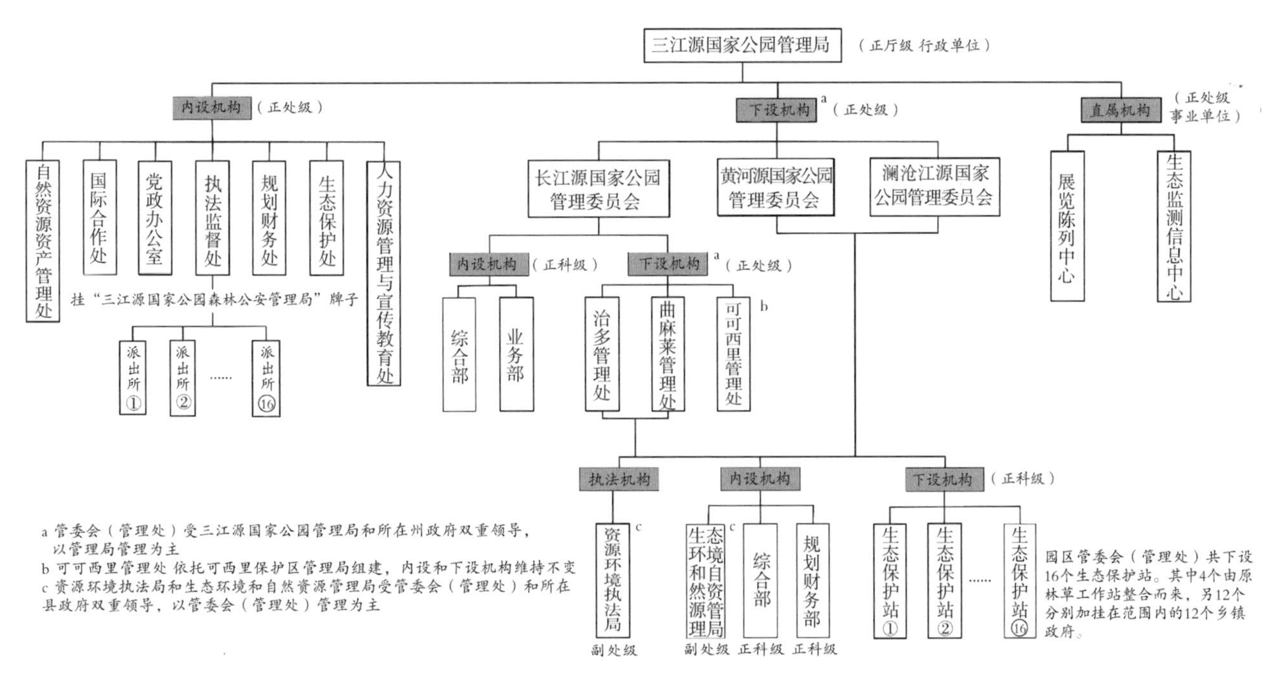

图 3 三江源国家公园管理机构设置图

然遗产地管理机构牌子，增加了自然遗产保护管理职责。玛多、杂多、治多、曲麻莱 4 县的县委书记、县长分别兼任所在园区管委会（管理处）党委书记和主任。管委会（管理处）专职副书记、专职副主任兼任所在县党政副职。管委会（管理处）内设机构和下设机构与县政府相关工作部门的领导实行交叉任职。同时，依托乡镇政府设立了保护管理站，站长和副站长分别由乡镇党委书记、乡镇长兼任。

相比“政区协同型”模式，依托林草职能部门组建完成的“目标管理型”机构的权责权限更加精准专一，管理主体也更加直接明确，领会和执行国家生态保护战略方针更能系统高效，易于利益相关者的诉求表达和管理单位机构的快速反应。但也存在不足之处，应作为选择考量的重要因素：①纵向管理幅度较大，生态治理效能对国家公园管理者的执行能力有较强依赖；②在事权划分上，易与属地政府产生职责交叉、权责脱节等问题，沟通成本有所提高；③引导社会公众特别是原住民参与国家公园保护、建设与管理的成本增加，组织号召力优势不明显；④在推动与地方政府共治环节，需建立明确可落地的职责分工，若衔接处理不当，易导致国家公园陷入“两张皮”的管理窘境。

5.3 “混合治理型”模式

“混合治理型”机构设置兼具以上两种类型的若干特点。管理局是依托林草相关职能部门组建而成的，具有“林草血统”；但其二级机构（如省管理局/管理分局等）往往是以地方政府管理为主，具有强烈的地方治理意味。较为典型的案例有东北虎豹、大熊猫和祁连山国家公园等。此处以大熊猫和祁连山为例进行说明，机构设置示意见图 4。

大熊猫国家公园和祁连山国家公园均是实行“管理局—省管理局—管理分局”的 3 级管理体系①。管理局分别依托国家林草局驻成都专员办和西安专员办组建而成，“林草血脉”纯正，在这一层面具有目标管理模式的特点；但在执行层面，省管理局和管理分局实行双重领导，且以地方政府管理为主的管理体制②，又体现了“政区协同”的基本特色。据此单独归类为“混合治理型”进行研究。

① 东北虎豹国家公园虽跨越吉林、黑龙江两省，但未设置省管理局，实行“管理局—管理分局”两级管理体系。

② 如《四川省大熊猫国家公园管理机构设置实施方案》（2019）、《陕西省大熊猫国家公园管理机构设置方案》（2019）等文件均明确提出“省管理局以省政府管理为主”；这点也分别在《大熊猫国家公园总体规划（试行）》和《祁连山国家公园总体规划（试行）》中有体现。

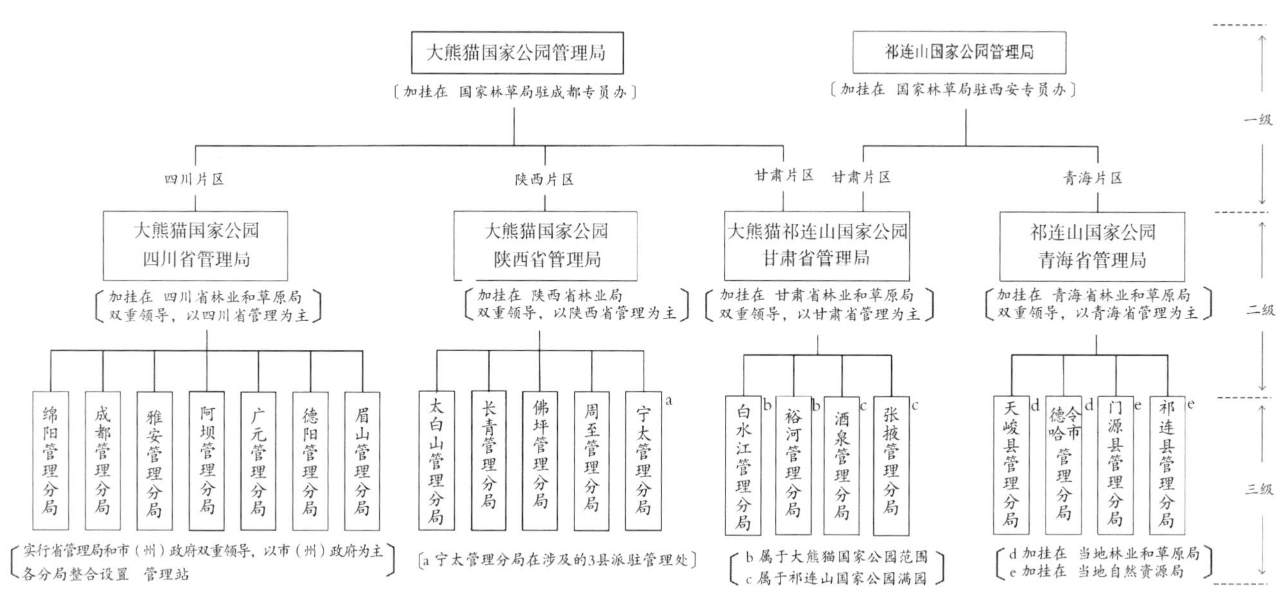

图 4 大熊猫和祁连山国家公园管理机构设置图

大熊猫国家公园管理局于 2018 年 10 月在成都揭牌成立，并分别依托四川、陕西和甘肃 3 省林草主管部门设立了省管理局，实行与省林草部门合署办公；同时，在 3 省片区，按照区域自然属性和行政区划相结合的原则，分别设置了若干管理分局①，作为省管理局的派出机构。与大熊猫国家公园类似，祁连山国家公园管理局于同一时间在兰州揭牌成立，并分别依托甘肃省和青海省林草主管部门设立了省管理局，实行与省林草部门合署办公；同时，在甘肃和青海片区，设置了若干管理分局。

通过比较不难发现，适用于“混合治理型”机构设置模式的国家公园往往具有跨省管辖的特点，强调协同共治。在实际运作中，应注重考量如下因素：①管辖范围大且兼有跨省协调的压力，在操作灵活性方面存在一定缺陷，多伴生国家公园体系持续膨胀等问题；②中层机构实行以地方政府管理为主的领导机制，呈现鲜明的去中心化特征，如何加强管理局对省管理局的业务指导，是利于政策执行落地的重中之重；③同样存在与地方政府协同治理的衔接问题。

6 结语

作为国家公园体制建设中“牛鼻子”，管理单位机构设置的正当性和科学性是影响试点成效的关键之举。笔者归纳的 3 种机构设置模式可为未来国家公园体制建设全局铺开提供机构组建优化思路。本文分析了 10 处试点管理机构在组建形式、事权划分特征和人员编制规模等方面的差异性，提出了 3 种模式选择的考量要素，得出如下研究结论：

1）在总结试点经验基础上，国家层面应尽快出台意见，统一国家公园管理单位机构的级别和性质。鉴于国家公园囊括了我国最具代表性的自然生态系统，生态保护地位极为重要，建议将机构级别按副厅级以上统一设置，机构性质明确为行政单位。理由如下：国家级自然保护区管理机构的级别一般为正处级，作为主体保护地类型的国家公园理应按更高级别对待，副厅级以上的设置方案更利于事权履行，提高资源管控威望；而明确为行政单位性质的考量是基于国家公园管理单位机构不仅仅是承担社会公益职能的机构，还应承担更为重要的资源环境综合执法职能，以保障国家生态红利的持续输出。

2）国家公园和地方政府的事权划分应进一步细化落地，建立清晰的国家公园管理单位机构行政权利清单。在生态保护上应由国家公园管理单位机构行使统一且唯一的管理，逐步承担起区域内全民所有自

① 大熊猫国家公园四川片区还在管理分局之下依托各县设置了管理总站。

然资源资产所有者职责，行使空间用途管制和生态保护修复职责。在实践层面，特别要针对地方自然资源、林草等部门做好权限划分，保障国家公园管理单位机构拥有国家公园内资源处置的绝对话语权。

3）制定出台国家公园人员配置执行标准，科学拆解相关要素，包括管辖面积大小、自然资源类型、非全民所有资源占比情况及原住民数量等。探讨建立科学的权重分析矩阵，划分管理复杂层级，为国家公园的用工配置提供可执行依据。在此基础上，结合机构组建前的人员编制情况，作适当调整，量体裁衣，确定新机构的人员编制规模。

4）3 种机构设置模式均有其利弊，各有其特征和适用场景。"政区协同型"机构或更适用于人口密度低且国有资源占比高的区域，特别是针对取消了政府 GDP 考核的地方（如部分重点生态功能区所属县域），因保护与发展矛盾不突出，国家公园管理单位机构与地方政府进行综合设置的优势更强；"目标管理型"机构的职责权限更加专一，将生态保护职能单独拎出，脱离社会管理事务，贯彻国家生态保护战略的意志更精准，更适于地方经济产业成熟、人为活动影响大的区域；"混合治理型"强调中央与地方联合共管，更适于涉及跨省协调管辖的区域，以利于各省统筹推进和协同治理。只有把握好了机构设置这个"龙头"，建立统一规范高效管理体制的目标才能尽早落地。

【参考文献】

[1] 郑群明，申明智. 我国国家公园管理研究知识图谱分析［J］. 北京林业大学学报（社会科学版），2020，19（2）：55-61.

[2] 唐芳林，王梦君，李云，等. 中国国家公园研究进展［J］. 北京林业大学学报（社会科学版），2018，17（3）：17-27.

[3] 钟林生，肖练练. 中国国家公园体制试点建设路径选择与研究议题［J］. 资源科学，2017，39（1）：1-10.

[4] 王蕾，卓杰，苏杨. 中国国家公园管理单位体制建设的难点和解决方案［J］. 环境保护，2016，44（23）：40-44.

[5] 钱江源国家公园管理局揭牌成立［EB/OL］.（2019-07-04）［2020-09-28］. http：//www. forestry. gov. cn/main/72/20190704/084929106705399. html.

[6] 钱宁峰. 国家公园管理局组织设计的完善路径［J］. 中国行政管理，2020（1）：35-39.

[7] 侯琳良. 湖南南山国家公园管理局行政权力清单公布［N］. 人民日报，2019-04-11（14）.

[8] 张壮，赵红艳. 中国国有林区管理体制的重构——基于黑龙江省伊春国有林区的个案研究［J］. 行政管理改革，2019（9）：79-86.

[9] 三江源国家公园管理局. 三江源国家公园总体规划［EB/OL］.（2018-01-12）［2020-09-28］. https：//www. ndrc. gov. cn/xxgk/zcfb/tz/201801/W020190905503672196388. pdf.

[10] 武夷山国家公园管理局. 2020 年度武夷山国家公园管理局部门预算［EB/OL］.（2020-02-21）［2020-09-28］. http：//czt. fujian. gov. cn/czt_ yjsgk/2020/zhc2020_ 1000. pdf.

[11] 天恒可持续发展研究所，保尔森基金会，环球国家公园协会. 国家公园体制的国际经验及借鉴［M］. 北京：科学出版社，2019：183-184.

国家公园自然资源确权登记的思考*

2018 年 3 月，国务院机构改革方案获全国人大表决通过，新组建的“自然资源部”将对自然资源开发利用和保护进行监管，建立空间规划体系并监督实施，履行全民所有各类自然资源资产所有者职责。作为这项改革的重要举措，自然资源统一确权登记将为明晰国土空间范围内自然资源的所有权归属提供有力保障。与此同时，我国自然保护地管理体系也进入改革阶段，“九龙治水”局面将成为历史。而作为自然保护地的主体类型，国家公园的发展模式也在此轮改革中被予以特别关注。现行的《自然资源统一确权登记办法（试行）》（以下简称《办法》）特别将国家公园等类保护地列为独立登记单元进行重点强调。对此可以解读为，国家公园作为独立自然生态空间有其完整性和代表性，其所拥有的自然资源及其禀赋特性具有承载区域内全要素自然资源确权的示范功能。在此背景下，从建立国家公园体制视角出发透视我国的自然资源确权工作，颇具启迪意味。

1　国家公园体制与自然资源确权登记关系的梳理

2017 年 9 月颁布的《建立国家公园体制总体方案》（以下简称《方案》）是我国实施国家公园体制建设的纲领性文件。《方案》从目标、原则、制度等方面共列举了二十三条建设意见，除第九条重申了《办法》中关于“国家公园作为独立登记单元”的内容外，还有三条意见与自然资源确权登记工作存在关联。从某一角度讲，这三条意见的提出，既是对《办法》中相关条款的内容强化，也从更高层次对确权登记工作提出了创新性要求。

1.1　数据共享方面

《方案》第十一条提出，要“构建国家公园自然资源基础数据库及统计分析平台”。该项工作是国家公园建立健全自然资源监管机制的重要抓手，对于清晰国家公园“资产家底”具有重要意义。与之对应的，《办法》中第二十五条也明确提出，“自然资源确权登记信息要纳入不动产登记信息管理基础平台”互通互享。两条意见均明确了数据信息管理对于开展相关工作的要求。但对于同一个实体单元来讲，同时构建两套独立的运行平台体系或是不切实际的，容易形成“两张皮”现象，人为加大行政成本和信息共享的难度。因而，对于目前仍处于试点阶段的两项工作来讲，最理想的方式或是在同一基础构架模式下探讨信息化应用场景，融合平台功能，实现系统入口统一、身份认证统一，尊重操作习惯，尽快研究制定切合实际的规范标准。

1.2　调查体系方面

《方案》第十四条提出，国家公园要“做好自然资源本底情况调查和生态系统监测”。作为我国自然生态保护价值高地，国家公园的自然资源本底调查涵盖内容多元，调查方法严谨，其调查成果可对创新确权登记的内容有很好的典型带动作用。按照试行的《办法》，自然资源确权登记的许多实施要点尚不明朗，对资源分类和质量评价的表述也较为笼统，导致实际操作中主观性较强，不能深入。相较于其他登记单元，国家公园等类自然保护地已有了一套较为成熟的资源调查模式，相关指标或对深化确权登记内容具有借鉴意义。有见及此，自然资源确权调查有必要建立一套更为完善的操作细则，依据国家公园本

* 张小鹏，唐芳林，曹忠，等．国家公园自然资源确权登记的思考［J］．林业建设，2018，（3）：6-9.

底调查或各类专项调查成果，形成广度和深度均有别于其他登记单元的独立确权体系。

1.3 制度建设方面

《方案》第十六条提出，“实行自然资源资产离任审计和生态环境损害责任追究制”。自然资源资产离任审计制度源于十八届三中全会通过的《中共中央关于全面深化改革若干重大问题的决定》（以下简称《决定》），其核心是促进自然资源资产保护责任的考评落实，建立环境保护责任追究制，推进国家治理能力与治理体系现代化建设。《决定》同时明确要求健全自然资源产权制度和用途管制制度，对各类自然生态空间进行统一确权登记。由此可见，国家公园实行自然资源资产离任审计制度是生态文明建设的题中应有之义，是对中央精神的坚决贯彻落实，而确权登记则是该体系下的基础性和前置性制度。但自然资源资产离任审计体制能否效实施仍有其难点和迷障，突出表现在缺乏一个易于操作且科学的自然资源评价体系。在此方面，确权登记或可从量化自然资源资产角度进行发力。除明确了资源权属外，确权登记还涉及资源面积、数量、质量等分项，通过对各项内容进行分层深化，形成便于持续监测的量化评估标准，则可为自然资源资产离任审计制度贡献科学参考依据。

2 国家公园作为独立登记单元有其特殊之处

一是登记目标更加多元。国家公园是我国的主体自然保护地类型，有其社会公益属性。其所蕴涵的自然资源资产既是社会经济发展的重要物质基础，也是人类生存环境的基本构成要素。基于这种全民公益属性和主体保护地位，国家公园自然资源确权登记应始终立足于为构建完善生态保护制度体系服务，通过摸清自然资源家底，明细自然资源产权，为自然资源有效管理、国土生态空间开放、资源有偿使用、自然资源资产负债表编制及生态文明绩效考核评估等提供基础支撑，对于推进以国家公园为主体的自然保护地体系建设和治理能力现代化具有基础性作用。

二是登记内容更加深入。根据《办法》要求，自然资源确权的目标是“形成归属清晰、权责明确、监管有效的自然资源资产产权制度”。即在明确自然资源产权归属的基础上，进一步清晰相关自然资源的监管要求，实现有效监管。可见，自然资源确权的最终目的就是服务于生态监管，而由此展开的登记项目也均应围绕此进行。国家公园作为独立划定的特定自然生态空间，更具实行生态监管的必要性和基础条件。为实现该目标，就要求对自然资源确权登记所记载的内容在《办法》所附“自然资源登记簿”的规定项目之外有所拓展和深入。依据中央关于生态文明建设有关要求，以及国家公园作为独立登记单元的资源禀赋特征来看，自然资源确权登记应从两方面进行登记内容的强化和深入。一是对于自然资源登记簿的结构设计，有必要在现有登记单元层级下设置多个子层，强化登记项目的细节信息，明晰产权归属，明确资源特征；二是强化自然资源用途管制要求。这是国家公园保护自然生态空间的重要手段。从目前运行的10个体制试点来看，多数已形成了较为清晰的功能分区，对公共用途管制有不同要求[1]。这一点有别于其他类型的登记单元。在进行确权登记过程中，有必要详细记载各区域登记对象的用途管制、管理要求等内容，体现国家公园生态保护第一的理念。

三是登记对象更加广泛。现行《办法》和试点方案笼统地将自然资源统一确权登记对象分为“水流、森林、山岭、草原、荒地、滩涂以及探明储量的矿产资源”七大类。从部分试点省份的实施情况来看，也基本上参照了这种分类方式。但考虑到国家公园的自然资源特殊性质，其登记对象或将不局限于这七种类型。试举一例。大熊猫国家公园横跨三省，既有极为丰富的森林、水流等资源，但更具显化的特征是拥有较为珍贵的物种资源，而这些物种资源既是自然资源的重要组成部分，也是大熊猫国家公园设立的保护初衷所指。因而，在考虑确权登记时，如若没有将这类资源纳入登记范畴，则是脱离了确权登记的最终目的——服务于生态监管。当然，动物资源有其游离特性，分布范围不固定，但仍可以国家公园为整体记录单元记载其资源分布特征。从这一方面讲，国家公园的确权登记对象其实更加广泛。

四是所有权代表行使主体更加明确。我国全民所有自然资源资产虽然现规定由自然资源部代理，但具体如何代理不明确。目前，“健全国家自然资源资产管理体制”和“探索建立分级行使国家自然资源所有权的体制”两项改革任务正在推进，自然资源登记簿在设计时也预留了“所有权代表行使主体”等栏目。根据《办法》规定，这项内容“暂不填写，待两项改革任务完成后，进行补充记载”。但聚焦国家公园这个独立登记单元，自然资源的所有权行使主体则相对较为明确。《建立国家公园体制总体方案》明确规定：“国家公园内全民所有自然资源资产所有权由中央政府和省级政府分级行使。其中，部分国家公园的全民所有自然资源资产所有权由中央政府直接行使，其他的委托省级政府代理行使。条件成熟时，逐步过渡到国家公园内全民所有自然资源资产所有权由中央政府直接行使。”以东北虎豹国家公园为例，2017 年 8 月成立由中央直接管理的东北虎豹国家公园国有自然资源资产管理局[3]，则其自然资源资产代表行使主体为“东北虎豹国家公园国有自然资源资产管理局”。

3 国家公园自然资源确权登记需着力解决的问题

一是立法层面的问题。按《办法》规定，自然资源统一确权登记试点工作将于本年度（2018 年）结束，先期进行确权登记的 12 个省份将为后续工作全面铺开贡献经验。与此同时，国家公园体制建设的试点工作也将于 2020 年结束。纵观这两项试点工作的推进情况，其间既是独立运行的制度改革尝试，也有协同共进彼此交融的关联部分。但到目前为止，在国家公园体制建设层面，现行的法律法规尚未对自然资源确权登记形成明确支持。由于相关内容并未纳入到《物权法》《不动产登记暂行条例》等法律法规体系当中，国家公园等类自然保护地在推动该项工作时无法可依，也一定程度上制约了以确权登记为基础的自然资源产权、用途管制和负债表等制度建设。

二是机制层面的问题。《方案》明确指出，我国国家公园建设遵循的原则是“政府主导，共同参与”。但在实际推进过程中，这种多方参与的机制并未完全得到落实。由于缺乏对自然资源产权归属的清晰认识，一些试点区在划定国家公园边界时没有征求多方意见，将集体所有性质的自然资源过多地划入到国家公园范围之内，并在没有建立相应社区发展机制的前提下实行了社会经济活动的严格限制，容易引发社会矛盾。

三是平台层面的问题。按照《方案》和《办法》的相关规定，国家公园自然资源确权登记平台应与两个平台实现功能融合，一是与自然资源基础数据库平台融合，二要与不动产信息平台融合，即“三位一体”。但相较而言，国家公园建设和自然资源确权登记尚处于发育期，而不动产业务已施行多年，在各方面均已建立成熟模式。将成熟度不一、触发机制不同的几类业务在同一平台上承载运行，或将引发关联受阻、功能失效的问题，同时也存在对现有不动产登记的稳定秩序构成影响的可能。

四是操作层面的问题。突出表现在确权登记时自然资源质量如何评价的问题。在《办法》所附的登记簿中，专门设置有“质量”一栏，但对资源质量的评价方式和填写要求却未作详细介绍。据公开资料显示，各试点普遍对此项内容存有疑惑，无从下手；或做法较为简单粗暴，以偏概全，如简单以林地质量代表森林资源的质量，以水质等级指代水流资源的质量等，这其实与确权登记服务于生态监管的理念相违背。国家公园作为自然生态保护高地，在此方面的问题则更显突出。因而有必要在操作层面，建立一套符合规范的通行资源质量评价标准。国家公园等独立划定单元应在此方面贡献典型示范作用。

4 对策与建议

第一，推动国家公园自然资源资产法治体系构建。自然资源确权登记是一项全新的制度改革，为避免不确定性因素对改革造成负面影响，需要通过修法逐步予以落实。建议将《自然资源法》《国家公园法》列入全国人大常委会五年立法规划。同时，应尽快启动制定《国家公园管理条例》，为国家公园自然资源产权确认、集体土地赎买和租赁、特许经营等相关制度制定提供法律支持；致力于推动《不动产登记暂行条例》《物权法》《土地管理法》等相关法律修订工作，以期更为稳妥有效地推进自然资源确权登记制度设计。

第二，强化自然资源确权成果，丰富权能信息，科学划定国家公园范围。在明确自然资源产权归属的基础上，尽量划入国有性质的自然资源。对于部分划入的集体自然资源，则逐步以赎买流转或长期协议的方式划归国有，实现国家公园在资源产权上的清晰统一，最大限度地减少争议。

第三，借助专业技术，实现系统平台功能融合。以建成的不动产信息平台为基础，构建国家公园自然资源基础数据库，研发确权登记信息模块，囊括权籍调查、登记发证、综合管理、数据交、实时共享、建档管理等功能。借助一体化建库等专业技术，实现各系统在同一环境下的有效运行，保障系统入口统一、身份认证统一，尊重用户操作习惯。

第四，以完整性、原真性维度破解自然资源质量评价难题。要解决自然资源质量评价难题，关键在于理解把握自然资源的价值内涵——提供生态服务效益。而生态系统服务功效的发挥与其本身的完整性和原真性息息相关。这也是国家公园倡导生态保护理念的重要内容。因此，可尝试从这两个维度出发，探讨自然资源质量评价依据。“完整性” 和 “原真性” 原是遗产保护的两个核心原则[4]，衍伸到自然保护领域仍具有较强的参考价值。所谓完整性，可以理解为生态系统的最优化状态，受外界干扰时，能够维持自身结构、过程和功能的完整性[5]；而原真性则是指自然生态系统贴近原生状态的程度。以这两方面作为衡量尺度，构建自然资源的质量评价体系是科学的和富有指引意义的，可以作为践行自然资源资产离任审计制度的前置性内容。沿着这样的思路出发，问题便转化为自然生态系统“完整性” 和 “原真性” 的评价准则。按生态学观点，“完整性” 可从生态系统的组成、生态系统的结构和生态系统的功能等角度出发，制定分项评价标准，赋予权重分值，形成量化依据；“原真性” 可依据生态系统的演替阶段分等级进行评价。目前，国家公园资源质量评价规范等标准尚在审定当中，但总体思路契合这两个维度。未来，这种评价方式也可成为其他类登记单元的参行标准。

第五，对于国家公园、自然保护区等类登记单元，可实行差异化确权管理。以国家公园为主体的自然保护地囊括我国自然文化遗产之精华，是应予以重点监管的区域。作为独立划定的自然生态空间，因其资源的独特性以及行使主体较为明确等原因，这类登记单元可有别于其他单元实行差异化确权管理，其登记方式及内容深化亦会对整项工作开展起到典型带动作用。

随着国务院机构改革尘埃落定，我国自然保护地“大一统” 的管理格局已然形成，山水林田湖草的统筹保护利用变得现实可行。这在我国自然保护地管理历史上是一个里程碑事件。但不容忽视的是，当前我国国家公园体制建设仍面临不少困难，而自然资源确权登记也是一项全新的制度设计。在建立国家公园体制视角下透视自然资源确权等若干问题，有助于把握自然保护地类等登记单元的特殊之处，对构建以服务监管为目的的确权登记工作更具意义。未来，随着两项试点工作的不断深入，新的问题或将还会出现。但只要把握生态监管这个尺度不放松，我国的自然保护事业终会迈上新的台阶。

【参考文献】

[1] 唐芳林，王梦君，黎国强. 国家公园功能分区探讨 [J]. 林业建设，2017，(6)：1-7.

[2] 魏静，赵冷冰. 东北虎豹国家公园管理局正式成立 [J]. 中国林业产业，2017，(10)：6-7.

[3] 张成渝. 原真性与完整性：质疑、新知与启示 [J]. 东南文化，2012 (1)：27-34.

[4] 黄宝荣，欧阳志云，郑华，等. 生态系统完整性内涵及评价方法研究综述 [J]. 应用生态学报，2006，17 (11)：2196-2202.

我国国家公园体制建设进展*

中国特色的国家公园体制正处于快速建立的进程中，2018 年是国家公园体制试点关键之年，中央组建国家林业和草原局并加挂国家公园管理局牌子，履行统一管理国家公园等各类自然保护地的职责，标志着国家公园管理机构已经正式建立。国家林业和草原局（国家公园管理局）对建立国家公园体制工作高度重视，将其作为战略性的政治任务，系统全面地展开工作，积极推进国家公园体制试点工作，各项工作取得明显进展。

1 我国国家公园体制的顶层设计初步完成

建立国家公园体制是党的十八届三中全会提出的重点改革任务，是我国生态文明制度建设的重要内容，对于推进自然资源科学保护和合理利用，促进人与自然和谐共生，推进美丽中国建设，具有极其重要的意义。党的十九大进一步提出“建立以国家公园为主体的自然保护地体系”的要求。2017 年 9 月 26 日，中共中央办公厅、国务院办公厅印发了《建立国家公园体制总体方案》（以下简称《总体方案》），这是推动我国国家公园体制改革的纲领性文件，它系统阐明了构建我国国家公园体制的目标、定位与内涵，明确了推动体制机制变革的路径，加强了国家公园体制的顶层设计。《总体方案》中确定的十项重点任务，包括制定国家公园设立标准、确定国家公园布局、优化完善自然保护地体系、建立统一管理机构等都取得了实质性进展。

十项任务环环相扣，共同构成我国国家公园体制试点的总体设计图，分别回答了管什么、在哪管、谁来管、怎么管等基本问题（唐芳林等，2018；王梦君和孙鸿雁，2018）。通过制定国家公园设立标准回答管什么的问题，《国家公园设立标准》在国家代表性、面积适宜性、管理可行性等大原则下，提出设立国家公园应当具备的具体的、可量化的条件，以确定我国有哪些区域可以成为国家公园；确定国家公园空间布局与设立标准相辅相成，只有明确了国家公园设立标准，才能确定国家公园的数量和规模，最终形成我国国家公园空间布局，回答在哪管的问题，目前已形成《全国国家公园空间布局方案（征求意见稿）》；建立统一管理机构是重点，回答谁来管的问题，通过制定国家公园管理机构组建方案，明确管理主体，解决交叉重叠及“九龙治水”问题，目前已提出东北虎豹国家公园管理局组建方案；优化完善自然保护地体系、建立健全监管机制、构建资金保障管理机制、健全严格保护管理制度、实施差别化保护管理方式、建立自然资源资产离任审计制度、制定法律法规 7 项内容共同回答了怎么管的问题，从资金保障、制度保障、监督管理等各个方面确保国家公园的建设和管理，目前《建立以国家公园为主体的自然保护地体系指导意见》已经中央深改委会议审议通过，国家公园生态保护和自然资源管理、事权划分、规划编制及功能分区等其他相关管理办法、制度规定、标准规范等都已起草完成。一系列政策文件、技术标准的制定，标志着国家公园体制顶层设计初步建立。

2 国家公园体制试点工作有序推进

开展国家公园体制试点的目的在于探讨形成可复制可推广的方法，为全面开展国家公园建设提供先导性经验。2015 年 1 月，国家发展改革委等 13 个部委联合发布了《建立国家公园体制试点方案》，先后

---

* 唐芳林，闫颜，刘文国. 我国国家公园体制建设进展［J］. 生物多样性，2019，27（2）：123-127.

在12个省市开展了三江源、东北虎豹、大熊猫、祁连山、神农架、武夷山、钱江源、湖南南山、普达措、北京长城国家公园体制试点。2018年5月，国家发展改革委把国家公园体制试点工作整体移交国家林业和草原局。在国家发展改革委前期工作基础上，国家林业和草原局加大工作力度，全面指导国家公园体制试点工作，针对前期存在的问题进行了全面的梳理，并采取了针对性措施，终止了不符合资源条件和规模标准的北京长城国家公园试点，推动建立了海南雨林国家公园试点。目前在国家公园管理体制、制度构建、建设规划、保护措施、资金来源、合作机制等方面取得了初步进展。

2.1 构建统一事权、分级管理体制

整合组建统一的管理机构，积极探索分级行使所有权和协同管理机制。三江源、东北虎豹、大熊猫、祁连山、武夷山、神农架、湖南南山、钱江源、普达措试点区均成立了国家公园管理局或管委会。东北虎豹国家公园试点区的全民所有自然资源资产所有权由中央政府直接行使，具体依托国家林业和草原局驻长春森林资源监督专员办事处进行管理。分别依托国家林业和草原局驻西安森林资源监督专员办事处、国家林业和草原局驻成都森林资源监督专员办事处加挂了祁连山、大熊猫国家公园管理局牌子。三江源国家公园试点区探索了委托省级政府代理行使自然资源资产所有权的管理模式。

2.2 积极争取多元化资金投入

探索构建财政投入为主、社会投入为辅的资金保障机制。试点开展以来，中央有关部门通过现有的中央预算内投资渠道和中央财政专项转移支付投入资金91.26亿元，对各个国家公园基础设施建设、生态公益林补偿、野生动植物保护等予以支持。地方政府加大国家公园建设资金投入力度，累计投入达39.51亿元。三江源基金会、中国绿化基金会等组织也为国家公园建设助力（庄优波等，2017）。

2.3 加快各试点规划编制和落界

启动了全国国家公园总体发展规划编制，推进自然资源统一确权登记。各试点区总体规划和专项规划编制工作稳步推进。三江源国家公园总体规划已经国务院批准、发展改革委印发，神农架、钱江源国家公园总体规划已经省政府批准。东北虎豹国家公园总体规划已编制完成待批，其他试点区总体规划和专项规划正在编制中。三江源、祁连山、武夷山等试点区，探索以国家公园作为独立自然资源登记单元，对区域内水流、森林、山岭、草原、荒地、滩涂等所有自然生态空间统一进行确权登记，划清了全民所有和集体所有之间的边界，明晰了自然资源权属，并于2018年通过了自然资源部组织的评审验收。

2.4 加强各试点法规制度建设

制定相应法规及管理制度、标准规范。三江源、武夷山、神农架3个国家公园条例已印发实施。各试点都制定了相关管理制度和标准规范，三江源国家公园制定了科研科普、生态公益岗位、特许经营等11个管理办法，编制发布了《三江源国家公园管理规范和技术标准指南》；东北虎豹国家公园制定了国有自然资源资产管护、有偿使用、特许经营、调查监测、资产评估等管理制度。

2.5 加强自然生态系统保护

做好资源本底调查和生态系统监测，三江源、东北虎豹、祁连山、神农架、钱江源等试点区初步搭建了生态系统监测平台，为实现国家公园立体化生态环境监管格局打下了基础。推进生态系统修复，各国家公园试点区分别启动了林（参）地清收还林、生态廊道建设、外来物种清除、茶山专项整治、裸露山体生态治理等工作。严格规划管控，初步探索了相关产业退出机制。完善责任追究，打击破坏生态行为。

2.6 推动建立海南国家公园试点区

国家林业和草原局与海南省共同启动了海南热带雨林国家公园体制试点规划工作，海南省委省政府成立了国家公园建设工作推进领导小组，国家林草局先后6次到海南实地调研，指导试点方案起草。经过

实地调研、认真起草、研讨论证、征求意见和会议审议等过程，形成了《海南热带雨林国家公园体制试点方案》，并于 2019 年 1 月 23 日，由中央全面深化改革委员会第六次会议审议通过。

2.7 建立技术支撑体系

北京师范大学建立了东北虎豹国家公园监测研究中心和保护生态学重点实验室；国家林业和草原局昆明勘察设计院成立了国家林业和草原局国家公园规划设计中心；青海省政府与中国科学院共建了中国科学院三江源国家公园研究院；国家发展改革委与清华大学共建了国家公园研究院，这些科研机构是国家公园科学研究的重要力量，相关科研成果能够为我国国家公园建设和发展提供智力支持。

3 督察调研，找问题提对策

国家公园体制试点建设进展情况如何？当前存在哪些问题需要研究解决？都有哪些成功的经验有待推广？2018 年，围绕国家公园试点情况的督察和调研活动密集展开。

自然资源部、国家林业和草原局于 2018 年 6 月下旬至 9 月初对各个国家公园体制试点区开展督导调研和专项督察。组成 5 个督察组，共有 78 人次参加专项督察，召开座谈会 59 次，查阅文件资料 4200 余份，开展谈话 50 余人次，核查现场 428 个，入户调查 80 余次，走访企业 40 余家，基本掌握了试点情况。督察行动有力地推动了工作，督察报告经自然资源部上报到中央全面深化改革委员会。

国家林业和草原局开展了关于国家公园的局领导重大调研，重点聚焦国家公园体制试点存在的主要问题和对策、世界第三极国家公园群、国家公园法制体系建设等。通过对祁连山、三江源、东北虎豹、大熊猫等重点试点区实地调研，深入了解国家公园体制试点进展情况、存在的问题，对试点国家公园管理体制建设、总体规划编制、事权划分、资金投入等方面进行了深入研究，总结了国家公园体制试点取得的成效和经验，找出了存在的问题，初步提出了对策建议。通过深入西藏、青海、四川、云南等地调研，从国家公园空间布局方面调查论证建立以青藏高原为地理单元的大尺度的国家公园群，形成西部地区生态屏障，分析了建立世界第三极国家公园群的重要性、必要性和紧迫性，并提出了初步构想，为建立以国家公园为主体的自然保护地体系提供基础支撑；通过深入 12 个试点省以及西藏、海南等地开展调研，从宏观角度对国家公园法制建设框架体系进行专门研究，了解各试点单位在立法工作方面的总体思路、进展情况、存在的问题及解决方案，梳理总结借鉴国外相关立法经验，提出我国建立国家层面的国家公园法律框架体系的建议。

4 积极促进社会参与，共同形成正确的国家公园理念

理念是行动的先导，中国的国家公园既要借鉴国际经验，也要结合中国的实际，形成中国特色的国家公园理念。举办一系列研讨会，聚焦改革热点，广泛开展交流，成为国家公园体制建设的一大亮点。2018 年 7~9 月，结合做好国家公园立法相关准备工作，国家公园管理办公室分别组织召开了国家公园立法工作座谈会、研讨会和咨询会，基本理清了立法的工作思路和程序，掌握了试点国家公园立法工作经验，为国家公园立法工作奠定了良好基础。8 月 14~15 日，由国家林业和草原局（国家公园管理局）主办的国家公园国际研讨会在昆明召开。国家林业和草原局副局长李春良出席会议并致辞。会议邀请了中国工程院原副院长沈国舫院士、美国国家公园管理局前局长贾维斯教授等来自联合国环境署、世界自然基金会、自然资源保护学会等国际组织和来自美国、巴西、非洲等的有关专家，以及部分国内国家公园领域的学者约 300 人与会。张鸿文总经济师、沈国舫院士、唐芳林副主任等中外专家作了主旨报告。研讨会的成功举办，在国内外产生了积极影响。

9 月 28 日，由国家林业和草原局和甘肃省人民政府主办的第三届丝绸之路（敦煌）国际文化博览会“国家公园与生态文明建设”高端论坛在敦煌举办。来自 15 个国家和组织的 150 名国内外嘉宾齐聚论坛，

共同探讨国家公园与生态文明建设，为推进美丽中国建设出谋划策。国家林业和草原局副局长张永利、南非驻华大使多拉娜·姆西曼分别致辞。论坛以“保护和改善生态环境，推进美丽中国建设”为主题。特邀参加论坛的相关国家大使、国家公园相关领域国内外专家及嘉宾，分别围绕“生态文明与绿色发展”“黄石国家公园与可持续发展”“祁连山生态环境整治与修复”“给地球留片净土让人类认识自然”“泛第三极地区气候变化”“跨大陆交流与丝路文明演化”等主题进行了交流发言。

2019 年 1 月 19 日，由中国科学院科技战略咨询研究院、中国科学院生态环境研究中心、清华大学国家公园研究院、北京林业大学自然保护区学院主办，社会公益自然保护地联盟协办的“国家公园体制改革回顾与展望研讨会”在北京召开。研讨会上多位领导和专家对 5 年来我国国家公园体制试点工作取得的重要进展从不同角度进行解读。彭福伟回顾了 5 年来试点的做法：坚持正确的国家公园理念，保护生态系统的完整性和原真性；坚持法治思维，先立后破，避免造成法律冲突，确保自然保护地新旧体制顺利衔接。提出以科学的精神，改革的思维，按照决策科学透明，尊重历史现状，便于国际比较，保护目标分类的原则，建设人民满意的国家公园。杨超总结了 2015 年以来国家公园体制建设取得的进展和成就，介绍了国家林业和草原局着手研究制定国家公园设立标准和空间布局方案，启动国家公园立法研究工作，及有序推进自然保护地体系建设等情况。吕忠梅在不同立法思维模式、国家公园体制改革的整体性、整体思维下的国家公园立法和同步开展保护地立法研究等几个方面分析了我国各种保护地的法律体系，展望了今后的发展趋势。王毅总结了我国国家公园体制改革的高层次引领和制度保障、试点先行和咨询调整、利益相关方参与和提高治理能力三大经验，指出人口众多、土地权属复杂、获取土地管理权、缺乏多方参与机制等将是国家公园体制改革面临的主要挑战，并前瞻提高治理能力，完善治理体系，构建自然保护地立法体系等深化改革方向。唐芳林、马克平、欧阳志云、朱春泉、苏扬等专家学者从不同角度分享了国家公园体制建设的观点，三江源、神龙架、钱江源等国家公园体制试点区负责人介绍了试点情况，部分院校和科研机构专家、社会公益机构负责人参与了深入研讨。

5 组织培训交流，不断加强对外合作

人才是国家公园建设的关键。为加强能力建设，国家公园管理办公室组织试点单位及 12 个试点省（市）管理人员和业务人员开展集中培训，先后举办了 5 期国家公园相关业务知识培训班，培训人员约 500 人次，为国家公园人才培训搭建了平台。

建立国家公园体制是一项全新的工作，世界各国有很多建设和管理国家公园的先进经验做法，值得学习借鉴。为加强沟通，促进国家公园对外交流合作，2018 年，国家林业和草原局组织专业管理人员分别赴秘鲁、韩国、美国、加拿大等国家学习交流，重点了解这些国家在国家公园体制机制建设、法律保障、资源保护与监测、规划设计、访客体验、安全管理、社区发展和志愿者服务等方面的实践经验，为我国国家公园建设提供新视角和新思路。国家林业和草原局副局长张永利与加拿大国家公园管理局局长沃森签署了合作协议，促成大熊猫国家公园与加拿大贾斯珀国家公园、麋鹿岛国家公园缔结姐妹国家公园。通过中芬林业工作组第 20 次会议，探讨中国和芬兰在国家公园管理体制、国有林管理与改革等方面合作的可能性。积极推进国家林业和草原局（国家公园管理局）与美国保尔森基金会关于中国国家公园体制建设合作的框架协议的相关工作。初步开展了与法国在国家公园建设和管理方面的合作和交流。

6 我国国家公园体制建设展望

我国国家公园体制试点工作将于 2020 年结束，未来两年，国家公园体制试点建设的步伐将进一步加快，相关工作将加快推进，在关键领域的改革和创新将继续深化。

6.1 贯彻落实《指导意见》

《关于建立以国家公园为主体的自然保护地体系的指导意见》是我国自然保护地体系的顶层设计，是指导国家公园体制试点建设、解决自然保护地遗留问题、建立以国家公园为主体的保护地体系的纲领性文件，已于2019年1月23日经中央深改委第六次会议审议通过，公开印发以后就要认真贯彻落实。

6.2 完善相关法律法规和政策

加快《国家公园法》立法进程，用法律形式确立国家公园功能定位、保护目标、管理原则，合理划定中央与地方职责，研究制定国家公园特许经营等配套法规，做好与现行法律法规的衔接修订工作。一部国家公园良法，对于国家公园建设的长远健康发展具有不可替代的重要作用，《国家公园法》的发布，将成为中国国家公园建设史上的最重要事件（王凤春，2017；张振威和杨锐，2016；吴必虎和丛丽，2014。）

6.3 抓紧出台国家公园设立标准

按照自然生态系统的国家代表性、生态重要性、管理可行性要求，制定国家公园设立标准，将拥有独特自然景观和丰富科学内涵的最重要自然生态系统，以及具有全球价值或国家象征、国民认同度高的地域，作为国家公园优先划定区域。抓紧出台国家公园的设立标准和申报程序规范，制定国家公园总体布局方案和发展规划。

6.4 开展国家公园空间布局规划

加强重点区域的生态保护。将大江大河源头、重要生态屏障，重点保护物种集中分布区域作为国家公园布局重点区，均衡国家公园的区域格局，综合进行全国生态地理区划，推动各类自然保护地优化整合。

6.5 加快编制总体和专项规划

加快总体规划编制和报批。推动完成东北虎豹、大熊猫、祁连山等国家公园总体规划，同步推进专项规划编制工作。

6.6 完善自然生态系统保护制度

研究制定国家公园自然资源资产管理办法、国家公园巡护管理办法、国家公园建设项目准入清单。研究建立国家公园监测指标与技术体系、国家公园生物多样性监测巡护系统、生态廊道、生态修复等技术标准规程，并开展监测试点。

6.7 积极构建社区协调发展制度

制定与国家公园整体保护目标相协调的社区发展规划，鼓励通过签订合作保护协议等方式，共同保护国家公园周边自然资源。健全生态保护补偿制度，加大重点生态功能区转移支付力度，将国家公园内的林地纳入公益林管理，鼓励受益地区与国家公园所在地区通过资金补偿等方式建立横向补偿关系。完善社会参与机制，鼓励参与国家公园内特许经营项目。

6.8 加快体制试点，开展试点评估

继续推动各试点区落实各项试点任务。对各试点区进行一次中期评估，总结可复制、可推广的成功经验，促进问题整改。确保到2020年，建立国家公园体制试点基本完成，整合设立一批国家公园，分级统一的管理体制基本建立，国家公园总体布局初步形成的目标顺利实现。

【参考文献】

唐芳林，等，2018. 中国国家公园研究进展. 北京林业大学学报（社会科学版），17（3），17-27.

王凤春，2017. 完善法律法规，依法保障国家公园体制稳步建设. 生物多样性，25（10），1045-1046.
王梦君，孙鸿雁，2018. 建立以国家公园为主体的自然保护地体系路径初探. 林业建设（3），1-5.
吴必虎，丛丽，2014. 中国国家公园体系立法评估及综合立法途径. 旅游规划与设计（4）：48-59.
张振威，杨锐，2016. 中国国家公园与自然保护地立法若干问题探讨. 中国园林，32（2），70-73.
庄优波，等，2017. 国家公园体制试点区试点实施方案初步分析. 中国园林，33（8），5-11.

中国特色国家公园体制特征分析*

人与自然的关系是人类社会最基本的关系，保护自然就是保护人类自身。从历史规律和全球经验来看，要保护和维持一个健康、稳定的自然空间，保护自然生态系统的完整性和原真性，建立自然保护地是迄今为止最有效的方式。自然保护地是我国自然生态空间最重要、最精华、最基本的部分，是建设生态文明的核心载体，是美丽中国的重要象征，在维护国家生态安全中居于首要地位。建立具有中国特色的以国家公园为主体的自然保护地体系，正是践行生态文明思想的具体行动。

1 建立国家公园体制的背景和意义

国家公园不是一般的“公园”，它是自然保护地的一种重要类型。国家公园在国外早已有之，通行于全球200多个国家。中国国家公园的产生相比国外整整晚了100多年，但具有后发优势。2006年，云南省从香格里拉普达措开始，在自然保护区的基础上开始探索建立国家公园，取得了明显成效，但工作尚停留在地方和部门层面，只涉及实体，未触及体制。当改革发展进入新时代，国家层面的国家公园体制改革应运而生。针对环境容量有限、生态系统脆弱、资源约束趋紧、生态环境退化、生物多样性面临威胁的现实，中国政府做出了生态文明建设的战略决策，作为统筹推进“五位一体”总体布局和协调推进“四个全面”战略布局的重要内容，把国家公园体制当作生态文明制度的重要内容。

服务于全面深化改革总目标的生态文明制度体系，由包括国土空间开发保护制度、国家公园体制在内的四梁八柱构成。2013年，中国提出“建立国家公园体制”，开启了中国特色国家公园体系建设进程。2017年9月，中办、国办印发了《建立国家公园体制总体方案》，确立了中国特色国家公园体制的指导思想、目标和任务，力图改革自然保护地管理体制，建立统一规范高效的国家公园体制。2017年10月，中国共产党第十九次全国代表大会提出建立以国家公园为主体的自然保护地体系。2018年机构改革成立国家林业和草原局，加挂国家公园管理局牌子，统一管理国家公园及自然保护地。2019年6月，中办、国办印发了《关于建立以国家公园为主体的自然保护地体系指导意见》。这一系列精准的政策设计，标志着中国在生态文明建设的背景下，初步完成了国家公园体制的顶层设计，正在快速推进一场国家公园及自然保护运动。习近平主席亲自领导和推动国家公园建设，他明确指出：“要着力建设国家公园，保护自然生态系统的原真性和完整性，给子孙后代留下一些自然遗产。要整合设立国家公园，更好保护珍稀濒危动物。”明确了国家公园建设的主要目的，指明了国家公园体制建设的方向，表明了用最严格的制度和最严密的法治保护生态环境的坚强意志和坚定决心。

生态环境是国家和民族兴盛的基础，也是关系国计民生的重大社会问题，良好的生态环境是最公平的公共产品、最普惠的民生福祉，而国家公园就是最典型的公共生态产品。国家公园体制改革是自然保护地领域一场系统性、重构性的变革，这是贯彻落实习近平新时代中国特色社会主义思想的重要举措，是落实为人民谋幸福、为中华民族谋复兴的初心使命的具体行动。建立国家公园体制是手段，完善国家公园为主体的自然保护地体系是方法和路径，构建生态文明体制，推进自然资源科学保护和合理利用，保持一个健康稳定的自然生态系统和维护生物多样性，促进人与自然和谐共生，建成美丽中国是目标。最终目的是保护中华民族赖以生存的生态环境，为当代人提供优质生态产品，为子孙留下自然遗产，为

* 唐芳林. 中国特色国家公园体制特征分析 [J]. 林业建设，2019，208 (4)：5-11.

中华民族永续发展提供绿色生态屏障，具有重大的现实意义和深远的历史意义。

2 中国特色国家公园理论内涵

时代是思想之母，实践是理论之源。在新时代生态文明建设实践中，中国借鉴了国家公园这一概念，但不是国外国家公园模式的照搬照套。除了具有普遍意义上的国家公园特征以外，由于起源不同、国情不同、时代背景不同、定位不同，中国国家公园必然具有不同的特色和特征，在实践中创新发展，形成了中国特色的国家公园理论。

中国特色国家公园理论特在何处？不是为了特色而刻意追求不同，而是为了解决现实问题而创新发展理论。判断是否形成了中国特色国家公园理论，要看在吸收国外国家公园经验、继承原有自然保护历史经验的同时，是否在理论和方法上有完善、创新和发展？是否提出了新理念、新思想和新战略？是否提出了适合中国国情的理论框架、理论范式和研究方法？是否在一些方面填补空白、丰富和提升了前人理论、形成独具特色的开创性成果？从这四个方面来看，中国国家公园显然已经具有全新的内涵，形成了独具特色的国家公园理论。

2.1 国外国家公园的经验与教训

国家公园的概念最早于1872年起源于美国，是国家政府宣布作为公共财产而划定的以保护自然、文化和民众休闲为目的的区域。随后，澳大利亚、加拿大等国家相继建立国家公园。此后100多年来，国家公园为全球多数国家所采用，产生了良好的效果，积累了丰富的经验。这些有益的成果毋庸置疑值得我们学习借鉴。

各国的国家公园大同小异，都是具有国家代表性的优美景观和文化遗址，具有保护、游乐、欣赏功能。土地私有制国家，需要辟出景观优美的公共区域，以供大众欣赏和游乐。特别是新大陆国家，大都拥有广袤的荒野地带，无人居住，为管理带来便利。2018年，美国59处国家公园和417处国家公园体系单元共接待了3.2亿人次的访客。国家公园作为美国人民的公共资产、共同的国家元素和文化符号，在培养国民意识，凝聚人心方面起到了独特的作用，被美国人誉为是“最棒的主意”。当然，国家公园的发展也经历了曲折的历程，走过许多弯路。如早期美国在国家公园内开展狩猎活动使一些物种灭绝，不当的建设和过度的旅游活动也曾经导致了生态的破坏，这才开始关注旅游和保护的平衡。特别是一百多年前殖民当局用暴力驱逐原住民以获得土地的不光彩做法，更不值得效仿。经过一百年的总结和反思，美国正在改变过分注重旅游的做法，把国家公园内过度建设的设施搬出园外，把生态保护置于与吸引游客同等重要的地位。

“他山之石，可以攻玉”。在快速推进的国家公园体制进程中，中国十分重视注重吸收国外的国家公园建设经验，以期少走弯路。中国国家公园一开始就把生态保护置于优先地位，经过十年来的探索，初步形成了独树一帜的国家公园体制模式。

2.2 形成中国特色国家公园理论的源泉

中国国家公园理论主要有四个源泉：一是中国优秀文化中的传统自然观，二是现代西方生态主义思潮和国家公园建设经验，三是中国60多年来自然保护地实践经验和近期国家公园体制探索成果，四是新时代生态文明思想。在我国五千年的文明史中，古代先贤早就总结出尊重自然、顺应自然、师法自然的朴素的自然观。在生态文明建设的时代背景下，基于地理独特、人口众多、体制特殊等国情，通过继承前人的优秀传统文化，在60多年来自然保护研究成果的基础上，消化吸收国外先进经验，总结近20年来的研究探索和体制试点经验，用马克思主义的立场观点方法分析和解决问题，在习近平生态文明思想指导下，梳理归纳和总结提升，明确了中国国家公园的性质和定位，形成了中国特色国家公园的全新理念和内涵，基本构建了中国特色国家公园和自然保护地理论体系。

2.3 中国特色国家公园的多样性目标追求和丰富内涵

在中国，国家公园是指由国家批准设立并主导管理，边界清晰，以保护具有国家代表性的大面积自然生态系统为主要目的，实现自然资源科学保护和合理利用的特定陆地或海洋区域。与大多数国家不同，中国的国家公园是为了保护自然生态系统的原真性和完整性而设立，将最重要的核心生态资源纳入并实行最严格的保护，是自然保护地中最重要的类型和主体，是重要的国土生态安全屏障。此外，中国的国家公园还具有多样性的综合功能：保护荒野，使其不受侵害；保护自然生态系统和生物多样性；保存自然本底，提供科研基地；保护和利用景观，提供精神享受的服务，以供民众感受自然之美；保护和可持续利用自然资源；保护和展示文化遗产；作为承载国民环境教育和增强国家意识的场所等。而中国把国家公园作为自然保护地的主体，以保护具有国家代表性的大面积自然生态系统为主要目的，兼有科研、教育、游憩等功能，包括了上述所有功能目标和内涵，承载着服务美丽中国建设、服务人民的责任。

2.4 中国特色国家公园的建设理念

中国的国家公园是在生态文明建设的背景下展开的，具有后发优势，以及集中力量办大事的体制优势。在习近平生态文明思想指导下，确立了国家公园坚持生态保护第一、国家代表性、全民公益性的国家公园理念，坚持创新、开放、绿色、协调、共享的发展理念，加快推进生态文明建设和生态文明体制改革，坚定不移实施主体功能区战略和制度，严守生态保护红线，以加强自然生态系统原真性、完整性保护为基础，以实现国家所有、全民共享、世代传承为目标，理顺管理体制，创新运营机制，健全法治保障，强化监督管理，构建统一规范高效的中国特色国家公园体制，建立分类科学、保护有力的自然保护地体系。这样的以生态保护为首要目标，包括多功能多目标的国家公园理念，在全球也是独特的、先进的。

3 国家公园体制的主要内容

中国的目标不单是建立若干个国家公园实体单元，而是针对自然保护存在的突出问题，在现有自然保护地基础上整合建立若干国家公园实体，由若干实体单元组成国家公园体系。改革现行管理体制，建立国家公园体制，构建国土空间开发保护制度，建立归属清晰、权责明确、监管有效的自然资源资产产权管理制度，形成系统完整的生态文明制度体系，用最严格的制度和最严密的法治为生态环境保护修复提供可靠保障，实现生态环境治理体系和治理能力现代化。这是一条清晰的改革逻辑和思路，因此要抓住建立体制机制这个重点。

3.1 建立统一管理机构

根据党和国家机构改革方案，组建国家林业和草原局，加挂国家公园管理局牌子，统一管理国家公园及自然保护地。随着“三定方案”的落实，国家和省级层面的各项改革措施已基本到位，各项任务正在落实。

3.2 整合建立国家公园

在现有自然保护地基础上，根据国家公园标准和布局规划，整合建立一批国家公园。建立统一、规范、高效的管理机构。坚持一块牌子、一个管理机构的原则，理顺和整合与之相重叠的保护地名称和管理机构。

3.3 明晰自然资源归属，理顺自然资源管理体制

结合全民所有自然资源资产管理体制改革，对自然生态空间进行统一确权登记。科学确定全民所有和集体所有各自的产权结构，合理分割并保护所有权、管理权、特许经营权，实现归属清晰、权责明确。

3.4 编制国家公园发展规划

对目前所有的保护地进行梳理、评价分析、科学分类，以我国自然地貌为基础，根据生态功能区、生态系统完整性、系统性及其内在规律，统筹考虑自然生态各要素，制定国家公园发展规划，将符合国家公园建设条件的重点自然资源纳入国家公园，统一行使国家公园管理。

3.5 建立和健全国家公园法律法规体系

加快制定《国家公园法》。制定国家公园“一园一法”。组织编制一整套科学的、完整的体系，主要包括国家公园保护、监测、管理、巡护、游憩、特许经营、志愿者管理、建设等内容的技术标准体系。

3.6 完善国家公园各项制度

健全国家公园资金保障机制，建立国家公园人事管理制度，制定国家公园的申报制度、严格保护管理制度、特许经营制度、责任追究制度等各项制度，为国家公园的建设提供制度保障。

4 建立以国家公园为主体的自然保护地体系

党的十九大报告提出“建立以国家公园为主体的自然保护地体系”，这是建立国家公园体制的改革目标。2019 年 6 月，中办、国办印发了《建立以国家公园为主体的自然保护地体系指导意见》，正是改革的遵循。

4.1 现行自然保护地管理体制亟待改革

我国自然保护地建设成绩巨大。自从 1956 年建立第一个自然保护区以来，经过 60 余年的努力，我国目前已建立自然保护区、风景名胜区、森林公园、地质公园、湿地公园、海洋公园、水产种质资源保护区等各级各类自然保护地达 11800 个，还有近 5 万个自然保护小区，大约覆盖了我国陆域面积的 18%、领海的 4.6%。数量众多、类型丰富、功能多样的各级各类自然保护地，留下了珍贵的自然遗产，积累了宝贵的建设和管理经验。同时，存在的问题也不容忽视。囿于地方分割、部门分治的现实，以往由部门主导、地方自下而上申报而建立的自然保护地模式，顶层设计不完善、空间布局不合理、分类体系不科学、管理体制不顺畅、法律法规不健全、产权责任不清晰等问题，出现空间分割、生态系统破碎化现象，严重影响了保护效能的发挥，人民群众的优美环境需求与自然保护地提供优质生态产品能力不足的矛盾日益突出，现行自然保护管理体制亟待改革。

4.2 改革的基本思路

为全面贯彻落实习近平生态文明思想，推动形成人与自然和谐共生的自然保护新格局，立足我国现实，对接国际做法，大胆改革创新，通过深入分析，提出解决方案，构建中国特色的自然保护地管理体制，确保占国土面积约五分之一的生态空间效能发挥，确保国家生态安全。从分类上，构建科学合理、简洁明了的自然保护地分类体系，解决牌子林立、分类不科学的问题。从空间上，通过归并整合、优化调整，解决边界不清、交叉重叠的问题。从管理上，通过机构改革，解决机构重叠、多头管理的问题，实现统一管理。逐步形成以国家公园为主体，自然保护区为基础，各类自然公园为补充的自然保护地体系；以政府治理为主，共同治理、公益治理、社区治理相结合的自然保护地治理体系。

4.3 对现有自然保护地进行科学分类

世界自然保护联盟（IUCN）将全球纷繁复杂的自然保护地类型浓缩简化为六类：严格自然保护区和原野保护区、国家公园、自然文化遗迹或地貌、栖息地/物种管理区、陆地景观/海洋景观保护区、自然资源可持续利用保护区。这是一个实用的分类分析工具，但鉴于原有自然保护地类型在分类指南出台之前就已经存在，同样名称在各国有截然不同的管理目标，以处于第二类的“国家公园”为例，各国冠以“国家公园”名称的自然保护地在以上六类中均有分布。现实中，这个分类标准难以作为管理工具在中国套用，必须另辟蹊径。

按照自然生态系统原真性、整体性、系统性及其内在规律，依据管理目标与效能并借鉴国际经验重新构建自然保护地分类系统，将自然保护地分为国家公园、自然保护区、自然公园三类，其中国家公园处于第一类。把现有的森林公园、湿地公园、地质公园等归入自然公园类。相比之下，中国特色的自然保护地分类既照顾了历史，又吸收了国际有益经验，更加简洁明了，易于操作。

4.4 突出国家公园的主体地位

国家公园是我国自然生态系统中最重要、自然景观最独特、自然遗产最精华、生物多样性最富集的部分，保护范围大，生态过程完整，具有全球价值、国家象征，国民认同度高。根据国家公园空间布局规划，按照资源和景观的国家代表性、生态功能重要性、生态系统完整性、范围和面积适宜性等指标要求，并综合考虑周边经济社会发展的需要，自上而下统筹设立国家公园。将名山大川、重要自然和文化遗产地作为国家公园设立优先区域，优化国家公园区域布局。重点推动西南西北六省区建立以保护青藏高原“亚洲水塔”“中华水塔”生态服务功能的“地球第三极”国家公园群，在东北地区研究整合建立保护湿地生态系统的国家公园，在长江等大江大河流域、在生物多样性富集的代表性地理单元，重点选择设立国家公园。

4.5 明确改革思路和目标

通过国家公园体制建设促进我国建立层次分明、结构合理与功能完善的自然保护体制，构建完整的以国家公园为主体的自然保护地管理体系，永久性保护重要自然生态系统的完整性和原真性，野生动植物得到保护，生物多样性得以保持，文化得到保护和传承。制定配套的法律体系，构建统一高效的管理体系，完善监督体系。增加财政投入，形成以国家投入为主、地方投入为补充的投入机制。搭建国际科研平台，构建完善的科研监测体系。构建人才保障体系、科技服务体系、公众参与体系。制定特许经营制度，适当建立游憩设施，开展生态旅游等活动，使公众在体验国家公园自然之美的同时，培养爱国情怀，增强生态意识，充分享受自然保护的成果。到 2020 年，建立国家公园体制试点基本完成，整合设立一批国家公园，分级统一的管理体制基本建立，国家公园总体布局初步形成，到 2030 年建立完善的以国家公园为主体的自然保护地体系。

5 中国特色国家公园体制的主要特征

从以上分析可知，就国家公园单体而言，中国的国家公园与国际上的国家公园有许多相似之处。就国家公园体制而言，中国具有明显的特色，其中的一些主要特征是国外不具备的。

5.1 遵循生态文明思想

因时代背景不同，遵循的指导思想也不同。新时代，生态文明思想是中国共产党人的独创，是立足我国自然保护的基本国情和新的发展阶段特征。坚持以人民为中心的思想，树立“绿水青山就是金山银山”“山水林田湖草是一个生命共同体”的绿色发展理念。以保护自然生态和自然文化遗产原真性、完整性为根本宗旨，树立尊重自然、顺应自然、保护自然的理念，满足人民亲近自然、体验自然、享受自然的愿望。通过强化制度创新和管理创新，统筹兼顾、协调发展。用开放和包容的思想理念，吸收先进的经验和成果，统筹人与自然、中央与地方、当代与世代的关系，构建起由自然资源资产产权制度、国土空间开发保护制度、空间规划体系等八项制度构成的产权清晰、多元参与、激励约束并重、系统完整的生态文明制度体系。推进生态文明领域国家治理体系和治理能力现代化，推动形成我国和谐发展的自然保护新格局，让绿水青山充分发挥多种效益，为广大人民群众提供最公平的公共产品和最普惠的民生福祉。

5.2 以生态保护为首要目标

因国情不同，面临的主要矛盾不同，国家公园体制的定位也不同。中国具有人口基数庞大、经济社会发展不均衡、资源紧缺、环境承载力接近极限、生态环境退化、发展和保护的矛盾集中体现等国情特点，有效解决人民日益增长的对优美环境的需要同优质生态产品供给不平衡、不充分的现实矛盾，成为全面建成小康社会的必然需求。现实决定了中国必须更加注重自然生态系统保护，生态系统的原真性和完整性保护成为国家公园的首要目标。国家公园必须担负起维护国家生态安全屏障、保持健康稳定的生态空间的使命，使全体人民共享蓝天、碧水、青山和净土。

5.3 以自然资源资产管理为核心

由于面临的问题不同，采取的方法不同。长期以来，自然资源资产登记和管理有缺失，边界不清晰，全民所有自然资源资产所有权行使不到位，多头管理的问题突出。着力解决我国现有自然保护地中存在的九龙治水、管理割裂、栖息地破碎化等问题，构建起产权清晰、系统完整、权责明确、监管有效的国家公园体制，成为改革完善我国自然保护地体系的主要内容。

5.4 强调整体保护，注重体系建设

因社会制度不同，选择的路径不同。中国实行社会主义制度，土地和自然资源属性为国有，中国共产党具有组织调控能力强、统一行使集体意志的执政优势，能够站在国家和民族长远发展的高度和长远发展的角度上，从整体上开展对包括国家公园在内的自然保护地体系建设。

5.5 以人民为中心，满足多目标需求

因目的不同，选择的道路方向不同。与国外国家公园是无人区不同，中国人口众多，自然保护地都有人口分布。西部有大面积的荒野，但社区贫困；东部生物多样性丰富，但人口稠密；北方国有土地多，但自然条件差；南方自然条件好但集体土地比例大。地理和社会条件的巨大差异决定了国家公园和自然保护地不可能采取一刀切的政策。通过自然保护地科学分类、合理进行功能分区，实行差别化管理措施，满足多功能、多目标需求。如普达措国家公园让社区参与国家公园生态旅游，促进了原住居民增加收入；三江源国家公园创新设立了生态公益岗位，解决了国家公园巡护问题和牧民生态脱贫问题，形成了独创的中国经验。

5.6 实现集中统一管理

中国坚定不移奉行改革开放政策，但绝不是西方化、资本主义化。在国家公园建设领域，一切从实际出发与大胆吸收国际经验相结合，注重吸收先进文明有益成果，为我所用，但绝不照抄照搬西方的制度模式，而是必须坚持社会主义制度，借鉴别人，高于别人，把最应该保护的地方保护起来，实现国家公园及自然保护地统一管理。国家公园以国家利益为主导，坚持国家所有，具有国家象征，代表国家形象，彰显中华文明，建设美丽中国，实现国家资源的“全民共享，世代传承”，形成适合中国国情的国家公园建设模式。

6 加快推进国家公园体制改革

建立国家公园体制，功在当代、利在千秋。中国的国家公园起步虽晚，但理念先进，进展迅速。自2013年以来，中国开展了建立国家公园体制的试点工作，仅仅通过5年多的时间，中国就已经建立了三江源、东北虎豹、大熊猫等10处国家公园体制试点区，面积达到23万平方公里，超过了美国140多年来建立的所有国家公园面积的总和。这样的规模、速度，全球少有，体现了中国在共产党领导下集中力量办大事的体制优势。这场在自然保护地领域系统性、重构性变革活动，意味着国家公园将会逐步取代自然保护区成为我国自然保护地体系的主体，占总面积近五分之一的国土空间纳入自然保护地体系，其规

模和影响力绝不亚于当时二十世纪初美国的荒野保护和国家公园运动，必将在生态保护领域产生深远的影响，在中国历史上留下一座丰碑。

中国今天的国家公园不是国外国家公园的简单复制。在生态文明思想和中国特色国家公园理论的指导下，注重顶层设计与试点探索相结合，自上而下高位推动，国家公园体制试点快速推进。将具有国家代表性的自然保护地整合进入国家公园，大面积的西部荒野有可能被纳入严格保护，以国家公园为主体的自然保护地面积有可能接近国土面积的20%，在世界上处于领先水平。中国特色国家公园理论的形成，标志着在国家公园领域从紧跟时代步入引领时代，为全球生态治理提供中国经验，体现了道路自信、理论自信、制度自信、文化自信。目前，国家公园体制顶层设计初步完成，自然保护体系和管理制度改革已经启动。中国要在10年左右的时间里构建系统规范高效的国家公园体制，走完西方国家100多年走过的路，尚有大量的工作需要推进落实，任务极其艰巨，要重点把握好以下7个方面。

6.1 始终坚持国家公园生态保护为主这个定位

国家公园是我国自然保护地最重要类型之一，属于全国主体功能区规划中的禁止开发区域，纳入全国生态保护红线区域管控范围，实行最严格的保护。国家公园的首要功能是重要自然生态系统的原真性、完整性保护，同时兼具科研、教育、游憩等综合功能。这是建立国家公园体制的本质意图。

6.2 抓住国家公园自然资源资产管理这个基础和龙头

构建自然资源资产产权制度、国土空间开发保护制度、空间规划体系，是建立国家公园体制的核心。重要的生态资源属于国家所有，国家公园内全民所有自然资源资产所有权由中央政府和省级政府分级行使。其中，部分国家公园的全民所有自然资源资产所有权由中央政府直接行使，其他的委托省级政府代理行使。条件成熟时，逐步过渡到国家公园内全民所有自然资源资产所有权由中央政府直接行使。

6.3 搞好规划布局这个先导

尽快编制全国自然保护地体系规划和国家公园发展规划，自上而下合理确定国家公园布局和范围。国家公园的范围要合理适度，既要保证完整的生态过程，又要因地制宜，不能贪大求全。尽量避免将非国有土地划入国家公园范围，确实因为生态保护需要而必须纳入的部分，要尽可能解决土地权属问题。精心编制总体规划和专项规划，制定功能分区、基础设施建设、社区协调、生态保护补偿、访客管理等相关标准规范和自然资源调查评估、巡护管理、生物多样性监测等技术规程，确保国家公园质量。

6.4 体现法治这个根本

制定与修订相关顶层自然资源保护法律，加快制定《自然保护地法》《国家公园法》，研究制定配套法规，完善《自然保护区管理条例》《森林公园管理条例》《湿地公园管理条例》等自然保护地法律法规。构建完善的法律体系，用严密的法治保护管理国家公园。

6.5 抓住优化整合建立自然保护地体系这个关键

通过制定自然保护地分类划定标准，对现有的自然保护区、风景名胜区、地质公园、森林公园、海洋公园、湿地公园、冰川公园、草原公园、沙漠公园、草原风景区等各类自然保护地开展综合评价。按照保护区域的自然属性、生态价值和管理目标进行归类、归并、优化整合，将各个自然保护地分别归入国家公园、自然保护区和自然公园的体系中。实现一个自然保护地一个牌子、一个管理机构、一张图、一套数。

6.6 明确责任划分，完善治理体系

合理划分中央和地方事权，构建主体明确、责任清晰、相互配合的国家公园中央和地方协同管理机制。中央政府直接行使全民所有自然资源资产所有权的，地方政府根据需要配合国家公园管理机构做好生态保护工作。省级政府代理行使全民所有自然资源资产所有权的，中央政府要履行应有事权，加大指

导和支持力度。国家公园所在地方政府行使辖区社会管理等职责，形成政府治理、共同治理、公益治理、社区治理相结合的国家公园治理体系。

6.7 以人为本，体现全民公益性

充分照顾国家公园内及周边居民的利益诉求，合理划定功能分区，实行差别化保护管理措施。除核心保护区禁止人为活动外，一般控制区允许开展传统生产生活活动、绿色产业发展、生态旅游、科研教育等资源利用，可适度建设不损害生态系统的原住居民生活生产设施改造和自然观光科研教育旅游设施。探索绿水青山转化为金山银山的实现方式，以解决当地居民的民生问题为重点，利用国家公园景观资源开展旅游活动，让当地居民获得收益，为国民提供体验自然的机会，体现国家公园的全民公益性。核心保护区开展移民搬迁，一般控制区特许经营项目要充分让搬迁居民参与，实现资源变资产、资金变股金、农民变股民，符合条件的移民实现就业。在国家公园外规划建设特色小镇，发展绿色产业，吸引国家公园内居民自愿搬出适度聚居，结合精准扶贫项目开展必要的基础设施建设，实现“生态美、百姓富”的目标。

【参考文献】

唐芳林，王梦君，孙鸿雁，2018. 建立以国家公园为主体的自然保护地体系的探讨［J］. 林业建设（1）：1-5.

唐芳林，2017. 国家公园理论与实践［M］. 北京：中国林业出版社.

Nigel Dudley，朱春全，欧阳志云，等译，2016. IUCN 自然保护地管理分类应用指南［M］. 北京：中国林业出版社.

国家公园大数据平台构建的思考*

国家公园大数据平台建设是智慧国家公园建设的基础。目前，各国家公园体制试点区都在积极探索建立数据库或者信息化平台，也发现了顶层设计不完善、基本数据来源多头、信息孤岛化严重、使用方向单一、缺乏统一接口等急需解决的短板，本文简要分析了国家公园大数据平台构建的思路、平台如何搭建及平台应用的方向，对助力国家公园体系化、标准化建设、提升管理效能，助力美丽中国建设根基更加牢靠、措施更加有效、理念更加科学具有一定的实践意义。

1 引 言

近年来，大数据被世界各国视为塑造国家竞争力的战略制高点之一。2015 年国家发布《促进大数据发展行动纲要》，将大数据正式上升为国家战略，从国家意志层面将大数据作为推动社会转型的动力和提升社会治理能力的新途径。基于大数据能将海量、多源、多态、异构数据提炼出深层有价值信息的能力并发挥其使用价值的特点，被广泛应用于生态环保、金融、医疗健康、农业、扶贫等多个领域。

在大数据系统中，生态大数据是重要组成部分，而国家公园大数据又是其中重要的子系统。建立国家公园体制是党的十八届三中全会提出的构建生态文明建设重要抓手，目的是让国家重要自然生态系统原真性、完整性得到有效保护，把最应该保护的地方保护起来，给子孙后代留下珍贵的自然遗产，以实现国家所有、全民共享、世代传承的目标[1-3]。党的十九大确立了“建立以国家公园为主体的自然保护地体系”[4-5]的改革目标，为积极稳妥推进生态文明建设，实现国家公园体制改革任务，自 2015 年以来，我国开展了东北虎豹、祁连山、大熊猫、三江源、海南热带雨林、武夷山、神农架、普达措、钱江源、南山等国家公园体制试点建设的探索[6]。

试点过程中，各国家公园试点区基于原各类自然保护地的基础数据开展了一些与信息化相关的建设，并取得了一定成效。但是，各国家公园试点区也面临相关数据零散分散、信息孤岛化严重、使用方式单一，大数据的合力未形成，保护管理效能未充分发挥等急需解决的短板；同时，也缺乏从国家宏观层面统筹考虑的国家公园大数据平台。

国家公园是中国生态文明建设的一张靓丽的名片，是构建人与自然和谐发展现代化建设新格局、推进美丽中国建设的主战场。大数据服务于国家战略，数据是支撑生态文明建设的有效技术手段。因此，在此背景下，本文剖砖引玉，探索国家公园大数据平台的搭建和应用，以期解决目前国家公园数据使用存在的短板，达到规范管理、提升管理效能，实现资源的有效统一的目的，从而构建保护有力、协调有序、监管严格、执法有力的保护管理机制。

2 数据和大数据平台

大数据的概念起源于英美等发达国家，在不到十年的时间内，完成了从概念阐发到创新应用的迅速转化[7]。目前，在国内关于大数据的基本概念社会各界还没有形成统一的、系统化的描述。邱立新等[8]总结认为：大数据是结构复杂的数据集，包括那些没有数据结构或者无法找到数据之间因果关系的大规模数据。

---

* 李云，蔡芳，孙鸿雁. 国家公园大数据平台构建的思考［J］. 林业建设，2019，(2)：10-15.

大数据平台通常是以 Hadoop 技术为核心，满足海量、多模态（结构、半结构、非结构化）数据的高效、实时采集、存储、分析计算、呈现共享需求的开源数据平台。

3 国家公园大数据平台搭建的构思

3.1 国家公园大数据的特征分析

数据规模大，数据种类多，数据处理速度快，数据价值密度低[9,10]是大数据的一般特征。国家公园大数据除具有上述特征外，还特殊性，具体表现在以下几个方面：

3.1.1 多学科协同性

国家公园统筹考虑山水林田湖草生命共同体的保护与利用，随着研究手段和技术的更新，国家公园的研究层次将向宏观和微观发展，其研究范围将扩展到以山水林田湖草为核心的各个领域，其数据也将活跃至资源、生物、大气、环境、生理、地质、生化、行为等学科，需要多学科、多途径、多尺度的综合研究和深入交叉，且国家公园突出自然生态系统的原真性、完整性，数据采集和利用侧重服务于以生态保护为主而非资源利用为主。

3.1.2 多方向专业性

国家公园数据作为自然资源资产独立登记单元[11-12]，具有相对的独立性，其来源多方向，各数据在各自领域使用方向专业。如利用自然资源数据监控自然界生态过程；利用大气环境监测数据观察、分析环境质量状况；利用生物多样性监测数据分析生态平衡；利用生态环境质量评价数据反映生态环境对人类生存及社会经济持续发展的适宜程度等。

3.1.3 空间特征显著性

国家公园以保护具有国家代表性的自然生态系统为主要目标，保护范围大，且作为最严格保护的自然保护地，具有较小的开放性。从空间上讲，国家公园数据可用来表示国家公园的特定位置、范围、生态系统类型、野生动植物分布等，这些数据在已知的坐标系里其空间位置是唯一的，且这些数据所代表的自然属性，是随着国家公园的地理位置而产生的，也将随时间的变化而变化，其空间特征显著。

3.2 国家公园大数据平台应用的需求分析

大数据是国家公园实现生态环境治理体系和治理能力现代化、保障国家生态安全、推进生态文明建设的有效技术手段。因国家公园大数据具有上述特殊性，因此，国家公园需站在全国尺度，按照“统一标准、统一制式、统一平台、统一管理”的原则，借助大数据平台实现以下需要：

3.2.1 整合、优化各种数据

长期以来我国自然保护地存在以部门设置、以资源分类、以行政区划分设的管理局面，不同管理部门掌握不同的数据信息，信息孤岛化严重且数据之间存在扯皮、不一致的现象。国家公园整合了不同类型保护地，需借助大数据平台的建立整合、优化各种数据，实现各类数据的一体化管理，提高管理效能。

3.2.2 精准定位、科学决策

国家公园需借助大数据平台的实施监控能力，实时监测水、土、气、野生动植物等自然资源，实现自然生境下珍稀濒危动植物的生存状况的全面跟踪和对森林资源、生存经营活动的信息化管理；需要借助大数据平台的综合分析能力和科学性，提升在国家公园生态修复、科研监测的服务能力，提高管理部门宏观发展、领导决策上的支撑能力；需要借助大数据平台的精准识别和数据可视化展现能力，着眼于提升生态系统服务功能，有针对性的开展自然环境教育，为不同公众提供不同需求的亲近自然、体验自然、了解自然以及作为国民福利的游憩机会。

3.2.3 数据无缝集成、需求共享协同

国家公园需实现各种数据的高效对接、无缝集成，建立数据共享互交机制。需从复杂、大跨度的宏观统计数据中挖掘出潜在的、有价值的深层信息，面向国家公园管理局及相关部门提供资源业务协同和数据共享，实现国家公园信息的共享和互操作，满足政府相关部门、科研机构、社会团体、社会公众等数据用户数据导入/导出、查询浏览、组合数据访问、数据质量检查、数据更新等不同应用需求。

3.3 国家公园大数据平台的架构

3.3.1 国家统一、分级管理

国家公园大数据平台是一个复杂而庞大的系统，需以全国国家公园为范围，整理收集、整合共享、交换应用相关数据，同尺度、同标准构建国家公园大数据平台。原各保护地的数据平台无须单独构建，直接构建国家级平台，原有数据平台升级后迁移到云平台。针对不同事权的国家公园实体，如中央直管的国家公园、中央委托省级政府管理的国家公园，则通过数据平台不同模块的不同权限设置，实现国家统一、分级管理的目标。

3.3.2 智慧国家公园体系

整个国家公园大数据平台是一个智慧国家公园体系，每个国家公园就是整个智慧国家公园体系中的一个生动实践，充分利用智脑、智眼、智手发挥其效能，为生态保护和可持续发展提供数据支撑，最终实现国家公园范围内自然资源数据管理集中化、生态系统监测精准化、科学研究水平全球化、生态治理决策科学化、监督执法精细化、公共服务惠民化、管理效能高效化的目标。国家公园大数据平台构思如图1所示。

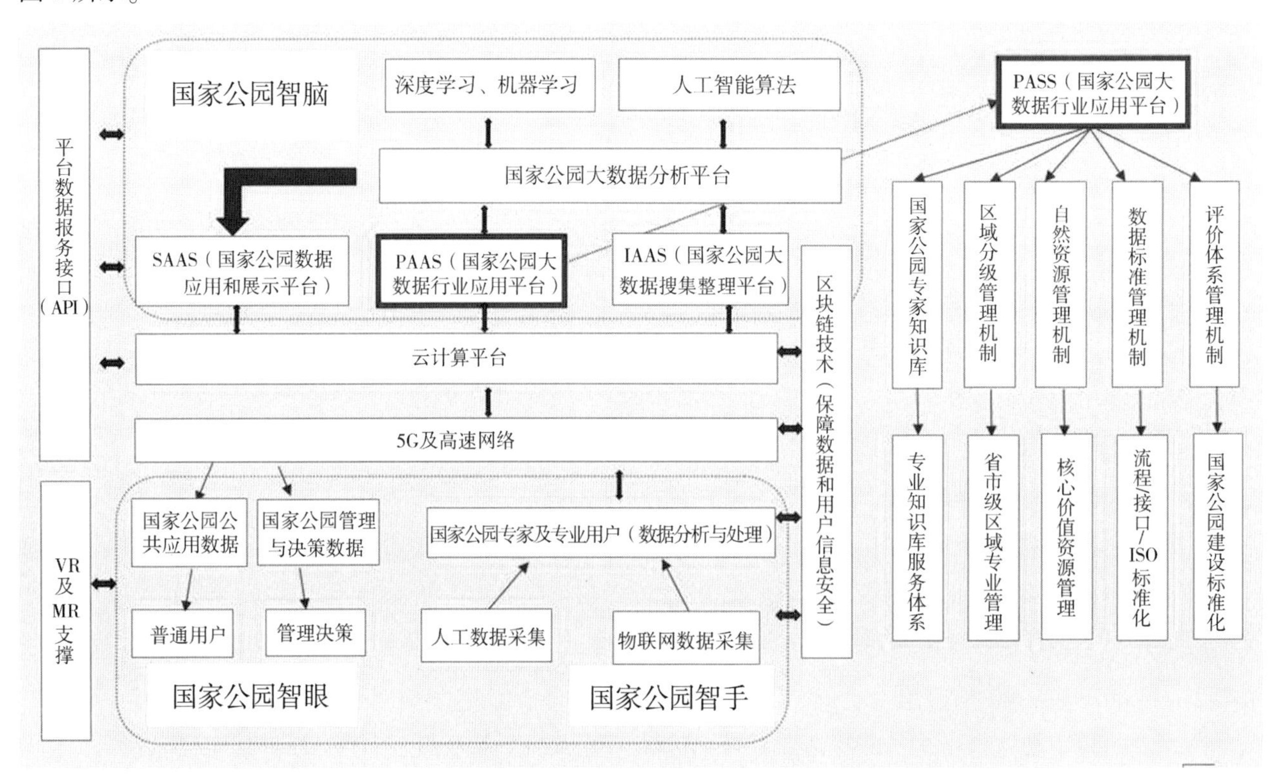

图1 国家公园大数据平台构思图

3.3.3 实现路径

大数据平台效能的发挥，需要社会各界的共同参与、合力构建。可采用政府、企业、高校共研、共建、共享的开放合作机制，发挥各个主体的特殊优势资源，学校教育资源和人力资源丰富，政府数据资

源和物质资源丰富，科技公司技术资源丰富，各组织机构通力合作，共同建设。

4 国家公园大数据平台的建设

国家公园大数据平台即智慧国家公园体系的建设，由国家公园智手、智脑和智眼3个模块组成。

4.1 国家公园智手模块

国家公园智手模块是基于物联网技术的数据采集系统，充分利用各类传感器采集所需要的各类数据。

4.1.1 数据源

大数据的基础是数据采集和数据人工标记，通过加工处理后的数据，通过智能算法来分析数据，提取决策者需要的信息（包括预测信息），提供给使用人员。因此，首先需明确国家公园大数据平台需要接入的数据源有哪些？国家公园大数据的来源涉及众多学科、种类繁多、数据量庞大。参考《全国林业信息化建设纲要（2008—2020年）》的要求，将国家公园大数据平台的数据源大致分为：

①基础数据：基础地理信息、遥感数据（多源高分辨率卫星遥感数据、无人机遥感数据等）；

②资源数据：水流、森林、草原、荒地、滩涂、湿地等资源数据；

③专题数据：林业专题数据（天然林保护工程、退耕还林工程、生态恢复工程、防灾减灾工程等）；环保专题数据（大气、土壤、噪声等）；野外固定台站观测数据（水文水资源、水土保持、海洋等）、固定样地调查数据；

④综合数据：根据综合管理、决策的需要由基础、专题数据综合分析形成的数据；

⑤其他数据：为各类应用服务生产的信息；公众举报和监督数据；机器数据（网络日志、无线日志等）、互联网数据（百度、新浪微博等）。

4.1.2 大数据仓库

依托数据资源建设大数据仓库，并对不同归口、不同标准的数据按照平台要求进行资源整合，形成支持多参数、实时、立体、综合、智能遥感系统的数据采集和管理系统。

4.1.3 数据传输

国家公园大数据具有复杂性、多样性、庞杂性的特点，其传输要求准确、高速，5G技术的大规模天线阵列、超密集组网、新型多址、全频谱接入和新型网络架构等特点，可形成多元化、宽带化、综合化、智能化的传输基础，将为实现国家公园数据传输搭建重要平台，同时也将为形成国家公园物联网、大数据（数据采集、数据传输）、云平台等相关应用的高速网络实现传输基础。

4.2 国家公园智脑模块

国家公园智脑模块是由包括5G等技术在内的高速网络支撑的云服务作为技术支撑的国家公园大数据分析平台。依托互联网、云计算、区块链等相关技术对大数据仓库中的数据质量、数据安全、数据处理和数据可视化进行全生命周期的管理，实现接收处理实时数据、分析应用大数据的目的。

在未来，大数据依赖于云计算平台，所有的数据分析（包括人工智能在内的深度学习算法）都在云端进行，完成运算后的数据通过云端服务，提供给包括5G在内的网络用户终端使用。

从管理层面来说，区块链技术可以解决网络连接部分及系统内部（各部门）之间的信任问题。

4.3 国家公园智眼模块

国家公园智眼模块是基于VR（虚拟现实）和MR（混合现实）技术为支撑的数据综合服务平台。其内容包括向普通用户进行国家公园的科普及旅游服务；面向领导层的决策数据展示；提供以数据为支撑的模型预测结果的可视化展示及各类国家公园专业领域前沿技术可视化展示等，也为各类人员提供基于MR和VR的专业指导（包括复杂的人工数据采集指导）。

5 国家公园大数据平台的应用方向

5.1 构建科学的自然资源资产管理模式

利用大数据扁平化、交互式、快捷性的优势，通过对海量数据的快速收集与挖掘、及时研判与共享，成为支持国家公园自然资源资产管护、确权、有偿使用、特许经营、调查监测、评估、档案管理等科学决策和准确预判的有力手段，逐步建立完整统一的自然资源资产监管制度体系，包括资产登记、资产核算和审计等制度和措施，并指导国家公园分区分类开展受损自然生态系统恢复、重要栖息地恢复和废弃地修复、有害生物防治、疫源疫病防控、生态扶贫等工作。

5.2 建立和完善天地空一体化综合监测网络

根据全国国家公园总体布局，综合分析各国家公园区域生态特点，从国家宏观层面，结合已建各地面监测站点，适时、适地加设野外保护监测站点建设，构建地面监测网络；选择重点动植物物种分布区域和迁徙廊道，基于架设的地基遥感平台安装多光谱相机、红外探测仪和物候相机等观测设备，建设实时视频综合监控网络，对重要物种和珍稀野生动物进行实时动态监测；通过大数据分析技术，集成卫星遥感、地基遥感、航空遥感、野外观测台站和核查巡护等立体监控网络数据，共同搭建天地空一体化综合监测网络，全面掌握国家公园内生态系统构成、分布与动态变化，实现对国家公园范围内人类活动、生物资源、生态状况等的实时监控，及时评估和预警生态风险，并定期统一发布生态环境状况监测评估报告。

5.3 建立智慧化的生态保护管理模式

彻底改变以往保护地落后的人工管理模式，依托大数据平台和现代化设备，实行行政管理、资源保护巡护、科学研究监测等为一体的，管理协同化、透明化、精准化的智慧化生态保护管理模式。规范和强化国家公园基础数据汇总、分析和整合，构建“天上看、地上巡、仪器测、视频探、网上管、手机查”的全方位、多角度、完整的自动化的管理方案，准确的掌握国家公园具体情况，提高管理效率，提升科研质量和水平，为管理局提供强有力的信息处理、分析、共享、协同和辅助决策的能力。

5.4 构建高品质、多样化的生态产品体系

国家公园兼具“生态教育、自然体验、生态旅游”等践行“美丽中国”的使命。在保护的前提下，构建高品质、多样化的生态产品体系是应有之义。利用大数据平台，科学引导分析、跨区域整合大量烦琐的旅游、交通、人口等数据信息，建立智慧旅游数据库，除满足常规交通、住宿、酒店、美食、天气等信息的提供外，建立国家公园访客制度、信誉登记制度，针对不同游客提供差别化生态产品，满足不同需求，并借助大数据平台采用丰富新颖的形式大力宣传生态环境理念，让绿色发展的理念深入人心，让广大群众理解绿水青山就是金山银山的深邃内涵，形成尊重自然、保护自然的科学理念。同时，全国国家公园一盘棋，统筹考虑，研究垮多个地区的资源互通、互补，信息共享和协同合作的方式，为当地经济发展建立优势，促进国家公园的可持续发展。

5.5 构建安全预警与应急决策支持体系

针对目前很多保护地智慧化管理和利用方面缺失，容易出现自然保护管理漏洞和管理风险的问题，大数据平台的建立以安全作为首要目标，建立信息安全、舆情监测、网络市场管理体系等，实现对网络空间的科学管理，保证网络空间安全、资源数据安全，实现物理空间与虚拟空间的同步健康发展，实现对生态风险和环境问题的监测预警，和对生态破坏问题的监督执法、综合监控和信息服务。

5.6 建立和完善智慧理政机制

利用大数据平台的专题自动聚合、精准勾勒资源分布、智能分析民意数据等功能构建全国国家公园

智慧理政体系，实现智慧办公、智慧理政、智能审批，并服务于政府生态文明绩效评价考核等。

5.7 智慧大脑的融合运用

借助大数据平台跨界连接、创新驱动的独特魅力，为国家公园生态环境保护装上智慧大脑，实现用数据管理、用数据服务和用数据决策的创新管理模式，轻松获取资源环境承载能力、环境质量状况、环境预警应急等信息，为管理者预先了解整个区域的资源环境状况与承载能力，制定生态保护和资源利用决策提供科学依据，对解决当下我国面临的错综复杂的生态环境问题有着重要的现实意义，即助力美丽中国建设根基更加牢靠、措施更加有效、理念更加科学。

6 结 论

建立以国家公园为主体的自然保护地体系，是贯彻习近平总书记生态文明思想、推进美丽中国建设的重大举措，是党的十九大提出的重大改革任务。当下，人类正站在第四次工业革命的风口浪尖，以大数据等为代表的智能信息技术正引发新一轮社会变革。建立国家公园大数据平台，基于大数据的科学决策、精细管理、精准服务，开展实现数据交换共享和分析应用，提高生态信息资源效益，对助力国家公园体系化、标准化建设、提升管理效能，助力美丽中国建设根基更加牢靠、措施更加有效、理念更加科学具有一定的实践意义。

【参考文献】

[1] 建立国家公园体制总体方案. 2017.

[2] 唐芳林，王梦君，李云，等. 中国国家公园研究进展 [J]. 北京林业大学学报（社会科学版），2018，17（3）：17-26.

[3] 杨锐. 生态保护第一，国家代表性，全民公益性-中国国家公园体制建设的三大理念 [J]. 生物多样性，2017，25（10）：1040-1041.

[4] 习近平：决胜全面建成小康社会 夺取新时代中国特色社会主义伟大胜利，在中国共产党第十九次全国代表大会上的报告.

[5] 黄路. 改革自然资源和生态环境管理体制 [M].《深化党和国家机构改革方案》辅导读本. 北京：人民出版社，2018：170-178.

[6] 书写新的绿色奇迹. 专访全国绿化委员会副主任、国家林业和草原局局长张建龙，2019. 3. 13.

[7] http：//field. 10jqka. com. cn/20190306/c610078084. shtml.

[8] 邱立新，李筱翔. 大数据思维对构建能源-经济-环境（3E）大数据平台的启示 [J]. 科学管理研究，2018，16：205-211.

[9] 方巍，郑玉，徐江. 大数据：概念、技术及应用研究综述 [J]. 南京信息工程大学学报（自然科学版），2014，（5）：405-419.

[10] 陶雪娇，胡晓，刘洋. 大数据研究综述 [J]. 系统仿真学报，2013，（s1）：142-146.

[11] 余莉，唐芳林，孔雷，等. 自然资源统一确权登记，不动产登记和全国土地调查的工作关系探讨 [J]. 林业建设，2018，2：22-27.

[12] 吴恒，唐芳林，曹忠. 自然资源统一确权登记问题与对策探讨 [J]. 林业建设，2018，2：28-32.

国家公园科研体系构建探讨*

《建立以国家公园为主体的自然保护地体系指导意见》为我国构建以国家公园为主体的自然保护地体系指明了方向，国家公园也成为新时期我国自然保护地体系中最重要的类型之一。科研工作是国家公园具备的重要功能之一，本研究通过对现阶段我国自然保护地科研工作开展现状和存在问题进行梳理，结合国家公园科研体系构建需求，提出国家公园科研体系的框架建议，为实现国家公园科研工作规范、有序、高效的开展提供参考。

1 前 言

党的十八届三中全会首次提出“建立国家公园体制”，并将国家公园体制建设列为生态文明制度改革的重要任务[1]。2019 年 6 月中共中央、国务院印发《关于建立以国家公园为主体的自然保护地体系指导意见》（以下简称《指导意见》）为我国构建以国家公园为主体的自然保护地体系指明了方向。《指导意见》第二十六条明确提出要加强科技支撑，国家在设立重大科研课题对国家公园等自然保护地的关键领域和技术问题要系统研究和论证，促进科技成果转化，对国家公园科研工作提出了明确要求。因此，构建科学、合理、规范的现代化科研体系，不仅有利于促进国家公园科研工作的开展，也将提高科研成果的转化效率，增强科学技术对国家公园管理运行的技术支撑，同时对我国其他类型的自然保护地科研体系的构建和科研工作开展具有一定的示范作用。

科研体系核心功能是促进科研人员、科研机构之间交流与合作，使科研人员能够快速获取相关领域的科研进展以及发表自己的成果，构建合理的科研体系是整合领域研究力量，促进科研力量发挥最大功能的重要途径[2]。科学研究是国家公园的一项重要功能[3]，同时科学性是国家公园整个建设过程遵循的重要原则，而科研成果服务于国家公园建设的各个环节，包括国家公园自然资源本底调研、边界与功能区划定、总体规划与各类专项规划和管理监测等方面[4]。目前，我国国家公园体制试点内的科研工作主要依托原有自然保护区、森林公园等自然保护地的基础上继续开展，以自然资源保护、碳循环、生物多样性等为主要研究内容，而国家公园体制试点管理部门主导的科研工作主要是侧重于管理体制、法律机制以及相关运行机制等方面内容[5-8]。2020 年国家公园体制试点工作结束后，我国将正式设立一批实体国家公园。因此，在《指导意见》发布之际，研究和探讨构建国家公园科研体系是当下国家公园建设亟需开展的重要工作之一，以科学合理的科研体系为基础，有利于国家公园管理部门梳理国家公园科研需求、有效整合科研力量、提供国家公园科研成果的转化效率，使科研成果真正服务于国家公园的科学化建设。

2 国内外国家公园科研现状及问题

2.1 国外国家公园科研动态

1872 年世界上第一座国家公园—黄石国家公园建立以来，国外关于国家公园的研究就陆续开展，并积累了丰富的研究成果和建设经验。美国国家公园的类型多达 20 余种，美国政府及学者对其国家公园准入条件、立法、管理体系、规划设计和资金保障等各方面开展了较为系统性、多层次的研究，为美国国家公园的建设和管护运营提供了有力的科技支撑[8-10]；英国国家公园在“社区可持续发展”和“公共进

* 崔晓伟，孙鸿雁，李云，等. 国家公园科研体系构建探讨［J］. 林业建设，2019，（5）：1-5.

入权”等方面的研究缓解了国家公园建设的矛盾，并逐渐形成较为成熟的管理科学体系[11]；加拿大国家公园管理研究制定了国家公园的垂直管理模式，有利于国家公园的不同利益团体达成共建目标一致[12]；澳大利亚国家公园建设中的游客管理模式研究，为世界各国提供了参考依据[13]；新西兰国家公园以绿色管理理念和技术形成了垂直有效的管护模式，其在绿色健康理念方面的研究体系为国家公园的建设提供较为全面的保护机制[14]；日本和韩国国家公园科研更为注重自然保护管理理念和制度研究，研究成果促进其在限制访客数量、科学监测生态环境等制度的制定，为其国家公园管理严格管护提供科研支撑[15-16]。

2.2 国内国家公园科研发展动态

我国国家公园的研究经历了国外建设理念借鉴、依托地方试点开展研究和国家公园体制试点研究三个阶段[17]。国家公园理念研究期，我国是以自然保护区为主体的自然保护地体系，学者们将国外国家公园发展历程、建设进展等进行综述研究，对国家公园理念的引入具有启蒙作用[18-19]；国家公园理念引入后，相关研究以我国地方国家公园试点为载体的国家公园建设模式[20-21]。在国家层面启动国家公园体制试点建设以来，国家公园内的科研工作的研究对象既有以国家公园为主的[22]，也存在以原自然保护地为研究对象[23]，其中以自然资源保护、碳循环、生物多样性等为研究内容的科研成果主要是基于原自然保护地基础上，如自然保护区的生物多样性、碳储量与碳密度以及生态承载力等研究[24-25]，国家级森林公园的珍贵植被调查等[26]，以国家公园为主要研究对象的大多研究是国家公园的规划、管理体制、立法研究等内容[5-8]。此外，由于在以自然保护区为主体的保护模式下，各类自然保护地的管理部门没有构建其自然保护地内的科研体系，自然保护地的科研工作是以各科研团队自带课题进入相关保护地内开展研究，科研团队更多从自身研究角度开展工作，而忽略了其科研成果对自然保护地管护运行的技术支撑作用，其科研成果转化效率不显著，同时自然保护地的管理部门则更多承担协助、辅助的工作，对科研工作的开展缺乏规范化管理。

综上所述，我国现有自然保护地的研究工作虽取得了良好成绩，但与国际上主要国家的国家公园科研发展还存在一定差距，同时我国现有自然保护地的科研工作存在的问题开始显露。首先，科研课题对自然保护地建设需求缺乏针对性，其科研成果难以有效应用于自然保护地实际建设中；其次，科研课题、研究经费和项目管理等方面的负责主体并非自然保护地管理部门，自然保护地内不同研究团队之间的信息交流、数据共享以及相互合作等方面存在部门壁垒的问题，研究力量凝聚力弱；最后，科研课题经费来源不同，对自然保护地内科研工作开展得可持续性带来不确定性，使得科研课题的深入、系统、专业化研究的开展缺乏保障。因此，在我国自然保护地进入以国家公园为主体的新时代背景下，构建科学合理的科研体系有利于自然保护地管理部门主导、规范和管理自然保护地的科研工作，提高科研成果对自然保护地建设的贡献效率，为自然保护地科学建设提供支撑。

3 国家公园科研体系构建框架

国家公园在我国新自然保护地体系中占主体地位，其科研体系的构建不仅有利于规范化管理国家公园内的科研工作开展，同时对自然保护区、自然公园等自然保护地如何突破现有科研模式，转变科研工作主导主体，规范科研行为，提高其科研成果的转化效率等方面的改革具有示范作用。因此，本研究从国家公园科研机构设置、科研管理制度、建立专家库、搭建信息化平台和相关保障措施等方面提出国家公园的科研体系构建模式，以期为我国自然保护地的科研体系构建和科研模式改革提供参考。

3.1 设立科研管理机构

为满足国家公园管理部门对国家公园内开展的科研工作有效管理、监督的需求，本研究认为国家公园管理部门应在其国家公园内设立科研管理科室，由该科室对国家公园科研工作负责，对国家公园内开展的科研工作进行监督和管理，同时赋予其对科研课题管理、监督、审核、评定和成果归档的职责。首先，国家公园科研管理科室应负责对国家公园内开展科研工作的团队进行许可审批，对无授权的研究团队严格禁止其在国家公园范围内开展相关工作，同时规范和监督获得授权的研究团队在国家公园内开展工作的行为，确保国家公园内的自然资源合理、规范利用。其次，国家公园的科研管理机构依据国家公园管理、运行、监测、社区发展等方面的需求，在统筹规划和设计国家公园的科研课题中发挥主导作用，并将国家公园的研究需求面向全社会发布，吸引国内外研究团队申请国家公园的相关研究课题，整合全球各高校以及科研院所的研究特点，为国家公园研究团队形成合力搭建平台。最后，国家公园的科研管理机构对科研课题开展的具有监督、指导、质量评价和成果归档的职责，对国家公园课题申报材料评审遵循公平、公正、公开的原则，以国家公园研究领域的专家评审意见为主要依据，结合国家公园的管理需求和经费预算情况，确定采用的申报团队，在后续科研项目开展中对其科研进度和科研成果质量监督，并将科研项目所有成果进行归档保存，以供未来园区内其他科研工作开展对前期科研成果、数据资料等相关信息的需求，打破不同团队间壁垒，实现科研成果的共享、共用，节省科研成本、提高科研成果利用效率。

国家公园设立的科研管理机构对国家公园管护运行中存在的问题具有系统、全面的认识，由国家公园的科研机构作为科研课题规划、设置的主导者，其科研课题具有针对性和系统性，能够更好地契合国家公园发展战略要求；同时，国家公园的科研管理机构在国家公园内科研工作开展的管理、监督以及质量控制等方面的参与，使国家公园管理部门能够及时掌握国家公园内存在的问题，从科学的角度提出未来国家公园发展方向，进一步促进国家公园的科研成果质量提升和成果转化效率。

3.2 研究制定科研管理制度

科研管理制度是指导、规范国家公园内科研管理机构、科研课题申报以及科研工作开展而制定的规章制度，对科研工作开展的相关活动具有一定的规范和约定作用[27]，是国家公园管理制度完整性、规范性的重要建设内容。同时，国家公园科研管理制度建设是国家公园科研体系构建的重要工作之一，是国家公园科研管理机构开展科研管理、规范科研行为的重要依据。本研究认为国家公园科研体制的主要内容应该包含以下几个方面：

首先，科研管理制度需明确国家公园科研体系构建和管理的主体，由管理主体在相关制度的规定下，开展国家公园的科研管理相关工作；其次，为规范国家公园相关科研工作开展，需制定与其相关的项目管理制度、监督制度以及课题申请、审核批准条件、过程跟踪以及成果验收等制度，使科研体系的管理和研究课题的申报与实施有章可循；此外，国家公园科研管理制度还需对科研项目经费、成果质量定级和成果归档管理等方面制定完善的管理规章制度，为规范国家公园科研经费使用，促进科研成果的转化效率，实现科研成果数据共享；最后，国家公园科研管理制度需明确科研成果相关质量责任追究等方面的内容，保障国家公园管理部门对科研成果的质量管控。构建完善的科研体系管理制度不仅为科研管理机构在规范和监督园区科研行为提供管理依据，也为国家公园的科研课题的申报、实施、评审以及质量控制和数据共享等提供制度保障。

3.3 建立国家公园研究专家库

在国家公园科研管理体制健全、科研体系完整的基础上，推进国家公园科研发展的关键力量则是专家研究水平和科研能力，因此整合国家公园研究领域专家，建立国家公园研究专家库是国家公园科研管理机构的重要任务之一，是科研体系构建的重要环节。国家公园专家库的设立不单单是将国家公园研究领域的专家名单列入，同时要梳理专家的研究背景、近十年主持或参与科研课题以及相关科研成果，按照学科、主要研究区域以及研究方向等，将专家库的专家划分为不同研究小组，使专家库的设立更趋向专业化、具体化和精细化。

构建科学合理的专家库以及专家组，是整合相关研究领域专家力量在国家公园研究领域形成合力的重要举措。专家库的建立可为国家公园生态环境和自然资源监测指标体系和技术体系，制定生物多样性监测技术规程规范，合理布局监测站点等技术规范和标准的制定提供咨询、评审和论证服务，并科学指导国家公园科研体系建设、科研课题设置以及科研工作规范、有序地开展。

3.4 搭建科研信息化平台

搭建信息化平台是国家公园科研体系构建得重要内容之一，我国各国家公园体制试点也在积极探索建立信息化平台[28]。国家公园信息化平台构建内容涉及内容和范围包含整个国家公园的管理、保护、科研等各个方面，本研究主要对科研信息化平台构建提供建议。首先，国家公园科研管理相关制度、课题申报程序、研究课题需求信息、专家库以及相关科研成果等信息是信息化平台的重要内容，是国内外研究机构或研究团队了解国家公园科研项目需求、申请条件以及管理制度的重要途径。其次，国家公园科研管理信息化平台是国家公园科研管理机构实现科研项目在线管理的重要手段，通过信息化平台不仅在项目跟踪方面能够掌握科研项目开展的进度，同时可通过信息化平台上科研成果内容规划未来国家公园科研项目需求。因此，国家公园科研管理信息化内容应纳入国家公园信息化平台构建范围，国家公园科研平台的搭建可有效整合国家公园科研力量形成研究合力，使科研成果能够真正的为国家公园的建设提供科学依据或实践指导，在满足国家公园管理需求和提升国家公园研究成果质量的同时，提高国家公园科研管理信息化水平和工作管理效率。

3.5 出台相关保障措施

为保障国家公园科研体系正常运行，需有相应的保障措施的辅助和支撑，主要包括法律、专项经费等方面的保障措施。首先，国家公园体制试点建立之初，有关学者就围绕国家公园管理、运行等方面的内容开展立法研究[23]，国家林业局也对国家公园提出一园一法的要求[29]。国家公园科研体系构建是国家公园建设的重要内容之一，国家公园科研课题开展是国家公园日常运行的重要环节之一，而国家公园相关法律法规的出台，是国家公园管护运行工作开展得重要法律依据。因此，国家公园立法应将国家公园科研管理以及科研体系运行等内容纳入立法的范围，为科研体系构建和科研课题开展提供法律保障。

为保障国家公园科研课题的系统性、多样行和可持续性，利用国家财政部为国家公园建设提供的专项资金窗口，设立科研基金项目申请平台，为国家公园建设提供专属资金保障通道。同时，在国家公园科研体系构建期间，秉持“国家主导、地方参与、社会募捐”的原则，探索建立多元化的资金投入渠道，逐步形成中央政府财政拨款为主，地方财政投入为辅，社会积极参与的多渠道资金筹措保障机制，吸引国内外优秀科研团队申请相关科研课题，为国家公园管理解决现实需求问题，并对未来发展提出相关指导意见，促进国内外研究学者的交流，构建好科研队伍的梯队设置，培养更多优秀的科研人员。

3.6 国家公园科研体系框架

本研究基于对国家公园科研体系构建的思考，提出以国家公园管理机构为主体，在科研管理制度和相关保障措施下，通过设立科研管理机构，建立专家库，搭建信息化平台等措施构建国家公园科研体系，本研究的科研体系构建框架见图1。

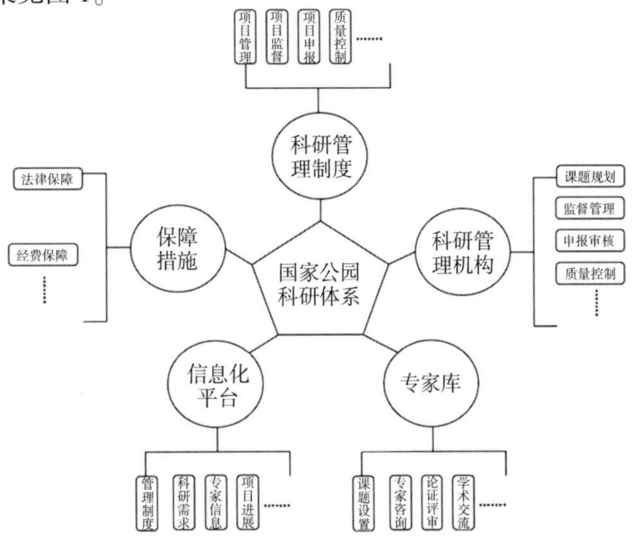

图1 国家公园科研体系构建框架

4 结论

党的十九大提出建立以国家公园为主体的自然保护地体系，为保障我国国家公园建设的“科学性”，解决国家公园研究工作开展缺乏统一管理体制、研究课题系统性弱、不可持续性和研究内容交叉重叠的问题。本研究基于我国国家公园体制试点科研工作开展现状，提出构建国家公园科研体系的思路和框架，分别从设立科研管理机构，科研管理制度，建立专家库，搭建信息化平台和相关保障措施等方面进行探讨，以期为我国国家公园科研体系构建提供参考。

【参考文献】

[1] 唐芳林，孙鸿雁，王梦君，等. 关于中国国家公园顶层设计有关问题的设想［J］. 林业建设，2013，(6)：8-16.

[2] 郑林. 中国近代科研体系的形成［J］. 广西民族大学学报（自然科学版），2004，10（4）：37-41.

[3] 许晓青，王应临. 中美国家公园社会科学研究项目比较［J］. 风景园林，2017，(7)：37-43.

[4] 杨锐，曹越. 怎样推进国家公园建设？科学意识提升 科学研究支撑［J］. 人与生物圈，2017，(4)：28-29.

[5] 孙鸿雁，张小鹏. 国家公园自然资源管理的探讨［J］. 林业建设，2019，(02)：6-9.

[6] 葛梦琪. 我国国家公园体制建设与法律问题研究［D］. 中国社会科学院研究生院，2016.

[7] 袁婷，王辉，孙静，等. 国家公园学术研究的进展与思考［J］. 大连民族大学学报，2016，18（2）：142-146.

[8] 杨锐. 美国国家公园体系的发展历程及其经验教训［J］. 中国园林，2001，(1)：62-64.

[9] 杨建美. 美国国家公园立法体系研究［J］. 曲靖师范学院学报，2011，30（4）：104-108.

[10] 王辉，孙静. 美国国家公园管理体制进展研究［J］. 辽宁师范大学学报：社会科学版，2015，(1)：44-48.

[11] 王江，许雅雯. 英国国家公园管理制度及对中国的启示［J］. 环境保护，2016，44（13）：63-65.

[12] 黄向. 基于管治理论的中央垂直管理型国家公园 PAC 模式研究［J］. 旅游学刊，2008，23（7）：72-80.

[13] 杨桂华，牛红卫，蒙睿，等. 新西兰国家公园绿色管理经验及对云南的启迪［J］. 林业资源管理，2007，(6)：96-104.

[14] 袁南果，杨锐. 国家公园现行游客管理模式的比较研究［J］. 中国园林，2005，21（7）：27-30.

[15] 谷光灿，刘智. 从日本自然保护的原点——尾濑出发看日本国家公园的保护管理［J］. 中国园林，2013，(8)：109-113.

[16] 闫颜，徐基良. 韩国国家公园管理经验对我国自然保护区的启示［J］. 北京林业大学学报（社会科学版），2017（03）：27-32.

[17] 唐芳林等. 国家公园理论与实践［M］. 中国林业出版社，北京，2017.

[18] 赵智聪，马之野，庄优波. 美国国家公园管理局丹佛服务中心评述及对中国的启示［J］. 风景园林，2017，(7)：44-49.

[19] 唐芳林，王梦君，李云，等. 中国国家公园研究进展［J］. 北京林业大学学报（社会科学版），2018，17（03）：20-30.

[20] 刘红纯. 世界主要国家国家公园立法和管理启示［J］. 中国园林，2015，31（11）：73-77.

[21] 覃阳平. 国家公园发展障碍分析——以云南省普达措国家公园为例［J］. 林业建设，2015，(6)：39-45.

[22] 叶铎，钱海源，王璐瑶，等. 钱江源国家公园古田山常绿阔叶林木本植物的萌生更新特征［J］. 生态学报，2018，38（10）.

[23] 任鹏，余建平，陈小南，等. 古田山国家级自然保护区白颈长尾雉的分布格局及其季节变化［J］. 生物多样性，2019，27（01）：17-27.

[24] 路秋玲，李愿会. 三江源自然保护区森林植被层碳储量及碳密度研究［J］. 林业资源管理，2018，(4)：146-153.

[25] 王零，汪有奎，张建奇，等. 甘肃祁连山国家级自然保护区林地质量评价及利用规划研究［J］. 林业科技通讯，2017，(11)：39-44.

[26] 吴尚明，李曲，蒋玉林，等. 海拔对珍稀濒危植物珙桐叶片特征的影响［J］. 四川农业科技，2017，(7)：63-65.

[27] 赵跃华. 高校科研管理制度比较研究及导向思考［J］. 科学管理研究，2010，28（1）：30-33.

[28] 李云，蔡芳，孙鸿雁，等. 国家公园大数据平台构建的思考［J］. 林业建设，2019，(2).

[29] 王开广. 国家林业局要求国家公园一园一法［J］. 政府法制，2016.

我国国家公园立法存在的问题与管理思路*

国家公园法制体系建设是建立国家公园体制最重要的内容和最根本的任务。习近平总书记指出，凡属重大改革都要于法有据。党的十八届四中全会提出："实现立法和改革决策相衔接，做到重大改革于法有据、立法主动适应改革和经济社会发展需要。"通过立法能够确保我国国家公园体制建设沿着法制的轨道科学规范推进，在建立中国特色的国家公园体制过程中，要运用法治思维和法治方式，发挥法治的引领和推动作用，确保在法治的轨道上推进改革。在体制试点中，在研究改革方案和改革措施时，要同步考虑所涉及的立法问题，及时提出立法建议。2017 年 9 月中央印发的《建立国家公园体制总体方案》将国家公园立法列为重点任务，要求在明确国家公园与其他类型自然保护地关系的基础上，研究制定有关国家公园的法律法规。2018 年，第十三届全国人民代表大会把《国家公园法》列为二类立法规划，标志着国家公园法制建设正式启动。我国国家公园立法具备了良好的基础和条件，国外国家公园立法经验为我国国家公园立法提供了有益参考，国家公园体制试点积累了丰富经验，统一的自然保护地管理机构也已建立，特别是六十多年来自然保护管理工作积累的丰硕管理实践成果为国家公园立法奠定了良好基础。同时，我国政府对国家公园立法工作高度重视，纳入立法规划后，国家林业和草原局积极开展了基础研究、专题研讨、草案起草等前期工作。本文通过分析总结我国国家公园立法的重要意义、面临的问题等，结合国家公园立法现状，提出了我国国家公园立法的策略建议，为加快推进国家公园立法、提高立法质量提供参考和依据。

1 国家公园立法的重要意义

1.1 国家公园立法是我国生态文明制度建设的重要组成部分

生态文明建设重在生态文明制度建设。建立国家公园体制是我国生态文明制度建设的重要举措，通过建立国家公园体制，改革我国自然保护地体系中的体制机制问题，更好地保护自然生态系统的原真性和完整性，保护珍稀濒危野生动植物。国家公园立法为建立国家公园体制奠定坚实的制度保障，将为我国建立以国家公园为主体的自然保护地体系保驾护航，从根本上贯彻落实习近平总书记生态文明思想，用法律制度保障我国生态文明建设顺利进行。制定《国家公园法》符合我国生态文明体制改革有关政策，是自然保护地管理体制改革的先行先试。

1.2 国家公园立法是系统保护、严格保护的重要体现和行为规范

法律是治国之重器，国家公园法是以国家公园为主体的自然保护地体系建设的重要依托。国家公园实行最严格保护，通过立法对指定地域范围内的各种开发利用行为实行限制或禁止，对指定物种采取特别措施予以保护，涉及地域环境保护、野生生物保护、河流湖泊保护，以及自然文化遗迹和景观舒适保护等[1]。在当前的政策、形势、时机下，制定《国家公园法》，符合我国生态文明体制改革有关政策，符合推进中国特色自然保护地体系建设需求，有利于把握时机、立足国情，加快推进中国特色国家公园体制建设，更有利于我国自然保护地的建设和发展，使我国的自然保护地管理更加科学、保护更加有效，更好地为社会公众提供优质生态产品，也为美丽中国建设提供良好生态本底。

---

* 闫颜，唐芳林. 我国国家公园立法存在的问题与管理思路［J］. 北京林业大学学报（社会科学版），2019，18（3）：99-103.

1.3 国家公园立法是依法行政的重要依据

国家公园作为一类特殊区域，为实现最严格保护，就要对各种开发利用活动进行不同程度的限制，特别是对那些易造成生态环境破坏和污染的利用活动，也要禁止一些与保护管理目标不一致的建设项目。为了更好地实现严格保护，通过立法制定人们必须普遍遵循的基本规则，通过立法明确行政管理人员、社区群众、科研院所、社会公益组织等涉及国家公园管理的相关利益群体的职责和责任，通过立法调整利益分配，以保护国家和广大人民群众的根本利益。因此，国家公园立法为国家公园行政管理工作提供了法律保证，是依法行政的重要依据，能够确保国家公园体制建设沿着法制的轨道正确推进。

1.4 国家公园立法是规范国家公园建设和管理的根本需要

尽管我国自然保护地已实现了统一管理，但还没有统一、系统、分层的自然保护地立法，没有建立完善的法律体系，这种状况难以适应新时期生态文明体制改革工作深入开展的形势。我国国家公园体制建设各项工作正在加快推进，2020 年国家公园体制试点工作基本完成，将整合建立一批国家公园，国家公园的建设和管理工作急需通过立法加以规范。制定《国家公园法》，一方面，可为我国国家公园建设和管理提供基本规则要求，使国家公园能够在统一的规范标准下实行严格保护、规范管理；另一方面，在起统领作用的基本法律框架下，通过制定法规、规章等其他制度进一步完善国家公园管理体系，加强国家公园规范管理。

2 国内外国家公园立法借鉴和参考

虽然国家公园在我国目前还是新鲜事物，但在国外已得到了长足发展，作为一种重要的自然保护地类型，世界许多国家公园都已建立了自己的国家公园体系，也形成了比较完善的法律法规体系。美国、加拿大、澳大利亚、英国、德国、巴西、日本、韩国等大多数国家都颁布了专门的国家公园法律法规，与其他保护地法律法规共同组成了本国的保护地法律法规体系，并严格制定国家公园发展规划、年度计划和具体管理措施，对国家公园的建立、资源保护、特许经营等进行严格管理[2-6]。美国是国家公园理念的创造者和实践先行者，建立了较为健全的国家公园法律体系，立法层级划分合理，各级、各类法律之间横向协调、纵向连贯、有条有序，涉及国家公园管理的法律法规包括宪法、法律、条约、政府指引、行政命令、监管规定，以及内政部部长和负责渔业、野生物保护、公园管理的助理部长的指令等。这种多层级、纵横交织的立法体系相互间协调性很强，互不冲突，且执法效力很高[7]。德国国家公园较为完备地实现了"一园一法"制度，并基本上能得到有效实施。南非从国家层面整合了《国家公园法》《国家环境管理法》《国家森林法》等分别指导的各类保护地体系，明确了法律的适用范围和与其他法律发生交叉或冲突时的运用规定，提出部门合作和机构权力转移的适用条件，对我国现阶段国家公园立法很有借鉴意义[5]。国外国家公园的成功经验，特别是国外在国家公园立法方面积累的理论和实践成果，以及在国家公园执法方面发现的问题，对我国国家公园立法具有重要的借鉴价值，是我国国家公园立法工作的重要参考。

中国的国家公园体制和有关法律法规不是在一张白纸上描绘出来的[8]。我国自 1956 年建立第一批自然保护区以来，已建立数量众多，类型丰富，功能多样的各类自然保护地，取得了显著成效，积累了丰富的管理经验和实践成果。在过去的 60 多年里，以自然保护区为主体的自然保护地体系发挥了积极的作用，保护了我国大部分的自然生态系统和生物多样性，在立法方面，已制定了《自然保护区条例》《风景名胜区条例》《森林和野生动物类型自然保护区管理办法》等行政法规，和《国家级森林公园管理办法》《森林公园管理办法》《地质遗迹保护管理办法》等部门规章，初步构建了自然保护地法制格局，但也存在立法层级普遍不高、权威性不够等问题，影响了自然保护地的管理效果，也增加了执法难度。通过总结过去自然保护地建设管理方面的经验教训，对建立以国家公园为主体的自然保护地体系具有重要借鉴意义。

云南是我国大陆最早开展国家公园研究和探索的地区，1996 年就开展了国家公园研究和探索。云南在国家公园建设方面开展的大量探索实践，为国家公园体制试点积累了理论成果和实践经验。2015 年 11 月 26 日，云南省通过了《云南省国家公园管理条例》，成为我国大陆第一部地方国家公园法规。目前，我国正在 12 个省开展国家公园体制试点，东北虎豹、祁连山、三江源、神农架、武夷山等各试点区积极开展政策研究，着手推进法律法规研究制定工作，管理法规陆续出台。2017 年 6 月青海省通过了《三江源国家公园条例（试行）》；2017 年 11 月，福建省通过了《武夷山国家公园条例（试行）》；2017 年 11 月，湖北省通过了《神农架国家公园保护条例》。这 3 部国家公园管理条例的出台，为 3 个试点国家公园建设和管理等各项工作提供了法律依据，也为国家层面国家公园立法工作积累了经验[3-7]。

3 我国国家公园立法面临的主要问题

3.1 国家公园相关研究还不够深入

目前，国外国家公园已有成熟经验，但不能照搬照抄。我国在国家公园相关研究方面已积累了一些成果，但对于中国特色国家公园还缺乏系统深入的研究，研究成果积累不足，不能很好地为国家公园建设和管理工作提供支撑。我国人口众多，人为干扰在许多保护地中普遍存在，处理好人的问题是我国国家公园建设和管理中不得不考虑的问题。国家公园建设中的生态移民搬迁、水电、矿业等的退出涉及资金、法律等诸多问题，在管理中还涉及大量集体土地、集体林的问题。国家公园具有明显的公益属性，其建设、管理和运行需要大量财政投入。中央规定对国家公园要实行最严格保护，在资源利用方面就有许多不同于其他保护地类型的特点：不以营利为目的，提供最基本的公益服务。这就使国家公园在资金保障方面面临压力，因此建立符合我国国情、易于实施、多元化的投资机制和规范的特许经营机制至关重要。我国南北方自然条件、经济发展情况差异较大，制定出科学合理、切实有效、适合不同地区操作的法律规定需要开展差异化、个性化、具体化的研究。因此，对国家公园管理体制中的中央和地方政府之间事权划分、支出责任，以及相应的权、责、利分配，国家公园内的自然资源资产、集体林、特许经营、生态修复、建设管控、生态补偿等重点难点问题，目前虽然有一些研究成果，但还不能满足国家公园立法需要，需要及时找出问题进行深入研究。同时，针对国家公园体制试点工作虽然取得了一定成效，但与我国生态文明体系改革和国家公园体制建设的总体要求还有距离，特别是改革进入深水区以后，体制机制问题凸显，需要深入探索，加大解决力度。要针对国家公园体制试点中的一些管理体制、事权划分、资金机制、管理手段等方面问题，要及时进行总结评估，研究提取可复制可推广的经验。

3.2 国家公园立法和自然保护地立法的关系需要明确

2019 年 1 月 23 日，中央全面深化改革委员会第六次会议审议通过了《关于建立以国家公园为主体的自然保护地体系指导意见》。该文件明确了我国建立以国家公园为主体的自然保护地体系的目标原则要求及具体任务，明确提出把具有国家代表性的重要自然生态系统纳入国家公园体系，实行严格保护，形成以国家公园为主体、自然保护区为基础、各类自然公园为补充的自然保护地管理体系，这进一步阐明了国家公园与其他类型自然保护地的关系。作为我国自然保护地体系最重要组成部分的国家公园，其主体地位应当主要体现在数量规模、保护价值，以及在维护生态安全、保护生物多样性、保障生态功能等方面的优势及主导地位。因此，国家公园在我国自然保护地体系中具有重要地位，是精华中的“精华”，保护和发展好国家公园对整个自然保护地体系具有举足轻重的作用。立法是确保国家公园等自然保护地得到科学合理、有效有力保护和管理的重要前提。2018 年《国家公园法》纳入全国人大二类立法规划，相关部门已积极开展了研究讨论和草案起草工作，目前正根据基础研究和试点经验总结对有关条款进行修改完善，并计划于 2019 年初提请国务院审议。国家机构改革后，各类自然保护地统一由国家林业和草原局管理，新的以国家公园为主体的自然保护地体系建设和管理工作正陆续开展，相关法律法规的立改废释工作也将陆续启动，《自然保护地法》列入自然资源部2019年立法工作计划。国家公园法和自然保护地法是否非此即彼，两者之间是什么样的关系，建立什么样的自然保护地法律体系等问题需要进行全面分析研究并明确。

3.3 社会参与不足

建立各类自然保护地，通过把保障生态安全、维护生物多样性的核心区域加以严格管护，严禁开展与保护管理目标不一致的建设活动，从根本上讲就是平衡保护与发展的关系，在这种平衡中，发展的目的更直接，保护的目的也是为了人类更好的发展。要发展就要对自然环境进行改造，开发和利用各类自然资源，从而造成不同程度的破坏和污染；要保护就要对各类人为干扰活动加以严格限制，更要严格禁止一些破坏大、污染重的开发建设活动。国家公园的首要功能是保护，其对象主要包括自然生态系统、生物多样性、自然景观、自然遗产等，且这些保护对象在我国最重要、最精华、最独特。在这种保护与发展的互动中，牵涉了复杂的人和自然的关系处理问题。生态系统的原真性、完整性需要一定数量的面积来支撑，且我国人口众多，受土地、森林等自然资源权属限制，在一定时期内国家公园范围内不可避免要有社区和人口分布，解决好这些与要保护的对象直接相关的社区的生产生活和发展问题，是国家公园建设和管理中最关键的问题。因此，国家公园作为保护自然环境和资源的特殊区域，在平衡保护与发展的关系方面有许多更为科学合理的政策和措施，这也是其不同于其他自然保护地的突出特点之一。因此，国家公园立法需充分听取各方面意见建议，积极邀请非政府组织、科研机构、私营企业、个体志愿者、基层管理者等各个层面的社会力量参与，一方面为国家公园立法提供了充足的人员、技术保障，另一方面提高社会公众对国家公园的认识和了解，积极参与支持国家公园建设和管理。但当前我国国家公园立法中，广泛听取意见的对象主要包括立法机构、相关部门、有关专家等，其他社会公众的参与度不高，意见听取还不够。

4 国家公园立法建议

4.1 要树立整体性思维

生态文明体制改革具有系统性，法制体系需要有整体性。国家公园是自然保护地体系最重要的组成部分，制定单独的国家公园法势在必行，同时应该考虑自然保护地法律体系。以国家公园为主体的自然保护地体系需要完备的法制保障，要理清国家公园与自然保护地体系的区别和联系。按一般性和特殊性原则，统筹考虑国家公园法与自然保护地法之间的关系，合理确定系统边界，注意逻辑关系，自然保护地法、国家公园法及其他法律法规共同形成相互联系、相互支撑、相辅相成的完善的自然保护地法律体系。国家公园的设立、建设和管理急需《国家公园法》作为依据和保障，且已有良好基础，需要加快进度按照《建立国家公园体制总体方案》要求出台。《自然保护地法》从宏观层面解决我国新型自然保护地体系的共性问题，确立自然保护地建设和管理的基本原则和制度，是统领整个自然保护地的基本法。保护好自然保护地中这些具有重要价值且能够世代传承的自然资源，需要系统全面完善的法律体系作为支撑和保障。我国自然保护领域法律制度稀缺，除正在研究和制定的《国家公园法》和《自然保护地法》外，自然公园的管理规定、相关配套制度体系也应同时开展研究和制定工作，这有利于形成整体思维，及时发现和解决问题，提高法律制定效率，做好自然保护地体系相关法律法规的协调衔接，形成系统完善的自然保护地法律体系。

4.2 要深入开展调查研究，提供理论支撑，扩大参与范围

调查研究是实现科学立法、民主立法的一项基础工作，只有深入基层调查研究，才能掌握社情民意，找准国家公园立法的切入点，抓住国家公园立法所要调整的社会关系和需要解决的根本问题。调查研究

为公众参与国家公园立法搭建平台。是开门立法的重要举措，通过深入保护管理一线，全方位听取意见建议，可以广泛收集第一手资料，使国家公园法获得巨大的民意基础。调查研究成果是国家公园立法重要的背景材料，是国家公园法相关条款重要的支持说明材料，为国家公园立法工作提供了重要支撑。因此，国家公园立法调研是坚持问题导向、民主立法的必然要求，是制定科学合理、可操作性强的国家公园法的重要保障。

国家公园立法涉及我国自然资源保护与管理多方面、深层次的改革与创新，需要积极组织开展广泛深入的基础研究和立法调研工作，围绕管理体制、设立标准、规划布局、资源保护、生态补偿、退出机制、社会参与等多方面开展专题调查研究，为立法工作提供丰富的理论基础。在具体实践中，还要组织多形式、多层面的座谈和听证工作，扩大参与范围。通过组织面向地方立法机构、相关部门的座谈听证，以及面向基层管理人员、巡护人员、社区群众等的座谈听证，扩大立法参与范围，充分听取社会各界意见建议。国家公园立法时间紧迫，在制定过程中要积极广泛组织多形式、多层面的意见征询、信息收集工作，开门立法，充分听取多方面意见建议；全国人大、司法部、自然资源部、生态环境部等相关部委也要积极参与国家公园立法相关工作，通过参加国家公园立法专项调研、专题论证等，充分了解情况。同时要确保其他立法机构、地方有关部门、基层组织等有机会、有渠道参与国家公园立法实践。

4.3 要及时组织开展国家公园体制试点评估总结

目前开展的国家公园体制试点工作，通过探索与实践，积累了可复制可推广的经验，为细化和完善有关政策提供实践依据。但各省及有关部门按照自身实际及对中央有关政策文件的理解开展国家公园体制试点建设和管理工作，由于是一项创新性工作，没有现成可借鉴和遵循的路径方法，加上目前管理体制机制还未理顺，相关政策制度还不健全，尽管中央有关文件对国家公园的功能定位和管理要求做出了一定程度的规定，但具体操作层面对国家公园的认识和理解千差万别，甚至存在一定偏差。要抓紧开展国家公园体制试点评估，总结国家公园体制试点经验，并对试点国家公园条例（办法）实施情况进行调查走访和总结，摸清立法、执法中存在的问题和矛盾。委托保护、立法领域专家、学者和基层工作者对草案的科学性、合理性、制度廉洁性进行立法评估。在评估工作和总结工作基础上，组织专家、起草组等相关方面专家全程参与草案修改，不断完善，着力提高《国家公园法》立法质量。

4.4 按照法定的权限和程序，建立立法工作机制

国家公园立法工作关乎国家公园体制建设成败，各相关部门应给予足够关注和支持，从各方面积极支持国家公园立法工作。《国家公园法》草案的起草，由全国人大相关专门委员会、全国人大常委会法制工作委员会指导，国家林业和草原局主导，有关部门参与，要建立相应的工作机制，调动一切积极因素，广泛凝聚社会共识。相关立法机构应建立工作联系，及时沟通汇报有关情况；要建立立法工作合作机制，积极做好内外部沟通和协调；要开展多层次、多角度的意见征求工作，广泛征求社会意见，对相关条款进行修改和完善。同时，国家公园立法须立足我国国情，按照国家公园建设和管理的宗旨目标，以及国家公园体制建设的进度要求，制定详实的立法工作计划，加快《国家公园法》立法进度、提高立法质量，确保按照中央要求全面完成相关立法工作。

建立国家公园体制是我国生态保护的千年大计，我国政府对此高度重视。国家公园体制试点体现了我国对该项工作的谨慎态度，在正式开展国家公园建设之前，通过体制试点摸索出符合中国特色的国家公园体制机制，通过立法将我国国家公园建设和管理的基本规则用法律的形式规定下来，做好顶层设计，确保我国国家公园实现统一规范管理。国家公园立法涉及多方面社会关系调整，是国家公园体制建设的重要方面，对保证相关工作有序推进、顺利开展具有重要意义。我国在自然保护区建设和发展方面积累了丰富的保护管理经验，各试点国家公园已有的法律文件和立法实践，为国家公园法的制定提供了实践基础，国外国家公园立法为我国国家公园立法提供了有益借鉴，我国一些专家学者对国家公园立法的理

论研究及成果为国家公园立法提供了一定的理论支撑[9-13]。目前国家公园立法相关工作有序开展，并取得了初步成果。2020 年将正式整合设立一批国家公园，试点工作结束后，国家公园将开始正式建设和规范管理，各项工作急需系统全面的体制机制制度作为保障。《国家公园法》及一系列政策制度是我国国家公园体制试点工作的主要任务和重要成果之一，将全力保障我国的国家公园建设管理不走样。因此，我国国家公园立法条件具备，应当快速推动，争取在 2020 年国家公园体制试点结束后尽快出台，真正实现国家公园的统一规范高效管理。

【参考文献】

[1] 汪劲. 环境法学 [M]. 北京：北京大学出版社，2014.

[2] 杨锐. 美国国家公园的立法和执法 [J]. 中国园林，2003，(5)：64-67.

[3] 鲁晶晶. 新西兰国家公园立法研究 [J]. 林业经济，2018，40 (4)：17-24.

[4] 李博炎，李俊生，蔚东英，朱彦鹏. 国际经验对我国国家公园立法的启示 [J]. 环境与可持续发展，2017，42 (5)：20-23.

[5] 刘红纯. 世界主要国家国家公园立法和管理启示 [J]. 中国园林，2015，31 (11)：73-77.

[6] 秦天宝. 论我国国家公园立法的几个维度 [J]. 环境保护，2018，46 (1)：41-44.

[7] 李丽娟，毕莹竹. 美国国家公园管理的成功经验及其对我国的借鉴作用 [J]. 世界林业研究，2019，32 (1)：96-101.

[8] 王凤春. 完善法律法规，依法保障国家公园体制稳步建设 [J]. 生物多样性，2017，25 (10)：1045-1046.

[9] 黄宝荣，王毅，苏利阳，张丛林，程多威，孙晶，何思源. 我国国家公园体制试点的进展、问题与对策建议 [J]. 中国科学院院刊，2018，33 (1)：76-85.

[10] 张振威，杨锐. 中国国家公园与自然保护地立法若干问题探讨 [J]. 中国园林，2016，32 (2)：70-73.

[11] 王延民. 我国国家公园立法研究 [D]. 重庆：西南政法大学，2017.

[12] 张淏洁. 我国国家公园立法研究 [D]. 兰州：甘肃政法学院，2017.

[13] 李梦雯. 我国国家公园立法研究 [D]. 哈尔滨：东北林业大学，2016.

国家公园体制建设中的事权划分探讨*

关于我国国家公园体制建设的探讨，近年来研究成果可谓相当丰富[1-2]，但多数是围绕基本定位[3]、总体规划[4]或是空间布局[5]等展开论述，较少有聚焦事权划分的理论成果出现。理顺事权是构建“主体明确、责任清晰、相互配合”的国家公园协同管理机制的基本前提，也是实现“国家所有、全民共享、世代传承”国家公园建设目标的重要保障。只有充分立足我国基本国情，有效借鉴国际成熟经验，才能制定出科学合理、利于执行的国家公园事权配置方案。

经过五年来的实践探索，我国国家公园体制试点改革已步入攻坚阶段。资源禀赋各异、管理机制不同的各试点为我们对比研究事权划分的基本路径和最佳方案提供了优质样本。2019 年 1 月，中央深改委第六次会议又审议通过了《海南热带雨林国家公园体制试点方案》。至此，由中央深改委（原中央深改组）直接批复的体制试点就已达 5 处。在充分研究各试点情况基础上，本文从国家公园事权划分的内在逻辑出发，分析总结了各国的基本经验，预测了事权划分的基本趋向，并提出了事权履行的保障措施，以期为构建主体明确、责任清晰的国家公园协同管理机制提供思路。

1 事权划分的内在逻辑：定位、范畴及难点

1.1 国家公园事权划分的定位

事权主要是指政府处理公共事务的职权和责任[6]。据此定义，国家公园事权即为处理国家公园相关事务的职权和责任。《中共中央关于全面深化改革若干重大问题的决定》提出要建立“事权和支出责任相适应的制度”。《建立国家公园体制总体方案》（简称《方案》）也指出要将事权划分作为中央和地方出资保障的依据。由此可见，事权与责任、事权与财力紧密关联，共同构成了事权划分的前置要素和基本条件。国家公园事权划分可理解为国家公园体制建设中“权”和“钱”的落实体现。

1.2 国家公园事权划分的范畴

在现阶段国家机构改革已明确由国家林业和草原局（国家公园管理局）统一行使自然保护地管理职责的背景下，国家公园的事权划分仅存在纵向划分的问题，即中央和地方的事权划分。科学界定国家公园事权范畴是开展国家公园体制建设和规范运行的前提和基础。《方案》指出，国家公园管理机构的职责是“履行国家公园范围内的生态保护、自然资源资产管理、特许经营管理、社会参与管理、宣传推介等职责，负责协调与当地政府及周边社区关系”，并可根据实际需要，“履行国家公园范围内必要的资源环境综合执法职责”。因而国家公园事权范畴应始终围绕生态保护为第一要务，事权划分的原则也就是要朝着更有利于落实生态保护实施效果的趋向进行。

1.3 国家公园事权划分的难点

涵盖两个层面的难点内容：一是明确事权的“表”，即正确界定管理机构的职能边界；二是挖掘事权的“里”，即基于管理机构职责创建与完善支出责任的条目。无论是“表”还是“里”，实践过程中均有其困难之处。

对于“表”，国家公园事权究竟包括了哪些内容？《方案》中指出的生态保护、自然资源资产管理、

---

* 张小鹏，唐芳林. 国家公园体制建设中的事权划分探讨［J］. 林业建设，2019，（3）：7-10.

特许经营等是否能直接作为国家公园事权的边界线，用来指导实践？笔者以为，《方案》作为宏观指导性意见，勾画了国家公园事权的基本轮廓，但对于清晰边界仍有空间。例如，对于“自然资源资产管理”一项，何为自然资源资产，包括哪些类型，至少目前还无统一说法[7]；再如，“特许经营”应限制在哪些领域，也尚无国家标准可循[8]。

对于“里”，每一项权力支出又该如何细分，实则有更多值得品味的地方。再以“自然资源资产管理”职责为例，从字面上理解应囊括区域内自然资源调查与确权登记事务，但本轮机构改革方案已明确调查和确权登记职能由自然资源部统一行使，那么在此方面，国家公园实体管理机构与属地政府相关部门的关系如何协调？确权登记成果又该如何服务于自然资源资产管理？这些都是亟待进一步深化探讨的内容。

2 事权划分的基本路径：各国的实践及经验

比较各国国家公园的事权划分方式和管理模式，基本上可归类为三种类型。

一是中央集权型。比较典型的是美国国家公园的中央直接管理模式，这种模式是自上而下的垂直领导，通过隶属内政部的国家公园管理局（NPS）来对60个国家公园行使事权，基本不受地方政府的制约。但值得一提的是，美国的国家公园一开始也并不是均由中央直接管理，较为经典的案例是优胜美地国家公园的升级历史。优胜美地国家公园最初是由加州政府代为管理，但运营过程中加州政府倾向于大规模旅游开发的战略行为迫使联邦政府不得不采取行动。在一批自然保护主义者的艰辛努力下，优胜美地国家公园1890年改为由联邦政府直属，而权利的移交则是在1906年联邦军队介入后才真正得以实现[9]。可以说，优胜美地国家公园的升级历史就是一部央地事权划分的博弈史。

二是地方自治型。即由地方政府履行国家公园的管理和保护事权，日常运营和经费支撑等都由地方负责，中央政府只承担政策、立法等宏观性事务。这一点类似于我国的自然保护区管理模式。以德国和澳大利亚的国家公园为代表。

三是混合管理型。包括央地分级管理的纵向混合类型，如日本的国家公园管理模式，分国立、国定、道立不同的级别；也包括分部门管理的横向混合类型，较为典型的有英国国家公园的管理模式，如由国家公园管理局作为主管部门，对国家公园进行规划、提供财政保障和制定相关政策，但具体工作仍根据不同的国家公园类型分别由遗产署、农林部门等各个资源主管部门负责。

3 事权划分的趋势走向：向中央集权靠拢

建设国家公园的基本建设理念是生态保护第一，其核心诉求在于维护生态系统的完整性和原真性，由此衍生出的诸多管理职责共同构成国家公园事权的基本内核。区域内的经济发展综合协调等事务则不纳入国家公园事权范畴，由属地政府进行履职承担。概况来讲，即在生态保护上由国家公园管理机构行使统一且唯一的管理，其他政府性事务依托属地政府完成。

我国国家公园体制建设的核心在于打破陈规，收归保护管理事务为中央事权。这当然有一定难度，势必会触碰地方及相关群体的既得利益。从现有试点情况看，目前明确由中央直接管理的实体机构有三处：东北虎豹国家公园管理局、大熊猫国家公园管理局和祁连山国家公园管理局。这三个国家公园都是跨省的，需要一个级别更高的机构统筹推进建设，而挂靠于中央驻地方专员办的设置模式也为中央直接行使事权提供了便利。但这并不是说，未来只有跨省区的国家公园才有必要施行中央事权，这实则理应成为所有国家公园建设的努力方向。

破旧立新是一个持续探索改进的过程，国家公园统归中央事权同样不可一蹴而就。脱胎于现存的自然保护地管理体制，要实现国家公园所有权和管理权的“集中向上”，必然有一段艰辛之路要走。过渡期内，需本着实事求是的原则，先易后难，优先选择一批最具基础条件的国家公园纳入中央直管，理顺事权关系，构建改革范式，进而逐步引导其他国家公园向中央集权的模式靠拢。基于我国国情，最具优势或有必要先行成为中央直管的国家公园应具有以下特征。

一是全民所有自然资源资产所有权由中央政府直接行使。关于此类国家公园的事权划分，《方案》已给出清晰指导意见，“地方政府根据需要配合国家公园管理机构做好生态保护工作”，其运行管理支出“由中央政府出资保障”。应该说，中央政府是全民自然资源资产产权的所有者，承担相应支出责任，归为中央事权理由充分。现阶段各体制试点中，东北虎豹国家公园和三江源国家公园同时被纳入了国家自然资源资产管理体制试点，正在探索自然资源全民所有权的实现形式，未来或可为直接行使中央事权的国家公园管理模式贡献基本经验。

二是区域国土范围内以国有土地为主。以传统的自然保护区进行类比说明。我国自然保护区内往往存在着大量的集体土地，产权关系复杂，利益牵涉多方，日常运营管理中经常会引起矛盾和纠纷，因而就离不开管理机构和属地政府的维稳协调[10]。应该说，自然保护区的运营管理需要依赖于属地政府的保障力量，属于地方事权[11]。因而，国家公园要彻底实现中央事权，恐怕只有在国有土地或可全面利用的土地上方可进行。甚至有专家认为，解决土地权属问题是我国建立国家公园的前提[12]。

三是国土范围跨越了省级行政区划。对于此类国家公园，其管理机构有必要一开始就明确为中央直管，统一承担跨省管理和保护的事权。打破行政区划的生态保护和自然资源资产管理模式既是国家公园体制建设中的一大创新，也是难点所在。试点结束后，势必会有更多跨省区类型的国家公园应运而生。在这一点上，唯有中央政府直接发力，行使主要事权，方能促成国家主导、区域联动的生态保护管理新机制落地生根。

四是区域内自然资源以荒野类型为主。此处的荒野概念是指没有或者较少受到人类活动干扰的自然原野地。较为典型的有目前作为体制试点的三江源国家公园和正在筹建的第三极国家公园群[13]。该类国家公园的显著特点之一是较少有突出的人地关系矛盾，经济社会发展压力不大，保护任务相对单纯，央地之间也不存在棘手的利益纠葛；同时，该区域又保存了原真性较高的自然生态系统，生态地位显赫，极具保护价值。可以预见，将此类国家公园列为中央事权遇到的地方阻力会相对较少，具有操作优势，也可起到开宗立意，深化国家公园主体形象的效果。

4 事权履行的重要保障：统一“人、财、物”

事权履行不属于事权划分的范畴，但却与事权划分一脉相承，直接关系到事权划分的最终实现效果[6]。要契合国家公园中央事权的发展思路，需要从“人、财、物”三方面做好统一。

一是人事直管，科学设置。事权履行的基本实现载体是国家公园实体管理机构，其机构设置方案的科学性将极大影响国家公园事权划分的走向和实践效果。从当前的试点情况看，国家公园实体管理机构的设置大致有三种形式，一是单独组建成立，如三江源国家公园管理局；二是挂靠在国家林草局驻地方专员办，如东北虎豹国家公园管理局（挂靠驻长春专员办）；三是依托属地政府设立，如钱江源国家公园管理委员会（依托开化县政府设立）。未来国家公园要实现中央直管，最好的设置方式应是由国家林业和草原局（国家公园管理局）直接设立，或是依靠驻地方管理机构重新进行组建，由此易于构建由上及下的权利链条，以利中央事权履行。在机构性质上，建议明确其为行政管理机构；在级别设置上，视辖区面积和管理难度定为厅级或处级。其管理人员也应由国家录用，纳入国家公务员管理序列，人事任免由国家公园管理局设置权限。地方政府配合做好区域内经济社会发展综合协调和公共服务等事务即可，不再出人事编制。如此，方能为顺畅履行国家公园中央事权奠定基础。

二是财事匹配，资金保障。要建立财力与事权匹配的国家公园资金保障制度。“钱”的问题解决了，“权”的利益才能保障。履行中央事权理应由中央政府进行出资。长久以来，我国自然保护区运营管理所需的经费是由“自然保护区所在地的县级以上地方人民政府安排”，国家仅“给予适当的资金补助”。经验来看，这一模式制约了我国自然保护事业的高速发展，甚至导致一些自然保护区为了自身生存铤而走险，开展违法违规经营活动[11]。建立财事匹配的中央资金保障制度，一方面是为了更好履行国家公园中央事权提供话语权，另一方面也是为了减轻地方政府的经济社会发展压力。至于一些老少边穷地区，地方政府的财政支付能力本就有限，要求其再为生态保护“买单”，执行效果要恐怕大打折扣。

三是资源国有，垂直管理。国家公园的自然资源资产属于国家所有，这是毋庸置疑的。这不仅要求所有权到位，而且在管理权方面也要实现统一。在实现形式上，具备条件能够直接由国家行使所有权的，尽可能一次到位；暂时不具备条件的，委托省级人民政府行使，最终实现由中央统一行使所有权。

综上，事权划分在国家公园体制建设中具有重要地位，要更多地围绕利于生态保护实施效果的原则铺展开来。向中央集权模式靠拢是我国国家公园事权划分的基本趋向，但从地方事权过渡到中央事权的改革过程中，也不可全然不顾相关群体的利益。明确中央事权仅是说明国家公园的所有权和管理权应归由中央政府，但基本的日常性事务，如社区关系维护、宣传推介等还需地方政府密切配合。

试点期间，要充分理解和认可国家公园趋向中央集权的发展事实，尊重现实，由易到难，循序渐进，引导在重要问题上达成一致，方可塑造国家公园在自然保护地体系中的主体地位形象，推动生态保护理念更加深入人心。鉴于目前国家公园体制建设中尚有诸多值得探索的地方，本文探讨的央地事权划分未涉及支出责任的量化及评价。未来，随着试点工作的不断深入，构建清晰的央地支出责任清单应成为体制建设的重要一环。

【参考文献】

[1] 黄宝荣，王毅，苏利阳，等. 我国国家公园体制试点的进展、问题与对策建议 [J]. 中国科学院院刊，2018，33（1）：76-85.

[2] 唐芳林，王梦君，李云，等. 中国国家公园研究进展 [J]. 北京林业大学学报（社会科学版），2018，17（3）：17-27.

[3] 王佳鑫，石金莲，常青，等. 基于国际经验的中国国家公园定位研究及其启示 [J]. 世界林业研究，2016，29（3）：52-58.

[4] 唐小平，张云毅，梁兵宽，等. 中国国家公园规划体系构建研究 [J]. 北京林业大学学报（社会科学版），2019，18（1）：1-8.

[5] 虞虎，钟林生，曾瑜皙. 中国国家公园建设潜在区域识别研究 [J]. 自然资源学报，2018，33（10）：1766-1780.

[6] 姜国兵，梁廷君. 中央与地方水利事权划分研究——基于广东省的调研 [J]. 中国行政管理，2015，（4）：37-41

[7] 吴恒，唐芳林，曹忠. 自然资源统一确权登记问题与对策探讨 [J]. 林业建设，2018，200（2）：32-36.

[8] 刘翔宇，谢屹，杨桂红. 美国国家公园特许经营制度分析与启示 [J]. 世界林业研究，2018，31（5）：81-85.

[9] 张海霞，汪宇明. 可持续自然旅游发展的国家公园模式及其启示——以优胜美地国家公园和科里国家公园为例 [J]. 经济地理，2010，30（1）：156-161.

[10] 方言，吴静. 中国国家公园的土地权属与人地关系研究 [J]. 旅游科学，2017（3）：18-27.

[11] 马克平. 当前我国自然保护区管理中存在的问题与对策思考 [J]. 生物多样性，2016，24（3）：249-251.

[12] 唐小平. 中国国家公园体制及发展思路探析 [J]. 生物多样性，2014，22（4）：427-430.

[13] 樊杰，钟林生，李建平，等. 建设第三极国家公园群是西藏落实主体功能区大战略、走绿色发展之路的科学抉择 [J]. 中国科学院院刊，2017，（9）：20-32.

论国家公园的“管控—功能”二级分区*

分区管理是国家公园实行差别化管理、实现多功能目标的重要手段之一，通过对国家公园分区管理需求的梳理分析，提出国家公园“管控—功能”二级分区模式，探讨明晰各级分区的实施目标、原则及方法，理顺分区管理的方向、重点及方式，为实现国家公园的最严格保护及有效管理提供参考。

1 引 言

2013 年，中国首次提出“建立国家公园体制”，并开展了国家公园体制试点，2017 年进一步提出了“建立以国家公园为主体的自然保护地体系”[1]。国家公园是我国自然生态系统中最重要、自然景观最独特、自然遗产最精华、生物多样性最富集的部分，其保护价值和生态功能在全国自然保护地体系中占主体地位[2]。布局合理、保护有力的国家公园管理模式的建立，对自然保护地管理体系的构建具有探索及示范作用。

国家公园以保护自然生态系统的原真性和完整性为主要目的，实现的是自然资源科学保护和合理利用，因而兼顾科研、教育、游憩等功能，体现了多目标性功能。国家公园建设目标的多元化主要体现在两个方面：其一，国家公园建立始终坚持生态保护第一，旨在严格、整体、系统地保护自然生态系统的原真性、完整性，因此，需要对国家公园内具有核心保护价值的区域实施最严格的保护管理，实现资源的世代传承；其二，国家公园兼具科研、教育、游憩、推动社区发展的生态服务功能，需要根据国家公园的资源特点及社会经济发展需求，有针对性、有计划地在国家公园内开展非资源损害的活动，为公众提供亲近自然、体验自然、了解自然的机会，实现人与自然和谐共生。鉴于此，结合《关于建立以国家公园为主体的自然保护地体系指导意见》（以下简称《指导意见》）中实行自然保护地差别化管控的要求，提出了国家公园的“管控—功能”二级分区管理模式，探索一种中国特色的、科学的、可操作的管理方式，为实现国家公园的最严格保护及有效管理提供参考。

“管控—功能”二级分区模式核心要务为两方面，一方面通过管控分区明确国家公园内核心资源的位置、范围、保护强度及管控方式，确保国家公园的系统性保护有效落实；另一方面以功能分区分类区划国家公园内的科研、教育、游憩、社区发展等区域，明确各功能分区的定位、发展目标及方向，为后续专项规划和管理计划的制定奠定基础。

2 国家公园的分区管理需求解析

纵观国内外国家公园及自然保护地的分区管理模式，主要以资源的有效保护和适度利用为目标进行功能分区，但分区模式根据各保护地的定位、发展方向及需求而有所不同。

联合国教科文组织提出的生物圈保护区的“核心区、缓冲区、过渡区”三分区模式，主要适用于以物种资源保护为主要目的的自然保护地，我国自然保护区内核心区、缓冲区、实验区的划分就是借鉴该模式[3-4]。三分区模式着重考虑了资源的保护。在我国自然保护区实际管理中，核心区与缓冲区的管控差异是核心区原则上不允许进入；从事科学研究活动必须进入的，需要向管理机构申请。缓冲区可以从事科学研究观测活动，也需要向管理机构申请。管控要求及目标的不明晰，使得核心区与缓冲区的管控界

* 孙鸿雁，余莉，蔡芳，等. 论国家公园的“管控—功能”二级分区［J］. 林业建设，2019，(3)：1-6.

线模糊。实际监管中，常将缓冲区作为核心区进行管理，使缓冲区的划分失去意义。由于该模式对科研、教育、游憩等活动的区划方式与监管要求并不明确，难以合理布控各类功能区的实施重点、监管方式及设施建设。

另一种常见的分区模式是将功能分区大致分为四类：严格保护区、重要保护区、限制性利用区和利用区，保护程度逐渐降低，而利用程度及公众可进入性逐渐增强[5]。国外的国家公园和我国的国家公园试点区主要采用该种分区模式，如严格保护区对应有加拿大国家公园的特别保护区，美国国家公园的原始自然保护区，我国国家公园体制试点区的核心保育区、严格保护区、特别保护区、核心保护区等；重要保护区对应有加拿大国家公园的荒野区，美国国家公园的特殊自然保护区，日本国家公园的特别保护区，我国国家公园体制试点区的生态保育修复区、生态保育区等；限制性利用区和利用区对应有加拿大国家公园的自然环境区、户外娱乐圈、公园服务区，美国国家公园的公园发展区，我国国家公园体制试点区的游憩展示区、传统利用区等。该分区模式虽然兼顾了保护与利用双重建设目标，但未将保护与利用的强度和方式进行区别划分，容易造成管控层级不清晰、分区功能目的不明确、分区管理内容冲突等问题[6]。缺乏层次的过细分区容易导致管理成本增加，管理手段烦琐，混淆了专业管理人员和一般参与者的差别，现实中除了专业人员外，一般管理者和大众都难以区分，操作性差。中国的国家公园的区划管理应该立足国情、既体现严格保护又便于操作，建设健康、稳定、高效、简易的管理模式是构建科学合理的国家公园体系的重要任务和关键点，也是国家公园分区管理的需求所在。

国家公园内资源保护与利用管理需求主要呈现在强度和方式两个方面，强度方面主要体现在对人类活动的管控，根据实施资源保护对人类活动的要求来划分管控区，该分区应具有稳定性和强制性，一经划定，必须制定严格的管制措施，兼具法律保障；而方式方面主要体现在国家公园内资源发挥的功能和提供的生态服务方面，对应的分区区划应具有独特性和灵活性，需因地制宜，根据各国家公园资源本底特征及其发挥的功能来划分相应的功能区，并通过制定资源的专项规划和管理计划实施管理。由此可见，管理需求和分区目的的不同，使得保护与利用的强度和方式不适宜放在同一分区层级进行划分，以先划管控、后分功能的二级分区模式将强度和方式分开，更利于理顺国家公园分区管理的层次和重点，既能实现常规化、强制性的资源保护，又能个性化地发挥国家公园的生态服务功能。

综上分析，我国国家公园的分区管理应满足以下需求：其一，国家公园分区应划清核心资源、重要生态系统、珍稀景观遗迹的保护范围，明确管理强度；其二，国家公园分区应充分协调及发挥国家公园保护、科研、教育、游憩、推动社区发展的各项功能，理顺各分区的主体功能需求及发展重点，服务于管理计划的制订；其三，国家公园各分区的实施目标及内容应相互独立，管理界线及管控方式应相互区别，不可重叠交叉；其四，分区名称应语义清晰、表述准确，以分区的管制强度或发挥的主要功能进行命名。

3 “管控—功能”二级分区模式

对应于我国国家公园的分区管理需求，研究提出国家公园的“管控—功能”二级分区模式，即管控分区和功能分区，先以管控区划对国家公园内的人类活动进行限制，明确人类活动的范围及强度，将国家公园内最应该严格保护的区域严格保护起来，让管控的界线清晰化，管理的目的明确化，管理的手段法制化；再在管控分区的基础上进行功能区划，使资源保护利用科学化，管理精细化，目标多样化、参与多元化，将国家公园各项功能有重点、有计划地稳步落实和发挥。

3.1 管控分区

管控分区是以实现强制性的资源保护为目标，根据《指导意见》，结合国家公园最严格保护的管理目标和资源分布的实际情况，国家公园的管控分区分为核心保护区和一般控制区，并对各分区内人类活动的方式和强度实行差别化管控。

3.1.1 核心保护区

核心保护区是指国家公园范围内自然生态系统保存完整、重要，珍稀动植物资源分布集中，自然景观独特、自然环境脆弱的区域，需要进行资源的最严格保护。

在管控层级上，该区域全部纳入生态保护红线范围，禁止人为活动。即核心保护区内禁止一切与保护无关的人为利用活动，但可以根据需要开展与保护和科研相关的非资源利用性、非资源消耗性、非盈利性的人为活动。

在管理方式上，核心保护区内能够开展必要的生态修复、日常巡护、科学观察和监测、防灾救灾、应急救援等活动，如当核心保护区内自然生态系统遭受破坏且难以实现自然修复时，可辅助开展人工生态修复活动；核心保护区内发生病虫害、火灾、地质灾害等危及生物多样性和生态系统完整的自然灾害时，可人为开展防灾救灾活动；需要对核心保护区内珍稀物种、资源进行科学研究及监测时，适量开展相关科研监测工作，并做好相应的保护措施等。同时，核心保护区禁止开展对核心资源及生态系统演化产生负面影响或干扰的人为活动，对原住居民要逐步实施生态移民搬迁，控制对生态环境的影响；集体土地在充分征求其所有权人、承包权人意见的基础上，优先通过租赁、置换等方式规范流转，由国家公园管理机构统一管理；禁止开展与保护无关的开发建设活动，已有的不符合保护要求的各类设施、工矿企业等应逐步搬离或退出。

3.1.2 一般控制区

一般控制区是指国家公园范围内核心保护区之外的区域。

在管控层级上，该区域内严格规划建设管控，有限制地适当开展人为利用活动。即一般控制区内在确保自然生态系统健康、稳定、良性循环发展的前提下，允许适量开展非资源损伤或破坏的人为利用活动。

在管理方式上，考虑到自然生态系统有自我调节和自我修复的能力，在生态系统正向演替的过程中，在不影响自然生态系统的稳定与健康、不损害、损伤自然资源可持续生长或繁殖、保持生物多样性、维护景观或遗产资源完整性等的前提下，该区域内可适度开展科研、教育、游憩、社区发展等人类活动，经评估和批准，建设必要的设施。如原住居民可在一般控制区内进行适量的放牧、季节性的捕捞、野生药用植物和经济植物的采摘和挖掘；管理机构可适度开展非资源损伤或破坏的游憩和自然教育活动等。

3.1.3 管控分区管理模式的动态性

核心保护区和一般控制区的二元管控分区模式，在划定后从技术上能够保持恒定，能实现核心保护区内的资源实行最严格保护，杜绝一切人为利用活动，保证监管力度的一致性和持续性，但不宜一刀切。对于部分生态环境存在空间动态变化或主要保护对象存在时间动态变化的区域，应当根据资源的动态化特性做出灵活性的特别规定。如以崇明东滩为代表的大河口区，由于受潮汐等因素的影响，滩涂的分布存在较大的空间动态变化，导致滩涂植被、底栖动物及以其为食的鸟类分布也随之改变，管控分区的静态管理模式难以满足保护的需求[7-9]；而以迁徙性鸟类黑颈鹤为主要保护对象的雅鲁藏布江中游河谷、大山包及寻甸横河梁子等区域，受食物资源等因素影响，越冬期间黑颈鹤对耕地的利用率最高[10-13]，若将其主要活动区划入核心保护区，实行最严格保护的管理模式，严格限制生产生活活动，则不仅会导致黑颈鹤冬季食物的下降，而且会加深保护与发展之间的矛盾。同样的情况还存在于生态系统脆弱敏感，易受气候、降水及人类活动影响的区域，如野生珍稀动物的临时栖息地、森林或草原的季节性防火区等。因此，在管控分区的划定后，核心保护区范围确定，但其管理模式并非一成不变，存在一定的特殊性及动态性，对于核心保护区内核心资源仅需要分时段保护的区域，应采取动态管理的模式，在核心资源易受人类活动影响和破坏的时段，严格按照核心保护区最严格保护的模式管理，而其他时段可按一般控制区进行限制人为利用活动的管理模式，如此，既能满足核心资源的严格保护，也能遵循和保持人与自然和谐共生的演化模式，同时在一定程度上缓解了自然保护与社区发展的矛盾，做到因时施策，科学管控。

3.2 功能分区

国家公园是对生态系统完整的自然地理空间进行整体性、系统性的有效保护和适度利用，功能分区首先应坚持生态保护优先的原则，在保护的前提下，再围绕科研、教育、游憩和带动社区发展四项功能，科学合理地划分功能区，按各功能区发展需求，布控管理重点和措施，以可持续、非资源损伤性的方式利用自然资源，带动和辐射周边社区发展，为公众提供自然教育和游憩的场所[14]。

考虑到国家公园内功能区的效能发挥具有综合性，同一区域常常会具备多项功能，因此功能分区主要按照区域的主导功能或需求进行命名、划分和管理，研究列出了常见的功能分区类型及管理重点，如表1所示。

表1 常见功能分区的特征及管理重点

功能	分区类型	分区特征	分区管理重点
保护	严格保护区	自然生态系统保存最完整、核心资源集中分布的区域	对自然生态系统的结构、过程、功能等进行完整保护
	生态修复区	自然生态系统或自然资源已遭到不同程度破坏，需要修复的区域	对已遭到不同程度破坏的自然生态系统进行自然恢复，或在尊重自然规律的前提下开展一定的生态修复活动，并对恢复情况进行重点监控，及时调整修复策略
科研	科研监测区	具有科考价值的资源分布区域	对科研监测区内的科研机构、科研监测基地（站、点）、监测样地、科研监测的设备、人员、项目、资料等进行规划管理
教育游憩	教育游憩区	拥有较好的自然游憩资源、人文景观和宜人环境，便于开展自然体验、生态旅游和休憩康养等活动的区域[15]	对解说教育的内容体系、表现方式及相应的设备设施进行规划管理 以“资源+市场+功能”为导向，对生态游憩的设施建设、游憩模式、访客规模等进行规划管理
社区发展	传统利用区	原住居民生活及开展传统生产活动的区域[16]	建立社区共管、共建机制，引导社区居民共同管理传统利用区

功能区的定位与管理需要紧紧围绕该区域发挥的主要功能进行规划与落实，需要具备专项性及灵活性，便于各功能分区管理计划的制订。国家公园内自然资源的类型及空间分布情况各异，功能区类型的确定应根据国家公园的管理需求，梳理分析国家公园所具备和发挥的功能特点，按需规划功能区的类型及范围，可以选择以上所列的功能区类型，也可合并或拆分上述的功能区，或者界定新的功能区类型。若某一区域具备科研、教育、游憩三项功能时，功能区可综合定义为科教游憩区；若某一区域主要开展自然教育活动，功能区可定义为科普教育区；若某一区域主要用于建设公共管理或公共服务设施，功能区可定义为管理服务区等。

4 二级分区模式的关系解析

“管控—功能”二级分区模式是国家公园分区管理的两个层级，管控分区是针对人为活动提出管制要求，功能分区是根据国家公园发挥的功能或服务划分管理的重点及方向，二者在分区目标上相互独立，管理方式上各有侧重，但在实施内容上又相互联系，互为支撑。

4.1 二级分区的差异性

管控分区的划定具有普遍性，每一个国家公园都必须严格、清晰地划定核心保护区和一般控制区的界线，并在重要地段、重要部位设立界桩和标志牌，起到提示或警示人类行为的作用；其次管理方式具有强制性，需要与国土空间规划、生态红线划定相衔接，需要制定相应的法律法规对人类行为进行规范，对违法违规行为进行责任追究，为核心资源保护提供法律保障。

功能分区在布局选择时具有特殊性，不是越全越好，其类型、范围、布局是由国家公园的资源本底类型和特征、生态系统的功能和脆弱性、规划发展的功能需求所决定的，并非所有的国家公园都必须具备以上所有的功能分区，可遵循“一区一法”的原则，充分考虑国家公园资源本底状况及周边社会经济发展现状，在全面分析资源分布特征、生态系统的承载能力、公众的生态体验需求等的基础上，结合管制分区的要求，有针对性地选择一种或多种功能区进行布局、规划和建设，制订相应的专项规划和管理计划，实行精细化管理。同时，功能分区在实施管理的过程中具有动态性，其划定不是永久性的，随着国家公园周边社会、经济发展及其自身规划目标的变化，其功能发挥的方向和重点也会发生变化，应定期对功能分区的效能、合理性、适宜性进行评估，通过制定阶段性的发展规划或计划对功能分区的类型、范围、分布位置进行相应地调整或修改，以适应各国家公园的发展需要。

4.2 二级分区的关联性

管控分区与功能分区在各自层级上是平铺且无重叠地覆盖整个国家公园范围，但从空间纵向层次和范围尺度上看，管控分区是功能分区的上级分区，主要体现在以下两个方面。

其一，功能区是管控区的真子集，即一个管控区内可包含一个或多个功能区；同一管控区内，功能区的范围小于或等于管控区范围。

其二，功能区的选择需要符合其所在的管控区的管制要求，如图 1 所示。在划定核心保护区时，通常将国家公园内最具原真性、完整性的自然资源、生态系统、景观遗迹等纳入核心保护区，实行最严格保护，因此核心保护区内的功能分区主要为严格保护区，也可不再划分功能区。但若存在核心保护区内核心资源遭受破坏，自然修复难以有效实施，必须辅以人工修复时，可根据需要选择划定生态修复区，同理，科研监测区亦可根据科研需要进行区划，但点状的科研监测活动就没有分区的必要。核心保护区因禁止人为利用活动，不可规划教育游憩区、传统利用区、管理服务区等人为利用活动相对活跃的功能区。一般控制区内，主要根据资源利用或功能发挥的重点规划功能区，功能区的命名和类型可根据其能实现的具体功能而定，并在相关规划中明确各功能区的定位、目标、内容、管理方式等。

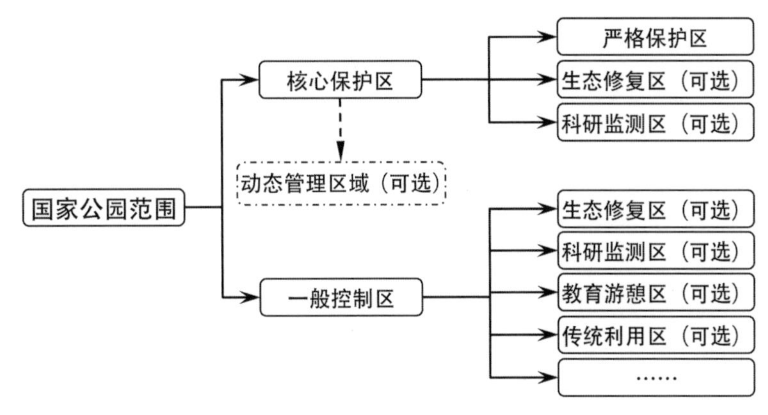

图 1 国家公园分区管理示意图

5 结 论

通过梳理现有保护地功能分区模式存在的问题，分析得出国家公园分区管理的需求，提出国家公园的“管控—功能”二级分区模式，以管控分区划清核心资源分布范围及保护级别，明确人为活动的管制要求，再以功能分区理顺国家公园各项功能的布局规划及管理重点。通过管控分区和功能分区的分离，将资源保护与开发利用的强度和方式分层次进行分区管理，明晰了分区管理的目的、内容及方式，为实现国家公园的最严格保护及有效管理提供思路及技术支撑。但分级分区之后，如何制定相关政策、标准、规范来保障分区的科学性与完整性，采用什么技术方法及手段来保障分区的落地实施仍亟待进一步的研究。

【参考文献】

[1] 习近平在中国共产党第十九次全国代表大会上的报告［EB/OL］. http：//cpc. people. com. cn/n1/2017/1028/c64094-29613660. html.

[2] 建立国家公园体制总体方案［EB/OL］. http：//www. gov. cn/zhengce/2017-09/26/ content_ 5227713. html.

[3] Shafer C L. US national park buffer zones：historical，scientifi，social，and legal aspects［J］. Environmental Management，1999，23（1）：49-73.

[4] 中华人民共和国国家质量监督检验检疫总局，中国国家标准化管理委员会. GB/T 20399—2006 自然保护区总体规划技术规程［S］. 北京：中国标准出版社，2006.

[5] 黄丽玲，朱强，陈田. 国外自然保护地分区模式比较及启示［J］. 旅游学刊，2007，22（3）：18-25.

[6] 余振国，余勤飞，李闽，等. 中国国家公园自然资源管理体制研究［M］. 中国环境出版集团，2018.

[7] 周红斌. 上海崇明东滩鸟类国家级自然保护区动态管理探讨［J］. 林业建设，2012（1）：18-19.

[8] 呼延佼奇，肖静，于博威，等. 我国自然保护区功能分区研究进展［J］. 生态学报，2014，34（22）：6391-6396.

[9] 李行，周云轩，况润元，等. 大河口区淤涨型自然保护区功能区划研究——以崇明东滩鸟类国家级自然保护区为例［J］. 中山大学学报（自然科学版），2009，48（2）：106-112.

[10] Bishop M. A.，Canjue Z.，et al. Winter habitat use by Black-necked Cranes（Grus nigricollis）in Tibet. Wildfowl［J］. 1998，49：228-241.

[11] 王岐山，李凤山. 中国鹤类研究——西藏黑颈鹤的越冬数量及生境利用［M］. 昆明：云南教育出版社，2005，44-48.

[12] 孔德军. 云南大山包黑颈鹤（Grusnigricollis）越冬行为和保护研究［D］. 北京：中国科学院，2008.

[13] 路飞，朱丽艳，李百航，等. 基于动态管理的自然保护区功能分区模式初探——以寻甸黑颈鹤自然保护区为例［J］. 2012，（5）：85-88.

[14] 唐芳林，等. 国家公园理论与实践［M］. 中国林业出版社，2017.

[15] 黎国强，孙鸿雁，王梦君. 国家公园功能分区再探讨［J］. 林业建设，2018，（6）：1-5.

[16] 唐芳林，王梦君，黎国强. 国家公园功能分区探讨［J］. 林业建设，2017，（6）：1-7.

国家公园自然资源管理的探讨*

建立以国家公园为主体的自然保护地体系是新时期我国生态文明建设的主要内容之一，是我国重建科学的、与国际接轨的保护地体系的重大机遇，必将对我国自然保护事业乃至生态文明建设产生深远影响，具有里程碑式的意义。而自然保护是一个宏大的议题，涉及产权、制度、法规、技术等各方面内容，其核心诉求在于实现自然资源统一有效管理。目前，自然资源管理改革正处于进行时，相关研究多聚焦于产权、价值评估、单项资源合理利用等方面领域[1]，缺乏以国家公园等类保护地为独立视角的管理模式研究或整体建议。基于此，本文从国家公园等相关概念辨析入手，分析了国家公园自然资源管理的价值导向、面临的挑战以及实施路径，以期为推动国家公园等类保护地实现自然资源更有效管理提供思路。

1　相关概念辨析

1.1　国家公园的概念

从世界第一个国家公园建立至今，国家公园运动已跨越百年。世界各国对国家公园的定义和内涵均有不同解读，但总体趋向于对自然生态系统的保护。国际上关于国家公园的定义，得到普遍接受的是世界自然保护联盟（International Union for Conservation of Nature）在《保护区管理类别指南》（2013 年修订）中的描述，国家公园是指“大面积的自然或接近自然的区域，用以保护大尺度生态过程以及这一区域的物种和生态系统特征，同时提供与其环境和文化相容的精神享受、科学、教育、娱乐和参观的机会[2]。”

2017 年 9 月，中共中央办公厅、国务院办公厅共同印发了《建立国家公园体制总体方案》（以下简称《方案》），《方案》针对我国目前自然保护地体系特征和未来发展思路，提出了适合我国国情的国家公园定义：“由国家批准设立并主导管理，边界清晰，以保护具有国家代表性的大面积自然生态系统为主要目的，实现自然资源科学保护和合理利用的特定陆地或海洋区域”。该定义契合我国国家公园体制改革精神，是目前公认的关于国家公园的官方定义。

从该定义中，不难理解我国国家公园的建设目的、管理对象、管理形式及其基本功能。国家公园的建立目的是“保护具有国家代表性的大面积自然生态系统”，这也是国际上国家公园通行的建设目标；其管理对象不局限于“特定陆地区域”，也包括我国领土范围内的“特定海洋区域”；其管理形式是“由国家批准设立并主导管理”，意味着我国的国家公园由中央人民政府批准、国家所有、国家投入、国家管理是中央事权的体现，也是国家公园全民公益的保障；其基本功能为“实现自然资源科学保护和合理利用”，阐明了我国的国家公园具有多功能性，在保护的基础上实现资源合理利用，最终实现人与自然和谐共处与发展。

1.2　自然资源的概念

单纯从语义上来讲，“自然资源”可以拆分为“自然”与“资源”，可以简单理解为“自然界中资财的来源”。《辞海》《中国资源科学百科全书》《中国大百科全书》等都给出了不同形式的定义。《辞海》将自然资源表述为“存在与自然界，在现代经济技术条件下能为人类利用的自然条件，可产生能量的物质资源，又称能源，既是人类赖以生存的重要基础，又是人类社会生产的原料或燃料及人类生活的必要

* 孙鸿雁，张小鹏．国家公园自然资源管理的探讨［J］．林业建设，2019，（2）：6-9.

条件和场所”；《中国资源科学百科全书》将“自然资源”定义为“人类可以利用的、自然生成的物质与能量”；《中国大百科全书》将“自然资源”定义为“存在于自然界，在现代经济技术条件下为人类利用的自然条件”[3]。学者蔡运龙在《自然资源学原理》一书中提出“自然资源是人类能够从自然界获取以满足其需要与欲望的任何天然生成物及作用于其上的人类活动结果，或可认为自然资源是人类社会生活中来自自然界的初始投入”[4]。

上述概念虽存在表述上的差异，但反映出自然资源所必须具备的两个基本特征，一是天然性，二是有用性，或者称为有价值性，二者构成了科学定义“自然资源”的基础。笔者以为，要使自然资源成为明确保护的对象，还需具备一个条件——有体性。如进行自然资源统一确权登时，自然资源信息最终是要转化为数据载于登记簿上，且要求有明确的空间坐落、数量、质量等数据，有明确的形态和空间界限是登簿的前提[5]。因而如气候资源、微生物资源以及部分能源资源（如光能、潮汐能、风能）等，虽然也是自然资源，但一定程度上是无形的，不具“有体性”，不能进行确权登记，因而也就不宜作为国家公园自然资源管理的核心对象。

1.3 自然资源管理与自然资源资产管理

自然资源是生命之源、生产之要、生态之基，因而具备不同的资源、资产和资本属性：其资源属性表现为经济社会发展提供物质基础和空间载体的自然功能与环境属性；资产属性派生于资源属性，表现为产权关系与经济属性；资本属性又派生于资产属性，表现流通功能与增值属性[6]。聚焦于国家公园等类自然保护地，则更为关注的是自然资源资源属性的发挥和资产属性的落实。由此又可衍生出两个概念，一是“自然资源管理”，二是“自然资源资产管理”。

借鉴相关表述，尝试将国家公园自然资源管理定义为：“以法律、行政、经济、技术等多种手段，以科学保护和合理利用为目的，对国家公园范围内的自然资源进行规划、组织、指导、协调和监督的管理过程”；国家公园自然资源资产管理是指“对国家公园范围内自然资源进行资产化管理，履行自然资源资产保值增值的责任，建立和完善有偿使用制度和确权登记制度，制定相关标准，对区域内自然资源资产的保值增值情况进行监管”。从管理内容和范围上看，自然资源管理贯穿于资产管理的各个环节，管理目标应更加全面。下文所尝试探讨的内容均是以“自然资源管理”为题展开。

2 国家公园自然资源管理的价值导向

一是追求“完整性保护”。“完整性保护”可视为国家公园与其他类型保护地建设理念的区别之一。因而，国家公园划定面积一般较大，突破了行政地域限制。就自然资源管理而言，更容易实现统一规范高效的目标。目前，已有相关研究尝试将自然生态系统服务价值纳入政府核算范畴，作为衡量自然资源管理效益的方式之一。而在考量自然生态系统服务价值（或称“生态系统生成总值”）时，不完整的生态功能服务核算是不具有实际指导意义的[7]。因而，国家公园的完整性保护思想可为定量评估生态系统服务及自然资本经济价值打下良好实施基础，也会对未来推广相关核算体系带来积极意义。

二是注重“原真性保护”。现行文件规定，国家公园属于全国主体功能规划区的禁止开发区域，纳入全国生态保护红线区域管控范围，实行最严格的保护。“生态保护第一”始终是国家公园设立的基本理念，注重自然生态系统的原真性保护则是国家公园建设的重要内容之一。自然生态系统服务价值构筑于其完整无损的自身结构和功能之上，注重“原真性”保护，便是要最大程度地保留自然生态系统的原始野性，从而保障其生态服务功能的持续稳定发挥，藉此为人类提供更多改善生存环境和福祉的重要服务。这理应成为国家公园进行自然资源管理时秉持的原则之一。

三是强调“三公一体”。国家公园自然资源管理目标不能狭隘地理解为总体规划、指标分解或是政府形象，其目标应该更为广义地解读为“公有”“公管”和“公正”的协调统一。“公有”体现所有权属性，“公管”体现管理权属性，“公正”体现伦理学属性[8]。针对“公有”性质，应探索采用租赁、置换、补偿或签订地役权等方式实现集体土地的用途管制，为未来国家公园建设中集体土地的用途管制积累经验[9]。“公管”的理想状态应当是全民所有自然资源资产所有权由中央政府直接行使。国家公园管理机构只有真正在资源上“做主”，才可能在管理上“当家”：对中央直接行使所有权的国家公园，其管理机构当仁不让就是全部资源的主人；对部分资源由省政府代理行使的国家公园，未来条件成熟时也应逐步过渡到由中央直接行使。“公正”既包括利益相关者的权利、责任和义务要公平公正，也涵盖了代际公平的问题，突出表现在既要为当代人谋福利，也要给子孙后代留下珍贵自然遗产。

3 国家公园自然资源管理面临的挑战

从理论层面讲，面临研究成果储备不足，难以满足实践诉求等问题。机构改革背景下，自然资源统一管理是衍生出的一个新课题，国家公园自然资源管理也是体制改革中的一项重点任务。试点期间，不断暴露出因理论储备不足而出现的政策落地困难等问题。如关于自然资源统一确权登记，目前仍未出台可具操作性的规范标准，以国家公园为独立登记单元的确权制度施行起来困难重重，各地做法不一，成果难以兼容[10]；再如，新管理体制下，自然资源调查和确权事宜均由属地政府的自然资源管理部门统一行使，而对于直接管理主体的国家公园管理机构的角色定位存在模糊，协同开展关系有待进一步明确等。此外，机构改革伊始，各地尚未全面扭转自然保护区、风景名胜区、自然遗产和地质公园等各类保护地分属不同部门管理的现实，未来随着“山水林田湖草”统一管理的完全整合，或会面临更多的新问题、新挑战，理论研究成果有待进一步丰富。

从横向层面讲，面临跨行政区管理难、共管机制尚未建立等问题。如前述所讲，国家公园的特点之一就是追求生态系统的“完整性保护”，这既是我国保护地管理的创新之举，也是挑战之一。目前试行的各体制试点中，有不少已打破了行政地域限制，牵涉多方利益，共管协调成为重点和难点。在这一方面，尚无成熟经验可供借鉴。

从纵向层面讲，面临分级管理难，中央和地方事权划分不明确等问题。《方案》明确提出，要“合理划分中央和地方事权，构建主体明确、责任清晰、相互配合的国家公园中央和地方协同管理机制”，但现实中，中央和地方事权划分往往存在分工不明确，或是地方政府迫于发展压力不积极配合等问题。哪些国家公园由中央政府行使全民所有自然资源资产所有权，哪些由省级政府代理行使目前还有许多不确定的地方。另外，按《方案》要求，地方政府仍要负责履行国家公园区域内“经济社会发展综合协调、公共服务、社会管理、市场监管等职责”。事权划分不明，协同管理机制不顺，就容易造成管理上的“两张皮”的现象，自然资源的统一管理效能将大打折扣。

4 国家公园自然资源管理的实施路径

以总体规划为龙头，落实国家公园功能分区差异化管理。充分重视和发挥规划的龙头作用，着力构建“1+N”的国家公园规划体系。“1”即总体规划，涵盖范围、功能分区、体制机制等方面内容，作为其他规划的纲领和指导；“N”指生态保护、科研监测、科普教育、生态游憩和社区发展等各功能领域的专项规划，强化总体规划在编制和执行上对各专项规划的指导和约束作用。具体而言，总体规划要明确国家公园在不同功能分区上的发展定位，明确各类自然资源在管理利用上的限制性条件。各专项规划要以此为引领，制定符合国家公园发展方向的战略措施。最终，借助国家公园规划体系，推动国家公园自然资源管理在面上实现全域覆盖，在点上实现差异管理。

以产权清晰为抓手，全面推进国家公园自然资源确权登记。不断完善自然保护地产权制度，合理界定权属界线，全面加速推进自然资源统一确权登记。目前，全国 12 个确权登记试点省份涉及了三江源、祁连山、湖南南山、福建武夷山、东北虎豹5个国家公园、40个自然保护区、20个湿地公园和19个风景名胜区，要对各类保护地在试点过程中发现的问题进行归类汇总、挖掘国家公园等类独立登记单元的特殊之处，形成一套统一规范的操作标准。同时，要充分运用好确权登记成果，对于国家公园范围界线切割完整宗地的，要及时进行上报调整。

以制度建设为保障，尽快建立国家公园管理统一事权。针对国家公园跨行政区划、分级联动管理等特点，形成体制机制研究关键课题，出台中央与地方划分事权的原则和标准，缩短过渡期，尽快完成全民所有自然资源所有权统归中央直接行使。以此为保障，建立起国家主导区域联动生态保护管理、山水林田湖草系统保护综合治理等新机制。

以生态监管为底线，推进国家公园国土空间统一管制。《全国国土规划纲要》（2016—2030年）提出了“生态空间”“农业空间”和“城镇空间”的概念，并要求设置“生态线”“生存线”和“保障线”进行严格管控。国家公园等类自然保护地归属于生态空间范畴，应纳入“生态线”的管控范围。实践中，要以生态监管底线，持续推进国家公园国土空间统一管制，提升自然资源管理的可持续性；条件成熟时，可将底线管控成效纳入国家公园管理机构政绩考核，建立空间底线资源负债表，对领导干部实行底线资源离任审计。此外，还要探索优化国家公园国土空间用途管制的引导功能与差别化管理机制，不断提升稀缺性资源管制刚性，加强未来不确定性应对的管制弹性，实现管制手段刚柔并济、严肃活泼[6]。

5 结论与讨论

建立国家公园体制的目的在于改革我国现有自然保护地存在的弊端，有效解决交叉重叠、多头管理的问题，形成自然生态系统保护的新体制新模式，进而实现自然资源统一有效管理。实践过程中，需秉持正确的管理价值导向，合理应对理论层面、横向层面和纵向层面的若干问题，以总体规划为龙头、以产权清晰为抓手、以制度建设为保障、以生态监管为底线，尽快探索出一条符合我国国情的国家公园体制建设之路。需要指出的是，本文试图构建的依然只是国家公园自然资源管理的框架思路，其改革的系统性、复杂性和困难性，远远超过了一篇论文所能涵盖的内容，不仅要将中央顶层设计与资源领域的具体实践相结合，又要考虑与国家公园体制改革的协同性，还要考虑理论与实践的对应性和有效度。未来，相关领域的研究仍然大有可为，不仅完整性保护、原真性保护、“三公一体”等问题依然值得理论学术界和相关决策机构继续深入探讨，更应积极鼓励探索新措施、新办法，尽快补上横向和纵向等层面的制度短板及漏洞。

自然资源管理没有完成时只有进行时。但只要认准方向，从大处着眼，从小处着手，最大限度地倾听各方意见，最大限度地兼顾各方利益，我国的自然保护事业终能开创新的局面。

【参考文献】

[1] 吴昱. 美国自然资源产权体系与中国自然资源物权体系的比较分析［J］. 西南民族大学学报（人文社科版），2012，33（9）：108-112.

[2] DUDLEY N. Guidelines for Applying IUCN Protected Area Categories［M］. Gland，Switzerland：IUCN，2013.

[3] 宋晓倩. 自然生态空间统一确权登记疑难问题研究［D］. 济南：山东师范大学，2017.

[4] 董祚继. 关于新时代自然资源工作使命的思考［N］. 土地观察，2018-04-08.

[5] 国土资源部，中央编办，财政部等. 自然资源统一确权登记办法（试行）. 2016.

[6] 严金明，王晓莉，夏方舟. 重塑自然资源管理新格局：目标定位、价值导向与战略选择［J］. 中国土地科学，32（4）：1-7

[7] 欧阳志云，朱春全，杨广斌，等. 生态系统生产总值核算：概念、核算方法与案例研究［J］. 生态学报，2013，21（21）：6747-6761.

[8] 杨锐. 生态保护第一、国家代表性、全民公益性——中国国家公园体制建设的三大理念 [J]. 生物多样性，2017，25 (10)：1040-1041.
[9] 唐小平. 中国国家公园体制及发展思路探析 [J]. 生物多样性，2014，22 (4)：427-430.
[10] 张小鹏，唐芳林，曹忠，等. 国家公园自然资源确权登记的思考 [J]. 林业建设，2018，(3)：6-9.

中国特色国家公园体制改革探析*

人与自然的关系是人类社会最基本的关系，保护自然就是保护人类自身。习近平总书记指出："自然是生命之母，人与自然是生命共同体，人类必须敬畏自然、尊重自然、顺应自然、保护自然"。从历史规律和全球经验看，要保护和维持一个健康、稳定的自然空间，保护自然生态系统的完整性和原真性，建立自然保护地是迄今为止最有效的方式。自然保护地是我国自然生态空间最重要、最精华、最基本的部分，是建设生态文明的核心载体，是美丽中国的重要象征，在维护国家生态安全中居于首要地位。建立具有中国特色的以国家公园为主体的自然保护地体系，正是贯彻落实新时代习近平中国特色社会主义思想、践行生态文明思想的具体行动。

1 建立国家公园体制的背景和意义

国家公园不是一般的"公园"，它是自然保护地的一种重要类型。国家公园在国外早已有之，通行于全球200多个国家。中国国家公园的产生相比国外整整晚了100多年，但具有后发优势。2006年，云南省从香格里拉普达措开始，在自然保护区的基础上开始探索建立国家公园，取得了初步成效，但工作尚停留在地方和部门层面，未触及体制。当改革发展进入新时代后，国家层面的国家公园体制改革应运而生。针对环境容量有限、生态系统脆弱、资源约束趋紧、生态环境退化、生物多样性面临威胁的现实，以习近平同志为核心的党中央站在中华民族永续发展的高度，做出了生态文明建设的战略决策，作为统筹推进"五位一体"总体布局和协调推进"四个全面"战略布局的重要内容，把国家公园体制当作生态文明制度建设的重要内容。

服务于全面深化改革总目标的生态文明制度体系，由包括国土空间开发保护制度、国家公园体制在内的四梁八柱构成。2013年，党的十八届三中全会提出"建立国家公园体制"，开启了中国特色国家公园体系建设进程。2017年9月，中办、国办印发了《建立国家公园体制总体方案》，确立了中国特色国家公园体制的指导思想、目标和任务，力图改革自然保护地管理体制，建立统一规范高效的国家公园体制。2017年10月，党的十九大报告提出建立以国家公园为主体的自然保护地体系。2019年1月23日，中央深改委审议通过了《关于建立以国家公园为主体的自然保护地体系指导意见》。这一系列精准的政策设计，标志着中国在生态文明建设的背景下，初步完成了国家公园体制的顶层设计，正在快速推进一场国家公园及自然保护运动。习近平总书记亲自领导和推动国家公园建设，他明确指出："要着力建设国家公园，保护自然生态系统的原真性和完整性，给子孙后代留下一些自然遗产。要整合设立国家公园，更好保护珍稀濒危动物。"明确了国家公园建设的主要目的，指明了国家公园体制建设的方向，充分体现了以人民为中心的思想，表明了用最严格的制度和最严密的法治保护生态环境的坚强意志和坚定决心。

生态环境是国家和民族兴盛的基础，也是关系国计民生的重大社会问题，良好的生态环境是最公平的公共产品、最普惠的民生福祉，而国家公园就是最典型的公共生态产品。国家公园体制改革是自然保护地领域一场系统性、重构性的变革，这是贯彻落实习近平新时代中国特色社会主义思想的重要举措，是落实为人民谋幸福、为中华民族谋复兴的初心使命的具体行动。建立国家公园体制是手段，完善国家公园为主体的自然保护地体系是方法和路径，构建生态文明体制，推进自然资源科学保护和合理利用，

---

* 唐芳林. 中国特色国家公园体制改革探析. 2019，中央党校46期中青一班一支部 毕业论文.

保持一个健康稳定的自然生态系统和维护生物多样性，促进人与自然和谐共生，建成美丽中国是目标。最终目的是保护中华民族赖以生存的生态环境，为当代人提供优质生态产品，为子孙留下自然遗产，为中华民族永续发展提供绿色生态屏障，具有重大的现实意义和深远的历史意义。

2 中国特色国家公园理论内涵

时代是思想之母，实践是理论之源。在新时代生态文明建设实践中，中国借鉴了国家公园这一概念，但这绝不是国外国家公园模式的简单复制。除了具有普遍意义上的国家公园特征以外，由于起源不同、国情不同、制度不同、时代背景不同、面临的主要矛盾也不同，在目标定位和指导思想方面有较大的区别，中国国家公园必然具有不同的特色和特征，在实践中创新发展，形成了中国特色的国家公园理论。

中国特色国家公园理论特在何处？不是为了特色而刻意追求不同，而是为了解决现实问题而创新发展理论。判断是否形成了中国特色国家公园理论，要看在吸收国外国家公园经验、继承原有自然保护历史经验的同时，是否在理论和方法上有完善、创新和发展？是否提出了新理念、新思想或者新战略？是否提出了适合中国国情的理论框架、理论范式和研究方法？是否在一些方面填补空白、丰富和提升了前人理论、形成独具特色的开创性成果？从这四个方面看，中国国家公园显然已经具有全新的内涵，形成了独具特色的国家公园理论。

2.1 国外国家公园的成效与批判

国家公园的概念最早于1872年起源于美国，是国家政府宣布作为公共财产而划定的以保护自然、文化和民众休闲为目的的区域。随后澳大利亚、加拿大等国相继建立国家公园，此后100多年来，国家公园为全球多数国家所采用，产生了良好的效果，积累了丰富的经验，这些有益的成果毋庸置疑值得我们学习借鉴。

各国的国家公园大同小异，都是具有国家代表性的优美景观和文化遗址，具有保护、游乐、欣赏功能。土地私有制国家，需要辟出景观优美的公共区域，以供大众欣赏和游乐。特别是新大陆国家，大都拥有广袤的荒野地带，无人居住，为管理带来便利。2018年，美国59处国家公园和417处国家公园体系单元共接待了3.2亿人次的访客，国家公园作为美国人民的公共资产、共同的国家元素和文化符号，在培养国民意识，凝聚人心方面起到了独特的作用，被美国人誉为是“最棒的主意”。当然，国家公园的发展也经历了曲折的历程，走过许多弯路，如早期美国在国家公园内开展狩猎活动使一些物种灭绝，不当的建设和过度的旅游活动也曾经导致了生态的破坏，这才开始关注旅游和保护的平衡。特别是一百多年前殖民当局用暴力驱逐原住民以获得土地的不光彩做法，更不值得效仿。经过一百年的总结和反思，美国正在改变过分注重旅游的做法，把国家公园内过度建设的设施搬出园外，把生态保护置于与吸引游客同等重要的地位。

“他山之石，可以攻玉”，在快速推进的国家公园体制进程中，中国十分重视注重吸收国外的国家公园建设经验，以期少走弯路。中国国家公园一开始就把生态保护置于优先地位，经过十年来的探索，初步形成了独树一帜的国家公园体制模式。

2.2 形成中国特色国家公园理论的源泉

中国国家公园理论主要有四个源泉，一是中国优秀文化中的传统自然观，二是现代西方生态主义思潮和国家公园建设经验，三是中国60多年来自然保护地实践经验和近期国家公园体制探索成果，四是新时代生态文明思想。在我国五千年的文明史中，古代先贤早就总结出尊重自然、顺应自然、师法自然的朴素的自然观。在生态文明建设的时代背景下，基于地理独特、人口众多、体制特殊等国情，通过继承前人的优秀传统文化，在60多年来自然保护研究成果的基础上，消化吸收国外先进经验，总结近20年来的研究探索和体制试点经验，用马克思主义的立场观点方法分析和解决问题，在习近平生态文明思想指导下，梳理归纳和总结提升，明确了中国国家公园的性质和定位，形成了中国特色国家公园的全新理念和内涵，基本构建了中国特色国家公园和自然保护地理论体系。

2.3 中国特色国家公园的多样性目标追求和丰富内涵

在中国，国家公园是指由国家批准设立并主导管理，边界清晰，以保护具有国家代表性的大面积自然生态系统为主要目的，实现自然资源科学保护和合理利用的特定陆地或海洋区域。与大多数国家不同，中国的国家公园是为了保护自然生态系统的原真性和完整性而设立，将最重要的核心生态资源纳入并实行最严格的保护，是自然保护地中最重要的类型和主体，是重要的国土生态安全屏障。

除了生态保护这一优先目标，中国的国家公园还具有多样性的综合功能。纵观国家公园诞生以来走过的140多年的发展历程，不同国家的不同人群从各自的角度赋予国家公园不同的内涵：自然主义者从回归自然角度出发要保护荒野，使其不受侵害；宗教从伦理道德和精神需求的角度出发要保护自然；生态学家从生态服务角度出发提出要保护生态系统和生物多样性；科学家从科研的需要出发要保护自然本底；风景园林学派从审美和旅游的角度出发要保护和利用景观；经济学家从经济利用角度出发而保护和可持续利用自然资源；文化学者从文化和传统的角度出发要保护和利用文化遗产；普通民众要求感受自然之美，希望国家公园提供精神享受的服务；社会学家希望国家公园成为承载国民环境教育和增强国家意识的场所，等等。而中国把国家公园作为自然保护地的主体，以保护具有国家代表性的大面积自然生态系统为主要目的，兼有科研、教育、游憩等功能，包括了上述所有功能目标和内涵，承载着服务美丽中国建设、服务人民的责任。

2.4 中国特色国家公园的建设理念

中国的国家公园是在生态文明建设的背景下展开的，具有后发优势。在先进的生态文明思想指导下，确立了国家公园坚持生态保护第一、国家代表性、全民公益性的国家公园理念，坚持创新、开放、绿色、协调、共享的发展理念，加快推进生态文明建设和生态文明体制改革，坚定不移实施主体功能区战略和制度，严守生态保护红线，以加强自然生态系统原真性、完整性保护为基础，以实现国家所有、全民共享、世代传承为目标，理顺管理体制，创新运营机制，健全法治保障，强化监督管理，构建统一规范高效的中国特色国家公园体制，建立分类科学、保护有力的自然保护地体系。这样的以生态保护为首要目标，包括多功能多目标的国家公园理念，在全球也是独特的，先进的。

3 国家公园体制的主要内容

中国的目标不单是建立若干个国家公园实体单元，而是针对自然保护存在的突出问题，在现有自然保护地基础上整合建立若干国家公园实体，由若干实体单元组成国家公园体系，改革现行管理体制，建立国家公园体制，构建国土空间开发保护制度，建立归属清晰、权责明确、监管有效的自然资源资产产权管理制度，形成系统完整的生态文明制度体系，用最严格的制度和最严密的法治为生态环境保护修复提供可靠保障，实现生态环境治理体系和治理能力现代化。这是一条清晰的改革逻辑和思路，因此要抓住建立体制机制这个重点。一是建立统一管理机构。根据党和国家机构改革方案，组建国家林业和草原局，加挂国家公园管理局牌子，统一管理国家公园及自然保护地。随着“三定方案”的落实，国家和省级层面的各项改革措施已基本到位，各项任务正在落实。二是整合建立国家公园。在现有自然保护地基础上，根据国家公园标准和布局规划，整合建立一批国家公园。建立统一、规范、高效的管理机构。坚持一块牌子、一个管理机构的原则，理顺和整合与之相重叠的保护地名称和管理机构。三是明晰自然资源归属，理顺自然资源管理体制。结合全民所有自然资源资产管理体制改革，对自然生态空间进行统一确权登记。科学确定全民所有和集体所有各自的产权结构，合理分割并保护所有权、管理权、特许经营权，实现归属清晰、权责明确。四是编制国家公园发展规划。对目前所有的保护地进行梳理、评价分析、科学分类，以我国自然地貌为基础，根据生态功能区、生态系统完整性、系统性及其内在规律，统筹考虑自然生态各要素，制定国家公园发展规划，将符合国家公园建设条件的重点自然 资源纳入国家公园，统一行使国家公园管理。五是建立和健全国家公园法律法规体系。加快制定《国家公园法》。制定国家公园“一园一法”。组织编制一整套科学的、完整的体系，主要包括国家公园保护、监测、管理、巡护、游憩、特许经营、志愿者管理、建设等内容的技术标准体系。六是完善国家公园各项制度。健全国家公园资金保障机制，建立国家公园人事管理制度，制定国家公园的申报制度、严格保护管理制度、特许经营制度、责任追究 制度等各项制度，为国家公园的建设提供制度保障。

4 建立中国特色的以国家公园为主体的自然保护地体系

我国自然保护地建设成绩巨大，自从1956年建立第一个自然保护区以来，经过60余年的努力，我国目前已建立自然保护区、风景名胜区、森林公园、地质公园、湿地公园、海洋公园、水产种质资源保护区等各级各类自然保护地达11800个，还有近5万个自然保护小区，大约覆盖了我国陆域面积的18%、领海的4.6%。数量众多、类型丰富、功能多样的各级各类自然保护地，留下了珍贵的自然遗产，积累了宝贵的建设和管理经验。同时，存在的问题也不容忽视。囿于地方分割、部门分治的现实，以往由部门主导、地方自下而上申报而建立的自然保护地模式，顶层设计不完善、空间布局不合理、分类体系不科学、管理体制不顺畅、法律法规不健全、产权责任不清晰等等问题，出现空间分割、生态系统破碎化现象，严重影响了保护效能的发挥，人民群众的优美环境需求与自然保护地提供优质生态产品能力不足的矛盾日益突出，现行自然保护管理体制亟待改革。

4.1 改革的基本思路

党的十九大报告提出“建立以国家公园为主体的自然保护地体系”，这是基于生态文明制度建设而提出的改革目标。为全面贯彻落实习近平生态文明思想，推动形成人与自然和谐共生的自然保护新格局，立足我国现实，对接国际做法，大胆改革创新，通过深入分析，提出解决方案，构建中国特色的自然保护地管理体制，确保占国土面积约五分之一的生态空间效能发挥，确保国家生态安全。

从分类上，构建科学合理、简洁明了的自然保护地分类体系，解决牌子林立、分类不科学的问题。从空间上，通过归并整合、优化调整，解决边界不清、交叉重叠的问题。从管理上，通过机构改革，解决机构重叠、多头管理的问题，实现统一管理。逐步形成以国家公园为主体，自然保护区为基础，各类自然公园为补充的自然保护地体系；以政府治理为主，共同治理、公益治理、社区治理相结合的自然保护地治理体系。

4.2 对现有自然保护地进行科学分类

世界自然保护联盟（IUCN）将全球纷繁复杂的自然保护地类型浓缩简化为六类：严格自然保护区和原野保护区、国家公园、自然文化遗迹或地貌、栖息地/物种管理区、陆地景观/海洋景观保护区、自然资源可持续利用保护区。这是一个实用的分类分析工具，但鉴于原有自然保护地类型在分类指南出台之前就已经存在，同样名称在各国有截然不同的管理目标，以处于第二类的“国家公园”为例，各国的冠以“国家公园”名称的自然保护地在以上六类中均有分布。现实中，这个分类标准难以作为管理工具在中国套用，必须另辟蹊径。

按照自然生态系统原真性、整体性、系统性及其内在规律，依据管理目标与效能并借鉴国际经验重新构建自然保护地分类系统，将自然保护地分为国家公园、自然保护区、自然公园三类，其中国家公园处于第一类。把现有的风景名胜区、森林公园、湿地公园、地质公园等归入自然公园类。相比之下，中国特色的自然保护地分类既照顾了历史，又吸收了国际有益经验，更加简洁明了，易于操作。

4.3 突出国家公园的主体地位

国家公园是我国自然生态系统中最重要、自然景观最独特、自然遗产最精华、生物多样性最富集的部分，保护范围大，生态过程完整，具有全球价值、国家象征，国民认同度高。根据国家公园空间布局规划，按照资源和景观的国家代表性、生态功能重要性、生态系统完整性、范围和面积适宜性等指标要求，并综合考虑周边经济社会发展的需要，自上而下统筹设立国家公园。将名山大川、重要自然和文化遗产地作为国家公园设立优先区域，优化国家公园区域布局。重点推动西南西北六省区建立以保护青藏高原“亚洲水塔”“中华水塔”生态服务功能的“地球第三极”国家公园群，在东北地区研究整合建立湿地类型国家公园，在长江等大江大河流域、在生物多样性富集的代表性地理单元，重点选择设立国家公园。

4.4 明确改革思路和目标

通过国家公园体制建设促进我国建立层次分明、结构合理与功能完善的自然保护体制，构建完整的以国家公园为主体的自然保护地管理体系，永久性保护重要自然生态系统的完整性和原真性，野生动植物得到保护，生物多样性得以保持，文化得到保护和传承。制定配套的法律体系，构建统一高效的管理体系，完善监督体系。增加财政投入，形成以国家投入为主、地方投入为补充的投入机制。搭建国际科研平台，构建完善的科研监测体系。构建人才保障体系、科技服务体系、公众参与体系。制定特许经营制度，适当建立游憩设施，开展生态旅游等活动，使公众在体验国家公园自然之美的同时，培养爱国情怀，增强生态意识，充分享受自然保护的成果。到 2020 年，建立国家公园体制试点基本完成，整合设立一批国家公园，分级统一的管理体制基本建立，国家公园总体布局初步形成，到 2030 年建立完善的以国家公园为主体的自然保护地体系。

5 中国特色国家公园体制的主要特征

从以上分析可知，就国家公园单体而言，中国的国家公园与国际上的国家公园有许多相似之处。就国家公园体制而言，中国具有明显的特色，其中的一些主要特征是国外不具备的。

5.1 遵循生态文明思想

因时代背景不同，遵循的指导思想也不同。在建设中国特色社会主义的新时代，立足我国自然保护的基本国情和新的发展阶段特征，以生态文明思想为指导，坚持以人民为中心的思想，树立“绿水青山就是金山银山”“山水林田湖草是一个生命共同体”的绿色发展理念，以保护自然生态和自然文化遗产原真性、完整性为根本宗旨，树立尊重自然、顺应自然、保护自然的理念，满足人民亲近自然、体验自然、享受自然的愿望，通过强化制度创新和管理创新，统筹兼顾、协调发展，用开放和包容的思想理念，吸收先进的经验和成果，统筹人与自然、中央与地方、当代与世代的关系，构建起由自然资源资产产权制度、国土空间开发保护制度、空间规划体系等八项制度构成的产权清晰、多元参与、激励约束并重、系统完整的生态文明制度体系，推进生态文明领域国家治理体系和治理能力现代化，推动形成我国和谐发展的自然保护新格局，让绿水青山充分发挥多种效益，为广大人民群众提供最公平的公共产品和最普惠的民生福祉。

5.2 以生态保护为首要目标

因国情不同，面临的主要矛盾不同，国家公园体制的定位不同。中国具有人口基数庞大、经济社会发展不均衡、资源紧缺、环境承载力接近极限、生态环境退化、发展和保护的矛盾集中体现等国情特点，有效解决人民日益增长的对优美环境的需要同优质生态产品供给不平衡不充分的现实矛盾，成为全面建成小康社会的必然需求。现实决定了中国必须更加注重自然生态系统保护，生态系统的原真性和完整性保护成为国家公园的首要目标。国家公园必须担负起维护国家生态安全屏障、保持健康稳定的生态空间的使命，使全体人民共享蓝天、碧水、青山和净土。

5.3 以自然资源资产管理为核心

由于面临的问题不同，采取的方法不同。长期以来，自然资源资产登记和管理有缺失，边界不清晰，全民所有自然资源资产所有权行使不到位，多头管理的问题突出。着力解决我国现有自然保护地中存在的九龙治水、管理割裂、栖息地破碎化等问题，构建起产权清晰、系统完整、权责明确、监管有效的国家公园体制，成为改革完善我国自然保护地体系的主要内容。

5.4 强调整体保护，注重体系建设

因社会制度不同，选择的路径不同。中国实行社会主义制度，土地和自然资源属性为国有，中国共产党具有组织调控能力强、统一行使集体意志的执政优势，能够站在国家和民族长远发展的高度和长远发展的角度上，从整体上开展对包括国家公园在内的自然保护地体系建设。

5.5 以人民为中心，满足多目标需求

因目的不同，选择的道路方向不同。与国外国家公园是无人区不同，中国人口众多，自然保护地都有人口分布。西部有大面积的荒野，但社区贫困；东部生物多样性丰富，但人口稠密；北方国有土地多，但自然条件差；南方自然条件好但集体土地比例大。地理和社会条件的巨大差异决定了国家公园和自然保护地不可能采取一刀切的政策。通过自然保护地科学分类、合理进行功能分区，实行差别化管理措施，满足多功能、多目标需求。如三江源国家公园创新设立了生态公益岗位，解决了国家公园巡护问题和牧民生态脱贫问题，形成了独创的中国经验。

5.6 实现集中统一管理

中国坚定不移奉行改革开放政策，但绝不是西方化、资本主义化。在国家公园建设领域，一切从实际出发与大胆吸收国际经验相结合，注重吸收先进文明有益成果，为我所用，但绝不照抄照搬西方的制度模式，而是必须坚持社会主义制度，借鉴别人，高于别人，把最应该保护的地方保护起来，实现国家公园及自然保护地统一管理。国家公园以国家利益为主导，坚持国家所有，具有国家象征，代表国家形象，彰显中华文明，建设美丽中国，实现国家资源的“全民共享，世代传承”，形成适合中国国情的国家公园建设模式。

6 加快推进国家公园体制改革

建立国家公园体制，功在当代、利在千秋。中国的国家公园起步虽晚，但理念先进，进展迅速。自2013年以来，中国开展了建立国家公园体制的试点工作，仅仅通过5年多的时间，中国就已经建立了三江源、东北虎豹、大熊猫等10处国家公园体制试点区，面积达到23万平方公里，超过了美国140多年来建立的所有国家公园面积的总和。这样的规模、速度，全球少有，体现了中国在共产党领导下集中力量办大事的体制优势。这场在自然保护地领域系统性、重构性变革活动，意味着国家公园将会逐步取代自然保护区成为我国自然保护地体系的主体，占总面积近五分之一的国土空间纳入自然保护地体系，其规模和影响力绝不亚于当时二十世纪初美国的荒野保护和国家公园运动，必将在生态保护领域产生深远的影响，在中国历史上留下一座丰碑。

中国今天的国家公园不是国外国家公园的简单复制。在生态文明思想和中国特色国家公园理论的指导下，注重顶层设计与试点探索相结合，自上而下高位推动，国家公园体制试点快速推进。将具有国家代表性的自然保护地整合进入国家公园，大面积的西部荒野有可能被纳入严格保护，以国家公园为主体的自然保护地面积有可能接近国土面积的20%，在世界上处于领先水平。中国特色的国家公园理论的形

成，标志着在国家公园领域从紧跟时代步入到引领时代，为全球生态治理提供中国经验，体现了坚定道路自信、理论自信、制度自信、文化自信。目前，国家公园体制顶层设计初步完成，自然保护体系和管理制度改革已经启动，中国要在10年左右的时间里构建系统规范高效的国家公园体制，走完西方国家100多年走过的路，尚有大量的工作需要推进落实，任务极其艰巨，要重点把握好以下七个方面。

6.1 始终坚持国家公园生态保护为主这个定位

国家公园是我国自然保护地最重要类型之一，属于全国主体功能区规划中的禁止开发区域，纳入全国生态保护红线区域管控范围，实行最严格的保护。国家公园的首要功能是重要自然生态系统的原真性、完整性保护，同时兼具科研、教育、游憩等综合功能。这是建立国家公园体制的本质意图。

6.2 抓住国家公园自然资源资产管理这个基础和龙头

构建自然资源资产产权制度、国土空间开发保护制度、空间规划体系，是建立国家公园体制的核心。重要的生态资源属于国家所有，国家公园内全民所有自然资源资产所有权由中央政府和省级政府分级行使。其中，部分国家公园的全民所有自然资源资产所有权由中央政府直接行使，其他的委托省级政府代理行使。条件成熟时，逐步过渡到国家公园内全民所有自然资源资产所有权由中央政府直接行使。

6.3 搞好规划布局这个先导

尽快编制全国自然保护地体系规划和国家公园发展规划，自上而下合理确定国家公园布局和范围。国家公园的范围要合理适度，既要保证完整的生态过程，又要因地制宜，不能贪大求全，尽量避免将非国有土地划入国家公园范围，确实因为生态保护需要而必须纳入的部分，要尽可能解决土地权属问题。精心编制总体规划和专项规划，制定功能分区、基础设施建设、社区协调、生态保护补偿、访客管理等相关标准规范和自然资源调查评估、巡护管理、生物多样性监测等技术规程，确保国家公园质量。

6.4 体现法治这个根本

制定与修订相关顶层自然资源保护法律，加快制定《自然保护地法》《国家公园法》，研究制定配套法规，完善《自然保护区管理条例》《森林公园管理条例》《湿地公园管理条例》等自然保护地法律。构建完善的法律体系，用严密的法治保护管理国家公园。

6.5 抓住优化整合建立自然保护地体系这个关键

通过制定自然保护地分类划定标准，对现有的自然保护区、风景名胜区、地质公园、森林公园、海洋公园、湿地公园、冰川公园、草原公园、沙漠公园、草原风景区等各类自然保护地开展综合评价，按照保护区域的自然属性、生态价值和管理目标进行归类、归并、优化整合，将各个自然保护地分别归入国家公园、自然保护区和自然公园的体系中，实现一个自然保护地一个牌子、一个管理机构、一张图、一套数。

6.6 明确责任划分，完善治理体系

合理划分中央和地方事权，构建主体明确、责任清晰、相互配合的国家公园中央和地方协同管理机制。中央政府直接行使全民所有自然资源资产所有权的，地方政府根据需要配合国家公园管理机构做好生态保护工作。省级政府代理行使全民所有自然资源资产所有权的，中央政府要履行应有事权，加大指导和支持力度。国家公园所在地方政府行使辖区社会管理等职责，形成政府治理、共同治理、公益治理、社区治理相结合的国家公园治理体系。

6.7 以人为本，体现全民公益性

充分照顾国家公园内及周边居民的利益诉求，合理划定功能分区，实行差别化保护管理措施，除核心保护区禁止人为活动外，一般控制区允许开展传统生产生活活动、绿色产业发展、生态旅游、科研教育等资源利用，可适度建设不损害生态系统的原住居民生活生产设施改造和自然观光科研教育旅游设施。

探索绿水青山转化为金山银山的实现方式，以解决当地居民的民生问题为重点，利用国家公园景观资源开展旅游活动，让当地居民获得收益，为国民提供体验自然的机会，体现国家公园的全民公益性。核心保护区开展移民搬迁，一般控制区特许经营项目要充分让搬迁居民参与，实现资源变资产、资金变股金、农民变股民，符合条件的移民实现就业。在国家公园外规划建设特色小镇，发展绿色产业，吸引国家公园内居民自愿搬出适度聚居，结合精准扶贫项目开展必要的基础设施建设，实现"生态美、百姓富"的目标。

【参考文献】

李宏伟，2013. 当代中国生态文明建设战略研究［M］. 北京：中共中央党校出版社.

唐芳林，王梦君，孙鸿雁，2018. 建立以国家公园为主体的自然保护地体系的探讨［J］. 林业建设（1）：1-5.

唐芳林，2017. 国家公园理论与实践［M］. 北京：中国林业出版社.

中共中央宣传部，2019. 习近平新时代中国特色社会主义思想学习纲要［M］. 北京：学习出版社、人民出版社.

Nigel Dudley 主编，2016. IUCN 自然保护地管理分类应用指南［M］. 朱春全，欧阳志云，等译. 北京：中国林业出版社.

国家公园社区发展模式建设准入条件探讨*

通过借鉴国外国家公园建设成果，结合我国十个国家公园试点建设的经验，探索构建以内部、门户、周边、片区形成的“点线面”协调，由国家公园内部社区、国家公园入口社区、国家公园小镇及国家公园服务基地组成的国家公园社区体系的思路，思考以国家公园为核心，辐射带动周边区域，在一般控制区与国家公园外围区域形成投资、建设和利用环，创建国家公园社区、国家公园入口社区、国家公园小镇、国家公园服务基地 4 级辐射带动发展创新模式，实现国家公园生态保护与资源利用的平衡。

1 前 言

国家公园在国外已经有一百多年的历史。1872 年美国创建世界上第一个国家公园——黄石国家公园，标志着世界国家公园体系建立的开端。之后的 100 多年，国家公园理念在美国得到广泛而迅速的传播，在世界范围内逐渐深入人心。建立以国家公园为主体的自然保护地体系是党的十九大确定的新时代生态文明建设重要任务。党中央、国务院对此高度重视。习近平总书记亲自部署推动建立国家公园体制工作，并作出了一系列重要指示批示。这场始于 2013 年的国家公园体制改革开启了自然保护地领域的一场系统性、重构性的变革，为我国推进建立国家公园体制提供了根本遵循[1]。

《关于建立以国家公园为主体的自然保护地体系的指导意见》（以下简称《指导意见》）作为指导我国自然保护地体系重构的纲领性文件，立足我国现实，对接国际经验，大胆改革创新，回答为什么建立以国家公园为主体的自然保护地体系、建立一个什么样的保护地体系、怎样建立以国家公园为主体的自然保护地体系、以及怎么管好以国家公园为主体的自然保护地等一系列问题，并提出建立以国家公园为主体的自然保护地体系的整体设计方案。国家公园首要功能是重要自然生态系统的原真性、完整性保护；其次应服务社会，为人民提供优质生态产品，兼具科研、教育、游憩等综合功能。《指导意见》提出了创新自然保护地建设发展机制，探索全民共享机制，特别是作为主体地位的国家公园应在发展创新模式上起到示范引领作用，构建高品质、多样化的生态产品体系。辐射带动机制创新可为提供生态服务产品体系奠定基础。国家公园内社区和周边辐射区域的协同发展能充分展示生态保护领域治理体系和治理能力现代化，是美丽中国建设的具体行动。

2 国家公园社区发展概况

2.1 社区的概念

“社区”这一概念最早在 1881 年由德国社会学家费迪南·滕尼斯（FerdinandToennies）提出，意思是共同的东西和亲密的伙伴关系。美国芝加哥大学的社会学家罗伯特·E·帕克（RobertEzraPark）首次提出“社区”的定义，他认为社区是“占据在一块被或多或少明确地限定了的地域上的人群汇集”，“一个社区不仅仅是人的汇集，也是组织制度的汇集”[2]。“社区”一词在我国算是舶来词，20 世纪 30 年代初，费孝通先生在翻译德国社会学家滕尼斯的一本著作《CommunityandSociety》时，从英文单词“Community”翻译过来，后来被我国许多学者引用，并逐渐流传下来。

---

* 蔡芳，王丹彤，苏琴. 国家公园社区发展模式建设准入条件探讨. 林业建设，2020，(4)：8-12.

随着社会学研究的兴起，我国的很多社会学家开始对“社区”进行深入细致的研究，范国睿认为：“社区是生活在一定地域内的个人或家庭，出于对政治、社会、文化、教育等目的而形成的特定范围，不同社区间的文化、生活方式也因此区别开来”。刘视湘从社区心理学的角度定义为：“社区是某一地域里个体和群体的集合，其成员在生活上、心理上、文化上有一定的相互关联和共同认识”[4]。在社区定义上尽管社会学家各不相同，但在社区构成基本要素上基本一致，普遍认为一个社区应该包括一定范围的地域、一定数量的人口、一定规模的设施、一定特征的文化、一定类型的组织。同时，梳理了“社区”两个基本属性，即“共同文化”和“共同地域”，重点强调的是人群内部成员之间的文化维系力和内部归属感。因此，目前我国大部分社会学者采取地域主义观点给社区下定义，认为社区是指由居住在某一地方的人们组成的多种社会关系和社会群体，从事多种社会活动所构成的区域生活共同体。

2.2 国外国家公园社区发展形式

通常意义上的国家公园社区是指受国家公园影响的国家公园内部及周边相关社区，包括自然村落、商业街区、小城镇等，辐射范围较大，涉及面较广。国外国家公园大多地广人稀，择址于临近国家公园边界或非核心保护地带几何中心位置且交通干线所经区域的社区作为国家公园门户小镇。这些门户小镇通常是游客进入国家公园的门户和必经之地，游客可在镇上就餐、购物和住宿等，也可多维度了解国家公园的文化和自然资源。通过梳理国外国家公园门户小镇的特色，概括总结国外国家公园社区发展有以下几种形式[5]。

表 1 国外国家公园社区发展形式

各国家国家公园代表	特点	人口特征	社区体系表现形式
以澳大利亚国家公园为代表	地广人稀、自然生态保存完好	国家公园内部基本无人居住	国家公园入口社区、门户小镇等
以美国国家公园为代表	原住民参与建设国家公园作用关系变迁，重构社区	国家公园内部基本无人居住，原住民通过入驻从事相关旅游项目	国家公园内部特色原住民生活场景社区、国家公园入口社区、门户小镇等
以新西兰国家公园为代表	产业转型、新业态带动经济发展形成社区	基本无社区居民居住，后因旅游带动经济发展而有了社区	国家公园入口社区、门户小镇、别具特色的旅游小镇等

2.3 我国国家公园体制试点区社区发展实践

我国国家公园体制试点与国外国家公园明显不同。国家公园体制试点区多位于偏远区域，且国家公园内部与周边拥有大量的原住社区居民。这就使得我国国家公园社区的建设与发展需要具有中国特色，有别于国外国家公园社区体系构建模式。以大熊猫国家公园和钱江源国家公园为例，借鉴其从国家公园社区地点、建设理念、建设特色和建设目标为分析研究对象的研究思路，从根本上破解社区对资源保护的威胁，推进自然资源的科学保护与合理利用，实现人与自然的和谐共生。

表 2 大熊猫和钱江源国家公园体制试点区社区发展实践

国家公园体制试点区	名称	地点	建设理念	建设特色	建设目标
大熊猫国家公园	熊猫生态小镇	以进入国家公园入口必经的卧龙镇、蜂桶寨乡、龙苍沟镇等乡镇作为生态小镇	突出地域优势和特色，挖掘盘活大熊猫文旅资源，科学培育大熊猫文化创意、生态旅游、自然教育等新业态。	注重“熊猫生态小镇”IP培育和国际化营销，推动大熊猫生态与文化资源互动，满足美好生活需要。	提高大熊猫保护公众意识，开展大熊猫及生态保护宣传展示、中小学及幼儿园文化教育等公益事业建设，逐步发展建设成为大熊猫国家公园生态保护与社区协调发展的典型示范和生态文明建设的窗口。

（续）

国家公园体制试点区	名称	地点	建设理念	建设特色	建设目标
钱江源国家公园	钱江源国家公园小镇	以国家公园入口处齐溪镇为起点的16km带状空间作为国家公园小镇	生态系统原真性、完整性的保护；国家公园具体化、具象化的设计；尊重民意、全民参与模式的建立；产业联动、创新品牌。	打造“1+2+N”的线性小镇，即一心、两区、N点，以点线面结合体现国家公园元素。	以开放式的带状小镇为形态，打造国家公园移动露天博物馆，以期探索国家公园科普保护与游憩开发平衡的最佳模式。

2.4 国家公园辐射带动发展模式

结合我国十个国家公园试点建设的经验和借鉴国外国家公园建设成果，我国国家公园社区发展以国家公园内社区和周边辐射区域的协同发展作为研究方向，是一个系统性高、协同性强、带动面广的思考路径，其中心要义在于国家公园辐射带动发展创新模式以国家公园为核心，以国家公园内部、门户、周边、片区“点线面”协调为思路，以国家公园资源特色和片区定位为依托，以辐射国家公园周边区域为目标，构建国家公园内部社区、国家公园入口社区、国家公园小镇、国家公园服务基地4级发展模式，在国家公园一般控制区与外围区域形成投资、建设和利用环，使国家公园社区成为承载投资和合理利用的主体，带动国家公园内及周边社区社会经济发展，促进地区产业转型升级，实现国家公园自然保护与资源可持续利用的平衡。

（1）国家公园内部社区：依托国家公园内自然村、行政村建设的乡村社区，解决可替代依赖当地资源生存的发展模式，是保持国家公园特色的关键。

（2）国家公园入口社区：依托国家公园主要进入区域的乡村建设的功能型社区，是国家公园的门户。

（3）国家公园小镇：依托国家公园周边道路网络同国家公园关系密切的乡镇建设，能提供为国家公园服务的生态小镇，是实现振兴乡村的基础。

（4）国家公园服务基地片区：依托打造国家公园高质量生态旅游目的地，围绕食、住、行、游、购、娱的旅游六大要素及生态文明建设等基础性建设，开展相关服务活动的绿色发展的区域。

3 国家公园社区体系建设准入研究

3.1 建设理念

选择区位优势明显、资源禀赋较好、发展潜力较大、有一定基础设施条件、具备文化底蕴、经济社会人文联系较紧密的区域。按照国家公园园内外协同、保护与带动辐射融合发展、生态资源环境可承载，以创建促保护，以保护助发展，“大均衡、小集中”，着力提高基础设施和公共服务水平，着力改善生产生活条件，着力培育后续发展产业；依托交通、旅游综合通道，着力完善国家公园内外社区发展体系，优化产业布局，构建国家公园区域范围的“4级发展模式”的空间格局，推动国家公园与周边区域的协同保护发展格局。

3.2 立足实际的原住民分类调控

国家公园是自然保护地的重要组成，社区与国家公园在地理、经济和文化上有必然的依存关系。为了实现自然保护地的有效管理以及生产、生活、生态“三生空间”的合理划分，通过调研分析评估，采取保护、搬迁、聚居、控制等不同实施策略，结合《关于建立以国家公园为主体的自然保护地体系的指导意见》中自然保护地实行差别化管控分区的原则，自然保护地范围内的社区可以按区划调整型、保留保护型、生态搬迁型和控制转换型四种类型进行规划布局[6]。国家公园也可以借鉴，形成相应的国家公园社区调控模式，建立国家公园社区、国家公园入口社区、国家公园小镇、国家公园服务基地 4 级发展模式。

表 3 国家公园社区调控模式与国家公园 4 级发展模式关系

类型	原住民居住现状				国家公园 4 级发展模式			
	城市建成区、建制镇、非建制镇等人口密集区	行政村	自然村落	游牧民族的冬窝子或零星分布区域	国家公园社区	国家公园入口社区	国家公园小镇	国家公园服务基地
区划调控型	√	√（大型的行政村）				*	*	
保留保护型			√（具有很高的历史价值、文化价值、科学价值和旅游价值的自然村落）	√（具有民族文化特色需要保护的游牧部落）	*			
生态搬迁型		√（规模不大，大分散、小集中的行政村）	√（规模不大，大分散、小集中的自然村落）	√（规模不大，大分散、小集中的游牧部落和零散居民点）	* *			
控制转换型			√（零星分布、保护价值影响小、确实无法退出区域内自然村落）	√（零星分布、保护价值影响小的零散居民点，如空心村等）				

*注：表格中*为具备准入发展条件。

3.3 改革创新的共建共享辐射带动

国家公园有服务社会，为人民提供优质生态产品，兼具科研、教育、游憩等综合功能的特性，在国家公园建设发展中应带动地区发展，促进国家公园品牌体系增值，应同国家发展战略有效对接，使得国家公园内部和外部协同，共建共享生态成果。在实现国家公园辐射带动中可以结合特色小镇创建和乡村振兴计划的实施，构建远近结合联动发展的投资、建设和利用环新模式。通过国家公园外部的大投入、大融合，以国家公园周边广大区域生态服务的科学供给为主导，涵盖游憩要素产业、绿色农产品加工业、文化衍生品制造业、健康服务业等多个行业，使国家公园充分发挥国家代表性和强大的品牌溢价和增值效应，有效提升国家公园内外及周边的国际影响力，实现山水林田湖草作为生命共同体保护的同时，统筹考虑区域的利用和发展。

结合目前特色小镇、自然保护区社区建设、乡村振兴的实践经验，建立国家公园内社区及周边乡镇与国家公园 4 级发展模式关系。

表 4　国家公园内社区和周边乡镇与国家公园 4 级发展模式关系

国家公园4级发展模式	国家公园周边乡村振兴					国家公园周边特色小镇										县乡行政区划					其他情况		
	集聚提升类村庄	城郊融合类村庄	特色保护类村庄	搬迁撤并类村庄	其他	历史文化型	城郊休闲型	新兴产业型	特色产业型	交通区位型	资源禀赋型	生态旅游型	高端制造型	金融创新型	时尚创意型	县市	建制镇	中心村	行政村	集中居民点	历史文化明村	传统村落	民族村庄
国家公园社区																				*	*	*	*
国家公园入口社区			*	*	*					*		*						*			*	*	*
国家公园小镇	*		*	*	*	*			*		*	*			*		*						
国家公园服务基地							*			*		*				*							

注：表格中 * 为具备准入发展条件。

3.4　国家公园社区体系准入条件分析

国家公园社区体系 4 级发展模式宜以较低密度形式建设，且与当地自然风貌和文化风情相一致，形成相互依存的关系，成为国家公园内部、内部与外部的参与体验和过渡发展区，在给予访客优质服务体验、合理过渡内外空间、带动周边地区发展等方面具有显著作用。同时，国家公园周边入口社区、国家公园小镇、服务基地等依靠国家公园品牌形象吸引访客在其主街或城镇广场游览和消费，而国家公园也主要依赖于国家公园外部社区小镇为其提供住宿、餐饮以及其他便利服务。

表 5　国家公园社区体系建设准入条件分析

国家公园社区体系	区位条件	交通条件	居民聚居形态	资源条件	设施建设基础条件	发展方向
国家公园内部社区	国家公园内一般控制区区域	国家公园内部交通相对便利的社区	国家公园内部自然村或行政村	自然资源环境优美，文化资源底蕴深厚，具有国家公园本土特色	原有的社区具有生活空间宜居，风貌特色鲜明，“五网”基础设施和环卫设施相对完善	国家公园内部重要的自然体验和参与社区
国家公园入口社区	进入国家公园主要入口区域	交通便利，进入国家公园的必经之地，通常距离国家公园 5km 以内	国家公园邻近以行政村为主的行政区	自然资源环境相对优美，具有社区发展基础，具备发展空间	具备发展空间，可通过规划建设提供便利的基础设施以及餐饮、住宿等公共服务设施	吸引国家公园内社区居民劳动力主动转移到国家公园入口社区就业
国家公园小镇	与国家公园密切联系的重要节点	通往国家公园的重要交通道路节点，距离国家公园通常在 20km 以内	国家公园周边以乡镇为主的行政区	具有一定产业发展基础，产业规模、市场份额和产业特色方面具有明显优势	基础设施和公共服务设施相对完善，具有一定发展空间	依托国家公园品牌效应，发展成为产业特色鲜明、生态环境优美、人文气息浓厚、体制机制灵活的多功能特色小镇
国家公园服务基地	国家公园所在区域重要集散地	国家公园所在区域重要的交通枢纽	国家公园所在区域通常为县级以上行政区	国家公园所在区域的重要经济发展中心	基础设施和公共服务设施完善，可发挥重要接待服务功能	国家公园访客重要的集散服务中心

3.5 建设指导

创建国家公园社区、国家公园入口社区、国家公园小镇、国家公园服务基地是为发挥国家公园保护、科研、宣教、游憩和社区活动等功能需建设的体系，是国家公园正常运行的基础。其建设的内容应该遵循绿色营建的宗旨，按照绿色发展理念，确保对国家公园的生物多样性和自然生态系统的伤害降至最低。

（1）风貌有特色：注重对地域和生态文化的挖掘与传承，将文化元素植入国家公园社区建设的各个方面，形成具有地域文化特色和文化底蕴的国家公园特色风貌，增强访客认同感。

（2）规模有严控：国家公园社区、入口社区、国家公园小镇等发展理念提升，社区设施规模适宜、布局适度、得当，建设小而精、小而美的社区、入口社区和小镇。

（3）产业有优势：要求具备一定的产业基础，在产业规模、市场份额和特色方面要具有明显的优势，国家公园小镇和服务基地应是推动产业集聚、创新和升级的新平台，能够发挥产业的集聚效应和叠加效应，是国家公园辐射带动发展创新模式的重要关键，能够吸纳就业，带来长足发展，也是承接投资特色发展的新载体。

（4）发展有基础：能够在短期内快见成效，成为带动自身及周边地区发展的引擎，同时在发展路径、发展模式上能成为条件相似的小城镇发展的范例。

（5）动力有保障：政府重视、搭建平台、提供服务，充分发挥市场主体作用和吸纳社会资本投资，以国家公园建设为契机，让国家公园内及周边社区在提升社会投资效率、推动经济转型升级方面发挥更重要的作用。

4 结 论

国家公园辐射带动发展创新模式体现的是环形带状发展的方式，是以国家公园为核心作为主体的逐步过渡的递进式辐射方式，在国家公园建设与发展中构建社区参与、加强组织保障、做细规划、强化资金保障等相应的保障机制为国家公园4级社区建设、管理的各个过程中发挥好指导管理作用，实现国家公园自然保护与资源利用的平衡。

【参考文献】

[1] 唐芳林. 国家公园理论与实践［M］. 北京：中国林业出版社，2017.
[2] 林志森. 基于社区机构的传统聚落形态研究［D］. 天津：天津大学，2009.
[3] 蔡禾. 社区概论［M］. 北京：高等教育出版社，2005.
[4] 汪波，李丽，朱江梅. 地方特色社区服务模式探讨［J］. 中国经贸导刊，2015，(10).
[5] 林光辉. 国家公园社区存活形态及产业特征分析［J］. 旅游纵览（下半月），2016，(5).
[6] 李云，孙鸿雁，蔡芳，唐芳林. 自然保护地原住居民分类调控探讨［J］. 林业建设，2019，(4).

浅析国家公园自然资源管理中的三个问题*

国家公园是我国自然生态系统中最重要、自然景观最独特、自然遗产最精华和生物多样性最富集的部分，囊括了我国国土空间最具代表性的自然资源类群。按《党的十八届三中全会重要决定辅导读本》中的表述，自然资源是“指天然存在、有使用价值、可提高人类当前和未来福利的自然环境因素的总和”。因而，对国家公园自然资源科学管理的过程，也是满足当代和后世发展，实现自然资源价值最大化的过程。现阶段，学术界涌现了一批涉及自然资源管理改革的理论成果，但兼顾国家公园特性的讨论尚待深入。笔者尝试从管理对象的归类、管理范围的优化以及调查监测的统一等角度，陈述我国国家公园自然资源管理过程中的三个问题。

1 管理对象的归类问题

管理对象的归类问题涉及分类和权属两个层面的内容。不同门类的自然资源具有不同天然特性，可以引导因地制宜的施策手段；不同权属的自然资源牵涉不同利益群体，可以采取差异管理的治理方式。目前我国现有法律制度中涉及有关分类的表述尚不统一，如《宪法》列举了土地、矿藏、水流、森林、山岭、草原、荒地、滩涂和珍贵动植物等 9 种自然资源；《物权法》在此基础上增加了海域和无线电频谱 2 种类型；《自然资源统一确权登记暂行办法》（2019）又在《物权法》基础上增加了对无居民海岛资源的强调；而自然资源部三定方案中确定的自然资源类型主要为土地、矿产、森林、草原、湿地、水和海洋等 7 种。从中可见，目前国家层面关于自然资源类型的划分尚无统一标准，仅停留在定性描述阶段。2019 年 4 月，两办印发《关于统筹推进自然资源资产产权制度改革的指导意见》，提出要“加快研究制定统一的自然资源分类标准”；2020 年 1 月，自然资源部印发《自然资源调查监测体系构建总体方案》，指出将在今年研制自然资源分类标准。机构改革已近两年，作为自然资源管理中的基础分类标准为何迟迟不能出台，笔者以为这可能是基于当下正处于全国国土三调攻坚阶段，相关问题尚待系统梳理，建立统一分类体系时机还不成熟的考量。因而此背景下，国家公园自然资源管理只能是一个宏观上的命题，实施精准施策的分门类管理尚不具备条件。

同时，在权属层面，国家公园对不同权属性质的自然资源实行差异化治理。按中央文件精神，国家公园内全民所有自然资源资产所有权由国家公园管理机构代理行使，非全民资源资产实行与集体经济组织协议管理。虽然我国的自然资源制度建立在社会主义公有制基础之上，但国有土地、集体土地叠加不同形式、不同年限的土地承包制，造成土地及其上资源权属的复杂程度世所罕见。以自然资源部三定方案列举的 7 类自然资源（土地、矿产、森林、草原、湿地、水和海洋）为例，矿产和水资源完全属于国有（全民所有），不存在集体性质（非全民所有），这两类资源可以全部归由国家公园管理机构代理行使所有权；而土地、森林、草原、湿地等均兼有国有或集体属性，应依据确权登记成果界定权属四至界线，分而治之。对于全民所有自然资源资产所有权的实现形式，重点在于探索建立责任明确、分级行使的管理体制；对于非全民所有自然资源协议管理，重点在于探索赎买、流转及设置地役权等方式达到共同保护治理的目标。国家公园未来的发展趋势是由中央直管，应在可行范围内致力于提高区域内国有资源的占有比例，如《武夷山国家公园条例（试行）》第三十五条指出，应“适度、逐步提高国有自然资源的比例”。

---

* 张小鹏，王梦君. 浅析国家公园自然资源管理中的问题. 中国土地，2020，（11）：53-54.

2 管理范围的优化问题

此处所述的范围优化问题是指国家公园范围与永久基本农田可能存在交叉重叠。按照中央文件精神，国家公园纳入生态保护红线管控范围，属于生态保护红线的一部分。2019 年 11 月，两办印发《关于在国土空间规划中统筹划定落实三条控制线的指导意见》（以下简称“《指导意见》”），明确指出生态保护红线、永久基本农田和城镇开发边界三条控制线要做到“不交叉不重叠不冲突”。这就要求国家公园范围应独立于永久基本农田和城镇开发边界。国家公园与城市开发边界控制线功能差异明显，一般不涉及冲突问题，而对于同样存在保护属性的永久基本农田，则多见二者交叉重叠现象。

关于协调国家公园范围与永久基本农田的冲突问题，其实在 2019 年初就已出台过相关文件，只是并未作针对性说明。2019 年 1 月，自然资源部、农业农村部曾印发《关于加强和改进永久基本农田保护工作的通知》，指出“对位于国家级自然保护地范围内禁止人为活动区域的永久基本农田，经自然资源部和农业农村部论证确定后应逐步退出，原则上在所在县域范围内补划，确实无法补划的，在所在市域范围内补划；非禁止人为活动的保护区域，结合国土空间规划统筹调整生态保护红线和永久基本农田控制线”。文件中所指的“国家级自然保护地范围内禁止人为活动区域”囊括国家公园核心保护区无疑，是明确要实施永久基本农田退出的；但对于非禁止人为活动的保护区域，如国家公园的一般控制区，如何做到统筹调整并未作细致说明。《指导意见》在此基础上特别规定，指出对于“已划入自然保护地一般控制区的（永久基本农田），根据对生态功能造成的影响确定是否退出，其中，造成明显影响的逐步有序退出，不造成明显影响的可采取依法依规相应调整一般控制区范围等措施妥善处理”。这就是说，永久基本农田位于国家公园核心保护区的，应调整永久基本农田的范围（退出补划）；位于一般控制区的，也可调整一般控制区的范围（根据生态影响状况）。这一点在今年开展的自然保护地整合优化中可得印证。因《指导意见》出台时间晚于国家公园体制试点起始时间（2015 年），故各试点区不排除有此类范围重叠问题。永久基本农田是最重要的土地资源类型，是生存之基；国家公园是最精华的自然资源集合体，是生态之要。只有科学认识二者的功能差异，界定互不干扰的治辖范围，国家公园自然资源管理的指向才能更加明确和有的放矢。

3 调查监测的统一问题

2020 年 1 月，自然资源部印发了《自然资源调查监测体系构建总体方案》（以下简称《方案》），是针对自然资源调查监测体系提出的首个较为详细的顶层设计方案。《方案》基本延续了自然资源部三定方案中关于自然资源分类的表述，明确自然资源调查监测的对象为土地、矿产、森林、草原、水、湿地、海域海岛等 7 类自然资源，并指出对于阳光、空气、风等其他自然资源，待条件成熟时再开展调查。7 类自然资源实际对应了整个国土范围内地上、地表、地下和海洋所有的空间资源，笔者理解，也应囊括空间内的林木、牧草及陆生和水生野生动物等资源。

实际上，早在 2018 年 8 月，自然资源部就提出了构建“1+X”型自然资源调查体系的设想，规划针对自然资源的共性特征和特定需要分别开展基础调查或专项调查（当时的表述是“专业调查”）。在工作分工上，《方案》进一步明确基础调查由自然资源部统一组织，地方自然资源主管部门分工参与；专项调查根据管理目标和专业需求，实施分级分工和部门协作开展。以此为框架，笔者理解，国家公园中各类自然资源的分布、范围和面积等共性指标可纳入基础调查，数据年度更新工作应服从自然资源部统一部署，国家公园管理机构做好配合工作；其他专项调查内容，如森林的起源、树种组成、草原病虫鼠害、湿地生态状况等，则以国家公园管理机构为主导，或会同有关部门共同负责。或可理解为，自然资源的调查指标分数量和质量两大类，数量指标（如分布、范围和面积等）由国家统一部署实施，在基础调查中完成；质量指标（如生态状况、生物多样性等）由林草部门或相关主管部门组织实施，在专项调查中完成；涉及国家公园内自然资源的质量调查工作由国家公园管理机构组织负责。厘清这一方向，在事权划分方面，才能建立起清晰的国家公园自然资源调查权力清单。

同样，对于自然资源监测，《方案》提出根据监测的尺度范围和服务对象，分为常规监测、专题监测和应急监测。国家公园属于专题监测中的重点区域监测，目的在于监测区域范围内自然资源状况、生态环境等变化情况，服务和支撑事中监管。如为了满足对各类自然资源的实时、快速监测，部分国家公园体制试点区已整合各类手段，建立起了“天-空-地-网”一体化的自然资源综合监测网络。按《方案》要求，专题监测由“自然资源主管部门牵头，统筹业务需求，统一组织开展”，因而，国家公园自然资源监测工作整体上服从于自然资源部统一领导，国家公园管理机构可提出针对性的业务需求，具体实施。

国家公园经验借鉴

国外经验对我国建立国家公园体制的启示[*]

自 1872 年世界上第一个国家公园建立至今，国家公园已经走过了 140 多年的历程。对于国家公园的概念及功能，在国外已形成了较为一致的共识，但是在中国却产生了不同理解。在中文语境下容易望文生义，有人简单理解为一般意义上的公园。环保工作者将其等同于自然保护区，城建部门视其为自然和文化遗产，旅游部门理解为旅游景区，资源管理部门则从产权角度解读，从局部看都有一定道理。理解上的不同可以通过研讨交流取得一致认识，关键的问题在于，在推动建立国家公园体制的过程中，牵扯到具体利益以后，地方产生经济发展上的本能冲动，部门则从各自职能角度出发，条件反射式的将其视为争取利益的抓手，或扩权，或固权，争职能，抢地盘，博弈中偏离了方向。

目前由国家发展和改革委员会牵头，正在北京、湖北、云南等 9 省市开展建立国家公园体制试点工作。在尚未完成顶层设计，归属还不清楚，没有法规可依，保障机制不明确的情况下，开展试点探索形成可推广的模式及经验是必要的。然而，厘清国家公园的性质和归属则是试点工作首先要解决的问题。

1 世界国家公园的产生与发展

国家公园最早起源于美国，“国家公园”这个专有名词是最初的发起者们计划在美国西部的黄石地区建立保护区时提出来的。在 1872 年批准建立黄石国家公园之前，美国国会于 1832 年批准在阿肯色州建立的第一个自然保护区——热泉保护区，是政府为了阻止私人开发而建立的。19 世纪 60 年代，美国自然保护运动的先驱们，看到加州优美胜地（Yosemite，又称约塞米蒂）的红杉巨木遭到大肆砍伐，积极呼吁，终于促成林肯总统在 1864 年 6 月 24 日签署了一项法案，将优美胜地流域和加利福尼亚州的马里波萨巨树森林划为永久公共用地，为公众游览和游憩服务，并规定了范围和特定用途，建立了世界上第一座大型的自然保护公园，然而由于联邦政府管理不善，未能使大多数历史学家承认优胜美地是世界上第一个国家公园。

在黄石国家公园建立后的 50 年间，国家公园理念在美国得到广泛而迅速的传播，但在世界范围内传播较慢。1879 年，澳大利亚成立了世界上第二个国家公园——皇家国家公园。1890 年，美国建立了巨杉和优美胜地国家公园，1899 年建立了雷尼尔山国家公园。当时在欧洲只有英国仿效美国，于 1895 年设立了“国家托拉斯”。加拿大于 1885 年开始在西部划定了冰川、班夫、沃特顿湖 3 个国家公园。同期，澳大利亚共设立了 6 个，新西兰设立了 2 个国家公园。19 世纪，几乎全部国家公园都是在美国及英联邦范围内出现的。

从 20 世纪开始到第一次世界大战期间，一些国家效仿英国的国家托拉斯，也设立了一些自然保护机构，如德国的自然保护与公园协会、法国的鸟类保护协会等，这些机构发起创立了一批自然保护区或国家公园（如德国的吕内堡海德公园、法国的七岛保护区等）。瑞典仅 1900 年就设立了 8 个国家公园，瑞士于 1914 年设立了 1 个国家公园。这些国家都加强了国家公园的管理工作，如美国于 1916 年设立了隶属于内务部的国家公园管理处。

第二次世界大战期间，自然保护工作波及世界大多数地区，特别是非洲、大洋洲、亚洲的一些殖民

* 唐芳林，王梦君．国外经验对我国建立国家公园体制的启示［J］．环境保护，2015，（14）：45-50.

地国家。如比利时1925年在刚果设立了阿尔贝国家公园，意大利1926年在索马里也设立了一个国家公园，法国人在马达加斯加和印度支那、荷兰人在印度尼西亚都开展了一些工作。另外，新西兰、澳大利亚、加拿大、南非、菲律宾等国家，也都设立了一些新的国家公园或自然保护区。

战后，由于生态保护运动的爆发性开展，工业化国家居民对“绿色空间”的渴求，以及世界旅游业的发展等原因，国家公园的划定有了更大的进展，特别在北半球更为迅速。在北美，国家公园的数量从50个扩大到356个；在欧洲，从25个扩大到379个；其他大陆上国家公园的发展（特别是亚洲和非洲）同样也很显著。到20世纪70年代中期，全世界已有1204个国家公园。近年来，各国经济快速发展，人民生活水平提高，户外游憩的需求加大，再加上国际旅游事业的发展以及全球对生态环境的重视与关注，促使国际环境保护事业蓬勃发展，更促进了国家公园的普遍建立。目前世界上直接冠以“国家公园”之名的有3740个。截止到2014年3月，世界保护区委员会（WCPA）数据库统计的属于国家公园（Ⅱ类）的数量为5219个。与此同时，受前苏联影响的国家则建立了大量的自然保护区，一些其他类型的保护区也相继被建立。

由于保护区（Protected Area，也称保护地、保护区域）的类型多种多样，在各国的称谓也不一致。为了减少专业术语带来的混淆，使各国能够用“共同的语言”交流，反映从严格意义的保护区到可以合理开发使用的狩猎区人类保护干预程度的不同，针对特定的背景及目的选择合适的管理类别，强调沟通和理解，促进国际交流和对比，世界自然保护联盟（IUCN）根据保护区的主要管理目标，按保护的价值和管理的严格程度将保护区分为6类（见表1）。该体系根据保护和利用的不同目的，可采用不同的管理方法和要求，有利于解决保护区体系存在的许多问题。在IUCN保护区管理分类体系中，严格自然保护区为Ⅰ类，国家公园是严格程度仅次于严格自然保护区的Ⅱ类保护区，开始被表述为“生态系统保护和保育，例如国家公园”，由于现实存在的国家公园符合这个生态系统保护和保育的特征而且已经为大多数国家所采用，所以就直接使用“国家公园”来代替。

表1 IUCN保护区管理分类体系

分类	名称	简要描述
Ⅰa	严格的自然保护区	是指严格保护的原始自然区域。首要目标是保护具有区域、国家或全球重要意义的生态系统、物种（一个或多个物种）和/或地质多样性。
Ⅰb	原野保护区	是指严格保护的大部分保留原貌，或仅有些微小变动的自然区域。首要目标是保护其长期的生态完整性。
Ⅱ	国家公园	是指保护大面积的自然或接近自然的生态系统，首要目标是保护大尺度的生态过程，以及相关的物种和生态系统特性。
Ⅲ	自然文化遗迹或地貌	是指保护特别的自然文化遗迹的区域。
Ⅳ	栖息地/物种管理区	是指保护特殊物种或栖息地的区域。首要目标是维持、保护和恢复物种种群和栖息地。其自然程度较上述几种类型相对较低。
Ⅴ	陆地景观/海洋景观保护区	是指人类和自然长期相处所产生的特点鲜明的区域，具有重要的生态、生物、文化和风景价值。
Ⅵ	自然资源可持续利用保护区	是指为了保护生态系统和栖息地、文化价值和传统自然资源管理制度的区域。目标是保护自然生态系统，实现自然资源的非工业化可持续利用。

由于国家公园较好地处理了自然生态环境保护与资源开发利用之间的关系，得以在全球普遍推广。从全世界国家公园的分布来看，发达国家的国家公园数量远多于欠发达国家，亚洲和非洲等一些发展中国家也在加快国家公园建设。据不完全统计，美国现有国家公园57个，英国11个，挪威43个，非洲173个，亚洲的日本28个，印度尼西亚20多个，越南17个，韩国32个。目前，国家公园已成为资源保护的典范，成为重要的生态旅游品牌，成为世界各国吸引旅游者的重要目的地，国家公园所产生的旅游收入

更成为许多地方的主要经济来源。

2 国外国家公园管理的主要经验

世界各国国家公园的管理模式因国情不同而存在差异。国家公园的管理方式总体上可归纳为中央集权型（如美国、挪威等)、地方自治型（如德国、澳大利亚等）和综合管理型（如日本、加拿大等）三大类型。中央集权制管理模式，其特点是自上而下实行垂直领导，并辅以其他部门合作和民间机构的协助；地方自治型管理模式，中央政府只负责政策发布、立法等层面上的工作，而具体管理事务则交由地方政府负责；综合管理型兼具中央集权和地方自治两种体制，既有政府部门的参与，地方政府又有一定的自主权，且私营和民间机构也积极参与建设管理。不管是哪种模式，国家公园管理都共同具有以下主要特点和经验。

2.1 管理法规健全

建立国家公园的相关国家具有完善的法律体系支撑，除基本法外还制定了针对性强的每个国家公园的授权法，对国家公园的性质、职责、资金渠道、人员管理、资源的开发利用方式及保护措施有详尽规定。完善的法律法规体系使国家公园内自然资源的有效保护和可持续性利用依法得到规范。

2.2 管理机构职责明确

最高权威机构虽然名称有所不同，美国为国家公园管理局管理，德国、日本为各州环境部门，泰国为林业部门，澳大利亚为野生动植物和国家公园管理处。不管是哪种管理模式，建立国家公园的国家大多依法设立了专门机构管理国家公园。这些机构的主要职责是为国家公园的发展提供指导，审批各个国家公园的管理规定、发展规划等，为国家公园基础设施的建设提供服务，督促检查各国家公园管理机构的工作。国家公园管理部门职责明确，决策透明，管理体系运行高效，投资渠道明确。

2.3 公益性特点鲜明

国家公园为政府划定和批准，是以自然资源保护为主要目的的政府公益性事业。各个国家的国家公园都是通过旅游为载体，对国民实施科普和爱国主义教育，提高公民爱国热情和生态环境保护意识，不以赢利为主要目的，且经营利益分配明确。

2.4 重视资源的监测和研究

各个国家公园将资源监测和科研作为国家公园管理和可持续发展的核心。国家公园利用监测和研究成果为国家生物战略资源的保护和利用服务，为国家公园实施科学管理提供依据，也为国家公园开展科普教育，开展旅游业和实现其他资源的可持续利用提供服务。

2.5 科学规划，依法统一管理

每个国家公园都有总体规划，且受到严格的管理。国家公园建立时，总体规划经国家层面的管理机构批准，并由国家公园管理局严格遵照执行。总体规划最关键的内容是在综合科学考察的基础上，依据相关技术标准完成功能区划，并按照各个功能区划进行保护、资源合理利用和建设。大部分国家的国家公园，总体规划都是由专门机构编制，如美国、南非等国家。根据国家公园的发展情况，国家公园管理机构定期对总体规划进行修编。各个国家公园根据总体规划，由管理机构编制指导具体管理活动的管理计划。

2.6 土地权属明晰

大多数国家的国家公园土地属国家所有。由政府将有保护价值的土地逐步购置作为国家公园用地，在国家公园管理机构均设有土地购置部门和相关管理人员。即使土地不能全部归为国有，土地权属也十分清楚。各个国家根据其政治体制和财力，对纳入保护范围的土地给予补偿。

2.7 社会性较强

各个国家的国家公园都有较强的社会性，建立有广泛的志愿者队伍和来自社会各界的捐赠机制。保护资金筹措管理方式健全，国家公园的管理及经营权限分离。

2.8 社区压力不一致

由于大部分发达国家的国家公园内及周边社区较少，甚至没有社区分布于国家公园内，因此，这些国家的国家公园管理与许多发展中国家相比，社区压力较轻。

当然，国外国家公园的建设管理也存在许多问题，特别是和中国有可比性的美国、俄罗斯、加拿大、巴西、印度等大国，仍然存在一些问题，如美国的自然保护分别由内政部国家公园管理局、农业部林务局、鱼和野生动物管理局等部门管理，各州法律也不一致，造成一些交叉重叠和碎片化问题；俄罗斯形成了严格自然保护区和国家公园结合的模式，也存在国家公园过度开发旅游的问题；加拿大地广人稀，其经验和我国人多地少的实际不一样，借鉴意义不大；巴西的国家公园差别很大，除了伊瓜苏和迪居卡国家公园保护和游憩开展较好以外，其他如亚马逊地区等许多国家公园还停留在纸面上；印度和中国一样，面临着保护和社区消除贫困的矛盾和压力。

3 对照国外看我国自然保护存在的问题

3.1 自然保护体系不够完善，缺失了国家公园

我国自 1956 年开始建立自然保护区，迄今已近 60 年，在十分困难的条件下，建立了占国土面积近 18%的、以自然保护区为主体的各类保护区。我国目前的保护区以自然保护区为主体，此外，还有风景名胜区、森林公园、湿地公园、地质公园、海洋公园、沙漠公园、水源保护区、天然林保护区、国家重点公益林保护区等类型，形成了以自然保护区为主体的保护区集合。据统计，目前我国已经建立自然保护区 2669 处（其中国家级自然保护区 428 处），面积占国土陆地面积的 15%，有效保护了我国最重要、最精华的自然景观、生态系统、物种和遗传基因资源。其中林业自然保护区 2163 处（其中国家级自然保护区 325 处），总面积 1. 25 亿公顷，占国土陆地面积的 13%，占全国自然保护区总数的 81%、面积的 84%。

我国现有的保护区类型较为复杂，都是由各地申报，各部门批准设立的，地理分布不均衡，结构不合理，没有进行系统设计，只能说是保护区的集合，未形成了完整的、明确的保护区体系，缺失了国家公园这一保护区类型，而且分类不够科学。从生态保护与资源开发的良性互动看，风景名胜区、森林公园、地质公园等，强调的是游览及可持续利用，在管理中对环境的保护相对较弱，而且强调对单一资源的保护，不符合生态系统的整体性特征的要求，无法实现保护的目标。而大部分的自然保护区正处于从抢救型保护向规范、科学管理的过渡阶段，基于历史原因，在宣传教育和一些保护措施上过多强调生态保护，一定程度上限制了资源的开发利用，制约了经济社会的发展，致使自然保护区所在地保护与开发矛盾日益突出，没有很好地实现环境保护与资源开发的良性互动。近年来，人们正在改变以往将保护区看作是一种受人类影响最少的排外封闭区域的观点，并要求保护区更多地体现教育、游憩和带动地方经济发展的功能。自然保护与经济发展的结合形成了自然保护领域中的新趋势。

3.2 管理体制有待完善

自然生态系统和野生生物活动空间因管理体制的切割，加上行政区划界限的区隔，人为地分隔了本来连贯的自然生态系统，形成了大量的片段化、孤岛化的生态空间，降低了生态系统功能。从管理模式上来看，实行的是“条块结合”的管理体制。在“条条”上，各类资源按行业划分，分别归各政府专业部门管理，并受到上级政府主管部门的调控。按照现行行政管理体系的职责分工和管理权限，公共资源类保护区中的风景名胜资源、文物资源、生态资源、森林资源、土地资源的管理权，分布在各级建设、

园林、文物文化、环境保护、林业和国土资源等部门；在“块块”上，各类保护区根据其资源的科学价值、历史文化价值、美学价值、地域范围和重要程度，划分为国家级、省级、州级和县级保护区，分别由各级政府管理。由于条块管理并存，导致在同一地域上，不同资源分别由不同政府专业部门管理，而对于同一资源，根据其等级，又由不同层级政府交叉管理。此外，各类保护地既受各类管理委员会领导，又受各自业务主管部门的领导，没有明确统一的管理职责，从而出现管理重叠交叉、机构设置重复、责任不清等弊端。特别是非资源管理部门涉入资源管理，管理边界相互缠绕，在同一区域内多个不同行政主管部门交叉管理，既浪费资源，增加行政成本，又形成内耗，降低管理效率。在管理和经营之间也存在着较多的矛盾冲突，既有政企不分，又有资源整体转让、垄断经营，造成了管理体制上的混乱。使得自然生态环境保护难以达到预期效果。这种情况常常被描述为自然保护领域“体制混乱”“管理混乱”等。事实上，这是一些不当之利假以不当之权附着在自然保护领域和保护管理部门之上的结果。解决这类矛盾和问题，正是建立国家公园体制的改革目的。

3.3 土地权属不够明确

目前的各类保护区管理涉及多部门，许多没有资源管理属性的部门也参与管理，造成自然资源所有权人不到位，管理权力混乱，所有权人缺失或错位。特别令所有权人不满的是，当地的资源被划入了某种保护区，在产生全局利益的同时，却使自身的局部利益产生限制，在获得国家投资的愿望落空的情况下，难免产生失望。加上投入严重不足，管理负担重，还限制了地方经济发展，导致一些地方对建立保护区的态度从积极支持转变为消极应付。

3.4 部门间协调不够

目前，由综合部门统一监管，专业部门具体建设管理，地方分级负责管理运行的条块结合的制度设计，结合了现实情况和专业特点，能调动中央和地方积极性，现实中也是可行的。由于部门和地方利益侧重点不一样，加上一些法律存在冲突，部门间扩权争利推责，一些部门“既当裁判员又当运动员”，也产生了一些混乱现象。在利益群体的博弈中，特别需要顶层有清晰的思路，进行统一协调。

4 对中国国家公园体制建设的主要启示

国家公园产生和发展 140 多年来，经历了一个曲折的发展历程。国家公园开始建立时，就允许人们进入开展观光游憩活动，1872 年黄石国家公园一开始建立时，主要目的是从美学的角度出发，保护原野，让人们便捷地进入，随着旅游活动的开展，大量的人员进入，环境遭到破坏，生态系统受到严重影响，于是又重新回到保护为主的轨道上，只允许在占国家公园 1%的土地上开展游憩活动，随着时间的推移，又吸收了自然保护区的保护生物多样性等功能，重视生态系统保护和保育，重新引进狼，恢复生态平衡，使国家公园的内涵更加丰富，管理更加规范，国家公园的模式于是流行于世界上大多数国家。

国家公园不是一般意义上的公园，也不能简单等同于“国家级公园”，而是保护区的一种类型。世界各国都把国家公园归为自然保护范畴，有的甚至等同于自然保护区。IUCN 对国家公园的定义是：国家公园这种保护区是指大面积的自然或接近自然的区域，重点是保护大面积完整的自然生态系统。设立目的是保护大规模的生态过程，以及相关的物种和生态系统特性。这些保护区为公众提供了理解环境友好型和文化兼容型社区的机会，例如精神享受、科研、教育、娱乐和参观。因此，国家公园是一个专用名词，是政府为了保护重要的自然生态系统及其景观和文化资源而特别划定并管理的保护区。

纵观全世界国家公园的发展，都没有脱离以自然生态保护为主的原则，这是对我国建立国家公园体制最大的启示。国家公园属于自然保护范畴，但其内涵也在不断丰富：自然主义者从自然角度出发要保护荒野；善良的人们从伦理道德的角度出发要保护动植物；科学家从科研的需要出发要保护本底；观光者从美学和旅游的角度出发要保护景观；经济学家从可持续发展角度出发而保护资源；文化人从保护文化和传统的角度出发保护遗产；后来发展到要保护生物多样性，要提供精神享受，要成为承载国民环境教育和增强国家意识的载体等。我们今天借鉴国外的国家公园经验，不是100多年前的国家公园的简单重复，也不是为了单一的目的，而是借鉴包括美国在内的世界各国发展到今天的国家公园经验，在新的起点和高度上，体现上述的全部功能。

国家公园内涵丰富，范围包含了具有保护、科研、教育、文化、游憩等价值的一切要素，既包括了有形的自然资源和人文资源及其景观，也包括无形的非物质文化形态的遗产资源。那么，国家公园属于自然生态保护范畴，还是经济文化建设范畴？笔者认为，自然资源是根本，是“皮”，是文化等资源的载体，其余都是“毛”，所以，保护自然资源是最主要的功能。国家公园主要功能是生态保育，但并不排斥其文化和经济功能，从主导方面而言，国家公园属于自然保护和生态建设范畴，文化和经济是辅助功能，不能本末倒置。

5 生态文明制度下的国家公园体制建设思考

今天我国建立国家公园体制，是为了促进生态文明建设，因此要站在生态文明的高度、自然保护的角度来思考。

5.1 以国家公园体制建设为契机，完善我国的保护区体系

从世界范围来看，国家公园是保护体系的一个重要类型，但还不能覆盖所有保护区，那么其他类型的保护区也不应该被忽视，不能仅仅停留在国家公园这个尺度，而应该站在自然保护这个更大的系统上来考虑，这样才能完整地发挥生态系统的整体功能，推动生态文明建设，否则，局部的改善无法解决整体混乱的问题。建立国家公园体制，绝不仅仅是建立几个国家公园实体（尽管这也是目标之一），其实质是完善中国自然保护体制。我们理解，中央提出建立国家公园体制，目的是以此为改革推手，完善我国保护区体系，解决目前的自然价值较高的典型生态系统因地域分割、部门分治造成的监管不清、规则不一、投入分散、效率低下等一系列问题。结合国际通用的IUCN保护区分类，重构我国自然保护体系，推动完善中国保护区体系的建设。

因此，完整的保护区体系，应该是由严格自然保护区、国家公园、省、市级自然保护区、水源保护区、森林公园、湿地公园、地质公园、海洋公园、沙漠公园等组成的结构合理、分布科学的保护区体系，从而构建我国的国土生态安全空间，维护生物多样性，为可持续发展提供可靠基础。

5.2 整合现有保护区，建立与国际接轨、具有中国特色的国家公园体系

我国要建立国家公园体制，需要将全国现有的保护区整合，对目前所有的保护区进行梳理、评价分析、科学分类，系统地规划和总体设计。据笔者估计，我国现有的428处国家级自然保护区中只有200个左右达到了严格自然保护区的标准，这些严格自然保护区也可以通过合并使得数量减少而面积不减少，通过国家投入，严格保护管理，确保最重要的生物多样性和生态安全空间得到有效保护。其余的具有国家公园特征的现有国家级自然保护区，以及具有国家公园特征的森林公园、地质公园、湿地公园等，可以此为依托，和其他类型保护区整合，形成地域上相连、生态系统完整的国家公园，有效保护，有限利用，建立与国际接轨、具有中国特色的国家公园体系。

5.3 立足生态文明建设，建立国家公园体制

建立国家公园体制，关键在于理顺管理。要站在生态文明建设的高度，从自然保护的角度出发，才能超越部门的利益之争，由中央统一协调，由专业部门实施具体管理，以确保国家公园的科学性和专业性。国家公园具有资源属性，必须由资源管理部门实施专业的科学管理，非专业部门的介入，或者撇开专业部门由一个部门一把抓，都会增加新的混乱。国家公园体制的建设，需结合现有的自然资源管理部门对各类资源的管理情况，考虑实施管理的可行性。由国务院委托综合部门对全国保护区的建设进行监

督和检查，包括资源管理部门主管各自范围内的保护区建设，也包括国家公园的建设管理。

立法先行，建立健全自然保护法律体系国家公园是一个由政府主导，对重要自然资源及人文景观等进行可持续发展和保护的区域，是目前为世界各地广泛采用的一种资源有效管理模式。我们需要建立在生态文明制度下的自然保护体制，在自然保护体制下的国家公园机制，需要有法律保障。针对我国自然资源及保护区相关法律法规现状，需尽快启动立法工作，建立和健全自然保护法律体系。制定“保护区法”，在其中专门明确国家公园的内容，或者制定“国家公园法”。修订相关法律，形成和环境保护法《森林法》《野生动物保护法》《湿地保护条例》《自然保护区管理条例》等配套的完整的自然保护法律体系。制定地方法规，制定省级条例，每一个国家公园均需制定国家公园管理条例，实现“一园一法”。

【参考文献】

程虹，2013. 美国自然文学三十讲［M］. 北京：外语教学与研究出版社.

解焱，汪松，PETER SCHEI，2004. 中国的保护地［M］. 北京：清华大学出版社.

陶思明，2012. 自然保护区展望：以历史使命，生存战略为视觉［M］. 北京：科学出版社.

王维正，胡春姿，刘俊昌，2000. 国家公园［M］. 北京：中国林业出版社.

王献溥，崔国发，2003. 自然保护区建设与管理［M］. 北京：化学工业出版社.

在南非看野生动物保护*

自20世纪70年代以来，非洲的野生动物数量出现了不同的变化趋势：其中，西非国家的野生动物数量下降了80%；东非国家稍好，但也下降了50%——令人意想不到的是，绝大部分被列入濒危名单而受到高等级保护的物种并没有因此而出现数量上的增长；唯独南部非洲野生动物的数量得到了增长。

以南非为例，其国家公园等公共保护地中的野生动物数量总体保持稳定，私人保护地里的数量则增加了20倍以上。作为发展中国家，南非是如何做到这一点的呢？近期，受国家林业局派遣，笔者赴南非进行了实地探访交流，了解了其主要做法。

1 体验式保护区大受欢迎

南非共和国国土面积122万平方公里，绝大部分土地不适宜农业种植，却适合野生动物栖息繁衍。例如，盐碱地是羚羊喜欢的栖息地，干旱稀疏的草原上则聚集着大量食草动物及依托其生存的捕食者。截至目前，南非政府建立了21处国家公园，由国家公园管理局通过门票和其他商业性项目获得预算的75%收入，政府只补贴不足部分的经费。

在政府的鼓励下，不少土地所有者自愿拿出土地，把农场转化为野生动物保护区——区别于一般意义上的自然保护区，这种体验式野生动物保护区面积足够大，如果通过专家评估、得到环境事务部的许可，就可以圈上围栏，让本地野生动植物自由生息，形成稳定的种群和食物链。为了减轻围栏造成的孤岛化影响，保护区的面积一般在1万公顷以上，多余的野生动物则有计划地以商业狩猎的方式来控制；按规定，保护区还可以为游客提供野生动物观光、荒野体验、宿营等服务赚取利润，效益能达到经营农场时的3倍至5倍。

由于既能保护野生动植物资源、减少非法盗猎活动，又能增加收入，还能解决社区就业，这种私人保护地模式很受相关利益群体的欢迎，发展很快。目前，在南非，国有公共保护地只有528处，只占国土总面积的6.1%，体验式保护区则有11600处，面积和野生动物数量均占全国总数的75%，私人保护地成为非洲野生动物数量增长最快的地方。

2 人与野生动物和谐共处

南非的野生动物保护区严格限制人类活动，游人只能在专业人员陪同下进入保护区，而且必须遵守规则，要按照规定线路参观，禁止下车、喧哗、挑逗、喂食。在进入保护区前，游客已被告知注意事项并签署同意书，一旦因违反规则而造成自身伤害，后果完全自行承担；如果因人为过失而造成野生动物和环境的损害，还要受到严厉追责。

长此以往，由于习惯了人的存在，保护区的草食动物可以自由地栖息、繁衍，肉食动物也可以在众目睽睽之下捕食，一切按照自然法则有序进行。即使在毗邻人类居住区的匹兰斯堡动物保护区内，游客也经常可见大象、犀牛、猎豹、黑斑羚等哺乳类动物的身影与行踪。

历史悠久的克鲁格国家公园面积近200万公顷，拥有数以万计的哺乳类野生动物。由于野生动物数量越来越多，管理方不得不持续向周边地区疏散动物，并采取节育等措施加以控制，以保护森林和草原生

---

* 唐芳林. 在南非看野生动物保护. 光明网. 2016.

态系统不会因超载而失衡。

另一个成功的例子是南非开普半岛的桌山国家公园。经过400年的开发，近年来，桌山国家公园每年要接待400多万访客，园区仍然处于良好的自然状态，鸵鸟、羚羊、狒狒自由生存，海豹、企鹅数量大增。位于西蒙镇的班德尔企鹅保护区是卓山国家公园的一部分，以前并没有企鹅。1983年，这里来了一对企鹅，深受当地居民喜爱，政府在此建立起保护区进行科学管理，有序开放让游客参观。如今，面积不大的海岸成了企鹅生存栖息的好场所，数量逐步增加到3500只左右。

3 允许野生动物资源可持续利用

在南非，野生动物的可持续保护利用被允许，包括合法的商业狩猎和动物产品贸易。据悉，南非野生动物的可持续利用每年可为国家经济贡献13亿美元，解决14万人的就业。

南非比勒陀尼亚大学的范欧文（Wouter. Van. Hoven）教授是国际著名的野生动物保护专家。他认为，生物多样性和动植物是有价值的，应该得到保留并加以利用，即使有许多国际组织反对。“地球上94%的犀牛资源在南非，南非在保护犀牛方面最有发言权，南非不需要让那些没有见过犀牛的人来决定犀牛的命运”。

在范欧文看来，野生动物有利用价值，自然会产生买卖行为，如果禁止公开贸易，买卖就会转入地下，黑市更难监管。对于“大众保护好了让富人和外国人来打猎，不公平”的质疑，他表示：“商业狩猎确实是少数人的爱好，但只要对社区有好处、对保护有利，何乐而不为?”

他举了两个例子来对比说明：南美洲的羊驼曾经数量很少，但当地并没有把它作为濒危物种加以保护，而是允许买卖，于是羊驼的种群数量增加到50万只；相比之下，犀牛的保护则陷入了恶性循环，禁止贸易的犀牛角黑市价格涨到每公斤10万美元，尽管每年都要击毙40多名盗猎者，但是高额的利润仍然驱使犯罪分子铤而走险。“实际上，犀牛角每年都可以生长1.5公斤左右，不需要剥夺其生命就可以按生长量合理割取利用，如此，黑市价格自然会快速降下来，偷猎现象也会减少。”范欧文指出。

主观上为了更好地保护野生动物（尤其是珍惜濒危物种），一些国家完全禁止野生动物贸易，但野生动物数量却越来越少。南非的经验表明：野生动物需要保护，但要用科学的态度和理性的方法——绝对禁止利用并不能有效保护。

4 结语

美国野生动物管理学博士理查德B. 哈里斯曾经在中国西北从事多年野生动物考察研究，他在《消逝中的荒野：中国西部野生动物保护》一书中指出：中国社会由于舆论反对而停止战利品狩猎，是浪费掉的一个机会。中国的《野生动物保护法》坚持对野生动物实行“保护优先、规范利用、严格监管”的原则，是科学论证和理性讨论之下的法律结果，下一步需要结合国情，借鉴国际经验，制定科学的野生动物可持续保护利用政策。

南非独到的野生动物保护理念和管理经验，值得同为发展中国家的中国借鉴。绝对禁止和允许合法利用，到底哪一种方法更有利于野生动植物资源的保护？对于一些物种，会不会陷入“越保护越濒危”的怪圈？非洲国家采取不同的政策和措施，获得了不同的经验和教训，值得我们思考。

延伸阅读：完善的法律体系和管理服务

野生动物的保护利用还需要完善的法律体系作保障。在宪法框架下，南非制定了国家环境管理法，其下又有生物多样性保护法案、保护地法案、空气质量保护法案、水法、矿产与石油资源开发法案等，形成了完整的环境保护法律框架体系。南非环境事务部负责国家公园管理和生物多样性保护、野生动物可持续利用的管理和服务，全国21个国家公园的管理运营则由其下属的国家公园管理局统一负责。此外，各省设有环境事务管理部门，负责所在省的相关事务性工作。

经过100多年的发展，南非的野生动物管理目前处于世界一流水平，已建立起完善的保护地规划和旅游、跨边境保护、兽医服务、航空服务、科研教学等体系。除了国际组织，也有一些非政府组织在南非开展动物监测、节育、扩散、疫病防治、狩猎等项目，服务的专业水平很高。

巴西国家公园体制研究*

国家公园是巴西最古老的保护区类型，其目标是保护具有重大生态重要性和风景秀丽的生态系统，让人们接触自然，同时支持科学研究、教育、娱乐和生态旅游。在联邦层面，国家公园由巴西环境部下属的行政机构——奇科门德斯生物多样性保护研究所（ICMBIO）来管理。

目前巴西全国一共有 68 个国家公园和超过 300 个自然保护区。巴西最早的国家公园——伊塔蒂亚亚国家公园（Itatiaia National Park）建立于 1937 年。截至目前，巴西国家公园总面积达 250 000km^2，占国土面积的 2.968%。

1 巴西国家公园发展历史及近况

巴西许多国家公园起源于联邦或州用于各种研究或保护目的的林业储备，后来这些保护区捐赠给联邦政府成立国家公园。因此 20 世纪 70 年代末许多国家公园位于沿海的人口中心。创建于 1974 年的亚马逊河国家公园（Amazôia National Park）位于塔帕若斯河（Tapajós River），是亚马逊第一个国家公园，它被设计为可以通过跨亚马逊的泛美高速公路直接到达。1978 年，18 个国家公园中 9 个位于沿海大城市附近的大西洋森林，这些国家公园通常有一个非常独特之处作为主要景点。像艾玛斯国家公园（Emas National Park），韦阿代鲁斯高原国家公园（Chapada dos Veadeiros National Park），巴西利亚国家公园（Brasília National Park）和阿拉瓜亚河国家公园（Araguaia National Park）虽然都在内地，但是可以为在巴西利亚的政府工作人员提供休闲。

自那时起，国家公园的数量在 1990 年增加到 33 个，2012 年增加到 68 个。但由于国家公园建设过程中土地赔偿和制订管理计划花费巨大，资金有限，许多国家公园仍然没有向公众开放。再者就是国家公园基础设施建设和工作人员的成本花费。最后，多年来国家公园从游客产生的收入中并没有得到任何好处。

1998 年伊瓜苏国家公园（Iguaç National Park）尝试了公共服务外包，向私营企业发放特许经营权，导致游客人数的上升。在伊瓜苏国家公园的游客中心建设民营优惠车位，提供餐饮服务，在国家公园的休闲和冒险活动提供运输服务。但是这些经验并没有在其他国家公园推广。

2006 到 2013 年间，参观巴西自然保护区，主要是国家公园的参观人次增加到 630 万。2007 年，联邦政府成立了奇科门德斯生物多样性保护研究所（ICMBIO），接手环境与可再生自然资源管理局（IBAMA），管理包括国家公园在内的自然保护区。有更多的资金用于解决土地索赔，并引入了环境补偿制度，以支持公园的投资。其结果是更多国家公园制订了管理计划和明确了土地所有权。同时公共服务外包于那些有资格的私人企业，特许经营已用于迪居甲国家公园（Tijuca National Park）和费尔南多-迪诺罗尼亚（Fernando de Noronha National Park），未来将计划在更多国家公园推广。

多数保护区在本世纪初建造时以减少森林砍伐为主要目标，在促进公众使用方面缺乏必要的宣传。在巴西 68 个国家公园中，19 国家公园保护了 5%的原始亚马逊雨林，22 个国家公园保护了 1%的原始大西洋森林，8 个国家公园保护了卡丁加群落生态区，12 个国家公园保护了热带草原生态区，只有 6 个海滨公园，1 个保护潘塔纳尔湿地，但没有国家公园保护潘帕斯草原。2012 的调查显示，只有 44%的巴西人

---

* 贺隆元. 巴西国家公园体制研究［J］. 林业建设，2017（4）：11-15.

知道什么是国家公园，只有 1%的人知道国家公园的目的之一是促进旅游和休闲。

2 巴西国家公园管理模式

2.1 组织架构

巴西的保护区分为联邦级、州级和市级，是按照土地的管理权而不是按照保护区的重要程度确定的。联邦土地上建立的保护区为联邦级，州土地上建立的保护区为州级，市土地上建立的保护区为市级，不同级别的保护区同等重要。为加强保护区建设和管理，巴西于 2000 年颁布了自然保护区的专门法律——《全国自然保护区系统》(第 9. 985 号法，简称 SNUC)。2002 年又以第 4. 340 号法对《全国自然保护区系统》做了补充和完善。

巴西国家公园的管理模式为中央集权型管理，自上而下实行垂直领导并辅以其他部门合作和民间机构的协助。巴西环境部（MMA）作为保护区的中央管理机构，负责协调，监督和管理巴西环境政策。其他机构负责实施环境政策，如国家环境委员会（CONAMA），亚马逊国家委员会，国家水资源委员会，环境与可再生自然资源管理局（IBAMA），奇科门德斯生物多样性保护研究所（ICMBIO），公共森林管理委员会等（图 2）。

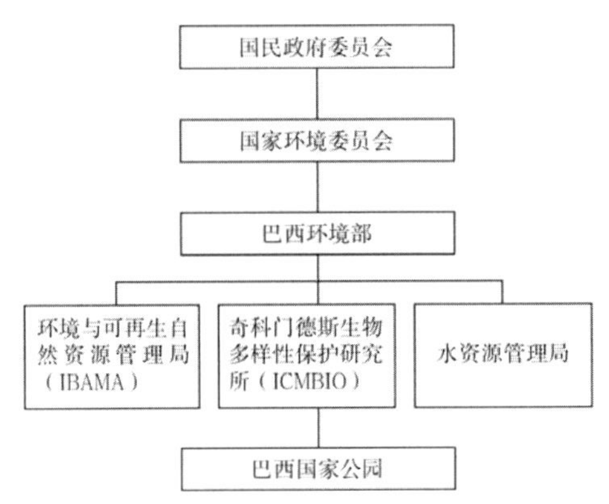

图 2 巴西国家公园组织架构图

环境与可再生自然资源管理局（IBAMA）是全国保护区体系的执行机构，具体负责管理全国自然保护区系统，并对建立和管理联邦、州和市保护区的费用提供补助。2007 年，联邦政府成立了奇科门德斯生物多样性保护研究所（ ICMBIO），接手环境与可再生自然资源管理局（IBAMA），管理包括国家公园在内的自然保护区。国家环境委员会（CONAMA）是自然保护区的咨询和审议机构，主要负责监督全国自然保护区体系的建立和管理情况。巴西环境部主要负责宏观层面，环保领域的执法职能由其下属的环境与可再生自然资源管理局（IBAMA）、水资源管理局和奇科门德斯生物多样性保护研究所（ ICMBIO）等机构来履行。巴西环境执法部门权力大、独立性强。这些机构的负责人虽然由环境部来任免，但是在执法过程中独立性很强，就连环境部长本人都没有权力干涉。其中，IBAMA 权限最大，任何企业投资办厂，必须首先得到该机构颁发的环保证书，否则不得破土动工。

2.2 分类管理

根据《全国自然保护区系统》(第 9. 985 号法，简称 SNUC)，巴西的自然保护区分为完全保护和可持续利用两大类，实行分类管理。完全保护（Full protection）保护区包括：生态站（Ecological station），生物保护区（Biological reserve），国家公园（National park），自然的纪念性建筑（Natural monument）和野生动植物保护区（Wildlife refuge）5 种类型。

可持续利用（Sustainable use）保护区包括：环境保护区（Environmental protection area），重要生态意义区（Area of relevant ecological interest），国家森林公园（National forest），采掘利用保护区（Extractive reserve），禁猎区（Wildlife reserve），合理开发保护区（Sustainable development reserve）和自然遗产个人保护区（Private natural heritage reserve）7 种类型。

2.3 建立程序

大学等机构进行考察，提出建设国家公园、自然保护区的必要性，提交给巴西环境部下属的环境与可再生自然资源管理局（ IBAMA）。IBAMA 指派一名人员，作为国家公园和自然保护区的负责人，与当地社区、相关国际组织和政府部门共同努力制定国家公园、自然保护区的总体计划。国家公园和自然保护区的主要来源为收取门票、国际组织的资助和企业捐赠，若企业捐赠，则企业可以获得税收优惠。所有门票收入上缴给 IBAMA，由 IBAMA 负责在所有国家公园和自然保护区之间进行分配。

3 法律法规体系构成

3.1 国家环境系统（SISNAMA）

巴西的人口密度随远离海岸线而减小，内陆巨大的面积蕴育着不同的生态系统，维持着世界上最大的生物多样性。近年来，由于巴西经济和人口的急剧增长，巴西环境保护越来越受到威胁。非法采伐破坏森林，对动植物栖息地的破坏和因此造成的生境破碎化对物种多样化的影响巨大。为了应对挑战，巴西建立了世界上最完善的环境法规。1981 年，联邦政府建立了一个环境保护框架，称为国家环境系统（SISNAMA），其中汇集了联邦机构、环保机构、州、直辖市和联邦区，其主要目的是将宪法所规定的原则和规范落实到位。这个系统的最上层是国民政府委员会，这是巴西总统的顶级咨询机构，它负责制定指导方针和国家环境政策。下面是国家环境委员会（CONAMA），它是为政府提供建议和思考适用于环境保护标准的规则的机构。接下来是环境部（MMA），它负责计划，协调，监督和控制 SISNAMA 里面的各种机构和实体，建立国家环境政策和指导方针。环境部下属的环境与可再生自然资源管理局（IBAMA），负责制定、监督、管理、促进协调，并执行新经济政策及对自然资源的保护。最后，在 SISNAMA 结构底部的地方和国家机构负责检查环境和实施方案、项目和监测对环境有害的活动。

其中 IBAMA 是联邦政府保护环境的主要工具，并作为“环保警察”。它有行政和财政自主权，主要负责实施新的环保政策、环境质量标准、评价环境影响、研究环境退化和颁发环境许可证。IBAMA 有权处以行政罚款，但当有更严重的环境犯罪时，它负责通知联邦当局进一步起诉。巴西目前面临的挑战是需要找到一个解决方案，可以鼓励大企业遵守环境监管和执行这些政策。为了解决这个问题，巴西实施了一项法令，提高了个人和机构实施环境犯罪的罚款和制裁。除 IBAMA 外，巴西军队也是联邦政府积极保护巴西自然生态系统的主要力量。总的来说，巴西政府防止环境恶化和维持可持续发展的主要策略是使用直接的力量，如罚款和监禁。

3.2 相关法律法规

巴西拥有非常丰富的野生动植物资源，其国家公园也主要是针对野生动植物的保护而设置，巴西的国家公园隶属于环境部，因此其法规体系最主要的内容就是对环境的保护。巴西于 2000 年颁布了自然保护区的专门法律——《全国自然保护区系统》（第 9.985 号法，简称 SNUC）。2002 年又以第 4.340 号法对《全国自然保护区系统》做了补充和完善。巴西除了设有针对国家公园的《全国自然保护区系统》（SNUC）之外，还有《国家环境政策法》《国家环境犯罪法》《国家环境教育法》等环境保护方面的法规与核心法规互为补充，从从而在国家公园的环境保护上形成较为严密的法规体系。

巴西的法规各条款不仅内容细致，而且注意与其他相关法规之间的协调，从而使各个法规之间形成了相互支撑的体系。巴西于 1998 年制定了一个重要的法规，即《环境犯罪法》。《环境犯罪法》的出台，取代了巴西以前分散于多个立法（如《狩猎法》《水法》《森林法》等）中相关的刑事责任条款。巴西《自然保护区系统法令》在奖励、处罚及豁免一章中就规定，相关处罚参照《环境犯罪法》相关条款执行[1-2]。

4 存在的问题

4.1 政府和当地社区在国家公园管理方面存在冲突

如在巴西、法属圭亚那和苏里南交界处，联邦政府于2002年建立了国家公园，生活在国家公园边缘的农民仍然依赖国家公园维持生计，当地社区不希望建立国家公园，原因在于建立国家公园以后，他们的生计将受到威胁；同时政府应购买划入国家公园的私有土地，但是由于缺少资金，一直没有购买，在与当地社区存在冲突及缺少运作资金的情况下，此国家公园依然停留在纸面上[3]。

4.2 国家公园之间发展不均，很多公园缺乏基础设施和便利性

巴西国家公园的大小差异很大，面积最小的国家公园是位于里约热内卢的迪居甲国家公园（Tijuca National Park），面积为3300公顷，面积最大的是亚马逊的土木库马奎山脉国家公园（Tumucumaque Mountains National Park），面积为3800000公顷。其中，两个参观游客最多的国家公园是迪居甲国家公园（Tijuca National Park）和伊瓜苏国家公园（Iguaçu National Park）。这两个国家公园因邻近市区，交通便利，2009年访客量分别是170万人次和100万人次，占到巴西所有国家公园参观人次的71%，其他国家公园因交通不便或旅游设施不足，门可罗雀。据估计，巴西国家公园的每年潜在收益可能约17亿美元。2012年，ICMBIO门票和服务赢得了2400万美元的收入，但这些收入大多只从四个国家公园获得。2012年，巴西有68个国家公园，但只有26个国家公园正式对游客开放，其他一些国家公园非正式地接待来访者。之所以参观人次不高，是因为很多国家公园缺乏基础设施建设和便利性[3-4]。韦阿代鲁斯高地国家公园（Chapada dos Veadeiros National Park）就是一个很好的例子。它是一个世界遗产地，具有独特的稀树草原植被、数百计的瀑布和水体。但由于只有一个公园入口，和非常有限的旅游基础设施。2009年，仅有22950人次游客参观了该公园。ICMBIO不收取入场费，也不能够出售食品、饮料和纪念品。官僚问题已经推迟了这些服务向私营企业开放[3]。

4.3 预算不足和管理体系落后阻碍了进一步发展

像许多国家一样，巴西国家公园运营和基础设施建设等问题也停留在纸面上。国家公园建立起来容易，但是预算不足和管理体系落后阻碍了进一步发展。第一个问题是土地预算不足。土地所有者和有土地所有权的当地社区需要补偿和安置，不仅缺少资金还花费时间。比如巴西的第一个国家公园伊塔蒂亚亚国家公园（Itatiaia National Park），在建立七十年后仍然有土地所有权问题没有解决。第二个问题是管理体系落后。没有一个管理计划和公共使用计划，国家公园就不能正式向公众开放。这些管理计划的创立和完善需要花费大量人力物力，直到最近许多国家公园都没有管理计划或管理计划已经过时。为了维护国家公园，必须有足够的基础设施。如果公园对公众开放，这意味着需要额外的基础设施和工作人员去提供安全、可持续性和高质量的游客体验。2009年Funbio研究表明国家公园对游客开放，园区平均投资约为每年300万巴西雷亚尔（R$）（约合100万美元），运营成本是在每年100万巴西雷亚尔（R$）。巴西国家公园管理一直存在着高度集权、预算小、批准晚，国家公园收入并没有用于公园建设和发展的情况，这使得巴西国家公园规划成为一个非常棘手的事情。1998年伊瓜苏国家公园（Iguaçu National Park）尝试了国家公园特许经营，公共服务外包，大大提高了游客的体验，游客数量显著上升。不幸的是，由于官僚和其他园区的土地管理现状，IBAMA没有在其他园区分享管理经验。直到几年前，联邦保护单位的管理业务从IBAMA中分离出来。2007年，成立ICMBIO（Instituto Chico Mendes de biodiversidade）来管理国家公园和其他自然保护区。通过环境补偿制度来为土地预算和公园投资提供新的保障。这意味着更多的公园现在能解决自己的土地所有权问题和建立管理计划[2]。

5 启 发

我国现代自然保护事业始于1956年广东鼎湖山国家级自然保护区建立，截至2015年底，全国共建立

各种类型、不同级别的自然保护区2740个，总面积约14703万公顷，其中陆地面积约14247万公顷，占全国陆地面积的14.8%。经过60多年的建设，我国构建了类型较为齐全、层次丰富的自然保护地体系。自然保护区在数量方面的发展是比较充分的，类型也基本覆盖了自然保护的所有重要领域。可以说我国的自然保护成绩是突出的，但仍然存在着一些问题，制约了我国自然保护事业的发展。一是现有的保护体系缺乏系统设计，缺失了国家公园这一类型；二是管理重叠交叉、机构设置重复、责任不清，管理体制有待完善；其他还有保护区土地权属不够明确，部门之间协调不够等问题。因此进一步理顺我国现在保护地体系，建立统一、完整、高效的保护地体系迫在眉睫。

而正在建立的我国国家公园体制为彻底解决我国保护地体系的一系列体制机制问题提供了契机。2013年11月，《中共中央关于全面深化改革若干重大问题的决定》提出建立国家公园体制。2015年年初，我国出台建立国家公园体制试点方案；同年5月发布的《中共中央国务院关于加快推进生态文明建设的意见》提出，建立国家公园体制，实行分级、统一管理，保护自然生态和自然文化遗产原真性、完整性。现阶段，我国正在北京、吉林、黑龙江、浙江、福建、湖北、湖南、云南、青海、陕西、四川、甘肃等省市开展10个国家公园体制试点。

建立国家公园体制对我国生态文明有重要的战略意义，国家已经在顶层为我国国家公园建设指明了方向。目前，我国国家公园建立正蓬勃发展，各种思想理念百家争鸣。如何建立好我国国家公园，需要全方位统筹思考和借鉴学习。参考国外国家公园的建设历史，可以为我国国家公园建设带来一些启发。巴西有80年的国家公园建设史，在建设过程中，管理体系落后，土地权属问题、资金不足等问题也困扰着联邦政府。思考巴西联邦政府的做法，有两件事情值得我们学习。

第一是利用国家环境系统（SISNAMA）实行自然保护区统一管理，多部门的协调合作。1981年，巴西联邦政府建立了一个全国性的国家环境系统（SISNAMA），其中汇集了联邦机构、环保机构、州、直辖市和联邦区，其主要目的是将宪法所规定的原则和规范落实到位。在此基础上，巴西于2000年颁布了自然保护区的专门法律——《全国自然保护区系统》（第9.985号法，简称SNUC），根据SNUC，对全国自然保护区进行定义，分为完全保护和可持续利用两大类，实行分类管理。

第二是在统一管理的基础上，建立专门机构管理国家公园。环境与可再生自然资源管理局（IBAMA）是巴西全国保护区体系的执行机构，是联邦政府保护环境的主要工具，并作为“环保警察”。具体负责管理全国自然保护区系统，并对建立和管理联邦、州和市保护区的费用提供补助。由于IBAMA管理面过大，在国家公园管理过程中，出现了管理体系落后，官僚作风，资金不足等诸多问题。2007年，联邦政府专门成立了奇科门德斯生物多样性保护研究所（ICMBIO），接手环境与可再生自然资源管理局（IBAMA），管理包括国家公园在内的自然保护区。ICMBIO对国家公园接手管理后，实施了一系列新政，包括国家公园特许经营、生态补偿等政策，有效地提升了国家公园的管理。

其实在我国国家公园建立过程中，建立完善统一的保护地体系的意义要远远高于建立国家公园本身。因此需要国家层面当机立断、壮士断腕般改革，打破部门利益，地域利益的限局，进一步理顺我国现在保护地体系，通过打造国家公园，建立统一、完整、高效的保护地体系。

【参考文献】

[1] 周武忠. 国外国家公园法律法规梳理研究［J］. 中国名城，2014，(2)：39-46.
[2] 柏成寿. 巴西自然保护区立法和管理［J］. 环境保护，2006，(21)：69-72.
[3] ArianeJanér. The National parks of Brazil［M］. InstitutoEcoBrasil，2010.
[4] 唐芳林. 巴西国家公园上帝的宠爱［J］. 森林与人类，2014，(5)：146-153.

南非野生动物类型国家公园的保护管理*

南非共和国（简称南非）被称为“地球上最大的野生动物博物馆”，以野生动物资源丰富而出名，以号称非洲五霸（非洲象、犀牛、野水牛、狮子、花豹五种旗舰物种）为典型代表的众多野生动物资源，具有极强的感染力，其野生动物保护管理水平居南非乃至世界一流水平。南非保护地体系完善，国家公园建设已有百年历史，其国家公园建设法律完善、管理理念新颖，对我国野生动物类型国家公园的保护管理具有很强的借鉴意义。

1 南非基本情况

1.1 南非概况

南非位于南半球非洲大陆最南端，东、南、西三面被印度洋和大西洋环抱，北面与纳米比亚、博茨瓦纳、津巴布韦、莫桑比克和斯威士兰接壤，另有莱索托为南非领土所包围，陆地面积约 122 万平方公里，海岸线长 2500 公里。南非地处大西洋和印度洋交界处，扼两大洋交通要道，具有重要战略位置，其西南端的好望角航线历来是世界上最繁忙的海上通道之一，有“西方海上生命线”之称。

1.2 南非野生动植物及生物多样性概况

南非全境大部分为海拔 600 米以上高原。德拉肯斯山脉绵亘东南，卡斯金峰高达 3660 米，为全国最高点；西北部为沙漠，是卡拉哈里盆地的一部分；北部、中部和西南部为高原；沿海是窄狭平原。奥兰治河和林波波河为两大主要河流。大部分地区属热带草原气候，西部沿海为热带沙漠气候，南部沿海为地中海式气候。大自然给予了南非特殊的眷顾，赋予南非美丽的自然景观和丰富多样的动植物种类。其生物多样性位居世界第三位，拥有从沙漠到亚热带森林等一系列生态系统和丰富、壮观的陆地、海洋景观。多样的生态系统孕育了南非丰富的生物多样性种类。据调查，南非国土仅占世界土地总面积的 2%，但是境内拥有的植物物种占世界的 10%，爬行动物、鸟类和哺乳动物物种占 7%，海岸生物物种占 15%。南非拥有多种濒危物种，是世界上重要的生物多样性基地。

1.3 南非保护地体系概况

南非是自 19 世纪现代意义上的保护地概念出现后最早一批建立本国保护地的国家之一，亦是非洲大陆最早建立保护地体系的国家。一个多世纪以来在非洲建立和管理保护区的发展进程中一直居于领导者的地位。南非保护区管理体系，自殖民前期至今已有 150 多年的历史，是国际自然保护网络的重要组成部分。南非《国家环境管理：保护地法》（National Environmental Management: Protected Areas Act 57 of 2003）及 2004 年 31 号修正法案（National Environmental Management: Protected Areas Act 31 of 2004）中明确规定了南非的保护地体系包含以下类型：

（1）特殊自然保护区（special nature reserves）；

（2）国家公园（national parks）；

（3）自然保护区（包括荒野地）[nature reserves（including wilderness areas）]；

（4）保护的环境区（protected environments）；

---

* 唐芳林，孙鸿雁，王梦君，等．南非野生动物类型国家公园的保护管理 [J]．林业建设，2017，(1)：1-6.

（5）世界遗产地（world heritage sites）；

（6）海洋保护区（marine protected areas）；

（7）特别保护森林区（Special Protected Forest Areas）、森林自然保护区（Forest Nature Reserve）、森林荒野地（Forest Wilderness Areas）（依据《国家森林法》［the National Forests Act，1998（Act No. 84 of 1998））的公告］；

（8）高山盆地区（mountain catchment areas）［依据《高山盆地区法案》（the Mountain Catchment Areas Act，1970）］；

这些类别包含了所有国家级别、省/地区级别和地方级别的保护区。

据统计，截止 2016 年，南非共有 528 个国有（公共）保护区（包括 20 个海洋保护区），总面积 750 万公顷，占陆地国土面积的 6.1%（其中国家公园 21 处）；私有保护区 11600 处，2800 万公顷，占陆地国土面积的 23.12%。私人保护区的面积和保存野生动物数量均占全国总数的 75%，成为非洲野生动物数量增长最快的区域。

1.4 南非国家公园概况

目前，南非有 21 处国家公园，分布于南非 9 个省中的 7 个省，总面积超过 400 万公顷，占南非所有保护地面积的 67%。南非建立国家公园的目的是保护生物多样性，保护具有国家或国际重要性的地域、南非有代表性的自然系统、景观地域或文化遗产地，包含一种或多种生态完整的生态系统地域，防止开发和不和谐的占有、利用破坏地域的生态完整性，为公众提供与环境和谐的精神、科学研究、教育和游憩的机会，可行的前提下为经济发展做出贡献。南非国家公园管理局（SANPARKS）是南非国家公园的法定管理机构，隶属于南非环境事务部。SANPARKS 是一个半独立的机构，有独立的办公地点，统一负责全国 21 个国家公园的管理运营和整体监督。

2 南非野生动物类型国家公园保护管理情况

2.1 主要法律法规

在国家层面，南非先后制定了《国家环境管理法》《生物多样性法令》（2003 年）、《环境保护法令》《国家公园法令》（1976 年）、《湖泊发展法令》《世界遗产公约法令》《海洋生物资源法令》（1998 年）、《国家森林法令》《山地集水区域法令》等。南非的国家公园体系正是依据 1976 年颁布的《国家公园法令》建立起来的，并于 1997 年颁布了其修订法案《国家公园修订法案》（National Parks Amendment Act，1997）。

2003 年，南非在国家层面上整合了《国家公园法令》《国家环境管理法》《国家森林法》《世界遗产公约法》《高山盆地法》等历史上颁布的与保护区管理相关法案，颁布了《国家环境管理法：保护地法案》（NEMA：PAA57 of 2003），这是南非历史上第一部真正意义的保护地法。《国家环境管理法》（NEMA）属于宪法框架，其下除了保护地法案，还有生物多样性保护法案等，形成了完整的环境保护法律框架体系。

2.2 管理体系

南非现有保护地管理体系囊括了从国家到地方各层面的保护机构和保护类别。国家层面的管理机构主要有环境事务部（DEA）、农林渔业部（DAFF）、水务部、旅游部。省级保护区管理机构管理辖属范围内的国家级、省级保护区，以及根据各省具体情况而发展的保护地类别。在地方层面上，政府依据法律鼓励以各种形式建立私人保护地和社区保护地的发展。南非环境事务部负责国家公园管理和生物多样性保护、野生动物可持续利用的管理和服务，下属的国家公园管理局（SANPARKS）统一负责全国 21 个国家公园的管理运营，各省都设有环境事务管理部门，负责所在省的环境管理事务。

3 野生动物保护管理的主要做法

3.1 允许野生动物资源的可持续利用

南非国土面积122万平方公里，仅有23.3%的土地适合农业耕作，绝大部分的土地不适合农业而更适合野生动植物生长。一些盐碱地是羚羊喜欢的栖息地，一些干旱稀树草原不适合家畜而适合草食性野生动物以及依托其生存的捕食者。目前，南非政府建立了21处国家公园，由国家公园管理局通过门票和其他商业性项目获得预算的75%收入，政府只补贴不足部分的经费。此外，在政府的鼓励下，许多土地所有者自愿拿出土地，把农场转化为野生动物保护区。与一般的自然保护区不同，这种体验式保护区的保护地类型需要有足够大的面积，经专家评估符合条件，得到环境事务部许可，外围圈以围栏，保护和引入本地原有野生动物种类，让动植物自由生长繁衍，形成稳定的种群和食物链，只进行轻微的人为干预措施，营利模式是通过为游客提供野生动物观光、荒野体验、宿营、运动狩猎等服务来赚取利润，效益是农场的3~5倍。为了减轻围栏造成的孤岛化影响，面积一般要求在1万公顷以上，多余的野生动物则有计划地以商业狩猎的方式来控制，这种娱乐探险体验不以换取肉食为目的，但收益很高。私人保护地模式既延续了野生动植物资源，也增加了收入，解决了社区就业；对野生动物而言，也是纯野生状况下的生存；减少了非法盗猎活动，很受相关利益群体的欢迎，所以发展很快。

3.2 约束人的行为，人和野生动物和谐共处

人和野生动物并非不可接触。动物本身没有问题，有问题的是人，只要管理好了人，大自然就不会出问题。南非的野生动物保护区严格限制人类活动，游人只有在专业人员陪同下才能进入保护区，必须遵守规则，按照规定的线路参观。野生动物保护区绝对禁止游人下车，禁止喧哗、挑逗、喂食。长此以往，动物也习惯了人的存在，草食动物自由栖息、繁衍，而肉食动物也可以在众目睽睽之下捕食，一切按照自然法则进行。在这些动物保护区，游客进入前必须告知注意事项，签署同意书，违反规则造成自身伤害由游客自己承担，保护区不需要承担法律责任；而造成野生动物和环境损害，游客必然受到严厉追责。面积近200万公顷的克鲁格国家公园野生动物数量越来越多，不得不持续向周边地区疏散，并采取节育等措施加以控制，以便保护森林和草原生态系统。另外一个成功的例子是南非开普顿半岛的桌山国家公园。近年来，这里每年接待游客400多万人次，仍然保持着良好的自然状态，鸵鸟、羚羊、狒狒自由生存。

3.3 提高管理水平，科学和理性保护

经过100多年的发展，南非的野生动物管理水平已处于世界一流水平，有完善的保护地规划和发展、旅游、跨边境保护、兽医服务、航空服务、科研教学服务等服务体系。除了国际组织，南非也有一些非政府组织，开展各种项目，如动物的监测、麻醉、节育、扩散、运输、疫病防治、狩猎、草场计划燃烧等方面，都有高水平的专业服务。

保护野生动物需要科学的态度和理性的方法。南非的政府部门、研究人员和非政府组织均认同野生动物可持续利用。南非比勒陀尼亚大学的范欧文教授认为，野生动物有其利用价值，自然会产生买卖行为，如果禁止公开贸易，买卖自然转入地下，黑市更难监管。例如，南美洲的羊驼曾经数量很少，人们并没有把它作为濒危物种保护，而是允许买卖，允许鹿茸交易后鹿茸价格越来越让大家接受，数量也越来越多，增加到50万只。如果禁止公开贸易，价格就会升高，黑市就会屡禁不绝，例如犀牛保护就陷入了恶性循环。禁止贸易的犀牛角的黑市价格涨到了每公斤10万美元，尽管每年都要击毙40多名盗猎者，但高额的利益仍然驱使犯罪分子铤而走险猎杀犀牛。而犀牛角实际上每年都可以生长1.5公斤左右，不需要剥夺其生命就可以按其生长量合理割取利用，黑市价格也会快速降下来，偷猎现象也会减少。

4 保护地体系特点

4.1 与社会、政治问题紧密交织

南非的自然保护事业与其主要的历史和社会、政治问题是分不开的。南非保护地体系的建立和发展经历了从“武器和栅栏”到集中家长式管理，又进而走向合作管理的漫长道路。历史遗留的土地权属问题表现在大面积土地上存在双重土地制度，土地改革和土地再分配成为南非保护区管理的关键问题。无论是政府保护机构，还是非政府组织和私人保护者都认识到保护区管理不得不和其他土地利用方式一样提供食物、就业和生计安全。政府管理的保护区和私人保护区为保持其合理的政治地位就必须满足社会的需求。

4.2 结构层次清晰、有法可依

南非保护地体系包括了从国家到地方各层面的保护机构和保护类别。在国家、省和地方层面均设有相应级别的保护区管理机构，实行政府分级主管。南非政府根据宪法赋予的权力行使职责，各省政府的保护区管理机构负责管理行政职权范围内的保护区。只要是国家级管理机构认为合适，经过授权，省级保护区管理机构可以管理位于省内的国家级、省级或地方级的各类保护区。根据各省情况发展、调整保护区类别，新的类别仍归属省级保护区系统，与国家体系保持一致。在地方层面上，政府依据法律鼓励非政府组织、私人保护团体，原住民社区参与保护区的管理。南非保护地体系已经形成了一个完整、层次清晰的结构。并且 2003 年颁布的《国家环境管理：保护地法》成为该保护地体系建构、发展和完善的根本依据及法律保障。各省根据宪法赋予的权限可以颁布省级保护区管理法律或政策，省级保护地法律或政策下属于国家《保护地法》。

4.3 自然保护与可持续发展并重

南非今天面临的最大的环境挑战之一是自身资源可持续的管理如何与发展的需要相协调，贫穷是导致其环境恶化和资源枯竭的主要原因。南非政府和人民充分认识到其南非珍贵自然资源对于国家安全和人民生计的重要性，1997 年颁布的《生物多样性白皮书》确定将生物多样性保护作为保护国家自然资源安全和社会发展重要手段的基本国策。2003 年颁布的《国家环境管理：保护地法》重申了这一主体。同时，南非政府强调在国家层面上优先解决贫穷问题和给弱势群体提供机会。没有将保护环境或是解决贫穷、发展经济放在优先的位置，而是将环境保护作为发展过程中的一个结合部分。政府努力将自然保护和可持续发展并重的管理理念成为南非保护区管理体系的一个主要特点。

4.4 旅游、私营部门与保护区合作的经验

南非丰富的自然和人文资源吸引了全世界的旅游者，旅游业已成为南非第四大产业。南非政府认识到保护区的可持续旅游对当地社区的生计和保护区管理的重要性，把发展以自然为本的旅游作为解决国家极为重视的贫困问题的重要手段。南非将旅游发展和健康的环境管理结合起来，同时与创造工作机会，乡村发展和缓解贫穷相联系。在管理体制上，南非旅游发展计划日益重视鼓励私营部门有责任地运作旅游企业。私营部门被号召起来通过可持续的企业发展运作模式来实现国家执行授权管理的政策和缓解贫穷的目标。

同时，南非国际发展部提出“解决贫穷优先的旅游”的发展机制，特别强调旅游发展不能剥夺贫困者的机会，不能只是扩大旅游业的整体规模。南非政府制定了一系列以激励基于旅游发展的经济发展政策和计划。这些计划明确认识到自然、乡村地区与发展旅游有关，并始终强调在国家层面上优先解决贫穷问题和为因历史原因造成的贫困人口及弱势群体提供机会。南非成功地将国家和私人两股力量融合到自然的旅游事业中为非洲其他国家提供了保护区管理有用的和创新的经验。

5 国家公园的建设管理

5.1 在充分论证的基础上申报建立

南非国家公园的建立一般是地方、个人或者协会向主管部门提出申请，然后环境事务部或国家公园管理局组织专家对该区域的地形、地貌、环境、生物多样性、交通等多方面因素进行实地考察和评议是否符合建立国家公园条件，并做出评估报告，然后由环境事务部批准成为国家公园。建设国家公园的程序包括选址、全面的生态系统评估、国家公园的规划、引进生物种类、国家公园的相关培训和管理等。

5.2 按照严谨的管理规划实施建设

每个国家公园都会编制五年或十年的管理规划。管理规划一般至少应包括规划期限、适用的生物多样性管理计划、政策协调框架、规划措施、执行步骤及投资估算、社会参与、分区规划等内容。国家公园的管理主要包括动物保护及利用、生物多样性管理、火的管理、生态恢复、生态旅游、教育、社区参与等，都需要严格按照规划和计划实施。

5.3 明确边界运用先进技术进行保护

南非国家公园对野生动物、生物多样性、生态过程及生态系统的保护是其管理的主要工作。例如，国家公园都用保护围栏围了起来，这样既明确了国家公园的边界，而且防止野生动物进入周围的社区造成对农作物或财产的破坏。为了保护野生动物特别是一些具有经济价值的物种（如犀牛、大象等），国家公园巡护人员会进行经常性的监视，并借助一些先进的技术，例如带有夜视功能的无人机。为了保护和恢复国家公园原有的生态系统，国家公园也逐步开始重视外来植物的清理。

5.4 按照访客利用程度划定功能分区

南非有海洋、湖泊、高山、海洋、潟湖、生物多样性等丰富的资源，依托这些资源建立的国家公园最重要的功能是保护生物多样性和自然资源，在保护的前提下，适度发展生态旅游。在国家公园的管理规划中，按照访客的需求将国家公园划分为偏远核心区、偏远区、安静区、低强度休闲利用区、高强度休闲区。制定分区规划的主要目的是建立一个国家公园内及周边连贯整体的的空间框架，来指导和协调生物多样性保护、旅游和游客体验活动，以及降低这些对立活动之间的冲突。按照分区管理的要求明确区域允许游客进入，哪些区域允许建设什么类型的基础设施，为访客提供生态和自然的体验。

5.5 丰富教育活动鼓励社区参与

南非国家公园具有教育科普的作用，国家公园一般建有教育中心，而且每年通过丰富的活动方式让孩子们（特别是国家公园周边的贫穷孩子）接受自然教育。例如，桌山国家公园有一个丰富的教育课程系统，每年国家公园从周边贫穷的社区接来大约 8000 名学生到国家公园接受教育，桌山国家公园每年发出大约 25000 个教学许可。为周边的社区居民提供了多少个工作岗位是南非国家公园及保护地管理机构经常提及的指标。据统计，南非国家公园管理局在 2015/2016 年度，通过开展项目共雇佣了周边 359 个社区的 23298 人，相当于 6364 个全职雇员。此外，国家公园在每年的预算中计划一定的资金用于社区的基础设施建设，社区还可参与国家公园的决策，努力让社区从保护发展活动中获益。

6 启示与借鉴

6.1 更新保护理念

绝对禁止利用的结果并不能有效保护野生动物资源。南非允许野生动物的可持续保护利用，允许合法的商业性狩猎和动物产品贸易，每年来自野生动物利用的收益有 13 亿美元，而全球年产值达千亿美元。南非国家公园在保护的前提下，采取特许经营、PPP 等方式，鼓励社会的多方参与，开展商业经营活动，而且75%的国家公园建设经费来源于此。南非国家公园不回避发展、可持续利用的理念，启发我们保护要回归理性，将可持续发展落到实处。

6.2 健全法律法规

目前，南非的国家公园及保护地遵照《保护地法》（NEMA：PAA57 of 2003）法案进行管理，形成了具有自身特色的包含国家公园在内的保护地体系。在法律法规方面，我国可以借鉴南非经验，对现有的相关法律法规进行整合，尽快制定颁布我国的保护地法。

6.3 明确管理主体

行业主管部门负责国家公园管理，下设国家公园管理局。SANPARKS的管理机构是国家层面的国家公园管理队伍，体现了国家公园管理上的专业性，国家公园董事会与具体执行机构的组织形式具有一定的特色。在当前我国正在建立国家公园体制改革中，建议成立我国国家公园及自然保护地管理委员会，将执行机构设置于专业的资源管理部门。

6.4 构建保护体系

南非的保护地包括了特殊类型的保护区、自然保护区、国家公园等多种类型，其中国家公园是所有保护区中最耀眼的明珠。多年来，我国形成了以自然保护区为主体，包括了森林公园、湿地公园、沙漠公园、地质公园等类型的保护地集合。南非的类型完整、层次清晰的保护地体系结构对我国当前建立国家公园体制，理顺保护地体系具有一定的借鉴。

6.5 提高管理技术

南非在野生动物保护方面的研究深入，而且将研究成果成功应用在保护管理实践中，特别是在大型哺乳动物（如大象）研究、保护和管理方面的水平值得我国学习和借鉴。

6.6 商业化的运营

南非国家公园属国家所有，但政府并非大包大揽。国家公园建立之初必要的基础设施由国家投资建设，以后的运营就转入商业化模式，各个国家公园都开展旅游及特许经营活动，收入统一上交由国家公园管理局，实行收支两条线，国家公园管理局则通过SANPARKS董事会审批预算，并进行审计。75%的国家公园预算支出依靠国家公园经营收入，其余不足的部分才由国家财政补助。

7 结语

我国与南非国情不同，人口多，土地广，大面积的荒野不多，许多生物多样性丰富的区域同时也是人口密集的区域，情况复杂，管理难度大。但同属发展中国家，都需要在发展经济的同时保护好生态环境，南非的野生动物可持续保护利用理念和技术、国家公园建设经验以及私人保护地发展经验，都值得借鉴。当前我国正在建立国家公园体制，我们不仅要借鉴西方发达国家如美国的经验，也要吸收其他国家的先进经验，兼收并蓄，结合我国实际，建立既与国际接轨又具有中国特色的国家公园体制。

韩国国家公园管理经验对我国自然保护区的启示*

韩国国家公园是韩国自然生态系统的核心，是自然与文化景观保全与保护、可持续发展的代表[1-2]，我国的自然保护区保护着我国最具代表性的自然生态系统、珍稀濒危野生动植物物种以及有特殊意义的自然遗迹。韩国国家公园和我国自然保护区虽属不同的保护地类型，但在生物多样性保护、科研监测、公众教育、社区共管等方面有许多相通之处。同时，中韩两国地理相邻、人文相通、经贸互补，韩国国家公园的先进管理经验对我国自然保护区管理具有不少借鉴和启示意义。

为加强中韩两国在野生动植物和生态系统保护方面的交流和合作，并落实《中华人民共和国国家林业局和大韩民国环境部关于野生动植物和生态系统保护合作的谅解备忘录》“自然保护区管理交流”协定，双方协定每两年在中国和韩国轮流举行工作组会议。2016 年，“中韩野生动植物和生态系统保护合作专家研讨会”在韩国首尔举办。此次会议通过双方在自然保护区和国家公园管理方面的政策研讨、最佳案例交流、实地调研，加强双方在生物多样性保护、自然保护区、国家公园管理等方面的交流和学习。通过此次会议，我们对韩国国家公园的建设和管理有了比较全面的认识和了解，结合我国实际，也获得了一些思考和启发。

1 韩国国家公园概况

韩国国家公园作为“代表韩国的自然生态系统、自然以及文化景观的地区”，是为了保护和保存以及实现可持续发展，由韩国政府特别指定并加以管理的地区[1]。

韩国政府自 1967 年指定首个国家公园——智异山国家公园以来，至今已指定的国家公园有 22 座，其陆地及海上面积共计达到 6726.246km^2，占韩国陆地国土面积的 6.7%。韩国国家公园分为山岳型、海岸型和历史遗迹型 3 种类型。在 22 个国家公园中，有 17 个山岳型公园、4 个海岸型公园和 1 个历史遗迹型公园。除汉拿山国家公园以外，其他 21 座公园均是由韩国国家公园管理公团管理。

韩国国家公园管理公团是韩国唯一的专业管理国家公园的机构，隶属韩国环境部管理。韩国国家公园管理公团是韩国国家公园管理的主体，在环境部部长委托授权下开展对公园资源的调查和研究，负责保护和管理国家公园的自然与文化资源，同时在公园内建造各种设施并负责维护，指导公园的有效使用，并承担公园宣传工作等。

2 韩国国家公园管理经验

2.1 完备的法律基础

法律法规是管理国家公园的基本依据，是保护自然与历史文化资源的重要手段。韩国于 20 世纪 80 年代颁布了《自然公园法》《自然公园法实施令》《自然公园法实施细则》等一系列法律法规，以法律形式明确了国家公园保护管理等相关事项。这些法律法规具有非常强的操作性和执行性[1]。韩国从第一个国家公园的建立到国家公园系统的形成都伴随着法律的制定、颁布和实施，关于国家公园的任何决策、管理、经营和建设都按照法律规定的程序进行。

---

* 闫颜，徐基良. 韩国国家公园管理经验对我国自然保护区的启示［J］. 北京林业大学学报（社会科学版），2017，16（3）：24-29.

2.2 统一的管理主体，实行绿色健康的管理政策

韩国政府于1986年确立了“国家公园应由国家直接管理”的方针，韩国国家公园管理公团是国家公园管理的主体，其是依据《自然公园法》第44条的规定设立的。《自然公园法》明确规定了设立国家公园管理公团的程序、步骤以及该机构的性质、经费来源等，使国家公园管理主体实现了统一。这种统一化的管理体制使管理主体明确、责权明晰，国家公园管理公团在法律规定的范围内对每个国家公园行使管理权，在管理决策方面基本不受地方政府和其他部门及经营企业的干预。

韩国国家公园管理公团按照“保护优先”的管理理念[1]，依照《自然公园法》有关规定，在保护的前提下，以最小化的利用，重点开展国民环境教育和宣传，倡导健康绿色的游览文化。国家公园鼓励访客步行，倡导“慢行文化”，除建设必要的保护管理、科研监测、灾害、安全事故防范、生态防护设施外，极少建设破坏自然环境及景观的设施。

2.3 充足的资金和人员保障

韩国国家公园从2007年开始不收门票，政府每年安排3000亿韩元（约合人民币18亿元）用于21处（汉拿山国家公园除外）国家公园的保护和管理工作，并且每年按照0.1%的比例增加。按照这样的投资规模，每个国家公园每年将获得国家132亿韩元（约合人民币8600万元）的投资。充足的资金为韩国国家公园的建设和发展奠定了良好基础。此外，为了解决国家公园私有土地的管理问题，韩国政府从2006年开始将赎买国家公园内私有土地纳入政府预算，仅2016年就投入60亿韩元用于购买湿地、景观、岛屿等私有地。同时，韩国政府为履行“爱知”目标（UN CBD Aichi Target 11），制定了《国家保护区域扩大及管理改善推进计划》及相关奖励、鼓励政策，支持各地方建立新的保护地并改善管理。

与充足的资金相对应，韩国国家公园的管理人员也能够充分满足国家公园管理需求。韩国国家公园管理公团目前有员工人数1245名，其中，有180名员工在国家公园管理公团本部工作（约占员工总数的14%），其余人员分布在各个国家公园，负责每个国家公园的具体工作。除这些人员外，针对国家公园内因特殊保护需要设立的“特别保护区”的管理，另安排有1300多名员工负责“特别保护区”的相关管理工作。

2.4 宣传教育工作针对性强，公众环保意识高

韩国民众普遍有着较高的自然和生态环境保护意识，这除了与韩国民众较高的国民素质有关外，也与韩国国家公园管理机构多年来在生态环境保护宣传教育方面的努力分不开。国家公园除了承担资源与环境保护外，最重要的任务就是开展公众环境教育。国家公园管理机构通过开展丰富多彩的宣传教育活动，引导周边社区及访客自主参与国家公园管理，让社区居民及每位来到国家公园的访客都能得到环境教育和保护体验，并且充分利用电视台、广播、网络等各色宣传媒介，积极搭建国家公园保护管理的宣传平台。这不但增强了国家公园从业人员的职业自豪感，也使民众对国家公园有了更多的理解、认识和认同，使国家公园不但成为韩国民众最理想的休闲地，也成为他们最向往的工作和生活地。

2.5 及时周到的访客管理措施

韩国国家公园先进的管理还体现在对访客的管理方面，针对各种访客群体的需要，国家公园管理机构会及时、周到、科学、合理地制定管理措施，改进管理方式。在国家公园设施建设方面，公园管理机构通过提高进出道路、露营场所、紧急避难所、卫生间等现有公园设施的功能性和便利性，建设“自然友好型”公园设施，为访客提供便利；在一些易发生自然灾害的国家公园，公园管理机构会预先建立预警机制，提前发出警报并告知访客；在国家公园内设有医疗应急设备，如自动心脏病人救护设备，可以帮助一些危急病人及时得到救助；针对一些国家公园内带儿童露营的访客数量增多的情况，国家公园通过增加紧急避难所，露营地数量，采取“预约制”以最少的收费标准（每晚约合人民币50元）满足访客需要；一些国家公园还建立了“无障碍探访路”体系，使一些残疾人员或其他不方便人员也能够进入国

家公园游览。同时，通过积极在国家公园内实行“绿色积分制”，用垃圾换积分，用积分换礼物，激励进入国家公园的访客及时带走随身垃圾，保持国家公园环境卫生。

2.6 特色鲜明的社区共管

国家公园建立后，当地社区居民的生产生活受到限制，经济发展受到一定影响。为了改善那些由于被指定为国家公园而遭遇各种不便之处的地区居民的生活条件，国家公园管理机构积极沟通各利益相关方，形成各种合作体系，开展以社会间接资本为主的支援项目，有效防范摩擦，与地区社会形成互助共赢关系，促进相互发展。自 2008 年起，政府通过增加预算，提升国家公园当地居民的福利水平，改善生活环境，开展形式多样的支援居民项目。目前在许多国家公园比较流行的“名品小镇”项目，是国家公园管理机构选择一些适宜的村庄、集镇，通过给予适当的资金、技术、信息支持，帮助社区发展“自然友好型”旅游，将这些村庄、集镇打造成适宜观光、游憩、避暑、住宿、疗养的场所。“名品小镇”的发展，一方面很大地提高了当地社区居民的经济收入，改善了他们的生活条件；另一方面也提高了国家公园的知名度，吸引更多的访客到国家公园游览。

2.7 完善的志愿服务机制

为了使地区居民或访客体验国家公园的管理工作，增进对国家公园的自然、历史、文化资源价值的理解，韩国国家公园管理机构组织开展各种符合每座国家公园特点的志愿者服务活动。志愿者招募方式采用刊登征集广告、志愿者参与报名的方式，目前不同专业领域的 200 多名国家公园志愿者正在开展活跃的志愿者活动。韩国国家公园管理公团严格依据《志愿服务活动基本法》和《国家公园志愿服务制度运营规则》开展国家公园志愿活动的相关管理工作，按照这些法规文件对志愿服务活动计划、活动范围、具体业务、志愿者义务、志愿者管理、志愿服务评价等的要求，开展符合不同国家公园特点的志愿服务活动，吸引社会公众参与国家公园管理，激发人们对生态环境保护、物种保护的兴趣，促进公众更好地理解国家公园管理工作。

3 对中国自然保护区建设与管理的启示

截止 2015 年底，我国已建各级各类自然保护区 2740 处，总面积 1.47 亿公顷，占我国国土面积的 14.84%。我国已基本形成了布局较为合理、类型较为齐全、功能较为完备的自然保护区网络。目前，我国自然保护区正由“数量型”向“质量型”转变，许多工作急需完善。韩国国家公园是韩国自然生态系统的核心，是自然与文化景观保全与保护、可持续发展的代表。中韩两国地理相邻、人文相通、经贸互补，韩国国家公园的管理经验对我国自然保护区的管理具有一定启示和借鉴意义。

3.1 加快完善自然保护区管理相关法律法规

我国管理自然保护区最重要的法律依据是制定于 1994 年的《中华人民共和国自然保护区条例》，该条例的颁布具有里程碑的意义，为我国各类自然保护区的建设和管理提供了有力的法律依据，也为建立现行自然保护区法律体系奠定了坚实基础。到目前为止，我国基本形成以《自然保护区条例》等国家立法为基本法，地方法规为重要组成部分，我国已加入的相关国际公约为补充的法律体系。随着我国自然保护区事业和社会经济的迅速发展，自然保护与经济发展的矛盾越来越突出，由于《自然保护区条例》建立较早，在效力位阶上也较低，在我国自然保护区管理实践中出现了许多困难和问题[3-5]。因此，要加快我国自然保护区立法进程，制定和颁布具有更高约束效力、综合性的自然保护区法，在立法目的、保护范围、核心制度、保障机制、公众参与、法律责任等方面要有所突破，全面推进我国自然保护区立法进程，使之能够尽快适应我国目前发展形势的变化。要理顺自然保护区管理体制，解决影响自然保护区管理效率的职能交叉问题，对涉及自然保护区管理的土地权属、分类管理、生态补偿等重要问题作出明确规定，提高涉及自然保护区相关违规违法开发建设活动的处罚标准，全面提高自然保护区违法成本。

要将保护区建设列入政府规划和财政预算，明确保护区考核奖惩标准，进一步完善保护区生态补偿制度[3]，也要积极推动保护区“一区一法”建设，明确保护区土地的所有权和使用权，尽快构筑科学、完善的自然保护区法律体系是自然保护区建设和管理的当务之急。

3.2 加大资金和人员支持力度，奠定管理基础

与韩国完善先进的设施设备、充足的人员、较高的人员素质和积极性相比，我国自然保护区的投入还十分不足。以“十二五”期间为例，国家安排中央预算内投资 15 亿元，用于支持 150 个国家级自然保护区基础设施建设，平均每个保护区 5 年投入 0.1 亿元（每个保护区每年 200 万元），资金投入严重不足，而对于地方级自然保护区，资金投入则少之又少[6-10]。尽管利用有限的资金，保护区管理部门通过吸收当地社区群众参与管护，积极开展生态恢复、科研监测等工作，使自然保护区内的自然资源及生物多样性得以保存。但由于资金短缺，我国自然保护区约有五分之二的自然保护区没有办公经费，近三分之一的保护区没有固定人头经费，除了国家级自然保护区其他大部分自然保护区基础设施不完善[7]。由于资金短缺，加上管理基础薄弱，管理队伍整体素质偏低，自然保护区管理部门在处理与当地政府及社区群众等相关利益方的关系方面往往力不从心。因此，必须进一步加大我国自然保护区投入力度，将自然保护区建设与运行基本费用纳入各级政府财政经常性预算，积极吸收社会资本参与自然保护工作，进一步加强自然保护区的宣传教育、社区共管、科研监测等基础工作，规范自然保护区的建设和管理。针对当前我国自然保护区资金投入逐步增多，但总额还不能完全满足需求的情况，要着重理顺自然保护区投入机制，以统一、全面、高效的管理体制为基础，建立“政府投入为主导、其他社会投入为补充”的多层次、多渠道、多元化的自然保护区投入机制，保证已有资金投入公平、合理、高效，积极引入市场机制，充分发挥财政资金的导向功能，吸引各方投资，多渠道、多层次地增加自然保护区建设及管理投入。自然保护区主管部门应通过整合现有各项建设管理资金，制定有关资金管理办法，确定各项资金的使用范围、内容及方式，有效提高自然保护区建设管理资金使用效率，确保自然保护区管理资金的合理分配和高效使用[3-6]。

3.3 实行统一规范管理，推行绿色友好方式

我国自然保护区实行“综合管理与分部门管理相结合”的管理体制，目前我国已建自然保护区分别隶属林业、环保、海洋、农业、地质矿产、水利等部门，环保部门同时负责全国自然保护区的综合管理。这样的管理体制下，由于多头管理的存在，在自然保护区管理方面各自为政、职责不清、管理混乱、效率低下。同时，我国自然保护区内及周边人口众多，当地社区对自然保护区自然资源依赖性高，在自然保护区内不仅有采樵、挖药、放牧、垦植等维持生计的生产活动，还有各级地方政府支持、参与的水利水电、矿产、旅游等资源开发活动[7]。在这些开发活动中，普遍存在毁林占地、建设公路、大兴土木、建造楼堂馆所、索道等情况，不但使保护区生态系统被分割、破碎化，也进一步加剧了保护区环境污染和景观污染，严重干扰、影响了野生动植物的生存和繁衍[7]。韩国国家公园也曾经历过“多头管理”的问题，但经过韩国政府不懈的努力，随着国家公园管理局的成立，以及相关法律法规的完善，统一规范的管理体制使韩国国家公园管理规范而高效。因此，要提高我国自然保护区的管理效率，必须实行统一化、规范化的管理体制，统一管理体制，实行垂直管理，解决政出多门、多头管理的不利局面。要按照我国生态文明体制改革的总体要求和部署，以构建产权明晰、多元参与、激励约束并重、系统完整的生态文明制度体系为契机，建立全国统一、相互衔接、分级管理的自然保护区管理体系，逐步解决目前自然保护区管理中部门职责交叉、重叠冲突、管理水平不一等问题。同时在自然保护区管理中推行“绿色友好”管理方式，坚决杜绝不合理的开发行为，保护自然保护区生态系统的完整性、原生性，避免人为活动的干扰和破坏。

3.4 加强公众宣教力度，提高公众保护意识

尽管在公众环境保护宣传教育方面我国已付出很多努力，也做了许多工作，近年来我国社会公众的

生态环境保护意识也有了很大提高，但与我国恶化的环境状况和严峻的环境形势相较，社会公众对环境状况变化趋势仍持盲目乐观态度，对环境问题的重视程序还很低，大众普遍环境道德意识较弱、环境知识严重匮乏，参与环境保护实践活动的水平还很低。政府官员环保意识薄弱，在追求经济发展过程中很难真正考虑生态环境保护问题，在保护与发展存在矛盾的时候，宁愿牺牲环境换取经济发展；很多社区群众有着原始朴素的生态保护价值观，但随着现代经济和新兴文化的冲击，这些“朴素的生态观”文化传承困难；中小学的环境保护教育也还未成为主流课目，环境保护从娃娃抓起还需很长的路；开发企业以追求利益最大化为目的，对各种开发建设活动造成的污染和破坏熟视无睹，大力攫取自然资源后造成的污染和破坏往往无人治理。种种环境损害行为归根到底是由于人们缺乏对环境的正确认识，解决各种环境问题，首先要使人们正确认识环境、对待环境问题，使人的行为与环境相和谐。因此，在我国自然保护区管理中，要将科普宣教工作作为重点，开展针对性强、形式多样的自然保护教育工作，使全民在对自然生态环境保护具有最基本认知的基础上，能够有渠道、有方式、有能力参与生态保护，真正提升社会公众的生态环境保护意识和实践能力。自然保护区管理机构在将巡护工作作为日常管理工作重点的同时，也应将环境教育工作融入日常管理的方方面面，通过定期面向不同群体开展形式多样的自然保护宣传教育活动，制作并免费发放自然保护教材、图片、挂历、装饰品等，积极宣传自然保护知识，引导和帮助社区群众保护和传承当地优秀的生态保护传统文化，逐步转变政府、企业等与自然保护区保护管理工作息息相关的利益群体观念，努力提高自然保护区相关利益群体的环境保护责任感和使命感。

3.5 重视生态旅游管理工作，创新生态旅游管理方式

目前我国许多自然保护区在开展生态旅游工作，与“遍地开花”式的生态旅游不相适应的是落后、欠规范的自然保护区生态旅游管理工作。自然保护区生态旅游虽然被限制在自然保护区实验区内开展，且旅游设施及开发规模都受严格限制，但受经济利益驱动，加上自然保护区管理机构在当地无奈的“弱势”地位，自然保护让步不合理的旅游开发的情况屡见不鲜。自然保护区生态旅游“重开发、轻管理”，以追求经济利益为第一任务，从而导致保护区内各种环境问题的产生。自然保护区生态旅游开发者普遍喜好大兴土木，道路、索道、宾馆、亭院、楼阁等人工设施成为生态旅游开发的重点工作[7]。在游客管理方面，环境容量往往只是生态旅游规划中的一个数字，实际管理中很少成为管理依据，“超标”接待问题普遍存在；环境教育也很少在生态旅游开发管理中体现，游客走马观花，带来了门票收入却也留下了不少环境问题。当地政府参与，旅游开发公司投入、建设、运营是自然保护区旅游开发的基本模式，门票收入及其他经营性收入是许多自然保护区旅游开发的主要收入来源，当前的旅游管理工作也主要围绕收门票、其他营利性经营活动相关的管理工作，当地社区除少数人能够被吸纳从事旅游管理工作外，大部分还很难进入旅游开发产业链，社区居民很难从中受益。因此，要积极开展自然保护区生态旅游标准化、规范化管理工作，创新管理方式，使自然保护区生态旅游管理工作得到足够重视，使自然保护区生态旅游更加富有特色。要加强自然保护区管理机构对自然保护区旅游开发的监管力度，特别是在自然保护区总体规划中，要明确“自然保护区属于禁止开发区域，严禁在自然保护区内开展不符合功能定位的开发、建设活动”。生态旅游规划不可规模过大，不能以“度假村”“城市公园”“风景名胜区”等为目标开展自然保护区生态旅游。自然保护区与城市公园和一般景区不同，需抓住自然保护区保护管理的重点，规划科学合理、适宜保护区特色和发展方向的项目，明确其旅游开发应以自然游憩为主，景点开发也不应破坏原有自然风貌，不应进行过多的修建和整饰，要严格控制交通、旅游等人工设施建设规模。

3.6 创新社区共管模式，提高社区自主性

自然保护区在建立前是当地社区生存的家园，由于建立自然保护区限制了经济发展，当地社区为自然保护作出了巨大贡献，但他们的生活却贫困落后。因此，自然保护区管理工作离不开当地社区的支持、配合和参与，保护区管理部门应当采取措施，调动当地社区群众参与自然保护区管理的自主性和积极性，

积极帮助当地社区转型经济发展方式，提高收入、改善生活。只有解决好自然保护区与当地社区的关系协调问题，将当地社区居民的生存和发展问题纳入自然保护区管理工作的重点来抓，才能使自然保护区得到更好的保护和发展。韩国国家公园管理中社区工作占据了重要部分，除政府对国家公园内的社区进行各种资金支持外，国家公园管理局也积极对社区开展各种形式的支援活动，形成了互助共利、共同发展的良好模式。借鉴韩国国家公园的先进经验，在我国自然保护区管理中，应当设立自然保护区社区建设专项扶持资金，重点加大自然保护区社区发展投入，着力解决好集体林区（湖区）群众生计和移民问题，帮助贫困林户、农户转产转业，提供必要的技术、资金、信息支持，开展符合当地特色的农产品加工、传统工艺培训教育活动，帮助社区居民提高收入。同时，也要持续不断地开展科普教育工作，帮助当地社区提高对自然保护区的认知，充分发挥当地社区参与自然保护的自主性，使他们能够积极主动地加入自然保护区管理工作中。

3.7 积极探索建立符合我国特色的自然保护志愿服务机制

在自然保护和环境保护方面，许多国家已建立了志愿者服务机制，特别是以欧美国家为代表，志愿者服务体制已相当成熟，许多国家的志愿服务活动已逐渐步入组织化、规范化和系统化的轨道，形成了一套比较完整的运作机制和国际惯例。而我国的志愿服务活动刚刚起步，特别是在自然和环境保护方面的志愿服务活动还未发展起来。志愿服务活动是每个文明社会不可缺少的一部分，是我国生态文明建设的重要方面，能够从一定程度上解决我国自然保护区资金和人员匮乏的问题，有必要尽快组织开展我国自然保护区的志愿服务活动相关研究工作，也可积极建立适合我国国情、符合我国特色的自然保护区志愿服务机制。在自然保护区管理中，可借鉴韩国国家公园志愿服务活动的经验，一些基础良好、管理规范的自然保护区也可积极开展志愿服务活动的试点工作，根据自身管理工作的需要，制定招募条件、方法和程序，小规模招募符合条件的志愿者帮助保护区开展宣传教育、社区共管、科研监测等工作，为我国自然保护区志愿服务机制的制定逐步积累经验。

【参考文献】

[1] 李祗辉. 韩国国立公园管理探析 [J]. 世界林业研究，2014，27（5）：75-80.
[2] 刘昌雪. 基于推力-引力因素的旅游动机定量评价研究——以黄山为例兼论与韩国国家公园的比较 [J]. 资源开发与市场，2007，23（1）：13-17.
[3] 钱者东，徐网谷，蒋明康. 五大类因素制约自然保护区发展 [J]. 环境保护，2011，4（13）：21-23.
[4] 蒋培，蔡燕燕. 我国自然保护区地方管理新模式的思考 [J]. 世界林业研究，2013，26（2）：70-75.
[5] 刘霞，伍建平，宋维明等. 我国自然保护区社区共管不同利益分享模式比较研究 [J]. 林业经济，2011，（12）：42-47.
[6] 沈兴兴，马忠玉，曾贤刚. 我国自然保护区资金机制改革创新的几点思考 [J]. 生物多样性，2015，23（5）：695-703.
[7] 苏杨. 改善中国自然保护区管理的对策 [J]. 绿色中国，2004，9（4）：25-28.
[8] 徐海根. 中国自然保护区经费政策探讨 [J]. 农村生态环境，2001，17（1）：13-16.
[9] 沈兴兴，马忠玉，曾贤刚. 我国自然保护区资金机制改革创新的几点思考 [J]. 生物多样性，2015，23（5）：695-703.
[10] 蔡珍，聂华. 北京市自然保护区资金投入与基本建设研究 [J]. 林业调查规划，2007，32（5）：55-58.
[11] 余菡，刘新，李波. 浅析美国国家公园管理经验对我国世界地质公园的启示 [J]. 北京林业大学学报（社会科学版），2006，5（3）：61-64.
[12] 师卫华. 中国与美国国家公园的对比及其启示 [J]. 山东农业大学学报（自然科学版），2008，39（4）：631-636.

阿根廷国家公园建设与管理机构设置对我国国家公园的启示*

阿根廷自1903年开始国家公园建设，是美洲继美国和加拿大之后第三个建立国家公园的国家。阿根廷的国家公园已经走过了100多年的历史，形成了较为完备的以国家公园为主的保护地体系，建立了机构健全、运作高效的国家公园管理机构。

1 阿根廷基本国情和自然保护地体系概况

1.1 阿根廷的基本国情

阿根廷共和国位于南美洲南部，东濒大西洋，西同智利以安第斯山脉为界，南与南极洲隔海相望，北部和东部与玻利维亚、巴拉圭、巴西、乌拉圭接壤，国土面积达270.8万平方公里，是拉美第二面积大国，居世界第八位。全国总人口4385万人，其中白种人和印欧混血种人占总人口的95%。阿根廷是拉美地区综合国力较强的国家，其工业门类齐全，农牧业发达，国民经济总量曾在20世纪初居世界前十名，因受经济危机的影响，目前其经济发展处于中等发展中国家水平。

阿根廷国土辽阔，地形复杂，气候多样。在国土上，阿根廷南北长36934公里，东西宽1423公里，其陆地边界线长25728公里，海岸线长4725km；在地形上，阿根廷地势西高东低，其西部是以连绵起伏的安第斯山为主体的高原山地，南美最高峰——阿空加瓜山（海拔6964米）就位于该区域，东部和中部则为广阔的平原，占其国土面积的70%，其中有被誉为“世界粮仓”的潘帕斯草原；在气候上，阿根廷南北差异悬殊，自北向南分布着热带、温带、亚热带、亚寒带、副极地等多种气候。

多样的地形地貌和丰富的气候环境造就了异常丰富的生态系统类型，孕育了阿根廷这样一个生物多样性大国。据统计，阿根廷有维管束植物9372种，居世界24位；有1038种鸟类，居世界14位；有375种哺乳动物，居世界12位；有338种爬行类动物，居世界16位；162种两栖动物，居世界19位。

1.2 阿根廷的保护地体系概况

19世纪末开始，阿根廷经济的快速发展带来了环境污染严重、生态系统退化、资源约束趋紧等一系列生态环境问题，并引起了社会各界的关注。为保护本国自然资源和生态环境，阿根廷自20世纪初开始建设以国家公园为代表的各类保护地，目前已经形成了完备的自然保护地体系。根据资源类型、资源特色、受威胁程度、保护等级、利用程度等标准，阿根廷将其自然保护地分为国家公园、自然纪念地、国家保护区、严格自然保护区、原野保护区、自然教育保护区共六种类型。

目前，阿根廷全国有200多处不同类型的国家和地方级别保护地，各类保护地面积达到25万平方公里，约占阿根廷国土面积的4.7%。统计显示，阿根廷有各类国家级保护地41处，面积4.7万平方公里，其中国家公园33处，占国家级保护地数量的80.5%，国家公园面积达到3.8万平方公里，占国家级保护地面积的80.9%。近年来，随着阿根廷政府对环境保护的重视程度进一步提高，作为全国自然保护地管理机构的阿根廷国家公园管理局计划将一些条件具备的地方级保护地和其他类型的国家级保护地升级为

---

* 张天星，唐芳林，孙鸿雁，等. 阿根廷国家公园建设与管理机构设置对我国国家公园的启示［J］. 林业建设，2018，（2）：16-21.

国家公园。因此，从各类保护地的数量、面积和重要性上看，国家公园在阿根廷的自然保护地体系中占主体地位。

表 1 阿根廷的自然保护地体系

序号	保护地名称	简要描述
1	国家公园	自然状态下在生物多样性、景观等资源特色上有较大吸引力，能够代表区域特色的一类保护地，其首要目的是满足国家生物多样性安全需要，除了可持续的旅游活动外，禁止一切开发活动。
2	自然遗迹	自然遗迹是对具有美学、历史或科学价值的地区、物种等给予绝对保护的区域。
3	国家保护区	以生态系统保护为主要目的，建立在国家公园毗邻区及其他不适合或不需要建立国家公园的自然区域。
4	严格的自然保护区	将能代表国家不同生态系统或对本国动植物物种价值的区域进行严格保护，禁止所有改变自然特征活动。
5	原野保护区	对大面积自然或近自然的有重要保护价值的地理区域进行保护，其目的是保持其自然状态不受干扰。
6	自然教育保护区	以提供国家自然环境教育为主要目的，设置在具有特殊性或与原野保护区或严格的自然保护区相邻及周边区。

2 阿根廷国家公园的建设和管理机构

2.1 阿根廷的国家公园建设

自 1903 年阿根廷著名探险家弗朗西斯科·莫雷诺捐赠 75 平方公里私人土地建立了阿根廷第一个国家公园雏形到目前阿根廷完备的国家公园体系和管理体制，从国土北端与玻利维亚交界的八里杜国家公园到国土最南端的火地岛国家公园，国家公园在阿根廷的国土上遍地开花，取得了丰硕的成果。

阿根廷国家公园的发展大致分为三个时期：

（1）探索建立期（1903—1934 年）：1903 年阿根廷著名探险家弗朗西斯科·莫雷诺捐赠安第斯山脚下 75 平方公里私人土地用于建立国家公园，也就是后来的纳维尔瓦皮国家公园，标志着阿根廷探索国家公园建设的开始。之后，通过三十多年的不断探索学习，阿根廷国会于 1934 年通过一项法案，该法案批准建立了阿根廷历史上首个国家公园——纳维尔瓦皮国家公园，阿根廷成为拉丁美洲第一个建立国家公园的国家，也是继美国和加拿大之后美洲第三个建立国家公园的国家。

（2）发展完善期（1934—1968 年）：这一时期，阿根廷共建立了 13 处国家公园，通过学习美国、加拿大国家公园管理理念，阿根廷在国家公园的管理上不断完善。1968 年，阿根廷国会通过新的国家公园法案，在国家公园这一单一保护地类型的基础上引入自然保护区、国家遗迹、教育保护地等不同类别的保护地，正式确立了以国家公园为主、其他保护地为有益补充的自然保护地体系。

（3）巩固提升期（1968 年至今）：截至 2016 年底，阿根廷已经建立了 33 处国家公园。通过完善管理机构设置，建立全国统一的培训协调机制，阿根廷的国家公园建设水平不断提升，不但有效保护了本国的自然生态环境，促进了当地社区的发展，也使以莫雷诺冰川国家公园、伊瓜苏国家公园、火地岛国家公园等为代表的阿根廷国家公园在国际上具有较大的知名度和影响力。

表 2 阿根廷国家公园基本情况列表

国家公园名称	所在省	建立时间	面积（公顷）
Baritú 八里杜国家公园	Salta 萨尔塔省	1905/5/27	72 439
Bosques Petrificados de Jaramillo 哈拉米略化石森林国家公园	Santa Cruz 圣克鲁斯省	2012/12/27	78 543
Calilegua 卡利雷圭国家公园	Jujuy 胡胡伊省	1979/7/25	76 306

（续）

国家公园名称	所在省	建立时间	面积（公顷）
Campo de los Alisos 赤杨林场国家公园	Tucumán 图库曼省	1995/9/6	16 177
Campos del Tuyú 图优原野国家公园	Buenos Aires 布宜诺斯艾利斯省	2009/6/4	3040
Chaco 查科国家公园	Chaco 查科省	1954/10/22	14 981
Copo 阔泊国家公园	Santiago del Estero 圣地亚哥德尔埃斯特罗省	2000/12/28	118 119
El Impenetrable 埃尔坚不可摧国家公园	Chaco 查科省	2014/10/30	128 000
El Leoncito 里翁西多国家公园	San Juan 圣胡安省	2002/10/15	89 706
El Palmar 柏尔玛国家公园	Entre Ríos 恩特雷里奥斯	1965/11/30	8213
El Rey 埃瑞伊国家公园	Salta 萨尔塔省	1948/7/2	44 162
Iguazu 伊瓜苏国家公园	Misiones 米西奥内斯省	1934/10/29	67 620
Islas de Santa Fe 圣菲群岛国家公园	Santa Fe 圣菲省	2010/11/15	4096
Lago Puelo 普埃罗湖国家公园	Chubut 邱布特省	1971/11/16	27 675
Laguna Blanca 白湖国家公园	Neuquén 内乌肯省	1945/5/29	11 251
Lanín 拉宁国家公园	Neuquén 内乌肯省	1945/5/29	412 003
Lihué Calel 里维卡列国家公园	La Pampa 拉潘帕省	1976/6/8	32 500
Los Cardones 罗斯卡多内斯国家公园	Chubut 邱布特省	1945/5/29	263 000
Los Arrayanes 红树林国家公园	Neuquén 内乌肯省	1971/11/16	1840
Los Alerces 阿莱尔塞斯国家公园	Salta 萨尔塔省	1996/12/13	65 000
Los Glaciares 冰川国家公园	Santa Cruz 圣塔克鲁斯省	1945/5/29	726 927
Mburucuyá 母鲁图雅国家公园	Corrientes 科连特斯省	2002/1/17	17 086
Monte León 利昂山国家公园	Santa Cruz 圣克鲁斯省	2004/11/10	62 169
Nahuel Huapi 纳维尔瓦皮国家公园	Río Negro and Neuquén 内格罗河省和内乌肯省	1934/10/29	712 160
Patagonia 巴塔哥尼亚国家公园	Santa Cruz 圣克鲁斯省	2015/1/21	53 000
Perito Moreno 莫雷诺国家公园	Santa Cruz 圣克鲁斯省	1945/5/29	127 120
Predelta 前三角洲国家公园	Entre Ríos 恩特雷里奥斯省	1992/1/13	2608
Quebrada del Condorito 小秃鹰峡谷国家公园	Córdoba 科尔多瓦省	1996/12/19	35 393
Río Pilcomayo 皮科马约河国家公园	Formosa 福尔摩沙省	1951/10/17	50 417
San Guillermo 圣吉列尔莫国家公园	San Juan 圣胡安省	1999/1/13	166 000
Sierra de las Quijadas 齐哈拉斯山国家公园	San Luis 圣路易省	1991/12/10	73 785
Talampaya 塔兰巴雅国家公园	La Rioja 拉里奥哈省	1997/7/10	215 000
Tierra del Fuego 火地岛国家公园	Tierra del Fuego 火地岛省	1960/10/25	68 909

2.2 阿根廷的国家公园管理机构

阿根廷的国家公园由阿根廷国家公园管理局（National Park Administration，APN）统一进行管理。阿根廷国家公园管理局成立于1934年，隶属于阿根廷环境与可持续发展部，是阿根廷国家公园及其他保护地的国家级管理机构，不仅负责对全国国家公园的管理，同时也负责自然遗迹、原野保护区、严格的自然保护区、自然教育保护区等其他类型保护地的管理。根据管理职能需要，阿根廷国家公园管理局内设12个管理部门，分别对国家公园及其他保护地的保护、环境教育、公众利用、基础建设等进行统一管理。各个国家公园设有独立的国家公园管理处，在组织上接受国家公园公园局的领导，同时各个国家级保护地管理机构也直接接受国家公园管理局的领导。地方各类保护地则由各省独立设置管理部门，业务上接受国家公园管理局的指导。

表 3 阿根廷国家公园管理局内部机构设置

序号	机构名称	主要职能
1	运营管理部	负责指导和监督全国各类保护地的日常运营及管理，制定管理目标，协调各个区域的保护地管理政策与目标与国家保持一致。
2	保护部	负责全国各类保护地保护政策和规划的制定，涵盖各类保护地的科学研究与监测、保护、可持续利用评估等，同时该部门还负责对纳入以国家公园为主的保护地系统的新区域进行评估。
3	环境教育部	负责全国各类保护地的环境教育的规划、培训、协调工作。
4	公众利用部	负责规划、管理各类保护地的旅游活动，包括国家公园的推广、特许公司的管理、旅游许可证的发放等。
5	基础建设部	负责各类保护地的基础建设项目的规划、审批、监督执行，协调国家及地区基础建设部门在保护地内开展的建设活动。
6	行政部	负责国家公园管理局日常行政工作，协调、指导国家公园管理局内部各部门的日常管理活动，协调各部门计划，编制国家公园管理局年度预算，向各类保护地派驻人员或机构。
7	法律事务部	负责国家公园管理局与法律有关的一切事务，以及向国家公园管理局及下属机构提供法律支持。
8	人力资源部	负责国家公园管理局机构编制、人员录用、员工培训、绩效考核等。
9	联络宣传部	负责规划、实施国家公园的宣传活动，管理国家公园管理局的内部媒体，以及国家公园管理局与外部媒体的交流、沟通。
10	战略规划部	负责制定国家公园管理局及下属机构的战略目标，制定全国范围内国家公园及其他保护地战略规划，获取其他国家在国家公园管理上的先进经验，通过实施“示范国家公园”推动全国国家公园发展。
11	行政调查部	负责监督、查处国家公园管理局管辖范围内的行政管理违规行为。
12	审计部	根根国家财务管理和控制法的规定，建立内部财务控制制度，对国家公园管理局及所辖机构开展财务审计。

3 阿根廷国家公园建设和机构设置对我国的启示

自 1956 年在广东设立鼎湖山自然保护区以来，我国的自然保护地建设走过了六十多年的历史，建立起了以自然保护区为主体的众多自然保护地，还包括森林公园、湿地公园、风景名胜区、水源保护区等不同类型。目前，我国各类自然保护地数量超过了 1 万个，面积约占陆地国土面积的 18%，超过了世界平均水平。这些保护地在保护我国生物多样性和景观资源上发挥了不可替代的作用，然而我国的自然保护地没有经过系统的规划，在管理上分属不同的部门，在空间上存在分割交叉，导致我国的自然保护地没有形成完整的体系，管理的有效性不高，生态服务功能得不到有效发挥。

以习近平同志为核心的党中央高瞻远瞩，站在中华民族永续发展的高度，提出建立国家公园体制的构想。党的十九大报告更是指出：“构建国土空间开发保护制度，完善主体功能区配套政策，建立以国家公园为主体的自然保护地体系。”这一论断标志着我国自然保护地领域将面临一场历史性的变革，我国的自然保护地体系将从以自然保护区为主体转变为国家公园为主体。

我国在资源禀赋上与阿根廷有颇多相似之处，两个国家都具有国土辽阔、地形地貌复杂、气候多样化等特征，在生物多样性上同样居于世界前列。纵观阿根廷的国家公园建设历程，有很多成功的经验值得我们学习借鉴。

首先，阿根廷在国家公园建设初期就确立了以国家公园为主体的自然保护地体系，从宏观和全面的尺度，合理的确定保护地类型，确保了国家重要的生态系统、栖息地、物种和景观得到了全面的保护。

其次，阿根廷在国家公园建设初期就建立起了全国统一的国家公园管理机构，对全国以国家公园为主体的各类保护地进行统一规划、统一建设、统一管理，确保管理的统一、规范、高效。在管理机构设置上，阿根廷国家公园管理局以国家公园的功能和实际管理需要为出发点，在国家公园管理局内设机构上不断改革，形成了国家公园管理局下属 12 个管理部门各司其职、统一管理的合理机构设置。

3.1 阿根廷自然保护地体系对我国的启示

我国目前正处于自然保护地体系升级换代的关键时期，要打破过去按照资源类型设置保护地的分类办法，以自然生态系统的完整性、统一性为基本原则，理清各类自然保护地关系，将现有的各类保护地进行梳理、归类，构建起以国家公园为主体的自然保护地体系。国家公园建立后，许多符合条件的自然保护区、风景名胜区等其他类型保护地将被纳入国家公园管理，其原有的牌子、管理规范将不再有效。对于一些交叉重叠的保护地，要按照科学分类的原则进行合并重组，合理确定保护地类型。

通过对我国现有各类保护地的梳理、评估，总结其特性、功能和管理特点，笔者从资源特性、管理目标上将我国的保护地分类如下：

——国家森林：由国家所有，作为国家生态屏障和战略性林产品储备，同时未纳入其他保护地的优质森林区域。

——国家公园：具有全球意义的完整自然生态系统，具有保护、教育、游憩、社区发展等功能；

——自然保护区：具有国家意义的关键生态系统；

——物种保护区：重要的动植物分布地；

——森林公园：具有观赏和游憩功能的保护性森林和景观；

——湿地公园：具有湿地保护、教育、研究、观光、游憩等多种功能的公益性湿地生态系统；

——沙漠公园：具有游憩与观赏功能的保护性沙漠及其景观；

——海洋公园：为保护海洋生态系统以及生物多样性，可提供科研、教育、游憩等功能的海洋区域；

——地质公园：具有特殊地质科学意义，可提供科研、教育、游憩、观光功能的地质遗迹景观和生态自然区域。

3.2 阿根廷国家公园管理局机构设置对我国的启示

中国共产党十九届三中全会审议通过了《深化党和国家机构改革方案》，国务院机构改革方案也已通过十三届人大一次会议审议，标志着我国新一轮国家机构改革的大幕已经拉开。根据《国务院机构改革方案》，组建国家林业和草原局，将国家林业局的职责，农业部的草原监督管理职责，以及国土资源部、住房和城乡建设部、水利部、农业部、国家海洋局等部门的自然保护区、风景名胜区、自然遗产、地质公园等管理职责整合，组建国家林业和草原局，由自然资源部管理。这一调整，将使现有的各类保护地分部门管理的模式转为以生态系统为单元进行管理的模式，也使党中央提出的“山水林田湖草”这一生命共同体得以统筹管理。

我国国家公园管理局在机构设置上，可借鉴阿根廷国家公园机构设置经验，既要保证各类保护地管理上的全覆盖，又要确保国家公园保护、教育、游憩、社区发展等功能得到合理发挥。基于此，笔者建议我国国家公园管理局的设置应从国情出发，以国家公园的职能和管理导向为基础，设置行政部门、基础建设部门、计划与财政部门、人事部门、联络宣传部门、资源保护部门、环境教育部门、游憩管理部门、社区发展部门等内设机构；以国家公园管理局其他类型保护地管理为导向，建立国家森林管理部门、自然保护区管理部门、物种保护区管理部门、森林公园管理部门、湿地公园管理部门、沙漠公园管理部门、海洋公园管理部门、地质公园管理部门等下设机构；同时统筹兼顾各类保护地的综合执法、战略规划等需要，设置国家公园警察机构、战略规划机构、科学研究机构等直属机构。

【参考文献】

唐芳林，等，著，2017. 国家公园理论与实践. 北京：中国林业出版社 .

唐芳林，2018. 在中国建立国家森林的探讨，林业建设，第一期 .

张希武，唐芳林，著，2014. 中国国家公园的探索与实践. 北京：中国林业出版社 .

新西兰国家公园体制研究及启示*

新西兰位于南太平洋南部，首都惠灵顿是地球上最南部的都城，西与澳大利亚隔塔斯曼海相望。新西兰由南岛、北岛及其他一些小岛组成，全境山地丘陵较多平原狭小，山地和丘陵占全国面积75%以上[1]。新西兰是世界上最早成立自然保护区的国家之一，且具有相对较为完善的保护地管理体系，新西兰国家公园作为保护地体系的重要组成部分而存在。新西兰的保护地体系已基本完善，面积达到700万公顷，约占陆地面积的1/3和国土总面积的20.7%[2]；保护地体系的类型多样，包含国家公园、海洋公园（海洋保护区）、森林公园以及以保护某种动植物为目的而设立的自然保护区等。新西兰的独特之处在于没有走“先污染后治理”的道路，而是将自然与人文资源和生态环境的保护提高到其他国家难以达到的至高地位，目的在于保护原生状态和自然之美，真正实现在强势自然保护管理下经济社会的可持续发展。

1 新西兰国家公园概况

在新西兰的土地上，分布着14个各具特色的国家公园，总面积30669km²，占新西兰国土面积的11.34%。其中，有4座在新西兰北岛，9座位于南岛，还有最后1座在最南端的离岛斯图尔特岛上。所有的新西兰国家公园都由新西兰自然资源保护部（简称保护部）进行管理和维护，保护部（Department of Conservation）成立于1987年，本着“让公众能够快乐的享受并从中获益”的原则设立，30%的新西兰国际游客在游览新西兰期间都会至少到一个国家公园进行游览。最初的几个新西兰国家公园都是展现自然风光的，从上个世纪八十年代开始，新西兰的国家公园开始体现出更多元化的风景，并且着重强调历史和人文与自然环境的完美结合。

Tongariro National Park（汤加里罗国家公园）是毛利部落首领蒂修修图基诺四世（Te Heuheu Tukino IV）在1887年赠送给这个国家的礼物，是新西兰最早建立的国家公园。Tongariro National Park占地面积79600hm²，国家公园内坐落着汤加里罗（Tongariro）、瑙鲁赫伊（Ngauruhoe）与鲁阿佩胡（Ruapehu）三座火山，当地族人希望政府能够保护这三座神圣的大山，并与全体生活在新西兰的人们一起分享这里的美丽风光。同时，它也因拥有秀丽的自然环境与无形的文化价值而被列为双重的世界遗产地。Fiordland National Park（峡湾国家公园）位于新西兰南岛的西南部，是新西兰面积最大的国家公园，其占地面积有12500平方公里，几乎覆盖了南岛整个西南海岸经冰川作用形成的峡湾地区。1990年，Fiordland National Park作为Te Wahipounamu的主要组成部分，入选了世界自然遗产。新西兰气势最为磅礴的国家公园非库克山国家公园莫属，不仅因为这里拥有新西兰的最高峰库克山，还因为这里有新西兰最长的冰河塔斯曼冰河。库克山国家公园也叫作奥拉基国家公园，它的英文名称是Aoraki/Mount Cook National Park，位于新西兰南岛中部山脉最为集中的地方。

新西兰国家公园概况一览表与分布表如下：

---

* 王丹彤，唐芳林，孙鸿雁，等．新西兰国家公园体制研究及启示［J］．林业建设，2018，(3)：10-15.

表 1　新西兰国家公园概况一览表

名称	位置	建立时间	面积
Te Urewera National Park	新西兰北岛	1954 年	2127 平方公里
Tongariro National Park	新西兰北岛	1887 年	796 平方公里
Egmont National Park	新西兰北岛	1900 年	335 平方公里
Whanganui National Park	新西兰北岛	1986 年	742 平方公里
Abel Tasman National Park	新西兰南岛	1942 年	225 平方公里
Kahurangi National Park	新西兰南岛	1996 年	4520 平方公里
Nelson Lakes National Park	新西兰南岛	1956 年	1018 平方公里
Paparoa National Park	新西兰南岛	1987 年	306 平方公里
Arthur' s Pass National Park	新西兰南岛	1929 年	1144 平方公里
Westland Tai Poutini National Park	新西兰南岛	1960 年	1175 平方公里
Aoraki/Mount Cook National Park	新西兰南岛	1953 年	707 平方公里
Mount Aspiring National Park	新西兰南岛	1964 年	3555 平方公里
Fiordland National Park	新西兰南岛	1952 年	12519 平方公里
Rakiura National Park	斯图尔特岛	2002 年	1500 平方公里

2　新西兰国家公园体制分析

2.1　管理体制

2.1.1　管理理念

（1）绿色理念

新西兰国家公园管理是基于其国家层面的、保护性的绿色管理基础之上的。新西兰的《保护法》(Conservation Act)（1987）明确指出："保存并保护自然资源和历史遗迹，是保持其内在的价值，为公众提供欣赏和休闲娱乐，并维护子孙后代的权益"[3]，国家从法律的角度赋予国家公园保护与休闲两大功能，而且保护管理的目的是为了可持续利用，不仅当代人可以利用，还应该考虑子孙后代也能用。

（2）柔性保护

保护国家公园从每一个人做起，提高参观游览者保护的意识。同时，参观游览者通过进入国家公园，真正了解和认识到保护自然与人文资源和生态环境的重要性，发自内心的关心自然、爱护自然、认识自然、了解自然，真正明白保护自然资源和生态环境的重要价值，提高保护意识，实现了国家公园的"走进自然、享受自然、学习自然、保护自然"的终极目标。

2.1.2　管理机构

1987 年，新西兰政府把原分属林业、野生动物保护和土地管理三大部门管辖的保护职能集中到政府来管，撤消了一些职责单一的管理部门，并成立了唯一一个综合性的保护管理部门——保护部(Department of Conservation)，专司保护的职能。保护部具有强势的管理权力，代表所有新西兰人民，依据国会通过的保护法案所阐述的方向，管理新西兰的 14 个国家公园，这是保护新西兰自然和历史遗迹的主要中央政府机构[3]。保护部的宗旨是：保护新西兰的自然和人文资源，不仅满足当代人的需要而且能供子孙后代长期享用。

2.1.3　管理体系

新西兰的保护管理体系是在参照美国的"统一保护"管理体系的基础上，在新西兰生态系统较为脆弱、公众保护意识较强的国情下，形成的“双列统一管理体系”（见图1）[3]。

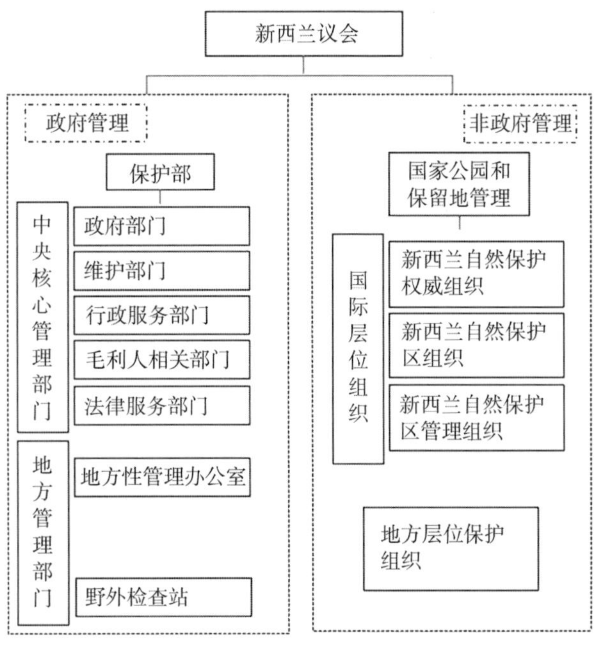

图1 新西兰“双列统一”保护管理体系

新西兰的保护管理最高机构是议会，议会之下分两列管理系列。一列是政府管理，由保护部代表政府直接管理12个中央核心保护管理部门和14个地方保护管理部门，中央核心管理部门主要是在国家范围内，负责政策制定、计划编制、审计、资源配置及一些维护和服务等工作，而地方保护管理部门的分界主要是根据地理和生态特征、地方政府管理等来确定，保护部上对议会负责，下对新西兰公众负责；另一列是非政府管理，公众参与保护并形成一些保护组织。新西兰典型的非政府保护组织是保护委员会，保护委员会由13位代表不同地区和产业的代表组成，这个委员会独立于政府之外，代表公众的利益，负责立法和监督。国家下属的各省（或区）也同样成立省级保护委员会，也是由各利益团体代表组成，具有同样的保护和监督功能[3]。

新西兰对国家公园的管理除清晰的管理职能划分外，建设国家公园具体方案也充分体现其民主性和科学性。新西兰国家公园制订建设方案由“国家公园和保护区指导中心”提出。这个机构依照有关规定由10位具有国家公园建设和自然保护方面专业知识的专家承担，其决策直接影响到政府制订国家公园管理计划[4]。

2.2 资金机制

新西兰根据本国的经济发展实际，探索出包括政府财政支出、基金项目和国际项目合作等在内的生态资金支持模式。政府财政是国家公园生态保护资金的主要来源之一，每年预算投资高达1.59亿美元，专用于国家公园生态管理和保护工作[4]。除了通过政府财政支出这一项国家行为来支持生态保护资金外，新西兰政府也充分利用基金项目这一平台，通过它来保证全社会每一个公众对生态保护的关注与支持，如“国家森林遗产基金”（Forest Heritage Fund）。社会基金之所以能够在新西兰用于生态保护，一个最重要的原因就是新西兰民间有着深厚的生态保护的群众基础。此外，新西兰也通过与国外自然保护区广泛开展国际间交流与合作的方式来筹集资金。

2.3 规划体系

首先，新西兰国家公园的规划建设以详尽的前期调查作为基础。成功的规划设计与管理都必须基于对规划区域详尽的信息掌握，新西兰14个国家公园均做了较为系统的资源本底调查，《探索新西兰》中对整个新西兰的自然和人文资源以及基础设施等进行了详细的调查与研究，为国家公园的规划和管理奠定了基础。

其次，有相对完善的技术方法作为规划的导则。林肯大学公园、旅游和环境管理学院是新西兰国家公园旅游发展的技术支撑单位。通过对新西兰国家公园的研究，以 Simmons 教授为首的研究团队制定了“旅游规划工具”（Toolkit），同时引入了澳大利亚的绿色环球 21 标准体系，使国家公园旅游规划与发展有章可循。当然，在长期的工作积累中，国家保护部也归纳、总结出解说系统、生态徒步道、户外设施建设等方面的有益经验，并发行专题工作手册指导实际工作[3]。

最后，新西兰国家公园的规划设计技术有 3 个亮点，即游客中心（宣教展示中心）、生态徒步道（连接人与自然的通道）和野外宿营地。这 3 大亮点充分体现了国家公园的“走进自然、学习自然、享受自然、保护自然”的功能。

2.4 标准及立法

新西兰保护地管理的法律结构经历了几次大的转变，从最初类似于自治性的法律政策到目前规范性的法律体系。1952 年，新西兰通过《国家公园法》，其核心思想依然沿用，即自然生态保护，要保护和利用相结合，并结束此前在相关管理方面的混乱局面。同时，为更好的保护生态环境，新西兰政府将 60 多部有关资源管理的地方部门法律法规统一成《资源管理法》，此举解决了地方在资源管理上的混乱，理顺了地方经济发展和环境保护方面的关系。目前，新西兰已经建立了包括《资源管理法》《野生动物控制法》《国家公园法》《野生动物法》等法律法规在内的一个较为完整的自然生态保护法律体系，并于 1996 年新西兰议会正式颁布《保护法》作为国家的保护大法，统领以前分而治之的小法，共同作为国家公园保护与管理的重要依据。

2.5 特许经营模式

在新西兰，所有国家公园都在保护部管理之下，特许经营权由国家唯一的保护部授予，体现了新西兰国家公园公共资源的“国家统一管理”的模式。

2.5.1 保护和游憩“双赢”的特许经营目的

特许经营的目的是保护与游憩两大功能协调发展，新西兰的国家公园特许经营体系的第一目标是为了保护自然与人文资源和生态环境；第二目标才是为游客提供适当的游憩设施、服务保证游憩者享受自然利益。

2.5.2 两权分离的特许经营机制

国家公园管理机构是新西兰政府的非盈利机构，主要职责为自然资源和文化遗产的保护与管理，日常开支由新西兰政府拨款解决。新西兰国家公园特许经营制度的实行，形成了管理者和经营者角色的分离，避免了重经济效益、轻资源维护的弊病。特许经营的收入主要用于投入国家公园的基础设施建设中，为公众提供更为便利的服务设施，又满足了政府发展旅游、增添财政收入的需要。

2.5.3 项目分散的特许经营方式

新西兰国家公园特许经营的方式是分散的，不同项目均是分别特许给不同的经营者，保护部和被特许经营者完成各自的保护任务和在保护前提下提供游憩服务，保证国家公园的保护能够落到实处。虽然，目前新西兰国家公园的特许经营项目多而分散，但不失为解决生态保护资金的有效方式。

2.5.4 特许经营项目时间短

在新西兰国家公园，特许经营项目的时间均较短，根据项目的性质不同，可分为三类特许经营项目：第一类项目是一次性活动项目，这些项目环境影响很小，与相关法律法规目标一致，不含永久性建设，其特许经营期限不多于 3 个月；第二类项目是影响小的、不需要公示的特许经营项目，这种项目经营活动的影响相对容易识别检测，特许经营期限限制在 5 年之内；第三类项目是影响大的、需公示的特许经营项目，这种项目经营活动或选址对环境可能带来较大影响或所选择的地点牵涉到公众利益，这类项目要严格遵守国家的审批制度，申请公开通报，特许经营期限可以在 5 年以上，但绝对不可能几十年[3]。

2.6 社区参与机制

在新西兰，土地大部分归公民私有，有的国家公园规划在私人土地上，政府需要通过购买（即当地人以受雇于政府或义务参与方式管理）或者联合保护经营（即当地人在政府协助下进行保护管理）方式同私人达成协议，社区居民可参与到国家公园建设的各个环节，这与新西兰公民的民主意识、环境保护意识及受教育程度普遍较高密切相关，这也是社区公众直接参与国家公园管理的主要模式。此外，新西兰国家公园在规划、保护和委托经营等环节上，均可让社区居民参与进来，对国家公园管理层和游客全程进行监督，从而实现国家公园的间接管理。因此，新西兰国家公园的建设管理中社区参与度较高，在具体的管理决策上，有时起决定作用的往往不一定是政府，而是当地社区居民的意愿，充分尊重社区居民对自身利益、生态环境和历史文化资源的关注，提高了当地人对国家公园管理部门所开展的各个项目的支持率，从而为区域性的可持续发展奠定基础。

3 对我国国家公园体制的启示与建议

3.1 “保护优先，可持续利用”的理念

明确生态保护优先的理念，最重要的是要做好生态保护的顶层设计，而顶层设计最为核心的环节就是要从政府和公众两个层面做到生态保护观念的转变，政府通过宣传教育等多种方式引导，提升公众生态保护素质，做生态保护的监督者，真正树立起生态保护的意识。同时，国家公园建设作为保护地探索研究和实践的新型模式，其保护的主要目的就是为了可持续利用，即在保护自然、人文资源以及生态环境的基础上，实现游憩、科普、科研、宣教解说等服务功能。

3.2 明确管理主体，完善管理机制

目前，我国现行保护地资源管理实行的是国家所有、多头管理和属地管理的模式，借国家公园建设的契机，逐步解决保护地管理体制中存在的多头管理的问题。新西兰国家公园资源保护是通过“强势的保护部”来进行管理，我国的国家公园正处于稳步发展阶段，明确了国家公园管理主体为自然资源部国家林业与草原局，可借鉴新西兰国家公园保护管理的部分经验，实现中央政府对国家公园的直接管理，建立自上而下、统一高效的管理机构。同时，鼓励建立地方政府保护机构，通过地方政府组织召集公众广泛参与生态环境保护，为国家生态保护事业建言献策，开展社会监督，维护公众环境权益，推动可持续发展，促进绿色消费等，从而实现国家与地方保护管理有效结合。

3.3 完善国家公园法律体系

目前，中央政府尚未出台关于国家公园管理的相关法律法规，因此，通过国家公园的建设，可逐步完善我国国家公园法律体系。横向上，建议国家正式出台《国家公园法》作为国家公园的基本大法，明确相关管理方面的混乱局面；同时，完善国家公园资源保护法律体系，如制定《资源保护法》或《保护法》等，统领我国根据资源的类别已经出台的一些相关的法律法规，理顺地方在资源管理上的混乱。纵向上，每个国家公园都有不同的特色，主张每个国家公园“一园一法”，其主旨思想与《国家公园法》不能相违背，再根据其自身特色制定有针对性的法律章程。

3.4 探索多元化的资金体制

早期新西兰国家公园的收入主要用于生态保护与建设，随着国家公园的发展建设与逐步完善，目前新西兰的国家公园实现对公众免费开放，但通过制定的国家公园的环境保护法案来约束国家公园内可开展的活动。同时，新西兰国家公园内特许经营项目获得的经济收入以及通过国际项目合作，有很大一部

分作为国家公园生态保护资金支持。我国国家公园处于起步发展的阶段，中央政府首先应加大资金支持力度保护自然与人文资源及生态环境，可学习借鉴新西兰国家公园多元化的资金体制，完善我国国家公园的建设与发展。

3.5 建立完善的规划设计机构

目前，我国国家公园缺乏专门的规划设计机构，规划单位庞杂，规划标准不一，质量不等。因此，可以考虑借鉴新西兰国家公园规划设计机构，成立国家公园规划设计指导中心，指导中心不以赢利为目的，隶属国家公园管理局直接管理，有专门的技术单位作为支撑，由相关学科的专家学者组成，并不断加强国家公园规划设计人才队伍建设。在科学研究与细致讨论的基础上，充分吸收国家公园管理人员、社区居民、公众的意见，统一进行国家公园的规划设计工作。同时，国家公园的规划设计要充分体现生态环境教育理念，实现科普宣教功能。

3.6 注重社区参与建设

我国国家公园内原住居民数量较多，且部分地区社区居民的生态保护意识仍有待进一步加强，暂不可能实现社区居民参与到国家公园建设的各个环节中。但国家公园建设的重要功能之一是促进社区发展，管理机构可将社区居民视为国家公园的重要合作伙伴，作为国家公园传统文化展示和生态环境保护的重要力量，同时，为其提供机会以替代传统生计，实现资源的可持续利用。现阶段可以采取的社区参与的方式包括加强引导，提高社区居民生态保护的意识；实施相关培训，提供就业机会，提供社区居民参与管理的渠道等，促进社区经济发展。

3.7 重视国家公园的邻界管理

国家公园不是孤立的单元，而是区域景观的组成部分，加强对国家公园邻界区域的管理，有利于保护生态系统完整性和国家公园的长远发展。我国国家公园在未来发展与建设过程中应尽早提高对邻界区域保护必要性的认识，借鉴其他国家国家公园邻界区域管理经验，加深对邻界区域管理的研究。同时，鼓励国家公园周边社区居民参与到国家公园的保护、管理和建设之中，充分协调国家公园的资源可持续利用与保护的关系，从而实现国家公园保护与利用“双赢”。

国家公园是自然与人文资源及生态环境保护的重要模式，是可持续发展战略的重要实现手段，我国国家公园的建设与发展面临生态环境保护与社会经济发展双重任务，学习国外先进经验，引入国家公园绿色理念，借鉴国家公园管理保护的技术与方法，探索国家公园的特色化发展模式，是我国国家公园可持续发展的重要选择。同时，由于中国与新西兰国家在政治体制、经济水平、文化传统等方面存在很大差别，决定了我国国家公园建设不能完全照搬新西兰国家公园的模式，尤其在管理体制、社区参与、监管机制、法律制定、筹资方式以及少数民族传统文化的保护与传承等方面应积极探索，构建具有中国特色的国家公园发展模式。

【参考文献】

[1] 王金凤，刘永. 新西兰保护区管理及其对中国的启示 [J]. 生态与农村环境学报，2006，(1).
[2] 杨桂华，牛红卫，等. 新西兰国家公园绿色管理经验及对我国的启迪 [J]. 林业资源管理，2007，(6).
[3] 杨桂华，等. 新西兰国家公园绿色管理经验及对云南的启迪 [J]. 林业资源管理，2007，2 (6).
[4] 郭宇航，包庆德. 新西兰的国家公园制度及其借鉴价值研究 [J]. 鄱阳湖学刊，2013，(4).

国家公园 新西兰的国家名片*

到过新西兰的人，无不对那里优美的自然风光和良好的生态环境产生惊叹，尤其是作为国家自然瑰宝的国家公园。在27万平方公里的国土上，14个各具特色的国家公园如同一颗颗颗耀眼的明珠镶嵌在这块美丽的土地上，保护着独一无二的自然生态系统。这得益于他们强烈的自然保护意识完善的保护法规。

图1 新西兰库克山国家公园

1 独特的地理和生态系统

新西兰位于太平洋西南一隅，包含北岛和南岛两座主岛及周边海域的诸多小岛。这是一个年轻的国度，既有地质年代的年轻：由于太平洋板块和澳大利亚板块的挤压，在8500万年前才形成岛屿；也有人类活动历史的短暂：1000年前这里还没有人类居住，保持着原始的自然状态。这里地貌复杂，纵贯的山脉点缀着巍峨的高山，雪山冰川下冲刷出多级台地和冲积扇，火山爆发形成的广袤的平原土壤肥沃，崎岖的荒野海岸岩石密布，细软的沙滩边水体清澈，鱼鸥翱翔，绿树成荫。北岛地形东高西低，由山地、切割台地、湖泊和火山峰组成的断裂带多湖泊、浮布和各种类型的泉水（冷泉、温泉、热泉、硫化泉等），地热资源丰富。北岛第一峰鲁阿佩胡火山高2797米，有新西兰最大的湖泊陶波湖，面积616平方公里。南岛主要是山地，一般海拔2000~3000米，海拔3764米的库克峰是全国最高峰。高山顶部多雪和冰川，现代冰川面积约1000平方公里。苏瑟兰瀑布，落差达580米。

---

* 唐芳林. 国家公园 新西兰的国家名片［N］. 中国绿色时报，2017-07-20.

图 2　火炬花

候鸟将种子带到远离大陆的岛上，孕育和进化出了许多独特的植物群落和动物种群，在不断的进化演变过程中，形成了独特的生态系统。岛上 85%的土地被森林覆盖，广阔而茂密的森林和灌丛中生长着许多珍稀奇异的鸟类。由于新西兰与周边大陆距离较远，动植物区系独特，高等植物约 2000 种，珍稀濒危动植物种类丰富。如银蕨、奇异鸟、威卡秧鸡、鸮鹦鹉、啄羊鹦鹉、哈斯特巨鹰等。

奇异鸟又名几维鸟，学名为鹬鸵，是新西兰独有的珍禽，并被选为“国鸟”，也被列入世界自然保护联盟（IUCN）国际鸟类红皮书，2009 年名录 ver 3. 1——易危（VU），属于《华盛顿公约》附录Ⅱ的一级保护动物。鸟类繁多，哺乳类动物缺乏，迄今为止，全国还没有一条蛇。

新西兰的国花为银蕨，也是国树之一。在毛利传说之中，银蕨原本是在海洋里居住的，其后被邀请来到新西兰的森林里生活，就是为着指引毛利族的人民，作用和意义都非常重大。从前的毛利猎人和战士都是靠银蕨的银闪闪的树叶背面来认路回家的。新西兰人认为，银蕨能够体现新西兰的民族精神，这种植物成为了新西兰的独特标志和荣誉代表。

图 3　银蕨

2 从利用自然到保护自然的转变

由于地理的隔绝，这里生态系统独特，食物链简单。食物丰盛加上缺少天敌，野生动物生活无忧，一些鸟类的翅膀退化、视力减退，失去了飞翔的能力和躲避能力，包括枭鹦鹉、奇异鸟、南秧鸟以及世界上最大的鸟类——恐鸟。直到人类的到来才打破了这里的几千年的宁静。大约在600年以前，在新西兰毛利人的祖先波利尼西亚人上岸驾乘着小型的远洋独木舟，航行数千英里，穿越了太平洋辽阔的未知海域，上岸定居，他们砍伐树木，采集植物，打鱼狩猎，成为新西兰最早的居民。那些养尊处优的动植物对外来物种的入侵缺乏抵抗力，当人类进入以后，人类本身和带进去的物种对原生物种造成了威胁，巨大的恐鸟在手持长矛的毛利人面前束手无策，这些“呆傻”的动物很快被捕杀殆尽，濒临灭绝。

图4 新西兰博物馆里早期毛利人猎杀恐鸟的场景

欧洲殖民者的到来加剧了人类对自然生态受到的影响。毛利人和欧洲人定居新西兰以后，他们开始猎杀鸟类，大面积砍伐天然林，开辟牧场和农地，并引进了牛、马、狗等动物，也带进了老鼠和白鼬等掠食性动物。森林面积急剧减少，森林覆盖率下降到30%，水土流失加剧，木材供应紧张。为缓解木材供应紧张局面，开始营造人工林，从1890年开始从欧洲、北美洲、亚洲等地引进150多个树种，在全国6个引种区进行引种试验，经过30多年的反复对比试验，最后筛选出了6个外来优质树种：辐射松、花旗松、落叶松、桉树、黑荆树和红树，其中辐射松成为了先锋树种。辐射松经过新西兰栽培优化，已成为一个速生、用途广泛的用材树种，比在原产地美国的生长还快。1930年，因经济萧条，失业严重，政府利用失业劳动力进行大规模造林，到1935年，新西兰种植了约16.43万多公顷的国有人工林、7.522万公顷的私有人工林。1960年代，为了保证未来的木材供应，也为了保持水土，减少水土流失，新西兰政府继续在全国范围内组织营造人工林，一直持续到1980年代。截至2014年底，森林面积950万公顷，牧草地和耕地11.1万公顷，其他非林地6.1万公顷。森林覆盖率35.6%。森林面积中，人工林170万公顷，天然林780万公顷。人工林除了满足自身需要，主要用于木材出口，中国每年进口新西兰辐射松原木达1000万立方米。

大量的人为活动，加上栖息地的丧失，导致包括恐鸟和垂耳鸦在内的一些鸟类开始灭绝。一些原生鸟类如聪明的啄羊鹦鹉、一种不会飞的可爱的威卡秧鸡、有着漂亮的靛蓝羽毛和鲜红色喙的南秧鸟、以其美妙的歌声和白色的牧师领而闻名的吸蜜鸟、摩雷波克猫头鹰等，只在人为活动较少的地区和动物园才得以保存。奇异鸟是新西兰的国鸟，喜欢在夜间活动，不会飞翔，尖长的鸟喙未端长有鼻孔。如今，奇异鸟已经濒临灭绝，在野外已很难看到。大量的外来物种对本土原生生态系统构成了巨大的威胁，迫切需要采取保护措施。

3 建立以国家公园为主的自然保护地

新西兰是世界上最早成立自然保护区的国家之一，且具有相对较为完善的保护区管理体系，新西兰国家公园作为保护区体系的重要组成部分而存在。新西兰保护区体系的类型多样，包含国家公园、海洋公园（海洋保护区）、森林公园以及以保护某种动植物为目的而设立的自然保护区等。已经建立了 14 处国家公园、3 处海洋公园、数百处自然保护区和生态区、1 个海洋与湿地保护网络。另外，像 kakapo 鹦鹉、垂耳鸦、奇异鸟（kiwi 几维鸟）和大蜥蜴等珍稀与濒危物种的研究和管理计划也开始执行。另外，新西兰还有 2 处自然遗产地、1 处自然、文化双重遗产地。新西兰的保护区体系已基本完善，据统计，新西兰总计约有 30%的国土为保护区域，面积达到 700 万公顷。

新西兰拥有世界知名的国家公园。汤加里罗国家公园是毛利部落首领蒂修修图基诺四世在 1887 年赠送给这个国家的礼物，是新西兰最早建立的国家公园，占地面积 796 万公顷，国家公园内坐落着汤加里罗等三座火山，当地族人希望政府能够保护这三座神圣的大山，并与全体生活在新西兰的人们一起分享这里的美丽风光。同时，它也因拥有秀丽的自然环境与无形的文化价值而被列为双重的世界遗产地。峡湾国家公园位于新西兰南岛的西南部，是新西兰面积最大的国家公园，其占地面积有 12500 平方公里，几乎覆盖了南岛整个西南海岸经冰川作用形成的峡湾地区，1990 年入选了世界自然遗产。新西兰最为气势磅礴的国家公园非库克山国家公园莫属，不仅因为这里拥有新西兰的最高峰库克山，还因为这里有新西兰最长的冰河塔斯曼冰河。

目前新西兰国家公园有 14 处，总面积 306 万公顷，占新西兰国土面积的 11. 34%。其中，有 4 座在新西兰北岛，9 座位于南岛，还有最后 1 座在最南端的离岛斯图尔特岛上。最初的几个国家公园都是展现自然风光的，从 1980 年代开始，新西兰的国家公园开始体现出更多元化的景观，并且着重强调历史和人文与自然环境的完美结合。

图 5　新西兰陶波湖

4 建立了完善的国家公园管理体制

1952 年，新西兰通过《国家公园法》，其核心思想是自然生态保护，保护和利用相结合，结束了此前在相关管理方面的混乱局面。同时，为更好的保护生态环境，新西兰政府将60多部有关资源管理的地方部门法律法规统一成《资源管理法》，此举解决了地方在资源管理上的混乱，理顺了地方经济发展和环境保护方面的关系。目前，新西兰已经建立了包括《资源管理法》《野生动物控制法》《国家公园法》《野生动物法》等法律法规在内的一个较为完整的自然生态保护法律体系，并于1996年新西兰议会正式颁布《保护法》作为国家的保护大法，统领以前分而治之的小法，共同作为国家公园保护与管理的重要依据。

新西兰国家公园管理是基于其国家层面的、保护性的绿色管理基础之上的，其保护的目的不是为保护而保护，保护是为了可持续利用。新西兰的《保护法》（Conservation Act）（1987）指出："保存并保护自然资源和历史遗迹，是保持其内在的价值，为公众提供欣赏和休闲娱乐，并维护子孙后代的权益"，国家从法律的角度赋予国家公园保护与休闲两大功能，而且保护管理的目的是为了可持续利用，不仅当代人可以利用，还应该考虑子孙后代也能用。

新西兰没有把国家公园封闭起来，而是实行柔性保护。保护国家公园从每一个人做起，提高参观游览者保护的意识。同时，参观游览者通过进入国家公园，真正了解和认识到保护自然与人文资源和生态环境的重要性，发自内心的关心自然、爱护自然、认识自然、了解自然，真正明白保护自然资源和生态环境的重要价值，提高保护意识，实现国家公园的"走进自然、享受自然、学习自然、保护自然"的终极目标。本着"让公众能够快乐的享受并从中获益"的原则设立的国家公园成为新西兰的品牌，30%的新西兰国际游客在游览新西兰期间都会至少到一个国家公园进行游览。

国家公园都由新西兰自然资源保护部（Department of Conservation，简称保护部）进行管理和维护，1987年，新西兰政府把原分属林业、野生动物保护和土地管理三大部门管辖的保护职能集中到政府来管，撤消了一些职责单一的管理部门，并成立了唯一一个综合性的专司保护的管理部门——保护部，保护部的宗旨是：保护新西兰的自然和人文资源，不仅满足当代人的需要而且能供子孙后代长期享用，不是为保护而保护，是为了可持续利用。2011年7月，新西兰对政府机构进行改革，撤销林业部，与农业部、渔业部、食品安全委员会等合并为基础产业部（Ministry for Primary Industries，也称为第一产业部）。林业的产业职能则和农业一起被归入基础产业部，基础产业部由六个部门组成，其中，政策理事会部门中的森林与种植小组主要负责新西兰林业的日常事务。资源政策理事会中的资源管理政策小组、气候变化小组、北岛事务小组、南岛事务小组负责森林资源保护和可持续发展方面的工作，贸易支持与管理小组负责林产品进出口贸易等方面的工作。天然林保护、珍稀动物保护等归保护部管理。另外，与林业有关的部门还有森林防火服务处、乡村防火服务处。与海关和保护部配合，为生物安全，维护生物多样性、保持水土、保护水源地和发挥森林游憩等功能。

新西兰的保护管理最高机构是议会，议会之下分两列管理系列。一列是政府管理，由保护部代表政府直接管理12个中央核心保护管理部门和14个地方保护管理部门，中央核心管理部门主要是在国家范围内，负责政策制定、计划编制、审计、资源配置及一些维护和服务等工作，而地方保护管理部门的分界主要是根据地理和生态特征、地方政府管理等来确定，保护部上对议会负责，下对新西兰公众负责；保护部具有强势的管理权力，代表所有新西兰人民，依据国会通过的保护法案所阐述的方向，管理新西兰的14个国家公园，是保护新西兰自然和历史遗迹的主要的中央政府机构。另一列是非政府管理，公众参与保护并形成一些保护组织。新西兰典型的非政府保护组织是保护委员会，保护委员会由13个代表不同地区和产业的代表组成，这个委员会独立于政府之外，代表公众的利益，负责立法和监督。国家下属的各省（或区）也同样成立省级保护委员会，也是由各利益团体代表组成，具有同样的保护和监督功能。

在建设国家公园具体方案方面充分体现其民主性和科学性。新西兰国家公园制订建设方案由"国家公园和保护区指导中心"提出。这个机构依照有关规定由10位具有国家公园建设和自然保护方面专业知识的能手承担，其决策直接影响到政府制订国家公园管理计划。

在资金机制方面，新西兰根据本国的经济发展实际，探索出包括政府财政支出、基金项目和国际项目合作等在内的生态资金支持模式。政府财政是国家公园生态保护资金的主要来源之一，每年预算投资高达1.59亿美元，专用于国家公园生态管理和保护工作。除了通过政府财政支出这一项国家行为来支持生态保护资金外，新西兰政府也充分利用基金项目这一平台，通过它来保证全社会每一个公众对生态保护的关注与支持，如“国家森林遗产基金”。社会基金之所以能够在新西兰用于生态保护，一个最重要的原因就是新西兰民间有着深厚的生态保护的群众基础。此外，新西兰也通过与国外自然保护区广泛开展国际间交流与合作的方式来筹集资金。

新西兰非常重视国家公园的规划，成功的规划设计与管理都必须基于对规划区域详尽的信息掌握，新西兰14个国家公园均做了较为系统的资源本底调查，《探索新西兰》中对整个新西兰的自然和人文资源以及基础设施等进行了详细的调查与研究，为国家公园的规划和管理奠定了基础。在调查的基础上，以完善的技术方法作为规划的导则。林肯大学公园、旅游和环境管理学院是新西兰国家公园旅游发展的技术支撑单位。通过对新西兰国家公园的研究，研究团队制定了“旅游规划工具”，同时引入了澳大利亚的绿色环球21标准体系，使国家公园旅游规划与发展有章可循。在长期的工作积累中，国家保护部也归纳、总结出解说系统、生态徒步道、户外设施建设等方面的有益经验，并发行专题工作手册指导实际工作。新西兰国家公园的规划设计技术有3个亮点，即游客中心（宣教展示中心）、生态徒步道（连接人与自然的通道）和野外宿营地。这3大亮点充分体现了国家公园的“走进自然、学习自然、享受自然、保护自然”的功能。

开展特许经营模式是发挥国家公园游憩功能的主要做法，特许经营的目的是保护与游憩两大功能协调发展，新西兰的国家公园特许经营体系的第一目标是为了保护自然与人文资源和生态环境；第二目标才是为游客提供适当的游憩设施、服务保证游憩者享受自然利益。所有国家公园都在保护部管理之下，特许经营权由国家惟一的保护部授予，体现了新西兰国家公园公共资源的“国家统一管理”的模式。

国家公园管理机构是新西兰政府的非盈利机构，主要职责为自然资源和文化遗产的保护与管理，日常开支由新西兰政府拨款解决。新西兰国家公园特许经营制度的实行，形成了管理者和经营者角色的分离，避免了重经济效益、轻资源维护的弊病。特许经营的收入主要用于投入到国家公园的基础设施建设中，为公众提供更为便利的服务设施，又满足了政府发展旅游、增添财政收入的需要。

在新西兰国家公园，特许经营项目的时间均较短，根据项目的性质不同，可分为三类特许经营项目：第一类项目是一次性活动项目，这些项目环境影响很小，与相关法律法规目标一致，不含永久性建设，

图6 新西兰的森林和牧场

其特许经营期限不多于3个月；第二类项目是影响小的、不需要公示的特许经营项目，这种项目经营活动的影响相对容易识别检测，特许经营期限限制在5年之内；第三类项目是影响大的、需公示的特许经营项目，这种项目经营活动或选址对环境可能带来较大影响或所选择的地点牵涉到公众利益，这类项目要严格遵守国家的审批制度，申请公开通报，特许经营期限可以在5年以上，但不会长到几十年。

5 注重社区参与和面上的保护

新西兰国家公园也十分注重社区参与，在新西兰，土地大部分归公民私有，有的国家公园规划在私人土地上，政府需要通过购买（即当地人以受雇于政府或义务参与方式管理）或者联合保护经营（即当地人在政府协助下进行保护管理）方式同私人达成协议，社区居民可参与到国家公园建设的各个环节，这与新西兰公民的民主意识、环境保护意识及受教育程度普遍较高密切相关，这也是社区公众直接参与国家公园管理的主要模式。此外，新西兰国家公园在规划、保护和委托经营等环节上，均可让社区居民参与进来，对国家公园管理层和游客全程进行监督，从而实现国家公园的间接管理。因此，新西兰国家公园的建设和管理社区参与度较高，在具体的管理决策上，有时起决定作用的往往不一定是政府，而是当地社区居民的意愿，充分尊重社区居民对自身利益、生态环境和历史文化资源的关注，提高了当地人对国家公园管理部门所开展的各个项目的支持率，从而为区域性的可持续发展奠定基础。

除了在国家公园等自然保护地，新西兰也重视在全国范围内加强物种保护和管理。新西兰原产地生物种类丰富，本地物种对外来生物抵抗性弱，一旦有生物入侵，容易造成灾难。因此，防止外来生物入侵，保护生物多样性极为重要。新西兰对控制外来物种非常严格，1993颁布了生物安全法案，由基础产业部严格实施，在进口商品、物品、人员出入境等，执行严格的检查制度，加强监管。

6 对我国国家公园体制的启示

新西兰人口只有450万人，经济发达，资源丰富，自然禀赋好，开展自然保护有着先天的优势，也与他们先进的保护理念和国家公园管理体制有关，其经验值得我国开展国家公园体制建设过程中借鉴。

一是学习他们“保护优先，可持续利用”的理念和完善的顶层设计。顶层设计最为核心的环节就是要从政府和公众两个层面做到生态保护观念的转变，政府通过宣传教育等多种方式引导，提升公众生态保护素质，做生态保护的监督者，真正树立起生态保护的意识。同时，国家公园建设作为保护区探索研究和实践的新型模式，其保护的主要目的就是为了可持续利用，即在保护自然、人文资源以及生态环境的基础上，实现游憩、科普、科研、宣教解说等服务功能，充分体现保护是为了更好的可持续利用，实现可持续发展的代际公平观。

二是建立完善的国家公园法律体系和管理体系。新西兰国家公园资源保护是通过“强势的保护部”来进行管理，我国的国家公园处于起步阶段，根据我国国情明确国家公园管理主体，可借鉴新西兰国家公园保护管理的部分经验，实现中央政府对国家公园的直接管理，建立自上而下、统一高效的管理机构。同时，鼓励建立地方政府保护机构，通过地方政府组织召集公众广泛参与生态环境保护，为国家生态保护事业建言献策，开展社会监督，维护公众环境权益，推动可持续发展，促进绿色消费等，从而实现国家与地方保护管理有效结合。

三是可以学习借鉴新西兰国家公园多元化的资金体制。早期新西兰国家公园的收入主要用于生态保护与建设，随着国家公园的发展建设与逐步完善，目前新西兰的国家公园实现对公众免费开放，但通过制定的国家公园的环境保护法案来约束国家公园内可开展的活动。同时，新西兰国家公园内特许经营项目获得的经济收入以及通过国际项目合作，有很大一部分作为国家公园生态保护资金支持。

图 7　新西兰登山家埃德蒙·希拉里（Edmund Hillary）在库克山国家公园里的雕塑
他于 1953 登上珠穆朗玛峰，是珠峰登顶第一人

四是建立专业的咨询和规划设计机构。可以考虑借鉴新西兰国家公园规划设计经验，成立国家公园专家委员会和规划设计指导中心，由相关学科的专家学者组成，有专门的技术单位作为支撑，并不断加强国家公园规划设计人才队伍建设。在科学研究与细致讨论的基础上，充分吸收国家公园管理人员、社区居民、公众的意见，统一进行国家公园的规划设计工作。同时，国家公园的规划设计要充分体现生态环境教育理念，实现科普宣教功能。

五是注重社区参与建设。我国国家公园内原住居民数量较多，且部分地区社区居民的生态保护意识仍有待进一步加强，暂不可能实现社区居民参与到国家公园建设的各个环节中。但国家公园建设的重要功能之一是促进社区发展，管理机构可将社区居民视为国家公园的重要合作伙伴，作为国家公园传统文化展示和生态环境保护的重要力量，同时，为其提供机会以替代传统生计，实现资源的可持续利用。现阶段可以采取的社区参与的方式包括加强引导，提高社区居民生态保护的意识；实施相关培训，提供就业机会，提供社区居民参与管理的渠道等，促进社区经济发展。

六是重视国家公园的邻界管理。国家公园不是孤立的单元，而是区域景观的组成部分，加强对国家公园邻界区域的管理，有利于保护生态系统完整性和国家公园的长远发展。借鉴其他国家国家公园邻界区域管理经验，加深对邻界区域管理的研究，鼓励国家公园周边社区居民参与到国家公园的保护、管理和建设之中，充分协调国家公园的资源可持续利用与保护的关系，从而实现国家公园保护与利用“双赢”。

由于中国与新西兰国家在政治体制、经济水平、文化传统等方面存在很大差别，也不能完全照搬国外模式，尤其在管理体制、社区参与、监管机制、法律制定、筹资方式以及少数民族传统文化的保护与传承等方面应积极探索，构建具有中国特色的国家公园体系。

进入国家公园，需要注意什么？——黄石国家公园的启示*

在中国，国家公园定位为服务美丽中国和生态文明建设，是指由国家批准设立并主导管理的大范围的自然保护地。国家公园的宗旨是保存自然、服务人民。没错，这不是普通的公园，它和自然保护区类似，只是更大、更综合、层级更高、保护更严格一些。国家公园绝大部分区域属于严格保护区和生态保育区，野生动植物才是这里的主人，保持这里的自然和静怡，享受大自然提供的生态服务功能是全民的生态福祉。国家公园不是绝对排斥人类进入，但开放的部分只占国家公园面积的很小比例，一般不超过总面积的5%。人们可以进入国家公园的科普游憩区和传统利用区参观、游憩，体验自然之美，感受传统文化，但不能随心所欲，在大自然面前需要把自己当作客人。进入国家公园的参观者一般称为访客（visitor），而不是游客（tourist），当你签订同意书后购票进入国家公园，意味着你和管理方签订了合同，一切行动都要遵守国家公园的规则。那么要进入国家公园，需要注意什么呢？2017年，笔者在黄石调研了4天时间，有一些体会，在这里分享一下。

国家公园，野生动植物的乐园　唐芳林摄

世界各国的国家公园各有千秋，但共同的一点是，都把生态保护放在第一位，这是付出代价后的经验。黄石国家公园是世界上第一个国家公园，地跨三个州，面积8976平方公里，集火山地质遗迹、地热温泉、森林草地、河流湖泊、高山峡谷、野生动物为一体，美不胜收，也是人们游憩的乐园。作为老牌的国家公园，黄石国家公园一百多年来积累丰富的经验，也有深刻的教训，值得我们借鉴。

1　曾经走过的弯路

黄石国家公园的北大门上写着这样一条标语："For The Benefit And Enjoyment Of The People（为了人们的利益与快乐）。"说明了个人主义至上的美国，一开始就把满足人们的游憩需求当成了主要目的。黄石

* 唐芳林. 进入国家公园，需要注意什么？——黄石国家公园的启示. 中国绿色时报. 2019.

的资源禀赋极高，但在国家公园建立的初期，没有经费，没有法律，管理松懈，游客肆意妄为，野牛、狼等野生动物被捕杀，到1930年代，狼就在黄石公园绝迹了，食物链遭到破坏，给生态系统带来了巨大的影响，这样的变化甚至会导致生态系统的崩溃。

黄石峡谷景观　唐芳林摄

作为世界自然遗产，世界遗产委员会将其列为濒危遗产，主要理由是：公园东北边界外4千米处，计划采矿，将影响威胁公园；违规引入非本地物种——湖生红点鲑鱼与本地的刺喉鲑鱼竞争；道路建设与游人压力；野牛的普鲁氏菌病可能危害周边地区的家畜等。1988年，燃烧了半年之久的一场森林大火使黄石公园总面积的36%受毁，使黄石国家公园雪上加霜。

黄石公园受到黄牌警告，IUCN请求世界遗产委员会干预阻止采矿，此外还指出了面临着其他威胁：在公园外围潜在的地热开采和其他地下水钻探正威胁着公园举世闻名的地热资源；伐木、石油和天然气开采、筑路、采矿、民宅建筑和新的居民聚集点持续侵犯着公园周围敏感的荒野和重要的野生动物生境，而公园的健康和完整性依赖于此；生态环境的破坏和日益增加的人熊冲突危害了已经受威胁的灰熊；在公园中可随处漫游的野牛，如果跨越公园边界通常遭到屠杀；非法引入湖泊鲑鱼威胁了黄石原有的刺喉鲑鱼，而后者正是灰熊、小型哺乳动物和鸟类重要的食物资源；在离黄石的东北边界仅几英里的上游地区有一巨大的废物堆积，不停地向Soda Butte溪流中渗溶重金属和酸污染物；一年四季不断增加的参观和考察活动产生了过于拥挤的问题，打扰了野生动物。1995年，黄石被列入《濒危世界遗产清单》。

1988年大火以后的自然恢复　唐芳林摄

痛定思痛，管理者开始注重保护。国际组织的警告和环保组织的压力，迫使克林顿政府做出史无前例的决定，即用联邦财产与金矿公司拥有的财产进行交换来阻止采矿。1996年，克林顿政府以6500万美元收购了计划采矿的私人土地，有效地解除金矿对黄石国家公园的威胁。其他有关治理对黄石公园构成威胁的报告也已上缴到世界遗产委员会，其中包括临时野牛管理计划，成立国家/联邦临时急救委员会以及在解决其他问题方面取得巨大进展的“大黄石国家公园普鲁氏菌病委员会”等。

世界遗产委员会有关将黄石国家公园列入《濒危世界遗产清单》的决定，推动了非政府组织寻求国际支持阻止采矿的斗争。它将美国的主要联邦机构也卷入公众场合，使他们不得不对金矿的提案有所表态。它第一次提供了一种途径，使得科学评估结果可被用于管理并为民众共享。所取得的成功，也使得越来越多的人来主动关注世界遗产的生存状态问题。在2003年7月召开的第27届世界遗产大会上，最后经过了激烈的争论后，黄石国家公园才从《濒危世界遗产清单》上被有条件除名。

2 国家公园的许多区域，你是不能进入的

许多人问我，既然公园嘛，为什么不可以随意进？“美国的国家公园，汽车都可以开进去，烧烤露营都可以”。是的，在黄石国家公园，有五道大门，只要买了门票，可以开车进去，高峰期每天一万多辆汽车、房车进入，沿着8字形的200多公里的公路网，去看温泉，休闲，步行、露营。但是，不要产生错觉！这是国家公园，允许人为活动的区域只占国家公园面积的1%，绝大部分区域是原始和自然的，是野生动物的乐园。

守护温泉的野牛 唐芳林摄

除非发生重大事件超出园方能力，园内一般的管理事务均由园方负责，包括交通、卫生、安全等，不需要地方和部门介入。进入公园，就要接受公园管理方的指挥管理，你不能离开规定区域，你可以看，但不能摸。规则要求访客一定要在指定的路径上走，待在公园指定的步道和木板栈道上，不能爬野山。黄石地热区的地面是脆而薄的，正下方有滚烫的水。一定要把您的孩子带在身边。曾有来黄石旅游的游客跌落并葬身此地。不要游野泳、泡温泉。黄石的河和湖都是天然的，公园的水较冷而湍急，不要轻易下水。在黄石的许多区域游泳是不安全的，而且是被禁止的。划船和钓鱼必须要买许可证。所有的船只和浮标管都需要获得许可。

3 住在园外小镇，游在园内荒野

住在外、玩在内，这是国家公园的通行做法。在黄石国家公园外围入口有多个特色旅游小镇，西黄石镇位于黄石公园西门外，这里的餐饮、住宿、休闲、娱乐设施齐全，是游客的首选。南部的杰克逊镇

位于大提顿国家公园南部，两个国家公园紧邻，只要买了其中一个国家公园的门票，也可以进入另外一个国家公园，一张车 25 美元，一个星期内可以多次出入。既保护了自然，又增加了社区的收入。

访客只能在规定区域活动　唐芳林摄

开车是主要的游览方式，为此，公园管理方做了许多规定。要求给野生动物“让路”。除非另有粘贴的减速标识，为了保护动物，必须保持车速。在黄石的最高时速是 45MPH（45 英里/小时，即 70 公里/小时），以防路上突然窜出动物来不及刹车。留意停车带，绝对不能直接在路上停车看动物，以免阻塞交通。如果您在驾驶时看到野生动物或者风景，不能随意靠边停车，必须进入专门的停车带。黄石的路上有很多“turn out”停车点，就是路边专门修建用来可以停车观光的地方。园内道路多为混合共用道路，骑自行车应当要排成一纵队行驶。司机应将车辆与自行车和路边行人之间的距离保持在 1.0 米（3 英尺）以上，特别是带有大型分拆式侧视镜的车辆。

没有围栏，只有简明的提示　唐芳林摄

4　和野生动物保持距离

必须和野生动物保持距离，不要离太近。黄石的野生动物都不怎么怕人，园方规定离食肉动物必须在 91 米以上，离食草动物 23 米以上。无论距离多远，如果由于您的存在，任何公园里的野生动物改变了其行为，则说明您离得太近了。请勿给任何黄石公园的野生动物喂食，包括鸟类。人类食用的食物对于野生动物来说是不健康的，并且会引发可能需要采取控制措施的争食行为。所有的食物、垃圾、冷却器和烹饪工具必须安全的放在防熊容器中，除非是立即要使用的。当您享受沿途的乐趣时，请注意熊的出没。在黄石集体徒步旅行，对您而言更安全。在视野受限的地区，请仔细听周围的动静。如果您在野外突然遇到一只熊，请勿乱跑。请携带防熊喷雾剂，并了解如何安全地使用。

野牛才是黄石国家公园的主人　唐芳林摄

5　对野生动物不要滥用“爱心”

国家公园的口号是：让野生动物保持野生状态（keep wildlife wild）。规定不许喂野生动物。违者罚款5000美元！因为这样做的危害很多：如果动物形成依靠人类获得食物的习惯以后，就无法把在自然界中获取食物的技巧传授给后代；会变得肥胖臃肿，行动迟缓，易受到天敌袭击；营养过剩导致繁殖能力增强，破坏生态平衡；在食物少的季节会饿死；不再畏惧汽车，导致交通事故增加；人会把当地不存在的细菌、疾病传给动物；人类食物中的盐分、糖分、香料和化学添加剂会让动物营养不均衡；对人类缺乏畏惧感后，动物可能咬人，把狂犬病等传给人类；可能误食塑料袋；学会向人类抢夺食物，一旦出现这种情况将不得不将其杀死。

6　荒野有危险，请珍惜自己的生命

这是荒野，充满着危险！国家公园范围广阔，管理方无法做到安全控制，只尽到提醒责任，无法对游客安全做出承诺，游客的安全需要自己负责。园方在进园时会发放资料，提醒访客自律和注意自身安全，一旦访客已经接受了同意条款，就承担了义务。违反规定会受罚，发生事故，访客如果起诉园方，法院也不予支持。据不完全统计，已经有350人意外死在黄石公园。我买了一本名字叫《死在黄石》（DEATH IN YELLOWSTONE）的书，这不是一本“自杀指南”，而是一本安全指南。书里详细分析了包括烫死、摔死、被野生动物杀死在内的25种死亡事故类型，提醒游客注意。

国家公园管理方在安全方面有详细的规定，违者会受到重罚，这些严格的管理确实对保持国家公园的原真性和对游客自身也都是有利的。

国家公园书店　唐芳林摄

7　保护自然：鸟儿飞过，天空没有痕迹

与中国的旅游景区设置大量的栏杆等安全设施完全不同，国家公园为了保持自然性，道路上基本不设置栏杆，即使在悬崖等观景台上的护栏也只在很小的范围内设置，以免使自然荒野过于人工化。一些规定很细致，严格保护环境，不能离开游览线路；可以带走照片，但连足迹也不能留下；不能采摘花草，连枯枝、落叶也不可以；可以户外用餐，但要将所有物品带走，连面包屑也不要留下。吃水果的时候不能把水果的籽掉到地上，因为会产生外来物种，影响国家公园的原真性。等等。此外，国家公园禁止使用低空无人机。近年来使用人工智能遥控飞机搭载照相机拍摄比较流行，由于惊扰野生动物和鸟类，噪音和事故也引起大多数人的反感，因此全美国国家公园境内于 2014 年全面禁止使用所有无人驾驶飞机，还给国家公园一个宁静。

8　注重科研支撑保护管理，如林火管理

国家公园及其重视科学研究，作为科研基地，园方搭建开放式的科研交流平台，欢迎科学家开展科研和监测行动，提供专业化的知识和技术来支撑保护管理。给我印象很深的是对林火的研究和管理。黄石公园的乔木树种比较单一，以黑松等针叶树为主，容易发生森林火情。管理方对雷击等自然原因引起的林火比较宽容，每年都会发生林火，如果不对人身和财产造成威胁，他们也只是观察和管理，并不刻意去扑灭。这与美国长期存在的“火是生态因子，林火是自然现象”的观念和思维有关。一些人认为，平时小的林火可以消除枯落物，避免多年累积导致毁灭性的森林大火发生。1988 年夏天黄石国家公园遭遇了 50 多次山火，其中一场从 5 月 24 日一直燃烧到 11 月 18 日才因为下大雪而熄灭，这近半年的山火导致 3213 平方公里（占黄石总面积的 36%）的森林被烧毁。这在大多数人看来都是由气候干燥引起、人类不作为的一场灾难，但公园管理者辩解说，这是国家公园，人类可以不干预，他们甚至找出 30 年来植被开始自然恢复的一些证据。但是，他们对人为活动发生的火是很重视的，除非计划中的控制火烧，严格控制人为失火。

林火过后的状况　唐尼摄

关于自然发生的林火可以视为生态因子可以置之不理，这样的观点在中国尚存在争议。中国的森林资源弥足珍贵，不能盲目模仿，除了一些地区的计划烧除，中国还是要严防森林火灾。

作为国家公园的发祥地，如今美国国家公园确立了三大目标：保护和维持原始的自然景观；经营和管理人人可以平等使用的公有设施；使前来参观国家公园的旅行者充分了解和认识大自然。美国的国家公园把保护自然、增进访客数量作为工作目标，“国家公园是美国有史以来最好的构想”。仅在 2017 年，59 座国家公园共接待了 3.31 亿人次的到访，其中大雾山国家公园达到 1050 万人次。今天我们看到的黄石国家公园，虽然有一些历史的沧桑感，仍然是那么美丽，每年有 300 多万人进入其中欣赏美景。

中国的国家公园建设还在起步中，有后发优势。美国黄石国家公园的经验和教训为我们提供了一面镜子，虽然国情不同，但中国要在短时间走完国外百余年走过的道路，可以通过借鉴其经验少走一些弯路，特别是一开始就必须树立国家公园保护第一的理念。

澳新国家公园之旅的收获与思考*

2019年底，笔者随团到澳大利亚、新西兰就两国国家公园业务进行了交流。作为国家公园研究工作者，笔者此次以观察者、记录者的身份去赴一场知与行的旅途。考察发现，这两国在国家公园管理方面作出了积极探索，值得借鉴。

1 矛盾与统一的生态环境保护体系

澳大利亚和新西兰同为南半球发达国家，优越的经济和自然条件决定了其国家公园建设起步比较早。地广人稀和景观类型多样是两国国家公园鲜明的特色。广袤神秘，纯净原始的自然风光和丰富独特的动植物区系，让人仿佛走进了真实的“绿野仙踪”，流连忘返。然而随着社会的变迁，许多问题也逐渐滋生。

澳新两国拥有独特的岛屿生态系统，在与大陆长期隔离的自然进化史中孕育了极为稳定的种间关系。然而，在欧洲殖民者定居后，数目繁多的外来物种被有意或无意地引入，致使森林生物灾害频发。尽管两国采取了严格的动植物检疫措施，但外来有害生物的防治任务依然很艰巨。

两国独特的自然景观深深吸引着越来越多的世界游客，本国人民参与生态体验的兴致也随着自然教育意识的增强而逐渐提高。这些变化为当地带来了良好的经济效益，也给生态环境管护带来了压力。鉴于此，走访的这些国家公园多数提及访客控制计划，以减少人类活动对原住民生活及生态环境的干扰和破坏。

2 健全的法律制度和标准体系

1891年，南澳大利亚州颁布了澳大利亚第一部有关国家公园管理的专项法规——《国家公园法》，到了20世纪50年代，联邦政府频频出台有关保护自然环境和自然资源的法律法规，逐步建立起了比较健全的国家公园和野生动植物资源保护管理法律体系，特别是1999年颁布的《环境保护和生物多样性保护法》，已经成为澳大利亚生物多样性保护领域的基本法。

新西兰国家公园的立法进程也是一段不断探索的过程。在早期，新西兰国家公园方面的法律面临多部法律并存、分而治之的困境。直到1996年10月，才颁布了具有绝对权威性和综合性的《保护法》，近几年又将60多部有关资源管理的地方部门法律法规统一成《资源管理法》，有效解决了地方在资源管理上的混乱，理顺了地方经济发展和环境保护方面的关系。

相较于澳大利亚和新西兰，我国目前仍未形成符合国情的国家公园法律体系，这是我国国家公园设立和管理诸多问题的症结所在。加快立法进程，尽快建立和健全法律体系迫在眉睫。一方面，应制定与《环境保护法》《森林法》《野生动物保护法》《自然保护区管理条例》《风景名胜区条例》等相协调的国家公园法律体系；另一方面，各个国家公园也要在政府和上级单位的指导下，建立各个国家公园的相关规范，实现“一园一法”，搭建起我国国家公园的法律金字塔结构。除此之外，制定合理的国家公园准入标准体系，建立科学的国家公园设立流程，并以此规范其资源调查、监测评估和规划编制等工作才能保障各项建设内容健康有序开展。

---

* 孙鸿雁，尹志坚．澳新国家公园之旅的收获与思考［J］．中国林业，(2)：116-121.

3 良性的管理机制和明确的管理主体

澳大利亚、新西兰两国国家公园的自然资源资产产权十分清晰，中央与地方、与原住居民的事权划分也相对清楚，各方的权责利也十分明确。不难看出，良性的管理机制和明确的管理主体是两国国家公园实现有效管理的重要基础。

我国的国家公园可以借鉴这一重要经验。可以根据我国国情特点，考虑由中央直接管理或者在明确界定中央与省政府的权利和责任的前提下由中央委托省政府管理。在明晰自然资源产权、中央与地方及国家公园管理机构与所在地政府事权划分的基础上，明确国家公园管理主体，落实工作责任。

4 科学的特许经营制度和资金管理计划

澳大利亚的国家公园建设属于社会公益事业，资金管理实行收支两条线政策。建设资金主要来源于联邦政府、州政府和社会团体及个人的捐赠，国家公园不参与经营管理，不搞赢利性创收，开展生态旅游所得的资金全部上缴财政专门机构。国家公园中的特许经营采取严格的准入制度，经营权主要偏向于当地原住民，且期限一般不超过 12 个月。在这种方式中，国家公园管理部门的主要职责是在相关法律法规下监督经营者的经营行为，而经营者则在经营协议的约束下开展相关的经营活动。

新西兰根据本国的经济发展实际，探索出政府财政支出、基金项目和国际项目合作等资金支持模式。政府财政是国家公园事业资金的主要来源，专用于国家公园生态管理和保护工作。同时，政府也利用如“国家森林遗产基金”等基金项目获得社会大众的支持。此外，国家公园还通过开展国际间交流与合作的方式来筹集资金。新西兰国家公园的特许经营权由保护部唯一授予，保护部和被特许经营者皆以保护为前提开展活动及提供服务，其经营期限也根据三类对环境影响程度不同的项目性质做了严格的限定。

我国在国家公园的资金管理与特许经营管理上，应吸收两国的宝贵经验，建立以财政资金为主，其他各种渠道资金为辅的资金保障机制。统筹安排国家公园的各项支出，确保内部各项资金落实到位。国家公园特许经营准入标准的设定与管理需进一步强化，特许经营审批权应由国家公园管理部门统一审批，并将收入上缴财政统一管理，实行收支两条线，同时引入社会监督机制，实行政府与社会双监督。

5 健康可持续的社区参与机制

澳大利亚国家公园充分尊重原住民的文化，将原住民的地方性知识应用到决策和管理过程中，还通过雇佣和培训等方式给原住民提供工作机会，鼓励其参与管理工作。

新西兰包括国家公园在内的大部分土地皆归公民私有，政府需要通过购买或者联合保护经营的方式同私人达成协议，因此社区居民在国家公园的规划、保护和委托经营等各个环节参与度非常高。充分尊重社区居民对自身利益、生态环境和历史文化资源的关注，提高了项目的支持率，也为区域性的可持续发展奠定基础。

在我国建立健康可持续的社区居民参与机制，将社区居民视为国家公园的重要合作伙伴，并作为传统文化展示和生态环境保护的主人，这些理念对于解决现阶段我国社区和地方发展的潜存矛盾非常重要。同时，在特许经营中，应优先考虑为有条件的原住民提供工作机会以替代传统生计，也有利于实现资源的永续利用。

6 专业的规划设计机构和管理计划

澳大利亚、新西兰两国的国家公园均需要制定十年管理计划。不同的是新西兰成立了由 10 位专家组成的“国家公园和保护区指导中心”，由这个机构统一制定计划。其国家保护部也根据自身经验，发行诸如解说系统、生态徒步道等方面专题工作手册指导国家公园的实际建设工作。澳大利亚国家公园除了十年计划还规定在规划期内每年公布统计量化表，并制定年度发展规划，每四年制定展望管理计划，第八年由监督评估机构进行评估，以这种方式保证及时发现问题并及时整改。

目前，我国国家公园规划设计单位庞杂，设计人员水平参差不齐。可以借鉴新西兰国家公园规划设计机构，成立国家公园规划设计指导中心，在科学研究与细致讨论的基础上，充分吸收各方意见，统一进行国家公园的规划设计工作。而国家公园的规划期，则可以借鉴澳大利亚的做法，在十年规划期内再分别制定两个四年的展望计划；定期发布每年的年度报告，提高公众的知情权和参与权；在计划实施的第八年由专门的评估机构对规划的执行情况进行综合评估，保证管理计划的有效执行。

7 自然的基础设施和以人为本的服务理念

澳大利亚、新西兰两国国家公园的共性便是其内部生态旅游基础设施的设计风格：沙土铺垫的徒步道、石块打造的标识牌等处处都传递着“天然去雕饰”的自然理念。穿梭其中，看不到冰冷的禁止性标语，更多的是语气简洁温和的服务性提示，带给游人如沐春风般的自然体验。

此次走访澳大利亚、新西兰两国国家公园，除了浏览美景，更重要的是对其细节的关注和思考。我国国家公园如何做到用自然装点自然，用体贴代替提醒？如何把以人为本的服务理念融入公园建设的方方面面，让身处其中的游人能够轻松敞开心扉去领略大自然的野趣，感受大自然的魅力，……终有一天，我国将建成统一规范高效的中国特色国家公园体制，为创造世界生态文明的美好未来、为推动构建人类命运共同体作出贡献。

美国国家公园规划体系的借鉴*

规划作为一种关注系统的收集、分析、组织和处理技术信息以方便决策的活动，在国家公园的保护与发展中起着至关重要的作用[1-3]。美国国家公园经历了百年的探索与发展，其规划的思路与框架不断调整与完善，时至今日依旧走在世界国家公园规划的前沿。

中国自2013年党的十八届三中全会《关于全面深化改革的决定》中首次提出“建立国家公园体制”以来，先后在12个省市开展了东北虎豹、三江源、大熊猫、祁连山、神农架、武夷山、钱江源、南山、普达措、海南热带雨林等10处国家公园体制试点[4-5]。中办、国办联合印发的《关于建立以国家公园为主体的自然保护地体系的指导意见》中明确：到2020年，完成国家公园体制试点，设立一批国家公园。但截至目前，国家层面并未就如何系统而全面的制定国家公园规划体系做相应的顶层设计。本文梳理了今年九月赴美参加国家林草局国家公园办组织的“美国国家公园科学建设与有效管理”培训班上关于美国国家公园规划体系的相关内容，总结归纳了美国国家公园的规划体系的特点，从中汲取经验，为我国国家公园规划体系的构建提供参考与借鉴。

1 美国国家公园规划体系

1.1 规划的目标

1916年，国会通过的《美国国家公园管理局组织法》明确了国家公园管理局的使命：“国家公园管理局保护公园内的自然和文化资源及其价值不受损害，愉悦、教育和启发当代及后代子孙[3]。”围绕这一使命，美国国家公园管理局借助不同规划来提供解决日常运行管理中出现问题时的决策支撑。如人财物有限的情况下如何进行资源的有效管理、如何平衡保护与利用的矛盾以及如何实现资源可持续保护等。

1.2 规划原则与方法

1.2.1 使决策更具逻辑性和可跟踪

国家公园管理局通过规划，在决策过程中加入大量分析和公众参与，以使其更有逻辑，并设定责任制。开展公园规划和决策工作时，将其视作一个连续的、动态的循环过程，从与公众分享的广阔视野发展到个人的看法、年度工作任务和评估。每个公园都能够用全面的、有逻辑的且可追踪的理由，向决策者、员工和公众解释这些决策是如何相互关联的。

1.2.2 科学技术与学术分析

国家公园决策者和规划者要使用当前可用的、最佳的科学和技术信息以及学术分析，找到合适的管理行动来保护和使用公园资源。同时，作为规划和决策的关键，管理局要综合考虑公园宗旨、游客的体验质量、对公园资源的影响、长短期成本等多方面来识别出合理的方案。

1.2.3 公众参与和理解

公众参与规划和决策过程，能够确保公园管理局充分理解并考虑公众与公园相关的各种利益。管理局需要积极寻求公园的现有游客和潜在游客、公园的邻近或与公园的土地有这传统文化关联的其他人群、

---

* 李云，唐芳林，孙鸿雁，等. 美国国家公园规划体系的借鉴［J］. 林业建设，2019，209（5）：10-16.

科学家和学者、特有权所有人、合作团体等，并与他们协商。管理局将与其他机构和团体合作，以改善公园状况，加强公众服务，并将公园融入可持续的生态、文化和社会经济体系中。

1.2.4 法定要求

1918年，时任美国国家公园管理局（以下简称NPS）局长约翰·马瑟最早提出为改善国家公园的资源保护成效和管理的成效，国家公园需要做规划。1932年，第二任管理局局长何瑞斯·欧布莱特，强制要求各国家公园必须进行规划。1970年，国会通过的《国家公园管理局一般授权法案》中明确要求："各国家公园应编制保护和使用总体管理规划并及时更新""各公园应编制5年战略规划和年度绩效/工作计划，并面向公众开放"；1978年国会通过的《国家休闲区法案》及2006年NPS制定的《美国国家公园管理政策》等相关法律法规均从不同层面对美国国家公园规划做了不同层次的规定。

1.3 规划框架

美国国家公园的规划框架是一个贯穿国家公园管理局决策过程的、相互关联的框架。通常是从比较宽泛的管理总体规划，逐步向更为详尽的实施计划发展，且不同层次的规划都有其独特的功能[3]。2016年百年庆典后，国家公园规划框架也发生了变化，新的规划更加强调灵活性、可操作性和可持续性。新修订的框架如图1所示。

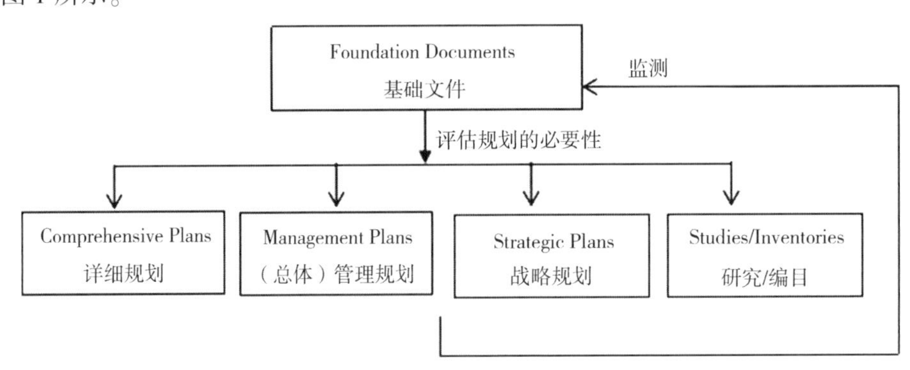

图1 美国国家公园规划框架图

1.3.1 基础文件（Foundation Documents）

基础文件是一份基于公园立法或总统公告，为各个国家公园的管理和规划决策提供基本指导的文件。一般在规划早期制定，并将其作为管理总体规划前开展的公众与机构调研、数据采集工作的一部分。基础文件组成要素包括：

公园的描述。

公园的目的：描述联邦政府将该区域纳入国家公园系统的原因。

公园的重要性、主要资源及价值：描述公园的主要资源及价值在全国层面的重要性，以至于需要纳入国家公园系统内。

解说主题：描述该公园需要向公众传达最重要的想法和概念。

主要问题及规划需求：依据公园内的问题，评估保护园内资源和满足游客娱乐享受需要做的规划类型。

一旦某个公园撰写了一份基础文件，那么从总体管理规划的某个周期向下一个周期推进时，会保持这份基础陈述相对稳定。

1.3.2 总体管理规划（General Management Planning）

总体管理规划是一种涉及面广泛的概括性规划文件，它在基础陈述的基础上设定了公园的长期目标。管理总体规划组成要素包括：

明确定义随时间推移，期望实现并保持的自然和文化资源的状况；

明确定义为了使游客了解、欣赏和体验公园内重要的资源，公园必须具备的条件；

确定维持期望状态所适合的管理活动、游客使用以及开发项目的类型和水平；

设定维持期望状态方面的各项指标和标准。

总体管理规划的制定仅限于新建的国家公园单元，规划期较长，20~30年。通常可能每10~15年需要对管理总体规划进行复审。如果情况发生了重大变化，就可能需要缩短复审间隔时间；同样如果情况保持相对稳定，没有显著变化，则也可以接受间隔更长的时间来进行复审。

1.3.3 战略规划（Strategic Planning）

战略规划以总体管理规划为上位规划，规定了国家公园5年的指导方向，以及可观的、可预测的长期目标。一般包括在资金和人员有限的情况下，国家公园的发展定位是什么？实现发展定位，需要做些什么？设定发展目标时要基于一定的因素，包括公园的基础文件、对公园自然和文化资源的评估、公园游客的体验，以及根据现有的人员、资金和外部因素等而得出的公园绩效能力等。其规划内容更丰富具体、更具可操作性。一般作为国家公园管理局局长或分区局长用来评估每一个国家公园园长绩效的最好依据。

1.3.4 专项规划/详细规划

以总体管理规划和战略规划为指导，根据国家公园的管理需求，有针对性的编制专项规划和详细规划。一般情况下，专项规划/详细规划可能会专注于总体管理规划中的个别项目或单个成分，并且可能会详细说明实现规划结果所必需的技术、学科、设备、基础设施、进度安排和资金。详细规划提供了在公园某个区域内执行某项行动所需要的具体工程细节，并解释所采取的行动如何有助于实现长期目标。如为某特定区域编制的用以解决包括通达性、交通堵塞、安全性、游客体验和资源保护等问题的详细规划；为管理游客需求，减少冲突而编制的游客使用管理规划；和为增进与游客有效交流的服务、媒介和活动等的解说规划；以及为改善资金规划，确定运营目标的商业规划等专项规划。专项规划可提供全面的工作方法，鼓励过综合的、跨学科的途径来制定专项规划。

表1 美国国家公园规划要素区分表

序号	名称	规划内容	规划期限	规划团队	批准主体
1	基础文件	记录了某个公园的目的、重要性、基础资源和价值，以及主要的讲解主题等内容的文件	至少1个管理总体规划的周期（20~30年），期间可进行拓展或修订	国家公园与区域办公室，可由丹佛设计中心提供咨询服务	区域办公室主管
2	总体管理规划	园内资源保护措施、标明开发使用的类型和总体强度、游客承载力、潜在的边界调整等	20~30年；通常每10~15年进行复审	丹佛设计中心	国会
3	战略规划	长远的绩效目标及实现策略、描述年度目标怎样与长远目标相关联、描述设定或修改目标时进行的分析过程、确定公民参与策略，在制定策略计划过程中鼓励相关利益者和社区参与进来、识别出能够对目标的实现产生显著影响的关键外部因素等	5年	丹佛设计中心	区域办公室主管
4	详细规划/专项规划	专注于管理总体规划或战略规划中的个别项目或单个成分，并且可能会详细说明实现规划结果所必需的技术、学科、设备、基础设施、进度安排和资金。	因项目而定	丹佛设计中心	区域办公室主管

1.4 规划流程

当国家公园管理局考虑将某一区域纳入 NPS 系统时，需先根据该区域的资源重要性、代表性等准入条件进行初步调查分析，确定该区域是否满足条件，若满足则进行详细调查分析，明确该区域是否具备纳入 NPS 系统的适宜性和可行性，若都满足则将调查报告和提案提请国会授权后，进行深入调研。内部部将最终调查结果提交国会，由国会综合评估后最终决定是否纳 NPS 系统。当国会通过将该区域纳入 NPS 系统时，则开始制定基础文件；并以基础文件为基础，制定总体管理规划；以基础文件和总体管理规划为基础，制定战略规划；再以总体管理规划和战略规划为指导，编写详细的规划和专项规划。在管理总体规划中所作的决定优于并指导其他更为详细的项目和活动的相关决定。

对于当前没有总体管理规划的公园，则需要从其现有的规划或更新的基础文件出发，编写公园战略规划。

规划程序见图 2 所示。

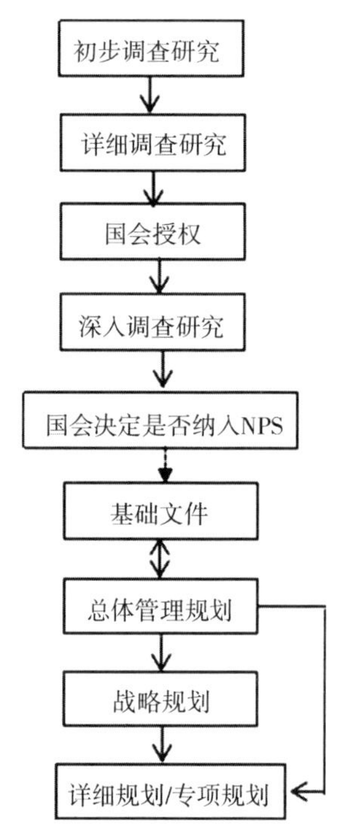

图 2　新建国家公园流程图

1.5 规划团队和批准部门

从便于管理的角度出发，美国国家公园的规划需要由国家公园管理局的专业规划团队来完成，同时利于国家公园管理局做好监督和管理。美国国家公园管理局内设的丹佛设计中心作为管理局专业的规划团队，是负责美国国家公园系统的规划的中枢部门，提供规划全过程咨询服务。

除新建公园的总体管理规划由国会批准外，其他层级的规划由区域办公室批准即可。

2 美国国家公园规划体系的特点

2.1 完善而成熟的法律法规体系是美国国家公园规划体系的重要保障

美国的国家公园法律体系包括五个层次，每一个国家公园都要接受这五个层次法律法规的约束。它们分别是：

（1）国会通过的基本的国家公园系统法。如《国家公园管理局组织法》等；

（2）国会通过的针对某一公园的法律。如《优胜美地国家公园法案》；

（3）国会通过的适用于所有公共土地和所有美国机构的其他法律；例如，“荒野法案”“濒危物种法案”、保护历史遗址和文化资源的法律以及“国家环境政策法案”等；

（4）国家公园管理局制定和通过的条例、政策等，可能适用于整个系统，也可能只针对某一特定公园。如《大峡谷国家公园特许法》等；

（5）国家公园管理局为各公园制定的综合管理计划、协议等。

五个层次的法律法规体系，从宏观到具体，不同角度保证了国家公园规划体系的正常运行，且立法层级较高。同时，国会通过的《国家公园管理局一般授权法案》也从法律层面对每个国家公园需要做的规划类型做了相应要求，而 NPS 制定的各项管理计划、签订的协议等同样具有法律效应。此外，2006 年，NPS 制定的《美国国家公园管理政策》也从不同层面对美国国家公园规划做了不同层次的规定。

2.2 科学研究是美国国家公园规划体系的基础

NPS 非常注重与大学等科研机构的合作，注重国家公园服务于科学，科学服务于国家公园。NPS 负责对国家公园内自然资源实行总体全面管理，非常注重维护处于自然演替过程中的公园生态系统内的所有组分和过程，包括这些生态系统中原生动植物物种的天然丰度、多样性、遗传和生态完整性等。因此，NPS 利用红外相机、e-DNA、声学探测器等手段，不仅对国家公园内自然资源进行基础的调查调研，同时也对国家公园面临的来自气候变化、风暴火灾、城市面积扩张、污染、外来物种入侵、动植物灭绝等威胁进行监测研究。研究结果通过分析后直接运用于国家公园的运营和管理，并为国家公园编制各项规划提供基础数据，真正做到科学研究服务于规划，使美国国家公园的规划以事实为依据，更具可操作性。

2.3 规划层次清晰，逻辑关系强且灵活性高

美国的国家公园规划体系以基础文件和总体管理规划为纲领，在管理总体规划中所作的决定优于并指导其他更为详细的项目和活动的相关决定。重大的新开发或修复工作，以及旨在改变公园资源状况或游客使用而采取的重大行动或投入，必须与获批的管理总体规划相一致。同时，对于总体管理规划下相对具体的自然人文资源保护规划、游客体验规划等专项规划和详细规划等，则根据需要按需开展。一般情况下，只有当正在考虑中的活动或项目获得了足够的优先权，能够表明在接下来的 2-5 年内将开展该项行动，并会将其纳入年度工作计划中时，才开始考虑实施计划中的相关具体细节。这样做有助于确保为了更好地实现特定目标而做出的决定是有关联的、及时的，并且是根据最新数据而制定的。面对不断变化的自然状况，更加具有灵活性。

2.4 专业团队提供专业服务

NPS 丹佛设计中心根据 NPS 机构设置特点，在各区域分设办公室，每个办公室大概 4-7 名规划师，专门服务于该区域的规划咨询工作。整个丹佛设计中心 40-50 人左右，由土地利用规划、景观规划、资源保护与管理等多种专业组成。基于不同区域自然资源、社会经济、社区情况等更加了解，管理局区域主任、国家公园园长和丹佛设计中心区域规划师共同协作完成该区域的规划设计工作，这样更具有科学性、可操作性。公园园长将参与规划编制的所有阶段，并且和区域主管对规划的内容负最终责任，他们要确保拥有相似资源和价值的公园之间在规划方向和决策上保持一致。

2.5 公众参与决策

公众参与是指公众参与国家公园管理局的规划和其他决策过程这样的一种具体的、积极的参与行为。NPS 将公民参与视作一门基础学科和实践。管理局投身公民参与工作是建立在一个核心原则基础之上的，即保护国家的遗产资源依赖于管理局和美国全社会之间的持续合作关系，也可以将公民参与看作是致力于与近邻和其他相关社区（无论远近）之间建立并维持关系。通过公众参与国家公园规划的编制、决策过程，让公众主动参与到国家公园的保护和管理工作中来，一方面可以通过与广大社区建立长期的合作关系让其了解规划的全过程及各项具体措施，提升市民的责任感和支持度，另一方面也有助于形成对国家资源管理的广泛投资。

3 我国国家公园规划体系现状

2013 年中共十八届三中全会审议通过的《中共中央关于全面深化改革若干重大问题的决定》将建立国家公园体制作为生态文明体制改革的重要内容。2015 年发改委同中央编办、财政部、国土部、环保部、住建部、水利部、农业部、林业局、旅游局、文物局、海洋局、法制办等 13 个部门联合印发了《建立国家公园体制试点方案》，确定了北京、吉林等 9 个国家公园体制试点省（市）。2017 年中共中央办公厅、国务院办公厅印发了《建立国家公园体制总体方案》，提出建立统一、规范、高效的国家公园体制。2017 年党的十九大报告指出“国家公园体制试点积极推进”“建立以国家公园为主体的自然保护地体系”。

目前，我国先后在 12 个省市开展了东北虎豹、三江源、大熊猫、祁连山、神农架、武夷山、钱江源、南山、普达措、海南热带雨林等 10 处国家公园体制试点。其中，大熊猫、三江源、祁连山、东北虎豹、海南热带雨林等 5 个国家公园的试点方案由中央深改委批准[6-9]。各试点国家公园在试点方案基础上开始编制总体规划，其中，三江源国家公园总体规划由国家发改委批复，钱江源国家公园总体规划为浙江省发改委批复，神农架国家公园总体规划为湖北省政府批复，东北虎豹国家公园、祁连山国家公园总体规划已上报国务院办公厅，大熊猫国家公园总体规划将在公示后报自然资源部，海南热带雨林国家公园、南山国家公园、武夷山国家公园、普达措国家公园总体规划正在各省内报批中。虽然国家公园管理局正在进行全国国家公园总体布局的谋划，但相对于美国成熟的国家公园规划体系而言，我国并未建立真正意义上的国家公园规划体系，并未从国家顶层设计的角度做相应的制度安排。

4 对中国国家公园规划体系建设的启示

4.1 将法律体系作为我国国家公园规划体系的根本保障

目前，国家公园试点期间各试点国家公园遵循原自然保护地的相关法律法规如《自然保护区条例》《风景名胜区条例》等建设和管理，国家层面尚未出台国家公园相关法规文件。国家公园管理局正在抓紧牵头草拟《国家公园法》，计划于明年提交建议稿至国务院。为了确保国家公园规划的权威性和有效性，一方面，建议在《国家公园法》中明确规定国家公园规划的原则、目标、规划层级、规划内容、规划部门和审批部门等相关事项，从法律层面让我国国家公园规划受到法律保护，做到有法可依；另一方面，建议从系统、科学的思维角度出发，从规划-实施-监督管理三个层次进行法律制度设计，尽快出台《国家公园规划编制规范》《国家公园规划审批管理办法》《国家公园规划技术规程》《国家公园规划实施监督管理办法》等规章制度，保障我国国家公园规划体系健康运行，并做到引领国家公园建设。

4.2 将科学研究作为国家公园规划建设的根基

针对目前我国“规划规划、墙上挂挂”“规划与实际脱轨”“规划难以落到地上”“科研成果保护区不掌握”等问题，只有坚持规划的科学性才是我保障国国家公园一张蓝图能够绘到底、落到地的根基。建议从国家层面，联合全国在国家公园研究领域领军的高等院校、研究机构等单位，站在全国生态地理分区、生物多样性分布、全国伞护种或旗舰物种分布等的角度，分区域分领域确定研究课题，可以从物种保护、栖息地恢复、气候变化、火的管理等多方面覆盖，产出成果入库，建立全国层面的科研数据库，直接服务于全国层面的规划和宏观决策，并制定相应的科研团队、科研成果管理办法，明确科研团队的职责和产出成果要求。

同时，建议各国家公园管理局根据资源特征，与合适的多支科研团队合作，组建国家公园的科学研究团队，建立科研团队合作机制。该科研团队服务于该国家公园的保护与管理。国家公园管理局围绕保护、保育、可持续发展及面临的挑战等多方面，提出研究方向，研究团队定期产出针对性强的科研成果，作为制定国家公园各项管理政策、编制规划的依据，真正做到科学服务于规划，规划服务于管理。

4.3 将系统的规划层次作为我国国家公园建设和管理的引领

将国家公园规划体系作为一个整体来考虑，不仅有助于界定资源状况、游客体验和管理行动，更有利于实现国家公园保护与管理的使命，保护资源不受损害，为当代和后代享用。建议我国国家公园规划体系由全国国家公园发展规划、国家公园总体规划、国家公园专题规划、国家公园详细规划和国家公园年度工作计划共五个层次的规划共同组成，如下图所示。国家公园规划体系从全国性的国家公园发展规划框架过渡到每个国家公园的规划、管理计划，从较为宏观的总体策略向更为详尽的实施计划转化，不同层次的规划解决不同精度的保护管理问题。不同层次规划的定位、管理目标、研究尺度不同但又紧密关联，上位规划指导下位规划，下位规划服从、执行、深化上位规划。

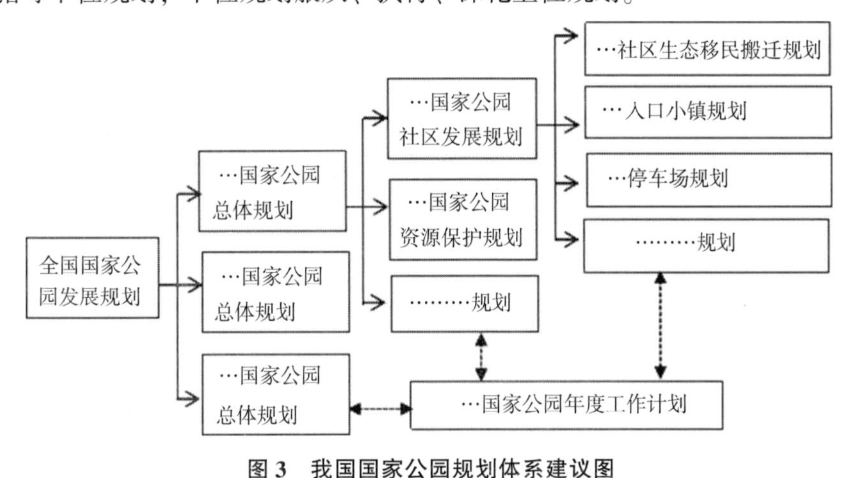

图3　我国国家公园规划体系建议图

4.4 制定国家公园规划团队的准入、退出机制

国家公园规划是指导国家公园科学建设管理的纲领性文件和重要依据。国家公园管理局是规划编制的责任主体，应当建立国家公园规划编制团队的准入和退出机制，遵循专业化的原则，委托具有相应资质、信誉良好、负责任的单位承担编制工作，对不负责任、造成质量事故的单位应该直接拉入黑名单，不允许再次进行国家公园的相关规划，全方位提高失信成本，增强规划的威慑力。

4.5 制定国家公园规划体系公众参与制度

我国国家公园坚持政府主导，多方参与的原则。在管理规划过程引入公众参与是我国国家公园管理局积极履行“共建共享”理念的职能体现。国家公园编制规划不仅要考虑科学、技术的因素，还要考虑文化、社会、经济等多方面因素来统筹规划。中国人口多、人均拥有资源量少，国家公园范围内也有社区存在，为了增强国家公园规划建设的民主性和科学性，提高公民的知情权和参与权，突出国家公园建设的社会公益性，邀请与国家公园规划建设密切相关的利益群体、对国家公园关切的人参与规划与决策。通过不同规划阶段的公众参与，能够优化国家公园规划方案，发挥民众的监督与民主决策的作用，使国家公园的规划方案更加完善。

5 结　论

随着国家公园体制建设工作的推进，建立系统而完善的国家公园规划体系已提上日程。他山之石可以攻玉。美国是世界上国家公园建设最成功的国家，自1916年美国国家公园管理局成立以来，已积累了100多年的管理经验，迄今已有419个国家公园单位纳入NPS系统。虽然两国在空间类型、人居因素、土地产权与利用等方面存在差异，但在资源保护与可持续利用方面具有相似性。立足我国国情，总结和借鉴美国国家公园规划体系在法律体系、科学保障、规划设计和规划团队以及公众参与机制5个方面成功经验的基础上，进一步分析了我国借鉴其成功经验建设有中国特色的国家公园规划体系，应从法律体系作根本保障、科学研究作根基、系统规划层次作引领、制定规划团队准入退出机制和公众参与制度等方面着手，以确保我国国家公园规划体系能够健康有序地发展。

【参考文献】

[1] Grant W. Sharpe, Charles H. Odegaard, Wenonah F. Sharpe. Park Management [M]. Library of congress cataloging in publication data. 1983: 107.

[2] National Park Service. Organic Act [S]. 1916

[3] National Park Service. 2006. Management Policies 2006 [EB/OL]. https://www.nps.gov/policy/mp/policies.html.

[4] 唐芳林. 2019. 中国新型自然保护地体系的特色与意义 [N]. 澎湃新闻报, 2019-09-20. https://www.thepaper.cn/newsDetail_forward_4409124.

[5] 唐芳林, 孙鸿雁. 我国建立国家公园的探讨 [J]. 林业建设, 2009, (3): 8-13.

[6] 唐芳林, 王梦君. 国外经验对我国建立国家公园体制的启示 [J]. 环境保护, 2015, 43 (14): 45-50.

[7] 唐芳林, 王梦君. 建立国家公园体制目标分析 [J]. 林业建设, 2017, (3): 1-6.

[8] 唐芳林. 试论中国特色国家公园体系建设 [J]. 林业建设, 2017, (2): 1-7.

[9] 唐芳林, 等. 我国国家公园体制建设进展 [J]. 生物多样性, 2019, 27 (2): 123-127.

南非国家公园公众参与机制及启示*

国家公园是探索人与自然和谐相处，实现可持续发展的全球共识[1-2]。在国家公园建设管理过程中，为平衡保护与可持续发展之间的关系，国际上众多国家公园管理机构在制定决策时，通常将广泛且有效的公众参与作为普遍采用的方法[3]。我国自2013年首次提出“建立国家公园体制”的改革任务以来，始终将全民共享作为国家公园的发展目标之一，公众参与是其建设过程中的重要原则。随着我国国家公园体制试点社会参与逐渐扩大，公众参与机制的研究取得了一些突破性进展[4-7]，但依旧存在许多突出性问题，如参与主体单一化，参与程度不高，信息公开不明确，缺乏参与渠道等[8]。

南非是新兴市场经济体的代表之一，其社会经济发展阶段与中国具有相似性，普遍面临保护、减贫与经济快速发展的多重压力[9]。值得一提的是该国在协调保护与发展的关系上取得了较大的成效，尤其是在国家公园公众参与机制构建方面，这对我国国家公园建设具有很好的借鉴意义[2]。本文通过对南非国家公园公众参与机制进行系统性梳理，在总结相关理念与经验的基础上，提出构建我国国家公园公众参与机制的建议，以期为完善国家公园建设管理中的公众参与机制提供参考。

1 南非国家公园建设情况

南非是世界上较早建设国家公园的国家之一，早在1884年，Kruger就开始在南非传播国家公园的思想[12]。基于其理念，1926年成立了国家公园管理局（SANParks）作为管理机构，并设立了第一个国家公园——克鲁格国家公园。截止2021年，由SANParks管理运营和整体监督的国家公园共有19处（详见表1），总面积超过400万公顷，约占全国保护地面积的67%，分布情况如图1所示。

南非建立国家公园的愿景是构建一个世界级的可持续国家公园体系重新连接和激励社会，其任务是保护生物多样性，保护具有国家或国际重要性和南非代表性的地域景观、生态系统和文化遗产地，防止不和谐的开发、占用和破坏，为公众提供与环境和谐的精神、科学研究、教育和游憩的机会，可行的前提下为经济发展做出贡献[2]。SANParks的管理活动建立在生物多样性保护、生态旅游、社会经济发展三个重要的核心支柱之上。其中把社区共建和利益相关者共同管理作为国家公园经营管理的重要方式[13]，同时还把当地社区参与管理的程度作为评价SANParks业绩的主要指标[14]。

表1 南非国家公园基本情况统计表

编号	国家公园名称	建立时间（年）	面积（公顷）
1	Addo Elephant National Park 阿多大象国家公园	1931	178918
2	Agulhas National Park 厄加勒斯国家公园	1999	21679
3	Augrabies Falls National Park 奥格拉比斯瀑布国家公园	1966	52898
4	Bontebok National Park 南非大羚羊国家公园	1931	3476
5	Camdeboo National Park 坎德布国家公园	2005	19021
6	Garden Route National Park 花园路线国家公园	2009	165899
7	Golden Gate Highlands National Park 金门高地国家公园	1963	32690

* 徐志鸿，李云芳，孙鸿雁，等. 南非国家公园公众参与机制及启示［J］. 林业建设，2021，(3)，1-7.

（续）

编号	国家公园名称	建立时间（年）	面积（公顷）
8	Karoo National Park 卡鲁国家公园	1979	90535
9	Kgalagadi Transfrontier National Park 卡拉加迪跨境公园	1931	957764
10	Kruger National Park 克鲁格国家公园	1926	1919430
11	Mapungubwe National Park 马蓬古布韦国家公园	1995	19697
12	Marakele National Park 马拉克勒国家公园	1994	63926
13	Mokala National Park 莫卡拉国家公园	2007	32445
14	Mountain Zebra National Park 山地斑马国家公园	1937	28386
15	Namaqua National Park 纳马夸国家公园	1999	145892
16	Ai-Ais/Richtersveld Transfrontier Park 艾艾斯/理查德维斯德跨境公园	1991	181270
17	Table Mountain National Park 桌山国家公园	1998	25000
18	Tankwa Karoo National Park 坦科瓦卡鲁国家公园	1986	146373
19	West Coast National Park 西海岸国家公园	1985	47457

2 南非国家公园公众参与经验

2.1 法律保障体系

南非出台了诸多相关法律以规范国家公园公众参与活动，主要包括《国家公园法令》（NPA）、《国家环境管理法》（NEMA）、《世界遗产公约法》（WHCA）、《信息促进法》（PAIA）和《国家环境管理法：保护地法案》（PAA）。其中PAIA从允许公众参与国家公园相关决策的制定和人事安排两方面规定了国家公园中特定事务的公众参与，并且规定了公众可以参与到所有环境影响评估的程序中，并对SANParks是否按照NEMA和PAA的规定管理国家公园进行监督[10,11]。同时PAA还对国家公园公众参与进一步做出了一系列具体规定，主要包括以下4个方面：1）建立SANParks与公众之间的交流平台；2）须将公众参与程序明确纳入国家公园管理计划的具体内容中；3）明确规定了国家公园的授权管理制度；4）要求SANParks监督公众参与国家公园建设管理的相关活动[12]。南非这一系列完善的法律体系的实施，对国家公园公众参与制度起到了很大的推动作用，并且有效保障了公众参与国家公园事务的权利。

2.2 信息公开制度

具有获取信息的有效途径是公众实现参与权的前提。根据《南非国家公园信息公开实施指南》（以下简称《指南》），对信息主动公开的内容与方式具体规定为：国家公园中相关的科研信息在Koedoe杂志上进行发布，在国家公园管理中涉及到的相关信息以年度报告的形式向社会公开，国家公园基本信息、机构设置等以宣传册的形式向公众提供。《指南》还规定对公众依申请公开的信息具体包括NEMA及其相关实施细则涉及到的国家公园信息、相关政策、法律制度、客户信息、科研信息、年度报告、运营状况报告、相关会议记录、雇员记录、资产登记信息、财务记录、战略和管理计划、国家公园委员会参加的研讨会和会议记录等13项内容，这些内容基本涵盖了国家公园建设管理相关事务的方方面面[15]。

除此之外，南非国家公园信息公开制度还基于PAA把信息公开的范围扩大到公众本身，并在《指南》中明确规定在国家公园年度报告中对公众参与主体的相关信息进行广泛公开。南非信息公开制度不仅为参与者获取国家公园相关信息提供了极大便利，还为减少不当参与造成国家公园的损害提供可靠支撑，同时也有效保障了公众的知情权，为公众参与权的实现奠定了坚实的基础。

2.3 制定管理计划中的参与程序设计

引入公众参与是在国家公园建设管理过程中积极履行“共建共享”理念的重要体现[5,6]。南非承认国家公园属于人民，鼓励公众参与，为加强社会与国家公园的联系，规范公众参与过程，SANParks 为国家公园管理计划制定编制了一套明晰的、可操作的利益相关者参与编制和修订国家公园管理计划的程序（如图 2 所示），并明确要求每个国家公园管理局在制定管理计划时将该程序纳入其中。管理计划一般按 10 年为周期进行审查修订，在每次修订期间，SANParks 都会广泛征集公众意见，根据集中收集的反馈意见制定管理计划。

按照公众参与程序，各公园管理局通过互联网、电子邮件、广播、论坛和报纸等方式发布通知让公众在主要媒体平台注册为利益相关者，并邀请参加公开会议。公开会议上的公众参与过程可分为两个阶段：第一阶段是由各当局和利益相关者进行一个研习会，定义当前国家公园的愿景并设定高层次目标，然后结合兴趣焦点小组咨询会编制管理计划草案；第二阶段是一个广泛公开的公众参与过程，包含对管理计划草案意见的收集、审查和回应。

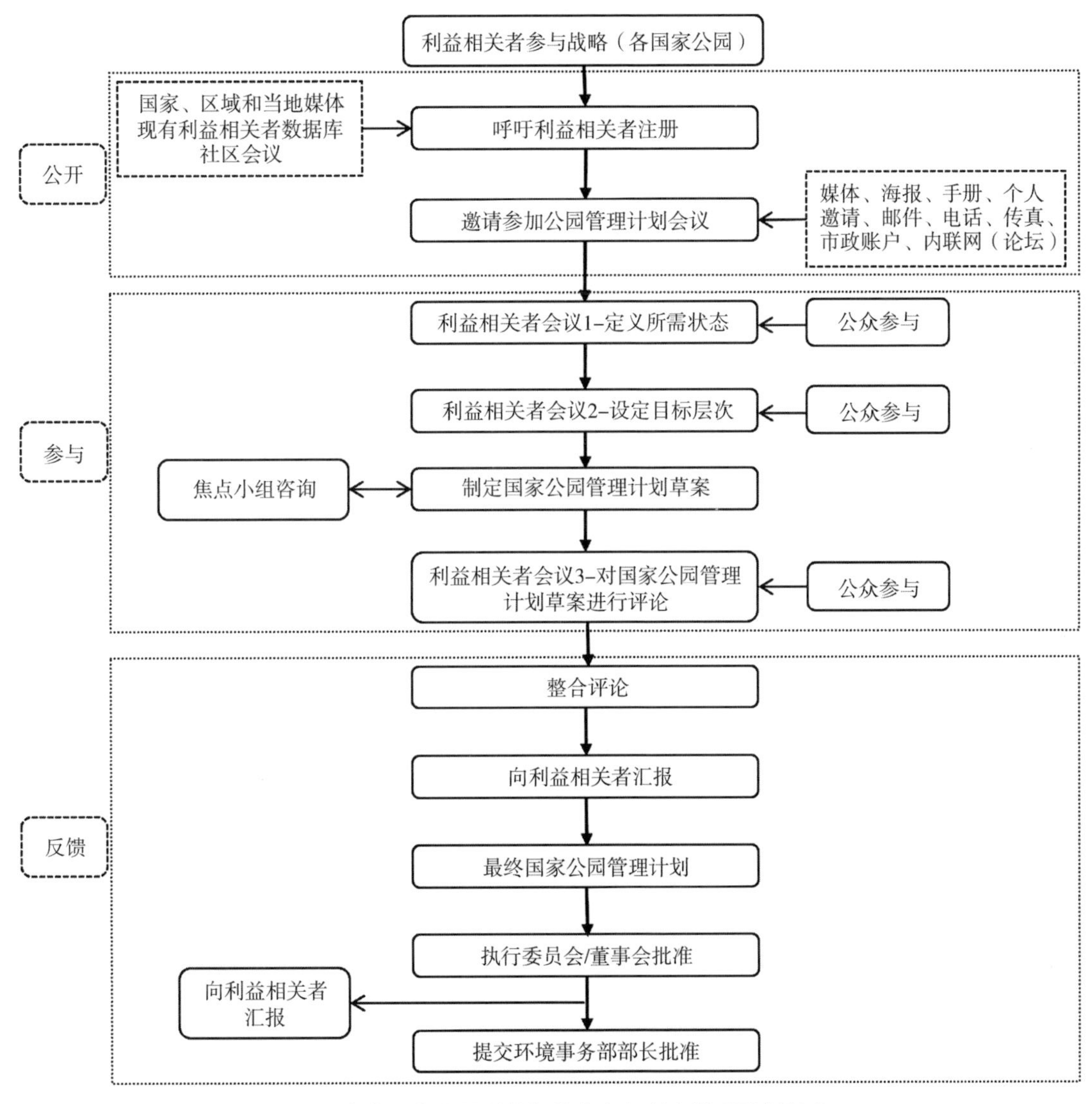

图 2　南非国家公园利益相关者参与制定管理计划程序

2.4　参与方式

南非提供了公众参与的多种平台与渠道，引导不同社会公众参与到国家公园建设管理的各个方面。

（1）土地协议。通过与私人土地所有者签订土地共管协议，实现私人土地成为国家公园的一部分，土地所有者参与国家公园的共同保护与管理，对改善生境连通性、生态功能和生态系统服务具有重要意义[16]。土地协议的签署使管理当局与社区实际上建立了一个依附于国家公园的社区合同公园，SANParks

主要负责区域内的自然生态系统保护，而土地所有者在该地区用于保护的前提下，为社会经济发展进行适当开发。

（2）社区共管。上世纪60年代以前，SANParks对公园的管理完全依靠自身力量，而忽略了附近社区居民，随着社区共管理念的不断深化，开始与附近社区建立起互利共赢的新型合作关系。通过资源拍卖，让附近居民到国家公园收获环境承载力以外的自然资源，并提供就业岗位，加强周边基础设施建设等实现社区共管[17]。

（3）媒体、公开会议和各种论坛。1）媒体：公众通过管理当局指定的媒体平台注册成为利益相关者，通过网络、邮件等方式获取国家公园相关信息，并以邮件或书信的形式提出评论意见。2）公开会议：SANParks提前公开会议议程和会议文件，公众可在开放日参加公开会议，直接发表意见与管理当局进行交流。3）各种论坛：包括社区论坛、公园论坛等。如公园论坛不仅促进了SANParks与公众之间的建设性交流互动，还整合了支持自然和文化遗产保护的参与者[14]。

（4）生态旅游和公私合营。生态旅游是一种能够合理协调生态环境和资源开发的保护管理模式。如游客分区政策在满足游客观赏和体验需求的同时，还降低了园区内局部游客密度，为野生动物营造了一个良好的生态环境[17]。此外利用私人资本和专业知识来提高旅游服务水平，目前已经产生了50个公私伙伴关系，40多个基础设施开发合同协议，并为国家公园附近的社区提供约2000个就业机会[13]。

（5）环境教育与解说。通过环境教育与解说来组建支持国家公园保护的群体，促进各种教育机会和倡议发挥，通常采用有组织的互动形式，包括正式和非正式方式。正式方式以正规教育部门为目标，面向参观公园的学校，如“公园里的孩子计划”为学习者及其教育工作者提供参观国家公园和了解自然文化遗产的独特机会。非正式方式主要面向社区的特定利益相关者（如农民、妇女等），通常针对保护倡议，如提高认识、社区和公园间的信息共享、生态俱乐部和特殊援助请求等。

（6）研究监测。南非国家公园的研究监测主要是帮助提供相关科学信息，促进知识交流和共同学习。SANParks通过调动国内外大学和研究机构的专家学者等积极参与，一同进行持续的监测、研究和学习。SANParks担任研究协调员和促进者，提供后勤支持；科学工作者主要开展研究和监测活动，为支持公园管理目标提供研究资金、专业知识、能力、培训和设备等。

（7）志愿者服务。全球视野国际组织和SANParks合作伙伴为国家公园提供了最优质的志愿者，实现了公众群体投入国家公园的管理，不仅为志愿者提供了实习机会，还通过志愿者服务实现了国家公园的有效管理。

（8）提供捐赠。SANParks作为国家公园所有筹款的保管人，拥有世界一流的捐赠资金管理经验，支持捐助者参与一些感兴趣的项目，包括反偷猎、社会经济发展、旅游开发和科学研究项目等。所有收到的捐助都按照立法和政策进行严格管理，并具体按照与捐助方签署的赠款协定专门使用。募捐活动作为南非国家公园公众参与的又一有效平台，吸引多方力量共同为自然保护地提供资金保障。

2.5 反馈和评估机制

（1）在规划决策咨询中对各类意见和建议的反馈与评估。在制定计划与决策中，SANParks有义务考虑并回应公众提出的所有意见和建议，在可行的情况下，意见和建议将纳入管理计划，如果未被纳入管理计划，则要求给出相应的决策理由，同时还应向公园数据库中所有注册的利益相关者回复评论文件并在相关网站进行公示。此外，还必须评估和记录公众对计划的修订以及社区在公众参与过程中所发挥的作用。

（2）对社会公众捐赠的反馈与评估。按照立法和政策框架，SANParks会对所有收到的捐助资金进行严格管理，按照与捐助方签署的具体赠款协议专门使用，并建立监测、评价和报告系统（MER），衡量和监测捐助者资金对具体项目和方案的影响，并定期向捐助者提供报告。

（3）对制定的各项公众参与管理计划行动的反馈和评估。参与管理的合作伙伴以媒体、公园论坛等方式向 SANParks 反馈园区的业务活动、最新进展和管理中的问题等。对此 SANParks 制定具体的规范和标准，并建立监测系统，就国家公园中相关商业活动、社区活动对自然生态系统、生物多样性的影响是否符合法律规定作出评估[12]。

3 南非国家公园公众参与机制的启示与借鉴

从南非国家公园公众参与的相关制度经验来看，南非国家公园的公众参与机制具有主体多元化、参与方式多样化、完善的公众参与程序设计、多向的沟通模式、健全的法律体系和信息公开制度等特点，其建设经验对我国国家公园公众参与机制的构建具有一定的借鉴意义。

3.1 完善法律法规，细化公众参与规定

法律体系是公众参与的基本保障。我国现有的国家公园通常是在整合原有的自然保护地的基础上建立起来的，但相关立法并不能直接适用于其中的公众参与活动[12]。在法律法规方面，我国应尽快制定颁布国家公园基本法，并将公众参与详细列入其中，确保我国在国家公园公众参与机制构建过程中具有基本法律起到保障与支撑作用。另外，我国各国家公园可根据公园实际情况编制《公众参与计划书》，对公众参与的范围、主体、渠道、规定和要求等方面进行细化。与此同时，还可从国家和各国家公园层面出发，形成一系列针对性强、可操作的条例或管理办法，例如社区共管计划、国家公园基金条例、志愿者管理办法等。

3.2 扩大信息公开范围，强化信息公开制度

信息公开制度是公众有效参与的前提。南非的相关经验表明，制定决策是否充分考虑社会各界意愿将影响管理计划的顺利实施。因此我国应及时发布各个国家公园的多方参与需求信息，并对信息公开的范围和内容等作出明确规定，如国家公园管理局在决策之前应向社会各界征询意见，公开法律政策规章、规划过程、存在的问题和管理方向等信息，在系统规划、方案拟订、管理计划制定等过程中也应考虑社会各界的意见对相关信息进行公开。通过建立登记体系，不仅可以向登记后的参与主体持续定向提供需求信息，而且更容易获取参与主体的相关信息。

此外，扩大相关参与主体信息公开的范围，对降低国家公园所涉及公共利益的风险具有重要意义。目前我国的信息公开制度仅把政府与企业列为两大责任主体，而在国家公园中开展各类活动的其他参与群体并不属于信息公开的主体（如环保组织等），其参与活动所涉及的相关信息也未被纳入信息公开的范围之中，这导致公众难以获取一些基本信息，国家公园所涉及到的公共利益也难以得到保障[12]。同时，我国存在信息公开制度与国家公园公众参与脱节的问题，如在《政府信息公开条例》《环境信息公开办法》中对信息公开作出了诸多规定，但相关规定难以直接适用于国家公园[12]。因此，我国应扩大国家公园公众参与的信息公开主体范围，并基于国家公园的特定背景对现有立法中对信息公开的相关规定进行细化，以实现信息公开与国家公园这一特定领域的有效衔接，进而使相关主体享有的知情权得到保障。

3.3 构建多种平台，促进多方参与

多元的主体、多样的方式和完善的程序共同组成公众参与的完整架构。南非国家公园公众参与方式多种多样，促进了公众参与的积极性和广泛性。基于南非经验，结合我国国家公园目前建设的实际情况，为吸纳社会力量，发挥社会保护热情，激励多方参与，发展国家公园管理的多元化治理主体模式。可从以下方面构建多方参与平台。

（1）完善集体土地生态补偿制度，公益岗位机制等，促进当地社区参与和支持国家公园管理，共享生态保护效益。

（2）建立合作管理机制，在管理成效不降低，国家管理成本降低的前提下，允许将部分管护站或部分保护区域委托给其他机构进行共同管理，包括地方政府、科研院校、企业，特别是社会公益组织，同

时使用区域保护成果指标进行监管评估，促使参与合法合规高效。

(3) 促进社会有效共管，构建与国家公园内外社区现有生物多样性保护、生态文化和乡土知识传承包容的参与机制，促进参与国家公园管理相关社区公共事务管理和乡村治理。

(4) 建立国家公园志愿者平台，制定灵活的志愿者选用标准和培训规程；建立和完善志愿者服务奖励机制，制定规章制度对志愿者工作进行评估考核，充分鼓励社会公众群体在国家公园建设中作贡献，特别是各类集体组织。

(5) 建立各层级的国家公园基金会，为社会、企业资金捐赠构建多样渠道。同时，为确保捐赠资金的有效管理和正确使用，建立公开透明的资金评估机制，健康运作的捐赠机制将激励社会资金更多进入国家公园建设和发展。

(6) 建立完善国家公园社会监督机制，包括第三方评估、媒体监督和公众举报监督等机制，确保公众的知情权、参与权和监督权。

(7) 加强科研合作交流，构建信息共享管理机制。为科学研究合作创造条件，规范管理科研活动，与国内外科研院校等积极合作；为科研信息建立共享机制，积极推动研究成果转化为管理服务。

3.4 通过友好方式发展，建立长期伙伴关系

通过生态系统管理，建立国家公园周边友好发展带，激励当地社区、企业和各界参与有利于国家公园保护的发展，实现国家公园周边经济和社会发展与国家公园保护目标协同。可以通过特许经营管理，规范国家公园及周边商业性行为，按照特许经营协议规定要求，建立生态产品社会品牌及其相关标准，在享受国家公园品牌的同时，有效地支持保护管理。另外生态旅游是友好发展的重要形式，国家公园管理局应合理规划、监管和引导周边生态旅游发展，发挥各类社会力量参与支持保护管理。

在国家层面上建立机制，与各类参与主体建立长期伙伴关系，以便充分利用各类社会资源，提高对管理工作的实际贡献。1）将发展伙伴关系作为管理机构的重要内容纳入管理计划，包括伙伴关系需求、合作内容、合作管理和评估机制等。2）加强国家公园管理局和社会各界的沟通交流，安排专人开展推进宣传、能力提高、保障条件、规划设计和持续沟通等相关工作。3）建立国家公园合作伙伴登记和评估制度（包括服务商登记制度），推荐或指定动态社会参与组织名单，以减少具体国家公园在选择合作伙伴方面的困难和成本，并进一步建立相关绩效考核指标，对参与国家公园的社会机构进行评估和监督，提高社会参与效率。

3.5 建立反馈机制，加强对公众意见的回应

反馈和评估机制在公众参与过程中起着调节和助推作用。当前，我国国家公园的公众意见回应制度明显欠缺，虽然在相关国家公园地方性立法中涉及到了对于公众意见的收集，但这些公众意见是否被采用，公众完全不得而知[12]。为此，可借鉴南非的制度经验，及时建立国家公园的公众意见回应制度。我国国家公园管理机构认真对待公众在国家公园制定决策、系统规划、管理计划和拟订方案等参与过程中提出的意见和建议，并在合理期限内以适当的方式作出及时、负责的反馈和说明。

4 结语

公众参与是国家公园建设进程中的一项重要内容，研究和完善我国国家公园公众参与机制是国家公园建设过程中亟需开展的重要工作之一，在体制建设初期借鉴国外良好经验来完善我国国家公园的公众参与机制具有重要意义。南非作为世界上较早建立国家公园的国家之一，在国家公园公众参与机制构建方面取得的成功经验，为我国国家公园可持续发展提供了可借鉴的经验。文章结合我国国家公园实际建设情况，从法律保障体系、信息公开制度、制定管理计划中的公众参与程序、参与方式、反馈与评估机制等5个方面参考南非做法，提出完善我国国家公园公众参与机制的路径和方法，以形成更具有适应性、

各级行动主体逐步引导、多方力量共同参与的国家公园公众参与机制。最终为国家公园公众参与技术规程的制定和保障体系的建立两个关键层面达到规范化、制度化和常态化提供科学参考。

【参考文献】

[1] 唐芳林，王梦君，李云，等. 中国国家公园研究进展［J］. 北京林业大学学报（社会科学版），2018，17（03）：17-27.

[2] 唐芳林，等. 国家公园理论与实践［M］. 北京：中国林业出版社，2017.

[3] 张婧雅，张玉钧. 论国家公园建设的公众参与［J］. 生物多样性，2017，25（01）：80-87.

[4] 臧振华，张多，王楠，等. 中国首批国家公园体制试点的经验与成效、问题与建议［J］. 生态学报，2020，40（24）：8839-8850.

[5] 张振威，杨锐. 美国国家公园管理规划的公众参与制度［J］. 中国园林，2015，31（02）：23-27.

[6] 秦子薇，熊文琪，张玉钧. 英国国家公园公众参与机制建设经验及启示［J］. 世界林业研究，2020，33（02）：95-100.

[7] 张文兰，才旺多杰，白金璞. 三江源国家公园建设中公众参与的现状调查研究［J］. 林业建设，2018，（04）：7-13.

[8] 汪佳颖. 国家公园建设的公众参与机制研究［J］. 绿色科技，2020，（02）：237-240.

[9] 宋增明，李欣海，葛兴芳，等. 国家公园体系规划的国际经验及对中国的启示［J］. 中国园林，2017，33（08）：12-18.

[10] 唐芳林，孙鸿雁，王梦君，等. 南非野生动物类型国家公园的保护管理［J］. 林业建设，2017（01）：1-6.

[11] 徐青. 南非保护区管理体系研究［D］. 同济大学，2008.

[12] 王彦凯. 国家公园公众参与制度研究［D］. 贵州大学，2019.

[13] 钟永德，徐美，刘艳，等. 典型国家公园体制比较分析［J］. 北京林业大学学报（社会科学版），2019，18（01）：45-51.

[14] 南非国家公园管理局网站 https：//www. sanparks. org/

[15] Louise Swemmer et al. Toward More Effective Benefit Sharing in South African National Parks［J］. *Society & Natural Resources*，2015，28（1）：4-20.

[16] Magome H. & Murombedzi J. Sharing South African National Parks：Community land and conservation in a democratic South Africa［J］. *Taylor and Francis*，2012，108-134.

[17] 韩璐，吴红梅，程宝栋，等. 南非生物多样性保护措施及启示——以南非克鲁格国家公园为例［J］. 世界林业研究，2015，28（03）：75-79.

国家公园案例研究

国家公园试点效果对比分析——以普达措和轿子山为例*

自1872年美国建立世界上第一个国家公园——黄石国家公园至今，全球已有125个国家和地区建立了9832处国家公园。以区域内自然和人文景观资源有效保护为目的，建立的众多国家公园促进了区域经济的发展，通过较小范围的适度开发实现了较大范围的有效保护，同时还为公众提供了旅游、科研、教育、娱乐的机会和场所[1-3]。

中国大陆的保护地以自然保护区为绝对主体，国家公园尚处于起步阶段。自1996年起，云南省就开始探索建立国家公园这种新型保护地模式，2007年6月，整合了碧塔海、属都湖2大景区资源的我国大陆第1个国家公园——普达措国家公园正式挂牌成立[4]。2008年6月，国家林业局将云南省列为国家公园建设试点，同意依托有条件的自然保护区开展国家公园建设试点工作[5]。云南省开展国家公园建设试点以来，备受争议，其建设效果及国家公园保护与发展并举的发展模式是否符合中国国情也需要实践的检验。

2005年1月，云南省人民政府批复了轿子山、碧塔海等3个省级自然保护区的总体规划，2006年，基本条件相似的2个保护区进入了建设实施阶段。其中轿子山自然保护区按常规的自然保护区建设模式开展了基本建设，而碧塔海自然保护区则引入国家公园建设理念，以普达措国家公园的名义开展了国家公园建设试点。本文以基本条件相似而选择了不同发展模式的2个自然保护区——碧塔海自然保护区（普达措国家公园的主要依托）和轿子山自然保护区为对象，进行建设效果的对比分析，以期解答人们普遍关注的国家公园建设效果问题，并为处于发展困境的部分自然保护区提供借鉴。

1 2个自然保护区建设历程

1.1 普达措国家公园

普达措国家公园依托碧塔海省级自然保护区建立。碧塔海自然保护区成立于1984年，为云南省省级自然保护区，2005年1月21日，云南省人民政府批复了《碧塔海省级自然保护区总体规划（2004—2015年）》（云政复〔2005〕4号文件）。碧塔海省级自然保护区类型为内陆高原湿地及森林生态系统，总面积14133hm^2，其中：核心区6063.06hm^2，实验区3914.84hm^2，缓冲区4155.1hm^2。在碧塔海省级自然保护区的建设过程中，迪庆州人民政府为了实现资源的有效保护和合理利用，2005年5月成立了迪庆州碧塔海—属都湖景区管理局，是隶属于州政府的正处级参公管理事业单位，负责对属都湖和碧塔海景区进行资源整合，并于同年11月，成立了普达措国家公园。2006年2月，成立了普达措国家公园管理局，同年8月1日，对外开放试营业。2007年6月21日，普达措国家公园作为国家林业局批准成立的中国大陆第1个国家公园正式挂牌。2010年，国家林业局昆明勘察设计院正式编制完成了《普达措国家公园总体规划（2010—2020）》，根据规划，国家公园面积扩大到了60210hm^2。

---

* 唐芳林. 国家公园试点效果对比分析——以普达措和轿子山为例［J］. 西南林业大学学报，2011，31（1）：39-44.

1.2 轿子山自然保护区

1994 年，轿子山地区经云南省人民政府批准建立了轿子山省级自然保护区。2005 年 1 月 21 日，同样是在云政复〔2005〕4 号文件中，云南省人民政府批复了《云南轿子山省级自然保护区总体规划（2004~2013 年）》。该保护区地跨昆明市的禄劝县、东川区，总面积 16193hm^2。为了提高保护区的管理水平和能力，2008 年昆明市林业局向昆明市政府提交了“关于轿子山省级自然保护区申报国家级自然保护区的请示”，并于 2008 年 5 月 5 日获批，8 月 12 日昆明市政府发布了“轿子山省级自然保护区申报国家级自然保护区工作方案”的通知（昆政办〔2008〕89 号）。同年，昆明市林业局委托国家林业局昆明勘察设计院编制了《云南轿子山自然保护区总体规划（2009—2020 年）》，此规划将 1984 年批准建立的省级自然保护点——普渡河纳入了轿子山自然保护区范围[6]。2009 年 12 月 18 日，在晋升国家级自然保护区评审会上，云南轿子山通过了国家级评审。2010 年 3 月 1 日，国务院正式批准（国办发〔2010〕01 号）建立“云南轿子山国家级自然保护区”。

2 2 个自然保护区基本条件

2.1 区位条件

普达措国家公园位于滇西北香格里拉县境内，距县城 25km，迪庆州旅游东环线（二级公路）经过国家公园南缘，交通便利。普达措国家公园区域范围内主要包括原碧塔海省级自然保护区、属都湖景区及周边尼汝河上游地区，位于“三江并流”世界自然遗产地和“三江并流”国家级风景名胜区内，面积 60210hm^2。

轿子山自然保护区地跨昆明市的禄劝县和东川区，总面积 16193hm^2，轿子山同时被列为云南省省级风景名胜区。目前有东、中、西 3 条路线可以通往昆明市区，其中中线距昆明市最近，约 166km，交通条件较为便利，再加上正在建设的昆明市—轿子山旅游专线公路，全长 147km，起点为昆沙路与昆禄路交叉口，终点为禄劝县轿子山四方井，该旅游专线竣工后，昆明市的游客可在 3h 内到达轿子山。

2.2 自然资源

2.2.1 普达措国家公园自然资源

普达措国家公园地处青藏高原东南缘横断山脉的中西部，本区为高海拔（多在 3000m 以上）和相对高差较小的山脉-盆地地貌形态。区内春夏短、秋冬长。年平均气温 5.4℃，最热月（7 月）平均气温 13.3℃，最冷月（1 月）平均气温-3.6℃。

普达措国家公园以高山-亚高山寒温性针叶林森林生态系统，高山-亚高山草甸、沼泽生态系统和高原湖泊-湿地生态系统为主要景观，是原始生态环境保存相对完好的片区[7]。根据《中国植被》和《云南植被》分类系统，区内植被可划分为 6 个植被型，11 个植被亚型，34 个群系（表 1）。普达措国家公园及其周边已记载的野生种子植物 140 科 568 属 2275 种，其中有云南红豆杉（Taxus yunnanensis）1 种国家Ⅰ级重点保护植物，有云南榧树（Torreya yunnanensis）、油麦吊云杉（Picea brachytyla var. complanata）等 7 种国家Ⅱ级重点保护植物（表 1）。脊椎动物 28 目 70 科 279 种，兽类 23 科 67 种，鸟类 38 科 171 种，两栖类 5 科 13 种。

表 1 普达措和轿子山的植物资源对比

地点	植被植被亚群系野生种子植物/个						重点保护植物/种
	型/个	型/个	/个	科	属	种	国家Ⅰ级国家Ⅱ级
普达措国家公园	6	11	34	140	568	2275	17
轿子山自然保护区	7	11	28	139	476	1517	27

2.2.2 轿子山自然保护区自然资源

轿子山自然保护区内的轿子山海拔4223m，素有“滇中第一山”的美誉，其高大山体形成天然屏障，阻隔和减弱了南下昆明的寒流，是昆明“四季如春”的原因之一。轿子山自然保护区基带年平均气温14.5℃。夏季，受热带海洋气团控制，多云雨天气，日照少，气温不高，最热月（7月）平均气温20.0℃，均温不超过22.0℃，可谓盛夏而无夏热。与同纬度低海拔的其他地区相比，轿子山自然保护区基带的气温具有夏季偏低凉爽，冬季偏高暖和，年较差偏小、四季如春的特点。

轿子山自然保护区由于其独特的地理位置、气候条件和特殊地形地貌，孕育和保存了滇中高原最为完整的植被和生境垂直带谱及最丰富的植被类型，是滇中高原植被的典型缩影，包括7个植被型、11个植被亚型、28个群系（表1）。轿子山在种子植物区系上具有明显的过渡性质，已有记载的野生种子植物139科，476属，1517种，其中有攀枝花苏铁（*Cycas panzhihuaensis*）和须弥红豆杉（*Taxus wallichiana*）2种国家Ⅰ级重点保护植物，西康玉兰（*Magnolia wilsonii*）、金荞麦（*Fagopyrum dibotrys*）等7种国家Ⅱ级重点保护植物，哺乳动物25科59属79种，鸟类32科167种，两栖类8科22种。

2.3 人文资源

普达措国家公园所处的云南横断山区是白族、彝族、藏族、傈僳族、纳西族等众多少数民族集中聚居的地区，复杂的自然条件和独特的少数民族生活习惯造就了这里特殊的人居环境和独特的民族风情。普达措国家公园周边地区的洛吉乡和建塘镇，其民族文化历史悠久、内容丰富独特。另外，普达措国家公园的居民以信奉藏传佛教为主，他们尊重自然，提倡人与自然的和谐共处，形成了独特的自然生态环境保护观念[8-9]。

轿子山是乌蒙山余脉拱王山的主峰，被南诏国册封为东岳圣山，毛主席曾经以长征诗“五岭逶迤腾细浪，乌蒙磅礴走泥丸”来形容乌蒙山之高大绵亘。轿子山自然保护区地处人文、社会、经济高度发达的滇中地区，历史文化积淀深厚，早在四五千年前，就有人类在这里繁衍生息，彝族为轿子山的世居土著民族，另有汉、苗等民族在这里聚居，形成了绚丽多彩的民族民俗文化，各民族文化在建筑、饮食、语言、文字、服饰、节庆、音乐、舞蹈等方面都有体现，形成了轿子山独具特色的复合型民族文化优势。

2.4 基本条件对比分析

普达措国家公园地处滇西北，距离省会及城市较远，区位明显不如轿子山自然保护区好。温度条件上，普达措国家公园年平均温度仅为5.4℃，最热月（7月）平均气温不足15℃，最冷月（1月）平均气温在0℃以下；而轿子山自然保护区年均温较普达措国家公园高约10℃，最热月均温在20℃左右，而最冷月也在0℃以上。所以，轿子山的气温更接近于人体最适宜的温度，有关旅游气候的研究亦表明，与昆明、丽江和大理相比，香格里拉旅游气候舒适期短且舒适程度低[10]。自然资源条件上，2个保护区均具有自己独特的自然景观及物种多样性，物种都极为丰富，具有一定数量的国家级保护物种。普达措国家公园和轿子山自然保护区内均有少数民族居住，具有独特的民族氛围，是体验民族文化，欣赏民族风情的理想之地。

3 2个自然保护区建设成效对比

3.1 资源保护基础设施投入

普达措国家公园在国家、云南省及各级政府的支持下，由香格里拉县林业局负责实施了碧塔海保护区湿地保护项目，建设了海尾、梭隆贡、弥里塘3个管护站，1个巡护哨卡，1处野生动物救护站，1个管护码头，1座瞭望塔，1幢管理所综合楼，1处气象监测站，3处水文水质观测点，50km巡护步道，海尾停车场至瞭望塔3km的道路等基础设施；在保护区范围内设置了界碑、界桩、宣传牌及警示牌，配备了救护医疗设备、病虫害检疫设备、巡护工具、瞭望设备、常规防火设备、办公设备等，提高了保护区保护、科研、监测及宣教的能力。

轿子山保护区经过几年的建设，已建成办公用房 511m^2，宿舍 300m^2，配备了卫星电视接收机 6 台(套)、电话 2 部、电台 2 台、对讲机 9 台等必备的办公设备；设置了少量的界碑、界桩；修建了防火道路 3.7km、巡护步道 18km、防火隔离带 20km、瞭望台 1 座；购置了森林防火车、摩托等巡护工具。但是，现有的基础设施落后、设备购置和设施建设年代已久，不能适应保护区保护和发展的客观要求。轿子山自然保护区的管理维护仅靠财政拨款，随着保护区各项工作的开展，管理经费不足已成为制约保护区进一步发展的主要因素。

3.2 社区参与和发展

普达措国家公园及其周边涉及 2 个乡镇，5 个村委会，43 个自然村，6600 余人，除九龙村为彝族居住外，大部分为藏族村落。公园通过门票收入和创造就业机会来反哺社区群众，国家公园管理局优先安排国家公园范围内村寨中有文化、肯学习的村民参与国家公园的管理与服务，已为村民提供直接就业岗位 300 多个。如藏族村庄霞给村有 22 户人家，每户都有人在普达措国家公园工作，据村民反映，以前每户 1 年有几千元收入，国家公园建起后年收入提高到了 1.2 万元。另外，村民的资源保护意识得到了极大提高，只要发现有人砍伐木材，就会主动上前制止，村民已经认识到，国家公园内的资源是他们生计的根源。

轿子山自然保护区内及其周边涉及禄劝县和东川区的 6 个乡（镇），16 个村委会，周边社区的经济来源主要靠种植和畜牧业，对自然保护区的资源依赖较大。目前，保护区与当地政府和社区居民均存在一定的矛盾。保护区的任务主要是资源保护，而当地政府更侧重于资源开发和经济发展，另外保护区的建立使社区居民对资源的利用受到极大的限制，而且生态补偿机制不健全，加剧了保护区与社区之间的矛盾。

3.3 生态旅游基础设施建设及旅游收入

在旅游基础设施方面，从 2005~2008 年，普达措国家公园共投资 2.3 亿多元进行了建设，建成 10km 游客木栈道，60.4km 的森林防火道，8 个环保公厕，3 个停车场，1980m^{2}的弥里塘餐厅及相关配套设施，还实施了公园门景系统工程，建设了 5 个观景台，设置了 100 多个标识牌，并对湖心岛大殿进行恢复性修建；配备了 30kW 的太阳能发电系统，购买了 60 辆环保旅游观光车和 5 辆 VIP 接待车，1 辆扫雪车，1 辆救护车，2 辆垃圾车，2 辆生活车等设备。为了最大限度地保护环境，园内建成了一条总长 69km 的“8”字形单行环保车道，沿途设有 16 个观景点和 19 个车站，游客必须乘坐公园配备的环保观光车游览；属都湖南岸、乐孜平至地基塘、地基塘至尼汝修建了供步行游览的生态小道，10km 长的游客步行木栈道采用芬兰技术，使用寿命可以达到 50 年；园内 7 个公厕全部是环保厕所，通过太阳能发电系统保证供电。经过几年的建设，大大提高了普达措国家公园的旅游服务能力，增强了该地区的旅游吸引力。普达措国家公园自 2006 年 8 月 1 日试运营至 2009 年底，旅游总人次表现出了持续增长的趋势（图 2），共接待游客 195.77 万人次，实现旅游收入 3.53 亿元。

目前，轿子山自然保护区仅禄劝县境内开展了小范围的生态旅游，从 2003—2007 年底，5 年总计投入开发建设资金 1.04 亿元，基础设施建设主要集中于禄劝县周边。轿子山自然保护区生态旅游淡旺季节明显，全年有大半年时间几乎没有游客。修建的缆车一定程度上破坏了自然景观，修建的木栈道由于质量差，只运行了 1 年便出现安全隐患。由于基础设施差，轿子山的游客数量非常有限，2005—2008 年，旅游总人数仅为 17.9 万人次（图 1），旅游门票收入仅为 363.2 万元，旅游综合收入为 6951.1 万元。轿子山几家旅游公司的经营状况每况愈下，长期处于亏损状态。

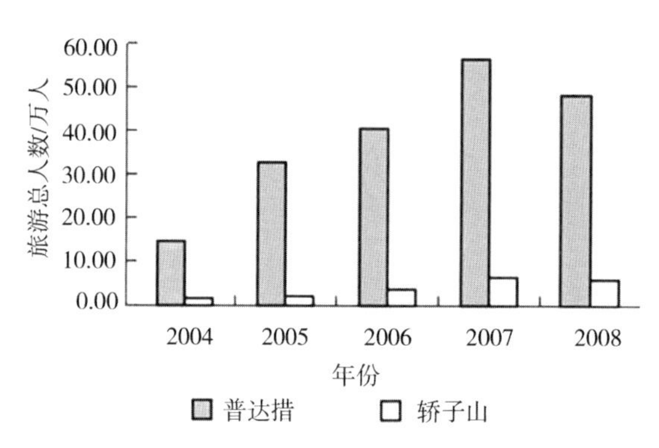

图1　普达措和轿子山2004—2008年接待游客数量

3.4　科研、宣教功能

到普达措国家公园参观的人数自2006年8月1日试运营至2009年底，已达195.77万人，这些人员通过参观、体验、导游的讲解和管理人员的引导，在领略了保护地大好风光的同时，也得到了环境生态意识教育，普达措国家公园较好地发挥了保护地的科普宣教功能。2005—2008年，尽管距离昆明市仅166km，到轿子山旅游总人数仅为17.9万人次，不及普达措的1/10，许多昆明人舍近求远到普达措，甚至到北方哈尔滨体验冰雪，尚不知道家门口就有一处自然原始生态的圣地轿子山，其效果可见一斑。

3.5　保护效果对比

普达措国家公园对全区2.3%的面积开发利用，实现了对公园97.7%范围的有效保护。在未建立普达措国家公园之前，旅游活动对碧塔海景区的湿地生态环境影响较大，人、马践踏对地表植被产生了很严重的负面影响，破坏了湿地景观，并影响到湿地的生物多样性[11]。建立国家公园之后，普达措国家公园严格划分保护区、生态保育区、游憩展示区、传统利用区进行科学规划和管理。与建立国家公园的2006年相比，保护面积由14133hm^{2}扩大到60210hm^2。为了不让草甸再受马匹过度践踏，普达措国家公园取消了碧塔海景区载客游览的马队，游客全部改乘环保观光车，国家公园还通过设立科学的解说和标示系统，增强了游客的环保意识，大大减少了游客对脆弱高原湿地生态系统的破坏。社区居民改变了一些传统的依靠消耗生物资源生存的生活方式，通过参与保护区管理，形成了自觉的保护意识，少数民族文化得到保护，国家公园的科研、宣教、社区发展功能明显发挥。

轿子山保护区则面临着目前我国大多数省级保护区所共同面临的问题：权属纠纷、管理体制存在弊端、经费短缺、社会投入少、社区发展滞后等问题，目前保护区内开矿、放牧、采集等人为活动频繁，对保护影响较大，保护与发展矛盾突出，无社会资金投入开展生态旅游，社区从保护区方面没有受益反而影响居民保护的积极性，有的地方甚至由于认识和管理的问题导致实验区有开矿现象，出现水土流失，脆弱的生态系统受到威胁，部分核心区内放牧现象普遍。尽管由于政府重视，近年申报国家级保护区而加强了保护管理，保护状况明显改善，但矛盾仍然突出，各方面思想认识不统一，保护区仍然面临威胁。普达措国家公园和轿子山自然保护区在经济收入和缓解社区矛盾方面存在较大差异。普达措国家公园在3年期间投资2.3亿多元进行了旅游基础实施建设，大大提高了其旅游服务的能力，增强了该地区的旅游吸引力。而轿子山自然保护区虽然也有投资，但是旅游基础服务设施仍不完善，缺乏旅游吸引力。在投资回报上，普达措国家公园3年共接待游客195.77万人次，实现旅游收入3.53亿元，明显高出轿子山自然保护区旅游收入（5年总收入6951.1万元）。周边社区是国家公园建设中一个不可回避的方面[12]，普达措国家公园建设之后为当地社区农民提供了300多个就业岗位，每年给予农民户均经济补助5000元，大大提高了当地居民的收入，有效缓解了国家公园与社区居民之间的矛盾，促进了社区的发展，同时增强了当地居民的自我保护意识，减缓其对自然资源的依赖程度，生物多样性因此得到了更好的保护[13]，而轿子山自然保护区则还挣扎在保护区与社区居民矛盾之中，居民对自然资源的依赖性较大。

4 结论与讨论

从以上分析可以看出，尽管轿子山自然保护区与普达措国家公园同样具有丰富的自然与人文旅游资源，并且比普达措国家公园具有较明显的区位和气候优势，但由于所采取的管理方式不同，轿子山按常规的自然保护区建设模式开展了基本建设，而碧塔海自然保护区则引入国家公园建设理念，建立普达措国家公园，开展国家公园建设试点，经过几年的建设，2 个保护地的建设效果存在了极大的差异，普达措国家公园的建设取得了极大的成功，生态效益、经济效益和社会效益都很可观，国家公园起到了兼顾"保护和发展"的效果，而轿子山自然保护区仅靠国家财政拨款，没有自养能力，保护区的基础设施落后，已不能满足保护和发展的客观需要。普达措国家公园的建设为我国处理好生态保护与经济发展的关系问题提供了方向性的借鉴[14]。

保护地以保护为主，经济效益不是重要的，在国家财政尚无力保证所有保护地充足的经费投入的情况下，多方筹资推动保护地建设是必要的，发挥保护地的展示功能，在保护的前提下通过资源的非消耗性利用获取一定经济效益，减少对国家财政的依赖，是符合我国国情的一条路子。国家公园是保护地的一个类别，它既不同于严格的自然保护区，也不同于一般的旅游景区[15]。目前我国许多自然保护区严格来说并没有达到标准，既不可能也无必要实行严格意义的隔绝人们进入的方式进行管理，完全可以将人也纳入管理。这些不具备自然保护区条件的保护地，可以纳入二类保护地进行保护管理。国家公园作为一种由政府主导、多方参与、对重要自然区域进行保护和可持续发展的有效管理模式，通过划出特定区域，不但能为公众提供欣赏自然和历史文化、繁荣地方经济、促进科学研究和国民环境教育的平台，还能使大面积自然环境和生物多样性得到有效保护。国家公园在坚持以自然资源保护为前提，兼顾适度旅游开发，以较小面积的开发换取较大面积的保护的同时，还是资源保护与经济发展实现双赢的有效模式，它在资金筹措运行、资源保护及管理等方面的优势将成为解决我国当前自然保护区困境的主要手段，是适合我国基本国情的一种保护地模式。

【参考文献】

[1] 唐芳林，孙鸿雁. 我国建设国家公园的探讨［J］. 林业建设，2009，(3)：8-13.

[2] 张海霞，汪宇明. 可持续自然旅游发展的国家公园模式及其启示［J］. 经济地理，2010，30 (1)：156-161.

[3] 国家林业局昆明勘察设计院. 云南普达措国家公园总体规划（2009—2020）［R］. 昆明：国家林业局昆明勘察设计院，2009.

[4] 李庆雷. 云南省国家公园发展的现实约束与战略选择［J］. 林业调查规划，2010，35 (3)：132-136.

[5] 云南省人民政府研究室. 美国大自然保护协会（TNC）中国部. 云南省国家公园建设理论与实践［M］. 昆明：云南人民出版社，2010.

[6] 国家林业局昆明勘察设计院. 云南轿子山自然保护区总体规划（2009—2020）［R］. 昆明：国家林业局昆明勘察设计院，2009.

[7] 李朝阳，刘恺，陈勇，等. 轿子山自然保护区植被类型及其分布特点研究［J］. 山东林业科技，2010，(2)：32-35.

[8] 叶文，沈超，李云龙. 香格里拉的眼睛：普达措国家公园规划和建设［M］. 北京：中国环境科学出版社，2008.

[9] 王哲，胡晓. 旅游发展对洛茸社区生态文明变迁影响的个案研究［J］. 旅游研究，2009，(4)：44-48.

[10] 王金亮，王平. 香格里拉旅游气候的适宜度［J］. 热带地理，1999，19 (3)：235-239.

[11] 王金亮，王平，鲁芬，等. 碧塔海景区旅游活动对湿地生态环境影响研究［J］. 地理科学进展，2004，23 (5)：101-108.

[12] 王丽丽. 国外国家公园社区问题研究综述［J］. 云南地理环境研究，2009，21 (1)：74-76.

[13] 王四海，杨宇明，叶文，等. 旅游发展对生物多样性的影响 [J]. 安徽农业科学，2010，38（12）：6576-6579.

[14] 史宗恺. 普达措国家公园提供了方向性的借鉴 [N]. 中国绿色时报，2008-10-07（A04）.

[15] Steffen S，Thorsten T. Beyond buffer zone protection：a comparative study of park and buffer zone products' importance to villagers living in side Royal Chitwan National Park and to villagers living in its bufferzone [J]. Journal of Environmental Management，2006，78：251-267.

南滚河国家公园资源保护管理评价*

结合南滚河国家公园的资源情况，对其资源保护管理、科研管理，宣传教育管理、社区管理、基础设施建设等管理进行有效评价；结果显示南滚河国家公园的有效管理评价得分为71.0分，南滚河国家公园管理工作涵盖的范围完整，工作制度较完善且落实情况较好，不流于形式，将对南滚河国家公园生态环境的保护发挥了重要作用，产生了很好的实效，为区域生态环境的保护和改善做出了重要贡献。

1 南滚河国家公园概况

1.1 地理位置及范围

南滚河国家公园位于我国西南边陲，地处东经98°56′05.8″~99°26′0.8″，北纬23°08′42.7″~23°40′34.1″之间。总面积51939.44hm^2（其中：原南滚河国家级自然保护区面积50887.00hm^2，新增面积1052.44hm^2）。

1.2 行政区划

南滚河国家公园行政隶属沧源佤族自治县和耿马傣族佤族自治县两县，国家公园范围内及周边社区涉及沧源县及耿马县9个乡镇、41个村民委员会、371个自然村。其中：南滚河国家公园范围内只涉及沧源县2乡，7个村委会（文中的“周边社区”是指社区居民住宅或林地与南滚河国家公园边界接壤的社区）。

1.3 自然地理概况

1.3.1 地质地貌

南滚河国家公园的地质构造大体上属东北——西南走向，地势北高南低，降水强度较大，流水侵蚀作用强烈，河床深切，大都为峡谷形态，地貌主要是连绵陡峻的中山山地和较深切割的峡谷。

1.3.2 水文

南滚河国家公园内河流数量较多，水文条件较复杂，具有以下一些特征。

（1）河流众多，分属两大水系：怒江、澜沧江两大水系。较大的一级支流小黑江、南滚河、小黑河及其二级支流均源于境内。

（2）奇特的水系结构：山体两侧的河流，因地势起伏与构造形态致使河流流向发生变化，从而影响到水流结构的差异。这种在小范围内，流向变化不定现象，此地最为典型。

（3）无现代湖泊发育，地下水丰富，小型泉点多。

1.3.3 气候

国家公园的气候具有以下基本特征。

（1）热量丰富，年内分配均匀，冬无严寒、夏无酷暑。

（2）雨量充沛，夏秋多雨、冬春干旱，干湿季分明的湿润季风气候。

（3）年温差小、日温差大，兼有海洋性和大陆性特色的山地气候。

---

* 苏琴，马国强，蔡芳，等. 南滚河国家公园资源保护管理评价［J］. 林业建设，2012，（1）：73-79.

（4）垂直差异显著的立体气候。

总体来看，国家公园热量资源十分丰富，夏无酷暑，冬无严寒，春秋相连，积温有效性高。故终年都能种植喜温作物，河谷地区可种橡胶、香蕉等热带水果。

1.4 社会经济概况

1.4.1 人口与民族

南滚河国家公园所涉及的沧源县、耿马县9个乡（镇）社区总人口为68460人，居住着佤、拉祜、汉、傣、傈僳、彝、景颇、白、布朗、土、德昂等23个民族，其中少数民族人口59177人，占南滚河国家公园区内及周边社区总人口的86.44%，以佤族和傣族为主。

1.4.2 土地权属

南滚河国家公园总面积为51939.44hm^2，其中国有面积41409.93hm^2，集体面积10529.51hm^2。国有土地取得两县政府所发放的国有山林权证，集体土地通过集体林权制度改革，与群众签订了管护协议。因南滚河国家公园依托南滚河国家级自然保护区建设，扩大面积较小。新增区域沧源县和耿马县人民政府已对资源所属关系作出承诺，无权属争议问题。

1.4.3 地方经济

由于历史等各方面的原因，南滚河国家公园所在的临沧市在云南省是属于经济基础薄弱、社会发展水平尚低的一个地区，南滚河国家公园地跨临沧市耿马县和沧源县，其中的沧源县尚属国家级贫困县。地处老、少、边、穷、山为一体的民族地区，位置偏僻、信息闭塞、科教文化落后，周边社区群众生产方式较为传统、单一，对森林资源的依赖程度较高，农业生产及林业生产是其重要经济来源。近年来，国家公园周边社区产业结构正在从单一的以种植粮食、甘蔗、茶叶、橡胶、林果、畜牧业、水产养殖为主的第一产业逐步转变为既有第一产业（农、林、牧），又有第二产业（水电开发），还有第三产业（旅游）的多元化产业结构。

1.4.4 交通

（1）航空

临沧机场是云南省于2001年3月建成通航的省内支线机场，是“通往东南亚、南亚的国际大通道”的有机组成部分；沧源机场已纳入云南省“十二五规划”的机场建设。

（2）公路

现南滚河国家公园的周边地区皆有公路相通，其中临沧至耿马县（214国道、319省道）137km，临沧至沧源县（214国道、314省道）250km，耿马至孟定清水河国家级口岸（319省道）115km，均已改建为二级油路。

（3）内部交通

南滚河国家公园内部交通状况一般，在耿马片内，有16km耿马县城至孟定清水河口岸的319省道横穿国家公园，另有乡村级公路11km；在沧源片内，有近50km的乡村公路穿过国家公园。

1.4.5 通讯

目前，南滚河国家公园周边各村民委员会，已形成了包括国际、国内的长途电话、移动通讯、传真、国际互联网在内的较为完善的通讯体系，保持着与外界的联系畅通。

南滚河国家公园内局部地区有移动通讯信号覆盖，可满足国家公园部分管理及巡护需求。此外，还配备有对讲机等无线通讯设备供野外巡护联系之用。

1.4.6 能源

南滚河国家公园内及其周边村寨，基本已实现通电；大部分农户仍对薪柴资源的消耗依赖性很大，仅有6%的农户建有沼气池。

1.4.7 社区发展

教育：南滚河国家公园内及周边群众受教育程度相当低，仍有部分学生因家庭贫穷等原因而辍学。社区中现仅普及了小学教育。

卫生：南滚河国家公园内及周边社区卫生保障体系不健全，医疗条件较差，医疗设施设备简陋，群众看病还较困难。

劳动就业：周边社区群众大部分从事农林业生产，少数人靠外出打工维持生计，劳动就业机会相对较少。

2 国家公园资源现状

2.1 森林资源

南滚河国家公园森林覆盖率高，林业用地面积比重大，天然林比例高，利用率高。森林类型多样、树种组成复杂，以阔叶树种为优势的森林面积和蓄积占公园森林的99%以上。公园总面积为51939.44hm^2，有林地总面积为48204.36hm^2，乔木树种活立木总蓄积为219.00万m^3。

南滚河国家公园在植物区系上是东南亚植物区系与热带亚洲植物区系连接和交错分布地带，植物种类的多样性十分明显，共有维管束植物235科1047属2250种。列入《国家重点保护野生植物名录（第一批）》的有27种，其中，国家Ⅰ级重点保护的野生植物有4种，国家Ⅱ级重点保护的野生植物有23种，仅该保护区及邻近区域分布的特有种有18种。植物种类繁多，类别齐全，具有重要经济价值的种类较为突出，种质资源丰富，其中经济价值比较高的植物就有684种。

2.2 哺乳动物

南滚河国家公园是滇西南北热带山地的一部分，最低河谷海拔480m，最高山顶海拔2977.9m，植被从北热带雨林到亚高山苔藓杜鹃矮林复杂多样，是云南西南部动物栖息环境优越、动物区系复杂、垂直分布明显、物种多样性丰富和珍稀种类荟萃的一个特殊区域，在云南和全国都具有重要地位。

南滚河国家公园以珍稀保护动物分布集中，保护物种所占比重较大并以此为特色而著称。至目前为止，南滚河地区记录兽类119种，隶属于10目，32科，86属，占全国种总数的18.45%。以亚洲象、黑冠长臂猿、白掌长臂猿、豚鹿和印支虎为代表的，国家重点保护野生哺乳动物和濒危动植物物种国际贸易公约（CITES）的附录-Ⅰ、附录-Ⅱ含有的物种31种。在这样一个小面积的国家公园内，拥有如此多的兽类种数，在云南乃至全国都是十分罕见的，是云南省哺乳动物非常丰富的地区之一。

2.3 鸟类

综合本地区的多次鸟类考察记录，南滚河国家公园记录有鸟类311种，隶属于18目、52科、191属。国家公园的鸟类种数已占全国鸟类种总数的23.34%，说明本区的鸟类物种多样性相当丰富。

2.4 两栖爬行类

根据多次考察并综合有关文献，南滚河国家公园共有两栖爬行类动物76种，其中两栖类动物27种，隶属于2目、8科、15属；爬行类动物49种，隶属于2目、12科、36属，物种数分别占云南两栖类、爬行类动物种总数的23.48%和30.25%。

2.5 鱼类

根据历次考察和文献，迄今本区鱼类已录有41种，隶属于5目、9科、29属，约占全省鱼类种总数的8.40%。其中鲤形目鱼类种类最多，共有25种。

2.6 游憩资源

南滚河国家公园正好位于北回归线上，地处横断山脉向南延伸部分，在澜沧江水系和怒江水系分水岭上，公园内及其周围地形主要以中山和低山山地为主，山体切割较深，立体气候明显，形成了多种多样的自然生态环境，适宜多种热带和亚热带动植物生存。

由于南滚河国家公园地处云南西南边陲，是以佤族、傣族为主的等多种少数民族聚居区。在漫长的人类活动历史过程中，各民族形成不同的生活习俗，创造了独具特色、丰富多彩的民族文化。其中，佤族、傣族等的婚姻、服饰、舞蹈、节庆等最具特色。

因此，南滚河国家公园所处区域独特的自然环境和丰富的民族文化形成了类型繁多的游憩资源，全面涵盖自然游憩资源的天景、地景、水景、生景及人文游憩资源的风物、胜迹、建筑、园景。

3 资源管理现状及评价

3.1 管理范围

从我国保护地的实际出发，寻求自然保护与经济发展相结合，充分有效发挥保护地生态、社会、经济效益并举的发展模式，已成为自然保护领域中的一种新趋势。1998 年，云南省率先在全国开始探索引进国家公园模式、建立新型保护地的可行性。

南滚河国家公园资源管理分为 2 部分：南滚河国家级自然保护区内部分，南滚河国家级自然保护区外部分。

3.2 管理机构

南滚河国家级自然保护区初步建立了管理机构，形成了管理局、管理分局、管理站三级管理体系。保护区管理局挂靠临沧市野生动植物保护管理局，为临沧市林业局内设的正科级参照公务员法管理的全额拨款事业单位；沧源管理分局、耿马管理分局均为独立法人的正科级参照公务员法管理的全额拨款事业单位。

3.3 资源保护管理及评价

3.3.1 南滚河国家级自然保护区内

云南南滚河国家级自然保护区建立了较为健全的岗位职责及各项巡护管理制度，制定了《南滚河国家级自然保护综合管理制度》，做到有章可循、依章办事。保护区管理分局各科、所、站工作人员认真履行管理职责，积极开展社区宣传、巡山护林、森林防火、林政执法及野生动物肇事补偿等工作。保护区建立至今，周边社区群众保护意识和法律意识逐步得到提高，生物资源得到有效保护。

南滚河国家级自然保护区建立之初，即将区内社区搬迁出去，对保护区实行了严格的管理措施，较好地保护了区内丰富的自然资源。随着南滚河国家级自然保护区建设的大力推进，通过保护区基础设施以及一期建设项目建设，已建立保护区基础的管护、巡护和监测设施。同时，保护区管理部门和周边社区保护意识得到加强，保护力度不断加大，当地资源的保护工作有效而积极。

3.3.2 南滚河国家级自然保护区外

南滚河国家级自然保护区外为 6 部分：南滚河保护区耿马片区东侧外延部分，弄抗河外延部分，翁丁景区，芒库巨龙竹景区，生态养殖园，三棱栎林外延部分。

（1）南滚河保护区耿马片区东侧外延部分，为带状，紧邻缓冲区，天然的山崖屏障；已由周边社区自觉保护。

（2）弄抗河外延部分，为保护区边缘至南滚河保护区耿马分局团结管理站的道路沿线部分；已由周边社区自觉保护。

（3）翁丁景区，沧源县政府已结合“司岗里摸你黑”狂欢节规划开发，并做原生态人文民俗保护。

（4）芒库巨龙竹景区，巨龙竹的原产地，已作为经济产业，以装饰 2010 上海世博为锲机大力发展和保护。

（5）生态养殖园，为公益林。

（6）三棱栎林外延部分，紧邻缓冲区，已由周边社区自觉保护。

综上所述，南滚河国家级自然保护区外部分，全部由当地政府、周边社区规划保护。

3.4 科研管理及评价

保护区建立20余年来，保护区管理机构在以保护为本的前提下，独立或与省内外科研院所、国际组织合作开展了部分以保护区本底资源、周边社区为研究对象的科研活动，共54项，主要为动植物资源专项调查与监测。

3.5 宣传教育管理及评价

保护区成立以来，各管理分局重视对职工的培训，先后对职工进行了自然保护区管理、计算机应用、野生动植物调查方法、珍稀野生动植物野外鉴别方法、动植物分类基础、动植物标本采集与制作、野生动植物管理、“3S”技术在保护区管理中的应用、林政执法、警衔晋升等方面的培训，有效提高了职工的理论水平和业务素质。

同时，各管理分局十分重视对保护区周边社区居民、中小学生、旅游者开展各种宣传教育活动。每年管理分局采用召开村民大会、到社区居民家走访、放电影、发放宣传材料、粘贴标语、制作宣传牌、制作警示牌、制作展板等形式，开展法律法规宣传、环境保护意识教育、森林防火宣传等活动；加强青少年环境保护意识教育，派出技术人员，深入周边社区中小学，为学生讲授环境保护教育课，让学生认识大自然、认识保护区的保护价值，并为学校提供生物教学实习基地，使学生从感性上了解保护区。有效提高了公众爱护自然、保护生态的意识。

3.6 社区管理及评价

南滚河国家级自然保护区建立以来，通过多年卓有成效的保护管理，保护区及其周围森林生态系统和野生动物栖息环境得到了极大改善，野生动物种群数量不断增加，保护区内栖息地容量逐渐出现饱和状态，动物食源匮乏，许多野生动物不得不走出保护区到群众的生产生活区域觅食，这给保护区周边群众的人身、财产安全带来了极大威胁。针对补偿机制不健全，补偿资金来源单一，补偿标准低，群众的合法利益难以保障等问题，南滚河国家级自然保护区沧源管理分局在极争取县委、政府和上级主管部门提高补偿标准的同时，积极探索野生动物肇事补偿新机制。通过12次走访调研，历经三年探索，终于在2009年3月23日，与中国人民财产保险公司沧源支公司成功签订了《自然保护区野生动物公众责任保险协议》，成为云南省首家以商业化运作模式建立野生动物肇事保险赔偿的保护区。启动此项工作，将为今后健全补偿机制工作打下坚实基础，给保护区周边群众带来更多更大的实惠。2009年，沧源县野生动物肇事保险理赔工作成效初显，得到保险公司理赔金21.56万元。2010年，已在云南全省保护区推广。

此外，虽然周边社区居民的文化素质较低，但是却对南滚河保护区有较强的保护意识。很多村民认为，保护生物多样性远远比耕地、砍伐重要，有些区域自从被砍伐变耕地后，水源不富足、无鸟语花香了，空气质量和生活质量明显降低。因此，进区砍伐的现象很少发生。而当地村民刀耕火种的生产方式，其薪柴主要来源于政府规划的专门的薪炭林。而佤族等少数名族至今仍保留着许多的传统文化习俗和宗教活动，有些对野生动物保护是有利的。许多少数民族村寨里的树木被神化为生命的象征、护佑村寨的神灵。每年，村寨都会举行对树的祭祀活动，以至于很少有人敢动这些“神树神林”。

因此，南滚河国家公园目前已有的保护基础，以保护区目前所开展的保护工作、公园范围内村民的自发保护和各级政府的宣传为主。

3.7 基础设施建设管理及评价

南滚河国家级自然保护区成立至今，经过三十年的建设，已基本完成管理局、沧源管理分局、耿马管理分局、15个保护站基础设施建设。结束了管理局借地办公的局面，使保护区建立了较为完整的管理体系。为稳定职工队伍，实施有效管理，创造了办公、指挥等最基本条件。

尤其是通过 2001 年至 2007 年南滚河国家级自然保护区基础设施建设一期工程的实施，保护区已建成南滚河国家级自然保护区管理局综合办公楼、沧源管理分局综合办公楼、耿马管理分局综合办公楼、班洪等 15 个管理站用房，防火瞭望塔 2 座，标牌 30 个，宣传牌 20 个，野生动物监测台 4 座，气象观测点 2 座，生态定位观测站 1 个，样地样线共 10 个（条）。

预计 2010 年年底开始进行二期工程基础设施建设，届时将完成沧源管理局动植物标本展示室改造和大型宣传牌 2 个，水文水质监测站 2 座，巡护步道 90km，防火瞭望塔 1 座，检查站 2 个，生物防火隔离带 50km，野生动物救护站 1 个；购置巡护摩托车 12 辆，固定样地 27 块，固定样线 15 条。

4 有效管理综合评价

4.1 保护区有效管理概述

目前对我国自然保护区有效管理进行评价的不多，主要因为各保护区情况各异，差别较大，且尚无一个统一的评价体系。一般而言，“有效管理”应该包括如下几个方面的含义：科学合理的设计，科学合理的管理，预定目标的实现。此外，保护区的有效管理还必须充分考虑保护区所处的环境。

4.2 有效管理评价指标

我国自然保护区有效管理评价体系建设处于探索阶段，虽然到目前为止，尚无一个公认的完整、科学的评价指标体系。2004 年国家林业局调查规划设计院编制了《自然保护区经营管理评价技术规范》；2005 年在 WB（世界银行）和 WWF 的支持下，国家林业局保护司自然保护区管理处及中科院生态环境研究中心实施了“中国林业系统自然保护区管理能力与管理效果评价”项目，对我国 154 个自然保护区的管理能力与管理效果进行了初步评价。

4.2.1 指标确定及赋值

参照《自然保护区经营管理评价技术规范》，并结合南滚河国家公园实际情况，

南滚河国家公园有效管理评价指标确定为规划设计、土地有效性、管理体系、管理队伍、管理制度、保护管理设施、资源保护工作、科研工作、宣教工作、经费管理、社区协调性、生态旅游工作等 12 项，并参照《自然保护区经营管理评价技术规范》有关内容进行赋值，详表 1。

表 1 自然保护区有效管理综合评价表

项目	评价因素	满分	优	良	中	差
	总计	100	100	68.5	38.8	0
1	规划设计	6	6	4.5	3	0
2	土地有效性	6	6	4		0
3	管理体系	9	9	6	3	0
4	管理队伍	4	4	2	1.1	0
5	管理制度	6	6	3.5	2.2	0
6	保护管理设施	14	14	10	5	0
7	资源保护工作	18	18	14	11	0
8	科研工作	14	14	9.5	5.5	0
9	宣教工作	6	6	4	3	0
10	经费管理	5	5	3	1	0
11	生态旅游	5	5	3	1	0
12	社区协调性	7	7	5	3	0

4.2.2 评价分析

结合南滚河国家公园的实际情况，综合评价有效管理分值详见表2。

表2 有效管理综合评价表

项目	评价因素	满分	评价得分值	占满分的比例
	总计	100	71.0	71.0%
1	规划设计	6	6	100%
2	土地有效性	6	6	100%
3	管理体系	9	6	66.7%
4	管理队伍	4	2	50%
5	管理制度	6	3.5	58.3%
6	保护管理设施	14	5	35.7%
7	资源保护工作	18	14	77.8%
8	科研工作	14	9.5	67.8%
9	宣教工作	6	4	66.7%
10	经费管理	5	3	60%
11	生态旅游	5	5	100%
12	社区协调性	7	7	100%

从表2可知南滚河国家公园有效管理评价得分为71.0分，其中规划设计、土地有效性、社区协调性和生态旅游均为满分，管理体系、管理队伍、管理制度、资源保护工作、科研工作、宣教工作、经费管理的得分均为“良”，说明南滚河国家公园的保护管理实效比较好。

但保护管理设施得分最低，仅占满分的35.7%，说明南滚河国家公园设施建设严重滞后。究其原因，是因为南滚河自然保护区二期建设项目还在实施。预计保护区二期建设项目验收后，将大幅度提高南滚河自然保护区的有效管理，同时也将大幅度提高南滚河国家公园的有效管理，参照《自然保护区经营管理评价技术规范》中的指标赋分值及“中国林业系统自然保护区管理能力与管理效果评价”项目中的调查方法和因子筛选法，结合南滚河国家公园实际情况，将南滚河国家公园有效管理评价因子分为四类：

一类管理基础，包括土地有效性、保护管理设施、科研工作，反映保护区实行有效管理的基础因素；

二类为管理机制，包括管理体系、管理队伍、管理制度，反映保护区实行有效管理的制度因素；

三类为管理行为，包括资源保护工作、宣教工作、经费管理、生态旅游，反映保护区有效管理的实际行为；

四类为管理效果，包括规划设计、社区协调性，反映保护区有效管理实效。

结合南滚河国家公园的实际情况，详见表3。

表3 有效管理评价体系分类表

体系分类分值	分值比例	包含因子	评价分值
管理基础	分值20.5 占28.9%	土地有效性	6
		保护管理设施	5
		科研工作	9.5
管理机制	分值11.5 占16.2%	管理体系	6
		管理队伍	2
		管理制度	3.5

（续）

体系分类分值	分值比例	包含因子	评价分值
管理行为	分值 26 占 36.6%	资源保护工作	14
		宣教工作	4
		经费管理	3
		生态旅游	5
管理效果	分值 13 占 18.3%	社区协调性	7
		规划设计	6
总计分值 71.0			

生态系统管理——普达措国家公园的可持续发展之路*

工业革命以后，随着人类对环境无止境的索求和对资源掠夺式的开发，造成全球变暖、生物多样性锐减、土地退化、臭氧层破坏和酸雨等一系列环境问题，对全球生态系统以及人类可持续发展造成极大威胁。自 1988 年 Agree 和 Johnson 正式提出生态系统管理学概念后[1]，此概念迅速得到科学界以及社会公众的广泛关注。生态系统管理作为人类对环境危机、发展模式的反思，以求在自然资源减少、全球经济一体化的背景下达到可持续发展的目的。生态系统管理的科学内涵丰富，它是自然科学、人文科学以及技术科学相结合的交叉学科，以生态学、环境学、社会学、经济学等学科原理作为理论基础，具有极广泛的应用范围以及迫切的社会需求[2-3]。在国内，20 世纪 90 年代以来生态系统管理的理论得到迅速发展。赵士洞和汪业勖于 1997 年首先引入生态系统管理的概念，并论述了生态系统管理的基本问题及要素[4]；于贵瑞提出了生态系统管理框架以及生态学基础，论述了生态系统管理的科学问题及发展方向，并阐述了区域尺度生态系统管理的重要命题[2,5-6]。赵云龙等阐述了森林生态系统管理与传统自然资源管理的区别[7]；汪思龙和赵士洞介绍了生态系统管理的新理念——生态系统途径[2]；田慧颖阐述了生态系统管理中多目标决策方法和支持系统的作用[8]。

生态系统管理已发展二十多年，许多研究者、组织机构从生态系统管理目标、多学科知识背景、管理手段、管理对象、基础条件和行为实质等多个角度对生态系统管理进行了定义。如 Agree 和 Johnson 定义生态系统管理指调控生态系统内部结构和功能、输入和输出，使其达到社会所期望的状态[1]；Grumbine 定义生态系统管理是在复杂的社会政治学和价值框架中，融合生态关系的科学知识，以实现长期保护当地生态系统完整性的总体目标[9]。生态系统管理概念多种多样，至今尚无统一的定义被研究者和管理者同时接受。总结生态系统管理的定义可知，生态系统管理是以维持自然资源或维持依赖于自然资源的社会经济系统的可持续平衡为目的，结合生态学、经济学、社会学及管理学等多个学科知识原理，在一定尺度上对整个生态系统中生物体、生态过程及功能进行综合利用，通过研究、监测不断改进适应性达到社会期望的一种管理活动。

目前生态系统管理理论已有许多应用实例，如唐涛等以香溪河的生态学规划、管理、污染源控制、健康和服务功能的监测和评价四个方面开展了该河流的生态系统管理研究[10]。美国西北部森林计划、加拿大模式森林计划和德国近自然森林经营是三种典型的国家森林生态系统管理模式[11]。生态系统管理已成为研究各种尺度（从斑块到全球）的生态系统基础的生态、资源理论工具之一。云南省迪庆州香格里拉县普达措国家公园是我国大陆首个国家公园，由于其地理环境特殊、生物多样性丰富等特点使得普达措的合理开发利用和生物保护研究具有重要意义，同时也面临着巨大的挑战。目前国内对于国家公园的顶层设计、国家公园体制建立、试点建设、效果评价体系以及旅游资源开发及管理等多个方面已有深入研究[12-20]，但尚未见从生态系统管理角度对国家公园的发展进行研究的报道。本文介绍了生态系统管理的理论、内涵，分析普达措国家公园开展生态系统管理的已有条件与实施基本步骤，以期为普达措国家公园的可持续发展提供借鉴。

---

* 覃阳平．生态系统管理——普达措国家公园的可持续发展之路［J］．林业建设，2016，(6)：21-26.

1 普达措国家公园介绍

国家公园是由政府划定和管理的保护地，以保护国家或国际具有重要意义的自然资源和人文资源及其景观为目的，兼有科研、教育、游憩和社区发展等功能，是实现资源有效保护和合理利用的特定区域[12,21]。普达措国家公园是中国大陆第一个国家公园，它集环境保护、生态文化旅游、环境教育和社区受益功能为一体，在保护国家和世界自然文化遗产的前提下，为国内外游客提供观光机会。“普达措”是梵文音译，意为“舟湖”。该国家公园距离云南省迪庆藏族自治州香格里拉县城建塘镇22km，总面积为60210hm^2，位于东经99°54′16″~100°11′42″、北纬27°43′42″~28°04′33″之间。普达措国家公园年平均气温为5.4℃，年平均降水量为950mm，春夏短而秋冬长，冬春季光照充足，日照时数占全年总量69%，夏季降水丰富，占全年降水量80%以上，属亚温带气候区[23-25]。

普达措国家公园所处地理位置特殊，具有物种资源丰富、生态系统类型多样和独具特色的人文环境等特点，在维持区域生态系统平衡、保障我国乃至国际生态安全方面发挥着极为重要的作用。

1.1 地理位置特殊、具有国际影响力

普达措国家公园位于云南省迪庆藏族自治州香格里拉县境内，涉及建塘镇、洛吉乡和格咱乡，东至硕贡，南至洗脸盆丫口，西至属都岗，北至哥拉。普达措国家公园范围位于滇西北“三江并流”世界自然遗产地的中心地带，包括碧塔海和属都湖开发区及周边尼汝河上游地区。其中碧塔海是国际重要湿地，而属都湖景区则是“三江并流”世界自然遗产片区。此处是我国长江、澜沧江、雅鲁藏布江、怒江等重要国际河流的上游和源头。这些河流、湖泊、沼泽所构成的湿地被称为“亚洲的水塔”，为世界上人口稠密地区提供水源，直接影响整个区域的水文、气象和生态系统的稳定，对于东亚以及东南亚的发展及社会稳定意义重大[22,24]。

1.2 物种以及生态系统多样性高

普达措国家公园具有丰富的动植物资源。植物以长苞冷杉为主，还分布着云杉、高山松、高山栎、短刺栎、红杉、红桦、山杨、白桦等多种优势树种。国家公园范围内有种子植物140科，568属2275种及其种下等级单位。国家公园范围内的种子植物特有种多达1232种，占本区种子植物总数的54.2%；其中，中国特有种272种，横断山特有种474种，西南地区特有种161种，云南特有种32种，滇西北特有种208种，本地特有种85种。普达措国家公园分布有6种国家重点保护植物，国家Ⅰ级保护植物仅云南红豆杉（*Taxus yunnanensis*）一种；国家Ⅱ级重点保护植物有云南榧树（*Torreya yunnanensis*）、油麦吊云杉（*Picea bracluytyla var. complanata*）、金铁锁（*Psammosilene tunicodes*）、松茸（*Tricholoma matsutake*）、冬虫夏草（*Cordyceps sinensis*）。而且此区域动物资源也相当丰富。共有脊椎动物26目261种，其中兽类25科76种，鸟类36科159种，两栖类4科10种，鱼类4科16种；有金钱豹、云豹、马麝和林麝、黑颈鹤、黑鹳、金雕、胡兀鹫、斑尾榛鸡、四川雉鹑等国家Ⅰ级保护动物。普达措国家公园是我国生物多样性最丰富的地区之一，也位于联合国生物多样性热点地区内，在生物多样性的保护与利用方面具有重要的意义[23-25]。

普达措国家公园内自然生态系统类型丰富，具有森林、草甸、河谷溪流、湖泊和湿地等多种生态系统，并且这些生态系统随海拔变化表现出明显的垂直带谱。由高向低依次是高山、亚高山寒温性原始针叶林生态系统；高山、亚高山草甸、沼泽化草甸湿地生态系统和高原湖泊水生生态系统[25]。

1.3 生态系统脆弱，极易受到破坏

普达措国家公园处于高寒山区，气候严寒，生长季短，树木生长慢、更新周期长，一旦遭遇采伐、火灾等干扰，自然恢复和人工恢复难度大。高原湖泊多为全封闭式湖泊，污染物的净化需要极长的时间，甚至永远不能净化完全，生态系统非常脆弱，极易受到人类干扰而产生严重的影响[24-26]。

1.4 独特的文化体系

普达措国家公园包含的文化体系有宗教文化、农牧文化、民俗文化以及建筑文化等。当地居民宗教文化以藏传佛教为主，在万物有灵的观念下保持神山崇拜。目前仍有不杀生和不食鱼的习俗，体现出敬畏自然的朴素环保意识。这对于维护生物多样性、生态系统原始面貌起着非常重要的作用[25]。

2 普达措开展生态系统管理的条件

香格里拉普达措国家公园成立后，管理者已在多个方面进行了大量有益探索，初步具备了实施生态系统管理的基础。

2.1 当地政府高度重视，已建立基本管理体系与建设标准

普达措国家公园建设之初借鉴美国、加拿大等国国家公园先进的管理经验，采取“国家所有、政府授权、特许经营和社会监督”的模式，旨在实现自然保护、社区参与、利益共享等多个目标并达到可持续发展的目的。

普达措国家公园的建设与管理得到了迪庆州藏族自治区政府以及云南省政府的大力支持。目前由香格里拉普达措国家公园管理局与迪庆州旅游集团有限公司共同经营管理。前者管理景区的日常事务，后者负责公园的旅游规划、日常经营和旅游接待等事务，基本形成国家公园管理体系[22]。近年云南省和国家政府机关发布一系列地方标准，并且国家公园的管理工作与地方法规建设也在积极推进中。如 2009 年发布《国家公园基本条件》，《国家公园资源调查与评价技术规程》，《国家公园总体规划技术规程》，《国家公园建设规范》[27-28]；在 2013 年 9 月 25 日云南省第十二届人民代表大会常务委员会第五次会议批准通过《云南省迪庆藏族自治州香格里拉普达措国家公园保护管理条例》[29]；2014 年发布并实施《国家公园管理评估规范》[30]；2016 年 1 月开始施行《云南省国家公园管理条例》[31]。

2.2 当地社区居民支持

普达措国家公园涉及建塘镇、洛吉乡、格咱乡一镇二乡。有红坡村委会、诺西村委会、九龙村委会、洛吉村委会、尼汝村委会、格咱村委会六个村委会。除九龙村为彝族外，其他村落均为藏族。红坡村的浪茸社位于国家公园内，其他村落分布在公园外围[19-20,22]。社区居民普遍对普达措国家公园持支持态度[32]。当地社区经济原本较为落后，在国家公园开发后，社区通过直接获得生态效益补偿、安置就业、改善基础设施等多方面的发展，社区居民收入增加，居住环境得以改善，生活水平明显提高[32-34]。村民的传统思想在经济发展影响下也逐渐发生转变，接待外来游客已不再羞涩和抵触，与人交往更加积极主动，并且他们希望参与旅游接待活动，以改善现有生活条件[34-35]。

2.3 决策注重科学，已开展多学科研究

良好的管理离不开科学研究的发展。一些保护机构、高校等已对普达措地区开展生态学、环境学、旅游管理学等多方面研究。已开展的研究内容主要包括：（1）国家公园发展对周边社区资源利用、传统生活方式的影响，以及当地社区参与公园管理、旅游发展的现状[22,32-37]；（2）在国家公园发展的背景下，如何保护国家公园内动植物多样性和多种生态系统、评价生态系统服务功能[26,36-38]；（3）旅游环境承载力、旅游产业生态化发展、游客管理，评价普达措国家公园管理现状，分析其中的不足并提出发展对策[19,25,27,39]。已有研究为普达措地区资源价值和旅游发展潜力进行了分析、评价，对于普达措国家公园发展定位具有重要的意义[22]。

2.4 国际环保组织的帮助支持

普达措国家公园建立及发展过程中得到了国际社会的持续关注与支持。如在推动普达措国家公园建立、对相关部门进行能力培训、编撰国家公园审核标准、管理办法等多个方面得到了美国大自然保护协

会（TNC）的合作与支持。普达措国家公园也在积极争取来自国际社会的技术和资金支持，以达到资源保护与发展的双重目的。

3 普达措国家公园生态系统管理基本步骤

普达措国家公园采取“国家所有、政府授权、特许经营、社会监督”的管理模式。因此在生态系统管理过程中，实施主体是多元的，包括政府、经营者、科学家、社区居民和社会公众等。政府通过制定政策、法律进行宏观调控保证生态系统管理地进行；经营者是生态系统管理的直接管理者；科学家通过自然科学与社会科学的数据收集、系统监测、综合研究来解决管理中的科学问题，为管理者提供决策信息与科技支撑；社会公众和社区居民的参与是管理的关键因素，应保障他们的权益，增加社区居民与社会公众参与的正面作用[40]。从国家公园管理的角度来看，对普达措国家公园实施生态系统管理的基本步骤包括以下四个方面（图 1）。

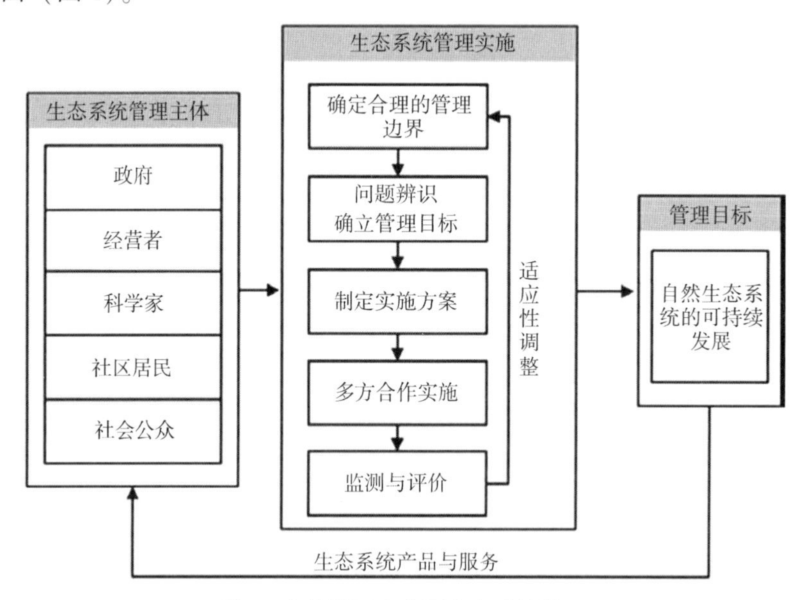

图 1　普达措国家公园生态系统管理

3.1 确定合理的管理边界

生态系统管理必须在一定的时间、空间范围内实施，因此必须确定管理对象的内容以及物理边界。有时生态系统边界跨越行政区，则需要多个行政单元进行合作。如美国黄石国家公园内的灰熊能越过边界迁移到大提顿国家公园内，因此成立大黄石协调委员会将黄石与周边地区进行协调管理[8,41]。普达措国家公园可按实际情况，将目前在国家公园外围但可能显著影响公园管理的红坡、尼汝等村寨以及村民的林地、牧场等纳入管理区，进行统一的规划与保护。合理的管理边界除了明确的物理边界外，需要同时考虑至少三个相邻层次（核心层、上一层和下一层）以及各层次的组分及其相互关系，在不同的尺度上全面认识、了解和分析研究对象[40]。

3.2 问题辨识及确立管理目标

在生态系统管理实施前需要对普达措国家公园进行全面的本底调查，对自然资源、社会经济、历史文化等方面进行分析，从中发现目前管理存在的问题，并将保持生态系统完整性、维持生态系统健康与服务的持续性和实现普达措国家公园可持续发展作为普达措国家公园生态系统管理的目标。

3.3 制定实施方案

经过对普达措国家公园现状分析和管理目标的设置，需要多元主体广泛参与，共同制定实施方案。

在制定方案的过程中，经营者需要各学科科学家调研论证、分析问题的基础上，广泛听取社区居民与社会公众的意见，拟定并且不断完善实施方案，确保方案的科学性与有效性。

3.4 多方合作实施

在经营者、管理者对方案组织实施后的过程中，仍然需要多个主体、多个管理部门的通力合作。政府部门应给予法律及资金支持、普达措国家公园管理局发挥沟通协调和监督功能；经营者需要按既定目标进行实施。管理者与经营者应妥善安置周边社区居民就业，并予以培训，提高其知识文化水平最终带动周边社区发展；对游客实行旅游管理，发挥国家公园的宣传、教育的功能，提升游客的环境保护意识，以保证普达措国家公园发展与生态系统保护并举。

3.5 监测与评价

在管理过程中需要管理者对方案实施效果、人类活动对生态系统的影响进行监测与评价，以便发现存在的问题并及时调整，不断完善方案以适应外部环境变化，进行适应性管理。

4 结语

人类在生态系统管理中发挥着主导作用，生态系统管理的实质就是在各方面管理人与自然的关系，协调二者矛盾，使人类社会与自然能够可持续发展。因此在管理过程中必须考虑人的作用，不断地平衡政府、经营者、社区居民等主体的相关利益[42-43]。国家公园的发展离不开当地社区居民的支持和参与，应改善目前社区被动参与的局面[22]，尊重社区居民对自然资源的基本消费利用，通过生态补偿、安排就业等措施大幅提高社区居民的生活水平，以保障社区发展。同时，国家公园应进一步加强宣传教育功能，通过宣传教育培养社区居民对国家公园的了解，增强其民族自豪感、杜绝居民偷伐木材、偷猎野生保护动物等现象，同时提高游客的环境保护意识。

生态系统管理具有不确定性。生态系统的动态性与复杂性，人类往往不能预知生态系统对突发事件或干扰的响应，可用于建立模型的生态学知识和原理也非常有限。数据质量、采集标准不统一，共享程度低也为降低生态系统管理的不确定性带来困难。因此，需要对普达措国家公园开展长期、连续的基础研究和监测，加强在气候变化、游客增多、环境压力增大的情况下对普达措国家公园内森林、湿地等各种生态系统的生物多样性、生态系统承载力、弹性、忍耐力与阈值的研究。

应尽快建立完整统一的国家公园生态系统管理体系。政府应尽快完善法律体系，宏观把握普达措国家公园的发展。在目前人类对生态系统物种及其相互作用认识有限的情况下，需要经营者谨慎行事。在实施管理过程中应充分听取各学科专家意见，为决策提供支持。对普达措实施生态系统管理过程中可借鉴国外国家公园在管理机构设置、管理内容、途径等多方面的成功经验。普达措国家公园所处地理位置特殊，具有独特的人文、历史环境，国外经验不能不加辨别地套用，应结合普达措现有状况，对已有的管理模式不断进行改良，以达到可持续发展的目的。

【参考文献】

[1] Agree J, Johnson D. Ecosystem management for parks and wilderness [M]. University of Washington Press, 1988, 6-12.
[2] 汪思龙，赵士洞. 生态系统途径——生态系统管理的一种新理念 [J]. 应用生态学报，2005，15 (12)：2364-2368.
[3] 于贵瑞. 生态系统管理学的概念框架及其生态学基础 [J]. 应用生态学报，2001，12 (5)：787-794.
[4] 赵士洞，汪业勖. 生态系统管理的基本问题 [J]. 生态学杂志，1997，16 (4)：35-38.
[5] 于贵瑞. 略论生态系统管理的科学问题与发展方向 [J]. 资源科学，2001，23 (6)：1-4.
[6] 于贵瑞，谢高地，于振良，等. 我国区域尺度生态系统管理中的几个重要生态学命题 [J]. 应用生态学报，2002，13 (7)：885-891.
[7] 赵云龙，唐海萍，陈海，等. 生态系统管理的内涵与应用 [J]. 地理与地理信息科学，2005，20 (6)：94-98.

[8] 田慧颖，陈利顶，吕一河，等. 生态系统管理的多目标体系和方法 [J]. 生态学杂志，2006，25 (9)：1147-1152.
[9] Grumbine R E. What is ecosystem management? [J]. Conservation biology，1994，8 (1)：27-38.
[10] 唐涛，渠晓东，蔡庆华，等. 河流生态系统管理研究——以香溪河为例 [J]. 长江流域资源与环境，2005，13 (6)：594-598.
[11] 林群，张守攻，江泽平. 国外森林生态系统管理模式的经验与启示 [J]. 世界林业研究，2008，21 (5)：1-6.
[12] 唐芳林，孙鸿雁，王梦君，等. 关于中国国家公园顶层设计有关问题的设想 [J]. 林业建设，2013，(6)：8-16.
[13] 唐芳林，孙鸿雁，张国学，等. 国家公园在云南省试点建设的再思考 [J]. 林业建设，2013，(1)：12-18.
[14] 唐芳林. 国家公园属性分析和建立国家公园体制的路径初探 [J]. 林业建设，2014，(3)：1-8.
[15] 唐芳林，王梦君. 国外经验对我国建立国家公园体制的启示 [J]. 环境保护，2015，14：017.
[16] 王梦君，唐芳林，孙鸿雁，等. 国家公园的设置条件研究 [J]. 林业建设，2014，(2)：1-6.
[17] 唐芳林. 国家公园试点效果对比分析——以普达措和轿子山为例 [J]. 西南林学院学报，2011，31 (1)：39-44.
[18] 唐芳林，张金池，杨宇明，等. 国家公园效果评价体系研究 [J]. 生态环境学报，2010，19 (12)：2993-2999.
[19] 田世政，杨桂华. 中国国家公园发展的路径选择：国际经验与案例研究 [J]. 中国软科，2012，(12)：6-14.
[20] 李经龙，张小林，郑淑婧. 中国国家公园的旅游发展 [J]. 地理与地理信息科学，2007，23 (2)：109-112.
[21] DB 53/T 298—2009，国家公园：基本条件 [S]. 云南：云南省技术质量监督局 2009.
[22] 白帆，赖庆奎. 普达措国家公园社区林业现状调查分析 [J]. 内蒙古林业调查设计，2011，(2)：82-84.
[23] 环绍军. 自然生态旅游产品的蓝海战略研究——以普达措国家公园为例 [J]. 特区经济，2012，(12)：172-174.
[24] 梁峰，卢明强. 草甸型生态景观栈道设计研究——以普达措国家公园为例 [J]. 边疆经济与文化，2013，(11)：25-27.
[25] 袁花. 云南普达措国家公园旅游产业生态化发展的可行性分析研究 [J]. 山西师范大学学报：自然科学版，2012，26 (1)：121-124.
[26] 曾风琴. 普达措国家公园高原湿地保护与利用 [J]. 科技信息（科学教研），2008，16：424.
[27] 华朝朗，郑进炬，杨东，等. 云南省国家公园试点建设与管理评估 [J]. 林业建设，2013，(4)：46-50.
[28] 中国质量新闻网，云南国家公园标准体系建设迈出新步伐 [EB/OL]. [2009-11-05]. http：// www. cqn. com. cn/news/zjpd/dfdt/283291. html.
[29] 香格里拉网，云南省迪庆藏族自治州香格里拉普达措国家公园保护管理条例 [EB/OL]. [2013-11-17]. http：//www. xgll. com. cn/pdcgjgy/jqgg/2013-11/17/content_ 110369. htm.
[30] 中国林业网，云南省《国家公园管理评估规范》批准发布 [EB/OL]. [2014-01-03]. http：// www. forestry. gov. cn/main/72/content-650971. html.
[31] 云南日报，《云南省国家公园管理条例》 [EB/ OL]. [2015-12-04]. http：//yn. yunnan. cn/ html/2015-12/04/content_ 4049453_ 2. html.
[32] 张一群，孙俊明，唐跃军，等. 普达措国家公园社区生态补偿调查研究 [J]. 林业经济问题，2012，32 (4)：301-307.
[33] 罗佳颖，薛熙明. 香格里拉普达措国家公园洛茸社区参与旅游发展状况调查 [J]. 西南林学院学报，2010，30 (2)：71-74.
[34] 周正明. 普达措国家公园社区参与问题研究 [J]. 经济研究导刊，2013，(15)：205-207.
[35] 闫忠奎，朱玉. 普达措国家森林公园对周边社区影响分析 [J]. 四川林勘设计，2014，(2)：46-50.
[36] 马国强，周杰珑，丁东，等. 国家公园生态旅游野生动植物资源评价指标体系初步研究 [J]. 林业调查规划，2011，36 (4)：109-114.
[37] 马国强，刘美斯，吴培福，等. 旅游干扰对鸟类多样性及聚焦距离的影响评价以普达措国家公园为例 [J]. 林业资源管理. 2012，2 (1)：108-114.
[38] 程希平，王妍方，巩合德，等. 基于社会需求的森林多功能分配模型研究 [J]. 西部林业科学，2014，43 (4)：112-116.
[39] 陈娟. 云南省香格里拉普达措国家公园生态旅游环境承载力研究 [J]. 林业经济，2014，3：112-117.
[40] 张慧，杨学民. 森林生态系统管理的主体与基本步骤 [J]. 江苏教育学院学报：自然科学版，2008，(3)：40-43.
[41] 吴承照，周思瑜，陶聪. 国家公园生态系统管理及其体制适应性研究——以美国黄石国家公园为例 [J]. 中国园林，2014，(8)：21-25.
[42] 袁吉有，欧阳志云，郑华，等. 中国典型脆弱生态区生态系统管理初步研究 [J]. 2011.
[43] 马尔特比 E. Maltby. 生态系统管理——科学与社会问题 [M]. 康乐，韩兴国，等译. 北京：科学出版社，2003. 3：5-61.

西藏羌塘藏羚羊、野牦牛国家公园游憩资源现状及评价*

西藏地处世界“第三极”，有“世界屋脊”的美誉，而羌塘位于“世界屋脊的屋脊”。羌塘藏羚羊、野牦牛国家公园（以下简称“羌塘国家公园”）位于西藏西北部，昆仑山、可可西里山以南，唐古拉山以西，S301省道以北，喀啦昆仑山脉以东，总面积为29.8万km^2，是我国首个以保护藏羚羊、野牦牛等珍稀物种为主并以之命名的国家公园，其规模在国内是最大的，在世界上仅次于格陵兰国家公园。

羌塘国家公园内大部分地域海拔在5000m左右，地势波状起伏，山势低矮浑圆，开阔坦荡。整个羌塘地貌受大地寒冻风化和冰缘融冰的作用十分强烈，众多的低山丘陵纵横交织，与盆地和宽谷交错分布。据统计羌塘国家公园内主要的内陆湖泊约400多个，海拔6000m以上的雪山15座，现代冰川7座，沼泽湿地960余块。广袤的草原，浩瀚的星空，神秘的雪山，原生的荒漠、草甸，随处可见的藏羚羊、藏野驴、野牦牛，以及古老而神秘的草原游牧文化，共同构成了独特而丰富的游憩资源。

1 游憩资源概况

羌塘四周被海拔5000~7000m的昆仑山脉、喀喇昆仑山脉、冈底斯-念青唐古拉山脉所环绕。冰川是羌塘国家公园的一大特色。据统计，羌塘国家公园内冰川面积达1700km^2以上。羌塘是我国湖泊面积最大、最集中的地区之一，也是世界上湖面最高、范围最大、数量最多的高原湖区。据统计，羌塘国家公园内1km^2以上的湖泊共有497个，湖泊总面积为21396km^2，占西藏湖泊面积的88.5%，占我国湖泊总面积的1/4以上，是我国也是世界上湖泊面积最大、最集中的地区。羌塘国家公园内地热资源较丰富，在这冰天雪地的地区形成云蒸雾罩、气象万千的壮观温泉活动景象，其数量多达100余处。

2 游憩资源统计与分类

羌塘国家公园内的主要游憩资源可划分为天景、地景、水景、生景、风物、胜迹、建筑7大类别。其中较为典型的游憩资源共有433个，详见下表。

表1 西藏羌塘藏羚羊、野牦牛国家公园游憩资源分类统计表

大	中	小类	资源单体名称
自然游憩资源	1. 天景	日月星光	羌塘星空、日出日落
		虹霞蜃景	高原彩虹、朝霞晚霞、海市蜃楼
		风雨阴晴	羌塘风雨
		气候景象	四季景观、垂直立体气候
		云雾景观	野旷天低、云卷云舒、白驹苍狗
		冰雪霜露	冰雪霜露

* 史建，蔡芳，张法强．西藏羌塘藏羚羊、野牦牛国家公园游憩资源现状及评价［J］．林业建设，2016，（3）：59-62.

（续）

大	中	小类	资源单体名称
自然游憩资源	2. 地景	大尺度山地	羌塘高原、昆仑山、唐古拉山
		山景 奇峰	欠甲纳博山、桑孜则扎俄山、木噶岗日、西亚尔山等21座山脉；阿木岗日、那底岗日、玛依岗日、岗日伯鲁、木孜塔塔峰、塔查普山、弗也、美日切岗根等9座海拔6000m以上的雪山
		峡谷 沙景	扎加藏布大峡谷、江爱藏布峡谷、夏夏藏布峡谷等6条河流型峡谷；察布沙漠、洞鄂沙漠、界山沙漠、茶足沙漠等8处荒漠
		洲岛屿礁	多尔索洞措东岸半岛、雅根错西岸半岛、鄂雅错琼小岛等
		地质珍迹	盆地、沟谷、断裂带、褶皱岩层、喀斯特地貌，5种典型地质地貌
	3. 水景	泉井	荣玛温泉、多玛温泉
		江河湖泊	扎加藏布、江爱藏布、阿克赛钦河、夏夏藏布、卓布格拉布等9条河流多尔索洞措、美日切措玛日、雅根错、其香措等45个高原湖泊
		沼泽滩涂	草本沼泽、灌丛沼泽、森林沼泽、内陆盐沼、季节性咸水沼泽、地热湿地、淡水泉/绿洲湿地
		冰雪冰川	普若岗日冰川、藏色岗日冰川、角果若冰川、干果冰川以及昆仑山中段冰川群
	4. 生景	草地草原	羌塘大草原
		珍稀生物	三蕊草、红花绿绒蒿；藏羚、西藏野驴、野牦牛、雪豹、金雕、玉带海雕、等珍稀保护物种
		植物生态类群	紫花针茅、青藏苔草、沙生针茅、高山嵩草、羊茅等8大群系
		动物群栖息地	兽类种群栖息地、鸟类种群栖息地、爬行类种群栖息地、鱼类栖息地
人文旅游资源	1. 风物	民族民俗	藏族的婚嫁习俗、丧葬习俗、食俗、待客习俗、禁忌
		节假庆典	藏历新年、酥油花灯节、萨嘎达娃节、雪顿节、沐浴节、赛马会、插屋顶旗、林卡节等
		服饰工艺	藏族服饰；藏刀、藏饰、藏香、面具、邦典、卡垫、藏族造纸技艺等
		民间文艺	锅庄舞、热巴舞、弦子舞、藏戏、藏族民歌、唐卡等
		民族语言文字	藏族语言和文字
		神话传说	藏族史诗《格萨尔》以及其他藏族神话传说
		宗教礼仪	藏传佛教；藏族传统礼节（待客接物、节日礼俗、婚丧嫁娶礼俗等）
	2. 胜迹	地方特产	酥油花、风干肉、糌粑、青稞酒、酥油茶、藏药等
		遗址遗迹	加林山岩画、门突尔古墓葬群、巴毛琼宗
		纪念地	先遣遗址
	3. 建筑	民居宗祠	藏北民居
		纪念建筑	先遣连遗址纪念碑

3 游憩资源空间架构

羌塘国家公园以其丰富的游憩资源为依托，又可凭借周边纳木错、色林措、念青唐古拉山、冈底斯山、班公措等优质游憩资源。由于羌塘范围较大，这些游憩资源的空间分布、资源禀赋也都存在一定差异。羌塘国家公园南部以人文资源为主并伴有规模较大的野生动植物栖息地分布。北部以自然资源为主，并且在昆仑山南麓呈东西走向分布有大范围的藏羚羊产仔地。根据游憩资源的空间分布和对旅游开发的潜力，把游憩资源分为可开发游憩资源、可借游憩资源和辐射旅游资源。可开发旅游资源大多位于公园的游憩展示区，有较好的资源特色和展示条件，是生态旅游重点开发的游憩资源；位于公园周边的可借游憩资源，与国家公园内旅游资源具有一体化属性，可与国家公园游憩展示区内旅游资源一起展示、协调考虑；位于国家公园外围一定范围内的可辐射游憩资源，同国家公园内及周边的资源共同打造国家公园的旅游品牌，提高区域旅游综合竞争力，形成生态旅游资源之间的良性互动[2]。

4 游憩资源价值评价

4.1 游憩资源价值定量评价

根据《旅游资源调查、分类与评价（GB/T18972-2003）》标准，公园内游憩资源的类型囊括了国家标准8个主类，24个亚类，占国家标准全部155个基本类型的42.6%。据统计，羌塘国家公园内游憩资源单体数量总计433个，其中可作为生态展示的游憩资源有248个。通过对这248个主要游憩资源单体进行评价，结果显示，五级（特品级）游憩资源37处，四级（优良）游憩资源96处，三级（优良）游憩资源115处，二级（普通级）游憩资源12处。公园内的游憩资源以自然资源为主，人文资源为辅，两者密切联系、相辅相成。

4.2 游憩资源价值定性评价

4.2.1 游憩资源类多量大

羌塘国家公园内游憩资源单体总量433个，其中248个可对社会做生态展示。从游憩资源类型来看，自然景观资源多达180个，占游憩资源总数的72.6%。自然游憩资源在所有游憩资源中占绝对优势，且自然游憩资源的空间组合呈现出既广泛分布又相对集中的叠合分布特征。

4.2.2 自然资源品质较高

通过对羌塘国家公园248个主要游憩资源单体进行评价，结果显示，五级（特品级）游憩资源37处，四级（优良）游憩资源96处，三级（优良）游憩资源115处，二级（普通级）游憩资源12处。37处特品级游憩资源（五级）主要包括：羌塘高原、昆仑山、唐古拉山3处大尺度山地；普若岗日冰川、藏色岗日冰川、角果若冰川、干果冰川以及昆仑山中段冰川群5座现代冰川；扎加藏布、江爱藏布2条江河；多尔索洞错1个高原湖泊；藏羚、西藏野驴、野牦牛、北山羊、雪豹、金雕、玉带海雕、胡兀鹫、黑颈鹤9种国家Ⅰ级保护动物。

4.2.3 人文资源独特而悠久

西藏是我国藏民族主要聚居地，是我国游牧文化的主要发源地之一。神秘的羌塘孕育了古老的象雄文明，加林山岩画被认为是西藏岩画中年代最早的一类岩画。门突尔墓葬群、巴毛琼宗墓葬群以及双湖境内发现的多处石器时代遗迹，都展示着这片神秘土地上的文明遗存。古老的史诗《格萨尔》诉说着古老的藏族文明，传承着这片高原早期的历史。藏族的婚丧嫁娶、日常习俗、节庆礼俗以及传统手工工艺都极具特色，赛马会、雪顿节、藏族服饰、藏式邦典、藏医药、藏族造纸技艺、藏族矿植物颜料制作技艺、热贡艺术、锅庄舞、藏戏、藏族民歌、唐卡等都被列入国家非物质文化遗产名录。神秘的藏传佛教也是西藏独特的文化现象，转山、转湖以及各种礼佛仪式，吸引着广大游客，成为了西藏重要的旅游资源。

4.2.4 景观资源自然度高

羌塘是全球第二大自然保护区，大部分的区域是无人区，景观资源保存完整，几乎没有人为的干扰和破坏，被誉为野生动物的乐园。在羌塘，山脉、河流、湖泊、冰川、峡谷、草原、荒漠等地质地貌都维持着最原始的状态。数万年来它们只是在地质构造和地表作用力下变化缓慢。由于高海拔和寒冷缺氧的环境，极不适宜人类生存。也正因如此，羌塘的原始面貌得以保存。羌塘是世界上海拔最高的有蹄类野生动物聚集地[1]。藏羚羊、藏野驴和藏原羚在草原上随处可见，成群结队；野牦牛和雪豹多见于山上，各自都有自己的活动领地。正是这些原始的荒原之地，不仅保存了完整的自然景观，更吸引了大批的游客到此探险、猎奇。

4.3 游憩价值综合评价

羌塘高原是全球荒漠生态系统中最典型的代表，是西藏国家生态安全屏障的重要组成部分，在保障国家淡水资源安全、维护气候稳定、保护高原生物多样性方面具有重大意义。因其生态系统及动物植的特有性和生态脆弱性而具有极其重要的保护价值。同时，由于羌塘国家公园内独特的野生动植物区系、庞大的种群而具有极高的研究价值。在全球气候变暖的大背景下，羌塘作为全球气候变暖的指示器而对研究全球气候变暖有重大意义。

综上所述，西藏羌塘藏羚羊、野牦牛国家公园不仅有着全球一流的动植物、自然景观资源，还有大量传统而古老的人文资源。这些游憩资源极具高原特色，且相互补充，共同构成了羌塘国家公园完整的游憩展示系统。

【参考文献】

[1] 乌兰图雅. 发展西藏生态旅游业，促进生物多样性保护. 西藏生物多样性保护与管理国际研讨会资料汇编［G］. 北京：中国林业出版社，1998.

[2] 安玉琴，徐爱燕，刘静静. 西藏文化旅游资源开发现状探析［J］. 西藏大学学报（社会科学版），2009，(4)：26-31.

建立红河国家公园，构建绿色红河生态屏障*

国家公园是一种保护地类型，是生态文明和美丽中国建设的重要载体。本文梳理了国家公园的建立背景，结合红河州的资源情况及保护管理现状，提出了整合红河沿岸各类保护地建立“红河国家公园”的思路，并从生态文明建设、保护管理成效、促进绿色发展等角度论述了建立红河国家公园的必要性及意义，认为建立红河国家公园是深入贯彻落实生态文明建设的重要举措，也是提升红河保护管理成效的必由之路，有利于优化该区域的国土空间格局，增强红河州国际影响力和知名度，对构建绿色红河生态屏障、实现红河生态经济带绿色发展具有重要意义。

1 引 言

国家公园是一种重要的保护地类型，具有保护、科研、教育、游憩和社区发展等功能。云南省自上个世纪九十年代开始了国家公园的探索与实践，截止目前在全省建立了13个国家公园，其中红河州的大围山国家公园批准建立于2011年。2013年11月，党的十八届三中全会提出了“建立国家公园体制”，关于国家公园的探索与实践在全国如火如荼的展开。本文结合红河州的资源情况及保护管理现状，提出了建立“红河国家公园”的思路，对其建立的必要性和重要意义进行论述，以构建更为牢固的红河绿色生态屏障。

2 国家公园建立背景

国家公园的概念起源于美国，目前已为世界大部分国家和地区所采用。由于较好地处理了自然生态保护与资源持续利用之间的关系，国家公园被看作是现代文明的产物，也是国家进步的象征。根据世界自然保护联盟（简称IUCN）对自然保护地的分类和定义，国家公园为第Ⅱ类自然保护地，是指大面积的自然或接近自然的区域，设立的目的是保护大尺度的生态过程，以及相关的物种和生态系统特性。这类自然保护地为人类提供了环境和文化兼容的精神享受、科研、教育、娱乐和参观的机会，其首要目标是保护自然生物多样性及作为其基础的生态结构和它们所支撑的生态过程，推动环境教育和游憩。

我国自1956年建立第一个自然保护区以来，目前已建立了以自然保护区为主体，以及森林公园、湿地公园、地质公园、风景名胜区、海洋公园等多种类型的自然保护地。这些保护地的建立是适应我国当时社会发展阶段和历史背景的结果，在保护我国生物多样性和生态系统方面发挥了不可磨灭的重要作用，有效保护了我国最重要、最精华的自然景观、生态系统、物种和遗传基因资源，是投入产出比最高、最有效的生态保护方式。

为完善我国保护地体系，探索建立既与国际接轨又符合我国国情的保护地模式，云南省从1996年就开始了基于国家公园建设的新型保护地模式的探索、研究和实践，2006年建立了我国大陆第一个国家公园——普达措国家公园。2008年6月，国家林业局批准云南省为国家公园建设试点省，以具备条件的自然保护区为依托开展国家公园建设工作，探索具有中国特色的国家公园建设和发展思路。截至2016年5月，云南省依托自然保护区建立了13个国家公园，探索形成了一套较为成熟的国家公园建立模式，为我

---

* 唐芳林，李玥，王梦君. 建立红河国家公园，构建绿色红河生态屏障［C］. //云南省科协. 云南省科协第六届学术年会暨红河流域发展论坛论文集. 2016：1-5.

国开展国家公园建设积累了宝贵经验。

2013 年 11 月，党的十八届三中全会通过的《中共中央关于全面深化改革若干重大问题的决定》在“第 14 部分关于生态文明建设”中首次明确提出“建立国家公园体制。”2015 年 3 月 24 日，《中共中央国务院关于加快推进生态文明建设的意见》中提出：“建立国家公园体制，实行分级、统一管理，保护自然生态和自然文化遗产原真性、完整性。”2015 年 9 月 11 日，《生态文明体制改革总体方案》中对“建立国家公园体制”做出了更加详细的要求。2016 年 1 月 26 日，在中央财经领导小组第十二次会议上，习近平总书记听取国家林业局关于森林生态安全问题汇报后，特别强调“要着力建设国家公园，保护自然生态系统的原真性和完整性，给子孙后代留下一些自然遗产。要整合设立国家公园，更好保护珍稀濒危动物。”

我国对国家公园的认识层层递进，不断深入，而且建立国家公园要进一步加强自然生态系统、珍稀濒危物种保护的方向已经较为明确。建立国家公园体制，是我国加强自然资源保护、提供国家生态安全保障、推动保护地功能重组、构建保护生物多样性的长效机制、促进人与自然和谐发展的重要改革措施，是建立国土空间开发保护制度的重要内容，是生态文明制度建设的创新和亮点。

按照云南省的国家公园规划布局，红河已经建立了大围山国家公园，但还没有把红河州的顶级景观资源纳入其中，国内和国际知名度还不够高，其保护、建设和管理水平还有待提高。本着生态文明建设理念，把国家公园作为重要的绿色基础设施来建设，在大围山国家公园基础上扩界更名，按全域来考虑，将红河州最具有代表性的生态和景观资源纳入，建立红河国家公园，将能够建设与国家同步、与国际接轨的一流国家公园，将极大地提高红河州和云南省的形象。

3 红河州生物多样性及保护管理概况

红河哈尼族彝族自治州地处我国西南边陲，北靠昆明，南接越南，红河、珠江两大水系穿越境内，境内山水秀丽，河流众多，植被丰富，被誉为“天然动植物王国”“滇南生物基因库”，是云南省重点林区之一，是滇南生态安全屏障建设的重要组成部分。境内的哈尼梯田堪称人与自然和谐相处的典范，是首个以农耕文明为特色列入联合国教科文组织世界遗产名录的世界遗产，也是第一个以民族名称命名的世界文化遗产，还入选了 2013 年中央电视台“美丽中国·湿地行”大型公益活动评选的“中国十大魅力湿地”。

3.1 红河州生物多样性

红河州地处热带到亚热带过渡气候地带，地形起伏变化很大，既有海拔三千多米的高山，也有几十米的河谷，具有明显的立体气候特征，适合各种动植物生存，生物多样性丰富，且具有明显的异质性。红河沿岸低海拔地区分布有以东京龙脑香、望天树、千果榄仁为代表树种的沟谷热带雨林；有以糖胶树、合果木、滇木花生等为代表的山地雨林；有构成种类繁多的季节性雨林、季风常绿阔叶林、中山湿性常绿阔叶林、山地苔藓常绿阔叶林等。良好的气候和森林环境为生物多样性提供了优越的条件。据调查，全州共有种子植物 229 科 5667 种，野生动物 938 种。其中哺乳动物 138 种，占云南省总数的 45%；鸟类 506 种，占云南省总数的 62%；两栖爬行类 175 种，占云南省总数的 67%；鱼类 119 种，占云南省总数的 31%；国家和省级保护动物 91 种。

同时，红河州保存有许多第三纪古热带区系成分和云南特有植物种类。如大围山、分水岭国家级自然保护区内残存有以云南龙脑香、毛叶坡垒为代表的热带湿润雨林，有保存完整的热带山地植被类型的垂直分布系列。其中热带雨林和亚热带常绿阔叶林是主要的类型，在常绿阔叶林中，最常见的为木兰科、壳斗科、樟科、茶科及金缕梅科植物组成的群落，类型极其丰富。如壳斗科，云南省有 7 属 150 种，红河州境内就有 5 属 124 种，；樟科全省有 18 属 191 种，红河州境内有 16 属 141 种；茶科全省有 9 属 120 种，红河州境内有9属82种；金缕梅科全省有11属33种，红河州境内有9属13种；木兰科有10属34种，与全省相比，种类多在一半以上。还有大量单种或寡种属植物存在，如马蹄参属、喙核桃属、马尾树属、拟单性木兰属等古老的孑遗类群，还有铁属、三尖杉属、福建柏属、等裸子植物中的古老类群分布于季节性雨林、山地雨林中。红河州是云南生物种质基因库的重要组成部分和生物多样性分布中心之一，也是全国动植物种类最富集的地区之一。

3.2 红河州实施的保护工程及保护地概况

近年来，红河州以生态文明建设为主题，大力实施“生态立州”的发展战略，坚持“既要金山银山，又要绿水青山”的理念，把生态文明建设作为改善红河生态环境、加快脱贫致富奔小康、实现可持续发展的战略任务。先后启动实施了天然林资源保护、退耕还林工程、野生动植物资源保护及自然保护区建设工程等一系列林业重点工程，目前拥有林地面积2892万亩，占国土总面积59.7%；2015年，全州森林覆盖率达48%，为建设生态红河、美丽红河和构建滇南生态安全屏障发挥了巨大作用。

目前，红河州初步形成了以自然保护区、湿地公园、森林公园为主体的保护地网络。拥有6个自然保护区，总面积达272万亩，占全州国土面积的5%，占全州林业用地面积的9.4%；国家湿地公园3个，森林公园3个。各类型保护地的保护对象涵盖了物种、栖息地、森林生态系统、湿地生态系统等，自然资源、自然环境得到了有效保护，成为了红河州珍稀野生动植物的基因库、庇护所和人与自然和谐共处的家园，成为了森林资源最富集、森林景观最好的绿色生态安全屏障。

4 建立红河国家公园的必要性及重要意义

4.1 深入贯彻落实生态文明建设的重要举措

2012年11月，党的十八大将生态文明建设纳入中国特色社会主义事业“五位一体”总体布局，大力推进生态文明和美丽中国建设。将生态文明建设作为基本国策，是中国共产党的一个伟大创举，也是对人类文明的一大贡献。中央在生态文明建设的框架下提出建立国家公园体制，并在生态文明建设、生态文明体制改革等重要文件中明确指出关于建立国家公园体制的要求，说明国家公园建设是生态文明建设的组成部分。国家公园作为美丽中国的核心体现，具有全民公益性，是国家、民族自豪感的重要物质载体。以红河州境内的红河为主线，串联分布于两岸的大围山、分水岭、黄连山3个国家级自然保护区，观音山、阿姆山2个省级自然保护区，红河哈尼梯田国家湿地公园等保护地建立红河国家公园，是深入贯彻落实生态文明建设的重要举措，有利于构筑更加牢固的绿色生态屏障，提高公众的生态保护意识，最终实现人与自然的和谐发展。

4.2 是提升红河保护管理成效的必由之路

目前，红河沿岸分布有自然保护区、湿地公园、森林公园、世界文化遗产等保护地，这些保护地在地理空间上不相连，呈现出破碎化的分布特点。而且，这些保护地由不同的机构进行管理，存在管理分散、规则不一等体制性问题，完整生态系统的破碎化管理使得该区域的有效保护和管理遇到较大阻力。保护地以自然保护区为主体，受保护理念、保护模式、管理体制等束缚，已难以适应生态、经济、社会可持续发展的需要。因此，通过建立红河国家公园，按照山系、流域等合理界定红河国家公园范围，整合各类保护地，构建统一的管理机构，完善自然资源管理制度，有利于推进生态系统的完整保护和整体修复，是提升保护管理成效的必由之路。

4.3 是优化红河州国土空间格局的关键手段

国土是生态文明建设的空间载体，要按照人口资源环境相均衡、经济社会生态效益相统一的原则，统筹人口分布、经济布局、国土利用、生态环境保护，科学布局生产空间、生活空间、生态空间。红河沿岸不仅分布有自然保护价值高的资源，而且是当地人民聚居，生产生活较为集中的区域。因此，通过建立红河国家公园，优化国土空间的主体功能布局，为以主体功能区规划为基础统筹各类空间性规划奠定基础，对自然保护价值高的重要国土空间实行高效的保护管理，对山水林田湖进行统一规划、统一保护、统一修复，优化经济、社会、人口和生态环境资源的配置。

4.4 是增强红河州国际影响力的可行路径

红河沿岸的民族风情浓郁，形成了风格各异的10余个世居少数民族文化，分布有世界文化遗产的哈尼梯田，有与苏伊士运河齐名、被英国泰晤士报称为上个世纪初世界三大人工工程之一的滇越铁路。民族文化、儒家文化、近代工商文化、饮食文化、越南风情、农业文化在红河交相辉映。红河亟需进一步有力宣传与发展，让更多公众了解红河，走进红河。因此，整合优良的生态资源、景观资源和文化资源，建立红河国家公园，通过服务设施的完善以及系统的宣传，充分彰显独具特色的红河生态文化、民族文化及历史文化，向人们展示生态保护的成果、民族传统文化、社会发展变迁、人类生产生活与大自然和谐相融的局面，形成红河的核心竞争力，从而增强红河州的国际影响力和知名度。

4.5 是实现红河生态经济带绿色发展的生态保障

国家公园的首要目标是保护，同时在保护的前提下兼顾资源的展示，按照绿色发展的理念，通过科学分区管理和合理利用，对资源实行非损伤性利用，不仅可以避免资源的无序利用和过度消耗，而且有利于实现重要资源的有效保护和区域经济的持续发展。因此，围绕红河沿岸的生态、经济和社会发展，整体构建一条红河生态经济带是发展的必然，而其中红河国家公园是这条生态经济带的生态主体和重要体现，也是其绿色发展的重要生态保障。未来的红河国家公园不仅为人们提供清新空气、清洁水源、宜人气候、美丽景观等生态产品，而且可通过发展生态旅游带动周边社区的地方发展，加快该区域以绿色产业主体的产业发展，从而带动实现红河生态经济带的绿色发展。

5 红河国家公园的初步思路

红河国家公园拟主要依托红河两岸的大围山、分水岭、黄连山、观音山、阿姆山等自然保护区，以及红河哈尼梯田国家湿地公园等保护地，需在综合考虑山系、水系、完整生态系统等情况的基础上，合理界定国家公园的范围及分区。红河国家公园可考虑由大围山园区、哈尼梯田-观音山园区、阿姆山-黄连山园区三个园区组成。根据国家公园的资源特征，对国家公园实行分区控制管理。针对不同的保护区域，制定不同的管理目标、管理规划和管理政策，并设计不同的保护方案和可利用区域的展示和发展方案。

红河国家公园将重点围绕该区域的古老植物、完整的植被垂直带谱、浩瀚的森林、特有动物、丰富的生物多样性等资源，深入发掘具有本土特色的擎天树、苏铁、秋海棠、蜂猴等代表物种及自然生态系统，加强完整保护，为珍稀濒危动植物提供更好的生存繁衍家园。要牢固树立创新、协调、绿色、开放、共享的发展理念，以及尊重自然、顺应自然、保护自然的生态文明理念，优化整合现有的保护地体系，建立统一、规范、高效的红河国家公园管理体制，强化科技支撑，提高保护管理成效。在坚持保护第一的前提下，鼓励社会参与，让当地居民享受到保护自然、保护生态带来的福祉，为公众提供生态体验和生态教育的机会，最终实现重要自然资源的完整保护和世代传承。将红河国家公园建设成为世界著名的天然生物基因库、知名的自然文化景观展示体验区、少数民族地区生态保护示范区。

6 结论及建议

在生态文明建设的背景下，中国的国家公园被赋予了丰富的内涵，是国家最珍贵的自然瑰宝，是自然保护地体系中的精华，是自然保护的指针和风向标。红河州的自然景观类型、生物多样性丰富，具有资源的典型性和代表性。红河沿岸的保护地在地理空间分布和管理上存在破碎化的问题，不利于整体的保护与发展。因此，贯彻落实中央关于生态文明建设和建立国家公园体制的精神，整合红河沿岸的自然保护区、湿地公园、森林公园、世界文化遗产等各类保护地，建立红河国家公园，有利于提升整体的保护管理成效，优化该区域的国土空间格局，而且将会产生更大的国际影响力和知名度，为红河生态经济带的构建提供生态保障，推动该区域的产业转型和绿色发展。建议红河州依据国家和云南省的相关政策，尽快启动红河国家公园的研究、调查、规划及建设工作，与国家建立国家公园体制的方向接轨，力争步入国家层面的国家公园之列，使红河国家公园成为我国边疆地区一颗璀璨的国家公园明珠，为美丽红河、美丽云南、美丽中国的生态建设做出应有的贡献。

【参考文献】

唐芳林，2015. 国家公园定义探讨［M］. 林业建设. 5：19-24.

唐芳林，2015. 建立国家公园的实质是完善自然保护体制［J］. 林业与生态. 10：13-15.

唐芳林，2015. 生态文明建设认识上的误区［M］. 光明日报. 07 月 31 日 11 版.

王梦君，唐芳林，孙鸿雁，2016. 国家公园范围划定探讨［J］. 林业建设. 2：21-25.

张希武，唐芳林，2014. 中国国家公园的探索与实践［M］. 中国林业出版社：42-53.

西藏开展国家公园体制试点建设意义浅谈*

国家公园是保护地的重要类型，建立国家公园体制，是我国加强自然生态系统保护的重要改革措施，是生态文明制度建设的创新和亮点。西藏作为我国战略全局极其重要的区域，开展国家公园体制试点建设是非常必要的。

1 试点建设的背景

1.1 我国建立国家公园背景

“国家公园”（National Park）是保护地的重要类型，其概念源自美国，通行于世界上绝大多数国家，已经有140多年的历史，后为世界大部分国家和地区所采用。目前世界各地共建立了约5200余处国家公园。世界自然保护联盟（IUCN）2013将国家公园定义为“是指大面积的自然或接近自然的区域，重点是保护大面积完整的自然生态系统。设立目的是保护大规模的生态过程，以及相关的物种和生态系统特性。为公众提供了理解环境友好型和文化兼容型社区的机会，例如精神享受、科研、教育、娱乐和参观。”

我国自1956年建立第一个自然保护区以来，目前已建立了以自然保护区为主体，森林公园、湿地公园、地质公园、风景名胜区、海洋公园等多种保护地类型为辅的较为完善的保护地体系。而此自然保护体系中长期缺失了国家公园这个重要的保护地类型。我国60多年来的自然保护事业取得了显著成效，保留了难得的自然精华，保护了重要的生态系统和生物多样性，为建立国家公园提供了资源基础。2006年我国就开始了国家公园的理论研究和实践探索，借鉴和总结了世界各国的经验，对国家公园的内涵和本质进行了界定。国家公园定义为“是由政府划定和管理的保护区，以保护具有国家或国际重要意义的自然资源和人文资源及其景观为目的，兼有科研、教育、游憩和社区发展等功能，是实现资源有效保护和合理利用的特定区域。”这一定义既符合IUCN提出的国家公园的管理目标，又充分概括了具有中国特色的国家公园应当发挥的多样化的功能。鉴于国家公园的基本特征是大面积的完整自然生态系统，建设的目的就意味着首要目标是保护自然生物多样性及其构成的生态结构和生态过程，保护典型自然生态系统的完整性、原真性为目的。

由于国家公园较好地处理了自然生态保护与资源持续利用之间的关系，被看作是现代文明的产物，也是国家进步的象征。党的十八大报告将生态文明建设提高到新的战略层面和前所未有的高度，为充分解决保护和发展的矛盾问题，建立一种既能有效保护又合理利用的保护地类型——国家公园，完善我国保护地体系是非常必要的。

2013年党的十八届三中全会《中共中央关于全面深化改革若干重大问题的决定》中首次明确提出“建立国家公园体制”以来，2015年中央在《生态文明体制改革总体方案》《中共中央关于制定国民经济和社会发展第十三个五年规划的建议》等文件中对建立国家公园提出了具体要求，国家发改委会同十三部委印发了《建立国家公园体制试点方案》。在2016年1月26日召开的中央财经领导小组第十二次会议上，习近平总书记听取国家林业局关于森林生态安全问题汇报后，在讲话中强调“要着力建设国家公园，保护自然生态系统的原真性和完整性，给子孙后代留下一些自然遗产。要整合设立国家公园，更好保护珍稀濒危动物。”建立国家公园体制，是我国加强自然生态系统保护的重要改革措施，是生态文明制度建

* 蔡芳. 西藏开展国家公园体制试点建设意义浅谈［J］. 林业建设，2017，(4)：5-10.

设的创新和亮点。从党中央层面对我国建立国家公园体制给予了高度的重视。

1.2 我国目前国家公园体制试点情况

自1996年起，云南省林业部门开始国家公园建设的探索，2006年建立香格里拉普达措国家公园，这是我国大陆建立的第一个国家公园。2008年，国家林业局将云南省作为国家公园建设试点省，以具备条件的自然保护区为依托，开展国家公园建设试点工作，现已建立了13个国家公园。云南的国家公园试点经验可概括为：通过借鉴美国等国家的经验，明确了国家公园以保护自然生态系统为主的功能定位；根据国家公园保护和管理的自然资源主要是森林、湿地和野生动植物的实际情况，明确了国家公园的主管部门；省政府成立了国家公园专家委员会，形成了科学决策咨询机制；组织编制了全省国家公园发展规划纲要，科学指导国家公园建设；发布了8项地方推荐性标准，确保国家公园建设试点规范有序推进；制定并通过了《云南省国家公园管理条例》（2016年起实施），以规范国家公园的规划和建设，明确职责，规范和引导国家公园保护与可持续发展，为全国开展国家公园建设提供了丰富经验，具有较强的操作性和可借鉴性。

2015年1月，国家发改委会同中央编办、财政部、国土资源部、环境保护部、住房城乡建设部、水利部、农业部、林业局、旅游局、文物局、海洋局、法制办等部门和单位，向北京市、吉林省、黑龙江省、浙江省、福建省、湖北省、湖南省、云南省、青海省9个省（直辖市）人民政府印发了《建立国家公园体制试点方案》。

截止2017年6月，我国有9个国家公园体制试点正在进行，其中包括三江源、东北虎豹、大熊猫、神农架、武夷山、钱江源、湖南南山、北京长城以及香格里拉普达措。三江源、东北虎豹、大熊猫3个国家公园体制试点方案由中办、国办印发，其他6个国家公园体制试点实施方案由国家发改委印发。

1.3 我国开展国家公园体制试点的重要意义

在《建立国家公园体制试点方案》中明确了国家公园试点建设要牢固树立尊重自然、顺应自然、保护自然的生态文明理念，构建科学、可持续的管理体系，更加有效保护自然生态系统，在不干扰自然生态和文化自然遗产原真性、完整性的前提下，科学评估、适度利用，探索国家公园保护、建设、管理的有效模式，为建立统一规范的中国特色国家公园体制提供经验。

我国开展国家公园体制试点的重要意义在于：突出生态保护、统一规范管理、明晰资源权属、创新经营管理和促进社区发展。

一是强调了要最大限度服务于保护。在国家公园体制试点中一切建设及经营活动都必须最大限度地服从于保护国家公园资源的原始性、自然性、完整性、丰富性及特异性的首要目标。

二是加速统一管理，提出了“国家公园治理”的命题。在国家公园体制试点中要结合实际，对现有各类保护地的管理体制机制进行整合，明确管理机构，解决管理责权不明晰等问题，探索公共资源统一高效管理模式的新途径，消除由于分块管理造成的政策法规之间的矛盾或利益冲突。

三是资源权属明晰，保运营顺畅。在国家公园体制试点中探索将试点区内全民所有的自然资源资产委托由已经明确的管理机构负责保护和运营管理，将是对我国公共自然资源管理体制的创新；同时通过建立公共资源的所有权归全民所有、管理权委托相关部门统一规范管理、经营权通过特许经营等方式进行公开招标三大基本路径，规范所有者、管理者及经营者职责，以此形成资源监管体制，合理分割并保护所有权、管理权、特许经营权等。

四是建立有效手段，创新经营管理。在国家公园体制试点中，作为生态系统管理单元，国家公园不仅具有自然生态功能，同时具有调节服务、供给服务、支持服务及文化服务等多种功能。试点建设的重要性在于为保障其生态系统服务更好地发挥作用，在符合环境容量测算的前提下，应依据资源的重要性、敏感性与适宜性，合理安排游憩、科研教育等相关活动，同时配备一系列运营管理政策，探索管理权和经营权分立，经营项目要实施特许经营，建立多渠道、多形式的资金投入机制。

五是推动社区发展，建立可持续发展的保障机制。国家公园体制试点区是一个复杂的“自然—社会生态系统”，存在着原生资源如何有效保护及合理利用、社区如何科学规划并实现共建等问题，试点建设的重要性必须妥善处理好试点区与当地居民生产生活的关系，在综合分析试点区土地利用的基础上，构建长效的社区发展机制，采取生态补偿、协议保护等技术手段，增强社区居民的身份认同感，提高其自发保护生态环境的积极性与主动性。

2 西藏开展国家公园体制试点的必要性

西藏自治政府人民政府为深入贯彻落实党的十八大、十八届二中、三中、四中、五中全会精神，自治区党委把建立国家公园体制列为全面深化经济体制和生态文明体制改革的重要任务之一。2014 年 9 月，自治区人民政府成立了由区党委副书记、自治区常务副主席邓小刚同志为组长的西藏自治区国家公园筹备与建设工作领导小组，负责启动自治区内的国家公园建设。在《西藏自治区党委、政府贯彻落实〈中共中央关于全面深化改革若干重大问题的决定〉的实施意见》中，明确由自治区林业厅牵头开展建立国家公园体制先行先试工作。

西藏作为我国战略全局极其重要的区域，开展国家公园体制试点建设是非常必要的。

2.1 西藏具有极其重要的生态地位

第一，西藏是重要的国家安全屏障。西藏占祖国版图的八分之一，地处世界屋脊，拱卫着祖国内地的安全，战略地位十分重要。第二，西藏是重要的生态安全屏障。青藏高原是“世界屋脊”“中华水塔”“地球第三极”。西藏是众山之宗，万水之源。中华民族的母亲河长江、黄河都发源青藏高原。西藏对我国及东亚地区地理环境格局产生深刻的影响，是我国与东亚气候系统稳定的重要屏障，是全球重要生物物种基因库和生物多样性保护的重要区域。西藏的生态环境关系到中华民族的持续发展。第三，西藏是重要的战略资源储备基地。西藏的矿产、水、林业、动植物等众多资源储量丰富，在国家战略资源之中，居于重要地位，是造福中华民族的宝贵财富。

2.2 西藏具有极其重要的地理学意义

西藏自治区所处的青藏高原是中国最高一级地势台阶；是地球上海拔最高、面积最大、年代最新、并仍在隆升的一个高原，是新生代以来印度板块与欧亚大陆碰撞的结果；喜马拉雅山是南北分布上的明显屏障，而横断山脉的纵向谷地则便于南北交流，且垂直分带明显，类型繁多，为季风性系统与大陆性系统两类性质不同的带谱，显示出高原的独特性，形成若干各具特色的自然地理区。西藏地区宏观地貌格局是边缘高山环绕、峡谷深切，内部由辽阔的高原、高耸的山脉、棋布的湖盆、宽广的盆地等大的地貌单元排列和组合。高原的主体部分是以广阔的高原面为基础；高原面以上，纵横延展着许多高耸的巨大山系，构成了高原地貌的骨架，高大的山脉构成西藏的地貌骨架，也是古代和现代冰川的发育中心。高大山系之间，除分布着若干次一级的山脉之外，主要是盆地、高原及宽谷，是高原向四川盆地和云贵高原过渡的区域。

2.3 西藏具有极其重要的生物学意义

西藏地区的物种起源古老，区系复杂，分布典型，是世界同纬度地区物种最为丰富的地区。西藏有动植物地理和生态适应现象，是世界高山植物区系极丰富的区域，又是第四纪冰期中动植物的天然避难所，保存了许多第三纪以前的孑遗种类，成为现代不少种类的分布中心。西藏地区有高等植物 6600 多种，隶属于 270 多科、1510 余属，其中有多种我国独有或西藏独有的植物，受国家重点保护的珍稀植物有 38 种，被列入自治区重点保护植物有 40 种，另有 214 种被列入《濒危野生动植物种国际贸易公约》附录内。因强烈隆起，高原内部寒旱化增强，具有高原特有的动植物成分，植物中的垫状驼绒藜、紫花针茅、小嵩草，动物中的藏羚羊是高原上的特化属，牦牛则是第四纪冰期中冰缘环境下发展起来的种类。从构成自然景观外貌的植被来说，高原上广泛分布着高寒灌丛草甸、高寒草原、高寒荒漠以及高寒座垫植被等类型，动物则相应为高地森林草原——草甸草原——寒漠动物类群，它们都显示出高原的特性。其中藏羚羊、野牦牛、雪豹等珍稀动物，更是誉满全球。

2.4 西藏为我国藏文化的发源地，具有悠久的历史文化底蕴

西藏自治区是我国藏族文化历史的发源地。早在几万年以前人类使用旧石器的时候，就有人类活动在这片高原。约四五千年前，分散的众部落逐渐统一，形成藏族社会的最初阶段，并开始与中原的汉族文化开始联系。公元前三世纪左右，雅隆部落的第一个王聂赤赞普建立了部落奴隶制的博王国。它原始而古拙、博大而精深，滋养了丰富的藏文化，开创了辉煌的西藏文明。西藏是重要的中华民族特色文化保护地。在漫长的历史长河中，写就了一部独特而神秘的西藏文明、政治、社会发展史，通过各民族的交往交流交融，西藏人民创造了灿烂的文化，丰富了中华文化的宝库。

2.5 西藏具有极其壮美的自然景观

西藏独特的高原地理环境和历史文化，催生了数量众多、类型丰富、品质优异、典型性强、保存原始的旅游资源。全国 165 个旅游资源基本类型中，西藏有 110 个、占 2/3。西藏共有各级各类风景名胜资源点 1424 处，优良以上资源点 99 处，目前可供游览的景点 300 多处，在全国旅游资源系统中处于不可替代的重要地位。西藏拥有各级自然保护区 47 个，其中国家级 9 个、自治区级 14 个、地县级 24 个，保护区面积占全区国土面积的 34.35%，居全国首位。西藏境内分布着众多的文物古迹，截至 2015 年底，全区共有包括古遗址、古建筑、古丧葬在内的不可移动文物点 4277 处，已登记各类文物保护单位 1424 处，其中全国重点文物保护单位 55 处。西藏被誉为人文和自然综合旅游地，是全球最具向往的旅游目的地。

2.6 西藏贫困程度深，扶贫任务十分艰巨

作为全国唯一省级集中连片特困地区，西藏现有贫困人口 77.7 万人，占总人口的 23.96%。扶贫工作面临贫困人口基数大、贫困集中连片、局部贫困突出、贫困程度深、返贫现象普遍、相对贫困突出等困难和问题，扶贫任务十分艰巨。特别是自然保护区周边，社区压力巨大。贫困现象经常和生态破坏如影相随，互为因果，单纯用法律和行政管理并不能完全杜绝非法砍伐、过度放牧这些现象，也不能解决老百姓脱贫致富的难题。自然保护区主要体现的是保护生物多样性的全民利益，对当地的发展也造成了限制。封闭的自然保护区管理思路也容易激起周边居民的对立情绪，给自然保护带来压力。如何协调这个矛盾，探索一条要保护好资源，又要避免“捧着金饭碗讨饭吃”，既能保护资源又能促进社区发展的路子，就要找出一个获取效益的途径，这个途径必须是可持续的。同时随着我国人民生活水平的提高，对体验自然的游憩需求也随之产生。如何让人们享用自然资源而不使环境受到破坏，资源的非消耗性利用无疑是一个选择，因此需要找出一个资源有效保护和持续利用的保护地模式，探索建立国家公园就成为了一种选择。

3 西藏开展国家公园体制试点的重要性

目前，由于国家层面的顶层设计尚未出台，未来关于国家公园的政策、机构、资金等方面不够明朗。各试点省在试点实施方案编制的过程中，涉及的利益相关方较多，试点工作整体推进缓慢，成效不高，职能部门尚未深度参与，难免会产生对专业类型属性较强的国家公园在管理上的偏离。作为生态地位极其重要的西藏的地区，开展国家公园体制试点工作具有重要的意义。

3.1 是推动生态系统的完整性、原真性保护的重要推手

国家公园是国家为保护典型自然生态系统的完整性、原真性而划定的、需要特殊保护和管理，并适

度地利用其自然景观开展生态教育、科学研究和生态旅游的自然区域。西藏自治区面积 122 万平方公里，平均海拔在 4000 米以上，具有独特的自然生态和地理环境。自然生态由森林、灌丛、草甸、草原到荒漠呈带状更迭。复杂多样的地形地貌和特殊的生态系统类型，为生物多样性营造了天然的乐园。作为中国五大牧区之一，有保存完好的占全国天然草地 21%的草地生态系统。西藏也是世界上生物多样性最典型的地区之一，是保障地球生物多样性的重要基因库。西藏的湿地面积位居全国首位。保护区面积大，具有典型的自然生态系统和丰富的野生动植物资源。毋庸置疑，西藏的生态系统具备完整性、原真性，在资源的禀赋上、管理发展的需要上符合建设国家公园的条件和要求。

3.2 是提升自然保护区建设的核心举措

国家公园是实现资源有效保护和合理利用的特定区域，国家公园建设须站在生态文明建设的高度，从完善自然保护地体系角度出发，明确保护自然生态系统的方向。占我国陆地国土面积约 17%的自然保护区，自然保护和经济发展的矛盾无时、无处不在，国家公园的建设将成为自然保护区解决矛盾的有效方案。

西藏地区保护区面积占全区国土面积的 34.35%，居全国首位，使典型的自然生态系统和 85%以上的野生动植物得到了有效保护。毋庸置疑，西藏在自然保护区领域取得了巨大成绩，为我国自然保护事业做出了突出贡献。但是保护区存在投资力度较小、保护和发展的矛盾突出、缺乏资源展示渠道、管理分散等问题，急需通过一种保护与合理利用有机结合的模式，促进生态环境和生物多样性保护，同时有效带动地方经济和国民经济的发展，做到资源的科学、合理的可持续利用；同时也要让国民增加感受国家顶级资源的感染力，使民众产生爱国情怀、增强国家认同感。建设国家公园体制对改革完善我国现有自然保护管理体制、构建我国科学的自然保护体系具有重要意义。为避免对现有自然保护体系和已有保护成果造成冲击，建立国家公园体制不是将我国现有自然保护体系推倒重来，而是推动自然保护区建设。

3.3 是实施生态系统综合管理的重要手段，有利于开创生态良好的新局面

党的十八届三中全会《决定》提出“建立国家公园体制”后，国家发展改革委、环境保护部、国家林业局、住房城乡建设部等部委（局）在各自领域开展了国家公园体制研究工作。

2015 年 8 月 24 日至 25 日，中央第六次西藏工作座谈会在北京召开。中共中央总书记、国家主席、中央军委主席习近平发表重要讲话。要坚持生态保护第一，采取综合举措，加大对青藏高原空气污染源、土地荒漠化的控制和治理，加大草地、湿地、天然林保护力度。习总书记在第六次西藏工作会议的讲话，对西藏生态环境保护问题高度关注，并寄予厚望，为西藏国家公园建设奠定了良好基础。

但是，目前西藏自治区的保护地涉及自然保护、森林公园、风景名胜区、地质公园、文化自然遗产、国家湿地公园等，涉及林业、城建、土地、环保、水利、文物等部门，多头管理，低档次重复建设，重开发轻保护等问题愈加突出。建设西藏国家公园有助于打破条块分割管理形成的体制乱象；有助于加强科学管理，恢复生态系统的自然性；有助于实现壮美景观的永久保护和世代享用；有助于激发国民的自豪感和尊严感，其意义深远，影响广泛，是历史的重托，时代的呼唤。

3.4 建设西藏国家公园是探索人与自然和谐发展模式的重要举措

习近平在第六次西藏工作会议上强调，依法治藏、富民兴藏、长期建藏、凝聚人心、夯实基础，是党的十八大以后党中央提出的西藏工作重要原则。要牢牢把握改善民生、凝聚人心这个出发点和落脚点，大力推动西藏和四省藏区经济社会发展。国家公园及自然保护地是生态文明建设的基础设施，是国家可持续发展战略的重要保障。国家公园和保护地除了在生物多样性和生态系统方面发挥不可替代的作用外，还与人类的生活密切相关。西藏国家公园的建设就是为了实现自然资源的严格保护和永续利用。公园建设的核心之一是处理好当地牧民群众全面发展与资源环境承载能力的关系，将保护生态与精准扶贫相结合，与牧民转岗就业、提高素质相结合，与牧民增收改善生产生活条件相结合，有利于开创全力推进精

准扶贫的新方向，有利于开创扩大就业的新途径，有利于开创民生改善的新局面。

3.5 建设西藏国家公园是创新生态保护管理体制机制的新方向

我国现有的自然保护区体系中独特的分类型、分等级与分部门的重叠交叉的管理体制，使现有体系没有给解决发展和保护的冲突提供多样化的机会和方法。风景名胜区、森林公园、地质公园等则强调旅游主题，而忽视了对生物多样性的保护，生物多样性损失严重。我国保护地体系缺少相对灵活的保护管理方式，把保护与可持续发展融为一体进行统一管理。“国家公园”模式可以弥补现有保护地管理体系的不足，平衡和谐保护与发展的矛盾，促进生态文明建设，是目前保护管理体制的创新。

3.6 建设西藏国家公园是实现传播生态文化的重要途径

国家公园是自然保护地，又是科普、环保教育的基地和体验地。在保护自然生态环境的同时，充分发挥了环境教育功能。国家公园规划布局了科普教育设施，对冰川、森林、湿地、野生动物、生物多样性等知识进行宣传推广。国家公园每年将接待众多访客，来访者无不被大自然的美景所感染，也接受到了生动的生态教育，珍爱自然、保护自然的意识明显增强。国家公园是国家认同感和民族自豪感的物质载体，国家公园的建设理念得到公众认可和接受，成为传播生态文明理念、推动生态文明建设的重要基地。

3.7 建设西藏国家公园是完善保障机制的重要抓手，有利于开创保障平台的新局面

国家在国家公园体制试点中明确了要建设完善保护机制的创新，有利于对实现生态保护与经济发展的和谐统一，促进西藏的发展；缓解保护区社区矛盾，促进人与自然和谐发展。建立资金保障长效机制；有效扩大社会参与；建立健全社会投资与捐赠制度，鼓励支持社会资本领办生态恢复治理区块和项目，开展特许经营；推行志愿者服务机制；建立社会参与合作机制；建立健全社会监督机制等保障机制，有利于扩大影响力和受众面，提升国家公园管理的科学性、专业性、有效性。

4 小 结

建立国家公园体制首先须确立正确的自然生态保护的宗旨和方向，须突出中国特色，加快建设进程，完善管理体制，创新运行机制，强化法律保障，加强资金支持。西藏国家公园的建设刚刚开始，在探索过程中既要借鉴世界国家公园建设管理理念，又要深入总结、灵活运用我国自然保护的优秀经验，探索具有西藏特色、符合我国国情的国家公园建设之路。

【参考文献】

国家林业局森林公园管理办公室，中南林业科技大学旅游学院 .2015. 国家公园体制比较研究［M］. 北京：中国林业出版社.

华朝朗，郑进烜，杨东，等，2013. 云南省国家公园试点建设与管理评估［J］. 林业建设（4）：46-51.

唐芳林，孙鸿雁，王梦君，等，2013. 关于中国国家公园顶层设计有关问题的设想［J］. 林业建设（6）：8-17.

唐芳林，孙鸿雁，2014. 我国建立国家公园的探讨林业建设［J］. 林业建设（6）：8-13.

唐芳林，2014. 国家公园属性分析和建立国家公园体制的路径初探［J］. 林业建设（3）：1-9.

唐芳林，2014. 中国需要什么样的国家公园［J］. 林业建设（5）：1-8.

王梦君，唐芳林，孙鸿雁，等，2014. 国家公园的设置条件研究［J］. 林业建设（2）：1-7.

夏光，2007. 生态文明是一个重要的治国理念［N］. 中国环境报，11-26.

张希武，唐芳林著，2014. 中国国家公园的探索与实践［M］. 北京：中国林业出版社.

山西省太岳山国家公园建立的可行性分析*

为了保护生态环境、改善民生，实现伟大中国梦，中共中央在党的十八大提出全面开展生态文明建设，并纳入国家“五位一体”建设总体布局，其中把探索建立国家公园体制作为生态文明建设的重要举措。山西省作为中华文明重要的发源地，其生态环境资源对我国可持续发展具有重要价值，尤其是在山西省经济转型升级迫在眉睫、生态文明建设形势紧迫的情况下，探索新的保护管理模式，建立自然生态系统有效管护的长效机制具有现实的紧迫性。太岳山是山西省森林资源精华集中区域之一，是山西省及至华北地区重要的生态屏障和优秀的自然景观和传统文化荟萃区域。因此，本文就太岳山建立国家公园的基本条件进行简要分析，以期为山西省林业厅在决策国家公园建设时提供一定的参考。

1 资源条件

1.1 黄土高原—川滇生态安全屏障的核心区域

吕梁山、太岳山和太行山是连接我国西北和华北的重要纽带，地处我国重要的黄土高原—川滇生态安全屏障的核心区域[1]。在《全国主体功能区划》中，太岳山又是我国黄土高原丘陵沟壑水土保持生态功能区[2]的南端，而黄土丘陵沟壑区是山西省水土流失最为严重的区域，年侵蚀模数达1.5万~2万 t/km^2[3]。因此，太岳山地区森林资源的保护、水土保持的生态建设，是关乎黄土高原地区社会经济发展的基础[4]，在保障山西省中南部、华北地区乃至黄河中下游地区的生态安全方面具有极其重要的价值。

1.2 黄河重要一级支流沁河的发源地

沁河是山西省内仅次于汾河的第二大河流，是黄河重要的一级支流，全长456km，在山西省境内流长363km[5]，流域面积约9315km^2[6]，是中华文明发祥地之一。太岳山是沁河的发源地，也是黄河的水源涵养地之一[5]。历史上曾由于森林的无序开发导致沁河源头生态系统面临巨大的压力，曾经给山西省国计民生带来了严重损失，直接影响了黄河下游地区的生产生活[7]。近年来，随着天保工程的实施，太岳山的森林资源得到有效保护，沁河的蓄洪防旱、调节气候、农田灌溉等作用得到充分发挥，山西中南部、华北平原乃至黄河中下游地区民生安全得到保障。

1.3 华北地区植被类型的代表

太岳山是我国重要的生态功能区，属于太行山西部余脉，植被类型包括寒温性针叶林、温性针叶林、温性针阔混交林、温性落叶阔叶林、温性落叶阔叶灌丛、温性灌草丛、温性草丛、草甸共8个自然植被型[8]，是我国华北地区植被类型的典型，具有较强的代表性。同时，太岳山地区是我国油松的典型分布区之一[1]，拥有全国最大的单株油松之王“九杆旗”，而油松林是我国温带地区最具代表性的植物群系。因此，太岳山重要的生态区位和相对完整的生态系统，对我国华北地区生态系统稳定性具有至关重要的作用。

1.4 生物多样性丰富，科研价值高

根据灵空山国家级自然保护区、绵山省级自然保护区科考资料[9-10]，太岳山高等植物共有848种，其

---

* 李云，朱仕荣，刘永杰，等. 山西省太岳山国家公园建立的可行性分析 [J]. 林业调查规划，2017，42 (2)：35-38.

中种子植物 95 科 407 属 816 种，占山西省种子植物的 63.8%，47.5%，35.6%；蕨类植物 14 科 29 属 32 种。国家Ⅱ级重点保护植物有野大豆、水曲柳、刺五加等；古树名木有油松之王九杆旗、茅庵杉、红岩松等。野生动物有 25 目 64 科 215 种，其中兽类 6 目 16 科 34 种，鸟类 16 目 40 科 164 种，两栖爬行类 3 目 8 科 17 种。其中，属于国家Ⅰ级保护动物有褐马鸡、原麝和林麝等 6 种，Ⅱ级保护动物有鸳鸯、雀鹰、燕隼、石貂、青鼬等 27 种；山西省级重点保护野生动物有苍鹭、池鹭、小飞鼠等 19 种。复杂的森林植被、丰富的生物多样性，在全省乃至华北地区都具有典型性，具有非常高的科研价值。

1.5 自然景观资源奇异多姿

太岳山迭障连云，劈地摩天，奇峰险峻，岩石峥嵘，断崖壁立，沟壑幽深，林木繁茂，满目苍翠，孕育了雄、秀、古、奇、险、幽的特色景观资源。境域支脉灵空山山势奇特，如倒置的三只鼎足；石膏山四峰环抱，山势峥嵘；绵山山崖险峻，凌空而立，山岳景观雄伟奇特；河流丰富，汾河、沁河等河流众多，河泉瀑布景观姿态万千；峰峦间沟壑纵深交错，沟谷深长幽邃，熔岩岩洞众多，沟谷岩洞景观奇形多姿。太岳山国家级森林公园、绵山省级自然保护区和灵空山省级自然保护区均在国家公园范围内，野生动植物资源丰富、古树名木种类繁多，四季景色各异，异彩纷呈，森林景观瑰丽多姿。同时，太岳山海拔高差 1000 多米，主峰霍山更是高出临汾盆地 1500 多米，气候垂直差异较大，呈现出了奇丽壮观的气象景观。

1.6 历史文化资源深厚博大

太岳山正脉即为我国“五岳五镇”十大名山之一的中镇霍山。霍山为山名，中镇为山之历史名号[11]。中镇霍山是华夏文明的重要发祥地之一，在尧舜禹时期境域是各部落联盟政治、经济活动的重要区域。拥有诸如蜗皇庙、女蜗陵、霍州赤峪遗址、洪洞耿壁遗址、洪洞侯村遗址等丰富的历史文化遗存和许多关于尧舜禹活动的传说。同时，中镇霍山也是古代宗教活动的重要区域，境内寺院、尼庵、佛塔、祠庙、道观、仙洞星罗棋布，数不胜数。历史上，介子推割股奉君、晋文公火烧绵山、李渊父子举旗反隋、大槐树移民等重大的历史事件均发生于太岳山境域。可见，太岳山国家公园承载着丰富的历史信息，文化底蕴深厚，历史文化资源深厚博大。

1.7 人文景观资源丰富独特

太岳山历史悠久，人文景观遗存丰富特有。以霍州署衙、苏三监狱、张家大院、王家大院、张壁古堡等为代表的古代官府、监狱、民居等景观资源珍稀而极具代表性。佛教古寺圣寿寺、云峰寺、兴唐寺等寺宇建筑景观富集而各具特色。

2 适宜性条件

2.1 范围适宜

从地理地貌特征上看，太岳山生态系统相对独立而完整，其核心资源主要集中在太岳山国家级森林公园、灵空山国家级自然保护区、绵山省级自然保护区和霍山省级自然保护区内。太岳山国家级森林公园从北至南贯穿太岳山主脉，绵山、灵空山和霍山自然保护区分别位于太岳山的北、西和南段，资源分布相对集中连片。同时，太岳山西以汾河、南同蒲铁路为界，东以沁河、S323、S322 与沁源县、沁县为邻，北以 G208、南以 G309 分别与介休市、平遥县、古县、洪洞县相隔。这一独特的区位分布，将太岳山与周边形成了易于识别的边界，有利于资源的保护和管理。因此，从范围上讲，太岳山具有建立国家公园的适宜范围，并建议太岳山国家公园的范围以国家级森林公园的边界为基础，涵盖 3 个自然保护区，再综合考虑山形山势、河流水系和居民点分布等因素进行适当调整，以此确定国家公园的具体范围。

2.2 类型适宜

太岳山国家公园的建立将会是我国华北地区第一个以保护过渡地带性植被的生物多样性承载和保存

能力，保护和恢复其垂直地带性植被自然特征，强化其黄土高原丘陵沟壑地带水土保持和水源涵养等为主要目标的国家公园，与目前已经建立的国家公园的核心资源有明显的异质性。

2.3 资源管理与游憩开发适宜

太岳林局是山西省最早成立的林业区管理机构，至今已经有74年历史，管理和经营林区达16.3万hm^2。74年来，由于中原文化的影响和生态文明建设进程的不断推进，太岳林局在森林资源保护和管理方面取得了卓有成效的成果，形成了一套比较成熟的森林资源管理体系，即太岳山国有林管理局—林场（保护区管理局、森林公园管理中心）—管护站—管护人员的四级垂直管理系统。区内涉及太岳山国家级森林公园、灵空山国家级自然保护区、绵山省级自然保护区和霍山省级自然保护区。其中，森林公园规划的10个重要的游憩点已有5个相继开展前期基础设施建设工作，具备了一定的访客接待能力，资源得到保护的同时旅游资源得到了一定的建设和发展，并带动了当地社区的发展，增加了就业岗位。因此，太岳山国家公园具备适宜的资源管理体系和游憩开发条件。

3 可行性条件

3.1 各级领导对生态环境保护的重视

随着我国经济转型升级和生态文明建设进程加快，原来以煤炭等矿产开发为主的山西经济转型升级迫在眉睫，生态文明建设形势紧迫，保护仅有的自然生态系统资源，加大力度恢复受到较多干扰但生态区位重要区域的生态功能是山西省当前生态建设的核心任务之一。山西省各级领导重视对生态环境的保护，第十二届人民代表大会第五次会议中就已明确加强生态环境综合治理，加大力度推进造林绿化，建立永久性公益林保护机制，强化森林资源的保护，为太岳山国家公园建设与生态保护提供了可行性和较好的基础。

3.2 资源权属清晰

太岳山范围内林地、林木权属80%以上为国有，集体所有的土地及其附属资源所占份额较小。国有部分涉及太岳林局管辖的13个国有林场、1个森林公园和3个自然保护区。林场、保护区管理局和森林公园管理中心均为太岳山国有林管理局的下设基层单位。林木及林地权属清晰明确，不存在权属纠纷。针对极少数权属为集体所有的土地，可通过征收、流转、出租、协议等方式，调整土地权属，明确土地用途。

3.3 周边基础设施建设成熟

太岳山周围各县区均有铁路和发达的公路系统。从太岳山北至平遥古城仅80km；南至临汾市大槐树寻根祭祖园、古县三合牡丹园等大型主题文化园约100km；东至上党名城长治市、太岳军区司令部旧址等景点约120km；西至古霍名郡霍州市、乔家大院等地约20km，交通十分便利。周围诸如苏三监狱、王家大院、霍州署衙、大槐树寻根祭祖园、平遥古城等众多景区、景点在全国都有一定的知名度，具备稳定的旅游市场。因此，周边成熟的基础设施建设能为太岳山国家公园建设管理和经营提供一定的支撑。

3.4 资金保障有力

太岳林局为自收自支的事业单位。天保工程实施以前，人员工资及日常公用经费支出的主要来源为采伐木材产生的利润。自2001年天保工程实施以来，林局全面禁伐，经费的来源主要是天保资金、国家生态效益补偿基金、山西省省级公益林补偿基金、林区转制补贴等方面，职工工资和林区经费都得到了一定保障。从2003年开始，太岳林局通过自筹、融资或招商引资等方式对太岳山国家森林公园内的景点进行了开发建设，开展生态旅游，增加职工收入，经济运行呈现一个较好的发展态势，为太岳山国家公园的建立提供了资金保障。同时，2016年底，山西省林业厅与中国农业发展银行山西省分行签订了农业政策性金融支持山西省林业建设战略合作协议书，在十三五期间贷款150亿元用于林业生态建设，这将进一步推动林业精准扶贫、促进林业产业转型升级和提质增效工作，也为山西省国家公园建设与生态保护提供了可能性及更好的基础。

3.5 组织管理得当

太岳林局为山西省林业厅直属的正处级事业单位，主要负责国有森林资源、资产的保护和管理，负责对所属国有林场多种经营项目、产业结构调整的指导与管理，承担天然林保护工程和公益林管理的日常工作。下设的自然保护区管理局与太岳山国有林管理局为代管关系，行政级别为副处级，林场和森林公园管理中心为太岳山国有林管理局的直管机构，行政级别为正科级。在组织管理方面，由山西省林业厅集中垂直管理，林区林木及林地权属清晰明确，管理体制较为简约高效，是全国独特的国有林区管理模式。

3.6 技术条件成熟

面对林业发展和科技进步的新形势，太岳林局积极开展制约林业发展的关键技术攻关，大力推广综合集成的先进实用技术，广泛开展技术培训，培养和引进科技人才。重点进行野生动植物资源、森林害虫、野生菌类、可利用植物、中药材、野生花卉的本底调查，进行资源监测、天保效益监测、公益林效益监测等方面的研究，为太岳林局长远发展提供基础性资料，也为太岳山国家公园的建立提供了技术条件。

4 结语

综上所述，太岳山国家公园从资源条件、适宜性条件和可行性条件3方面已具备了建立的基础。2017年，我国将从国家层面全面完成国家公园体制试点工作，建议山西省在国家公园体制试点的基础上，积极开展太岳山国家公园建设和探索，助推山西省生态文明体系的构建。太岳山国家公园建成后，将会在巩固晋中、晋南的生态屏障，保障我国黄河中下游生态安全，促进区域经济发展，提升生态文明建设水平方面发挥重要作用，将成为华北生态文明建设的重大成果，向全社会展示与分享。

【参考文献】

[1] 王希群，王治明. 山西省太岳山森林的保护价值分析［J］. 林业资源管理，2012，（4）：29-32.

[2] 国务院. 全国主体功能区划［S］. 2011.

[3] 李远芳. 山西省水土流失现状及今后治理意见［J］. 山西水土保持科技，1986，（4）：26-29.

[4] 郝晓燕，张福生. 山西省转型发展阶段的水土保持生态建设［J］. 中国水土保持，2015，（9）：34-35.

[5] 白瑛. 浅谈太岳山林区湿地公园的保护和利用［J］. 山西林业，2012，（6）：30-31.

[6] 李玉书. 沁河流域致洪暴雨特征［J］. 山西气象，1994，（2）：31-33.

[7] 李馗峰，李玉书. 山西沁河流域面雨量与致洪暴雨预报技术探讨［J］. 山西气象，1995，（4）：19-20.

[8] 张金屯. 山西太岳山植被地理［J］. 山西大学学报，1988，（1）：83-90.

[9] 上官铁梁，郭东罡. 灵空山国家级自然保护区科学考察集［M］. 北京：中国科学技术出版社，2013.

[10] 绵山省级自然保护区综合科学考察［Z］. 2014.

[11] 冯林平. 中镇霍山旅游资源优势和价值分析［J］. 史志学刊，2015，（4）：99-105.

建立国家公园体制对华南虎野外放归的机遇分析*

华南虎现已基本认定野外绝迹，随着人工繁育种群的壮大和野化训练工作的顺利开展，华南虎的野外放归成为一项迫切的保护任务。但目前国内华南虎的潜在栖息地退化、破碎化严重，食物资源贫乏且居民点繁多，难以满足华南虎的野外生存繁衍需求，导致华南虎野放工作受阻。通过对华南虎的野放条件和国家公园建设进行 SWOT 分析发现，我国正在开展的国家公园体制建设，能够为华南虎栖息地恢复野外放归创造条件，是华南虎的野外放归与保护的机遇。

1 华南虎历史与现状

华南虎是中国特有的虎亚种，也被称为中国虎。华南虎作为曾是世界分布最为广泛的虎亚种，现在却已基本认定野外绝迹，这也成为了我国野生动物保护事业中无法挽回巨大损失。随着华南虎在南非的野化工作进展顺利，华南虎的野外放归又被提上日程。但由于目前国内华南虎的适宜栖息地破碎化严重，食物资源贫乏，难以满足华南虎最小有效种群的繁衍需求，导致华南虎野放工作受阻。作者通过对华南虎的栖息地条件和国家公园体制建设的方法进行系统分析认为，我国正在开展的国家公园体制建设，为华南虎栖息地恢复与重建创造了条件，为华南虎的保护与野外放归提供了契机。

虎（*Panthera tigris*）是亚洲特有物种，由于其在亚洲分布广泛，栖息环境复杂，亚种分化甚多，目前认为其虎分化有 8 个亚种（Wilson & Don，2005）。华南虎（*P. t. amoyensis*）被认为是所有虎的祖先（最原始的一支），也是我国唯一特有分布的一个虎亚种，也被称为中国虎、厦门虎（Nowell & Jackson，1996）。华南虎曾广泛分布于东起浙闽（东经 120°），西至川西（经 100°），北抵豫晋秦岭黄河一线（北纬 35°），南达粤桂南陲（北纬 21°），东西跨越 2000km，南北纵横 1500km 的暖温带和亚热带，分布区占我国国土面积的三分之一，曾是世界上分布最广的一个亚种（刘振河和袁喜才，1983）。据记载，20 世纪 40 年代我国尚有约 4000 头华南虎幸存（Nowell K，Jackson P. 1996），然而随着发展生产和除四害行动，华南虎的种群数量急剧下降，至 1990 年代初据估算尚有 20~30 头野生华南虎（马逸清和闫文，1998），2000 年后就基本再未找到过华南虎野外存在的明确证据。

1995 年，中国将拯救华南虎列入了《中国 21 世纪议程》优先行动计划。为找到华南虎野外存活的证据，并对其种群进行系统恢复，2000 年 9 月又出台了“拯救华南虎行动计划”，系统开展华南虎的人工繁育、野外种群调查、栖息地恢复、人工种群重引入等工程。行动计划开展至今，在人工繁育方面，各大动物园及华南虎研究机构取得了一系列成果，根据中国动物园协会数据，至 2018 年我国圈养华南虎已达 160 余只，华南虎自然繁育及人工辅助技术已很成熟；在野外种群调查方面，行动开展十多年来经过大量野外调查，到目前为止都没有找到过华南虎野外存在的证据；在栖息地恢复建设方面，2010 年国家林业局将湖北宜昌五峰后河、江西资溪马头山和湖南常德石门壶瓶山三处自然保护区作为放归自然试验区，并将福建梅花山华南虎繁育基地扩建为华南虎野化训练及种群复壮基地，2014 年又批准建立广东清远长隆和江西资溪县九龙湖两处华南虎繁育及野化训练基地，2016 年 7 月，湖南省长沙县金井镇华南虎繁育野化训练项目选址规划通过了国家林业局相关专家组论证，湖南省成为继广东、福建、江西后我国第四个华南虎繁育野化基地。

---

* 孙国政，罗伟雄，王继山. 建立国家公园体制对华南虎野外放归的机遇分析［J］. 林业建设，2019，(1)：1-5.

2 研究方法

野外放归是华南虎保护的重要举措和最终目标，但目前看来仍存在诸多困难，举步维艰。随着国家公园体制建设的提出和如火如荼地试点探索，能否为华南虎的野外放归带来一线曙光成为本文的研究课题。SWOT 分析方法于 1971 年被安德鲁斯于提出后，目前是最常见的通过内部资源的优势 S（Strengths）、内部资源的劣势 W（Weaknesses）、环境变化的机会 O（Opportunities）和环境变化的威胁 T（Threats），组合分析寻找解决方案的分析工具，也是本文探讨这一课题的研究方法。

3 结果与分析

3.1 华南虎野放面临问题

华南虎野放面临的主要问题是栖息地面积不足、食物资源短缺和肇事风险高。

吴专等（2016）通过江西资溪县九龙湖华南虎繁育及野化训练基地，对华南虎繁育及野化训练基地栖息地适宜性进行建模分析，表明栖息地破碎化和面积不足是华南虎最小有效种群生存繁衍的最大限制因素。关于华南虎的最低有效种群数量及生存繁衍所需最小栖息地面积，因我国相关研究起步时野外已无可供研究的华南虎种群，仅能通过孟加拉虎等研究资料进行评估。虎的领地面积受猎物密度影响较大，如全年猎物丰富的尼泊尔和印度的保护区雌性孟加拉虎领地面积为 10~39km^2，雄性一般为 30~105km^2（Sunquist，1981）；而俄罗斯远东地区猎物分布不均且季节变化大，雌性西伯利亚虎（东北虎）领地一般为 100~400km^2，雄性领地面积一般为 800~1000km^2（Matjuschkin et al.，1980），国内学者认为华南虎的领地面积一般为 100~200km^2（袁喜才等，1994）。而华南虎最低有效种群数量及所需最小栖息地面积估算则较难以评估，根据孟加拉虎的相关资料粗略估计为不低于 20 头的雌性繁殖虎及若干头成年雄虎，所需最低栖息地面积 800km^2（华南虎个体虽有较为固定领地，但个体间的领地往往相互交错或重叠）。我国目前在建和拟建的 4 处华南虎繁育野化基地中湖南、广东、江西三基地面积均不足 3km^2，而福建基地不足 1km^2；作为放归自然试验区的湖北省宜昌五峰后河、江西马头山、湖南壶瓶山三处自然保护区面积分别为 103.4km^2、138.67km^{2}和 665.68km^2（均为包含植被状况不够理想的缓冲区和实验区面积）。

华南虎不仅对栖息地面积有较高要求，对栖息地内食物丰富度同样具有很高要求。根据 Pimlott & Schaller（1967）和 Sunquist（1981）等在印度和尼泊尔对自然状态下虎的研究，一只成年虎每年需要消耗活体重量为 3000kg 的食草动物，月平均消耗 250kg。按 10%~20%的捕食成功率（Schaller，1983）计，每只华南虎栖息地内食草动物生物量每年要维持在 15000~30000kg。以印度 Pench 国家公园孟加拉虎栖息地的稳定自然生态系统作为参照，孟加拉虎的食物资源丰富度为白斑鹿 80.7 头/km^2、水鹿 6.1 头/km^2、叶猴 77.2 头/km^2，按猎物质量计孟加拉虎食物资源可达 6013.25kg/km^2（Biswas & Sankar，2002）。按此标准，三处华南虎放归试验区不仅面积不足，其食物资源更是无法满足华南虎野外放生的条件（黄祥云，2003）。而且不仅是上述保护区，纵观当下国内的自然保护区，在华南虎潜在分布区内，没有哪个自然保护区有能力提供维持一支华南种群延续所需要的栖息地和食物资源。

栖息地面积不足和食物资源短缺还将造成华南虎肇事风险升高。华南虎肇事主要体现在对人和牲畜的伤害上，且往往是致命性伤害。华南虎肇事不仅会对人畜造成伤害，还容易引发对华南虎的报复性杀害，也将影响民众对华南虎保护工作的支持（Goodrich，2010）。正是华南虎野外放归面临的上述等难题，造成目前南非野化华南虎至今难以回归。

3.2 华南虎野放的机遇

华南虎的野外放归虽存在诸多难题，但也存在很多机遇。首先是我国圈养华南虎已达 160 余只，保有较丰富的华南虎人工种群资源；其次是我国已建成多处繁育和野化训练基地，并具备成熟的繁育技术和丰富的野化训练经验；再次是华南虎作为中国南方热带雨林、常绿阔叶林的伞护种，是国家重点保护对象，有国家政策的大力支持。除此之外，我国正在开展的国家公园体制建设也为华南虎的野外放归提供难得的机遇。

国家公园是由政府划定和管理的保护区，以保护具有国家或国际重要意义的自然资源和人文资源及其景观为目的，兼有科研、教育、游憩和社区发展等功能，是实现资源有效保护和合理利用的特定区域（张希武和唐芳林，2014）。在功能区划上，国家公园通常划分为严格保护区、生态恢复区、游憩展示区和传统利用区，对核心资源进行严格保护，对退化资源进行生态恢复，对游憩资源进行展示和科普宣教，对传统生产和生活区域进行保护和展示（张希武和唐芳林，2014；唐芳林等，2017）。唐芳林（2017）认为，国家公园体制建设的首要方法就是用生态系统方法梳理现有保护地，通过大尺度、连通性保护，达到对特定生态系统的保护目的。这无疑为虎、豹等需要大面积且连片栖息地的物种保护创造了条件。2017年东北虎豹国家公园挂牌成立，根据《东北虎豹国家公园总体规划（2017—2025）》，计划通过森林植被修复、林场整合撤并、退牧还草、退耕还草、退耕还湿等措施，改善、扩大、连通栖息地，以国家公园这种保护地形式，为东北虎提供更大尺度的保护地和更完整的保护。相较于东北虎，华南虎的潜在分布区处于华南人口密集区，栖息地破碎化更为严重，已无法找到现成的能满足华南虎种群野外生存需求的栖息地。华南虎野外放归保护的难度更高。

表 1　SWOT 要素分析

华南虎野放 SWOT 要素			
内在要素		外在要素	
优势	劣势	机会	威胁
S1：较丰富的人工种群资源	W1：潜在栖息地面积小，斑块化严重	O1：符合国家重点保护策略，国家政策支持	T1：华南虎肇事风险高，并可能引发人虎冲突
S2：成熟的繁育技术	W2：潜在栖息地食物丰富度不足	O2：不可多得的科普宣教基地，国民有需求	T2：经费负担重
S3：完备的繁育和野化训练基地	W3：潜在栖息地周边社区、人口、产业密度高	O3：华南虎野生种群保护有需求	
S4：较丰富的野化训练经验		O4：作为伞护种，其他野生动植物保护有依赖	
国家公园 SWOT 要素			
内在要素		外在要素	
优势	劣势	机会	威胁
S1：注重对完整生态系统的保护，保护范围大	W1：地方政府对国家公园的认识不统一，跨区域管理困难，破碎化管理依然存在	O1：符合国家保护发展策略，国家政策支持	T1：国家公园法制保障不健全，现行法律法规、管理体制对国家公园体制建设形成制约
S2：既注重对关键野生资源的保护（严格保护区），也注重对社区和传统利用的保护（传统利用区）	W2：自然资源保护与开发仍存在矛盾	O2：国家公园属国家所有，具有很高的品牌影响力	T2：试点阶段资金投入机制不健全，普遍存在资金缺口
S3：注重对退化栖息地的恢复（生态恢复区）	W3：人才、能力和科技支撑不足		
S4：注重科普宣教功能（游憩展示区）			

通过表 1 的 SWOT 要素分析，可以发现华南虎的野外放归保护与国家公园建设存在优势互补：华南虎

的野外放归，目前在人工种群数量、繁育与野放的技术、经验、训练设施方面条件成熟，又有国家层面的需求与支持，欠缺的是栖息地适宜性差、虎肇事风险高和经费需求大；而国家公园注重对完整生态系统的保护，不仅保护自然资源，还保护传统的社区生产生活，注重生态恢复与科普宣教，符合新形势下国家的保护和发展需要，获得了国家政策的大力支持，其欠缺的都是试点建设阶段暴露出的法制保障、人才、管理以及经费投入等方面存在的问题（黄宝荣等，2018）。国家公园针对核心资源的针对性的规划建设可为华南虎的野外放归和保护创造条件：国家公园的大范围保护，可为华南虎的大面积栖息地创造条件；国家公园生态恢复区的规划建设，可为退化栖息地恢复、斑块化栖息地连通创造条件；国家公园传统利用区的规划建设，可将传统社区生产和生活集中和保护，为缓解野生动物肇事创造条件；国家公园游憩展示区的规划建设，可为展示和宣传华南虎保护，获得民众支持，满足经费需求创造条件。

4 措施与建议

4.1 建立国家公园为华南虎放归创造条件

华南虎的放归工作是一项系统工程，需要根据野化放归的进度提前做好华南虎栖息地恢复建设工作。由于虎的活动范围大，需要大面积的保护地才能满足其食物资源需求和行为活动不受干扰，这也是野放保护的首要条件。基于我国华南虎潜在栖息地的现状，为保证更大栖息地面积、更稳定的食物资源和更少的人虎冲突，只能通过国家公园这种保护地形式，将相邻的退化的、斑块化栖息地通过生态恢复，形成大面积且连通的华南虎栖息地。

4.1.1 划定大面积的保护地

根据华南虎国家公园总体规划（2017—2025 年），华南虎国家公园的规划面积达到了 14926km^2，整合了 65 个国有林场（所）、12 个地方国有林场、3 个国有农场。目前，湖北宜昌五峰后河、江西资溪马头山等以华南虎及其栖息地为主要保护对象的自然保护区，是根据当时野生动物栖居和植被残存状况以及社区分布情况划定，是对残存栖息地的抢救性保护。各保护地之间相对孤立，且面积和猎物丰富度已经不足以支撑华南虎种群的生存需求，通过建立国家公园，整合和连通周边各类保护地，从而扩大华南虎的栖息地面积。

4.1.2 移民搬迁，对传统社区生产、生活进行集中保护

为恢复扩大华南虎的栖息地，缓解人虎冲突，需要对虎栖居范围内的社区进行移民搬迁。为尽可能降低对社区生产生活造成干扰，降低经费投入，可将虎栖息地内零散的居民点搬迁至居民相对集中的社区，并通过围栏等设施建设将社区进行保护隔离，缓解人虎冲突的发生。

4.1.3 对华南虎栖息地植被进行恢复重建

目前以华南虎及其栖息地为主要保护对象的自然保护区，核心区植被保存较好，但缓冲区和实验区往往植被保存状况较差，而保护地斑块之间区域植被状况往往更差，移民迁出的区域可能还存在耕地。对于这部分区域，需要根据实际情况采取封山育林、退耕还林/还草、补植补种等方式进行生态恢复，提高栖息地适宜性并达到斑块间相互连通的格局。

4.1.4 对华南虎食物资源进行补充和恢复

华南虎的主要捕食对象为野猪、中华鬣羚、赤麂、毛冠鹿、水鹿、林麝等有蹄类动物，而目前各放归试验区华南虎食物资源普遍不足（黄祥云，2003）。华南虎放归国家公园之前，需要通过人工繁育、放归等措施补充有蹄类动物资源，逐步提高有蹄类动物的丰富度，并最终实现具有自我调节功能的稳定的食物链结构。

华南虎栖息地恢复建设是一个长期化、系统化工程，可根据华南虎野化放归进度分步骤实施。

4.2 国家公园选址

根据国家林业局野生动植物研究发展中心华南虎调查中心（2001）的调查报告，当时华南虎在我国的潜在分布区可归为5大区：①以浙江省百山祖保护区和福建省梅花山保护区为主体的东部区域；②以湖南省壶瓶山和桃源自然保护区为主体的西部区域；③以江西省宜黄，乐安丘陵和湖南省莽山保护区为主体的中部区域；④以粤北车八岭等自然保护区为主体的南部区域；⑤以湖北省神农架保护区为主体的北部区域。这其中除湖北省宜昌五峰后河、江西马头山、湖南壶瓶山已被选定作为华南虎放归试验区外，还可以考虑将具备野化和放归基础，且栖息地条件好的福建省梅花山保护区为主体作为华南虎放归试验区。如上所述，所选试验区目前均无法满足华南虎最小有效种群的野外繁衍需求，通过国家公园建设恢复和扩大适宜栖息地面积，目前是促成华南虎放归的最有效手段。鉴于华南虎适宜栖息地的地理分布，亦可将湖北、湖南、江西、福建相关区域，统一纳入华南虎国家公园管理，各大片区经过栖息地扩建后，各自保有华南虎放归种群，并通过人工转移华南虎个体的方式促进种群间基因交流。

在南非野化基地华南虎的回归进程出现阻碍后，目前3个放归试验区的建设工作也基本都处于停滞状态。华南虎作为旗舰物种，具有保护伞作用。在进行华南虎栖息地恢复与重建的过程中，其他野生动物，尤其是作为华南虎食物源的有蹄类动物也将得到更好的保护与种群恢复。而当华南虎放归野外后，其栖息地内的野生动物也将由于虎的存在而更少受到人类活动的干扰，从而逐步发展为健康稳定的自然生态系统。虽然，华南虎的野外放归还面临着诸多困难，但我国正在开展的国家公园体制建设为华南虎的野放和保护提供了契机。

【参考文献】

国家林业局，等，2017. 东北虎豹国家公园总体规划（2017—2025年）.

国家林业局野生动植物研究发展中心华南虎调查中心组. 2001. 中国华南虎野外种群调查报告.

黄宝荣，等，2018. 我国国家公园体制试点的进展、问题与对策建议. 中国科学院院刊.

黄祥云，2003. 华南虎的生存现状及保护生物学研究. Doctoral dissertation，北京林业大学.

刘振河，袁喜才，1983. 我国的华南虎资源. 野生动物，(4)：20-22.

马逸清，闫文，1998. 老虎保护进展. 野生动物. 19（1）：3-7.

唐芳林，2017. 国家公园理论与实践. 中国林业出版社.

张希武，唐芳林，2014. 中国国家公园的探索与实践. 中国林业出版社.

Biswas S. and Sankar K., 2002. Prey abundance and food habit of tigers (Panthera tigris tigris) in Pench National Park, Madhya Pradesh, India. The Zoological Society of London.

Goodrich, J. M, 2010. Human-tiger conflct: a review and call for comprehensive plans. Integrative Zoology, 5 (4), 300-312.

Matjuschkin, E. N., Zhivotchenko, V. I., E. N. Smirnov, 1980. The Amur tiger in the U. S. S. R. Unpubl. Report, IUCN, Gland, Switzerland.

Nowell K, Jackson P, 1996. Status survey and conservation action Plan-Wild cats IUCN/ SSC cat specialist group. Cambridge: The Burlington Press.

Pimlott, D. H., & Schaller, G. B, 1967. The deer and the tiger: a study of wildlife in india. Journal of Wildlife Management, 32 (3), 647.

Schaller, G. B, 1983. Mammals and their biomass on a brazilian ranch. Arquivos De Zoologia, 31 (1), 1.

Sunquist, M. E, 1981. The social organization of tigers (panthera tigris) in royal chitawan national park, nepal. Journal of Endocrinology, 336 (336), 345-59.

Sunquist, M. E, 1981. The social organization of tigers (Panthera tigris) in Royal Chitwan National Pakr, NePal. Smithsonia Contrib. Zool., 336, 1-98.

Wilson, & Don, E, 2005. Mammal species of the world :. Johns Hopkins University Press.

亚洲象国家公园探索与思考*

亚洲象（*Elephas maximus*）是欧亚大陆最大的陆生野生动物，世界重要珍稀濒危物种，我国Ⅰ级重点保护野生动物，被列为CITES（濒危野生动植物种国际贸易公约）附录Ⅰ物种，具有极高的国际关注度和保护生物学价值，目前在我国仅分布于云南省。习近平主席、李克强总理多次对亚洲象保护作出重要指示批示，要求进一步加强亚洲象及其栖息地保护。亚洲象分布区域面临着自然资源保护和经济社会发展的双重压力，脱贫攻坚任务繁重。党的十九大提出建立以国家公园为主体的自然保护地体系，新的形势下有新的要求，开展亚洲象国家公园建设，因地制宜地整合各类自然保护地实施系统保护，建立健全自然资源和生态保护长效机制，解决好跨地区跨部门的体制性问题，对建立以国家公园为主体的自然保护地体系、缓解人象冲突、促进人与自然和谐发展具有意义重大，对中国的自然保护事业乃至美丽中国建设将产生深远的影响。

1 亚洲象国家公园体制试点的重要意义

1.1 促进热带森林的完整保护与系统修复，筑牢国家边境生态安全屏障

亚洲象分布区域是我国重要的热带森林分布地区之一，地处中老、中缅边境，是我国边境生态安全的重要屏障。自1958年建立西双版纳国家级自然保护区以来，亚洲象分布区已建各级各类自然保护区5处，面积3527.99平方公里，使亚洲象及其栖息地热带森林得到有效保护，但是，由于人口增加，城镇发展，电站、道路等基础设施建设，亚洲象的活动空间受到挤压，许多亚洲象历史分布区成为橡胶、茶叶、咖啡等经济作物的种植地，种群间的栖息地适宜性下降，基因交流受到阻隔，热带森林碎片化、各自然保护地孤岛化情况日益严重[1]，加强亚洲象及其栖息地的保护及生态修复迫在眉睫。通过开展国家公园体制试点，不仅能使亚洲象国家公园内约4000平方公里的热带森林（其中包含约200平方公里热带雨林）得到有效保护，还能通过系统修复，实现热带森林生态系统的原真性、完整性保护，对于保护、恢复边境生态，构筑国家边境生态安全屏障具有重要意义。

1.2 有效保护亚洲象野生种群，维护区域生物多样性

亚洲象目前仅分布于南亚、东南亚和我国云南省南部边境的西双版纳、普洱和临沧3个州（市）的8个县（市、区）。我国现存野生亚洲象种群数量为33~36群，265~310头，栖息地面积约7000平方公里[2-4]。作为区域重要旗舰物种，亚洲象的有效保护，可以使印支虎、长臂猿、绿孔雀、印度野牛等珍稀濒危野生动物面临的栖息地破坏问题得到缓解。目前，该区域大量濒危野生动植物的保护倍受国际国内关注，通过开展国家公园体制试点，整合各类自然保护地和相关区域，增强亚洲象栖息地的适宜性和斑块间的连通性，推动亚洲象栖息地的整体保护和生境优化，为实现亚洲象种群的稳定增长、同域濒危野生动物的拯救恢复和7600余种野生动植物的有效保护创造良好条件，对于维护区域生物多样性，树立国际形象具有重要意义。

1.3 缓解人象冲突，实现人与自然和谐共生

亚洲象分布区人象冲突严重，近20年间，亚洲象肇事已造成75人死亡，320人受伤，平均每年造成

* 陈飞，唐芳林，王丹彤，等. 亚洲象国家公园探索与思考［J］. 林业建设，2019，(6)：23-29.

的直接财产损失约4500万元。大部分亚洲象分布区交通不便，以种植业为主，经济结构单一，群众增收渠道窄，脱贫任务繁重，生态保护与民生改善的协调联动机制不够健全。通过开展国家公园体制试点，系统实施人象冲突缓解工程，科学开展分区分级保护，对亚洲象肇事严重的村寨采取必要的生态搬迁措施，探索替代生计，调整产业结构，推动绿色发展，有利于保障人民群众生产生活安全，提高地域空间利用效率，对于促进社区发展，形成良好的人地关系，实现人与自然和谐发展具有重要意义。

1.4 推动生态保护管理体制创新，实现自然资源的规范高效管理

亚洲象分布区域涉及多种类型自然保护地及其之外的亚洲象栖息地的管理，存在着各类自然保护地管理目标和管理方式差异较大，自然保护地之外的亚洲象栖息地及自然资源保护管理权责不清，生态功能定位不明晰，处理保护与发展矛盾的方法陈旧等问题。通过开展国家公园体制试点，创新生态保护管理体制机制，整合优化现有自然保护地，增强生态系统连通性，统筹跨区域生态保护与建设，实施整体保护、系统修复、统一管理[5]，有利于解决好亚洲象保护的体制性问题，提高自然生态空间的保护管理效能，对于实现自然资源的规范高效管理具有重大意义。

2 亚洲象国家公园目标定位

亚洲象稳定的栖息地和优质生存空间。各类自然保护地有机整合，片区之间的连通性得以增强，亚洲象栖息地适宜性显著提高，全方位多层次保护体系基本建立，亚洲象种群和同域的其他珍稀物种得到有效保护和恢复。

人象和谐共处的示范区。亚洲象栖息环境和社区居民生活条件得以改善，社区对自然资源利用的依赖度和人象空间的重叠度逐步降低，通过资源合理利用反哺亚洲象保护，形成保护与发展的良性循环。

重点旗舰物种跨区域合作保护的先行区。高效、协调的跨行政区域管理体制基本建立，各州（市）统一管理，协同联动，亚洲象及其栖息地的整体保护不断加强；跨境合作得到强化，高级别的亚洲象跨国境联合保护机制基本建立，亚洲象保护的国际影响力不断扩大。

生态文明体制改革的引领区。自然资源资产产权制度、国土空间开发保护制度、资源有偿使用和生态保护补偿制度、生态文明绩效评价考核和责任追究制度在亚洲象国家公园得到积极践行，经济发展对自然资源开发的依赖度逐步降低，生态文明制度体系逐步健全，可持续发展能力不断增强。

自然生态空间系统保护的典范。亚洲象国家公园森林、耕地、湿地等自然生态空间的开发利用受到严格管控，归属清晰、权责明确、监管有效的自然资源产权制度逐步建立，山水林田湖草生命共同体理念深入人心。

3 亚洲象国家公园范围探讨

3.1 范围划定的原则

一是完整性原则。以现有的自然保护地为主体，新增亚洲象重要活动区域及通道；二是操作性原则。国有林地（土地）优先划定，以明显的地形标志物为界限；三是分区域管理原则。亚洲象国家公园涉及西双版纳、普洱、临沧3个州（市），3地在亚洲象保护重点、资源特点、民族文化、经济和社会发展等方面均存在差异，应实行统一区划，分区域管理。四是科学性原则。按照亚洲象活动规律和生活习性科学划定范围，探索国家公园外围管控区的有效管理方式。

3.2 范围划定的依据

一是涉及的自然保护地情况。涉及西双版纳、南滚河2个国家级自然保护区，面积分别为2425.1平方公里、508.87平方公里；太阳河国家级森林公园66.67平方公里；太阳河、糯扎渡2个省级自然保护

区，面积分别为70.35平方公里、189.97平方公里；易武州级自然保护区，面积为333.7平方公里；省政府依托西双版纳、南滚河国家级、太阳河省级自然保护区建立的西双版纳、南滚河、普洱3处省级国家公园建设试点，面积分别为2854.21平方公里、519.39平方公里、216.23平方公里。

二是亚洲象种群分布现状。目前我国亚洲象分布于西双版纳、临沧和普洱3个州（市），涉及8个县（市、区）26个乡镇。西双版纳州一直是亚洲象的重要栖息地；普洱市的象群则是1992年重返后逐步扩展，种群外溢趋势明显；临沧市境内的亚洲象种群与其他种群无交流，仅分布于南滚河流域。随着亚洲象有效栖息地的减少，近10多年间新增了思茅区、澜沧县、江城县和勐海县等亚洲象分布区，这些新的分布区正是人象冲突严重的地区。

三是亚洲象活动路线。亚洲象主要活动在西双版纳国家级自然保护区及其周边范围，并往外呈种群外溢的趋势，向西北，通过勐海县勐阿镇迁移至普洱市澜沧县发展河乡，通过勐海县勐往乡迁移至普洱市澜沧县糯扎渡镇；向北，在景洪市勐养镇与思茅区六顺镇之间迁移；向东北，通过景洪市普文镇、勐旺乡在江城县整董镇、康平镇和思茅区倚像镇之间来回迁移；向南，通过西双版纳国家级自然保护区勐腊片区和尚勇片区与老挝南塔、丰沙里、乌多姆等地进行来回迁移。

四是亚洲象分布区人口状况。亚洲象分布区人口密度约60人/平方公里，是典型的边疆少数民族聚居区，少数民族人口占总人口的68.16%，主要有傣、哈尼、彝、佤、拉祜、布朗、瑶、基诺、苗等12个少数民族。亚洲象种群分布地中，西双版纳州涉及的3个市（县）、14个乡（镇），约有人口22.96万人，以傣、哈尼、拉祜、基诺、布朗等民族为主。普洱市涉及的4个县（区）、10个（镇），约有人口20.8万人，以彝、傣、哈尼、傈僳、拉祜、佤、瑶等少数民族为主，其中江城县整董镇滑石板村委会259户1118人，于2001年从昭通市大山包地区搬迁至此；思茅区倚像镇纳吉村委会397户1740人，于2003年从昭通市鲁甸县和怒江州福贡县搬迁至此。临沧市涉及的1个县2个乡，约1.8万人，以佤族为主。

在综合考虑亚洲象分布及其栖息地、自然和人文资源分布情况，摸清该区域的国家公园、自然保护区、森林公园等保护地建设及管理情况的基础上，进行综合分析与讨论。

表1 亚洲象国家公园范围设计参照因子表

序号	一级因子	二级因子	说明
1	亚洲象	亚洲象分布	活动路线、通道、分布区域、肇事点
		栖息地分布	栖息地与食源地
2	自然地理	地形	
		地貌	河流、湖泊等
		水文	
3	生物资源	植被	分布区域
		珍稀濒危野生植物	分布区域
		珍稀濒危野生动物	
4	资源利用	水资源	水电站、水利设施等
		风力资源	风力发电厂、线路
		旅游资源	旅游资源分布、旅游景区
5	资源管理	保护地	国家公园、自然保护区、森林公园、风景名胜区等
		土地权属	国有、集体
		森林管理	公益林、商品林
6	基础设施	道路	县道、省道、国道、高速
		旅游服务设施	游客中心、餐饮、住宿、购物等
		管理站点	站点分布
7	社区	聚居地	村、乡镇、县城

通过实地调查、访问，资料收集与分析，因子权重分析与讨论，采用以下技术路线，形成亚洲象国家公园范围（见图1）。

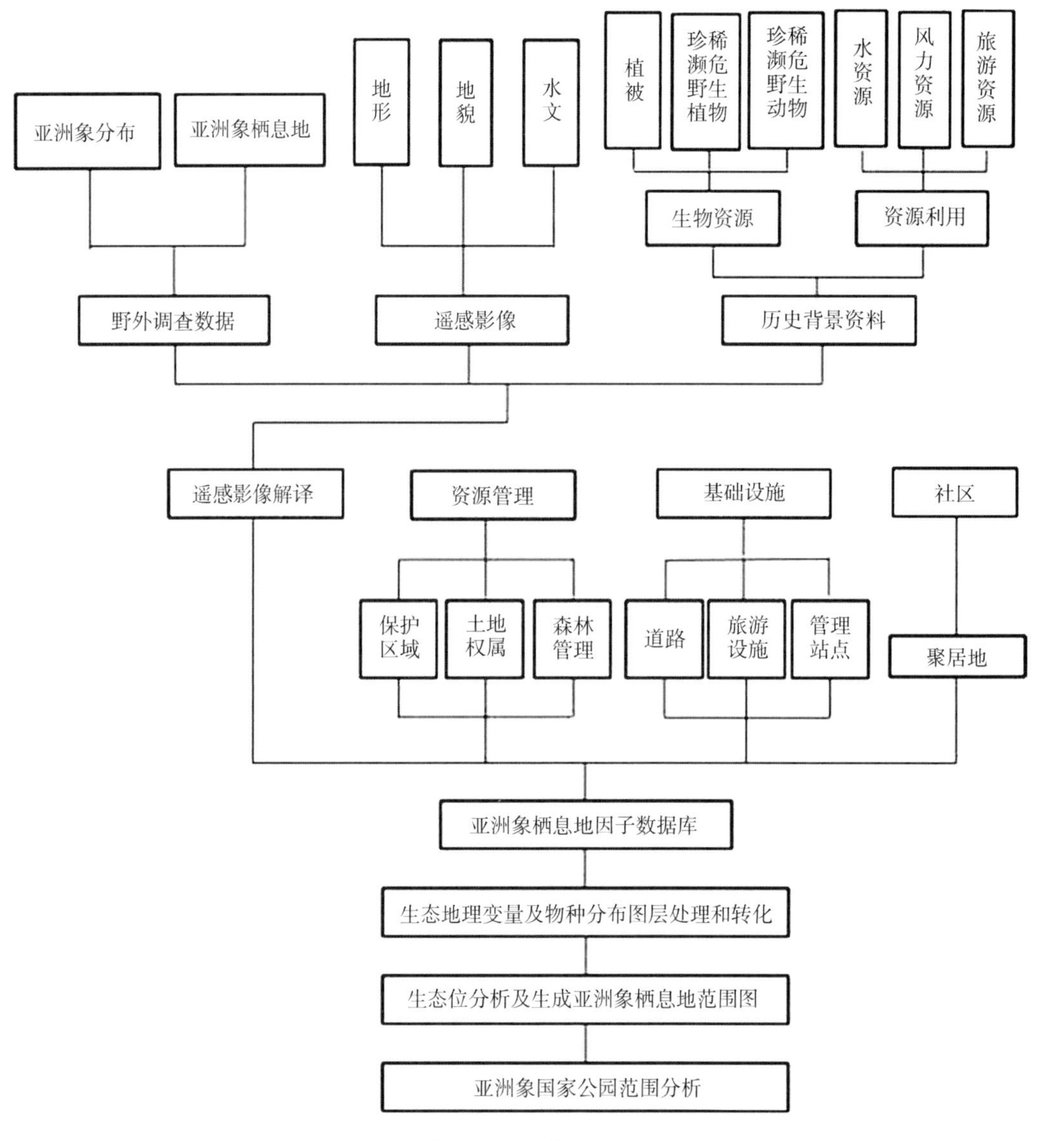

图1　亚洲象国家公园范围分析流程图

3.3　范围探讨

通过系统分析，建议亚洲象国家公园分为西双版纳、普洱、临沧3个片区，总面积5619.25平方公里，基本覆盖亚洲象目前全部的活动区域和路线。国家公园涉及现有自然保护地总面积为3594.66平方公里，占总面积的63.97%。

西双版纳片区面积4683.9平方公里，占总面积的83.40%；临沧片区面积519.4平方公里，占总面积的9.24%；普洱片区面积415.95平方公里，占总面积的7.4%。此外，将国家公园周边4969.69平方公里适合亚洲象活动的区域划为亚洲象栖息地管控区，作为亚洲象栖息地恢复和展示的重点区域。栖息地管控区不包含在国家公园范围内。

亚洲象国家公园土地权属为：国有土地4827.73平方公里，占总面积的85.91%，集体土地791.52平方公里，占总面积的14.09%。土地类型为：林地5557.69平方公里，草地7.96平方公里，耕地47.51平方公里，建设用地0.54平方公里，水域3.58平方公里，其他土地1.97平方公里。亚洲象国家公园范围涉及8个县（市、区），44个乡镇，116个行政村，约61775户，485600人。涉及区域经济社会基础薄弱，发展不平衡，人均国内生产总值约26803元。

4 亚洲象国家公园建设主要内容

4.1 加强人象冲突缓解工程建设

健全预警机制。在国家救援体系框架下，建立健全指挥有序、职责分明、运转高效的亚洲象肇事预警应急机制。按照事件类型、损害程度和影响大小，制定应急预案，依法有力、有序、有效处置野生亚洲象肇事事故，最大程度减少野生亚洲象肇事造成的人员伤亡和财产损失，切实保障人民群众生命财产安全。

建立监测网络。采用先进科技手段和人工跟踪监测相结合的方法，建立网格化亚洲象监测体系；完善肇事风险评估制度，拓展预警信息发布渠道，开展有效的预警信息发布。通过建立跨行政区监测预警联动机制，实现各区间的无缝对接。完善预警视频监控、无人机监测、预警信息发布等监测设施设备。

建设亚洲象防范工程。加大资金投入，在亚洲象肇事频发的村庄（如勐海县勐阿镇、勐往乡、思茅区六顺乡、江城县整董镇等地），指导社区居民科学建设防护围栏、粮仓、村寨照明、避象亭、瞭望台等设施，加固房屋、改善村寨道路，避免人象近距离接触导致的人象伤亡，降低人象冲突概率和肇事损失。加大亚洲象食物源基地建设，探索性开展食物源基地建设补助工程。

实施重点村落生态移民。结合精准扶贫、易地扶贫等政策措施，对亚洲象肇事严重的重点村落进行搬迁安置，同时调整产业结构，转变生产生活方式，为亚洲象活动留出空间，降低人象活动的空间重叠，减少人象冲突。

健全赔付机制。深入开展研究，健全和完善亚洲象肇事赔付机制，制定亚洲象肇事损失调查、评估和赔付的规范，在现有投入的基础上设立亚洲象肇事人身财产损失专项补偿基金，提高补偿标准。建立社会参与保护和社区发展机制，缓解人象冲突。

4.2 加强以亚洲象为核心的物种保护

开展亚洲象种源繁育及救助。依托国家林业局2002年批准建立的“云南西双版纳亚洲象种源繁育基地”，不断完善设施和功能，建成亚洲象种源繁育及救助中心。以此为平台，与国内外研究机构、保护组织等合作，开展亚洲象人工繁育和野化训练，及时救助老、弱、病、残和野外受伤、生病的亚洲象个体并进行相关研究，科学管理、调配亚洲象种源。

巩固亚洲象野外种群保护成果。通过确标定界、巡护道路、食物源基地、亚洲象救助繁育中心、亚洲象保护与监测信息平台、森林防火及病虫害防治等项目的实施，巩固亚洲象及其栖息地保护成果，复壮亚洲象野外种群。

开展栖息地恢复、改造。在严格论证的前提下，在自然保护区实验区开展亚洲象栖息地恢复试点，对受损、退化、碎片化的栖息地进行恢复、改造。在人象冲突严重区域，通过逐步赎买生态关键区域的集体农地和经济林，采取胶林改造、退耕还林、生态农业等措施，使其逐步恢复成为适宜亚洲象生存的自然环境。

加强栖息地连通廊道建设。采取近自然措施，在栖息地管控区建设亚洲象生态廊道，连通相互隔离的栖息地，实现隔离种群之间的基因交流，从根本上降低局域小种群的灭绝风险。对公园范围内已建和拟建工程设施，通过建空中廊道、地下隧道等方式，为亚洲象及其他动物留出通道。

加强原生生态系统保护。充分发挥亚洲象作为旗舰物种的“伞护”效应，开展对亚洲象同域分布的珍稀濒危野生动植物的抢救性保护。充分发挥国家公园作为物种天然基因库的重要作用，加强对破坏自然资源违法行为的打击力度，促进原生热带森林、同域濒危野生动植物的保护，为印支虎、长臂猿、绿孔雀、印度野牛等在内的7600多种野生动植物种群创造良好生存环境。

4.3 创新生态保护管理体制

设立精简高效的管理机构。试点期间，由中央政府委托云南省政府行使亚洲象国家公园内全民所有的自然资源资产所有权。优化整合园区内现有各类自然保护地管理机构，整合管理资源，探索跨行政区、跨部门管理的有效途径。按照精简、统一、高效的原则，依托现有机构整合组建省政府直管的亚洲象国家公园管理局，统一行使亚洲象国家公园内自然资源资产管理和国土空间用途管制职责，依法实行更加严格的保护。亚洲象国家公园管理局与今后成立的云南省国家公园管理局合署办公，下设亚洲象国家公园西双版纳、普洱、临沧 3 个管理分局。

合理划分亚洲象国家公园管理机构与当地政府的管理职责。管理机构履行国家公园范围内生态保护、自然资源资产管理、特许经营管理、社会参与管理和宣传推介等职责，负责协调与当地政府及周边社区关系。地方政府行使辖区（包括国家公园）经济社会发展综合协调、公共服务、社会管理和市场监管等职责。

健全权属明晰的自然资源资产管理体制。将国家公园作为独立自然资源登记单元，对亚洲象国家公园自然生态空间进行统一确权登记，实行资源的监督权、管理权和经营权相分离。建立自然资源资产产权管理制度，科学评估资源、资产的价值，实行自然资源有偿使用制度。强化生态文明绩效评价考核和责任追究制度，全面落实资源环境生态红线管控制度，引进第三方评估机制。

4.4 构建生态保护运行机制

建立资金保障的长效机制。根据亚洲象国家公园建设需要，中央财政通过现有渠道加大资金支持，完善基础设施、生态移民、生态廊道建设、科研监测、生态保护补偿等方面的投入机制。完善生态保护成效与项目资金分配挂钩的激励约束机制，运用以奖代补、奖惩结合等手段，建立转移支付资金安排与绩效考评结果相衔接的分配制度，重点生态功能区转移支付对国家公园给予重点支持。健全生态保护补偿机制，完善资源利用反哺生态保护机制，探索建立社区居民参与保护的受益机制。积极吸引社会资金和国际资金参与国家公园建设。

规范资源利用管理方式。科学评估资源、资产价值，实行自然资源有偿使用制度、特许经营制度，盘活自然资产价值。建立兼顾地方政府、国家公园和当地群众利益的激励相容机制，在游憩展示区和传统利用区创新特许经营管理模式。按照国家公园内单位和社区居民优先参与竞争原则，对国家公园生态修复项目、经营性活动和设施建设开展特许经营。支持居民以投资入股、合作、劳务等多种形式开展森林康养、森林体验、生态产品加工销售等经营活动。依法加强特许经营动态管理，完善特许经营退出机制。强化特许经营收入监管，纳入收支两条线，由州（市）政府负责管理，用于国家公园生态保护和民生改善。

探索可持续的社区发展机制。鼓励原住居民参与国家公园建设管理。将现有各类自然资源、自然保护地管护岗位统一归并为生态管护公益岗位，优先安排原住居民特别是建档立卡贫困人口参与国家公园管护工作。发扬爱象、崇象传统文化，建立居民参与生态保护和公园运营管理的利益分享机制，加大就业培训力度，按规定设立社会服务公益岗位，支持原住居民从事生态体验、自然环境教育服务以及生态保护工程劳务、生态监测等工作。在亚洲象肇事严重区域开展产业结构优化试点，以出售高附加值农产品、开展休闲农业和生态旅游业为主，创新亚洲象保护管理与利用模式。以转变生产生活方式为基础，群众自主自愿为前提，保护核心区域、重要生态节点、重要生态廊道为目标，积极稳妥推进重点区域生态移民。统筹使用精准扶贫、易地扶贫搬迁、地质灾害避险搬迁和农村危房改造等政策，引导亚洲象栖息地重点区域和人象冲突严重区域居民逐步迁出，推进有条件的村落搬迁和移民建镇。实施严格的人口管控措施，控制国家公园内村庄扩展，规范生产生活设施管控。

有序扩大社会参与。建立社会捐赠制度，符合公益性捐赠条件的，享受相关税收优惠政策。建立国家公园向社会购买服务制度，推动策划宣传、创意设计、信息应用等服务外包。吸引社会力量参与信息平台、衍生产品等新兴领域建设。建立健全志愿者服务机制，制定完善志愿者招募、注册、培训、参与、服务记录、激励保障制度。建立社会组织和个人参与合作管理机制，建立国家公园合作伙伴制度，为国家公园建设提供专家咨询、技术和科研等支持。建立重大项目社会公众参与决策制度，充分保障社会公众对重大项目的知情权、参与权和表达权。建立健全社会监督机制，建立公开透明的信息平台，建立举报制度和权利保障机制，接受各种形式监督，不断促进国家公园规范运营、科学发展。

4.5 加强跨境合作和提升游憩质量

加强跨境保护合作。以“一带一路”建设为契机，积极加强与老挝、缅甸两国的沟通、联系，建立高级别亚洲象跨国境联合保护机制，以生态和物种保护促进经济文化合作交流，扩大国际影响力。在中老、中缅边境启动生态廊道建设，促进亚洲象种群的遗传交流和种群恢复。同时，建立亚洲象分布国双边、多边合作，应用新技术手段和绿色金融等渠道，加强野生动物跨境保护和监测。加强执法领域合作，有效遏制非法野生动物贸易。

全面提升游憩质量。按照绿色、循环、低碳的理念，科学规划以亚洲象为主题的生态体验项目，合理布局游憩体验线路，建设国家公园生态步道，构建高品质、多样化的生态产品体系。根据环境容量合理确定访客承载数量，实行门票预约和访客限额制度，建立访客量控制与行为引导机制。

积极开展自然环境教育。完善科普宣教设施设备，改善科研、教学实习基地条件，健全解说体系。全方位、立体式展示亚洲象国家公园的自然、生态与文化，为公众提供亲近自然、体验自然、了解自然的机会，增强公众的民族自豪感、自然保护的认同感和参与保护的自觉性。

综上，亚洲象国家公园的建设是一项重要的公益性和基础性生态建设工程。云南省在国家公园建设试点方面的先行先试，为我国建立国家公园管理体制贡献了智慧和经验，西双版纳、普洱、临沧等地保护管理部分积极而为，在亚洲象保护、中老跨境联合保护等方面取得了可喜成就。通过长期的国家公园试点和亚洲象保护经验累积，借助国家公园建设的机会，开展亚洲象国家公园建设，将产生巨大的生态效益、社会效益和经济效益，是一项集保护、科研、宣教、展示、社区发展于一身，融生态、社会、经济效益为一体，功在当代，利在千秋的事业。

【参考文献】

陈明勇，吴兆录，董永华，等，2006. 中国亚洲象研究［M］. 北京：科学出版社，28-81.

郭贤明，王兰新，彭勇，2016. 我国亚洲象保护管理工作的思考［J］. 林业世界，5（4）：37-43.

唐芳林，王梦君，孙鸿雁，2018. 建立以国家公园为主体的自然保护地体系的探讨［J］. 林业建设，2（1）：1-5.

Zhang, L., Dong, L., Lin, L., et al., 2015. Asian Elephants in China: Estimating Population Size and Evaluating Habitat Suitability. PLoS ONE, 5, 1-13.

Zhang, L. and Wang, N, 2003. An Initial Study on Habitat Conservation of Asian Elephant (Elephas maximus), with a Focus on Human Elephant Conflict in Simao, China. Biological Conservation, 112, 453-459.

构建西藏以国家公园为主体的自然保护地体系思考*

党的十九大报告提出“构建国土空间开发保护制度，完善主体功能区配套政策，建立以国家公园为主体的自然保护地体系。”2019年1月，中央全面深化改革委员会第六次会议审议通过了《关于建立以国家公园为主体的自然保护地体系指导意见》。会议强调，要按照山水林田湖草是一个生命共同体的理念，创新自然保护地管理体制机制，实施自然保护地统一设置、分级管理、分区管控，把具有国家代表性的重要自然生态系统纳入国家公园体系，实行严格保护，形成以国家公园为主体、自然保护区为基础、各类自然公园为补充的自然保护地管理体系。这是以习近平同志为核心的党中央站在中华民族永续发展的高度做出的生态文明建设的重大决策，将对中国的自然保护事业乃至美丽中国建设产生深远的影响。

西藏是地球上极为特殊的地理单元，生态地位极其重要。中科院发布的《西藏高原环境变化科学评估》[1]报告显示，西藏的污染物环境背景值明显低于人类活动密集区，与北极相当，仍为全球最洁净的地区之一，被誉为“世界上最后一方净土”。西藏生态安全屏障是我国两大重要生态安全屏障之一，是国家构建以“两屏三带”为主体的生态安全战略格局的重要内容。

新时代要求实现新目标，鉴于西藏重要的战略地位和西藏极高的生态资源禀赋，西藏按照中央部署开展调研、梳理西藏全区目前的各类保护地建设现状与管理情况，抓住机遇，顺势而为，以推进西藏自治区生态文明建设、理顺西藏自治区自然保护地体制、促进西藏生态保护工作开展、筑牢西藏生态安全屏障为首要任务，认真贯彻落实党中央的指示精神，提出建立以国家公园为主体的自然保护地体系的构想，为拓展西藏生态文明体制建设新空间下好“先手棋”。

1 基本情况

青藏高原是全球生物多样性最丰富的地区之一，羌塘-三江源、岷山-横断山北段、喜马拉雅东南部和横断山南段等区域是我国生物多样性保护优先区域。高原特有种子植物3760余种，特有脊椎动物280余种，珍稀濒危高等植物300余种，珍稀濒危动物120余种。已建立的自然保护区，有效保护了青藏高原特有与珍稀濒危的动植物及其生存环境[2]。

作为青藏高原主体，西藏地处泛北极区系和古热带区系的交汇处，是世界生物多样性热点地区和世界上山地生物物种最主要的分化与形成中心，是亚洲重要江河源和生态源，有着以世界第一高峰-珠穆朗玛峰为代表的极高山群、世界最深的雅鲁藏布大峡谷、羌塘高原荒漠等世界罕见的地质奇观，有着以热带北缘半常绿季风雨林植被为基带的我国最完整的湿润山地森林生态系统，以山地生态系统旗舰物种雪豹、湿地生态系统旗舰物种黑颈鹤、草原生态系统藏羚羊和野牦牛为代表的世界珍稀濒危动物群、以冈仁波齐-玛旁雍错为代表的独特的神山圣湖文化，其自然资源和人文资源的保护价值、研究价值和观赏价值在中国乃至全球具有不可替代性。

西藏自治区党委、政府及有关部门十分重视自然保护，自1985年西藏建立第一个自然保护区以来，在全社会的共同努力下，抢救性划建了一大批自然保护区，全区自然保护区事业取得积极进展，西藏的

* 陈飞，唐芳林，孙鸿雁，等. 构建西藏以国家公园为主体的自然保护地体系思考［J］. 林业建设，2019，（3）：11-15.

自然保护事业经历了从无到有、规模从小到大、类型单一到全面的发展历程。全区共建立自然保护区47个，总面积约41.37万平方公里，自然保护区面积约占自治区国土面积的33.68%，初步形成了一个类型比较齐全、分布比较合理的自然保护区格局，有效地保护西藏具有典型意义的生态系统、自然环境、地质遗迹和珍稀濒危物种，防止生态环境的进一步恶化，维持生物的多样性，保证生物资源的持续利用和自然生态的良性循环。

全区目前保护地建设情况如下：已建立各类自然保护区47处，总面积41.226万平方公里，占全区国土面积的三分之一，居全国首位；国家森林公园9个；国家湿地公园22个；国家级风景名胜区4个、自治区级风景名胜区12个；地质公园3个。

经多年的保护，全区草地、森林、湿地等生态系统得到一定程度的恢复，物种和生物遗传资源得到较好地保护。目前，西藏共有高等植物6600多种、藻类植物2376种、真菌878种，国家重点保护珍稀植物38种（喜马拉雅红豆杉、玉龙蕨等国家一级保护植物6种）；西藏幅员辽阔，地貌复杂，气候多样。丰富的自然地理环境孕育了众多的珍稀野生动物，使西藏成为全国野生动物种类最为丰富的省区之一。西藏分布有古北界和东洋界两大动物地理区系的物种，已记录野生脊椎动物有795种，现有国家和自治区重点保护野生动物141种[3]。珍稀濒危物种种群的恢复与扩大是生物多样性保护成效的明显标志。青藏高原黑颈鹤、藏羚羊、普氏原羚、野牦牛、马鹿、滇金丝猴等的个体数量正在稳步增加。雅鲁藏布江中游河谷黑颈鹤国家级自然保护区建立以来，到此越冬的黑颈鹤逐年增加，约占全球黑颈鹤数量的80%，已成为全球最大的黑颈鹤越冬地。羌塘高原藏羚羊个体数量从2000年的6万多只恢复到2016年的20万只以上，野牦牛个体数量由保护前的6000多头恢复到2016年的10000多头。

西藏自然保护工作成绩斐然，但在快速发展的过程中，存在着一定的历史遗留问题。自然保护地大多由行业主管部门主导、地方自下而上申报而建立，其产生过程中没有经过系统的整体规划，地方分割、部门分治，没有通过顶层设计和统筹规划，出现多头设置、交叉重叠、边界不清、区划不合理、权责不明、人地冲突严重，出现空间分割、生态系统破碎化现象。例如：风景名胜区、地质公园边界不明晰，目前无矢量图层，无法实现标准管理；班公错湿地自治区级自然保护区与班公湖国家森林公园、工布自治区级自然保护区与色季拉国家森林公园公园等保护地存在交叉重叠现象。各类保护地多头管理，存在“九龙治水”现象，11处国家级自然保护区中有10处是林业部门建设管理，1处是环保部门建设管理；16处风景名胜区由住建部门建设管理；3处地质公园由国土部门建设管理。不同的管理部门对各自的保护地管理标准不统一。26处市县级自然保护区虽然由地方政府提出并建立，但尚未获得西藏自治区人民政府的正式批复，使得市县级保护区的标准化、法制化管理目前尚未实现。

针对西藏自然保护地目前存在的各类问题，迫切需要根据中央精神大力改革，以问题为导向，重新梳理、评估，深入分析，针对性地提出解决方案，建立以国家公园为主体的西藏自然保护地体系。

2 重要意义

2.1 是贯彻落实中央重要决定、践行生态文明建设的重大举措

党的十九大报告提出“构建国土空间开发保护制度，完善主体功能区配套政策，建立以国家公园为主体的自然保护地体系。”西藏自治区作为祖国重要的生态屏障，积极贯彻落实中央关于建立以国家公园为主体的自然保护地体系的重要决定，是落实中央精神，践行生态文明建设的重大举措。

2.2 是进一步保护西藏生态、建设美丽西藏的重要途径

遵照习近平总书记“建设美丽西藏”的重要指示，西藏自治区坚持把建设美丽西藏作为一项重大政治任务来完成，作为关系国家生态安全全局和西藏长远发展的头等大事来抓，牢固树立“保护生态环境就是保护生产力、改善生态环境就是发展生产力”，“绿水青山、冰天雪地也是金山银山”的理念。2013

年，制定了关于建设美丽西藏的意见，明确了推进美丽西藏建设的基本原则和目标任务；2016年，出台了关于着力构筑国家重要生态安全屏障，加快推进生态文明建设的意见，对加快推进生态文明建设、加强美丽西藏建设、努力构筑高原国家安全生态屏障进行了重要部署。在新形势下，西藏自治区建立以国家公园为主体的自然保护地体系，是建设美丽西藏的重要途径。

2.3 是完善西藏保护体系、加强全区保护工作的重要载体

针对西藏自治区目前多种保护地并存、交叉重叠、多头管理的情况，根据机构改革精神和中央建立以国家公园为主体的自然保护地体系要求，须按照精简、统一、高效原则，对西藏自治区内现有各类保护机构和职责进行优化整合，打破现有自然保护区、森林公园、湿地公园、风景名胜区等保护地的管理界线，实现一块保护地一块牌子，一个管理机构，对西藏所有保护地进行科学分级、分类，实行统一领导、统一部署、统一保护、统筹规划实施。通过建立以国家公园为主体的自然保护地体系，明确保护地的管理范围、管理机构、管理资金筹措、保护地范围内建设项目准入许可等，是完善西藏保护体系、加强全区保护工作的重要载体。

2.4 是促进人与自然和谐共生、推动西藏发展的重要动力

党的十九大报告提出“坚持人与自然和谐共生”，并将其作为新时代坚持和发展中国特色社会主义的基本方略之一。这为科学把握、正确处理人与自然关系提供了基本遵循。人与自然是生命共同体，人类必须尊重自然、顺应自然、保护自然。西藏脆弱的生态环境使其难以通过传统的工业化实现富民兴藏的发展目标。在国家大力推动生态文明和国家生态安全屏障建设的背景下，西藏的发展更加需要实事求是、正确把握生态保护与经济发展的关系，在保障生态安全的同时，创新绿色发展，建立以国家公园为主体的自然保护地体系，健全生态保护补偿制度，完善政府主导、社会参与的生态建设体制机制，为当代人提供优质生态产品，为子孙留下自然遗产，为中华民族永续发展提供生态保障。

3 构建西藏自治区以国家公园为主体的自然保护地体系初步设想

3.1 “自然保护地体系”的概念

不同于单个自然保护地，单个的自然保护地功能有限，要形成体系才能最大化地发挥生态服务功能。根据唐芳林等发表的“建立以国家公园为主体的自然保护地体系的探讨”[4]，体系是指若干有关事物或某些意识相互联系的系统而构成的一个有特定功能的有机整体，泛指一定范围内或同类的事物按照一定的秩序和内部联系组合而成的整体，体系具有系统性、完整性、联系性、功能性等特征。

3.2 定位

始终坚持尊重自然、顺应自然、保护自然的理念，通过梳理西藏自治区目前各类保护地的空间分布格局与管理现状，结合西藏生态保护与发展的需要，整合、转型、优化、补充各类自然保护地。构建国土空间开发保护制度，科学划定生态空间、生产空间和生活空间，按照主体功能区分别制定配套政策，严格保护生态空间，适度控制生产空间，合理利用生活空间，坚持人与自然和谐相处、共同发展，以生态促扶贫、推动西藏快速发展，保护好地球第三极净土，构建西藏完善、完整、统一的以国家公园为主体的自然保护地体系。

3.3 目标

3.3.1 科学分级、分类，整合自然保护地

通过全盘梳理和评估，深度分析，科学分级、分类，整合全区自然保护地，解决部分类型保护地重开发轻保护、部分保护地重叠等问题，使各类保护地在保护目标上、体制机制上得到保障，实现生态系统原真性和完整性保护。

3.3.2 统一管理机构

整合现有各类保护地管理机构，归口统一管理，实现一个保护地一块牌子，一个管理机构，组建统一、规范、高效的以国家公园为主体的自然保护地体系，解决西藏现有多头管理、碎片化的问题，实现自然保护地统一管理。

3.3.3 理顺管理体制

以西藏保护地体系建设为契机，加强制度建设，构建国家公园管理体制，提高管理效率，协调主要利益群体，有序扩大参与，在西藏构建突出生态保护、统一管理目标、规范管理操作、明晰资源权属、创新经营模式的以国家公园为主体的自然保护地体系。

3.3.4 协调保护与发展矛盾

推进激励与约束并举的生态保护与环境改善机制，调动当地社区参与自然保护，健全生态保护补偿制度，创新政府主导、社会参与的生态建设体制机制，在实现生态安全屏障构建的同时把西藏建设成重要的世界旅游目的地，构建人与自然和谐共生关系和保护与发展的协调关系，最终实现经济、社会和生态环境效益的统一协调发展。

3.4 分类整合初步设想

构建西藏自然保护地体系，先对全区自然保护地进行梳理，如现有的各级自然保护区、森林公园、湿地公园、风景名胜区、地质公园等，对有交叉重叠的保护地进行分析，对适宜建立国家公园的进行调查、论证、转型，对不同保护对象与级别的保护区进行优化调整，形成类别多样、层次级别分明、重点生态系统与动植物作为保护对象全覆盖、保护管理机构体系建设完善、权责明晰的西藏自然保护地体系。

结合西藏实际情况，提出构建西藏自治区以国家公园为主体的自然保护地体系初步设想如下：

3.4.1 国家公园

根据自然生态系统代表性、面积适宜性和管理可行性，明确国家公园准入条件，确保自然生态系统和自然遗产具有国家代表性、典型性，确保面积可以维持生态系统结构、过程、功能的完整性，确保全民所有的自然资源资产占主体地位，管理上具有可行性。在西藏现有自然保护区的良好基础上，分析西藏独特的丰富的生物多样性现状，结合珍稀濒危物种分布和人类活动频繁度状况，充分结合生物地理区划（物种的分布是客观的，其中自然环境条件，例如地形、气候、人类活动、植被和水系等，都对物种的客观分布产生着重要的影响，生物的客观分布规律是生物地理区划的根本[5]），科学论证、转型建设羌塘国家公园、珠穆朗玛峰国家公园、雅鲁藏布江大峡谷国家公园等，形成西藏特色的国家公园群，为建设“地球第三极国家公园群”奠定基础和提供建设经验。

已转型成国家公园的自然保护区不再保留原保护区的管理模式，以最新最合理的国家公园管理模式，全权交由国家公园管理局进行管理，节约行政管理成本，避免出现同一保护区多个部门管理、多次重复论证等现象。

3.4.2 自然保护区

尚未达到国家公园建设条件的自然保护区，继续沿用已有的成熟的保护区管理模式，在国家相关法律法规的监督下，进行优化调整，形成多层次、多目标、权责清晰的自然保护区体系。

3.4.3 自然公园

加强自然公园体系建设，分析现有森林公园、湿地公园、国际重要湿地、自治区级重要湿地网络，补充完善新增各级自然公园，探索建设草原公园。梳理现有风景名胜区、地质公园、自然遗迹，明确管理主体、管理目标、经营方式，形成权责利清晰的观赏旅游保护地体系。各类自然公园要边界清晰，去除重叠部分，通过特许经营、委托经营、合作经营等方式，完善管理机构与经营机构，形成完整的自然公园网络。

3.5 体系的构建

通过三类不同级别的保护地分支体系建设，融合建成西藏自治区以国家公园为主体的自然保护地空间体系。除了完整的空间体系，还应建立完善的自然保护地治理体系。治理体系包括管理体制、法律体系、技术标准体系、资金、人才、科技等保障体系等。其中，明确统一的管理部门尤为重要，要明确自然保护地体系的管理部门，需要考虑原有工作基础，充分吸收既有保护管理成果，稳定基础管理机构，使改革成本最小，改革成效最好，特别要防止大拆大分和激烈变动而有可能引发的剧烈震动和资源破坏。

根据《深化党和国家机构改革方案》：各类保护地由国家林业和草原局统一管理，目前中央机构改革三定方案明确，西藏自治区根据中央精神要求，已将全区各类保护地的管理职能全部划转明确至西藏林业和草原局，此举将极大提高管理效率、促进保护成效、避免部门重复管理。

西藏自治区自然保护地体系建设，需按照中央精神，遵守各项制度，始终坚持尊重自然、顺应自然、保护自然的理念，结合国际、国内的先进经验，探索西藏国家公园建设，形成具有西藏特色的、统一的、高效的以国家公园为主体的自然保护地体系。同时，积极争取中央政策支持和资金支持，从顶层设计出发，将西藏纳入全国国家公园试点建设范围，进一步保护好青藏高原独特的生态系统，实施退牧还草、退牧还湿、高海拔生态搬迁、农牧民生态岗位聘用、管护站点建设、建立健全保护机构等措施，构建国土空间开发保护制度，科学划定生态空间、生产空间和生活空间，按照主体功能区分别制定配套政策，严格保护生态空间，适度控制生产空间，合理利用生活空间，坚持人与自然和谐相处、共同发展，以生态促扶贫，保护好地球第三极净土，改善边疆地区少数民族群众生活，维护地区和谐稳定，保障国家生态安全与国土安全，建设美丽西藏，为美丽中国建设和中华民族永续发展奠定基础。

【参考文献】

[1] 姚檀栋，等. 西藏高原环境变化科学评估［R］. 2015，131-132.

[2] 国务院新闻办公室. 青藏高原生态文明建设状况［R］. 2018.

[3] 西藏自治区林业厅. 西藏林业工作手册［M］. 北京：中国林业出版社，2012，72-75.

[4] 唐芳林，等. 建立以国家公园为主体的自然保护地体系的探讨［J］. 林业建设，2018，2（1）：1-5.

[5] 解焱，等. 中国生物地理区划研究［J］. 生态学报，2002，22（10）：1599-1615.

国家公园道路绿色营建的思索
——冰岛 1 号公路的启迪*

道路设施是国家公园重要设施之一，国家公园的道路设施绿色营建既要借鉴国外建设的经验，同时也要适合国情，营建过程应尊重物种多样性，减少对资源的剥夺，维持植物生境和动物栖息地的质量，是对自然过程的有效适应及结合，是一种对自然和社会的责任。

1 引言

从提出建立国家公园体制试点开始，党中央推出了一系列改革措施，我国国家公园顶层设计逐步构建，从党的十九大以后国家公园建设进入了新的发展时代。作为保护级别最高的自然保护地，国家公园的营建提上了议事日程。如何建设国家公园？国家公园的设施应该怎样建设？要遵循什么样的建设理念？值得我们认真思考。

绿色营建（green construction）一般是指在全寿命期内，最大限度地节约资源（节能、节地、节水、节材）、保护环境、减少污染，为人们提供健康、适用和高效的与自然和谐共生的产品、使用空间的活动和过程，包括绿色建筑、绿色建造、绿色建材、近自然修复等。其作为最大限度考量资源、环境、污染、使用空间的活动和过程的全周期、全寿命、全过程建造理念，可以很好地解决国家公园设施建设可持续发展、绿色、生态、环保的要求，按照绿色发展理念，应用生态工法[3]，在环境生态与功能安全上寻求合理的平衡点，满足重要的自然保护地开展设施建设将其影响控制在可接受的改变范围内，做到尽量不伤害自然环境，确保对国家公园的生物多样性和自然生态系统的伤害降至最低。[1,2]

1872 年美国建立世界上第一个国家公园—黄石国家公园。100 多年来世界上有 200 多个国家和地区建立了国家公园、自然保护区等自然保护地。纵观世界上国家公园建设的进程，国家公园以自然保护为主要目的，兼有科研监测、环境教育、游憩展示和社区发展功能。为实现这几种需求而建立的管理服务设施（管理中心、游客中心、管理站等）、交通设施（车道、步道等）、景观休憩设施（观景平台等）、解说标志设施（户外解说设施、管理性牌志设施等）等国家公园设施，在国家公园的不同位置发挥着各自应有的作用，共同组成国家公园的设施体系。在各国国家公园积累的诸多设施建造成功经验中，基本上遵循无论规模大小均与国家公园生态系统有密切关系，各项设施的建造都避免传统工程建设对资源的浪费和产生的废弃物污染环境，提倡永续性、人性化、简约化、轻量化、本地化，有效降低环境冲击及负荷，绿色营建作为主要的建设理念贯穿始终，非常重要也非常必要。[4]

1.1 道路绿色营建的需求

国家公园的各类设施在不同位置发挥着各自应有的作用、承担不同的功能，共同组成国家公园的设施体系。交通设施作为联系国家公园各地重要的设施项目，围绕服务国家公园保护、管理、宣教、自然体验、科研监测、社区服务等功能要求，它像人体的脉络一样，贯穿于国家公园的不同区域，承担了民众进入国家公园、了解国家公园最主要的媒介[3]。

国家公园建设目前在我国刚刚开始，其交通设施的规划体系、设计标准及建设思路等尚处于起步阶段，以往保护地的交通设施就是按一般的交通设施对待，国家公园道路系统设施的特殊性、生态性、可

---

* 蔡芳. 国家公园道路绿色营建的思索——冰岛 1 号公路的启迪［J］. 林业建设，2020（3）：5-10.

持续性研究几乎为空白。

国家公园道路系统设施一方面起到导引人流、疏导交通的作用，提供访客接近国家公园的渠道；另一方面通过道路系统可将国家公园分隔成不同体验、不同大小、不同功能的空间，同时又通过道路，把国家公园内各个空间联系成一个整体。

1.2 道路绿色营建的问题

国家公园道路系统设施因其涉及面广，是造成环境冲突的重要因素。因此道路绿色营建中需要考虑的问题在于国家公园内交通设施进入应依据环境自然度、功能区的定位要求，在环境保护前提下，适当设置环境容许的交通设施种类，并进行适当管制措施，以确保国家公园道路设施和自然环境两者之间“物我同舟、天人共泰”，国家公园生物多样性存活的空间和条件得以保持。

国外国家公园发展了100多年，在国家公园道路设施建设上有许多的经验和做法。所以我们需要积极吸收和引进国际先进理念和经验，来促进我国国家公园道路系统设施的建设。因为生态环境脆弱、景观多样、地质环境特殊，冰岛1号公路的绿色营建模式对我国的国家公园道路系统的建设有一定的借鉴作用，是比较有价值的营建案例。

2 冰岛1号公路的绿色营建

2.1 建设背景

欧洲西北部岛国冰岛面积为10.3万平方公里，为欧洲第二大岛。位于大西洋中脊之上，岩浆活动活跃，境内3/4的土地是高原，1/8被冰川覆盖，冰川地貌、火山地貌遍布，被称为“冰火之国”。

由于地质条件复杂，受变化无常的寒温带海洋性气候影响，喷泉、瀑布、湖泊和湍急河流广泛分布，原真的生态、自然景观的独特、优美的环境，吸引着全球游客，使得近年冰岛成为一个热门旅游地点。拥有33万人口的北欧小国冰岛2018年接待游客量超过250万人。为了满足游客体验广袤地域、平原、海岸线等大尺度的自然景观的需求，道路系统的构建非常重要。冰岛的道路系统分为主道、辅道、F山路及各类步道四类。其主道只有一条，就是1号环岛公路。

环岛修建的1号公路不仅满足了通行，同时提升游憩体验，成为冰岛标志性的设施之一。1号公路于1974年建成，全长约830英里（约合1336公里）；它是一条“环形道路”，一条大大的圆圈将整个冰岛都圈了起来，在约1.3万公里 的冰岛国家级道路中占有重要地位。1号公路为双向单车道，部分路段只有一条单行车道，桥遂基本上为单边桥和单车道隧道。沿途经过很多海湾、亚北极区沙漠和大西洋海岸，它像一条项链般串联起了沿途的苔原、冰原冰川、冰帽雪峰、火山与裂谷、地热温泉、火山岩荒漠、内陆山岳、海岸断崖、瀑布、野生动植物及村落城镇等万千自然景观。它也是民众体验冰岛瓦特纳冰川国家公园、冰川峡谷河国家公园及辛格维利尔国家公园的重要交通媒介。

2.2 公路的设计与建设

2.2.1 设计理念

（1）建设的思路

1号公路建设之初，对公路建设的目的做了认真的思考，摒弃了以往公路主要是为了解决便捷、通畅、高效、安全等目的，融入了注重生态保护、资源保护的理念，开始把公路的功能从强调通达性、快捷性拓展到更加重视深度体验的建设思路，体现了公路不仅仅是一条通道，而是复合路，是具有平台意义的路，同时也是本地生活方式构建的媒介。因此在冰岛“上环吧”已成为相当“冰岛化”的说辞，这里的“环”就是1号公路，多数冰岛人总会在人生的某个重要时段，驱（骑）车踏上这段旅程，1号公路也成为见证冰岛人喜怒哀乐、生老病死的高速路。

1 号公路在公路建设中融入生态系统和自然资源保护的理念，转变了公路建设的传统指标（快捷性、便利性等），更注重景观的游憩体验，增强了道路的服务功能、绿色健康及绿色精神回馈，实现了“价值叠加”。

（2）遵循原则

正是因为理念的变革，1 号公路的设计遵循了以下原则。

（a）自然选择为导向。不破坏就是最大的保护，线路的布设错落有致，山坡、平坡连接，弯、直设计合理。

（b）资源保护优先。公路的密度、规模、配套设施让位于生态，以保护为使命，维护原有生物圈的完整性、可持续性。

（c）功能为前提。实现、满足、得到什么功能，就配套相应的设施，路线沿景点设置位置适宜的观光平台和保留步道，满足深度体验功能的要求。

图 1　冰岛 1 号公路系统构建

2.2.2　公路系统构成

1 号公路环状路网的干线系统，对冰岛全境形成环绕之势，从 1 号公路上发散出其他的道路。多条发散道路与 1 号公路将冰岛内陆和外环体系结合起来，通过主道与辅道及 F 山路的结合，形成以主道为主，辅道及 F 山路为辅，各类步道为补充，路到点的三级路网布局。

2.2.3　布线法则

（1）朴实自然、线型因地制宜

1 号公路就如同一个环绕在冰岛全境的戒指，沿着大西洋边的陡峭山崖、历经一系列发卡弯、在石化的火山岩土地上及峡谷边顺山势布设、随河势蜿蜒、纵断面随地形起伏，“走势与山势、河流、峡谷等自然地貌融合”，基本上看不到破坏山体或水系。

（2）简单科学、设计标准实事求是

设计标准不追求全线统一，断面形式可变，附属设施简洁实用。很多曲线为避让草地、森林、自然景观而设，纵断面适顺地形，填挖方少，基本上不采用高填方路基。

图 2　冰岛 1 号公路布线

2.2.4　设计特点

（1）环境的融合

穿行广袤寒带苔原的平原、浅丘区的路基设置成低矮路基，使公路与舒缓的地形融为一体，减弱了公路分割自然的负面效果。在大自然中出现的公路仿佛就是自然的一部分，就是一道风景，没有与自然形态相拗的视觉感受，保持了公路与自然景观的协调性和融合性。

图 3　穿越苔原

（2）公路密度限制

在一定的范围之内，避免了因公路的过度密集而零碎地分割动物栖息地和景观区，避免了因客流量的饱和而对环境造成的不可避免的损坏。

（3）路基、路面注重实用、形式简单

几乎看不见浆砌防护，土质挖方路段边坡处理成弧形坡面，与道路边的牧场草地协调，非常美观，确有必要设置防护的，采用大的块石干砌，不单外观简洁，可提供生物的生存空间，保持自然与工程的有机交换。

（4）隧道和岩质挖方边坡保持本色

只要地质条件允许，尽量保持挖掘的自然表面，凹凸不平。

（5）桥梁结合周围地形景观

因地制宜，选用桥型轻巧美观，在山区峡谷、水中基本上不设置墩体，增大跨径。

（6）路标

采用细长箭头形，竖立离地面不足 50cm 的地方，防风效果非常好。

（7）绿化简单顺其自然

公路与自然环境融为一体，不刻意绿化。

（8）基本上线型连续，注重交叉设计

两侧交通由上跨桥和辅道解决，既节约了土地，减少了工程投资，又能将道路更好融入自然。

图 4　冰岛 1 号公路隧道、桥、标志

2.2.5　管控要求

（1）不得随意停车

由于冰岛的自然生态脆弱，任何践踏以及车压都会在地上留下痕迹，生态恢复的过程非常漫长，冰岛行车和野外探险不得像国内一样在路上随意停车，不要因为景色好就把车停在路边的草地砂石地面上，这是违法的。

（2）不允许脱离道路行驶

制定了绝对不允许脱离道路行驶（Off Road Drive）的管控制度，车只能在规定的公路上行驶，不能驶入到如荒原、草原、戈壁等其他区域，一旦驶入这些区域，不仅面临处罚，而且产生事故保险公司是不会赔偿的。

（3）限速慢行

冰岛高速限速 90km/h，由于公路有大量的环岛、单边桥、上下坡会车的情况，必须减速慢行。

2.3　启示

冰岛 1 号公路建设的思维，颠覆了固有的高速公路建设思想，开启了一种全新的建设理念，道路这一人造工程被纳入广义上的生态系统文化氛围中，服从于资源、融合于环境。

3　我国国家公园道路绿色营建的思索

2019 年政府工作报告中已经把深化国家公园体制改革列入加强生态文明建设的重点工作，应该思考构建绿色建造理念，国家公园道路是园内不可或缺的一项基础设施，建设行为不可避免，也就会面临与资源保护发生冲突，怎样在这种冲突之间求得一种平衡关系是国家公园道路布局建设中的重要课题。从冰岛 1 号公路中我们得到了启发。

3.1　建设思想

多目标、多功能的体现是国家公园营建的根本。相比传统的公路方案，主要考虑建设投资的高低、安全性、通达性及维护成本，国家公园的道路系统应多方向、更加系统全面的构架，摒弃国内的道路规划思路做加法，上配套、上设施、上项目的想法，通过对资源、生态、人文、管理及游客多方位、多维度、多诉求的考量，结合资源价值、社会价值和美学价值来考虑，按照资源保护目标优先，全要素协同，人为痕迹最小，不同区域的公路各目标有不同的权重，设计标准不追求全线统一，让道路这个最为庞大的人工构筑物成为自然的一部分。

3.2　规划理念

国家公园道路系统设施建设中应制定系列发展规划，首先，在大规模规划中，我们力求避免对生物多样性高敏感地区和水的影响；其次，在无法避免的情况下，尽量减少影响，包括现场恢复和其他行动；第三，在会产生不可避免的影响时提供“补偿”，以补偿场外的影响，按照缓解层次结构的三步过程来实现。

缓解层次结构的规划理念不仅可以用来促进国家公园道路设施绿色营建的实施，也有助于实现国家公园生物多样性保护的其他政策目标，可以管理国家公园的土地和水资源、野生生物生境或社区需求，来推进该区域的生态保护。在国家公园道路设施绿色营建规划中通过设计和应用缓解层次结构进行建设，可以提供监管上的可预测性，同时降低建设风险、节约成本，也提高了国家公园自然环境生态保护结果。

3.3 规范及标准制定

标准制定是关键，因地制宜制定务实的标准及规范。非资源消耗区公路的建设标准、规模，不能盲目贪大求高，应选择适宜的技术标准进行设计，道路的等级不宜过高，要结合区域资源保护要务，制定相应的指标体系，这样做的目的很明显，就是要将因道路建设对环境的影响降低到最低程度，特别是高等级道路对环境的适应性相对较差，因此被加以严格控制。这种做法值得我们深思和借鉴，我国的国家公园的路网建设应考虑环境特征、限制要求、环境自然度、生物多样性影响等因素，根据区域自身的特点，合理选定各项技术参数、建设标准，并依据实际的环境条件进行分析设计，实施绿色营建的要求。其标准体系的构建必须满足国家公园的建设理念、分区管控原则，体现中国特色，实现国家公园既严格保护又便于操作，为建立规范高效的管控奠定基础。

3.4 建设与实施

国家公园道路系统设施需要保持生态位的建设思路，在建设过程中协同保护生物多样性的研究、策略、空间规划、设计和工程途径的一切可能性，实现国家公园道路体系周边生物多样性保护，通过规划、设计、与工程手段能改善栖息地的质量。鉴于国家公园生态的脆弱性、生态地位的重要性，国家公园道路体系设施营建规模在组合与布局遵循“宜小不宜大，项目宜少不宜多，设施宜隐不宜显的原则”、尺度与比例追求“亲切舒适原则”、色彩与质感力求“处理得当原则”、结构与形态体现“相辅相成原则”，实现差异化特征、形成可持续的发展理念。

3.5 管理

国家公园的道路设施不仅是一种重要的基础设施，同时也提供了作为管控的条件，它是管控措施的支撑。有自然资源保护要求的区域，道路像人体的脉络一样，贯穿于区域内，它既能疏导交通，同时导引人流，引导游客按照规划者的意图、路线和角度来体验区域内的自然人文景观；其功能不仅仅是一个生硬的设施，而是管理的重要手段，通过科学合理的路网布设，可以有效管控人的活动行为，可以约束人们活动的随意性，也就减少了对自然资源的破坏，保护了生态环境。

4 总结

中国国家公园的道路设施绿色营建既要借鉴国外建设的经验，同时也要适合国情，其建设理念关键点在于设施应考量全周期、全寿命、全过程与自然共存共荣的关系，将环境资源作为社会经济发展的内涵看，为发展的内在要素，因此最重要的是营建过程尊重物种多样性，减少对资源的剥夺，维持植物生境和动物栖息地的质量，是对自然过程的有效适应及结合，是一种对自然和社会的责任。

绿色建造考虑的因素有五个：一是肩负起自然的道德责任、生态功能和成本控制；二是尽量控制开发冲击、让自然做功，随时间在动态变化中达到平衡；三是功能尽量简单，满足最主要的需求，做“无害的事”，尽量让自然生态系统自给自足；四是建造材料生命周期控制，首选自然界材料，立足“乡土”的本源；五是发挥不同相关利益者在绿色建造中的作用，实现决策者、管理者、经营者、规划设计者、施工者、监管者、社区各方的统一认知。

国家公园是保护生物多样性以及维持重要生态系统服务功能的核心，属于全国主体功能区规划中的禁止开发区域，纳入全国生态保护红线区域管控范围，建立的目的是保护自然生态系统的原真性、完整性。因此在国家公园营建中必须按照绿色发展理念坚持绿色营建，体现创新、协调、共享，实现保护优先、永续发展的核心价值，建设具有中国特色的国家公园，为实现美丽中国奠定基础。

【参考文献】

[1] 唐芳林. 国家公园理论与实践 [M]. 北京：中国林业出版社，2017.
[2] 郭艳丽，史静. 浅谈绿色建筑的绿色营建 [J]. 城市建设理论研究（电子版），2013，(20).
[3] 纪慧帧，张盈慧. 生态工法用于国家公园之研究 [R]. 中华大学营建研究中心，2002.
[4] 蔡芳. 国家公园建筑生态仿生设计策略——自然界的启示 [J]. 林业建设，2017，(03).

大熊猫国家公园生态教育和自然体验发展思路研究*

大熊猫国家公园以大熊猫野生种群和栖息地保护为核心，同时兼具科研、教育、体验等综合功能的定位。其生态教育和自然体验以科学合理利用、挖掘教育游憩资源特色、合理优化布局、整合提升教育游憩存量项目、细分受众设计差异化产品、测算教育游憩环境容量、构建教育游憩公共服务体系7大要素为发展思路，并树立“坚持全民公益性”的国家公园理念，着眼于提升生态系统服务功能，为公众提供亲近自然、体验自然、了解自然以及作为国民福利的教育、游憩机会。

1 引言

国家公园的建立是以自然资源的保护为首要目的，生态教育和自然体验是以生态环境、自然资源保护和一定资源的非破坏开发、非消耗性利用为基本策略，通过特定区域且较小范围的适度利用实现大范围的有效保护，既排除与保护目标相抵触的开发利用方式，达到保护生态系统完整性的目的，又为公众提供教育游憩的功能。国家公园致力于在保护第一的前提下，实现国家公园生态教育和自然体验的发展，保护稀缺和高品位的教育游憩景观及其美学价值，以国家相关法律法规为指导，适度利用，促进国家公园自然资源和文化资源的保护，为公众提供环境教育、科学研究和游憩机会，推动地方经济和社区经济文化的全面协调发展。在此过程中，国家公园生态教育和自然体验如何发展，如何处理好保护与利用之间关系，为教育游憩功能的实现奠定了重要基础。因此其发展思路研究显得尤为重要，本文力图以大熊猫国家公园为例，探索其生态教育和自然体验的发展思路，为国家公园保护利用的转型升级提供参考和意见，实现国家公园科学保护与可持续发展。

2 大熊猫国家公园基本概况

2.1 设立背景

大熊猫是我国独有、古老、珍稀国宝级野生动物，是世界生物多样性保护的旗舰物种，也是全球文化交流的和平使者，素有“国宝”“活化石”之称。为保护这一珍稀物种，我国在四川、陕西、甘肃抢救性地建立一系列自然保护地，取得了阶段性成绩。但大熊猫保护仍存在栖息地破碎化、孤岛化，生境大量丧失、熊猫种群已退缩至六大山系，被分割为33个局域种群，个别极小种群具有高度灭绝风险。区域内涉及各类自然保护地存在自然资源产权不清，多头管理、权责不明、彼此隔离、保护力量无法整合等问题。为保护大熊猫及其栖息地的原真性和完整性，2017年1月经中央深改组批准，中共中央办公厅、国务院办公厅印发《大熊猫国家公园体制试点方案》，全面启动大熊猫国家公园体制试点工作。《方案》明确要求在大熊猫主要栖息地整合设立国家公园，把最应该保护的地方保护起来，解决好跨地区跨部门的体制机制性问题，在体制试点的基础上设立和建设大熊猫国家公园。

2.2 位置范围

大熊猫国家公园体制试点区域地跨四川、陕西和甘肃三省，纵横岷山、邛崃山、大相岭和秦岭山系，

* 黄骁，王梦君，唐占奎. 大熊猫国家公园生态教育和自然体验发展思路研究. 林业建设，2020，(2)：13-16.

是全球生物多样性保护热点地区之一，且地处我国生态安全战略格局“两屏三带”的重要区域。试点区总面积为27134平方公里，涉及3省12个市（州）30个县（市、区）。整合43个自然保护区、1个自然保护小区、5个地质公园、14个风景名胜区、13个森林公园、10个水利风景区、2个世界自然遗产地、16个森工企业、50个林场。

2.3 大熊猫保护状况

根据全国第四次大熊猫调查报告，全国野生大熊猫种群数量1864只，大熊猫栖息地面积25766平方公里，试点区分布的野生大熊猫数量1631只，占全国野生大熊猫种群数量的87.50%；大熊猫栖息地面积18056平方公里，占全国大熊猫栖息地总面积的70.08%。大熊猫栖息地被山脉和河流等自然地形、植被和竹子分布、居民点和耕地以及交通道路等隔离成33个斑块，保护形势不容乐观。

2.4 社会经济状况

试点区涉及151个乡镇12.08万人，有藏族、羌族、彝族、回族、蒙古族、土家族、侗族、瑶族等19个少数民族。其中阿坝藏族羌族自治州是四川生第二大藏区和主要羌族的聚居区，北川羌族自治县是我国唯一的羌族自治县。试点区经济收入水平总体较低，地方经济产业结构较为单一，以矿山开采、水力发电等资源开发型产业为主，是地方财政收入的主要来源。社区居民经济收入来源以传统种植收入为主，部门居民还从事矿山开采和加工劳务。

3 大熊猫国家公园生态教育和自然体验现状分析

3.1 发展现状

依托丰富的景观资源，开展了形式多样的游憩体验活动。目前大熊猫国家公园成规模的有王朗、虎牙、牛背山、龙苍沟、瓦屋山、唐家河、西岭雪山、喇叭河、红灵山、白水河、光头山、神木垒、达瓦更扎、东拉山、邓池沟、空石林、太白山、青峰峡、佛坪熊猫谷、农博园、老县城、李子坝茶园和让水河等22处，主要开展观光游览、民族文化探秘、探险体验等活动，年访客量约4620万人次。

通过“大熊猫”效应，积极开展科普教育活动。制作大熊猫国家公园宣传片，举办大熊猫国家公园建设成果展，建立大熊猫国家公园网站及网站群，主办首届中国大熊猫国际文化周活动等，努力打造大熊猫国家公园文化品牌，探索国家公园生态教育和自然体验的发展模式。

展示生态文化，建立科普宣教基地。原部分自然保护地建设了宣教中心、自然展示馆、自然学校以及森林体验基地等科研宣教设施，并推广了环境教育解说体系，布设了健身布道等，引导中小学生到大熊猫国家公园进行教育游憩体验。

3.2 存在问题

目前大熊猫国家公园生态教育和自然体验发展存在较多问题，具体体现在：规划设计尚未深入，缺乏统一规划思路；资源特色挖掘、文化深入剖析和传承开发不够；空间布局不够明晰，导致高品位的资源得不到较好利用；存量经营性项目同质化严重，需尽快调查梳理重新定位；高品质、多样化生态产品和服务供给不足，发展模式功能单一；环境容量重视程度不够，生态保护压力较大；公共服务体系较为匮乏，未形成一套有机系统运营。

4 大熊猫国家公园生态教育和自然体验发展思路

大熊猫国家公园以保护大熊猫野生种群和栖息地为核心，拥有独特的自然景观和丰富的科学内涵，国民认可度极高。因此，大熊猫国家公园生态教育和自然体验发展思路需树立“坚持全民公益性”国家公园理念，着眼于提升生态系统服务功能，为公众提供亲近自然、体验自然、了解自然以及作为国民福利的教育、游憩机会。

4.1 在严格保护基础上划定特定区域开展

2019年6月，中共中央办公厅、国务院办公厅印发了《关于建立以国家公园为主体的自然保护地体系的指导意见》，意见要求探索全民共享机制。在保护的前提下，在自然保护地控制区内划定适当区域开展生态教育、自然体验、生态旅游等活动，构建高品质、多样化的生态产品体系。因此，生态教育和自然体验要在国家公园一般控制区的特定区域开展，目前大熊猫国家公园开展生态教育与自然体验场所的面积只占用一般控制区的极小部分。

4.2 挖掘教育游憩资源特色

参考《国家公园资源调查与评价技术规程》（2016-LY-011）、《旅游资源分类、调查与评价》（GB/T18972-2017）、《中国森林公园风景资源质量等级评定》（GB/T18005-1999）等相关国家标准，对大熊猫国家公园及周边教育游憩资源进行调查分类，挖掘资源特色和内涵，提炼具有大熊猫特色的科普、游憩、品牌价值，从而为教育体验的空间布局、建设项目及产品规划提供基础支撑。

4.3 统筹园区内外空间合理优化布局

统筹大熊猫国家公园内外部空间，国家公园内部空间主要以保护为主，外围地区则以开发为主，如果外围空间开发过度，势必影响国家公园管理和运营，因此教育体验规划要将园区外部空间纳入统筹考虑。目前大熊猫国家公园生态教育和自然体验活动实现点、线、面的结合，以巡护道路串连各体验节点，形成“以点带线、以线带面”的布局，规划建设生态体验小区（80-100个）、生态体验节点若干、生态体验线路（80-1000条），合理布局入口社区，建设特色小镇，承担国家公园的教育游憩的接待功能。

4.4 整合提升教育游憩存量项目

调查大熊猫国家公园范围内现有已建、在建教育游憩项目，就其竞争分析、经营状况、客源结构、服务提供、设施配套等方面展开评估，并根据国家公园教育游憩的理念、定位及发展布局，对教育游憩项目提出整合提升方案，突出个性与文化，避免同质化竞争。并在《大熊猫国家公园总体规划》的指导下开展建设运营。

4.5 细分受众设计差异化产品

充分考虑教育游憩资源的分布状况、市场定位，结合存量项目的整合提升方案，利用现有教育体验服务设施等，推出满足不同年龄层次、不同人群属性、不同教育体验需要的内容和产品，展示大熊猫国家公园景观、生态、生物多样性、民俗风情、社区文化等。

4.6 测算教育游憩环境容量

大熊猫国家公园教育游憩活动的开展必须以教育游憩资源质量不下降、生态环境不退化为前提，通过寻求访客数量与环境规模之间适度的量的比例关系，以生态教育和自然体验片区的面积、游道为依据，测算教育体验的环境容量，控制游客规模，提出大熊猫国家公园环境容量控制应对方案和生态修复策略，实现生态教育和自然体验的可持续发展。

4.7 构建教育游憩公共服务体系

以公共服务六大体系为核心，构建大熊猫国家公园教育游憩公共服务体系内容，具体包括：教育游憩公共信息服务体系、教育游憩供给服务体系、教育游憩安全保障体系、教育游憩通便捷服务体系、教育游憩便民惠民服务体系、智慧服务体系。

5 总结

大熊猫国家公园将秉承“生态保护第一、国家代表性、全民公益性”的理念，坚持“以大熊猫野生种群和栖息地保护为核心、同时兼具科研、教育、体验等综合功能”的定位，坚持在保护中发展、在发展中保护的原则，提升自然生态空间承载力，构建高品质、多样化生态产品，以大熊猫特色的生态教育和自然体验发展思路为指导开展教育游憩活动，在促进公众形成珍爱自然、保护大熊猫的意识与行为，推动公民生态道德建设中应重点聚焦以下几方面：

5.1 坚持国际标准，编制生态教育和自然体验专项规划

大熊猫国家公园管理机构要进一步编制生态教育和自然体验等专项规划，须采用国际上国家公园比较成熟的教育游憩开发模式、建设标准，因地制宜、突出特色，高起点、高水平规划设计。

5.2 完善配套设施，打造国际一流的教育体验廊道

进一步完善大熊猫国家公园门区系统、生态教育展示基地、解说系统、道路设施、访客中心、入口社区、民族村寨、营地建设以及生态厕所等，打造具有国家代表性的教育体验廊道。

5.3 加强空间管制，制定教育体验活动负面清单

以生态保护红线、资源利用上线、环境质量底线为准绳，根据生态教育和自然体验的方式、强度和范围，评估环境承载力，针对不同空间，制定教育体验活动负面清单和准入清单。

5.4 提高立法供给，加强刚性约束

法律是维护社会秩序的基石。截至目前，我国还没有一部关于自然教育的法律，国家公园体制建设是我国自然保护事业发展的一个契机，通过制定相应的法规来适应当前的自然保护形势，既能理顺管理体制，也能给予保护工作者巨大的工作动力。

【参考文献】

张玉钧，张海霞，2019. 国家公园的游憩利用规制［J］. 旅游学刊（3）：5-7.

国家公园综合论述

国家公园——自然给人类的馈赠*

国家公园是国际公认的成功的一种自然保护模式。目前世界上有125个国家建有国家公园。

“国家公园”源自美国，名词译自英文的“National Park”，据说最早由美国艺术家乔治，卡特林（George Catlin）首先提出。他写到“它们可以被保护起来，只要政府通过一些保护政策设立一个大公园，一个国家公园，其中有人也有野兽，所有的一切都处于原生状态，体现着自然之美”。美国黄石公园在建立之初，就以法令的形式明确表示：“国家公园服务体系是为了保护风景、自然和历史遗迹、区域内的野生动物，并为游客提供娱乐场所而建立的。”

美国国家公园有狭义和广义之分，狭义的国家公园是指直接冠以“国家公园”之名，拥有独特的自然地理属性的大片自然区域，也包括少数的重要的历史文化遗产保护区。广义的国家公园即“国家公园体系”（National Park System），也就是美国国家公园管理局管理的所有区域，包括国家公园、纪念地、国家战场、历史公园、国家湖滨、国家保留地等。

国家公园在各个国家都是让政府和人民引以为傲的自然和文化遗产的代名词，是一个国家生态良好和社会进步的标志。国家公园具有多样化的功能：一是保存大自然物种基因库，为当代及子孙后代保护完整的生态系统，供世世代代永续利用。二是提供娱乐和游览场所，满足国民的休闲需求。三是促进科研和生态环境教育，使之成为科学研究的博物馆和国民环境教育、爱国主义教育的基地。四是排除与保护目标相抵触的开发方式或占有行为。五是带动社区发展，促进地方经济可持续发展。

1 国家公园：近代自然保护的发端

我们居住的地球表面，大部分为海水覆盖，剩下的陆地部分有各种各样的地貌，孕育了丰富的资源，为地球提供了生机。大自然提供了万物生存的源泉，还给予了我们极致的美景。一直以来，大自然是人类利用和控制的对象，而非保护并与之和谐相处的对象。随着人类破坏环境的能力得到了增强，随之而来，环境问题产生了，森林消失了，水源枯竭了，物种灭绝了，许多美景消失了，争夺自然资源而发生的战争此起彼伏，曾经辉煌的帝国消失，城池荒芜，人类文明发展又因为自身的不文明行为遭受了惩罚。于是，人们意识到，自然是需要保护的。

历史上的自然保护更多的是来自于强权者的自私或者是宗教的作用。中国的皇帝，用强权给自己留出水源地和狩猎游憩的地域，庶民进入就会惹来杀身之祸，于是，由于对皇帝和宗教的敬畏，客观上留下来一些园林和宗教圣地的风景名胜区；欧洲帝国也留下了一些皇家园林，即使是为了扩张而殖民的区域，也保留下了一些自然和文化胜地。客观上，这是最早的保护区，但面积都比较小。

为保护特定的具有重要价值的自然或文化遗迹而划定的区域，即是保护区（protecte darea）。现代的保护区，是人们对自身永续发展的意识觉醒，而国家公园则是保护区发生发展的标志。

美国的一群自然保护运动的先驱，特别是自然保护运动的伟大先驱约翰·缪尔（John Muir）看到加州优美胜地（Yosemite，又称约瑟米蒂）的红杉巨木遭到大肆砍伐，积极奔走呼号，终于促成林肯总统在1864年签署了一项公告，将优胜美地区域划为政府保留区，成立了世界上第一座大型的自然保护公园，

---

* 唐芳林，方震东，彭建生，等. 国家公园自然给人类的馈赠［J］. 森林与人类，2014，（5）：28-37.

但因其为州立而非国立，因此并不是第一处国家公园。1870 年 8 月，一支有组织的 20 余人探险队，由内战时的将军且曾任国会议员的亨利·瓦虚率领，抵达当前黄石公园范围界，他们发现黄石的美景远超他们出发前的想象。这些探险家写了许多文章，对黄石作了广泛报导，使社会大众产生这样的信念：这壮丽的奇景绝不能步尼加拉瓜瀑布的后尘，沦为私人开发的牺牲品。探险队于是给美国总统写信。1871 年，在大众的督促下，美国地形地质测量队派出科学家前往勘查。1872 年，美国国会在议会里经过一场激烈的辩论之后，通过《黄石国家公园法案》，并在当年 3 月 1 日由时任总统格兰特签署命令，划定大部分位于怀俄明州、地跨怀俄明、蒙大拿、爱荷华三州的 8000 平方公里土地为黄石国家公园，规定为“为了人民的权益和快乐的公园或游乐场”。这片广大的土地全部禁绝私人开发。至此，世界上第一个国家公园宣告诞生。

国家公园产生的过程就是人类近代自然保护意识觉醒的过程，可以说，国家公园作为近代自然保护区的发端，有其必然性。

2 125 个国家建有 3800 个国家公园

美国作为国家公园建设的先驱，在经营管理方面为其他国家树立了典范。国家公园体系与国家公园在美国是相互联系的两个概念。美国的国家公园体系是指由美国内政部国家公园管理局管理的陆地或水域，包括国家公园、纪念地、历史地段、风景路、休闲地等 29 个分类，到 2013 年有 401 个单位。国家公园是国家公园体系中的一个分类名称，指面积较大的自然地区，自然资源丰富，有些也包括一些历史遗迹，公园内禁止狩猎、采矿和其他资源耗费型活动。截至 2013 年，美国国家公园体系总占地面积为 34.2 万平方公里，其中美国国家公园共有 59 个，数量上仅占总数的 15%，但面积却占国家公园体系总占地面积的 62%。

国家公园由美国内政部下设的国家公园管理局直接管辖，不受各州行政权利的干涉，是一个国家所有、单一管理、目的明确的垂直管理系统。美国的国家公园体系历经了 1916 年国家公园管理局建立法案、1970 年的通用权威法案和 1978 年红木修正法案等，由原来的多名称多部门管理统一为完整的国家公园系统，实行国家、地区和基层三级垂直管理体系。管理经营模式的特点是：在体制上实行自上而下的垂直管理制度；拥有严格而完善的法律支持，以确保国家公园有序运作与管理；从保护典型自然生态和文化资源出发，对国家公园体系实行严格准入标准；政府垄断国家公园的规划设计工作及对公园内的服务设施实行特许经营；不以盈利为最终目的。

美国的国家公园每年吸引近 3 亿游客，其中黄石国家公园在 9000 平方公里的土地上，用 1%的开发面积每年吸引世界各地 300 万游客，带动周边地区实现 5 亿美元的经济收入。

继美国之后，世界各国也开始建立国家公园。加拿大于 1885 年开始在西部划定了 3 个国家公园（冰川国家公园、班夫国家公园、沃特顿湖国家公园）。澳大利亚设立了 6 个，新西兰设立了 6 个。19 世纪，几乎全部国家公园都是在美国和英联邦范围内出现的。1935 年，印度就建立了亚洲第一个国家公园——科伯特国家公园，标志着自然保护思想在发展中国家的发端。进入 20 世纪后，世界各国逐渐把建立国家公园看作一种保护自然和自然资源的良好途径，陆续开展了国家公园建设。

从 1872 年至今，国家公园运动从美国一个国家发展到世界上 125 个国家和地区，从发达国家逐渐推广到发展中国家，从单一的“国家公园”概念衍生出“国家公园和保护区体系”“世界遗产”“生物圈保护区”等相关概念，国家公园成为世界上最流行的保护区形式。迄今为止，世界各国已经建立了 3800 个国家公园。

早期的国家公园多出现在发达国家。迄今看来，国家公园较好地处理了自然生态环境保护与资源开发利用的管理，得以能在全球推广。

3 中国保护区与国家公园

在国家公园运动之后，自然保护（Nature Reserve）运动开始在一些国家兴起，并且和国家公园并行发展。自然保护区是政府依法划出一定面积予以特殊保护和管理的区域。广义上自然保护区和国家公园有共同之处。狭义的自然保护区和国家公园是不同的，是由于国家体制不同产生的不同的保护区形式。

经济发展程度高的国家，以及受美国及西方影响比较大的国家，多采用国家公园形式，强调在保护的同时允许人们游憩，这样的情况在世界上占了绝大多数，国家公园成为世界保护区的主流。

1922 年前苏联建立了世界上第一个自然保护区，目的在于保护环境和资源，进行科学研究，没有赋予游憩的功能，排斥人为活动。到 1933 年，前苏联就建立了 33 处自然保护区。前苏联以及受其受影响的东欧国家等，都采用了自然保护区的保护区形式。

世界上现有的保护区超过了 13 万个，如：物种、栖息地、景区和风景的保护、流域保护、旅游开发、研究、教育、土著居民的家园、重要的非物质性文化保护等。这些保护区大小不一，层次名称也不同，其中最主要的形式是国家公园和自然保护区。

中国大陆的自然保护区的主体是自然保护区。到 2011 年，全国建立各类自然保护区达 2640 处，自然保护区的面积占国土面积的比例已经超过世界平均水平，自然保护区无疑是我国保护区的主要形式，为我国自然保护做出了不可替代的巨大贡献。

保护区是指由政府划定，用于自然资源和人文资源及其景观保护，并通过法律和其他有效手段进行管理的特定区域。

我国的保护区数量多，类型多样，主要有自然保护区、森林公园、湿地公园、国家公园、风景名胜区、地质公园、生态功能保护区、海洋特别保护区等，分别由林业、农业、国土、海洋、环保等部门管理，占国土面积的 17%，超过世界平均水平。

这些保护区的建立，构建了我国自然保护的基本框架。

国家公园和自然保护区有类似之处，在一些国家被视为是一样的。但狭义的概念区别是：在保护对象方面，国家公园强调保护具有国家级保护价值和展示价值的各类资源，自然保护区的保护对象主要是有代表性的自然生态系统、珍稀濒危野生动植物物种，以及有特殊意义的自然遗迹。国家公园的保护对象范畴的面积标准一般大于自然保护区的面积标准。在保护与利用方面，自然保护区虽然也有允许一定利用的实验区，但还是以资源的保护为主要目的，而国家公园在强调保护的同时也重视利用，其开发利用的空间比自然保护区大，重视满足人们探索、认知自然和体验自然的需求，有利于自然保护与利用的良性互动。

风景名胜区和国家公园相比，内容不一样。国家公园是主要用于生态系统保护及娱乐活动的保护区，属于 IUCN 保护区管理类别中的类别Ⅱ。风景名胜区是具有观赏、文化或科学价值的自然景观、人文景观，主要功能是开展旅游观光，属于 IUCN 保护区管理类别中的类别Ⅴ，即主要用于景观保护及娱乐的保护区。所以，把风景名胜区视为“National Park”是不准确的，是翻译上的错误。

国家公园是特指的保护区，不是简单的“国家级公园”，更与一般城市公园完全是两个概念。国家公园是保护区，具有保护、科研、教育、游憩等方面的功能，面积和规模都很大，实行分区管理，严格保护区和生态保育区不允许开展旅游活动，以保护为主，游憩为辅。一般公园面积都比较小，多为人造景观，主要功能是公众娱乐、休憩，是全开放的。

根据国家林业局在云南省开展的国家公园建设试点工作经验，在一系列研究的基础上，我们提出的国家公园的定义是：

“国家公园是由政府划定和管理的保护地，以保护具有国家或国际重要意义的自然资源和人文资源及其景观为目的，兼有科研、教育、游憩和社区发展等功能，是实现资源有效保护和合理利用的特定区域。"

以上将国家公园定义为一个特定区域，突出了国家公园是保护区的本质，强调了国家公园的管理目标是实现资源有效保护和合理利用，提出了国家公园要综合发挥保护、科研、教育、游憩和社区发展五大功能的要求。这一定义既符合 IUCN 提出的国家公园的管理目标，又充分概括了具有中国特色的国家公园应当发挥的多样化的功能。

4 国家林业局在云南试点国家公园

2008 年 6 月，国家林业局批复云南省为国家公园建设的试点省，以具备条件的自然保护区为依托开展国家公园建设工作，探索具有中国特色的国家公园建设和发展思路。中国大陆国家公园创建试点工作自此启动。云南省政府明确了省林业厅为国家公园主管部门，成立了云南省国家公园管理办公室，出台了政府指导意见，组建了云南省国家公园专家委员会，批准了发展规划纲要，批准下发了《国家公园申报指南》，出台了一系列国家公园的标准。截至 2012 年 12 月，先后批建了普达措、丽江老君山、西双版纳、梅里雪山、普洱、高黎贡山、南滚河和大围山 8 个国家公园。

国家公园划分为严格保护区、生态保育区、游憩展示区、传统利用区 4 个分区。其中严格保护区为国家公园范围内自然生态系统保存最完整或核心资源集中分布、自然环境脆弱的地域。生态保育区为国家公园范围内维护较大面积的原生生境或已遭到不同程度破坏而需要自然恢复的区域。游憩展示区为国家公园范围内景观优美，可开展与国家公园保护目标相协调的公众生态旅游，展示大自然风光和人文历史景观的区域。传统利用区为国家公园范围内现有社区生产、生活和国家公园开展多种经营的区域。

国家公园建设试点具有以下主要特点：一、建立完备的法律法规体系，以此保证和强化国家公园管理和建设的科学性、权威性。二、实行管理权和经营权分离，由一个机构统一管理、统一规划、统一保护、统一建设。三、注重多方参与，兼顾多方利益，充分调动政府、社会机构、民间组织、企业、社区群众、志愿者参与国家公园建设管理的积极性。四、根据资源的稀缺性、承载力、敏感度和保护价值，制定不同的管理政策，实行分区分类管理。

国家公园在云南省的成功试点，受到了社会各界的高度关注，产生了积极的影响和示范性的作用。国家公园已被证明是一种能够合理处理生态环境保护与资源开发利用关系的行之有效的实现双赢的保护和管理模式。尤其是在生态环境保护和自然资源利用矛盾尖锐的亚洲和非洲地区，通过这种保护与发展有机结合的模式，不仅促进了生态环境和生物多样性的保护，同时也带动了地方旅游业和经济社会的发展，做到了资源的可持续保护利用，实现生态、经济和社会效益协调统一。

迎接国家公园的春天*

2015 伊始，以生态和民生建设为己任的中国林业也进入了新常态。建设国家公园则是新常态下建设生态文明、服务社会民生的一个重要的举措。

发端于美国的国家公园，早已通行于世界上绝大多数国家，但在中国却还是一个新事物，这是因为我们当初借鉴前苏联经验而建立的是以自然保护区为主体的自然保护模式。二者都是以保护为主，自然保护区更强调严格保护，国家公园则在保护的基础上允许适度合理利用，因此受到欢迎。

有国外研究者问，中国的自然保护区的增长和经济建设在时间过程上是吻合的，二者本来是一对矛盾，为什么会出现这样的奇怪现象？其实，自然保护从来就是伴随着土地开发和经济建设而发生和发展的，中国也从来不缺少有良知的科学家和有远见卓识的政治精英，在他们的努力下，在各种利益的博弈中，抢救性地建立了一系列的自然保护区，留下了难得的原生自然资源，这其中的精华部分，为建立国家公园提供了物质条件。

国家公园是自然保护的高级形式。动物保护者提倡保护野生动物，体现了对生命的尊重；自然主义者推崇荒野，是从审美的角度出发；保护主义者主张保护资源，则是从经济角度出发，保护对人类有用的东西。这些都是必要的，但都不完整。我们提倡的国家公园，不是 140 多年前美国黄石国家公园的简单拷贝，我们需要更高的要求，那就是以上的全部。

美国的森林学家奥尔多・利奥波德提出：一个事物，只有它在有助于保持生物共同体的和谐、稳定和美丽的时候，才是正确的；否则，它就是错误的。和谐，是指保持至今一切的尚存生物；稳定，则是维持生物链的复杂结构；美丽，则是提供让人们欣赏的美学价值。国家公园是体现和谐、稳定和美丽的三位一体，她能在保护的基础上提供永续利用的价值，不仅为当代，更是为后代。

早在 2008 年，国家林业局就已经在云南省开展国家公园试点，多年来积累了人才、科技基础和管理经验，林业是自然保护的主体，也是国家公园建设的主力。党的十八届三中全会提出建立国家公园体制，林业部门在其中有义不容辞的责任。

对国家公园的准确认识决定着其正确的发展方向，中国的国家公园建设，正处在关键的出发点上。国家公园的春天已经到来，我们已经在路上。我们有理由相信，假以时日，中国必将建成与国际接轨、具有中国特色的以自然保护区、国家公园、森林公园、湿地公园等组成的完整的自然保护体系，谱写好美丽中国梦的绿色篇章。

---

* 唐芳林. 迎接国家公园的春天. 2015.

我们需要什么样的国家公园*

“国家公园”的概念源自美国，通行于绝大多数国家。1994年，世界自然保护联盟提出：“国家公园是主要用于生态系统保护及游憩活动的天然的陆地或海洋。”2013年更进一步把国家公园表述为——这种保护区是指大面积的自然或接近自然的区域，重点是保护大面积完整的自然生态系统。

党的十八届三中全会明确提出要建立国家公园体制，引起社会广泛关注。有人望文生义，把国家公园等同于“公园”、风景名胜区、旅游景区，认为建立国家公园就是把高价值的资源拿来进行开发建设，开展大众旅游。这种理解偏离了国家公园保护自然生态和保育国土生态的实质，容易对社会公众产生误导，会影响我国国家公园体制建设的健康发展。

如何正确理解国家公园？我们需要什么样的国家公园体制？这些带有根本性、方向性的重要问题，必须在行动开始前厘清。

1 国家公园游憩与大众旅游有何区别?

国家公园游憩游客通过到国家公园里按规划的生态旅游线路，去观赏、旅行、探索，可以享受清新、舒畅的自然与人的和谐气氛，增进健康，陶冶情操，接受环境教育。国家公园并不排斥经济收入，可以通过开展资源的非消耗性利用，实现非损伤性的获取利益，以促进地方经济的发展，提高当地居民的生活质量。因此，国家公园生态旅游是一种负责任的旅游，这些责任包括对旅游资源的保护责任，对公众的环境教育责任，对旅游的可持续发展的责任等。大众观光旅游主要是指旅游者在旅行社的组织和安排下，借助各类旅游企业提供产品和服务，按照规定的时间、线路和活动的内容，有计划地完成全程旅游活动，其接待人数、经济收入是主要的考核指标，难免会产生为了经济利益进行无节制、超容量开发的现象。

2 国家公园属于自然生态保护范畴，还是属于经济文化建设范畴?

国家公园内涵丰富，含有国家公园范围内具有保护、科研、教育、文化、游憩等价值的一切要素，包括了有形的自然资源和人文资源及其景观，也包括无形的非物质文化形态的遗产资源。自然资源是根本，是“皮”，是文化等资源的载体，其余都是“毛”，所以，保护自然资源是最主要的功能。国家公园主要功能是生态保育，但并不排斥其文化和经济功能，从主导方面而言，国家公园属于自然保护和生态建设范畴，文化和经济是辅助功能，不能本末倒置。

3 有了自然保护区还需要国家公园吗?

有人问，如果是为了搞自然保护，何需建立国家公园，沿用自然保护区模式不就可以了么？这是对我国和国际自然生态保护现状的不了解。虽然已经有了自然保护区，但还是需要建立国家公园，有两点理由：一是我国目前以自然保护区为主体的自然保护体系并不完善，需要进行改革。在我国，有自然保护区、森林公园、国家湿地公园、城市湿地公园、沙漠公园、地质公园、海洋公园、水源保护区、国家

* 唐芳林. 我们需要什么样的国家公园. 2015.

公益林保护区、风景名胜区等各类保护区，而自然保护区是主体。这些保护区虽然名目繁多，但都是部门和地方各自发展起来的，没有经过系统的科学设计，没有形成科学完整的保护区体系。二是需要理顺保护区管理体制。各种类型保护区经常出现交叉重叠现象，有的被挂上了风景名胜区、A 级旅游景区的牌子，导致管理混乱、权责不分。完整的生态系统被人为割裂，生态破碎化现象严重，影响了生态功能的发挥。

建立国家公园，在地域上要把分散的、片段化的保护区按照自然生态系统的完整性整合起来，形成大范围的完整保护区，保护自然生物多样性及其构成的生态结构和生态过程；在管理体制上，明确责权利，理顺管理，克服原来那种部门之间、地方之间利益交织，各自为政、相互掣肘的现象。国家公园具有资源属性，科学性和专业性都很强，必须由资源管理部门实施专业的科学管理。因此，国家公园应实行“统一协调、专业管理”的模式进行管理。

4 期待中的国家公园应该是什么样子的?

不只是发达的西方国家才有一流的国家公园，非洲也建成了世界级的国家公园，作为中国这样一个正在走向富强文明的大国，有着世界级的资源禀赋，如果我们没有世界级的国家公园，我们作为自然保护工作者将感到汗颜。

一提到国家公园，人们脑子里就应该浮现出这样的一幅幅景象：无数野生植物生长在那里，一群群的野生动物自由奔跑，壮美的景观充满自然之美，一切还保存着自然的原始状态，多样文化共存，人们可以按规定的路线观察，在小的范围内体验，人与自然和谐共处。而绝不是充满着熙熙攘攘的人群，充斥着“到此一游”的大众化游客的热门旅游目的地。

建立国家公园体制的实质是完善自然保护体制*

2013 年 11 月,《中共中央关于全面深化改革若干重大问题的决定》, 在“加快生态文明制度建设”部分提出:“坚定不移实施主体功能区制度, 建立国土空间开发保护制度, 严格按照主体功能区定位推动发展, 建立国家公园体制”。今年 5 月,《中共中央国务院关于加快推进生态文明建设的意见》提出“建立国家公园体制, 实行分级、统一管理, 保护自然生态和自然文化遗产原真性、完整性”。2015 年, 国家发改委等 13 个部委局联合发文, 在云南等 9 省 (区、市) 开展国家公园试点工作。这标志着我国已经开始了探索建立具有中国特色的与国际接轨的国家公园建设进程。

建立国家公园体制一经提出, 就在社会上产生了很大反响。尽管国家公园产生已有 140 多年的历史, 但这一概念在中国还是一个新鲜事物, 许多人对此并不熟悉。“国家公园”一词为专有名词, 源于美国, 由“National Park”翻译而来, 在中文语境下, 容易望文生义, 许多人将其理解为“公园”, 将其等同于公园、国家级公园、森林公园, 简单理解为普通意义上的供人们休闲游玩的城市公园。国家公园内涵丰富, 具有多种功能, 一些人从各自的角度出发夸大解读国家公园在某一方面的功能, 结果是“盲人摸象”一般以偏概全。因此需要正本清源, 只有准确、全面地理解国家公园, 才能把握国家公园体制建设的正确方向。

1 国家公园是自然保护思想发展到一定阶段的产物

18 世纪, 欧洲工业化的背景下, 受浪漫主义思潮的影响, 西方兴起了“回归自然”的思潮, 这种崇尚自然的思潮也传导到了美国。19 世纪美国正处于大开发的年代, 这场被标榜为征服大陆的美国西进运动, 造成了自然的严重破坏。有学者指出,“19 世纪美国开发利用森林、草原、野生动物和水资源的经历, 是有史以来最狂热和最具有破坏性的历史。”野蛮的开发受到了对自然有宗教一般热爱的自然主义者以及当地土著的抵制, 人们开始反思, 意识到了自然和荒野的价值, 并认识到保护自然资源的重要性和必要性。美国艺术家乔治·卡特林 (George Catlin) 1932 年在旅途中看到加州约塞米蒂谷 (优胜美地) 的红杉巨木遭到大肆砍伐, 他写到“它们可以被保护起来, 只要政府通过一些保护政策设立一个大公园, 一个国家公园, 其中有人也有野兽, 所有的一切都处于原生状态, 体现着自然之美”。在这里, 国家公园 (National Park) 的概念首先被提出。在这些先驱者的推动下, 1864 年, 美国总统林肯将其划为予以保护的地区, 因而约塞米蒂谷被视为现代自然保护运动的发祥地。

1872 年 3 月 1 日, 美国国会通过了有关的法律, 由当时的总统格兰特 (Ulysses Simpson Grant) 签署而创建了美国也是世界上第一个国家公园——黄石国家公园 (Yellowstone National park)。此后, 在被人们誉为“国家公园之父”的约翰·缪尔 (John Muir) 和美国总统西奥多·罗斯福 (Theodore Roosevelt) 等推动了国家公园运动。美国在自然保护上的成就, 带动和影响了许多国家, 各国争相仿效, 纷纷建立了各自具有不同特色的国家公园, 以及类似的保护区。

140 多年来, 国家公园经历了一个曲折的发展历程。国家公园开始建立时, 就允许人们进入开展观光游憩活动, 1872 年黄石国家公园一开始建立时, 主要目的从美学的角度出发, 保护原野, 让人们便捷地进入, 随着旅游活动的开展, 大量的人员进入, 环境遭到破坏, 人们甚至打光了这个地区的狼, 生态系

---

* 唐芳林. 建立国家公园体制的实质是完善自然保护体制. 载于中央党校《理论动态》, 2015.

统受到严重影响，于是又重新回到保护为主的轨道上，只允许在占国家公园 1%的土地上开展游憩活动，随着时间的推移，又吸收了自然保护区保护生物多样性等功能，内涵更加丰富，管理更加规范。

2 国家公园是重要的保护区类型

1922 年，苏联开始建立自然保护区，此后一些受苏联影响的国家也开始建立自然保护区，目的在于严格保护自然资源，开展科研活动。中国自 1956 开始，借鉴苏联的管理模式，建立自然保护区，保护森林和野生动植物。我国台湾地区则借鉴美国经验建立了 8 个国家公园。2008 年，国家林业局在云南省开展了国家公园试点，开展了普达措等国家公园试点工作，取得了成效和经验。

世界各国相继建立了类型多样、称谓不一的各种保护区。仅我国就存在着自然保护区、森林公园、湿地公园、地质公园、水源保护区、海洋保护区等类型。“保护区”一词由英文" Protected Area"（受保护的区域）翻译而来，有“保护区”“保护地”“保护区域”等多种称谓，世界自然保护联盟（IUCN）将其中文译为“保护区”，为了表述上的统一，我们采用“保护区”这一说法。IUCN 对保护区的解释如下：“一个为实现自然界及相关的生态系统服务和文化价值得到长期保护而通过法律或其他有效途径，明确规定的、公认的、专设的、获得管理的地理空间”。

为了减少专业术语带来的混淆，使各国能够用“共同的语言”交流，反映从严格意义的保护区到可以合理开发使用的狩猎区人类保护干预程度的不同，针对特定的背景及目的选择合适的管理类别，强调沟通和理解，促进国际交流和对比，IUCN 根据保护区的主要管理目标，把保护区管理分为 6 类，其中自然保护区为 1 类，国家公园是严格程度仅次于严格自然保护区的 2 类保护区。

尽管各国对国家公园的定义会有所区别，但公认的是，国家公园是国家为了保护重要的自然生态系统及其景观和文化资源而特别划定并管理的保护区，具有保护、科研、教育、游憩和社区发展功能。IUCN 对国家公园的定义是：国家公园这种保护区是指大面积的自然或接近自然的区域，重点是保护大面积完整的自然生态系统。设立目的是保护大规模的生态过程，以及相关的物种和生态系统特性。

这些保护区为公众提供了理解环境友好型和文化兼容型社区的机会，例如精神享受、科研、教育、娱乐和参观。

因此，国家公园是自然生态保护的一种类型，那种把国家公园视为普通意义上的“公园”、把建立国家公园体制视为是旅游开发的观点，都是不准确的。中央把建立国家公园体制放到“生态文明建设”部分来阐述，而不是放到“经济建设、文化建设”部分，足以说明建立国家公园体制属于自然保护的范畴。

3 国家公园与自然保护区有联系又有区别

有人问，既然已经有自然保护区了，为什么还要建立国家公园体制？这是因为作为严格保护管理的自然保护区，没有体现国家公园既保护又利用的特征。由于社会发展阶段，历史环境与国家体制等诸多原因，我国保护区与国家公园的建设与美国和世界许多国家均存在明显的差异。其主要表现在建立时间、发展历程、建设理念、管理体制等方面。

与世界各国相比，我国的保护区体系建立明显滞后。我国建立的第一个自然保护区是在 1956 年，比西方发达国家晚了半个多世纪。我国在保护区体系建立的早期发展阶段正值天灾人祸的困难时期，故发展十分缓慢。截至 1965 年，我国正式建立自然保护区仅 19 处。但“文革”期间遭到严重摧残，许多都名存实亡。直到 1978 年党的十一届三中全会，我国的自然保护事业才获得了新生。当时在抢救性保护的理念指导下，我国保护区数量飞速增长。截止 2014 年底，全国已建立自然保护区 2729 处，面积 146. 9915 万公顷，分属林业、环保、国土、农业、水利、海洋等部门，其中又以林业部门建立的自然保护区占主体，全国林业自然保护区 2174 处（林业国家级自然保护区占 344 处），占自然保护区总数的 80%。此外还建立了国家地质公园 240 个、国家级风景名胜区 225 个、国家级森林公园 779 个、国家湿地公园 429 个，从增长速度、总体数量上都达到了世界之最，初步建成了全国较为完善的保护区体系。

我国保护区自始建时即与国际流行的国家公园建设理念有较大差异。中华人民共和国成立初期，为迅速改变我国的落后面貌，国家大力开发国土资源，森林资源也受到严重消耗。在这一背景下，我国一些著名科学家在 1956 年第一届全国人民代表大会会议上提出了“请政府在全国各省（划）划定天然森林禁伐区，保存自然植被以供科学研究的需要”的提案，在第三次会议上获得通过，这即成为我国自然保护区建设的缘起。从该提案中我们可以清楚地看出，我国自然保护区的早期建设理念是划定禁伐区以为科学研究提供基地的基础上形成的。它与美国国家公园为国人提供知性观光与游憩的理念有着明显的差异。在那个时代，观光、游憩、启智与娱乐等理念被列为资产阶级意识形态范畴而加以排斥。

上世纪 80 年代开始，自然保护区和国家公园在管理经验上开始相互借鉴，自然保护区开始强调在保护的同时开展生态旅游、多种经营和照顾社区发展，国家公园则把保护自然生态系统作为主要功能，产生了趋同的倾向，甚至有的国家把二者等同起来。尽管如此，自然保护区仍然强调严格保护管理，国家公园则允许人进入，在保护的前提下可以适度开展游憩等活动，兼顾了科学保护和合理利用的关系。

为适应我国国民旅行、观光、游憩娱乐等的需求，中华人民共和国住房和城乡建设部自 1982 年开始建立风景名胜区。风景名胜区是规划性质的，本身没有土地权属，并不以保护自然生态系统为主要目的，和国家公园有本质的区别。至于把风景名胜区翻译为 National Park（国家公园），《风景名胜区规划规范》（GB 50298—1999）第二章“术语”中定义“风景名胜区，也称风景区，海外的国家公园相当于国家级风景名胜区”，这是对国家公园的误读。实际上，“风景名胜区”比较贴切的英文翻译应当是“Scenic Area”。与自然保护区相比，风景名胜区主要功能是游憩与娱乐，往往以人造景观和园林风光占优。

4 国家公园体制是一项改革措施

我国目前形成了由各个政府职能部门辖属的由各类型保护区组成的复杂管理体制。与世界各国的国家公园体制相比，我国的“保护区”体制明显缺少以国家为基点的分级和分类顶层设计与规划建设的法律依据及规范化的有效管理体制和健康运营发展的机制。

我国保护区类型较多，由于建立标准不一，分属不同部门，名称、地域分布、保护力度、投入资金、管理人员、专业程度等差异性非常大，形成目前整体结构不均衡、规则不一的中国保护区现状，交叉重叠严重，碎片化问题突出，影响了生态功能的发挥。国家并未建立由国务院授权的统一的权责机构承担各项有效管理包括人事编制、管理职能、科学研究、法制法规建立、经费提供、规划标准、运营机制等的“国家公园体制”。

我理解，中央提出建立国家公园体制，是以建立国家公园为改革推手，完善我国保护区体系，解决目前的地域分割、部门分治，“多龙治水”的难题。建立国家公园体制是生态文明建设的一项重要内容，既然国家公园只是保护区的其中一种类型，国家公园还不能覆盖所有保护区，那么其他类型的保护区也不应该被忽视，不能仅仅停留在国家公园这个尺度，而应该站在自然保护这个更大的系统上来考虑，梳理现有的保护区，按新的标准界定各类保护区，调整结构，整合功能，保证自然生态系统的完整性，这样才能完整的发挥生态系统的整体功能，推动生态文明建设，否则，局部的改善无法解决整体混乱的问题。

完整的保护区体系，应该是建立由严格自然保护区、国家公园、省、市级自然保护区、水源保护区、森林公园、湿地公园、地质公园、海洋公园、沙漠公园等组成的保护区体系，从而构建我国的国土生态安全空间。根据熟悉我国保护区现状的人士估计，我国现有的 428 处国家级自然保护区只有 200 个左右达到了严格自然保护区的标准，这些严格自然保护区也可以通过合并使得面积不变数量减少，通过国家投入，严格保护管理，确保最重要的生物多样性和生态安全空间得到有效保护。其余的具有国家公园特征的现有国家级自然保护区，可以和其他类型保护区整合，形成地域上相连、生态系统完整的国家公园，有效保护，有限利用，建立与国际接轨、具有中国特色的国家公园体系。

5 建立国家公园体制的建议

首先需要区分“国家公园”与“国家公园体制”。“国家公园”不是一般意义上的“公园”，也不等同于严格自然保护区，而是一种保护区类型。国家公园体制建设是生态文明改革的重要部分，是一种新的保护体系，开展国家公园体制建设，不能仅是在现有保护体制下建立某个国家公园，而要根据我国国情，结合国际通用的IUCN保护区分类体系，重构我国自然保护体系，推动完善中国保护区体系的建设。

我国要建立国家公园体制，能够提供的土地和符合条件的未发现（或未划为保护区）的资源已经极少，因此，需要将全国现有的保护区整合，对目前所有的保护区进行疏通理顺、评价分析、科学分类，系统的规划和总体设计，以这次建立国家公园体制的契机，完善我国保护区体系。

建立国家公园体制须首先将中国各类保护区按照统一分类体系进行梳理、归类，使之形成一个完整的、统一的体系。在研究与借鉴国外国家公园体制的基础上，结合我国的具体国情，建立具有中国特色、与国际接轨的国家公园体制。具体体现以下几个方面：

5.1 统一协调、专业管理

采用“综合监督+专业管理”的管理模式，将国家公园的监督部门与自然资源的主管部门分离，明确国家公园的主管部门及监督部门。此模式即为党的十八届三中全会提出的“健全国家自然资源资产管理体制，统一行使全民所有自然资源资产所有者职责。完善自然资源监管体制，统一行使所有国土空间用途管制职责”精神之所在。我国现行的综合部门和专业部门结合的管理体制，充分考虑了行业和专业特点，有其合理性。国家公园具有资源属性，必须由资源管理部门实施专业的科学管理，非专业部门的介入或者由一个部门一把抓，管理所有专业，都会增加新的混乱。国家公园体制的建设，需结合现有的自然资源管理部门对各类资源的管理情况，考虑管理的可行性。由国务院委托综合部门对全国保护区的建设进行监督和检查。资源管理部门主管各自范围内的保护区建设，也包括国家公园的建设管理。

5.2 央地结合、统一管理

世界上各国国家公园的管理模式因国情不同而存在差异。国家公园的管理方式总体上可归纳为：中央集权型（如美国、挪威等）、地方自治型（如德国、澳大利亚等）和综合管理型（如日本、加拿大等）三大类型。根据我国中央和地方两级分权、两级管理的事权划分，国家公园也可以由中央授权委托省级人民政府进行管理。国家公园由中央政府进行系统的管理，采用直属管理和授权省级政府管理的模式。属于或者可收归中央政府管理的土地上的国家公园，如国有林区、垦区、海洋、河湖沼泽湿地，原野区，以及跨省级行政区域的国家公园，可由国家直接垂直管理。其他的国家公园，可以在国家立法监督和业务指导下，委托省级人民政府实行管理。

5.3 健全体系，法律保障

需要建立和健全自然保护法律体系，可以再现行法律体系之下制定《国家公园管理条例》，条件成熟以后制定《国家公园法》，或者制定《保护区法》，在其中专门明确国家公园的内容。修订相关法律，形成和《森林法》《野生动物保护法》《湿地保护条例》《自然保护区管理条例》《天然林保护条例》等配套的完整的自然保护法律体系。制定地方法规，制定省级条例，每一个国家公园均需制定国家公园管理条例，实现“一园一法”。

5.4 管经分离，特许经营

国家公园必要的保护管理设施，由国家投资建设，国家公园的运行费用，由中央财政拨款予以保障。

门票或特许项目收入，以及接受的捐赠，实行收支两条线，用于资源保护建设及自然宣传教育支出。国家公园资源用于适度利用的部分，可以由国家公园管理局代表国家采取“管经分离、特许经营”的模式，应用 PPP 模式（Public-Private-Partnership），在有效监管下，由企业投入经营，资源可以评估入股、分红，所得收入用于保护管理和支持社区发展。

5.5 人事直管，合作经营

国家公园的管理机构作为行政机构由国家公园主管部门设立，人员由国家录用，作为公务员管理，主要人员人事按权限由国家公园主管部门任免。他们是代表国家管理国家公园的管理者，是国有自然资产的“物业管理”，是“管家”或看守者、科研人员、服务员、解说员，体现公共利益的公务员，不以国家公园资源作为生产要素营利，不直接参与国家公园门票或纪念品经营活动，管理者自身的收益只能来自岗位工资。建立包括社区、科研机构、非政府组织、景区管理和旅游等相关部门、志愿者组织等参与的伙伴关系。

6 结论与讨论

建立国家公园体制不是简单的建立几个国家公园，也不是简单的在原有自然保护区上挂上国家公园的牌子来开展旅游。建立国家公园体制实质上是以此为改革推手，建立和完善我国的自然保护体制。

我们赖以生存的自然环境和资源既是从父辈那里继承来的，又是从子孙后代那里借用来的。可持续发展要求需要既满足当代人的需求，而又不损害后代人满足其需求的能力，要求人们与自然和谐共处，能够认识到自己对自然、对社会和子孙后代应负的责任。因此，借建立国家公园体制的契机，各级政府、各个部门、组织及公民个人，应当齐心协力，努力创造，建设美好的中国保护区体系，为生态文明和美丽中国、为实现中华民族伟大复兴的中国梦不断创造更好的生态条件。

国家公园是生态保护的重点和优先区域[*]

生态环境保护既要全面，又要区分重点。国家公园作为资源荟萃的高价值自然生态空间，既是保护的优先区域，也是建设的重点之一。

1 国家公园是重要保护地

中共中央发布的《生态文明体制改革总体方案》中提出："国家公园实行更严格保护，除不损害生态系统的原住民生活生产设施改造和自然观光科研教育旅游外，禁止其他开发建设，保护自然生态和自然文化遗产原真性、完整性。"可见，中国建立国家公园的目的已经很明确，国家公园不是一般意义上的"公园"，而是重要的保护地。

保护地是指"受到特别保护的区域"，保护地几乎是所有国家和国际社会实施保护策略的基础。按照IUCN（世界自然保护联盟）的分类标准，国家公园是属于保护级别仅次于严格自然保护区的Ⅱ类保护地，而在一些国家，国家公园就相当于自然保护区。

国家公园和自然保护区有联系又有区别。事实上，我国的自然保护区和国家公园之间并没有严格的界限，自然保护区的实验区也开展生态旅游，而国家公园区分为严格保护区、生态保育区、游憩展示区、传统利用区四个功能区，其中的严格保护区和生态保育区禁止人为活动，也相当于严格自然保护区。国家公园和自然保护区的区别主要在于，国家公园是最重要的保护地类型，数量不多，但典型性更明显、尺度更大、生态系统更完整、国家代表性更强、管理级别更高；自然保护区是主要的保护地类型，包括较小的生态系统或者单一物种的庇护所，保护的面要更广泛一些，管理有多层级，主要由地方管理，具有数量多、分散、大小不一等特征。大部分自然保护区出于从抢救性保护而来，正在向规范、科学管理的过渡阶段，国家公园则是从自然保护区和其他保护地整合而来，是自然保护的升级版。

国家公园主要是自然保护地。根据2013年12月全球保护地数据库的数据，共记录了符合国家公园特征的4709个Ⅱ类保护地，其中记录为文化类型的少于10个，其余均为自然类型。由此可见，国家公园尽管也有文化类型的案例，但数量屈指可数，占绝对数量的还是自然类型。

2 国家公园需要受到特别关注

国家公园作为国家所有、全民共享、世代传承的重点生态资源，是国家生态安全的重要屏障，国家形象的代表名片，应该受到特别的关注和重点的建设。

列为优先保护的区域。由于国家公园在资源方面的突出价值和生物多样性保护方面的骨干作用，应该将其列为保护的优先区域，由中央政府主导，顶层设计，制定国家公园发展规划，将其列为重点生态功能区和禁止开发区。

投资上重点倾斜。由于国家公园的全民公益性，应该确立国家公园资源国家所有、国家投入、国家管理的国家战略，将其列为投资建设和管理的重点。保护管理设施由国家投入，运营管理由国家财政维护，经营服务类项目实行管理和经营分离，通过特许经营和社会资本合作，收支两条线。

提高管理的层级，明确为中央事权。实行"统一协调+专业管理"的模式，成立国家公园建设管理委

---

* 唐芳林．国家公园是生态保护的重点和优先区域．学习时报．2016.

员会，在其指导下由专业部门实施具体管理。对于国家公园，应该明确为中央事权，实行扁平化管理。对于大范围的国有林区如大兴安岭林区、神农架林区等，以及以山系为主的跨省的国家公园，直接由中央部门实行垂直管理；对于其他类型的国家公园，由中央政府授权省级人民政府管理，不宜再下放给市县级地方政府管理。不赞成设立国家层面的专门的国家公园管理局，因为这会和行业管理造成交叉，增加新的混乱。

完善法律体系。建立在生态文明制度下的自然保护体制，在自然保护体制下的国家公园机制，建立和健全自然保护法律体系。制定中华人民共和国保护区法，其中明确国家公园、自然保护区等保护体系的内容，制定和完善《国家公园条例》《湿地保护条例》《自然保护区管理条例》，形成配套的完整的自然保护法律体系。或者直接制定国家公园法，修订相关法律，与《环境保护法》《森林法》《野生动物保护法》等法律相适应。制定地方法规，每一个国家公园均需制定国家公园管理条例，实现“一园一法”。

确保国家公园的科学性和专业性。国家公园资源富集，内涵丰富，生物多样性维持、野生动植物保护、文化遗产传承、科研宣教工作开展，都具有较强的专业性，实行科学管理。

有效保护，有限利用。国家公园不是简单地关起来形成一个排外封闭区域，游憩展示区和传统利用区是可以合理利用的，这种利用方式是资源的非消耗性、环境的非破坏性，非损伤性地获取效益，满足多种功能需求。通过面积不超过10%的两个功能区的合理利用，达到保护90%的资源的目的。近年来，人们已经从追求温饱走向追求精神文化需求的阶段，国家公园作为公共生态产品能够提供满足人们精神需求的场所，体现教育、游憩和带动社区发展的功能。

建立国家公园体制，推动自然保护建设——云南国家公园建设探索实践*

1 云南是如何想到率先建设国家公园的？

云南省是我国最早开始尝试探索国家公园建设的省份。2008 年，国家林业局将云南省作为国家公园建设试点省，以具备条件的自然保护区为依托，开展国家公园建设试点工作。

中国内地第一个国家公园诞生在云南省，绝不是偶然的，与云南省的资源禀赋、生态区位、社会环境、自然保护基础、旅游需求、自然保护研究力量这些条件有关，也是经济、社会发展到一定阶段的必然产物。

云南特殊的地理位置和复杂的自然环境，孕育了极其丰富的生物多样性，是我国物种最多的省份，也是全球生物多样性的热点地区，被誉为“动物王国”“植物王国”。地理的多样性又发育和保存了丰富的少数民族及其文化的多样性，这些都非常值得保护。三江并流自然遗产地、西双版纳热带雨林、高黎贡山、元阳梯田等，都是人们耳熟能详又充满向往的世界级景观资源。

为了保护独特的自然资源，自 1958 年建立西双版纳自然保护区开始，云南省共建立了 162 个自然保护区，其中国家级自然保护区有 21 个，总面积 283 万公顷，占全省国土面积的 7. 2%，使典型的自然生态系统和 85%以上的野生动植物得到了有效保护。毋庸置疑，云南在自然保护区领域取得了巨大成绩，为我国自然保护事业作出了突出贡献。

然而，自然保护和经济发展的矛盾又无时、无处不在。云南是典型的边疆欠发达地区，贫困面大，特别是自然保护区周边，社区压力巨大。贫困现象经常和生态破坏如影相随，互为因果，单纯用法律和行政管理并不能完全杜绝非法砍伐、毁林开垦和过度放牧这些现象，也不能解决老百姓脱贫致富的难题。自然保护区主要体现的是保护生物多样性的全民利益，对当地的发展也造成了限制。封闭的自然保护区管理思路也容易激起周边居民的对立情绪，给自然保护带来压力。如何协调这个矛盾，探索一条既能保护资源又能促进社区发展的路子？国外的自然保护是怎么做的？要保护好资源，又要避免“捧着金饭碗讨饭吃”，就要找出一个获取效益的途径，这个途径必须是可持续的。

随着我国人民生活水平的提高，对体验自然的游憩需求也随之产生。如何让人们享用自然资源而不使环境受到破坏，资源的非消耗性利用无疑是一个选择，因此需要找出一个资源有效保护和持续利用的保护地模式，探索建立国家公园就成为一种选择。

2 国家公园和自然保护区有什么样的区别？

国家公园的概念起源于美国，目前已为世界大部分国家和地区所采用。国家公园是指大面积的自然或接近自然的区域，设立的目的是保护大尺度的生态过程，以及相关的物种和生态系统特性。这类自然保护地提供了环境和文化兼容的精神享受、科研、教育、娱乐和参观的机会。按我们的定义，国家公园是由国家划定和管理的自然保护地，旨在保护有代表性的自然生态系统，兼有科研、教育、游憩和社区

---

* 唐芳林. 建立国家公园体制，推动自然保护建设——云南国家公园建设探索实践. 中国绿色时报. 2016.

发展等功能，是实现资源有效保护和合理利用的特定区域。

由于较好地处理了自然生态保护与资源持续利用之间的关系，国家公园被看作是现代文明的产物，也是国家进步的象征。国家公园和自然保护区有共同和不同之处，它们是自然保护地的重要类型，其首要目标都是保护自然生物多样性及作为其基础的生态结构和它们所支撑的生态过程。但也有不同之处，自然保护区更强调严格保护，国家公园则尺度更大、层级更高，除了保护，也强调推动环境教育和游憩。

1996 年，云南率先引进国家公园理念，开始基于国家公园建设的新型保护地模式的探索研究。毋庸讳言，地方政府积极开展国家公园建设确实有发展旅游的动机，但在省政府、自然保护区管理部门、相关专家和国际组织的指导下，一开始就把保护自然生态环境列为国家公园的优先目标，确立了旅游活动必须服从保护目标，以确保资源不受到破坏的原则。经过近 10 年的摸索，2006 年，云南省政府做出了建设国家公园的部署，并将“探索建立国家公园新型生态保护模式”列为云南生态环境建设的工作重点之一。省政府成立了国家公园管理委员会、专家委员会，开展了包括国家公园管理体制、法规、准入制度、技术标准等方面的专项研究，规划将国家公园建设成为保护生物多样性、森林景观、湿地景观资源和民族文化资源的典范，建设成为向公众提供休闲观光和体验自然的最佳场所，实现对具有国家代表性的生物、地理和人文资源及景观的科学保护和开发。

迪庆藏族自治州以碧塔海省级自然保护区和国有林场为依托，扩大保护范围，整合建立香格里拉普达措国家公园，2007 年 6 月，普达措国家公园正式挂牌，成为中国内地第一个国家公园。普达措国家公园的运行，在保护、科研、教育、游憩和社区发展 5 个方面发挥出独特功能，为生态脆弱地区保护和发展良性互动作出了有效探索，为国家公园建设提供了有益的经验。

3 达措国家公园的基本情况

普达措国家公园不同于一般的森林公园和其他景区公园。普达措国家公园地处青藏高原东南缘横断山脉金沙江东岸的高山峡谷区，是世界自然遗产地的红山片区，园区内海拔大多在 3500 米以上，最低 2347 米，最高 4670 米，地貌按形态可分为山地、高原、盆地、河谷，景观资源富集。园区分布并记载的兽类共有 76 种，其中包括云豹、黑熊、棕熊、小熊猫珍稀保护兽类 20 种；分布有黑颈鹤、黑鹳等鸟类达 297 种；两栖动物 13 种；鱼类 16 种，其中包括特有种 13 种。保护区现有裸子植物 22 种；被子植物 2253 种，植物丰富度高达每平方公里 160. 97 种，许多植物是具有开发利用价值的经济植物，其中经济价值较高的植物有 974 种。这里是滇西北生物多样性丰富的地区，是一个宝贵的基因库。

这里曾经是国有林场，20 世纪 80 年代就停止了森工采伐，1981 年建立了碧塔海省级自然保护区、1992 年中甸林业局组建了森林旅游公司，开发了碧塔海和属都湖景区。此后，这里开展了大众旅游活动，多的时候，上百头牦牛和马匹在这里揽客，随意践踏草地，生态环境遭到破坏。直到 2006 年挂牌成立普达措国家公园以后，才得到规范管理。国家公园规划中严格限定参观游憩路线，不得离开栈道，把游客约束在较小的范围内，保护了大面积的植被。可以这么说，如果当初没有建国家公园，这里就不是今天看到的这样一片净土了。

身处普达措国家公园，可以感受到这里和一般景区的不同。这里没有兜售、叫卖，没有商店，没有人山人海，一切显得那么宁静、和谐与自然。国家公园是保护强度很高的自然保护地，只允许在特许经营的小范围内开展游憩、科研和环境教育活动，严格控制访客数量，只可以在规定的线路参观和体验，不能采摘，不能踩踏，不能投喂食物，不能放生动物，不能带入植物材料，总之，保持国家公园的高度自然性，除了照片和美好记忆，什么都不能带走；轻轻地来，悄悄地走，连脚印都不要留下。

需要说明一下，不是国家公园的每一角落游客都可以随意进入的。国家公园分为严格保护区、生态保育区、传统利用区和游憩展示区四个功能区，其中严格保护区面积不低于 25%，禁止人为活动，以保护自然生态系统的原真性为目标；生态保育区只允许保育和恢复植被，禁止任何建设活动；而游憩展示区面积必须控制在5%以内，可以最低限度地建设必要的服务设施，允许访客参观和体验。普达措国家公园严格保护区和生态保育区面积达92%，游憩展示区面积为2759.3公顷，只占总面积60210公顷的4.6%。也就是说，用极少的面积的利用换得了绝大部分面积的有效保护。远处这些都是严格保护区和生态保育区，我们只能看，不能进入，只能管中窥豹，可望而不可即。92%的国家公园区域游客不能进入，那是野生动植物的避难地，必须受到良好的保护。有人把看到的5%的面积放大成是普达措国家公园的全部，误以为普达措国家公园就是大搞旅游开发的，其实是不准确的。

4 通过建设国家公园，给普达措国家公园带来了哪些影响?

原来这里保护经费短缺，保护力量薄弱，管理不到位，游客随意出入，骑马、烧烤等大众旅游活动对环境的影响较大。人、马任意踩踏草甸，对地表植被造成严重负面影响，造成水土流失，破坏了湿地景观，并影响到生物多样性；周边社区贫困，不得不依靠传统的放牧、砍伐、开垦、采集等传统的消耗资源的方式生存；科普、宣教工作几乎没有开展。林业、旅游、水利、景区等管理部门管理不够协调，粗放的管理和无序经营给自然保护带来了巨大的压力。自然保护区处于保护也没有保护好，利用也没有利用好的尴尬局面。

通过整合建立国家公园，按全新的国家公园理念来规划和建设，十年来给普达措带来了脱胎换骨的变化。

第一是保护了自然生态系统。扩大了保护范围，增加了保护面积。通过分区管理，保护了大面积的自然生态系统。原来的碧塔海自然保护区面积为14133公顷，国家公园不仅包括了整个碧塔海自然保护区，还整合了周边林场和景区，面积扩大到60210公顷，面积增加了3倍多。严格控制工程建设范围和规模，必要的工程和设施建设遵循严格的环境保护与恢复措施，建设栈道时，坚持不砍一棵树，行走于栈道，不时可看见一棵棵包围在栈道切口中的树。最大化使用清洁能源，如公园的太阳能供电、供暖；打包厕所；垃圾、污水无害化处理，大巴欧Ⅲ排放标准等。通过这些措施，退化的生态环境得到修复，水质和空气质量都保持在一类的优质状态，野生动植物数量扩大，社区矛盾缓解，环境教育和游憩展示功能得到发挥。

第二是提高了管理和科学性和专业性。国家公园不是一般的景区或公园，必须按照自然保护的理念工作。普达措开展了综合科学考察，摸清了本底资源状况，制定了合理的规划，为开展保护管理工作提供了科学依据。如以中甸叶须鱼（重唇鱼）为代表的高原珍稀特有鱼类等，它们是本区特有的种质资源，是狭义特有种，只生长在原生的河湖内，一旦外来物种侵入，就会对这些本地特有种带来毁灭性的破坏。国家公园通过控制带入外来物种，严格禁止动物放生行为，确保了自然生态系统的原真性。如果没有科学性和专业性，像一些其他景区一样搞种植、养殖，任由游客放生、捕捞，那这些特有物种就会从地球上永远消失了。

第三是提高了管理的有效性。改变了多头管理现象，理顺了管理，形成了统一高效的管理体制。通过特许经营，引进了旅游投资公司，高起点开展了游憩展示和宣教活动。严格控制旅游开发面积，严格控制游客数量，每天不超过10000人次，游客只能在开发区域内活动，线路受到严格限制，避免了漫山遍野放羊式游览，保持了国家公园的自然性。

第四是增强了群众的保护意识，促进了社区发展。国家公园周边有两个乡镇，四个村委会，有人口6660人。通过开展生态旅游，以非消耗性的资源开发方式（生态旅游）取代原有的消耗性开发方式（采伐、林下产品采摘、大众旅游），通过环境非损伤性获取效益，门票收入明显增加，每年达到3亿元，每年回馈社区每户达2万元，有的家庭每年可以通过国家公园的补偿和就业每年收入达到10万元，实现了脱贫奔小康。解决了部分社区群众就业，优先安排这4个村中有文化、肯学习的村民参与到国家公园的管理与服务工作，解决就业岗位200多个。收入和就业的增加，减轻了普达措周边社区对自然生物资源的依赖性和压力，对当地经济发展有一定带动作用，促使普达措周边社区尽快脱贫，也提高了普达措自然生态的自养能力。群众尝到了保护带来的好处，保护意识进一步提高，又自觉投入到保护的行动中来，参与环境保护工作，社区共管，媒体监督，群众监督，良性循环。

第五是传播了生态文化。国家公园是自然保护地，又是科普、环保教育的基地和体验地。在保护自然生态环境的同时，充分发挥了环境教育功能，国家公园规划布局了科普教育设施，对冰川、森林、湿地、野生动物、生物多样性等知识进行宣传推广。普达措国家公园每年接待了130多万访客，来访者无不被大自然的美景所感染，也接受到了生动的生态教育，珍爱自然、保护自然的意识明显增强，国家公园的建设理念得到公众认可和接受，成为传播生态文明理念、推动生态文明建设的重要基地。

5 云南在探索国家公园建设的实践中做了哪些具体工作，取得了哪些成功的经验？

和中国其他省份一样，云南也建立了以自然保护区为主体，森林公园、湿地公园、地质公园、风景名胜区等多种保护地类型为辅的多种类型的保护地群，因为没有经过系统规划，有交叉重叠，所以还不能称为体系，这些保护地的建立是适应我国当时社会发展阶段和历史背景的结果，在保护生物多样性和生态系统方面发挥了不可磨灭的重要作用，有效保护了我国最重要、最精华的自然景观、生态系统、物种和遗传基因资源。但也受困于保护和发展矛盾协调不够，社区贫困、管理不顺等现实困难。

云南省从1996年就引入了国家公园的概念，开始了基于国家公园建设的新型保护地模式的长时间的理论研究。2006年，云南省政府做出了建设国家公园的战略部署，并将“探索建立国家公园新型生态保护模式”列为云南生态环境建设的工作重点之一。随后，迪庆藏族自治州以碧塔海省级自然保护区为基础，建立了普达措国家公园。

2008年6月，国家林业局批准云南作为中国大陆国家公园建设的试点省，要求云南以具备条件的自然保护区为依托，遵循“保护优先，合理利用”原则，在保护好生物多样性和自然景观的基础上，全面发挥自然保护区的生态保护、经济发展和社会服务功能，积极探索具有中国特色的国家公园建设和发展道路；研究和完善相关政策，妥善解决国家公园机构、编制、经费和土地权属等问题，建立相应的法规、政策、标准和管理措施，以便在全国范围内示范和推广。

2014年1月1日，《云南省迪庆藏族自治州香格里拉普达措国家公园保护管理条例》实施，开创了国家公园“一园一法”的先河。2015年1月，国家发改委等13个部委将云南等9个省列入了试点省。

2015年11月26日，云南省第十二届人民代表大会常务委员会审议通过《云南省国家公园管理条例》，自2016年1月1日起施行。这是中国第一部国家公园法律文件，标志着云南省国家公园建设走向了法制化的轨道。随着条例的实施，国家公园体制初步在云南建立。

从以上历程看，云南省的国家公园探索经历了研究先行、准确定位、顶层设计、科学规划、理顺管理、立法规范的过程，采取政府主导、多方参与、分区分类的管理方式，积极探索与国际接轨且兼具云南特色的国家公园建设和发展道路，在全国率先开展国家公园建设试点，率先建立中国大陆第一个国家公园，率先编制了国家公园技术标准，率先制订第一部国家公园管理体制地方立法，成为了国家公园建设典范。目前，云南已经批准13个国家公园的规划，形成了高水平的与国际接轨的云南国家公园体系。

云南省建立国家公园，经过了长时间的理论研究，得到了国家林业主管部门的批准，系统编制了发展规划，出台了系列的标准和规范，建立了有土地权属、机构编制、经费来源的国家公园实体，既保护了资源又发挥了环境教育和游憩功能，实际建设成效在国内外得到好评，为中国国家公园建设探索了经验。通过科学的管理模式和完善的保护方式，得到了世界自然保护联盟等国际组织的充分肯定，进一步提升了云南省良好的生态保护形象。由于云南省国家公园多年试点取得的成绩，也推动了中国国家公园发展的进程。有人说，云南的国家公园是“山寨的”，这是不了解情况的说法，是不准确的，也是不公平的。

6 云南在国家公园建设中存在哪些问题？

云南省的国家公园建设是在国内没有经验可循，国家层面还没有出台政策的情况下大胆探索的。制度创新，既需要顶层设计，也需要基层实践，正如农村土地承包责任制在安徽小岗村最先尝试、集体林权制度改革在福建先行试点一样，普达措国家公园也是在迪庆州最先试水，随后被云南省政府和国家林业局纳入指导的背景下进行的，其先行先试、大胆探索的精神值得肯定。2013 年 11 月，党的十八届三中全会提出建立国家公园体制，也说明了在中国建立国家公园是一项必然的战略选择。

由于国家公园在中国还是一项新事物，云南的试点建设自然就有“摸着石头过河”的特征。在改革发展过程中，由于各方理解不一，也走了一些弯路，比如说有一段时间一些县市未经规划和批准就擅自挂牌“国家公园”，进行旅游开发，偏离了国家公园自然保护的本质属性，好在省政府和国家林业局及时进行了规范，避免了无序发展和资源破坏。

目前云南省的国家公园实体都是基于自然保护区而建立，都实行“两块牌子、一套人马”，国家公园的建设和管理运营除了要遵循国家公园的技术标准和条例以外，还必须受到自然保护区管理条例的约束。目前还缺乏自上而下、直属的、系统的、实质性（财政和人力资源管理权）的上级权威机构，目前的国家公园管理办公室还局限于协调和监督，还不是专职的管理机构。国家公园管理主体的层级不够高，行政级别低、人员编制少、经费不足，协调、执行能力有限。国家公园管理还涉及到不同的部门，各自职责的侧重点不一样，保护和利用的尺度不一，部门间协调不够。

目前的国家公园缺乏国家投资，建设还比较滞后，部分国家公园只能引进社会资本进行投资建设，管理部门和投资主体之间的关系还有待理顺，特许经营办法有待进一步细化，保护和开发的矛盾有待进一步协调。由于没有经费保证，地方政府更倾向于利用国家公园开展旅游，对门票经济的依赖较大，容易偏离国家公园的正确方向。较高的门票价格阻碍了更多的民众的体验，国家公园的公益性体现不够。有访客抱怨门票价格高，管理苛刻，而且没有对一些弱势群体如学生、残疾人、老人进行优惠，国家公园的环境教育功能和生态文化传播功能受到影响。

云南国家公园建设还处于前期发展阶段，有待于进一步提升水准，纳入国家整体的统一发展轨道。

7 云南国家公园建设有哪些新的举措和规划？

云南省探索形成了一套较为成熟的国家公园建设模式，为我国开展国家公园建设积累了宝贵经验。截止 2016 年 8 月，云南省依托自然保护区规划了 13 个国家公园，正在逐步开展建设。云南已经制定了国家公园发展规划，国家公园建设的内容也写入了云南十三五规划。目前云南省被列为国家公园试点省，正按照国家发改委等十三部、委、局联合开展的国家公园试点方案进行试点，国家林业局也计划在云南推动建立亚洲象国家公园。下一步，作为中国第一个开展国家公园探索的省份，作为把争当生态文明建设排头兵作为目标的省份，云南省必将继续加快国家公园建设，本着绿色、创新、协调、共享、共赢的发展理念，继续为中国的国家公园建设体制建设奉献经验。

8 中国的国家公园能不能做到完全免费？

国家公园除了保护这个主导功能，还兼有为人们提供体验自然之美，开展科研教育和游憩活动的辅助功能。国家公园开展游憩活动如观光、健行、露营，摄影等，欣赏大自然的美景，能够带给访客心理上的满足和精神上的享受，舒缓工作压力、增进亲友间感情，用户便愿意多支付一些时间和金钱，去换取心理及生理上的满足，就会产生游憩资源效益，从而出现收费问题。

高福利的发达国家对国家公园实行完全免费，这是以国家财政和税收的方式保证了国家公园的投资和管理成本，这在大多数发展中国家是难以实行的。一些实行高福利政策的国家如英国、德国、挪威、瑞典、澳大利亚、新西兰等，政府财政预算满足了国家公园建设和运行费用，国家公园向公众免费开放。大部分国家则实行收费，如美国采取的是低收费政策。每年在国家公园领域的财政预算达 30 亿美元，保证了国家公园的基本建设和运行费用，一般车辆进入一般的国家公园只需缴纳每车 5 美元的门票，7 天内有效，可多次出入，黄石国家公园稍高，每人 12 美元，每车 25 美元，年票 50 美元。商用车按座位收费。值得一提的是，对美国公民中的学生、军人、62 岁以上老人，残障人士、志愿者等特定人群实行免票或者优惠票，老人只需购买 10 美元长期票就可以终生享受，学校组织学生到国家公园参观，只需要填写一张表格说明是教育目的，就可以免票。

巴西的国家公园实行收费，一些热门的国家公园如迪居卡国家公园（耶稣山）每年接待访客 300 余万人，门票收入都约合人民币 2 亿元以上，伊瓜苏国家公园每年也可取得可观的门票收入，这些收入除了支付管理成本以外，其余的滚入国家公园基金，统筹补偿给其他收益不好的如亚马逊等地的国家公园。

南非国家公园原本由南非政府编列预算补助国家公园委员会，也有土地取得、研究、野生动物经营管理等经费。自 1985 年至 1990 年间已由国家公园委员会自行负担三分之一；1991 年起，国家公园委员会的财务已完全独立自给，还增加了市场营销人员，提升效益。目前，南非完全采取商业经营政策，通过国家公园的运营解决就业和取得资金收入，政府只在市场运营出现危机时才起调控作用。

中国是发展中的人口大国，尚有 7000 多万贫困人口，财政需要解决的民生问题众多，还做不到对国家公园实行完全免费，当然也不能把国家公园当成商业性高收费场所，只能实行低收费政策。基于以下理由：

一是自然资源有价。自然资源不再是任人随意取用或是在毁损时不需赔偿的无主财产，而是公有财产的一部分，只有付出一定相对的代价才能使用。

二是使用者付费原则。对于直接使用者收取一定使用费，也是对其他没有直接使用公共资源的纳税人的一种补偿。

三是于降低或消除碳足迹。在国家公园游览访问期间的衣食住行和“吃喝拉撒”，都会留下碳足迹，处理废弃物也会增加碳足迹，这些都需要投入来消除和降低。比如，如果你用了 100 度电，那等于你排放了大约 78. 5 千克二氧化碳，需要种一棵树来抵消；如果你自驾车消耗了 100 公升汽油，大约排放了 270 千克二氧化碳，需要付出碳交易成本来抵消。消除碳足迹需要的成本支付，需要按“谁排放、谁买单”的原则，从门票支付中体现。

四是可以体现经济的可持续性。在允许人为活动的传统利用区开展的经营性项目，政府既无必要也不可能大包大揽，可以让渡一部分权利，以特许经营的方式允许社会资本投入，允许投资者以门票或其他方式获得经济收益。经营者投资建设了访客服务设施，访客可以自由选择享受服务，产生消费行为，产生支付意愿，正常开展经营活动是可以允许适度收费的。这样才能鼓励投资者，实现经济上的可持续性。

五是作为流量调节的措施。控制访客数量，调节季节性不平衡的人流量。除了采取预约排队方式，收取和浮动门票价格也是有效的流量调节措施。

当然，政府应该对收费行为进行控制，使收费合理和适度 ，国家公园实行管经分离的政策，管理机构负责对经营者进行监管，建设活动必须限制在最小范围，收费也必须控制在合理的财务回报范围内，不能试图通过利用国家公园的资源获取暴利，舍本逐末。可以实行低入门费、适度服务费的政策，进入国家公园游憩区体验的访客，只要在环境容量范围内，可以实行低收费，让绝大多数民众都能够承受得起。而对于享受型服务项目，如住宿业、餐饮业、交通运输服务业（缆车、游园巴士、营业性停车场等）、游憩服务业（温泉浴疗、森林康养、营利性露营场地及其他游憩活动设施或场地）、零售业（出售纪念品或户外运动休闲服装等用品）、文化服务业（发行旅游指南、风景明信片、幻灯片或录（影）音带等解说数据等事业）以及其他与旅游有关的服务业（包括导游解说、访客中心、医疗服务中心等服务）等，则按市场经济法则，给予访客以自由选择消费的机会，适度收费。

此外，还要制定政策，对特定群体实行免费或者优惠，比如说对中国公民中的军人、志愿者、相关科技人员、开展环境教育课的学生、残障人士等特定人群实行免费，对60岁以上老人、低保人员、普通学生等特殊人群实行优惠。使国家公园不至于成为富人专享的后花园，而是全体国民都可以体验得到的公共产品。

9 云南的国家公园建设经验对中国建立国家公园体制有什么启示?

经过近二十年的探索实践，云南省建立了有代表性的国家公园实体，制定了技术规范，出台了地方法规，探索了成熟的国家公园建设模式，锻炼了一批通晓国际经验的专家团队，培养了一批管理人才，经验是宝贵的，可以为中国建立国家公园体制提供借鉴。云南有一条重要的成功经验，那就是一开始就明确了牵头部门。国家公园是在现有的保护地上整合建立，牵涉多个部门，基于国家公园的自然保护地属性，鉴于利用系统在森林、湿地、生物多样性方面的自然资源管理职能，以及在自然保护区、森林公园等方面的主体地位，云南省政府成立了有多个相关部门组成的国家公园管理委员会，办公室设在省林业厅，明确了林业厅作为国家公园试点的牵头部门，明确了各方职责，减少了争端，加快了进程。

国家公园建设必须明确保护自然生态系统的方向，站在生态文明建设的高度，从完善自然保护地体系角度出发。2015年3月24日，《中共中央国务院关于加快推进生态文明建设的意见》中提出："建立国家公园体制，实行分级、统一管理，保护自然生态和自然文化遗产原真性、完整性。"2016年1月26日，在中央财经领导小组第十二次会议上，习近平总书记听取国家林业局关于森林生态安全问题汇报后，特别强调"要着力建设国家公园，保护自然生态系统的原真性和完整性，给子孙后代留下一些自然遗产。要整合设立国家公园，更好保护珍稀濒危动物。"中央的明确意见为中国国家公园作了定位，有利于我们提高认识，统一思想，把握国家公园体制建设的正确方向。

习近平主席指出：人民对美好生活的向往，就是我们的奋斗目标。良好的生态是最普惠的民生福祉，提供良好的生态产品使人民群众能够共享，这也是自然保护和国家公园建设的目标。建立国家公园体制，是我国加强自然资源保护、提供国家生态安全保障、推动保护地功能重组、构建保护生物多样性的长效机制、促进人与自然和谐发展的重要改革措施，是建立国土空间开发保护制度的重要内容，是生态文明制度建设的创新和亮点。

目前，中国国家公园体制建设的方向已经非常明确，需要扎扎实实地去推进。要把国家公园体制建设作为完善自然保护体系的重要抓手，做好顶层设计，开展基础研究，制定技术标准，编制发展规划，启动立法建设，理顺管理体系，建立有中国特色的国家公园体系，促进生态文明建设。

野生动物可持续保护利用的南非经验*

非洲以野生动物资源丰富而出名，以号称非洲五霸（Big Five，即非洲象、犀牛、野水牛、狮子、花豹五种旗舰物种）为典型代表的众多野生动物资源，具有极强的感染力，而斑马、羚羊、长颈鹿、鳄鱼、鬣狗、鸵鸟等动物经常成为动物节目的主角。自 1970 年代以来，非洲的野生动物数量出现了不同的变化趋势，据科学家估计，西非国家的野生动物数量下降了 80%，东非国家稍好，但也下降了 50%。具有讽刺意味的是，据美国加州大学伯克利分校的专家研究，绝大部分被列为濒危动物名单的动物种，并没有因为保护等级高而出现数量增长，犀牛等数量更是大幅度下降。唯独出现野生动物数量增长的是南部非洲，以南非为例，国家公园等公共保护地里面的野生动物数量总体保持稳定，而国家公园以外的保护地则增加了 20 倍以上。有百年历史的克鲁格国家公园就有数以万计的哺乳类野生动物，其中大象数量就达 19700 头，超过环境承载量 12000 头，不得不采取数量控制措施，或者往周边地区输出和疏散。南非野生动物可持续利用每年还为国家作了 13 亿美元的经济贡献，解决了 14 万人的就业。作为发展中国家的南非是如何做到这一点的呢？受国家林业局派遣，笔者赴南非进行了实地探访。

1 允许野生动物资源的可持续利用

南非共和国国土面积 122 万平方公里，仅有 23. 3%的土地适合农业耕作，其中只有 10%的土地属于高产，绝大部分的土地不适合农业种植而更适合于野生动植物生长。一些盐碱地恰恰是羚羊喜欢的栖息地，一些干旱稀树草原不适合家畜而适合草食性野生动物以及依托其生存的捕食者。截至目前，南非政府建立了 21 处国家公园，由国家公园管理局通过门票和其他商业性项目获得预算的 75%收入，政府只补贴不足部分的经费。此外，在政府的鼓励下，许多土地所有者自愿拿出土地，把农场转化为野生动物保护区。和一般的自然保护区（nature reserve）不同，这种叫体验式保护区（game reserve）的保护地类型实际上是一个放大了的野生动物园，需要有足够大的面积，经专家评估符合条件，得到环境事务部许可，外围圈以围栏，保护和引入本地原有野生动物种类，让动植物自由生长繁衍，形成稳定的种群和食物链，只进行轻微的人为干预措施，盈利模式是通过为游客提供野生动物观光、荒野体验、宿营、运动狩猎等服务来赚取利润，效益是农场的 3-5 倍。为了减轻围栏造成的孤岛化影响，面积一般要求在 1 万公顷以上，多余的野生动物则有计划地以商业狩猎的方式来控制，这种娱乐探险体验不以换取肉食为目的，但收益很高。私人保护地模式既延续了野生动植物资源，也增加了收入，解决了社区就业，对野生动物而言，也是纯野生状况下的生存，比关在动物园强了许多，减少了非法盗猎活动，很受相关利益群体的欢迎，所以发展很快。目前，国有的公共保护地全国有 528 处，面积 750 万公顷，只占国土面积的 6. 1%，而私人保护地有 11600 处，面积达 2800 万公顷，占全国陆地面积的 23. 12 %。私人保护地的面积和保存野生动物数量均占全国总数的 75%，成为非洲野生动物数量增长最快的地方。

2 约束人的行为，人和野生动物和谐共处

人和野生动物并非不可接触，动物本身没有问题，有问题的是人，只要管理好了人，大自然就不会出问题。南非的野生动物保护区严格限制人类活动，游人只有在专业人员陪同下才能进入保护区，必须

* 唐芳林．野生动物可持续保护利用的南非经验．中国绿色时报．2016.

遵守规则，按照规定的线路参观，而且绝对禁止游人下车，禁止喧哗、挑逗、喂食，长此以往，动物也习惯了人的存在，知道人类不会伤害它们，草食动物自由地栖息、繁衍，而肉食动物也可以无视人的存在而在众目睽睽之下捕食，一切按照自然法则进行。在这些动物保护区，游客进入前必须告知注意事项，签署同意书，违反规则造成自身伤害由游客自己承担，保护区不需要承担法律责任，而造成野生动物和环境损害，游客必然受到严厉追责。距离人类居住区不远的500平方公里的区域内，有大象、犀牛、猎豹、黑斑羚等哺乳类动物达6000余头，游客经常可见他们出没的身影。而面积近200万公顷的克鲁格国家公园野生动物数量越来越多，不得不持续向周边地区疏散，以及采取节育等措施加以控制，以便保护森林和草原生态系统。

另外一个成功的例子是南非开普半岛的桌山国家公园，该区域经过400年的开发，近年来国家公园每年接待400多万人的游客访问，国家公园内仍然处于良好的自然状态，鸵鸟、羚羊、狒狒自由生存，海豹、企鹅数量大增。位于西蒙镇的班德尔企鹅保护区是卓山国家公园的一部分，以前没有企鹅，1983年只来了一对企鹅，当地居民没有伤害它们，政府在这里建立自然保护区进行科学管理，有序开放游客参观，门票和其他收入增加了国家公园和当地居民的收益和就业，面积不大的海岸成了企鹅生存栖息的最佳场所，数量增加到现在的3500只。

3　绝对禁止利用的结果并不能有效保护野生动物资源

一些国家禁止野生动物贸易，但野生动物数量却越来越少。当然，他们可以通过向国际上争取援助来弥补收益。在私有制度下的南非人看来，野生动植物资源也是财产，在私有土地上的野生动物也应该作为财产加以保护，土地所有者可以按个人意愿支配。南非允许野生动物的可持续保护利用，允许合法的商业性狩猎和动物产品贸易，每年来自野生动物利用的收益就13亿美元，而据估计，全球年产值达千亿美元。

南非比勒陀尼亚大学的范欧文（Wouter. Van. Hoven）教授是国际著名的野生动物专家，1995年，他曾经受安哥拉政府邀请，为经历了数十年战争而遭到毁坏的安哥拉Quicama国家公园开展恢复重建，在野生动物已经荡然无存的废墟上，范欧文教授及其团队从南非等国进口了120种野生动物，恢复重建了野生动物种群和生态系统。在野生动物保护和可持续利用方面经验丰富的范欧文教授认为，生物多样性和动植物都是有价值的，这些价值应该得到保留并加以利用。当笔者问到如果有许多国际组织反对这个问题的时候，范欧文教授说，中国使用动物产品入药已经有2000多年历史，不必太在意外国人意见，因为你们才知道你们需要什么。地球上94%的犀牛资源在南非，南非在保护犀牛方面最有发言权，南非不需要让那些没有见过犀牛的人来决定犀牛的命运。

4　健全的法律体系，先进的管理技术

野生动物保护利用需要有完善的法律体系作为保障。南非在宪法框架下，制定了国家环境管理法（NEMA），在其下有生物多样性保护法案、保护地法案、空气质量保护法案、水法、矿产与石油资源开发法案等，形成了完整的环境保护法律框架体系。南非环境事务部负责国家公园管理和生物多样性保护、野生动物可持续利用的管理和服务，下属的国家公园管理局（SANPARKS）则统一负责全国21个国家公园的管理运营，各省都设有环境事务管理部门，负责所在省的环境管理事务。

100多年来的发展，南非的野生动物管理水平处于世界一流水平。有完善的保护地规划和发展、旅游、跨边境保护、兽医服务、航空服务、科研教学服务等服务体系。除了国际组织，南非也有一些非政府组织，开展各种项目。比如说动物的监测、麻醉、节育、扩散、运输、疫病防治、狩猎、草场计划燃烧等方面，都有高水平的专业服务。

5 科学和理性地保护，避免陷入情感纠纷

人类保护野生动物是共识，但需要用科学的态度和理性的方法。利用公众的情感使用情绪化的语言貌似占领了道德高地，但实际上无助于解决实际问题，结果反而更差。南非的政府部门、研究人员和非政府组织均认同野生动物可持续利用。范欧文教授认为，野生动物有其利用价值，自然会产生买卖行为，如果禁止公开贸易，买卖自然转入地下，黑市更难监管。对于“大众保护好了让富人和外国人来打猎，不公平”的质疑，他认为，商业狩猎确实是少数人的爱好，但只要对社区有利，对保护行动可持续有利，何乐而不为？如果禁止公开贸易，价格就会升高，黑市就会屡禁不绝，犀牛就是一个例子。他举例说，允许鹿茸交易后鹿茸价格越来越让大家接受，数量也越来越多。南美洲的羊驼曾经数量很少，人们并没有把它作为濒危物种保护，而是允许买卖，于是数量增加到 50 万只。而犀牛保护则陷入了恶性循环，禁止贸易的犀牛角的黑市价格涨到了每公斤 10 万美元，尽管每年都要击毙 40 多盗猎者，但高额的利益仍然驱使犯罪分子铤而走险猎杀犀牛。而犀牛角实际上每年都可以生长 1.5 公斤左右，不需要剥夺其生命就可以按其生长量合理割取利用，黑市价格也会快速降下来，偷猎现象也会减少。

丰富的野生动物资源和高水平的管理水平，使得南非在野生动物方面的自信心增强，国际话语权扩大。南非独到的野生动物理念和管理经验，确实值得同为发展中国家的中国学习借鉴。是绝对禁止还是允许合法利用，哪一种方法更有利于野生动物资源保护？对于一些物种，会不会陷入“越保护、越濒危”的怪圈？非洲不同国家的政策产生的不同结果，获得的经验和教训，给了我们一些答案。无独有偶，曾经在我国西北从事多年野生动物考察研究的美国野生动物管理学博士理查德 . B. 哈里斯在《消逝中的荒野：中国西部野生动物保护》一书中指出，中国社会由于舆论反对而停止战利品狩猎，是浪费掉的一个机会。

这样看来，我国的野生动物保护法坚持对野生动物实行保护优先、规范利用、严格监管的原则，也是科学论证和理性讨论产生的法律结果，下一步需要结合我国国情，借鉴国际经验，制定科学的野生动物可持续保护利用政策。

关于国家公园，需厘清哪些关系？*

按照计划，国家公园体制试点期将在2017年告一段落，现在是形成可复制、可推广经验的关键阶段，需要探索并解决一些问题，尤其要厘清几个关系。

1 国家公园与自然保护区的关系

国家公园与自然保护区是并列关系，与自然保护体系是局部和整体的关系。一部分符合条件的自然保护区和森林公园、湿地公园等自然保护地可以被整合进国家公园，实行更严格的保护，但其他类型的自然保护地并不会完全被国家公园所取代——这些层级不一、分布范围更广的自然保护地仍将发挥重要的生态屏障作用。

2 建设国家公园与建立国家公园体制的关系

建立国家公园体制不单是建立一些国家公园实体，而是以整合建立国家公园为改革抓手，完善自然保护管理体制。

建立国家公园体制就是要从顶层设计入手解决这些问题，对重要自然生态系统实现该保尽保，实现整体、严格、永久保护和统一、高效管理。

3 中央事权与地方积极性的关系

按照自然生态系统的完整性要求，有的国家公园会出现跨地区或跨省的情况，这就需要由国家层面来推动建设和实施管理，由中央直接管理或者委托省级人民政府代行管理权，合理界定事、人、财、物的管理权责。

4 所有权、管理权与监督权的关系

为避免出现既当裁判员又当运动员的弊端，国家公园的所有权、管理权、监督权应该分开行使。国家公园宜作为自然资源产权独立单元由国土部门登记，由资源管理部门实施管理，由综合部门实施监督。目前存在的既行使自然保护区监督权又直接实施部分自然保护区管理的现象，需要在国家公园体制建设中得以解决。

5 主体目标与多功能目标的关系

国家公园的主体目标是保护自然生态系统的原真性和完整性，而非大搞旅游等开发活动。当然，大多数国家公园除了具备自然保护的主体功能外，同时兼有科学研究、游憩展示、环境教育和社区发展等辅助功能。

---

* 唐芳林. 关于国家公园，需厘清哪些关系？[J]. 中国生态文明，2017，(1)：83.

6 严格保护与公益性发挥的关系

国家公园实行更严格管理，并非人人可以自由进入，公益性如何体现呢？

国家公园的核心区和生态保育区严格禁止人为活动；在不影响保护的前提下，可以考虑在可接受的范围内拿出极小比例的面积作为游憩展示区，进行最低限度的必要设施建设，并通过规范的管理引导民众进入，使民众能够感受自然之美，接受环境教育。

7 国际经验与中国特色的关系

国家公园在世界上有100多年的历史，如今已经形成了成熟的管理经验。在学习、借鉴外国经验的过程中，切不可照抄照搬，应当结合我国实际有选择地消化、吸收。

8 统筹协调与专业管理的关系

国家公园有多种类型，科学性和专业性较强，业务管理上与多部门有搭接，任何一个部门都难以单独完成管理目标，可以采取统筹协调、专业管理的管理模式。

9 试点先行与整体推进的关系

我国有12个省份试点9处国家公园，应及时总结探索过程中的有益经验，并对出现的深层次矛盾和问题及时研究，寻求解决方案。与此同时，要加快顶层设计。

国家公园与自然保护区联系与区别*

我国正在建立以国家公园为主体、以自然保护区为基础、以各类自然公园为补充的完善的自然保护地体系，其中，国家公园和自然保护区是最为重要。二者像一对亲密的兄弟，有联系，也有区别。国家公园是指由国家批准设立并主导管理，边界清晰，以保护具有国家代表性的大面积自然生态系统为主要目的，实现自然资源科学保护和合理利用的特定陆地或海洋区域。自然保护区是指对有代表性的自然生态系统、珍稀濒危野生动植物物种的天然集中分布区、有特殊意义的自然遗迹等保护对象所在的陆地、陆地水体或者海域，依法划出一定面积予以特殊保护和管理的陆地、陆地水体或者海域。从概念看，大同小异，从实际特征看，还是有许多相同点和差别。

1 国家公园和自然保护区的共同特征

首先，他们都是重要的自然保护地类型，在自然保护方面的目标和方向一致。自然保护地对于生物多样性的保护至关重要，它是国家实施保护策略的基础，是我们阻止濒危物种灭绝的唯一出路。国家公园和自然保护区是最主要和最重要的自然保护地类型，依托他们，保存了能够证明地球历史及演化过程的一些重要特征，有的还以人文景观的形式记录了人类活动与自然界相互作用的微妙关系。作为物种的避难所，国家公园和自然保护区能够为自然生态系统的正常运行提供保障，保护和恢复自然或接近自然的生态系统。

其次，他们都受到严格的保护。国家公园和自然保护区都是以保护重要的自然生态系统、自然资源、自然遗迹和生物多样性为目的，都被划入生态红线，属于主体功能区中的禁止开发区，受到法律的保护。特别是在生态文明建设的大背景下，中央高度重视生态保护，国家公园和自然保护区都是中央环保督察的重点。

再次，他们都受到统一的管理。国家机构改革方案明确，成立国家林业和草原局，加挂国家公园管理局牌子，统一管理国家公园等各类自然保护地。彻底克服了多头管理的弊端，理顺了管理体制，这在世界范围内都是先进的自然保护地管理体制。

建立自然保护地是保护自然资源和生物多样性、提供优质生态产品与服务、维系生态系统健康最重要和最有效的途径。国家公园和自然保护区作为我国高价值的自然生态空间，是生态文明和美丽中国建设的重要载体。

2 国家公园与自然保护区的主要区别

国家公园是最重要的自然保护地类型，与自然保护区相比的特别之处主要体现在6个“更”上，国家公园更“高、大、上”，更“全、新、严”。更高，指的是国家代表性强、大部分区域处于自然生态系统的顶级状态、生态重要程度高、景观价值高、管理层级高。更大，指的是面积更大，景观尺度大，恢弘大气。尽管目前有的自然保护区面积也很大，但从长远看，也都会被整合成为国家公园。上，指的是更上档次，自上而下设立，具有优先地位，统领自然保护地，代表国家名片，彰显中华形象。更全，指的是生态系统类型齐全，典型生态系统结构完整，功能齐全，生态过程完整，食物链完整，体现山水林

---

* 唐芳林．国家公园与自然保护区联系与区别［J］．热带林业，2018，46（4）：5.

田湖草整体保护。更新，指的是新的自然保护地形式，新的自然保护体制，新的生态保护理念。国家公园在国际上已经有100多年历史，但在中国出现才10来年，还是新鲜事物，具有鲜明的中国特色；更严，指的是国家公园实行最严格保护、更规范的管理。

与国家公园相比，自然保护区也有鲜明的特点，主要体现为4个“更”：更早、更多、更广、更难”。更早，指的是成立最早，早在1956年就建立了自然保护区，社会公众都很熟悉；更多，指的是数量最多，全国各级各类自然保护区数量达2750处，而目前国家公园试点区才有10处，今后也不会超过100处；更广，指的是分布范围广，遍布全国各地、包括陆地和海洋；更难，指的是管理难度大，遗留问题多，特别是保护与社区发展矛盾突出，需要被重点关注。

除了以上特征相似但程度不一的区别外，国家公园与自然保护区还有以下方面的区别。

一是设立程序不同。国家公园自上而下，由国家批准设立并主导管理，自然保护区自下而上申报，根据级别分别由县、市、省、国家批准设立并分级管理。

二是层级不同。国家公园管理层级最高，不分级别，由中央直接行使自然资源资产所有权。自然保护区分为国家级、省级、县级，以地方管理为主。

三是类型不同。国家公园是一个或多个生态系统的综合，突破行政区划界线，强调完整性和原真性，形成山水林田湖草统一生命共同体整体保护系统修复，不分类型。自然保护区根据保护对象分为自然生态系统、野生生物、自然遗迹三大类，森林、草原、荒漠、湿地、海洋、野生动物、野生植物、地质遗迹、古生物遗迹九个类别。

四是国家代表性程度不同。国家公园是国家名片，具有全球和国家意义，如大熊猫、东北虎、祁连山、三江源、武夷山、神农架、长城等国家公园试点区，以及珠峰、羌塘、三江并流、秦岭、张家界、九寨黄龙、黄山等国家公园候选区，有的是世界自然文化遗产地，有的是名山大川和典型地理单元代表，都是国家公园的典型代表。自然保护区不强求具有国家代表性，只要是重要的生物多样性富集区域或者物种重要栖息地，或其他分布保护对象并具有保护价值的区域均可成为自然保护区。

五是面积方面，国家公园数量少但范围大，具有大面积的荒野区，面积一般不少于100平方公里，大的超过10万平方公里。自然保护区数量多，面积大小不一，有的面积也很大，有的单个自然保护区有的面积不足1平方公里，甚至就是一颗古树、一片树林或者一个物种的栖息范围；

六是在完整性方面，国家公园强调生态系统完整性，景观尺度大，景观价值高，自然保护区不强求完整性，景观价值也不一定高。自然保护区不强求完整性，主要保护典型和具有特殊意义的生物多样性、具有代表性的自然生态系统和具有特殊意义的自然遗迹。

七是在功能分区方面，自然保护区分为“核心区、缓冲区、实验区”三个功能区，国家公园分为禁止人为活动的“核心区”和限制人为活动的“控制区”两个管理分区，容易区分，方便管理。(为了实现精细化的专业管理，国家公园管理者会进一步细分为“严格保护区、生态保育区”和“传统利用区、科教游憩区”四个功能分区，实行差别化管理措施)。

八是事权方面，国家公园是中央事权，主要由中央出资保障，自然保护区是地方事权，主要由地方出资保障。

九是在自然资源资产方面，国家公园国有土地比例高，便于过渡到国家公园全民所有自然资源产权由中央统一行使。自然保护区集体土地比例相对较高，通过协议等形式纳入保护管理，分级行使所有权。

十是在优先性方面，国家公园具有最优先地位。国家公园是最重要的自然保护地类型，处于首要和主体地位，是构成自然保护地体系的骨架和主体，是自然保护地的典型代表。具备条件的自然保护区可能会被整合转型成为国家公园，而国家公园不会转型为自然保护区。

此外，国家公园更加强调对自然生态系统原真性的保护，尽量避免人为干扰，维护生态系统的原始自然状态，在管理基础设施建设方面更加注重人工设施的近自然设计；国家公园的管理更加注重对人的教育和引导，管理理念更加开放包容，倡导社会公众通过各种渠道参与保护，并积极促进当地社区改变发展方式，帮助社区发展非资源消耗型经济，通过改变传统管理理念促进管理方式更新。

3 国家公园与其他自然保护地的联系

十九大提出建立以国家公园为主体的自然保护地体系，确立了国家公园的主体定位，也肯定了其他自然保护地的作用。在自然保护地体系中，国家公园处于体系金字塔的顶端，其次是自然保护区，再次就是各类自然公园，共同构成有机联系的自然保护地系统。

国家公园是在自然保护区等自然保护地基础上整合建立起来的，但“青出于蓝而胜于蓝”，与其他自然保护地相比，生态价值最高，保护范围更大，生态系统更完整，原真性更强，管理层级最高。由于解决了“多头管理、交叉重叠、碎片化”的问题，串珠成链，整体性、连通性增强，实现一个或多个自然生态系统的完整性，整体保护、系统修复，统一管理。国家公园为主体，不是指数量，而是指质量和面积，是针对大范围而言，并不是每个地区都必须以国家公园为主体。

国家公园固然最重要，但并不是说自然保护区就不重要。好花也得绿叶护，国家公园替代不了自然保护区，一部分自然保护区被整合成为了国家公园，但大量的分布广泛的各级各类自然保护区仍然是自然保护地体系的重要组成部分。自然保护区在过去、现在和将来仍然在自然保护领域发挥着不可替代的作用。

各类自然公园是自然保护地体系的重要补充。自然公园是以生态保育为主要目的，兼顾科研、科普教育和休闲游憩等功能而设立的自然保护地，是指除国家公园和自然保护区以外的，具有典型性的自然生态系统、自然遗迹和自然景观，与人文景观相融合，具有生态、观赏、文化和科学价值，在保护的前提下可供人们游览或者进行科学、文化活动的区域。主要保护具有重要生态价值但未纳入国家公园和自然保护区的森林、海洋、湿地、水域、冰川、草原、生物等珍贵自然资源，以及所承载的景观多样性、地质地貌多样性和文化价值，包括森林公园、湿地公园、草原公园、沙漠公园、地质公园、海洋公园、冰川公园、风景名胜区、水利风景区、自然保护小区等各类特色专业自然公园，作为国家公园和自然保护区的补充，实现自然资源的有效保护和合理利用。

4 不要误以为自然保护地就是关起来

国家公园不是普通的公园，建立国家公园的目的是保护自然生态系统的完整性和原真性，不是搞旅游开发。生态保护第一，这是自然保护地的普遍特征，但也不意味着自然保护地就是把人全部迁出来，把国家公园关起来，完全禁止游客进入。全民公益性也是国家公园等各类自然保护地的特征，生态保护是主导功能，还有游憩体验、科普、文化娱乐、社区发展等辅助功能。因此，除了在核心区、缓冲区等生态敏感区禁止人为活动外，其他区域是可以适度开展旅游活动的。

以国家公园为主体的新型自然保护地体系，新在哪里？*

说到国家公园，我讲一段真实的经历。五年前，我去参访学习了美国一百多年来的国家公园成就和经验，领略了黄石壮美的景观，“老忠实温泉”如约般间歇性喷发，一对对情侣在那里见证他们的爱情故事；透过约塞米蒂谷的红杉巨木，夕阳把瀑布照成火红色，形成著名的“火瀑布”，以至于中国画家张大千把它美译为“优胜美地”国家公园……美国同行不无自豪地问我们：“你们中国也有国家公园吗？”恰好那时候中国已经在开展国家公园体制试点，于是我自豪地回答：中国已经有 10 个国家公园，而且今后中国的国家公园颜值会更高！

建立国家公园体制是党的十八届三中全会提出的重点改革任务。仅仅不到五年多的时间，中国就实行了国家公园体制，试点面积赶上了美国国家公园总面积。中国的国家公园起点也很高，党的十九大进一步确立了“建立以国家公园为主体的自然保护地体系”的目标。习近平总书记在致信祝贺第一届国家公园论坛开幕时指出：“中国实行国家公园体制，目的是保持自然生态系统的原真性和完整性，保护生物多样性，保护生态安全屏障，给子孙后代留下珍贵的自然资产”，为中国国家公园做出了定位，指明了发展方向。这一系列精准设计和高位推动，意味着对原有自然保护地要进行一次重新“洗牌”，意在重构具有中国特色的新型自然保护地体系。那么，重构的自然保护地体系到底新在哪里？对我们而言，又意味着什么呢？

1 自然保护地是生态文明建设的核心载体

人类活动总是不自觉地趋向于把自然生态系统转变为人工生态系统，长此以往，人类的生存环境就会越来越差，为此，保护自然就成为理性选择。人与自然和谐共生，就需要建立自然保护地，给野生动植物留下生存空间，为人类自身提供生态安全庇护。自然保护地是人类文明发展到一定阶段的产物，意为受到保护的自然空间，在我国古已有之，神山神湖、水源林、风水林、禁猎区等都是早期的自然保护地。但现代自然保护地起源于美国，伴随着工业文明而发生。1864 年，他们建立了优胜美地州立公园。随后，于 1872 年建立的世界上第一个国家公园—黄石国家公园，更是开启了世界性的自然保护运动。

中国地理独特，从 8844.43 米的世界最高峰到海平面，再到负海拔的 155 米新疆艾丁湖最低点，分布着世界上最完整的自然生态系统类型，丰富的地理和生物多样性，拥有最多的自然文化遗产，具备建立世界级自然保护地的资源禀赋。在经济快速发展的同时，生态产品却十分短缺，生态安全屏障还不够牢固。良好的生态与每个人的生活息息相关，共享蓝天、碧水、青山和净土是普惠的民生福祉。为了让当代与子孙后代都能享有珍贵的自然遗产，就必须将生态功能重要、生态环境敏感脆弱以及其他有生态价值的自然空间纳入新型自然保护地体系，划入生态保护红线管控范围，进行完整地保护。

自然保护地是生态文明建设的核心载体，也是美丽中国的重要象征。过去，中国的自然保护地由各级政府依法划定或确认。自 1956 年设立第一个自然保护区以来，我国经过 60 多年的努力，已建立了数量众多、类型丰富、功能多样的各级各类自然保护地，在保护生物多样性、保存自然遗产、改善生态环境

---

* 唐芳林．以国家公园为主体的新型自然保护地体系，新在哪里？2018.

质量和维护国家生态安全方面发挥了重要作用。仅存于中国的“国宝”大熊猫、濒临灭绝的“国鸟”丹顶鹤、具有巨大生态服务功能和国际保护价值的青藏高原“亚洲水塔”、独一无二的九寨沟、张家界、长城等自然文化遗产，这些珍稀濒危动植物和自然文化瑰宝都在各类自然保护地中得到了有效保护，使我国保存了世界上数量最多的自然和文化遗产。在守护自然生态的同时，自然保护地还为公众提供了旅游休闲和自然体验的机会。

但是，以往的自然保护地缺乏系统设计，“抢救式保护”的特征明显，难免存在许多历史遗留问题，诸如重叠设置、多头管理、边界不清、权责不明、保护与发展矛盾突出等问题，影响了保护效能的充分发挥。同时，由于规划不够科学合理，使人们享受自然的需求也得不到满足。这方面，贵州省长期从事自然保护工作的冉景臣有切身体会：“自然保护区就是一个“高热”行业，时不时就会被推到风口浪尖。保护区管理者更是两头受气，变成了猪八戒照镜子，里外不是人。”为适应生态文明和美丽中国建设的需要，亟待改革自然保护地管理体制。

2 重构自然保护地体系

2013 年，党的十八届三中全会《关于全面深化改革的决定》中首次提出“建立国家公园体制”以来，中国先后在 12 个省市开展了东北虎豹、三江源、大熊猫、祁连山、神农架、武夷山、钱江源、南山、普达措、海南热带雨林等 10 处国家公园体制试点。党中央、国务院印发了《建立国家公园体制总体方案》《关于建立以国家公园为主体的自然保护地体系指导意见》等一系列政策文件，标志着我国自然保护地体系的顶层设计已经初步完成，建立具有全球先进性自然保护地体系的宏大计划已经展开。中国的行动将在世界上树立生态保护的典范，为全球生态治理提供中国方案。

根据规划，到 2020 年，基本完成国家公园体制试点，设立一批国家公园，分级统一的国家公园体制基本建立，构建统一的自然保护地分类分级管理体制。到 2025 年，健全国家公园体制，完成自然保护地整合归并优化，完善自然保护地体系的法律法规、管理和监督制度，提升自然生态空间承载力，初步建成以国家公园为主体的自然保护地体系。到 2035 年，显著提高自然保护地管理效能和生态产品供给能力，自然保护地占陆域国土面积 18%以上，全面建成中国特色自然保护地体系，自然保护地规模和管理达到世界先进水平。

长期以来，我国的林业、环保、农业、地质、海洋等行政主管部门在各自职权范围内分别设立了自然保护地。如林业部门设立了自然保护区、森林公园、湿地公园、沙漠公园、沙化土地封禁保护区；农业部门设立了水产种质资源保护区、水生生物保护区、草原保护区；国土资源部门设立了地质公园、矿山公园；住建部门设立了风景名胜区、城市湿地公园；此外，环保部门设立了饮用水水源保护区、水利部门设立了水利风景区、海洋部门设立了海洋公园、海洋特别保护区等。这么多的自然保护地类型，纷繁复杂，交叉重叠，一般人很难理清。

在自然保护地分类方面，各国都不一致。世界自然保护联盟（IUCN）将全球自然保护地类型浓缩简化为六类：严格自然保护区和原野保护区、国家公园、自然文化遗迹或地貌、栖息地/物种管理区、陆地景观/海洋景观保护区、自然资源可持续利用保护区。这是一个实用的分类分析工具，但除了专业人士，一般人也很难分辨清楚，在实践中难以直接在中国套用。

在功能分区方面，过去的自然保护地分为核心区、缓冲区、实验区。但核心区与缓冲区的界线模糊，有些地方都按照核心区来严格管理。而国家公园试点则分为严格保护区、生态保育区、传统利用区、科普游憩区，实际中除了专业人员外，一般管理者和大众都很难准确区分。

这次体制改革的重点就是要建立起新的管理机构、新的分类体系、新的分区模式，实现自然保护地统一设置、分级管理、分类保护、分区管控。从管理体制上，组建国家林业和草原局，加挂国家公园管理局牌子，赋予了统一设置和管理自然保护地的职责，彻底解决了分头设立及多头管理的弊端；从空间上，归并整合，彻底解决交叉重叠的问题；在保护地分类上，提出了“两园一区”的自然保护地的分类体系，把所有自然保护地归为国家公园、自然保护区、自然公园三类，更加简洁明了。其中国家公园处于第一类，保留自然保护区作为第二类，把现有的风景名胜区、森林公园、湿地公园、地质公园等归入自然公园作为第三类。

新的分区模式体现在“三区并两区”的管控分区变化上。把国家公园和自然保护区分为核心保护区、一般控制区，核心保护区实行严格保护，禁止人为活动，一般控制区在保护的前提下排除负面影响后，允许开展合理利用活动。自然公园按一般控制区来管理。通俗地说，核心保护区不可以游玩，一般控制区在保护的同时，可以有限度地游玩，容易理解，易于操作。这就是将原自然保护地的三区（核心区、缓冲区、实验区）重新划分为两区（核心保护区、一般控制区）。实际操作中，为了实现精细化管理，还可以因地制宜进行二级功能区划。

3 中国特色的国家公园体制，有何特色？

国家公园不是可以随意进入游玩的一般“公园”，它是重要的自然保护地。虽然，国家公园在中国起步较晚，但具有后发优势。单就具体的国家公园单元，中国的国家公园与国际上众多国家公园有许多相似之处。但就国家公园体制而言，中国却具有明显的特色。

一是遵循习近平生态文明思想。在建设中国特色社会主义的新时代，中国发挥后发优势，以习近平生态文明思想为指导，坚持以人民为中心的思想，树立“绿水青山就是金山银山”“山水林田湖草是一个生命共同体”的绿色发展理念，以保护自然生态和自然文化遗产原真性、完整性为根本宗旨，树立尊重自然、顺应自然、保护自然的理念，满足人民亲近自然、体验自然、享受自然的愿望，推进生态文明领域国家治理体系和治理能力现代化，推动形成我国和谐发展的自然保护新格局，让绿水青山充分发挥多种效益。

二是以生态保护为首要目标。中国具有人口基数庞大、经济社会发展不均衡、资源紧缺、环境承载力接近极限、生态环境退化、发展和保护的矛盾集中体现等国情特点。人民日益增长对优美环境的需求与优质生态产品供给不充分之间的现实矛盾，成为了全面建成小康社会亟待解决的问题。现实决定了中国必须尽快补齐生态短板，因此生态系统的原真性和完整性保护成为国家公园的首要目标。国家公园必须担负起维护国家生态安全屏障、保持健康稳定的生态空间的使命。

三是以自然资源资产管理为核心。长期以来，自然资源资产登记和管理有缺失，边界不清晰，全民所有自然资源资产所有权行使不到位，多头管理的问题突出。着力解决我国现有自然保护地中存在的九龙治水、管理割裂、栖息地破碎化等问题，构建起产权清晰、系统完整、权责明确、监管有效的国家公园体制，成为改革完善我国自然保护地体系的主要内容。

四是强调整体保护，注重体系建设。中国的土地和自然资源属性为国有，机构改革后实现了自然资源三个“统一行使”，国家公园及自然保护地统一管理，能够站在国家和民族长远发展的高度和长远发展的角度上，从整体上开展对包括国家公园在内的自然保护地体系建设。

五是以贯彻人民为中心的理念，满足多功能多目标需求。与国外国家公园大多是无人区的特点不同，中国人口众多，自然保护地内都有人口分布。西部有大面积的荒野，但经济发展滞后；东部生物多样性丰富，但人口稠密；北方国有土地多，但自然条件相对较差；南方自然条件好但集体土地比例大。地理和社会条件的巨大差异决定了中国国家公园和自然保护地不可能采取一刀切的政策。通过自然保护地科学分类、合理分区，实行差别化管理措施，才能满足多功能、多目标需求。

六是以公有制为主体，实现集中统一管理。在国家公园建设领域，坚持社会主义制度，一切从实际出发，大胆吸收国际经验，但绝不照抄、照搬西方的制度模式。国家公园以国家利益为主导，坚持国家所有，具有国家象征，代表国家形象，彰显中华文明，实现国家资源的“全民共享，世代传承”，逐步形成适合中国国情的国家公园建设模式。

不管是国家公园还是其他自然保护地，都要以生态保护为首要目标，兼顾多功能的需求。可以用四句话来表述：守得住青山绿水，富得了一方百姓，迎得来八方宾客，对得起子孙后代。

建立以国家公园为主体的自然保护地体系是一场深刻的系统性变革，也意味着占总面积近 1/5 的国土空间纳入自然保护地体系，其规模和影响力绝不亚于当时二十世纪初美国的荒野保护和国家公园运动，必将在生态保护领域产生深远的影响，在中国历史上留下一座丰碑，也必将为创造世界生态文明的美好未来/推动构建人类命运共同体做出贡献。

科学划定功能分区，实现国家公园多目标管理*

国家公园的首要功能是重要自然生态系统的原真性、完整性保护，同时兼具科研、教育、游憩等综合功能，也就是说，国家公园有多功能的目标需求。我们曾经总结了国家公园主要有保护、科研、教育、游憩和社区发展五大功能。要实现国家公园的多目标管理，就需要在空间上进行功能区划，把国家公园划分为多个不同的功能分区，实施差别化的管理措施，发挥各功能区的主导功能。

分区管理是国际上普遍采用的管理方式，有利于发挥国家公园的多重功能，科学的功能分区是协调国家公园各种利益关系的重要手段。由于当前我国在国家公园总体规划方面的标准还在编制阶段，尚无规范可依，各试点区在功能分区方面的名称、数量、措施都不一致，不便于在国家层面制定统一管理措施。尽管每一个国家公园都有各自共同和不同的资源特征，但为了确保国家公园的品质，方便管理，有必要制定统一的国家公园功能分区标准和方法，在统一的法律和规程下实施规范化管理。在《国家公园总体规划技术规程》编制过程中，结合在国家公园方面的相关研究成果、自然保护地及国家公园的规划经验，提出了按照主要保护对象的分布、原真性要求、人为活动状况、管理的严格程度、主导功能等因子综合考虑，结合含义准确、公众易于接受的原则，将国家公园划分为严格保护区、生态保育区、科普游憩区、传统利用区四个功能区，其中，严格保护区和生态保育区纳入红线管理，严格保护区禁止人为活动，生态保育区除了科研和生态修复外，限制其他人为活动。科普展示区和传统利用区不纳入红线范围，允许开展限制性的传统生产生活活动和科普、游憩活动。分述如下：

严格保护区是国家公园的核心部分，是核心资源的集中分布地，具有典型的荒野特征，目标是作为自然基线进行封禁保护，保留原真性特征，面积比例一般不低于 25%，纳入生态红线管理，禁止人为活动，实行最严格保护。

生态保育区是自然或半自然的区域，是严格保护区的外围缓冲区，目标是保护和恢复自然生态系统，以自然恢复为主，辅以必要的人工修复和保育措施，确保生态过程连续性和生态系统的完整性。该区面积较大，与严格保护区之和应大于 50%，构成国家公园的主体，纳入生态红线管理，实行严格保护，除了生态修复活动外，禁止开发性建设和其他人为活动。

科普游憩区是国家公园范围内区划出的小面积点状和带状空间，是开展科研、教育、科普、游憩、自然体验等活动的场所，不纳入红线管理，但要严格限制范围，面积比例一般不超过 5%，在经过生物多样性和环境影响评价后不会对保护目标产生影响的前提下，可以开展必要的防火、巡护道路、游憩步道、观光路线、管理和服务站点等基础保障设施建设，满足公众科研、教育、游憩等多方面需求。

传统利用区是国家公园范围内原本和允许存在的社区和原住民传统生产生活区域，目标是实现人与自然的和谐相处、保护和传承传统优秀文化。该区可以不纳入红线管理，但只能开展限制性利用，排除工业化开发活动，除了必要的生产生活设施，禁止大规模建设，可以开展绿色生产方式，开展环境友好型社区发展项目，开展游憩服务活动。

在四个区以外，还可以根据需要设置协调控制区。协调控制区不属于国家公园范围，但在规划上需要与国家公园建设和管理目标相协调，在不影响国家公园保护需求的前提下，可以设置生物走廊带，可以在出入口设置管理、服务和保障设施，结合旅游开展特色小镇建设，带动周边社区发展。可以根据需

---

* 唐芳林．科学划定功能分区，实现国家公园多目标管理．国家林业和草原局政府网．2018-01-16.

要布设，是服务国家公园管理目标的外围区域。根据国家公园功能定位，明确国家公园区域内居民的生产生活边界，相关配套设施建设要符合国家公园总体规划和管理要求，并征得国家公园管理机构同意。周边社区建设要与国家公园整体保护目标相协调，鼓励通过签订合作保护协议等方式，共同保护国家公园周边自然资源。引导和鼓励当地政府在国家公园周边合理规划建设入口社区和特色小镇。

通过分区管理，最大限度发挥国家公园的生态服务功能，兼顾科研、教育和游憩等功能，实现严格保护与合理利用的协调统一。各功能分区要遵循科学的理论和方法，要识别生态关键地带，确定保护格局和资源利用方式。遵循保护生物学基本理论和岛屿生物地理学、最小存活种群、集合种群等相关理论，综合考虑国家公园的自然和社会因素，以及生境特征和保护对象分布状况，从有利于保护生态系统的原真性和完整性，有利于管理，有利于社区发展和调动周边社区群众保护主动性和积极性的角度出发，采用多目标适应性分析方法进行功能区划，并制定相适应的管理措施。

建立国家森林的探讨*

森林是陆地生态系统的主体，是生物多样性的主要载体，是众多野生动植物的栖息地，具有巨大的生态服务功能，同时森林作为可再生资源也是人类赖以生存的自然资源，具有不可替代的经济功能。由于森林的长周期性和公益性，不能完全由市场来配置资源，还需要用公权力来维护、公共投资来保证，以体现全民公共利益。

国家森林（The National Forest）一般是指由国家林业主管部门直接行使管理职责的国有森林，长期甚至永久作为国家的生态屏障和实现自然资源可持续利用的土地空间。国家森林必须是国家所有的重要的高价值的森林资源，对生态环境保护和战略性林产品储备和保障都具有重要意义，除其中一部分重要的森林被纳入国家公园和自然保护区等自然保护地进行管理外，其他大部分国家森林，由国家政府设立专门的部门进行管理。

许多国家都设立了由国家政府部门直接管理的国家森林。中国目前尚未设置国家森林，但已经具有国家森林的雏形。建立国家森林对于保护和永续利用重要森林资源、完善自然保护地体系、构建生态安全空间等方面都具有重要意义。在推进生态文明建设体制改革的形势下，建立国家森林的条件已基本具备。本文提出了建立中国国家森林的观点和建议。

1 国家森林的产生和国际经验借鉴

国家森林伴随着国家的产生而产生。封建时期，“普天之下，莫非王土”，国家森林一般指皇室特别划定的供游乐、狩猎的森林区。工业化以后资本主义国家的土地一般都是私有性质，国家森林主要是指属于国有和国家直接管理的森林区。现代以来，许多国家都设置了国家森林这种土地保护和管理类型，作为重要的国土生态安全屏障和重要资源的储备地。在这些国家，国家森林成为了自然保护地不可或缺的重要组成部分，在生态保护和森林资源可持续利用方面发挥着不可替代的作用。

在美国，国家森林是指由联邦政府直接管理的国有森林。在 1897 年，国会创建了美国森林服务机构来管理日益增长的森林保护区网络，并特别指出了水的重要性，把森林和草地提供清洁的水资源视为国家森林和草原提供的唯一最重要的资源。1976 颁布了《国家森林法案》。美国国土面积大约 33% 为森林覆盖，除了私人林地、州县等地方政府拥有的公园森林之外，有将近 100 万平方公里为国家森林、草地和公园。包括两大部分，主要部分是由 1905 年建立的农业部林务局负责管理的国家森林，包括分布于 40 多个州和美国属地的 135 处森林和草地，总面积大约有 78 万平方公里。另外一部分是 1916 年在国土资源部下面设立的国家公园管理局，负责管理 59 个国家公园，所涵盖的绝大部分也是森林草地。国家森林由林务局直接管理，在这些地方人们可以进行露营、远足、骑车、骑马、登山、攀岩、划船、漂流等活动，有的地方经允许还可以垂钓和狩猎。家庭亲友可以到这些地方度假，或是利用周末去郊游，消解繁琐工作带来的疲惫，也是青少年团体认识大自然、增长自主能力的场所。今天，美国的国家森林为美国人民提供清洁的水源，洁净空气，储存碳汇，为工业和社区提供木材、矿产、石油和天然气以及其他资源，还发挥着巨大的社会效益，为其提供了 1 亿 9300 万英亩壮观的荒野地，以及超过 9000 英里的风景道路、近 15 万英里的小径徒步旅行、超过 4400 英里的原始和风景优美的可漂流的河流、至少 5100 处露营地和 328 处

* 唐芳林 . 建立国家森林的探讨 . 2018.

自然游泳池等，成为美国人民的绿色公共财产。国家森林为3400个社区的1亿2300万美国人提供水源，每年接待1.7亿人次访客，收入135亿美元，在门户社区维持近22.3万个工作岗位。这些土地是美国的户外娱乐遗产的基础，并维持特有的生活方式。

芬兰是一个林业发达国家，其中35%的森林属于国有，即国家森林，其余的60%的森林属于私人和公司所有，5%属于其他的集体产权形式。芬兰国家森林主要担负生态、文化、社会和经济四重责任：

生态责任：芬兰国家森林的生态责任包括自然生态保护、森林的可持续经营以及应对气候变化。由于国家森林包括各种具有代表性的栖息地，因此，国家森林的保护区被尽量当作自然遗产进行保护，同时采取各种措施管理和修复濒临灭绝物种的栖息地，促进恢复其自然特征。森林的可持续经营也是保护生态的重要保障，国家森林的固碳量近几十年来也在迅速增加。

文化责任：森林是社会文化的重要载体，国家森林承担着尤其重要的文化责任，在保证生态安全的前提条件下，通过合作来保障少数民族语言和驯鹿畜牧业、狩猎等传统生计。国有林地上有很多自然保护遗址属于文化遗产，这些遗产呈现古代芬兰生计状况，包括建筑工艺以及人与自然的关系，具有重要的文化历史价值。

社会责任：芬兰国家森林还承担了巨大的社会责任。2016年芬兰林务局雇用了数以千计的长期雇员。森林生态旅游休闲、徒步服务等业务也为当地提供了大量的就业机会。截至2016年维护管理3.8万公里森林道路、6308条标记的徒步路线和2907个休息区。林务局还为社会提供志愿者活动，2016年有211个志愿者项目，3788个志愿者参与；为学生提供实训学习的机会，并举办森林游览和专题讨论会。

经济责任：芬兰国家森林还承担着重要的经济职能。2016年林务局的营业额为3.33亿欧元，净利润为1.07亿欧元，大部分利润来源于木材销售。由于国有林归国家所有，除了以工资、税收、采购和报酬的方式分配给社会各个不同的主体外，净利润将交付给国家。国家森林的间接经济影响也十分可观，2016年国家森林公园游客的健康收益价值大约为2.8亿欧元，狩猎和捕鱼活动创造了0.4亿欧元的收入，休闲和野外活动创造了2.3亿欧元的收入。

在法国，自1566年国王就开始管理皇家森林，成为最早的国家森林。目前法国的国家森林属于国家所有，由法国林业署直接管理，受森林法严格保护。在英国，国家森林是英国国家林业公司管理的环境保护项目，林业公司通过大力营造多用途的国家森林，将商业林业与生态、景观和公共利益融为一体。国家森林的一个主要目标是增加林地覆盖率，林地覆盖率已从1991年的大约6%增加到2013年的19.5%，长远目标是使其边界内的所有土地的三分之一都成为国家森林。在巴西，国家森林是一种可持续利用的保护地，主要目的是在各种限制下对森林进行可持续的开发利用，开发利用时要求保留至少50%的原生森林，保护沿水道和陡峭斜坡的森林等等，目前有超过10%的亚马逊热带雨林被作为国家森林加以保护。

2 建立国家森林是实现公共利益全民共享的重要手段

明确产权是自然资源管理的基础。我国的森林资源产权分为国有和集体两种，对于集体林，已经通过集体林权制度改革明确。对于全民所有的国有林，产权人还不够清晰。根据生态环境监管体制改革的要求，需要设立国有自然资源资产管理和自然生态监管机构，统一行使全民所有自然资源资产所有者职责，统一行使所有国土空间用途管制和生态保护修复职责。森林资源作为重要的自然资源，统一确权登记，统一行使用途管制和生态修复职责，势在必行。建立专门的国家森林，由专门的中央机构直接管理，有利于利用国家意志和国家力量来确保重要的森林资源受到保护管理，体现全民所有森林资源的公益性。

事实上，中国目前已经具有建立国家森林体系的良好基础，这就是国有林区和国家重点公益林。生态公益林是指以保护和改善人类生存环境、维护生态平衡、保存种质资源、科学实验、森林旅游、国土保安等需要为主要经营目的的林地，主要提供公益性、社会性产品或服务。国家级公益林是指生态区位极为重要或生态状况极为脆弱，对国土生态安全、生物多样性保护和经济社会可持续发展具有重要作用，以发挥森林生态和社会服务功能为主要经营目的的重要公益林。目前，一些公益林已经被划入自然保护区等自然保护地，但大部分还没有被纳入。大型的国有林区，正在明确由国家林业和草原局代行自然资源产权所有人职责，国家重点公益林则已经纳入国家生态补偿和管理范畴，停止天然林商业性采伐，就是把生态价值高的森林纳入保护，以实现森林生态系统的生态服务功能和资源可持续利用。国有林区和国家重点公益林都已经符合国家森林的特征，可以进一步明确其法律地位，明确由中央林业主管部门直接管理，作为自然保护地体系的主要组成部分，共同构建国土生态空间安全骨架。这也是构建国土空间开发保护制度和完善主体功能区配套政策的具体举措，对生态文明建设具有决定性的重要意义和深远的历史性意义。

3 生态文明和现代林业理念提供了思想和理论支持

传统意义上的“林业”是以满足木材和林产品供给为主要目的的行业，具有明显的产业特征。50年代末，除了林业部，还专门成立了“森林工业部”来生产木材，为国家经济建设做出过特殊贡献，毛泽东当时曾经说过“你们不要看不起林业，林业是很了不起的行业”，林业曾经显赫一时，符合当时的历史背景。随着大跃进运动对中国已经很少的森林资源造成巨大破坏，60年代以后，植树造林成为林业的主要任务。1998年特大洪水以后，启动了天然林保护工程，标志着中国林业进入了新的阶段，“发达的林业产业体系和完备的林业生态体系”的提法把产业和生态并重，并实行了“公益林”和“商品林”分类经营。随着时代发展，林业已经成为以生态保护为主的事业，发达国家尤其如此。中国林业提供生态产品的需求和功能急剧上升，正在以不可逆转之势发展。进入21世纪以后，中国的经济快速发展，同时生态环境问题凸显，人们对美好环境的需求不断增长，森林保护成为全民共识，大量的自然保护区等自然保护地建立起来，国家公益林划定，特别是2017年，中国政府决定全面停止天然林商业性采伐，“绿水青山就是金山银山”深入人心，标志着中国林业发展进入了新时代。尽管林业提供林产品的功能仍然是刚性需求，但其主要是通过人工商品林、经济林和进口林产品来实现。鉴于生态环境的无法进口，天然林因此被赋予了生态保护的重任，同时，扩大森林面积、提升森林质量、增强生态服务功能成为了中国林业最重要的使命。

4 资源条件和管理基础提供了保障

根据《第八次全国森林资源清查结果报告》（2013年），中国的森林覆盖率为21.63%，森林面积达20769万公顷，天然林面积达12184万公顷，其中权属为国有的森林面积达9384万公顷。而且随着天然林保护工程和大规模国土绿化行动的继续开展，森林资源还将不断增长，因此，从林木权属、林地起源等方面，中国已具有建立国家森林的良好资源条件。

绝大部分天然林已经纳入自然保护区并作为国家公益林等进行保护，没有进入自然保护地的天然林和部分人工林也被纳入地方事权的公益林进行管理。国有林区、国有林场改革，基本上都纳入公益型事业单位进行管理。林业管理机构健全，上到中央部门，下到乡镇林业站，国家、省、市、县、乡五级都设有管理机构。目前全国林业系统有事业单位36244个，仅国家林业局就有70个司局级机关和事业机构；完善的管理机构，人力资源充足，截止到2014年底，全国林业系统在岗人数118.04万人，还有生态护林员37万名，分布在管理监督、执法、科研、调查规划、宣传教育、森林防火、病虫害防治等领域。本着“把所有天然林都保护起来”的努力方向，国家继续加大对天然林保护和森林生态效益补偿的投入力度，经费投入渠道稳定；法制体系初步建立；完善的人才培养、科技支撑、政策保障、灾害防治等基础条件，为国家森林的建设提供了强有力的保障。

5 建立国家森林，造福子孙后代

国家森林一般应该是国有林，但国有林不一定要全部纳入国家森林来管理，一部分已经纳入自然保护地得到有效管理的森林、部分适合由地方政府实施管理的森林，也可以不纳入国家森林来管理。在国有林区、国有林场、国家公益林、国家木材安全储备林等基础上，通过“多规合一”和自然资源产权登记等工作，把尚未纳入国家公园、自然保护区等可靠的自然保护地的重要森林资源，都纳入国家森林管理，与国家公园、自然保护区等一道构成完善的自然保护地体系，作为国家的绿色基础设施，永久保护，永续利用，构建国土生态空间安全的四梁八柱，为中华民族永续生存提供可靠的绿色生态空间。现阶段，国家林业和草原局加挂国家公园管理局牌子，统一行使生态保护和修复，确有必要。待空间规划完成后、产权登记结束以后，可以考虑将两个部门分设，分别实施自然生态系统保护和退化生态统修复职责。合理划分职责职能，严格保护自然保护地和国家森林，放开人工林经营，下放一般性森林的管理权限，调动地方积极性。加快社会资本进入林业行业，成立专业化投资公司和服务企业，推动国土绿化和林业产业发展。

建立中国国家森林功在当代，利在千秋。这是一项复杂的系统工程，需要深入的研究和完善的顶层设计。本文旨在抛砖引玉，期待同仁进一步研讨。

链接：塞罕坝的前世今生

河北省最北部的围场县境内塞罕坝，历史上曾经树木参天，辽金时期被称为“千里松林”。在清朝属著名的皇家猎苑之一“木兰围场”的一部分。清朝后期由于国力衰退，日本侵略者掠夺性的采伐、连年不断的山火和日益增多的农牧活动，使这里的树木被采伐殆尽，大片的森林荡然无存。到解放前夕，塞罕坝由“林苍苍，树茫茫，风吹草低见牛羊”的皇家猎苑蜕变成了“天苍苍，野茫茫，风吹沙起好荒凉”的沙地荒原。1962 年 2 月建立了林业部直属的塞罕坝机械林场。通过塞罕坝两代人近 50 年的艰苦奋斗，在极端困难的立地条件下，在 140 万亩的总经营面积上，成功营造了 112 万亩人工林，创造了一个变荒原为林海、让沙漠成绿洲的绿色奇迹。森林覆盖率由建场初期的 11. 4%提高到现在的 80%，林木总蓄积量达到 1012 万立方米，塞罕坝人在茫茫的塞北荒原上成功营造起了全国面积最大的集中连片的人工林林海，如今，塞罕坝每年为京津地区输送净水 1. 37 亿立方米、释放氧气 55 万吨，成为守卫京津的重要生态屏障，正发挥着无可替代的效益，造福着当地，泽被着京津，恩及着后世，是生态文明实践的成果，也是传播生态文化、弘扬生态文明的基地，具备建立国家森林的条件。2017 年 8 月，习近平总书记对河北塞罕坝林场建设者感人事迹作出重要指示指出，55 年来，河北塞罕坝林场的建设者们听从党的召唤，在“黄沙遮天日，飞鸟无栖树”的荒漠沙地上艰苦奋斗、甘于奉献，创造了荒原变林海的人间奇迹，用实际行动诠释了绿水青山就是金山银山的理念，铸就了牢记使命、艰苦创业、绿色发展的塞罕坝精神。他们的事迹感人至深，是推进生态文明建设的一个生动范例。全党全社会要坚持绿色发展理念，弘扬塞罕坝精神，持之以恒推进生态文明建设，一代接着一代干，驰而不息，久久为功，努力形成人与自然和谐发展新格局，把我们伟大的祖国建设得更加美丽，为子孙后代留下天更蓝、山更绿、水更清的优美环境。

科学划定“三区三线”，合理确定国家公园范围*

科学区划生产、生活、生态的“三生”空间，合理划定边界，是实现国土空间用途管制的基础。2019年1月4日，中共中央政治局常委、国务院副总理韩正视察国家林业和草原局时指出：“要加强自然保护地建设和管理，做好国家公园体制试点工作，遵循客观规律，坚持问题导向，在不断发现问题、解决问题中，建立健全体制机制。要从实际出发，科学合理划定‘三区三线’，确保可操作、可持续，增强权威性，提高执行力。”讲话非常精辟，具有极强的针对性和现实意义，对构建国土空间规划体系，开展国家公园体制试点，建立以国家公园为主体的自然保护地体系，具有重要的指导作用。通过学习，我有以下心得体会。

1 科学划定“三区三线”，构建国土空间规划体系

三区是指的是城镇、农业、生态空间。其中，城镇空间指以城镇居民生产生活为主体功能的国土空间，包括城镇建设空间和工矿建设空间，以及部分乡级政府驻地的开发建设空间；农业空间指以农业生产和农村居民生活为主体功能，承担农产品生产和农村生活功能的国土空间，主要包括永久基本农田、一般农田等农业生产用地以及村庄等农村生活用地；生态空间指具有自然属性、以提供生态服务或生态产品为主体功能的国土空间，包括森林、草原、湿地、河流、湖泊、滩涂、荒地、荒漠等。三线是指生态保护红线、永久基本农田保护红线、城镇开发边界。

传统的三区三线划分由部门主导，缺乏统筹。例如，城镇开发边界由规划和国土部门划定，永久基本农田保护红线由国土部门划定，生态保护红线由生态环境部门划定。以前突出以保护耕地资源为核心，在空间管控规则的内容里反映其严格控制农用地转为建设用地，但忽略了保护生态环境。各部门各司其职、互不衔接，出现分类不一致、地界不清、交叉重叠等问题。新的机构改革方案将组织编制主体功能区规划、城乡规划管理等整合，由自然资源部统一负责建立空间规划体系，履行所有国土空间用途管制职责，为构建空间规划体系、推进多规合一奠定了基础。

三区突出主导功能划分，三线侧重边界的刚性管控，新的三区三线规划要服务于全域全类型用途管控，管制核心要由耕地资源单要素保护向山、水、田、林、湖、草等全要素保护转变。2015年《生态文明体制改革总体方案》提出，要“构建以空间治理和空间结构优化为主要内容，全国统一、相互衔接、分级管理的空间规划体系”。党的十九大明确要“完成生态保护红线、永久基本农田、城镇开发边界三条控制线划定工作”，“加大生态系统保护力度”。科学划分生产、生活和生态三大空间，合理界定建设用地、农业用地、生态用地，体现生产空间集约高效、生活空间美丽宜居、生态空间山清水秀，是确保中华民族永续发展的基础。

2 总结经验，合理界定国家公园空间布局

自然保护地是最重要的生态空间，属于生态保护红线范畴。建立国家公园体制，清理规范、优化整合各类自然保护地，解决交叉重叠等遗留问题，构建以国家公园为主体的自然保护地体系，是空间规划的重要内容。如何合理界定国家公园范围，避免重蹈自然保护区等各类自然保护地存在的交叉重叠的覆

---

* 唐芳林．科学划定“三区三线”，合理确定国家公园范围．2019.

辙，显得尤为重要。

《建立国家公园体制总体方案》明确，要制定国家公园设立标准，根据自然生态系统代表性、面积适宜性和管理可行性，明确国家公园准入条件，确保自然生态系统和自然遗产具有国家代表性、典型性，确保面积可以维持生态系统结构、过程、功能的完整性，确保全民所有的自然资源资产占主体地位，管理上具有可行性。目前，我国已经在12个省市开展10处国家公园体制试点，国家公园设立标准、空间布局规划等基础性工作也在开展。试点过程中，也发现了许多问题，包括：保护与发展的矛盾突出，生产、生活、生态空间交叉重叠，原有自然保护地遗留问题多等。国家公园是在整合自然保护地的基础上建立的，如果原有自然保护地本身就存在问题，那么在强调国家公园生态系统完整性和原真性的同时，还要本着实事求是的原则，解决遗留问题，剔除明显不符合保护要求的地域。国家公园边界一旦划定，就要严格执行。

以正在试点的大熊猫国家公园为例，公园范围涵盖四川、陕西和甘肃3省12个市（州）30个县（市、区），总面积27134平方公里，涉及自然保护区、森林公园、地质公园、风景名胜区、世界自然遗产地、水利风景区等各类自然保护地81个。最初规划时，范围涉及139个乡镇，国家公园内有居民23万多人，本应该属于生态空间的范围内却存在许多城镇、农业空间，为今后的保护管理和严格执法埋下严重隐患。如今，通过优化规划方案，国家公园内人口下降到11.17万人，且还有优化余地，将在试点过程中逐步解决。

3　实事求是，在解决问题中推进国家公园体制试点

中国人多地少，生物多样性富集的区域往往同时也是有人居住的区域。以前在划定自然保护区范围和边界时，多数具有抢救式保护的特征，基础工作不够细致，一些在地图上看上去很理想化的自然保护区，实际上并不符合当地实际，耕地、厂矿、村庄甚至城镇等生产生活空间都被划入其中，导致保护管理出现困难，基层工作者只能依据实际情况采取弹性的执法尺度。而随着现如今严格执法力度的加大，自然保护区更是陷入“普遍违法”的尴尬境地。

例如，西藏珠峰国家级自然保护区曾经把定日等4个县城都划入进来，三区交叉重叠，明显是不合理的，生产、建设活动每天都在发生，如果严格按照自然保护区管理条例来衡量，则当地居民恐怕每天都有在自然保护区内从事建设活动的“违法”嫌疑，处境尴尬。此后，经过多年的协调努力，才把4个县城从自然保护区调整出来，解决了历史遗留问题。再如，北京长城国家公园体制试点区，各方面都很重视、很努力，但试点区范围只有59.91平方公里，还包括了文化旅游设施等非生态空间，自然生态系统的原真性和完整性明显不足，与“边界清晰，以保护具有国家代表性的大面积自然生态系统为主要目的，实现自然资源科学保护和合理利用”的国家公园定位尚有差距。

类似的情况还有许多，需要在下一步清理规范、归并整合自然保护地时，逐步解决。目前，正在开展生态红线划定工作，研究提出国家公园空间布局，明确国家公园建设数量、规模。这些基础性工作影响深远，必须积极、稳妥。做好国家公园体制试点工作意义十分重大，要总结经验教训，统筹考虑自然生态系统的完整性和周边经济社会发展的需要，科学规划，认真评估，确保可操作、可持续，合理划定单个国家公园范围，遵循客观规律，坚持问题导向，在不断发现问题、解决问题中，建立健全体制机制。

制定面向未来的国家公园规划*

国家公园体制实质上是关于自然保护地的管理体制，本质上是为了构建生态安全屏障，为当代和世代能够享受大自然带来的生态福祉。建立国家公园体制是事关中华民族永续发展的百年大计，是中国推进自然生态保护、建设美丽中国、促进人与自然和谐共生的一项重要举措。党的十九大明确了“建立以国家公园为主体的自然保护地体系”的目标，就是要建立以国家公园为主体，自然保护区为基础、各类自然公园为补充的完善的自然保护地体系。中国如此宏大的气魄和伟大的情怀使命，在生态文明建设的背景下展开，必将产生深远的历史意义，为创造世界生态文明的美好未来、推动构建人类命运共同体做出贡献。

要将国家公园这样的世纪工程建设好，打牢基础至关重要，法律、科学、政策、机构都是重要的基石，而规划则决定了国家公园的时空格局，具有先导性的作用。科学规划则长期受益，规划失误则浪费极大，可以说，国家公园规划是管长远的百年大计。因此，就需要制定面向未来的国家公园规划。

一般的总体规划和发展规划有五年期、十年期，最长不超过二十年期。而国家公园是传承千年的事业，显然应该在空间格局上制定更加长远的远景规划，将具有国家代表性的重要生态资源在空间上用法律的方式固定下来，实现“国家所有、全民共享、世代传承”的目标。因此，国家公园规划建设期限可以与国民经济和社会发展规划相适应，但空间规划一定要要面向子孙后代，要考量到 2049 年甚至更加长远。笔者认为，国家公园规划至少要体现五个“着眼于”：

一是着眼于永久保护珍贵自然遗产。习近平总书记在致第一届国家公园论坛的贺信中指出：“中国实行国家公园体制，目的是保持自然生态系统的原真性和完整性，保护生物多样性，保护生态安全屏障，给子孙后代留下珍贵的自然资产。”精辟地阐述了国家公园建设的主要目的，为中国国家公园体制建设指明了方向。建立三江源、珠峰、羌塘等国家公园，保护青藏高原水塔，维持生态服务功能；建立祁连山国家公园，维系河西走廊绿洲，为丝绸之路文化保护、一带一路建设提供生态屏障；建设大熊猫、东北虎豹国家公园，为保护旗舰物种栖息地和其所代表的自然生态系统和生物多样性；长江大保护，秦岭生态保护……这一系列举措，无疑就是习近平生态文明思想的具体体现，也必须成为国家公园规划的根本遵循。

二是着眼于全球气候变化。全球气候变化已经是不争的事实，对环境带来了严峻挑战。国家公园是生态敏感区，对气候变化的响应更剧烈。与此同时，保持自然原真的国家公园，也能够为减缓气候变化做出贡献。适应变化，缓解变化带来的冲击，模拟变化模型，研究预测变化趋势，在国家公园为生物多样性遗留空间，这是国家公园规划中必须考量的因素。气温升高，雪线上升，冰川和冻土融化，植被线上升，动物的活动范围也会发生变化，一些生物有可能会因此消失。湖面上升，海平面上升，内陆湖面范围扩大，也给国家公园规划提出新的课题。近 20 年来，美国旧金山金门大桥附近监测点的海水上升了 22 厘米，使得美国国家公园体系中的金门国家休闲区范围需要调整，旧金山湾区依据原有城市规划的建设的城市面临挑战。由于气候变化，西藏色林错因为湖岸平缓，湖水上升使得湖面积快速扩大，超过纳木错成为西藏第一大湖。多年遥感图显示，2000 年，青海湖的大小为 4250 平方公里，近年来湖面积呈现持续扩大趋势。2018 年 7 月 4 日，青海湖面积为 4548. 96 平方公里，达到 18 年以来最大值，较 2017 年最

---

* 唐芳林．制定面向未来的国家公园规划［N］．青海日报．2019-12-09.

大值扩大 51.55 平方公里，较 2000 年扩大了近 300 平方公里。这样的变化，在国家公园规划时就要充分考虑。如大熊猫国家公园规划，既要考虑现在的栖息地，也要预留潜在的栖息地，将现有分布范围以外海拔更高的区域也划入国家公园范围，以适应全球气候变化带来的威胁。羌塘、三江源、昆仑山、青海湖国家公园的规划范围要留有余地，大型基础设施的建设预留空间，也要有长远考虑。

三是着眼于人类文明发展趋势。世界正在经历百年未有之大变局，人类文明发展到今天，基于历史数据建立的预测模型已经无法提供决策依据。今天的世界格局，是一百年前想象力丰富的预测大师也难以估计到的。经济发展、人口增长、资源消耗、城市化进程、人的消费需求变化、环境承载力变化，等等，都需要预测，为国家公园规划提供依据。针对城市人口对自然生态的渴求甚于乡村，都市区周边留下生态屏障和休闲空间非常必要，在都市周边建立国家公园也具有重要性。另外，一些生态脆弱、自然条件恶劣的区域，可以引导当地居民自愿搬迁，随着城市化进程和社会经济发展，这些区域人口自然就会减量，以时间换得生态空间。一些民生设施的投入，就可以因地制宜，如一些偏僻山区和高海拔地区的国家公园，如果一刀切地去搞“村村通”“乡村振兴”工程，为了不足百人的村落花费巨资去修路，破坏了生态的同时还背上了维修道路的负担，还不如把资金转移到国家公园外建设入口小镇，引导农牧民迁移发展。

四是着眼于服务人民的国家公园规划。秉承“以人民为中心”执政理念，本着“保护自然、服务人民、永续发展”的宗旨目标，国家公园在服务大众利益方面承担着最重要的使命。良好的生态是最普惠的民生福祉，除此之外，国家公园还应该为公众体验自然提供参与机会，为当地社区绿色发展提供经济机会。强调生态保护第一，但并不是“生态保护唯一”，国家公园是具有多功能的生态产品，国家公园资源的合理利用是建立国家公园体制的题中应有之义。随着科技进步，生物技术、高效农业、集约型草地畜牧业的发展，能够用较少的土地获得更多的生活资料，自然村走聚居、聚集发展之路，一些乡村从生态脆弱区退出，能够释放出更大的生态用地，使得扩大国家公园及自然保护地成为可能。在大范围的国家公园内，通过合理的规划和功能分区，用差别化的管控措施，利用部分土地和景观资源，开展国家公园生态旅游和自然体验，与国家公园的管理目标并不矛盾。在一般控制区，排除不可逆的建设活动，建设必要的、适当的民生设施和访客服务设施，满足传统生产生活需要和生态旅游的需要，也应该在规划中体现。试想，如果九寨沟、张家界、黄山这些自然和人文荟萃的精华之地，都不能成为国家公园，或者成为国家公园以后被“关死了”，那我们就要反思一下，是不是我们的规划出了什么问题。

五是着眼于全球视野的规划。我们只有一个地球，人类是命运共同体，生态保护无国界。作为负责任大国的国家公园规划，必须立足全球视野。一方面要建设世界一流的国家公园，引领生态文明潮流，为全球生态保护提供中国方案，贡献中国智慧，另外一方面，要积极倡导跨界保护，与周边国家构建国家公园群。规划建立地球第三极国家公园群，对亚洲乃至全球生态保护都具有重要意义。扩大自然保护地，保护生物多样性，增加碳汇，共同应对全球气候变化，这些都将成为中国国家公园的使命。2020 年，联合国《生物多样性公约》第十五次缔约方大会（COP15）将在中国昆明举办。这次大会的重要任务之一就是要确定 2030 年全球生物多样性保护的目标，同时确定未来十年生物多样性保护的全球战略。能不能提出一个“30 to 30”的目标愿景，即到 2030 年要让全球 30%的面积得到有效保护，这样一个自然保护地的目标，值得期待。届时，中国国家公园必将为这个目标做出贡献。

除此之外，国家公园规划还应该重视文化资源保护，还要关注对自然灾害和局部极端气候变化的适应。要规划“要做什么”，更要规划“不做什么”。有时候，不能热衷各种“打造”，以保护的名义干着破坏的事情。对于原生自然生态系统，也许“什么也不做”，才是避免盲目建设、保护自然的最好方式。

风物长宜放眼量，展望 2049，当我们在庆祝新中国建立一百周年时，国家公园必然成为美丽中国的绚丽风景线。

让社区成为国家公园的保护者和受益方*

社区是开展国家公园建设必须协调处理好的一个重要课题。美国、加拿大、澳大利亚等国家在建立国家公园时，都有大片的荒野和无人区，国家公园内人口很少，社区矛盾并不突出；我国人口众多，国家公园（试点）等自然保护地基本都分布有或多或少的居民，社区与国家公园如何协调发展便成为迫切需要解决的问题。

笔者以为，唯有在守护自然生态的同时，重视社区问题，关注社区发展，科学分析社区实际，因地制宜精准施策，才能真正实现人与自然的和谐共生。

1 社区在国家公园内“大分散、小集中”

据调查统计结果，截至2014年年底，全国1657个已界定边界范围的自然保护区内共分布有居民1256万人。据目前的国家公园规划，面积为1.46万平方公里的东北虎豹国家公园内及周边有居民7.5万多人，即使是地广人稀的青海三江源国家公园也有6.46万牧业人口。与此同时，我国幅员辽阔，自然地理条件和社区情况差异巨大：西部有大面积的荒野，但社区贫困；东部生物多样性丰富，但人口稠密；北方国有土地多，但自然条件差；南方自然条件好，但集体土地比例大。

在我国，国家公园内的原住民一部分以集镇和行政村的形式聚集，更多的则是不规则分布在国家公园内的自然村落，其中不少是典型的山地少数民族，还有一些游牧民族的冬窝子或夏季牧场的临时帐篷，呈现出“大分散、小集中”的特点。

2 社区与国家公园存在紧密依存关系

地理依存是指社区的空间分布与国家公园的关系，既包括国家公园范围内的社区，也辐射到国家公园周边的社区。

地理依存决定经济依存，也决定了社区不可避免地要利用国家公园内的自然资源，包括林木、野生动物、非木材林产品资源、土地等。例如，神农架国家公园内及周边的社区共有居民8047户、20325人，长期以来主要依靠该区域的生物资源作为生活来源，狩猎、林木采伐、采药、放牧、采集薪材等传统生活方式一直延续下来。如今，随着社会的发展和改革开放浪潮的冲击，国家公园社区内的青壮年大多外出打工，常住人口逐年减少，对国家公园内土地、生物资源的依赖程度也随之降低，但国家公园内及周边的社区对当地自然资源的影响仍然较大。

地理依存必然产生文化依存。社区居民长期生活在特定地域中，与环境融合，产生了独特的民俗风情与文化传统，体现在饮食、方言、习俗、民间建筑、仪式等方面。例如，神农架国家公园区域不仅是神农文化的发源地，也是秦汉文化、楚文化、商文化、巴蜀文化的交汇地，既保留了明显的原始古老文化痕迹，又具有浓厚的山林地域风貌，形成了独具特色的高山原生态文化——这是社区居民在神农架这一特定地理空间生产生活方式的表达和载体，是国家公园不可或缺的重要组成部分，也是社区与国家公园文化依存关系的体现。

社区与国家公园在地理、经济和文化方面的依存关系，产生了独具特色的自然资源保护和利用方式。

---

* 唐芳林. 让社区成为国家公园的保护者和受益方 [N]. 光明日报. 2019-09-21 日.

只有深刻认识到社区与国家公园之间的这些依存关系，才能制定针对性强、操作可行、创新灵活的社区管理措施，才能在国家公园的保护管理中充分发挥社区居民的主人翁精神，引导社区建立与国家公园保护目标相一致的绿色发展方式和生活方式，实现国家公园保护与社区发展的统一。

3 让社区成为共建国家公园的伙伴

国家公园要求实行最严格的保护，自然保护地相关法律法规和部门规章也不同程度地限制当地居民对资源的利用以及部分传统生产生活方式的延续，因此，生态保护与社区发展的矛盾日趋突出。如何界定自然资源产权与使用权的关系、协调处理好自然保护与社区发展的矛盾，是国家公园建设的重点与难点。为此，建议采取以下几方面措施：

一是科学制定规划，缓解保护与利用的矛盾。对于保护价值低的人口密集区以及社区民生设施，建议对国家公园进行区划调整；对于规模不大的“大分散、小集中”行政村、自然村、游牧部落和零散居民点，尤其是生存条件恶劣、地质灾害频发的区域，建议进行生态搬迁；对于承载着历史变迁、积淀着深厚的地方文化，具有很高的历史、文化、科学和旅游价值的自然村落，或具有民族文化特色需要保护的文化设施和文化活动，应该保留保护；对于一般控制区的居民，允许建设必要的、适当的生产生活设施，但必须严格控制其发展规模，禁止外来人口迁入；对零星分布、保护影响小、确实无法退出的核心保护区内的自然村落和零散居民点（如空心村等），建议控制转换、引导搬迁，避免村镇聚落空间扩展。

二是开展特许经营，发展绿色产业，建立入口特色小镇。依托国家公园景观等资源，可持续性和尽量非消耗性地利用一般控制区和周边资源，非损伤性地获取经济效益，发展绿色产业，造福当地百姓。国家公园在经营者选择、经营项目工作人员聘用、资金回馈等方面要给予社区一定倾斜，并尽量把经济收益留在当地，使国家公园的保护成效与社区居民的收益挂钩。此外，在国家公园外围入口处，在不影响保护目标的前提下，可以考虑规划建设特色小镇，承接园内的搬迁人口，聚集发展要素开展特色旅游活动，以缓解园内人口的生产生活压力。

三是强化社区参与，实现全面共治、全民共享。国家公园内的社区既承担着生态保护的使命，又面临社区发展的需求，从国际经验和国内实际来看，设置公益岗位是社区参与国家公园建设、保护并从中受益的重要方式。国家公园内的社区一般以传统的农业型社区为主，产业发展相对滞后、收入渠道窄、收入水平低，完全可以将公益岗位设置与扶贫脱贫事业结合起来通盘考虑。此外，还可组织社区为国家公园的生态修复、环境卫生提升、景区服务等提供服务，在参与国家公园建设和经营活动中增加收入，并培养对国家公园的亲近感和归属感。

总之，在国家公园的建设与保护过程中，应该科学规划、合理分区，实行差别化的政策和管理措施，把社区居民视为共建伙伴，注重社区和民生建设，从而实现“生态美、百姓富”的双赢目标。

加快建立国家公园体制，推进生态文明制度建设*

建立国家公园体制是党的十八届三中全会提出的重点改革任务，党的十九大进一步确立了建立以国家公园为主体的自然保护地体系的改革目标，党和国家机构改革方案明确了国家林业和草原局加挂国家公园管理局牌子，统一管理国家公园等自然保护地。这一系列方针政策表明，以习近平同志为核心的党中央站在中华民族永续发展的高度做出的这一战略决策，目标越来越明确，决心越来越坚定。建立国家公园体制，是党中央赋予国家林业和草原局的一项重大任务，我们要深入学习贯彻习近平生态文明思想，强化责任担当，坚决把党中央的决策部署贯彻落实到国家公园体制试点的各方面和全过程，圆满完成党中央交付的改革任务，为建设生态文明、美丽中国贡献力量。

1 深刻认识国家公园试点的重要意义

1.1 建立国家公园体制是贯彻落实习近平生态文明思想的具体实践

以习近平同志为核心的党中央高度重视生态文明制度建设，将建立国家公园体制列为全面深化改革的一项重点任务。建立国家公园体制，完善自然保护地体系，对于维护国土生态安全，持续不断地提供生态服务功能，推进自然资源科学保护和合理利用，促进人与自然和谐共生，推动美丽中国建设，具有极其重要的意义。习近平总书记明确指出："要着力建设国家公园，保护自然生态系统的原真性和完整性，给子孙后代留下一些自然遗产。可以在大熊猫、东北虎的主要栖息地整合设立国家公园，把最应该保护的地方保护起来，解决好跨地区、跨部门的体制性问题。"总书记的重要讲话为国家公园建设指明了方向，中央制定的《建立国家公园体制总体方案》等一系列方针政策，使试点工作有了基本遵循。我们要充分认识加快推进国家公园体制建设的极端重要性和紧迫性，切实增强责任感和使命感。

1.2 国家公园体制试点是着力构建生态文明制度的先行先试

国家公园体制试点从合理性和可行性而言都可作为生态文明制度建设的先行试验区，易于推动制度配套落地并形成实效，与生态文明制度之间存在着互为基础、相辅相成的关系。建立国家公园体制是手段；完善国家公园为主体的自然保护地体系是方法和路径；构建生态文明体制，保持一个健康稳定的自然生态系统和维护生物多样性，建成美丽中国是目标；最终目的是保护中华民族赖以生存的生态环境，为当代人提供优质生态产品，为子孙留下自然遗产，为中华民族永续发展提供绿色生态屏障。

1.3 国家公园体制试点是推动建立中国特色自然保护地管理体制的有益探索

我国自然保护区建设成就举世公认，但与国家公园强调的全面保护、整体保护、系统保护还有差距。建立以国家公园为主体的自然保护地体系，是弥补我国自然生态保护短板的重要行动，是推动我国生态文明建设的重大举措。整合建立国家公园，就是要将重要的物种和重要的自然生态资源由国家直接行使所有权和管理权，推动国家生态环境治理体系和治理能力现代化。建立国家公园体制试点将带动我国自然生态保护事业进入全新时代，具有里程碑式的重要意义。

* 唐芳林．加快建立国家公园体制，推进生态文明制度建设．2019.

2 客观总结试点工作取得的成效

党的十八届三中全会以来，特别是中央印发《建立国家公园体制总体方案》以后，明确了国家公园定位、内涵和建设理念，社会对国家公园生态保护理念的认识在加深，逐渐改变了前期一些“设立国家公园就是为了搞旅游，为了带动地方经济发展”的片面认识。国家有关部门、试点省（市）各级党委、政府及试点单位高度重视推动，做了很多尝试和改革，试点工作取得积极进展。

2.1 试点工作有序推进

2015 年以来，中央全面深化改革领导小组先后审议通过了三江源、东北虎豹、大熊猫、祁连山等 4 个国家公园体制试点方案，国家发展改革委先后批复了神农架、武夷山、钱江源、南山、香格里拉普达措、北京长城等 6 个国家公园体制试点实施方案。中央深改委审议通过的三江源、东北虎豹、大熊猫、祁连山 4 个国家公园的面积达到 22 万多平方公里，一开始就将超过 2%的国土空间还给了野生动物，这在我国史无前例。目前，涉及 12 个省区的 10 个国家公园体制试点正按照中央和有关部门批复的方案及总体规划有序推进，不断探索和落实各项试点任务。

2.2 管理体制试点正在展开

一是开始整合组建统一的管理机构，统一事权，厘清职责。三江源、东北虎豹、神农架、南山、钱江源、武夷山、云南普达措等试点区相继成立了国家公园管理局或管委会，大熊猫、祁连山、北京长城国家公园体制试点管理机构建立正在推进中。二是探索国家公园资源环境综合执法机制。三江源国家公园管理局建立了生态保护司法合作机制，成立了玉树市人民法院三江源生态法庭。神农架国家公园管理局设立资源管控行政审批办事大厅。

2.3 对自然生态系统的严格保护力度加大

一是保护重要生态系统的完整性和原真性，解决自然保护地破碎化问题。东北虎豹国家公园将珲春、汪清、老爷岭等多个自然保护区连成一个大区域，保护地破碎化问题得到较好解决，使整个东北地区大型猛兽和典型森林生态系统得到更好保护和恢复。据监测，东北虎豹国家公园虎豹种群数量已经出现恢复性增长态势。二是推进自然资源统一确权登记。大部分试点单位在完成试点区自然资源本底调查的基础上，开展了自然资源确权登记工作，逐步推进建立自然资源产权体系；部分试点区已完成范围落界和现地核查工作，设置了界碑、标桩和标识。

2.4 健全严格保护管理制度

初步探索了国家公园内相关产业退出机制和方式。吉林省完成林（参）地清收还林 2130 公顷。祁连山国家公园体制试点甘肃片区、青海片区均已启动矿业权和相关水电站退出工作。神农架国家公园体制试点现已关停辖区内 19 处砂石厂，停止所有探矿点开采，并开展裸露山体治理、修建重要保护动物生态廊道、清除外来物种等生态修复工作。

2.5 保障体系建设逐步推进

一是完善法律法规。三江源、武夷山、神农架等国家公园管理条例相继颁布实施，南山、钱江源国家公园条例已启动立法程序。二是健全管理制度。东北虎豹、三江源、武夷山等国家公园制定了资源保护、社会监督等相关管理制度。一批相关的技术标准相继出台。三是多渠道筹集资金。三江源、祁连山、大熊猫国家公园积极争取国家现有资金渠道和转移支付，加大对国家公园财政支持力度。

2.6 探索建立社区协调发展制度

建立社区共管及社会参与机制，健全生态保护补偿制度。三江源国家公园创新建立生态管护公益岗位机制，全面实现园区内“一户一岗”；神农架国家公园对严格保护区和生态保育区范围内的社区居民逐步实施生态移民搬迁，聘用社区居民为生态管护员。

2.7 合作交流和宣传教育有序展开

一是加强跨区域合作。东北虎豹、祁连山、大熊猫国家公园建立了跨省沟通协调机制，密切协作、一体推进试点工作。二是加强跨部门合作。各试点区与科研院所高等学校、国有企业、社会团体等加强合作交流，构建合作机制。三是加强国际合作。组织有关人员赴国外学习考察，与多个世界著名国家公园协商建立友好公园关系。四是强化宣传教育。三江源、东北虎豹国家公园管理局征集并发布了国家公园形象标识，积极宣传国家公园，树立国家公园形象，扩大国家公园影响力。

在肯定成绩的同时，我们也要看到，随着试点工作的推进，工作中还存在不足，一些体制机制方面的深层次问题也显现出来，主要表现在以下五个方面。

一是思想认识还有差距。对照中央要求和总书记关于生态文明建设的新思想、新理念，一些干部在理解上还不够深刻，思想认识上还有差距，心理上还存在畏难情绪，行动上还在观望和等待。二是体制改革的深层次问题有待突破。体制是试点工作的重点和难点，目前我们虽然围绕体制设计进行了一些探索，但管理体制仍存在不能适应继续推进改革需要之处。一些试点区只加挂了牌子，换汤不换药，与试点改革要求承担的职责不相适应。三是改革的协同性还不到位。主要表现在国家公园资金保障的路径和渠道不够明确，国家公园的法律法规和相关标准规范、技术规程尚属空白，国家公园所在地经济社会转型发展配套政策不到位等。四是地方政府在推进试点改革中存在诸多实际困难。各试点省高度重视生态保护，在试点改革中做了大量工作，也做出了一些牺牲，地方财政收入、区域经济发展、林农群众增收、脱贫攻坚工作等都受到一定影响，地方财力难以负担生产经营活动退出、移民安置、野生动物肇事补偿等试点任务所需资金。五是国家公园试点主要建设任务大部分还未开展，包括生态修复、生态移民、建立特许服务区、建设生态体验与环境教育基地等仍未启动；各类保护地生态功能重组和管理机构整合因体制未落实而无法推进；试点区的项目、资金管理、渠道等仍未理顺，园内其他自然保护地类型和机构仍然存在，处于多头管理状态等，体制机制改革进入深水区。

以上问题总体来看，除了顶层设计外，大部分是改革进程中的具体问题。面对和解决实际问题，是我们的工作责任。我们要充分认识国家公园试点任务的艰巨性，充分认识建立国家公园体制是一项重大改革任务，是一项复杂系统工程，是全新的理念和工作，没有现成的经验可循，具有开创性和挑战性。为此，要坚持问题导向、目标导向和经验导向，制定切实可行的措施，既要全面推进，又要把握重点和关键问题，大胆探索、重点突破。现在距2020年试点结束仅剩两年多的时间，时间紧、任务重，我们现在就要有紧迫感，要加快改革的进程，履行好应尽的责任。

3 准确把握体制试点的关键

3.1 明确事权划分

国家公园由国家批准设立并主导管理，要把具有国家代表性的重要自然生态系统和自然资源纳入国家公园，严格保护和合理利用，体现国家所有、全民共享、世代传承的公共利益。国家公园内全民所有自然资源资产所有权由中央政府和省级政府分级行使。其中，部分国家公园的全民所有自然资源资产所有权由中央政府直接行使，其他的可委托省级政府代理行使，待条件成熟时再逐步过渡到由中央政府直接行使。

3.2 在体制机制上下功夫

试点的关键就是试体制，坚持体制改革，理顺管理体制。创新运营机制是国家公园体制建设的核心，需要明确各方职责，理顺中央与地方、不同部门、跨行政区划之间的关系。要聚焦重点难点，大胆探索、勇于创新，立足国家公园的公益属性，合理划分中央和地方事权，构建主体明确、责任清晰、相互配合的国家公园中央和地方协同管理机制，保障国家公园的保护、运行和管理，加快中国特色国家公园体制建设。

3.3 敢于触碰体制改革等深层次问题

要在探索组建统一的管理机构、制定管理制度方面下功夫，探索集体土地在国家公园范围内的管理方式。针对南方一些国家公园集体土地占比较大的现实，积极探索开展集体所有制土地管理方式和补偿机制。探索通过赎买、租赁等方式，为国家公园建设中集体土地用途管制和经营方式积累经验。

3.4 把保护自然生态资源作为永恒主题

加强生态保护是建立国家公园体制的初衷，要始终坚持“保护第一”的理念，将自然生态系统和自然遗产保护放在第一位。在试点期间，要切实加强森林资源和野生动物保护，加大林区巡护力度，严厉打击破坏森林资源和乱捕滥猎野生动物等非法行为，切实做好森林防火工作，从严做好林地征占用审批工作。试点期间，森林资源和野生动物资源受到破坏，相关方面都要承担责任，决不允许出现资源保护的真空时期和地带。认真做好试点地区资源和人员管控，对到期的承包经营项目不再签订新的合同；对未到期的经营项目要强化监管，最大限度降低人为干扰，不再审批新的采矿权、探矿权。园区内重大工程、重大项目建设要与国家公园体制试点工作相衔接。

3.5 处理好保护与发展的关系

坚持生态保护第一，在保护中发展，在发展中保护。在强调保护的同时，还要考虑构建社区协调发展制度。试点过程中，要处理好管理者与经营者之间的关系，理顺国家公园与当地居民之间的关系，重视社区的生存与发展问题，妥善解决好国家公园区域内及周边群众的脱贫致富、就业创业、教育医疗、文化活动等民生建设问题。积极与周边社区协调，通过实施多种中央生态补偿或转移支付的措施，保障原住居民收入不降低、生活质量不下降。按照原真性、完整性、协调性、差异性的原则，通过划建不同的功能区，实施不同的保护措施，探索差别化的保护管理，逐步界定清楚区域内居民的生产生活边界。在尊重历史、尊重民意、尊重民俗的基础上，部分试点区探索生态移民试点，保证原居民“愿意搬、搬得出、稳得住、能致富”。

3.6 切实维护群众利益

建立国家公园体制以及未来的国家公园建设管理工作离不开群众的参与，以人民为中心的思想在国家公园建设上体现为群众利益不受侵害、收入水平不能降低，否则改革难以推进也无法持久。在确保国家公园生态保护和公益属性的前提下，探索多渠道、多元化的投融资模式，探索特许经营方式，发展绿色产业，推动社区经济发展，提高居民生活水平。积极探索国家公园建设和管理的公众参与形式、生态保护和社区协调统筹的体制机制，让当地群众在国家公园建设中有更多的获得感。

4 强化责任担当，加快推进体制试点工作

4.1 坚持党的领导，坚决贯彻执行中央精神

建立国家公园体制试点工作任务复杂而艰巨，离不开党和政府的坚强领导，要坚决贯彻执行以习近平同志为核心的党中央制定的一系列方针政策。其中，建立以国家公园为主体的自然保护地体系，是党的十九大明确的重大改革任务；中办、国办联合印发的《建立国家公园体制总体方案》《关于健全国家自然资源资产管理体制试点方案》等，都是指导我们工作的纲领性文件，必须不折不扣地坚决贯彻落实。各试点地区的省委省政府在国家公园体制试点中承担主体责任，是我们工作的坚强后盾。一些试点省市创造的建立国家公园体制省委书记和省长“双组长”领导体制，作为重要的经验值得借鉴。

4.2 切实按责任分工认真履行职责

国家公园主要为中央事权，在中央全面深化改革领导小组领导下，有关部门和试点省级人民政府应切实履行职责。国家林业和草原局（国家公园管理局）作为国家公园的主管部门，是国家公园生态保护和国土空间用途管制的责任主体，具体承担总体规划、自然资源管理、生态保护、特许经营、科研监测、社会参与和宣传推介等职责，各有关司局和局直属单位要认真履行职责。试点省人民政府履行试点工作主体责任，做好试点期间自然资源保护管理、移民搬迁安置、工矿企业清退等工作，严格控制人为活动增量，有效遏制对生境的破坏，做好生态保护与重大工程、重点项目建设的衔接。国家公园所在地地方政府行使辖区经济社会发展综合协调、公共服务、社会管理、市场监管等职责。国家发展改革委、财政部负责试点工作的资金保障。试点区国家公园管理局是国家公园的管理主体，应行使试点区国有自然资源资产所有者、所有国土空间用途管制和资源环境综合执法职责，全面履行国家公园管理职责。

4.3 抓好规划落地工作

抓紧做好总体规划的修改完善和报批工作，编制国家公园专项规划。合理确定国家公园范围，既要保证生态系统完整性和面积范围的适宜性，又要兼顾管理的有效性，在确保试点方案确定的面积和范围不减少的前提下，兼顾保护目标和民生需求，根据现场实际情况划定国家公园边界并标桩立碑，确保国家公园边界清晰，避免造成新的矛盾冲突。对范围偏小，代表性、完整性不够的试点区，提出优化方案，为正式设立国家公园做准备。合理划定功能分区，实行差别化保护管理。认真做好专项规划工作，会同地方政府和专业机构开展移民安置、工矿企业退出、栖息地修复、资源利用、国有林场整合等专项规划编制前期工作。

4.4 加强基础研究工作

抓紧出台国家公园的设立标准和程序规范，提出国家公园总体布局方案和发展规划。制定国家公园总体规划、功能分区、基础设施建设、社区协调、生态保护补偿、访客管理等相关标准规范和自然资源调查评估、巡护管理、生物多样性监测等技术规程。依托科研机构开展调查规划、科研监测等工作，提高国家公园专业化管理水平。建立健全各项规章制度；拟定生态管护员公益岗位、科研科普活动、社会捐赠、志愿者管理、访客管理、国际合作交流、公务人员绩效考核等管理办法。

4.5 推动各项保障政策落地

一是要理顺资金保障渠道。加大政府投入力度，推动国家公园回归公益属性，逐步确立国家公园支出主要由中央政府出资保障的专项资金投资渠道和路径，为国家公园建设提供持续稳定的资金保障。在确保国家公园和其他自然保护地生态保护和公益属性的前提下，探索多渠道、多元化的投融资模式。二是要完善政策配套。尽快拟定《国家公园法》，修改《自然保护区条例》等法律法规。统筹制定统一规范的生态补偿、产业退出、移民搬迁等重大政策和办法，激励调动地方政府参与生态保护事业的积极性。完善试点区经济社会发展配套政策，为国家公园建设建立政策、法律保障。三是要按垂直管理原则设置机构，实现人财物统一、权责利匹配。

4.6 加快以重要物种为重点保护对象的国家公园建设

重要物种和重要生态资源属于全民所有，东北虎豹、大熊猫、雪豹、亚洲象等都是我国具有世界意义的珍稀濒危动物，是生物多样性保护的旗舰物种和伞护种，保护好这些物种，就是保护了所代表的生态系统。国家公园具有整体保护大范围的生态系统和维持大尺度的生态过程的综合特征，也因为重点保护对象不同而各有特色。和以森林生态系统类型的国家公园有所不同，以重要物种为主要保护对象的国家公园更加注重栖息地的保护，并不是单纯需要森林，也需要草地等多种类型的生态系统，给草食类动物提供食物，维持生态系统健康，需要差别化的管控措施。这在东北虎豹、大熊猫等国家公园建设中要因地制宜。

国家公园是国家名片，国家公园体制建设是一项开创性的事业，中国国家公园的形象某种程度上也代表了中国的国家形象。当前重点做好东北虎豹国家公园试点工作。虎豹位于生态系统食物链的顶端，具有极高的保护价值和生物学意义。在中国几千年的历史文化中，虎豹文化一直融入其中，保持虎豹种群的健康稳定并传承给子孙后代，是我们这代人肩负的历史使命，从这个角度讲，虎豹保护还具有重要的文化象征和重大的政治意义。东北虎豹国家公园是第一个实行中央垂直管理的国家公园，同时也是我国第一个中央垂直管理的国有自然资源资产管理机构，承担着特殊的历史使命，其体制机制创新的成果，将为建立以国家公园为主体的自然保护地体系提供可复制可推广的经验，形成中央政府直接行使事权的管理模式，引领国家公园体制改革，具有标杆式的示范意义。

国家公园体制建设事关生态文明建设，事关国家治理体系和治理能力现代化。我们要牢固树立“四个意识”，把思想、认识和行动统一到中央的精神上来，振奋精神，树立战胜困难的决心，敢于担当、善于作为，以功成不必在我的使命感、责任感、自豪感投身于这项伟大的事业中来，切实肩负起建立国家公园体制的光荣使命，努力向党和人民交上满意的答卷。

第三篇
自然保护区研究

自然保护区是我国最早建立的自然保护地类型。1956年，在第一届全国人大第三次会议上，秉志、钱崇澍等五位代表提出："请政府在全国各省（区）划定天然禁伐区，保存自然植被以供科学研究的需要"的提案，由国务院交林业部、中国科学院、森林工业部研究办理。同年10月林业部草拟了《天然森林伐区（自然保护区）划定草案》，并在广东肇庆建立了中国的第一个自然保护区——鼎湖山自然保护区，从此拉开了我国的自然保护事业的序幕。历经60余年的建设与发展，我国自然保护区总数已达2750处，面积达国土面积的14.8%，有效保护了我国90.5%的陆地生态系统类型、85%的野生动植物种类、65%的高等植物群落。自然保护区作为自然保护地体系的重要基础，按照保护价值和保护重点在《关于建立以国家公园为主体的自然保护地体系的指导意见》重新定义为"保护典型的自然生态系统、珍稀濒危野生动植物种的天然集中分布区、有特殊意义的自然遗迹的区域。"

编写团队致力于生态保护规划设计实践，见证并陪伴着中国自然保护事业的改革与发展，参与了400余个自然保护区建设，足迹遍布祖国大江南北，东至上海崇明东滩鸟类国家级自然保护区，西部青藏高原腹地的羌塘、珠穆朗玛峰国家级自然保护区，南抵海南热带雨林，北达黑龙江珍宝岛湿地国家级自然保护区，中至井冈山、武夷山，不仅积累了大量的自然保护区保护、管理和建设经验，同时形成了理论与实践相结合的研究体系。

在理论研究上，一是借鉴俄罗斯自然保护区发展理念和经验，提出了“既要坚持保护第一，将核心、关键的自然生态系统严格保护起来，又要将小面积的实验区和展示区在保护的前提下，适度向公众开发，发挥其公益性，让公众参与保护，享受优质公共生态产品与服务”的自然保护地建设理念；二是以问题为导向，对自然保护区建设、管理和科学研究的现状、问题等进行剖析，并从政策、资金和能力建设等保障机制、生态保护补偿机制、深化科学研究等方面提出建议；三是聚焦自然保护区建设实际，就自然保护区基础设施建设和建筑工程设计、自然资源资产有效管理、信息化建设等创新理论与方法。

在实践研究上，重点围绕森林和湿地类型自然保护区的规划设计开展，主要涉及功能区划、生态资源调查与质量评价、生态旅游机制建设、社区共管共建等方面。结合自然保护区主要保护对象的时空分布异质性的功能区划研究，提出了通过划定季节性核心区以适应保护对象季节性变化的保护需要，并以上海崇明东滩鸟类国家级自然保护区、云南寻甸黑颈鹤自然保护区为例研究论证。在生态资源调查中以西藏察隅慈巴沟国家级自然保护区、广西大瑶山国家级自然保护区、云南楚雄恐龙河自然保护区、云南阿姆山省级自然保护区等自然保护区的动植物资源科考调查为基础，通过对分布、物种、特征、影响因素等的分析研究，提出保护对策及建议；在生态质量评价中以广西雅长兰科植物自然保护区、云南丽江拉市海高原湿地省级自然保护区、轿子山国家级自然保护区等为例，通过定量化的指标体系构建不同类型自然保护区生态质量评价体系和生态系统服务功能价值评价体制，全面分析自然保护区的资源现状、环境质量、生态价值和发展趋势，为推动自然保护区生态价值实现夯实基础。生态旅游机制研究以西藏色林错黑颈鹤自然保护区、云南南滚河国家级自然保护区、玉龙雪山省级自然保护区、广西大瑶山自然保护区等为例，对野生动物观赏类型、自然和人文景观游赏类型等生态旅游方式基于SWOT分析进行研究，提出生态旅游的原则、目标和定位，设计生态旅游的空间布局和线路规划，并从管理与运营机制提出保障措施。社区共管共建研究聚焦云南西双版纳自然保护区，探讨少数民族聚居区域自然保护区与地方发展的持续、协调和推动机制。

这些基于实践提出的研究理论同样为我国自然保护区的建设和管理以及政策文件出台提供了理论技术支撑。

自然保护区发展

云南省自然保护区现状及战略发展对策*

生物多样性是生物及其与环境形成的生态复合体以及与此相关的各种生态过程的总和，包括动物、植物、微生物和他们所拥有的基因以及它们与其生存环境形成的复杂的生态系统[1]。生物多样性通常包含多个不同的层次和水平，研究较多的主要有；遗传多样性、物种多样性和生态系统多样性。近年来，景观多样性也逐渐的被纳入生物多样的范畴。自然资源和生物多样性是人类赖以生存和促进社会发展最基础的物质条件，建立自然保护区是保护自然资源和生物多样性的一项根本性措施，是近代人类文明的具体体现。我国是世界自然资源和生物多样性最丰富的国家之一，中国自然资源和生物多样性的维护对地球的生态环境及生物多样性保护具有十分重要的意义。类型多样的自然保护区不仅可以改善生态环境，而且还是人类认识自然、拯救濒危物种、开展科学研究的基地，也是生物物种的基因库。云南省是中国野生生物资源和生态系统类型最丰富的省份，其生物多样性涵盖中国二分之一以上的物种多样性和生态系统多样性，保存有许多珍稀和特有或古老的类群，是生物多样性重要类群分布最集中，具有国际意义的生物多样性关键地区之一，并列入全球25个生物多样性优先重点保护的地区之一[2]。据云南省林业厅统计，截至2009年年底，云南省共建立自然保护区161处，总面积298.80万 hm^2[3]，已初步形成了全省自然保护区建设的系统网络。建立自然保护区是生物多样性保护最为有效的途径和措施。

1 云南省自然保护区的作用及重要性

1.1 保护了特有和典型的自然生态系统、栖息地和重要物种

云南省自然保护区几乎蕴含了地球上所有的陆生生态系统类型，主要有森林、灌丛、草甸、沼泽和荒漠等。金沙江、澜沧江、珠江、红河、怒江、独龙江六大水系构筑了云南淡水生态系统的基本框架，是我国重要江河以及湄公河等国际河流的上游地段或发源地。从植被类型的复杂性和多样性分析，云南省自然保护区中的植被类型复杂性和多样性居全国首位，据《云南植被》（1987）记载，共分12个植被型、34个植被亚型、169个群系、209个群丛。其中植被型、植被亚型和群系分别占全国的41.4%、54.8%、30.2%。云南省自然保护区蕴藏了丰富多样的野生种质资源，据统计，目前全省已知的高等植物433科，3008属，16201种，占全国植物总数的47.6%；陆生野生脊椎动物1416种，占全国总数的52.8%。在全国公布的401种重点保护野生动物和246种8类重点保护野生植物中，云南省分别占有222种和114种[4]。

1.2 保障了云南省国土的生态安全

云南省自然保护区分布在六大水系流域的上游、中游或源头区域范围内，生态区位十分重要。目前，自然保护区已在各个流域形成保护网络，成为重要的流域生态屏障，不仅对云南，而且对江河下游省区或相关国家的生态建设、水源供给和经济社会的可持续发展产生重要的影响。据云南省林业厅2010年对全省16个国家级自然保护区和40个省级自然保护区评估，其中56个保护区涵养水源量56.53亿 m^3/a；固土19672.18万t/a，减少土壤中N损失72.64万t/a，减少土壤中P损失22.49万t/a，减少土壤中K损

---

* 马国强，江俊，胡业清，等. 云南省自然保护区现状及战略发展对策［J］. 林业建设，2012，（1）：69-72.

失 272.89 万 t/a，减少土壤中有机质损失 1782.82 万 t/a；固碳 332.01 万 t/a，释氧 888.85 万 t/a；林木积累 N5.46 万 t/a；积累 P0.38 万 t/a，积累 K3.77 万 t/a，提供负氧离子 2.42×1025 个/a，吸收二氧化硫 22.27 万 t/a，吸收氟化物 0.50 万 t/a，吸收氮氧化物 0.98 万 t/a，滞尘 3068.73 万 t/a[3]。

1.3 自然保护区为云南省建设“绿色经济强省”和“生态旅游大省”奠定了基础

建设“绿色经济强省”是云南经济社会可持续发展的三大战略目标之一，这是依据云南的自然资源秉赋而做出的科学决策。各类自然保护区的建立正在为绿色经济强省做出重要贡献，并呈现出更加美好的前景。据云南省林业厅 2010 年对全省 16 个国家级自然保护区和 40 个省级自然保护区评估，56 个国家级和省级自然保护区每年森林生态服务总价值为 2009.02 亿元。其中涵养水源价值为 538.75 亿元；保育土壤价值为 493.79 亿元；固碳释氧价值为 122.09 亿元；积累营养物质价值为 16.11 亿元；净化大气环境价值为 83.21 亿元；生物多样性保护价值为 755.07 亿元。保护区每公顷面积森林生态服务功能价值平均为 12.31 万元[3]。

1.4 种质资源和参照系统保护的特殊功能

野生动植物资源是人们赖以生存的发展物资基础，当今社会生产生活中所需的木材、食品、药物，特别是用于生物基因技术，改良农业、畜牧产品品种的种质资源，均来自森林、草原、湿地。如我国杂交水稻的培育成功，就是利用了野生稻基因与人工种植水稻进行杂交后得到的。云南省自然保护区蕴藏了丰富多样的野生种质资源，据统计目前全省已知的高等植物 433 科、3008 属、16201 种，占全国植物总数的 47.6%；陆生野生脊椎动物 1416 种，占全国总数的 52.8%。在全国公布的 401 种重点保护野生动物和 246 种 8 类重点保护野生植物中，云南省分别占有 222 种和 114 种[4]。已建立的不同类型、不同级别的自然保护区，有效保护了云南的自然环境和生物多样性，使全省 90%以上的珍稀濒危野生动植物物种得到有效保护。为实现经济社会的可持续发展，野生动植物种质基因资源的战略储备奠定了基础。自然保护区内保存了典型的自然生态系统，为恢复破坏生态提供了参照。云南省是一个山地和高原面积占全省国土面积 94%的省份，生态保护十分重要。如何开展生态恢复，生态恢复到什么程度，需要一个参照系统，在我们还没有认知的情况下就消失的生态系统，无疑将会给生态环境带来更大的恶化及生物多样性锐减。

2 云南省自然保护区现状

2.1 云南省自然保护区发展现状

改革开放以来，随着国民经济快速发展，各级政府与广大群众环境意识的提高，云南省自然保护区范围不断扩大。截至 2009 年年底，云南省共建立自然保护区 161 处，面积 298.80 万 hm^2。其中国家级自然保护区 16 处，面积 143.33 万 hm^2；省级自然保护区 44 处，面积 82.44 万 hm^2；州市级自然保护区 58 处，面积 47.76 万 hm^2；县级自然保护区 43 处，面积 25.27 万 hm^2[3]。

2.2 云南省自然保护区主要存在的问题

2.2.1 自然保护区周边社区贫困，对保护区依赖性强

在许多自然保护区周边社区中，居住着大量的少数民族。比如，彝族、藏族、傈僳族、苗族、哈尼族、拉祜族等少数民族，他们的经济文化发展水平滞后，社区群众依靠保护区采集林副产品，以获得一定的经济收入，对保护区的依赖性强，其生产、生活活动对保护区影响较大。

保护区及外围普遍存在着放牧、偷猎、非法采集、盗伐等人为活动。保护区内牧民常年放牧，家畜践踏土地会造成水土流失，损坏林木及地表，还会把病菌传染给野生动物，粪便污染溪水，直接威胁野生动物安全；周边社区尚有猎枪未收缴，近年来下扣、放铁夹、偷猎案件仍时有发生，直接威胁野生动

物生命；保护区内药用植物、食用菌以及竹子资源本底不清，无计划地非法掠夺式采集造成资源破坏，并干扰野生动物生存；居民为获得燃料和自建用房，盗伐林木现象屡禁不止。

2.2.2 保护区周边社区开发建设项目对保护区的潜在影响

主要开发建设项目有水库建设、输电线路建设、公路建设、生态茶的引种等项目。部分水库位于保护区内，不但淹没了保护区一部分森林和林地，减少了沼泽地面积，对两栖动物生存存在潜在影响，同时其施工作业噪声及外来人员的进入可能对保护区内珍稀动植物资源带来威胁，干扰了野生动物的栖息环境。输电线路穿越保护区，不仅要砍伐森林，致使生境遭破坏，甚至还使野生动物活动受到影响。穿越保护区的公路建设，也会造成生物资源的损失，生境破坏，野生动物受到干扰。生态茶的引种，给保护区带来基因污染之患。

2.2.3 自然保护区管理机构及人员编制不适应

省级自然保护区机构薄弱，人员编制少，不能满足管护要求，有些保护区至今仍存在“批而未建，建而未管，管而不力”的现象。其中保护区现有管理人员的素质普遍偏低，保护区所在地条件艰苦，福利待遇不高，难以吸引人才。

2.2.4 自然保护区科研队伍薄弱

“科学是第一生产力”，科学研究是自然保护区的基本功能之一，是实现可持续发展所必须依靠的基础，是自然保护区兴旺发达的标志，是自然保护区工作的灵魂。自然保护区的科学研究工作总体上共有三个方面：常规性研究、专题性研究和经营管理技术研究。云南省的自然保护区多数只能开展常规性研究，多数自然保护区则采取联合专题性研究和经营管理技术研究方式。云南省自然保护区现阶段受到资金体制等方面因素制约，自然保护区管理对科学的依靠以及科学对自然保护区的支持都十分薄弱，这是当前云南省自然保护区发展亟待解决的问题。

3 云南省自然保护区战略发展对策

3.1 加强自然保护区建设，保护生物多样性

生物多样性是人类社会赖以生存和发展的基础，是地球生命支持系统的重要组成部分，对维护生态平衡、保护环境起着关键的作用，生物多样性保护已是当今人们最为关注的热点问题，实践证明，通过自然保护区的建设和有效管理，可使生物多样性得到切实的人为保护，云南省自然保护区的建设对物种多样性、生态系统多样性和遗传多样性的保护发挥了巨大作用，云南省生物多样性保护已取得了一定的成绩，但与全国先进地区相比还有一定的差距，今后要加强自然保护区的规划建设，除了加强建设和管理好现有的自然保护区、对有建设能力的自然保护区积极做好升级工作外，根据云南省环境和资源的特点，对有重要价值的湿地、水禽栖息地、珍稀野生物种等以保护区的形式加以保护，使云南省生物多样性得到有效保护。

3.2 周边社区公众参与、社区共管

自然保护区总是与当地居民有着千丝万缕的联系，解决土地权属问题和资源利用问题，应该保持合作态度。最好的办法就是让公众参与保护区管理。一种管理体制，如果没有当地人，特别是在保护区边缘居住的人们参与，是不可能有效率的[5]。在美国，尽管法律并没有完整清楚的规定在保护区附近区域的法律权力，但最近的缓冲区管理立法却给予了土著居民在附近区域的管理权力[6]。新西兰的土地实行私有制，政府主要通过购买和联合保护经营的方式来取得土地使用权。政府根据市价向居民购买土地，由政府独立管理或与当地人共同管理；联合保护经营是政府与当地人达成协议，虽然不购买，但不能在土地上进行毁坏性开发建设，只能进行保护和适当的旅游开发。公众可间接参加管理和自觉参与保护区

维护、监督保护区管理以及游客[7]。加拿大在处理土著居民与保护区之间矛盾时也采用了共管的模式，承认土著居民对部分保护区土地的权利要求，并允许土著居民在保护区内进行传统的狩猎、捕捉和渔业活动。同时，政府通过与土著组织的协商，要求在保护区达到相互承认和实行保护区共同管理[8]。因此，在保护区的管理与当地居民之间矛盾日益加剧的今天，应该抛弃传统的行政管理模式，允许居民通过选举产生代表，由代表参加保护区的规划决策以及执行。

3.3 努力拓宽经费渠道

自然保护是一项公益性事业，经济的投入所产生的生态效益、社会效益、间接效益在短期内无法得到回报，因此国家和地方财政应当增加对保护区的投入，使自然保护事业健康、稳步发展。同时坚持多渠道筹措资金的原则，通过建立自然保护区建设专项基金，鼓励社会捐助，合理吸收外资合作开发自然保护区旅游资源及其他可开发的资源，积极争取国际有关机构的专项投资等。自然保护区本身应当改变封闭式管护模式，合理开发利用，开展多种经营，既可以解决经费的短缺，又使周围群众受益，最大限度地使保护、科研、教育、多种经营有机的结合，走具有中国特色的、云南独特的自然保护之路。

3.4 实行科学管理

科学管理，就是为了实现目标所采取的合理的组织领导与法令性措施以及现代化科学管理手段，而科学管理所采用的功能完整、职责分明、互相协调、层次简炼、结构合理、工作高效的组织网络就是科学管理系统。实现对自然保护区的科学管理，是搞好自然保护区各项工作的关键，它是一项政策性强、涉及面广、效果衡量标准比较具体、难度较大的工作。由于我国大多数自然保护区建立时间比较短，要充分利用现代科学管理技术来对自然保护区实现现代化的科学管理，还需要一个过程。在实现现代化科学管理过程中可分为三步走：第一步，健全机构，理顺关系，稳定方向，抓点带面，以保护为主；第二步，发挥优势，扩大成果，使生态效益、社会效益和经济效益同步显现，边实践、边调整，积极为现代化管理创造条件；第三步，系统总结经验，充分利用现代化科学技术，最大范围地实现生态——环境——经济——社会协调发展，实现自然保护区管理工作现代化。

3.5 合理开发利用

自然资源的开发利用与保护是相互制约的，如何把保护与开发之间的矛盾转化为优势，这需要地方政府部门和保护管理机构通过及时沟通协调，求得相互理解和支持，以便共同发展。“开发、利用、治理、保护”是开发自然资源的基本方针。自然保护区的开发应以保护为前提，优先选择对自然资源、生物多样性和人文景观、历史遗迹破坏程度最小，区域关联度较高、带动面广的项目，国家应对自然保护区及其周围地方政府实行优惠政策，从而更好地引导支持保护与合理开发利用的关系。

【参考文献】

[1] 蒋志刚，马克平、韩兴国，等，保护生物学 [M]. 杭州：浙江科学技术出版社，1997.

[2] 郭辉军，龙春林. 云南的生物多样性 [M]. 昆明：云南科技出版社，1998.

[3] 云南自然保护区年报（2010）[R]. 昆明：云南省林业厅，2012.

[4] 云南自然保护区年报（2008）[R]. 昆明：云南省林业厅，2010.

[5] Tanya Hayes：The Law and Economics of Development and Environment，Conserving the World ps Forests：Are Rotected Areas the Only Way？[J]. Indiana Law Review，2005，38. Ind. L. Rev：595.

[6] Preserving Nepalps National Parks：Law and Conservation in the Developing World [J]. Ecology Law Quarterly，1995，22 Ecology L. Q：591.

[7] 王金凤，刘永，郭怀成，等. 新西兰自然保护区管理及其对中国的启示 [J]. 环境保护，2006，(3)：75-78.

[8] 王晓丽. 中国和加拿大自然保护区管理制度比较研究 [J]. 世界环境，2004，(1)：31-36.

以科学发展观指导我国自然保护区建设*

科学发展观坚持可持续发展，在可持续发展中林业可持续发展具有重要地位。由于野生动植物及其栖息环境是大自然赋予人类的最为宝贵的可持续利用资源，是人类社会生产力起源和发展的基础。这就使得保护野生动植物及其栖息环境成为保证可持续发展的基石。建立自然保护区是保护野生动植物及其栖息环境的根本措施，因此，自然保护区事业就成为林业生态建设的核心。搞好自然保护区建设，是促进人与自然的和谐，促进可持续发展的重要方面，是落实科学发展观的具体内容。而自然保护区自身的建设，也必须紧扣发展这个永恒主题，将其放在整个经济社会环境可持续发展的大局中，用科学发展观指导其健康发展。

1 用科学发展观审视我国自然保护区的发展

1.1 我国自然保护区发展迅猛

我国党和政府高度重视自然保护区建设工作。1956 年 9 月，我国第一个自然保护区———广东鼎湖山自然保护区建立，拉开了保护自然资源、抢救珍稀动植物的序幕。到 1965 年，南到西双版纳，北至长白山在内的 19 处保护区被划定。在 1990 年后进入了快速发展 时期。截至 2003 年底，全国各类自然保护区 1999 处，国家级的 226 处，保护区面积逾 1.4 亿 hm^2，占国土总面积的 14%左右，超过世界平均水平。林业系统建立的自然保护区达 909 处，其中国家级自然保护区有 155 处，总面积 1.03 亿 hm^2，占国土面积的 10.63%。这些 自然保护区保护着我国 70%的陆地生态系统类型就，80%的野生动物和 60%的高等植物 也保护着约 2000 万 hm^2的原始天然林、天然次生林和约 1200 万 hm^2的各种典型湿地。特别是国家重点保护的珍稀濒危动植物绝大多数都在自然保护区里得到较好的保护。自然保护区还作为宣传教育的基地，通过对国家有关自然保护的法律法规和方针政策及自然保护科普知识的宣传，使公民的自然保护意识得到很大提高。经过近 50 年的发展，初步形成了一个类型比较齐全、分布比较合理的自然保护区网络。目前，我国的自然保护区呈现出欣欣向荣的良好态势，面临着难得的发展机遇。

1.2 我国自然保护区面临诸多问题

目前我国自然保护区的发展速度虽然很快，在数量上得到了迅速扩大，但质量提升却相当缓慢，建设和管理水平还处在初级阶段，存在许多困难和问题。

（1）管理机构不健全，人员不足，管护能力薄弱。全国 1/3 的自然保护区尚未建立管理机构，基本上处于批而不建、建而不管的状态；一些自然保护区名存实亡。

（2）投入严重不足。部分自然保护区工作运转困难。长期以来，我国在保护区建设上采取的是“地方为主、国家为辅”的投入政策，国家级自然保护区的基本建设投资和人员事业经费长期没有纳入国家财政预算，基本上是靠地方投入。全国范围内目前只有广东、广西、云南等少数省区将国家级自然保护区人员经费纳入省级财政预算，保护区的日常工作经费和基础设施建设费用则难以得到保障。特别是在欠发达地区，建设资金严重不足的问题就更加突出：一些保护区无机构、无管理人员，无法开展正常的管护活动；许多保护区管理用房、巡护用具、监测设备、界桩界碑等基础设施异常简陋，在管理建设上有

* 唐芳林．以科学发展观指导我国自然保护区建设．[J]．林业建设，2004，(5)：7-11.

心无力。

据了解，2000 年以前，全国林业系统国家级自然保护区的建设资金累计投入仅为 3.6 亿元；目前，大多自然保护区缺乏应有的投入，存在有名无实的现象，许多保护区一直在走“自养”的路子。而发达国家用于自然保护区的投入每平方公里每年平均约为 2058 美元，发展中国家也达到 157 美元，而中国仅为 52.7 美元，即使在发展中国家中我们也几乎是最低的。

（3）部分保护区边界范围与土地权属不清，矛盾突出。中国的自然保护区，绝大部分建立于上世纪 80 年代之后。划建保护区时，那里的土地大多已划归集体，边界问题和土地权属成为保护区管理部门与当地政府最常见的纠纷。

（4）重数量轻管护。目前我国保护区数量较 40 年前翻了 100 倍，面积更飙升 215 倍，自然保护区面积与国土面积的比例已经超过了世界平均水平，规模数量大了，但质量内涵不高，管理还停留在行政管理阶段。以资源保护、科学研究、环境教育等业务工作的业务管理体系尚处于初级阶段。

（5）开发与保护冲突加剧。动植物采集 农牧业、交通、水利、电力、旅游等工程建设用地矛盾冲突日趋激烈。以西双版纳自然保护区为例，保护区周边人为经济活动频繁，保护区与社区、农场、旅游景区、交通、水电基础设施建设工程方、当地政府等各种利益相关群体矛盾突出，有的工程建设，如昆（明）曼（谷）公路、景洪电站等直接与保护区相关，自然保护与经济建设矛盾需要协调。

（6）体制不顺，责权利不统一，管理不力。当前自然保护区的机构定位尚不明确，不少保护区存在多头管理现象，使管理与开发难以协调。较为普遍的管理体制是业务由上级主管部门管理，行政由县级以上地方政府管理，实行业务与行政分离的管理体制。这种管理体制存在着职责不清、权利不明的弊病，在很大程度上制约了保护区的发展。由于我国保护区体系尚未明确，各类保护区的性质与功能没有严格的界限，从而导致有的自然保护区既是风景名胜区，又是旅游开发区，受多个部门管理。他们各强调各的法律法规，各强调各的重要性 相互之间很难协调。在实际工作中，自然保护区管理机构一般为事业单位，扮演着保护者和经营者的双重身份。这种现状加剧了保护区与地方政府和社区的矛盾，不利于保护区资源的保护。目前，不少国家级和省级保护区的人事、行政管理权属于所在的地方政府，大大弱化了上级林业部门的业务指导能力。

1.3 问题产生的主要原因

上述问题的存在 有着以下主、客观原因。

从技术层面看，自然保护区的建立先天不足，科学规划不够。中国的自然保护区建设工作从一开始就是抢救性的，而非从容不迫的。没有规划或规划不科学，权属不清、功能区划不合理等问题突出。特定历史时期的特定政策导致的历史遗留问题，给日后的资源保护带来诸多难题。

从管理层面看，管理体制不顺。各个行政部门根据各自的法律法规来划定保护区，常常会出现“交叉”“撞车”现象。一种类型的自然保护区，可能林业也在管，环保也要建。由于环保局只是综合职能部门，没有专门的行政执法队伍，很难承担起保护区的执法管理任务。另外，业务指导与实际管理权的分离，也使自然保护区管理不顺。

从经济层面看，投入严重不足。生态保护成效跟投入紧密相关。广东、浙江等经济发达地区，自然保护区所需经费全部纳入省级财政预算，生态保护在全国最为良好。而在西部地区，除一处国家级保护区由中央财政统管外，其他全归属于地方，其保护能力相对薄弱。

从社会意识层面看，全社会对自然保护区的认识有待提高。自然保护区限制了经济发展和环境保护绝对化的观点都是不对的。

从政策层面看，没有处理好经济发展与自然保护这对矛盾。

上述原因在自然保护区的发展历程中相互关联、制约，互为因果，阻碍了保护区事业的健康快速发展。最根本的深层次的原因在于，由于认识的局限性，尚未树立科学的发展观。正是由于全社会认识和观念的局限，缺乏科学发展观，在近几十年里，社会变革迅速，人口不断增长，土地、森林资源被急剧开发，我们先是“人定胜天”，盲目开发，破坏了环境。于是当时科学家的睿智和政府的果断决策，采取抢救性措施建立了自然保护区。这当然是必要的，也是有效的，但也就不可能有什么科学规划，也就没有完善的管理体制。由于认识不足，重视不够，也就没有足够的投入，机构能力薄弱，缺乏科学发展观，各种利益相关群体矛盾加剧，莫衷一是。我们过去 50 年走过了一条人类破坏自然—自然界报复人类—再来保护自然的弯路。尽管这也许是不同社会发展阶段人类在认识自然的过程中所必须付出的代价。我们今天已经认识到这个问题，并且面临着人类改造自然的能力如此巨大、自然保护形势如此严峻的局面，就不能再走弯路了。因此，一定要树立科学的发展观，指导自然保护区建设。

2　用科学发展观进行自然保护区建设的矛盾分析

马克思主义认为，社会存在决定社会意识，社会意识又制约和反作用于社会存在。人类社会的历史就是生产力发展的历史，不同时期的生产力发展水平决定着一定历史时期经济、社会、文化的发展。人类社会发展的历史也是人类利用自然的历史，不同时期利用自然的程度是不一样的。在古代，狩猎、游牧、农耕时期，生产力是落后的，人类改造自然的能力是弱小的，自然生态系统的修复能力远远大于人类破坏自然的能力，人和自然能够和谐相处，尽管这种和谐不一定是古代人类主观产生的意识。工业化以后，人类破坏自然的能力大大加强，对自然资源无度地索取，自然界已经不堪重负，资源和环境问题加剧。人类历史发展到今天，我们已经进入工业化和信息化相互交替的时代，人类也逐渐认识到人口、资源、环境协调发展的重要意义，从而逐步确立了不牺牲后代利益的可持续发展观。在确立强调生态文明的可持续发展观这个过程中，我国建立了大量自然保护区。

应该说，人类对自然生态系统的干预是不可避免的，我国是一个发展中国家，发展高于一切，对资源的开发利用是必须的，这就决定了经济发展与自然保护始终是一对客观存在的矛盾。任何事物都是运动的，发展的，矛盾是事物发展的根本原因，因此，矛盾是对立统一的。如果明确了什么样的发展才是真实的、持续的，树立了科学的发展观，经济发展与保护自然保护区本应该不是不可调和的矛盾，从辩证唯物论出发，我们可以做到社会经济环境协调发展。随着人类对自然界认识的深入和科技的不断发展，人类对自然界的干预会越来越有理性，只要这种干预控制在自然生态系统能够承受的负荷以内，人与自然生态系统“共生共荣”的局面就一定会出现并维持下去。

在现实生活中，要达到上述的目标，是很不容易的，因为矛盾运动过程是复杂的，具体表现也是多样的。自然保护区的建立的直接目的是把对人类具有特殊意义的自然资源完整地保护起来，避免人类的直接利用，这就限制人类一些眼前利益。在全球和国家利益角度按可持续发展的规律来办，我们的目标都是一致的。具体到各种利益相关群体，它表现出各种利益的一系列矛盾冲突，如当代利益与后代利益、国家利益与集体利益、眼前利益与长远利益、局部利益与整体利益、自然保护区利益（代表国家）与社区居民利益、自然保护区事业与其他事业之间的冲突和矛盾等。这些矛盾有时表现很突出，处理不好，则会积累、激化矛盾，阻碍自然保护区事业健康发展。

（1）当代利益与后代利益的矛盾。可持续发展观意味着在发展机会和发展能力上必须体现“代内公平”和“代际公平”，强调重视当代人的利益，也考虑后代人的发展利益。自然保护区是最好的方式了。

（2）国家利益与集体利益的矛盾。保护区利益是国家的、全民的利益　就地方而言　利益不明显，甚至会因为保护区的存在而失去一些现实利益。少数地方政府倾向于不报建自然保护区，因为一旦被划为保护区后，当地政府不仅要承担养护费用，一些经济活动还受到限制而得不到补偿，尤其在一些资源型财政的地方，开发与保护的矛盾尖锐。资源富集却经济贫困，保护了国家利益而自身不直接受益，就很难调动地方的积极性。这需要统筹区域发展，实行政策倾斜。

（3）当前利益与长远利益的矛盾。人类对纷繁复杂的自然界认识有限，许多自然规律没有摸清，加之许多保护区的生态系统极为脆弱，经不起人类活动的干扰，因此，在保护区开发时，一定要慎之又慎，没有把握的，就先保护好，留待科技发达后再开发。

（4）局部利益与大局利益的矛盾。按照我们目前的管理体制，自然保护区划定后，担子几乎全落到了地方政府头上，客观上造成“多数人受益，少数人负担”的现象。一些地方政府开始时对自然保护区的建立非常重视，建立后由于保护区的管理要求严格，就认为捆住了手脚，于是把保护与发展对立起来，存在建立自然保护区会阻碍地方经济发展的误区，对自然保护区的建设和管理存在畏难和消极抵触情绪。这需要从投入机制方面改革，协调利益关系。

（5）自然保护区利益与社区居民利益的矛盾。贫困与生态危机和环境恶化之间具有一种内在的因果关系。在满足最基本的生存需求同保护生态环境发生冲突时，满足生存需要永远被置于至上的地位。自然保护区多处在交通不便、经济落后的边远地区，大多数生产耕作方式落后，依赖自然资源的程度很高，“靠山吃山”是他们的主要经济来源。国家把社区居民的具有保护价值的森林等自然资源划入保护区后，按照有关法律法规，居民的生产生活来源被“切断”。试想，人连肚子都吃不饱，又哪里会有保护意识！因此，他们的利益必须得到保障。

（6）自然保护事业与其他事业之间的冲突和矛盾。

“经济人”假定的西方经济学所强调的是利益最大化，一些企业为了追逐经济效益最大化而牺牲保护区利益。一些地方、部门和单位对自然保护区工作的重要性缺乏认识，片面强调眼前利益和局部利益。强调利益最大化是对的，但更要强调生态、社会和经济效益三者的统一的利益最大化。

仍以西双版纳国家级自然保护区为例，这是一个保护热带雨林生物多样性方面极端重要的自然保护区，保护的动植物种数居全国之冠，国家重视，建设管理成效显著，但也存在各种矛盾冲突，非常具有代表性。各种利益群体，如社区居民、周边农场、保护区管理人员、当地政府、各经济部门、工程建设单位、旅游部门等等，关系极其复杂，以上利益冲突都不同程度地存在。表现最突出的是土地权属冲突、工程建设用地矛盾、社区贫困的矛盾、人与野生动物的矛盾，根本上还是经济发展与自然保护的矛盾，这种矛盾目前表现相当尖锐。该保护区以仅占全国0.2%的土地，保护了占全国动物种数的20%，种子植物种数的10%，其中国家重点保护野生动植物种分别达114种（占全国的28.64%）、57种（占全国的22.44%）。如此重要的自然保护区，事关国家可持续发展的核心利益。国家、云南省、西双版纳州政府采取了非常严格的保护措施，当地政府和居民也付出了巨大的努力和代价。保护区限制了当地的生产生活活动，经济发展也受到影响。以亚洲象为例，每年伤害人畜、破坏庄稼，老百姓却只能得到少得可怜的、象征性的补偿，生活困难，更不用说从保护中直接受益了。一位保护区工作人员的父母居住的村庄里有人被大象致死了，他父母问他：保护大象你们管，人死了你们管不管？他无言以对。作为自然人、经济人，社区居民是现实的，宣传教育是必要的，但实际的补偿也应该有，具体的问题也应该解决。保护了国家利益，而自身没有多少直接利益，群众参与保护的积极性不免受到影响，长此以往，必然影响保护效果。因此，必须站在国家科学发展的高度，统筹协调各种关系，缓解矛盾。对诸如这类的自然保护区，应给予当地合理补偿，在保护的前提下，自然保护区应兼顾地方经济发展。

3 用科学发展观调整自然保护区发展思路

科学发展观是用来指导发展的，是紧紧围绕发展这个主题的，只有通过发展，才能解决各种问题。自然保护区建设也要服从、服务于发展这个大局。科学发展观强调统筹兼顾，要处理好自然保护区建设与林业建设、自然保护区建设与经济建设、保护与开发的关系。正确处理整体与局部、长期与短期的利益关系，统筹自然保护区区域发展。科学发展观强调实现经济社会全面、协调、可持续发展。可持续发展，就是要促进人与自然的和谐，实现经济发展和人口、资源、环境相协调，坚持走生产发展、生活富裕、生态良好的文明发展道路，保证永续发展。我们应看到我国经济发展的现实，避免保护环境时的绝对化，可在不破坏资源的情况下合理有效开发利用，做到经济利益和生态效益两方面兼顾。科学发展观强调以人为本，我们必须保护从事自然保护区事业的人员，保护区社区居民的利益，不能漠视他们的利益需求，要创造条件，改善他们的处境，以事业促进人的发展，以人的发展推进事业的更快发展，实现人和事业协调发展，共同进步。科学发展观强调统筹区域发展，自然保护区往往地处偏僻，经济落后，应该通过政策倾斜，促进经济发展，必要时进行合理的财政补偿。保护固然需要付出成本，但保护总比破坏后再来恢复和建设要明智得多、节省得多。要增强全社会对自然保护区的认识，转变观念，不应当把自然保护区看作是妨碍经济发展，而是为了促进经济更健康地发展。自然保护区是全人类的共同财富，体现的是国家的利益，全社会的事业要由全社会来办。只要牢固树立科学发展观，按自然规律办事，自然保护区建设面临的许多问题就可以得到解决。建议采取以下对策。

（1）完善现有的法律法规。自然保护区法律法规与现实冲突非常明显，特别是社区的经济发展需要与严格的法律保护之间。应完善《森林法》《自然保护区管理条例》等法律法规的有关条款，制定《实施办法》等法律法规。应考虑在现有法律法规中补充有关法律责任方面的内容，制定可操作的细则，以便对直接造成责任事实的单位或个人实行处罚。应在法律中确定保护区社区发展工作的地位，对保护区核心区和缓冲区的居民实施生态移民搬迁，允许在保护区试验区生活的群众进行传统型、生态型的生产活动，妥善缓解保护区周边社区发展与资源保护管理之间的矛盾，使保护区和社区能够同步发展。

（2）理顺管理体制。借鉴发达国家的垂直管理体制，建立纵向的分级管理体制，使各个自然保护区管理机构作为国家或地方有关行政主管部门的派出机构，负责所在自然保护区的管理，既能任命保护区主管领导，又能进行经费预算与拨款。应该保证和尊重自然保护区的合法权益，保护区应当依法享有对区域内自然资源保护管理和合理经营的权利，而不应以加挂公园、名胜等方式 随意改变保护区的性质。

（3）加大投入。将自然保护区纳入国民经济和社会发展计划 按分级原则纳入同级人民政府的财政预算。根据我国现有的经济发展水平，已经具备了将国家级和省级自然保护区事业经费和建设资金分别纳入国家和省级财政预算和基本建设计划内的条件。应保证每年有固定的建设和专项资金投入。2002 年夏天，许智宏、阳含熙、李文华等 22 位两院院士呼吁加大对自然保护区投入，他们的建议不无依据：全国现有自然保护区 1999 处，面积 1.4 亿 hm^2，按每公顷 30 元人民币的管护（最粗放的管理方式）费用计算，全国自然保护区需要费用 42 亿元。如果按每公顷 150 元计算补偿费用，全国自然保护区补偿费用 210 亿元，但同生态恶化造成的损失和治理破坏后的生态环境相比，该投入是微不足道的，它所产生的生态效益却是无法用金钱来估量的。当然，可以根据不同类型保护区的不同地类分别测算。

（4）统筹发展，合理补偿。保护区保护的资源是全体人民的共同财富，对于因为建立自然保护区而使经济发展受限的地区，应进行合理补偿。尽快研究制定一系列专项保护补偿政策，建立“谁保护谁受益，谁利用谁补偿”的管理机制。我国的自然保护区按数量有 40%位于西部地区，按面积则绝大部分都在西部地区。

截止 1997 年，在我国 592 个贫困县，其中 183 个县有国家、省、市、县等各级保护区 228 个。捉襟见肘的地方财政无力支持保护区事业。因此，应根据区域不同特点制定相应政策，统筹区域发展。对于经济欠发达地区，自然保护区的经费可由国家统一采取财政转移支付的方式予以解决。

（5）科学规划。总体规划是每个自然保护区落实有关自然保护区法律法规的具体方案。必须贯彻“全面规划、积极保护、科学管理、永续利用”的自然保护方针，制定符合实际、科学先进的总体规划。规划指导思想要明确、目标要合理、内容要具体、步子要现实、投资要可行。目前国内自然保护区规划水平普遍偏低，为了提高规划水平，应该引入竞争机制实行规划设计招投标制，选择技术水平高、实力强的规划设计单位，与保护区管理部门一道共同编制总体规划。

（6）发展社区经济。解决社区贫困是我国自然保护区事业不可回避的现实问题。保护区建立的目的既保护生物多样性和生态系统的原始性和完整性，也要探索和实践出资源可持续发展的方式，因此，应重视在自然保护区试验区开展生态型生产经营活动，鼓励自然保护区开展生态旅游、种植养殖业等活动。要根据社区居民生存发展的需要，通过促进参与和利益共享发展自然保护区产业，提高社区居民的生活水平；只要社区的经济发展了，居民直接利用自然资源的程度降低了，自然保护区也就达到了保护自然的目的，同时也缓和了社区矛盾，使周边群众和社区从自然保护区的可能破坏者变成共同管理者，把孤立的生态系统变成了开放的经济社会生态系统，从而达到长期有效可持续发展的目的。

（7）加强管理。我国的自然保护区事业正由初期的基础设施建设、生态环境优化和执法检查，转向科普教育、生态系统和生物多样性监测和生境管理。要通过机构能力建设，加强科研宣教，提高管理水平，使保护区事业从追求自然保护区的规模数量，转而追求质量内涵，完成从量到质的转变。

随着人们生态意识和发展意识的日渐觉醒，把思想统一到科学发展观上来，在行动上求真务实，我国的自然保护区事业也必将随着我国的社会经济一道，实现全面、协调、可持续的发展。

【参考文献】

北京晚报，孙海东. 2002. 22位两院院士呼吁加大对自然保护区投入［N］. 6-24.

唐芳林，杨宇明，2004. 西双版纳国家级自然保护区总体规划（2004—2015）［R］. 昆明：国家林业局昆明勘察设计院.

余久华，2004. 我国自然保护区管理存在的问题与对策建议［EB/OL］. 中国自然保护区网，3-27.

中国可持续发展战略研究项目组，2003. 中国可持续发展战略研究［M］. 北京：中国林业出版社.

俄罗斯自然保护区百年发展启示*

建国之初，我国在许多方面都在学习和借鉴苏联经验，包括自然保护区。作为曾经有相似体制经历的俄罗斯，其自然保护发展的历程和经验，值得探究和借鉴。笔者曾经赴俄罗斯考察学习并持续关注其自然保护，在此简要介绍，以资参考。

1 俄罗斯自然保护地体系

在俄罗斯1707.54万km^2的广袤土地上，有着极其丰富的资源，其中它的自然保护区是一份珍贵的遗产，由于地处偏远又受到极其严格的保护，以至于连俄罗斯的民众都很少涉足。1917年1月，沙皇尼古拉斯二世正式宣布，将贝加尔湖附近的土地设立为俄国的第一个自然保护区。1917年的十月革命结束了沙皇的统治建立了苏联，1991年苏联解体，大部分土地和遗产由俄罗斯继承下来。2017年是十月革命100周年，同时也是俄罗斯首个自然保护区建立100周年。为了纪念这一特殊的纪念日，俄罗斯总统普京签署法令确定2017年为“生态年”。

100年的时间里，俄罗斯建立了完整的自然保护地体系，包括：列入世界文化遗产名录和世界自然遗产名录的客体、国家自然保护区，包括生物圈保护区、国家自然禁区、自然遗迹、国家公园、自然公园和森林公园、植物园医疗保健地和疗养区、其他自然综合体，俄联邦土著少数民族的原始生存环境、传统的居住和经济活动区，具有特殊自然保护价值的科学、历史文化、美学、休闲、保健和其他重要意义的客体，俄联邦的大陆架和专属经济区，遗迹稀有的或濒危灭绝的土壤、森林和其他植物、动物和其他生物体及其栖息地，都受法律保护。

2 俄罗斯的自然保护区理念

俄罗斯自然保护区诞生之年的前几个月，美国也成立了自己的国家公园管理局，颁布了国家公园法，其出发点是“为了人民的福祉”，将公园视为“游乐场所”。19世纪末到20世纪初，俄国环保主义者却一直在倡导相反的理念：保护好俄罗斯的自然财富，严禁人类（即便是俄罗斯人）涉足。“无需增加、减少或者改善什么，人类不能干涉大自然，只需欣赏它就够了。”成为俄罗斯自然保护区坚持的信条。俄罗斯的自然保护区从一开始就属于严格自然保护区，遵循严格自然保护理念，属于IUCN分类1a类，即最严格的一类。

19世纪末和二十世纪初期，俄罗斯的自然保护理念开始萌芽，出现了为了严格保护未被人类干扰的自然区域而设立的保护地，自然保护区（zapovednik）和自然保护zapovednost，俄语意思为“戒律”，意为严格保护，甚至有绝对保护的意思。此后zapovednik就成为俄罗斯自然保护区的专用名词，指有足够大的面积，有顶级食肉动物存在的完全食物链，能够实现自我循环，为拒绝人们进入和严禁经济活动，只允许科学家和护林员出入，用于科学研究，以便和已经开展经营活动如农业和林业等的区域作为对照，作为自然基线的绝对保护区域。1910年以后又进了一步，要求自然保护区要成为包括自然典型代表性的、经过系统规划的、完整而非片段化的区域。1940年代受到奥尔多．利奥波德的影响，认为即使在大面积

* 唐芳林．俄罗斯自然保护区百年发展启示．中国绿色时报（2017-03-16）．

的荒野恶化时也仅需其中少数区域保持原封不动，作为发现为什么草原植物区系比农艺植物区系更加耐旱、野生草原的根系更有效率、生态系统更为复杂的场所，以学习和发现不受干扰的自然生态系统的价值。这实际上很难达到，即使今天建立了一个完美的完全处于原生自然状态和有自循环能力的自然保护区，也会受到周边污染和地球暖化的影响。不过，俄罗斯的大部分严格自然保护区仍然是近似理想的作为科研的一个好场所，已经运作了几十年。

3 自然保护区的发展历程

1890 年代沙皇俄国在草原区建立了第一个自然禁区，建立了研究站。在草原地区选择是因为原生草原更容易被影响而变化，被犁过的草原会加剧干旱的影响程度，这就需要研究如何最好地利用草原。1917 年 1 月在贝加尔湖东岸建立了 Barguzin 自然保护区，其目的是保护和研究由于过度猎捕而数量急剧下降的珍贵毛皮动物紫貂。其他一些自然保护区也设置起来，但要么失效（如 Sayan 自然保护区），要么没有得到正式认可。

1917 年爆发的十月革命使得土地不再私有，自然保护区建设变得更加便利。苏维埃政权对自然保护更加重视，1919 年在里海西北岸建立了 Volga Delta 自然保护区。1921 年列宁签署了自然保护区法案，以"保护自然遗迹、花园和公园"，使得自然保护区有了坚实的法律基础。此后建立自然保护区的行动一直在持续，到 1933 年已经有了 15 个国家级自然保护区，到 1995 年达到了 115 个。同期也允许建立国家公园，但事实上在严格保护的理念下，半个世纪的时间里连一个国家公园都没有建起来。

1951 年，一些自然保护区被变成了" 商业研究" 机构，以释放土地为商业性开发森林让路，在此后的 10 年里有所恢复，但仍然有 6 个自然保护区被关闭，其他的则被合并或下放给地方。1991 年底苏联解体以后，自然保护区事业遭受了严重影响，经费下降了 90%。虽然在理论上自然保护区是大面积的未受破坏的自然生态系统，用于科学家和相关人员的科学研究，但一些自然保护区已经名不符实，有的被开发利用，包括砍伐森林，有的被重新开发。后来随着俄罗斯经济和国力的恢复，自然保护区也逐渐恢复。目前，大多数自然保护区仍然保留了原生状态，拒绝向公共娱乐开放，只承担科研功能。

经过新增、合并和关闭，目前国家级自然保护区变为 101 个，面积 33 万 km^2，占国土面积的 1.4%，包括草原上的小面积地理单元到西伯利亚和北极的广袤空间，面积小到仅 2.31km^2 的 Galich′ya Gora 自然保护区，大到 41，692km^2 的大北极自然保护区，覆盖了多个主要的生态系统类型，包括了北极荒漠、泰加群落（针叶林）、落叶林、草原四个天然植被区。这是一个高度简化的分类，每个植被区可细分为多个分区，并有过渡的植被类型。

除了俄罗斯科学院建立的 Il′menskiy 自然保护区和 Voronezh 国立大学建立的 Galich′ya Gora 草原保护区以外，其余 99 个自然保护区都归国家环保部管理。

4 面临的问题

污染、气候变化、人口增加对环境造成了严重的影响，人类对生物圈更深刻的认识将有助于提供解决方案。目前的认识还远远不够，有必要尽可能完整地保护自然生态系统，而自然保护区这样的大范围保护地系统为保持这种大尺度的生态过程提供了基本条件。例如在土壤侵蚀方面，观察原生草原和已利用草原、耕地的土壤形成和流失率，通过比较来了解破坏性使用土地而造成的自然资本损失；定期长期监测自然保护区的自然现象，提供基本数据，评估人为压力，了解气候变化如何影响自然生态系统，如固碳和养分循环，知道这些生态系统服务如何被人为影响，加深我们对全球的自然生态系统保护的理解。

人工干预不能取代自然过程，但非干预管理也很难在草原自然保护区实践，往往因为面积太小而无法支持自给自足的生态系统，导致一些野生食草动物迁走。在自然保护区的开展一项重要活动是定期监测季节性事件，这是规范化的活动内容，被称为自然纪事。

尽管理论上严格自然保护区不开展经济利用，实际上自然保护区经常被要求为国家经济服务。在前苏联时期，一些自然保护往往让位于经济建设，比如 Voronezh 就被作为欧洲海狸的育成地，支持毛皮产业。一些自然保护区也被视为其他商业珍贵毛皮动物如黑貂的产地以支持商业贸易。旅游开发也是一个问题，一些自然保护区在缓冲区开展旅游，游客增多会成为一个严重的问题，如一个俄罗斯著名的滑雪旅游目的地已经靠近 Teberdinsky 自然保护区的中心，对生态系统造成压力。由于索契冬奥会的需求推动，2011 年年 11 月，当时的总统梅德韦杰夫修改了法律，允许在任何特殊保护区内进行旅游基础设施开发。这个法律修改是由高加索的滑雪胜地引发的，除了直接威胁到作为世界遗产地的高加索严格国家自然保护区界内的拉戈纳基高原以及 TsiTsa 河源头，同时也给俄罗斯所有的自然保护区带来威胁，引发了激烈争议。联合国教科文组织遗产委员会发布声明表示极度关切，因为“它削弱了严格国家自然保护区的保护地位，因而将影响到俄罗斯世界遗产突出的普遍价值，因为这个遗产地之所以被列为世界遗产，在很大程度上是基于其未受打扰的特性及其难以接近性。”

为了满足旅游的需求，上世纪 80 年代，俄罗斯也开始建立可供公众游乐、能开展教育项目的国家公园。如今，俄罗斯共有 48 座国家公园、59 个联邦避难所和 17 个联邦天然遗迹，所有这些机构场所都提供不同程度的环境保护，尽管没有自然保护区那么严格。

5 俄罗斯国家公园的发展历程

最早的国家公园是 1983 年建立的索契国家公园。根据俄罗斯自然保护地法，国家公园用于自然保护、生态教育和科学研究的陆地或者水域，包含具有特定的生态、历史和美学价值的区域，允许开展规范的旅游。国家公园内根据不同用途被划分为多个功能区，核心保护功能区视同严格自然保护区来管理，缓冲区和生态保育区允许开展一些如游憩、商业、传统农业和林业等活动。因此，俄罗斯的国家公园符合 IUCN 分类中的Ⅱ类保护地特征。

有一些国家公园的核心保护功能区的严格保护职能有时由邻近的国家级自然保护区管理机构来履行，如贝加尔湖东岸的 Barguzin 国家级自然保护区就和 Zabaykalsky 国家公园毗连，其国家公园内的核心保护功能区就由国家级自然保护区来行使。一些国家公园因为其重要的保护价值而被纳入国际保护，如 Vodlozersky、Ugra、Bikin 等 5 个国家公园都被列为世界生物圈保护区。

在与我国东北毗连的远东地区，俄罗斯也建立了自然保护区和国家公园。早在上世纪 20 年代，俄罗斯科学家亚森尼耶夫（Vladimir Arseniev）就提出在 Anyui 河流域建立保护区。2007 年俄罗斯政府宣布，为了推动濒危东北虎北方 种群的保护工作，在俄罗斯远东地区哈巴罗夫斯克边疆区建立一个新 的 Aniyuiskii 国家公园，这是该地区建立的第 3 个国家公园。这个占地 4，290km^2 的国家公园位于斯科特阿林山地阿穆尔河右 岸。该地区极少受人类活动的干扰，主要目的是保护东北虎的北方种群，并作为一个生态走廊把 Anyui 河流域的东北虎与其他地 区的东北虎种群连接在一起，使得 2/3 的东北虎栖息地划入国家公园内。

目前，俄罗斯的 48 个国家公园总面积达到 155，672km^2。

6 自然保护发展趋势

走过百年之路的俄罗斯自然保护区，最大的问题是国民认知和认同程度低，知道如何支持、保护和享受自然保护区的俄罗斯人几乎可以忽略不计，因为他们一开始就被排除在外。调查显示，大多数俄罗斯人对本国最引以为傲的是自然资源，但即使俄罗斯人知道祖国拥有丰富的自然资源，大多数人都觉得与自己毫不相关。即便是今天，想要游览一个自然保护区通常也需要特殊的许可证，而拥有许可证的人微乎其微。

美国国家公园的目标是实现“保护与拓展”，在俄罗斯，则是为了保护自然与科学研究。这些自然保护区最初是作为户外实验室建立的，所以即便允许私人游客进入，也是极其有限的。俄罗斯自然基金会执行官 Igor Chestin 说：“我们对自己的自然财富感到骄傲，但只有 1%的人通过志愿服务或其他方式为保护自然贡献了自己的力量。”

俄罗斯正在谋求借鉴美国的做法，改变过去的状况。俄罗斯政府希望更多民众游览其国家公园，事实上国家公园比自然保护区更容易进入。俄罗斯环保部长 Donskoy 表示：“在我看来，美国国家公园管理局实现了俄罗斯国家公园系统缺失的或者不够完美的方面，包括普通民众和不同级别的政府当局对国家公园的高度支持；平衡生物多样性、景观保护与游乐和生态旅游发展；服务管理全面而有效；延伸监管权和职责。”不过目前，世界自然基金会正在抗议俄罗斯法律近期做出的修改，该机构认为这些改变将会削弱自然保护区的保护，担心政府甚至会允许在保护区内修建宾馆和滑雪道。与此同时，世界自然基金会还发起了一项暂时名为“1%的俄罗斯人”的运动，号召名人宣传自然保护区，增加公众对自然保护的关注。自然保护区封闭与开放、保护和利用的矛盾争议仍然在继续。

俄罗斯政府表示将会扩建自然保护区系统。环保部的 Vsevolod Stepanitsky 称，到 2020 年，俄罗斯将至少新建不少于 18 个联邦自然保护地，其中包括至少 5 个新建的自然保护区、至少 11 座国家公园和 2 个联邦避难所，同时还要扩建之前的自然保护区。他表示，北极地区还将建立一座国家公园和一个自然保护区。

7 对我们的启示

俄罗斯的百年自然保护史，为俄罗斯人民乃至人类留下了许多自然精华，具有不可替代的生态价值。在这个过程中，俄罗斯一直坚守严格保护的理念，坚持自上而下的建立机制，重视科学研究，自然保护区、国家公园等各类保护地体系健全，法律完善，由国家直接管理，层级高，统一高效，权责清楚，土地权属清晰，生态系统完整，这些做法都值得我国借鉴学习。

俄罗斯也存在封闭和开放、严格保护与合理利用方面的争论，这样的争议实际上在世界范围内都存在。从发展历程看，俄罗斯的绝对保护理念和美国的开放理念也并非一成不变，二者也在相互借鉴。美国国家公园的百年历史上，也曾经走过了过度开放导致资源破坏的弯路，现在也强调保护优先。

我国的自然保护区从一开始学习借鉴前苏联的封闭保护的做法，到 1980 年代已经形成中国特色的自然保护发展之路，吸收了欧美国家的一些理念，允许在自然保护区的实验区适度开展生态旅游、“多种经营”的做法，具备了国家公园的一些特征。经过 61 年的发展，目前我国的自然保护区已经达到 2750 个，面积达 147 万平方公里，占国土面积的 14.82%，面积和数量都居于世界前列，其中国家级自然保护区也达到了 446 个，取得巨大成绩，也存在许多问题。主要是由自下而上申报、部门为主审批而建立的各类自然保护地，出现了交叉重叠、多头管理的弊端；管理层级低，国家级自然保护区事权划分不合理，保护效能不高；由地方为主管理运营的做法，使完整的地理单元被行政区划分割，自然生态系统完整性受到影响；非国有土地进入国家级自然保护区，使严格保护的法规难以执行。这些问题需要用建立国家公园体制来改革和解决。

与俄罗斯和美国地广人稀的情况完全不同，我国人口众多，保护与发展的矛盾更为突出。国情决定了我国的自然保护之路不能照搬外国经验。中央提出建立国家公园体制，目的就是改革目前自然保护领域的弊端，重构自然保护体系，建设生态文明。建立国家公园体制需要秉持“创新、协调、绿色、开放、共享”的五大发展理念，坚持保护第一，核心、关键的自然生态系统严格保护起来，小面积的实验区和展示区在保护的前提下，适度向公众开发，发挥其公益性，让公众参与保护，享受公共生态产品带来的福祉。

森林生态自然保护区资源承载力研究综述*

人们对自然保护区的研究由来已久，这些研究对于指导人类社会经济活动，协调人类发展与自然保护区的关系，具有十分重要而迫切的理论与现实意义。从资源承载力方面了解和把握国内外有关自然保护区的研究进展状况，以及在国内外资源承载力研究取得众多成果的基础上，发现目前研究中仍然存在的不足，有助于深化完善这方面的研究。

1 引 言

人类社会发展到今天，创造了巨大的物质财富，人类的生活水平得到了提高，但是在这些物质财富的背后，却是以环境的严重破坏和资源的浪费为代价的。当前，世界性的生态破坏已经越出国界，开始遍及全球。森林遭到严重砍伐，整个地球上原有森林面积76亿 hm^2，现只剩下不足40亿 hm^2，而且每年还以1800万~2000万 hm^2的速度从地球上消逝。由于环境的恶化，人类生存受到严重威胁，生态危机正在导致一系列的生态死亡。全球性性生态危机归纳起来可以分为两类情况：一类属于环境污染；一类属于资源浪费。由此可见支撑人类物质文明的基础——各种自然资源，严重短缺和日趋耗尽。如何面对日益严重短缺的资源是摆在世界各国政府和人民面前不可回避的问题。资源短缺和环境污染已成为阻碍人类发展的两大难题[1]。

从莱切尔·卡逊（RachelCarson）发表的《寂静的春天》、丹尼斯 ·梅多斯（DenisL. Meadows）等发表的《增长的极限》、巴巴拉 . 沃德（Barbara Ward）和雷内·杜博斯（Rene Dubos）发表的《只有一个地球》、A. Toflr 发表的《第三次浪潮》，到布伦特兰（Brundt land）的《我们共同的未来》这一过程，唤醒了人们保护环境的意识，引起了全球范围对环境问题的热切关注，并落实到具体的行动上，使得人类开始反思自身在自然中的地位。各种机构相继成立，如联合国环境规划署（UNEP）、世界环境与发展委员会（WCED）、联合国可持续发展委员会（UNCSD）等。这些机构召开各种环境会议，来推动和促进国际合作，专家学者们不断提出切实可行的理论来指导人类的生产生活实践。自从1992年世界环发大会以来，可持续发展思想已成为世界各国制定社会经济发展战略的主要依据。可持续发展的核心问题就是如何将人类活动强度控制在资源、环境和生态系统承受的范围内，于是承载力概念逐渐被人们接受并应用到有关方面[2]。

面对日益严重的资源问题，建立自然保护区是人类保护现有资源的一项重要举措。在全球尺度上，自然保护区已经成为生态保育的基石（Fuentes-Quezada et al. , 2000）。自然保护区的广泛建立，对于保护重要的生态系统和自然资源起到了重大的作用。自然保护区对人类的生存和保护生态环境有着深远的意义，自然保护区能为人类提供生态系统的天然本底；自然保护区是各种生态系统以及生物物种的天然贮存库；自然保护区是理想的科学研究基地和教学的实习场所；自然保护区是向广大公民进行自然保护和环境教育的活的自然博物馆和讲坛；某些自然保护区可为旅游提供一定的场地，使人们享受自然界的美；自然保护区对改善环境、保持水土、涵养水源、维持生态平衡方面具有重要作用。

但是自然保护区并不是孤立的存在，而是受到各种因素的影响。自然保护区是一个开放系统，它不断地与外界进行物质能量信息的交换。森林生态系统也是这样一个系统，它的外部环境是由人类围绕自

* 陈为. 森林生态自然保护区资源承载力研究综述［J］. 林业建设，2009，(5)：47-49.

然环境、自然资源而产生的生存、生产活动等组合而成的社会——经济系统[3]。外界的干扰可能会使得自然保护区的功能受到影响甚至退化。现实中自然保护区存在着各种各样的威胁，这些威胁多由于经济原因或区内其他机构的生产活动而引起的。随着周边社区人口数量的不断增加，对自然保护区的影响也日益增大。保护区面临的周边社区的压力主要是：大量木材的低价值消耗，非木材林产品的过度采集，局部地区由于政策性异地移民大面积的经济林开发活动等。自然保护区管理面临的主要挑战是寻找一条有效的途径激励人们既能持续利用自然资源又能保护那些必须要保护的资源。自然保护区周边社区的贫困与自然保护区的严格保护之间的矛盾愈演愈烈[4]。所以系统的研究人类在自然保护区承载力的范围内进行有益的人类生产活动具有重大意义，既能保证自然保护区的稳定又能促进社会经济发展，提高自然保护区周边社区居民的生活水平和社会物质供应水平，做到自然保护区、人类社会的协同可持续发展。

森林生态系统类自然保护区（森林生态自然保护区）在全国的自然保护区中占主导地位，且国际上已认为建立这类保护区是维护陆地最复杂的森林生态系统最有效的手段。森林生态保护区区域内的森林生态系统中的各种群具有环境容量的最大值，但并不意味着对其资源的利用可以达到K值而只能在资源承载力以内利用，对于决定系统走向何种序状的可持续发展要素尤其要控制好其承载力的度[5]。由此可见人类对自然保护区内资源的不合理利用对自然保护区的发展构成了一个严重的挑战。因此系统地研究这类自然保护区的资源承载力问题能够起到以点带面的效应。

2 资源承载力的含义

承载力这一概念最早来源于力学，是指物体在不产生任何破坏时的最大荷载。承载力一词总是与环境退化、生态破坏、人口增加、资源减少、经济发展相联系在一起的，承载力概念的外延也不断发生着相应的变化。在全球人口，不断增加，由于人类活动的破坏导致可使用的耕地面积急剧减少，人类面临粮食危机的情况下，土地承载力的概念应用而生。随着人类工业化进程的加速，对各种资源的需求急剧增加，如森林资源、矿产资源、水资源等，为了争夺资源的战争也频繁发生。资源短缺和环境污染所引起的一个重要的问题就是生态破坏，如草原退化、水土流失、荒漠化、生物多样性丧失等。生态承载力的诞生，是最资源承载力和环境承载力概念的扩展和完善。

高吉喜（2001）详细分析了承载力的演化与发展，认为：承载力概念的演化与发展是对发展中出现问题的反应与变化结果。在不同的发展阶段，产生了不同的承载力概念和相应的承载力理论[5]。如针对土地资源短缺问题，人们提出了土地资源承载力的概念和理论，针对环境问题，人们提出了环境承载力的概念和理论。在80年代可持续发展被提出后，可持续发展被作为人类今后发展的方向，因此一些科学家又提出可持续发展应建立在可持续承载力的基础上（Carey，1993）。

段青春等（2005）在前人研究承载力的基础上提出了承载力的新见解，定义了承载力的四要素：承载对象、被承载对象、被承载对象的规模和相同条件下被承载对象的最大规模，对承载力的理解：承载力指在一定条件下，承载对象承载一定规模的被承载对象的能力[6]。这四要素对于研究各种资源的承载力具有普遍意义。

高吉喜给出了一个可持续承载力图解（如图1），并论述了生态承载力，资源承载力、环境承载力之间的关系。生态承载力的基础条件是资源承载力，资源承载力的大小直接取决于对资源的利用方式与手段，利用方式不同，产生的后果就不同。最大资源承载力：一定区域范围内通过各种技术手段等可达到的资源承载能力。适度资源承载力：一定区域范围内在不危害生态系统前提下的资源承载能力。生态承载力的约束条件是环境承载力，生态系力：指一定时间，一定区域范围内，在不超出生态系统弹性限度条件下的各种自然资源的供给能力以及所能支持的经济规模和可持续供养的具有一定生活质量的人口数量。生态——环境承载力：指在一定生活水平和环境质量要求下，在不超出生态系统弹性限度条件下环境子系统所能承纳的污染物数量，以及可支撑的经济规模与相应人口数量。生态弹性力：指生态系统的可自我维持、自我调节及其抵抗各种压力与扰动的能力大小。

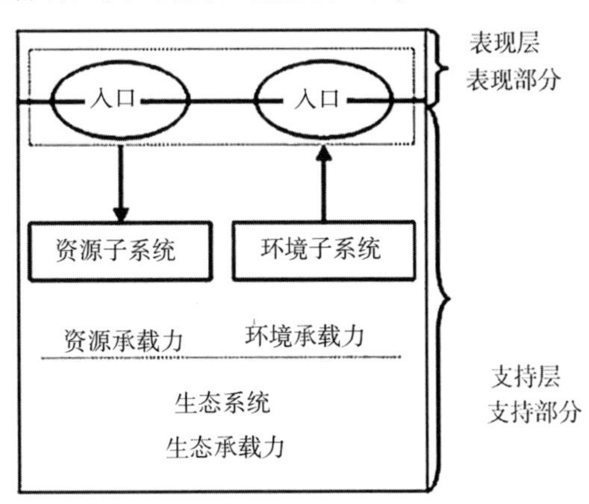

图1 可持续承载力图解

每一种资源其承载力都有一定的特殊性。自然资源的种类多种多样，每种自然资源都有其各自的特点，因而对每一种资源的研究也应是各具特色的。森林生态系统是整个陆地生态系统的主体，森林资源是一种具有生态、经济和社会三大效益的可再生资源。森林资源资产包括了森林、林地、林木以及依托森林、林地林木存在的野生动物、植物和微生物。森林资源对人类社会生存与发展所起的作用可以分为三个方面：一是森林资源作为原材料物质在人类生存中的作用，森林为人类提供居住条件，为人类提供丰富的事物；二是森林具有环境生态效益；三是森林具有社会功能。森林资源同时具有三重属性：物质性、生态性、社会性[7]。森林生态自然保护区森林生态系统的森林资源承载力受系统内部的植物、动物种群数量、种类、生产能力、更新能力以及自我维持和自我调节能力所控制。

3 资源承载力模型

对资源承载力模型的研究分具体的某种资源，如：水资源承载力研究、土地承载力研究、土壤水分植被承载力研究、生态旅游承载力研究。研究所用的方法模型如：线性规划、物元模型方法、确立方程组联立求解、模糊随机优选模型、模糊线性规划测度模型、生态足迹模型。

加拿大生态经济学家 Wiliam. Res 及其博士生 Wackernagel 在其《我们的生态足迹——减轻人类对地球的冲击》（1996 年）中提出了生态足迹概念，生态足迹是支持特定人口或经济体的资源消费和废弃物吸收所需要的具有一定生态生产力的土地的面积。张培刚，刘宏燕（2006）利用生态足迹模型分析了烟台市的生态承载力情况[8]。利用熵理论对资源承载力进行研究的，孙才志等（2004）以山西段为例，利用极大熵原理对黄河流域的资源承载力进行了研究，建立了水资源承载力评价的熵模型[9]。杨海云等（2006）采用基于熵权理论的方法综合评价环境影响，应用于水电站建设方案的优选[10]。这些利用熵理论来分析的思路对于分析森林生态类自然保护区资源承载力具有一定的借鉴和启发意义。

4 结　论

通过对国内外文献的分析，资源承载力理论已经相对比较成熟，各种方法也地得到了应用，但是针对森林生态类自然保护区资源承载力的研究很少，在研究方法和建模上采用熵理论的就更少了。所以在前人研究的基础上，考虑自然保护区独有的特点和社会经济发展相结合，在系统协同可持续发展基础上，利用熵理论进行资源承载力的分析，并建立不超过资源承载力临界值的熵流行为模型，是可以进行探索的一个新的研究方向。

【参考文献】

[1] 李继军, 陈宝书. 论资源环境以及人类可持续发展的耗散结构特征 [J]. 经济与管理研究, 2000, (1).
[2] 郭忠升, 邵明安. 土壤水分植被承载力数学模型的初步研究 [J]. 水利学报, 2004, (10).
[3] 龙勤, 胡晓. 森林生态系统自然保护区可持续发展理论探析 [J]. 西南林学院学报, 2002, 22 (1).
[4] 陈勇, 等. 自然保护区可持续发展理论与方法评述 [J]. 南京林业大学学报 (自然科学版), 2003, 27 (2).
[5] 高吉喜, 可持续发展理论探索——生态承载力理论、方法与应用 [M]. 北京 : 中国环境科学出版社, 2001.
[6] 段青春, 等. 灌区农业水资源承载力模型研究 [J]. 西北农林科技大学学报 (自然科学版), 2005, 33 (4).
[7] 叶咸龙, 于海森. 浅谈森林资源如何通过循环经济走可持续发展道路 [J]. 沿海企业与科技, 2006, (2).
[8] 张培刚, 刘宏燕. 基于生态足迹模型的区域生态承载力分析——以山东省烟台市为例 [J]. 城市环境与城市生态, 2006, 19 (3).
[9] 孙才志, 等. 基于极大熵原理的黄河流域水资源承载力研究——以山西段为例 [J]. 资源科学, 2004, 26 (2).
[10] 杨海云, 等. 基于熵权的环境影响评价及在水电站建设方案优选的应用 [J]. 长江科学院院报, 2006, 23 (1).

西南地区自然保护区现状、问题与建议*

在中国地理概念中，西南地区涵盖中国西南部的广大腹地，主要包括四川盆地、云贵高原和青藏高原南部地区。在我国行政区划概念中，西南地区又被称作“西南五省（区、直辖市）”，即四川省、云南省、贵州省、重庆市、西藏自治区。本文通过西南地区自然保护区的现状分析，就存在的问题提出建议，以期抓住目前我国在林业生态建设中的机遇，结合西南地区实际构建和谐的生态环境。

1 建设现状

1.1 自然保护区数量和面积

截至2010年底，我国林业系统已建立各种类型、不同级别的自然保护区2035个，总面积达12370.92万公顷，约占国土面积的12.88%。西南地区已建立林业系统各种类型、不同级别的自然保护区463个，总面积5326.37万公顷，约占国土面积的13.99%，占全国林业系统自然保护区数量的22.75%、面积的43.06%。其中：国家级自然保护区49个，面积4121.08万公顷；省级自然保护区115个，面积559.65万公顷；地市级自然保护区92个，面积214.27万公顷；县级自然保护区207个，面积431.37万公顷（各级别自然保护区数量和面积比例见表1）。

表1 西南地区林业系统自然保护区分级统计表（截止2010年底）

地区	数量个）					面积（万公顷）					占土地面积比例（%）	占国土面积比例排名
	合计	国家级	省级	市级	县级	合计	国家级	省级	市级	县级		
合计	463	49	115	92	207	5326.37	4121.08	559.65	214.27	431.37	13.99	
云南	132	14	41	45	32	280.36	132.7	82.23	44.67	20.76	7.12	12
贵州	97	7	3	14	73	76	23.09	5.22	19.69	28	4.32	24
四川	121	17	51	19	34	772.86	245.43	226.93	103.71	196.79	15.96	3
重庆	51	3	18	6	24	71.84	18.55	29.69	0.73	22.88	8.72	9
西藏	62	8	2	8	44	4125.31	3701.31	215.58	45.47	162.94	33.81	1

1.2 自然保护区类型

根据自然保护区类型划分标准和自然保护区建设职能分工，林业系统管理的自然保护区包括森林生态系统、湿地生态系统、荒漠生态系统、野生植物和野生动物五种类型。截至2010年底，西南地区林业系统自然保护区中，森林生态系统类型有260个，湿地生态系统类型有66个，荒漠生态系统类型有2个，野生植物类型有36个，野生动物类型有96个，地质遗迹类型有2个，古生物遗迹类型有1个。其中荒漠生态系统类型、森林生态系统类型和野生动物类型自然保护区所占面积比例最大，分别占总面积的56%、24.3%、12%，见表2。

---

* 孙鸿雁，唐芳林，张光元，等. 西南地区自然保护区现状、问题与建议［J］. 林业建设，2012，(1)：10-13，27.

表 2　西南地区林业系统自然保护区分类情况（截止 2010 年底）

地区	数量（个）								面积（万公顷）							
	合计	森林生态	湿地生态	荒漠生态	野生植物	野生动物	地质遗迹	古生物遗迹	合计	森林生态	湿地生态	荒漠生态	野生植物	野生动物	地质遗迹	古生物遗迹
合计	463	260	66	2	36	96	2	1	5326. 37	1295. 12	362. 29	2984. 1	43. 81	640. 26	0. 6	0. 2
云南	132	98	12	0	9	10	2	1	280. 36	221. 43	10. 01	0	8. 29	39. 82	0. 6	0. 2
贵州	97	84	2	0	6	5	0	0	76	68. 24	1. 49	0	1. 74	4. 53	0	0
四川	121	45	26	0	6	44	0	0	772. 86	278. 4	266. 56	0	7. 05	220. 85	0	0
重庆	51	15	11	0	13	12	0	0	71. 84	21. 91	10. 79	0	26. 66	12. 5	0	0
西藏	62	18	15	2	2	25	0	0	4125. 31	705. 14	73. 44	2984. 1	0. 07	362. 56	0	0

1.3　自然保护区区域分布

在规模上，西南地区林业系统自然保护区主要集中在西藏（4125. 31 万公顷）、四川（772. 86 万公顷）和云南（280. 36 万公顷），三个省区的林业系统自然保护区面积达 5278. 53 万公顷，占全国林业系统自然保护区面积的 41. 86%，占西南地区林业系统自然保护区面积的 99. 1%。其中，西藏羌塘（2980 万公顷）面积在全国自然保护区中排在首位，在世界上也排在前列。

在数量上，西南地区林业系统自然保护区分布情况为云南（132 个）、四川（121 个）、贵州（97 个）、西藏（62 个）和重庆（51 个），西南地区林业系统自然保护区数量就达 463 个，占全国林业系统自然保护区数量的 22. 75%。林业系统自然保护区面积占省内国土面积的比例超过全国平均水平，达 13. 99%，其中，西藏自治区林业系统自然保护区面积占省内国土面积的比例 33. 81%，位居全国首位。

1.4　自然保护区规模结构

西南地区林业系统自然保护区中，面积大于 100 万公顷的自然保护区共 4 个，全部集中在西藏自治区，分别是西藏羌塘、西藏珠峰、西藏工布和西藏色林错黑颈鹤四个自然保护区，面积合计 3723. 05 万公顷，占西南地区林业系统自然保护区总面积的 54. 61%；面积在 1 万公顷与 100 万公顷之间的自然保护区共 235 个；面积小于 1 万公顷的自然保护区共 224 个，其中小于 1000 公顷的小型自然保护区共 63 个。

按照《自然保护区工程项目建设标准》对自然保护区规模等级划分的规定，不同类型保护区规模统计详见表 3。

表 3　西南地区不同规模等级自然保护区情况

类型	数量（个）					面积（万公顷）				
	合计	超大型	大型	中型	小型	合计	超大型	大型	中型	小型
合计	463	4	230	163	66	5326. 37	3723. 04	1486. 79	113. 96	2. 58
森林生态	260	2	112	104	42	1295. 12	553. 68	679. 60	60. 26	1. 58
湿地生态	66	0	44	21	1	362. 29	0. 00	328. 88	33. 33	0. 08
野生植物	36	0	9	16	11	43. 81	0. 00	35. 52	8. 02	0. 27
野生动物	96	1	64	20	11	640. 25	189. 36	438. 69	11. 63	0. 57
地质遗迹	2	0	0	1	1	0. 60	0. 00	0. 00	0. 52	0. 08
古生物遗迹	1	0	0	1	0	0. 20	0. 00	0. 00	0. 20	0. 00
荒漠生态	2	1	1	0	0	2984. 10	2980. 00	4. 10	0. 00	0. 00
云南省小计	132	0	50	60	22	280. 36	0. 00	252. 69	26. 48	1. 19
森林生态	98	0	40	43	15	221. 43	0. 00	201. 99	18. 61	0. 83

（续）

类型	数量（个）					面积（万公顷）				
	合计	超大型	大型	中型	小型	合计	超大型	大型	中型	小型
湿地生态	12		4	7	1	10.01		7.07	2.86	0.08
野生植物	9		1	6	2	8.29		4.95	3.34	0.01
野生动物	10		5	2	3	39.82		38.68	0.95	0.20
地质遗迹	2			1	1	0.60			0.52	0.08
古生物遗迹	1			1		0.20			0.20	
贵州省小计	97	0	21	46	30	76.00	0.00	53.63	21.65	0.72
森林生态	84		20	39	25	68.24		52.37	15.30	0.57
湿地生态	2			2		1.49			1.49	
野生植物	6		1	1	4	1.74		1.26	0.37	0.11
野生动物	5			4	1	4.53			4.49	0.04
四川省小计	121	0	104	14	3	772.86	0.00	726.61	46.07	0.17
森林生态	45		36	9	0	278.40		258.56	19.84	
湿地生态	26		24	2		266.56		242.09	24.47	
野生植物	6		2	2	2	7.05		6.14	0.83	0.08
野生动物	44		42	1	1	220.85		219.82	0.94	0.09
重庆市小计	51	0	18	28	5	71.84	0.00	59.06	12.60	0.18
森林生态	15		6	8	1	21.91		17.84	3.96	0.10
湿地生态	11		3	8		10.79		7.18	3.60	
野生植物	13		5	7	1	26.66		23.17	3.48	0.00
野生动物	12		4	5	3	12.50		10.86	1.55	0.08
西藏自治区小计	62	4	37	15	6	4125.31	3723.04	394.80	7.16	0.31
森林生态	18	2	10	5	1	705.14	553.68	148.83	2.55	0.08
湿地生态	15		13	2		73.44		72.53	0.91	
野生植物	2				2	0.07				0.07
野生动物	25	1	13	8	3	362.56	189.36	169.33	3.70	0.16
荒漠生态	2	1	1			2984.10	2980.00	4.10		

2 西南地区自然保护区的特征

2.1 重要性

在生物学上，西南地区属于我国东喜马拉雅生物多样性关键地区，复杂的地理和气候条件使该区成为第四纪冰川期生物的避难地，保留了许多残遗生物，在植物区系和动物区系方面分别地处中国-日本植物区系和东洋界和古北界的交汇地带，生物的多样性、特有性、过渡性非常明显，汇聚了我国西南、青藏高原和华中等动植物区系的繁多种类，而且不少动植物起源古老、特有性高，至少有 10 000 多种高等植物，具有全球从海拔最高到最低，类型完整、种类齐全、物种丰富的各类生态系统，是世界野生生物基金会列出的200个关键地区之一，是我国重要的生物资源宝库、物种资源宝库和基因宝库。因此，对该区的生物多样性保护意义极为重要。西南地区的自然保护区无论在数量还是面积上都位居全国自然保护区前列，各类保护区保护了全球最完整的生态系统、最多的动植物物种、最重要的国宝级旗舰物种，其生态地位极为重要。

2.2 关联性

从保护对象看，西南地区自然保护区大致可分为三种类型。第一类以保护该区特有的森林生态系统为主，如云南西双版纳、贵州草海、四川贡嘎山、重庆缙云山、西藏珠峰保护区等；第二类以保护濒危及珍稀野生动物种类为主，如西藏芒康、贵州梵净山、四川卧龙、云南白马雪山等保护区；第三类为以保护特殊植被类型或珍贵树种为主，如四川攀枝花苏铁、云南云龙天池、重庆金佛山、林芝巴结、贵州习水大杉树等。西南地区自然保护区所保护的主要保护对象都是该区具有较强地域特色和保护价值的生态系统和物种，且西南地区各省市自治区之间的保护区由于地理和气候等因素，使其主要保护对象具有较强的关联性。如金丝猴，我国有 3 种金丝猴，即川金丝猴、黔金丝猴和滇金丝猴，它们都是我国的特产种类，国家Ⅰ级保护动物，是中国的重要旗舰物种之一，主要分布在我国西南川、黔、滇三省，对金丝猴及其栖息地的保护在目前西南地区已有自然保护区中已有涵盖，对系统监测、研究和保护金丝猴具有重要的战略意义。

2.3 独特性

自然保护区面积的大小，在很大程度上反映了能否有效地发挥保护功能。相对而言，面积较小的保护区更容易为外界所干扰。西南地区 463 个自然保护区面积，总面积 5326.37 万公顷，约占国土面积的 13.97%，占全国林业系统自然保护区数量的 22.75%、面积的 43.06%。西南地区的不少自然保护区都和世界之最、中国之最联系在一起：羌塘自然保护区总面积 29.8 万平方公里，是世界上面积最大的自然保护区；珠峰自然保护区是世界最高的自然保护区；申扎自然保护区是中国最高最大的黑颈鹤保护区；云南西双版纳保护区保存有我国高纬度、高海拔地带保存最完整的热带雨林；四川卧龙保护区是我国建立最早、栖息地面积最大、以保护大熊猫及高山森林生态系统为主的综合性自然保护区等不胜枚举。这些都属于西南地区自然保护区的特色，当然也属于国家和世界的，因此更应该努力保护好这些生物资源，维持生态的多样性和特色性。

3 存在的问题

3.1 保护与发展的矛盾尤为严峻

随着社会经济的发展、国家重点工程建设力度的加大，虽然生态建设理念深入民心，国家也采取了许多生态保护建设计划，减少了对自然资源造成的破坏，但由于西南地区地处经济落后不发达省份，地方经济发展的压力与自然保护区之间的矛盾尤为严峻。

3.2 资金投入严重不足

西南地区自然保护区不仅面积大，而且山高坡陡，无论管护面积、难度和责任等方面都远高于平原地区，同时与经济发达地区相比，西南地区的国家级自然保护区除申请国家三期投入及一些专项经费之外不能从地方政府得到相关经费支持，而省级、县（市）级保护区除能从地方政府得到极少的人头经费维持日常办公之外，管护活动运行经费没有保障，基础设施设备等建设经费缺乏，技术装备更新缓慢，与管理任务极不相称，严重影响了对生物多样性和自然资源的有效保护。

3.3 生态补偿机制尚不完善

西南地区经济发展虽不发达，但建立了数量和面积分别占全国林业系统自然保护区数量的 22.75%、面积的 43.06%的自然保护区，西南地区贫穷的人们在过着紧衣缩食的日子中为当今和后代子孙保护和保存了不可再生的自然资源，创造了巨大的生态和社会效益；目前，为解决开发区域和保护区域、受益地区和受损地区，以及自然保护区内外的利益补偿问题，西南地区各省市积极探索建立省内和区域生态补偿机制，并取得了可喜的成绩，但由于机制不健全，补偿不能完全按照规定进行，生态服务提供者的利益得不到保护，野生动物肇事得不到补偿的事情仍然时常发生，还存在生态补偿法律法规不完善，有关生态补偿的规定比较零散，适用性不强，生态补偿政策与现实脱节，补偿标准单一、偏低，生态补偿资金来源少，生态补偿体制不健全等问题。虽然国家、省级财政都下拨了相关补偿资金，地方财政也都配套了相关补偿资金，而且补偿资金在逐年增加，但群众领到手的补偿资金与市场价格仍然存在一定的差距。生态补偿机制的不完善在不同程度上挫伤了西南地区自然保护区管理者和当地老百姓保护自然资源的积极性，建立健全补偿机制已成为西南地区各级政府和广大群众的强烈呼声。

3.4 管理能力和技术力量非常薄弱

西南地区的自然保护区大多位于远离乡镇、山高坡陡、人迹罕至的地方，由于地域、待遇、条件等多方面的因素，在培养人才、吸引人才、留住人才方面始终处于劣势地位，使得西南地区自然保护区长期存在人才队伍总量不足，人才结构不合理，技术人才短缺等问题，从而导致保护区管理能力缺乏，管理方式粗放，简单，与当前保护区承担的艰巨任务相比，很不适应。西南地区大多数保护区日常管理工作仍停留在简单的日常巡护工作中，而保护区更进一步的科研、监测和宣教等工作未能开展。

4 建 议

自然保护区是一个自然的陈列馆和野生动植物的基因库。所以，自然保护区的建设应该被看作是环境保护事业不可或缺的一项基础建设工作。目前全国正处在林业生态建设黄金发展阶段，西南地区应积极依靠这个机遇加强生态保护和生态建设，以改善非常脆弱且日益恶化的生态，为人民生活和发展经济提供生态屏障。通过以上看出，西南地区独特的地理环境和生物资源，对我国自然保护工作具有不可低估的作用。因此，面对新的条件，建议西南地区自然保护区从以下几方面加强建设和管理：

4.1 进一步提升对自然保护区重要性的认识

各级政府需进一步加强对自然保护区重要性的认识，在保护的前提下，合理利用自然保护区的资源，将保护区的生态效益和社会效益放在首位，眼前的经济效益不能作为保护区建设的工作重点。积极有效地将符合条件的省、县（市）级自然保护区晋升为国家级自然保护区，争取更多国家资金和项目支持。将地方级自然保护区日常管理经费纳入预算，并安排专项经费补助自然保护区能力建设，统筹安排自然保护区基础设施建设投资。自然保护区内的野生动物对周边居民造成损害的，所在地人民政府应给予相应补偿。

4.2 加强西南地区自然保护区自然资源的调查、监测和研究工作

做好本底资源调查工作，摸清家底，进一步提升西南地区生物多样性的特色和价值，增加资金投入渠道，开展西南地区自然保护区科研和监测工作，建立健全西南地区自然保护区和野生动植物基础数据库、监测平台和信息管理系统。加强自然保护区生物多样性保护技术和管理政策等研究。充分发挥生态环境保护宣传教育、自然科学普及、科学研究的平台功能。

4.3 积极研究和制订生态补偿办法

野生动物肇事补偿是自然保护区生态补偿机制的重要组成部分，为扭转野生动物损害造成的被动局面，云南省已大胆运用商业保险机制，积极探索解决野生动物肇事补偿的新途径、新方法，逐步由政府补偿向商业保险赔偿转变，运用市场手段有效化解野生动物的侵害风险，从 2010 年至 2011 年，共投入保费 1202 万元，累计赔偿限额为 9100 万元，较为成功地利用商业保险的方式解决了试点县野生动物损害赔偿问题。根据试点情况，进一步完善该补偿办法，并就如何结合西南地区其他省市（区）的实际情况，因地制宜地制订西南地区各省市（区）野生动物损害赔偿办法，确保人与自然的和谐发展等目前亟待解决的问题开展深入的研究和探讨。选择适合西南地区的生态补偿模式，不断完善政府生态补偿的调控手段，充分发挥市场机制作用，逐步建立法律化、规范化的生态补偿机制。

【参考文献】

蔡小虎，杨灌英，等，2005. 西南地区森林可持续经营目标与模式［J］. 四川林业科技，26（3）：27-32.
晁增华，华朝朗，2010. 云南省自然保护区有效管理评估［J］. 林业调查规划，35（6）：63-67.
加央旦培，杨改河，2011. 西藏自然保护区生态旅游 SWOT 分析与开发对策［J］. 西北林学院学报，26（2）：225-231.
李剑源，2006. 我国自然保护区发展中的问题与对策［J］. 江苏林业科技，33（4）：50-53.
吴红宇，马凤娟，2011. 论我国西南地区生态补偿机制的建立和完善［J］. 云南行政学院学报，1：98-101.
喻泓，肖曙光，等，2006. 我国部分自然保护区建设管理现状分析［J］. 生态学杂志，25（9）：1061-1067.
周彬，蒋有绪，等，2010. 西南地区天然林资源近 60 年动态分析［J］. 自然资源学报，25（9）：1536-1546.

湿地类型自然保护区

上海崇明东滩鸟类国家级自然保护区动态管理探讨*

本文介绍了上海崇明东滩鸟类国家级自然保护区的基本情况和其所具有的动态特征，提出了在保护区管理中实施动态管理的思路，包括空间动态管理和时间动态管理，对河口潮汐淤涨型滩涂湿地保护区管理具有一定的借鉴作用。

1 上海崇明东滩鸟类国家级自然保护区概况

上海崇明东滩鸟类国家级自然保护区（以下简称东滩保护区）位于我国第三大岛——崇明岛的最东端不断淤涨的滩涂上，是我国规模最大、最为典型的河口潮汐淤涨型滩涂湿地之一，是重要的国际湿地。保护区地处长江口与东海形成的“T 型”结合部的核心部位，是具有国际重要意义的生态敏感区，是亚太地区候鸟迁徙路线的重要组成部分，涉及东亚——澳大利西亚鸻鹬类、东北亚鹤类以及东亚雁鸭类的重要停歇地和越冬地，对维持迁徙候鸟种群的生命过程发挥着重要作用[1]，同时也是长江水系和东海近岸水生生物的重要洄游通道和繁育场所。

1998 年 11 月，东滩保护区经上海市人民政府批准建立。2005 年 7 月，经国务院批准，东滩保护区晋升为国家级自然保护区。保护区范围在东经 121°50′~122°05′，北纬 31°25′~31°38′之间，南起奚家港，北至北八滧港，西以 1968 年、1998 年和 2001 年建成的围堤为界限（目前的一线大堤），东至 98 大堤吴淞标高零米线外侧 3000m 水域为界，呈仿半椭圆形，航道线内属于崇明岛的水域和滩涂，总面积 241.55km^2[2]。

东滩保护区以保护鸻鹬类、雁鸭类、鹭类、鸥类、鹤类等为主的代表性类群的迁徙鸟类为主[3]及其赖以生存的河口湿地生态系统，主要保护对象为：以白头鹤、大滨鹬、小天鹅、黑脸琵鹭、银鸥等为代表性的迁徙鸟类；鸟类及其他生物所赖以生存的栖息地；潮沟、水域、盐沼植被等河口潮滩湿地自然景观。

2 上海崇明东滩鸟类国家级自然保护区动态特征

2.1 保护区位置的空间动态性

长江口是个丰水多沙、中等潮汐强度的三角洲河口。长江流域的来水来沙对崇明东滩的影响主要是促使其滩涂的发育，使其向海洋方向不断伸展。崇明东滩属中期岸段，潮间滩上涨潮流的流速一般均大于落潮流的流速，具有比较稳定的自然淤涨趋势，使得由涨潮流带来的一部分泥沙借助潮汐作用而滞留在潮滩之上，并不断地堆积和淤涨，平均每年向外淤涨 150~200m[4]，主要淤涨方向位于东南方向。随着滩涂的淤涨，滩涂植被也随之向外延伸，底栖动物的分布也随植被的外延而外延，高潮带以甲壳动物为优势类群，低潮带则以环节动物为优势类群，其生物量高潮带>中潮带>低潮带[5,6]。而以底栖动物和植物为

* 周红斌．上海崇明东滩鸟类国家级自然保护区动态管理探讨［J］．林业建设，2012，（1）：18-19.

主要食源的鸟类也随之外移。

2.2 主要保护对象栖息的时间动态性

特殊的地理位置、适宜的气候条件、丰富的食源使得每年都有大量候鸟在保护区停息补充营养。全年除 5 月下旬~7 月底外，都为鸟类过境高峰期，但在不同季节乃至月份上，鸟类的类群和数量却存在差异。春秋两季以迁徙鸟居多，冬季则以冬候鸟为主，而夏季主要是留鸟和繁殖鸟。五种主要保护对象中，鸻鹬类主要出现在 4~5 月和 7~9 月，鹭类主要出现在 8~9 月，雁鸭类及鸥类主要出现在 11 月~次年 2 月，鹤类主要出现在 11 月~次年 3 月。

2.3 主要保护对象栖息的空间分布特征

由于鸟类觅食习性和活动范围的差异，5 类鸟类种群的空间生态位也不相同，鸻鹬类的主要栖息地为海三棱藨草群落和光滩；雁鸭类的觅食地在海三棱藨草区域；鹭类在不同栖息地类型中均有分布，但以海三棱藨草、浅水水域的数量最大；鸥类的主要栖息地在浅水水域和光滩；鹤类（白头鹤）主要栖息地类型为海三棱藨草群落。可见，东滩保护区鸟类除鸥类外，均以海三棱藨草群落生境作为最主要的觅食地和栖息地。

2.4 上海经济社会发展对土地资源的迫切需求

崇明岛从发育至今已有 1300 多年历史，由长江口两个沙洲演变而成，为我国的第三大岛[7]，也是我国现今河口沙洲中面积最大的一个典型河口沙岛，全岛总面积 1064km^2。。崇明岛特别是崇明新东滩是上海市及其重要的滩涂资源分布区和土地资源贮备。

为了解决上海市建设用地紧张的矛盾，崇明东滩的演变历史实际上就是滩涂不断淤积冲刷和人工不断圈围的历史。根据历史围垦工程资料和 Landsat TM 遥感影像进行综合分析，崇明东滩在 1964 年进行大新河垦区围垦，至 1964 年已累计围垦面积 115km^2。左右。1983 年至 1990 年基本上无围垦工程。20 世纪 90 年代是崇明东滩围垦工程进展较快的年代，1990 年 11 月至 1991 年 2 月围垦团结沙，成陆面积 18.3km^2；1991 年 6 月至 1992 年 3 月在东滩北部东旺沙围垦造陆 44km^2；1998 年冬至 1999 年春，又在东旺沙围垦区外高潮滩圈围 22.67km^2，使崇明东滩海岸线从 1990 年向外推进达 7.2km。20 世纪 90 年代以来，围垦面积已经达到 90km^2[8]。崇明东滩围堤过程中大多实施高滩围垦，围垦大堤工程明显具有加快滩地淤涨的作用。

根据上海市历年围垦记载资料分析，从围垦面积的地域分布来看，崇明占整个上海市围垦面积的 60%；从围垦规模的次数看，上海市围垦规模在万亩以上 36 次，其中崇明占了 20 次。

随着上海市经济社会的持续高速发展，上海的城市化进程加快，土地资源紧缺的矛盾将日益突出。通过促淤和圈围长江河口沿海滩涂湿地是上海获取土地资源的唯一途径，而崇明新东滩是上海重点圈围区域之一，《上海市滩涂开发利用和保护规划》确定“十一五”期间在崇明新东滩促淤 10 万亩、圈围 3 万亩。

3 上海崇明东滩鸟类国家级自然保护区动态管理思路

3.1 空间动态管理

保护区范围和功能区界应适合滩涂的淤涨特点，一定时间后就应进行动态调整。保护区受长江流域来水来沙的影响，滩涂在不断地向外淤涨，滩涂植被、底栖动物的分布也随之外延，从而导致以底栖动物和植物为主要食源的鸟类及其栖息地也随之外移，因此，以鸟类为主要保护对象的保护区范围和各功能区界也应相应外移。但由于影响保护区滩涂淤涨的因素过于复杂，目前的科研结果还难以对其未来的淤涨趋势做出较为准确的预测。故从管理角度考虑，划出了相对固定的界线，但这也只是保护区在一定时期内相对固定的区划，一定时间（10~15 年）后，当保护区范围和功能分区由于滩涂淤涨而不能满足保护需要时，应根据当时的实际情况对保护区范围和功能区界进行调整。

当然，从长远来说，保护区还需对滩涂淤涨的动态变化进行长期跟踪研究，深入分析其滩涂淤涨规律和不同鸟类时空分布规律，掌握各功能区随滩涂淤涨向前推进的范围界线和时间规律，制订出适合保护区生态结构和功能的分区模式，以适应东滩保护区动态变化特征，既有效保护鸟类及其栖息地，又合理利用该区域丰富的湿地资源，为上海市经济社会发展提供土地资源。

3.2 时间动态管理

根据保护区的动态变化特征，结合保护区主要保护对象的时空分布规律，划定季节性核心区。

季节性核心区为核心区以外主要保护对象相对集中分布的区域，为核心区外划定的严格保护区域。季节性核心区的不同区域，随着保护对象的迁徙规律，不同季节采取不同的管理方式，体现了功能区划的时空动态性，满足了保护对象季节性变化的保护需要。

季节性核心区在迁徙鸟类集中分布的季节按核心区管理，其他季节按实验区管理。具体为：每年除 6、10 月两个月外的十个月部分区域按核心区管理，其余区域按实验区管理；每年 6、10 月两个月该区全部按实验区进行管理。

【参考文献】

[1] 马云安，马志军. 崇明东滩国际重要湿地［M］. 北京：中国林业出版社，2006，20-31.
[2] 国家林业局昆明勘察所设计院. 上海崇明东滩鸟类国家级自然保护区总体规划［R］. 2011.
[3] 马克·巴特，雷刚，曹垒. 长江中下游水鸟调查报告［M］. 北京：中国林业出版社，2006，45-49.
[4] 王亮，张彤. 崇明东滩 15 年动态发展变化研究［J］. 上海地质，2005（2）：8-10.
[5] 高宇，赵斌. 人类围垦活动对上海崇明东滩滩涂发育的影响. 中国农学通报［J］，2006，22（8）：475-479.
[6] 何小勤，顾成军. 崇明湿地围垦与可持续发展研究. 国土与自然资源研究［J］，2003（4）：39-40.
[7] 上海市崇明县志编纂委员会. 崇明县志［M］. 上海：上海人民出版社，1989，42.
[8] 徐宏发，赵云龙. 上海市崇明东滩鸟类自然保护区科学考察集［M］. 北京：中国林业出版社，2005，137-178.

上海崇明东滩鸟类国家级自然保护区总体规划的启示*

上海崇明东滩鸟类国家级自然保护区生态地位极其重要，基于其自然属性和特点，在本保护区总体规划中运用了CAP方法，并创新性地提出了网格化管理和季节性管理的新思路，使总体规划更具有针对性、科学性和可操作性，并在保护区总体规划工作做出了有意义地研究和探索。

1 崇明东滩保护区概况

上海崇明东滩鸟类国家级自然保护区（以下简称东滩保护区）位于我国第三大岛——崇明岛的最东端，是我国规模最大、最为典型的河口型潮汐滩涂湿地之一，是重要的国际湿地。保护区地处长江口与东海形成的“T型”结合部的核心部位，是具有国际重要意义的生态敏感区，是亚太地区候鸟迁徙路线的重要组成部分，涉及东亚——澳大利西亚鸻鹬类、东北亚鹤类以及东亚雁鸭类的重要停歇地和越冬地，在维持迁徙候鸟种群的生命过程中发挥着重要作用，同时也是长江水系和东海近岸水生生物的重要洄游通道和繁育场所。东滩保护区对于湿地环境的保护与维系、对于迁徙候鸟的保护、对于我国履行国际湿地公约和树立良好国际形象等均有着重要意义。

1998年11月，东滩保护区经上海市人民政府批准建立。2005年7月，经国务院批准，东滩保护区晋升为国家级自然保护区。保护区总面积241.55km^2。历经十多年持续稳步发展，保护区基础设施建设逐步完善，管护、科研、宣教、社区工作等方面取得了显著的成效，区内生态质量逐步改善，生态服务功能逐步显现。

2 保护行动规划方法在自然保护区总体规划中的应用

2.1 什么是CAP?

保护行动规划（Conservation Action Planning，简称CAP）最初是作为美国艾佛里森家族支持的奖学金项目来进行研究的。随着研究的深入还专门为保护行动规划这一方法创建了实验室。该方法在对保护目标基本情况了解的基础上，确定保护地的主要保护对象，威胁因子和产生的原因，制定相应的保护措施和行动计划，制定监测体系和指标对保护策略和行动进行评估，确定保护行动的成功与否，以根据情况的变化对保护策略和行动进行调整。由于该方法经过长期实践被证明是非常有效，实用和灵活的，CAP已被广泛运用到许多国家（美国、新西兰、泰国等）的国家公园规划和管理实践中。大自然保护协会在中国的保护和可持续发展的项目中也已全面采用了CAP方法作为工作的基础并已取得良好的成效。

2.2 CAP在上海崇明东滩保护区总体规划中的实践

2.2.1 项目背景

我院在2007—2010年承担完成了由大自然保护协会的资助的上海崇明东滩鸟类国家级自然保护区总体规划前期研究及总体规划编制工作，与华东师范大学河口海岸学国家重点实验室、国家高原湿地研究

---

* 孙鸿雁，唐芳林，周红斌，等. 上海崇明东滩鸟类国家级自然保护区总体规划的启示［J］. 林业建设，2013，(1)：22-26.

中心共同完成《崇明东滩鸟类国家级自然保护区保护和管理现状综合评估报告》《崇明东滩鸟类国家级自然保护区功能区划分理论方法研究》《崇明东滩鸟类国家级自然保护区发展管理研究》三个专题研究报告以及《崇明东滩鸟类国家级自然保护区总体规划（2010—2020 年）》。

本项目按照《自然保护区总体规划技术规程》（GB/T 20399—2006）的原则和标准，参照大自然保护协会“保护行动规划（CAP）”的科学方法，运用目标规划方法，以“找出问题→制定目标→确定措施→项目规划”为思路，针对保护区存在问题和 10 年规划期中保护区目标的实现有针对性地提出了各项目规划，以确保保护区保护目标和当地经济发展的协同进步、和谐发展。大自然保护协会根据国外经验倡导的 CAP 规划方法，是当今世界规划领域较先进的一种新方法，在本规划中对该法进行了大胆的尝试，对传统的规划模式有所突破。

2.2.2 规划方法

在对东滩保护区自然条件、自然资源、社会经济、管理现状、基础设施等基本情况充分调查、分析和研究的基础上，按照以下四个步骤进行了规划。

步骤一：保护目标的确立

保护的焦点要素为：那些能够反应崇明东滩保护区生物多样性并具有典型代表的物种、群落或生态系统。在本规划中选择了 3 个能够代表和反应东滩保护区生物多样性的保护目标。这些目标的有效保护将使依赖于东滩保护区的所有生物多样性具备一个生态功能的系统，提高其生存能力。

（1）以白头鹤、大滨鹬、小天鹅、黑脸琵鹭、银鸥等为代表性的迁徙鸟类；

（2）鸟类及其他水生动物所赖以生存的栖息地；

（3）潮沟、水域、盐沼植被等河口潮滩湿地自然景观。

步骤二：存在的主要问题分析

自建区以来，特别是晋升为国家级自然保护区后，东滩保护区的建设和管理工作取得了长足的发展。区位独特、投资相对充裕、管理能力较强等优势条件不断促进保护区的可持续发展，但同时自然、人为和制度政策等方面一些条件的制约，仍严重影响着保护区的生存和发展，总结为以下七个问题。

（1）土地资源稀缺，保护区没有任何可供利用的土地；

（2）边界缺乏天然生态屏障；

（3）原有的保护区功能区划方法存在缺陷；

（4）自主科研能力较低；

（5）宣教工作水平较低；

（6）社区共管工作有待完善；

（7）自然保护区依法管理能力薄弱。

步骤三：威胁因子和形势分析

在对崇明东滩保护区了解的背景上和保护管理现状的各方面研究基础上，深入分析以上 7 个问题的原因之后，将造成崇明东滩保护区保护管理工作诸多问题的原因（即压力和威胁的根源），归结为以下七个方面：

（1）对东滩自然资源的直接索取；

（2）长江口水体污染；

（3）长江口水沙情势变化；

（4）海平面上升及相关环境变化；

（5）围垦可能导致鸟类栖息地丧失；

（6）交叉和重复管理，制约着保护区管理权的发挥；

（7）外来物种的生态入侵。

步骤四：根据威胁因子的排序提出包括以下内容的一系列策略

在上述分析前提下，提出了崇明东滩保护区保护的目标和策略。包括崇明东滩保护区保护的指导思想、原则和不同时期的目标；具体说明了未来十年发展中东滩保护区的项目规划。

（1）提出了崇明东滩保护区保护的目标和策略，并在十年规划期内划分并制定了近期和中长期建设目标。

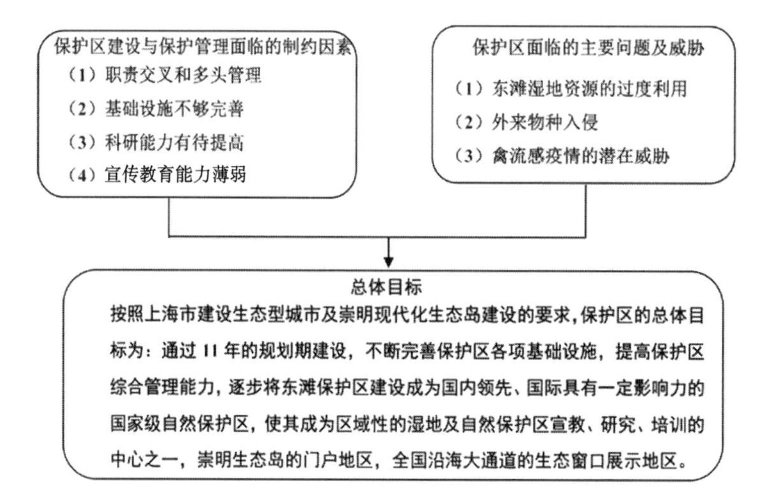

——近期目标（2011—2015年）

通过5年的建设，初步将保护区建成国内具有示范性、引领性的国家级自然保护区之一，为创国内领先、国际一流的保护区奠定坚实基础。具体目标为：

①实施并完成保护区互花米草生态控制和鸟类栖息地优化工程，为迁徙鸟类营造一个良好、安宁的栖息环境，使鸟类种群数量保持相对稳定。同时加强对河口潮滩湿地生态系统的管理，维持河口潮滩湿地的基本生态特征。

②完成保护区管理处办公用房、科研中心、宣教中心的建设，为保护区管理水平、科研水平的不断提高以及成为科普教育培训基地创造条件；进一步完善管护监控系统及野外巡护体系，加强行政执法能力建设。

③构建宣教、科研、培训、教学实习以及志愿者服务平台，为大中小学生的社会实践、科学研究和环境教育提供良好的基础设施和资源，面向社会开展湿地、迁徙鸟类相关知识的培训、普及、宣传和教育，充分发挥保护区的社会效益。

④结合功能区划实践，初步形成适宜迁徙鸟类保护的季节性动态管理模式。

——中长期目标（2016—2020年）

通过中长期的建设，全面实施管护基础设施的信息化建设，进一步提高保护区管护、科研、宣传、教育的现代化管理水平，全面建成国内领先、国际一流的国家级自然保护区。

①运用先进的管理理念、技术和方法，促进湿地生态质量进一步改善，鸟类栖息地更加优化，保护区湿地生态系统保持基本健康状态；

②以信息化引领保护区各项管护基础设施建设，进一步提升保护区现代化管理水平；

③在“保护优先”的前提下，以展示、体验湿地生态服务功能为重点，大力提倡湿地资源非消耗性、低干扰的持续利用，探索适合于保护区、社区和谐统一的发展模式；

④建立河口型湿地动态管理模式并日臻成熟，提升国内国际的关注度和知名度。

（2）针对保护区存在的主要问题以及总体目标的实现，从自然保护与生态恢复工程、科研与监测工程、宣传教育工程、社区发展与共建共管、自然资源可持续利用以及局站址工程六个方面对保护区进行规划。

<table>
<tr><th>项目规划</th><th colspan="2">建设内容</th><th>涉及保护区功能区域</th></tr>
<tr><td rowspan="8">自然保护与生态恢复规划</td><td colspan="2">增设 6 块界碑和 6 个水上浮标、100 块标示牌、设置屏蔽木栅栏墙 16 座</td><td>实验区及保护区边界</td></tr>
<tr><td colspan="2">建巡护码头 5 个</td><td>实验区及保护区边界</td></tr>
<tr><td colspan="2">建设视频监控系统 1 套（3 个监控点）</td><td>实验区</td></tr>
<tr><td colspan="2">建设门禁系统</td><td>实验区及保护区外围</td></tr>
<tr><td colspan="2">建设智能一卡通管理系统</td><td>实验区及保护区外围</td></tr>
<tr><td colspan="2">建动物救护站 1 个 300m^2，笼舍 500m^2</td><td>保护区外围</td></tr>
<tr><td>互花米草生态控制工程</td><td>新建围堤 26.2km，刈割互花米草 14.6km^2，新建涵闸 5 座、东旺沙闸外移及其他配套工程</td><td>实验区</td></tr>
<tr><td>鸟类栖息地优化工程</td><td>土方工程 419 万 m^3，种植芦苇 1.64km^2 及其他配套工程</td><td>实验区</td></tr>
<tr><td rowspan="5">科研监测规划</td><td colspan="2">建设建筑面积为 1200m^2 的科研中心 1 栋</td><td>实验区</td></tr>
<tr><td colspan="2">湿地恢复与生境优化工程所划分的 A、B、C、D 四区中各设置一个鸟类监测管理用房和一个观鸟台，共计 320m^2；鸟类环志站与之合二为一，不再单独建设</td><td>实验区</td></tr>
<tr><td colspan="2">规划建设水文水质监测站 2 个，面积分别为 50m^2</td><td>保护区外围</td></tr>
<tr><td colspan="2">规划建设 50m^2 气象监测站 1 个</td><td>保护区外围</td></tr>
<tr><td colspan="2">布置永久监测样带 7 条，基桩 17 个</td><td>实验区、核心区、缓冲区</td></tr>
<tr><td rowspan="2">宣传教育规划</td><td colspan="2">规划建设 1 个 1200m^2 的环境教育中心</td><td>实验区</td></tr>
<tr><td colspan="2">规划建设 1 个 1200m^2 湿地管理培训中心</td><td>保护区外围</td></tr>
<tr><td rowspan="2">生态旅游规划</td><td>控制游览区</td><td>依托科研监测项目中设置的沿滩涂淤涨方向布置的三条近东西向的监测路线开展生态旅游活动</td><td>实验区</td></tr>
<tr><td>公众游览区</td><td>包括 98、01 大堤和东滩标志石、宣教中心、动物救护站、鸟类环志站、观鸟台</td><td>实验区及保护区外围</td></tr>
<tr><td rowspan="2">局站址规划</td><td colspan="2">规划建设管理处办公用房 1530m^2</td><td>保护区外围</td></tr>
<tr><td colspan="2">新建北八滧、东旺沙、捕鱼港 3 个管护站和望海桥 1 个管护点，与现有的白港、团结沙管理站一起形成以管理处为核心、5 个管护站为基点的管护网络</td><td>实验区及保护区外围</td></tr>
</table>

3　将“网格化管理”引入保护区总体规划

东滩保护区所处区域地形平缓，无明显地物参照，加之部分区域处于海域，空间定位较为困难，由此给保护区管理带来不便。为方便管理人员宏观定位，提高管理工作效率，本规划采用高斯-克吕格投影六度分带（北京 54 坐标系）的公里格网将保护区划分为若干个可定位描述的小区（详见图 1）。具体分区方法如下：

从北向南在 3502~3476km 区段以 2km 为间隔将保护区划分为 13 行，行号以大写字母表示，第一行行号为 A，范围为 3502~3500km，依次类推，行号分别为 B、C、D、E、F、G、H、I、J、K、L、M。

从西向东在 382~414km 区域以 2km 为间隔将保护区划分为 16 列，列号以阿拉伯数字表示，第一列列号为 1，范围为 382~414km，依次类推，列号分别为 2、3、4、5、6、7、8、9、10、11、12、13、14、15、16。

保护区的区号以所在的行号和列号组合来表示，如第二行第三列为 B3 区。每个区再以 1km 为间隔划分为 4 个象限，从西向东、从北向南以甲、乙、丙、丁来表示。如保护区管理处所在位置为 H4-丙。

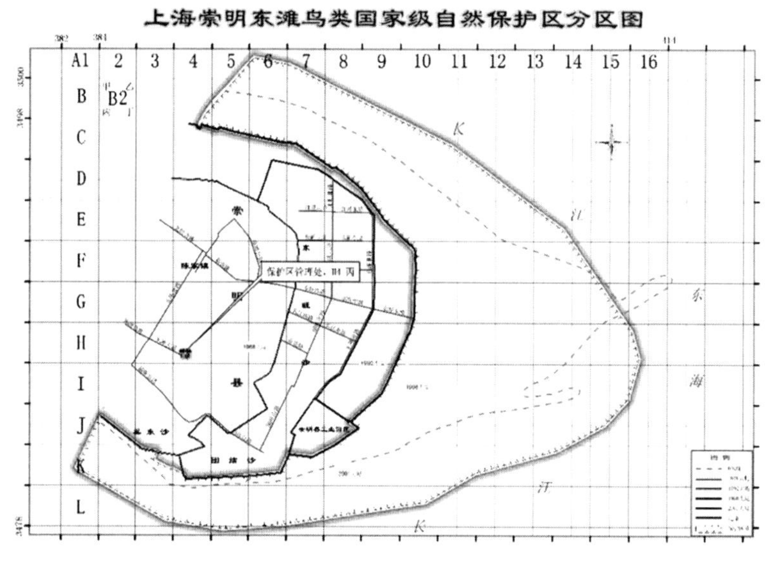

图 1　崇明东滩鸟类自然保护区分区图

针对东滩保护区滩涂湿地的自然属性，空间定位难的特征，本规划采用高斯-克吕格投影六度分带（北京 54 坐标系）的公里格网将保护区划分为若干个可定位描述的小区，由此实现保护区规划和管理的网格化，提高保护区管理的质量、效率和水平。对此类保护区的有效管理进行了有益的尝试和探索，提出了较好的思路。

4　提出季节性管理的新思路和概念

东滩保护区主要保护对象的空间分布特征和时空动态变化特征，使得保护区的功能分区管理更为复杂。依据《中华人民共和国自然保护区条例》并结合华东师范大学河口海岸学国家重点实验室多年研究成果，采用动态分区与静态分区、人工分区和自然分区相结合，综合考虑东滩保护区生态结构与功能特征，从河口湿地淤涨、鸟类季节性迁徙的时空动态变化特征，重点考虑迁徙过境鸟类生境的保护。把 5 类鸟类重叠交叉分布或集中分布的觅食、栖息生境作为核心区，并对可能影响该生境的区域进行影响权重排序，按其重要性逐步划分缓冲区和实验区。同时，针对不同鸟类季节性迁移利用湿地的时间动态特征，制定相应的季节性保护措施，提出动态保护湿地生态系统和迁徙鸟类的“季节性管理”新理念。

5　崇明东滩保护区总体规划中的启示

本规划是我院在历年来所做保护区规划项目中一个较好案例。本规划的特点在于参照保护行动规划（CAP）的科学方法，运用目标规划方法，以“找出问题→制定目标→确定措施→项目规划”为思路来进行规划；并且根据东滩保护区的实际特点大胆地、创新性地提出了网格化管理和季节性管理的新思路，使本规划更具有针对性、科学性和可操作性。

在东滩保护区总体规划中得到以下几点启示：

（1）保护区总体规划是指导一个自然保护区未来十年建设、管理和保护工作的纲领性文件，所以总体规划文本必须要实、要有针对性和可操作性。因此对保护区的基础现状调查和研究至关重要。只有在充分调查和研究的基础上，才能找到问题，并且有针对性地制定措施，解决问题，也才能真正促进保护区的可持续发展。

（2）我国的自然保护区总体规划有着专门的技术规程规范，但在规划中要在既有框架下，根据保护区实际情况应有所创新和突破。

【参考文献】

国家林业局昆明勘察设计院，2009. 上海崇明东滩鸟类国家级自然保护区保护和管理现状综合评估报告，2.
国家林业局昆明勘察设计院，2009. 上海崇明东滩鸟类国家级自然保护区发展管理研究报告，2.
国家林业局昆明勘察设计院，2011. 上海崇明东滩鸟类国家级自然保护区总体规划（2011—2020 年），2.
华东师范大学河口海岸国家重点实验室，2009. 上海崇明东滩鸟类国家级自然保护区功能区划分理论方法，2.
美国大自然保护协会（TNC），保护行动规划（CAP）培训教材，2009.

拉市海高原湿地省级自然保护区生态评价*

云南丽江拉市海高原湿地省级自然保护区是云南高原保存较为完整的湿地生态系统，由于地处多种生物区系的交汇地带，水生植物和鸟类多样性极为丰富，并有着许多珍稀濒危保护物种，是滇西北最重要的越冬候鸟停歇补食地之一。保护区自1998年建立以来，曾进行过多次调查研究，但大都定性地分析讨论调查结果、存在的问题、保护措施等，却没有对该保护区的生态质量进行过量化的评价。而随着周边地区经济社会的不断发展，人类活动对拉市海湿地的影响愈发严重，在此情况下，探讨拉市海湿地自然保护区的生态评价，对于正确判断和掌握保护区现状、湿地的资源现状、环境质量、生态价值和发展趋势，充分发挥湿地的生态服务功能具有重要意义。

1 研究区概况

1.1 地理位置

拉市海高原湿地省级自然保护区位于云南省丽江市玉龙纳西族自治县中部，横断山系的核心部位。保护区总面积6523 hm^2，由天然高原湖泊拉市海以及文海、吉子水库和文笔水库四片组成，其中拉市海片区，地理位置北纬26°51′40. 9″~26°56′38. 3″、东经100°05′10. 3″~100°10′11. 9″之间，面积5325. 0hm^2。文海片区位于拉市海以北，北纬26°57′56. 9″~26°59′51. 7″、东经100°09′17. 2″~100°10′57. 6″之间，面积643. 0hm^2。吉子水库位于拉市海的南面，北纬26°44′40. 1″~26°46′10. 7″、东经100°05′31. 8″~100°07′11. 6″之间，面积363. 0hm^2。文笔水库片则在拉市海的东南面，北纬26°48′57. 5″~26°50′0. 7″、东经100°11′54. 8″~100°12′49. 8″之间，面积192. 0hm^2。其范围在行政上属丽江市玉龙纳西族自治县的拉市、白沙、黄山、太安四个乡9个行政村所辖（见图1）。

1.2 地形地貌

拉市海高原湿地省级保护区地貌上属于横断山系高山峡谷区。拉市海为断陷盆地中的高原湖泊湿地，其地貌形态较为复杂，具有构造作用、冰川作用、流水作用等地貌类型的组合特征，是镶嵌于横断山系高山峡谷区大地形中的负向地貌形态。同文海一样，是在漫长的地质年代中，经历多次地质构造变动形成的镶嵌于高原山间盆地中的天然湖泊湿地，而吉子水库和文笔水库是在山间断陷盆地中利用自然地形修筑的人工湖泊湿地。

1.3 气候特征

拉市海高原湿地省级自然保护区气候属低纬高原气候区，按气温垂直差异和气候学原则划分，可分为山地暖温带、山地寒温带两个气候类型。海拔2000~2500m属山地暖温带，主要是文笔水库片区和拉市海片区的部分地区；海拔2500~3200m属山地寒温带，主要是文海片区、吉子水库片区以及拉市海片区的汇水面山。

1.4 生物多样性

拉市海高原湿地省级自然保护区虽然面积不大，但由于特殊的地理位置和漫长的形成与演化过程，孕育了丰富的动植物资源。共有保护植物11种，其中国家一级保护植物2种，二级保护植物7种；省级

---

* 李玥，苏琴，马国强，等. 拉市海高原湿地省级自然保护区生态评价［J］. 林业建设，2012，（1）：67-69.

保护植物3种。有鸟类225种，淡水鱼类25种，两栖类14种，爬行类17种。哺乳类、昆虫等没有开展系统调查，种群数量尚不明。其中最为重要的为鸟类资源，目前已记录到17目44科130属229种，其中水禽86种，约10万只；国家一级保护鸟类8种、二级保护鸟类27种；国家保护的有益的或有重要经济、科学研究价值的鸟类137种。

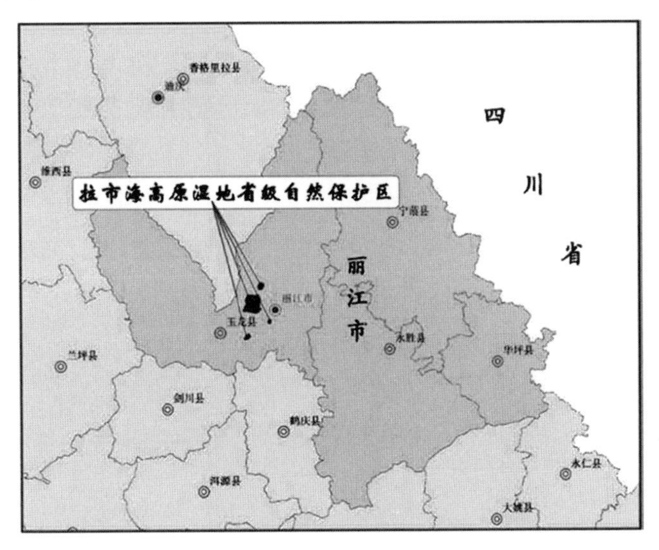

图1 拉市海高原湿地省级自然保护区区位图

2 湿地自然保护区生态质量评价方法

2.1 评价方法

本文采用层次分析法（analytical hierarchy process，简称APH）进行评价，该方法是美国运筹学家萨蒂（Saaty TL）于70年代提出的一种定性与定量方法相结合的多目标决策分析方法。这种分析方法的特点是将分析人员的经验判断给予量化，对目标（因素）结构复杂且缺乏必要数据的情况更为实用，是目前系统工程处理定性与定量相结合问题的比较简单易行且行之有效的一种系统分析方法[1]。

2.2 评价指标体系构建

目前湿地生态评价尚无公认的标准，湿地自然保护区生态评价研究所用的指标也比较多，本文借鉴有关区域生态系统评价的理论[2]，同时参考薛达元、郑允文等[3,4]提出的自然生态系统类保护区生态评价指标体系，并结合拉市海湿地所在区域的自然生态环境特点，选取多样性、稀有性、代表性、自然性、适宜性、脆弱性、人类威胁7项Ⅰ级评价指标构成，部分Ⅰ级评价指标又分别构成Ⅱ级和Ⅲ级评价指标层。

2.3 建立层次结构模型

本研究从拉市海高原湿地自然保护区的生物多样性保护、景观生态状况改善、科研宣教价值以及生态旅游价值4方面入手，以自然保护区湿地生态系统的生态功能作为总体目标层（O），准则层（S）由生物多样性保护（S1）、景观生态状况改善（S2）、科研宣教价值（S3）、生态旅游价值（S4）4项构成，准则层中的指标层（A）由多样性（A1）、稀有性（A2）、代表性（A3）、自然性（A4）、适宜性（A5）、脆弱性（A6）、人类威胁（A7）7项Ⅰ级评价指标构成，部分Ⅰ级评价指标又分别由Ⅱ级评价指标层构成，详见图2。

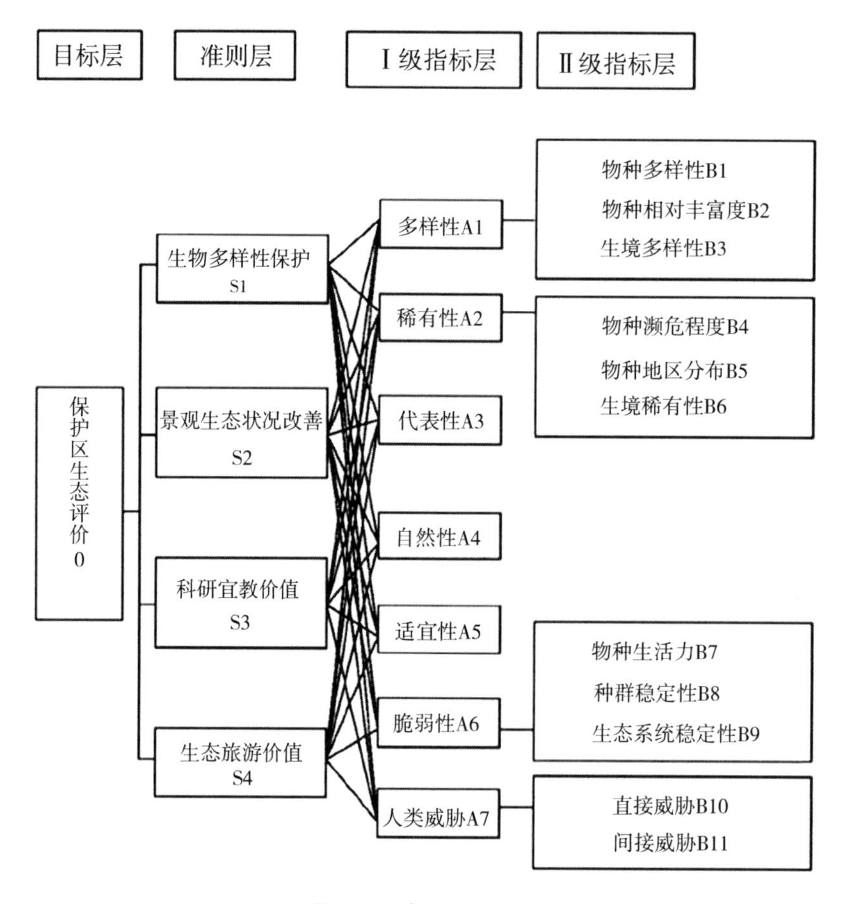

图2 层次分析模型

2.4 构造判别矩阵

根据层次分析模型，对每一层上各单元之间的相对重要性做出判断，判断时引入表1所示的标度，将判断结果列成判断矩阵。每一层的判断矩阵是对于其上一层次的某单元而言，本层次与之有关单元之间的相对重要性的比较。

为了减少因个人所处的层次和偏好等不同而带来的主观成分，判断矩阵采用群体判断的方法构造。通过咨询打分的方式，请长期从事拉市海高原湿地研究和工作的专家、教授、技术人员、管理干部，根据各单元的相对重要性标度和本研究的实验结果进行独立打分，然后将专家打分逐项求其平均值（四舍五入取整），即为最后的专家咨询结果，根据咨询结果构造判断矩阵。

表1 单元间相对重要性标度含义

标度	含义
1	表示两个因素相比，具有同等重要性
3	表示两个因素相比，一个因素比另一个因素稍微重要
5	表示两个因素相比，一个因素比另一个因素明显重要
7	表示两个因素相比，一个因素比另一个因素强烈重要
9	表示两个因素相比，一个因素比另一个因素极端重要

注：表中未给出2、4、6、8标度，其含义他们是相邻判断的中值。

2.5 计算各指标权重

运用高斯迭代法求算各配置模式评价的最终得分（S）

$$S = \sum_{i=1}^{n} W_i B_i = \sum_{i=1}^{n} \sum_{j=1}^{m} W_i W_{ij} B_{ij}$$

其中，S 为分层次评价指标值或综合评价指标值；W_i 为准则层指标的权重；B_i 为准则层某项指标的值；W_{ij} 为第 i 个准则层指标中第 j 个参量指标权重；B_{ij} 为第 i 个准则层中第 j 个参量层指标。

2.6 一致性检验

采用方根法计算判断矩阵的特征向量和最大特征根，并进行一致性检验。W_i 为优先级，CR 为一致性比例，当 $CR<0.1$ 时，则认为判断矩阵的一致性是可以接受的。

3 评价结果

3.1 单项指标评价结果

单项指标评价结果是根据拉市海高原湿地省级自然保护区的实际情况和生态评价指标体系以及各指标的赋分标准得出单项指标评价结果，详见表 2。

表 2 单项指标生态评价结果

评价指标	A1	A2	A3	A4	A5	A6	A7
分值	3	4	3	3	3	3	2

3.2 综合指标评价结果

根据各评价指标的权重及单项指标的评价结果，求得综合评价指数为 0.82。综合评价指数可以作为评价湿地自然保护区生态质量等级的依据，根据湿地自然保护区综合评价指数可分级标准[5]：$S\leqslant 0.35$，生态质量很差；$0.36\leqslant S\leqslant 0.50$，生态质量较差；$0.51\leqslant S\leqslant 0.70$，生态质量一般；$0.71\leqslant S\leqslant 0.85$，生态质量较好；$0.86\leqslant S\leqslant 1.00$，生态质量很好。由此可见，拉市海高原湿地省级自然保护区综合评价指数为 0.82，说明该保护区生态质量较好，保护的优先度很高，因而应加强保护和管理，使其多种功能得到充分发挥。

4 讨论

目前，自然保护区生态评价的指标较多，而湿地自然保护区的综合评价主要由生态评价、社会经济评价和有效管理评价组成，它不仅评价保护区目前的管理状况及保护效能，同时又预警未来保护区自然环境的变化。本文采用层次分析法进行生态评价，在建立指标体系时参考了国内外有关区域生态系统评价的方法，该指标体系在有关指标设置的方面还有许多问题值得探讨，但分析的整个过程基本体现了定性与定量相结合，对完善湿地类型自然保护区生态评价的理论和方法具有一定的借鉴意义。

【参考文献】

刘康，李团胜，2004. 生态规划--理论、方法与应用［M］. 北京：化学工业出版社，42-45.
薛达元，蒋明康，1994. 中国自然保护区建设与管理［M］. 北京：中国环境科学出版社.
张峥，张建文，李寅年，等，1999. 湿地生态评价指标体系［J］. 农业环境保护，18（6）：283-285.
郑允文，薛达元，1994. 我国自然保护区生态评价指标和评价标准［J］. 农村生态环境，10（3）：22-24.
郑允文，薛达元，张更生，1994. 我国自然保护区生态评价指标和评价标准［J］. 农村生态环境，10（3）：22-25.

基于动态管理的自然保护区功能分区模式初探——以寻甸黑颈鹤自然保护区为例*

自然保护区内的分区管理是自然保护区建设规划的核心工作，是提高自然保护区经营管理水平的有效途径[1]。目前，我国各类保护区类型中，森林生态系统保护区数量最多，由于森林生态系统比较稳定，人们对其生态系统结构和功能有比较深刻的认识，加之依法划出一定面积以核心区、缓冲区、实验区三个功能区设置管理目标，采取不同的保护管理政策，取得了较好的保护效果[2]。然而，寻甸黑颈鹤保护区土地全为集体所有，且黑颈鹤仅10月底至翌年3月底来此越冬，若按传统分区模式对其进行管理，则将产生激烈的自然保护与社区发展矛盾。为此，本文以黑颈鹤保护区为研究对象，引入动态管理的分区模式，以期为此类型保护区的科学管理提供依据。

1 保护区概况

1.1 地理位置

寻甸黑颈鹤保护区地处昆明市东北部的寻甸县中西部，六哨乡、甸沙乡、仁德镇之间隆起的高山台地上。地理坐标介于东经102°58′~103° 03′，北纬25°34′~25°40′之间，东西宽12.2km，南北长10.8km，总面积7217.3hm^2。

1.2 地质地貌

寻甸黑颈鹤保护区是典型的切割山原地貌，地势北高南低，具有上部下部不一致的双层倾斜结构，出露地层以上古生界石炭、二叠系的石灰岩与玄武岩为主体，伴有中生界与新生界地层。区内山体高大，顶部平坦，最低海拔2017.1m，最高峰小海梁子2996.2m，它是一座夹在普渡河断裂与小江断裂带之间的构造侵蚀型高中山与中山山地，在山地顶部的残余高原面上，在相对高起的高丘间，散布着一些古河谷，凹陷洼地，或河溪的汇水洼地，在低洼部分，积水形成多块沼泽化草甸湿地。这些亚高山沼泽化草甸湿地冬季不形成亮水区，仅在小面积区域内形成潴水湿地，为冬季黑颈鹤到此越冬创造了生境条件。

1.3 气候

保护区的基带气候应划为北亚热带高原季风气候带，受区位条件、大气环流及下垫面环境条件的影响，产生四季不明显、干湿季分明、年温差小、日温差大、太阳辐射强、日照偏多、多风多云雾等特点。又因地势高差悬殊，也造成气候垂直带谱较明显的特征。从基带北亚热带起，依次有暖温带、温带等气候带出现。保护区基带年平均气温14.4℃，最高气温34.6℃，最低气温-13.9℃；年平均日照时数略低于县城记录（2066.3h）；年平均降水量高于县城（1009.3mm），尤其是迎风面的山区及山地顶部降水量大于1200mm。

1.4 水文

保护区位于滇东高原的北缘，金沙江从保护区北部穿过，区内山地上较丰富的大气降水，汇集成河

---

* 路飞，朱丽艳，李百航，等. 基于动态管理的自然保护区功能分区模式初探-以寻甸黑颈鹤自然保护区为例［J］. 林业建设，2012，(5)：85-88.

溪，分别集中于块河（小江一级支流）的两条上源河道中。这两条河流，在保护区西侧者先称板桥河，后称恩甲河。保护区东侧的河流是块河的东源，开始称花箐河，后称甸沙河，两河汇合后北流，经金源、沧溪并流入东川，并于三江口附近汇入小江，全长80km，流域面积730km^2。该河为山地型河流，下流段土壤和基岩受侵蚀严重，大量泥沙、砾石下泄形成东川泥石流的部分物质来源。

大部分保护区内，出露的岩石以玄武岩和砂页岩为主。东与东北部有石灰岩出露，故形成的地下水以孔隙水和裂隙水为主，喀斯特型泉水较少，另外泉水外洩型式，多为小型的散箐泉，大型涌泉少。有小型湿地，无大型湖泊。

1.5 植被资源

寻甸黑颈鹤保护区的自然植被划分为5个植被型、7个植被亚型、13个群系。此外还有4种人工植被类型，分别为华山松林、云南松林、旱冬瓜林和旱地。其中，由于保护区内山体高大，顶部平坦，在山地顶部的残余高原面上，在相对高起的高丘间，散布着一些古河谷，凹陷洼地，或河溪的汇水洼地，在低洼部分，积水形成多块沼泽化草甸湿地，从而成为黑颈鹤栖息地和觅食地。从南向北有烧贼坝海子、大白龙海子、三角海子、羊塘海子、草煤塘海子、小海海子、吊洞垭口、水城海子等，总面积142.4hm^2。

1.6 动物资源

1.6.1 物种组成及重点保护动物

寻甸黑颈鹤保护区共记录到鸟类59种，分属13目25科。其中有国家Ⅰ级保护种类黑颈鹤（*Grus nigricollis*）与白肩雕（*Aquila heliaca*）2种，Ⅱ级重点保护种类有黑翅鸢（*Elanus caeruleus*）、大鵟（*Buteo hemilasius*）、普通鵟（*Buteo buteo*）、白尾鹞（*Circus cyaneus*）、红隼（*Falco tinnunculus*）、白腹锦鸡（*Chrysolophus amherstia*）、雕鸮（*Bubo bubo*）7种；哺乳动物共38种，分属8目17科35属38种。

1.6.2 黑颈鹤分布与数量变化趋势

寻甸县黑颈鹤主要栖息于六哨乡横河梁子亚高山沼泽化草甸湿地和农耕区域，活动范围以六哨乡横河梁子X033县道北边山区为主，若北边人为干扰很大，偶尔进入X033县道南边的大分赃海、小分赃海等地活动。1993年何晓瑞发现黑颈鹤在横河梁子越冬栖息后，当时报道有300余只[4]。云南省地理研究所陈晓平于1994年1月19日观察统计为66只；西南林学院韩联宪1995年2月开展黑颈鹤生态行为观察时为58只；依据寻甸县林业局胡汝云等人报道2002年为84只；2003年为87只；2004年为91只；本次调查据护鹤员施顺清介绍，2007年为107只；2008年为94只；2009年为72只；2010年至12月下旬最多时为40只左右。韩联宪等12月13日观察为21只，2011年1月2日观察记录到9只；2011年12月上旬最多时为52只。虽然2002—2009年的统计数据不规范但总体来看在横河越冬的黑颈鹤数量（每年冬季）比较均衡，但在某个时间段内波动变化较大，由此推测，在寻甸县以及附近范围内，应该还有黑颈鹤的觅食活动区域。

2 功能区区划方法

2.1 区划原则

2.1.1 科学性原则

在充分分析黑颈鹤及其栖息地分布、湿地生态结构功能特征、社会经济发展等基础上，严格按照科学的区划方法，因地制宜地划分功能区。

2.1.2 完整性原则

保护区的区划应有利于保证生态系统完整性，及黑颈鹤等保护对象有适宜的栖息环境和生存条件。另外，根据黑颈鹤自然保护区与周围耕地相连，居民点多而分散，人员活动频繁等实际情况，把整个山体中农田生态系统、汇水区、居民地等一并划入保护区，实施整体性保护，确保自然保护区生态系统和形状的完整。

2.1.3 可操作性原则

区划时尽量考虑行政界线和河流、道路等自然边界，以及林业用地状况，有利于有效保护管理和控制各种不利因素，方便各项措施的落实和各项活动的组织与控制，方便保护区多功能、多效益的发挥。

2.1.4 坚持实验区区划的社会经济原则

在确保保护黑颈鹤及其栖息地生态环境目标实现的前提下，根据保护区自然资源利用的可能性，及当地社会经济状况和发展趋势，确定实验区的位置和范围，促进保护区资源的合理开发利用。

2.2 区划依据

寻甸黑颈鹤保护区的功能分区主要依据现实情况，采用综合区划法进行区划。具体而言，按照生境适宜性理论，针对亚高山沼泽化草甸湿地的生态结构与功能特征、黑颈鹤时空分布特征、区域经济特征等分析基础上，将黑颈鹤等保护对象活动范围图、土地利用现状图、植被图等进行叠加，以黑颈鹤的主要栖息、觅食、夜宿地为分区切入点进行三级功能分区。具体分析如下：

2.2.1 生态结构与功能特征

云南高原分布着除滨海湿地外的湖泊湿地、河流湿地、沼泽湿地和人工湿地等类型。寻甸黑颈鹤保护区位于六哨乡、甸沙乡、仁德镇之间隆起的高山台地上，属高寒山区，其原生植被以亚高山草甸、灌丛为主，并在低洼地形成季节性积水的亚高山沼泽化草甸湿地。自然保护区内沟壑纵横，所涵养水源为板桥河主要汇水区之一，随着“引清济昆”工程的实施，其水源涵养功能稳定与否将极大影响昆明市和寻甸县的饮水安全。

寻甸黑颈鹤保护区亚高山沼泽化草甸湿地是由于地壳运动在差异抬升过程中通过断陷洼地积水形成，具有“季节性积水沼泽化草甸湿地—面山”结构特征[4]。由于沼泽化草甸湿地处于山顶，无河流流入而主要靠降水和汇水面山水源涵养形成闭合湿地环境的特点。按照结构决定功能的动态管理理论，不仅将低洼积水沼泽草甸湿地划为核心区，还应将具有涵养水源功能，为沼泽化草甸湿地提供水源的面山划为核心区，进行严格保护。

2.2.2 黑颈鹤的时空分布特征

黑颈鹤在时空分布上有一定的特征可循，主要栖息、活动于低洼积水的沼泽化草甸湿地区域和湿地周边矮灌丛区域，结大群或以家族群觅食，食物为鱼、虾和植物种子及根茎，因其食性较杂，也常在草甸、农耕地觅食。

黑颈鹤于每年10月底迁徙至寻甸横河梁子一带越冬，次年3月底4月初飞回繁殖地。其间，10月底至1月初活动较为分散，2~3月迁回之前则开始大量集群。

2.2.3 区域经济特征

寻甸黑颈鹤保护区内及与保护区接壤的村委会有7个，自然村35个，且较为分散，由于处于高寒山区，保护区土地全为集体所有，老百姓主要以耕种土地、放牧为生。同时，黑颈鹤除食用草根等食物外，还经常到老百姓耕地中找食马铃薯、荞麦、萝卜等。因此，考虑到社区经济、社会发展和黑颈鹤觅食需要，将耕地较多，涵养水源功能较重要、黑颈鹤次要觅食区域划为季节性核心区；将保护区外围社区分布集中、开垦较为严重，且具有资源开发潜力的区域划为实验区，做到保护与发展的协调、人与自然和谐。

3 区划结果

按照上述功能区划原则和方法，对照黑颈鹤等保护对象活动范围图、植被图、土地利用现状图等进行叠加后，把寻甸黑颈鹤保护区分为核心区、季节性核心区和实验区。3个功能区的面积统计情况见表1。

表1 寻甸黑颈鹤保护区功能分区情况

功能区	面积（hm^2）	比例（%）
核心区	1443.7	20.0
季节性核心区	1552.4	21.5
实验区	4221.2	58.5
合　计	7217.3	100.0

3.1 核心区

核心区是保护区的核心和精华，是亚高山沼泽化草甸湿地生态系统保存最为完好的区域，也是黑颈鹤等重点保护对象集中活动区。其范围主要以湿地为中心，包括烧贼坝海子、大白龙海子、三角海子、羊塘海子、草煤塘海子、吊洞垭口、小海海子、水城海子等，以及周围维护其湿地环境的森林、草坡等面山。核心区总面积1443.7hm^2，占整个保护区总面积的20.0%。

其主要任务是保护和恢复，以保持亚高山沼泽化草甸湿地生态系统尽量不受人为干扰，能够自然生长，并维持其作为黑颈鹤等保护对象的栖息和觅食地，以保持保护区黑颈鹤种群数量。对该区域的基本措施是严禁任何破坏性的人为活动，在不破坏亚高山沼泽化草甸湿地生态系统的前提下，可进行观察和监测，不能采用任何实验处理的方法，避免对自然生态系统产生破坏。

3.2 季节性核心区

季节性核心区面积1552.4hm^2，占保护区总面积的21.5%。季节性核心区为核心区以外黑颈鹤次要觅食区域，由一部分亚高山草甸、灌丛和农耕地组成。季节性核心区的功能是，一方面为黑颈鹤提供栖息环境；防止和减少人类、灾害性因子等外界干扰因素对核心区造成破坏；另一方面在导致生态系统逆行演替的前提下，可进行实验性或生产性的科学研究工作；第三方面在没有黑颈鹤的季节，可进行生产经营性活动，大大缓解了土地利用与保护的矛盾。该区在黑颈鹤越冬的时段按核心区管理，在其他时段，按实验区管理。具体为：每年11月至翌年3月黑颈鹤越冬期按核心区管理；每年4月至10月按实验区管理。

3.3 实验区

实验区是保护区内除核心区和季节性核心区以外的地带，位于季节性核心区和保护区边界之间，以及核心区中历史上形成的道路。该区主要是由耕地组成。此区生态系统的人为干扰程度较大，黑颈鹤活动极少，因而保护级别也相对较低。但是，此区域坡度较大、沟壑纵横，是板桥河主要汇水区之一，生态功能极为明显。同时，保护区横河梁子海拔较高，可登高远眺，东观清水海及红土地景观，西视峡谷、红土地，北望轿子雪山，景观丰富而奇特。因此，本区的功能是在保护区的统一管理下，进行科学实验和监测活动，恢复本已退化的生态系统，开展科研、生产和生态旅游活动。实验区面积4221.2hm^2，占保护区总面积的58.5%。

4 结语

寻甸黑颈鹤保护区是目前已知的黑颈鹤最南端越冬地，同时，又是“引清济滇”工程中清水海主要水源供给地之一，具有重要科学价值和生态价值。保护区的建立，不仅能更好的保护黑颈鹤及其栖息地，还能进一步保证昆明市和寻甸县饮水安全。本次功能区的划分，考虑了自然保护与社区发展需要，充分体现了可持续发展的理念，对今后保护区的管理具有很好的指导意义。希望相关部门规范管理，减轻社区村民生产生活活动对保护区的干扰，保护好黑颈鹤最南端的越冬地。

【参考文献】

[1] 周世强. 自然保护区功能区划分的理论、方法及应用 [J]. 四川林勘设计，2010，(3)：37-53.
[2] 徐守国，郭辉军，田昆. 高原湿地纳帕海自然保护区功能区分区初探 [J]. 湿地科学与管理，2007，3 (1)：27-29.
[3] 田昆，郭辉军，杨宇明等. 高原湿地保护区生态结构特征及功能分区研究与实践 [M]. 北京：科学出版社，2009.
[4] 李纯. 云南黑颈鹤的分布数量和保护 [J]. 野生动物，1996，(5)：14-15.

云南省大山包黑颈鹤国家级自然保护区面临的主要问题及对策建议*

云南省大山包黑颈鹤国家级自然保护区的主要保护对象为黑颈鹤及其越冬栖息地、亚高山沼泽化草甸高原湿地生态系统，本文概述了保护区的基本情况，讨论了保护区面临的管理难度大、黑颈鹤食物缺乏、基础设施薄弱、监测设备落后等主要问题，并提出了解决这些问题的对策建议。

1 大山包自然保护区建立的由来及主要保护对象

1.1 大山包自然保护区建立的由来

黑颈鹤是中国特产的鹤类，也是世界上唯一在高原上繁殖和越冬的珍稀濒危鹤类，为国家一级重点保护动物，全球急需拯救的濒临灭绝的物种之一。1988 年 12 月王紫江、胡志浩和仇国新等专家在大山包乡的大海子发现黑颈鹤后，引起昭通地区行署和市政府的重视。原县级昭通市政府于 1990 年 1 月 5 日发布了保护黑颈鹤的公告，1991 年在大山包乡建立市级自然保护区。为了有效地保护黑颈鹤在昭通地区的安全越冬，云南省政府 1994 年 3 月 31 日批准建立大山包黑颈鹤省级自然保护区。由于大山包亚高山沼泽化草甸湿地具有典型性和代表性，在《中国湿地保护行动计划》中，被列入中国重要保护湿地名录。2003 年 1 月 24 日，国务院正式批准将大山包列为国家级自然保护区（国办发〔2003〕5 号）。2004 年 12 月，国际湿地公约秘书局批准大山包列入“国际重要湿地”名录，编号为“第 1435 号”。

2003 年成立云南省大山包黑颈鹤国家级自然保护区管理局，机构规格为副处级，属公益型事业单位。管理局内设管理局办公室、大山包管理所、科学研究所、社区发展环境教育科、保护区派出所。

保护区成立近 20 年来，在各级人民政府、林业主管部门和国际组织的关心和支持下，已经进行了基础设施工程的建设，为保护管理、科学研究、宣传教育工作等的开展奠定了基础。

1.2 大山包自然保护区概况

大山包自然保护区位于云南省东北部昭通市昭阳区的西部。保护区范围包括昭阳区大山包乡全境。地理坐标位于东经 103°14′55″~103°23′49″，北纬 27°18′38″~27°29′15″，总面积 $19200hm^2$。距昭通市昭阳区 79km。

保护区位于滇东北高原面上的高耸山地-五莲峰顶部的古夷平面上，海拔多在 3000~3200m，最高点课车梁子 3364m，最低点在半坡村 2210m。在高原面上，山丘相对高差 50~100m，山体浑圆，坡度平缓，谷地为亚高山沼泽化草甸，地势平坦开阔。

按云南省热量区划指标，保护区所处热量带为寒温带，在云南省热量资源区划中，属于典型的高原气候区或高寒山区。

保护区的土壤多为暗棕壤、棕壤、亚高山草甸土，成土母岩多为玄武岩。沼泽土由古湖沼泥炭物发育而成。

大山包台地区水文特征独特，发育了我国目前海拔最高的亚高山沼泽化草甸湿地生态系统，它集水

---

* 许先鹏，周锐，钟兴耀. 云南省大山包黑颈鹤国家级自然保护区面临的主要问题及对策建议 [J]. 林业建设，2013，(3)：21-24.

域、沼泽、草甸为一体，是我国湿地的独特类型，为世界上约1/6的黑颈鹤种群提供了良好生境，是云贵高原最重要的黑颈鹤越冬栖息地，是国际湿地公约局批准的中国第三批9块“国际重要湿地”之一。

1.3 大山包自然保护区主要保护对象

保护区的主要保护对象为黑颈鹤及其越冬栖息地、亚高山沼泽化草甸高原湿地生态系统，保护区内的黑颈鹤种群及其栖息地基本上集中在核心区内。

2 保护区目前面临的主要问题

保护区经过多年的建设与发展，已具有相当的知名度，保护区通过一期工程建设和正在实施的二期工程建设使保护区基础设施初具规模，为保护区黑颈鹤和亚高山沼泽化草甸湿地生态系统的有效管理提供了初步的保障。但是，保护区的保护管理现状不容乐观，仍然面临着诸多问题。

2.1 保护区内村寨众多，管理难度大

保护区的范围和大山包乡行政界线一致，保护区内有合兴、大兴、车路、老林、马路5个村民委员会，110个村民小组，人口16115人。经过多年的宣传教育，虽然群众大多数都有自觉保护黑颈鹤的意识，但是由于自然条件十分恶劣，海拔高达3000m以上，土地贫瘠，气候苦寒，社会经济发展水平严重滞后，是云南省有名的贫困乡。境内森林覆盖率很低，许多群众缺乏薪材，又无力购买煤来取暖和做饭，不得已只能挖海堡和铲草皮用作燃料，造成局部土地沙化的趋势。为了增加家庭收入，保护区内群众普遍在草甸中放养牛、羊、猪等大牲畜，已造成局部地区草场严重退化。这些使得巡护任务繁重，需要加强巡护路网建设，并配备必要的巡护装备，改善巡护人员工作条件。

2.2 由于食物缺乏，黑颈鹤到农田里觅食造成粮食严重减产

由于湿地面积萎缩，大量黑颈鹤的觅食地变成了农田，为了生存，只能到农田中去觅食，特别是在越冬末期的2、3月，造成村民栽种的苦荞、燕麦及马铃薯等粮食作物减产达1/3，使本来平均每年就有2-3月缺粮的村民生存更加艰难。

2.3 基础设施初具规模，但标准低，设施、设备不配套

保护区建立初期，基础设施十分薄弱，办公和科研用房狭小拥挤，保护区管理和科研工作开展困难。经过初期的建设，完成了一些必备的基础设施的建设，初步建立了管理局、管理所，下设大海子、跳墩河、勒力寨3个管理站，为有效行使保护职能创造了基础条件。

但是，国家资金投入十分有限，且地方配套的资金不到位，影响了基础设施工程建设部份项目的正常实施，导致保护区已建的基础设施标准低，设施不配套。

2.4 科研监测设备落后，监测体系不健全

保护区由于保护对象特殊，开展科研监测意义重大。但由于基础设施工程建设投资重点为基础设施建设，对科研监测的投资力度不够，监测体系不完善，装备落后，无法起到对黑颈鹤及亚高山沼泽化草甸湿地的有效监测，妨碍了保护科研工作的正常开展。

为了准确了解保护区内越冬黑颈鹤的生存现状，及时掌握其种群动态，实时搜集数据和信息，需要扩建黑颈鹤行为研究监测隧道，配备必要的科研监测设备；由于贫困和思想意识落后，保护区内群众普遍没有修建厕所，也没有对生活垃圾进行集中无害化处理，造成污水的直接排放，局部地区对湿地水源已造成污染。尤其是乡政府所在地大羊窝，大量游客的进入加剧了这种污染的风险。为随时监测保护区内水体水质的变化情况，需要配备水质自动检测仪。

3 对策与建议

3.1 修建巡护道、网围栏，加强巡护管理

（1）新增巡护道、优化现有巡护道。现有巡护道中管理所至跳墩河管理站沿用原来的老乡村道路（在保护区建立以前就已存在），该路也是保护区内的村民过往的必经之路，其中三叉沟至尖嘴屋基这段非常靠近黑颈鹤在跳墩河湿地的栖息地，对黑颈鹤的干扰非常大。建议封闭该段道路，这就需要重新布设巡护道，绕过黑颈鹤的栖息地；现在从管理所到勒力寨管理站，需要绕道近50km才能到达，给保护管理工作带来诸多不便，如果打通从车路到勒力寨管理站的巡护道路，则能缩短约30km的路程，大大提高巡护工作的效率，而且能使伤病的黑颈鹤等保护动物及时得到救治；大河边湿地是黑颈鹤的一个重要栖息地，而从管理所至大河边同样需要绕道才能到达，如果打通车路至大河边的巡护道，能大大提高巡护效率，还能及时处理突发事件。

（2）修建网围栏，隔绝游人和家畜对黑颈鹤的侵扰。大山包优美的自然风光和大群越冬的黑颈鹤，吸引了众多游客前来观光。部分游客不按规定路线参观、经常会惊吓到黑颈鹤，甚至使得其不敢回到平时的夜宿地；另外，保护区内村寨较多，群众生活十分困苦，饲养牛、马、羊、猪等牲畜是当地群众的重要经济来源，而许多水草丰美的牧场往往同时也是黑颈鹤重要的栖息地，难免出现牲畜与黑颈鹤争地、争食的现象，特别是猪和羊对湿地的破坏较大。

上述2个原因使得保护区迫切需要在黑颈鹤的夜宿地和重要觅食地修建网围栏，隔绝游人和家畜对黑颈鹤的侵扰。具体建设地点分别位于大海子、大海坝及长会口。

3.2 设置食物补充基地，缓解黑颈鹤取食与社区居民收成的矛盾

大山包的湿地是一个十分脆弱的生态系统。由于当地草甸湿地被居民挖海堡取暖、放牧猪等牲畜而遭受毁坏，水库水体缺乏软件动物，加上冬季严寒期长，使供鹤类取食的天然食物不足。黑颈鹤主要觅食草甸中的昆虫幼虫及秋收后散落在农耕地里的养麦、燕麦、马铃薯等为食。尤其是在越冬末期，农民的春耕播种已开始，黑颈鹤到已播种的耕地中觅食种子，给农民造成较大损失。而这种损失的补偿机制至今不健全，农民保护黑颈鹤的积极性受到伤害。另外，当地缺乏燃料，而从昭通其他地方运输至大山包的燃料，运输费用太贵（运至大山包后，运输费用超过100%，煤价翻一翻），农民买不起，只好到草甸中挖海堡晒干取暖和做饭。一旦草甸遭受破坏、可供觅食的昆虫幼虫及农作物减少，就会造成食物危机，导致黑颈鹤冻饿而死或迫使部分黑颈鹤迁居异地。

另外，一旦遭遇大雪或大雾天气，黑颈鹤很难自己觅得食物，往往只能挨饿甚至饿死。所以，要保证黑颈鹤等水禽在保护区内安全越冬，不至于饿死，必须建立长期的食物源补充基地。

建议建立食物源补充基地4处，分别位于大海子、大海坝、大牛窝和长会口。每年春耕的时候，种植燕麦和马铃薯，只种不收，供黑颈鹤越冬后期取食。这样即解决了黑颈鹤的食物来源问题，又减少了黑颈鹤对当地村民农作物的毁坏。

3.3 恢复湿地草甸植被、营造防护林，保护湿地资源

为保护大山包的亚高山沼泽化草甸，还能兼顾保护区内群众的脱贫致富，必须通过人工手段恢复湿地植被，采用机耕、人工撒播优良的牧草方法恢复湿地植被，草种为保护区成立以前就引种成功的白三叶草、鸭茅草和黑麦草等。积极引导牧民将牲畜圈养，割草喂养。这样既能防治水土流失，又能遏制黑颈鹤栖息地退化的势头，当地牧民也能获得优良的牧草。

由于当年兴修水库，跳墩河水库和大海子水库周边村子的农田大量被淹。这些水库周边的村子成为大山包最为贫困的村子，多数家庭根本买不起煤。为了取暖，挖海堡、铲草皮的现象时有发生，营造防护林能为当地村民提供一些树枝作为薪柴。在树种选择上，优先选择在大山包长势良好的红桦、滇杨、

白背叶榴木等乡土树种。

3.4 加强基础设施建设、改善保护区管理局、所、站工作条件

由于国家资金投入十分有限，特别是工程建设期间工程建设材料价格全面猛涨，导致保护区管理局、所的食堂没有资金进行建设，迫切需要建设管理局、所职工食堂。

管理站位于保护区管理的最前沿，保护区现建立了大海子管理站、跳墩河管理站、勒力寨管理站。但是同样因为资金的原因，许多应该配备的设备没有配备。现在管理站迫切需要解决的是供暖问题，发电机及办公家具配备问题。各管理站现在使用的是当地流行的带烟囱的煤球炉，在密闭的房间里使用这种煤炉取暖有很大的安全隐患，因此管理站的工作人员强烈要求更换成管理局和管理所的地热膜供暖系统。该系统不仅安全，而且使用成本也低，仅为普通暖气供暖费用的一半。

3.5 扩建黑颈鹤行为研究监测隧道、购置必要的科研监测设备

为探索研究黑颈鹤在大山包越冬期间的活动规律及种群结构，保护区建立了大海子鸟类监测研究隧道及尖嘴屋基观鸟台，在黑颈鹤种群结构、迁徙规律及越冬期间生活规律等方面做出了有益的探索。但由于经费没有保障，监测设备陈旧简陋，难以适应未来监测工作的要求，急需进行设备升级。建议对大海子的黑颈鹤行为研究监测隧道进行扩建，为大海子监测点和尖嘴屋基观鸟台购置高倍单筒长焦观鸟望远镜、数码摄像机和数码照相机等观测设备。

鉴于保护区面临的水污染风险，建议为保护区购置自动水质检测仪一套。随时监测大山包各大水库的水质情况。根据保护区目前的情况，保护区还需购置必要的气象监测设备和标本制作设备。

希望以上建设，能加强科研监测体系的建设，完善监测体系，逐步实现保护区范围内生物、生境和栖息地的自动化监测。

4 结语

希望通过全社会的共同努力，使大山包自然保护区这块国内、国际重要的亚高山湿地得到有效保护，为来此越冬的我国特有的黑颈鹤提供更适宜的栖息环境，保护区内的黑颈鹤、灰鹤、苍鹰、莺、雀鹰、白尾鹞等保护动物得到有效保护。保护区管理局要提高管理水平和科研能力，实现保护与管理的有效统一，并能推动昭通市区域生态环境建设，促进当地社会经济可持续发展。

【参考文献】

陈述旺，等，2003. 云南大山包黑颈鹤国家级自然保护区总体规划（2003—2012 年）[R].

王紫江，胡志浩，1990. 云南昭通大山包发现黑颈鹤［J］. 野生动物（4）：47.

许先鹏，等，2010. 云南省大山包黑颈鹤国家级自然保护区二期工程建设项目可行性研究报告［R］.

湿地生态系统类型自然保护区功能区划分*

自然保护区的建设和发展是生物多样性就地保护最有效的途径。相对于其迁地保护不仅有效保护了所在区域内的生境，同时保护了所在生境中的物种、种群、群落及丰富多样的生态系统类型。我国的自然保护区建设起始于20世纪中期，1956年广东鼎湖山自然保护区的建立，标志着我国自然保护系统建设工作的正式开始。近年来随着我国自然保护区数量和面积的与日剧增，自然保护区的科学管理与相关利益群体有效发展间的矛盾越来越突出，因此，科学合理的自然保护区功能区划将有效提高保护区的经营管理水平，同时将有效解决保护与发展之间的矛盾。

1　自然保护区功能区区划现状

自然保护区功能区划是自然保护区总体规划和建设的重要前提，是科学合理进行高效管理的主要途径。目前根据我国有关法规和技术规定，自然保护区内划分为核心区、缓冲区、实验区3个保护管理层次的功能区，且要求做到近似同心圆式的3个环状功能区带的典型模型[1]。然而对于现实中的自然保护区功能区划很难实现这一理想化的模型结构。况且自然保护区功能分区定性的划分方法，主管随意性大，缺乏科学依据。在自然保护区功能区区划的过程当中，公众的参与机制不健全，保护区周边的不同利益群体的利益没有充分的考虑，造成目前保护与发展的矛盾更加突出，出现一些在保护区内部拥有大量居民、保护区土地权属不清晰、保护矛盾突出等一系列现象。自然保护区合理的功能分区不仅有利于保存保护区内的生物多样性，保护濒危、珍稀物种和典型的生态系统类型，而且科学展示自然保护区的保护成果，树立国民的民族，同时能够平衡解决自然资源的保护与众多利益群体间的平衡发展问题。

为有效提高自然保护区功能区划的科学性，近年来国内有一些相关研究对保护区的功能区划的技术方法进行了探讨。史军义等选择出旅游、农业活动、距离公路的远近、海拔高度、动物、植被、科研活动7项划分功能区的主要影响因子，并把是否有专门约定作为一项调节因子，同时把整个卧龙自然保护区范围划分为546个单元，把条件相同或类似的单元合并为17个样本，然后采用模糊数学中的最大树方法进行聚类分析，并将聚类结果投影在单元划分图上，再参考实际情况定量化的研究卧龙自然保护区的功能分区[2]。陶晶等通过对目前国内自然保护区功能区划技术方面存在的问题的分析，针对森林生态系统类型自然保护区，提出了以森林小班为区划单元，完善判别分析指标体系，提高相关利益群体参与性的功能区划分思路[3]。崔国发等以森林小班作为最基本的区划单元，根据重点保护植物群落的分布区域、植被的垂直分布格局以及村落和行政村的界限来区划功能区[4]。翟惟东等提出自然保护区核心区与实验区区划的依据是保护价值空间分异规律，而缓冲区区划则是为满足保护核心区和对自然生态系统开展科学研究观测的要求。探讨了自然生态系统类与野生生物类自然保护区功能区划的聚类分析与判别准则相结合的方法，建立了该方法的聚类指标和判别准则体系[5]。徐嵩龄研究评论了我国自然保护界流行的“三区”概念（核心区、缓冲区和实验区）。为了提高“三区”概念的可操作性，其根据“核心区—缓冲区—保护性经营区”的模式，提出了对自然保护区结构和功能的新的理解；根据自然保护区的不同类型和保护区所在地点的不同生物地理学特征，讨论了“三区”概念的适用范围；根据生态学理论和“持续发展”的资源经济学理论，提出了界定“三区”边界的若干原则[6]。张林艳等通过应用景观生态学原理

---

* 马国强，吴明伟，李秋洁. 湿地生态系统类型自然保护区功能区划分［J］. 林业调查规划，2015，40（6）：44-47.

评价鼎湖山自然保护区功能区划，并通过景观相似性系数度量了新旧区划方案中各功能区植被分布的相似性，对新功能区规划实施的可行性进行了初步评价[7]。

2 湿地生态系统类型自然保护区功能区区划

2.1 湿地生态系统类型自然保护区功能区区划思路

湿地生态系统类型自然保护区指以湿地生态系统为主要保护对象的自然保护区，包括内陆湿地和水域生态系统类型的自然保护区、海洋和海岸生态系统类型自然保护区中的海岸生态系统类型保护区[7]。湿地处于陆地与水生环境之间，湿地生态系统不仅具有陆生生态系统的特征，同时具备水生生态系统的特点，在这一特定的环境条件下，生长、生活着一些湿地的特有生物。湿地生态系统是地球上水陆相互作用形成的独特生态系统，在抵御洪水、调节径流、补充地下水、改善气候、控制污染、美化环境和维护区域生态平衡等方面有着其他系统所不能替代的作用。湿地生态系统类型保护区的建设将有效地保护了这一独特的生态系统，同时抢救性地保护了一批濒危野生动物的栖息地，在维护湿地生物多样性和湿地资源方面起到了显著的效果。然而，我国大部分湿地生态系统类型自然保护区是建立在经济相对落后的农村地区，由于历史原因在这些保护区内及周边拥有大量的社区存在，同时保护区内的土地权属和土地属性不清晰，这将使得湿地生态系统类型保护区保护与发展的问题变得尤为突出。往往这些社区居民先于湿地生态系统类型自然保护区存在，同时后期建立的保护区内的部分区域甚至为周边社区居民正在生产的农地。自然保护区作为一种公共生态利益资源，具有公共性和不可分性，但是由于建立自然保护区而丧失土地经营和发展机会却要由保护区所在地的社区居民和地方政府承担，这将激化了自然保护区自然资源的保护与地方政府经济发展和社区居民生存发展之间的矛盾。如何寻找突破口，如果根据湿地生态系统类型的自然保护区的主要保护对象、自然环境和自然资源以及社会经济等因素，如何采取科学而灵活的区划方法将成为湿地生态系统类型自然保护区功能区划的重中之重。

2.2 湿地生态系统类型自然保护区功能区划方法

2.2.1 湿地生态系统类型自然保护区功能区划原则

（1）科学合理的原则

在湿地生态系统类型自然保护区功能区区划的过程中，充分遵循湿地生态系统生物多样性的自然演化规律，维护湿地景观与生态系统结构的完整性、有效性，充分考虑湿地生态系统不同阶段的结构功能特征、考虑湿地生态系统类型自然保护区的主要保护对象，考虑地理环境与生物多样性特征，考虑主要保护对象空间分布状况，按保护区生态服务功能和湿地生态系统类型特征进行科学划分，使其发挥应有的功能和作用。

（2）保护优先的原则

功能区划分力求规整性与连续性，优先满足严格保护湿地生态系统类型自然保护区中典型的湿地自然景观、生态系统、珍稀濒危特有物种、候鸟越冬栖息地等保护对象的要求，以保护自然环境和自然资源为基础，充分发挥自然保护区的多功能效益，实现自然生态系统的良性循环。

（3）可持续发展的原则

适度开放的自然保护区才能增强自身的发展，才能推动保护事业的大力发展，缓解社区经济发展和保护区建设的矛盾冲突。功能区划既要突出保护对象和保护管理目的，重点考虑保护对象生存繁衍的需要，防止可能存在的对保护区的干扰，又要考虑周边社区及自然保护区自身发展需要，有利于保护区开展资源合理利用和生态旅游，有利于区域经济和社区发展。

2.2.2 湿地生态系统类型自然保护区功能区划空间区划法

湿地生态系统类型自然保护区功能区划的空间区划指将拟区划保护区内的地质地貌、土壤分布、气候资源分布、水文资源分布、矿产资源分布、森林植被类型、野生动植物分布等信息进行整合，通过自然性、代表性、稀有性和濒危程度、多样性、生境重要性、自然性的景观联续、自然生态完整性、人类干扰、人类威胁、边缘效应、地貌特征、土地属性、资源利用等区划指标进行甄别筛选、权重分析，分析出重要的区分要素，最后通过以主导要素的单要素为功能区区划界限的基础，进行多要素图层叠加，再依据湿地生态系统类型自然保护区功能区划的原则要求进行功能区的划分。

2.2.3 湿地生态系统类型自然保护区功能区划主体功能区划法

不同类型的自然保护区主要的功能不相同，湿地生态系统类型自然保护区功能多样，拥有保护原始沼泽生态系统、保护珍禽、保护候鸟、保护特有鱼类、保护高原湿地、保护湖泊生态系统、保护河流生态系统、保护水源地等各种功能。有的保护区兼具多种功能，有的保护区只具一种功能，但是不论哪种主体功能的保护区，均具有重要的保护价值和意义。就以保护越冬候鸟为主体功能的保护区为例，在其保护区内不仅具有典型的高原湿地特征，同时该区域又是越冬候鸟的重要栖息地，如何进行功能区划将成为科学管理该保护区的重要举措。核心区是保护区内保存完好的自然生态系统、珍稀濒危野生动植物和自然遗迹的集中分布区域，严禁任何人进入。但是对于以典型高原湿地特征和越冬候鸟重要栖息地为主要保护对象的保护区来说，确不太现实。因为越冬候鸟的主要栖息地主要集中在湖岸附近的浅水区，紧紧与湖畔的农田相连，这些农田恰好成为这些越冬候鸟的食物源基地。如果按照传统的核心区、缓冲区、实验区近似同心圆式的3个环状功能区原则划分，将湖岸附近的浅水区和与湖畔的农田区划为核心区，这将严重的和“核心区禁止任何人进入”的相关规定相矛盾，但是事实上该区域恰为主要保护对象所在的主要区域，应该根据实际情况，对于该区域在越冬候鸟活动期间进行严格按照核心区管理，其他没有越冬候鸟活动的季节按照实验区管理，实行季节性的绝对保护，并不是一味的按照传统的核心区、缓冲区、实验区的划分方法进行功能区划分。

2.2.4 湿地生态系统类型自然保护区功能区划相关利益群体多元参与法

湿地生态系统类型自然保护区涉及相关利益群体较广，主要包括周边社区居民、保护区管理机构、保护区所在地各级人民政府其他相关职能部门，在功能区区划过程中，如何将不同利益群体的不同诉求体现在湿地生态系统类型自然保护区的功能区划中，同时让不同利益群体拥有其公平的知情权、参与权，将成为所形成的功能区划是否具有可操作性的检验标准。在进行湿地生态系统类型自然保护区功能区划时应通过走访、会议和书面等方式广泛征询不同相关利益群体的意见，使不同利益群体的合理诉求在科学划分功能区的基础上得到体现，解决湿地生态系统类型自然保护区保护与发展的突出矛盾。

3 结语

湿地生态系统类型自然保护区功能区区划是一个系统工程，只有通过科学、合理的划分才能更加有效的保护这一独特的生态系统。本文结合湿地生态系统类型自然保护区的特征，在科学合理、保护优先、可持续发展原则的基础上，提出湿地生态系统类型自然保护区功能区划空间区划法、主体功能区划法、相关利益群体多元参与法的功能区划思路，旨在使湿地生态系统类型自然保护区功能区划更加科学、合理。

【参考文献】

[1] 刘德隅，顾祥顺，刘伯扬. 自然保护区总体规划中几个问题的思考［J］. 林业调查规划，2004，29（4）：16-19.

[2] 史军义，马丽莎，史蓉红，等. 卧龙自然保护区功能区的模糊划分［J］. 四川林业科技，1998，（1）6-17.

[3] 陶晶，藏润国，华朝朗，等. 森林生态系统类型自然保护区功能区划探讨［J］. 林业资源管理，2012，（6）47-50，56.

[4] 崔国发，李俊清，牛树奎，等. 北京喇叭沟门自然保护区的建立与功能区划分 [J]. 北京林业大学学报，2000，22 (4)：40-45.

[5] 翟惟东，马乃喜. 生物多样性自然保护区功能区划方法 [J]. 西北大学学报（自然科学版），1999，29 (5) 429-432.

[6] 徐嵩龄. 自然保护区的核心区、缓冲区和保护区经营区界定——关于中国自然保护区结构设计的思考 [J]. 科技导报，1993，(1) 21-24.

[7] 张林艳，叶万辉，黄忠良. 应用景观生态学原理评价鼎湖山自然保护区功能区划的实施与调整 [J]. 生物多样性，2006，14 (2)：98-106.

[8] LY/T 1764—2008. 自然保护区功能区划技术规程 [S]. 北京：国家林业局，2008.

西藏色林错自然保护区生态旅游路径初探*

西藏色林错黑颈鹤自然保护区位于西藏自治区西北部的藏北高原，总面积达 189.4 万 hm^2，属野生动物类型自然保护区。区内有大面积保存完好的高寒湿地生态系统，保存了种类众多、种群数量较大的珍稀野生动植物资源，享有世界最高生物物种基因库的美誉，具备开展以野生动物观赏为主题的生态旅游的资源条件。

1　开展生态旅游的 SWOT 分析

1.1　发展优势分析

色林错自然保护区拥有世界级的独特旅游资源，富有极强的感染力。区内野生动物种类多，数量庞大，湿地资源丰富，人文景观、历史文化等旅游资源独特，具有开展以独特野生动物观赏为主题的生态旅游的资源优势。

1.1.1　景观尺度大，风景独特

色林错及周边超过 100 000km^2的广袤土地，构成大尺度的荒野，高亢的地势，众多的雪山、大湖，珍贵的冰川，洁净的空气，广袤的草原，无人区原始的环境，夜晚繁星点缀的浩瀚天空，能够产生强烈的视觉冲击和心理刺激，这种大尺度的体验，能带给访客一种完全不同的震撼感。

1.1.2　野生动物资源极其丰富

该区域人烟稀少，却是高原野生动物的乐园。生活在草原上的高原精灵以藏羚羊、野牦牛、藏野驴为代表的“三大家族”大型有蹄类和以黑颈鹤为代表的鸟类，数量众多。根据西藏林业厅 2015 年公布的数据，色林错自然保护区内分布兽类 10 科、23 种，鸟类 25 科、92 种，两栖类 1 科、1 种，爬行类 2 科、3 种，鱼类有 2 科、8 种。其中，国家一级保护动物有黑颈鹤、雪豹、藏羚羊、盘羊、藏野驴、藏雪鸡、玉带海雕、白尾海雕等，国家二级保护动物有棕熊、猞猁、兔狲、藏原羚、猎隼、秃鹫、红隼等。据当地林业部门调查，区内藏羚羊约有 20 余万只、野牦牛约 3 万余头、藏野驴约 8 万余头，盘羊约 0.5 万余只，岩羊约 3 万余只，棕熊约 0.2 万余头，黑颈鹤等鸟类数十万只。沿途随处可见藏原羚、藏野驴、藏羚羊等野生动物频繁出没，鸟岛上也有不计其数的鸟类繁殖、栖息。在繁殖和迁徙季节，可以看到 10 万只以上的藏羚羊大规模集群迁徙，场面壮观，是仅次于非洲草原的野生动物富集的区域。

1.1.3　湖泊星罗棋布，湿地资源丰富

色林错处于全流域最低洼，扎加藏布、波曲藏布等众多河流串通注入，另被格仁错、吴加错等 23 个卫星湖环绕，成为众湖之王。由于冰川消融，主要依靠冰川融水补给的色林错面积在 2014 年主汛期间达到 23.91 万 hm^2，超过纳木错成为西藏第一大湖，也是中国第二大咸水湖。以色林错为核心的众多湖泊和河流，及其形成的广大湿地，是野生动物的理想栖息地，繁衍着棕头鸥、班头雁、赤麻鸭等珍稀水禽。湖泊湿地面积达 163.83 万 hm^2，居全区之首。

1.1.4　文化资源独特

本地区藏文化底蕴厚重且历史悠久，文化资源丰富独特。尼玛县象雄王国和文化遗址具有极强的文

* 唐芳林，高军，郭倩. 西藏色林错自然保护区生态旅游路径初探 [J]. 林业建设，2017，(2)：8-13.

化科考价值，文部南村古石屋已被列为国家级村落。

1.1.5 作为旅游的处女地，易高起点规划建设

那曲羌塘高原具有自然地貌的宏大感，历史文化的深远感，有自然原生态的静怡，也有野生动物的灵动，风光旖旎，大气磅礴，具有极强的感染力，基本处于自然原始状态，易整理分析，易拔高利用。

1.2 发展劣势分析

1.2.1 海拔高，不适于开展大众旅游活动

色林错自然保护区平均海拔在5000m左右，由于高寒缺氧，只有少量牧民长期生活。从旅游角度出发，高海拔对大多数人都是一个生理和心理上的考验。因此，该地区不适宜开展大众休闲度假旅游，更适合开展以探险和独特高原体验为主的专项生态旅游活动。

1.2.2 生态环境极其脆弱，保护压力大

由于地势高亢，气候寒冷，降水稀缺，属于荒漠草原生态系统，草场稀疏，以一个“羊单位”需要的草地面积，东部地区平均$2hm^2$，中部地区为$4hm^2$，西部地区为$7hm^2$。高寒草原区生态系统极其脆弱，高原植被面临严峻的破坏、退化和沙化环境，一旦破坏，基本无法恢复。加之藏北地区高原鼠兔由于生态失衡而大量繁殖，生物链严重失调，草地沙化趋势严重，草场保护压力巨大。

1.2.3 人为活动影响较大

这里原来没有人居住，在“农业学大寨”的年代移民北进开辟牧场，挤占了野生动物的领地。近年来由于人口的增长，放牧范围的扩大，超载过牧等人为活动的干扰导致了草地退化、人进野退、湿地水鸟繁殖期受干扰等现象尤为突出。改变传统的畜牧业发展方式，减轻草场压力迫在眉睫。

1.2.4 区位条件差，基础设施薄弱

因地处偏远、交通困难、游客时间成本高等原因，本地区旅游基础设施薄弱，餐饮、住宿等公共服务设施落后，各种刚需性消费场所还处于发展起步阶段。据统计，2016年进入藏北旅游的人次仅1万多人，占那曲地区完成接待人数105万人次的0.95%，且多为过境游，游客消费力不高，旅游对地区经济的贡献较小。

1.2.5 牧民生活质量差，专业人才缺乏

由于独特的高原气候、复杂的地理环境及其他相关因素，藏区教育、医疗、卫生条件差，牧民生活质量低下，发展比较缓慢，人均寿命低于平原地区20年左右。受特殊地理环境、资金、体制机制等的制约，人才资源总量、存量严重不足，尤其是专业人才如野生动物保护、动物检疫、动物遗传育种、旅游等专业人才队伍缺乏。

1.2.6 旅游开发受自然保护区法律约束较大

色林错自然保护区和北部的羌塘自然保护区都是著名的国家级自然保护区，生态区位重要，社会关注度高。受《中华人民共和国自然保护区条例》的约束，本地区旅游开发只能慎之又慎的在实验区内开展低强度的生态旅游，核心区和缓冲区严格禁止人为活动，保护和发展的矛盾突出。

1.2.7 野生动物数量分散

野生动物绝对数量虽然庞大，但比起非洲草原则显得分散。虽然藏羚羊在交配和繁殖季节会大规模聚集，但此时不宜被人惊扰。因此，需要有一个数量相对集中的区域满足游客安全观赏的需求。

1.2.8 可进入性需要提高

除了地理因素，开发政策也是限制条件。目前那曲是唯一一个全境都不对外国人开放的地区，需要争取藏北四县的开放政策。

1.3 机遇和挑战分析

中央对西藏工作高度重视，对生态保护、扶贫攻坚工作支持力度越来越大。随着西藏社会经济的发展，旅游发展的需求在不断增大。而藏北旅游还处于起步阶段，旅游基本属于空白，潜力巨大。西藏自治区党委、政府高度重视那曲旅游发展工作，把发展旅游业作为促进牧民移民搬迁，实现退牧还野、提高牧民生活质量的主要举措来抓。时任自治区政府主席齐扎拉2017年初两次深入藏北调研，针对色林错旅游发展和藏北牧民群众民生改善工作做出部署。这样的重视程度和工作力度前所未有，藏北旅游发展面临着百年难遇的历史性机遇。

色林错自然保护区生态旅游开展受种种条件的限制，难度较大，成本高，回报慢，是一个循序渐进、长期发展的过程。

2 生态旅游的原则、目标和定位

2.1 生态旅游的理念和原则

色林错生态旅游应以资源为根本，以旅游市场为导向，以带动地方经济可持续发展为目标，找准立足点、平衡点，坚持资源的保护和利用并重，协调发展。遵守用途管制，保护优先、合理利用、适度放开；以改善当地民生来实现生态保护；保护传统文化，延续文化脉络；体现专业性、教育性、体验性、可持续性；结合国家公园体制试点，科学布局、统筹考虑、统一规划，分步实施。

2.1.1 优先保护，合理利用的原则

高原生态环境十分敏感和脆弱，作为国家级的自然保护区，色林措的旅游发展必须建立在生态环境的保护之上，以此为准则进行规划。如果旅游发展影响色林错国家级自然保护区的有效保护，必然导致资源禀赋条件和保护价值的下降，进而导致旅游价值的下降，造成保护与旅游的双输。色林错的旅游须以保护促发展，但过于强调封闭性保护，会制约旅游的发展，不能反哺保护区的建设，需协调发展，分区管理，严格保护一部分，合理利用一部分、适度放开一部分。

2.1.2 遵守法律规定，严守生态红线的原则

旅游活动必须在色林错自然保护区得到有效保护的前提下开展。自然保护区是生态红线的主体，自然保护区的管理以《中华人民共和国自然保护区条例》为法律依据。条例规定，自然保护区旅游只能在实验区内开展，此为不可逾越法律底线。

目前，国家级自然保护区是保护最严格、最具备科研价值、国家认证层次最高的保护地类型，其旅游宣传的含金量是最高的。因此，色林错旅游宣传中应尽可能地突显其国家级自然保护区的地位，而不是视其为发展障碍。依托自然保护区资源，利用其实验区及外围空间开展生态旅游，在核心区和缓冲区可以远观，禁止人为活动。

2.1.3 人、社会、自然协调发展的原则

在旅游发展过程中，不单是人与自然的关系，还有社会关系。马克思说过“人和自然的关系，是通过社会来实现的，社会关系不协调，没有处理好，任何自然的关系就绝对好不了”，这个关系是政府、牧民、游人和投资人的关系。政府主导，特许经营，监督管理；企业投资获得市场回报；游客消费，享受风景，传播文化；牧民就业、入股，提供服务，保护资源；相互促进，形成良性运转。

色林错及其周边区域，适当退牧还草，牧民生计向旅游服务方面转变，畜牧活动减少，草场恢复，野生动物增多，感染力增强，游客的消费就会被带动起来，由粗放的农牧业向观光畜牧业转化，继而解决更多的就业岗位，如保洁、服务工作等。同时牧民也从繁重的畜牧劳作中解放出来，享受生活，发挥

能歌善舞的天性，形成可供游客欣赏的新人文景观。此外，政府要进行整体的引导和监管，不要急功近利，对投资商必须要设定高门槛，通过控制开发建设项目，避免单纯的追求经济回报的短视行为发生。

2.1.4 合理开发、适度建设的原则

旅游范围宜小不宜大，旅游项目宜少不宜多，旅游景点宜散不宜聚，旅游设施宜聚不宜散，旅游发展宜慢不宜快，旅游设施宜隐不宜显，旅游产品宜特不宜奢。旅游产品特别定制，串点成线，形成特色。并以交通线为纽带，串联景点、村镇和旅游设施，完善安全救援体系、通讯体系、解说体系，通过合理的交通管控，把游客约束在交通线附近，缩小对环境的影响范围。

2.1.5 统一规划、分步实施的原则

组织高水平团队和专家开展科学考察和总体规划工作，缜密论证，对于成熟、可行、对自然环境影响轻微的方案可以先行实施，其他项目不能急于求成，避免造成对自然原生态的负面影响。

2.2 发展目的

贯彻生态文明建设思想，以“创新、开放、绿色、共享、协调”的发展理念为引领，树立保护优先、合理利用的基本原则，通过实施移民搬迁，退牧还野，把属于野生动物的空间还给野生动物；通过与那曲地区的产业发展相结合，与脱贫攻坚相结合，以绿色产业促进牧民增收，提高牧民生活质量；通过发展高端生态旅游，创新方式、强化监管，提升资源保护和合理利用的水平；通过，展示和共享生态保护成果，开展环境教育，最终达到永久保护被誉为“地球第三极”的自然生态系统的目的。

2.3 发展定位

利用色林错代表性、完整性、典型性的景观资源和震撼的野生动物资源，开创人与野生动物和谐“共生—共享”的新机制，助力区域经济实现跨越式发展的目标，充分体现特有的观赏、探险、科考和科学研究的价值，以保护为前提，开创以探险、高海拔原生态体验、科学考察等为主题的高端生态旅游品牌，创立“地球第三极”大型野生哺乳动物最佳观赏地区之一，成为世界级的野生动物观赏旅游目的地。

2.3.1 建成世界级的旅游目的地

西藏具有众多世界罕见的高原景观和珍稀动植物，被誉为世界上最富有特色的“自然博物馆”，而那曲地区因为拥有羌塘草原而成为西藏地区野生动物最为集中的区域，可被誉为“中国最大的野生动物乐园”。纵观西藏的旅游资源，藏北高原区拥有雪山冰川、高原湖泊、野生动物等最具代表性的景观资源，无与伦比的清新空气和绚烂多姿的夜景，能够带来独有的精神感受，相比其他区域具有景观异质性，是最值得游客去体验和感受的区域。那曲完全具备建成亚洲大陆最具代表性的、能与非洲草原相媲美的野生动物乐园的资源条件。也正因此，需要高起点规划，创立“世界第三极”大型野生哺乳动物最佳观赏地区之一，建设成史诗般的世界著名自驾游线路，成为世界级精品旅游目的地。

2.3.2 成为高端生态旅游胜地

那曲 317 国道以北的羌塘，大部分区域海拔超过 5000m，是普通游客难以接受和适应的高海拔地区，加上生态环境敏感、脆弱，环境承载力有限，并不适宜开展大众、大规模旅游活动。本区域原住民应逐步迁出，还空间给野生动物。色林错周边的班戈县、尼玛县、申扎县的部分区域，平均海拔 4500m 左右，游客在适应 1-2 天之后方可游览。相比阿里地区，那曲距离拉萨更近，并且青藏铁路穿那曲而过，有一定的区位优势。尽管这里不适合开展大众旅游，但这里的旅游资源：雪山、湖泊、高原、野生动物、人文景观等，是最适宜体验“世界第三极”，进行高原旅游的区域，且针对部分高品质游客，其具有较强的吸引力，适合开展专项的、负责任的生态旅游活动。

2.3.3 以色林错旅游作为起步点，立足长远，建设羌塘国家公园

近期先以色林错野生动物保护观赏项目起步，远期建设世界级的羌塘国家公园。结合国家正在推进

的国家公园体制试点、国家林业局正在开展的藏羚羊、野牦牛国家公园建设以及国务院办公厅《关于健全生态保护补偿机制的意见》中的要求，抓住充实草原、湿地管护公益岗位的重大机遇，积极争取国家生态保护补偿，推进退牧还野和牧区改革，从根本上解决整个羌塘地区的自然保护和牧民生计问题，解决国家重点生态功能区保护与发展的矛盾问题，实现稳边治藏的政治目标。

3 空间布局和线路规划

3.1 综合考虑的因素

色林错生态旅游的空间布局和线路规划必须考虑与以下四个方面的结合：

（1）与自然保护区设施建设相结合，体现一物多用。自然保护区的宣教中心可兼做特色主题酒店、游客中心之用；巡护道路可兼做游步道，监测点和瞭望台可做观景台使用。

（2）与特色城镇建设相结合。水、电、路、通讯设施，安全、救援设施，医疗、餐饮、厕所、停车场、垃圾收集等设施建设不宜太分散，应尽量依托现有城镇建设。

（3）与群众增收和就业相结合。移民搬迁、退牧还野、人退野进、人与自然和谐共生，进而解决群众生计问题。

（4）与现有道路和周边旅游环线相结合，满足游客观光需求和藏民宗教需求。

3.2 空间布局

以色林错周边资源为核心，以申扎县为服务中心，形成“一心三片”的空间格局和“三维一体”的立体结构。

3.2.1 “一心三片”格局

以申扎县为中心，北部是色林错、西部是当惹雍错、东部是纳木错，形成一心三片的环状放射性结构。

一心：申扎县拥有最核心的旅游资源，是该区域的地理中心，可以向特色小城镇的方向发展，形成该区域的旅游集散中心和服务中心，发挥枢纽、中转和旅游接待的功能。

三片：三大片区的资源单独不具备唯一性，建议进行资源的组合和捆绑式开发，以野生动物为主，整合其他优势资源。西部尼玛县，以文部南村，当惹雍错的人文景观为主，自然景观突出高原特色；中部申扎县、班戈县，雄梅镇、色林错和野生动物等自然景观为主；东部以当雄、纳木错圣湖为主。建议将纳木错纳入东部作为藏北旅游的重要景点和环线之一进行建设。依托纳木错已有的成熟客源市场，近期的开发以纳木错—申扎县——色林错为主，树立羌塘草原世界第三极野生动物乐园的品牌，打开市场。。

3.2.2 “三维一体”结构

“三维”：以“野生动物保护和科学研究生态旅游（HWS 生态旅游）”态为引爆点的高端定制型生态旅游；以“圣山、圣湖、荒漠草原观光旅游”为突破点的引导式体验型旅游；以“藏北民俗深度文化洞察”为引领点的牧区主题型旅游。

“一体”：以项目区目的地整合现有基础设施，形成拉萨-当雄-纳木错-色林错—当惹雍错-旅游大区。

3.2.3 重点建设内容和旅游产品

色林错重点建设野生动物集中观赏区、自然生态教育中心、牧区体验特色生态小镇等。核心旅游产品以野生动物观赏、圣湖结缘、牧区体验为主；特种旅游产品以牦牛（马）队探险、高原生态客栈体验、宗教朝圣等为主。

（1）项目选址。旅游项目应尽量与自然保护区设施建设有效结合，相互兼顾，互为补充。国家级自然保护区的一项重要职能就是对公众进行环境教育，这也是自然保护区内允许开展生态旅游的重要依据。理念上，旅游的目标应与环境教育的目标相一致：展示生物的多样性、大自然的生态美，提高公众的环境保护意识。建设上，旅游基础设施的建设应与自然保护区资源保护有效结合，涉及自然保护区内的设施建设应以满足资源管护、科研监测、宣传教育为主，同时兼顾满足旅游的需求。通用机场建议慎重选址，要远离自然保护区，并避开鸟类迁徙通道。水上观光游艇及索道等项目只在其他非自然保护区的水域上设置。

（2）野生动物观赏区选择。以沿途零星观赏为主，集中观赏为辅。集中观赏点需详细论证，科学选址。在未充分掌握野生动物（主要是藏羚羊）活动繁殖、生活、迁徙区域的情况下，不宜通过修建围栏强行圈定其活动区域，避免人为阻断其生存空间。以现有野生动物集中分布区为依托，以不打扰野生动物正常栖息活动为前提，通过改善生境的生态学方式，吸引动物种群聚集。初步在色林错北部半岛、申扎和门当之间，羊八井与班戈纳木错之间，安多错那湖等地点进行论证，也可以在历史上曾经分布后来消失，但生境适合野生动物生活的地方，实行退牧还草、人工干预、引入主要野生动物种群进行繁育，建立专门的野生动物迁地保护区，形成稳定食物链和稳定种群，进行迁地保护和集中观赏。

3.3 游览线路规划

为了最大限度减少对环境的扰动，色林错旅游线路的设计应以现有交通线为依托，采用环状+放射状的形式，形成以申扎县为核心的放射状路网格局和从纳木错—班戈县—色林措—尼玛县—文部南村—申扎县—拉萨市的旅游大环线，并保证到达色林错、纳木错和当惹雍错的时间控制在3小时之内，解决旅长游短的问题。在游览方式上，以自驾车为主，同时在野生动物的集中区，选取最佳的观赏路线修建隐蔽性道路，采用地下或覆土方式，将游人的痕迹隐匿在草原中，并限定游客的活动半径和观赏区域，使人对野生动物的干扰降到最低。

根据市场需求，近期建设以形成拉萨—纳木错—班戈县—色林错—申扎县（雄梅镇）—拉萨的旅游环线为主。目前，需要打通拉萨羊八井到班戈县德庆镇的道路，改造德庆镇到班戈道路，等级不宜低于三级。

3.4 交通组织

保护区内不宜新建环湖路。其道路的建设应结合现有国道等现状道路，在实验区或者外围进行建设，以巡视监测为主要功能，未来逐步服务于旅游。

4 管理和运营机制

4.1 加强组织领导

在自治区层面成立领导小组和管理委员会，由发改、财政、旅游、林业、环保、住建、农牧等部门以及那曲地区行署组成，办公室设在自治区旅发委。

4.2 统筹协调，合理分工

在自治区统一领导下，由旅发委牵头完成前期规划和后期业务指导工作；由林业厅牵头完成野生动物观赏区选址、建设工作，并启动羌塘国家公园前期工作；由交通厅牵头完成相关道路建设工作；由农牧厅和住建厅牵头完成退牧还野和移民搬迁工作；选定国有企业作为投资方，完成景区景点服务设施建设工作。

4.3 注重前期工作，兼顾后期运营

一是在投资上要坚持循序渐进，分期实施，综合考虑政府、企业和社区的关系；二是在运营主体上，要坚持政府搭台、企业唱戏、百姓参与的经营模式；三是要对市场进行分析研究，考虑差异性、特殊性

需求；四是采用“旅投机制”，通过国有融资平台完成众酬，以其解决资金投入问题。

5 结论与讨论

色林错自然保护区生态旅游资源独特，景观尺度宏大，感染力极强，政府重视，牧民支持，开展生态旅游活动具有可行性。有助于解决牧区居民的民生问题，对自然保护也有促进作用，对区域可持续发展具有重要的意义，可以成为保护为主兼顾利用的典范项目，可以建成“地球第三极”的精品景区。自治区政府提出的该计划如能成功实施，会成为从“北进”开发牧区到“南退”退牧还野的历史性转折点，成为藏北生态保护和可持续发展的典范，具有深远的历史意义。

区域内生态环境敏感脆弱，野生动物观赏在国内没有成熟的经验，必须慎之又慎，近期一定要以生态文明建设理论为指导，秉承“保护自然就是最大的发展”的理念，坚持高品质生态旅游定位，严格控制游客数量，把对环境的影响减少到最低程度，科学规划，精心实施，强化管护，实现野生动物只增不减、草原生态环境持续好转、传统文化资源得到保护、生态环境持续好转、人和野生动物和谐共处的美好目标。

开展生态旅游必须避免触碰自然保护区法律底线和生态红线，需要从系统保护的角度出发，科学调整自然保护区边界范围和功能区划。长远来看，还应整合色林错和羌塘自然保护区，规划建设羌塘国家公园。

【参考文献】

刘务林，朱学林，2013. 中国西藏高原湿地 [M]. 北京：中国林业出版社.

唐芳林，孙鸿雁，2009. 我国建立国家公园的探讨. 林业建设 (3)：8-13.

唐芳林，2010. 中国国家公园建设的理论与实践研究 [D]. 南京：南京林业大学.

森林类型自然保护区

玉龙雪山省级自然保护区旅游发展现状及对策*

玉龙雪山省级自然保护区位于云南省丽江纳西族自治县境内，是一个具有重要国内影响的森林生态系统类型自然保护区。从1984年建区以来，保护区内野生动植物物种、种群及其赖以生存的生态环境得到了较为严格的保护，取得了较大的成效。与此同时，玉龙雪山也因其独特的景观资源逐步发展成为国内外知名的旅游胜地。随着社会经济的发展，“保护与发展”已逐渐成为保护区与当地相关利益群体之间存在的主要矛盾。本文以实地调研为基础，深度剖析了玉龙雪山自然保护区旅游发展现状，并针对保护区未来良性和可持续发展，提出了建议和对策。

1 玉龙雪山省级自然保护区概况

玉龙雪山省级自然保护区位于云南省西北部丽江市玉龙纳西族自治县境内，北纬27°03′20″~27°40′00″，东经100°04′10″~100°16′30″之间，东以丽江至大具公路为界，西临龙蟠乡及金沙江，南起玉湖，北至大具虎跳峡，南北长26km，东西宽19km，法定总面积26000ha。保护区处于我国三大特有物种分化中心之一，中国17个生物多样性保护关键地区之一；山顶发育有我国纬度最南的海洋性温冰川，从山顶至深切峡谷的咫尺空间距离内，集中了我国西部亚热带区域范围内最完整、最有代表性的高山垂直带自然景观，独特的地理、气候孕育了丰富的动植物种类。玉龙雪山保护区不仅具有生物多样性保护的重要地位和价值，而且具有多学科、多功能的较高保护价值，在冰川学研究、动植物区系学研究、动植物垂直分布以及生态系统研究方面尤其具有重要意义。

玉龙雪山省级自然保护区于1984年经云南省人民政府批准成立。根据批文，保护区行政区划隶属丽江纳西族自治县，主管部门为丽江县林业局，丽江撤地设市、区县分设后，保护区行政区划隶属丽江市玉龙纳西族自治县，主管部门为玉龙县林业局。保护区管理机构为玉龙雪山省级自然保护区管理局。管理局下设玉湖、龙蟠、三道湾三个保护所。

2 玉龙雪山省级保护区旅游资源及评价

玉龙雪山省级自然保护区是全球少有的城市雪山保护区，地理位置独特，自然资源得天独厚，少数民族文化绚丽多姿，旅游资源十分丰富。首先，保护区由于构造地质运动的作用形成了大量的险峰深谷，山河交错以及明媚秀丽的高原湖泊和许多稀有奇特的自然景观。其次，保护区内绚丽多彩的民族风情、民族文化以及民间艺术构成了保护区内独特的人文景观。参照GB/18972-2003《旅游资源分类、调查与评价》标准，旅游资源分为8主类，31亚类。根据我们实地调查以及相关文献资料的查阅、总结，玉龙雪山旅游资源涵盖了其中的5主类和12亚类，主类分别为：地文景观、水域风光、生物景观、旅游商品、人文活动五大类型。

参照《旅游资源分类、调查与评价》GB/T18972-2003标准，经过市场调查和专家评分，按五级评分制对玉龙雪山主要旅游资源进行评价，见下表1。

---

* 孙鸿雁，朱丽艳，李百航，等. 玉龙雪山省级自然保护区旅游发展现状及对策［J］. 林业建设，2010，(5)：37-40.

表1 旅游资源评价表

级别	旅游资源
五级	冰川地貌景观群、虎跳峡、植被垂直带谱、扇子陡、绿雪奇峰、玉龙十三峰
四级	蚂蝗坝U型谷、干河坝U型谷、雪花湖、冰湖、牦牛坪高山湖泊、云、冷衫林、红杉林
三级	黑水河、白水河、三岔河、牦牛坪、云杉坪、高山杜鹃灌丛草甸带、民间演艺、各类名贵中药材
二级	民间节庆、东巴造纸、东巴万年历、东巴画谱、民族特色服饰
一级	东巴蜡染、木制工艺品、东巴挂毯、民族宗教活动、云南松林、高山松林、黄背栎林、菜品饮食

备注：90分以上为五级，75-89分为四级，60-74分为三级，45-59分为二级，30-44分为一级。

其中：五级旅游资源为“特品级旅游资源”；五级、四级、三级旅游资源统称为“优良级旅游资源”；二级、一级旅游资源统称为“普通级旅游资源”。

综合以上分析，保护区的旅游资源具有如下特征：

（1）保护区旅游资源丰富多彩、类型多样，景观独特：雄伟的雪峰、冰川，秀丽的林海，险要的峡谷，迷人的高原湖泊，多样的民族风情等。

（2）保护区中自然资源与人文资源空间组织协调。以生物景观、民族风情、地文景观的类型复合表现最佳。

（3）旅游资源等级较高。其中特品级旅游资源占总的旅游资源的17.65%，优良级旅游资源占总的旅游资源的61.76%，普通级旅游资源占总的旅游资源的38.24%。

（4）旅游资源垂直分异明显。在海拔4000~4500米的区域中，形成了以高山草甸、高山野玫瑰、杜鹃林、原始森林、冰雪资源为主的天象景观、植物景观和裂谷景观，景观集中度在全国山岳型景区中极为少见，也是玉龙雪山景区的独特亮点之一。

3 玉龙雪山旅游发展现状分析

丽江玉龙雪山风景名胜区1988年被列为国家重点风景名胜区，经过初建和1996年范围调整，丽江玉龙雪山风景名胜区范围包括玉龙雪山、泸沽湖、老君山—黎明三个景区以及金沙江虎跳峡游览线，总面积为957km^2，其中玉龙雪山景区总面积415km^2，占玉龙雪山风景名胜区总面积的43%。历经20余年的发展，玉龙雪山景区不仅成为丽江市的龙头型景区，而且也是云南省的骨干景区，成为宣传丽江、云南、中国的一个重要窗口，同时景区旅游收入也成为当地经济支柱。

3.1 旅游发展取得成绩

3.1.1 建立健全管理机构

玉龙雪山旅游开发可以分为东线和西线两部分。20年来，丽江市政府不断探索，因地制宜采取措施，整顿市场秩序，规范和完善玉龙雪山旅游开发管理体制，到目前已建立健全玉龙雪山景区开发管理机构与管理机制。

玉龙雪山省级旅游开发区管理委员会代表丽江市人民政府对玉龙雪山东线景区进行统一规划、统一开发、统一管理。丽江玉龙雪山旅游开发区管理委员会于1993年按省政府批复设立，管委会为行使部分政府行政管理职能的正处级事业单位，对市、县人民政府负责，并受市委、市政府和县政府的委托，在市县各有关部门的支持和配合下，行使对旅游开发区在项目立项、规划建设管理、用地管理、治安消防、劳动用工、基础设施及公共设施配套管理、旅游经营管理核准、旅游服务体系健全、旅游行业综合管理等方面的职权。其下属玉龙雪山景区投资管理公司和丽江玉龙雪山旅游开发有限责任公司分别在玉龙雪山景区行使不同职能。

丽江市开发投资有限公司为国有独资公司，是丽江市人民政府批准并出资组建的政策性投资主体和国有资产运营实体。玉龙雪山景区西线主要由该公司下属国有企业丽江市金沙江航运旅游中心在虎跳峡景点经营虎跳峡景点旅游及配套服务。

3.1.2 取得较好的经济效益

玉龙雪山于1988年被列为国家重点风景名胜区，二十年来，玉龙雪山风景名胜区从不成熟的摸索逐步走向稳定、成熟的发展道路，取得了可喜的经济效益。1993年玉龙雪山景区用15万元借款起步，编制完成了一个很简单的景区规划，促成了省政府93年在丽江召开了第一次旅游现场办公会，迈出了丽江旅游开发的第一步。风景区游客接待人数从94年的4700人增长到2007年的190万人，增长了400多倍；总产值从94年的24万元增长到2007年的4个亿，增长了约1500倍；上缴税金从94年的2万元增加到2007年4300万元，增长约2150倍；社区群众旅游人均纯收入由1993年的200多元增加到2007年的5000元，增长了250倍。自1998年至2007年十多年间，玉龙雪山风景区共接待海内外游客3300万人次，对丽江社会经济发展的综合贡献近18亿元。玉龙雪山风景区已经成为宣传丽江、云南、中国的一个重要窗口，同时景区旅游收入也成为当地经济支柱。

3.1.3 取得良好的社会效益

玉龙雪山景区在取得较好经济效益的同时，其国内国际知名度、影响力快速提升，获得了良好的社会效益。

一方面，景区不断加强自身建设，在不断提升旅游环境质量的同时也增强了景区的社会影响力。2001年通过了ISO国际质量和环境管理体系认证，同年1月被评为全国首批4A级旅游景区。2006年11月与黄山结为姊妹峰；2007年1月与四川九寨沟结为友好景区，加强了国内旅游景区的合作与交流。2007年5月，风景区被评定为国家首批5A级景区。玉龙雪山风景区旅游开发区已经成为宣传丽江、云南、中国的一个重要窗口，曾先后获得省、市优秀文明旅游区、云南省“拥军优属先进单位”、云南省“旅游产业发展突出贡献先进集体”、云南省“海内外游客最向往的景区”“欧洲人最喜爱的中国十大景区”等40多项荣誉。目前旅游区是国家重点风景名胜区环境综合整治免检单位，云南省“科普教育基地”。

另一方面，当地政府在规范玉龙雪山旅游市场的同时充分考虑当地社区利益，采用现金反哺或招聘当地村民进公司工作等方法，提高社区居民收入，改善社区居民生活质量。社区群众年人均纯收入由1993年的200元增加到2007年的5000元，增长了250倍。

3.2 旅游发展存在问题

玉龙雪山旅游开发为当地所带来的巨大经济、社会利益为世人所目睹，同时，我们也应看到旅游开发活动也给玉龙雪山省级自然保护区管理工作所带来了较多负面影响，仍然存在一些有待改进和消除的矛盾。

（1）在玉龙雪山旅游开发中地方政府主导作用过大，作为管理者的保护区一直处于被动劣势，保护区相关规章条例中的很多规定都未能落到实处。首先，由于管理体制不顺，保护区的人员组成、工资待遇、经费开支等，全由地方政府承担，国家林业局等中央行政主管部门，只对保护区进行业务指导。一边是业务主管，一边是衣食父母，当地方利益与生态保护发生矛盾时，保护区的管理者该怎么办？其次，与玉龙雪山景区所获得的巨大经济收入形成巨大反差的是玉龙雪山保护区的艰难发展。保护区多年来并未从玉龙雪山旅游开发的收益中获益。仅有的事业经费收入使保护区工作运转困难，谋求发展的途径少，管理能力缺乏，与此相适应的保护、科研、宣传力度有限。经济开发与保护事业的互相促进与发展在玉龙雪山暗然失色。

（2）玉龙雪山风景名胜区范围完全将保护区包含在内，其面积甚至大过保护区。其景点分布、旅游活动范围都在保护区内，“保护区内开展旅游活动必须是生态旅游，而且必须在实验区内开展”这点是毋庸置疑的。然而目前玉龙雪山景区所开展的旅游活动无疑是大众旅游方式。随着生态保护意识、法律意识的增强，玉龙雪山旅游争议也较大，虽然玉龙雪山景区一直将“科学规划、统一管理、严格保护、永续利用”作为指导思想，十五年来不断开发的景点都做了详细的规划，但事实看来，玉龙雪山风景区不仅范围完全与保护区范围重合，而且主要景点的范围都已深入保护区原来规划的核心区和缓冲区。其中，雪山大索道一直延伸到主峰扇子陡下方。同时，对于玉龙雪山部分冰川的融化，尽管也有专家解释：“全球气候变暖是玉龙雪山冰川退缩的主要原因，跟气候的变化和影响相比，人的影响微乎其微。”但是，全球气候变暖是一个大环境的问题，玉龙雪山作为丽江之魂、当地经济发展的命脉，作为资源的利用者、管理者、守护者更应考虑小环境变化对冰川、雪山的影响，最大程度地减少小环境的影响。而不应把全球气候变暖作为推卸责任的借口。

4 旅游发展思路

4.1 旅游发展定位

基于玉龙雪山生态脆弱性和重要性，旅游活动范围又在保护区范围内，玉龙雪山旅游发展定位应为真正意义上的“生态旅游”，同时应按照旅游资源等级划分为一般性生态旅游和精品生态旅游两类。以促进玉龙雪山资源与旅游发展的和谐、可持续发展，最终建成国内“保护与开发”优秀示范区。

4.2 旅游发展策略

4.2.1 科学规划，合理布局

保护区范围内唯有保护区总体规划和保护区生态旅游规划是具有法律地位的两个规划，而且生态旅游规划必须服从于保护区总体规划。多年来的实践证明，自然保护区自身的稳定和发展，离不开当地经济社会的发展，没有当地经济社会的发展，没有自然保护区及周边群众生活水平的不断提高，就难以有自然保护区事业的真正振兴和持久发展。而发展生态经济，是统筹生态保护与社区经济协调发展的好办法，既充分体现了对自然资源和生态环境的保护，又充分适应了当地经济发展的要求。我们要从维护自然保护区发展的长远利益出发，坚持以人为本的理念，依法支持和帮助群众发展生态经济。这既是维护当地群众合法权益的要求，也是维护自然保护区稳定和发展的要求。所以，建议在编制保护区总体规划时充分考虑玉龙山旅游业的发展和现状，在功能区划时科学确定“保护与开发”的平衡点。对自然保护区生态旅游进行充分的科学论证，制定合理的保护区的保护规划与生态旅游规划。同时做好环境影响评价，制定切实可行的环保预案指导保护区内生态旅游活动的科学开展。

4.2.2 兼顾各方利益，促进三大效益的良性循环发展

正确认识保护与开发的关系，坚持保护优先原则，利用旅游所产生的经济效益服务于保护区的管理和发展。玉龙雪山保护区的资金主要来源于当地政府拨款，资金有限。每年仅约 70 万元的事业经费。由于资金的极度缺乏，保护区建区 24 年来管理工作一直停留在简单看护上，对于保护区发展所必须的环境监测、科学研究、环境教育等均无能开展。旅游部门已经在反哺保护区社区居民方面做了卓有成效的工作，能否借鉴这个经验，建立旅游业反哺保护区管理部门的机制，值得探讨。通过开展玉龙雪山生态旅游业反哺保护区，为保护区发展开辟新的融资途径，使得自然保护区各项环境保护工作落到实处，同时也以生态环境质量的提高来促使保护区生态旅游业的更快、更健康发展。从而最终实现“保护—发展—保护—再发展”的目标，促进玉龙雪山生态效益、社会效益和经济效益的良性循环、可持续发展。

4.2.3 加强宣传教育，提高公众生态旅游意识

生态旅游开发不应以牺牲生态环境为代价，它要求人们合理地利用自然资源并要保护自然资源和生态平衡。应通过广泛的宣传教育来提高公众的生态旅游意识。首先，对自然保护区所在地的政府官员、开发商、旅游管理人员和从业人员进行培训，使他们认清当前旅游发展趋势，在旅游开发经营中自觉运

用生态学意识，推出真正的生态旅游产品，开展生态旅游；其次，提高游客的生态意识、环境意识和可持续发展意识，用生态学原则指导旅游活动；再次，对当地居民和社会公众进行宣传，通过标本、图片、影视、录像及宣传材料普及生态旅游知识，使生态旅游真正成为人与自然和谐统一的桥梁，促进自然保护区生态旅游产业的可持续发展。

5 结语

保护与发展是目前全世界人民面临的最大课题。国家环保总局局长周生贤表示："我们不能用停止发展来换取保护环境，更不能为了发展来宽容污染，我们要通过优化环境来促进经济社会协调发展"。发展经济与保护环境并不是一对不可调和的矛盾。生态环境的好坏，不仅是衡量生态文明的尺度，更是检验发展是否科学的重要标准。丽江籍学者、云南省社科院副院长杨福泉博士曾说："玉龙雪山是纳西人的神山，是纳西之魂、丽江之魂，很多纳西人视其为生命和灵魂的归宿，与他们有着不可分割的精神联系"。玉龙雪山生态环境的好坏关系到丽江的发展、保护区的发展。保护区应坚持以保护为前提，合理、适度利用保护区旅游资源，以促进保护区保护与发展的良性、可持续的循环发展。

轿子山自然保护区森林生态系统服务功能价值评估*

生态系统服务功能是自然生态系统及其所属物种支撑和维持人类生存的条件和过程[1-2]。森林生态系统的生态服务功能是指森林生态系统及其生态过程为人类提供的自然环境条件与效用[2-3]。森林是地球生物圈的重要组成部分，是可再生资源，是维持生态平衡的重要调节器。但是，由于长期以来人类在经济活动决策过程中对森林生态系统服务功能及其重要性缺乏认识及林业经营上的决策失误，导致森林资源的过度消耗和生态系统的严重破坏[4]。随着对资源环境可持续发展机制研究的不断深入，森林生态系统服务功能的价值逐渐被人们所认识，特别是在 Costanza 等[1]以货币形式对全球生态系统服务功能价值进行了评估，使生态价值评估进入一个新阶段，生态系统服务功能的价值评估正成为当前生态学研究的前沿课题，许多学者从不同角度对生态系统服务功能及其价值进行了研究[5-7]。

目前，国内大尺度区域生态系统服务价值评估在现阶段占据主导地位，而基于重点流域、自然保护区等自然区域尺度的价值评估研究较少[8]。大尺度评估往往容易使某些局部格局特征或特异现象消失，对于具有阈值和非线性特征的生态过程，这个问题尤为突出[9]。积极开展具有典型植被特征自然保护区尺度的森林生态系统服务功能价值评估就显得尤为重要。基于此，该研究在云南省轿子山自然保护区森林生态系统结构、过程及服务功能关系的基础上，对以具备典型植被为代表的轿子山自然保护区森林生态服务价值进行评估。该保护区地处中国西南旅游资源最丰富的云南省省会昆明市，是构成昆明“四季如春”气候的决定性因素，同时也是金沙江流域生态安全的重要生态屏障。研究其生态服务功能，有助于更好地理解在中国云南省森林型自然保护区生态系统服务功能的价值重要性，也为正确保护轿子山森林资源提供有力支撑。正确认识轿子山自然保护区森林生态服务功能，为开展云南省生态补偿机制研究提供科学的理论依据和可行的数据支持。

1 研究区概况

轿子山自然保护区位于云南省昆明市北部，属乌蒙山系拱王山脉余脉，海拔 4223m，峰山体型似轿子而得名，被誉为“滇中第一山”，距省会昆明 168km，素有“距昆明市最近的原始森林”之称。保护区范围包括轿子山片和普渡河片，总面积为 16456.0hm^2，其中轿子山片位于禄劝彝族自治县的雪山、乌蒙、转龙三乡（镇）与东川区的舍块、红土地乡（镇）交界处，地理坐标为东经 102°48′21″~102°58′43″，北纬 26°00′25″~26°11′53″，面积 16193.0hm^2；普渡河片位于禄劝县中屏乡和乌蒙乡交界处，地理坐标为东经 102°42′43″~102°44′10″，北纬 25°56′30″~25°57′59″，面积 263.0hm^2。保护区气候垂直分异明显，随海拔升高逐渐由南亚热带干热河谷到亚热带，最后演变至寒温带气候，干、湿季节分明，年均降雨量 1100mm。土壤以棕壤为主，平均厚度 60cm，质地多为砂壤质，结构松散，层次分明，腐殖质层厚度变化较大，有机质及养分含量较高，pH 集中分布在 5.3~6.3，呈酸性或微酸性，盐基饱和度较高，淀积层明显，土壤容重平均为 1.4g/cm^3。

轿子山 1994 年建立省级自然保护区，2009 年正积极申报国家级自然保护区。根据云南轿子山自然保

* 张治军，唐芳林，朱丽艳，等. 轿子山自然保护区森林生态系统服务功能价值评估［J］. 中国农学通报，2010，26（11）：107-112.

护区“总体规划”统计资料，区内有林地面积11428.2hm^2，森林面积3797.8hm^2，灌木林地面积7630.4hm^2，森林覆盖率为69.4%，活立木总蓄积量287050.0m^3，其中纯林230780.0m^3，混交林56270.0m^3，平均年增长量为3.46m^3/hm^2。主要森林植被有华山松（*Pinus armandi*）、急尖长苞冷杉（*Abies georgei* var. *smithii*）、高山松（*Pinus densata*）、高山柏（*Juniperus squamata*）、攀枝花苏铁（*Cycas panzhihuaensis*）、栎类（*Quercus* sp.）、野八角（*Illicium simonsii*）等。

2 研究方法

对生态系统服务评价的方法主要有两种，一种是物质量评价法，另一类是价值量评价法[10]。赵景柱等[3]曾对这两种方法进行过客观的比较分析。物质量评价法主要是从物质量的角度对生态系统提供的服务进行整体评价，而价值量评价法主要是从价值量的角度对生态系统提供的服务进行整体评价[11]。该文结合这两种方法对轿子山自然保护区森林生态系统服务功能价值进行评估。

2.1 直接经济价值

森林生态服务功能的直接经济价值主要表现为林产品价值和生态旅游价值[12]。

2.1.1 林产品价值

轿子山自然保护区林产品主要指活立木生产，采用市场价格法来评估其价值。计算公式如下：

$$FP = \sum S_i \cdot V_i \cdot P_i$$

式中，FP为区域森林生态系统木材价值；S_i为各类林分类型的分布面积；V_i为各类林分单位面积产量；P_i为各类林分木材价值。

2.1.2 生态旅游价值

根据轿子山自然保护区生态旅游收益计算。

2.2 间接经济价值

森林生态服务功能的间接经济价值主要表现为森林生态系统的环境功能，如涵养水源、净化空气、固碳释氧等，是其生态服务功能价值的主体，是最难以进行评价而又最容易被人们忽视的价值。因此，对这部分价值进行定量评价对确切评价森林的生态服务功能具有重要意义[12]。

2.2.1 涵养水源价值

森林水源涵养量的计算方法主要有两种：水量平衡法和分类统计法，考虑到资料的可获得性，此研究采用分类统计法，计算各林分3方面的水源涵养量：林冠截留量、枯落物持水量和土壤贮水量。涵养水源主要通过林冠层截留、枯枝落叶层和土壤层持水3个方面来实现。计算公式如下：

$$FW = \sum S_i \cdot \rho_i \cdot P_i$$

式中，FW为森林水源涵养量；ρ_i为各类林分单位面积持水量；P_i为单价。利用影子工程法按照中国近年水库工程库容造价5.714元/m^3[12]计算涵养水源价值。

2.2.2 土壤保持价值

在评价中，首先对轿子山自然保护区生态系统土壤保持物质量进行计量，然后利用影子价格法、机会成本法和替代工程法，将其价值化。

（1）生态系统土壤保持量估算方法：

$$Ac = Ap - Ar = D \cdot M_1 - D \cdot M_0$$

式中，Ac为土壤保持量（t/a）；Ap为潜在土壤侵蚀量（t/a）；Ar为实际土壤侵蚀量（t/a）；D为区域面积（hm^2）；M_1为荒地侵蚀模数［t/(hm^2·a)］；M_0为当前植被覆盖下的实际侵蚀模数［t/(hm^2·a)］。

（2）生态系统土壤保持价值评估方法：从保护土壤肥力、减少土地废弃和减轻泥沙淤积灾害 3 个方面来评价生态系统土壤保持经济效益。

①土壤肥力保持价值估算：由于森林的作用，不仅使林区的土壤侵蚀减少，也保留了土壤中大量的营养物质。这些营养成分主要包括 N、P、K 等元素。按照价值补偿法，其相当于提供了相量的化肥。计算公式为：

$$Sn = Ac \cdot \sum \mu_i \cdot P_i Sn\ \mu_i P_i$$

式中，Sn 为土壤营养物质价值；μ_i 为第 i 类土壤营养物质含量；P_i 为第 i 类营养物质单价。

②减少土地废弃价值计算：森林砍伐后，如不合理利用，这些土地将很快退化乃至废弃，但土壤退化是一个逐渐的过程，难以计算每年土地废弃量。该文以土壤平均厚度 0.6m 作为森林减少废弃土地的土层厚度来推算因土壤侵蚀而造成的废弃土地面积，再用机会成本法计算得因土地废弃而失去的年经济价值。计算公式为：

$$Es = Ac \cdot B/(0.6 \times 10000\rho)$$

式中，Es 为减少土地废弃的经济效益（元/a）；B 为林业年均收益（元/hm^2）；ρ 为土壤容重（t/m^3）。此研究采用中国林业生产的年均收益为 282.17 元/hm^2（以 1990 年为不变价）计算减少土地废弃价值。

③减轻泥沙淤积灾害：按照中国主要流域的泥沙运动规律，全国土壤侵蚀流失的泥沙有 24%淤积于水库、江河、湖泊[13]，利用替代工程法计算森林生态系统减轻泥沙淤积灾害的生态服务功能价值，该研究用泥沙淤积导致水库蓄水量减少而造成的损失来估计。计算公式为：

$$En = 24\% \cdot Ac \cdot C/\rho$$

式中，En 为减轻泥沙淤积经济效益（元/a）；C 为水库工程库容造价（元/m^3）。

2.2.3　固碳释氧价值

森林通过光合作用，吸收 CO_2，释放 O_2，通过这一过程，森林能有效控制大气中 CO_2 的浓度，减轻温室效应，增加森林的生物生长量。森林增加每立方米蓄积可固定 CO_2 850kg，同时向大气释放 O_2 618.2kg[8]。由于每年枯枝落叶分解所消耗的 O_2 和产生的 CO_2 与其生长过程中所产生的 O_2 和消耗 CO_2 基本相等，故对枝叶的固碳释氧价值不予计算。研究区森林年蓄积增长量 13122.5m^3，根据 CO_2 分子式和原子量，换算成纯碳量。CO_2 固定量的价值计算：目前，国际上计算固定 CO_2 价值的方法主要有碳税法和造林成本法。碳税法通常采用瑞典的碳税率 150 美元/t C（汇率按 1∶6.8）计算，对于中国来说无疑是偏高的，所以此研究采用中国造林成本 273.3 元/t C 和国际碳税标准的平均值 646.7 元/t C 进行固碳价值评估。释放 O_2 量及其价值计算：通过森林年净生长量，计算释放 O_2 量，再通过中国森林生产 O_2 的成本 369.7 元/t 来估算森林释氧功能的价值。

2.2.4　净化空气价值

（1）SO_2 的净化：采用 SO_2 的平均治理费用评价轿子山森林净化 SO_2 的价值。其依据是[14]森林对 SO_2 的吸收能力：阔叶林 q_1=88.65kg/（hm^2·a）；针叶林 q_2=215.6kg/（hm^2·a），森林年吸收 SO_2 的总量：

$$Q = Q_1 + Q_2 = q_1 \cdot S_1 + q_2 \cdot S_2$$

式中，Q 为森林年吸收 SO_2 的总量；Q_1、Q_2 分别为阔、针叶林年吸收 SO_2 的总量；S_1、S_2 分别为阔、针叶林面积。按照 SO_2 的投资及处理成本 600 元/t 计算其经济价值。

（2）滞尘：森林滞尘的价值，可用削减粉尘的平均单位治理费用来评估[15]，据测定，中国森林的滞尘能力为：阔叶林 q_1=10.1t/（hm^2·a）；针叶林 q_2=33.2t/（hm^2·a）。森林滞尘的总量 K：

$$K = q_1 \cdot S_1 + q_2 \cdot S_2$$

价值量按照除尘运行成本 170 元/t 计算其经济价值。

2.2.5 科研文化价值

该研究参考中国单位面积生态系统的平均科研价值[16]和 Costanza 等[1]对全球森林生态系统科研文化功能价值的平均值 197.8 元/hm^2，计算其经济价值。

2.2.6 维护生物多样性价值

轿子山自然保护区为野生动物提供了良好的生存环境，现初步记录哺乳动物 79 种，8 目，25 科，59 属；鸟类 167 种，9 目，32 科；两栖、爬行类有 47 种，4 目，16 科，32 属。其中，国家Ⅰ级重点保护野生动物 1 种，国家Ⅱ级保护野生动物 27 种。列于《濒危野生动植物国际贸易公约》中保护的动物 21 种，其中，列入附录Ⅰ的有 4 种，列入附录Ⅱ的有 17 种。使用影子工程法将轿子山自然保护区视作一个大型动物园，根据价值工程的廉价原则，以 10 000 万元为投资额，按 5%的年利率，计算其作为动物栖息地的经济价值[15]。研究资料表明，森林采伐造成的游憩及生物多样性的价值损失为 400 美元/hm^2，全球社会对保护中国森林资源的支付意愿为 112 美元/hm^2[8,10]，以此为基础，计算轿子山自然保护区增加生物多样性的价值。

3 结果与分析

3.1 直接经济价值

3.1.1 木材产品价值

根据轿子山自然保护区“总体规划”统计测算（表 1)，轿子山自然保护区活立木蓄积量达 287 050.0m^3，并以平均每年 4.57%的速度增加，年增长蓄积量为 13 122.5m^3，按照出材率 70%，目前市场原木 850 元/m^3的价格计算，每年生产的木材市场价值为 780.79 万元。

表 1 轿子山自然保护区各林分类型面积与活立木蓄积量

林分类型	面积/hm^2	单位面积蓄积量/（m^3/hm^2）	蓄积量/m^3
纯林	3494.6	66.0	230 780.0
混交林	303.2	185.6	56 270.0
灌木林	7 630.4		
合计	11 428.2		287 050.0

3.1.2 生态旅游价值

根据昆明市东川区和禄劝县旅游局关于轿子山近 3 年年均最大生态旅游收益测算得轿子山自然保护区生态旅游总价值为 114.38 万元/a。

3.2 间接经济价值

3.2.1 森林涵养水源价值

不同类型的森林，林冠截留率相差较大[8,17]：亚热带西部山地常绿针叶林的林冠截留率为 34.34%，温带山地针叶林的林冠截留率为 23.92%，亚热带山地常绿阔叶林的林冠截留率为 16.21%，温带落叶阔叶林的林冠截留率为 17.85%，灌木林的林冠截留率为 3.92%。经计算，该研究区域内林冠截留量总计为 12 402 478.22m^3，其经济价值为 7086.78 万元。森林枯枝落叶层在森林涵养水源中也起到重要作用，针叶林枯落物干重为 2.96t/hm^2、阔叶林枯落物干重为 6.79t/hm^2、灌木林枯落物干重为 7.45t/hm^2，吸水倍数分别为 2.2、3.8、3.9，其枯枝落叶层蓄水量为 290 971.71m^3，其经济价值为 166.26 万元。森林土壤层蓄水能力的大小取决于土壤孔隙度，尤其是非毛管孔隙度，增强了土壤的入渗性能和贮水能力，从而提高了林地土壤的贮水量，起到了很好的蓄水作用[18]。森林土壤非毛管孔隙采用温远光等[17]给出的中国亚热带西部高山常绿针叶林及阔叶林的土壤非毛管孔隙度，按照公式：森林土壤层增加的枯水期总水量=森林土壤非毛管孔隙度×森林土壤厚度（m）×10^4×有林地面积（hm^2）。据此公式计算出森林土壤层增加的枯水期水量为 8 636 699. 55m^3，其经济价值为 4935. 01 万元。上述 3 项合计，得出轿子山自然保护区森林生态系统涵养水源量 21 330 149. 49m^3，经济价值 12 188. 05 万元。

3. 2. 2 土壤保持价值

森林具有保护土地资源、减少土地资源损失、防止泥沙滞留和淤积、保育土壤肥力、减少风沙灾害和减少土体崩塌泻流等效用。降雨时非林地输出大量泥沙，这些泥沙带走了土壤中大量的 N、P、K 和有机质，造成土层变薄，土壤肥力下降，并使河流和水库淤积，对农业生产和水库的利用造成极大危害。而由于森林的作用，一方面，由于林冠的截留作用，使到达地面降水的动能明显减小；另一方面，森林涵养水源的作用使坡面水流强度明显降低，坡面侵蚀明显减轻[8]。

（1）森林生态系统减少土壤侵蚀量

根据中国土壤侵蚀的研究成果，无林地的土壤中等程度的侵蚀深度为 15~35mm/a，侵蚀模数为 150~350t/(hm^2·a)。此研究分别以侵蚀模数的低限 192t/(hm^2·a)、高限 447. 7t/(hm^2·a) 和平均值 319. 8t/(hm^2·a) 来估计[13]。根据该侵蚀模数，估算出轿子山自然保护区潜在年均土壤侵蚀总量，最低为 2 194 214. 40t,最高为 5 116 405. 14t，平均为 3 654 738. 36t。经计算，保护区实际土壤侵蚀量为22 633. 35t。根据上面所估算的保护区潜在土壤侵蚀量和实际土壤侵蚀量的对比，可得到每年保护区最低减少土壤损失 2 171 581. 05t，最高减少 5 093 770. 79t，平均减少 3 632 103. 01t。

（2）森林生态系统减少土壤侵蚀的损失估算

土壤侵蚀带走的大量土壤物质中含有丰富的土壤有机质、N、P、K 等营养成分，研究区土壤容重 1. 4g/cm^3，土壤以棕壤为主，有机质平均含量 10. 92%，全氮 0. 43%，全磷 0. 14%，全钾 1. 29%。经计算，研究区年保持全氮 15 559. 02t，全磷 5057. 70t，全钾 46 833. 70t，折成商品尿素 33 827. 14t，过磷酸钙 20 643. 52t，氯化钾 85 081. 98t。按尿素 1400 元/t，过磷酸钙 550 元/t，氯化钾 1100 元/t 计算，则其经济价值为 15 230. 21 万元；研究区年保持有机质 396 507. 61t，依据薪材转变成有机质的比例 2：1 和薪材机会成本价格 0. 0543 元/kg[19]，土壤有机质的单价为 0. 1086 元/kg，则其经济价值为 4306. 07 万元，年保肥效益总计为 19 536. 28 万元；减少土地废弃价值估算：经计算每年可减少土地废弃 432. 39hm^2，则其减少土地废弃经济价值为 12. 20 万元；减轻泥沙淤积灾害：研究区内年减轻泥沙淤积经济效益为 355. 78 万元。合计以上 3 项，轿子山自然保护区生态系统土壤保持价值为 19 904. 26 万元。

3. 2. 3 固碳释氧价值

经计算，研究区内 CO_2 固定量为 11 154. 13t，折合 3034. 96t 碳，经济价值为 196. 85 万元；释放 O_2 量 8112. 33t，价值为 299. 91 万元。合计固碳释氧价值为 496. 76 万元。

3. 2. 4 净化空气价值

SO_2 的净化：研究区内年固定 SO_2 量 527. 23t，其间接经济价值为 31. 63 万元；滞尘：研究区内年滞尘量 73 053. 85t，其间接经济价值为 1241. 92 万元。综合以上计算结果，得到轿子山自然保护区森林吸收 SO_2 和滞尘两种功能的价值总和为 1273. 55 万元。

3. 2. 5 科研文化价值

经计算，轿子山自然保护区科研文化价值为 75. 12 万元。

3. 2. 6 维护生物多样性价值

经计算得出轿子山自然保护区每年提供动物栖息地的价值为 500 万元，增加生物多样性的价值为

1322.24 万元。

3.3 森林生态系统价值总量

根据以上评估结果，得出轿子山自然保护区森林生态系统服务功能总生态经济价值为 36 655.16 万元/a（表 2）。相当于 2008 年东川区与禄劝县国内生产总值之和的 6.60%。

表 2 森林生态系统服务功能评估结果（10^4元/a）

功能	直接经济价值		间接经济价值					
	林木产品	生态旅游	涵养水源	土壤保持	固碳释氧	净化空气	科研文化	维持生物多样性
评价结果	780.79	114.38	12 188.05	19 904.26	496.77	1273.55	75.12	1822.24
分类合计	895.17					35 759.99		
总计				36 655.16				

按照价值构成进行比较，该研究得到轿子山自然保护区森林生态系统服务功能的直接经济价值和间接经济价值分别为 895.17 万元/a 和 35 759.99 万元/a，间接经济价值是直接经济价值的 39.95 倍。上述结果表明，森林生态系统除了为社会提供直接产品价值外，还具有巨大的间接经济价值，而且这种价值对人类的贡献显著高于森林提供的木材产品等直接价值。因此，在开发利用过程中不能只注重眼前的经济利益而减损了其他方面的效益。应从长远打算，全面考虑森林的综合效益，使其发挥最大作用。

4 结论与讨论

（1）生态服务功能价值评估研究是进行绿色 GDP 核算、生态补偿机制研究及生态省建设机制的重要依据[1,20]。该研究认为，云南省轿子山自然保护区森林生态系统水源涵养、保持土壤、固碳释氧、净化空气、生物多样性、生态旅游、林木产品、科研文化功能的总生态经济价值为 36 655.16 万元，相当于 2008 年东川区与禄劝县国内生产总值之和的 6.60%，两区县人均 470.69 元/a，单位面积价值为 22 274.65 元/hm^2。直接经济价值和间接经济价值分别为 895.17 万元/a 和 35 759.99 万元/a，间接经济价值是直接经济价值的 39.95 倍，以往大部分研究关于两者之比在 1 : 14.5 左右[10-11,21-23]，此研究与之差异主要体现在森林生态系统服务功能的直接经济价值方面。由于此研究区域内灌木林占据森林生态系统总面积的 2/3，木材年生产总量偏低，导致木材产品总价值相对较低。同时此研究生态旅游价值仅占总服务价值的 0.31%，说明当地生态游憩业发展尚不成熟，但事实上，该地区旅游资源丰富，区位优势明显，是距离昆明市最近的“原始森林”与“高原雪山”，存在较大的旅游资源尚待合理开发。

（2）轿子山自然保护区森林生态系统各项服务功能价值由大到小顺序依次为：土壤保持>涵养水源>维持生物多样性>净化空气>林木产品>固碳释氧>生态旅游>科研文化。森林的土壤保持功能对生态系统价值量的贡献最大，占轿子山自然保护区整个森林生态系统公益总价值的 54.30%；涵养水源的价值居于第 2 位，约 12 188.05 万元，占总价值的 33.25%。由此可见，轿子山自然保护区的森林价值并不仅表现在为人类的生产和生活提供原材料，除有直接经济价值外，更有重大的生态防护价值。为此，各级政府部门在制定各项政策时，应充分考虑轿子山自然保护区森林的各项服务功能价值，合理利用与经营轿子山的森林资源，最终实现轿子山自然保护区资源的可持续利用。

（3）该研究所引用的参数不能精确地反映轿子山自然保护区森林生态系统服务功能的真实状况，由于受到资料及研究方法的局限性，该研究仅是对轿子山自然保护区森林生态系统各项服务功能及其价值粗略和保守的估计。但即使是这样的一个保守的估计也还有助于人们对生态价值的了解，为轿子山自然保护区生态环境保护政策的制定提供参考，为科学、有效地实施可持续发展战略提供重要的指导性依据。随着人们对轿子山自然保护区生态服务功能认识的不断深入，其生态经济价值将更加明确。

（4）目前国内外还没有能够真正实现以生态系统服务功能的价值评估作为生态补偿标准的依据[24-25]，因此，今后应继续开展生态价值评估研究，进一步改进研究方法与评估手段，科学分析各类生态系统的服务功能，并把评估结果与生态补偿机制研究紧密结合，为进行生态补偿机制研究提供科学依据[8]。

【参考文献】

[1] Costanza R, D' Arge R, Rudolf de Groot, et al. The value of the world' s ecosystem services and natural capital [J]. Nature, 1997, 387: 253-260.

[2] Daily G C. Nature' s services: Societal dependence on natural ecosystem [M]. Washington: Island Press, 1997.

[3] 赵景柱，肖寒，吴钢. 生态系统服务的物质量与价值量评价方法的比较分析 [J]. 应用生态学报，2000，11（2）：290-292.

[4] 谢高地，鲁春霞，成升魁. 全球生态系统服务价值评估研究进展 [J]. 资源科学，2001，23（6）：5-9.

[5] Bolund P, Hunhammar S. Ecosystem services in urban areas [J]. Ecological Economics, 1999, 29: 293-301.

[6] Bjorklund J, Limburg K, Rydberg T. Impact of production intensity on the ability of the agricultural landscape to generate ecosystem services: An example form Sweden [J]. Ecological Economics, 1999, 29: 269-291.

[7] Holmund C, Hammer M. Ecosystem services generate by fish population [J]. Ecological Economics, 1999, 29: 253-268.

[8] 王玉涛，郭卫华，刘建，等. 昆嵛山自然保护区生态系统服务功能价值评估 [J]. 生态学报，2009，29（1）：523-531.

[9] 赵军，杨凯. 生态系统服务价值评估研究进展 [J]. 生态学报，2007，27（1）：346-356.

[10] 杨丽雯，何秉宇，黄培祐，等. 和田河流域天然胡杨林的生态服务价值评估 [J]. 生态学报，2006，26（3）：681-689.

[11] 吴钢，肖寒，赵景柱，等. 长白山森林生态系统服务功能 [J]. 中国科学（C辑），2001，31（5）：471-480.

[12] 余新晓，秦永胜，陈丽华，等. 北京山地森林生态系统服务功能及其价值初步研究 [J]. 生态学报，2002，22（5）：627-630.

[13] 欧阳志云，王效科，苗鸿. 中国陆地生态系统服务功能及其生态经济价值的初步研究 [J]. 生态学报，1999，19（5）：607-613.

[14] 中国生物多样性国情研究报告编写组编. 中国生物多样性国情研究报告 [R]. 北京：中国环境科学出版社，1998.

[15] 韩维栋，高秀梅，卢昌义，等. 中国红树林生态系统生态价值评估 [J]. 生态科学，2000，19（1）：41-46.

[16] 吴玲玲，陆健健，童春富，等. 长江口湿地生态系统服务功能价值的评估 [J]. 长江流域资源与环境，2003（12）：411-415.

[17] 温远光，刘世荣. 我国主要森林生态系统类型降水截留规律的数量分析 [J]. 林业科学，1995，31（4）：289-298.

[18] 李红云，杨吉华，夏江宝，等. 济南市南部山区森林涵养水源功能的价值评价 [J]. 水土保持学报，2004，18（1）：89-92.

[19] 王燕，赵士洞. 天山云杉林生物量和生产力的研究 [J]. 应用生态学报，1999，10（4）：389-391.

[20] 曾光权，洪尚群，张星梓，等. 建立云南省生态补偿机制的研究 [M]. 昆明：云南科技出版社，2006.

[21] 欧阳志云，赵同谦，赵景柱，等. 海南岛生态系统生态调节功能及其生态经济价值研究 [J]. 应用生态学报，2004，15（8）：1395-1402.

[22] 余新晓，鲁绍伟，靳芳，等. 中国森林生态系统服务功能价值评估 [J]. 生态学报，2005，25（8）：2096-2102.

[23] 李海涛，许学工，肖笃宁. 天山北坡中段自然生态系统服务功能价值研究 [J]. 生态学杂志，2005，24（5）：488-492.

[24] 毛峰，曾香. 生态补偿的机理与准则 [J]. 生态学报，2006，26（11）：3841-3846.

[25] 杨光梅，闵庆文，李文华，等. 我国生态补偿研究中的科学问题 [J]. 生态学报，2007，27（10）：4289-4300.

西双版纳自然保护区与周边社区的共管研究*

截至 2007 年 1 月底，全球共有 107034 个通过国家法令明文建立的保护区，占全球土地面积的 11.63%，以应对生物多样性的急剧下降和生态环境的日益恶化。但是，大多数保护区周边及其内部都居住着大量居民[1]，他们主要采用传统方式利用保护区内的自然资源，其资源利用效率低，对区内生物多样性的破坏也相当严重[2,3]。同时，随着当地居民人口和家庭数量的增加，其对保护区内野生动植物的生存和生境造成的压力也日益增加[4]。保护区建立后，当地居民多被强制性地排斥到保护区管理之外，或通过划界将其居住区划到保护区界限之外，或通过生态移民将其迁移到其他地区。对于那些不得不划到保护区界内的居民，大多保护区也没有制定相关的管理政策对其进行有效管理。但是这些居民世代以区内的自然资源为生，对资源的利用有其独特的方式，如果简单地通过行政手段强行限制他们在保护区内部的活动，势必会增加保护区与当地社区的矛盾。当前，研究人员努力从各个角度来分析保护区与当地社区之间的矛盾冲突，并力求寻找解决这些冲突的根本途径[5,6]。

本文选取西双版纳保护区作为研究案例主要是出于以下两方面的考虑：①西双版纳保护区被誉为“动植物王国皇冠上的绿宝石”和“热带生物种质基因库”，是我国生物多样性优先重点保护的区域和全球 25 个优先重点保护的生物多样性热点地区之一，其保护成效对于我国热带雨林森林生态系统具有重要意义。②西双版纳保护区与社区的矛盾冲突具有很强的典型性：人口的剧增使薪柴消耗、建材消耗、放牧、林下种植、盗伐及过度采集非木材林产品等加速了对保护区资源的破坏，人和大型野生动物的冲突加剧、日益加剧的农业蚕食等威胁仍然困扰着保护区管理部门。能否将这些问题处理好是西双版纳保护区管理工作中不容忽视的问题，对于其他保护区的管理、发展也有借鉴意义。

1 研究地概况

西双版纳保护区位于云南省西双版纳傣族自治州境内，地理位置处于北纬 21°10′~22°24′、东经 100°16′~101°50′，由地域相近而互不相连结的勐养、勐腊、尚勇、勐仑、曼稿 5 个子保护区组成，总面积 242510hm^2。西双版纳保护区的主要保护对象是以热带北缘雨林、季雨林森林为标志的热带森林和以季风常绿阔叶林为主的南亚热带常绿阔叶林等森林生态系统，以及热带和南亚热带珍稀濒危野生动植物种群及其生存环境。西双版纳保护区地处热带与南亚热带过渡区域，已知有维管束植物 214 科 1012 属 2779 种，含国家重点保护植物 31 种；已知有脊椎动物 818 种，含国家重点保护野生动物 114 种。2009 年，保护区范围内有 122 个村寨，周边有 138 个村寨。社区总人口 63160 人，其中区内社区人口有 25092 人，周边社区人口 38068 人，包括汉、哈尼、拉祜、布朗、彝、基诺、瑶、佤、回、白、景颇、壮等 13 个民族。

2 结果与分析

2.1 社区共管现状

西双版纳保护区一直受许多国际组织的关注，在全球环境基金（GEF）、世界自然基金会（WWF）、美国大自然保护协会（TNC）、联合国教科文组织（UNESCO）等国际组织的支持下，实施了较多社区发

---

* 黎国强，赵建伟，游云. 西双版纳自然保护区与周边社区的共管研究 [J]. 环境科学导刊，2011，30（4）：20-23.

展项目，在机构设置中，原来的群工科已改为社区科，突出了社区在自然保护区管理工作中的重要性，使西双版纳自然保护区整体管理水平也得到了很大提高。西双版纳自然保护区管理的发展分两个阶段：第一阶段，保护区管理部门与当地社区是管理者和被管理者的关系，他们之间发生的联系主要以“执法”的形式存在，当地社区是被动式的参与，保护和发展是冲突的；第二阶段，在国际合作项目的影响和资助下，自然保护区管理部门在当地社区开展了许多帮助社区发展的活动，使这种冲突关系有了很大改善，取得了共识。目前，自然保护区正处于第二阶段，自然保护区管理部门和当地社区双方都从这种改善了的关系中得到了一定的实惠。在保护区范围内，开展了一系列以公众参与为基本途径的共管项目，以促进保护区与当地社区之间的协调发展。

2.2 社区共管实施的成效

通过社区共管工作，取得了一定的效果，社区群众的保护意识有了很大的提高。例如，2000 年以来，境外人员盗伐“土沉香”、境内外人员勾结使用军用武器盗猎，这些悄悄发生在保护区深处的违法事件都是在社区群众积极举报和参与的基础上得以迅速侦破的。但是，社区共管工作相当分散，示范效果有限。为此，在充分酝酿的基础上，西双版纳国家级自然保护区对勐养子保护区的关坪保护站进行改造，兴建“西双版纳国家级自然保护区勐养关坪综合示范管理站”。这种集中的科技示范项目可以把更多的种植、养殖技术传播给社区群众，向外来人员展示保护区的森林生态系统及野生动植物资源。成效显著，值得推广。1997 年，保护区开展了社会经济本底调查，基本摸清了西双版纳国家级自然保护区内部和周边 260 个自然村的经济社会状况，并对 26 个重点村寨进行了参与性乡村评估（PRA）。通过 PRA 评估，确定了勐养子保护区新竜山村和勐腊子保护区下回边村 2 个共管示范村，建立了社区共管委员会组织，聘请了 6 名协调员。2007 年，又在纳卡、南屏开展了共管示范项目。共管示范村的建立改变了当地社区资源利用的传统方式，资源利用趋于合理，保护意识有所提高，社区与保护区的各类矛盾冲突明显下降；人为活动对保护区的压力和威胁有所缓解；促进了社区的经济发展，人均纯收入显著提高。

2.3 社区共管存在的问题

2.3.1 保护区资源管理与社区经济发展冲突日益加剧

西双版纳保护区内及周边社区的居民世代以森林资源为生，农牧业生产、森林砍伐、交通、旅游、偷猎和采药等人类活动影响了西双版纳保护区近 1/6 的面积，其中有些影响程度大的地区在短期内不可能再恢复为亚洲象等保护动物的栖息地。随着保护区内人口和家庭数量的增加，目前保护区内亚洲象生境的丧失和破碎化程度比保护区建立之前更加严重[7]。在自然保护区未建立前，保护区社区居民可以到林内采烧柴、林副产品以及放牧等活动，并把采药、狩猎或从事林副业生产作为他们经济收入的重要来源。保护区建立后，保护区管理部门则要求对自然资源进行严格保护，实现其自身的可持续发展，追求长远的全局利益。因此，当地居民的农业用地规模、薪柴采伐数量和范围、野生动植物资源利用以及林副业生产的经营方式等活动都受到自然保护区有关管理规定的限制和制约，这在很大程度上冲击了村民传统的资源利用方式，使保护区与周围社区之间在自然资源开发利用与保护之间产生了冲突。另外，无论在促进当地社区社会经济发展还是在加强自然保护区管理，当地社区都只是项目活动的受体，他们的主观能动性并没有得到充分体现。在实际操作中，自然保护区管理几乎成为当地社区的扶贫部门，没有得到当地政府相关部门的有力支持，而保护区的社区发展项目也并没有纳入当地政府的统一扶贫规划之中。

2.3.2 共管经费不足

实施社区共管需要一个各方共同参与、投资来启动的体系，有较高的启动经费门槛，目前在中国主要通过外援项目的形式开展。现行的保护区管理基本上是自上而下的强制管理，中央政府在把责任委托给地方政府时没有委以相应的权利，主要是没有足够的经费投入，多数保护区处境困难，显然，通过保护区自己的资金投入进行共管在短期内存在很大的困难。同时，保护区建设的巨大经费压力，也会挫伤当地居民建设自然保护区的积极性。西双版纳国家级自然保护区为财政单位拨款，经费来源基本是财政预算拨款，其他经费来源很少。2006—2007 年度，年平均总经费 1244.48 万元，财政预算拨款达 88.7%、预算外拨款 7.8%，其他收入 3.5%。同期，年平均总支出 1133.95 万元，基本支出占了 88.78%，项目支出 14.2%。也就是说，西双版纳国家级自然保护区在管理投入上是十分有限的，基本还处于维持日常运行状态，社区共管资金利用也就非常有限。

2.3.3 宣传教育面狭窄，宣教力度不足

由于保护区周边社区人口众多，群众文化素质较低，民族构成复杂，语言沟通不便，保护区内的村寨经济发展水平较低且不一致等原因，虽然保护区管理部门及工作人员做了大量的宣传教育及扶持工作，保护区社区一部分居民保护意识都有所提高，开始意识到保护自然环境和自然资源，也能带来经济上的利益。但保护区内的大部分村民对自然保护区的划定及管理至今还存有不理解的心态和抵触情绪。保护区的宣教工作无法做到全面铺开，只能以点带面，辐射影响效果有限，对公众的宣传教育影响力很低。要使西双版纳保护区自然保护事业被人们普遍认识和接受，还有待开展内容丰富、形式多样、覆盖面广的宣传教育活动。

3 对策与解决方案

根据最新的调查数据，保护区内人口增加到 24198 人，10 余年净增将近 10000 人。人口的剧增使薪柴消耗、建材消耗、放牧等问题日益加剧，加速了对保护区资源的破坏。另外，西双版纳优越的自然条件，吸引了大量外地人口的进入，在过去的 50a 里，有大量的外来人口进入西双版纳。这些外来人口，有的是政府引导下的规模化移民，有的则是缺乏管理条件下的盲流移民。这些移民进入西双版纳后，在热带雨林分布地区开荒种粮，种植经济作物，在很大程度上加剧了热带雨林的破坏。目前，虽然只是少数村民进入保护区内开垦种植，毁林开荒，但在一定程度上破坏了生态系统的完整性，对生物多样性保护造成威胁。随着开发建设，大量引进外来劳力承包种植，又造成新的人口压力，一旦集体林被开垦殆尽，必然蚕食自然保护区。因此，保护区管理者必须积极寻求合适的对策与解决方案（表 1）。

表 1 社区共管存在问题对策与解决方案

对策与解决方案	用途及优点
加强宣传教育，提高社区居民的参与性	使社区群众不断地学习社区共管业务知识，了解有关共管的先进经验，充分认识社区共管的意义和重要性
完善社区共管制度，健全相关法律法规体系	将会为自然保护区社区共管工作的顺利开展提供良好的法律和制度保障
完善社区共管激励机制	对保护区社区居民而言实行激励机制对社区共管工作的顺利开展更为有效
拓宽经费渠道，加大资金投入力度，保证共管项目的持续发展	既能保障生态环境的安全，又能增加群众收入，带动社区经济和谐发展
开展集中的科技示范，举办社区实用生物技能培训	集中的科技示范项目可以把更多的种植、养殖技术传播给社区群众，总结和推广社区共管经验，有针对性地组织技能培训，引导社区群众走科技兴农之路
邀请利益相关者展开对自然保护区资源利用模式的探讨	可以做到在制定相关政策时，尊重当地社区群众对自然保护区资源利用模式的意见
扶持社区参与生态旅游发展	保护社区居民利益，多提供机会让他们参与保护区景区的生态旅游活动，并从中受益，从而有效推动景区与当地社区协调发展
坚决清理保护区内种植的橡胶等经济林木，严格控制林下种植行为	有利于维护保护区的生物多样性

4 讨论

西双版纳自然保护区的建立，为保护西双版纳生物多样性和生态环境做出了基础性贡献。但仍然面临巨大的压力和挑战，突出表现在生物多样性保护与周边社区经济发展等方面。在西双版纳保护区内，农田已经扩大到 13000hm^2，900m 以下的森林大多都转变成橡胶林。而且为了增加经济收入，人们不再种植一些传统的粮食作物，而是种植更多的经济作物，这些经济作物的土壤侵蚀率要比粮食作物高 6~8 倍，同时还会降低农业生物多样性[8]。西双版纳自然保护区的建立，减少了周边居民的土地面积和基本生活来源，缩小了活动范围，保护区周边社区的社会经济条件普遍较差，交通不便、信息闭塞、民族聚居，村民的文化素质普遍不高，人均收入低，当地居民世代生存于保护区内，他们在使用区内生物资源的同时，会对生物多样性造成一定的影响。另外，与当地环境世代共存的社区具备一些传统的保护知识，例如，一些少数民族至今仍然保留着原始的“神山”“龙山”“神木”等信仰，并且制定《村规民约》等具有内部约束力的管理制度，对于全球生物多样性的完整保护具有至关重要的意义[7,8]。因此，深入了解自然保护区内部及周边居民对保护区管理状况的态度及建议，将他们所具有的传统经验吸收到保护区的管理工作中来，有利于保护区的可持续发展[1,3]。

【参考文献】

[1] 中国人与生物圈国家委员会. 中国自然保护区可持续管理政策研究［M］. 北京：科学技术文献出版社，2000.

[2] 苏杨. 改善中国自然保护区管理的对策［J］. 绿色中国，2004，(18).

[3] 朱建国，何远辉，季维智. 我国自然保护区中几个问题的分析和探讨［J］. 生物多样性，1996，4 (3).

[4] 国家林业局野生动植物保护司. 自然保护区社区共管［M］. 北京：中国林业出版社，2002.

[5] 张志，亢新刚，华朝朗，等. 自然保护区及周边社区可持续发展指标体系的初步研究［J］. 林业资源管理，2004，(2).

[6] 刘静，苗鸿，欧阳志云，等. 自然保护区与当地社区关系的典型模式［J］. 生态学杂志，2008，27 (9).

[7] 刘林云，吴兆录，许海龙. 西双版纳自然保护区曼旦村傣族利用自然资源的传统和变化［J］. 生态学杂志，2001，20 (4).

[8] 赵建伟，杨云中，何顺强. 西双版纳自然保护区周边社区综合治理［J］. 林业调查规划，2006，31 (s1).

轿子山自然保护区生态旅游的SWOT分析及开发构想*

SWOT分析是一种分析经济活动战略地位的重要方法。它通过对区域经济活动自身所具备的优势（Strength）和劣势（Weakness）、所处外部环境中的机会（Opportunity）与威胁（Threat）进行全面分析，为制定提升经济活动竞争力的战略提供一个比较清晰、全面、系统的判断和直接的思路[1]。对自然保护区生态旅游发展进行SWOT分析，就是通过分析和评价旅游产品供给内外环境，并同竞争对手进行充分的比较，明确生态旅游区在内部条件上的优势和劣势，识别环境中影响旅游区的主要因素及其变化趋势，从而把握住环境中的有利机会，避免不利的环境威胁；通过树立品牌、创造特色、提供供销对路的旅游产品，从而保持在市场竞争中的优势地位并形成景区的核心竞争能力[2,3]。本文借助SWOT分析方法对云南轿子山自然保护区生态旅游发展的内外环境进行全面分析，并进一步提出开发构想及对策。

1 自然保护区概况

轿子山位于昆明市北部，主峰海拔4344.1m，是我国青藏高原以东地区海拔最高的山地，也是北半球该纬度带上最高的山地之一。轿子山地跨东川区与禄劝县，地理坐标东经102°48′49″~102°57′50″，北纬26°40′23″~26°10′20″。轿子山旅游区北接四川省会东县，南连昆明，西邻楚雄，东通曲靖。轿子山自然保护区主要保护以攀枝花苏铁、须弥红豆杉、林麝为代表的珍稀濒危野生动植物资源及其栖息环境区内分布的我国面积最大的高山柏林和分布海拔最低的高山松林，是晓光河源头及普渡河支流水源涵养地。

2 保护区生态旅游开发的SWOT分析

2.1 内部构成要素（SW）分析

2.1.1 优势（Strength）分析

（1）自然旅游资源丰富、生态环境优良

轿子山是滇中第一高峰，因形如花轿而得名，是云南纬度最低的季节性积雪山峰，有着独特的自然景观。轿子山相对高差达3000m以上，形成寒、温、热立体气候，呈“一山分四季，四季景迥异”的奇异景观。轿子山自然保护区物种繁多，森林资源丰富，部分动植物甚至是国家级的珍稀、濒危和特有物种。山上分布着无数大大小小的湖泊，恰似镶嵌在高山密林中的珍珠，云海、佛光、日出、冰雪世界及杜鹃花海被誉为轿子山“五绝”。

（2）文化旅游资源交相辉映，具有较高的垄断性

轿子山系乌蒙山余脉拱王山的主峰，以其高、险、峻、奇而被誉为“滇中第一山”，被南诏国册封为东岳圣山，历史文化积淀深厚、民族民俗文化绚丽。毛泽东主席曾经以长征诗“五岭逶迤腾细浪，乌蒙磅礴走泥丸”来形容乌蒙山之高大绵亘。轿子山周围主要分布着汉、彝、苗等民族，其中彝族是当地世

---

* 黎国强，张君侠. 轿子山自然保护区生态旅游的SWOT分析及开发构想［J］. 福建林业科技，2011，38（2）：117-121.

居民族，是彝族祖先阿普笃慕六祖分支之一。小区域的地貌单元为世居这里的各民族及其支系提供了环境条件，各民族文化融合形成了独树一帜、具有轿子山特色的民族文化，尤其以彝族文化影响最为深入和广泛。

（3）生态旅游市场潜力巨大，客源市场广阔

轿子山自然保护区生态旅游资源丰富，其自然保护区性质也决定了只能发展生态旅游，从世界和中国旅游发展的现状来看，生态旅游市场增长速度很快，增长潜力巨大。目前，生态旅游已成为越来越多的人们享受健康生活的新时尚。近年来，全球生态旅游的年增长率高达 30%，为各类旅游中发展之最，我国生态旅游也出现了快速发展势头，全国每年仅到森林公园旅游的游客就达 5000 多万人次[2]。随着社会的进步、经济的发展、城市化步伐的加快，以及人们生活水平和科学文化素质的提高，生态旅游必将以更快的速度向前发展。

2.1.2 劣势（Weakness）分析

（1）缺乏明确、系统的旅游主题定位，整体旅游形象没有形成

"昆明最近的雪山""滇中第一山""昆明之巅""国际山地运动中心""南国冰雪天地"等[4,5]，都不足以表达和概括轿子山丰富、深厚、综合的旅游特征。以县域经济为单位的开发，已经不能够承担形成整体打造和营销的轿子山的平台。昆明北部地区是整个昆明市旅游发展的"温、冷"区域，轿子山周围的几个县区与昆明市其他县区相比，旅游资源的级别与丰富程度相对较低，并且传统上也不是昆明市旅游发展的重点区域，加之近几年来经济发展状况也赶不上其他县区，导致了昆明市北部各县区的旅游发展远远落后于其他地区。这对轿子山地区旅游的发展产生了不利的影响。

（2）基础设施相对薄弱，交通条件的限制阻碍了生态旅游市场的拓展

轿子山自然保护区处于贫困山区，经济不发达。道路交通和电力、通信设施比较落后，生态旅游的基础设施建设、服务接待设施配套方面远不能满足游客的需求。禄劝县境内轿子山景区目前仅有 104 张床位，供约 100 人就餐的餐厅，旅游旺季根本无法满足游客需求。东川区轿子山景区的"轿子山庄"有 80 个床位，服务对象主要是科考人员、特种旅游和短期的游客，接待档次低，服务体系不完善。另外，由于缺乏必需的资金，保护区旅游服务基础设施不完善，如指路牌、卫生设施等未得到改善。

（3）旅游产品开发薄弱，服务管理滞后

目前，轿子山旅游产品较为单调，基本停留在观光层次，娱乐度假等产品尚不多见，该区属于典型的"白天看山、晚上睡觉"型旅游区。此外，受游客喜爱的杜鹃花季节又比较短、积雪时间也不长。虽然轿子山自然保护区拥有丰富的自然、人文旅游资源，有着发展生态旅游的优势条件，但资源优势并未转化为产品优势，旅游产品开发无论在深度、广度上都亟待提高。目前除轿子山景区外，其他地区和大多数旅游资源只进行了小规模、浅层次的开发，对游客的审美、游览习惯重视不够，导致了"人车山顶跑，美景箐谷藏"的局面。

2.2 外部环境要素（OT）分析

2.2.1 机会（Opportunity）分析

（1）生态旅游正成为国内外旅游的主流，生态观念深入人心

随着人们生活水平和环境意识的提高以及可持续发展的实施，在崇尚旅游"可持续发展"的大背景下，生态旅游得到了快速发展。据统计，目前世界生态旅游收入年增长率达 25%~30%，是旅游业中增长最快的。中国的生态旅游发展势头良好，年旅游人数近 2000 万人，年旅游收入近 5.2 亿元人民币。联合国环境规划署将 2002 年定为"国际生态旅游年"，使生态旅游的发展在世界范围内达到了高潮，国内外生态旅游的发展为轿子山自然保护区发展生态旅游提供了一个良好的社会氛围[6]。

（2）各级政府高度重视旅游业的发展

昆明市政府对建立轿子山自然保护区高度重视，在保护区旅游业的开发和招商引资等方面，做了大量的工作。《昆明市国民经济和社会发展第十一个五年规划纲要》中提出了将轿子山打造成“生态旅游精品”的发展目标，《昆明市轿子雪山保护和管理条例》为轿子山保护和合理开发利用提供了明确的法规依据，《昆明市旅游发展规划（2008—2020年）》将轿子山列为昆明旅游“一心四圈七聚集”的空间布局中“生态和特种旅游圈”和“北部生态旅游带”的重点，也是昆明市政府规划的六大旅游产业重点建设项目之一。

（3）市场机遇

云南省旅游二次创业是轿子山自然保护区建设的难得机遇。目前，昆明旅游正在实施二次创业计划，提出“以项目建设推动旅游业大发展，实现由数量扩张到质量效益统一，由单一观光型向观光度假、康体休闲、会展商务复合型旅游转型的跨越式发展。”在《昆明市旅游发展规划》中，轿子山作为昆明市“北部生态旅游区”的核心景区，其战略地位被提到了前所未有的高度，随着轿子山旅游专线、东川—轿子山旅游专线、轿子山北部旅游环线的全线贯通，轿子山的生态旅游开发必将迎来千载难逢的发展良机。

2.2.2 威胁（Threat）分析

（1）对自然保护区生态旅游认识不足，旅游资源开发缺乏系统保护

目前很多自然保护区的管理人员对“生态旅游”的概念认识不清。有的人简单地将其理解为“生态保护+旅游”，因此，对发展生态旅游的积极性不高，相当一部分管理者对开展生态旅游持观望态度，在工作上表现得较为被动。有的人则将其理解为“自然保护区的变相旅游开发”，对保护区的缓冲区乃至核心区进行旅游开发，造成了对自然资源的破坏。保护区旅游开发，尤其是游客流量超过了旅游环境容量时，将对旅游生态环境造成严重破坏，轿子山自然保护区生态旅游的开发，同样面临旅游开发对生态环境保护带来的威胁。在生态旅游资源开发过程中如果不注重统一规划，重利润，轻保护，盲目开发，将导致资源的严重破坏。

（2）区域竞争面临激烈的挑战

周边旅游地的市场竞争将成为轿子山旅游业发展的一大挑战，特别是云南本省以及紧靠轿子山的四川和贵州的旅游地对轿子山风景区的影响较大。而周边这些先期发展起来的旅游区如梅里雪山、玉龙雪山等已经初具规模和名气，这些景区已经占据了一定的市场，市场竞争态势已经形成。

（3）自然保护区生态旅游开发缺乏相应的产业和技术手段支撑

生态旅游产品的开发，需要有产业支撑，生态旅游活动的完成有赖于若干具有环保意识的企业支持。作为生态旅游区的企业在经营中不考虑对环境的负面影响，出现大肆招揽客源、片面追求经济效益的现象。此外，我国对生态旅游区缺乏行之有效的景观设计、线路布局、客源管理、环境监测评估等一系列标准和方法等。

2.3 SWOT分析结论

自然保护区生态旅游已成为当今自然保护区建设和旅游业发展的一个热点，环境保护与旅游开发，保护区管理部门与当地社区，旅游者与管理者等一系列矛盾充斥其中，做好自然保护区生态旅游的外部环境及内部因素分析，对轿子山自然保护区生态旅游的可持续发展至关重要。轿子山自然保护区生态旅游发展的SWOT分析基本框架包括外部环境因素（机遇和挑战）和内部环境因素（优势和劣势）（见表1）。

表 1 轿子山自然保护区生态旅游发展 SWOT 分析

内部因素 / 外部因素		优势	劣势
		◆ 旅游资源丰富、生态环境良好◆ 历史人文资源优势突出◆ 生态旅游市场潜力巨大，客源市场广阔◆ 区位优势明显◆ 经济支撑力强	◆ 基础设施相对薄弱，交通条件的限制阻碍了生态旅游市场的拓展◆ 区域旅游环境差对轿子山旅游的发展影响较大，缺乏整体形象的塑造◆ 旅游产品开发薄弱；市场开拓意识差，服务管理滞后◆ 专业人才缺乏，从业人员学历偏低◆ 生态环境脆弱，环保与新投资项目间存在冲突
机遇	◆ 国家对自然保护区建设日益重视◆ 生态旅游正成为国内旅游的主流，生态观念深入人心◆ 政府在政策、项目等方面给予支持◆ 市场机遇	SO 战略	WO 战略
		发挥优势，利用机会	利用机会，克服劣势
挑战	◆ 对自然保护区生态旅游认识不足◆ 旅游资源开发缺乏系统保护◆ 区域竞争面临激烈的挑战◆ 自然保护区生态旅游开发缺乏相应的产业和技术手段支撑	ST 战略	WT 战略
		利用优势，回避威胁	减少劣势，回避威胁

通过对轿子山自然保护区生态旅游的 SWOT 分析，可看出轿子山自然保护区具备开发生态旅游的资源，占据区位优势，有着良好的发展机遇。在开发过程中，决策者只有正视威胁、抓住机遇、发挥优势、改善劣势，才能使轿子山自然保护区生态旅游走可持续发展之路，开发不能以牺牲生态环境质量为代价，把握开发度，控制游客量，增强游客环保意识，走自然保护带动生态旅游，生态旅游促进自然保护之路。

3 保护区生态旅游开发构想和措施

3.1 保护区生态旅产品定位与发展目标

从目前世界及我国旅游发展的一般规律来看，以生态类旅游产品和休闲类旅游产品为主要组成的多种旅游产品并存的市场需求格局正逐步改变着观光类旅游产品一统旅游方式的局面[4-5]。因此，必须改变轿子山自然保护区现有产品类型单一的窘境，发展以生态体验、生态休闲以及特种旅游等为主的丰富多样的旅游产品，为下一步发展建设的主导方向。通过规划期内的重点项目建设和滚动发展，建设成为昆明北部中心景区、滇中“大昆明国际旅游区”山地生态旅游的核心支撑景区和云南省著名山地生态旅游区；以其区域中心旅游区的地位带动其他地区的旅游业发展，最终发展成为在国内国际具有较高知名度的山地旅游目的地。

3.2 保护区生态旅游发展规模及经营形式定位

对任何一个旅游区旅游资源进行开发都存在一个适度的问题，过度开发将导致旅游资源的破坏，开发程度不够，则不能发挥旅游资源的最大效益。应制定科学可行的自然保护区生态旅游开发程序，使自然保护区内的生态旅游开发有章可循，有法可依；同时，引入资源经济学中的自然资源价值理论，本着高价高值的原则，通过价格手段来限制自然保护区的游客进入量，杜绝超载。据此原则测算：轿子山旅游区现状最适旅游环境承载力大约为 80 万~100 万人/a。另外，保护区应创新旅游经营形式，针对轿子山自然保护区的特殊性，开发出适合于轿子山自然保护区生态旅游特点的旅游经营方式，使轿子山自然保护区潜在的旅游环境承载力得到及时、有效地发挥。

3.3 将当地社区发展列入生态旅游规划

传统的规划很少把社区作为规划对象，结果是人为地将自然保护区作为“生态孤岛”割裂出来。国内外的旅游开发实践证明，只有实现了旅游区和当地社区的共赢，旅游业的可持续才能真正成为可能[6]。通过各种渠道使当地居民参与到旅游业及相关产业中，一方面，可以有效避免其对资源的耗竭性利用；另一方面，一旦当地居民切实从旅游业中受益，就会自发地保护旅游资源。在政府的科学引导下，使当地居民参与到交通运输业、旅游产品的加工及销售业、旅游景区的环境维护和管理中，是实现轿子山旅游区当地社区参与到旅游业中可持续发展的可行途径。

3.4 加大旅游营销力度，优化旅游项目

轿子山旅游区旅游旺季主要集中在冬季，这并不意味着轿子山旅游区仅适合开展冬季旅游，从旅游资源来看，轿子山旅游区一年四季呈现不同的景观。在冰雪旅游已成为时尚的今天，以原始森林为背景的林海雪原景观使其具有其他旅游区无法比拟的优势。加大其他季节旅游营销，既是做大旅游规模的重要措施，也是塑造旅游区形象的重要途径。目前轿子山的旅游项目以观光游览为主，对旅游资源的利用层次不高。提升轿子山旅游项目的品味，应立足轿子山资源优势，在继续开展观光旅游的基础上，增加项目的科学文化内涵，开展科考旅游、探险旅游、康乐旅游、冰雪旅游、休闲度假游、会议旅游等类型。

3.5 加强生态环境监测

原始的自然景观是轿子山旅游区的景观特色，山地景观的敏感性和脆弱性决定了不当的旅游资源开发会产生环境污染和生态破坏。为此，完善的生态环境监测体系对于保证旅游资源持续利用显得尤为重要，对于敏感环境要素和敏感地带的监测更是重要。轿子山旅游区的区域环境特征和生态地位决定了本区的生态环境监测，除包括水、气、声等环境要素的常规监测外，还要重视生态要素的监测，如动植物多样性的监测、动植物种群变动、生境动态变化；另外，各种生态灾害监测，如对水土流失、山体崩塌、滑坡、泥石流等的监测也应包括在内。

【参考文献】

[1] 张杰，那守海，李雷鹏. 森林公园规划设计原理与方法［M］. 哈尔滨：东北林业大学出版社，2003，91-94.

[2] 保继刚，楚义芳，彭华. 旅游地理学［M］. 北京：高等教育出版社. 1993，83-89.

[3] 杨阿莉. 甘肃省森林生态旅游的SWOT分析及可持续发展研究［J］. 林业经济问题，2006，26（3）：224-228.

[4] 沈万斌，孙述海，刘咏梅，等. 旅游专项规划环境影响评价探讨［J］. 四川环境，2004，23（1）：78-80.

[5] 毛明海. 地域文化与旅游区主题形象塑造的研究［J］. 科技通报，2003，19（2）：174-177.

[6] 傅岳瑛，刘琴. 我国西部生态旅游的现状和开发建议［J］. 国地学与国土研究，2002，18（32）：103-106.

大瑶山自然保护区旅游资源综合开发研究*

大瑶山位于中国广西壮族自治区中部偏东金秀瑶族自治县，延伸到象州、蒙山、平南等县境内，是桂江、柳江的分水岭，主峰圣堂山海拔1979m。大瑶山东北—西南走向，西与大明山合成广西弧形山脉，北起荔浦修仁—三江断裂带，南至桂平县石龙附近，长约130km，宽50~60km。大瑶山自然保护区于1982年经广西壮族自治区人民政府批准建立，地理坐标为东经110°01′~110°22′，北纬23°52′~24°22′，总面积25 809.2hm^2。大瑶山自然保护区是一个以森林生态系统和珍稀物种为主要保护对象的自然保护区[1]。保护区自然景观雄奇秀美，旅游资源丰富，类型多样，人文景观价值很高，民间文化非常丰富。保护区主要游览景观有“莲花山景”“圣堂山景区”“银杉公园”和“瑶族民俗村”等。

1 大瑶山自然保护区旅游资源开发现状和前景预测

保护区内旅游资源丰富，但开发的景点属于初级开发，特色不明显，主题不鲜明，属于低档的观光型景点，存在内容单一重复的建设，附属设备不足，没有形成规模效应。丰富的瑶族民俗文化旅游资源大部分还是“养在深闺待开发”。目前只有古占、金秀等少数村寨开发了民俗文化旅游，进行一些展示瑶族歌舞、瑶族绝技、瑶族节庆的旅游活动。但这些民俗文化旅游的开发略带商业化、庸俗化的趋势。大瑶山生态民俗文化旅游区作为来宾市重点规划建设的七大旅游景区之一和金秀县“生态立县、旅游强县”发展战略的基础，生态旅游产品成为来宾市旅游产品结构调整和旅游业提质增效的重要突破口，生态旅游发展前景十分广阔，大瑶山旅游业的发展为周边地区的经济发展提供了新的动力。

作为大瑶山的主要旅游依托地金秀县的经济发展水平不高，难以为旅游业的发展提供有效的经济支持，在一定程度上制约了旅游业的发展。如旅游从业人员素质不高，普遍缺乏生态科学和生态旅游知识，各景区缺乏高级管理人才，保护区旅游服务质量相对于广西省内其他旅游地还有一定差距。旅游区基础设施不完善是制约大瑶山旅游业旅游发展的因素：一方面，进入旅游区的交通条件不完善，出入景区的道路和主要交通工具不能满足现代旅游业的发展需求；另一方面，景区内部的旅游服务设施简陋且数量不多，难以为游客提供舒适的旅游环境。

2 大瑶山自然保护区旅游资源与环境评价

2.1 旅游资源评价

根据国家标准《旅游资源分类、调查与评价》（GB/T 18972-2003）中的旅游资源分类系统，大瑶山旅游资源涵括了地文景观、水域风光、生物景观、天象与气候景观、遗址遗迹、建筑与设施、旅游商品、人文活动8个主类，20个亚类，36个基本类型。其中自然旅游资源基本类型21种；人文旅游资源基本类型15种；自然旅游资源在数量上占优势。详见表1。

---

* 黎国强，覃琨，张君侠．大瑶山自然保护区旅游资源综合开发研究［J］．山东林业科技，2011，41（2）：113-117.

表 1　广西大瑶山国家级自然保护区旅游资源分类表

总类	主类	亚类	基本类型	单体名称
自然旅游资源	A 地人文景观	AA 综合自然旅游地	AAA 山丘型旅游地	圣堂山、莲花山、金秀老山
		AC 地质地貌过程形迹	ACC 峰丛	能多山群峰、莲花山群峰、棋盘山群峰、圣堂群峰
			ACE 奇特与象形山石	孔雀开屏、神女峰、会仙台、寿星岩、宝剑峰、酒瓶峰、宝鼎峰、灵猴赏月、瑶女盼夫、古石墙、寿星岩、如来诵经、小五指山、棋盘山、磨盘峰、试剑峰、盘王遗韵、盘王酒坛、笔架山、龙脊、对歌台、惊人石、蜡烛峰、鹿回头、猩猩峰、羊角峰、老鹰石、会仙门、川字崖
			ACF 岩壁与岩缝	观音岩、铜墙铁壁、一线天
			ACI 砂岩峰林	莲花山、圣堂山
			ACG 峡谷段落	圣堂峡谷、老虎峡、长滩河峡谷
		AD 自然变动遗迹	ADF 冰川堆积	石河石海
	B 水域风光	BA 河段	BAA 观光游憩河段	长滩河
		BB 天然池沼	BBC 潭池	卧龙潭、山瑶潭
		BC 瀑布	BCA 悬瀑	圣堂百米瀑布、双龙吐玉、石崖瀑布
	C 生物景观	CA 树木	CAA 林地	原始古林、杨梅林、八角林、箭竹林、杜鹃花林
			CAB 丛树	银杉群落、五针松林
			CAC 独树	圣堂树魂、虬龙松、红袍将军（油松）、银杉王、绝壁奇松、松木逢春、长苞铁杉
		CC 花卉地	CCB 林间花卉地	杜鹃花林
		CD 野生动物栖息地	CDB 陆地动物栖息地	德梅山、平竹老山、猴子山、龙军山
			CDC 鸟类栖息地	金秀老山、圣堂山
			CDD 蝶类栖息地	猴子山、长滩河
	D 天象与气候景观	DA 光现象	DAA 日月星辰观察地	日出（圣堂山）
		DB 天气与气候现象	DBA 云雾多发区	云海（圣堂山）
			DBB 避暑气候地	圣堂山、莲花山、金秀老山
			DBE 物候景观	杜鹃花海
人文旅游资源	E 遗址遗迹	EB 社会经济文化活动遗址遗迹	EBF 废城与聚落遗迹	古石墙
	F 建筑与设施	FA 综合人文旅游地	FAC 宗教与祭祀活动场所	盘王山
		FB 单体活动场馆	FBC 展示演示场	民俗表演广场、老山篝火广场
		FC 景观建筑与附属型建筑	FCC 楼阁	忆王阁
			FCG 摩崖字画	莲花山崖刻
			FCK 建筑小品	盘王草庐、龙凤亭、莲花山门、水车、石磨、木椿
		FD 居住地与社区	FDC 特色小区	古占瑶在寨
		FE 归葬地	FEB 墓（群）	盘王墓
		FF 交通建筑	FFA 桥	会仙桥
			FFE 栈道	莲花栈道、圣堂栈道

（续）

总类	主类	亚类	基本类型	单体名称
人文旅游资源	G 旅游商品	GA 地方旅游商品	GAD 中草药材及制品	绞股蓝、灵香草、茶叶
			GAE 传统手工产品与工艺品	瑶族服饰及刺绣
	H 人文活动	HC 民间习俗	HCA 地方风俗与民间礼仪	瑶族风情
			HCB 民间节庆	盘王节、耍歌堂
			HGH 特色服饰	瑶族服饰

从表1看出，大瑶山自然保护区旅游资源类型多样，空间组合有序。拥有独特的砂岩峰丛地貌，浩瀚壮观的万亩杜鹃花林，飞流横溅的圣堂山百米飞瀑，苍莽虬劲的原始古林，变幻莫测的云雾，神秘奇异的佛光，珍稀的动植物资源，舒适宜人的旅游气候，浓郁迷人的瑶族风情，集“华山之峻峭、衡岳之烟云、匡庐之飞瀑、雁荡之巧石、峨眉之清凉、黄山的苍莽”于一身；保护区还有浓郁的瑶族文化和迷人的民俗风情，这些丰富多彩的旅游资源，大瑶山内居住着盘瑶、坳瑶、茶山瑶、山子瑶、花篮瑶五个瑶族支系，他们的来源、语言、生活习惯各不相同，民族风情异彩分呈，学者们指出，世界瑶族文化的中心在中国，中国瑶族文化的中心在广西，广西瑶族文化的中心在金秀大瑶山。这些均成为大瑶山生态旅游开发建设的资源优势，是人们理想的避暑度假、休闲游憩、观光探奇的生态旅游胜地。峰林、峡谷、山峰、气象气候、生物生态景观及瑶族风情在不同海拔、不同地域的景观特色有分异又有组合，在大尺度空间表现出同类景观变化的连续性与差异性，在微观尺度各类景观资源的完美组合，形成了各局部区域的旅游特色。景观资源的丰富性与差异性为各种层次的观光旅游、特种旅游等提供了良好的发展基础，也有利于进行多角度、多层次的旅游开发。

2.2 旅游环境评价

大瑶山旅游区具有良好的自然环境，同时又具有生态敏感的特征。这种生态敏感性源于山地生态系统的脆弱性，也就是说生态环境容易由一种状态演变成另一种状态，演变后又缺乏恢复到初始状态的能力。正是由于山地生态系统的敏感性特征，使其在资源开发过程中产生很多环境问题[2]。近些年大瑶山旅游业的发展，特别是旅游资源开发模式的不当，导致了一些生态环境问题。这些问题包括：旅游资源开发破坏了部分植被，其中包括珍稀的福建柏-罗汉松群落；野生动物生存环境受干扰，数量明显减少；局部地区存在旅游设施密集，影响自然景观美学价值的现象；污染物任意排放，生态环境遭受一定污染[3]。从区域分布上，这些生态环境问题主要集中在开发较早的圣堂山旅游区。

在保护区周边区域性生态环境退化的大背景下，大瑶山保护区成为维护天然森林的最后“阵地”。由于大面积天然林的存在，形成了良好的森林生态环境，从而使保护区内的动、植物种类繁多，生物多样性得到了较好的保存。但保护区山高坡陡，雨量大，容易发生滑坡、坍塌等地质灾害，森林植被一旦遭到破坏，则很难恢复。2008 年春受到雨雪冰冻灾害，保护区近 2/3 的林木受损，有的折枝，有的断梢，还有的主干折断。1.3 万余 hm^2 森林郁闭度由灾前的 0.8~0.9，下降到 0.5~0.6，森林的蓄水保土、吸尘制氧等功能下降，甚至造成了部分野生动物死亡。经此破坏，林相完全恢复至少需要 30 年[1]。

3 协调旅游资源开发与生态环境保护的措施

科学合理开发大瑶山自然保护区旅游资源，解决存在的诸多生态环境问题，必须采取一系列资源开发与生态环境保护的措施。

3.1 关键环节——科学定位

协调旅游资源开发与生态环境保护的关键环节在于对自然保护区旅游业发展进行科学定位，包括开发方向定位、景区主题和形象定位、旅游业发展规模定位和旅游区发展目标定位。

（1）开发方向定位

以良好的自然生态环境为特征的大瑶山自然保护区发展旅游业，其开发方向必然是基于自然生态环境和旅游资源的生态旅游，这一点已经得到了广泛共识。

（2）景区主题及形象定位

旅游区的主题系指旅游景观、产品、区域所隐含和揭示的中心思想和意念内涵。旅游区的形象可以归纳为某一区域内外公众对旅游区总体的、抽象的、概括的认识和评价，它是旅游区的历史、现实与未来的一种理性再现[4]。旅游区的主题和形象是旅游区的生命，也是形成竞争优势最有利的工具。从大瑶山旅游发展的现状来看，国家级自然保护区的特殊地位，使大瑶山旅游区的主题必然定位于自然生态旅游。旅游区的形象塑造是一个复杂的系统工程，基于对大瑶山旅游业的研究，认为大瑶山旅游区的形象定位应与砂岩峰林、珍稀物种、民俗文化、流溪飞瀑、天象景观、完好的原始森林自然生态相关联。

（3）发展规模定位

对任何一个旅游区旅游资源进行开发都存在一个适度的问题，过度开发将导致旅游资源的破坏，开发程度不够，则不能发挥旅游资源的最大效益。旅游环境承载力是衡量旅游资源开发利用程度的综合指标，它是指一定时期内不会对旅游目的地的环境、社会、文化、经济以及旅游者旅游感受质量等方面带来不利影响的旅游资源开发利用的最高限度。经计算：大瑶山旅游区现状最适旅游环境承载力大约为107.78万人/a。随着景区建设的完善，社会发展及管理水平的提高，潜在的旅游环境承载力将得到及时有效的发挥。

（4）生态建设目标定位

在自然保护区内发展旅游业，必然要在做好生态保护的前提下进行，为此，旅游区资源环境的保护与建设也就成为发展旅游业的同时应当重点关注的问题。根据大瑶山独特的地质地貌条件、丰富独特的动植物资源、多变的景观资源，在保护性开发的同时可以考虑本区申报联合国“世界自然遗产”称号，以获取更为有效的监督并开拓更为广泛的资源环境保护资金来源。慎重开发大瑶山自然保护区旅游资源，全面保护和建设本区生态环境，尽早使大瑶山自然保护区加入“世界自然遗产”名录，应该是其资源开发和生态建设工作的长远目标。

3.2 保障措施——积极贯彻有关管理制度

（1）制定并落实旅游规划

大瑶山旅游区旅游业发展已有10多年的历史，游客量已达10余万人/a。但是目前为止，大瑶山旅游区旅游业的发展还缺乏有效的旅游规划作指导。尽快制定旅游发展规划，已是摆在自然保护区管理局以及旅游管理部门面前迫在眉睫的任务。可以说，目前大瑶山旅游资源和旅游环境遭受不同程度的影响和破坏，在很大程度上与该旅游区缺乏科学的不同层次的旅游规划作指导有关。建议大瑶山自然保护区管理局，借“十二五”即将到来之际及各级各部门都在制定相应发展规划的契机，尽快聘请有资质的单位制定适应大瑶山旅游业发展的各级各类规划。旅游规划制定中从大瑶山自然保护区的整体生态特征和资源条件出发，打破行政分割界限，合理布局旅游项目，使分布在区域的旅游项目体现自身特色，既可以避免对有限资源的重复开发、盲目开发，又可以避免旅游区内部产生不必要的恶性竞争。

（2）严格执行环境影响评价制度

环境影响评价制度是我国环境管理的一项重要制度，《中华人民共和国环境影响评价法》于2002年10月颁布并于2003年9月起施行，使该制度有了更为明确的法律地位。该项制度是贯彻“预防为主，防治结合，综合治理”方针的重要手段，起着协调经济持续发展和保护环境两者关系和实现经济效益、社会效益、环境效益三者统一的重要作用。在旅游资源开发过程中积极贯彻执行环境影响评价制度，对于预防和保护旅游景区的生态环境具有重要的作用[5]。

（3）适时开展旅游环境审计

针对可持续发展旅游业，环境审计可以被定义为“一种提供系统的、经常性的和客观的对一个特定的旅游主体（组织）、设施、建筑物、运行过程及其产品的环境业绩进行评估的管理工具”。实施旅游环境审计的目的是“确认和证明区域旅游开发及旅游业的环境依从水平，为旅游业提供一个有效的旅游环境业绩评估手段”。旅游景区的开发和管理者，通过组织旅游景区的外部环境审计和内部环境审计，对旅游区的环境管理进行检查和监督，及时发现旅游资源开发过程中存在的生态环境问题，做到及时发现问题并解决问题，确保生态环境保护目标的实现。

3.3 具体途径——采取针对性的措施

（1）完善基础设施建设

大瑶山旅游区基础设施的不完善限制了大瑶山旅游业的发展，同时也是旅游资源遭到破坏的重要原因之一。景区外部基础设施建设，要以改善交通条件为首要任务，包括提高从景区周边主要城镇进入旅游区的公路等级，并更新和增加客运车辆；尽快修建环自然保护区公路，使保护区的景区的旅游连成一个整体；争取由政府出面协调改善途经旅游区的道路交通条件，增加景区临近航空港的航班数量。对于景区内部基础设施建设应以建设与环境相协调的游步道，并继续以完善区内旅游设施为重，包括规范商业服务，改善通讯条件，增加环保设施，建设游憩场所等。

（2）提高旅游区的管理和服务水平

旅游管理和服务是旅游工作的灵魂，旅游业的竞争就是旅游管理和服务的竞争，只有搞好旅游业的运营管理和服务质量，旅游业的持续健康快速发展才能成为有源之水，有本之木。针对大瑶山旅游的实际，提高旅游区的管理和服务水平，提高旅游区管理者和员工素质是根本，科学组织服务队伍是提高旅游服务质量的关键，规范化服务是提高服务质量的基本手段，完善监督管理体系是保障。

（3）加大大瑶山旅游区旅游营销的力度

大瑶山旅游区旅游旺季主要集中在夏季，这并不意味着大瑶山旅游区仅适合开展夏季旅游，从旅游资源来看，大瑶山旅游区一年四季呈现不同的景观。在森林旅游已成为时尚的今天，以保护区多样化的景观使其具有其他旅游区无法比拟的优势。加大淡季旅游营销，既是做大旅游规模的重要措施，也是塑造旅游区形象的重要途径。

（4）优化旅游项目

目前大瑶山旅游区的旅游项目类型以观光游览为主，对旅游资源的利用层次不高。提升大瑶山旅游项目的品味，增加项目的科学文化内涵，丰富项目种类是确保旅游业持续健康发展的必要条件。笔者认为大瑶山旅游区应立足资源优势，在继续开展观光旅游的基础上，开展科考旅游、探险旅游、康体旅游、登山旅游、休闲度假游、会议旅游等类型。

（5）深度开发旅游产品

旅游产品缺乏区域特色是我国旅游区普遍存在的问题。在大瑶山旅游区，旅游产品多以地方土特产的初级产品为主。这样不仅难以形成大规模的产品市场，而且产品附加值较低，不能产生理想的经济效益。发展初级产品的精加工产业，是开发地方旅游产品的关键。发展野生山珍的精加工产业，开发基于丰富中草药资源的各类保健品及优良生态环境的绿色食品生产和加工，应当是大瑶山旅游区旅游产品深度开发的方向。

（6）生态环境监测

原始的自然景观是大瑶山旅游区的景观特色，山地景观的敏感性和脆弱性决定了不当的旅游资源开发会产生环境污染和生态破坏。为此，完善的生态环境监测体系对于保证旅游资源持续利用显得尤为重要，对于敏感环境要素和敏感地带的监测更是重要。大瑶山旅游区的区域环境特征和生态地位决定了本区的生态环境监测，除包括水、气、声等环境要素的常规监测外，还要重视生态要素的监测，如动植物多样性的监测、动植物种群变动、生境动态变化；另外，各种生态灾害监测，如对水土流失、山体崩塌、滑坡、泥石流等的监测也应包括在内。

（7）对各类资源采取具体的保护设施

在科学规划合理开发各类旅游资源的基础上，对容易遭受破坏的资源直接采取具体的保护措施，既是必要的也是非常有效的。这些措施既包括工程上的、技术上的也包括管理上的，如在山顶苔藓矮林采取必要的封闭、通过工程措施对森林资源的统一利用和防护、对存在地质灾害隐患地段进行的工程防护、对游客破坏资源环境的行为进行直接管理等。

（8）探索景区、社区共赢的渠道

国内外的旅游开发实践证明，只有实现了旅游区和当地社区的共赢，旅游业的可持续才能真正成为可能。通过各种渠道使当地居民参与到旅游业及相关产业中，一方面，可以有效避免他们对资源的耗竭性利用；另一方面，一旦当地居民切实从旅游业中受益，他们还会自发地保护旅游资源。在政府的科学引导下，使当地居民参与交通运输业、旅游产品的加工及销售业、旅游景区的环境维护和管理中，是大瑶山旅游区当地社区参与到旅游业中的可行途径。

【参考文献】

罗保庭，等，2010. 广西大瑶山自然保护区生物多样性研究及保护［M］. 北京：中国环境科学出版社.

毛明海，2003. 地域文化与旅游区主题形象塑造的研究［J］. 科技通报，19（2）：174-177.

沈万斌，孙述海，刘咏梅，等，2004. 旅游专项规划环境影响评价探讨［J］. 四川环境，23（1）：78-80.

俞穆清，朱颜明，田卫，等，1999. 中国国家级自然保护区旅游与环境可持续发展的对策研究［J］. 地理科学，19（2）：189-192.

周劲松，1997. 山地生态系统的脆弱性与荒漠化［J］. 自然资源学报，19（1）：10-16.

广西大瑶山国家级自然保护区珍稀濒危及国家保护植物调查分析*

珍稀濒危植物繁殖能力弱，生存环境独特，数量稀少，易遭灭绝。生物群落学方面的研究表明，一种植物灭绝会引起10~30种其他生物的丢失[1]；因此，拯救珍稀濒危植物已经刻不容缓；研究珍稀濒危植物，避免有意或无意破坏，对保护、发展和合理利用珍稀濒危植物，保持生物多样性，促进良性生态系统循环有着重要的现实意义。

1 保护区概况

广西大瑶山国家级自然保护区位于广西中部偏东的金秀、荔浦、蒙山三县交界处，地处东经110°01′~110°22′，北纬23°52′~24°22′，属北回归线北缘。总面积25809.2hm^2，其中在金秀县24928.64hm^2，荔浦县831.01hm^2，蒙山县49.55hm^2（注：2001年国家林业局批复，广西大瑶山国家级自然保护区面积为24907.3hm^2，全部位于金秀县境内。保护区分7个片区，分别是：长滩河—猴子山片，面积13805.3hm^2；金秀河口片，面积990.5hm^2；圣堂山—五指山片，面积8419.9hm^2；大山顶片，面积1120.5hm^2；德梅山片，面积437.4hm^2；平竹老山片，面积388.3hm^2；龙军山片，面积647.3hm^2[2]）。

2 保护区珍稀濒危植物及国家保护植物现状

根据2008年《广西大瑶山自然保护区综合科学考察报告》及2010年对保护区国家重点保护野生植物的补充调查，目前广西大瑶山国家级自然保护区植物及国家重点保护植物共记录有112种（表1）。

表1 广西大瑶山国家级自然保护区国家重点保护野生植物现状

种 名	CITES附录	中国物种红色名录	IUCN物种红色名录	中国保护等级
(1) 金毛狗 *Cibatium barometz*	Ⅱ			Ⅱ
(2) 桫椤 *Alsophila spinulosa*				Ⅱ
(3) 黑桫椤 *Alsophila podophylla*				Ⅱ
(4) 大叶黑桫椤 *Alsophila gigantean* var. *gigantean*				Ⅱ
(5) 小黑桫椤 *Alsophila metteniana* var. *metteniana*				Ⅱ
(6) 粗齿桫椤 *Alsophila denticulata*				Ⅱ
(7) 苏铁蕨 *Brainea insignis*				Ⅱ
(8) 银杉 *Cathaya argyrophylla*		EN	LR/cd	Ⅰ
(9) 柔毛油杉 *Keteleeria pubescens*		EN		Ⅱ
(10) 华南五针松 *Pinus kwangtungensis*		VU		Ⅱ
(11) 福建柏 *Fokienia hodginsii*		VU	LR/nt	Ⅱ

* 赫尚丽，朱丽艳，黎国强，等. 广西大瑶山国家级自然保护区珍稀濒危及国家保护植物调查分析［J］. 林业建设，2012，(1)：44-46.

（续）

种　名	CITES 附录	中国物种红色名录	IUCN 物种红色名录	中国保护等级
（12）白豆杉 *Pseudotaxus chienii*		VU	EN	Ⅱ
（13）南方红豆杉 *Taxus chinensis* var. *mairei*		VU		Ⅰ
（14）闽楠 *Phoebe bournei*			LR/nt	Ⅱ
（15）樟 *Cinnamomum camphora*				Ⅱ
（16）合柱金莲木 *Sinia rhodoleuca*				Ⅰ
（17）任豆 *Zenia insignis*		VU	LR/nt	Ⅱ
（18）花榈木 *Ormosia henryi*				Ⅱ
（19）半枫荷 *Semiliquidambar cathayensis*		VU	LR/nt	Ⅱ
（20）伞花木 *Eurycorymbus cavaleriei*			LR/nt	Ⅱ
（21）伯乐树 *Bretschneidera sinensis*		VU	EN	Ⅰ
（22）喜树 *Camptotheca acuminata*				Ⅱ
（23）紫荆木 *Madhuca pasquieri*		VU	VU	Ⅱ
（24）异形玉叶金花 *Mussaenda anomala*				Ⅰ
（25）瑶山苣苔 *Dayaoshania cotinifolia*		VU		Ⅰ

注：表中“LR/nt” 和” LR/cd”是指在2.3版本中的低危（LR），在3.1版本中已分为近危（NT）和保护依赖（CD）；“NT 近 VU”指近危儿近符合易危。

3　保护区珍稀濒危植物及国家保护植物区系特征

3.1　种类较丰富

大瑶山山峦叠嶂，峡谷纵横，地形复杂，生态环境多样，既是植物的基因库，也是珍稀濒危植物的良好避难所。据调查统计，保护区内有中国红色名录濒危植物61种，其中极危3种，濒危11种，易危34种，近危13种；分属30科，56属。有国家Ⅰ级保护植物6种，国家Ⅱ级保护19种；国际贸易公约Ⅱ级保护植物51种，国际贸易公约Ⅲ级保护植物1种（表2）。

表2　广西大瑶山国家级自然保护区濒危植物现状

等　级	IUCN 物种数	中国红色名录物种数
濒危物种数	22	61
极危（CR）	1	3
濒危（EN）	2	11
易危（VR）	12	34
近危（NT）	7	13

3.2　地理分布复杂

根据吴征镒教授对中国种子植物属的分布区类型的划分，中国种子植物的2980个属可以分为15个大类型和31个变型，而15个大类型中，保护区珍稀濒危植物及国家保护植物的属有11个大类型，说明保护区虽然面积不大，但珍稀濒危植物及国家保护植物的地理分布较为复杂。同时具有明显的热带、亚热带性质和特有性。

3.3　起源古老

保护区珍稀濒危植物及国家保护植物起源古老，如起源于中生代侏罗纪的桫椤、黑桫椤、大叶黑桫椤、苏铁蕨等，以及被誉为植物活化石的银杉、柔毛油杉、福建柏、光叶拟单性木兰、观光木等。它们对研究植物系统发育、古植物区系、经第四纪冰川期遗留下古地理和第四纪冰川气候等有着重要的价值[3]。

表 3　保护区濒危及其国家重点保护植物属的分布区类型（种子植物）

序号	分布区类型	属数
1	世界分布	2
2	泛热带分布	11
3	热带亚洲和热带美洲间断分布	1
4	旧世界热带分布	5
5	热带亚洲至热带大洋洲分布	8
6	热带亚洲至热带非洲分布	1
7	热带亚洲（印度-马来西亚）分布	14
7.2	爪哇（或苏门答腊）、喜马拉雅间断或星散分布到华南、西南	1
7.4	越南（或中南半岛）至华南（或西南）分布	5
8	北温带分布	7
9	东亚和北美洲间断分布	5
14	东亚分布	3
14.1	中国-喜马拉雅分布	3
15	中国特有分布	11
	合计	77

3.4　特有性突出

保护区珍稀濒危植物及国家保护植物特有性强，如半枫荷、伯乐树、八角莲、合柱金莲木等为中国特有种；保护区特有种有瑶山苣苔；特有种多说明珍稀濒危植物及国家保护植物的很多种分布范围狭窄，对特殊的生态环境依赖性很强，且受威胁情况严重，需要加强保护力度。

4　濒危原因

4.1　自然因素

地质史上由于陆地的隆起和下沉，冰期和后冰后干热期的交替等造成的大规模的气候变迁，往往使许多植物灭绝。部分得以存活的种类也因环境的变化成为稀有种类。

4.2　人为因素

保护区珍稀濒危植物大部分都具有良好的材用价值和较高的药用、观赏价值，人为的砍伐破坏和滥挖、过度采收植物资源，使珍稀濒危植物所在林分或群落遭到不同程度的破坏。自然植被遭受严重破坏，生态环境恶化，一些树种生长发育和天然更新受到一定的限制，其植株数量急剧减少。

4.3　自身因素

大多濒危植物遗传力、生殖力、生活力、适应力存在衰竭现象，它们是威胁植物生长繁衍导致其稀有濒危的重要原因[4]。大多数珍稀濒危植物或多或少存在生殖障碍，种子萌发力不强，天然史新困难。

5　保护对策

5.1　生存环境保护

要杜绝破坏大瑶山原生植被的一切现象继续发生。过去，由于各种主客观原因，大瑶山的各类原生植被均受到了一定程度的破坏，植物多样性丧失显著，但是至少到目前为止，这样的破坏还不是毁灭性的，只要从现在开始进行抢救性的保护，其植被和植物种类是可能恢复到破坏前的一定水平的。

5.2 种群保护

要加强对一些自然更新较慢或繁殖机制存在缺陷的保护植物如瑶山苣苔、猪血木、异形玉叶金花等的研究，积极探索保护策略。对于这类植物，可以尝试人工繁殖回归以及迁地保护，还可以通过种子采集育苗和扦插的方式进行育苗，最后可以进行原生地回归种植。对于瑶山苣苔，一方面要加强其原生地保护，建议对保护区内的每一株瑶山苣苔，一旦发现某一植株受到破坏，立即上报保护区管理局，这样就可以切实加大保护力度，增强保护效果，提高管护水平。

5.3 单个个体保护

珍稀濒危植物居群不多，植株也较稀少，一旦遭受破坏很难恢复。特别是许多珍稀濒危植物具有独特的药用、材用、观赏价值，更容易遭受人为的破坏，造成难以挽回的损失。

5.4 加强保护区管理

增加投入，加强保护区建设和管理，完善管理机制，加大管护力度，严格法律法规的执行，切实提高管理水平。

【参考文献】

[1] 李文军，王恩明. 生物多样性的意义及其价值［A］. 中国的生物多样性［C］. 北京：科学出版社，1993.

[2] 谭伟福，罗保庭. 广西大瑶山自然保护区生物多样性研究及保护［M］. 北京：中国环境科学出版社，2010.

[3] 林道清，梁鸿，等. 福建青云山风景区珍稀濒危植物资源及其保护［J］. 亚热带植物科学，2003，32（1）：39-42.

[4] 李革，欧阳志勤，等. 昆明地区珍稀濒危植物及其保护对策［J］. 环境科学导刊，2010，29（1）：27-29.

[5] 大瑶山国家级自然保护区总体规划，2011.

[6] 大瑶山国家级自然保护区功能区调整论证报告，2011.

云南南滚河国家级自然保护区生态旅游发展的 SWOT 分析*

SWOT 是营销学中对研究或分析对象放在环境中从优势、劣势、机会、挑战方面进行分析的常用方法，是优势（Strength）、劣势（Weaken）、机会（Opportunity）和挑战（Threat）4 个单词首字母的缩写。生态旅游是以自然生态环境为主要目的开展的旅游活动，是人类社会发展到生态社会，人类文明观由工业文明观发展到生态文明观的产物，具有自然性、可持续发展性、高品位性、多元参与性等特征。生态旅游是倡导爱护环境的新型旅游方式，是在不损坏自然生态系统和传统文化下回归到自然，返璞归真的旅游活动。

1 保护区概况

云南南滚河国家级自然保护区位于云南省西南部，南部边界线距离中缅国境线约 5km，地跨临沧市的沧源佤族自治县和耿马傣族佤族自治县。地理坐标为东经 98°57′32″~99°26′00″，北纬 23°09′12″~23°40′08″，南北长 62km，东西宽 50km，总面积 50887hm²（其中：沧源县境内面积为 27649. 5hm²，占总面积的 54. 3%；耿马县境内面积为 23237. 5hm²，占总面积的 45. 7%）。云南南滚河国家级自然保护区（以下简称为南滚河国家级自然保护区）属于野生生物类别、野生动物类型的中型自然保护区。主要保护对象为印支虎、亚洲象、白掌长臂猿、黑冠长臂猿、灰叶猴、豚尾猴、蜂猴、豚鹿等多种珍稀濒危野生动物及其栖息的热带雨林、季雨林、季风常绿阔叶林、半湿性常绿阔叶林、中山湿性常绿阔叶林，是云南省 5 个 A 级国家级自然保护区之一。保护区成立以来，因其丰富的生物多样性而备受世人关注。

2 生态旅游发展的 SWOT 分析

2.1 优势

2.1.1 旅游区位分析

云南省是中国生态旅游资源最富集的地区之一，拥有众多世界级、国家级高品位的生态旅游资源。南滚河国家级自然保护区位于云南省六个森林生态旅游区的滇西中山宽谷森林生态旅游区，是临沧市重点打造的三条旅游环线之一，处于南部佤山秘境旅游环线的核心位置，是连接南亚、东南亚的国际旅游大通道的关键接点，在云南省旅游规划中占有重要的位置。

（1）地理位置特殊

南滚河国家级自然保护区位于云南省西南部，南部边界线距离中缅国境线约 5km，地跨临沧市的沧源佤族自治县和耿马傣族佤族自治县。临沧市是云南省桥头堡建设的前沿，具有良好的开拓国内、国际市场地理区位条件；沧源县和耿马县都处于临沧市最南部位置，是国内和地区内交通位置的末梢，特殊的地理位置使南滚河国家级自然保护区在较长时间内维持了浓厚的原生态气息，当地原始森林和少数民族风情均以最为“自然”的形态呈现在游客面前。

---

* 蔡芳，胡业清，佘丽华，等. 云南南滚河国家级自然保护区生态旅游发展的 SWOT 分析 [J]. 林业建设，2012，(1)：51-53.

（2）交通条件较完善

临沧市目前具备空中、陆路、口岸交通优势。临沧机场是“通往东南亚、南亚的国际大通道”的有机组成部分，每天有昆明至临沧的往返航班，昆明至临沧空中飞行距离 350km，空中飞行时间 35 分钟。昆明至临沧的高等级公路极大地缩短了昆明至临沧的到达时间。临沧至耿马县（214 国道、319 省道），临沧至沧源县（214 国道、314 省道），耿马至孟定清水河国家级口岸（319 省道）均为二级路，具备良好的通车条件。

耿马孟定清水河陆运（公路）口岸，属国家一类口岸，沧源陆运（公路）口岸，为二类口岸，有芒卡和永和两个出境通道，与缅甸掸邦第二特区接壤，两个贸易区都有公路通往国内外，交通便利，是西南地区通往东南亚的一个重要通道。良好的外部交通条件能保证客源地游客十分便利地到达南滚河国家级自然保护区，外部交通节省的时间将保证游客能够有更多的时间享受南滚河国家级自然保护区内良好的生态环境和景观效果带来的乐趣，从而带动了南滚河国家级自然保护区周边地区的旅游。

2.1.2 资源区位分析

（1）生物旅游资源种类多样，资源优势明显

南滚河国家级自然保护区内董棕和桫椤成片分布，这在国内其他地区少见；有国内仅存的成片原始铁力木林；南滚河国家级自然保护区内三棱栎林是世界分布面积最大，保存最为完整的地方；是目前世界上最大竹子巨龙竹的原产地，保护区内和周边巨龙竹林丰富；是众多野生珍稀动物的重要栖息地，如亚洲象、印支虎、白掌长臂猿等，这些生物旅游资源在其他地方较少见到，保护区具有独特的优势。

（2）特色旅游资源组合形式多样

南滚河国家级自然保护区内有许多特有且具有竞争优势的旅游资源，如董棕林、三棱栎林、桫椤林、翁丁佤族原生态村落、佤山湖群、沧源崖画等。这些旅游资源分布相对分散，可组合的游览形式多样，对于不同需要的游客进行不同的路线设计，为游客展现多元化的游览体验。

2.1.3 文化区位分析

（1）佤族文化特色突出，独树一帜

南滚河国家级自然保护区及周边社区是以佤族为主的多民族聚居区，佤族是云南特有的少数民族，佤族的民族舞蹈和传统节日及其饮食文化对外来游客来说具有重要的吸引力，保护区周边地区还世代生活着大量的傣族文化和佤文化的完美结合的居民，特别是保护区内和周边社区佤族文化传统习俗保存完整，构成保护区重要的文化遗产廊道，是云南少数民族文化的重要组成部分，在滇西南文化区位中占有重要的地位。

（2）边境风情浓郁，易于感受异国情调

南滚河国家级自然保护区所在的地区属于沧源佤族自治县和耿马傣族佤族自治县，南部与缅甸佤邦紧邻，国境线长近 200km，两国人民世代友好，民族跨境而居，形成便民互市，边境贸易往来频繁，边境风情色彩浓郁。

2.2 劣势

2.2.1 旅游区位分析

南滚河国家级自然保护区虽然在 20 世纪 80 年代初就建立，但是长期以来主要工作重点是保护动植物资源，对外缺乏宣传，特别是对旅游开发促销的宣传。保护区的知名度不如省内其他早期成立的自然保护区，如西双版纳自然保护区、高黎贡山自然保护区、哀牢山自然保护区等。由于知名度的缺乏，潜在游客对新旅游区的认知会有一个过程，使作为旅游目的地的知名地较弱，景区推广难度较大，在旅游开发初期可能发展缓慢。

2.2.2 资源区位分析

南滚河国家级自然保护区内众多有特色的旅游资源同时也是自然保护区的重点保护对象，如董棕、三棱栎、亚洲象等。同时，自然保护区内有多种植被类型，其中一些有特色的植被类型分布面积狭小，对环境变化敏感，存在资源敏感性强的特点，旅游开发如果干扰强度过大，这些特色植被可能失去保存价值，增加了旅游的开发难度。

2.3 机遇

2.3.1 旅游区位分析

（1）生态旅游成为时尚，客源结构多元化

现代社会人们普遍具有追求回归自然、返璞归真的生活方式，生态旅游是二十一世纪主要的旅游方式之一。自然保护区发展旅游，一方面具有得天独厚的资源条件，另一方面迎合了这一旅游发展趋势。同时，现在旅游方式是多元化的，旅游方式有自驾车、徒步、自助等；旅游目的有观光、体验、科考等；这改变了传统大众团队旅游的单一化格局，潜在的客源较广。

（2）对外联系紧密，桥头堡辐射功能凸显

南滚河国家级自然保护区与缅甸佤邦相邻，国境线长，处于云南省桥头堡建设的重点区域。跨国人员和物品往来频繁，虽然在出入境安全管理方面有一定难度，但与此同时也极大地增强了保护区周边民众的对外交流机会，保护区生态旅游活动的开展，增强了保护区对外展示的力度，对于在周边国家提高保护区知名度，吸引境外游客和扩大保护区影响范围提供了先决条件。

（3）边疆社会经济快速发展，旅游开发基础雄厚

随着国家西部大开发战略的实施，地方经济发展方式的调整，沧源县和耿马县经济近些年得到了快速发展，人们文化水平提高、社会福利得到改善、各种基础设施逐步得到完善，边疆稳定发展。社会经济的稳定发展为旅游的发展提供了基础保障条件。

2.3.2 资源区位分析

协调人类发展与环境保护之间的关系受到社会各方面的重视，生物多样性是环境的重要组成部分，也是人类未来生存和发展的潜在资源。生物多样性保护普遍受到政府、有关组织、社会团体和个人的重视。南滚河国家级自然保护区有众多的珍稀野生动植物资源，2010 年 5 月云南省发布了《2010 国际生物多样性年云南行动腾冲纲领》，确定了滇西南的德宏、西双版纳、临沧、普洱 4 州市为云南省的生物多样性保护重点区域的拓展区，保护区应借势对外宣传，扩大影响和知名度。

2.3.3 文化区位分析

云南文化产业近些年发展迅速，在国内外产生了较大的影响力，有些文化旅游产品已经具有了品牌效应，如云南印象、丽江纳西族文化、大理白族文化等。云南在今后的旅游发展中也将继续大力打造文化特色和文化品牌，佤族文化可借势发扬，使其成为云南文化产业发展的重要支撑部分，如沧源“摸你黑”狂欢节已经初步形成品牌效应。随着佤族文化的挖掘和开发，将会有新的佤族文化元素支撑旅游发展，并成为旅游发展的重要组成部分。

2.4 挑战

2.4.1 旅游区位分析

云南是一个生物多样性及其丰富的省份，同时也是一个多民族的省份。云南省以生物多样性和民族文化为特色的旅游景区（点）众多，比如，西双版纳、丽江、迪庆、大理等，区域间客源竞争剧烈。做好南滚河国家级自然保护区生态旅游开发，必须在这种激烈的竞争中能占据一定的竞争优势。

2.4.2 资源区位分析

南滚河国家级自然保护区内一些重点保护对象同时也是生态旅游资源，由于保护区内珍稀生物资源对环境影响的敏感性，开发与保护之间的关系难处理。如果开发过度，资源必将受到损坏，反过来生态旅游的发展也不能持续；如果一些极具地方特色的资源不开发，自然保护区的生态旅游特色难以突出。所以，生态旅游发展要处理好保护与发展之间的关系。

3 南滚河国家级自然保护区生态旅游发展策略

3.1 资源互动

南滚河国家级自然保护区的生态旅游应以自然资源和人文资源的原生态为突破点，强化动物与森林、山峦、水系和文化等产品组合，通过资源互动，整合资源、综合开发打造特色品牌。

3.2 融合发展

深入挖掘保护区生态旅游开展的综合支撑优势，强化旅游与保护区保护对象的保护、科研建设、社区发展、环境教育、文化创意等相融合，重点培育野生动物观测、科普考察、自然景观观光、生态人文体验等旅游产品；拓展康乐休闲、边境探险、自驾车越野、旅游纪念品开发等旅游产品链，打造旅游综合体，进一步提升南滚河国家级自然保护区旅游集群化发展水平。

3.3 战略共振

南滚河国家级自然保护区所处区域处于云南省桥头堡建设国家重点机遇战略的龙头结合部，将成为东南亚、南亚合作的开放前沿，要紧紧依托国家及区域重大战略注入的强劲发展动力，围绕云南省生态强省建设战略，将南滚河国家级自然保护区开展的生态旅游业培育成为临沧市生态旅游经济发展的战略支柱性产业。

【参考文献】

陈学琴，聂华，2007. 北京市松山国家级自然保护区 SWOT 分析［J］. 安徽农业科学，35（14）：4264-4266.
罗婉容，罗海成，1999. 当代市场营销［M］. 北京：航天工业出版社.
杨婉珊，李云，2010. 云南轿子雪山自然保护区生态旅游的 SWOT 分析［J］. 林业调查规划，35（4）：61-63.
杨宇明，杜凡，2004. 中国南滚河国家级自然保护区［M］. 昆明：云南科技出版社.

广西雅长兰科植物自然保护区生态系统生态功能分析及其价值评估*

生态系统功能是指生态系统的自然过程和组分直接或间接地提供满足人类需要的产品和服务的能力[1]。长期以来，在自然和人为因素的干扰下，特别是人类在经济活动决策过程中对生态系统功能及其重要性缺乏认识及资源利用上的决策失误，导致了资源的过度消耗和生态环境的严重破坏，已成为全世界面临的一个严峻问题[2]。随着对资源环境可持续发展机制研究的不断深入，生态系统结构和功能的保护已显得越来越重要。对生态系统功能进行价值评估，其结果将影响政策的制定和管理措施的确定，从而影响生态系统的结构和过程。Costanza 等[3]在《Nature》杂志上发表文章，对全球生态系统类型、功能进行了分类，并以货币形式对全球生态系统功能价值进行了评估，使得生态价值评估进入一个新阶段，生态系统功能的价值评估正成为当前生态学研究的前沿课题，许多学者从不同角度对生态系统功能及其价值进行了研究[4-6]。

广西雅长兰科植物自然保护区是中国首个以兰科植物命名的国家级自然保护区，地处云贵高原和广西丘陵接壤的斜坡地带，是我国阶梯地势第二级与第三级的过渡地带，也是我国热带和亚热带过渡的地区，属重要的生态系统交错地带。位于南盘江、北盘江、红水河交汇处，珠江水系上游，是我国珠江中下游地区生态环境安全和区域可持续发展的生态屏障之一，同时，该地区也是生态系统最敏感的地区之一，近几十年来，由于自然和人类活动的双重作用，生态环境逐渐退化。在全球变化和西部大开发的背景下，本文对雅长兰科植物自然保护区生态功能进行分析，并评估其功能价值，对保护以野生动植物、特别是珍稀兰科植物为主的自然保护区生态系统结构和功能具有重大意义。分析与评估其生态功能与价值，促进人类对其生态系统结构和功能重要性的认识，有助于更好的理解森林型自然保护区生态系统功能的价值重要性，为正确保护和合理利用雅长兰科植物自然保护区野生动植物资源提供有力支撑，同时对区域生态环境安全及经济社会可持续发展产生积极而深远的影响。

1 研究区概况

广西雅长兰科植物自然保护区，位于广西壮族自治区百色市乐业县境内的区直国营雅长林场范围内，地处东经 106°11′31″~106°27′04″，北纬 24°44′16″~24°53′58″之间。东与大石围天坑群相接，西与南盘江相临，北与红水河相近，南与岑王老山相望。保护区东西长 26.2km，南北宽 18.0km，总面积 22062.0hm^2。保护区内野生兰科植物集中，森林连片分布，原生性较强，生物多样性丰富，代表性强，稀有性突出，自然性好。保护区具有重要的保护价值和科学研究价值，它以其独特的生态环境，丰富的生物多样性资源，壮丽奇特地形，完好的植被类型，早已为许多学者所关注，并为众多中外学者所向往。

保护区海拔 1000m 以上的山峰共有 89 座，其中 1500m 以上的有 19 座，最高点为盘古王，海拔 1971m，最低处位于一沟，海拔 400m，相对高差达 1571m。水系属珠江流域的西江水系，主要河流为白康河，主流全长 35.5km，总流域面积 307.5km^2。土壤具有明显的垂直地带性分布规律，主要以山地红壤、黄壤及山地草甸土为主，土壤容重平均为 1.5g·cm^{-3}。保护区内气候温和，冬无严寒、夏无酷暑，多年

* 张治军. 广西雅长兰科植物自然保护区生态系统生态功能分析及其价值评估［J］. 林业建设，2012，(1)：79-85.

平均气温 16.3℃，最高气温 38℃，最低气温-3℃；多年平均降雨量 1051.7mm，其变幅相对较稳定。

保护区森林面积 14718.5hm^2，灌木林面积 854.9hm^2，森林覆盖率不含灌木林为 66.7%，含灌木林为 70.6%。活立木总蓄积量为 839336m^3，平均每公顷森林蓄积量 57.03m^3（表 1）。森林资源按起源分：天然林 12068.5hm^2，占 82.0%，人工林 2650.0hm^2，占 18.0%。

保护区现已知有兰科植物 44 属，115 种，兰科植物种类丰富，群居度高，中国特有的兜兰属植物保护区内就有 3 种，分别是带叶兜兰、长瓣兜兰、硬叶兜兰，占中国和广西总种数的 16.7%和 25.0%。此外，滇黔桂地区特有的滇金石斛、云南石仙桃、红头金石斛、邱北冬蕙兰等在保护区内也有分布。中国野生兰花约有 173 属 1200 多种，广西是我国兰科植物分布最多的省（区）之一，共有 107 属 347 种。

表 1　雅长兰科植物自然保护区森林资源状况

林分类型	面积（hm^2）	单位面积蓄积量（m^3/hm^2）	蓄积量（m^3）
针叶林	2473.7	60.01	148458
针阔混交林	1873.9	99.35	186163
阔叶混交林	10370.9	48.67	504715
合计	14718.5		839336

2　研究方法

2.1　数据来源

本研究数据来源主要为近年来发表的相关文献资料，参考 2007 年《广西雅长兰科植物自然保护区综合科学考察报告》及国家权威机构发布的社会公共资源数据[7]（表 2）等。

表 2　社会公共资源数据

名称	单价（含量）	名称	单价
水库建设单位库容投资	6.11 元 · t^{-1}	有机质价格	360 元 · t^{-1}
水的净化费用	2.09 元 · t^{-1}	固碳价格	1200 元 · t^{-1}
磷酸二铵含氮量	14.0%	制造氧气价格	1000 元 · t^{-1}
磷酸二铵含磷量	15.01%	二氧化硫治理费用	1.20 元 · kg^{-1}
氯化钾含钾量	50.0%	氟化物治理费用	0.69 元 · kg^{-1}
磷酸二铵价格	3300 元 · t^{-1}	氮氧化物治理费用	0.63 元 · kg^{-1}
氯化钾价格	3200 元 · t^{-1}	降尘清理费用	0.15 元 · kg^{-1}

2.2　评估方法

本研究采用市场价值法、机会成本法和影子工程法等方法，从涵养水源、保育土壤、固碳释氧、净化大气环境、保护生物多样性等 5 个方面，共涉及 11 项指标，对保护区生态功能进行价值评估。

2.2.1　涵养水源

森林水源涵养量的计算方法主要有两种：水量平衡法和分类统计法。水量平衡法能够较好的反映实际情况[8]，本研究以区域水量平衡法来计算雅长兰科植物自然保护区涵养水源的总量，计算公式如下：

$$W = (R - E) \cdot A = \theta R \cdot A$$

式中，W 为森林涵养水源量，R 为平均年降雨量，E 为平均年蒸散量，A 为森林面积（hm^2），θ 为径流系数。

（1）调节水量价值：运用影子工程法，公式为：

$$U_{调} = W \times C_{库}$$

式中：$U_{调}$为森林调节水量价值（元·a^{-1}），$C_{库}$为水库库容造价（元·m^{-3}）。

（2）净化水质价值：森林生态系统年净化水质价值采用网格法得出的全国城市市民用水平均价格计算，公式如下：

$$U_{水质} = W \times K_{水}$$

式中：$U_{水质}$为森林年净化水质价值（元·a^{-1}），$K_{水}$为居民用水平均价格（元·t^{-1}）。

2.2.2 保育土壤

森林凭借庞大的树冠、深厚的枯枝落叶层及丰富且成网络的根系截留大气降水，减少或免遭雨滴对土壤表层的直接冲击，有效固持土体，降低了地表径流对土壤的冲蚀，使土壤流失量大大降低。主要表现为：减少土壤侵蚀、保持土壤肥力、防风固沙、护堤、防灾减灾（如泥石流、山体滑坡）等。本研究主要选取森林固土和保肥作用2个指标开展评估。

（1）森林年固土价值：采用森林林地土壤侵蚀模数与无林地土壤侵蚀模数的差值乘以修建水库的成本（影子工程法）计算森林固土价值。公式为：

$$U_{固土} = A \times C_{库} \times (X_2 - X_1) / \rho$$

式中：$U_{固土}$为森林年固土价值（元·a^{-1}），X_1为林地土壤侵蚀模数（t·hm^{-2}·a^{-1}），X_2为无林地土壤侵蚀模数（t·hm^{-2}·a^{-1}），A为森林面积（hm^2），ρ为土壤平均容重（t·m^{-3}），$C_{库}$为水库库容造价（元·m^{-3}）。

（2）森林年保肥价值：同有林地对照，无林地每年随土壤侵蚀不仅会带走大量表土以及表土中的大量营养物质，如N、P、K等，而且也会带走下层土壤中的部分可溶解物质，从而引起土壤肥力下降[9]。本研究中森林保肥价值采用侵蚀土壤中的N、P、K物质折合成磷酸二铵和氯化钾的价值来体现。公式如下：

$$U_{肥} = A \times (X_2 - X_1) \times (N \times C_1/R_1 + P \times C_1/R_2 + K \times C_2/R_3 + M \times C_3)$$

式中：$U_{肥}$为森林年保肥价值（元·a^{-1}），X_1为林地土壤侵蚀模数（t·hm^{-2}·a^{-1}），X_2为无林地土壤侵蚀模数（t·hm^{-2}·a^{-1}），A为森林面积（hm^2），N为土壤平均含N量；P为土壤平均含P量；K为土壤平均含K量；M为土壤有机质平均含量；R_1为磷酸二铵含N量；R_2为磷酸二铵含P量；R_3为氯化钾含K量；C_1为磷酸二铵平均价格（元·t^{-1}），C_2为氯化钾平均价格（元·t^{-1}），C_3为有机质平均价格（元·t^{-1}）。

2.2.3 固碳释氧

森林与大气的物质交换主要是CO_2与O_2的交换，即是森林固定并减少大气中的CO_2和提高并增加大气中的O_2，这对维持大气中的CO_2和O_2动态平衡、减少温室效应以及对人类提供生存基础均具有巨大和不可替代的作用[10]。为此本研究选用固碳、释氧2个指标反映该功能。

森林每生长1m^3蓄积量，平均能吸收1.83tCO_2，释放1.62tO_2[11]。

（1）固碳价值。森林植被固碳价值的计算公式为：

$$U_{碳} = A \times B_{年} \times C_{碳}$$

式中：$U_{碳}$为森林年固碳价值（元·a^{-1}），A为森林面积（hm^2），$B_{年}$为每公顷森林年固碳量（tC·hm^{-2}·a^{-1}），$C_{碳}$为固碳价格（元·t^{-1}）。

（2）释氧价值。森林植被释氧价值的计算公式为：

$$U_{氧} = A \times O_{年} \times C_{氧}$$

式中：$U_{氧}$为森林年释氧价值（元·a^{-1}），A为森林面积（hm^2），$O_{年}$为每公顷森林年释氧量（t·hm^{-2}·a^{-1}），$C_{氧}$为氧气价格（元·t^{-1}）。

2.2.4 净化大气环境

森林生态系统通过吸收、过滤、阻隔、分解等过程将大气中的有害物质（如二氧化硫、氟化物、氮氧化物、粉尘等）降解和净化，提供负离子、萜烯类物质（如芬多精）等，还可在一定程度上有效地减轻工业、交通、施工及社会生活噪声等无形的环境污染[12]。因此，本研究选取吸收二氧化硫、氟化物、氮氧化物和滞尘4个指标反映森林净化大气环境的能力。

研究表明[13]，针叶树平均吸收二氧化硫、氟化物、氮氧化物和滞尘能力分别为：215.60、0.5、6.0、33200kg·hm^{-2}；阔叶树平均吸收二氧化硫、氟化物、氮氧化物和滞尘能力分别为：88.65、4.65、6.0、10110kg·hm^{-2}。

（1）吸收二氧化硫价值。森林吸收二氧化硫的年价值计算公式如下：

$$U_{二氧化硫} = A \times Q_{二氧化硫} \times K_{二氧化硫}$$

式中，$U_{二氧化硫}$ 为森林年吸收二氧化硫总价值（元·a^{-1}），$K_{二氧化硫}$ 为二氧化硫的治理费用（元·kg^{-1}），$Q_{二氧化硫}$ 为单位面积森林吸收二氧化硫量（kg·hm^{-2}·a^{-1}），A 为森林面积（hm^2）。

（2）吸收氟化物价值。森林植被吸收氟化物年价值计算公式为：

$$U_{氟化物} = A \times Q_{氟化物} \times K_{氟化物}$$

式中，$U_{氟化物}$ 为森林吸收氟化物年价值（元·a^{-1}），$K_{氟化物}$ 为氟化物治理费用（元·kg^{-1}），$Q_{氟化物}$ 为单位面积森林吸收氟化物量（kg·hm^{-2}·a^{-1}），A 为森林面积（hm^2）。

（3）吸收氮氧化物价值。森林植被吸收氮氧化物年价值计算公式为：

$$U_{氮氧化物} = A \times Q_{氮氧化物} \times K_{氮氧化物}$$

式中，$U_{氮氧化物}$ 为森林吸收氮氧化物年价值（元·a^{-1}），$K_{氮氧化物}$ 为氮氧化物治理费用（元·kg^{-1}），$Q_{氮氧化物}$ 为单位面积森林吸收氮氧化物量（kg·hm^{-2}·a^{-1}），A 为森林面积（hm^2）。

（4）滞尘价值。森林植被阻滞降尘年价值计算公式为：

$$U_{滞尘} = A \times Q_{滞尘} \times K_{滞尘}$$

式中，$U_{滞尘}$ 为森林滞尘年价值（元·a^{-1}），$K_{滞尘}$ 为降尘清理费用（元·kg^{-1}），$Q_{滞尘}$ 为单位面积森林滞尘量（kg·hm^{-2}·a^{-1}），A 为森林面积（hm^2）。

2.2.5 保护生物多样性

人类生存离不开其他生物，繁杂多样的生物及其组合即生物多样性与它们的物理环境共同构成了人类所依赖的生命支持系统。森林是生物多样性最丰富的区域，是生物多样性生存和发展的最佳场所，在生物多样性保护方面有着不可替代的作用[14]。为此，本研究选用生物多样性保育指标反映其功能。

森林的生物多样性保育价值采用下列公式计算：

$$U_{生物} = A \times S_{生物}$$

式中，$U_{生物}$ 为森林生态系统生物多样性保护年价值（元·a^{-1}），$S_{生物}$ 为单位面积森林生物多样性年价值（元·hm^{-2}·a^{-1}），A 为森林面积（hm^2）。

$S_{生物}$ 一般是根据 Shannon-Weiner 指数计算。本研究参考王兵等[15]对中国森林物种多样性保育价值评估中各林分类型在全国范围内的平均单价。

3 生态功能价值评估结果

雅长兰科植物自然保护区各种生态功能物质量及价值量评估详见表3。

表 3 雅长兰科植物自然保护区各种生态功能物质量及价值量情况

功能指标	涵养水源		保育土壤		固碳释氧		净化大气环境				生物多样性保护
	调节水量	净化水质	固土	保持肥力	固定 CO_2	释放 O_2	吸收 SO_2	吸收氟化物	吸收氮氧化物	滞尘	
物质量 ($t \cdot a^{-1}$)	6810.96×10^4		149.62×10^4		2.30×10^4	7.46×10^4	0.17×10^4	54.29	88.31	22.76×10^4	
价值量 (元 $\cdot a^{-1}$)	4.16×10^8	1.42×10^8	0.10×10^8	1.59×10^8	0.28×10^8	0.74×10^8	208.53×10^4	3.75×10^4	5.56×10^4	0.34×10^8	4.03×10^8
价值量小计 (元 $\cdot a^{-1}$)	5.58×10^8		1.69×10^8		1.02×10^8		0.36×10^8				4.03×10^8
价值量合计 (元 $\cdot a^{-1}$)	12.68×10^8										

3.1 涵养水源价值评估结果

按 2.3.1 节的计算方法，以我国森林年蒸散量的平均值 56%[2] 为评估依据，雅长兰科植物自然保护区生态系统径流系数为 0.44，整个区域年降水量平均为 1051.7mm，该自然保护区生态系统涵养水源能力为 $6810.96\times10^4 t \cdot a^{-1}$；涵养水源能力总价值为 5.58×10^8 元 $\cdot a^{-1}$，其中，调节水量价值为 4.16×10^8 元 $\cdot a^{-1}$，净化水质价值为 1.42×10^8 元 $\cdot a^{-1}$。

3.2 保育土壤价值评估结果

按 2.3.2 节的计算方法，根据相关资料统计结果，雅长兰科植物自然保护区有林地与无林地的侵蚀差异量平均每年 0.5cm，保护区生态系统减少土壤侵蚀总量为 $149.62\times10^4 t \cdot a^{-1}$，其价值总计为 1.69×10^8 元 $\cdot a^{-1}$，其中森林固土价值为 0.10×10^8 元 $\cdot a^{-1}$，保持肥力价值为 1.59×10^8 元 $\cdot a^{-1}$。

3.3 固定 CO2 和释放 O2 价值评估结果

按 2.3.3 节的计算方法，雅长兰科植物自然保护区生态系统固定 CO_2 的量为 $2.30\times10^4 tC \cdot a^{-1}$，释放 O_2 的量为 $7.46\times10^4 t \cdot a^{-1}$；固碳释氧总价值为 1.02×10^8 元 $\cdot a^{-1}$，其中，固定 CO_2 价值为 0.28×10^8 元 $\cdot a^{-1}$，释放 O_2 价值为 0.74×10^8 元 $\cdot a^{-1}$。

3.4 净化大气环境价值评估结果

按 2.3.4 节的计算方法，雅长兰科植物自然保护区生态系统吸收 SO_2 量为 $0.17\times10^4 t \cdot a^{-1}$，滞尘能力为 $22.76\times10^4 t \cdot a^{-1}$，吸收氟化物和氮氧化物量分别为 $54.29 t \cdot a^{-1}$ 和 $88.31 t \cdot a^{-1}$；净化大气环境总价值为 0.36×10^8 元 $\cdot a^{-1}$，其中，吸收 SO_2 价值为 208.53×10^4 元 $\cdot a^{-1}$，吸收氟化物和氮氧化物价值分别为 3.75×10^4 元 $\cdot a^{-1}$ 和 5.56×10^4 元 $\cdot a^{-1}$，滞尘价值为 0.34×10^8 元 $\cdot a^{-1}$。

3.5 保护生物多样性价值评估结果

雅长兰科植物自然保护区森林生态系统针叶林主要以云南松为主，林分类型以针叶林、阔叶混交林及针阔混交林为主，参考我国森林物种多样性保育价值评估中关于云南松、针阔混交林及阔叶混交林三种类型的林分物种多样性保育价值[15]，平均单价分别为 17140.9 元 $\cdot hm^{-2} \cdot a^{-1}$、22465.4 元 $\cdot hm^{-2} \cdot a^{-1}$ 和 30678.6 元 $\cdot hm^{-2} \cdot a^{-1}$。按 2.3.5 节的计算方法，该保护区生物多样性保护价值为 4.03×10^8 元 $\cdot a^{-1}$。

4 结论与讨论

4.1 结 论

雅长兰科植物自然保护区生态系统生态功能价值巨大，保护其生态系统结构和功能具有重大意义。5

项生态功能合计总价值为 12.68×10^8元・a^{-1}，其中以森林涵养水源价值量最大，为 5.58×10^8元・a^{-1}；其次，生物多样性保护价值为 4.03×10^8元・a^{-1}；保育土壤与固碳释氧价值分别为 1.69×10^8元・a^{-1}和 1.02×10^8元・a^{-1}；净化大气环境价值量最小，为 0.36×10^8元・a^{-1}。

在雅长兰科植物自然保护区生态系统中，主要是森林植被发挥着重要作用，其涵养水源能力为 6810.96×10^4t・a^{-1}；而土壤是维系森林植被最重要的物质基础，离开了森林土壤，森林植被将不复存在，同时森林植被的完整将使森林土壤得到良好的保持，土壤保持能力为 149.62×10^4t・a^{-1}，因此森林-土壤是雅长兰科植物自然保护区生态系统的核心组分，二者密切相关、不可分割，为野生动植物、特别是珍稀兰科植物提供了良好的生境。

4.2 讨 论

目前，关于自然保护区级的生态系统生态功能价值评估研究已经成为当前的热点，尽管在具体的指标、参数上存在差距，但基本上都参考了 Costanza[3] 等人的研究方法。本文将雅长兰科植物自然保护区结果与其他 4 个森林类型的自然保护区[2,16-18] 及云南省近期公布的全省森林类型的国家级（16 个）和省级自然保护区（40 个）研究结果作对比分析（表 4）：在单位面积上，雅长兰科植物自然保护区以 5.75 万元・hm^{-2}・a^{-1}排在丰林自然保护区（5.88 万元・hm^{-2}・a^{-1}）和云南省 56 个自然保护区综合评估（8.86 万元・hm^{-2}・a^{-1}）价值之后，在单位森林面积上，雅长兰科植物自然保护区以 8.62 万元・hm^{-2}・a^{-1}仅低于云南省 56 个自然保护区综合评估（12.21 万元・hm^{-2}・a^{-1}）价值；在各生态功能指标上，雅长兰科植物自然保护区各功能指标价值大小排序为：涵养水源>维护生物多样性>土壤保持>固碳释氧>净化空气，其中前 3 项为主要功能，占总价值的 89.08%，与昆嵛山、轿子山及云南省 56 个自然保护区相似，与丰林、哈纳斯自然保护区的主要区别在于这两个保护区生物多样性价值低，而森林固碳释氧功能较突出，可能与自然保护区所处的地理位置、气候条件及保护的主要对象存在较大差异有关。

关于森林类型的自然保护区生态系统生态功能构成，许多学者进行了大量的研究，主要是从森林涵养水源、保育土壤、固碳释氧、积累营养物质、维护生物多样性、净化大气环境及科研文化等多个方面进行研究。本研究系统对比了已有的研究成果，认为森林在积累营养物质及科研文化等方面发挥的功能较低，或者是部分功能没有充分发挥出来。如王玉涛等[16]、张治军等[2] 分别对昆嵛山、轿子山国家级自然保护区生态系统生态功能进行了评估，研究发现，科研文化功能仅占上述功能总价值的 2.2% 和 0.21%，科研文化包括开展科学研究、教育认知、游憩娱乐等多个方面，从中反映出部分自然保护区保护与利用矛盾突出，凸显资源保护固然重要，但片面追求保护、没有有效合理利用资源，某种意义上是一种浪费，雅长兰科植物自然保护区面临着同样的问题。自然保护区是省域或区域范围内资源禀赋最高的地方，也是合理开发利用最有效的地方，应以“保护促进发展、发展巩固保护”的理念，合理有效的开发利用资源，以体现自然保护区保护的真正价值。

表 4 近年来主要森林类型的自然保护区生态功能年价值量对比分析

项目指标		涵养水源	土壤保持	固碳释氧	净化空气	维护生物多样性	合计
昆嵛山国家级自然保护区	总价值（万元）	27944.72	1951.36	1858.71	7592.45	6317.79	45665.03
	单位面积价值（万元・hm^{-2}）	1.81	0.13	0.12	0.49	0.41	2.96
	单位森林面积价值（万元・hm^{-2}）	1.97	0.14	0.13	0.53	0.44	3.22

（续）

项目指标		涵养水源	土壤保持	固碳释氧	净化空气	维护生物多样性	合计
丰林国家级自然保护区	总价值（万元）	33810.67	26461.39	23649.53	6193.69	16741.5	106856.78
	单位面积价值（万元·hm^{-2}）	1.86	1.46	1.30	0.34	0.92	5.88
	单位森林面积价值（万元·hm^{-2}）	1.94	1.52	1.36	0.36	0.96	6.14
哈纳斯国家级自然保护区	总价值（万元）	28.85	45991.33	79891.09	31379.17	41566.28	198856.72
	单位面积价值（万元·hm^{-2}）	0.00013	0.21	0.36	0.14	0.19	0.90
	单位森林面积价值（万元·hm^{-2}）	0.0002	0.33	0.57	0.22	0.30	1.42
轿子山国家级自然保护区	总价值（万元）	12188.05	19904.26	496.77	1273.55	1822.24	35684.87
	单位面积价值（万元·hm^{-2}）	0.74	1.21	0.03	0.08	0.11	2.17
	单位森林面积价值（万元·hm^{-2}）	1.07	1.74	0.04	0.11	0.16	3.12
云南省国家级及省级自然保护区	总价值（万元）	5387500	4937900	1220900	832100	7550700	19929100
	单位面积价值（万元·hm^{-2}）	2.39	2.19	0.54	0.37	3.36	8.86
	单位森林面积价值（万元·hm^{-2}）	3.30	3.03	0.75	0.51	4.63	12.21
雅长兰科植物国家级自然保护区	总价值（万元）	55849.84	16883.29	10217.16	3631.18	40266.41	126847.88
	单位面积价值（万元·hm^{-2}）	2.53	0.77	0.46	0.16	1.83	5.75
	单位森林面积价值（万元·hm^{-2}）	3.79	1.15	0.69	0.25	2.74	8.62

【参考文献】

[1] 刘敏超，李迪强，温琰茂，等. 三江源地区生态系统生态功能分析及其价值评估［J］. 环境科学学报，2005，25（9）：1280-1286.

[2] 张治军，唐芳林，朱丽艳，等. 轿子山自然保护区森林生态系统服务功能价值评估［J］. 中国农学通报，2010，26（11）：107-112.

[3] Costanza R, d' Arge R, Rudolf de Groot, *et al*. The value of the world' s ecosystem services and natural capital [J]. Nature, 1997, 387: 253-260.

[4] Bolund P, Hunhammar S. Ecosystem services in urban areas [J]. Ecological Economics, 1999, 29: 293-301.

[5] Bjorklund J, Limburg K, Rydberg T. Impact of production intensity on the ability of the agricultural landscape to generate ecosystem services: an example form Sweden [J]. Ecological Economics, 1999, 29: 269-291.

[6] Holmund C, Hammer M. Ecosystem services generate by fish population [J]. Ecological Economics, 1999, 29: 253-268.

[7] 国家林业局. 森林生态系统服务功能评估规范（LY/T 1721-2008）［S］. 北京：中国标准出版社，2008.

[8] 侯元兆，张佩昌，王琦，等. 中国森林资源核算研究. 北京：中国林业出版社. 1995.

[9] 鲁绍伟. 中国森林生态服务功能动态分析与仿真预测［D］. 北京：北京林业大学，2006.

［10］靳芳. 中国森林生态系统价值评估研究［D］. 北京：北京林业大学，2005.

［11］朱建华，侯振宏，张小全. 气候变化对中国林业的影响与应对策略［J］. 林业经济，2009，11：78-83.

［12］靳芳，鲁绍伟，余新晓，等. 中国森林生态系统服务功能及其价值评价［J］. 应用生态学报，2005，16（8）：1531-1536.

［13］中国生物多样性国情研究报告编写组编. 中国生物多样性国情研究报告［C］. 北京：中国环境科学出版社，1998.

［14］王兵，李少宁，郭浩. 江西省森林生态系统服务功能及其价值评估研究［J］. 江西科学，2007，25（5）：553-559.

［15］王兵，郑秋红，郭浩. 基于 Shannon-Wiener 指数的中国森林物种多样性保育价值评估方法［J］. 林业科学研究，2008，21（2）：268-274.

［16］王玉涛，郭卫华，刘建，等. 昆嵛山自然保护区生态系统服务功能价值评估［J］. 生态学报，2009，29（1）：523-531.

［17］刘林馨，刘传照，毛子军. 丰林世界生物圈自然保护区森林生态系统服务功能价值评估［J］. 北京林业大学学报，2011，33（3）：38-44.

［18］李偲，海米提·依米提，李晓东. 哈纳斯自然保护区森林生态系统服务功能价值评估［J］. 干旱区资源与环境，2011，25（10）：92-97.

恐龙河自然保护区的动植物资源现状及保护对策研究*

在对恐龙河自然保护区的动植物资源本底及保护区现状进行调查的基础上，明确了保护区的重点保护对象和保护工作的重点方向，分析了保护区存在的问题与困难，提出了今后保护区工作的策略及建议。

1 保护区概况

恐龙河自然保护区位于云南省楚雄州双柏县西南的鄂嘉镇境内，距县城175km，其地理坐标为24°23′~24°34′ N，101°10′~101°23′35″ E。该保护区于2003年4月经楚雄州人民政府批准建立（楚政复【2003】19号），以水源涵养林为主要保护对象，属森林生态类型的自然保护区。除天然的森林生态系统外，这里还是国家I级重点保护野生动物绿孔雀、黑颈长尾雉的原生栖息地，是云南野生苏铁就地保护项目实施区之一。

保护区2003年4月被批准建立时的总面积约10391.0hm^2，包括核心区面积9038.0hm^{2}和实验区面积1353.0hm^2。自2008年5月至今，因当地发展需要，已先后三次调减保护区面积合计869.6hm^2，调整后的保护区面积目前为9521.4hm^2。

2 动植物资源现状

2.1 动植物种类

据调查，保护区有5个植被型、6个植被亚型、15个群系。5个植被类型分别为季雨林、常绿阔叶林、硬叶常绿阔叶林、暖性针叶林、稀树灌木草丛。其中，季雨林是我国除西藏墨脱、云南金沙江河谷外纬度最北的，也是楚雄州境内唯一的热带季雨林。

据初步调查，保护区共记录有维管植物192科、736属、1204种，其中：蕨类植物有30科、58属、104种，裸子植物有5科、8属、9种，被子植物有157科、671属、1092种；大型真菌记录有20多种。在所记录的1024种高等植物中，有国家级重点保护野生植物6种（桫椤 *Alsophila spinulosa*、苏铁蕨 *Brainea insignis*、元江苏铁 *Cycas parvula*、千果榄仁 *Terminalia myriocarpa*、毛红椿 *Toona ciliata* var. *pubescens* 和金荞麦 *Fagopyrum dibotrys*），有云南省级重点保护野生植物3种（冬樱花 *Cerasus cerasoides*、厚果鸡血藤 *Millettia pachycarpa* 和越南山核桃 *Carya tonkinensis*）。

保护区记录有野生陆栖脊椎动物252种，其中：两栖类有13种，隶属于2目、7科、11属；爬行类有22种，隶属于2目、8科、18属；鸟类有154种，隶属于14目、37科；哺乳类有50种，隶属于9目、23科；昆虫1230种[1]。在252种野生陆栖脊椎动物中，有国家Ⅰ级重点保护野生陆栖脊椎动物4种（蟒蛇 *Python molurus*、黑颈长尾雉 *Syrmaticus humiae*、绿孔雀 *Pavo muticus* 和蜂猴 *Nycticebus coucang*）、国家Ⅱ级重点保护动物21种（红瘰疣螈 *Tylototriton verrucosus*、大壁虎 *Gekko gecko*、凤头蜂鹰 *Pernis ptilorhynchus*、松雀鹰 *Accipiter virgatus*、白鹇 *Lophura nycthemera*、原鸡 *Gallus gallus*、猕猴 *Macaca mulatta*、穿山甲 *Manis pentadactyla*、水獭 *Lutra lutra*、大灵猫 *Viverra zibetha*、小灵猫 *Viverricula indica*、金猫 *Felis temminchi* 等），

---

* 王恒颖，孙鸿雁，黎国强. 恐龙河自然保护区的动植物资源现状及保护对策研究［J］. 林业建设，2013，(1)：49-53.

有云南省级重点保护野生陆栖脊椎动物 2 种（眼镜蛇 *Naja naja* 和眼镜王蛇 *Ophiophagus hannah*），有 17 种动物分别被《中国珍稀濒危动物红皮书》列为需予以关注动物、易危动物、濒危动物和极危动物（细蛇蜥 *Ophisaurus gracilis*、三索锦蛇 *Elaphe radiata*、黑眉锦蛇 *Elaphe taeniura*、银环蛇 *Bungarus multicinctus*、豹猫 *Felis bengalensis* 和黑白林飞鼠 *Hylopetes alboniger* 等）。

2.2 重点保护对象及其资源现状

保护区内分布的野生保护动植物数量较多，保护价值极高，特别是元江苏铁和绿孔雀，在云南省境内均是分布最集中、数量较多的地方。

据本次考察和初步统计，保护区内发现的元江苏铁达数千株，主要分布于保护区的实验区。

据北京林业大学范喜舜报道[2]以及西南林业大学韩联宪[3]、周伟[4]等的调查，黑颈长尾雉在恐龙河保护区内分布较为广泛（当地居民统称红鹇），估计有 19 群[1]、约 150 只[2]，保护区内绿孔雀大约有 9 群、58 只[1]，仅绿孔雀的数量就比巍山青华绿孔雀省级自然保护区（30~40 只）多，绿孔雀和黑颈长尾雉种群数量是全省乃至全国所有自然保护区中最多的，值得予以重点保护。相关专项研究也表明，恐龙河保护区内绿孔雀的栖息地呈明显斑块状隔离分布[4]，保护力度需加强。

3 保护区存在的问题

3.1 保护区规划不合理

就保护区设立的初衷而言，主要是为了保护水源涵养林，后经多次调查发现，保护区内尚有更具保护价值的国家Ⅰ级重点保护野生动植物元江苏铁和绿孔雀，作为本保护区的旗舰种，它们的保护价值远远超过了水源涵养林本身的价值，然而保护了水源涵养林，同时也保护了这些野生动植物及其赖以生存的栖息环境。由于历史原因，该保护区规划时没有在实验区和核心区之间设置缓冲区，实验区与核心区也相对独立，核心区外围地带也没有设置缓冲区和实验区作为过渡。经调查发现，保护区内发现的野生元江苏铁大部分位于保护区的实验区，其部分野生生境已被破坏甚至完全为人工植被所取代；保护区内的绿孔雀栖息地呈明显斑块状隔离分布，部分最好的栖息地距离保护区边界很近，其间没有设置保护区缓冲地带，且与保护区边缘目前正在开发的水电站施工地边界直线距离不足百米。因此，保护区功能规划亟待合理化调整。

3.2 保护力度不够，发展优先，保护让步

相关研究表明，栖息地丧失和高强度狩猎是导致黑颈长尾雉濒危的主要原因，如欲有效保护该物种，不仅要注意保护其栖息地，更要严格控制非法狩猎[5]。

从保护区自 2003 建立以来至今，保护区范围先后历经三次调整，且三次均在 2008 年以后，调整原因都是为了当地经济的发展，目前的保护区面积仅为最初建立保护区时面积的 91.6%（详见表 1）。

表 1 恐龙河自然保护区各功能区调减历程

单位：hm^2

年份＼面积	核心区		实验区		保护区总面积	
	调减	调减后	调减	调减后	调减	调减后
2003 年保护区成立时	—	9038.00	—	1353.00	—	10391.00
2008 年大湾电站调整	655.23	8382.77	154.23	1198.77	809.47	9581.54
2010 年小江河电站调整	5.60	8377.17	0	1198.77	5.60	9575.94
2010 年阳太铁矿调整	0	8377.17	54.53	1144.23	54.53	9521.40

云南省野生苏铁就地保护项目实施区鄂嘉保护点，保护面积 3732.6 公顷，全在保护区内，2008 年大湾电站至 2010 年阳太铁矿调减区域大部分面积在此项目区内。

此外，保护区林权改革和林权调整对保护区的管理工作也提出了新的挑战和更高的要求。目前，保护区有国家级公益林5417.3公顷（81259亩），省级公益林3761.3公顷（56419亩），州级公益林100.9公顷（1514亩），公益林面积合计139192亩。从表2可看出，保护区林改前，有集体林9836亩，林改后有10678亩，共计290个地宗，涉及210户农户及15个村民小组的18宗集体林地（表2）。

表2 保护区林权调整情况

单位：亩

面积 年份	公益林		集体林		耕地		总面积
	调整	调整后	调整	调整后	调整	调整后	
2003年	—	150492	—	842	—	4531	155865
2008年	-12142	138350	0	842	0	4531	143723
目前	-10738	127612	9836	10678	0	4531	142821

3.3 保护工作资金来源无法保证

虽然州、县林业主管部门为保护区的发展做了大量的工作，但是，由于州、县两级财政资金困难，经费投入少，保护区基础设施和条件较差，主要表现为：管理所办公和职工住房属于借用，保护区目前尚无自己的管护站点、交通工具、观测和科研仪器，上述投入严重缺乏或不足，给保护区管理和宣传工作造成不便。

3.4 人员缺乏

保护区管理所于2005年1月10日正式挂牌成立，人员编制5人，目前仅有2人在编在岗行使保护区的日常管理工作。保护区日常巡护工作基本由鄂嘉林场承担，管理所没有自己管理的护林员，导致保护区日常巡护工作无法保证，保护管理工作无法有效开展。

3.5 当地居民保护意识普遍不高，缺乏保护积极性

保护区内（周边）的村庄地处边远贫困山区，耕田种地是居民生存的重要基础，养殖业是居民发展农村经济的主要方式。而居民大多数为少数民簇，文化素质普遍较低，保护意识淡薄，存在靠山吃山的陈旧观念。他们还沿用着刀耕火种、广种薄收的落后生产方式，家畜放养也以野养、散养为主，居民的生产和生活对保护区的原生生态系统破坏极大。

野生动物与当地群众生产生活冲突的事件也时有发生，当地群众普遍认为野生动物肇事补偿标准偏低，部分发生在保护区周边的集体林和不属于保护区的国有林野生动物肇事案件保护区管理所也无法受理赔偿事宜，农户受到损失却得不到应有赔偿，不仅使受害农户收入减少，更严重挫伤了农民保护生态环境的积极性，甚至容易产生抵触情绪，不利于保护区管理工作的正常开展。

据统计，目前保护区共涉及8个村委会（新树、密架、东风、平掌、鄂嘉、龙树、旧丈、阳太），内有6个自然村和3户零星的居住户，共计87户、314人，其中核心区有居民33户、110人，实验区有居民54户、204人。

3.6 森林防火形势严峻

保护区近年来未发生森林火灾，但并不代表今后一段时期内不会发生森林火灾或没有火灾隐患和发生森林火灾的可能性，尤其是近三年云南各地连续发生的干旱，使保护区的森林火险等级显著增高，森林防火形势非常严峻。

4 保护策略及建议

4.1 摸清本底，合理规划保护区工作

加强基础性调查研究，建立健全保护区基础资料。一是组织保护区综合科学考察，摸清保护区野生

动植物资源本底；二是完善云南省野生苏铁就地保护项目双柏保护站鄂嘉保护点的相关设施，开展保护区野生苏铁的资源调查工作；三是针对保护区的主要保护对象进行保护区功能规划调整；四是逐步建立保护设施完善的管理站点，增配人员编制；五是加大保护区的投入，解决交通工具和野生动植物的监测、科研等设备缺乏的问题，并加强保护区界桩、监测桩、宣传牌和管护点、监测点等基础设施建设。

4.2 协调发展与保护的关系

保护与开发的问题实际是生态效益与经济效益之间的关系问题，生态效益能为经济效益服务，经济效益是搞好生态效益的坚强后盾。以牺牲基本生存权利强调保护工作是不可行的，以牺牲自然资源谋求短期经济效益的行为也是不可取的。当地政府应树立正确的发展观，保护区管理局应大力宣传保护工作，积极引导当地群众合理开发，自觉遵守自然保护区的有关规定，圈定生产生活活动范围，不越界开发，在不破坏自然资源的前提下从事种植、养殖业或承包村庄周边保护区的保护和管理任务。

4.3 拓宽融资渠道，落实保护区资金来源问题

恐龙河自然保护区起步晚，机构能力和基础设施条件差，发展缓慢，急需拓宽融资渠道。具体解决措施包括：①积极向各级财政争取政府投资；②争取各种渠道和各单位、部门或社会团体等社会各界的援助；③加大宣传力度，提高保护区知名度，争取国际援助项目资金；④积极准备保护区升级工作，争取上级政府部门的资金投入。

4.4 增设岗位，加强机构能力建设

保护区管理部门应坚持以机构能力建设为着力点，以保护区巡护人员为载体，不断提高管理水平。一要建立、完善各项保护管理的规章制度，制定管理工作岗位职责，明确各项管理考核标准，做到管理工作开展有计划、有目的及有章可循；二要加强基础设施建设，提高管理效率；三要加大职工学习教育的力度，积极开展好各类学习和培训活动，不断提高工作能力和业务水平。

4.5 加强自然保护区相关知识的普及，加大违法行为的查处力度

加大保护工作的宣传力度和保护区相关知识的普及，严厉打击破坏野生动植物资源的违法犯罪活动，继续做好保护区野生动物肇事补偿工作。

以生物多样性保护为重点，扎实开展好管护工作。一是严格按照自然保护区管理工作的有关规定，认真落实好辖区内各管护点各项管护工作责任制，加强保护区的监测动态管理，实施对保护区的全面有效管理。二是不断加大巡山护林力度，严厉打击各种毁林开荒、乱砍滥伐、乱捕乱猎的破坏保护区森林资源的非法活动；三是认真开展好森林防火工作。四是对政府招商引资项目进行监督管理，力求把招商引资项目对保护区的影响降低到最小，为保护区森林资源的建立有效的保护屏障。通过加大巡山护林力度和有效开展打击破坏森林资源违法专项整治活动，保护区内各种违法犯罪活动明显减少。

4.6 积极协调保护区与当地居民的关系，避免保护与生存冲突

居住在保护区的农户，生存条件恶劣，靠山吃山，生产生活燃料都依靠山林。异地扶贫搬迁可改善他们的生活条件，帮助他们尽快脱贫，同时可以减少野生动物与人之间的矛盾，但搬迁工作应建立在保护生态环境的基础上。恐龙河保护区成立前，政府异地扶贫搬迁了三个自然村到现在的保护区内，两个在实验区，一个在核心区，搬迁地点都属于低热河谷地带生境完好的国有林区。此次搬迁使大量林木被砍伐，林地变为耕地、建筑用地，严重破坏了野生动物栖息的生境。而保护区野生动物肇事对农户造成损失的事件也不断发生，截至2012年，自保护区成立以来的8年时间，保护区管理部门共计受理野生动物肇事案件申报677件，完成野生动物肇事调查统计、申报、公示、补偿工作，共兑现农户10.58万元，一定程度上缓解了保护工作与当地群众的矛盾。

中国的生物多样性保护工作正面临着来自保护区内及周边社区的不断增加的压力，因为社区及其居

民常常是过度利用自然资源。在资源恢复的过程中，面临的主要挑战是如何寻找一些有效途径，既鼓励人们持续利用资源又能保护这些资源。长期以来，自然保护区在解决与周边社区之间矛盾时，主要依靠行政命令和法律法规等手段，但由于忽视了当地社区生存和发展的客观需要，使保护区与社区的矛盾日益加剧。为了解决发展与保护之间的矛盾，世界上很多国家特别是发展中国家，如哥斯达黎加、坦桑尼亚、泰国等相继开展了社区共管的研究项目，进行了各种努力和尝试，社区共管就是在实践中产生和发展起来的一种保护和发展相协调的保护模式。

社区共管是自然保护区开展社会林业工作的一种新尝试，就是把保护区内和周边地区的村民吸收到保护区管理工作中来，把当地村民当作是保护区工作的主体力量，让他们彻底更新观念，把保护区工作当作为了自己生存和发展的一项工作，主动积极地、自始至终地参与，使他们真正成为自然保护区工作的主体力量[1]。通过共管，提高村民的保护意识，使保护区管理工作能按规划、按计划进行。如动员农户调整农作物结构，不要在野生动物栖息地内开展生产活动，不要在野生动物迁移的线路附近逗留等。主动回避野生动物，野生动物肇事就可减少。实行社区共管不仅可使保护区的生物多样性得到保护，保护区及周围的经济得到发展，村民从中受益，还能减轻对保护区自然资源的压力，减少野生动物危害，使保护区可持续发展。

4.7 在保护区变通实施退耕还林

利用退耕还林政策，把保护区内本不属于承包地的田地也进行退耕，让农户享受政策补贴，还林工作由保护区管理所承担，欲退耕地上的经济林木采取作价购买的方式购归管理所，这种方式同时收回了国有林地的所有权。若退耕还林政策在保护区作如此变通，群众工作好做，变为耕地的国有林地用途可得到收回，野生动植物生境也能得到逐步恢复和改善。

4.8 增强防火宣传力度，落实防火责任，排除火灾隐患

森林火灾是森林的大敌，必须采取有效措施来宣传和落实。①在贯彻“预防为主，积极消灭”方针下，采取召开会议、广播、发放宣传单、张贴标语、建永久（半永久）性宣传碑、学校实施“五个一”工程等多种形式把宣传工作做到家喻户晓；②与村委会、村民小组、户主层层签订责任书，特别是在保护区内的施工队不但要签订责任书，而且要交防火风险保证金；③在进入林区路口设立防火检查站，对进入林区的人员和车辆进行登记和扣留火种；④在人员活动频繁地段严防死守；⑤对保护区的住户，实行划片管理；⑥在清明节期间落实坟主责任，凡是生活做饭、焚香烧纸等用火行为，必须做到人不离火，人走火灭，把防火责任落实到山头地块、落实到人，使之制度化、责任化。

致谢：保护区的考察工作得到了恐龙河自然保护区管理所的大力支持，本文中许多有关保护区的资料源于保护区管理所的谢以昌、文云燕提供的材料；参与保护区考察的云南大学胡建生教授、王焕冲老师分别提供了动植物资源调查的专业素材，在此均一并表示诚挚的谢意！

【参考文献】

[1] 谢以昌. 恐龙河州级自然保护区生物资源现状及保护对策. 林业调查规划［J］. 2009，A（1）：10-12.

[2] 范喜顺，胡德夫，肖自光，等. 2004 恐龙河保护区黑颈长尾雉的分布与栖息地［J］. 石河子大学学报（自然科学版），2004，22（2）：157-160.

[3] 文贤继，杨晓君，韩联宪，等. 绿孔雀在中国的分布现状调查［J］. 生物多样性，1995，3（1）：46-51.

[4] 刘钊，周伟，张仁功，等. 云南元江上游石羊江河谷绿孔雀不同季节觅食地选择［J］. 生物多样性，2008，16（6）：539-546.

[5] 韩联宪. 云南黑颈长尾雉（*Syrmaticus humiae*）分布及栖息地类型调查［J］. 生物多样性，1997，5（3）：185-189.

云南麻栗坡、马关老君山省级自然保护区有效管理研究*

全面调查分析了麻栗坡、马关老君山省级自然保护区管理现状，对保护区的管理体系、科研监测能力、宣传教育能力等管理内容进行综合分析评价，指出了保护区管理方面存在的不足和发展思路。

1 研究区概况

云南麻栗坡、马关老君山省级自然保护区（以下简称为老君山自然保护区）位于云南省南部文山壮族、苗族自治州境内，地处麻栗坡、马关两县的毗连地带，距麻栗坡县城约40公里，位于麻栗坡县南温河、猛硐两乡之间，地理位置介于北纬22°54′00″~22°57′46″、东经104°34′00″~104°41′30″。东以龙塘梁子为界，南与龙塘河郭家塆、白岩子、箐脚、四台坡相邻，西顺四台坡后山梁子上2201米高程点转老君山主峰2579.3米三角点，北与浑水河、鸡冠山、猫鼻梁、苦桃梁子、蕨蕨梁子、茅坪上寨至洒西小路相接。保护区总面积4509hm^2，功能区采用二区划分，其中，核心区2508hm^2，占保护区总面积的55.6%；缓冲区2001hm^2，占保护区总面积的44.4%；无实验区。

2 研究方法

通过实地考察老君山自然保护区保护管理工作开展情况，并与保护区管理人员、社区群众代表及当地政府部门进行座谈交流，搜集整理相关文献资料，依据《自然保护区有效管理评价技术规范》（LY/T 1726-2008）规定的客观性、综合性原则以及自然保护区有效管理评价的基本准则、评价指标体系、评价方法，对老君山自然保护区的管理机构、管理队伍、法规体系、科研监测能力、宣传教育能力等管理内容进行分析评价。

3 管理现状分析

3.1 管理体系

3.1.1 管理机构

马关县：保护区始建于1981年11月，1987年7月建立了老君山自然保护区管理所，属全额拨款的事业单位，隶属金城林场领导。2000年11月6日老君山自然保护区管理所更名为“老君山省级自然保护区管理局”，隶属马关县林业局下属的股所级事业单位，下设田坝心、铜街两个管理所，编制12人。由于人员少，管护面积大，管护难度大，2006年9月，经马关县人民政府党组决定将马关县老君山省级自然保护区管理局职能、人员、财产、经费等划归金城林场，实行“一套班子、两块牌子”的方式进行管理，原机构性质、经费、人员编制不变。

麻栗坡县：1986年3月20日，云南省人民政府下发《关于建立哀牢山等十三个自然保护区（点）的批复》（云政函〔1986〕23号）中，同意建立麻栗坡县老君山自然保护区管理所，保护区不设专管机构，

---

* 闫颜，王梦君，张天星，等. 云南麻栗坡、马关老君山省级自然保护区有效管理研究［J］. 林业建设，2015，(4)：1-5.

批复人员编制 5 人，与原老君山林场实行“一套班子，两块牌子”，适当增加管理人员，由所在林场统一管理。

3.1.2 管理队伍

马关县：根据《关于将原“马关县老君山自然保护区管理所”更名为“云南省马关县老君山省级自然保护区管理局”的通知》（马机编〔2000〕6 号）文件，核定给老君山自然保护区管理局事业编制 12 人，所需人员由马关县人事劳动局汇同县林业局从金城林场调配。现有管理人员中，大专 2 人，中专 8 人，初中 2 人，中级工 5 人，普工 2 人。保护区另聘有临时护林人员 2 人。

麻栗坡县：1986 年 3 月 20 日，云南省人民政府下发《关于建立哀牢山等十三个自然保护区（点）的批复》（云政函〔1986〕23 号）中，确定麻栗坡县老君山自然保护区管理所编制为 5 人，实有人员 5 人，其中，大专 1 人，中专 2 人，高中 1 人，初中及以下 1 人。因自然保护区人员设置少，管护工作难以开展，保护区另在周边社区聘有临时护林人员 12 人。

3.1.3 法规体系

为了建设和管理好老君山省级自然保护区，保护该地区生态环境，促进社会经济可持续发展，保护区管理部门根据《中华人民共和国环境保护法》《中华人民共和国森林法》《中华人民共和国自然保护区条例》《建设项目环境保护管理条例》等国家有关政策法规和《云南省自然保护区管理条例》等相关地方法规开展相关工作，各项管理工作有法可依，有章可循。同时，结合老君山自然保护区的管理实际，文山州政府及保护区涉及的两县政府还先后制定了《文山壮族苗族自治州森林和野生动物类型自然保护区管理条例》《关于老君山原始阔叶林区管理保护的暂行规定》《老君山自然保护区管理暂行办法》等，使保护区的管理工作得到了进一步的细化，这些管理规定对保护区的主要活动进行了规定，包括涉及保护区的开发建设活动、旅游活动、科学考察活动、火灾的预防和扑救工作等，要求对涉及保护区的这些人为活动进行严格管理，特别是对开矿、开垦、砍伐、挖沙等破坏较大的活动明令禁止，对违反规定的单位和个人也予以罚款等处罚措施。

3.2 基础设施设备

因老君山自然保护区主要依托马关县金城林场和麻栗坡县麻栗坡林场建立，不设专管机构，实行与林场“一套班子，两块牌子”的管理方式，现有管理基础设施为林场所有，由林场统一管理。保护区现有基础设施主要为一些简易的管护用房、防火瞭望塔、道路，除了办公桌椅、档案柜、电脑、对讲机及一些常规森林防火设备外，巡护、执法、防火、监测等工作所需的必要设备十分匮乏。由于管理基础设施建设滞后，设备缺乏，保护区管护人员生活不便，许多管理工作难以开展，使保护区难以实现科学规范化的管理。

3.3 科研监测能力

老君山自然保护区地处我国三大特有植物中心之一的滇黔桂古特有中心区域，科研价值巨大。保护区的科学价值也吸引了部分专家、学者的目光，自发到保护区开展相关科学考察工作。1983 年，文山州林业局和云南省林勘六大队，会同马关县金城林场和麻栗坡县老君山林场，按照《云南省自然保护区调查规划技术要求（试行）》对老君山自然保护区进行了首次调查，并初步编写了调查报告和规划设计方案，为老君山自然保护区的建立提供了最初的依据。云南大学的陆树刚教授对保护区进行了植物考察，初步查清了保护区的植被类型、植被组成、重点保护野生植物资源等；云南大学的张光飞、翟书华等人通过野外实地调查、标本采集、标本鉴定及文献资料整理，对老君山自然保护区的蕨类植物资源及其生态类型进行了研究；中国地质大学的张斌辉等人对保护区马关片的晚中生代岩浆事件的准确时间进行了限定；中国地质大学的黄孔文对老君山自然保护区南捞片麻岩的岩石学、主量元素、微量元素及稀土元素、Hf 同位素等进行了相关研究……这些外部科研工作的开展，为保护区的保护管理工作奠定了良好的基础。但由于经费缺乏，人员不足、机构不健全，老君山自然保护区目前自身还不具备开展科研监测工作的能力，在科研活动的组织、协调、管理方面也还很不足。

3.4 宣传教育能力

保护区利用有限条件，并借助县政府和县林业局的相关宣传教育工作，积极开展了以用火安全和森林防火为主要内容的宣传工作。保护区护林人员借助日常巡护工作，在辖区内积极开展《中华人民共和国森林法》《森林防火条例》《自然保护区条例》《野生动植物保护条例》等法律法规的宣传活动。

由于保护区周边人为活动频繁，森林防火工作至关重要，每年进入防火期，保护区都要组织人员到周边村寨开展防火宣传工作，通过召开会议、张贴标语、发放宣传资料等方式，增强社区居民的防火意识。同时，保护区还利用“世界野生动植物日”“爱鸟周”等特殊节日积极组织开展主题教育活动，开展生态环境保护宣传教育工作。通过在重点区域悬挂宣传横幅、制作宣传展板、张贴相关法律法规等方式，积极向保护区周边群众普及保护野生动物及其栖息地的重要意义。这些宣传工作的开展，进一步提升了公众参与生态建设、保护野生动植物的意识，有力地促进了老君山自然保护区的稳定、有序和健康发展。

3.5 社区协调能力

老君山自然保护区地处边境，周边社区集边疆、民族、贫困、山区为一体，社会经济多元，民族文化荟萃。丰富的土地、矿产、水能、生物、旅游等资源为当地社会经济的发展提供了基本的物质保障。随着人口的增长、经济社会的迅猛发展，人们对自然资源的利用程度越加强烈，自然资源的更新速度远远跟不上利用的速度，导致森林等自然资源遭受毁灭性的打击。老君山自然保护区的建立，抢救式地保护了当地已残存的森林资源，而保护区的建立也极大地限制了各种人为活动，使当地社区居民的生产生活受到了一定的影响，加上保护区人员有限、管理能力不足，当地保护与发展的矛盾突出。老君山自然保护区所在的马关和麻栗坡县，两县的南部与越南的老街、河江两省的箐门、新马街、黄树皮、猛康等县接壤，麻栗坡县境内有国家级一类口岸1个，边民互市点14个和边境通道108条。地处边境、边境线长、边民来往频繁，更加大了保护区的社区协调工作难度。保护区管理部门利用有限条件，也积极开展了一些社区协调工作，一定程度上融洽了社区关系，但目前在协调的形式上仅限于森林防火宣传、护林员聘用等。

3.6 自养能力

老君山自然保护区属财政全额拨款事业单位。1986年3月20日，云南省人民政府下发《关于建立哀牢山等十三个自然保护区（点）的批复》（云政函〔1986〕23号）规定自然保护区事业经费由省财政厅纳入林业事业费计划安排，并会同省林业厅联合下达，所需基本建设投资由省计委审核并列入计划，逐年安排解决。文件中预算安排事业费1万元，基建费65.8万元，开办费0.5万元，购置费3.7万元，事业费中人员费0.6万元，森管费0.4万元，基建费中房建费1.8万元，道路修建费64万元。1986年，省财政厅、省编委、省人事厅、省林业厅《关于建立哀牢山等十三个自然保护区（点）人员编制和经费的通知》（云财农字〔1986〕122号）文件中，把老君山自然保护区管理所定为事业单位，当年安排1.5万元开办费，列入林业事业费、森林保护费支出预算。现自然保护区工作经费由省财政全额拨款，每年17.4万元。

因此，老君山自然保护区的资金来源主要为省级财政的事业费拨款和县林业局的相关管护工作补助两块，没有其他收入来源。事业经费主要用于职工工资、基建和部分保护管理费等，仅能维持保护区日常简单的管理工作，职工收入和福利待遇都偏低。特别是基层管护人员，每年每人的管护工资仅800元[66.7元/(月·人)]。过低的管护工资使管护人员积极性不高，有的甚至监守自盗，极不利于保护区的保护管理。保护区基础条件差，有限的事业经费不仅不利于人才的稳定，对吸引管理、专业人才也十分不利，更不能满足保护区更高的发展需求，保护区自养能力很差。

4 管理方面存在的不足

4.1 保护区管理体制不顺，管理效率低下

由于保护区实行与林场“一套班子，两块牌子”的管理方式，保护区管理人员也由林场抽调职工担任，而林场的经营管理方式又恰与自然保护区的管理方式相悖，造成保护区保护管理目标不明确，不能很好地独立开展工作，同时也影响了林场的经营工作，形成顾此失彼的现象。加上保护区涉及两县，完整的自然生态系统被人为地划分为不同的管理条块，在管理上，由于无统一的管理机构，管理部门间各自为政，相互之间互不了解，保护管理效率低下。加上林场中实际从事保护区管理工作的仅有少数几人，保护区很多工作难以开展，许多管理职责也无法履行。特别是保护区马关片与金城林场合并管理后，保护区人员工资由财政负责，而林场职工工资仍然由林场自收自支解决。这样的管理方式一方面造成林场本身生产任务重，不能投入太多精力和人员在保护区管理工作上；另一方面，由于保护区和林场职工间交叉管理，待遇的不同，也造成职工间心理的不平衡，工作积极性不高，也使保护区的管理工作表面上看谁都在负责，但实际上又谁都不能负责。

管理体制的不顺，机构设置的不合理，加上管理人员的不足，使保护区的管理工作主要停留在简单的看护和森林防火阶段，对很多人为破坏活动不能及时发现和处理，达不到对保护区自然资源和生物多样性更加有效的保护。

4.2 管理经费严重缺乏

相对充足的保护管理经费能够很好地促进保护区保护管理工作的正常开展，确保各项管理工作取得成效。受管理体制、当地经济社会发展等因素的制约，目前老君山自然保护区的资金缺口还很大，现有的资金来源主要为财政拨款和部分管护补助。这些资金仅能保证管理人员工资和基本的福利待遇，而保护区以目前的管理能力仅能开展基本的管护工作，谋求发展的能力、机会和途径少，无其他收入来源。由于经费投入有限，造成保护区工作运转困难，许多职责难以履行。目前保护区的管理基础还十分薄弱，巡护、执法工作滞后，与此相适应的保护、科研、宣教工作力度有限。由于经费投入问题引发的这些问题，已使保护区的各项管理工作受到很大制约，不能适应新形势下保护区的发展需要，使保护区的作用得不到真正的体现。

4.3 基础设施设备缺乏，装备落后

管理基础设施设备是自然保护区管理部门开展保护管理工作的基础条件。由于老君山自然保护区为省级自然保护区，无国家专项资金投入，目前云南省对省级自然保护区的投入还十分有限，加上当地政府财政困难，保护区资金缺乏，管理基础设施设备还十分有限。目前，保护区确界立标工作还未开展，保护区范围仅能在地形图上反映，但实地无任何标志，造成边界不清，易引起保护区与周边社区之间的纠纷。目前保护区管理所、站与林场一起办公，而林场的管理设施多为林场建立时所建，年久失修，有些甚至已成为危房，无法使用。电脑、文件柜等日常办公设备也较为有限，相机、望远镜、GPS 等常见巡护设备还未配备，越野车、巡护摩托车等常用交通工具更是难以满足需要。基层管护站设施设备缺乏，管护人员基本的装备、工具未配备。因此，为了保护区各项管理工作的有效开展，必须首先加强基础设施的建设和设备配备，为保护区创造良好的管理条件，实现保护区的有效保护。

4.4 管理人员不足，技术力量薄弱

保护区管理人员不足，业务素质不高，管护手段落后。由于保护区面积大、边界线长、交通不便，现有管理人员明显偏少，对各种危害林区社会治安的违法犯罪活动不能及时有力地查处和打击。加上保护区地域偏僻，基层管护人员工作生活条件差、社会地位不高，造成管理人员积极性不高，管理难度大。

受保护区人员编制限制，目前保护区还不能新进专业人才和技术人员，管理人员不足、专业人才缺乏、技术力量薄弱成为保护区发展的重要制约因素之一，很不利于自然保护区的发展。

4.5 社区扶持能力有限，社区矛盾突出

建立自然保护区的地区大多经济发展滞后，居民靠山吃山，耕作方式落后，依赖自然资源的程度很大，“靠山吃山”是当地社区主要的经济来源方式。老君山自然保护区建立后，按照有关法律法规开展管护工作，当地居民的生产生活受到一定限制，部分生活来源被“切断”，而相应的生态补偿机制缺位，加上保护区对社区的扶持能力有限，使当地社区居民对保护区的工作造成很大误解，保护区与社区的矛盾愈演愈烈。尤其是社区居民普遍文化素质偏低，护林防火意识淡薄，受经济利益驱动，采矿、偷挖盗采、林下种植草果等资源破坏活动屡禁不止。随着保护区生态环境质量的改善，野生动物数量明显增多，野生动物肇事事件频发，周边农户的庄稼遭破坏，损失严重，虽然有一定的经济补偿，但因补偿范围窄、费用偏低，难以从根本上解决问题，周边群众意见较大，更加大了保护区与周边社区居民的矛盾和冲突。

5 发展思路

老君山自然保护区生态系统完整，物种资源丰富，珍稀濒危物种繁多，是滇东南地区重要的物种基因库和生态屏障，具有极高的保护价值、科学价值和生态价值。老君山自然保护区周边社区较多，保护区内自然资源丰富，各种人为活动十分频繁，管理任务艰巨，加上人员编制不足，临时管护人员工资待遇低，工作条件差，造成保护区管理水平不高，管理能力有限。为保护好老君山自然保护区的生态环境和自然资源，应积极加强各项建设，使保护区尽快实现科学规范化的管理，不断提高保护区的管理水平和管理有效性。

（1）进一步理顺保护区管理体制，成立独立统一的管理机构，完善部门设置，落实管理经费和人员。

（2）加强保护区基础设施建设，创造良好的保护管理基础条件。

（3）加强法律法规建设，完善保护执法队伍，加强保护执法工作的专业性和规范化，采取有效的保护管理措施，禁止保护区内一切人为破坏活动，如偷猎、放牧、采挖等，使保护区内的自然资源特别是珍稀濒危野生动植物资源得到有效保护。

（4）加强保护区科学管理水平，加大培训力度，提高管理人员的专业素质，建立较为完善的激励机制，使保护区制定的规章制度能够落到实处。

（5）加强宣传教育工作力度，通过形式多样的宣传教育方式，提高当地居民的生态保护意识，使更多的社区居民能够积极主动地参与到“保护自然”“保护家园”的行列中，为保护区管理工作的良好开展及长期稳定发展奠定坚实的社会基础。

（6）加大经费投入，特别是当地政府和相关部门要加强对保护区当地社区的政策和经费倾斜，改善保护区当地社区的生产生活条件，积极拓宽当地社区居民的收入来源渠道，提高社区居民收入，逐步减轻当地社区对保护区自然资源的压力。

【参考文献】

李晖，李云，肖忠优，等. 江西九连山国家级自然保护区有效管理评价［J］. 林业资源管理，2007，(5)：82-86.

栾晓峰，谢一民，杜德昌，等. 上海崇明东滩鸟类自然保护区生态环境及有效管理评价［J］. 上海师范大学学报（自然科学版），2002，(3)：73-79.

舒勇，宗嘎，吴后建. 西藏自治区国家级自然保护区的有效管理分析［J］. 中南林业科技大学学报，2013，(2)：91-96.

唐小平，李云. 自然保护区有效管理评价体系设计与应用分析［J］. 林业资源管理，2012，(4)：7-12.

汪有奎. 祁连山国家级自然保护区有效管理评价研究［J］. 中南林业科技大学学报（社会科学版），2013，(4)：23-26.

杨丽萍，陈晶，周伟. 陕西佛坪国家级自然保护区管理现状调查与评价［J］. 林业经济问题，2010，(5)：430-434.

阿姆山省级自然保护区森林景观空间格局分析*

运用景观分析软件计算景观指数，采用斑块密度（PD）、边缘密度（ED）、景观形状指数（LSI）、聚集度（AI）、景观联通指数（COHESION）、蔓延度（CONTAG）、SHDI多样性指数和SHEI均匀指数等景观指数分析红河阿姆山自然保护区森林景观格局。结果表明红河阿姆山自然保护区以阔叶林景观、松林景观和灌木林景观为主要景观；各类景观斑块破碎化程度较低，景观异质性较高；景观总体多样性水平较低，各斑块在空间上呈均匀分布。

1 研究材料及方法

1.1 研究区概况

阿姆山自然保护区位于云南省红河县境内中部偏南，地理坐标为东经102°02′~102°26′，北纬23°10′~23°17′，地跨架车、宝华、洛恩等8个乡14个行政村。东起阿扎河乡普马村，西止架车乡三尖山，南从哈甫后山起，北至红星水库大坝。东西宽约为31km，南北长约为14.5km，总面积14756hm^2，最高海拔2534m，最低海拔1610m。保护区位于北回归线以南的低纬度亚热带山地，气候有山地中亚热带（海拔1610~1700m）、山地北亚热带（1700~2000m）、山地中温带（2000~2400m）、山地南温带（2400~2534m）等气候类型。土壤主要有红壤、黄壤、黄棕壤、紫色土、沼泽土、泥炭土组成。保护区主要保护以季风常绿阔叶林、中山湿性常绿阔叶林、山地苔藓常绿阔叶、山顶苔藓矮林等植被类型为主体，森林覆盖率达92.9%。保护区野生动植物种类繁多，国家重点保护植物12种，云南省重点保护植物21种，《IUCN红色名录》保护植物有20种，被CITES收录的禁止国际贸易的植物41种。国家重点保护动物22种，《IUCN红色名录》保护动物7种，被CITES附录Ⅱ收录物种共11种。

1.2 研究方法

1.2.1 景观分类

以我国土地利用现状分类系统、森林群落分类为依据[1~4]，同时考虑研究区域的尺度和资料的可获得性，将阿姆山自然保护区景观类型划分为阔叶林、杉木林、松林、竹林、经济林、灌木林、苗圃地、未成林造林地、宜林地、非林地及水域11类景观（表1）。

表1 景观类型划分

景观类型	界定标准
阔叶林景观	包括硬阔、软阔类斑块
杉木林景观	包括优势树种为杉木的其他杉木类斑块
松林景观	包括优势树种为云南松、华山松等常绿针叶林斑块
竹林景观	包括优势树种为龙竹的斑块
经济林景观	包括棕榈、茶叶等其他经济林斑块
灌木林景观	包括优势树种为萌生栎等其他灌木斑块

* 肖义发，孙鸿雁，王梦君，等. 阿姆山省级自然保护区森林景观空间格局分析［J］. 林业建设，2015，(2)：45-48.

（续）

景观类型	界定标准
苗圃地景观	以苗圃培育为主的斑块
未成林造林地景观	包括人工造林未成林地和封育未成林地
宜林地景观	包括宜林沙荒地、宜木荒山荒地等其他宜林地
非林地景观	包括农地、交通用地、居民地以及其他非林地斑块
水域景观	包括河流、湖泊等斑块

1.2.2 数据处理与研究方法

研究数据主要源于红河阿姆山森林资源二类调查数据、森林植被分布图和 1 : 50000 地形图。在 ArcGIS 中转换成 grid 格式，采用景观分析软件 Fragstats3.3 计算景观指数。在景观指数选择方面，为了描述阿姆山自然保护区的景观结构与组成，参考相关文献资料[5~8]，根据研究目标分别采用斑块总面积（CA）、斑块密度（PD）、边缘密度（ED）、最大斑块指数（LPI）、景观形状指数（LSI）、聚集度（AI）、景观联通指数（COHESION）、蔓延度（CONTAG）、SHDI 多样性指数和 SHEI 均匀指数等景观指数来反映研究区域的空间结构变化特征。

2 结果与分析

2.1 景观斑块特征分析

从表 2 可以看出，阿姆山自然保护区内以阔叶林景观、松林景观和灌木林景观为主体森林景观，经济林景观和非林地景观次之，苗圃地景观和竹林景观最小。其中，斑块数最多的是阔叶林景观 396 块，占总斑块数的 46.8%。松林景观次之，为 173 个斑块，占总斑块数的 20.4%。苗圃地、水域和竹林景观斑块数最少，仅 1 块，均占总斑块数的 0.1%。而从斑块类型面积来看，最大的仍是阔叶林景观，面积达 7879.79hm^2，占景观总面积的 53.4%。其次为松林景观 3258.28hm^2，占景观总面积的 22.1%。最小斑块面积为苗圃地 1.13hm^2，占景观总面积的 0.008%。由此可见，阿姆山自然保护区各景观要素分布极其不均衡，总斑块数比例差异较大。各景观类型面积分布也不平衡，面积差异显著。

表 2 阿姆山各类景观类型斑块特征指数

景观类型	斑块个数（个）	占斑块总比例（%）	斑块类型面积（hm^2）	斑块所占景观面积比例（%）	平均斑块面积比例（%）
阔叶林景观	396	46.8	7879.79	53.4	19.9
杉木林景观	18	2.1	183.04	1.2	10.17
松林景观	173	20.4	3258.28	22.1	18.83
竹林景观	1	0.1	3.35	0.02	3.35
经济林景观	72	8.5	767.2	5.2	10.66
灌木林景观	100	11.8	1425.31	9.7	14.25
苗圃地景观	1	0.1	1.13	0.008	1.13
未成林造林地景观	15	1.8	184.18	1.3	12.28
宜林地景观	3	0.4	40.94	0.3	13.65
非林地景观	66	7.8	1003.51	6.8	15.2
水域景观	1	0.1	9.57	0.06	9.57

2.2 各景观要素特征分析

通过计算，得到阿姆山自然保护区景观空间形态和空间关系指标（表 3）。从表 3 可以看出，阿姆山自然保护区 11 类森林景观斑块密度均较低，介于 0.01~0.34 个 · km^{-2}，说明景观类型整体受人为干扰较少，斑块破碎化程度较低。其中斑块密度最小的是水域景观、竹林景观、苗圃地景观，这 3 类景观斑块数均为 1 块，其次是杉木林景观、未成林造林地景观和宜林地观景。这 3 类景观主要因为造林后进行封育，受人为干扰较轻。非林地景观和经济林景观由于受人为干扰强度较大，其斑块密度分别为 0.34 个 · km^{-2} 和 0.24 个 · km^{-2}。

在 11 类景观类型中，边缘密度最大的阔叶林型景观，其值最大 14.90m · km^{-2}，说明这类景观开放性强，与周边斑块的物质、能量和信息易于交换，对促进保护区物种多样性具有决定性作用，然而就该类景观自身的发育及保持其结构和功能的稳定性而言却不利。从最大斑块指数来看，阔叶林景观也是最大的（40.8%），其次为松林景观 13.8%，其他类型景观最大斑块指数均较小（0.03%~2.1%），说明阔叶林景观在所有景观类型中占绝对优势。各类斑块的斑块形状指数均大于 1，其中灌木林景观形状指数最大（11.71），说明该类景观形状复杂，斑块较为离散，而竹林景观斑块形状指数最小（1.57），说明该类景观斑块形状较为简单。各类景观聚集度都比较大，在 73.33~95.97，说明斑块间的聚集程度较大，空间配置结构较紧凑。灌木、阔叶林、经济林、非林地、水域、松林和未成林造林地这 6 类景观连通指数较大，在 91.04~99.63，说明其斑块间的连通性较强。

表 3 景观空间形态和空间关系指标

景观类型	斑块密度（个 · km^{-2}）	边缘密度（m · km^{-2}）	最大斑块指数（%）	斑块形状指数	聚集度	景观连通指数
阔叶林景观	0.13	14.9	40.8	7.11	95.97	99.63
杉木林景观	0.04	1.39	1.1	3.96	86.52	95
松林景观	0.12	6.33	13.8	5.39	95.5	98.26
竹林景观	0.01	0.04	0.03	1.57	73.33	70.18
经济林景观	0.24	5.68	0.8	8.84	83.09	91.19
灌木林景观	0.3	10.95	2.1	11.71	83.17	93.92
苗圃地景观	0.01	0.02	0.009	1.25	75	50.24
未成林造林地景观	0.05	0.96	0.6	3.11	90.49	92.38
宜林地景观	0.02	0.42	0.2	2.61	83.7	85.43
水域景观	0.01	0.13	0.06	1.73	80.49	80.77
非林地景观	0.34	7.06	1.2	10.69	81.78	91.04

2.3 景观格局的总体性评价

选取蔓延度、Shannon 多样性指数和 Shannon 均匀度指数来反映阿姆山自然保护区的总体景观格局。

阿姆山自然保护区包括 11 类景观类型，共 846 个斑块，各类景观所占比例差异差大。在 11 类景观中阔叶林景观斑块数最多，斑块面积最大，为保护区内主导景观。经计算，保护区内蔓延度 64.56，表明景观具有多种要素的密集格局，景观破碎化程度相对较低，受人为干扰较少；Shannon 多样性指数 1.36，表明整体景观多样性不高，不确定信息量较少。Shannon 均匀度指数 0.57，说明保护区内各景观要素分布较不均匀。从各评价指数可以看出，阿姆山自然保护区总体格局多样性不高、发展不均衡、各类景观要素分布也较不均衡。其主要原因是保护区内以阔叶林景观为基质景观，其他各类景观镶嵌于该景观中。

3 讨论与结论

本研究将阿姆山自然保护区森林景观类型分为 11 类，采用 9 个景观指数对其进行综合分析，结果表明如下。

（1）阿姆山自然保护区景观类型以阔叶林景观、松林景观和灌木林景观为主，阔叶林景观和松林景观面积最大，斑块数最多，对阿姆山自然保护区的生态起主导作用。

（2）从景观异质性特征来看，自然保护区内人为干扰较少，景观斑块破碎化程度较低，景观异质性较高。而人为活动较多的非林地景观和经济林景观则破碎化程度较高，空间异质性较大。

（3）从各评价指数来看，阿姆山自然保护区总体格局多样性不高、发展不均衡。各类景观要素分布也较不均衡，如何采取有效措施，在保护区实施管理的同时，又能增加景观的多样性、异质性，是自然保护区可持续发展的重要问题。

（4）本研究仅采用了一期二类调查数据分析了阿姆山自然保护区景观格局研究，而利用不同时期的二类调查数据分析其景观格局变化情况有待于进一步研究。

【参考文献】

[1] 蒋有绪. 中国森林群落分类及其群落学特征［M］. 北京：中国林业出版社，1998.
[2] 郭晋平. 森林景观生态研究［M］. 北京：北京大学出版社，2001.
[3] 邬建国. 景观生态学：格局、过程、尺度与等级［M］. 北京：高等教育出版社，2000：90-95.
[4] 陈百明，周小萍.《土地利用现状分类》国家标准的解读［J］. 自然资源学报，2007，22（6）：994-1003.
[5] 孙菲菲，康永祥，刘婧辉，等. 太白山自然保护区森林覆被变化及破碎化分析［J］. 西北林学院学报，2009，24（4）：27-31.
[6] 王国良，孙启高. 福建龙栖山植物组成特征及其生态学价值分析［J］. 福建林学院学报，2002，22（4）：376-380.
[7] 宋先生，王得祥，赵鹏祥，等. 天华山自然保护区景观格局现状分析［J］. 西北林学院学报，2011，26（4）：75-79.
[8] 黄宝荣，欧阳志云，郑华，等. 生态系统完整性内涵及评价方法研究综述［J］. 应用生态学报，2006，17（11）：2196-2202.

云南红河阿姆山省级自然保护区种子植物区系的研究*

阿姆山省级自然保护区处于东亚植物区和古热带植物区的交界面上，更具体地说处于东亚植物区中国—喜马拉雅森林植物亚区云南高原地区滇东南山地亚地区与古热带植物区的北部湾地区和滇缅泰地区的区系分界带上。该区在云南乃至中国植物区划上是一个重要的自然地理单元，是研究热带植物区系向温带植物区系演化的关键地段。同时，阿姆山处在“田中线”的分界带上，中国—喜马拉雅和中国—日本成分在此交汇，它又是研究这两大植物亚区关系的一把钥匙。

但是，历史上阿姆山交通不便，该区未能受到植物学家应有的重视。解放前此区域的采集史几乎是一片空白。解放后，本区的采集也较少。1973 年，陶德定在红河县城附近采集过标本，随后他又到绿春、元阳采集，共采集标本 1572 号；1974 年，在红河县柑桔资源调查中，中国农业科学院柑桔研究所叶荫民等发现了柑桔属的一新种——红河橙；1988 年，杨增宏在乐育乡采集过少量标本。到 1994 年 8 月，红河县委、县政府为提高阿姆山的保护级别，申请建立省级保护区，特邀当时云南省林业学校的税玉民等对阿姆山的植物、植被进行了较为详细的考察，调查到该区有维管束植物 158 科，435 属，692 种。从 1990 到 2002 年，税玉民研究员的团队在红河州地区（包括阿姆山）采集标本约 5400 号，后编著有《滇东南红河地区种子植物》一书。

通过全面系统的调查，结合前人的工作，初步形成阿姆山省级自然保护区种子植物名录，基于此，对其进行区系分析。

1 研究方法

2012—2013 年受红河县林业局委托，调查队共 3 次分不同季节深入阿姆山省级自然保护区对其植物、植被资源进行详细调查，共采集标本约 1300 号。之后，参考《云南植物志》《中国植物志》及《Flora of China》等文献资料对标本进行系统鉴定。名录整理完成之后，采用吴征镒先生的一系列区系分析理论对阿姆山省级自然保护区的种子植物进行区系分析，探讨它的区系性质、地位、古老性、过渡性、特有现象等。

2 研究地区自然概况

阿姆山为红河县的“母亲山”（阿姆在哈尼语中为母亲之意），属于哀牢山的南延支脉。阿姆山省级自然保护区东西横跨 41.7km，南北最宽处 9.3km，最狭窄处仅 1.0km，呈狭长形。保护区最高点位于宝华乡阿姆山主峰，海拔 2534m，最低点位于洛恩乡北部梭罗村以东的哈龙河河谷，海拔 1490m，相对起伏高差 1044m。

保护区有不同切割程度的中山地貌，河谷切割深，地势起伏大，地表破碎，山脉呈西北东南走向，河谷呈西南东北走向排列。形成中部突起两侧低下，由西向东倾斜的羽状形，山地以大起伏和中起伏高中山为主，约占保护区总面积的 80%。保护区位于元江及其支流藤条江的分水岭部位，加之第四纪以来

* 尹志坚，张国学，张红良. 云南红河阿姆山省级自然保护区种子植物区系的研究 [J]. 林业建设，2017，(3)：26-33.

山体构造抬升强烈，两江支流侵蚀切割作用强烈，导致古夷平面解体，山地破碎，起伏较大。保护区受断裂控制隆升后，古夷平面（高原面）基本解体，地势起伏大，地表破碎。

保护区地貌总体为大、中起伏高中山峡谷山原的地貌格局。在山顶形成高低不等的海拔 2000m 以上的大小山头 35 座；保护区两侧河谷狭窄，地势陡峭，高差悬殊，在保护区所在山脉的平面直径 19km 内，南坡最高最低相差 1330m，北坡最高与最低相差 2050m。

在气候上阿姆山是云南亚热带和热带的过渡地区，由于受西南季风和东南季风的双重影响，产生了明显的山地垂直气候特点，有山地中亚热带湿润季风气候、山地北亚热带湿润季风气候、山地南温带湿润季风气候和山地中温带湿润季风气候共 4 个气候带。

3 结果与分析

3.1 物种多样性

到目前为止，阿姆山省级自然保护区共记载野生种子植物 158 科，577 属，1141 种（包括 18 亚种，53 变种）。其中，裸子植物 5 科，8 属，9 种（包括 1 变种），被子植物 153 科，569 属，1132 种（包括 18 亚种，52 变种）（见表 1）。

表 1 阿姆山自然保护区种子植物统计

植物类群	科数	属数	种数（包括种下等级）
裸子植物	5	8	9
被子植物	153	569	1132
小计	158	577	1141

3.2 种子植物区系分析

3.2.1 种子植物科的统计及分析

（1）科的数量结构分析

阿姆山省级自然保护区目前计有野生种子植物 158 科。在科一级的组成中，含 20 种以上的科计有 16 科，占本区全部科数的 10.1%。这些科包含 263 属，占本区全部属数的 45.6%，含有 582 种，占本区全部种数的 51.0%。含 40 种以上的科有禾本科［46 属/81 种（包括种下等级，下同）］、菊科（41 属/70 种）、蔷薇科（19 属/45 种）、壳斗科（6 属/43 种）、兰科（27 属/40 种）。这五个科在阿姆山得到了较为充分的发展，是该地种子植物区系的主体。

从科内属一级的分析来看（表 2），在本地区仅出现 1 属的科有 75 科，占全部科数的 47.5%，共计 75 属，占全部属数的 13.0%；出现 2~5 属的科有 59 科，占全部科数的 37.3%，共计 170 属，占全部属数的 29.5%；出现 6~15 属的科有 17 科，占全部科数的 10.8%，共计 144 属，占全部属数的 25.0%；出现属数多于 15 属的科有 7 科，占全部科数的 4.4%，共计 188 属，占全部属数的 32.5%。

从科内种一级的分析来看（表 3），在本区仅出现 1 种的科有 47 科，占全部科数的 29.7%，共计 47 种，占全部种数的 4.1%；出现 2~10 种的科有 85 科，占全部科数的 53.8%，共计 370 种，占全部种数的 32.4%；出现 11~40 种的科有 21 科，占全部科数的 13.3%，共计 446 种，占全部种数的 39.1%；出现种数多于 40 种的科有 5 科，占全部科数的 3.2%，共计 279 种，占全部种数的 24.4%。

表 2 科内属一级的数量结构分析

类型	科数	占全部科数的比例（%）	含有属数	占全部属数的比例（%）
仅出现 1 属的科	75	47.5	75	13.0
出现 2~5 属的科	59	37.3	170	29.5
出现 6~15 属的科	17	10.8	144	25.0
出现多于 15 属的科	7	4.4	188	32.5

表 3 科内种一级的数量结构分析

类型	科数	占全部科数的比例（%）	含有的种数	占全部种数的比例（%）
仅出现 1 种的科	47	29.7	47	4.1
出现 2~10 种的科	85	53.8	370	32.4
出现 11~40 种的科	21	13.3	446	39.1
出现多于 40 种的科	5	3.2	279	24.4

（2）科的分布区类型分析

根据吴征镒等对种子植物科分布区类型的划分原则[1,2]，阿姆山省级自然保护区种子植物 158 科可划分为 8 个类型和 11 个变型（表 4），显示出该区种子植物区系在科级水平上的地理成分较为复杂，联系较为广泛。其中，热带性质的科（分布型 2~7 及其变型）有 82 科，占全部科数（世界广布科除外，下同）的 68.2%，温带性质的科（分布型 8~14 及其变型）有 38 科，占全部科数的 31.8%。热带性质的科所占比例明显高于温带性质的科，这说明了本区植物区系与世界各洲热带植物区系的历史联系。本区有 6 个东亚特有科，占世界东亚特有科的 28.6%。较多的东亚特有科（多为古老的，孑遗的类群）表明该地作为东亚古老植物区系的一部分，其地质历史与整个东亚是一致的，且与东亚植物区系的发端密切相关。

表 4 阿姆山自然保护区种子植物科的分布区类型

分布区类型	科数	占全部科的比例（%）
1 世界广布	38	—
2 泛热带	51	42.5
2-1 热带亚洲—大洋洲和热带美洲（南美洲或/和墨西哥）	1	0.8
2-2 热带亚洲—热带非洲—热带美洲（南美洲）	3	2.5
2S 以南半球为主的泛热带	4	3.3
3 东亚（热带、亚热带）及热带南美间断	11	9.1
4 旧世界热带	6	5.0
5 热带亚洲至热带大洋洲	2	1.7
7 热带东南亚至印度—马来，太平洋诸岛（热带亚洲）	—	—
7-1 爪哇（或苏门答腊），喜马拉雅间断或星散分布到华南、西南	1	0.8
7-2 热带印度至华南（尤其云南南部）分布	1	0.8
7-3 缅甸、泰国至中国西南分布	2	1.7
8 北温带	8	6.7
8-4 北温带和南温带间断分布	17	14.2
8-5 欧亚和南美洲温带间断	2	1.7
8-6 地中海、东亚、新西兰和墨西哥—智利间断分布	1	0.8
9 东亚及北美间断	5	4.2
10 旧世界温带	—	—

（续）

分布区类型	科数	占全部科的比例（%）
10-3 欧亚和南非（有时也在澳大利亚）	1	0.8
14 东亚	2	1.7
14-SH 中国—喜马拉雅	2	1.7
总计	158	100.0

注：凡是本区未出现的分布区类型和变型，均未列入表中，下同。

3.2.2 种子植物属的统计及分析

（1）属的数量结构分析

目前，阿姆山共记录野生种子植物577属，属的数量结构分析见表5。在本区仅出现1种的属有340属，占全部属数的58.9%，所含种数为340种，占全部种数的29.8%。出现2~5种的属有213属，占全部属数的36.9%，所含种数为565种，占全部种数的49.5%。出现6~10种的属有16属，占全部属数的2.8%，所含种数为120种，占全部种数的10.5%。出现种数多于10种的属有8属，占全部属数的1.4%，所含种数为117种，占全部种数的10.2%。其中石栎属 *Lithocarpus*（20种）、蓼属 *Polygonum*（19种）、悬钩子属 *Rubus*（16种）都超过了15种，在本区得到了较为充分的发展。

表5 属的数量结构分析

类型	属数	占全部属数的比例（%）	含有的种数	占全部种数的比例（%）
仅出现1种的属	340	58.9	340	29.8
出现2~5种的属	213	36.9	565	49.5
出现6~10种的属	16	2.8	120	10.5
出现多于10种的属	8	1.4	117	10.2

（2）属的分布区类型分析

据吴征镒等对属分布区类型的划分原则[2,3,4]，阿姆山种子植物577属可划分为14个类型和17个变型（表6），基本涵盖了中国植物区系属的分布区类型，显示了本区种子植物区系在属级水平上的地理成分的复杂性，以及同世界其他地区植物区系的广泛联系。该地区计有热带性质的属（分布型2~7及其变型）330属，占全部属数（世界广布属和外来属除外，下同）的62.7%；计有温带性质的属（分布型8~15及其变型）196属，占全部属数的37.3%。从属级热、温性质分布型比重来看，本地植物区系的地带性质为热性。在本区所有属的分布类型中，居于前三位的是泛热带分布及其变型（109属，占20.7%），热带亚洲分布及其变型（104属，占19.7%），北温带分布及其变型（75属，占14.3%）。说明本区植物区系与温带，尤其是热带植物区系有较强的联系。

表6 阿姆山自然保护区种子植物属的分布区类型

分布区类型	属数	占全部属数比例（%）
1 世界广布	45	—
2 泛热带	107	20.3
2-1 热带亚洲—大洋洲和热带美洲（南美洲或/和墨西哥）	1	0.2
2-2 热带亚洲—热带非洲—热带美洲（南美洲）	1	0.2
3 东亚（热带、亚热带）及热带南美间断	12	2.3
4 旧世界热带	45	8.5
5 热带亚洲至热带大洋洲	24	4.6
6 热带亚洲至热带非洲	34	6.5

（续）

分布区类型	属数	占全部属数比例（%）
6-2 热带亚洲和东非或马达加斯加间断分布	2	0.4
7 热带东南亚至印度—马来，太平洋诸岛（热带亚洲）	67	12.7
7-1 爪哇（或苏门答腊），喜马拉雅间断或星散分布到华南、西南	14	2.7
7-2 热带印度至华南（尤其云南南部）分布	6	1.1
7-3 缅甸、泰国至中国西南分布	6	1.1
7-4 越南（或中南半岛）至华南或西南分布	11	2.1
8 北温带	48	9.1
8-4 北温带和南温带间断分布	25	4.8
8-5 欧亚和南美洲温带间断	1	0.2
8-6 地中海、东亚、新西兰和墨西哥—智利间断分布	1	0.2
9 东亚及北美间断	26	4.9
10 旧世界温带	14	2.7
10-1 地中海区至西亚（或中亚）和东亚间断分布	1	0.2
10-2 地中海区和喜马拉雅间断分布	1	0.2
10-3 欧亚和南非（有时也在澳大利亚）	3	0.6
11 温带亚洲	7	1.3
12 地中海区、西亚至中亚	—	—
12-3 地中海区至温带—热带亚洲、大洋洲和/或北美南部至南美洲间断	1	0.2
13 中亚	1	0.2
14 东亚	24	4.6
14-SH 中国—喜马拉雅	26	4.9
14-SJ 中国—日本	6	1.1
15 中国特有	11	2.1
16 外来属	6	—
总计	577	100.0

3.2.3 种子植物种的统计及分析

根据吴征镒[3,4]、吴征镒等[2,5]对中国种子植物属的分布区类型的概念及范围，并参考了李锡文和李捷[6]、李锡文[7]、彭华[8]、刘恩德[9]对种（特别是中国特有种）的分布区类型的划分原则，结合每一个种的现代地理分布格局（具体到每一个分布区类型下又根据种的集中分布式样而相应地划分出次级类型），将阿姆山现有的种子植物划分为14个类型、13个亚型、8个变型及3个小型（表7及表8）。

表7 阿姆山自然保护区种子植物种的分布区类型

分布区类型	种数	占全部种的比例（%）
1 世界广布	10	—
2 泛热带	19	1.7
2-1 热带亚洲—大洋洲和热带美洲（南美洲或/和墨西哥）	1	0.1
3 东亚（热带、亚热带）及热带南美间断	2	0.2
4 旧世界热带	22	2.0
4-1 热带亚洲、非洲和大洋洲间断或星散分布	2	0.2
5 热带亚洲至热带大洋洲	37	3.2
6 热带亚洲至热带非洲	11	1.0

（续）

分布区类型	种数	占全部种的比例（%）
6-2 热带亚洲和东非或马达加斯加间断分布	5	0.4
7 热带东南亚至印度-马来，太平洋诸岛（热带亚洲）	91	8.2
7-1 爪哇（或苏门答腊），喜马拉雅间断或星散分布到华南、西南	81	7.3
7-2 热带印度至华南（尤其云南南部）分布	62	5.6
7-3 缅甸、泰国至中国西南分布	32	2.9
7-4 越南（或中南半岛）至华南或西南分布	127	11.4
8 北温带	2	0.2
8-4 北温带和南温带间断分布	2	0.2
9 东亚及北美间断	2	0.2
10 旧世界温带	9	0.8
10-3 欧亚和南非（有时也在澳大利亚）	2	0.2
11 温带亚洲	9	0.8
12 地中海区、西亚至中亚	1	0.1
14 东亚	26	2.3
14-SH 中国—喜马拉雅	132	11.9
14-SJ 中国—日本	39	3.5
15 中国特有	396	35.6
16 外来种	19	—
总计	1141	100.0

表 8　阿姆山自然保护区中国特有种的分布区类型

分布区类型	种数	占中国特有分布种数的比例（%）
15-1 云南省全境	13	3.3
15-1-a 与云南高原共有	2	0.5
15-1-a-1 与滇中高原亚区共有	8	2.0
15-1-a-2 与滇东南山地亚区共有	2	0.5
15-1-a-3 与滇西南山地亚区共有	9	2.3
15-1-b 与横断山地区共有	8	2.0
15-1-c 与滇东南石灰岩亚区共有	14	3.5
15-1-d 与滇缅泰地区共有	34	8.6
15-1-e 与北部湾地区共有	21	5.3
15-2 与中国其他地区共有	0	0.0
15-2-a 西南片	152	38.4
15-2-b 南方片	85	21.5
15-2-c 南、北方片	48	12.1
总计	396	100.0

从种一级的统计分析可得以下论断。

第一，阿姆山 1141 种可划分为 14 个类型、13 个亚型、8 个变型及 3 个小型，显示出该区植物区系在种一级水平上的地理成分十分复杂，来源较为广泛。

第二，该区计有热带性质的种（分布型 2~7 及其亚型及中国特有分布型中的热性成分）661 种，占全部种数（世界广布种和外来种除外，下同）的 59.5%；计有温带性质的种（分布型 8~14 及其亚型及中国特有分布型中的温性成分）451 种，占全部种数的 40.5%。需要说明的是：阿姆山省级自然保护区的范围大都未包括阿姆山山体基带区域，因此基于分析的名录缺少了很多热带成分。因此，阿姆山植物区系的热带性质是可以确定的，但其又不乏温带性质的种，具有从热带向亚热带过渡的热带北缘性质。

第三，14 个分布型中，位于前三位的分别是中国特有分布型（396 种）、热带亚洲分布型（393 种）和东亚分布型（197 种），三者之和为 986 种，占全部种数的 88.7%。它们构成了阿姆山种子植物区系的主体。

4 讨论

4.1 区系性质

阿姆山种子植物热带性质的科有 82 科，占全部科数的 68.2%，温带性质的科有 38 科，占全部科数的 31.8%；热带性质的属 330 属，占全部属数的 62.7%，温带性质的属 185 属，占全部属数的 37.3%；热带性质的种 661 种，占全部种数的 59.5%，温带性质的种 451 种，占全部种数的 40.5%。从科、属、种热、温性比重来看，都说明了本区植物区系的热带性质，同时本区也不乏温带成分，所以，确切地说，本区植物区系具有从热带向亚热带过渡的热带北缘性质。

4.2 区系地位

阿姆山种的分布型位于前三位的分别是中国特有分布型（396 种）、热带亚洲分布型（393 种）和东亚分布型（197 种），三者之和为 986 种，占全部种数的 88.7%。它们构成了阿姆山种子植物区系的主体。而中国特有成分归根结底也属东亚成分，故本区东亚分布类型的种总计有 593 种，占全部种数的 52.0%。结合其所处的位置来看，阿姆山种子植物区系属于东亚植物区，中国—喜马拉雅森林植物亚区，云南高原地区，滇东南山地亚地区。本区热带亚洲分布型 393 种，占全部种数的 34.4%，也占据了相当一部分比例，说明了本区处于古热带植物区向东亚植物区的过渡地带，且区系过渡性较为明显。

4.3 区系的古老性

阿姆山不仅具有属于第三纪的裸子植物，如翠柏 *Calocedrus macrolepis*、侧柏 *Platycladus orientalis* 等，而且在被子植物中，许多原始的类型如离生心皮类或柔荑花序类在此均不乏其代表。离生心皮类有：木兰科、八角科、五味子科、毛茛科、芍药科、小檗科等。柔荑花序类的有：胡桃科、金粟兰科、三白草科、杨柳科、杨梅科、桦木科、榛科、壳斗科等。在这两大类中，前者的起源地可能在古地中海北缘及"华南古陆附近"。除此之外，还有白垩纪时期就有记录的樟科、金缕梅科、卫矛科、鼠李科、槭树科以及许多在老第三纪已有的远志科、大风子科、山茶科、胡颓子科、清风藤科、八角枫科、紫树科等。因此，以上各种古老（或孑遗）类群在本区的出现说明了本区植物区系的古老性。

4.4 区系的过渡性

北部湾典型分布的黄果安息香 *Styrax chrysocarpus*、粉叶楠 *Phoebe glaucophylla*、长圆臀果木 *Pygeum oblongum*、小脉红花荷 *Rhodoleia henryi* 等种向西、向北分布止于阿姆山。滇缅泰地区分布的绿春悬钩子 *Rubus luchunensis*、黄连山秋海棠 *Begonia coptidimontana*、老挝杜英 *Elaeocarpus laoticus*、疣枝润楠 *Machilus verruculosa* 等种向北分布也止于阿姆山。从横断山地区而来的中国—喜马拉雅成分隆萼当归 *Angelica oncosepala*、圆叶珍珠花 *Lyonia doyonensis*、齿苞秋海棠 *Begonia dentatobracteata* 向南向东分布止于阿姆山。长梗天胡荽 *Hydrocotyle ramiflora*、樟叶泡花树 *Meliosma squamulata*、落萼叶下珠 *Phyllanthus flexuosus* 等中国—日本成分向西分布止于阿姆山。而更为普遍的是，各种区系成分在阿姆山低海拔至高海拔各种生境中奇妙地融合，或以此为区系桥梁向四面八方分散分布。

综上所述，阿姆山植物区系具有明显的过渡性，是中国种子植物区系重要的区系节之一。

4.5 特有现象

特有现象通常最能反映具体植物区系的特征。联系所研究地区的地质历史、古生物学资料等来探讨其特有性，对阐明该地植物区系的性质具有重要意义[8]。

本区记有6个在系统上较为隔离的东亚特有科，占全部东亚特有科的28.6%，这反映出该地作为东亚古老植物区系的一部分，在地质历史上与东亚是一致的，且与东亚植物区系的发端紧密相联。阿姆山有中国特有属11属，占中国特有属239属[10]的4.6%。其中，瘿椒树属 *Tapiscia*、巴豆藤属 *Craspedolobium* 等是比较原始或古老的类群。而紫菊属 *Notoseris*、华蟹甲属 *Sinacalia* 等大都是随着云南高原的抬升，区域内高山的隆起而发生、发展起来的年轻成分。

种的特有现象尤为强烈，阿姆山种的分布型中，中国特有分布种有396种，占全部种数的35.6%，其中云南特有种70种（未包括滇东南特有种及红河沿岸地区特有种），滇东南特有种19种，红河沿岸地区（河口、屏边、金平县、绿春县、元阳县和红河县）特有种18种。

因此，整体来说，位于我国三大特有中心之一滇东南—桂西特有中心边缘的阿姆山的特有现象较为显著，不仅表现在不少东亚特有科及中国特有属上，而且也表现在较多特有种上。本区的特有现象既有古特有成分也有新特有成分，但更多的是古特有成分。本区新构造运动强烈，垂直气候带变化明显，且因山体环境复杂，不仅使古特有成分找到避难所得以保存和继续发展，而且新特有成分又在新的生境中得以形成。

5 结论

根据以上分析，总结如下。

（1）阿姆山种子植物区系属于东亚植物区，中国—喜马拉雅森林植物亚区，云南高原地区，滇东南山地亚地区。

（2）阿姆山种子植物区系为热带性质，同时本区也不乏温带成分，所以，更确切地说，本区植物区系具有从热带向亚热带过渡的热带北缘性质。

（3）阿姆山特有现象较为明显，既有古特有成分也有新特有成分，但更多的是古特有成分。

（4）阿姆山处于东亚植物区和古热带植物区的交界面上，该区在云南乃至中国植物区划上是一个重要的自然地理单元，是热带植物区系向温带植物区系演化的关键地段，其植物区系具有明显的过渡性。

【参考文献】

[1] 吴征镒，路安民，汤彦承，等. 中国被子植物科属综论［M］. 北京：科学出版社，2003.

[2] 吴征镒，周浙昆，孙航，等. 种子植物分布区类型及其起源和分化［M］. 昆明：云南科技出版社，2006.

[3] 吴征镒. 中国种子植物属的分布区类型［J］. 云南植物研究，1991，增刊Ⅳ：1-139.

[4] 吴征镒. “中国种子植物属的分布区类型”的增订和勘误［J］. 云南植物研究，1993，增刊Ⅳ：141-178.

[5] 吴征镒，孙航，周浙昆，等. 中国种子植物区系地理［M］. 北京：科学出版社，2010.

[6] 李锡文，李捷. 横断山脉地区种子植物区系的初步研究［J］. 云南植物研究，1993，15（3）：217-231.

[7] 李锡文. 云南高原地区种子植物区系［J］. 云南植物研究，1995，17（1）：1-14.

[8] 彭华. 滇中南无量山种子植物［M］. 昆明：云南科技出版社，1998.

[9] 刘恩德. 永德大雪山种子植物区系和森林植被研究［M］. 昆明：云南科技出版社，2010.

[10] 吴征镒，孙航，周浙昆，等. 中国植物区系中的特有性及其起源和分化［J］. 云南植物研究，2005，27（6）：577-604.

西藏察隅慈巴沟国家级自然保护区物种多样性及区系特征*

概述了西藏察隅慈巴沟国家级自然保护区的物种多样性及其区系特征，并从地理位置、地势条件和气候条件3个方面分析了其物种多样性形成的原因。

1 自然地理环境

察隅慈巴沟国家级自然保护区（以下简称慈巴沟自然保护区）位于青藏高原的东南角，喜马拉雅山与横断山呈“T”形的交汇处。整个地形地势北高南低，近似“簸箕”形，迎向印度洋。该区形成于第三纪末期喜马拉雅造山运动，两侧山脉主脊线大多在5000m左右，其间还有6000m以上的雪峰，最低处仅1500m，山地地貌垂直分异明显。

慈巴沟自然保护区位于察隅河流域。察隅河上游有东西支流，分别源自两个山脉。西支为贡日嘎布曲（也称阿扎曲），发源于贡日嘎布拉山附近；东支为桑曲，源于伯舒拉岭。保护区位于察隅河东西两支之间，桑曲北岸，桑曲的支流娄巴曲从北至南贯穿全区。

慈巴沟自然保护区东面是南北走向的横断山脉，层层山岳阻挡了东来的太平洋季风；北面是东西走向的念青唐拉山阻挡了南下的西伯利亚干冷气流；南面印度洋上孟加拉湾暖流所形成的高温高湿气流可以进入本地，因不能逾越东面和北面的高山大岭而在本地回旋，因此，形成这里温暖、多雨的自然气候。保护区内全年降水量达1000mm以上，在海拔1000~2500m地带，年平均气温10~20℃，年平均湿度为60%~70%，无霜期在300天以上。

慈巴沟自然保护区形成土壤的生物气候条件复杂，其土壤类型多样，土壤资源丰富，土壤垂直分布明显。自然保护区内土壤主要由冲积沙石土组成。土壤垂直分布系列自上而下为：高山流石滩上的高山寒漠土、以杜鹃为主的灌丛下的亚高山草甸土、云冷杉暗针叶林下的暗棕壤、常绿阔叶林下的山地黄棕壤和山地棕壤、云南松林下的山地黄壤。

2 物种多样性及区系特征

2.1 植被

根据吴征镒主编的《中国植被》中的植被区划方案[1]，慈巴沟自然保护区在中国植被区划中的位置应归属于：V热带季雨林、雨林区，VB西部（偏干性）季雨林、雨林亚区域，VBi北热带季雨林、半常绿季雨林地带，VBi-4东喜马拉雅南翼河谷、季雨林、雨林区。根据张经炜《西藏植被》一书中[2]，慈巴沟自然保护区在西藏植被区划中属于：I藏东南亚热带常绿雨林、季雨林地区，IAa东喜马拉雅热带常绿雨林区，IAa-1察隅小区。

尽管在大的范围内，保护区处于热带常绿雨林、季雨林的气候条件下，但该保护区的海拔都处于1500m以上，且最高海拔达到6000m以上。保护区的植被以亚热带、温带和寒带森林、灌丛和草甸等陆

---

* 尹志坚，孙国政，赵明旭，等. 西藏察隅慈巴沟国家级自然保护区物种多样性及区系特征［J］. 林业建设，2017，(2)：18-22.

生植被为主，在河谷积水洼地处有少量的浮水植物植被。按照《中国植被》对植被的分类原则与分类系统，在对野外调查数据整理和分析的基础上，将慈巴沟自然保护区的植被划分为14个植被型，17个植被亚型，30个群系和31个群落（表1）。

表1 慈巴沟国家级自然保护区的植被分类系统

植被型	植被亚型	群系	群落
I. 常绿阔叶林	一、山地常绿阔叶苔藓林	1. 毛曼青冈群系	（1）毛曼青冈、凸尖杜鹃群落
		2. 曼青冈群系	（2）曼青冈、雷公鹅耳枥群落
II. 硬叶常绿阔叶林	二、山地硬叶栎类林	3. 巴郎栎群系	（3）巴郎栎群落
III. 落叶阔叶林	三、山地杨桦林	4. 色木枫、篦齿枫群系	（4）色木枫、篦齿枫群落
		5. 白桦群系	（5）白桦群落
IV. 温性针阔叶混交林	四、山地温性针阔叶混交林	6. 林芝云杉、色木枫群系	（6）林芝云杉、色木枫群落
V. 寒温性针叶林	五、寒温性落叶针叶林	7. 怒江红杉群系	（7）怒江红杉群落
		8. 大果红杉群系	（8）大果红杉群落
	六、温凉性常绿针叶林	9. 高山松群系	（9）高山松群落
	七、寒温性常绿针叶林	10. 林芝云杉群系	（10）林芝云杉群落
		11. 川西云杉群系	（11）川西云杉群落
		12. 云南黄果冷杉群系	（12）云南黄果冷杉群落
		13. 急尖长苞冷杉群系	（13）急尖长苞冷杉群落
		14. 长苞冷杉群系	（14）长苞冷杉群落
		15. 澜沧黄杉群系	（15）澜沧黄杉群落
VI. 暖性针叶林	八、暖性常绿针叶林	16. 云南松林群系	（16）云南松群落
VII. 常绿革叶灌丛	九、高寒杜鹃灌丛	17. 雪层杜鹃群系	（17）雪层杜鹃群落
		18. 鳞腺杜鹃群系	（18）鳞腺杜鹃群落
		19. 多色杜鹃群系	（19）多色杜鹃群落
		20. 锦绦花群系	（20）锦绦花、矮生嵩草群落
VIII. 常绿针叶灌丛	十、高寒针叶灌丛	21. 香柏群系	（21）香柏群落
		22. 高山柏群系	（22）高山柏群落
IX. 落叶阔叶灌丛	十一、高寒落叶灌丛	23. 小垫柳群系	（23）小垫柳群落
X. 常绿竹丛	十二、温性竹林	24. 察隅箭竹群系	（24）察隅箭竹群落
XI. 草原	十三、草甸草原	25. 白草群系	（25）白草群落
XII. 高寒草甸	十四、高寒嵩草草甸	26. 矮生嵩草群系	（26）矮生嵩草群落
		27. 喜马拉雅嵩草群系	（27）喜马拉雅嵩草草甸群落
XIII. 高山冰缘植被	十五、高寒杂类草草甸	28. 风毛菊、拳参群系	（28）羽裂雪兔子、圆穗拳参群落
			（29）云状雪兔子、粗茎红景天、矮垂头菊群落
XIV. 水生植被	十六、浮水水生植被	29. 浮叶眼子菜群系	（30）浮叶眼子菜群落
	十七、沉水水生植被	30. 水毛茛群系	（31）水毛茛群落

2.2 植物

2.2.1 植物多样性

基于对野外采集的2100余号标本的系统鉴定，结合相关文献资料，初步统计得慈巴沟自然保护区有野生高等植物195科、669属、1643种（包括种下等级，下同）。其中，苔藓植物计61科、133属、208种。苔类植物计有23科、34属、58种；藓类植物计有38科、99属、150种。维管束植物134科、536

属、1435种。其中，蕨类植物22科、55属、149种；裸子植物4科、9属、19种；被子植物108科、472属、1267种（表2）。

表2 慈巴沟国家级自然保护区高等植物统计

<table>
<tr><th colspan="3">植物类群</th><th>科数</th><th>属数</th><th>种数</th></tr>
<tr><td rowspan="3">苔藓植物</td><td colspan="2">苔类植物</td><td>23</td><td>34</td><td>58</td></tr>
<tr><td colspan="2">藓类植物</td><td>38</td><td>99</td><td>150</td></tr>
<tr><td colspan="2">苔藓植物小计</td><td>61</td><td>133</td><td>208</td></tr>
<tr><td rowspan="4">维管束植物</td><td colspan="2">蕨类植物</td><td>22</td><td>55</td><td>149</td></tr>
<tr><td rowspan="2">种子植物</td><td>裸子植物</td><td>4</td><td>9</td><td>19</td></tr>
<tr><td>被子植物</td><td>108</td><td>472</td><td>1267</td></tr>
<tr><td colspan="2">维管束植物小计</td><td>134</td><td>536</td><td>1435</td></tr>
<tr><td colspan="3">高等植物合计</td><td>195</td><td>669</td><td>1643</td></tr>
</table>

2.2.2 区系特征

对慈巴沟自然保护区种子植物科、属、种分布型进行区系分析表明：该区在中国植物区系区划中属于东亚植物区，中国—喜马拉雅森林植物亚区，东喜马拉雅地区，藏东南亚地区。

在种级区系分析中，热带性质的种200种，占全部种数的15.8%；温带性质的种1067种，占全部种数的84.2%，表明该区的区系地带性质为显著的温带。

慈巴沟自然保护区不仅具有属于第三纪的裸子植物，如柏科Cupressaceae刺柏属*Juniperus*、红豆杉科Taxaceae红豆杉属*Taxus*植物等，而且在被子植物中，许多原始的类型，如离生心皮类或柔荑花序类在此均不乏代表。离生心皮类有木兰科Magnoliaceae、五味子科Schisandraceae、毛茛科Ranunculaceae等，柔荑花序类的有胡桃科Juglandaceae、三白草科Saururaceae、杨柳科Salicaceae等，除此之外，还有白垩纪时期就有记录的樟科Lauraceae、卫矛科Celastraceae、鼠李科Rhamnaceae等以及许多在老第三纪已有的远志科Polygalaceae、山茶科Theaceae、胡颓子科Elaeagnaceae等。各种古老（或孑遗）类群在本区的出现说明了本区植物区系的古老性。

慈巴沟自然保护区由于其所处的特殊地理位置，使其成为喜马拉雅成分与横断山区成分融汇交换的桥梁，其植物区系还具有明显的过渡性。从中国特有分布种分析来看，慈巴沟自然保护区与其所处的东喜马拉雅地区（藏东南地区）共有分布的种有103种，与横断山地区共有分布的种有227种，说明了其作为“区系结”与东喜马拉雅及横断山植物区系的相互密切联系。从中国-喜马拉雅分布型种来看，众多例子如大钟花*Megacodon stylophorus*、紫花鹿药*Maianthemum purpureum*、岩白菜*Bergenia purpurascens*等，它们都从喜马拉雅往东分布经过慈巴沟自然保护区，再往东、南分布于横断山区各种类似生境中。

慈巴沟自然保护区有4个东亚特有科，5个中国特有属，481种中国特有分布种（其中西藏特有种103种，保护区特有种3种，察隅县特有种10种）。整体来说，该区的特有现象较为突出，且特有成分中更多的是新特有成分，是随着喜马拉雅的抬升及青藏高原的隆起，适应新的生境而形成的。

综上所述，慈巴沟自然保护区属温带植物区系，起源古老，特有性、过渡性明显，是我国东喜马拉雅地区，藏东南亚地区植物区中重要的“区系结”。

2.3 动物

2.3.1 动物多样性

基于野外调查，慈巴沟自然保护区内初步发现有昆虫21目144科439属571种；鱼类2目3科8属9

种；两栖爬行动物2目9科15属18种；鸟类14目36科190种（另1亚种）；哺乳动物7目18科50属72种。

2.3.2 区系特征

慈巴沟自然保护区在动物地理区划上，属东洋界西南区。但由于它地处青藏高原边缘，板块碰撞使该区域在地理位置上北移，并形成巨大的海拔落差，导致该地区同时保留了种类较多的古北界物种，其动物区系呈现出多区系成分交汇的特点。具体到各个动物类群，其区系构成又具有各自的独特性。

慈巴沟自然保护区的昆虫东洋界成份远多于古北界，属于以东洋区为主的混合区；东洋界物种中，又以西南区昆虫种类最多。慈巴沟自然保护区内的昆虫具有相对的独立性，但与中国七大昆虫分布区均有一定的联系，不同区系的昆虫在此相互渗透，形成一个交汇点。

慈巴沟自然保护区的鱼类主要由鳅科、鲤科及鮡科三大类群组成，得益于察隅河和娄巴曲的连通性，该区的鱼类与西藏高原鱼类区系组成基本相似，并呈现出较为典型的青藏高原边缘鱼类区系特点。

慈巴沟自然保护区两栖爬行类的区系属性与该区在中国动物地理区划相一致：属西南区喜马拉雅亚区性质。此外，该区的两栖爬行类又呈现出西南区与青藏区、华南区、华中区相互渗透的过渡性。

慈巴沟自然保护区的鸟类组成中东洋界物种占有显著优势，却也汇集有大量的古北界成份。在东洋种中虽以喜马拉雅亚区成分最多，但较西南山地亚区成分没有明显的优势，即该区鸟类区系虽归属于东洋界西南区喜马拉雅亚区，但与西南山地亚区之间具有一定的过渡性。

慈巴沟自然保护区的哺乳动物中东洋界物种占据优势地位，其中又以西南区物种相对偏多。该区山高谷深，为多区系成份物种提供了多样化的栖息环境。调查发现该区还保留有种类较多的古北界物种，其区系组成呈现出较明显的古北界-东洋界成份交汇的特点。

3 物种多样性成因

3.1 特殊的地理位置

慈巴沟自然保护区无论是在地史时期还是在现代都处在世界几大植物区系交汇处。如在晚白垩纪末和第三纪初，属冈瓦纳古陆的印度板块向北与劳亚古陆碰撞，该区处在两大板块的缝合线上，南北两大古陆生物区系在此交汇，给该区带来了较多的热性成分。在现代慈巴沟自然保护区的生物区系中古南大陆生物区系所留下的印迹仍依稀可见。如偏热性的绒毛含笑 *Michelia velutina*、长蕊木姜子 *Litsea longistaminata* 等在慈巴沟自然保护区低海拔的沟谷分布。在第三纪中期和末期，该区处在第三纪古热带雨林生物区系区的北缘，其西北部与古地中海退缩后形成的硬叶常绿阔叶林及山地针叶林生物区系区相临，而东北部则是在东南季风影响下形成的中国—日本亚热带常绿阔叶林生物区系区。进入第四纪，位于慈巴沟自然保护区北部的西藏内陆随着古地中海的退却和青藏高原迅速的隆升而逐渐演变形成了西藏内陆高原干旱、半干旱的草原和荒漠生物区系；东北部也因全球性气候变冷，形成了中国—日本常绿及落叶阔叶林生物区系。在这一期间，由于冰期、间冰期气候数次交替变化，上述植物区系区的界线也不断变化。这样，在冰期中临近地区的温带生物区系大量渗入本区，并在这里已隆起的山地具有相近生态环境的垂直带定居下来，使该区生物区系进一步复杂化。

3.2 优越的地势条件

慈巴沟自然保护区处在青藏高原喜马拉雅山与横断山脉交汇处，是两者的过渡地带。地表形态复杂多变，以高山峡谷为主。山体高抬，沟谷深切，山地地貌垂直分异明显，从海拔1500m的谷底到终年积雪的峰顶，垂直高差大都在4000m以上。随着海拔升高、气温降低，慈巴沟自然保护区内山坡面上形成了亚热带、暖温带、温带和寒带较完整的山地垂直气候带谱。

复杂的地势条件，使慈巴沟自然保护区及附近地区具有复杂多样的生态环境，为各种植物区系成分定居创造了极好的条件。同时为各种生物进化提供了无数隔离场所，成为最活跃的物种进化（分化）中心之一。

3.3 复杂的气候条件

慈巴沟自然保护区位于北纬28°~30°，大致相当于中亚热带的纬度位置。但是青藏高原隆升后对近地表大气加热所造成的特殊环流形势和夏季印度洋暖湿气流北上，在这里众多山地的阻挡下，气团沿坡上升，水汽凝雨落下，给该区带来丰沛的降水和水汽凝结潜热，使该地区成为北半球同纬度水热组合条件最优越的地区之一。在印度洋暖湿气流润泽下，该区植物区系在寒冷的第四纪冰期中避免了严寒气候的侵袭，大量植物物种得以保存。此外在现代，也由于暖湿气流的强烈影响，使湿润性的热带山地森林北延至该区的低海拔沟谷处，丰富了该区植物区系的内涵。

另外，由于在渐新世—中新世的喜马拉雅山运动中山体的迅速隆升，造成了该区生态环境的急剧变化。一些物种为适应这种变化而发生变化导致新物种的形成，这进一步丰富了该区及附近地区的植物区系。

4 结语

慈巴沟自然保护区是察隅这一生物多样性富集区域上的一颗璀璨明珠，然而因其是无人区，加之历史上交通不便，历史调查非常匮乏。在本次慈巴沟自然保护区历史上第一次综合科学考察中，共调查到察隅县新记录植物195种（包括慈巴沟花楸 *Sorbus cibagouensis* 一新种，已发表），西藏新记录植物31种，新记录植物属6属及西藏、察隅两栖动物新记录1种（贡山齿突蟾 *Scutiger gongshanensis*）。这些新类群的发现一方面说明了察隅县乃至西藏自治区调查历史的薄弱，另一方面提示了慈巴沟国家级自然保护区潜在的巨大科研及保护价值。

【参考文献】

[1] 吴征镒. 中国植被 [M]. 北京：科学出版社，1980.
[2] 张经炜. 西藏植被 [M]. 北京：科学出版社，1988.

自然保护区建设

自然保护区工程建设项目设计浅谈——以建筑工程设计为例*

自然保护区建筑工程在保护区发展历程中起到了重要的作用。自然保护区建筑工程中应体现功能整合原则、立面地域原则、技术适用原则，力图使自然保护区的建筑成为有机自然生态建筑，创造有生命体态的“活”的建筑，从而实现“从内到外”的设计理念。

1 自然保护区工程建设设计特点

1.1 设计的内容

自然保护区工程项目包括保护与恢复工程、科研与监测工程、宣传与教育工程、基础设施及配套工程、社区可持续发展工程五个方面。这五个方面的项目中无论是保护管理站、定位监测站、科研中心、宣教中心、管理局的建设都涉及建设工程；在自然保护区分期建设中，建筑工程的进度、质量也是自然保护区建设的关键。因此，可以说自然保护区建筑工程在保护区发展历程中起到了重要的作用。

1.2 设计遵循的原则

自然保护区工程项目中建筑工程的建设，有它的特殊性，设计中必须遵循“全面保护自然环境，积极开展科学研究，大力发展生物资源，为国家和人类造福”的指导思想进行。在设计的技术上采用先进技术手段，走可持续发展之路，本着“以人为本”的建筑设计原则，坚持现代性与历史性相结合，前瞻性与务实性相结合，自然环境与文脉特色相结合，充分考虑人的活动需求，强调人、环境与建筑的共存与融合。因此在设计中应满足人性化的、层次丰富的、生动舒适的交往空间，创造出适用、安全、经济、美观的设计成果，求得最好的工程、社会、经济、环境效益。

1.3 设计的特点

自然保护区所在位置基本上都比较偏远，保护区面积较大、地块相对分散，自然条件复杂、山高坡陡，交通不畅，带来建设条件困难。由于建设地点分散、建设标准较低，造成建筑设计困难较大，特别考验建筑师的设计能力，必须在经济性、适用性、美观性、协调性间寻找平衡点。

2 自然保护区建筑工程设计经验

国家林业局昆明勘察设计院是综合性的设计院。近 10 年来，随着自然保护区基础设施建设力度的增强，该院承担了西藏地区、云南省、贵州省等地的几十个自然保护区工程建设项目的设计，不断的积累经验，逐渐摸索了一些设计经验，也设计出了许多具有特色的建筑，为自然保护区建设的发展起到了作用。

2.1 建筑功能设计中体现整合原则

功能的设计在建筑设计中处于首要地位，它决定了建设布局的合理性，同时确定了建筑的平面形式。

---

* 蔡芳，吴明伟，缪志缙．自然保护区工程建设项目设计浅谈-以建筑工程设计为例［J］．林业建设，2012，(1)：59-62.

由于自然保护区的功能较多，既有管理功能，又兼顾科研、监测功能，同时还具有宣教功能。根据自然保护区可持续发展的需要，又增加了旅游设施功能。这些功能具有包容性，又相对独立，在建筑设计的理念中必须考虑：构成建筑空间的自然环境要素、人工环境要素、人文环境要素；保持空间尺度、保持空间构成。

在功能设计中，我们始终遵循一个原则，尽量在一个区域内整合功能需求。根据项目的特点，对相关功能进行合理划分，突出主要功能，协调满足其他功能。这在云南无量山国家级自然保护区二期工程建设项目中得到了体现。

云南无量山国家级自然保护区南涧管理局科研宣教业务用房，建筑面积306.7m^2。它的主要功能是为了向外界展示自然保护区生物多样性资源、科研成果，通过形象的生态系统功能介绍，使公众在参观过程中接受自然保护的教育，其宣教的功能是该建筑最重要的体现。设计中，把宣教馆放在建筑的主要位置加以突出。平面形状布置成L字形，虽然平面布局造型简单，但是各个功能区划分明确，满足了业主的要求，宣教功能得到了较好的发挥。

2.2　建筑立面设计体现地域原则

自然保护区存在非常强的地域性、民族性。自然保护区的建筑设计必须从建筑与自然的关系出发，从设计项目具体的地形地貌条件、周围环境、当地的建筑风格和特殊需要等多方面协调考虑，才能就具体影响和制约建筑空间和平剖面设计的，乃至建筑形式的重要因素进行全面、综合的比较，采用与当地相适应的技术条件手段，在当地的传统中寻根，发掘有益的“民族性建筑基因”，再结合功能整合、优选、融会贯通，在满足使用功能的完善和合理性的条件下，使人工造物的痕迹尽量减少，让分布在自然保护区内的建筑同周围环境协调统一。特别强调“天人合一”的设计理念，使建筑风格与自然地理环境融为一体，成为当地的标识。

2.2.1　西藏雅鲁藏布江中游河谷黑颈鹤国家级自然保护区建筑立面设计

在西藏雅鲁藏布江中游河谷黑颈鹤国家级自然保护区的建筑设计中，我们充分考虑了项目的地域性特点，认识到藏族人民的建筑艺术造诣很深，能运用统一、平衡、对比、韵律、和谐、比例、尺度等构图规律，取得美的立面造型。为此，在建筑设计中充分体现藏式建筑的装饰风格。力求建筑造型独特，能体现西藏雅鲁藏布江中游河谷黑颈鹤国家级自然保护区的文化内涵。

（1）动物救护站业务用房

由于动物救护站业务用房及笼舍建筑规模较小，建筑平面形状比较规则，在立面设计中因建筑体量的关系，不宜进行大量的装饰，避免出现层层叠叠，产生比例失调。为使建筑立面高低比例关系协调，在山墙的处理上采用了增加凹凸的檐口造型，外墙采用乳白色涂料饰面，屋顶檐口采用具有西藏地域特色的装饰线条和色彩。同时在色彩的运用上尽量同周围环境相符合，墙面多采用乳白色和浅灰色为整个自然保护区的主色调。建筑古朴、自然得趣。

（2）管理局综合业务用房

由于管理局综合业务用房是整个建设项目的中心，它的建筑风格必须满足地域性、文化性、时代性，地域是建筑赖以生存的根基，文化是建筑的内涵和品味，时代性体现建筑的精神和发展。成功的建筑设计三者不可分割，只有充分理解和综合应用建筑的三性，强调整体性和统一性，才能创作具有特色的建筑。在管理局综合业务用房立面造型设计时具备时代气息、并兼备自然保护区当地建筑的特点，使它成为西藏雅鲁藏布江中游河谷黑颈鹤国家级自然保护区的独特的形象符号，成为保护区的标志性建筑，同时与其他建筑协调，形成保护区一致的建筑风格。

其中拉萨市管理局综合业务用房因处于进入拉萨市的主要国道旁，为丰富立面造型，采用了阶梯式，特点为整个建筑错落有致，富有运动的节奏。立面形式多样，不拘一格，富于变化，层高较高，显得建筑宏伟高大。立面开窗较大，明快大气。窗楣、窗套采用装饰色彩和线条增加立面的立体效果。特别是在主要大门的门楣上采用藏式装饰，有三层逐层出挑的短椽，在短椽的最下一层出挑小方椽，在小方椽上装饰深土红色和深灰色。层层挑出的短椽使门头有一种向上飞翔的气势。建筑立面造型的亮点是具有浓郁西藏地方特色的檐口造型，采用平顶，双层的“边玛”檐墙，高贵典雅。

在建筑色彩的运用上手法大胆细腻，主要构图采用大色块，色彩表现简洁明快。乳白色的墙面配有红色的装饰线条，形成了艳丽明快和光彩夺目的色彩效果，让人们在感观上能赏心悦目，在这里工作和参观学习身心愉快。

图1　雅江中游自然保护区管理局综合业务用房效果图

2.2.2　云南永德大雪山国家级自然保护区建筑立面设计

大雪山自然保护区所在地民族众多，云南少数民族的建筑逐步形成自己的风格和特点，在平面布局、门窗排列、出入口及建筑细部处理上有鲜明的特征；色彩的运用也有其典雅气息。建筑具有科学与艺术的双重性，建筑造型包括体型、立面、色彩、细部做法等，它必须体现建筑内外部空间的协调。在建筑造型设计中考虑建造地段的环境特点，不仅要满足单体设计的完整性，同时处理好与外部环境的整体性，对于具有民族性地域特点的区域，在立面处理上必须带有一定的建筑符号。

（1）管护点用房、检查站用房

保护工程项目由于建筑面积不大，体量较小，均采用低层建筑，这样设计的目的是为了更好的使人为建造的痕迹尽可能地与自然融为一体，在立面设计中因建筑体量的关系，不宜进行大量的装饰，避免出现层层叠叠，产生比例失调。色彩的运用上尽量同周围环境相符合，建筑古朴、自然得趣。在设计中引入园林风格和概念为设计元素，采用因地制宜、顺应自然、山水为主、双重结构、有法无式、重在对比、借景对景、引伸空间等手法，在立面上做适当的装饰，借鉴了一些傣族、白族民居的建筑特点，屋檐一色的青瓦，一色的斗拱飞檐，墙面多采用白色和浅灰色为整个自然保护区的主色调。

（2）管理局综合业务用房

管理局综合业务用房为三层、局部一层建筑，为满足大空间的要求，采用了框架结构形式，层高较高。L字形的建筑平面使建筑在四个立面上都展现出不同的视觉效果，富有民族风格的坡屋顶及其配色既古朴又活泼，宣教馆大门入口处人字装饰造型是整个立面的亮点，使整个建筑富有运动的节奏，突出表现了大雪山自然保护区蓬勃发展的势头。建筑体形和建筑体量较均衡，在色彩的运用上采用了较为柔和的对比色，沙棕色的墙面及淡黄色的装饰线条、深卡其布装饰窗下墙使建筑主体立面造型活勃生动。

图 2 永德大雪山管理局综合业务用房

2.2.3 云南西双版纳国家级自然保护区建筑立面设计

西双版纳作为旅游风景名胜区，有植物王国、动物王国的美誉及多姿多彩的民族风情。在保护区工程建设中保持傣族传统文化在建筑中的体现，让建筑物能表现文化积淀深厚的傣族历史是十分重要的。傣族建筑的精髓为建筑章法符合生态建筑学的原则，邻山近水，傍竹倚花，楼间有楼，楼间有林，既科学又美观，这种建筑从生态意义上讲亲近自然，形成了以自然为核心的民族格调，在中华建筑中独树一帜，物我依存的境界是中华建筑的瑰宝。在西双版纳国家级自然保护区的建筑设计中对此有所表现。

（1）关坪瞭望塔

该建筑为五层框架结构，平面形状为六角形，建筑造型为楼阁式塔，特殊的平面形式同时增强了建筑的园林气质，这样的构造出檐深远，轮廓富有节奏，给人以庄重、飘洒的优美感受；外墙采用黄色面砖贴面，屋顶采用桔红色硫璃瓦；立面上做适当的装饰，借鉴了一些汉式塔楼的建筑特点，屋檐一色的硫璃瓦，一色的斗拱飞檐，有了瞭望塔的点缀，使原本就十分美丽的自然风光，更加锦上添花，更加秀丽幽雅、具有文化气息。是“因高就深，傍山依水，相度地宜，构结亭榭”的建筑与自然集合的体现。

图 3 西双版纳关坪瞭望塔

（2）生态定位观测站业务用房

平面形状为一字形、平面布局造型简单，在建筑造型上重点突出了屋顶，采用了重叠双坡“歇山顶”式屋顶，具有傣族佛教寺庙的特色，屋顶陡峭，气势较宏伟。斜线屋顶高低灵活搭配，配上下部建筑结构便取得了均衡、统一、和谐的视觉效果，使建筑仿佛生于斯而长于斯，体现了一种自然、和谐、充满生命力的美。突出的构造柱及竹篱笆小围墙檐廊颇具傣家竹楼的风采。建筑色彩的运用上尽量同周围环境相符合，墙面采用米白色配红褐色瓦顶，具古朴又活泼。

图4 西双版纳生态定位站效果图

2.3 建筑技术体现适用原则

建筑，是人类运用一定工具、技术、工艺和自然界的物质材料，经过生产劳动所创造的一种物质产品。在自然保护区建筑技术的运用中我们遵循避免一切毫无真正用途和意义的东西，表现技术的本质。正如建筑大师赖特所说“建筑师将了解现代方法、工艺过程和技术的能力并成为它们的主人，他将感到新技术对他艺术的意义。”

建筑是科学技术的产物，是人类文化的纪念碑，是最重要的社会文化之一。“建筑的艺术是不能脱离了它的适用的问题和工程结构的问题而单独存在的。适用、坚固、美观之间存在着矛盾”，在自然保护区建筑设计工作中就是要正确处理它们之间的矛盾，求得三方面的辩证的统一。明显的是，在这三者之中，适用是人们对建筑的主要要求。每一座建筑都是为了一定的适用的需要而建造起来的。因此我们提出自然保护区的建筑必须体现适用原则，这才是设计师对外部自然的理解和尊重在脊柱整体设计的充分体现，同时体现了建筑是时代、地域和人最忠实的记录。

3 体会

建筑的过去和现在、形式和功能、目的和技术，是建筑设计师必须审慎思考的问题。我们的体会是“过去和现在结合”“形式和功能合一”“目的和技术协调”，建设有机自然生态建筑；“从内到外”的设计理念是我们设计的指导原则，创造有生命体态的“活”的建筑是我们的建筑表达。

【参考文献】

冯钟平，编，1988. 中国园林建筑［M］. 北京：清华大学出版社.

高云，2003. 中国云南的傣族民居［M］. 北京：北京大学出版社.

国家林业局，2002. 自然保护区工程项目建设标准（试行）［S］. 北京：中国林业出版社.

湖南省农林工业勘察设计研究总院，黑龙江省林业设计研究院，2004. LY/T 5126-2004 自然保护区工程设计规范［S］. 北京：中国林业出版社.

刘致平，1990. 中国居住建筑简史［M］. 北京：中国建筑工业出版社.

项秉仁，1993. 赖特［M］. 北京：中国建筑工业出版社.

徐宗威，主编，2004. 西藏传统建筑导则［M］. 北京：中国建筑工业出版社.

基于 GIS 的自然保护区管理信息化建设探讨*

自然保护区管理信息化建设，是保护区管理工作日后的必然选择。本文对自然保护区管理信息化建设国内外研究现状进行了简要分析，阐述了 GIS 技术在保护区管理工作中的应用现状，对自然保护区管理信息化建设的前景作了展望。

1 引言

自然保护区是为了保护各种重要的生态系统及其环境，拯救濒临灭绝的物种，保护自然历史遗产而划定的进行保护和管理的特殊地域[1]。自然保护区可以为人类提供生态系统的天然“本底”，是各种生态系统以及生物物种的天然贮存库。由于保护了天然植被及其组成的生态系统，在改善环境、保持水土、涵养水源、维持生态平衡方面具有重要的作用，还是向群众进行有关自然和自然保护宣传教育的活的自然博物馆和自然讲坛。我国的自然保护区事业发展迅速，并且成效突出，有效地保护了我国有代表性的自然生态系统和珍稀濒危野生动植物等。自 1956 年在广东尖峰岭、鼎湖山，吉林长白山，云南西双版纳等地先后建立的一批自然保护区以来，截至 2013 年年底全国已建立各类自然保护区达 2697 处，总面积达 1.46 亿公顷，占国土面积的 15.24%。

随着我国信息化建设的不断进步，对自然保护区管理信息化也提出了更高的要求。然而我国的自然保护区大多是在 1978 年以后建立起来的，发展历史较短，多数自然保护区还处于建设阶段，特别是信息系统建设，许多自然保护区的基础信息调查还不够充分，尤其是关乎自然保护区建设和发展的生物资源和社会经济本底信息匮乏，直接影响了自然保护区管理质量的提高[4]。

2 国内外研究现状

建立基于地理信息系统（GIS）与数据库、图像技术相结合的计算机系统，已成为国际上广泛应用于自然保护区生物资源保护和管理的一种方法，同时也是一种生态学研究的手段。近年来，自然保护区管理信息化建设在国内外受到广泛的重视和关注，一些国家相继投入大量的人力物力来推动本国的自然保护区信息化建设[2]。我国自然保护区管理信息化研究已具备一定的基础，但也存在着不足之处，可满足自然保护区日常管理工作，但不能开展智能化、高层次的工作，且数据不能进行及时更新。此外，数据分散在不同部门，存储格式不尽相同，数据管理标准也不一致，这个数据共享和交换带来较大困难，不利于自然保护区信息的综合决策与管理。迄今为止，完善的融合保护区信息、数据与图像的开放式、多功能的自然保护区信息化管理系统尚未建立。

3 GIS 技术在自然保护区管理中的应用现状

3.1 基础数据管理

自然保护区的数据管理工作比较复杂，不仅是包涵生物多样性、自然环境、人文经济等属性数据，更多的是自然保护区位置、功能区划、土地利用、生物多样性分布、水系分布、交通信息、居民点位置

* 李莹. 基于 GIS 的自然保护区管理信息化建设探讨［J］. 科学与财富，2020，(15)：156.

信息、高程信息、地形信息等空间数据。因此，利用普通的数据库，如 Access、SQL sever 等数据库不能满足有效管理自然保护区数据的需要，利用 GIS 来建立地理空间数据库可以同时管理保护区的空间数据和属性数据。

3.2 日常运行管理

在基础数据库之上，以 GIS 为技术手段，应用其功能组件和可视化开发工具，结合数据库和办公自动化技术，可以使工作人员迅速了解自然保护区内的资源分布状况，从而全面、高效地收集、整理和共享信息，提高保护与监测效率，更好地为日常管理和辅助决策服务；最终实现综合管理自然保护区资源、显示自然保护区景观、查询自然保护区信息、支持自然保护区日常管理工作等，推进保护区的管理朝着信息化、标准化、数字化的方向发展。

3.3 “数字保护区”建立

通过 GIS 软件进行数字高程模型的制作、遥感影像处理、制作保护区三维模型等步骤，可制作保护区的三维信息平台[3]，对自然保护区的地形地貌、植被分布、建筑物等信息通过制作的三维模型显现出来，使来访者通过电脑或网络就可以对保护区内信息有较为详细的了解，在室内感受到身临其境的感觉。

3.4 管理分析应用系统的建立

利用 GIS 的多项功能，开发具有数据管理、分析、制图、规划评价四大模块的系统，在助理保护区管理的之外，通过网络，即使非专业人士，也可以利用系统中的制图模块，制作一些专题地图，或利用分析模块便捷地获取一些保护区相关的信息。通过该系统，遍布各地的用户可以不用安装 GIS 软件，就可以对一些地理信息进行操作。让更多的人对自然保护区产生更大的兴趣，进而有更多的了解，对保护事业进行更好宣传教育。

4 自然保护区管理信息化建设的展望

4.1 应用领域

GIS 技术已经广泛地应用于环境、交通、资源、军事、教学等各行业，并获得了相当瞩目的成效。在自然保护区管理信息化的建设方面，GIS 同样发挥了巨大的才能。GIS 强大的空间数据管理和分析功能，是政府部门制定环境政策及环境应用的关键技术。为保护生境和进行有效合理的规划评价，提供了丰富、科学的信息管理分析和决策手段。利用 GIS 对空间数据和属性数据的强大管理功能，将保护区及其周边区域的各种自然资源、生态环境、社会经济和项目工程等信息，以文字、图形、图像、数据库和 GIS 数据形式录入计算机，并以 GIS 为平台，建立保护区 GIS 系统对上述信息进行管理维护、分析提取、规划评价等，以支持保护区日常工作的信息管理，支持保护成效的监测和评估系统的建立与运行，可以为保护区的科学管理、决策提供依据[4]。

4.2 管理领域

随着保护区管理信息化建设与 3S 技术的互相渗透和综合发展，保护区管理信息化的应用和研究逐步向广度和深度的发展，不少自然保护区逐步开始建立管理信息系统。但目前我国尚未建立适合保护区管理的全国统一的自然保护区信息化管理建设标准，规范的自然保护区信息化管理对提升自然保护区的管理水平、加强自然保护区监测等都具有重要意义。

【参考文献】

[1] 国务院令第 167 号. 中华人民共和国自然保护区条例 [Z]. 北京：科学出版社，1994.
[2] 王岚，袁道凌，等. 湖北省自然保护区信息系统的研究 [J]. 环境科学与技术，2001，1：23-24.

[3] 吴翠霞. 3S 技术在敦煌阳关国家级自然保护区中的应用研究 [J]. 甘肃科技，2013，12：49-52.
[4] 黎良财，杨为民. GIS 在自然保护区管理中的应用 [J]. 西南林学院学报，2004，9：68-71.
[5] 李雪峰. GIS 在森林资源信息化中的应用 [J]. 齐齐哈尔大学学报，2015，9：93-94.
[6] 张洪吉，罗勇，等. 基于 GIS 的自然保护区特色资源信息系统设计与实现 [J]. 测绘与空间地理信息，2014，10：85-87.

自然保护区基础设施建设存在问题及解决方法浅谈*

据环保部统计数据显示，目前我国国家级自然保护区数量已经达到428个[1]，占全国自然保护区总数的15.9%；面积达9466万公顷，占全国自然保护区面积的64.7%。通过由国家林业局和世界自然基金会（WWF）共同主办的“与绿色中国共成长暨世界自然基金会来华开展合作30周年论坛”上了解到，“全国野生动植物保护及自然保护区建设工程”自2001年启动以来，中央财政在十年间累计投入22.5亿元人民币，用于自然保护区基础设施建设[2]。这说明中央财政每年均对保护区基础设施建设投入2个多亿，在很大程度上为保护区的保护工作奠定了坚实基础。

根据我国自然保护区目前的建设规范，国家级自然保护区根据其主要保护对象，自然保护区划分为生态系统类、野生生物类和自然遗迹类三大类。根据保护区面积大小和自然性差异又分为超大型、大型、中型和小型4个规模等级[3]。但不管什么类型、何种规模的自然保护区，其基础设施建设的内容一般均包含保护与恢复工程、科研与监测工程、宣传与教育工程、局站址工程、配套工程以及生态旅游工程等。

国家级自然保护区基础设施建设经过多年的建设积累，为保护区的保护管理工作提供了重要保障，较好地保护了保护区的自然资源和生态，为保护区的持续发展提供了有力保障。同时，在自然保护区基础设施建设过程中，既积累了许多成功经验，也反映出不少存在的问题。下面就保护区基础设施建设存在的问题和解决问题的措施做一个浅显的论述。

1　保护区基础设施建设存在的问题

1.1　保护区基础设施投资盲目求大求全，缺乏针对性、实用性，导致国家投资浪费

有的保护区在申报基础设施项目时，一味地求大求全。在保护区基础设施建设项目的设计及验收过程中，发现有的保护区为了能多争取到国家投资，将局站址工程的规模尽量报大，按照《自然保护区工程设计规范》中规定的最高限来申报建设规模。而实际情况是保护区在职人数很少，按照相关规范规定，其所需办公管理面积明显低于申报规模，即使按照预留一部分空间作为发展需要，其规模也还显得过大。这样就造成房屋建成后房间空置较多，使用率偏低的情况发生。甚至有的保护管理点及监测构筑物在建成后却成为保护区的累赘。由于其建设地点偏僻，不具备基本生活条件，同时保护区也无专职人员长期驻守，于是经常出现建、构筑物的门窗、办公设备被盗的情况。其最终结果同样造成国家投资的极大浪费。

目前由于大部分保护区管理者均来自不同岗位和部门，有部分管理者可能不太熟悉自然保护区业务，甚至对自己所管理的自然保护区优势特点认识掌握不够全面，因此在向上级主管部门申报基础设施建设项目时，一般都缺乏针对保护区进行主动、认真研究的过程，很少去深入研究保护区应该采用何种方式管理，才能突出自身保护区的特点和优势，最大限度地保护自然资源和生态。如果不能真正认识和掌握保护区的各种资源特点和优势，以及保护区的自然地理、气象、人文等因素，还有保护区当前和今后所面临的保护管理难点及矛盾，就很难提出具有针对性的保护区基础设施建设计划，不清楚何时该建什么

---

* 吴明伟. 自然保护区基础设施建设存在问题及解决方法浅谈［J］. 林业建设，2015，(4)：113-115.

项目？该如何建设才能最大限度发挥基础设施的作用？往往会在申报保护区基础设施项目时总是不切实际，看别的保护区有些什么项目，自己也报什么项目。让保护区的基础设施建设流于形式，存在一定盲目性。该建的都建了，该有的也都有了，却造成有些项目建成之后成为摆设，不能真正发挥其应有的作用。如某保护区，在职人员大部分均为行政管理人员，基本不具备科研、监测能力，在申报基础设施项目时，为了能多争取一点国家投资，不顾自身的实际情况，盲目将一些科研用房及科研设备、监测仪器设备项目报上去，不管能不能发挥作用只求争取到投资。其结果就是造成部分国家投资的浪费。

1.2 对项目建设缺乏完善的后评价机制，不能及时发现并纠正出现的问题

目前，保护区的基础设施建设项目一般是建设完成后由各地方相关主管部门组织专家进行验收，但这种验收一般仅限于按照国家相关建设程序对照项目的批复进行验收，检查项目建设单位是否按批复完成所有项目建设，建设过程中是否有违规行为等。验收主要是针对项目建设以及资金运用的合法性。而很少对项目的合理性进行相应的探讨。但是，对项目合理性的评价往往不是短时间内就能体现出来的，而是要经过一段时间的运行检验并在使用过程中不断总结才能发现项目的合理与否。

1.3 国家对保护区基础设施建设投入面太广，不能形成集中力

为了进一步提高保护区的保护能力，中央财政每年都拿出相应资金投入保护区的基础设施建设。然而，由于全国保护区的数量众多，分布面积较广，许多保护区面积较大。在国家投入资金有限的情况下，为了顾全大局让绝大部分保护区都能得到资金投入，国家投入的资金就会像撒胡椒面一样被分得很散，每一份都会很少。这样就可能造成国家虽然对保护区基础设施做出了投资但不能形成集中力，导致投资成效不明显的局面。同时由于每次投入数量有限，而且一个保护区要分成若干次投入，在这期间同一保护区的领导有可能已经轮换多人了，这就可能出现保护区基础设施建设连续性不强且不利于统筹建设的问题。

2 解决保护区基础设施建设存在问题的方法

2.1 保护区的基础设施建设规模应该本着满足基本保护管理需要略有发展余地的原则，不要盲目求大，特别要避免建设点设置过多过散的情况

办公管理用房规模过大就会出现长期空置浪费的情况，这样也不符合当前中央对行政事业单位人员办公面积的规定。建设点过多或者太过分散都会增加建设难度，增加资金投入。从方便管理使用的角度出发，可以通过调研分析将满足条件的分散项目进行适当整合。根据保护区的自然地理情况，对有些过于偏僻缺乏条件但又必须管理的，可以采用与当地社区或者村庄基层组织合作的形式，让其帮助进行日常巡护管理。如某保护区通过一期基础设施工程建设，发现管理点设置不合理，管理使用不方便，且有些管理点建成后没能发挥出预想的作用。于是在申报二期工程时注重实地考察，发现有一个护林员家所在位置非常适合作为管理点，于是在征得本人同意后，通过给予适当补贴让他家兼职发挥管护点的职能。这样既可以节约重新选址建设一个保护管理点的投资，又能发挥管理点的职能，两全其美。当然，要真正采用多种形式解决此类问题，这就需要相关主管部门组织相应的调研，有针对性地给予保护区相应的政策和专项资金扶持。

同时，保护区应根据自身的资源、地理、气候、社区以及人文特点，结合保护区自身人员结构及技术力量配置，并结合自身保护管理特点，详细梳理出保护区的基础设施情况，分析保护区所需基础设施情况，并对保护区的基础设施建设做出合理规划，规划可以分为近期、中期和远期建设，让保护区的基础设施建设具有可靠的连续性和实用性，不会因为保护区领导更换而导致建设出现较大变化或者衔接不上的情况。可以把最基本的、最迫切的项目先作为前期建设，真正做到每一阶段建设什么都具有明确的针对性，建成后能够切实发挥其应有的作用，做到物尽其用。例如，笔者曾经在参加保护区基础设施建

设项目验收时，发现某保护区刚建成使用不久的防火瞭望塔和保护管理点均出现不同程度损毁，后经了解才知道，由于事业经费短缺且在编人数有限，保护区不能派专人长期值守，也无经费进行及时维护，导致固定资产人为损坏甚至物件被盗。究其原因还是项目设置及选址不合理而导致问题的出现。

对于科研、监测项目的设置要十分慎重，应切合实际并根据需要循序渐进，不要抱有一步到位的思想观念，保护区具备什么样的技术力量，能做哪些科研和监测工作，要对自身的人员配置做出客观判断，然后根据自身情况申报相应项目。要真正做到建成一个发挥一个的作用，让科研监测项目建成后能够真正出数据出成果，为保护区积累必要的基础数据和资料。另外，科研、监测项目还可以采用与当地环保、水利、气象等相关部门合作的方式，既可以获得保护区所需的基础数据，同时还避免了一些仪器设备的重复投资，也可避免保护区缺乏相关专业人才的尴尬。当然，与当地相关部门合作，这还需要主管部门做相应的调研，并针对该类项目给予相应的政策和专项资金扶持。

2.2 保护区基础设施建设最为重要的一个环节，就是对已经建设完成的保护区基础设施建设情况做一个完整的后评价，这个评价可以采取自下而上、自上而下的方式

保护区基础设施建设完成投入使用一定时间以后，经过多方面的检查、调研、走访等手段，收集使用情况资料，认真分析总结每一期基础设施建设的成功经验和存在问题，这就可以让保护区管理者对每一期建设有一个清醒的认识，上级主管部门也可以根据保护区适时总结反馈的经验和问题，对后面的项目批复做出更为合理和优化的调整。让保护区基础设施建设在不断的优化调整中为自然保护区的保护管理提供坚实基础。

2.3 笔者认为可以通过一定的调研工作，结合全国各保护区申报项目的情况，对保护区的基础设施投入进行相应的筛选

选择符合条件的，同时也最迫切的保护区分批分次作为集中投资批复对象，这样就可以把资金相对集中，被批复投资建设的保护区就能够得到强有力的资金支持，极大地提高了保护区基础设施建设的建设力度，做到建设一个成功一个。虽然这样做可能导致有的保护区需要多等几年时间才能得到批复投资，但实际上却提高了投资效率。能够真正保障国家对同一个保护区的基础设施建设投资的有效性，极大发挥出基础设施对保护区的保护和发展作用。同时有效避免了由于保护区领导的轮换而导致保护区基础设施建设缺乏连续性的不利情况。

3 总结

保护区基础设施建设工作要在已取得成功经验的基础上有所提高，这就需要保护区各级主管部门、相关专家、保护区管理者以及从事保护区相关工作所有人员的智慧，通过对保护区基础设施建设进行深入研究、总结，不断调整、优化保护区基础设施建设项目的批复、投资和建设、使用，让保护区基础设施建设既有有形（工程性质：如建筑工程、配套工程、道路工程、生物工程等）的建设，又有无形（政策性质：如研究给予定期资金支持用于保护区与相关单位的科研合作等）的建设。让保护区基础设施建设注入新的理念，在建设中发展，在发展中提高。

【参考文献】

[1] 吴晶晶. 环保部我国国家级自然保护区数量达 428 个 [N]. 新华社 2015-1-16.

[2] 吴宇，岳连国. 中央财政十年投入 22.5 亿元用于自然保护区基础设施建设 [N]. 新华社 2010-6-5.

[3] 国家林业局发布，LY/T 5126-2004，自然保护区工程设计规范 [S]. 2004-09-01.

自然保护区基础设施建设项目后评价机制探索*

项目的后评价从概念上来讲，是指对已经完成的项目从项目前期工作、实施过程、达到目标、发挥作用、以及存在问题等所进行的系统、客观的分析；通过对项目整个建设活动的检查总结，进一步明确项目预期的目标是否达到，项目建设是否合理有效，项目前期所制定的效益指标是否实现等。通过一系列调查分析评价，找出成功之处与存在问题，认真分析成败的原因，总结经验教训，并通过及时有效的信息反馈，为有关部门今后对类似项目的决策和提高、完善投资决策水平提出合理化建议，同时也为被评项目在建设过程中出现的问题提出改进建议，从而达到提高投资效益的目的。

1 自然保护区基础设施建设过程概述

自然保护区基础设施建设项目与其他工程项目类似，按照工程项目建设程序一般由项目建设前期阶段、项目建设准备阶段、项目实施阶段、项目竣工验收（投入使用）阶段以及考核评价等阶段组成。

项目建设前期阶段一般需要经过编写项目建议书、编制可行性研究报告，然后将可行性研究报告上报相关部门，最后项目获得批复立项；项目建设准备阶段则首先需要向相关部门进行项目报建，其次委托具有相应资质的规划设计单位进行项目规划、设计工作，然后取得用地规划许可证等行政许可，最后进行工程项目的招投标工作；项目实施阶段主要是对项目施工管理和投资管理；项目竣工验收阶段是全面考核建设成果、检验设计和施工质量的重要步骤，也是建设项目转入生产和使用的标志；项目考核评价阶段是工程项目竣工投产、生产运营一段时间后，在对项目的立项决策、设计施工、竣工投产、生产运营等全过程进行系统评价的一种技术活动，是固定资产管理的一项重要内容，也是固定资产投资管理的最后一个环节。

2 自然保护区基础设施建设项目的后评价

2.1 项目建设前期阶段与准备阶段的后评价

自然保护区基础设施建设项目前期阶段一般包括编写项目建议书、编制可行性研究报告、立项等工作。这一阶段的后评价工作，主要是将项目建设成果拿来与前期决策的项目建议书、可行性研究报告和项目批复进行分析比较。根据项目建设成果所达成的目标及发挥作用，分析评价项目前期工作中决策是否合理。即具体考察分析项目的设置是否合理；重要项目是否进行了多方案比较，从而选择最佳方案；项目投资是否符合实际，是否存在重复投资和浪费投资的情况；项目的目标和效益是否得以实现；项目是否达到预期效果等。通过考核分析，找出项目前期决策成败的原因，进一步探索研究今后对类似项目前期决策有利的方法和思路，总结经验教训。

而项目建设准备阶段的后评价则是在项目建设完成投入使用后，考核评价项目报建手续、取得的相关建设许可的合规性等。重点是考核项目设计文件是否齐全，是否按照相关批复文件的要求进行设计，是否由相关审查机构审查合格。如设计文件与批复文件不符，是否附有相关部门同意变更的文件材料等。如有的建设单位随意更改批复内容和规模，致使建设成果与批复文件存在较大差异；其次还需要检查设

---

* 吴明伟．自然保护区基础设施建设项目后评价机制探索［J］．林业建设，2016，(3)：52-54.

计在方案的确定、结构选型、设备选型、投资概算等重要方面是否合理，检查设计与项目的实际情况是否有机结合，是否符合使用单位的管理需要以及保护区的保护管理需要等。如有的保护区基础设施项目设计为追求造型或气派，造成子项目较大超出投资，且建成后实用性差；另外，在这一阶段还需要考核项目建设是否按照有关建设程序规定，采取公开招标等方式选定施工单位、监理单位，是否存在违规行为等。

2.2 项目建设实施阶段的后评价

项目建设实施阶段，是指项目从设计图纸转变为实际产品的实施过程，是项目建设的关键。建设单位在项目实施阶段，应根据批准的施工图纸等设计文件要求，按照质量、进度和造价的要求，合理组织施工，并按照建设程序要求完善相应档案资料。

自然保护区基础设施建设项目实施阶段的后评价一般包括工程实施及管理评价，以及资金来源及使用情况评价等。其中工程管理评价是指管理者对工程造价、质量和进度三项指标的控制能力及结果的分析。主要考核项目建设管理者在项目实施过程中是否严格按照建设程序要求，委托具有资质的造价资讯公司严格控制工程造价，选择合适的工程监理单位严格监督检查工程质量和合理控制工程进度等。通过检查工程项目存档资料发现问题。如有的保护区基础设施项目检查资料时缺乏隐蔽工程的过程验收资料，有的项目甚至完全没有相关监理资料存档，给工程使用带来一定的安全隐患。

同样后评价对项目资金来源与使用情况分析评价也是项目实施管理评价的一项重要内容。一个建设项目从项目前期决策到建成成品，既是耗费大量人力物力的过程，也是资金使用的过程。建设项目实施阶段，后评价应检查项目资金是否按预算及相关规定使用，项目管理是否采取措施保障项目资金合理使用以及降低项目投资。通过对项目投资的评价，分析资金的实际运用与项目预算资金的差异和变化。同时分析项目财务制度和财务管理的情况，分析资金支付的规定和程序是否合规，是否有利于工程造价的控制，是否注意节约、加速资金周转、提高资金的使用效率等。

2.3 项目达到目标及发挥作用的后评价

项目建设完成后，需要通过竣工验收才能投入使用。竣工验收目的是为了检查项目建设结果是否达到国家对于工程建设的相关规定，是否满足安全和使用要求，其最终结果是要发挥应有的作用。自然保护区基础设施建设的目的是为了加强保护区保护管理能力，加强对保护区自然资源和自然环境的保护能力，更好地维护生态平衡。因此，在项目前期决策时，一般均要确立项目建设目标，明确项目建设要达到什么样的效益，包含生态效益、社会效益和经济效益等，同时围绕项目建设目标合理设置相应建设项目和确定合适的建设规模。

而对于项目达到目标及发挥作用的后评价，则主要是分析评价项目建成使用后所发挥的作用及产生的效益。如通过检验保护工程的建设是否真正提高了保护区的管护能力，对保护区内森林生态系统和动植物资源、生物多样性和生物物种遗传的多样性的保护是否发挥作用，是否对保证野生动植物资源的可持续发展和永续利用产生积极作用。是否让保护区的管理工作走向系统化、科学化、法制化的管理轨道，是否让保护区管理单位建立起多层次、全方位的管理体制等；通过检验科研宣教工程的建设，是否为保护区进行常规性课题研究及吸引专家学者进行专业研究提供了必须的物质基础。是否发挥自然保护区科普教育基地的宣传、教育作用等；检验通过保护区基础设施工程的建设，是否真正使保护区的水、电、路、通讯等基础设施进一步得以完善，为提高保护区管护能力创造了物质基础。是否给保护区内及周边的社区居民带来一定的经济和社会效益，等等。

2.4 项目存在问题的后评价

保护区基础设施建设项目存在问题的后评价，是指项目建设完成投入使用后，由相关部门组织人员通过多方面的检查、调研、走访等手段，收集有关项目使用情况的资料，并认真分析总结保护区基础设施建设存在的问题，分析产生问题的原因，找出解决问题的对策，为今后的项目决策和批复提供有价值的参考。让保护区基础设施建设质量在不断的优化调整中进一步提高。

保护区基础设施建设存在问题的后评价主要是从项目的设置是否合理，是否具有针对性，项目的建设规模是否合适，资金分配是否合理，建设过程是否按照国家相关建设程序规定执行，是否存在资金浪费情况以及是否存在通过项目套取资金等方面来进行全面分析评价，找出其中存在的问题。如果项目设置不合理则会出现有的设施建成后闲置不用或者不能发挥作用，缺乏针对性则可能让项目投资效果大打折扣，规模不当就有可能造成建设不完善或者浪费两种截然不同的结果，资金分配不当则可能出现主次不分缺乏重点，不按建设程序规定执行则可能出现安全隐患和违规情况，资金浪费则会使项目投资达不到预期效果，套取资金不但会出现不能发挥项目应有的作用，同时还会给国家造成不该有的损失等。

通过对项目建设存在问题的后评价，不但可以避免今后同类项目建设过程中诸多问题的发生，更重要的是可以帮助投资决策者在前期项目决策阶段，作出更为科学合理的项目决策，为保护区基础设施项目建设的良性发展提供保障。

3 结语

项目后评价是对项目建设的全方位检查评价，是项目决策管理不可缺少的重要手段。以此类推，自然保护区基础设施建设项目的后评价，同样也要通过对项目建设进行全面的考核评价，从中找出成功经验和教训，进一步改进和完善项目决策水平，达到最大化提高投资效益的目的。通过项目后评价所及时反馈的信息，让项目决策者和建设单位能够及时调整相关政策，改进、完善和提高自然保护区基础设施建设项目的建设质量；增强项目实施的社会透明度和管理部门的责任心，提高投资管理水平；通过后评价所总结经验教训的反馈，及时调整和完善项目投资政策，提高项目决策水平，为改进今后的项目投资计划和项目管理以及为决策者提供具有前瞻性、科学性的决策依据提供较大帮助。

【参考文献】

王庆，库亚荣，蒋燕，等，2010. 建设工程项目后评价研究［J］. 科技和产业，10（8）：65-66.

王蕊，郭峰，2007. 基于可持续发展的建设项目后评价探讨［J］. 经济与管理，21（11）：89-91.

魏学津，2009. 谈加强企业投资项目后评估工作［J］. 学术论丛，13.

尹媛，2013. 重大行政决策实施后评估制度的研究［J］. 湖北警官学院学报，3.

张温泉，王泓艳，2005. 项目后评估方法与项目后评估制度［J］. 电力工程经济，10.

自然保护区建构筑物设计方向初探*

自然保护区基础设施建设，是有效增强我国自然保护区保护管理能力的重要环节，也是提升我国自然保护区整体形象不可或缺的基础手段。目前我国有关自然保护区建筑设计的指导性规程规范较少，且主要是针对自然保护区建筑规模以及结构、构造、投资等提出一些规范性意见。对建筑方案的指导和要求较少提及，主要靠承接项目的设计单位具体设计人员各自修养自由发挥。近年来，随着国家对保护区基础设施投入不断加大，越来越多的保护区建构筑物也不断映入人们的眼帘。但让人印象深刻的建筑并不太多，更多建构筑物还是淹没在众多钢筋混凝土的建筑丛林之中。

1 自然保护区建构筑物设计现状

自然保护区项目的规划设计、建筑设计与其他一般意义的建筑设计相比存在一定特殊性，这是由于其所涉及的行业和领域较广、较杂的原因，如自然保护区项目一般涉及林业、湿地、道路、建筑、生态旅游、森林防火、科研监测设施设备、景观等多种行业的设计工作，且每一项涉及到的子项均需同时考虑。也正是因为保护区项目在设计过程中需要考虑的东西较多、较杂，建构筑物设计只是自然保护区基础设施建设项目中的一个子项。正因为如此，自然保护区项目的设计人员才往往不愿花太多的精力来反复推敲建构筑物的设计方案。一般情况下只能做到满足保护区管理功能以及投资控制的需求，而不会过多去关注保护区建筑的特殊性、地域性、自然生态性和节约能源需要等，更不会去好好研究它。设计单位更多的只是为了完成任务而为之。长此以往，我国自然保护区的建构筑物就形成千篇一律，缺乏特色的现状。而且由于自然保护区建筑设计的设计费相比其他行业来说不起眼，所以，这样的现状还有愈演愈烈的趋势。这样发展的结果将会使自然保护区的整体形象受到极大影响。

2 自然保护区建构筑物设计方向

2.1 保护区建构筑物设计应注重其特殊性

自然保护区建构筑物建设的目的，是为了能更好地管理自然保护区，保护自然资源，保护珍稀和濒危动、植物以及各种典型的生态系统，保护珍贵的自然遗迹、地质剖面等。自然保护区内建构筑物建设的真正意义是为进行自然保护教育、科研监测和宣传活动提供场所；为保护管理工作开展提供基础保障。而目前我国贯彻执行的是“全面保护自然环境、积极开展科学研究、大力发展生物资源、为国家和人类造福”的自然保护区建设方针。因此，自然保护区建构筑物的特殊性就在于其不但要承担一般科研办公建筑的基本功能，同时还要承担保护管理、宣传教育等功能。再加上保护区的建构筑物本身也属于自然保护区的一个组成部分，特别是宣教展示方面的建筑，更是直接承担了自然保护区展示给公众的“形象大使”的重任。如果自然保护区的建构筑物本身不能体现出绿色、生态、节能等属性，不能让人直观地读出其属于自然保护区而不是其他普通科研办公、旅游性质的建构筑物，那其对公众发挥宣传教育的功能将会大打折扣。因此，自然保护区的建构筑物无论从功能的设计，或是造型的设计，色彩的设计，布局的设计，建筑材料的运用等等方面均要有其特殊的理念贯穿于整个设计中。通过贴切的建筑设计语言

---

* 吴明伟. 自然保护区建构筑物设计方向初探［J］. 林业调查规划，2016，41（1）：51-53，57.

表达，让自然保护区的建构筑物拥有其独特的属性。通俗地说，就是要让自然保护区的建构筑物具有明显的“自然标签”。

2.2 保护区建构筑物设计应具有地域性

地域性包含了人文的地域性和地理的地域性，自然保护区的建构筑物所在地一般来说均具有相应的民族、文化特质，同时还会因为不同的地理区域位置而导致建筑的较大差异。众所周知，绝大部分自然保护区都是位于远离城市的山区，也正因为其偏远才造成了人迹罕至，才让自然资源免遭破坏而得以较好地保存下来。而多数保护区（如云南省的自然保护区）所在地域往往又是少数民族的聚居地，具有丰富的民族文化。而那些世代生活在此的社区居民经过多年的物竞选者，形成了与自然环境融为一体的居住生活方式，其居住建筑同样也是经过自然选择而得以合理存在的。也就是说无论从人文的角度或是从自然、地理的角度来看其都具有存在的合理性。

自然保护区的建构筑物设计无论从形式、材料乃至色彩上，都应该去研究当地土著民居的精髓，特别是那些直接需要建设在保护区内的小体量的建构筑物，更需要从周围民居建筑中吸取营养，进一步改良其与时代脱节甚至略显落后的地方为自然保护区所用。较好地体现出自然保护区建筑的地域性特质。首先，从建筑的形式上来看，可以借鉴那些土著建筑的形式，如干阑式建筑、依山而建的吊脚楼、掘土而居的窑洞建筑等。这些建筑都较好的融合了人文和地理的地域性特征，其不但较好地适应了地域的气候特征，同时还能适应地形地貌的自然地理特征。其次，从建筑材料来看，目前自然保护区的建筑绝大多数依然是采用钢筋混凝土、钢材、玻璃等工业化材料，在保护区的自然环境中呈现出来的是生硬、冰冷、无人情味的建筑形态，这与自然保护区的自然生态环境格格不入。如果从建筑材料入手，打破常规习惯，就地取材，运用当地土生土长的材料作为保护区建筑的建设材料，其结果将会出人意料。相比工业化冰冷的建筑材料，自然材料不但具备了无污染、无毒害、健康环保的生态特性，而且从人的视觉效果上来看，它也能够给人以质朴、温暖、亲切的感受，同时这样的建筑还能与目前我国所提倡的节约、环保、低碳的设计理念相适应。人们所熟悉的自然材料如木材、竹子、泥土等，特别是竹子可再生的能力较强，不需要经过复杂的处理，其材料本身就能呈现出美丽的质感，给人以自然的感受，同时这样的材料还能够让人在视觉、嗅觉、触觉方面获得良好感受。让人能间接地感知自然生态的温馨朴实。最后，从色彩的地域适应性来看，色彩的适应性随着建构筑物所在地自然材料的运用而自然地融入自然保护区的环境中，与自然保护区环境浑然天成，也不需要更多人为的选择和处理。

2.3 保护区建构筑物应具有自然生态性

我们普遍所认知、理解的自然保护区生态建筑设计，其实就是运用生态学的思想，按照以人为本的设计理念，并通过人与建筑、自然所构成的整体环境，结合自然保护区管理实际需要，通过科学研究设计出能够实现人与建筑、自然三者和谐统一、共生共存的建构筑物，从而实现人与建筑、自然三者的最大化融合，为自然保护区提供绿色生态的建构筑物。

目前，我国的生态建筑发展基本处于起步阶段，许多东西还处于探索阶段。世界各国建筑师也都在潜心研究生态建筑的技术和设计方法。从建筑设计角度来看，生态建筑设计的方向目前主要有 2 种倾向：一种是将建筑融入自然。就是通过设计把建筑有机融入自然环境体系，从而更经济有效地使用自然资源，使建筑成为生态系统的一部分，尽量减少对自然景观、山体、植被的破坏，让建筑成为自然的一部分；另外一种是将自然引入建筑。就是在设计过程中运用现代科技手段，把自然环境引入人工建筑中。如马来西亚杨经文设计的绿色摩天大楼。它也正是通过运用生态技术将植物、水体等自然景观引入建筑内部，从而让建筑达到绿色、生态的效果。让人在建筑中仍然可以体验自然环境的乐趣。

保护区建构筑物的生态性主要体现在建筑与自然的和谐型，让建筑自然融入环境中，不露出太多人工建设的痕迹。也就是要通过精心设计，使自然保护区所建造的建构筑物看起来像自然界的绿色植物一样，是从其所处的自然环境中生长出来的，而不像是人工雕凿的产物。建筑与其周围环境自然共生共存是生态建筑设计的重要因素。具体到建筑设计就是必须结合场地周围的地形、地貌、植被、日照、风向等因素进行深入研究，考虑建筑物对这些因素可能造成的影响，根据这此因素的本质特性，科学地确定建筑规模与形式，设计合理的建构筑物。选用对建筑周围生态环境干扰少的材料，减少对环境的破坏和污染，并通过恢复绿化等措施进一步降低不利影响，把自然保护区建构筑物对自然环境的影响降至最低。尽量避免人为去改变、创造地形，使其与周围环境特点以及当地地理、气候特征相适应，真正让自然保护区建构筑物的建设做到因地制宜，遵循自然。

2.4 自然保护区建构筑物应是节能建筑

自然保护区的建构筑物设计要遵循可持续发展原则，以新理念、新技术为主导，针对所设计建构筑物全寿命的各个环节，通过科学的规划设计，使自然保护区建构筑物体现节能环保、以人为本的基本理念。创造高效低耗、少污少废甚至无污无废、健康舒适的绿色生态建筑环境，真正提高自然保护区建筑的生态性与舒适度。自然保护区建筑节能具体表现为建筑设计要注重对清洁能源的利用，特别是我国南方地区的自然保护区具有得天独厚的太阳能优势。众所周知，太阳能是一种高效、清洁的可再生能源，更因为其是免费资源，现已成为人类最理想的能源之一，其无污染，无噪声，是取之不尽用之不竭的绿色能源。设计师在进行建筑外形设计时，就需要统筹考虑太阳能的利用，把太阳能设备与建筑造型有机结合起来，从而形成太阳能建筑独特的外观。使建筑、技术与美学完美结合，这样不但可以丰富建筑物的外在美感，提升建筑物的科技含量，同时还能降低能耗，保护环境，提升人们的生活质量。另外，选择能耗相对较少的建筑材料也是保护区建筑节能的重要途径，建筑节能过程中的能耗潜力也是非常巨大的。实践中可以看出，通过建筑设计与建筑构造处理，可实现自然采光、自然通风、隔热遮阳等室内环境改善，达到节约能源的目的，同时还可有效减少设备配置与能源损耗，这也是目前最常用、最有效的一种节能方式。

3 结语

通过以上分析表明，今后自然保护区建构筑物设计的取向和选择必然是朝着生态化、可持续化的道路发展下去。因此，自然保护区建构筑物的设计师应以绿色生态的理念为指导，以建筑、人与自然融合为目标，将建筑设计、建造过程纳入整个生态系统中统一考虑，形成一个建筑与自然环境有机统一，人与建筑和谐共处的良性循环体系。从而在今后自然保护区基础设施建设中，设计、建造出符合自然保护区特性，同时又满足人的居住办公舒适性需求的绿色生态建构筑物，为全面提高自然保护区保护管理能力，有效保护自然资源以及提升自然保护区整体形象提供更好的基础保障。

【参考文献】

蔡镇钰，1999. 中国民居的生态精神 [J]. 建筑学报 (7)：53-55.
郭明——浅谈生态建筑设计，建筑探索，2004，3.
胡京. 1998. 建筑的进化：原生到自觉的生态建筑——可持续发展的建筑及环境思考 [J]. 建筑学报 (4)：6-873.
[美] 斯蒂芬 R 凯勒特，2008. 生命的栖居——设计并理解人与自然地联系 [M]. 朱强，刘英，俞来雷，等，译. 北京：中国建筑工业出版社，5.
张卫东，2005. 生态建筑设计初探 [J]. 大众科技 (10)：12-13.
周浩明，张晓东，2002. 生态建筑——面向未来的建筑 [M]. 南京：东南大学出版社 .

西双版纳国家级示范自然保护区建设初探*

为进一步贯彻落实《中共中央国务院关于加快林业发展的决定》，进一步提升我国自然保护区建设、管理水平，国家林业局于2006年在全国林业系统范围内选择了51个具有典型代表性的国家级自然保护区，进行示范自然保护区建设。西双版纳国家级自然保护区以其资源优势和保护管理先进经验而被列入其中。对此，如何进行示范自然保护区建设，示范领域如何选择将成为首要解决的问题。

1 范围及保护区类型

西双版纳国家级自然保护区位于云南省西双版纳傣族自治州境内，地理位置处于北纬21°10′~22°24′、东经100°16′~101°50′，由地域互不相连结的勐养、勐仑、勐腊、尚勇、曼稿子保护区组成，涉及全州一市（景洪市）二县（勐腊和勐海）的20个乡镇，总面积242510hm^2。

西双版纳国家级自然保护区是以保护我国面积最大、保存较完整的热带森林生态系统和我国大陆热带特征最为典型的热带生物多样性为主要目的，并且以保护热带北缘雨林植被和热带珍稀濒危特有动植物种群及其生境为主要管理目标的森林生态系统和野生动植物类型的综合性自然保护区[1~3]。

2 示范保护区建设条件及评价

2.1 知名度高，具有独特的价值

西双版纳国家级自然保护区优越的地理位置，丰富的生物气候，多样的地貌形态，孕育了丰富的自然资源，成为中国珍稀动植物的集萃区。区域内自然生态具有过渡性、区系复杂性、古老性、多样性、种质资源丰富等特征；具有独特的自然保护价值、科研价值、经济价值和社会价值。

由于优越的资源禀赋，西双版纳国家级自然保护区被誉为“动植物王国皇冠上的绿宝石”和“热带生物种质基因库”，是我国生物多样性重点保护的区域和全球25个优先重点保护的生物多样性热点地区之一。1993年被联合国教科文组织接纳为国际生物圈保护区网络成员，1999年被中国科协和云南省人民政府分别批准为“全国科普教育基地”和“云南省科普教育基地”。

2.2 建设与管理工作基础较好，成效显著

保护区自1958年批准建立以来，在各级政府、林业部门、科研院所、大学的持续投资建设和支持下，在管理机构和基础设施建设、物种和生境管理、保护执法、科研监测等方面取得显著成效。

其中，管理局内设办公室、计划财务科、资源保护科、社区工作科等职能部门。同时，以管理局为中心，以专业管理和辖区管理为重点，下设科学研究所、生态旅游管理所、勐养管理所、勐腊管理所、尚勇管理所、勐仑管理所、曼稿管理所，均为独立的法人事业单位。调查数据显示，经过三期投资建设，已完成保护工程、科研工程等主要基础设施建设，保护区有效管理已经具有较为坚实的基础；经过几十年的保护管理，森林植被得到保护，亚洲象种群数量从20世纪80年代的170余头，增加至目前的190~220头[4~5]，且资源破坏案件得到遏制。

---

* 路飞，朱丽艳，黎国强，等．西双版纳国家级示范自然保护区建设初探［J］．林业建设，2017，（1）：14-18.

2.3 科研能力较强，成果丰硕

保护区建立以来，不断加大科研工作力度，先后与国内外科研院所、大学、国际组织等开展合作项目，自身科研能力不断提高，取得了丰硕的科研成果。

截至2016年1月20日，通过中国知网查询，由保护区科研人员发表和参与发表科技论文100余篇；截止2010年，由保护区科研人员主编和参与出版的著作22本，其中由保护区科技人员主编完成的著作7本；获得科技进步奖励30项，其中西双版纳国家级自然保护区管理局为主持单位获得的科技奖励26项；在科学化管理方面，一是应用遥感技术进行亚洲象生境评价，开辟了自然保护区应用遥感技术开展保护研究的先河；二是依靠自身的科技力量建设地理信息系统。

2.4 国际合作广泛，中老跨边境联合保护模式独具特色

由于巨大的科研价值，保护区受到WWF、美国国际自然保护综合研究会、美国麦克阿瑟基金会、加拿大国际发展研究中心等国际组织和国外学者的极大关注，从1988年至今，一直开展各种形式的交流和合作。

其中，为加强中老双方管理机构执法协作，扩大边境联合保护区域亚洲象、印支虎等珍稀濒危物种及栖息地的保护，西双版纳国家级自然保护区管理局自2006年开始，对中老边境森林资源保护工作进行了积极探索，并于2009年12月与老挝签署了《中老跨边境联合保护区域项目合作协议》，双方搭建了交流平台，建立了一系列联合防控、信息共享机制[6]。

通过交流与合作，不仅更好地保护了保护区核心资源，学习国外先进保护理念，还锻炼了队伍，提高队伍业务能力和管理水平。

2.5 旅游资源丰富，保护和利用协调发展

西双版纳国家级自然保护区依托丰富的自然资源，多彩的民族风情和独特的宗教文化，积极探索并实践自然保护区生态旅游的开发、建设和管理工作。1999年，州人民政府批准成立生态旅游管理所，专门负责自然保护区的生态旅游管理工作，经过十多年的开发建设，先后建成野象谷、望天树、原始森林公园、雨林谷、勐远和景旦6个生态旅游景区[7]。通过生态旅游实践活动，西双版纳国家级自然保护区探索出了一条开展生态旅游的有效途径，周边社区社会经济状况得到极大改善，间接推动了保护区自然资源的保护，走出了一条生态旅游可持续发展之路。

2.6 外部环境良好，具重大发展机遇

自20世纪90年代开始，西双版纳傣族自治州先后确立了“旅游兴州”“旅游强州”的发展战略，旅游业很快成为西双版纳州的一项支柱产业。据统计，“十二五”期间，全州累计接待国内外游客7462.27万人次，累计实现旅游总收入926.59亿元[8]。毫无疑问，之所以有这么多游客愿意来西双版纳体验生活，之所以旅游业能成为西双版纳州支柱产业之一，主要原因之一应得益于西双版纳迷人的热带雨林风光。然而，由于橡胶产业的发展，目前西双版纳州热带雨林资源主要集中于西双版纳国家级自然保护区中，因此，不难看出，今后区域社会经济发展对西双版纳国家级自然保护区的依赖是巨大的。

随着中国——东盟自由贸易区建设、大湄公河次区域合作等国际、国内区域合作的进一步加强，云南桥头堡战略纳入国家规划，西双版纳州作为最主要的区域，这将为西双版纳国家级自然保护区的建设起到巨大推动作用[9]。同时，《云南省生物多样性保护战略与行动计划》专门提出了“版纳约定”“丽江宣言”等计划，这些都将对西双版纳国家级自然保护区建设营造良好的外部环境条件。

3 示范保护区建设思路

3.1 示范建设领域确定原则

3.1.1 以保护管理为核心

自然保护区是对有代表性的自然生态系统、珍稀濒危野生生物种群的天然生境地集中分布区、有特殊意义的自然遗迹等保护对象所在的陆地、陆地水体或者海域，依法划定出一定面积予以特殊保护和管理的区域[10]。自然保护区建设的核心是保护管理，因此，西双版纳国家级示范自然保护区的建设，应根据主要保护对象和保护区类型，围绕强化我国面积最大、最完整的热带雨林生态系统保护管理和创建我国珍稀野生动植物（亚洲象、望天树等保护对象）的保护模式而展开。

3.1.2 体现西双版纳国家级自然保护区发展特色

西双版纳国家级自然保护区经多年建设，基础设施已比较完善，若能在合作交流平台建设、公众教育基础设施建设等方面再加投入，将是基础设施相对完备的示范保护区。当前，该保护区与当地州级、省级保护区已形成多层次的保护区保护网，与老挝、缅甸邻国已有规范交流机制，具有良好的示范基础条件。若能列入示范建设领域，将使该保护区在国内外交流方面“突出重围”，成为最具代表性的保护区。

3.1.3 坚持资源可持续利用，实现生态和民生双赢

西双版纳国家级自然保护区独特的热带雨林景观资源、人文资源和区位优势，具有较强的竞争优势，西双版纳旅游业已成为当地的经济支柱产业。但是，如何规范生态旅游活动；如何以生态旅游为突破口，探索资源可持续利用的长效机制，并以此作为示范建设项目，从“保护—发展—再保护—再发展”高度出发，力图展示“保护—发展”双赢的办法和机制，仍然有待深化和解决。

3.2 示范建设领域及目标

根据特点和建设依据，将西双版纳国家级示范自然保护区的示范建设领域确定为保护管理、基础设施和资源利用三大领域，共六方面建设目标（表1）。

表1 西双版纳国家级示范自然保护区示范建设领域及建设目标

建设领域	建设目标
保护管理	强化我国面积最大、最完整的热带雨林生态系统保护； 创建我国珍稀濒危动植物种——亚洲象、望天树等的保护模式
基础设施	充分发挥保护区在培训、对外交流合作等功能，实现国内一流自然保护区培训基地、对外联合访问中心的建设； 创建自然保护区志愿者服务平台
资源利用	规范保护区生态旅游活动，实现保护区生态、经济和社会的协调发展和公众教育功能； 规范保护区自然资源利用行为，实现资源的可持续利用

3.3 示范建设项目

3.3.1 保护管理

设置示范建设项目7个，即通过完善自然保护区档案管理、掌握资源本底、热带雨林生态系统保护、亚洲象保护工程、兰科植物保护工程、跨境联合保护和珍稀野生动物红外相机监测项目，强化对保护区内核心资源的保护管理（表2）。

表 2　保护管理示范建设项目

建设领域	项目（行动）	责任部门/人
保护管理	项目 1：完善自然保护区档案管理	办公室
	项目 2：掌握资源本底	保护区管理局
	项目 3：热带雨林生态系统保护	
	行动 3-1：开展保护区内林地蚕食普查及清理	资源保护科
	行动 3-2：清除保护区范围内林下砂仁	资源保护科
	行动 3-3：植被及标志性物种（望天树、版纳青梅）监测	科学研究所
	行动 3-4：生态旅游活动对热带雨林的影响监测	生态旅游管理所
	行动 3-5：生物走廊带管理计划编制	科学研究所
	行动 3-6：生物走廊带立法研究	办公室
	项目 4：亚洲象保护工程	
	行动 4-1：林火管理	资源保护科
	行动 4-2：人工促进栖息地自然更新	资源保护科
	行动 4-3：食物源基地建设	资源保护科
	行动 4-4：野生亚洲象种群数量调查	科学研究所
	行动 4-5：亚洲象栖息地监测	科学研究所
	行动 4-6：中国西双版纳野生亚洲象预警预报系统建设	科学研究所
	项目 5：兰科植物保护工程	
	行动 5-1：物种资源调查	保护区管理局
	行动 5-2：兰科植物监测体系建设	科学研究所
	行动 5-3：兰科植物回归示范	科学研究所
	项目 6：跨境联合保护	
	行动 6-1：建立跨国界保护机制	中老项目办
	行动 6-2：边境联合保护区域及跨境生物走廊带建设	中老项目办
	项目 7：珍稀野生动物红外相机监测项目	科学研究所

3.3.2　基础设施

设置示范建设项目 1 个，即西双版纳国家级自然保护区综合培训中心建设，包括全国自然保护区巡护培训基地建设、会务中心建设和志愿者服务中心建设（表 3）。

表 3　基础设施示范建设项目

建设领域	项目（行动）	责任部门/人
基础设施	项目 8：西双版纳国家级自然保护区综合培训中心建设	
	行动 8-1：全国自然保护区巡护培训基地建设	办公室
	行动 8-2：会务中心建设	办公室
	行动 8-3：志愿者服务中心	生态旅游管理所

3.3.3 资源利用

设置示范建设项目2个，即规范生态旅游活动和规范管理自然保护区内自然资源利用行为。其中，规范生态旅游活动包括理顺保护区生态旅游管理体制和经营机制、宣教中心建设、建立生态旅游公众教育服务平台，发展专业生态旅游产品、吸引高端消费游客；规范自然保护区内自然资源利用行为包括保护区自然资源利用现状调查、自然保护区资源共管模式探讨、制定《西双版纳国家级自然保护区资源可持续利用管理办法》(表4)。

表4 资源利用示范建设项目

建设领域	项目（行动）	责任部门/人
资源利用	项目9：规范生态旅游活动	
	行动9-1：理顺保护区生态旅游管理体制和经营机制	生态旅游管理所
	行动9-2：宣教中心建设	生态旅游管理所
	行动9-3：建立生态旅游公众教育服务平台	生态旅游管理所
	行动9-4：发展专业生态旅游产品、吸引高端消费游客	生态旅游管理所
	项目10：规范管理自然保护区内自然资源利用行为	
	行动10-1：保护区自然资源利用现状调查	资源保护科
	行动10-2：自然保护区资源共管模式探讨	资源保护科
	行动10-3：制定《西双版纳国家级自然保护区资源可持续利用管理办法》	资源保护科

4 结语

西双版纳国家级自然保护区是全国生物多样性丰富的重点区域和重点物种集中分布区之一，具有典型性，且管理基础较好。示范自然保护区的建设，对于探索和形成一套完整、科学的自然保护区发展体系，对全国自然保护区进行分级管理、分类指导，全面提高自然保护区建设管理水平具有重大意义。示范自然保护区的建设应严格按其要求，明确具体实施时间、地点、标准和考核指标等。

【参考文献】

[1] 杨宇明，唐芳林. 西双版纳国家级自然保护区总体规划研究［M］. 北京：科学出版社，2008.

[2] 国家林业局昆明勘察设计院. 云南西双版纳国家级示范自然保护区建设实施方案［R］. 2012.

[3] 国家林业局. 林业示范自然保护区建设实施方案编写指南［R］. 2012.

[4] 林柳，冯利民，赵建伟，等. 在西双版纳国家级自然保护区用3S技术规划亚洲象生态走廊带初探［J］. 北京师范大学学报（自然科学版），2006，42（4）：405-409.

[5] 宗建坤，刘生强，许海龙，等. 西双版纳自然保护区勐腊子自然保护区亚洲象种群数量与分布变迁［J］. 林业调查规划，2014，39（1）：89-93.

[6] 王利繁，李泽君，罗爱东，等. 中老跨边境生物多样性保护措施初探［J］. 林业调查规划，2015，40（2）：149-152.

[7] 沈庆仲. 西双版纳自然保护区生态旅游实践与思考［J］. 环境保护，2011，10：54-56.

[8] 西双版纳州旅游发展委员会. 坚持五大发展理念西双版纳加快建设国际生态旅游州［J］. 旅游研究，2016，4.

[9] 张飞. 西双版纳国家级自然保护区生态旅游SWOT分析与对策研究［J］. 中国林业经济，2014（6）：72-75.

[10] 中华人民共和国国务院. 中华人民共和国自然保护区条例［R］. 北京：中华人民共和国国务院，1994.

自然保护区集体林有效管理和可持续利用探讨*

自然保护区是我国重要的自然保护地类型，不仅保护了生物物种的多样性，保障了国家生态安全，而且在推进社会与经济的可持续发展，促进人与自然和谐共生等方面也发挥着重要作用。集体林是自然保护区森林资源的重要组成部分，对于保护森林资源起着非常重要的屏障作用，同时集体林也是与农户利益最为密切相关的资源。自然保护区集体林的特殊性表现在其兼顾服务于社会的公共物品性质和服务于农民生计的产业性质。因此，对自然保护区集体林的管理现状进行分析研究，探索出一条自然保护区集体林的保护管理道路，对于进一步完善自然保护区内集体林的有效管理，平衡社区发展与自然保护之间的关系，促进区域生态系统及生物多样性保护等具有重要意义。

1 自然保护区内集体林发展状况

1.1 自然保护区内集体林分布状况

根据我国《自然保护区条例》（1994）中的定义，自然保护区是对有代表性的自然生态系统、珍稀濒危野生动植物物种的天然集中分布区、有特殊意义的自然遗迹等保护对象所在的陆地、陆地水体或者海域，依法划出一定面积予以特殊保护和管理的区域。我国林业依据产权主体划分为国有林和集体林。集体林地指属于社区居民共有的林地，属于社区居民的集体财产。基于保护等多种原因，部分集体林被划入到自然保护区中，为保障自然保护区体系的完整和生物多样性丰富度发挥了不可或缺的作用。

据原国家林业局野生动植物保护与自然保护区管理司于 2012 年年底开展的调研结果表明，全国共有 1385 个自然保护区内分布有集体林，占全国自然保护区总数的 52. 46%，占林业系统自然保护区总数的 65. 15%。自然保护区内集体林总面积为 952. 04 万 hm^2，占全国自然保护区总面积的 6. 36%，占林业系统自然保护区总面积的 7. 76%。在 263 处林业系统国家级自然保护区中，有集体林分布的自然保护区为 202 个，比例为 76. 81%；自然保护区内集体林面积为 326. 32 万 hm^2，占国家级自然保护区总面积比例的 11. 17%。在 1863 处林业系统地方级自然保护区中，有集体林分布的自然保护区为 1183 个，比例为 63. 05%；自然保护区内集体林面积为 625. 72 万 hm^2，占地方级自然保护区总面积比例的 34. 37%（翁倩 2016）。

从以上的占比分析中可看出，分布有集体林的自然保护区比例超过了 50%，大部分的自然保护区面临如何有效管理集体林的问题。集体林面积占自然保护区的面积比例较小，而相对于国家级自然保护区，集体林占地方级自然保护区的比重明显升高。具体到各类型各区域的自然保护区，集体林的占比变化较大。根据调查，集体林可能分布于自然保护区的各功能分区，但主要以实验区为主，其次为缓冲区。

1.2 自然保护区内分布集体林的历史背景

集体林或集体林地划入自然保护区，特别是南方的自然保护区是中国的重要国情（江红 2010），形成的历史原因复杂。很多学者对集体林划入保护区的成因进行了分析和讨论，总结最主要的原因有：集体林内分布有重要的自然生态系统、国家重点保护野生动植物、集体林所占区域是野生动物的重要生物廊道等，为避免这些重要的资源和生物多样性受到影响，消除扰动，铲除生态孤岛，修复受损生态系统，

---

* 和霞，王梦君，张小鹏. 自然保护区集体林有效管理和可持续利用探讨［J］. 林业建设，2019，(3)：43-47.

促进明星物种种群扩大，确保其生存安全，国家采取抢救性保护，将部分集体林划入保护区范围（赵鸭桥等 2008，王治明 2012 等）。这也是我国建立自然保护区的主要目标。此外，还有少部分自然保护区是为满足申报自然保护区的面积要求，或绘图技术等原因将周边的集体林划入自然保护区。

1.3 自然保护区内集体林管理现状与难度

社区居民对集体林的所有权和使用权受到我国《宪法》《森林法》等的保护。而集体林被划入自然保护区以后，因自然保护区特殊的保护职能，必须遵守国家《自然保护区条例》的规定，按照功能分区的要求，采取严格及较为严格的管理，管理权归自然保护区管理机构，造成保护区内集体林的所有权、使用权和管理权分离，作为林权所有者和使用者的社区居民无法获得应有的权益，影响了社区居民对保护区保护的积极性，甚至与自然保护区管理者引发冲突。

2008 年 6 月《中共中央国务院关于全面推进集体林权制度改革的意见》指出，自然保护区、森林公园、风景名胜区、河流湖泊等管理机构和国有林（农）场、垦殖场等单位经营管理的集体林地、林木，要明晰权属关系，依法维护经营管理区的稳定，维护林权权利人的合法权益。该《意见》的核心内容是明晰产权，为如何解决自然保护区集体林问题提供了强有力的政策依据。各省根据实际情况先后开展了自然保护区内的集体林权制度改革，但由于受社会经济条件和管理水平等制约，改革的深浅和力度不一。改革前，保护区管理机构与林地所属集体之间通过协议等方式进行统一管理。改革后，林地权属明确到了区内村民，利益主体更加分散，管理难度加大。鉴于自然保护区集体林的特殊性，建议自然保护区内集体林权制度改革应稳妥推进，可采取“分股不分山、分利不分林”的形式落实林农产权。在明晰权属的情况下，通过利益调整，让林权所有者直接享受到补偿，充分保障非国有林木、林地所有权人权益，真正做到还利、还权给所有者和经营者（杜艳玲 2009）。

目前自然保护区的集体林管理有较大的难度，主要表现在以下三个方面：一是天然集体林结构与功能变化，人工纯林化趋势出现；二是保护区管理集体林的生态效益最大化目标，与当地林农的经济效益最大化目标之间的差距，目前没有具体可行的手段、措施来填补；三是自然保护区相关法律法规，使保护区内的集体林商品林、集体林地上种植的人工林，甚至林农种植的树木，都不能采伐，是林农与管理部门之间的发生冲突与矛盾的根本原因。

2 自然保护区中的集体林管理存在的问题

2.1 地方政府负担增加，管理成本提高

建立自然保护区，地方政府要尽可能对周边社区的负面影响进行补偿，如野生动物肇事补偿；扶持周边社区修建道路，开展沼气、节柴灶、经济林果种植等替代生计的项目；鼓励自然保护区周边社区发展生态旅游、森林旅游以及开发利用非木材林产品，如栽培野生菌，种植药材、花卉等。赵鸭桥等认为，当前“保护区建立越多，地方政府负担越重”的制度安排，非常不利于地方政府保护的积极性，再加上一些对地方政府有时保护不力的指责，地方政府表现出消极的行为和态度（赵鸭桥等 2008）。

2.2 森林权属边界不清晰

过去在划定自然保护区时，最主要考虑的因素是最大限度保护生态资源和自然遗产，恢复典型生态系统，重点保护野生动物的栖息地和珍稀濒危植物的生境，避免产生自然保护区的破碎化、岛屿化。因此，主管部门在申报各级自然保护区时，将周边有保护价值的集体林、四旁树等划入保护区范围，给保护区的管理增加了难度。

此外，目前部分保护区仍处于有范围无界限的状态，随着保护区建设和管理的进一步完善，自然保护区集体林的经营利用受到严格的限制，自然保护区与社区的利益冲突日益增强。

2.3 法律层面的冲突与矛盾

虽然我国已经建立了自然保护区的法律法规体系，但是已经不能适应当前自然保护区事业的发展和生态建设的要求。在现有的法律法规中，对自然保护区管理机构保护条款多，而对林权权利人的权益则关注较少。周训芳认为，《森林法》等林业法律法规的有些规定已经落后于集体林权制度改革的实践和实际需要，应当结合《物权法》的规定加以完善，建构既有利于自然保护区建设、又有利于维护农民合法林地权益的自然保护区集体林权制度、集体林地权属管理制度和其他配套的管理制度体系。国家林业主管部门出台了对保护区实验区的资源开展适度有序、科学合理利用的政策，但作为效力更高级的法规并未作解释与调整，使在具体工作中无所适从。因此，形成与集体林权制度改革等相适应的生态保护法律政策体系，是一个急待解决的问题（周训芳 2010）。

2.4 严格保护与资源利用的矛盾突出

自然保护区资源的保护和利用问题，如上所述，在各种法律法规中规定不尽统一。规定不同，给执行带来困扰和混乱，自然保护区的资源合理利用问题一直在法律法规的夹缝中执行，在现实中寻找出路。部分自然保护区内的集体林开展集体林权改革后，林地权属明确到了林农，《物权法》等相关法律也规定了林权所有人的合法权益，持有林权证的集体和个人对其所拥有的林木依法享有处置权。但出于保护的需要，保护区禁止林农开展生产经营活动，加剧了双方的矛盾。

2.5 补偿机制不完善

自然保护区内的集体林地，大部分已被划为公益林，根据公益林的等级享受国家或者地方的公益林补助资金，纳入中央或地方财政补偿范围，但将自然保护区的集体林等同于其他生态公益林，补偿标准低。且相比于采伐人工种植的用材林带来的效益，其公益林补助过低，远不能达到其所产生的效应和价值，农户甚至不愿意领取公益林补助资金。以福建、浙江等经济发达地区为例，林权制度改革已深入自然保护区内，主要采取向农户租赁、提高补偿金额、政府赎买集体林地、生态移民等方式缓解矛盾；相比较而言，西部欠发达地区保护区内林改的难度要大很多，目前尚处于试点阶段。

3 对策建议

3.1 适度调整部分自然保护区的范围和功能分区

部分自然保护区在成立之初开展过资源本底调查后，后期的相关调查工作较浅，而随着发展，主要保护对象等可能发生了改变。因此，建议保护区在经过一段时间后，结合区域特点，开展综合科学考察，评估生物多样性丰富程度，组织专家对范围和功能分区进行充分论证，科学合理地调整保护区范围及功能分区，建议将有人类活动、景观资源好的集体林地从核心区和缓冲区调整到实验区；将生产活动频繁的耕地、村庄、自留山和贷款营造的人工林调整出自然保护区，以保护林权所有者的利益。调整出的区域，如有少量房前屋后的重点林木可实行挂牌管理、专人监护，确保得到有效保护。

3.2 自然保护区集体林产权分置管理

在自然保护区集体林权制度改革中，不能回避集体林的产权问题，必须努力将林农的产权与自然保护区的管理权捆绑起来。在有关法律法规框架下，完善相关政策，实施产权分置管理，把集体林分不同类型开展有差别的管理模式：①由中央和地方财政，逐步对自然保护区内的集体林按照核心区、缓冲区、实验区的顺序，根据社会经济发展水平，进行国家赎买，从根本上解决自然保护区内集体林问题。②推广集体林协议保护等成功做法，积极引导社会力量和自然保护组织购买、流转保护区内的集体林，取得林权后交由自然保护区管理机构统一管理。③对核心区、缓冲区进行封闭式严格管理。对实验区内保护价值低的集体林，在不破坏生态功能的前提下，按照可持续经营的原则，允许开展适当的生产经营活动。

3.3 实施可适度利用集体林的合理制度

要制定有效、合理的制度措施，保证村民有序、规范、适度利用自然保护区实验区内人工种植的集体林，通过采伐申请、审批、现场核定等措施，以择伐、疏伐、卫生伐等间伐形式，利用集体林中的人工种植的木材或竹材。建议在省政府、省林业主管部门出台相应政策，指导保护区管理部门有计划地安排村民生产适量和少量的自用材，保证村民的收入逐年有所增长，消除保护区管理部门与社区之间由于完全禁止他们使用承包林地上的森林资源的权利而产生矛盾与冲突。通过政策制度的完善，使保护区集体林的管理走上法制化的轨道，规范村民利用保护区集体人工林的行为，有效制止滥砍盗伐、偷捕乱猎的行为。

3.4 逐步实施生态移民

自然保护区内集体林的所有者，出让林地使用权，生产生活受到限制，与自然保护区形成了较对立的关系。实施生态移民搬迁，可以减少对区内生物多样性资源的破坏和威胁；可降低扶贫成本，使农户的居住区域相对集中，将极大地改善其生产、生活条件，提高生产效益，缩短与市场的距离，提高农民收入，促进当地经济发展。目前国家启动实施精准扶贫战略，要求覆盖全部贫困群众并精准到户，可借助于国家和地方财政的扶持，对保护区内人口实行生态移民，逐步将核心区、缓冲区、生态脆弱区、生存条件恶劣的居民迁出保护区（王治明 2012）。在实施生态移民的过程中，在国家关于移民搬迁政策性条件的基础上，建立政府、企业、个人等各方面的投入渠道和机制，甚至引进非政府组织等社会力量的帮助，弥补资金不足，改善移民生产生活条件，妥善解决搬迁移民教育、医疗、养老、就业等社会保障问题，防止移民回迁。

3.5 提高自然保护区的管理水平

我国自然保护区肩负着保护和维持典型自然生态系统、保护生物多样性、促进人与自然和谐共存的重任。建议对《自然保护区条例》尽快进行修订，并针对各自然保护区的不同情况，积极推动“一区一法”，以维护保护区的基本权利及应有的社会地位，使保护区事业走上健康、稳定的发展道路，发挥其应有的作用。同时，增加对保护区基本建设、保护、科研、宣传等的投入，以提升保护区自身管理能力。

保护区管理部门应该从以往冲突解决过程中总结经验教训，培养保护区管理人员接待反映诉求的社区农民、进行冲突调解时应该遵循的技术和知识，防止小问题激化为大矛盾。保护区管理部门积极寻求财政支持或社会捐助等设立专项补偿基金，如野生动物损害补偿补助，补偿社区的损失，与保护区的周边社区维持更加稳定和谐的关系。

3.6 建立自然保护区资金保障制度

根据国际经验，自然保护区建设资金主要源于政府拨款、社会捐赠、旅游收入、国际援助以及出售与专营许可等创收形式，而政府拨款是自然保护区建设资金的主渠道。我国的自然保护区建设资金，也应当主要源于政府拨款。建立自然保护区资金保障制度，应当考虑以下 4 个方面的内容：第一，将自然保护区建设纳入各级政府的经济社会发展整体规划；第二，明确区分中央政府和地方政府的责任，建议国家级自然保护区建设资金以中央拨款为主，有条件的地方，地方拨款作为补充资金，用于逐步改善和提高自然保护区内居住的农民的生活水平；地方级自然保护区建设资金以省级政府拨款为主，条件欠缺的地方，可以申请中央政府财政拨款作为补充，以弥补自然保护区建设资金的不足；第三，积极争取国际援助和社会捐赠；第四，将自然保护区合理创收纳入经费预算。

综上，如何有效管理自然保护区的集体林，是自然保护区管理的重要命题和关键问题。随着我国社会经济形势的发展，过去较低的生态补偿方式难以适应社区居民对改善自身经济条件及利用集体林的强烈愿望。随着自然保护区集体林权制度改革的推进，本着既要保护好资源和生态，又要与农民应得的实际经济利益相符的目标，可因地制宜采取不同的措施，不断积累自然保护区内集体林保护管理的经验，使其得到有效保护，实现可持续发展。

【参考文献】

杜艳玲，王建兰，2009. 自然保护区内的集体林权改革如何进行-中国自然保护区建设与林权制度改革研讨会观点集纳［N］. 中国绿色时报，5-26（3）.
江红，2010. 南方集体林区林业自然保护区建设思考［J］. 林业经济（5）：80-83.
王治明，2012. 山西省自然保护区集体林分布现状调查［J］. 山西林业科技（4）：52-54.
翁倩，谢屹，2016. 我国自然保护区集体林管理冲突及对策探讨［J］. 林业资源管理（3）：23-27.
赵鸭桥，张伏全，等，2018. 云南省自然保护区建设中集体林权属问题研究［J］. 林业经济问题（4）：349-353.
周训芳，2010. 自然保护区集体林权制度改革探索［J］. 林业资源管理（1）：14-18.

自然保护区自然资源产权制度存在的问题及对策思路*

自然保护区自然资源产权关系不够清晰，造成管理过程中的矛盾和纠纷时有发生，自然资源得不到有效保护。健全自然保护区自然资源产权制度是完善自然保护区管理的重要内容。从源头严防角度看，明确保护区所有权行使主体是产权制度的基础，只有这样才能为确权登记奠定基础；从过程严控角度看，只有明确所有者才能有效落实国有自然资源有偿使用制度；从后果严惩角度看，只有明确保护区内自然资源种类、分布、质量和数量，才能为编制自然资源资产负债表和离任审计奠定基础。

然而，面对强大的人口资源压力，在抢救性保护政策下建立起来的一些自然保护区，多数存在自然资源权属不清、利益相关方复杂等问题，给推进自然保护改革进程带来巨大挑战。因此，必须清晰认识自然保护区自然资源产权制度改革的必要性，认清改革面临的现实挑战，方能提出适合于当下的改革思路。

1 自然保护区产权制度的复杂性及改革必要性

早期基于国有土地建立的自然保护区基本有土地使用权，而 1986 年《土地管理法》颁布以后，建立的保护区有很大一部分在土地权属及其资源产权问题上含糊不清，给保护区工作的开展留下了很大的隐患。尽管 1994 年出台了《中华人民共和国自然保护区条例》，此后又进行了 2 次修订（最近一次为 2017 年），但均未对土地权属等作出具体安排，而是以《土地管理法》为准，规定“依法所确定的土地所有权和土地使用权，不因自然保护区的划定而改变”。正是由于我国政府在自然保护区自然资源产权问题上未能充分考虑保护需求，导致了保护区管理机构在开展工作时遇到了一系列障碍，保护区管理工作举步维艰。如在征地补偿方面，立法标准不合理或补偿金额过低。我国自然保护区类型多样，涉及到的自然资源产权更是多样化和复杂化（表 1），不完善的产权制度是导致自然保护区权属问题存在的直接原因。

表 1 主要类型自然资源的产权体系

自然资源类型	所有权	使用权以及用益物权
土地	集体所有或国家所有	土地使用权、承包权、经营权
森林	集体所有或国家所有	林地使用权、森林承包权、经营权
草原	集体所有或国家所有	草地使用权、草场承包权、经营权
矿产	国家所有	探矿权、采矿权
水流	国家所有	取水权、水域使用权
海洋	国家所有	海洋使用权

以森林资源为例。纳入自然保护区范围内的集体林一部分归村民集体组织村委会或村民小组所有，另一部分是由村民个人使用的自留山和林改到户的集体林，或没有发证到户但已由农户承包的集体林地。其资源的所有权和使用权受到《宪法》《物权法》《土地法》和《森林法》的保护。但纳入自然保护区范

---

* 张小鹏，王梦君，和霞. 自然保护区自然资源产权制度存在的问题及对策思路 [J]. 林业建设，2019，(3)：48-51.

围内的集体林，因自然保护区特殊的职能，这些集体林属于生态公益林的，必须遵守《自然保护区条例》的规定，不能擅自调整或随意开发，管理权归属保护区管理机构，造成保护区内集体林的所有权、使用权和管理权分离，使集体林所有者和使用者的合法权利名义上和事实上的被剥夺，只有管护的义务没有经营的权利，为社区与保护区的管理冲突埋下隐患。

1995 年，原国家环境保护局与国家土地管理局联合发布了《自然保护区土地管理办法》，对保护区地籍管理等方面有比较实际的规定。其主要的保护管理措施包括：①查清自然保护区土地状况，建立土地资源地籍档案；②进行自然保护区登记，明确所有权和使用权；③确保自然保护区土地的法定用途，禁止侵占、买卖、转让自然保护区土地和擅自改变用途；④加强执法监督，及时查处违法行为。但是，该办法并未引起足够的重视，而且对自然保护区土地权属的具体处理模式并未过多实质内容涉及，其后数年也未进行过修订。因土地权属问题不明导致依附土地而存在的林草等自然资源产权也不明晰。

自然保护区的自然资源既有属全民所有的资源，还有集体拥有的资源（如林地），也有个人拥有的资源（如林木）等，所有权形式复杂。不仅是土地的国有与集体两种，还有土地上的自然资源的国有、集体所有与个人所有，各种产权形式互相交叉。产权主体多元，国有土地上种植的林木资源所有权可能是集体的、公司的或个人的，经营权与土地的所人权与林木资源的所有权人也会并非一个主体，收益权更是复杂。

因此，唯有顺应我国自然资源产权制度的改革方向，建立具体的自然保护区自然资源产权处理模式，才是真正解决自然保护区资源产权问题的根本出路，才能有效开展自然保护区管理、科研、宣传教育工作，真正发挥自然保护区的功能和效益。

2 自然保护区产权制度改革面临的现实挑战

新中国成立以来，我国自然资源产权制度大致经历了 3 个阶段（国家全面、直接行使自然资源产权阶段；自然资源资产所有权、使用权分离和使用权无偿使用阶段；自然资源资产所有权、使用权分离和使用权有偿使用阶段）[1]，且每个阶段均与当时的生产力发展水平相适应。总的来看，我国自然资源产权制度，从单一的国家所有到国家、集体所有的二元结构，从使用权的国有企业独揽到使用权主体的多元化，从使用权的无偿取得与不可交易到使用权的有偿取得与可交易，产权制度总体上符合当代国际上自然资源公有的趋同性，符合自然资源所有权和使用权分离的制度总体趋势。但聚焦于自然保护区内的自然资源，因其被赋予保护第一的基本价值属性，使用权受到限制，所有权一定程度上被禁锢，由此引发的诸多纠纷与矛盾是制约保护区有效管理的重要因素之一。从现实来看，保护区产权制度改革面临着产权归属不清晰、管理体系不完整等诸多挑战。

2.1 产权归属对象不清晰，虚置现象严重

我国实行自然资源的公有制，分“全民所有”和“集体所有”两种公有制形式。《宪法》第九条对自然资源的产权进行了界定，即矿藏、水流、森林、山岭、草原、荒地、滩涂等自然资源，都属于国家所有，即全民所有；由法律规定属于集体所有的森林和山岭、草原、荒地、滩涂除外。现实中，中央政府与地方政府在行使所有权与监督权的关系上，往往缺少清晰的边界。通常情况下，自然保护区的土地权属性质不一，现实管理难度也有所不同。如西双版纳纳板河流域国家级自然保护区内 73%的土地为国家所有，27%的土地为村寨所有，保护区管理局只是受两县市林业局委托管理国有土地，对其他性质的土地只有管理权没有所有权。

现行的法律只规定了自然保护区的界限和范畴，并没有涉及区内的土地、森林、草原、水域等所有权归属及所有权、用益物权是否变更，如不变更怎样保护原所有权人和用益权人的利益等。这是纠纷和争端发生的根源。自然保护区作为自然资源代管者的地位模糊，产权如同虚置或被弱化，致使国家权益

流失严重。

2.2 管理体制不健全，现代产权制度体系尚未建立

我国自然资源管理的立法部门化现象严重，缺乏综合性的立法。自然资源价值核算尚未纳入国民经济核算体系，经济增长没有客观反映资源消耗和环境损害。各类规划交叉重复现象严重，统一的空间规划体系正在建立。自然资源保护的红线制度有待全面落实，缺少严格的补偿和损害惩处制度。以自然保护区为独立登记单元的自然资源统一确权登记体系处于起步阶段，对领导干部实行自然资源的离任审计和生态环境损害责任的终身追究制度有待全面落实，依靠经济手段、技术手段和法律手段的激励约束机制还未真正建立。

2.3 法律法规不完善、位阶较低且缺乏系统性

《中华人民共和国自然保护区条例》（2017 年修订）对自然保护区的建设与管理做出了较为详细的规定，但在对于保护区自然资源的取得，以及使用权的转移没有明确的规定。虽然《自然保护区土地管理办法》建立了保护区土地管理的地籍制度、明确了自然保护区内土地规划的法定用途、保护和惩罚措施等问题，但缺乏现实有效的应用和实施，而且对于土地产权的归属不明确，权属不完整，稳定性差，习惯权属被忽视，法定权属的实现形式少。自然保护区土地的管理与使用，仍处于比较混乱的状态，缺乏产权和权益明确。现行法规对一些重要问题缺少明确的规定，如对利益受损者的补偿办法缺少可操作性规定等。

同时，相关政策容易忽视当地社区利益，不能平衡保护与发展矛盾。部分自然保护区实行封闭式管理，严禁在保护区内进行放牧、打猎、采集薪柴等，这极大地限制了当地居民对土地及地上资源的使用，周边社区拥有自然保护区的土地和森林资源，但对这些资源的利用受到严格限制，得不到补偿或补偿难以均一[2]。一些政策体系的执行主体及权责不清，难以落到实处；一些早期制定的相关政策失去了时效性，应及时做出修改和完善。缺乏一套系统规范的保护区自然资源管理法案，对保护区发展、建设难以实现分类指导。

3 产权问题对保护区管理造成的负面影响

正如上文所述，由于在产权制度上存在诸多遗留问题，导致保护区管理机构在开展工作时遇到了一系列障碍，保护效果大打折扣。主要表现为以下几个方面。

3.1 难以对自然资源进行有效保护管理

我国的自然保护区绝大部分建立于上世纪 80 年代之后，确定为保护区的土地大多已划归集体，边界问题和自然资源权属成为保护区最常见的纠纷。许多自然保护区没有土地使用权，尤其是目前仍存在着一些的无机构、无人员、无边界的“三无”自然保护区[3]。例如，部分湿地类型自然保护区管理机构只有权对保护区境内飞行的鸟类进行管理，而对珍稀鸟类栖息的湖泊、沼泽等地面部分无权进行管理。由于自然保护区资源权属不明确，往往造成保护区管理机构无权对区内的资源开发或建设活动进行干预，从而导致相关国家法律法规和政策难以得到有效执行。

3.2 自然资源权属不清导致纠纷时常发生

我国人口众多，可以利用的土地面积较少，人均土地面积更少。许多自然保护区都地处偏僻地区，交通不发达，经济落后，土地是当地居民赖以生存的基本生产资料。而保护区的建立划入了当地居民的土地，势必影响其生活水平及社区的经济发展。另外，有些自然保护区管理机构对划入保护区的土地没有明确得到政府有关部门的土地权属证书，在对保护区范围内的事务进行管理时，经常受到来自当地居民的各种压力，甚至导致纠纷。

3.3 自然资源产权关系不明导致多头管理

我国的自然保护区涉及的关系比较多，尤其是土地权属不明确，地方政府和多个部门依据不同的文件和法规均对自然保护区有一定的管理权限，依据不同方式进行划建和行政管理，使保护区的管理体制更加复杂，难以实现统一的规划和管理，从而造成“一个机构，两块牌子”的现象。在自然保护区功能区划分和管理时，往往先满足资源开发的要求，严重影响了生物多样性的有效保护。另外，重复建设、各自为政等问题始终制约着自然保护区的管理与保护效率，影响了保护区有效管理。

4 健全自然保护区自然资源产权制度的基本思路

基于诸多现实问题，健全自然保护区自然资源产权制度已成为推动保护区管理体制改革的必由之路，也可为当前建设以国家公园为主体的自然保护地体系贡献相关方面的基本经验。其改革路径需始终秉持“归属清晰、权责明确、保护严格、流转顺畅、监管有效”的基本思路，围绕自然保护区基本职能，建议重点从以下几方面进行发力。

一是建立统一的确权登记系统。以落实《自然生态空间用途管制办法（试行）》为契机，将自然保护区作为独立登记单元，对区域内的水域、森林、山岭、草原、荒地、滩涂等所有自然生态空间统一进行确权登记，清晰界定范围空间内各类自然资源资产的产权主体，逐步划清全民所有和集体所有之间的边界，划清全民所有、不同层级政府行使所有权的边界，划清不同集体所有者的边界。加快推进自然资源统一确权登记试点，形成可复制、可推广的经验。

二是健全自然资源资产产权体系。明确全民所有自然资源资产所有权主体代表为国务院自然资源主管部门，细化授权相关职能部门行使保护区内全民所有权的职权范围，落实集体所有自然资源资产所有权地位，推动所有权和使用权充分分离，明确占有、使用、收益和处分等权利归属和权责，适度扩大使用权的出让、转让、出租、抵押、担保、入股等权能。对于自然保护区外的经营性自然资源，应当强化自然资源产权人的权利，更多地体现自然资源资产的经济属性；对于位于自然保护区内的非经营性自然资源，则更多地体现自然资源资产的社会属性。

三是健全自然资源资产产权保护制度。尊重和保障自然资源使用权人的合法权益，在符合用途管制及法律规定的条件下，保护自然资源使用权人的自主权。针对自然保护区内非国有性质的自然资源，尝试赋予自然资源资产所有权人完整的占有、使用、收益和处分权能，落实自然资源资产所有权，保护自然资源资产使用权，建立自然资源相关各方的合理利益分配机制。对保护区内确权发证的自留山、责任山、集体山林进行流转，将推进集体林权制度改革作为保护区自然资源产权制度改革的重要内容。

四是探索解决保护区内集体土地权属问题的路径。对自然保护区内的集体土地，尝试通过征收、流转和协议等方式调整土地权属，或以地役权的形式规定土地用途，建立健全地役权在自然资源保护领域应用的配套措施。

【参考文献】

[1] 左正强. 我国自然资源产权制度变迁和改革绩效评价［J］. 生态经济（中文版），2008，(11)：78-82.
[2] 周训芳，徐丰果. 自然保护区土地管理制度创新与农民经济利益维护［J］. 求索，2007，(4)：15-18.
[3] 马克平. 当前我国自然保护区管理中存在的问题与对策思考［J］. 生物多样性，2016，24 (3)：249-251.

第四篇
自然公园研究

自然公园是我国自然保护地体系的重要组成部分，《关于建立以国家公园为主体的自然保护地体系的指导意见》指出，“自然公园是指保护重要的自然生态系统、自然遗迹和自然景观，具有生态、观赏、文化和科学价值，可持续利用的区域”。相较于国家公园和自然保护区，自然公园包括了森林公园、地质公园、海洋公园、湿地公园等类型，是一个相对较新且更为融合的概念，需要保护和管理的对象更为广泛。因此，自然公园统筹管理的体制机制、规范标准、技术方法等的设置和制定需要更多的包容性和灵活性。

编写团队在自然公园领域的研究采用统筹与分类相结合的研究模式。在统筹层面，从国家公园体制建设的完整性、系统性出发，对自然公园如何实现有效保护与管理进行分析解读，探讨论证了“什么是自然公园”“哪些自然保护地应当纳入自然公园”；通过对我国自然保护地的空间结构分析，明确了自然公园在我国自然保护地体系中的定位，并提出了差别化的管控措施；从整合优化、体系化管控、分级管理、综合治理提出自然公园的建设思路，为我国自然公园建设的顶层设计提供宏观策略支撑。

在体系研究层面，重点针对自然公园的分类进行研究，提出按资源类型进行划分，旨在充分考虑各类自然公园自然资源和保护需求的差异性；同时也结合了各类自然公园特征开展自然公园建设思路、保护与管理措施的实证研究，主要包括森林公园、湿地公园、草原公园和沙漠公园。

森林公园研究围绕森林公园建设中“加强森林公园管理，合理利用森林风景资源，发展森林旅游”的要求，将森林资源保护与旅游业、林业产业深度融合，通过对森林公园内风景资源、旅游资源的评价分析，生态环境容量与旅游需求分析等，以云南宝台山、双江古茶山、灵宝山、圭山森林公园为例开展实证分析，提出森林公园生态旅游的可持续发展机制。

湿地公园研究首先归纳总结了国家湿地公园试点的建设及验收经验，依托云南高原湖泊滇池、程海流域，对湿地生态系统保护与治理的现状、问题进行探讨分析，提出应对策略和发展建议；其次，从湿地公园的生态系统健康评价、植物区系特征分析、景观资源健康评价等方面完善了重要湿地生态系统的质量评价体系；再者，立足规划，以云南捞鱼河等湿地公园为例，提出了湿地公园总体规划和宣教、社区等专项规划的规划思路、规划内容和发展模式等；最后落脚于初步设计阶段，对湿地公园的建筑景观设计结合实际案例分析研究。

草原公园因处于探索设立阶段，其研究重点集中于草原自然公园建设的必要性和建设思路的论证，明确了“什么是草原自然公园”“为什么建立草原自然公园”，回答了“草原自然公园如何建怎么管”“如何推动草原自然公园建设”等问题；以云南香柏场国家草原自然公园、内蒙古毛登牧场国家草原自然公园的建设为实践探索介绍了我国国家草原自然公园试点工作情况，丰富了我国自然公园的建设路径和方法。

沙漠公园的研究尚处于探索论证阶段，需要从政策、制度、技术、标准等多层面进一步推动沙漠公园体系建设。

与自然公园的产生和发展相趋同，自然公园的研究更多的是专注于各类自然公园的保护、管理和建设，而对于自然公园统筹管理的研究还较为缺乏，有待于深入探讨。

自然公园保护管理

国家公园体制下的自然公园保护管理*

中国共产党十九大报告提出“建立以国家公园为主体的自然保护地体系”，国家机构改革方案明确，在国家林业和草原局加挂国家公园管理局牌子，统一管理国家公园等各类自然保护地。这是一项重大的改革措施，在自然保护领域必将带来深刻的历史变革，产生深远的影响。目前有关部门正在加快落实改革措施，过程中学界对国家公园和自然保护区的研究相对较多，但针对自然公园的研究还较缺乏，有待于进行深入探讨。

1 自然公园的概念

1.1 定义

自然公园是以生态保育为主要目的，兼顾科研、科普教育和休闲游憩等功能而设立的自然保护地，通常具有典型性的自然生态系统、自然遗迹和自然景观，与人文景观相融合，具有生态、观赏、文化和科学价值，在保护的前提下可供人们游览或者进行科学、文化活动。国际上一般认为，自然公园是一个通过长期规划用于景观保护、可持续利用资源和开展农事等活动的区域，旨在让有价值的资源、景观等处于原生状态，促进旅游等价值的实现。自然公园可以是特定自然保护地的名称，也可以是各类自然类型特色专业的公园的自然保护地类型的总称。有综合的直接冠以自然公园名称的，也有按主要保护对象命名的，如森林公园、湿地公园、风景名胜区、雨林自然公园、大象自然公园等。

1.2 产生和发展

世界上第一个自然公园诞生于欧洲，是波兰和斯洛伐克 1932 年联合成立的皮厄尼尼（Pieniny）自然公园。欧洲许多国家都有自然公园，亚洲一些国家如泰国、菲律宾等都设置了自然公园，日本颁布了《自然公园法》，除了国家（国立）公园，也有国定和地方定的自然公园。奥地利有 47 个自然公园，面积约 50 万公顷，主要功能是保护、休闲、教育和地区发展四大功能，每年接待 2000 万游客。德国有 101 处自然公园，占国土面积约 25%。它们是自然保育的重要基础，主要保护自然美景、文化景观、稀有物种和群落生境、自然遗址，使当代能够享用并流传给子孙后代。其中重要理念是在尊重自然和景观价值的前提下，开展可持续的旅游活动，实现“在利用中保护（protectionthroughusage）”，排除违背保育目标的利用方式，通过开展合理利用来实现有效保护自然和文化价值。

2 自然公园的特征

2.1 一般特征

自然公园是自然保护地体系的重要组成部分。几乎所有国土面积大一些的国家都不是单一的自然保护地形式，而是构建一个分类分级的自然保护地体系。世界各国的自然保护地体系构成都有所不同，例如，美国的自然保护地系统由 8 类 7 部门管理，每大类中又分不同的小类，如国家公园系统包括 20 个类

---

* 唐芳林. 国家公园体制下的自然公园保护管理［J］. 林业建设，2018，(4)：1-6.

型。加拿大、俄罗斯自然保护地体系简单，仅3~4类，主要以国家公园、自然保护区和国家禁猎区（庇护所）为主。共同的方面是，都具有从严格保护的自然原始区域到可以提供人们休闲游憩的可持续利用的区域，以满足不同需求和管理目标。一些国家设立了自然公园或者虽没有冠以自然公园名称但相当于自然公园性质的自然保护地，作为区别于严格保护区的一种自然保护地类型，成为自然保护地体系的重要组成部分。IUCN自然保护地分类体系中没有自然公园这一称谓，但有与之含义类似的保护地类型。事实上，许多国家都设立了自然公园，纳入自然保护地治理体系中受到法律法规的有效保护和管理。根据维基百科的解释，在保护分类等级方面，自然公园不同于II类，处于III类与VI类之间，更接近于VI类，但也有大型的自然公园因为具有II类的特征而被转为国家公园。

2.2 典型特征

自然公园具有自然保护地的共同特点，又与国家公园和自然保护区相区别。与国家公园大面积大尺度综合性严格保护，以及自然保护区较大面积的高强度保护的突出特点有所不同，自然公园实行重点区域保护，主要用于保护特别的生态系统、自然景观和自然文化遗迹，开展自然资源保护和可持续利用，面积相对较小，分布更广泛，是人类和自然长期相处所产生的特点鲜明的区域，可以是保护生态系统和栖息地、文化价值和传统自然资源管理系统的区域，也可以是保护某一特别自然历史遗迹所特设的区域，具有重要的生态、生物、风景、历史或文化价值。自然公园大部分地区处于自然状态，其中一部分处于可持续自然资源管理利用之中，在保护的前提下，允许开展参观、游览、休闲娱乐和资源可持续利用活动，资源非消耗性利用与自然保护相互兼容，还可以通过非损伤性获取利益促进当地居民生活改善，是开展生态保护、环境教育、自然体验、生态旅游和社区发展的最佳场所。

2.3 符合自然公园特征的现有自然保护地

我国改革开放40年来，建立了风景名胜区、森林公园等符合自然公园特征的各级各类自然保护地，主要有以下9类。

（1）风景名胜区。是指具有观赏、文化或者科学价值，自然景观、人文景观比较集中，环境优美，可供人们游览或者进行科学、文化活动的区域。主要功能是严格保护景观和自然环境，保护民族民间传统文化，开展健康有益的游览观光和文化娱乐活动，普及历史文化和科学知识。依据《风景名胜区条例》（国务院令，2006年颁布，2016年修订）进行管理。

（2）地质公园。是以具有特殊的科学意义、稀有的自然属性、优雅的美学观赏价值，具有一定规模和分布范围的地质遗迹景观为主体，融合自然景观与人文景观并具有生态、历史和文化价值；以地质遗迹保护，支持当地经济、文化和环境的可持续发展为宗旨，为人们提供具有较高科学品位的观光旅游、度假休闲、保健疗养、科学教育、文化娱乐的场所。主要功能是保护地质遗迹、普及地学知识、营造特色文化、发展旅游产业，促进公园所在地区社会经济可持续发展。依据《地质遗迹保护管理规定》（原地质矿产部令，1995年发布）进行管理。

（3）森林公园。是指森林景观优美，自然景观和人文景物集中，具有一定规模，可供人们游览、休息或进行科学、文化、教育活动的场所。主体功能是保护森林风景资源和生物多样性、普及生态文化知识、开展森林生态旅游。依据《森林公园管理办法》（原林业部令，1994年发布，2016年修改）、《国家级森林公园管理办法》（国家林业局令，2011年发布）进行管理。

（4）湿地公园。是指以保护湿地生态系统、合理利用湿地资源为目的，可供开展湿地保护、恢复、宣传、教育、科研、监测、生态旅游等活动的特定区域。主要功能是保护湿地生态系统、合理利用湿地资源、开展湿地宣传教育和科学研究，并可供开展生态旅游等活动。依据《湿地保护管理规定》（原国家林业局令，2013公布，2017年修改）、国家林业局关于印发《国家湿地公园管理办法》的通知（2017年发布）进行管理。

（5）沙漠公园。以典型性和代表性沙漠景观为主体，以保护荒漠生态系统为目的，在促进防沙治沙和保护生态功能的基础上，合理利用沙区资源，开展公众游憩、旅游休闲和进行科学、文化、宣传和教育活动的特定区域。主要功能是保护荒漠生态系统、合理利用沙漠资源，开展公众游憩休闲或进行科学、文化、宣传和教育活动。依据《国家沙漠公园试点建设管理办法》（国家林草局，2013 年发布）进行管理。

（6）海洋特别保护区（海洋公园）。是指具有特殊地理条件、生态系统、生物与非生物资源及海洋开发利用特殊要求，需要采取有效的保护措施和科学的开发方式进行特殊管理的区域。严格保护珍稀、濒危海洋生物物种和重要的海洋生物洄游通道、产卵场、索饵场、越冬场和栖息地等重要生境，开展生态养殖、生态旅游、休闲渔业、人工繁育等。依据《海洋特别保护区管理办法》（国家海洋局，2010 年发布）进行管理。

（7）水利风景区。是指以水域（水体）或水利工程为依托，具有一定规模和质量的风景资源与环境条件，可以开展观光、娱乐、休闲、度假或科学、文化、教育活动的区域。以培育生态，优化环境，保护资源，实现人与自然的和谐相处为目标，强调社会效益、环境效益和经济效益的有机统一。依据《水利风景区管理办法》（水利部 2004 年发布）进行管理。

（8）城市湿地公园。是指利用纳入城市绿地系统规划的适宜作为公园的天然湿地类型，通过合理的保护利用，形成保护、科普、休闲等功能于一体的公园。能供人们观赏、游览，开展科普教育和进行科学文化活动，并具有较高保护、观赏、文化和科学价值。依据《国家城市湿地公园管理办法》（试行）（住房城乡建设部，2005 年发布）进行管理。

（9）草原风景区（草原公园）。指可供旅游、观光、度假、疗养，具有观赏景象的草原区域，包括山地草原、河谷草原以及面积在 30 亩以上的林间草地和草地类自然保护区。依据地方政府制定的草原风景区管理办法进行管理。

以上都具有自然公园的典型特征，也符合按资源分类、按部门设置、按地方申报的时代特征。在建立国家公园体制进程中，一部分将会被整合进入国家公园，其余的大部分都可以保留并优化整合为自然公园类。

3 自然公园在中国自然保护地体系中的定位

3.1 中国自然保护地现状

中国自 1956 年建立广东鼎湖山第一个自然保护区以来，历经 60 多年发展，取得了巨大成就，建立了数量众多的自然保护区、风景名胜区、地质公园、森林公园、海洋公园、湿地公园、冰川公园、草原公园、沙漠公园、草原风景区、水利风景区、水产种质资源保护区、饮用水源地保护区、野生植物原生境保护区（点）、自然保护小区、野生动物重要栖息地等各类自然保护地，数量达 1.18 万个，还有近 5 万个自然保护小区，大约覆盖了我国陆域面积的 18%、领海的 4.6%，由原国家林业局、环保部、住建部、农业部、水利部、国土部、海洋局、科学院等多个部门分别管理，初步形成了以自然保护区为主体的自然保护地空间格局。在保存自然本底、保护生物多样性、维护生态系统稳定、改善生态环境质量和保障国家生态安全等方面发挥了重要作用。其中，自然公园类数量最多，自然保护区面积占比最大。

表 1 我国现有的自然保护地类型（2017 年底）

序号	类型	数量/个（国家级）	总面积/万平方公里	占国土面积比例/%
1	国家公园（体制试点）	10	21.6549	2.3
2	自然保护区	2750（474）	147	15.31
3	风景名胜区	981（244）	19.37	2.02

（续）

序号	类型	数量/个（国家级）	总面积/万平方公里	占国土面积比例/%
4	地质公园	485（207）	—	—
5	森林公园	3505（881）	20.2819	2.11
6	湿地公园	979	3.1951	>0.33
7	沙漠公园	55	0.2973	0.03
8	国家沙化土地封禁保护区	61	1.5438	0.16
9	海洋特别保护区	67	6.9	0.72
10	水产种质资源保护区	523	12.8	1.33
11	水利风景区	2500（778）	—	—
12	全国重点饮用水水源保护区	618	—	—
13	城市湿地公园	37	—	—
14	重点保护野生植物保护点	154	—	—
15	自然保护小区	约50000	1.5	0.16
		国际层面		
1	世界自然与文化遗产	52	6.8	0.71
2	生物圈保护区	32	7.3	0.76
3	国际重要湿地	49	4.0	0.41
4	世界地质公园	37	—	—

3.2 中国自然保护地存在的问题

由于顶层设计不完善，空间布局不合理，分类体系不科学，管理体制不顺畅，法律法规不健全，产权责任不清晰等原因，导致我国自然保护地定位模糊、多头设置、交叉重叠、边界不清、区划不合理、人地冲突严重等问题，只形成了数量上的优势和空间上的集合，尚未形成整体高效、有机联系、互为补充的自然保护地体系，影响了整体功能的发挥，提供优质生态产品和支撑经济社会可持续发展的基础还比较脆弱。

3.3 中国自然保护地体系的重新构建

3.3.1 科学分类

自然保护地的科学分类，是构建自然保护地体系、实施自然保护地科学管理的前提。合理的分类有利于明确事权和责任，有利于制定差别化的管控措施，实施精细化管理。自然保护地分类有多种方式，基于管理目标的分类方法其主要目的在于方便管理，既要借鉴国际经验，更要结合我国实际，照顾历史，尊重自然规律，在继承现有成果的基础上创新。按照自然生态系统整体性、系统性及其内在规律，根据自然保护地的种类、等级和性质的不同，体现简洁实用、方便管理的原则，依据生态价值、保护对象、保护强度和管理目标，本文提出将自然保护地分为国家公园、自然保护区、自然公园三类。

（1）国家公园

国家公园是指由国家批准设立并主导管理，以保护具有国家代表性的大面积自然生态系统为主要目的，实现自然资源科学保护和合理利用的特定陆地或海洋区域。国家公园是最重要的自然保护地类型，处于首要和主体地位，是构成自然保护地体系的骨架和主体，是自然保护地的典型代表，是支撑整个自然保护地体系的四梁八柱。与其他自然保护地相比，生态价值最高，保护范围更大，生态系统更完整，原真性更强，管理层级最高。一些国家把国家公园视为保护和游憩兼顾的二类自然保护地类型，而中国特色的自然保护地体系中，要把最应该保护的地方纳入国家公园，由国家直接管理，禁止开发建设，实行最严格的保护措施，成为最重要的自然保护地。

（2）自然保护区

自然保护区是指对有代表性的自然生态系统、珍稀濒危野生动植物物种的天然集中分布区、有特殊意义的自然遗迹等保护对象所在的陆地、陆地水体或者海域，依法划出一定面积予以特殊保护和管理的陆地、陆地水体或者海域。主要保护典型和具有特殊意义的生物多样性、具有代表性的自然生态系统和具有特殊意义的自然遗迹。以现有未纳入国家公园的各类各级自然保护区为主，作为国家公园的补充。

（3）自然公园

自然公园是指除国家公园和自然保护区以外的，具有典型性的自然生态系统、自然遗迹和自然景观，与人文景观相融合，具有生态、观赏、文化和科学价值，在保护的前提下可供人们游览或者进行科学、文化活动的区域。主要保护具有重要生态价值但未纳入国家公园和自然保护区的森林、海洋、湿地、水域、冰川、草原、生物等珍贵自然资源，以及所承载的景观多样性、地质地貌多样性和文化价值，包括森林公园、湿地公园、草原公园、沙漠公园、地质公园、海洋公园、冰川公园、风景名胜区、水利风景区、自然保护小区等各类特色专业自然公园，作为国家公园和自然保护区的补充，实现自然资源的有效保护和合理利用。是生态文明建设基地，是体现“绿水青山就是金山银山”的场所，也是促进当地居民生活水平改善的手段，体现了“保护自然、服务人民、永续发展”的自然保护地功能。

3.3.2 制定差别化的管控措施

（1）国家公园

国家公园具有主体和优先地位，按山水林田湖草生命共同体的理念，将具有国家或者国际意义的大范围自然生态系统纳入国家公园，实现大范围的完整保护，维持大尺度的生态过程，主要保护具有国家代表性的自然生态系统原真性，以及承载的生物、地质地貌、景观多样性和特殊文化价值，维持生态系统结构、过程、功能的完整性。国家公园实行最严格保护，除原住居民可持续的生产生活、特定区域人工生态系统修复和游憩体验外，禁止其他开发建设活动，严格控制国家公园内游憩体验和原住居民生活区面积，确保高质量的生态空间受到最严格的保护管理。

（2）自然保护区

自然保护区实行更严格保护，更规范管理，严格控制核心区人为活动影响，允许采取积极的种群或栖息地改造措施，以维持、保护和恢复珍稀濒危野生动植物种群数量及其赖以生存的栖息环境。在保护的前提下，可以在控制区内开展教育、体验、生态旅游和与之相关的生产经营活动。

（3）自然公园

自然公园实行重点保护，维持主要保护对象的长期稳定，开展生态修复、景观改善、栖息地改造、种群调控等管理措施和低强度生产经营活动，在特定区域特定时间开展与保护管理目标一致的生态旅游、生态康养，修筑必要的服务设施。

表 2 各类自然保护地特征

保护地名称	生态系统代表性、原真性	自然遗迹	景观价值	生物多样性	生态系统服务功能	文化价值	面积范围和作用	保护严格程度	资源利用程度	事权和管理层级
国家公园	全球价值和国家代表性，原真性最强 +++	丰富、典型 +++	极高 +++	最富集 +++	最强 +++	高 +++	大范围完整性、起主体作用 +++	最严格保护 +++	中 +	国家为主 +++

（续）

保护地名称	生态系统代表性、原真性	自然遗迹	景观价值	生物多样性	生态系统服务功能	文化价值	面积范围和作用	保护严格程度	资源利用程度	事权和管理层级
自然保护区	区域代表性，原真性强 ++	较丰富 ++	较高或中 +	富集 +++	强 ++	中 +	范围较大，支撑作用 ++	严格保护 ++	中 +	国家和省 ++
自然公园	典型和重要原真性中等 +	较丰富 ++	高 +++	丰富 +	较强 +	高 +++	面积较小，类型和数量较多，补充作用 +	重点保护 +	高 +++	省为主 +

特征性程度：最高+++，较高++，中等+

4 自然公园的保护与管理

建立中国特色的以国家公园为主体的自然保护地体系的目标在于，推动各类自然保护地科学设置，建立自然生态系统保护的新体制新机制新模式，建设健康稳定高效的自然生态系统，为维护国家生态安全和实现经济社会可持续发展筑牢基石，为建设富强民主文明和谐美丽的社会主义现代化强国奠定根基。服务于这个总目标，自然公园应该做出其应有贡献。

4.1 整合设立自然保护地

统筹整合自然公园等自然保护地，解决自然保护地区域交叉、空间重叠的问题，将符合条件的优先整合设立国家公园，其他各类自然保护地按照同级别保护强度优先、不同级别低级别服从高级别的原则进行整合，做到一个保护地、一套机构、一块牌子，被整合的自然保护地类型按相关程序退出。对于涉及国际履约的自然保护地，可以保留履行相关国际公约的名称。

4.2 实施自然公园体系化管理

基于建立以国家公园为主体的自然保护地体系的总目标，随着自然保护管理体制改革的进一步推进，各类自然公园需要进一步体系化，并强化保护管理措施。现有各类自然公园，包括但不限于森林公园、风景名胜区、地质公园、湿地公园、沙漠公园、海洋公园、水利风景区、城市湿地公园、草原公园9类，还会有综合类的xx自然公园、冰川公园、海岸公园、大型的野生动植物园等，都要纳入自然保护地体系，实施统一管理。但也不能随意设置新的自然保护地类型，以免造成混乱和新的交叉重叠。

4.3 实现自然公园统一、分级管理

现有的自然公园要在统一的《自然保护地法》或者《自然保护地管理条例》指导下，分门别类建立健全自然公园管理办法，建立差别化保护管理制度。根据事权划分，主要分为国家和地方两级设置，根据需要分多级实施管理。

4.4 建立多方参与治理的保护管理模式

探索政府治理、公益治理、社区治理、共同治理结合的新型治理方式。鼓励社区居民发展绿色产业，传承和弘扬传统文化，支持和规范社区居民从事民宿、农事体验、生态产业等环境友好型经营活动。推行参与式社区管理，按照生态保护需求设立生态管护岗位并优先安排当地居民。建立健全志愿者招募、注册、培训、服务和激励机制，将志愿服务扩展到资源保护、生态教育、科研协助、环境治理、应急服务等领域。建立健全自然保护的社会捐赠制度，吸收企业、公益组织和个人参与自然保护地生态保护、建设与发展。

【参考文献】

唐芳林，2017. 国家公园理论与实践［M］. 北京：中国林业出版社.

唐小平，栾晓峰，2017. 构建以国家公园为主体的自然保护地体系［J］. 林业资源管理（6）：1-8.

NigelDudley，主编，朱春全，欧阳志云，等，译. 2016. IUCN 自然保护地管理分类应用指南［M］. 北京：中国林业出版社.

森林公园

我国森林公园的发展动态分析*

随着旅游业的发展和林业产业结构的调整，森林旅游开发日益受到重视，森林公园也应运而生，而且发展十分迅速[1]。森林公园是以良好的森林景观和生态环境为主体，利用森林的多种功能，以开展森林旅游为宗旨[2]，为人们提供具有一定规模的游览、度假、休憩、保健疗养、科学教育、文化娱乐的场所[3-4]。森林公园旅游越来越受到各国人民的欢迎，在森林环境中，不仅风景秀丽、气候宜人，而且含有大量的负氧离子，既能消除人们的精神疲劳，又能提高人体免疫功能。此外，森林公园的建设还具有保护森林资源、保护生物多样性和促进森林资源的持续利用等作用[1,5-6]。因此，加强森林公园发展动态方面的研究对我国旅游业及林业产业的发展具有重要意义。

森林公园是充分发挥森林功能特别是森林生态系统服务功能的主要载体，也是森林旅游事业发展最重要的阵地[7]。对森林公园的研究已成为林业系统学者研究的亮点之一。当前针对森林公园的研究主要集中于森林公园基本理论研究[8-9]、森林公园旅游资源开发、评价与保护研究[10-11]、森林公园旅游者行为、偏好及满意度研究[12]、森林公园的旅游规划、经济评估、管理体制和经营模式研究[13-15]，但缺少对我国森林公园数量发展及旅游收入的动态分析。因此，本研究以此为切入点，利用我国近10a间森林公园数量、面积、旅游收入及游客数量分析森林公园的发展动态，以期为我国森林公园的开发与建设提供科学依据。

1 材料与方法

以我国大陆31个省、自治区、直辖市2000年至2009年10年间森林公园动态变化为研究目标，通过现有资料及林业信息网上搜集中国各省、自治区、直辖市森林公园数量、面积、旅游收入（主要指门票收入、食宿收入、娱乐收入及其他收入）及游客数量等信息，利用数理统计方法，分析中国森林公园数量、面积及旅游收入的10a动态。同时利用主成分分析、相关性分析及回归分析，探索旅游收入与森林公园数量、面积及游客数量的关系。以上数据分析过程在SPSS17.0中完成。主成分分析利用PCORD5.0软件完成。相关显著性检验采用T检验（Two-tailed）。显著性水平为 $p<0.05$。

2 结果与分析

2.1 森林公园数量及面积动态

2.1.1 森林公园数量动态

我国森林公园数量由2000年的1078个增加到2009年的2504个，增幅比例达到132.3%，并且森林公园数量呈现出逐年递增趋势（图1A）。在2000—2009年逐年增幅比例上，相比上一年，增幅比例较大的年份分别为2001年、2002年和2003年，增幅比例均超过了10%；增幅比例最小的年份是2007年，仅为3.92%（表1）。

---

* 王梦君，唐芳林，史冬防. 我国森林公园的发展动态分析［J］. 西北林学院学报，2012，27（5）：251-254.

表1 我国森林公园数量、面积、旅游收入及游客数量增幅比例

年份	数量	面积	旅游收入	海外游客	国内游客	游客总量
2000	—	—	—	—	—	—
2001	12.89	15.71	117.97	13.56	17.88	17.79
2002	21.28	11.47	31.09	55.15	29.83	30.34
2003	12.33	9.54	13.41	47.80	3.94	4.99
2004	9.65	17.43	68.70	14.96	28.73	28.27
2005	8.69	2.57	18.10	21.09	18.20	18.29
2006	7.09	1.75	44.08	2.20	22.70	22.07
2007	3.92	3.39	34.30	28.45	15.86	16.18
2008	5.68	1.68	18.62	-2.66	11.07	10.67
2009	7.75	1.19	20.94	32.42	21.20	21.48

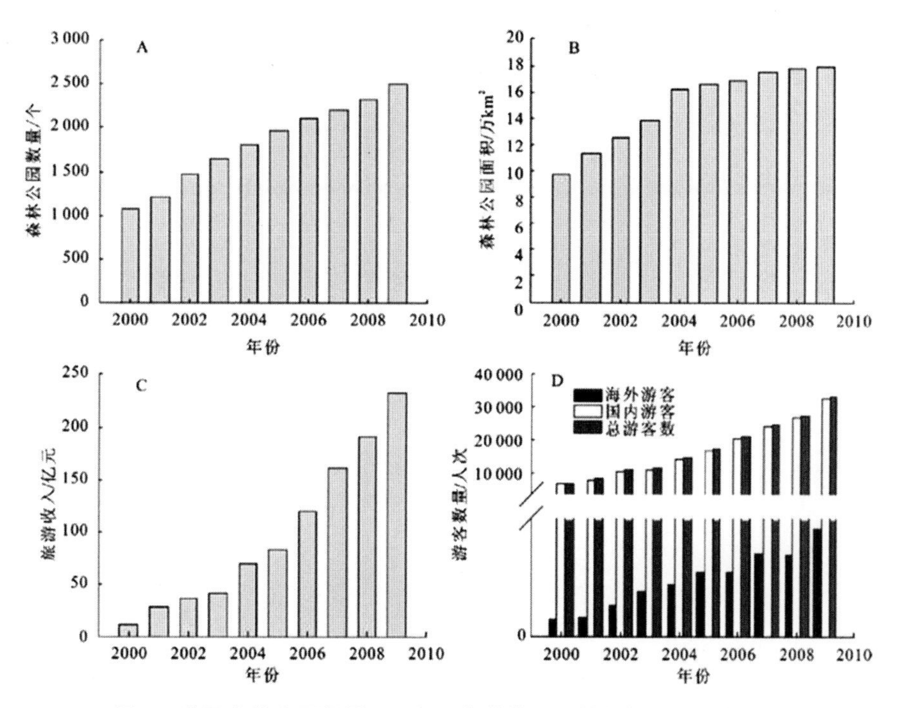

图1 我国森林公园数量、面积、旅游收入及游客数量10a动态变

2.1.2 森林公园面积动态

森林公园面积由2000年的9.8万km^2增加到2009年的18.12万km^2，增幅比例达到84.2%，并且森林公园面积呈现出逐年递增趋势（图1D）。在2000—2009年逐年增幅比例上，相比上一年增幅比例较大的年份分别为2001年、2002年和2004年，增幅比例均超过了10%；增幅比例最小的年份是2006年、2008年和2009年，均不超过2%（表1）。

2.2 森林公园游客数量动态

2.2.1 游客总量动态

2000年至2009年间，我国森林公园游客总人次呈现逐年增加趋势（图1D）。森林公园游客总人次由2000年的7182万人次增加到2009年的33493万人次。在2000—2009年逐年增幅比例上，相比上一年游客总人次除2003年外，增幅均超过10%，最高超过30%（表1）。

2000—2009年，我国森林公园国内游客人次数量动态与总游客人次趋势相同，均呈现逐年增加趋势

（图 1D）。森林公园国内游客人次由 2000 年的 7032 万人次增加到 2009 年的 32574 万人次。在 2000—2009 年逐年增幅比例上，相比上一年国内游客人次除 2003 年外，增幅均超过 10%，最高接近 30%（表 1）。

2. 2. 2　国外游客数量动态

相比国内游客数量，海外游客数量相对较少，但在 2000 年至 2009 年间，我国森林公园海外外游客人次数量也呈现逐年增加趋势（图 1D）。在 2005 年以前，我国森林公园海外游客数量均低于 500 万人次，而在 2005 年以后，海外数量超过了 500 万人次，并于 2009 年达到了 919 万人次。海外游客增幅最大的年份为 2002 年，而在 2006 年增幅仅为 2. 2%，在 2008 年为负增长（表 1）。

2. 3　森林公园旅游收入动态及其影响因素

2. 3. 1　森林公园旅游收入动态

我国森林公园旅游收入由 2000 年的 12. 9 亿元增加到 2009 年的 231. 7 亿元，并且森林公园旅游收入呈现出逐年递增趋势（图 1C）。在 2000 年至 2009 年间，森林公园旅游收入增幅比例均较高，最高达 117. 97%（2001 年），最低也为 13. 41%（2003 年）（表 1）。

2. 3. 2　森林公园旅游收入与森林公园数量、面积及游客数量间的关系

在影响因子分析中，PCA 第 1 轴解释了总变量的 96. 3%，第 2 轴解释了总变量的 3. 2%（表 2）。第 1 轴中所有环境变量贡献率相差较小，说明所选的 5 个因子贡献率相近。第 2 轴中贡献率较大的为森林公园面积。

表 2　PCA 分析结果

成分负荷量	PC1	PC2
环境变量		
数量	0. 4528	0. 2389
面积	0. 4343	0. 7485
游客总量	0. 4486	0. 4267
海外游客	0. 4519	0. 1028
国内游客	0. 4482	0. 4359
成分解释的变量	2. 2830	1. 2830
贡献率/%	96. 3160	3. 1990

在相关性分析中显示，旅游收入与森林公园数量、面积、游客数量均具有极显著的相关性（表 3），但逐步回归分析则显示，仅有森林公园数量及国内游客数量影响森林公园的旅游收入。

表 3　旅游收入与森林公园数量、面积、游客数量间的相关性分析结果

因子	相关系数	P
数量	0. 938	0000
面积	0857	0002
游客总量	0995	0000
海外游客	0961	0000
国内游客	0995	0000

在相关性分析中显示，旅游收入与森林公园数量、面积、游客数量均具有极显著的相关性（表 3），但逐步回归分析则显示，仅有森林公园数量及国内游客数量影响森林公园的旅游收入。

3 结论与讨论

3.1 森林公园数量及面积的动态变化

森林公园是以良好的森林景观和生态环境为主体，融合自然景观与人文景观，利用森林的各种功能，以开展森林旅游为宗旨，为人们提供具有一定规模的游览、度假、休憩、保健疗养、科学教育、文化娱乐的场所[3]。我国的森林公园发展开始于20世纪80年代。1982年，湖南省建立了我国第1个国家森林公园——张家界国家森林公园，这是我国森林公园发展的标志。随后，中国又先后建立了多个森林公园，从起步（1982—1991年）、上升（1992—1999年）至成熟（2000年至今）。本研究也显示，至2009年，我国森林公园已经达到2504个，面积达18.12万km^2，占国土面积的1.89%。而在2000-2009年间，我国森林公园数量及面积均呈现逐年递增趋势（图1）。近年来，随着经济发展和社会进步，以及交通建设及产业经济和人们需求多元格局的形成，森林公园建设与开发已经成为政府“开发资源、依山富民”的重要途径[6]。在森林公园建设技术日趋成熟的条件下，加之国家在森林公园的开发和建设力度加强，科学技术水平的不断提高[16]，使得中国森林公园的发展速度急剧加快。

3.2 森林公园游客数量及旅游收入的动态变化

游客数量的多少是森林公园建设质量的重要试金石。2000—2009年间，中国森林公园游客数量逐年增加，显示出森林公园良好的发展势头。2002年，中国森林公园游客首次突破1亿人次，而在2006年则突破了2亿人次，2009年更是突破了3亿人次。可见，森林公园游客人次隔3~4a就能上一个新台阶。除2003年受“非典”影响，游客量年增长率仅为4.99%外，其他年份游客量年增长率均超过15%，最高超过30%（表1）。游客数量的增加一方面是人们生活水平提高、有“度假、休闲、娱乐、保健、疗养”需求所致，另一方面也是森林公园数量大幅增加、遍布全国各地的结果。尽管近10a世界范围内经济存在一定波动，但中国经济一直持续稳定增长。国家经济实力的不断提高也促进了国民个人经济收入的增长。经济收入提高的同时，人们在工作之余自然会寻找良好、舒适的环境进行适当休息、娱乐、保健、疗养，而森林公园正是人们理想的场所。同时，全国遍布的森林公园也为人们的需求进一步提供了方便。此外，我国近年来对森林公园研究的科研人员数量的增加，也是其游客数量增加中的重要部分之一。

游客数量的增加必然会带动森林公园旅游收入的增加。2000—2009年间，中国森林公园旅游收入也呈现逐年增加态势。森林公园旅游收入增加受多种因素影响，如森林公园数量、面积、游客数量等（表3），但全国森林公园数量的增加是其旅游收入增加的重要原因之一。此外，游客数量增加，必然会增加森林公园的门票、娱乐及食宿收入。游客数量增加的同时也会带动森林公园内及周边其他产业链收入的增加，如增加就业机会间接增加了当地民众的收入等。逐步回归分析显示，游客数量（主要为国内游客数量）及森林公园数量增加是我国森林公园旅游收入增加的2个最重要因子。

【参考文献】

[1] 王建梅. 浅析我国森林公园与自然保护区的关系［J］. 河北林业科技，2009，(3)：95-96.
[2] 梁定栽，曾庆东. 森林公园的稳定性与可持续发展研究［J］. 热带林业，2011，39（2）：7-9.
[3] 李碧方. 森林公园的森林景观功能综合评价［J］. 亚热带植物科学，2009，38（2）：85-88.
[4] 何丽芳. 试论森林公园的生态文化教育价值［J］. 湖南林业科技，2011，38（2）：78-80.
[5] 李文胜. 森林公园规划设计探讨［J］. 现代农业科技，2009，(12)：75-76.
[6] 赵典约. 谈国家森林公园可持续发展［J］. 现代农业科技，2009，(14)：223-224.
[7] 韩爱桂，柯水发，郑艳. 森林公园旅游业的发展对就业的影响分析［J］. 北京林业大学学报：社会科学版，2010，9（4)：59-64.
[8] 许大为，叶振启，李继伍，等. 森林公园概念的探讨［J］. 东北林业大学学报，1996，24（6)：90-93.

[9] 李柏青，吴楚材，吴章文. 中国森林公园的发展方向［J］. 生态学报，2009，29（5）：2749-2756.
[10] 杨财根，郭剑英. 近10年我
[13] 马秀琴，王秋娟. 浅谈森林公园经营管理体制存在问题及对策［J］. 河北林业科技，2004，（3）：20-36.
[14] 李梓雯，张俊玲. 论国家森林公园生态文化建设［J］. 低温建筑技术，2011，（2）：33-34.
[15] 张晓慧，陈强. 楼观台森林公园旅游环境容量研究［J］. 西北林学院学报，2011，26（2）：207-211.
[16] 范海兰，洪滔，宋萍，等. 中国国家级森林公园数量特征分析［J］. 北华大学国森林公园旅游研究综述［J］. 安徽农业科学，2009，37（3）：1278-1280.
[11] 卞斐，刘勇，马履一，等. 北京市森林公园游憩带空间特征分析［J］. 西北林学院学报，2011，26（3）：204-208.
[12] 罗明春，罗军，钟永德，等. 不同类型森林公园游客的特征比较［J］. 中南林学院学报，2005，25（6）：110-119. 学报：自然科学版，2008，9（2）：157-160.

宝台山国家森林公园旅游资源分析与生态建设对策*

对宝台山国家森林公园内的旅游资源进行定性基础上的定量分析，并将分析成果应用于森林公园的生态建设，通过合理的建设将生态旅游与森林景观保护有机的结合起来，对于增强公众的生态保护意识和素养，减轻传统旅游对旅游区环境、资源的冲击和压力，达到生态旅游与自然环境保护和建设的双重目的，具有十分重要的意义。

1 宝台山国家森林公园概况

1.1 区位条件

宝台山国家森林公园位于云南省大理州永平县南部，距永平县城72km。东、西、北三面分别与永平县水泄乡、杉阳镇和厂街乡相邻，西南面隔澜沧江，与保山市隆阳区、昌宁县相望，地理坐标：东经99°27′~99°36′，北纬25°07′~25°14′。公园总面积1047hm²，在省级自然保护区金光寺的北部试验区内。四界范围：自北向东—南—西，公园大门—分水岭丫口—二顶山顶—薄刀山主峰—瓦窑村南—公园大门。

1.2 自然地理条件

1.2.1 地质地貌

宝台山国家森林公园所在区域属横断山山区，系云岭山脉南山的一部分，主要地貌为中浅切割的中山山地。境内山高谷深，峰峦叠嶂，最高峰为木莲花山主峰海拔2913m，最低海拔为西南靠澜沧江边1120m，相对高差1793m。区内地势中部高，四周低，朝西北、北、东北三方山势较缓，而朝西南方向山势较陡。十六堆子观日出为公园最高点海拔2654m，十六堆子高低错落，轮廓线条柔和，体态丰满，十分俊秀，与雄浑的木莲花山遥相对望，构成了雄秀的山体景观，以其古老、神奇、壮观而闻名滇西，有较高的旅游开发价值。

1.2.2 气候

公园所在区域属低纬高原北亚热带季风气候，干湿季节分明，雨季降水量集中。冬无严寒，夏无酷暑，四季如春，年平均气温12~14℃，最冷月为1月，月平均气温1~3℃，最热月为6月，月平均气温15~17℃。年平均降雨量1033mm，年日照约2045.5h，年霜期115d，年平均风速1.7m/s，风向多为南风和西南风向。

1.2.3 土壤

宝台山国家森林公园内母岩主要为砂岩和砂页岩，土壤以棕壤为主，还有部分的紫色土、红壤和黄红壤。

1.2.4 水文

宝台山地处横断山块状带，区内河流属澜沧江水系。境内长5km以上的河流共有100余条，主要河流有黑水河、德渡河及倒流河，倒流河的支流洗身河蜿蜒流经景区，洗身河上的洗身池，周边青山绿树

* 余丽华，史建，耿满，等. 宝台山国家森林公园旅游资源分析与生态建设对策［J］. 林业建设，2012，（6）：30-35.

环抱，池水清澈透明。

1.3 社会经济条件

1.3.1 行政区域

宝台山国家森林公园位于大理州永平县西南部，行政区域上隶属于永平县。永平县位于云南省西部，县人民政府驻地博南镇，辖龙门、北斗、博南、杉阳、水泄、龙街、厂街4乡3镇，总面积2844km^2。

1.3.2 人口与民族

永平县是一个多民族聚居的山区县，境内居住着汉、彝、回、白、苗、傈僳族等民族。宝台山国家森林公园所在地与杉阳镇、厂街乡、水泄乡相连，园区外附近有自然村寨20多个。杉阳镇历史悠久，人口多而集中，全乡人口30845人，以汉族为主占98%。厂街乡总人口18894人，水泄乡总人口16326人。

1.3.3 地方经济

宝台山国家森林公园所在地相邻的杉阳镇、厂街乡、水泄乡多以种植苞谷、荞麦、水稻等为主。当地人民生活水平较低，经济基础薄弱。其中，杉阳镇自然条件优越，有永平“粮仓”之称，粮食产量占全县20%，农民有粮及经济收入稍高一点。厂街乡国内生产总值（一产）5491.9万元；水泄乡国内生产总值（一产）4215.11万元。

2 宝台山国家森林公园旅游资源分析

2.1 旅游资源分类

根据《中华人民共和国国家标准——旅游资源分类、调查与评价》，对宝台山旅游资源进行分类，具体见表1。

表1 宝台山森林公园旅游资源分类系统表

大类	亚类	基本类型	典型景观
一自然旅游资源	11 地文类景观	1101 名山	宝台山、观莲峰、窝落峰、分水岭、秀红岭、木莲花山（大顶）、二顶等
		1102 象形地貌	天鹅抱蛋
		1104 峡谷	幽林谷、龙藤沟、茶花树沟、白石岩沟等
	12 水域类风光	1201 风景河段	澜沧江、洗身河等
		1202 漂流河段	澜沧江
		1204 泉	小箐头等
	13 天象景观		金屏晚照、宝台日出、木莲云雾等
	14 生物类景观	1401 树林	常绿阔叶林、杜鹃林、木莲花林、元江栲林、原始森林等
		1402 古树名木	华山松、楠木、云南枫杨、水青树等
		1403 奇花异草	滇藏木兰、大树杜鹃、原始山茶、绒叶含笑、白木瓜、玉兰花等
		1404 野生动物	金钱豹、金丝猴、水鹿、山驴、麂子、黑熊、孔雀、锦鸡、凤凰鸡等
		1405 其他	自然景观垂直地带性
二人文旅游资源	21 古迹与建筑	2101 军事遗址	雷达站遗址
		2102 宗教建筑	金光寺、金屏室、慧光寺、清静庵、普照寺遗址等
		2103 墓地	立禅祖师墓、历代僧尼塔墓、德安和尚墓等
	23 商品购物类	2301 天然药材	党参等
		2302 地方产品	鸡菌等
		2303 水果	木瓜、泡核桃

由上表可以看出，宝台山森林公园中主要旅游资源有 57 项。其中：地文类景观 12 项，水域类风光 4 项，天象景观 3 项，生物类景观 25 项，古迹与建筑 9 项，商品购物类 4 项。旅游资源较为丰富。

2.2 旅游资源评价

2.2.1 旅游资源质量评价

通过对风景资源的评价因子值加权平均获得基本质量分值，结合风景资源组合状况，评分值和特色附加值评分值获得整个景区的森林风景资源质量评分值。经计算，宝台山国家森林公园文化和自然遗产地的旅游资源综合得分为 29. 7，详见表 2。

表 2 旅游资源质量评价计算表

<table>
<tr><th>资源类型</th><th>评价因子</th><th>评分值</th><th>权数</th><th>资源基本质量加权值</th><th>资源质量评价</th></tr>
<tr><td rowspan="5">地文资源 X1</td><td>典型度</td><td>4</td><td rowspan="5">16F</td><td rowspan="22">27. 2B</td><td rowspan="24">29. 7M</td></tr>
<tr><td>自然度</td><td>5</td></tr>
<tr><td>吸引度</td><td>3</td></tr>
<tr><td>多样度</td><td>2</td></tr>
<tr><td>科学度</td><td>2</td></tr>
<tr><td rowspan="5">水文资源 X2</td><td>自然度</td><td>4</td><td rowspan="5">15F</td></tr>
<tr><td>吸引度</td><td>3</td></tr>
<tr><td>多样度</td><td>2</td></tr>
<tr><td>科学度</td><td>2</td></tr>
<tr><td>地带度</td><td>9</td></tr>
<tr><td rowspan="4">生物资源 X3</td><td>珍稀度</td><td>10</td><td rowspan="4"></td></tr>
<tr><td>多样度</td><td>8</td></tr>
<tr><td>科学度</td><td>4</td></tr>
<tr><td>珍稀度</td><td>3</td></tr>
<tr><td rowspan="4">人文资源 X4</td><td>典型度</td><td>4</td><td rowspan="4"></td></tr>
<tr><td>多样度</td><td>2</td></tr>
<tr><td>吸引度</td><td>2</td></tr>
<tr><td>科学度</td><td>2</td></tr>
<tr><td rowspan="4">天象资源 X5</td><td>珍稀度</td><td>1</td><td rowspan="4"></td></tr>
<tr><td>典型度</td><td>0. 5</td></tr>
<tr><td>吸引度</td><td>0. 5</td></tr>
<tr><td>利用度</td><td>0. 5</td></tr>
<tr><td>资源组</td><td>组合度</td><td>1. 2</td><td>Z</td><td>1. 2</td></tr>
<tr><td colspan="2">特色附加分</td><td>1. 3</td><td>T</td><td>1. 3</td></tr>
</table>

表 2 中，$B=\Sigma XiFi/\Sigma F$ $M=B+Z+T$，其中：B——风景资源基本质量评价分值；Z——风景资源组合状况评分值；X——风景资源类型评分值；F——风景资源类型权数；M——森林公园资源质量评价分值；T——特色附加分。

2.2.2 区域环境质量评价

宝台山国家森林公园和自然遗产地生态环境质量评价指标包括大气质量、地表水质量、土壤质量、负离子含量、空气细菌含量。计算方法为分别对各个环境指标进行评分，并累加获得区域内环境质量评价分值（H），总分为 10 分。经计算，宝台山国家森林公园和自然遗产地生态旅游区域环境质量评价分值为 9（表 3）。

表 3　区域环境质量评价表

评价项目	评价指标	评价分值	公园分值
大气质量	达到国家大气环境质量 GB3096—1996 一级标准 达到国家大气环境质量 GB3096—1996 二级标准	21	2
地表水质量	达到国家地表水环境质量 GB3096—1998 一级标准 达到国家地表水环境质量 GB3096—1998 二级标准	2 1	2
土壤质量	达到国家土壤环境质量 GB3096—1995 一级标准 达到国家土壤环境质量 GB3096—1995 二级标准	1.5 1	1
负离子质量	旅游旺季主要景点含量为 5 万个/cm^3 旅游旺季主要景点含量为 1 万~5 万个/cm^3 旅游旺季主要景点含量为 3 千~1 万个/cm^3 旅游旺季主要景点含量为 1 千~3 千个/cm^3	2.5 2 1 0.5	2
空气细菌含量	空气细菌含量为 1 千个/cm^3 空气细菌含量为 1 千~1 万个/cm^3 空气细菌含量为1 万~5 万个/cm^3	2 1.5 0.5	2
森林公园区域环境质量分值（H）		9.0	

2.2.3　旅游开发条件评价

旅游资源开发利用条件指标包括：旅游区面积、旅游适游期、区位条件、外部交通、内部交通、基础设施条件。计算方法为分别对各项指标进行评分，并累加获得旅游区旅游开发利用条件评价分值（L），满分为 10 分。经计算，宝台山国家森林公园和自然遗产地生态旅游开发条件评价分值为 5.5（表 4）。

表 4　旅游开发利用评价计算表

评价项目		评价指标	评价分值	公园评价
公园面积		森林公园规划面积大于 500hm^2	1	1
旅游适游期		大于或等于 240 天/年	1.5	1
		在 150~240 天/年	1	
		小于 150 天/年	0.5	
区位条件		距省会城市小于 100km，或以公园为中心半径 100km 内有 100 万人口规模的城市	1.5	1
		距省会城市（含省级市）或著名的旅游区 100~200km	1	
		距省会城市（含省级市）或著名的旅游区超 200km	0.5	
外部交通	铁路	50km 内通铁路，在铁路干线上，中等或大站，客流量大	1	0.5
		50km 内通铁路，不在铁路干线上，客流量小	0.5	
	公路	国道或省道，有交通车随时可达，客流量大	1	
		省道或县级道路，交通车较多，有一定客流量	0.5	
	水路	水路较方便，客运量大，在当地交通中占有重要地位	1	
		水路较方便，有客运	0.5	
	航空	公里内有国内空港或 150km 内有国际空港	1	1
内部交通		区域内有多种交通方式可供选择，具备游览的通达性	1	0.5
		区域内交通方式较为单一	0.5	

（续）

评价项目	评价指标	评价分值	公园评价
基础设施条件	自有水源或各区通自来水，有充足变压电供应，有较为完善的内外通讯条件，旅游接待服务设施较好	1	0.5
	通水、电，有通讯及接待能力，但各类基础设施条件一般	0.5	
评价分值	5.5		

2.2.4 旅游资源质量等级评价

旅游资源质量等级评定分值按下式计算：

$$N=M+H+L$$

式中：N——旅游资源质量等级评定分值；M——旅游资源质量评价分值；H——旅游区域环境质量评价分值；L——生态旅游开发利用条件评价分值。

旅游资源质量等级评定分值满分为50分，并按旅游资源质量评定分值划分为三级。

经计算，宝台山国家森林公园和自然遗产地旅游资源质量等级评分为44.2分，旅游资源质量等级为一级，其资源具有较高的旅游和科考价值，应加强保护，制定相应的发展措施。

2.2.5 综合评价

（1）旅游资源丰富、类型多样。宝台山国家森林公园和自然遗产地内旅游资源包括了地文景观、水域风光、天象景观、生物景观、古迹建筑、旅游商品等主要资源类别。并且每一类别都有多处高等级资源，具备旅游开发的资源条件。

（2）交通便利，旅游开发条件较好。宝台山国家森林公园和自然遗产地位于永平县西南部，距大保高速公路63km，附近县乡公路均为三级柏油路，可形成县城——霁虹桥——宝台山的外部旅游环线。良好的外部交通条件能够保证客源地游客十分方便地到达宝台山，成熟的旅游环线和基础设施能为游客提供满意的旅游服务。

（3）外部协作条件突出。宝台山国家森林公园和自然遗产地位于大理州与保山市交界处，处在西南古丝绸之路——博南古道上，是昆明——大理——保山旅游线的一个节点，优越的地理位置为公园进入大区旅游网提供了先决条件和可能。而公园中以金光寺为代表的寺庙建筑、宗教文化旅游资源与周边地区具有相似性，区域联动性极强。

3 宝台山国家森林公园生态建设对策

3.1 实行分区管理

按照不同需求，将森林公园分为核心景观区、一般游憩区、管理服务区和生态保育区，各个分区采用不同的管理模式。在核心景观区，除了必要的保护、解说、游览、休憩和安全、环卫、景区管护站等设施以外，不得规划建设住宿、餐饮、购物、娱乐等设施。一般游憩区内可以规划少量旅游公路、停车场、宣教设施、娱乐设施、景区管护站及小规模的餐饮点、购物亭等。管理服务区内应当规划入口管理区、游客中心、停车场和一定数量的住宿、餐饮、购物、娱乐等接待服务设施，以及必要的管理和职工生活用房。生态保育区在本规划区内以生态保护修复为主，基本不进行开发建设、不对游客开放。

3.2 实行分级保护

宝台山国家森林公园动植物资源种类众多，各种奇花异卉、飞禽走兽、人文建筑构成了宝台山旅游发展的基础。按《中华人民共和国自然保护区条例》规定，自然保护区的旅游活动只能在实验区进行，不能在核心区开展。在坚持开发服从于保护的原则下，根据区内资源价值的高低，进行不同级别的保护。

保护区具体的划分标准和保护区区域范围见下表5。

表5 旅游环境保护区域划分标准

级别	划分标准	区域划分
一级保护区	旅游资源赋存良好，景观价值高，能反映地方旅游特色的核心精华旅游区	木莲花旅游区
二级保护区	资源价值良好，能反映旅游区特色的精华，以保持景观、景物的长久性地区	金光寺、僧尼墓、金屏室、十六个堆子、观莲峰、天鹅抱蛋、普昭寺等
三级保护区	二级保护区外的景物、景观、有游览价值的地区，对旅游资源的保护具有重要意义的区域	区内其他地区

3.3 健全管理制度

3.3.1 建立管理机构

宝台山国家森林公园开发建设是在保护的前提下合理开发，提高社会、生态、经济效益和资源的利用率为宗旨，本着机构精简、便于管理、办事效率的原则，成立云南宝台山国家森林公园管理局，具体负责公园的招商引资、开发建设、资源保护等管理工作。

3.3.2 建立完善的森林防火制度

宝台山国家森林公园环境阴湿，自然状况下发生火灾的机率较小，但随着游客及香客的增加，森林火灾的潜在危险也在增加，因此森林防火工作应做到“预防为主，积极消灭”，并制定完善的森林防火制度。

（1）采取对野外用火实行强制性管理，游客只能在指定的野营区燃火，不能随意在森林里点火或吸烟。

（2）在防火季节和旅游旺季，认真做好森林防火监测预报和通讯联络工作，加强巡视，确保火情信息通畅，早发现、早扑灭。

（3）做好防火宣传工作，设立防火宣传标语，提高全民防火宣传意识。

（4）抓好防火队伍建设，配备适当的防火设备，做到专群结合，积极组织群众参加联合保护工作，一是聘用村民担任护林员，二是组建村民扑火队伍，三是组织村民对重点地段定点巡护，提高扑救火灾的能力，在保护区周边建立防火林带，强化森林防火工作。

（5）建立防灾和报案通讯系统，提高事发后的反映速度，保证游客的安全。

3.3.3 建立档案管理制度

档案是一切管理、经营、决策、科研、交流等活动的重要依据，森林公园应着重对建设规划、防止外来生物侵入、古树名木、珍稀动物资源、水资源状况、动物活动情况、植物生长状况、候鸟迁移情况、森林防火、森林病虫害防治、环境保护情况等做好记录并归档。

3.3.4 建立宣传教育制度

在森林公园内和外围集镇、交通要道及人群较集中的地方设置森林保护宣传标牌，印制、分发宣传小册，举办森林保护讲座，开展科普教育。充分利用广播、电视、网络等大众媒体进行广泛宣传，增加人们爱护自然、保护森林的认识，使广大人民深刻认识到，森林保护工作不但有利于提高当地人民的物质文化生活，同时对改善当地生态环境和促进国民经济的可持续发展具有重要意义。

3.3.5 建立社区共管联防机制

在广泛宣传发动的基础上，森林公园与园内及周边乡镇、村组基层组织、宗教寺庙、旅游社团及学校建立联防组织，动员森林公园职工及周边民众自觉加入森林保护工作中来，形成以森林公园管理人员为主，广大群众积极参与的联防网络，使森林公园的各项保护内容得到有效落实。

【参考文献】

郭盛才，彭威雄，边俊景，2011. 大岭山森林公园环境质量监测与评价［J］. 林业调查规划，36（4）：115-118.

卢云亭，王建军，2001. 生态旅游学［M］. 北京：旅游教育出版社.

牛亚菲，2001. 可持续旅游的实施方案［J］. 地理科学，21（2）：165-166.

吴楚材，等，1991. 张家界国家森林公园研究［M］. 北京：中国林业出版社.

吴泽民，吴文友，高健，等，2003. 合肥市区城市森林景观格局分析［J］. 应用生态学报，14（12）：2117-2122.

吴章文，2006. 城市与城市森林［J］. 中国城市林业，10-28.

杨桂华，钟林生，明庆忠，2001. 生态旅游［M］. 北京：高等教育出版社.

于耀辉，李慧凯，林春芳，2003. 南瓮河自然保护区生态旅游资源的保护与开发［J］. 四川林勘设计，6：46-48.

云南双江古茶山国家森林公园风景资源质量评价*

森林风景资源是指森林资源及其环境要素中凡能对旅游者产生吸引力，可以为旅游业所开发利用，并可产生相应的社会效益、经济效益和环境效益的各种物种和因素[1]。在对森林公园风景详细调查的基础上，借鉴国内外先进的技术和经验，对双江古茶山国家森林公园的风景资源进行综合评价，可为森林公园制定科学合理的森林旅游业发展规划和保护管理提供指导性依据。

1 研究区概况

云南省西南部的双江，因澜沧江和小黑江在县境相汇而得名。双江古茶山森林公园位于双江拉祜族佤族布朗族傣族自治县境内，地理坐标位于东经 99°48′16″~100°00′36″，北纬 23°21′41″~23°45′18″。古茶山森林公园由国家林业局于 2015 年 1 月批准建立，是 10 年来云南省唯一一个申报成功的国家级森林公园，由广布野生古茶树的古茶山片区、森林湖片区，以及冰岛湖片区构成，规划总面积 5412hm^2。

2 研究方法

2.1 定性评价

在对森林公园风景资源详细调查的基础上，通过专家访问，走访森林公园管理人员和社区居民等，作为森林公园风景资源评价的依据，并在此基础上对重要的风景资源进行分类描述。

2.2 定量评价

2.2.1 森林公园风景资源质量评价

根据评价标准[2]，在对森林公园风景资源的详细调查的基础上，对森林公园的地文资源、水文资源、生物资源、人文资源、气候资源等的特性和资源特色进行分类、分级，并根据评价因子逐项评价、打分。最后，对森林公园风景资源质量进行综合性评定。

2.2.2 森林公园区域环境质量评价

通过对大气质量、地表水质量、土壤质量、负离子含量、空气细菌含量 5 项指标进行评价，获得区域环境质量评价分值[3-5]。

2.2.3 森林公园旅游开发条件评价

通过对公园面积、旅游适游期、区位条件、外部交通、内部交通、基础设施条件 5 项指标进行评价获得森林旅游开发利用条件评价分值。

2.2.4 森林公园风景资源质量等级评定

根据森林公园风景资源质量评价、区域环境质量评价、旅游开发条件评价 3 项指标评价结果累计得分，评定森林公园风景资源质量等级（森林公园风景资源质量等级评定分值满分为 50 分）。根据风景资源质量评定分值划分为 3 级：Ⅰ级为 40~50 分；Ⅱ级为 30~39 分；Ⅲ级为 20~29 分。

---

* 和霞，王丹彤，王梦君，等. 云南双江古茶山国家森林公园风景资源质量评价［J］. 林业建设，2015，(6)：46-50.

3 结果与分析

3.1 风景资源质量定性评价

3.1.1 具有重要的科学研究价值

森林公园古茶山片区发现的勐库野生古茶树群落所在地是世界茶树起源中心的核心区域，与同为野生大理茶种的其他古茶树群落相比，分布的海拔更高，面积和群落更新能力更具优势。古茶山森林公园内分布的野生古茶树群落对于研究本区域的植被演替、植物群落特征以及进一步论证茶树原产我国云南，研究茶树起源、演变、分类和种植及云南茶文化等具有重要的科学研究价值。此外，由于该野生茶树群落的分布海拔可达到2700m左右，是目前分布海拔最高的群落，其抗逆性强，尤其是抗寒性强，可为研究茶树抗性育种和生物学研究提供重要的遗传基因资源。

3.1.2 具有重要的生态价值

森林公园内记录有维管束植物821种，脊椎动物194种。丰富的动植物种类形成了高低不同、错落有致的森林景观。林间百鸟飞翔、偶见珍稀动物穿梭，中华桫椤等各类生物活化石共生其间，既形成了天然稳定的生态系统，具有较高的生态价值。古茶山森林公园植被保存完好，具有涵养水源、保水固土、调节气候等明显的生态效益，是双江自治县县城的城市后花园，是澜沧江——湄公河国际河流的一道重要生态屏障，是西部边疆地区的绿色屏障。

3.1.3 具有科普宣教价值

古茶山森林公园内的植被类型多样，不仅分布了华山松为主体的暖性针叶林，而且还分布了在山地垂直带上的重要植被类型——中山湿性常绿阔叶林，以及连接滇中半湿润气候区与滇西南南亚季风气候区的植被类型——半湿润常绿阔叶林。古茶山森林公园内动植物资源种类丰富，其中不乏重点保护物种、经济物种等，也具有较高的科学研究价值，为植物学、生物学、地质学、生态学专家的科学研究提供了重要场所。这些森林景观、动植物资源和独特的地貌特征蕴含着丰富的植物知识、生态知识及地理知识，同时也是重要的森林生态旅游资源，是开展科普宣教、普及森林文化知识的重要素材，通过对旅游者的宣传介绍可实现较好的科普效果。此外，森林公园还是开展森林生态旅游的理想之地，森林生态旅游作为一种负责任的旅游形式，可实现集生物及环境知识的获得，环保意识和生态意识的树立，人与自然和谐相处的科普功能。

3.1.4 具有较高的民族生态茶文化品牌优势

双江自治县是云南大叶茶的故乡，种茶、制茶、饮茶有着悠久的历史，茶文化源远流长，孕育出了以不同少数民族为代表的风格独异的茶道、茶艺以及茶技、茶礼、茶俗、茶医、茶歌、茶舞、茶膳等内涵丰富的茶文化，并以工艺精湛而称奇，使森林公园具有较高的原生态民族茶文化品牌优势。其中，布朗族是最早引种栽培茶叶的民族，被称为“种茶始祖”；拉祜族将“雷响茶”作为世代相袭的茶饮之一；佤族的“石板茶”是在众多的茶饮习俗中最独具特色的，让人在品评茗香中返璞归真；布朗族的“竹筒茶”和“烟米茶”用料奇妙，泡制方法神秘，是布朗人以茶入药的典范；傣族的“糯米香茶”融合了傣族柔美、善良的个性，在茶中配以糯米香叶，使原本醇香的茶气更加悠远缠绵。

3.1.5 具有活态民族文化遗产展示与传承价值

古茶山森林公园所在的双江自治县是中国唯一一个由拉祜族、佤族、布朗族、傣族四个少数民族为主组成的多民族自治县，尤以拉祜族、布朗族为典型代表。各民族自有独特的民族文化，如被列入国家级非物质文化遗产名录的双江布朗族蜂桶鼓；有纺织文化“活化石”之称的“布朗族牛肚被”；有迄今为止发现的最为完整的拉祜族民间歌舞文化遗存之一的“七十二路打歌”；有迄今仅双江佤族所独有，最彰显佤族骠勇个性的民间体育竞技之一的“鸡棕陀螺”等。这些民族文化、原生态茶文化皆是森林公园少数民族世代传承的精华所在，增加了古茶山森林公园的文化意蕴，也为今后的旅游开发提供了精彩丰富的文化因子。各民族在此交融共生，形成了绚丽多彩的民族风情。在这独有的文化区内共同创造了“拉佤布傣汉”五位一体和谐共处的文化模式，犹如森林公园内的五湖环绕，堪称“和谐多元民族文化融合的活化石”，充分体现了中华民族“多元一体”的大格局，是一个展示、领略中国西南边疆少数民族文化的窗口。这些少数民族共同创造的物质文化、精神文化与民风民俗都很好地映衬了整个森林公园，提升了森林公园的文化内涵，增加了公园内外的人文风貌，使森林公园内人文景观与自然景观珠联璧合，相映成趣，浑然一体，交相辉映。

3.1.6 休闲疗养及养生价值极高

森林公园平均海拔 2200m，年平均气温 13.2～13.8℃，极端最高气温 25.4～26.0℃，极端最低温 -0.5～-3.3℃，气温年较差 8.8℃。常年气温舒适，全年旅游适游期达到 321 天，与双江自治县、临沧市夏季干热的天气状况形成反差，在整个云南省乃至西南地区具有极高的休闲疗养及养生价值。公园内原始植被保存完整、古茶树群落葱郁、山水相宜、河流清澈、山体多样、气候凉爽、雨量适中，负氧离子含量高，空气洁净，既是天然氧吧，又可避暑疗养，不仅适宜短时的游览观光活动，还适合开展长时间的休闲度假、康体养生等保健式的旅游活动。

同时，勐库野生古茶种质优良，从养生学的角度看，茶叶商品及旅游产品都具有养生价值。饮茶不仅对人体健康有保健作用，也具有物质和精神两个方面的作用。而且我国茶人早就提出“茶德”的概念，茶文化具有修养身心，恢复人的性情品德之效用。因此，在开展茶文化旅游项目时，要充分挖掘茶文化内涵，体现中华茶文化的身心保健与养生的功效，实现茶与旅游文化的完美结合。

3.1.7 具有极高的景观感染力和美学观赏价值

古茶山森林公园内地形地势复杂，海拔差异悬殊，植被繁茂，融山、水、林、茶、民族风情为一体。变幻的云海日出的天象景观，神奇的垭口、象形山石等地质景观，丰富的动植物资源景观，动静相宜的湖泊河流等水体景观，以及民居建筑、民俗风情形成的人文景观等具有极高的游憩观赏价值。同时，公园内古木参天，郁郁葱葱，树形千姿百态，生机盎然。云海波澜壮阔，穿梭于山间林中，犹如置身于神秘幻境，形态各异的五大湖泊掩映于群山峻岭之中，倒影众山，与森林、蓝天、白云交相辉映，是开展森林生态旅游、观光旅游、摄影旅游的理想之地。

3.2 森林公园风景资源质量定量评定

3.2.1 森林风景资源质量评价

古茶山森林公园内分布的野生古茶树及其更新群落，是目前发现的海拔最高、面积最广、古茶树密度最大的野生茶树群落。珍贵的野生古茶树资源及栽培的古茶树，是茶树原产地的“历史见证”，为中国茶树引种驯化和茶产业发展提供了遗传基因支持；原始的中山湿性常绿阔叶林古树参天且物种丰富；元江栲林、云南铁杉林分别是云南省同类群落中分布纬度最低、最南的群落；高大优美的华山松林是集中连片的重要森林资源。古茶山森林公园的山、水、林、湖、茶与人构成了一个完整的生命共同体，自然已不再是单纯的自然，而是当地民族传统文化影响下的自然文化复合景观。

根据调查分析，古茶山森林公园风景资源质量评价分值为 28.54 分。其中，地文资源景观得分 3.6 分，水文资源景观得分 3.8 分，生物资源景观得分 15.2 分，人文资源景观得分 2.25 分，天象资源景观得分 0.19 分；森林公园组合状况评价得分 1.5 分；公园特色附加值评价得分 2 分。详见风景资源质量评分表 3-1。

表 3-1 古茶山森林公园风景资源质量评分表

资源类型（满分）	评价因子	评分标准	评分值	权数	得分	合计
地文资源（20分）	典型度	5	4	0.2	3.6	28.54
	自然度	5	5			
	吸引度	4	3			
	多样度	3	3			
	科学度	3	3			
水文资源（20分）	典型度	5	5	0.2	3.8	
	自然度	5	5			
	吸引度	4	4			
	多样度	3	2			
	科学度	3	3			
生物资源（40分）	地带度	10	9	0.4	15.2	
	珍稀度	10	10			
	吸引度	8	8			
	多样度	6	5			
	科学度	6	6			
人文资源（15分）	珍稀度	4	4	0.15	2.25	
	典型度	4	4			
	吸引度	3	3			
	多样度	2	2			
	科学度	2	2			
天象资源（5分）	多样度	1	0.5	0.05	0.19	
	珍稀度	1	0.8			
	典型度	1	0.7			
	吸引度	1	1			
	利用度	1	0.8			
资源组合（1.5分）	组合度	1.5	1.5			
特色附加分（2分）		2	2			
合计		28.54				

3.2.2 区域环境质量评价

古茶山森林公园森林覆盖率高达88.45%，境内无工矿企业，无工厂、排污口等污染源，很少受到人类活动的干扰，森林生态环境良好，各项环境质量良好。根据临沧市环境监测站对各项环境评价因子的监测结果，古茶山森林公园区域环境质量评价得分为8.5分。详见表3-2。

表 3-2 古茶山森林公园区域环境质量评价评分表

评价项目（满分）	评价依据	评价得分
大气质量（2 分）	达到Ⅱ级标准	1.0
地表水质量（2 分）	达到Ⅱ级标准	1.5
土壤质量（1.5 分）	达到Ⅰ级标准	1.5
空气负离子含量（2.5 分）	主要景点其含量在 3000~10000 个/cm^3	2.5
空气细菌含量（2 分）	空气细菌含量在 0~1000 个/m^3	2.0
合计		8.5

3.2.3 森林旅游开发利用条件评价

古茶山森林公园旅游开发条件评价得分为 7.5 分。详见表 3-3。

表 3-3 古茶山森林公园旅游开发条件评分表

评价项目（满分）		评价依据	评价得分
公园面积（1 分）		森林公园面积为 4538.92hm^2，大于 500hm^2	1.0
旅游适游期（1.5 分）		全年旅游适游期为 321 天以上，大于 240 天	1.5
区位条件（1.5 分）		公园位于双江自治县城，目前，从临沧市临翔区圈内乡到忙糯乡的忙圈公路正规划建设路面改造工程，交通便利	1.5
外部交通	铁路（1 分）	到达双江自治县无铁路	0.0
	公路（1 分）	国道 323、214，从昆明到祥云为高速公路，祥云到临沧临翔区为高等级公路，从临翔区到双江自治县城是新修的二级沥青路，从县城到古茶山森林公园是四级混凝土铺砖路面	1.0
	水路（1 分）	无客、货运水路	0.0
	航空（1 分）	北有临沧机场，西南有在建的沧源机场，东南有规划建设的澜沧机场	1.0
内部交通（1 分）		区域内交通方式多样，通达性好	1.0
基础设施条件（1 分）		通水、电，有通讯和接待能力，但各类基础设施条件一般	0.5
合计		7.5	

综合以上各项评分结果，古茶山森林公园的森林风景资源质量综合评分为 44.54 分，达到Ⅰ级的森林公园风景资源标准，其资源价值和旅游价值较高（见表 3-4）。

表 3-4 古茶山森林公园风景资源质量综合评分表

评价因子	评分标准（分）	评价综合得分（分）
森林风景资源质量	30	28.54
区域环境质量	10	8.5
旅游开发条件	10	7.5
合计	50	44.54

4 结论

根据定性分析，双江古茶山国家级原始森林公园是以森林资源为主体，以古老原始的中山湿性常绿阔叶林、处在世界茶树起源中心核心区域的勐库野生古茶树群落、莽莽苍苍的森林景观、天然的南勐河水体景观、独一无二的多元民族文化和得天独厚的茶文化为资源特色，融科学价值、景观价值、文化价值和产业价值于一体的森林公园，单体资源质量较高，组合状况良好，发挥着不可替代的生态服务功能。同时，和谐的自然生态环境、积淀深厚的少数民族文化以及源远流长的茶源文化交相辉映，为发挥科普宣教展示功能，开展森林生态旅游、民族风情和茶源文化体验、普及生态文化知识提供了重要支撑。此外，根据定量分析，古茶山森林公园的森林风景资源质量综合评分为44.54分，达到Ⅰ级的森林公园风景资源标准。

综上所述，双江古茶山国家级原始森林公园能够更好地协调保护与开发的矛盾，有利于实现区域生态环境的有效保护，是最为典型的生态文明样板与展示窗口。

【参考文献】

[1] 吴协保，等. 湖南桃花江森林公园风景资源质量评价 [J]. 中南林业调查规划，26 (3).
[2] 国家标准局. 中国森林公园风景资源质量等级评定 [S]. GB/T 18005-1999.
[3] 国家标准局. 国家大气环境质量等级评定 [S]. GB/T 3095-1996.
[4] 国家标准局. 国家地面水环境质量等级评定 [S]. GB/T 3838-2002.
[5] 国家标准局. 国家土壤环境质量等级评定 [S]. GB/T 15618-1995.

灵宝山国家森林公园生态旅游发展的 SWOT 分析*

“生态旅游”一词是由世界自然保护联盟（IUCN）生态旅游特别顾问 H. Ceballos Lascurain 于 1983 年首先提出，它的含义不仅是指所有观览自然景物的旅行，而且强调被观览的景物不应受到损失[1]。SWOT 是营销学中对研究或分析对象放在环境中从优势、劣势、机会、挑战方面进行分析的常用方法，是优势（strength）、劣势（weaken）、机会（opportunities）和挑战（treat）4 个单词首字母的缩写[2]。目前国家森林公园的建设不仅发展了生态旅游，增加了经济收入，同时有效地保护了生物多样性并促进了森林资源的可持续发展。本文通过运用 SWOT 分析法对灵宝山国家森林公园的生态旅游条件进行分析，为该公园的科学发展提出发展对策。

1 森林公园概况

灵宝山国家森林公园建立于 1997 年，位于云南省大理州南涧彝族自治县，距离南涧县城 56km，处于老 214 国道两侧。灵宝山国家森林公园规划面积 811. 2hm^2，地理坐标为东经 100°29′00″~100°31′20″，北纬 24°44′20″~24°47′10″。灵宝山国家森林公园范围森林风景资源丰富，具有多样的地文、水文、生物、人文、天象、音景、光景等森林风景资源。灵宝山国家森林公园受南亚季风环流影响，形成了独特的季风性湿润气候，夏不酷热，冬不严寒，具有典型的“灵宝山”景致。其峡谷、森林、草甸、花海、纯净的空气缔造了立体的生态走廊，可春观草、夏赏花、秋品叶、冬看花。这里正在成为广大中外旅游者、科学家、探险家、艺术家们登山、攀岩、探险、森林浴、科学考察的绝佳之处。

2 森林公园生态旅游发展的 SWOT 分析

2.1 优势分析

2.1.1 区位优势

灵宝山国家森林公园位于南涧县南部，是临沧市、普洱市、大理州的枢纽点，是不同民族文化、不同民族宗教信仰的汇融地。特殊的地理位置使灵宝山国家森林公园成为自然景观的展示基地，成为继承和发扬传统民族文化的遗产地。

2.1.2 交通优势

目前，灵宝山国家森林公园及所在地南涧县已基本具备公路、铁路、航空、水路等交通优势。

公路方面：灵宝山国家森林公园位于景东县与南涧县交界处，距南涧县城 56km。连接外地的公路主要有：景东—南涧—昆明老 214 国道，并与大理、普洱均有干线公路相通。

铁路方面：距离最近的祥云火车站 126km。祥云临沧普洱铁路已列入《国家中长期铁路网规划》，规划里程 350km，该线的建设将更加有利于南涧连通大理旅游区与临沧旅游区，扩大区域合作的范围。

航空方面：灵宝山位于大理机场、临沧机场之间。距离大理飞机场 156km，临沧机场 293km。

水路方面：云南省旅游局编制的《滇西南澜沧江—湄公河国际旅游区发展规划》中提到疏浚澜沧江河道，修建和完善漫湾、小湾、大朝山、糯扎渡、普洱、景洪、关累等码头，以提高澜沧江通航能力和

* 胡业清. 灵宝山国家森林公园生态旅游发展的 SWOT 分析 [J]. 林业建设，2016，(3)：55-58.

航运水平，为灵宝山旅游的水路通行提供了便利。

2.1.3 资源组合优势

灵宝山国家森林公园内拥有高山、峡谷、溪流、森林、花海、遗迹遗址等多种类型的景观资源，其中遗迹遗址具有很高的历史价值。同时，公园周边分布着无量药谷、樱花谷、石洞寺、万亩生态茶园、无量山国家级自然保护区等重要的旅游吸引物，其中樱花谷和药王谷已具备较高知名度和一定的市场基础，灵宝山国家森林公园的景观资源与上述地区有较强互补性，便于进行差异性开发和联动营销。

2.1.4 文化优势

灵宝山国家森林公园周边社区居住着彝族、苗族、回族等多个民族，形成了多样的民俗风情文化。比如堪称“东方饮食文化之一绝”的南涧跳菜、具有神秘色彩的盖瓦洒哑巴舞、粗犷豪放的“彝族打歌”等民俗风情，将周边社区居民粗犷、古朴、生动的民间艺术亮点融汇在日常生活当中，彰显出灵宝山国家公园周边社区居民的古老传统，独具特色。同时，灵宝山也是武侠文化的圣地，金庸先生在《天龙八部》中写道，“森林古树碧清流，藏得三春依旧”，便指灵宝山四处四时皆春色。又指出灵宝山远眺似卧佛，真为灵山胜境。传说“无量剑”派掌门所居剑湖宫，就在灵宝山上。可谓宝殿三春藏胜景，灵山一剑动江湖。丰富的民俗文化和武侠文化，共同构成了灵宝山特殊的文化形式，这与体验真实文化的需求相契合，可以形成综合性较强的文化旅游产品。

2.2 劣势分析

2.2.1 基础设施尚需完善

目前通往公园的道路交通建设滞后、景区标识不健全，没有形成固定的交通旅游车线路；缺少游客中心、旅游厕所、医疗点等辅助设施，接待容量受限，不能满足日益增长的游客需求，影响了公园旅游的长远发展。

2.2.2 资金短缺问题严重

近年来，南涧县政府虽不断加大了对灵宝山国家森林公园的投资力度，但由于县政府经济实力有限，与所需资金仍有较大差距，这已成为制约灵宝山国家森林公园发展的“瓶颈”。

2.2.3 灵宝山国家森林公园在主要客源市场的知名度较低

目前在大理市、昆明市旅行社推介的大理州旅游路线中，很少有灵宝山国家森林公园相关的旅游介绍，使得游客对灵宝山旅游的认知度较低，旅游市场占有率较低。根据调查结果显示，大理市、昆明市的居民及游客对灵宝山的知晓度分别仅为40.3%和29.7%，这将影响公园旅游产品的市场推广。

2.3 机遇

2.3.1 政策扶持

2011年5月6日，国务院批准并出台了《国务院关于支持云南省加快建设面向西南开放重要桥头堡的意见》，7月6日，国家旅游局和云南省委、省政府在北京举行座谈会，并与省政府签署了《关于建设面向西南开放重要桥头堡共同推进云南旅游产业跨越式发展会谈纪要》，多举措支持云南旅游产业发展。同时，国家继2010年中央一号文件提出“积极发展休闲农业、乡村旅游、森林旅游和农村服务业，拓展农村非农就业空间”后，2012年一号文件再次明确提出，“支持发展木本粮油、林下经济、森林旅游、竹藤等林产业”，这将为森林公园的发展树立新的方向和定位。

云南省各级党委和政府对发展旅游业高度重视，加大了对旅游业的支持力度，在资金、税收、土地、人才培养等方面给予旅游商品开发和营销企业必要的支持。这些政策为灵宝山国家森林公园开发建设提供了优良的政策大环境和难得的发展机遇。

南涧彝族自治县国民经济和社会发展第十二个五年规划纲要中提出：紧紧抓住省州“旅游二次创业”

和大理州环大理、环滇西旅游圈建设契机，依托历史文化、民族文化和自然生态资源优势，围绕“一个中心、两条线路、三大片区”的发展思路，着手编制县城片区、小湾电站片区、无量山片区旅游开发详细规划，通过积极争取，使南涧县旅游发展规划纳入全省全州旅游开发规划盘子。灵宝山国家森林公园在“一个中心、两条线路、三大片区”的规划布局中地位突出，将极大地有利于整合森林公园旅游资源、提升旅游内涵，优化旅游产业要素。

2.3.2 森林生态文化越来越受到人们的青睐

森林生态文化已经成为社会的一种时尚，是一种绿色消费。森林生态文化除了给人们提供一个观光、度假的空间外，其实也是一个环保教育的“大课堂”。旅游者通过观赏森林系统奇特的物种形态、群落结构，呼吸清新空气、饮用洁净的泉水，从而了解森林生态系统内部的物质、能量和信息流程与循环，认识森林保护物种，涵养水源、净化空气、美化和改良区域环境等多种功能。随着社会发展速度的加快，人们休闲娱乐的时间增多，回归自然的欲望逐渐增强，森林生态文化将会越来越受欢迎。

2.3.3 交通优化机遇

目前，云南省规划了经过南涧县的大理至普洱的高速公路，将要建设的大普高速贯穿南涧全县，有利于南涧连通滇北、滇西南的各大旅游区，形成高速环线旅游圈，也有利于新兴的自驾车旅游发展。而祥云临沧普洱铁路也已列入《国家中长期铁路网规划》，并将南涧作为这条铁路线的重要节点，该线的建设将更加有利于南涧连通大理旅游区与临沧旅游区，扩大区域合作的范围。

这些项目的建设将会给灵宝山国家森林公园带来更便利的交通和广泛的客源。

2.4 挑战

2.4.1 临近景点竞争激烈

灵宝山国家森林公园与周边的无量山国家级自然保护区、凤凰山等自然资源相似，都以大理州、昆明市为主要客源市场，使得公园旅游不可避免地面临激烈的竞争。另外，虽然公园的森林、花海、日出等摄影艺术旅游项目竞争优势明显，但由于目前旅游设施还不完善，游线缺乏规划，竞争潜力未能发挥。

2.4.2 发展与保护之间存在一定矛盾

灵宝山国家森林公园在地域范围上与无量山国家级自然保护区南涧片区的实验区完全重合，公园在考虑到自身发展的同时也需要重视保护区的保护职能，而国家级自然保护区可以开展生态旅游的强度远低于国家森林公园，由此也增加了公园发展的难度。

2.4.3 品牌创新难

在全省各地开发森林旅游资源的大环境下，如何保持森林资源的原生性和差异性优势显得极为重要。如何对自己的自然、文化旅游资源进行创新性开发，打造特色鲜明的旅游文化品牌形象，也是灵宝山国家森林公园将面临的挑战。

3 灵宝山国家森林公园生态旅游发展策略

3.1 充分科学发挥旅游区位优势

灵宝山国家森林公园与省内宝台山国家级森林公园、磨盘山国家级森林公园、太阳河国家级森林公园等相比，具有相近、相似的地理气候条件和生物资源。因此在国家森林公园生态旅游方面，这些公园因其具有相似的地理气候条件和生物资源面面临着较大的替代性竞争。而灵宝山国家森林公园具有自然资源和人文资源的综合优势。灵宝山国家森林公园在民族宗教文化优势，民俗风情多样，古老传统的优势非常突出。同时仙侠气息浓郁，传统武侠文化底蕴深厚的的优势等共同构成的综合优势。因此灵宝山国家森林公园具有丰富的野生动植物资源、良好的生态环境，生态旅游资源优势突出，差异性较强，可培育成为云南省国家森林公园生态旅游的龙头。

3.2 有力整合周边生态旅游资源

灵宝山国家森林公园周边旅游资源丰富。据调查统计，森林公园周边拥有“南涧跳菜”“无量药谷”“樱花谷”、金庸武侠文化、电力文化、石洞寺、小湾风光、哑神会、凤凰山、万亩生态茶园、无量山云海、公郎回营传统村落、白云寺、碌摩山古寺、公郎清真寺、澜沧江大桥、澜沧江大峡谷、虎街“茶马古驿道”等旅游资源。这些旅游资源是其他地方缺少或难以组合的。灵宝山国家森林公园在旅游产品的设计和策划当中，将充分依托这些资源，开发多种各具特色的旅游产品。

3.3 全面提升公园生态旅游产品特色

特色是灵宝山森林公园的灵魂，森林公园建设过程也是展现资源特色的过程。只有突出了特色，才能使资源有效转化为游憩展示产品。灵宝山森林公园要突出自然生态优美、历史文化悠久的特色。以丰富独特的自然生态资源为载体，以地域历史文化内涵和民俗风情为依托，公园区建设为核心，在初期大众化旅游产品基础上，深入挖掘灵宝山森林公园资源优势，加快精品、名牌产品的培育和建设，形成在省内外都具有较强竞争力的国家森林公园游憩展示产品。通过森林公园资源本底调查评价、发展方向、形象定位等的分析，确定灵宝山森林公园的营销主题，采取多样、合理的营销，扩大灵宝山国家森林公园的市场影响力和知名度，以争取到更多的游客和更大的旅游市场，改变目前客源市场环境，实现灵宝山森林公园跨越式的发展。

【参考文献】

[1] 陈钰. 基于 SWOT 分析的湿地生态旅游可持续发展策略研究——以张掖市国家湿地公园为例 [J]. 中国农学通报 2011，27（4）：483-487.

[2] 罗婉容，罗海成. 当代市场营销 [M]. 北京：航天工业出版社，1999.

云南灵宝山国家森林公园风景资源质量评价研究*

国家森林公园是以森林资源为依托，生态良好，拥有全国性意义或特殊保护价值的自然和人文资源，具备一定规模和旅游发展条件，由国家林业局批准的自然区域。森林风景资源是森林公园的自然和人文资源及其环境要素中凡能对旅游者产生吸引力，可以为旅游者开发利用，并可产生相应的社会效益、经济效益和环境效益的各种物质和因素的总称。如果选择森林风景资源评价对象，并在调查的基础上科学分析出国家森林公园风景资源质量等级，将成为评价国家森林公园森林风景资源的保护价值、游憩价值、社会价值的重要组成部分。

1 研究区概况

灵宝山国家森林公园建立于1997年，位于云南省大理州南涧彝族自治县，距离南涧县城56km，处于老214国道两侧。灵宝山国家森林公园规划面积811.2hm^2，规划范围与云南省无量山国家级自然保护区南涧片区的实验区重合，地理坐标为东经100°29′00″~100°31′20″，北纬24°44′20″~24°47′10″，东邻无量山镇解板箐、核桃树、羊圈房、独家等村；南接营盘山山脚滴水阱；西邻公郎镇大歇厂、阿都摩、茶花树、空心树等村；北邻阿鲁腊大山南坡阱门口村。

2 评价方法

森林公园风景资源质量评价体系参照《中国森林公园风景资源质量等级评定》GB/T 18005—1999标准，评价分值按指定的评价方法进行评价获得，满分值为30分。通过对森林风景资源的评价因子评分值加权计算获得资源基本质量分值，结合资源组合状况评分值和特色附加分评分值获得森林公园风景资源质量评价分值。

2.1 灵宝山国家森林公园风景资源基本质量评价

主要从地文资源、水文资源、生物资源、人文资源和天象资源五类资源评价。地文资源和水文资源的评价因子包括典型度、自然度、吸引度、多样度、科学度；生物资源的评价因子包括地带度、珍稀度、多样度、吸引度、科学度；人文资源的评价因子包括珍稀度、典型度、多样度、吸引度、利用度；天象资源的评价因子包括多样度、珍稀度、典型度、吸引度、利用度。根据资源特征的不同按评价因子间的相互地位和重要性确定评分值，评分值之和为该资源类的权数。

2.2 灵宝山国家森林公园风景资源组合状况评价

主要从地文资源、水文资源、生物资源、人文资源和天象资源五类资源类型之间的联系、补充、烘托等相关关系的组合度作为评价因子进行评价。

2.3 灵宝山国家森林公园风景资源特色附加分评价

主要从风景资源单项要素在国内外具有重要影响或特殊意义进行评价，评价因子为资源具有的特殊影响和意义。

---

* 李华，马国强. 云南灵宝山国家森林公园风景资源质量评价研究［J］. 林业建设，2017，(4)：16-19.

2.4 评价分值计算方法

①资源基本质量评价分值按式（1-1）计算。

$$B=\sum X_iF_i/\sum F \quad (1\text{-}1)$$

式中：B——森林风景资源基本质量评价分值；

X——森林风景资源类型评分值；

F——森林风景资源类型权数。

②森林风景资源组合状况按满分 1.5 分对组合度（Z）评分。

③特色附加分（T）按满分 2 评分。

④森林风景资源质量评价分值按式（1-2）计算。

$$M=B+Z+T \quad (1\text{-}2)$$

式中：M——森林风景资源质量评价分值；

B——森林风景资源基本质量评分值；

Z——森林风景资源组合状况评分值；

T——特色附加分。

3 结果与分析

3.1 森林风景资源质量评价

根据调查分析，灵宝山国家森林公园风景资源质量评价值为 24.6 分。其中，地文资源景观得分 3.2 分，水文资源景观得分 3.2 分，生物资源景观得分 14.8 分，人文资源景观得分 1.95 分，天象资源景观得分 0.15 分；森林公园组合状况评价得分 0.5 分；公园特色附加值评价得分 0.8 分。详见风景资源质量评分表 3-1。

3.2 灵宝山国家森林公园森林风景资源综合评价

3.2.1 科学和保护价值

（1）典型性

地学研究的热点地区。灵宝山国家森林公园所在地处于滇东、滇中的康滇古陆与滇西地槽的接触带的偏西部分。在大地构造单元上属唐古拉—昌都—兰坪—思茅褶皱系内的澜沧江断裂。无量山及附近的河谷，在下古生代前曾是海洋的一部分，沉积了巨大的海相、浅海相、海陆交替相地层。寒武纪以后，经挤压变质，形成一套正、副变质岩的岩系。古生代末本区下降，重新接受沉积。中生代时，这一带为浅海—湖泊相的沉积环境，沉积了较厚的碎屑岩堆积地层。中生代后期的燕山运动对本区影响较大，地壳抬升，并有花岗岩体侵入。第三纪中新世后，经喜马拉雅山造山运动的影响，准平原抬升并解体。这些不同时期的地质事件均在灵宝山国家森林公园留下了丰富的地理学记录和遗迹。变质岩与碎屑岩中山、高中山山地、侵蚀河谷与断陷侵蚀盆地、高原面等地貌的存在使该地区成为研究新构造运动、喜马拉雅山造山运动所形成区域环境演变的典型地区之一，该区域的形成时代及其生态环境效应一直是地学研究的热点地区之一。

民俗研究的“活体”。民族传统文化作为灵宝山国家森林公园的文化精粹一直长传不衰，影响深远。灵宝山古石建筑群为宋代石建筑群，1987 年被南涧县人民政府颁布为第二批县级文物保护单位，是无量山区彝族群众宗教活动的场所。其分别坐落在山坡和山顶上，大小不一，方位不同；有老君殿、无量殿、观音殿、阿鲁腊大殿、子孙殿等大大小小的殿宇 13 座；由石柱、石梁、石坊、石雕、石佛、石香炉、石供品、石装饰等特色石材组建而成。其修建原材料由很远的山下运至山顶，工程浩大。这些石制品典雅古朴、造型生动、独具特色，反映出当地彝族先民的卓越智慧以及古老的文化艺术，是彝族先民们在石雕艺术上的结晶，正可谓石的艺术、石的文化，是研究民族地区宗教文化的“活体”。

表 1 灵宝山国家森林公园森林风景资源质量评价测算表

资源类型	评价因子	评分值	得分值	权数	资源基本质量加权值	资源质量评价值
地文资源 X_1	典型度	5	3	F_1 20	23.3	24.6
	自然度	5	5			
	吸引度	4	3			
	多样度	3	3			
	科学度	3	2			
水文资源 X_2	典型度	5	4	F_2 20		
	自然度	5	5			
	吸引度	4	3			
	多样度	3	2			
	科学度	3	2			
生物资源 X_3	地带度	10	9	F_3 40		
	珍稀度	10	9			
	多样度	8	8			
	吸引度	6	5			
	科学度	6	6			
人文资源 X_4	珍稀度	4	3	F_4 15		
	典型度	4	4			
	多样度	3	3			
	吸引度	2	1			
	科学度	2	2			
天象资源 X_5	多样度	1	0.5	F_5 5		
	珍稀度	1	0.5			
	典型度	1	0.7			
	吸引度	1	0.8			
	利用度	1	0.5			
资源组合 Z	1.5	0.5	0.5			
特色附加分 T	2	0.8	0.8			

（2）稀有性

该区地质历史演化复杂，新构造运动强烈，以及喜马拉雅山造山运动的隆起和横断山脉的纵向深切，使得本区气候的垂直带变化极其明显。这些气候、地貌和地质历史的特殊因素，为动植物的发展、分化提供了良好和特殊的条件，因而形成了生态系统、动植物物种的高度分化和特有现象。灵宝山国家森林公园范围内主要的植被可分为 4 个植被类型、9 个植被亚型和 15 个群系 17 个群落类型。在这些不同的植被类型中，孕育了许多特有的、具有重要经济价值的、珍稀濒危的野生动植物资源。据调查和统计，灵宝山国家森林公园内拥有国家Ⅰ级保护植物 3 种，国家Ⅱ级保护植物 6 种，国家Ⅰ级保护动物 3 种，国家

Ⅱ级保护动物7种，国家Ⅱ级保护鸟类9种。灵宝山国家森林公园拥有如此多的珍稀濒危野生动植物资源，弥补和丰富了该区域特有的野生动植物种质基因资源，为森林公园的可持续发展，野生动植物种质基因资源的战略储备奠定了基础。

（3）多样性

灵宝山国家森林公园的多样性主要体现在生态系统的多样性和物种的多样性两个方面。区内植被类型多样，分布有暖性针叶林、落叶阔叶林、常绿阔叶林、灌丛等多种森林植被类型，灵宝山国家森林公园范围内主要的植被可分为4个植被类型、9个植被亚型和15个群系17个群落类型。这些丰富多样的植被类型为动植物的繁衍生息提供了复杂多样的生境，使得该区动植物种类也特别丰富。

初步调查和统计表明，灵宝山国家森林公园内共有植物185科792种。其中蕨类植物30科78种，裸子植物5科14种，双子叶植物136科625种，单子叶植物14科75种。每平方公里面积上的植物种类数量达到98种，灵宝山国家森林公园植物总数占到云南省植物总数（16201）的4.9%。目前已记录和调查到灵宝山国家森林公园范围内共分布有兽类22科74种，鸟类29科117种，两栖爬行动物共56种，其中两栖类34种，爬行类22种。尽管灵宝山国家森林公园面积较小，但是在如此小的区域范围内拥有如此丰富的物种多样性实属少见。因此，本区的生物多样性地位在云南省森林公园中极为特殊和重要。

3.2.2 景观价值

（1）自然性

灵宝山国家森林公园受南亚季风环流影响，形成了独特的季风性湿润气候，夏无酷热，冬无严寒，具有典型的“灵宝山”景致。其峡谷、森林、草甸、花海、纯净的空气缔造了立体的生态走廊，可春观草、夏赏花、秋品叶、冬看花。这里正在成为广大中外旅游者、科学家、探险家、艺术家们登山、攀岩、探险、森林浴、科学考察的绝佳之处。

（2）神秘性

灵宝山国家森林公园内自然环境优美、民族文化历史悠久，加之历史上交通不便，国家森林公园内有不少地方是当今世界仅存、或鲜为人类所涉足的神秘净土，使海内外游客无比向往。少数民族淳朴的原生状态，奇异的风俗和神秘的宗教习俗都引发了旅游者强烈的好奇心和求知欲。

（3）独特性

现代旅游消费呈现生态化、体验化等新趋势，灵宝山国家森林公园地区所拥有的高山、峡谷、原始森林、民族风情、宗教等独特的原生态旅游资源，能满足当代旅游者对旅游时尚的追求。例如，开发“闲散的森林游”“体验南涧跳菜风情”等旅游产品，其吸引性强，具有极佳的市场潜力。

4 结论

灵宝山国家森林公园是以半湿润常绿阔叶林、暖热性针叶林、落叶阔叶林、中山湿性常绿阔叶林、山顶苔藓矮林等森林景观为主要类型的自然保护区域，公园内科学和保护价值、景观价值较高，单体资源禀赋极高，组合状况良好。通过以自然山林为骨架，以地方历史文化为灵魂，以森林观光、文化体验、科普教育、休闲度假、康体娱乐为发展方向，在一定程度解决了保护与地方经济发展的矛盾，同时成为该区域生态文明建设的展示窗口。

【参考文献】

国家环境保护局、国家技术监督局，1995. GB 15618—1995. 土壤环境质量等级评定［S］. 北京：中国标准出版社.

国家环境保护总局、国家质量监督检验检疫总局，2002. GB 3838—2002. 地表水环境质量标准［S］. 北京：中国环境科学出版社.

国家质量技术监督局，2015. GB/T 18005—1999 中国森林公园风景资源质量等级评定［S］. 北京：中国标准出版社.
和霞，等，2015. 云南双江古茶山国家森林公园风景资源质量评价［J］. 林业建设，12（6）：46-50.
胡业清，2016. 灵宝山国家森林公园生态旅游发展的 SWOT 分析［J］. 林业建设（3）：55-58.
环境保护部、国家质量监督检验检疫局，2012. GB 3095—2012 环境空气质量标准［S］. 北京：中国环境科学出版社.
吴协保，等，2007. 湖南桃花江森林公园风景资源质量评价［J］. 中南林业调查规划，26（3）：48-50.

基于 SWOT-AHP 方法的圭山国家森林公园旅游可持续发展分析*

SWOT-AHP 分析方法被广泛运用于旅游发展战略研究，通过 SWOT 定性分析，结合 AHP 定量分析，更能客观、准确地分析旅游发展现状，并以此提供科学的旅游发展策略。运用 SWOT-AHP 方法，分析圭山国家森林公园在旅游发展过程中面临的优势、劣势、机遇和威胁，并以 AHP 方法对 SWOT 进行量化分析，根据分析结果提出圭山国家森林公园旅游可持续发展的建议。

圭山国家森林公园于 2000 年建立，位于昆明市东南部的石林彝族自治县，是三州四县（即红河州、曲靖市、昆明市、石林县、弥勒县、泸西县及师宗县）交界地，以常绿阔叶林、硬叶常绿阔叶林、暖性针叶林等的森林景观和彝族撒尼文化的人文景观为代表，是九石阿旅游带和石林世界自然遗产地喀斯特旅游圈重要的生态旅游节点。

1 圭山国家森林公园旅游发展现状 SWOT 分析

1.1 优势分析（S）

1.1.1 森林旅游资源丰富

圭山国家森林公园是滇中石漠化地区保存最为完整的常绿阔叶林景观，是昆明市域内面积最大的国家级森林公园，区域内森林植被垂直分布明显，主峰是石林县境内的最高山峰，自然和人文景观丰富多彩（表 1）。

表 1 圭山国家森林公园重点旅游资源

资源类型	旅游资源特点
森林景观资源	公园拥有半湿润常绿阔叶林景观、针叶林景观、灌丛景观、草地景观、古树名木景观等五大森林景观类型；森林植被垂直分布明显，景观色彩变化多样；百年后再次被发现的全国极小种群野生植物弥勒巨苔
地文景观资源	典型的喀斯特地貌，连绵奇峰，溶洞、落水漏斗的喀斯特地貌景观。彩云壁、摩天岩在林海中时隐时现，其粉红色的、黑白相间的峭壁高数十丈，巍然耸立；独特的山形，因雄奇险秀的山峦形若大海龟隆起的背部而得名“老龟山”
生物景观资源	公园内动物物种丰富，有哺乳动物 14 科 56 种；鸟类 29 科 116 种，其中Ⅱ级保护鸟类 7 种；圭山遍布丰富的天然药草资源和具有较高开发价值的园林花卉、果木资源
天象景观资源	独具风韵的雾凇奇景；圭山峰顶日出云海、晚霞；登顶远眺
人文景观资源	彝族撒尼传统村落，保存了古朴、典雅、实用的石头特色民居；圭山是方圆周边四县等乡民最崇拜的佛教名山胜地，现存历史悠久的圭山寺、玄天阁和草庵堂等寺庙建筑；阿诗玛传说的发祥地；光荣的革命历史纪念地，现存有朱家壁将军纪念碑

1.1.2 生态环境优良

圭山国家森林公园地处亚热带低纬高厚山地气候带，年平均气温 14°C，年平均无霜期 210 天，月平

* 张齐立，王晨云，张冠湘，等. 基于 SWOT-AHP 方法的圭山国家森林公园旅游可持续发展分析［J］. 旅游纵览（下半月），2019，(6).

均气温变化不大，冬凉夏暖，四季如春，适游期较长。根据环保监测数据显示，公园内的环境空气质量均达到（《环境空气质量标准》GB 3095—2012）的Ⅰ级标准；地表水环境质量达到（《地表水环境质量标准》GB 3838—2002）的Ⅰ级标准；空气负离子浓度在44100~50200个/cm^3，远高于城市居民区；每立方米空气中的平均细菌含量仅有203个/m^3，远低于森林公园外其他周边区域。

1.1.3 旅游区位优越

圭山地处三州四县的交界地带，作为九石阿旅游环线上重要的节点，在拓展石林县旅游区域具有重要的旅游节点意义。公园周边分布不同类型的景区、景点。东有泸西的阿庐古洞，南有弥勒的白龙洞，北有陆良的彩色沙林，西有石林风景名胜区等。

1.1.4 外部交通便利

目前，圭山国家森林公园已基本具备公路、铁路、航空等交通优势。公路方面，圭山国家森林公园位于石林县东南部，外部连接道路有国道324线、326线，昆石高速公路，昆、曲、石、蒙高等级公路；在建的石林至泸西高速公路。铁路方面，森林公园距离最近的石林火车站40公里，云桂铁路穿过石林境内。航空方面，森林公园位于昆明长水国际机场辖区范围，距离长水飞机场120公里。

1.1.5 独特的地域民族文化

公园内及周边分布着大量的少数民族村寨，这里有着丰富多彩的民族风情。“阿诗玛”的传说发祥地据考证就在圭山地区，“阿诗玛”是彝族撒尼人传统文化的突出表现形式，具有人类学、民族学、民俗学研究素材的特殊价值，已受到国内外学界关注。彝族（撒尼）刺绣和彝族三弦舞均已列入国家级非物质文化遗产保护名录。彝族撒尼传统的火把节、密枝节，既热闹喜庆又充满神秘感，对游客具有较大的吸引力。

1.2 劣势分析（W）

1.2.1 旅游基础设施滞后

目前，公园内的旅游道路建设滞后、景区标识不健全，没有形成固定的交通旅游线路；缺少游客中心、旅游厕所、停车场等辅助设施，接待容量受限，不能满足日益增长的游客需求，影响了公园旅游的长远发展。

1.2.2 旅游产品单一

现状旅游产品仍以观光型森林旅游产品为主，缺少参与性、体验性产品的开发，地方文化产品功能不强，特色产品开发不全面。旅游产品缺乏较好的整合，人文资源没有实现多元组合，综合品位较低，开发宣传不足，难对游客产生足够的吸引力。

1.2.3 旅游管理人才缺乏

森林公园缺乏旅游方面的，尤其是具有科学和先进旅游理念的专业人才。一方面，员工的思想观念比较陈旧，另一方面，单位效益差难以引进和留住人才。加上目前公园整体的经营模式比较落后，没有创造让职工充分发挥潜能的环境成为制约森林公园发展的突出问题。

1.2.4 知名度较低

目前，在旅行社推介的昆明市旅游路线中，很少有圭山国家森林公园相关的旅游介绍，游客对圭山旅游的认知度和旅游市场占有率较低。通过发放问卷调查显示，昆明市居民及游客对圭山的知晓度分别仅为31%和12%，这将影响公园旅游产品的市场推广。

1.3 机遇分析（O）

1.3.1 地方政府重视

石林彝族自治县国民经济和社会发展第十三个五年规划提出：石林县将加快旅游转型升级，圭山国家森林公园作为九石阿旅游专线阿诗玛文化旅游特色经济带上的重要节点，将打造成为圭山生态及红色旅游区，项目的建设会创造出更多的经济效益和环境效益，对增强石林旅游吸引力，延伸石林旅游产业链，推动石林旅游业转型起到积极的推进作用。

1.3.2 石林县旅游蓬勃发展

根据石林县统计公报：2017 年石林县旅游保持旺盛，全县接待游客 920 万人次，旅游综合收入 63.86 亿元。实现旅游综合收入 33.11 亿元。旅游业已成为县域经济发展中最具生机与活力的支柱产业，成为地方财政增收的重要支撑。

1.3.3 社区居民支持

圭山国家森林公园范围现存 6 个社区，社区总户数为 576 户，社区总人口 2311 人，通过社区走访和电话调查，大部分村民都支持森林公园旅游开发建设，并希望以此为契机，改善生活条件，提高居民收入水平。

1.3.4 森林旅游受青睐

随着社会发展速度的加快，人们休闲娱乐的时间增多，回归自然的欲望逐渐增强，森林旅游越来越受欢迎。根据国家林业局公布数据显示：2017 年全国森林旅游游客量达到 13.9 亿人次，占国内旅游人数的比例约 28%，创造社会综合产值 11500 亿元。快速增长的旅游客源市场为森林公园森林旅游发展带来契机。

1.4 威胁分析（T）

1.4.1 生态环境脆弱

根据《全国生态功能区划（2015 年修编）》，圭山国家森林公园属于滇中高原生物多样性保护与土壤保持功能区，土壤保持功能极为重要。该区发育了以岩溶环境为背景的特殊生态系统，生态系统极其脆弱，水土流失敏感性程度高，土壤一旦流失，生态恢复重建难度极大。

1.4.2 临近景区的竞争

石林目前已开发建设的各类景区（点）密布于石林县周边，例如，石林风景名胜区、长湖公园、大叠水公园等，这些以自然山水为依托的景区（点）和相关的旅游产品所依托的市场都类似，使圭山国家森林公园面临同类产品的现实竞争，影响了公园旅游的整体形象和综合效益。石林县周边区域的县市对生态旅游快速发展和建设，同样对森林公园旅游的发展存在竞争威胁。

1.4.3 圭山旅游品牌创建难

在全省各地开发森林旅游资源的大环境下，如何保持森林资源的原生性和差异性优势显得极为重要。如何对自己的自然、文化旅游资源进行创新性开发，打造特色鲜明的旅游文化品牌形象，也是圭山国家森林公园将面临的挑战。

2 圭山国家森林公园旅游发展现状 AHP 分析

2.1 评价模型

以 SWOT 分析为评价因子，构建一个基于 AHP 方法的定量评价模型，确立圭山国家森林公园旅游可持续发展为目标层，将优势、劣势、机会、威胁定为中间层，将森林旅游资源丰富、生态环境优良、旅游区位优越等 16 个因素定为基础指标层，具体见表 2。

表 2　圭山国家森林公园旅游可持续发展评价结构

目标层	中间层	基础指标层
A 圭山国家森林公园旅游可持续发展	S	S1 森林旅游资源丰富
		S2 生态环境优良
		S3 旅游区位优越
		S4 外部交通便利
		S5 独特的地域民族文化
	W	W1 旅游基础设施滞后
		W2 旅游产品单一
		W3 旅游管理人才缺乏
		W4 知名度较低
	O	O1 地方政府重视
		O2 石林县旅游蓬勃发展
		O3 社区居民支持
		O4 森林旅游受青睐
	T	T1 生态环境脆弱
		T2 临近景区的竞争
		T3 圭山旅游品牌创建难

2.2　计算结果

通过对影响圭山国家森林公园旅游发展的 SWOT 因素重要性程度进行比较打分，邀请专家、规划设计和管理部门等人员按 1~9 进行因素赋值，运用 Yaahp7.5 对 SWOT 组间和组内因素进行数据分析，构造判断矩阵，得出各层指标相对重要程度，计算出各判断矩阵的特征值和特征向量，并通过一致性检验，即 $CR<0.1$（表 3~表 5）。

表 3　SWOT 中间层重要程度判断矩阵

A	S 优势层	W 劣势层	O 机遇层	T 威胁层
S 优势层	1	7	5	3
W 劣势层	1/7	1	1/3	1/4
O 机遇层	1/5	3	1	1
T 威胁层	1/3	4	1	1
$CR=0.0288<0.1$				

表 4　基础指标层重要程度判断矩阵

S	S1 森林旅游资源丰富	S2 生态环境优良	S3 旅游区位优越	S4 外部交通便利	S5 独特的地域民族文化
S1 森林旅游资源丰富	1	3	5	6	3
S2 生态环境优良	1/3	1	6	5	2
S3 旅游区位优越	1/5	1/6	1	3	1/5
S4 外部交通便利	1/6	1/5	1/3	1	1/5
S5 独特的地域民族文化	1/3	1/2	5	5	1
$CR=0.0898<0.1$					

（续）

	W1 旅游基础设施滞后	W2 旅游产品单一	W3 旅游管理人才缺乏	W4 知名度较低
W1 旅游基础设施滞后	1	1/4	1/2	2
W2 旅游产品单一	4	1	3	3
W3 旅游管理人才缺乏	2	1/3	1	2
W4 知名度较低	1/2	1/3	1/2	1
CR=0. 0502<0. 1				
	O1 地方政府重视	O2 石林县旅游蓬勃发展	O3 社区居民支持	O4 森林旅游受青睐
O1 地方政府重视	1	3	2	3
O2 石林县旅游蓬勃发展	1/3	1	1/3	1/4
O3 社区居民支持	1/2	3	1	1/2
O4 森林旅游受青睐	1/3	4	2	1
CR=0. 0907<0. 1				
T	T1 生态环境脆弱	T2 临近景区的竞争	T3 圭山旅游品牌创建难	
T1 生态环境脆弱	1	4	5	
T2 临近景区的竞争	1/4	1	3	
T3 圭山旅游品牌创建难	1/5	1/3	1	
CR=0. 0836<0. 1				

表 5 评价指标权重值及排序

中间层	权重值	基础指标层	组内权重值	指标层次总排序
S	0. 5791	S1 森林旅游资源丰富	0. 4331	0. 2508
		S2 生态环境优良	0. 2556	0. 148
		S3 旅游区位优越	0. 0743	0. 043
		S4 外部交通便利	0. 0447	0. 0259
		S5 独特的地域民族文化	0. 1923	0. 1114
W	0. 0612	W1 旅游基础设施滞后	0. 1534	0. 0094
		W2 旅游产品单一	0. 5075	0. 0311
		W3 旅游管理人才缺乏	0. 2226	0. 0136
		W4 知名度较低	0. 1164	0. 0071
O	0. 1615	O1 地方政府重视	0. 4352	0. 0703
		O2 石林县旅游蓬勃发展	0. 09	0. 0145
		O3 社区居民支持	0. 1991	0. 0322
		O4 森林旅游受青睐	0. 2758	0. 0445
T	0. 1981	T1 生态环境脆弱	0. 6651	0. 1317
		T2 临近景区的竞争	0. 2311	0. 0458
		T3 圭山旅游品牌创建难	0. 1038	0. 0206

2. 3 结果分析

评价结果显示，在 S、W、O、T 中的权重值排序为 S 优势>T 威胁>O 机遇>W 劣势，而基础指标层中权重值排第一位的为 S1 森林旅游资源丰富，第二位为 S2 生态环境优良，第三位为 T1 生态环境脆弱，第四位为S5独特的地域民族文化；表明圭山国家森林公园中丰富的森林旅游资源、优良的生态环境和独特的地域民族文化是最为重要的优势资源，也是森林旅游可持续发展的重要条件。但森林公园地处生态环境脆弱的石漠化地区，生态区位极其重要，旅游发展面临巨大的挑战。根据表5的定量分析结果，构建森林公园旅游发展战略四边形，运用公式 $A(X, Y)=(\Sigma X_i/4, \Sigma Y_i/4)$ 得出战略四边形的重心坐标：A（0.1044，-0.03423），战略四边形的重心坐标位于第四象限（见图1）。从战略四边形分析可知，圭山国家森林公园旅游发展宜采用（ST）的发展战略，以保护生态环境为前提，抓住石林县旅游蓬勃发展和森林旅游快速发展的机遇，重点发展森林生态旅游，充分挖掘自然和人文旅游资源，及时改善森林公园自身劣势，从而实现森林公园旅游可持续发展。

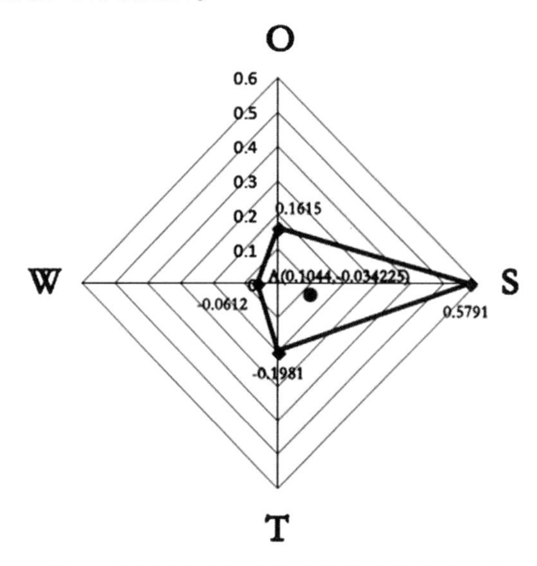

图1　圭山国家森林公园旅游发展战略四边形

3　圭山国家森林公园旅游可持续发展建议

运用SWOT-AHP分析方法，得出圭山国家森林公园旅游发展宜采用（ST）的发展战略，结合发展战略方式提出以下建议。

3.1　重点发展森林生态旅游

坚持以生态优先的自然保护原则，科学规划、合理布局，保护丰富的生物多样性和完整的森林生态系统结构，结合现有森林资源和文化资源，创新开发特色生态旅游产品，发展森林养生、森林科普教育、森林休闲度假、森林户外运动以及森林文化旅游等体验旅游项目。

3.2　构筑完善的森林公园旅游服务体系

完善配套森林公园旅游接待与服务设施体系，构筑合理的空间布局，改变森林公园的基础设施配套不平衡局面，重点加强森林旅游服务与配套设施。

3.3　加强人才队伍的建设

森林公园旅游的快速发展需要大批相应的专业技术人才，应加强旅游开发管理人才队伍的建设培养，引进旅游管理专业的人才和对管理部门人员进行专业培训；同时聘请一些专家、教授等担任森林公园旅游开发建设的顾问，保障森林公园旅游合理、快速地发展。

3.4　扩大广告宣传

选择重点客源市场对圭山国家森林公园进行全方位宣传。在不同的促销推广时期，配合媒体宣传，开展旅游节事活动、广告营销。联合石林景区、长湖等周边景点进行联合宣传。

3.5 差异化旅游产品开发

整合旅游资源，实现功能元素的合理配置；通过石林全县主题游线串联各旅游片区，形成休闲体验环。并结合石林县现有景区景点的自身资源和优势，差异化发展不同生态旅游产品，避免不同景区的同质化竞争。

3.6 将社区发展融入公园旅游发展

圭山国家森林公园旅游功能定位确定后，周边社区居民的生产生活方式会有一个较大的改变，居民依赖于传统的耕作生产方式获得经济收入将受到限制。应根据资源保护要求、旅游发展，并结合各居民点自身特点、环境及与景区的关系，把景区的农民转化为区内直接或间接从业人员，以农户为依托，打造具有彝族风情的特色农家体验。既解决游客住宿难题，也满足游客体验农事活动和餐饮需求。通过生产致富、服务致富、文化致富等致富渠道，转变原始的传统性农业为商业性旅游农业。

【参考文献】

陈洪，张顾楠，2013. 基于 AHP 法在太白山国家级自然保护区社区农家乐发展策略的 SWOT 分析-以太白县鹦鸽镇为例［J］. 生态经济，1：344-348.

段凌宇，2012. 民族民间文艺改造与新中国文艺秩序建构-以《阿诗玛》的整理为例［J］. 文学评论，6：48-56.

黄圣霞，2013. 基于 SWOT-AHP 法的上思县森林生态旅游资源开发研究［J］. 南方农业学报，44（5）：879-884.

李睿，胡顺东，李滨，2013. 基于 AHP-SWOT 方法的林区生态旅游发展问题研究-以伊春市金山屯区为例［J］. 林业经济问题，33（3），249-254.

罗晓莹，汤燕娟，2016. 基于 SWOT-AHP 的南岭国家森林公园发展战略研究［J］. 韶关学院学报，12（37）：40-46.

舒玉梅，2005. 彝族撒尼人原始宗教中的生态伦理观-以石林圭山海宜老寨为例［J］. 云南地理环境研究，4（17）：67-69.

王欣，陈丽珍，2010. 基于 AHP 方法的 SWOT 定量模型的构建及应用［J］. 科技管理与研究，1：242-45.

魏佳敏，李悦铮，2017. 基于 AHP 的旅游资源评价与开发研究-以内蒙古敖汉旗为例［J］. 国土与自然资源研究，3：79-81.

魏晓燕，毛旭锋，2017. 基于 AHP 分析的塔尔寺旅游 SWOT 分析及其发展对策［J］. 西北民族大学学报，6：162-167.

赵国华，2017. 九龙谷森林公园生态旅游发展战略研究-基于 SWOT-AHP 分析［J］. 林业经济问题，10：104-107.

周国华，2018. 圭山镇石漠化治理初见成效［J］. 云南农业，4：51-52.

周璇，郭丕斌，黎斌林，2018. 芦芽山风景区生态旅游发展战略研究-基于 SWOT-AHP 的实证分析［J］. 林业经济，2：75-80.

湿地公园

滇池流域生态环境现状及保护对策探讨*

内陆湖泊是湿地的一种较为特殊的类型，作为内陆淡水资源最主要储库之一，具有独特的功能。我国是一个内陆湖泊十分丰富的国家，有大于 1km^{2}的天然湖泊 2300 个，储水量约 7090 亿 m^3，总面积达 9100 余 km^2，占国土面积的 0.95%。但是，由于内陆湖泊特殊的生态结构特征以及人类生产生活对湖泊的过度利用与开发，内陆湖泊生态环境已面临着极大的威胁。加强内陆湖泊的保护、恢复的意义深远而重大。现以滇池高原湖泊为例，以此探讨内陆湖泊保护、恢复的对策。

1 滇池的生态地位

滇池地处长江、红河、珠江三大水系分水岭地带，是著名的“高原明珠”和历史上“古滇国”的发源地，位于云南省省会昆明市的南部，是中生代末期到新生代初期，云南高原哀牢山北侧发生强烈断裂后，经侵蚀作用形成的断陷浅水湖。正常水位 1887.4m，湖盆面积 309km^2，南北长 39km，东西平均宽 7.65km，湖岸线长 163km，平均水深 5.3m，最大水深 10.24m，库容积 15.6 亿 m^3，流域面积 2920km^2，是云贵高原的第一大淡水湖，也是中国第六大内陆淡水湖。作为我国西南地区面积最大的高原湖泊生态系统，滇池高原湿地生态服务功能极为重要。

1.1 保护生态环境、提供城市的生产生活用水

滇池地处滇中高原，是昆明市长期依存并助其发展的“母亲湖”。历史上，滇池的湖水，尤其是一些较大的入湖河流中的流水，均可饮用，水质清洁，水产丰富。此后，随着经济的发展，人口的迅速增长，滇池的水质受到严重污染。盘龙江、宝象河等主要入湖河流水质变劣，滇池水体水质也下降到劣五类而失去了饮用水功能这一重要功能作用。目前，昆明市作为全国 14 个缺水城市之一，面对全球气候变暖，我国长江、黄河、珠江、淮河几大水系近几年水资源量逐年减少的趋势，面对经济社会的快速发展、人口增加及城镇人口的集聚，昆明所面临的水资源紧缺问题将日益加剧。治理滇池，使它恢复湖泊水生态系统的结构与功能，使滇池水质达到Ⅲ类水目标，恢复其饮用水功能，是滇池充分发挥其最大功能效益，使新昆明发展与建设摆脱水资源短缺和水环境污染双重危机的必然之举。

1.2 维系滇池流域生物多样性

滇池高原湿地生物地理上处于滇中高原联系古北界和印度马来亚界——世界两大著名的生物地理界的过渡区域，同时又处在东亚植物区的中国—喜马拉雅和中国—日本两个亚区的分界线上，位于云南生物地理东西向与南北向结合过渡的位置，还处在我国西部最大的候鸟迁徙通道上，地理位置十分特殊。生物地理区系成分复杂，生态系统类型多样，动植物物种丰富且特有种比例高，特别是水生和湿地生物多样性十分突出。具有较多的国家珍稀濒危保护物种，集中分布了较多的滇中高原珍稀特有物种，是云南乃至我国西部高原湖泊湿地生物多样性富集和特有类群最丰富的湖泊之一。据调查，滇池流域有鸟类 300 种，底栖动物 61 种和浮游生物 183 种，均列云南高原湖泊第一位；水禽 80 种、兽类 64 种、两栖动物 17 种、爬行动物 43 种列第二位。曾有特有植物 242 种；国家Ⅰ级重点保护鸟类 4 种，国家Ⅱ级重点保护

---

* 孙鸿雁，周红斌. 滇池流域生态环境现状及保护对策探讨 [J]. 林业建设，2010，(2)：45-48.

鸟类37种；特有鱼类26种；狭域特有两栖爬行类动物3种；特有底栖动物7种。这些物种大多是同类中的演示类群，具有很高的知名度和科研价值，一定程度上验证了滇池流域曾是云贵高原乃至我国具有代表性和极具特殊性的物种分布区，具有十分重要的生态地位。

1.3 调节气候

昆明市地理位置独特，属北亚热带低纬高原山地季风气候，北部群山阻隔南下的北方冷空气，南部受孟加拉湾海洋季风暖湿气流影响，并受高原湖泊和环湖森林植被的调节，形成“夏无酷暑、冬无严寒、四季如春、冬干夏湿、干湿分明、垂直气候明显”的气候特点，素有“春城”的美誉。滇池对于缓解昆明地区干燥气候、改善温湿状况、涵蓄水源、维护昆明地区生态环境有着不可替代的作用，是昆明地区的“空调器”“晴雨表”。

1.4 地处我国西部最大的候鸟迁徙通道，是具有国际重要意义的湿地

在全球8条鸟类迁徙路线中，滇池是途经我国的西部最大候鸟迁徙通道的重要组成部分，独特的地理位置和适宜的生境使其成为该迁徙路线候鸟的重要越冬栖息地。该区调查并记录了鸟类300种，这些鸟类虽以留鸟为主，但冬候鸟和迁徙旅经当地的鸟类所占比例很大。据统计，滇池冬季拥有74种水鸟，每年冬季有定期越冬水鸟约5万只，其中红嘴鸥数量3万多只，是中国目前已知的红嘴鸥数量最多的越冬地。同时，专家推测在昆明越冬的红嘴鸥数量应远远超过该物种全球种群数量的1%，因此，按照拉姆萨尔国际重要湿地公约下列两项指标：“5. 如果一块湿地定期栖息有2万只或更多的水禽，就应被认为具有国际重要意义；6. 如果一块湿地定期栖息有一个水禽物种或亚种某一种群1%的个体，就应被认为具有国际重要意义”，滇池也是一块具有国际重要意义的湿地。

1.5 是昆明市重要的生态安全屏障和“碳库”

2010年，世界经济在遭受金融危机重创后，面临着节能减排和能源短缺等压力，已逐渐步入低碳经济时代，低碳经济将成为全球未来发展潜力最大产业。许多研究表明，湿地是具有高净碳汇的陆地生态系统，其固碳潜力远高于其他类型的生态系统。全球湿地土壤总面积约占陆地面积的6%，而全球湿地土壤的总碳库为550Pg，占全球陆地土壤碳库的1/3，相当于大气碳库和植被碳库的一半。因此，湿地在保护陆地碳库和缓解气候变化中具有重要地位。中国湿地占有巨大的陆地碳库，据估计，我国天然湿地的土壤总碳库达8~10Pg，约占全国土壤碳库的10%。

滇池流域是昆明市经济社会发展最快、经济活动最活跃的地区，也是云南省政治经济文化的中心。云南省、昆明市的发展与滇池流域的生态保护与恢复相辅相成。在《昆明城市总体规划（2008—2020）》中，2020年滇池流域将成为新昆明心脏，是把昆明建设成面向东南亚、南亚区域性国际化城市、高原湖滨城市的核心区域。目前，国家发改委拟将昆明择为低碳示范重点城市之一。滇池拥有得天独厚的自然条件和生态环境，这不仅使其在调节气候、净化水质、抵御风暴潮等自然灾害方面发挥了重要作用，成为昆明市重要的生态安全屏障，滇池作为昆明市一个重要的生态功能区，其“湿地”的性质也使之成为昆明市最为重要的“碳库”之一，为昆明市发展低碳与生态经济形成了难得的优势，起着举足轻重的作用。

综上所述，滇池是支撑昆明市国民经济建设和社会事业发展的生态基础，在调节气候、水文、维系生物多样性、越冬候鸟的保护、保持滇池流域生态平衡和经济社会持续发展、树立我国良好国际形象中发挥着极其重要的作用。

2 滇池流域生态环境及治理现状

2.1 主要生态环境问题

二十世纪八十年代后，随着经济社会的快速发展，人口增长、环境污染、引种不慎、围湖造田、酷

渔滥捕等众多问题接踵而至，为滇池高原湖泊所带来的压力远远超过其环境容量阈值，从而导致了滇池水位下降，湖面缩小，水质富营养化日趋加剧，生物资源锐减，滇池湖泊生态系统逐渐遭到破坏，加速了滇池的老化和消亡，功能退化严重，严重阻碍了滇池周边地区经济社会的发展，滇池流域生态环境主要存在以下四个问题。

2.1.1 湖水下降、面积萎缩

滇池大约形成于340万年前。古地质年代中，滇池面积达1000km^2，到十八世纪后期，仍有“五百里滇池”之说。根据高程点推算，唐宋时期滇池的水位大约在1890m左右。滇池水域面积为510.1km^2；滇池南北向长为49km，库容积为18.5亿m^3。经过多年的淤积填塞、筑堤防洪、围海造田等活动，滇池水面逐渐退缩，至今仅剩有309km^2。从滇池现状来看，水体湖面面积与入湖流域面积比仅为1∶10，湖水浅，库容量小，仅15.6亿m^3，是我国单位水面库容量最低的湖泊之一。

2.1.2 水资源短缺

由于内陆湖泊生态结构特征的特殊性，决定了水资源是内陆湖泊的命脉，一旦水资源发生危机，湖泊就可能在几年之内消失。滇池高原湿地生态系统具有湖盆—湖滨—湖岸—汇水面山的典型结构特征，由于没有大江大河的水源补给，主要依赖于自然降水和森林涵养的水源，所有汇水都经过湖滨进入湖盆。滇池不论地层结构、构造类型或湖盆的地貌形态，均较简单。它虽是省内面积最大的湖泊，但是湖水浅。据目前统计调查，当滇池水位达到1887.4m时，库容积为15.6亿m^3；当滇池水位为1885.5m时，库容积为9.9亿m^3，除了死库容，可调剂的水量不大。同时，在340万年的发育历史中，由于流域气候变化和人类活动对湖泊的影响，入滇河流虽有30余条，但多数长度不超过20km，更多的不超过10km，仅有一条河流（小河）超过50km。所以每年入滇的河水并不丰富，从而造成了滇池水资源的极度短缺。

2.1.3 水污染严重

滇池水质污染从20世纪70年代后期开始，进入80年代，特别是90年代，富营养化污染程度日趋加速，突出表现在整个滇池水体的蓝藻频繁爆发。水质指标从六十年代的Ⅱ类，七十年代的Ⅲ类，直至到目前的劣Ⅴ类水，呈现富营养化，大量原生水生生物逐渐消亡，湖盆变浅，一些特定水生植物大量繁殖，基本丧失水体使用功能。

2.1.4 生物多样性面临严重威胁

随着污染日趋严重和生境的不断破坏，滇池流域生物多样性也正面临着严重的威胁，很多特有和重要的生物物种也因此从湖区消失或绝灭。据调查，41种国家保护重点鸟类中近50年来没有观察记录5个鸟种；滇池土著鱼类从上个世纪60年代的26种减少到目前的11种，湖区仅存4种特有种均处于濒危的程度；国家Ⅱ级重点保护动物、滇池的代表物种和旗舰物种——滇池蝾螈已未见报道，可能已经绝迹；大量珍稀保护动植物被列为“极危”等级。

生物多样性是人类赖以生存与发展的物质基础，生物多样性的丧失必然引起人类生存与发展的根本危机。滇池丰富的物种多样性携带了丰富的遗传资源，尤其是滇池流域较高比例的现存特有物种，保存了我国乃至世界上最为稀有的遗传基因，所携带的遗传性息是人类极为珍贵的战略资源。人类生活在一定的环境生态系统中，并且是生态系统的主体，也是影响、干预和改造生态系统的社会因素。人类只有维持和保护生态系统的平衡，才能通过对环境、资源的开发利用使自身得以生存和发展，并以生态化的手段来促使人类与生态系统可持续发展。

2.2 治理现状

自20世纪80年代以来，党中央、国务院、省、市各级政府都高度重视和关心滇池治理工作，始终把滇池治理作为可持续发展的头等大事来抓，从“九五”计划开始，连续3个五年规划都将滇池治理纳入

国家“三河三湖”治理规划和重点。20 多年来，各级政府已投入近百亿资金，运用科学发展观，结合滇池治理实际，针对性地运用工程措施，从入湖污染物治理、生态修复与重建、补充流域水资源等方面构建综合治理工程体系，实施了“环湖截污和交通、外流域调水及节水、入湖河道整治、农业农村面源治理、生态修复与建设、生态清淤”六大重点工程等一系列综合治理措施，滇池治理取得了实质性进展，在滇池流域经济增长、人口增加的情况下，滇池污染迅速恶化的趋势得到初步遏制，水污染防治工作取得了阶段性成果。在这一过程中整个湖泊生态系统的结构和功能都发生了较大的变化，生物多样性也随之发生改变，曾消失的植物群落又再次生长，如微齿眼子菜群落和黑藻群落。新建的多个湿地公园区域内沼泽湿地类型多样，为鸟类栖息提供了较好的环境，滇池保护区的游禽和涉禽在鸟类组成中所占比例较大，多年没有观察到得鸟类又重新出现。根据 2009 年的水质监测，滇池水质已由劣五类变为了五类，污染程度与前两年相比有所减轻。

3 滇池流域生态环境保护对策

人类直接能够使用的淡水资源只占地球总水量的 0.01%；全球人口在 2050 年将会达到 90 亿；二十一世纪人类争夺的是水，而不是石油；挽救滇池就是在挽救我们自己。滇池环境的演变是人为作用与反作用的结果。因此，未来人类对滇池的态度，直接决定着整个滇池生态系统的演替趋向。滇池面临的生态危机使昆明市的城市发展和城市品位的提高受到了严重的制约，也是事关云南经济社会可持续发展的重大制约因素。最大限度地保护滇池湿地及其生态系统已刻不容缓，成为当务之急。

纵观滇池所面临的诸多生态问题，其根源在于滇池水体的富营养化。因此，对滇池的保护与治理也必然从“富营养化防治”着手。

3.1 从决策层面上，必须树立长远和整体性的观念，建立和完善滇池治理长效机制

滇池湖泊的构造特征、集水区面积大小、湖泊与入湖河流的水文关系等对湖泊富营养化有直接影响，有效控制面源和点源污染始终的滇池湖泊富营养化的重要前提。

内陆湖泊富营养化治理是一项艰巨而复杂的系统工程，也是全世界湖泊治理面临的同样难题。对于滇池这种构造湖，资源型和水质型缺水并存，尤其是地处低纬度、高海拔、气温恒定、换水周期长的湖泊进行治理，堪称世界难题，形成了污染容易、治理难的局面，决定了滇池治理长期性、复杂性、艰巨性的特点，治理工作任重而道远。

一方面，滇池具有“面山—湖滨—湖岸—湖盆”的典型结构特征，治理工作必须树立生态整体性的观念，必须将入滇河流、面山、湖岸、湖滨、湖盆各部分作为整体加以统一治理和保护，避免用单一、孤立的理念和方法来治理滇池的富营养化。

另一方面，滇池地处经济文化发达的昆明市中心，其所创造的生态和社会效益远远超过经济效益，因此，应将滇池流域的生态地位放到首位，统筹协调区域的经济发展与生态保育。

因此，从政府决策层面上，树立长远和整体性的观念，建立和形成滇池治理长效机制，是滇池保护和治理工作真正落到实处和持久正常运转的根本保证。

就地保护是生物多样性保护的重要方式之一。《中华人民共和国自然保护区条例》第十条中明确规定“典型的自然地理区域、有代表性的自然生态系统区域以及已经遭受破坏但经保护能够恢复的同类自然生态系统区域应当建立自然保护区”，为滇池的保护工作提供了较好的思路。我国的自然保护区体系历经 50 多年的发展，现已形成了较为完善和高效的管理制度和管理体系。因此，通过建立滇池湿地自然保护区能够建立和形成滇池治理的长效机制，是实现滇池流域综合治理和保护的最佳途径。

3.2 从技术层面上，需进一步深化技术开发

根据联合国环境规划署 1997 年对世界湖泊的调查表明，富营养化是目前世界湖泊最主要的环境问题。

湖泊的富营养化严重制约着城市的生存，经济的持续发展和城市规模的进一步扩大，引起世界各国的高度重视。在几十年治理过程中，各国都斥之巨资投入湖泊的治理和保护中。

湖泊富营养化治理技术经过几十年的发展，从物理、化学、生物学角度对富营养化治理并且取得了许多富有成效的方法和措施。但相关治理技术成果的运用不具有普效性，滇池治理在二十多年的历程中取得了一些成效，但是滇池治理技术的开发还有待进一步深化。

3.3 从管理层面上，调整滇池流域的管理体制和机制

没有统一的流域管理体制，水质保护是难以做到的，必须改变多部门分头管理滇池流域的体系，建立滇池流域统一的管理机构，变传统的水利管理模式为流域综合管理，将水资源利用与区域社会经济发展紧密联系起来，才能确保对滇池保护各项措施的有效开展，实现对滇池真正意义上的保护。

【参考文献】

高浒，2007. 滇池富营养化治理障碍及对策研究，浙江大学硕士学位论文 .

国家高原湿地中心，西南林业大学，国家林业局昆明勘察设计院，2010. 滇池湿地国家级自然保护区综合科学考察报告.

《湿地公约》履约办公室，2004. 关于特别是作为水禽栖息地的国际重要湿地公约（中译本），国家林业局野生动植物保护司译《湿地公约》.

虞孝感，等，2007. 从国际治湖经验探讨太湖富营养化的治理，地理学报，Vol. 62，No. 9，Sept.

湿地公园社区规划可持续发展模式研究——以贵州万峰国家湿地公园为例*

湿地是重要的国土资源和自然资源，其如同森林、耕地、海洋一样具有多种功能。湿地公园是指以保护湿地生态系统、合理利用湿地资源为目的，可供开展湿地保护、恢复、宣传、教育、科研、监测、生态旅游等活动的特定区域。湿地公园建设的重要目标之一就在于增进当地社区的发展和居民的福祉，国家湿地公园的管理和经营也需要社区的参与和支持。根据中国实情，“社区”一般是指聚集在定地域范围社会群体和社会组织根据一套规范和制度结合而成的社会实体，是地域社会生活的共同体。社区注重以人为本，社区建设的目标是人的素质优化、生活质量优化，环境优化，究现法理精神，契约精神，功利观念的汇合，实现社会公益精神，慈善精神互助精神奉献精神的交融[2]。1985 年，墨菲《旅游：社区方法》一书引入了社区参与的概念，开始了从社区的角度研究和把握旅游[3]。随后，国内外学者对社区参与进行了各方面深入的研究，Petty 根据动机、方式等特征的不同，将社区参与划分为 7 种形式，从操作性参与（manipulative participation）到自发参与（self-mobilization）等[4]。刘纬华认为所谓社区参与是把社区作为旅游的主体放入旅游规划、旅游开发的决策和执行体系中，社区是旅游发展的依托，有社区参与的旅游发展是旅游可持续发展的一个重要的内容和评判依据，同时，对社区参与的旅游内容、形式和方法等各方面进行了深入研究[5]。杨桂华将社区参与原则作为生态旅游保护性开发的十原则之一[6]。Mile[7]用以下框架评价生态旅游与社区、公园资源的关系。

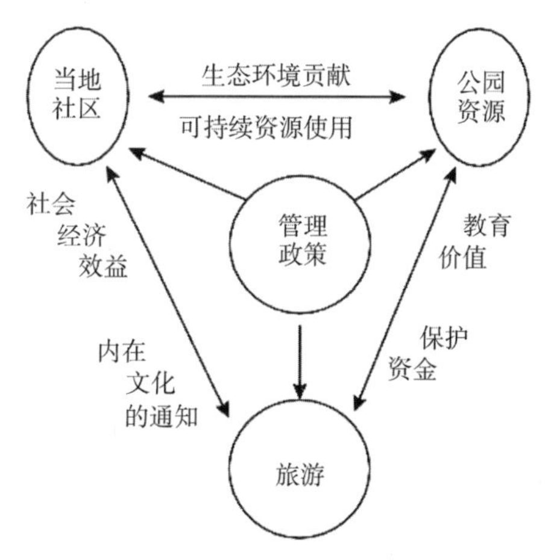

图 1 生态旅游概念评价框架

湿地旅游属于生态旅游，讲求环境可持续过程应该是旅游者、当地居民、管理者、社会舆论等共同参与、共同作用的结果。不仅可以培养当地居民和旅游者环境意识和价值观念，同时提供现场教育的机会。因此，在湿地公园发展过程中，除了发挥政府部门的财政投入、管理职能和相关科研机构科学家的技术优势外，引导湿地周边社区居民参与管理、保护和合理利用湿地也是一个不容忽视的方面。现以贵州万峰国家湿地公园为例，对社区参与的湿地公园可持续发展模式进行初步探讨。

---

* 陈飞，孙鸿雁，王丹彤，等．湿地公园社区规划可持续发展模式研究——以贵州万峰国家湿地公园为例［J］．林业建设，2015，（6）：24-29.

1 项目区概况

万峰国家湿地公园分为万峰林片区和万峰湖片区两个部分，共涉及3个乡镇11个村委会20个自然村。其中，万峰林片区涉及万峰林街道办事处的乐立村、落水洞村、纳录村、上纳灰村、双生村、下纳灰村、鱼陇村8个村委会；万峰湖片区涉及南盘江镇的红椿村、梅家湾村2个村委会，以及则戎乡的长冲村1个村委会。

1.1 人口发展规模与分布

（1）万峰林片区。万峰林街道办事处涉及乐立村、落水洞村、纳录村、上纳灰村、双生村、下纳灰村、翁本村、鱼陇村8个村委会，16个村民小组沿纳灰河两岸分布，居住着汉族、布依族、苗族、彝族等多个民族，主体居住的少数民族是布依族，常住人口5244人。

（2）万峰湖片区。南盘江镇涉及红椿村、梅家湾村2个村委会，3个村民小组，常住人口748人；则戎乡涉及长冲村1个村委会，1个村民小组，常住人口共有112人。

1.2 社区教育、医疗卫生现状

（1）万峰林片区。万峰林街道办事处涉及乐立村、落水洞村、纳录村、上纳灰村、双生村、下纳灰村、翁本村、鱼陇村8个村委会，16个村民小组，共有学校7个，其中乐栗、落水洞、纳效、上纳灰、双生、下纳灰、岳家凼子各1个，共有教职工142人，在校学生1965人；近年来，医疗卫生事业也逐渐完善，有卫生机构8家，分别位于乐栗、落水洞、纳效、上纳灰、双生、下纳灰、岳家凼子和鱼龙，配备医护人员17人。

（2）万峰湖片区。涉及南盘江镇和则戎乡。其中，南盘江镇涉及红椿村、梅家湾村2个村委会，3个村民小组；则戎乡涉及长冲村1个村委会，1个村民小组。万峰湖片区天生桥电站建设时淹没了部分村庄，现留有的社区较少。村委会主要分布在坡怀半岛及尾染半岛，以布依族少数民族为主。据调查统计，暂无教育机构和医疗卫生机构。

1.3 社区产业发展现状

（1）万峰林片区。万峰林街道办事处涉及乐立村、落水洞村、纳录村、上纳灰村、双生村、下纳灰村、翁本村、鱼陇村8个村委会，2012年第一产业收入为419.52万元，第二产业收入为209.76万元，第三产业收入为157.32万元，分别占总收入的53%、27和20%，可见第一产业仍为万峰林片区社区居民的主要经济收入来源。

（2）万峰湖片区。南盘江镇涉及的红椿村和梅家湾村社区经济收入来源主要以第一产业为主，2012年，红椿村和梅家湾村第一产业总收入为67万元，其中，马家垭口第一产业总收入为27万元，人均纯收入2150元；坡怀产业总收入为39万元，人均纯收入2420元；梅家湾产业总收入为6万元，人均纯收入为1190元。

2 社区产业发展

践行“调结构、转方式、促发展、共富裕”的社区产业发展理念，完善万峰国家湿地公园社区发展体系，进一步加快农村社区经济发展，加大第三产业扶持力度，做大做强社区特色产业，为万峰国家湿地公园的建设发展奠定良好的基础。

2.1 以第一产业农业生产为主，引导相关配套产业发展

目前，粮食生产依然占据万峰林街道办事处各社区农村产业的主导地位，缺点是分散经营，不能产业化、集约化，致使生产低效且劳动附加值低。因此，以社区并建为依托，引导各社区实现农业生产向

产业化、集约化方向发展。同时，随着万峰国家湿地公园的建设，积极发展水稻生态种植业，一方面，有利于完善湿地生态系统，另一方面，通过政府引导赋予水稻田更多的生态功能，引导相关配套产业与服务向非农业领域发展，从而拓宽农民收入渠道。

2.2 加快旅游服务业等第三产业发展

抓住万峰国家湿地公园建设的契机，结合各个社区以湿地景观、湿地文化、民族文化及农耕文化为资源特色，大力发展生态旅游、科普教育游和休闲度假旅游，完善万峰国家湿地公园旅游产品谱系，形成以旅游业带动生态林业、服务业等多产业协调发展的格局。

3 社区调控与发展

根据社区在万峰国家湿地公园中所处的功能分区以及对国家湿地公园的影响程度，结合交通条件、社区发展状况、发展前景等具体情况，对20个社区进行调控。按照调控方式将社区分为3类，分别为控制型社区、旅游型社区和现代农林社区。

表1 贵州万峰国家湿地公园社区调控表

序号	村寨名	所在湿地公园分区	调控类型		
			控制型社区	旅游型社区	现代农林社区
1	乐 栗	合理利用区	△		
2	大石板	合理利用区			△
3	落水洞	合理利用区		△	
4	纳效	合理利用区	△		
5	大树庄	保育区	△		
6	上纳灰	合理利用区	△		
7	姚家湾	合理利用区			△
8	安马山	合理利用区			△
9	坝 上	合理利用区	△		
10	独 山	合理利用区	△		
11	双 生	合理利用区		△	
12	下纳灰	合理利用区		△	
13	秧 龙	保育区	△		
14	岳家凼子	合理利用区			△
15	鄢家坝	合理利用区	△		
16	鱼 龙	合理利用区		△	
17	马家垭口	恢复重建区	△		
18	坡 怀	管理服务区			△
19	梅家湾	宣教展示区		△	
20	牛滚氹	管理服务区			△

（1）控制型社区。控制型社区主要位于国家湿地公园的恢复重建区，建议严格控制建设用地规模的扩大，控制人口增长速度，逐年缩减建设用地规模及生产用地规模。

（2）旅游型社区。旅游型社区主要位于国家湿地公园的宣教展示区和合理利用区，可以结合其优良的自然景观资源和少数民族人文资源，以旅游经济为主要发展方向，实现社区经济运作与旅游服务的紧密结合。

（3）现代农林社区。现代农林社区主要位于国家湿地公园的传统利用区或边缘位置，鼓励该类开展多种经营，发展新型农业种植、养殖和林业产业，为兴义万峰国家湿地公园发展社区旅游提供原材料和产品。

4 社区共建共管

4.1 社区参与机制

（1）成立社区共管委员会。由周边社区受过良好教育，生产实践经验丰富，又有管理经验的人员与万峰国家湿地公园管理局有关人员组成委员会。并成立委员会下属各分会，分工负责组织、协调工作；制定社区资源保护与利用工作计划、经营方案等。

（2）编制社区资源管理计划。由于自然资源的利用与保护存在着矛盾，编制社区资源管理计划，可以确定自然资源的管理方式和经济发展项目，提出解决社区资源保护与利用矛盾的方案。

（3）与地方进行联营管理。社区共管委员会要与地方进行联营管理，万峰国家湿地公园资源的有效管理，不仅取决于湿地公园内部的管理和保护工作，还必须与相关单位进行联营管理。湿地公园内和周边地区，如土地和水资源的利用、农业、畜牧、旅游、商贸生产等活动，这些部门与湿地公园构成了一个自然-经济-社会实体，为提高湿地公园的管理效率和资源利用率，就需要与周边相关单位建立联合管理机制。

（4）签署合同文本。为有效保护自然资源，又使社区经济得到发展，保证社区资源管理计划的正确实施，需与相关单位签署合同文本，以此规范其对自然资源的利用。由共管委员会草拟合同文本，确定需签订合同的内容，提交领导小组审批，然后签署合同。

4.2 社区机构设置

社区资源管理机构由社区共管委员会和相关管理部门（如国土、农业、环保、旅游等部门）组成；联合管理社区资源；万峰国家湿地公园社区资源管理机制具体结构如图 2 所示。

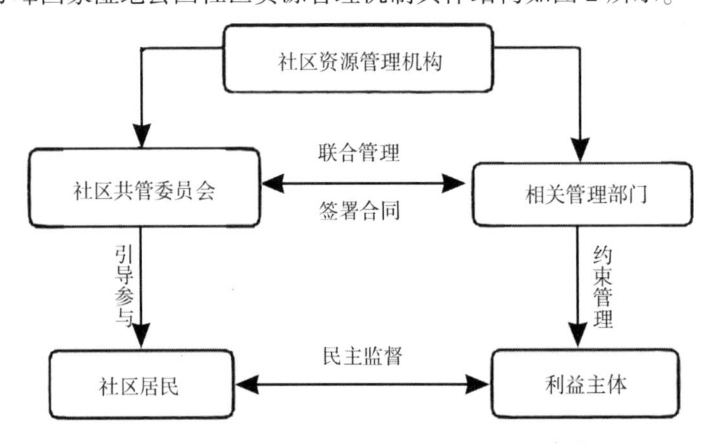

图 2 万峰国家湿地公园社区资源管理机制示意图

4.3 社区参与模式

社区的有效参与并合理受益，需要建立一个合理的、可操作性强的社区居民参与机制。万峰国家湿地公园应引导当地社区参与到湿地公园保护与发展的多个方面，如湿地公园规划建设、资源管理、社区发展、旅游服务、教育培训等。在社区参与过程中，湿地公园管理部门应协调好三个利益关系：一是湿地公园管理部门与当地社区之间的利益关系；二是当地社区与相关群体之间的利益关系；三是当地社区之间的利益关系。

合理有效的利益分配机制是促进万峰国家湿地公园旅游发展良性循环的“内在动力”，是社区有效参与并合理受益的根本保障。万峰国家湿地公园社区利益分配机制为：

①湿地公园收入按一定比例纳入社区发展专项基金；

②社区以特色旅游资源、旅游服务作为投资享受分红；

③社区通过签定劳务、产品定单销售合同参与利益分配；

④湿地公园提供技术、资金支持，与社区联合经营，共负盈亏。

鉴于万峰国家湿地公园区内及周边少数民族社区的实际情况，制定社区居民参与机制：政府主导，联合公司，社团带动，社区参与，在村委会的基础上，成立社区旅游发展委员会统筹安排参与湿地公园资源保护与利益共享（图3）。

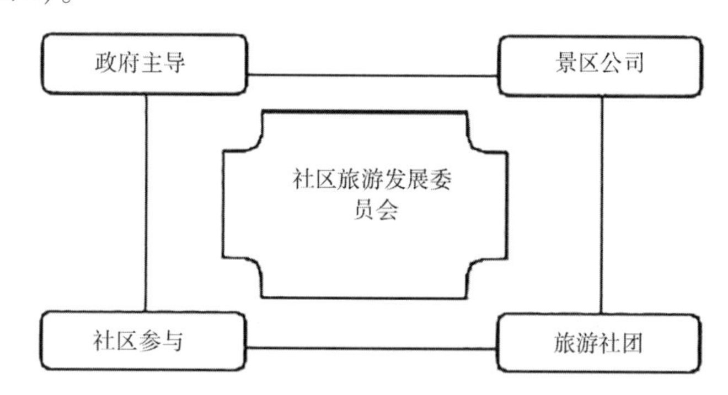

图3 万峰国家湿地公园社区参与机制结构图

在建立社区参与机制的基础上，设计采用三种社区参与发展模式来引导社区有效参与，带动社区和谐发展，即："社区自主经营""引导社区参与"和"联合公司经营"。

（1）"社区自主经营"模式。目前，由社区居民自主经营的社区旅游合作社模式已经在旅游业发展较为迅速的旅游地出现，自主经营在经营投资上具有成本低、风险低的特点，是少数民族村寨开展社区旅游、脱贫致富、建设小康社会的有效途径。通过社区生态旅游生产经营者自愿联合起来，吸纳社区成员投资入股，并维护和发展社区成员利益，自主经营、利益共享，以及借助国家湿地公园的技术、教育支持和社区能力建设项目，培育社区的自我发展能力。进而指导和带动其他少数民族村寨建立社区生态旅游合作社，利用少数民族村寨特色文化、产品以及所处地理资源优势，构建旅游产业链。并通过政府主导、社区旅游发展委员会统筹。管理、规范和实践社区的生态旅游活动。建议在民族文化完整、旅游产品特色、商业意识较强的村寨开展该模式。

（2）"引导社区参与"模式。由于社区的规模、经济发展状况等因素的限制，尤其是湿地公园生态保育区，不能作为生态旅游开发地，可以通过政府、企业和相关扶贫项目的扶持，积极引导社区居民参与湿地公园其他区域的生态旅游开发，对社区居民进行相关技能培训，以多种形式参与湿地公园生态旅游活动，实现利益合理分配，扶持社区发展经济。具体做法如社区居民作为景区服务人员参与景区旅游服务，吸纳社区居民就业；不同的民族社区因地制宜生产土特产品，组织民间艺人设计制作本民族特色旅游商品，与景区公司签定销售社区农业产品和旅游商品合同，定单销售社区特色旅游商品，有效实施社区共管计划。

（3）"联合公司经营"模式。社区居民是社区联合公司开展生态旅游的中心体，社区和公司两大利益主体之间的行为互为影响、互为促进、互为约束。当地政府和社区旅游发展委员会生态旅游的规划与决策、基础设施建设与旅游服务、利益分配等方面充分尊重社区居民的意见，保障社区居民应有的权利和应得的利益，引导教育社区居民在争取其权利的同时积极履行义务，即可使社区生态旅游健康、快速、可持续发展；景区公司为社区居民提供旅游相关职业技能的培训，提供就业机会，同时开发旅游产品；社区居民提供民族特色产品、非物质旅游产品，或以社区自然景观和人文资源作为投资，联合公司共同建设和经营景区，为旅游者提供满意的旅游体验和高质量的旅游服务。各利益主体之间各司其职，其具体职责与权利分配为公司经济投资、培训就业、提供税收，获取相应盈利；社区民族参与、投资就业、资源保护，参与利益分配。

建议在交通较为便利，社区规模较大，游客集散相对集中的村寨开展该模式。

4.4 社区文化教育

针对万峰国家湿地公园所涉及的社区居民的实际情况以及未来旅游发展的需要，完善社区学校基础设施和教育设施建设，提高义务教育水平以及居民文化素质，设计社区居民培训的具体内容，以及社区居民分阶段的培训内容（见表2、表3）。

表2 社区居民培训内容一览表

培训类别	知识类型	主要培训内容
基本技能培训	基础知识	农业基础知识、林业技术知识、环境保护知识、安全救援常识
	民族知识	民族文化常识、民族风情民俗、民族村寨地理、民族歌舞演艺
	相关法规	湿地公园法规、旅游法律法规、环境保护法律法规、森林保护法规
专业技能培训	基础知识	种植技能、饲养技能、商业经营技能、商品加工包装技能、产品设计技能
	民族知识	环境卫生意识、旅游服务技巧、岗位职责、价值观、公平意识、发展意识
	相关法规	导游技能、礼仪礼节、普通话水平、餐饮服务技能、销售技能、烹饪技巧

表3 社区居民阶段培训内容一览表

阶段及年限	主要培训内容	培训方式
2014—2015年	种植技能、饲养技能、相关法规、普通话培训、导游基本素质、环境保护知识、民族文化常识、民族技艺传习、民族歌舞演艺、销售技能、安全救援常识、餐饮服务、食品制作等	聘请专家进行培训；社区内部交流；黑板报、墙报；中小学素质教育；专项培训班讲座；村民外出考察等
2016—2020年	环境卫生意识、市场经济意识、旅游服务技巧、岗位职责、主要客源国民族文化、礼仪礼节、价值观、公平意识、社区发展意识、民族医药知识、社区管理技能、民主参与意识等	与高校建立交流合作；组织培训、参专题研讨会；内部交流、专项培训班；讲座；外出考察；远程教育等

5 结论

随着万峰国家湿地公园的建设与完善，积极鼓励社区参与湿地公园的建设与保护，通过社区参与一方面提高当地居民生产生活能力，使社区经济得到健康发展；另一方面，提高社区对保护意识和觉悟，能积极主动参与到湿地公园的保护事务中，保护湿地公园内原生态的布依民族文化，维护湿地生态系统，使当地社区经济和社会发展与湿地公园的建设和保护能形成良性互动，使湿地公园在建设与发展过程中能得到有效保护和合理的利用，从而实现万峰国家湿地公园可持续发展。

【参考文献】

[1] 国家林业局. 国家湿地公园管理办法（试行）[Z]. 2010：1.

[2] 林业部野生动物和森林植物保护司. 湿地资源保护与合理利用指南 [M]. 北京：中国林业出版社，1994：1.

[3] Murphy P E. Tourism：a community approach [M]. Methuen. New York and London，1985：155-176.

[4] Petty J. The many Interpretation of Community Participation [J]. In Focus，1995（16）：5-10.

[5] 刘纬华. 关于社区参与旅游发展的若干理论思考 [J]. 旅游学刊，2000，(1)：47-52.

[6] 杨桂华. 生态旅游保护性开发新思路 [J]. 经济地理，2000，(1)：88-92.

[7] Mike Stone，Geoffre Wall. Ecotourism and Community Development：Case Studies form Hainan，China [J]. Environmental management，2004，(33)：12-24.

汤河国家湿地公园建筑景观设计的地域性尝试*

湿地公园的建筑，其最根本的目的主要是通过建筑造型以及建筑室内外空间的设计向公众展示湿地生态环境，同时还向公众宣传保护湿地生态环境的重要性与必要性。湿地公园内的建筑作为湿地的一部分，不但承担着其“建筑”所特有的功能，同时还应发挥出湿地建筑的人文景观功能。也就是说，建筑其实也是湿地公园另一层面上的景观。成功的湿地建筑设计，将会为湿地公园增添别具特色的靓丽景观。

1　我国湿地公园建筑设计成功典范借鉴

目前，我国湿地公园建筑设计中已经或正在实践的大部分建筑，均是从建筑的生态性方面入手，也就是建筑与湿地环境的有机融合。其共同点都是强调建筑与自然环境的自然协调性，即建筑的生态属性。其中最具代表性的实践就是已建成的杭州西溪湿地科普研究展示中心。该建筑以其先进的设计理念使之成为湿地建筑设计的成功典范，对我国湿地建筑的设计具有较好的示范作用。该设计将建筑所依附的整个山丘山体作为拟建建筑的载体，几乎将整个科普研究展示中心的建筑主体完全“埋”入自然形状的山丘之中，让人很难从外观上看出其建筑的痕迹，整个建筑与湿地地貌融为一体，体现了建筑景观与湿地的自然和谐，体现了建筑的生态性特征。

2　汤河国家湿地公园建筑景观设计的地域性尝试

湿地公园的建筑设计，除了需要注重自然生态属性之外，还应该注重地域性的结合。一般广义上所说建筑的地域性，是指建筑与其所处地域环境的地形、地貌及气候等自然环境相适应的一种特性，它与建筑所在地的自然环境、社会环境和文化环境存在密切的关联性。建筑的地域性不仅仅体现在建筑要满足环境的需求，同时还需满足不同人群的物质需求和精神需求，不同文化和时代发展的需求，建筑技术和建筑材料的需求等。

本文所讨论的建筑地域性，则主要是通过建筑体现其所处地域的文化特质而实现的。

2.1　设计背景概况

本文主要是围绕山东汤河国家湿地公园科普宣教系统详细规划来展开的。山东汤河国家湿地公园位于山东省临沂市，距离临沂市约 21km，距离汤河镇政府约 3km。湿地公园南面邻接沭河，北面距 342 省道（程子河大桥）1km。汤河国家湿地公园科普宣教系统详细规划用地范围沿汤河西岸，全长约 8.3km。规划用地面积为 183.2hm^2。用地现状为水体、林地、滩涂、农业用地、建设用地、公路用地。周边有多个村庄沿河建设，河岸外以农田为主。湿地资源丰富，类型多样。湿地类型为三大类、五小型，以河流湿地为主，人工及沼泽湿地为辅。湿地公园内植物种类丰富，山东银莲花和宽蕊地榆是山东特有种。动物资源丰富，鸟类众多。

汤河国家湿地公园科普宣教系统详细规划方案主要分为 3 个区域，即生态汤河展示区、“汤河之眼”展示区和运河胜景展示区（图 1）。

---

* 吴明伟. 汤河国家湿地公园建筑景观设计的地域性尝试 [J]. 林业调查规划，2016，41（2）：141-144.

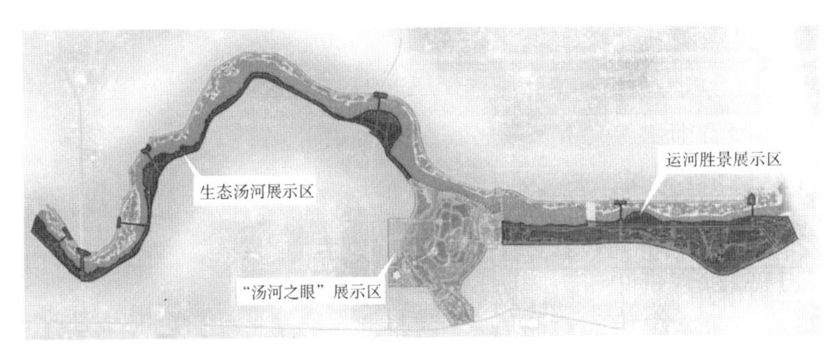

图1　规划布局

生态汤河展示区依托汤河原有植物群落、天然河道、芦苇丛生的沙洲、森林茂密的三角洲、土壤肥沃的滩涂，以展示汤河自然风貌为主；总面积 37.5hm²。“汤河之眼”展示区通过人工模拟建设，将不同湿地类型集中在此地进行展示，结合临沂海棠，形成自身特色文化，是湿地公园的展示窗口；总面积 82.6hm²。“运河胜景”展示区结合场地中人工池塘、净化池、水产养殖场、农田、苗圃等展示人工湿地，设置户外活动、露营、采摘等场所，增强参与性；总面积 77.1m²。

本文中建筑景观设计的地域性尝试内容包含海棠博物馆、游客管理中心及主入口大门、小品建筑等，均为“汤河之眼”展示区中的建设内容。

2.2　湿地公园建筑景观地域性设计

2.2.1　海棠博物馆设计

文化是建筑的根源和灵魂所在，建筑设计要有意识地从地域性文化中寻找灵魂及元素，寻求建筑设计与地域文化的有机结合，有了文化内涵的充实才能让湿地建筑具有灵魂和精神。沂州海棠是沂蒙地区特有的花卉精品，以其历史悠久、文化底蕴深厚、花期长、花色艳而美享誉中外。据史志记载，临沂市在明清时期即有沂州海棠的栽植，经过多年种植培育，利用本地特有的木瓜嫁接而成了沂州海棠。该花花期长，从现蕾到凋落可达 1 月有余。花姿潇洒，艳丽动人，为花中之最。其色、态、香俱佳，为历代文人墨客所青睐。也正是因为沂州海棠在沂蒙地区的广泛分布及其较大的影响力，沂州海棠成为了山东省临沂市的市花。

海棠博物馆规划位置处于汤河湿地公园主入口广场前端，位置较突出，是整个公园景观视线的起点，也是重要的聚焦点。博物馆设计的灵感正是来自沂州海棠优美的花瓣花姿（图2）。

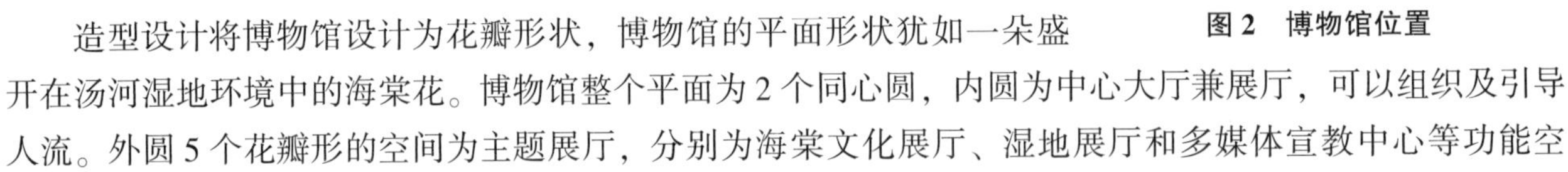

图2　博物馆位置

造型设计将博物馆设计为花瓣形状，博物馆的平面形状犹如一朵盛开在汤河湿地环境中的海棠花。博物馆整个平面为 2 个同心圆，内圆为中心大厅兼展厅，可以组织及引导人流。外圆 5 个花瓣形的空间为主题展厅，分别为海棠文化展厅、湿地展厅和多媒体宣教中心等功能空间。设计充分利用临沂市海棠文化对汤河湿地公园的巨大影响力，同时考虑到湿地中水环境对建筑的影响，采用了大量的幕墙结构，让整个花瓣建筑呈现出晶莹剔透的感觉（图3）。

图3　博物馆造型

白天，湿地水面将博物馆建筑多姿多彩的身影倒影在水中，让建筑犹如水中花摇曳在清澈的水中。淡蓝色的玻璃，以及四周如画般优美的自然风景在建筑玻璃镜子中的映像，起伏变化的建筑体型，恍若湿地绿色中若隐若现的海市蜃楼。夜幕降临时，博物馆像一个晶莹剔透的玻璃花瓣，在多彩灯光的映衬下，发射出奇异的光线，美轮美奂。自然的湖面是建筑物天然的背景，而建筑却是湿地的一道亮丽风景。这也正是湿地建筑体现地域文化而产生的巨大魅力，而地域文化则赋予湿地建筑无穷无尽的生命力。海棠博物馆建筑设计通过对文化的诠释，使得建筑本身及其自然地拥有了地域性特征。

2.2.2 游客管理中心及主入口设计

一般来说，公园的主入口是连接内外空间体系的重要部分，是整个公园各个环境空间体系的开端，也是公园内外相邻两个环境空间的过渡点和承接点。它具有明显的引导和提示作用。因此，醒目也就成为入口的特征。

图4 公园入口

由于湿地公园入口区域承担着湿地公园的服务功能、管理功能、交通集散功能，因此设计将入口大门、游客管理中心以及入口集散广场结合起来，使其具备较明显的整体感与开阔感（图4）。

主入口区域围绕着整个湿地公园管理服务功能而展开，体现出公园内外部交通便利性以及管理服务功能便捷性。设计通过在入口岗亭采用海棠花瓣造型处理，使之与博物馆造型形成自然呼应，并紧扣临沂海棠文化主题，进一步强化建筑的地域性特征（图5）。

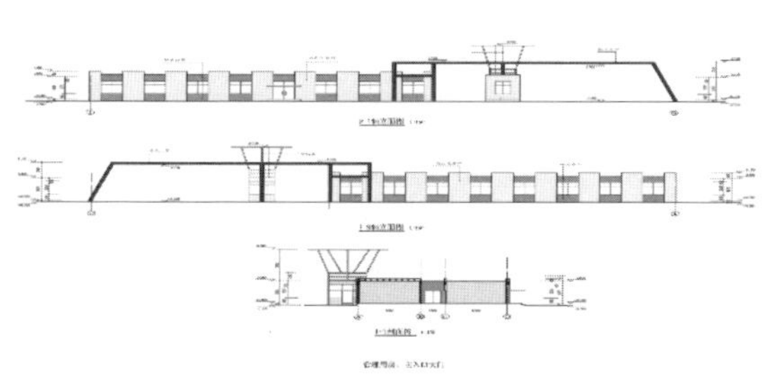

图5 入口岗亭

游客管理中心是湿地公园的信息中心，集宣传教育、导游服务、集散换乘、咨询投诉、医疗安保、演艺购物、监控监管等功能于一体。建筑外墙立面采用当地土墙的色彩及肌理，让建筑具有明显的地域特征。而游客管理中心及入口大门前的广场则作为连接湿地公园及海棠博物馆的过渡空间，承担着游客集散及引导功能。

2.2.3 小品建筑景观设计

湿地公园中的小品建筑景观的地域性设计成功与否，在很大程度上取决于建筑小品能否体现出自然、生态及地域文化特征。而要体现出地域文化特征，在小品建筑景观设计时，首先需要着重考虑当地民居建筑普遍使用的材料等硬件性物质文化对小品建筑设计的影响。同时，还要有选择地灵活运用地方民居建筑材料，使小品建筑能有机融入当地环境中而不会显得突兀。这样设计出来的小品建筑，一方面能体现节能环保的原则，同时还能够让地域文化在湿地建筑设计中得以充分释放与展示。

在汤河国家湿地公园内部卫生间等小型建筑设计时，在建筑墙体及屋顶材料、色彩的选择上，采用与当地独具特色的民居相一致的材料，就地取材，外墙为环保自然的土坯墙，屋顶敷设茅草，具有较强的地方特色（图6）。

图6 小型建筑设计

在电瓶车停靠站设计时，积极响应节能环保的号召，尝试采用从其他拆除建筑中挑选出可用木材，经过防腐处理后作为框架材料，然后采用当地民居使用的茅草作为屋顶装饰覆盖材料。这样使得小品建筑在湿地公园环境中不但显得自然协调，同时通过废物利用，较好地体现了节约能源和清洁环保的设计理念。显然，在湿地公园小型建筑及小品建筑的设计中，通过将地域文化与建筑设计的有机结合，使小品建筑不但充满浓郁的地域色彩，还能为湿地公园增添新的建筑文化景观。

3 结语

通过对山东汤河国家湿地公园科普宣教系统详细规划中建筑景观设计的地域性尝试，进一步强调了建筑地域文化与湿地自然环境的关联性与共生性。建筑中地域文化的体现，从精神上给人以较强的归属感。建筑的地域性是建筑赖以生存的根基，而地域性的体现则依赖于文化内涵。如果建筑师在湿地建筑的设计中能够把地域文化与建筑设计有机结合起来，让地域文化赋予湿地建筑精神食粮，就能设计出具有地域特色的湿地建筑，为湿地增添光彩。

【参考文献】

国家林业局昆明勘察设计院. 山东汤河国家湿地公园科普宣教系统详细规划［Z］.

何镜堂. 百家讲坛：建筑设计中的地域、文化和时代特性［Z］.

王升，2006. 建筑文化的地域性［J］. 安徽建筑（2）：22-24.

云南洱源西湖国家湿地公园景观健康评价*

1 研究背景及意义

随着社会经济的发展，为满足人们日益增长的物质文化生活的需求，一些经济发达的地区开始建设湿地公园，自2005年西溪湿地公园正式成为国家林业局国家湿地公园试点建设以来，截止到2016年底，我国国家湿地公园试点数已达836处，总面积达到397.2万hm^2，有效保护湿地面积257.8万hm^2，成为湿地保护和合理利用的一种成功模式，有效推动了推动区域社会经济可持续发展，改善了生态环境。近些年来，国内外专家学者对于湿地公园进行了广泛的研究，但是对于湿地公园健康评价的研究较少，而健康评价作为景观评价中的一个重要部分，具有极其重要的研究价值[1-2]。

景观生态学是一门综合性的学科，充分融合了生物学、生态学、地理科学等的内容，所以景观生态学的创始人将景观的定义列为：这是一种异质性陆地区域，经常以相似的方式重复出现并作用于生态系统[3]。目前，景观生态学已经成为在对生态系统研究时，必不可少的重要对象。通过对景观生态健康的研究，我们可以了解生态系统的整体情况和组织结构[3]。一般来说，景观健康就是在一个范围内的景观布局是健康的，景观分布是合理的。但是由于对景观健康的研究时间较短，目前在生态学界并没有对景观健康进行官方定义。与此同时，景观在不同的时间段内会出现不同的情况，而且在发展的过程中是不会对周边环境的持续健康发展产生不利影响的[4]。景观演变时时刻刻出现在我们的生活中，已经和我们紧密相连，成为生活的一部分。

景观健康评价主要就是从景观的社会可持续性和生态可持续性这两个方面进行的，在对景观进行评价的时候，把健康概念穿插其中，研究人与自然的关系，人类活动对环境的影响，环境因素在一定程度上影响着人类的活动，不仅可以成为研究生态系统健康的一个方面，而且可以成为社会价值综合研究的基础[5]。

2 研究地区与研究方法

2.1 研究地区自然概况

云南洱源西湖国家公园位于云南省大理州洱源县，公园总面积1354.07hm^2，地理坐标位于北纬25°59′43~26°2′10″，东经100°0′4″~100°4′56″。地处洱海源头、苍山第一峰云弄峰山麓，北距大理地热国18km，距离丽江120km，距离香格里拉县250km；南距大理市60km，距离昆明市350km。

洱源西湖湿地为断陷而成的高原淡水湖，湖面海拔1965m，是云南省旅游发展的重要组成部分，是大理州旅游特色的标志性景区，是洱源县地热、水乡、古镇三大支撑性旅游资源的骨架。

基于研究区近几年来的景观演变特征及其演化机制的分析，本文构建了景观健康评价指标体系，并最终实施了洱源西湖国家湿地公园景观健康评价。

2.2 研究方法

2.2.1 数据来源

本次研究从2016年洱源县统计年鉴、现场调查、咨询专家以及问卷调查的数据来查询现状值，制定了以下几个标准值的原则：1）国家现有标准的，使用国家规定标准值；2）国家没有现有标准的，查找

---

* 付元祥，李玥，韩莹莹，等. 云南洱源西湖国家湿地公园景观健康评价［J］. 林业资源管理，2017，(4)：135-141.

国内外颇具代表的湿地公园现状当作标准值。初步根据这些原则，拟定洱源西湖国家湿地公园的标准值。

2.2.2 景观健康评价指标体系

指标是评价的尺度，任何的评价都是建立在指标的基础之上，本研究按照评价的目的要求，根据湿地公园生态系统特征，遵循科学性、整体性、综合性、实用性及可行性的选取原则，参照各项环境考核和建设指标，建立了一个涵盖湿地环境指标、景观空间格局和社会经济功能的景观健康评价体系[6]。

湿地公园景观健康评价涉及的因素众多，若这些因素都参与评价，其工作量大且繁杂，将影响对主要评价因素的观察与分析，影响改善湿地景观健康的决策。因此评价指标主要依据以下几个方面确定：

（1）根据调查、收集或者监测的结果进行分析，选择对湿地公园景观健康评价有决定性影响的因素作为评价目标，以突出主要矛盾。在确定评价参数时，应选取或借鉴国内外的相关标准。

（2）根据咨询专家意见或根据前人已进行过的湿地公园景观健康评价中的评价指标，统计分析评价结果，以确定评价指标。

（3）调查湿地公园的游客以及公园附近的住户对湿地公园景观健康质量的感受情况，找出他们反映强烈的因子作为评价体系中的指标[7-10]。

各层指标体系的含义及获取方法见表1。

表1 洱源西湖国家湿地公园景观健康评价体系的指标依据

指标类型		计算公式	数据来源
1	湿地率	公园内湿地面积/公园总面积×100%	实地调查
2	湿地物种多样性	辛普森多样性指数 $D=1-\sum(N_i/N)^2$，式中 N_i 为 i 物种个体数，N 为总个体数	样地调查
3	地表水质达标率	湿地公园内地表水的水质情况	洱源县环保局
4	空气质量达标率	湿地公园空气质量情况	洱源县环保局
5	土壤质量达标率	湿地公园土壤质量情况	洱源县环保局
6	环境噪声平均值	湿地公园声环境情况	洱源县环保局
7	景观聚集度指数	$RC=1-C/Cmax$（RC 是相对聚集度指数，取值范围为0~1之间；C 为复杂性指数，Cmax 是 C 的最大可能取值。）	样地调查
8	景观分离度指数	$V_i=D_{ij}/A_{ij}$（V_i 是景观类型 i 的分离度，D_{ij} 是景观类型 i 的距离指数，A_{ij} 是景观类型 i 的面积指数）	样地调查
9	景观均匀度指数	$E=(H/H_{max})\times100\%$（E 为景观均匀性指数，H 为景观多样性指数，H_{max} 为完全均匀条件下的景观多样性指数（$H_{max}=\ln m$））	样地调查
10	景观多样性指数	$H=1-\sum_{i=1}^{n}P_i\times ln\ Ps$（$H$ 是指景观多样性指数，P 是景观类型 i 所占总面积的比例，m 为景观类型总数）	样地调查
11	景观破碎度指数	$C_i=N_i/A_i$（C 为景观 i 的破碎度，N 为景观 i 的斑块数，A 为景观 i 的总面积）	样地调查
12	文化含量与美学价值	$1.0>X\geq0.8$ 视觉和审美的自然价值较好，人文景观较丰富，完整性和奇异程度较好	专家咨询
13	科研价值	$1.0>X\geq0.8$ 在有关环境的多学科中具有较高的研究价值	专家咨询
14	*GDP* 增长率	湿地公园生产总值同比上年的增长幅度	洱源县统计局
15	农村居民人均收入	湿地公园周边社区人均收入水平	洱源县统计局、问卷调查
16	第一产业产值增长率	第一产业生产总值同比上年的增长幅度	洱源县统计局
17	旅游业产值增长率	旅游业生产总值同比上年的增长幅度	洱源县统计局

2.2.3 评价指标的度量

依照国内与国外典型的湿地健康评价准则，把洱源西湖国家湿地公园的整个健康评定进程中的指标因素的评定按顺序分为5个级别，这5个级别依次为很健康、健康、亚健康、一般病态、疾病，见表2~表4[11]。评定这一顺序的规范标准依靠的主要是以下几类：

（1）政府、生态行业与地区标准。

（2）历史背景和本底准则：洱源西湖国家湿地公园以往的地理条件和生态系统条件。

（3）临界标准：一些生物生存的临界数据。

表2 洱源西湖国家湿地公园景观健康评价的湿地环境指标标准

指标	指标标准分级				
	很健康	健康	亚健康	一般病态	疾病
*E*1	≥50%	30%~50%	10%~30%	5%~10%	≤5%
*E*2	≥10%	7%~10%	5%~7%	3%~5%	≤3%
*E*3	100%	80%~100%	60%~80%	40%~60%	<40%
*E*4	≥82%	68%~82%	58%~68%	52%~58%	<52%
*E*5	≥80%	70%~80%	60%~70%	50%~60%	<50%
*E*6	<45	45~50	50~55	55~60	>60

表3 洱源西湖国家湿地公园景观健康评价的景观空间格局指标标准

指标	指标标准分级				
	很健康	健康	亚健康	一般病态	疾病
*L*1	>0.95	0.88~0.95	0.79~0.88	0.68~0.79	<0.68
*L*2	<0.6	0.6~0.7	0.7~0.8	0.8~0.9	>0.9
*L*3	>0.9	0.8~0.9	0.7~0.8	0.6~0.7	<0.6
*L*4	>1.6	1.4~1.6	1.2~1.4	1.1~1.2	<1.1
*L*5	<0.1	0.1~0.2	0.2~0.3	0.3~0.5	>0.5

表4 洱源西湖国家湿地公园景观健康评价的社会经济功能指标标准

指标	指标标准分级				
	很健康	健康	亚健康	一般病态	疾病
*S*1	>0.9	0.8~0.9	0.7~0.8	0.6~0.7	<0.6
*S*2	>0.9	0.8~0.9	0.7~0.8	0.6~0.7	<0.6
*S*3	显著增长	缓慢增长	略有下降	缓慢下降	显著下降
*S*4	显著增长	缓慢增长	略有下降	缓慢下降	显著下降
*S*5	显著增长	缓慢增长	略有下降	缓慢下降	显著下降
*S*6	显著增长	缓慢增长	略有下降	缓慢下降	显著下降

3 结果与分析

3.1 湿地公园景观健康评价指标体系的构建

本文的体系框架是在分析洱源西湖国家湿地公园景观健康评估参数的基础上建立起来的，为了方便理解，我们将其划分成3个层次：首先是目标层（Item），即湿地公园景观健康的全面性评估；其次是评估准则层（Factor），即构成评估标准的原因，洱源西湖国家湿地公园景观健康主要受湿地环境因素、景观空间格局、社会经济功能3个因素的影响，因此本文有关湿地公园健康评估的探讨主要集中在湿地环境因素、景观空间格局、社会经济功能3个方面；最后是指标层（Index），即哪些是可以用来构成评估体系的指标[12]。

结合洱源西湖国家湿地公园自然生态环境、景观空间格局以及社会经济功能，科学严谨、有针对性的提出以下共17个指标的评价体系，各指标的现状值以及标准值依据见表5。

表5　洱源西湖国家湿地公园景观健康评价指标

一级指标	二级指标		现状值	标准值	依据
	指标代码	指标名称			
湿地环境指标（E）	E1	湿地率	26.05%	≥30%	国家湿地公园标准
	E2	湿地物种多样性	0.154		样地调查计算数据
	E3	地表水质达标率	70%		统计数据
	E4	空气质量达标率	100%		统计数据
	E5	土壤质量达标率	80%		统计数据
	E6	环境噪声平均值	34		统计数据
景观空间格局指标（L）	L1	景观聚集度指数	0.9768	1	聚集度指数的值越小，则景观的破碎化程度越高
	L2	景观分离度指数	0.7357	1	分离度表示景观最破碎的状态，分离度现状值与标准值距离越大，景观质量越低
	L3	景观均匀度指数	0.6239	1	参考值为1各斑块类型均匀分布，有最大多样性
	L4	景观多样性指数	1.5636	1	差异越大，指数越小
	L5	景观破碎度指数	0.0658	1	破碎度数值1表示景观被完全破坏
社会经济功能指标（S）	S1	文化含量与美学价值	0.82	1	自然人文景观的丰富性、愉悦度、完整度等的理论最大值
	S2	科研价值	0.81	1	在湿地学、生态学、生物学等方面研究价值的理论最大值
	S3	GDP增长率	10.2%		统计数据
	S4	农村居民人均收入	4266元		统计数据
	S5	第一产业产值增长率	6.8%		统计数据
	S6	旅游业产值增长率	9.7%		统计数据

3.2　评价方法

目前，景观健康评价或生态系统健康评价还没有成熟的方法。鉴于景观健康评价所涉及的学科领域范围较广，且其评价指标也较为综合、全面，因此本文采用生态环境领域中较为常用的综合评价法来评价湿地公园景观健康。该方法应用模糊关系合成的原理，根据多个被评价对象本身存在的形态或隶属上的亦此亦彼性，从数量上对其所属成分予以描述[10]。利用湿地环境指标、景观空间格局指标、社会经济功能指标，建立起综合评价模型，表达式为：

$$LHI = \sum_{i=1}^{n} W_{LHI_i} C_{LHI_i}$$

式中，LHI为景观健康指数，W_{LHIi}为第i指标的一级权重值，C_{LHIi}为第i指标的等级量化值，LHI_i为第

i 个评价指标的景观健康指数值，LHI_i 从 LHI_1 至 LHI_3 分别对应为湿地环境指标、景观空间格局指标及社会经济功能指标的景观健康指数值，各相应指数的计算公式分别为：

$$LHI_1 = \sum_{i=1}^{6} W_{E_i} C_{E_i}$$

$$LHI_2 = \sum_{i=1}^{5} W_{L_i} C_{L_i}$$

$$LHI_3 = \sum_{i=1}^{6} W_{S_i} C_{S_i}$$

式中，E_i，L_i，S_i 分别代表湿地环境指标 $E1 \sim E6$、景观空间格局指标 $L1 \sim L5$ 以及社会经济功能指标 $S1 \sim S6$，LHI_1，LHI_2，LHI_3 分别为各相应指标的景观健康指数值，WE_i，WL_i，WS_i 分别为各自 i 级指标的二级权重值，CE_i，CL_i，CS_i 分别表示第 i 指标的等级量化值。

3.3 评价指标权重

各项评价指标权重主要采用专家打分法确定。基于从事湿地公园研究的各位科研人员以及当地相关各专业部门专家的综合咨询，最终确定各项评价指标的权重（表6）。

表6 洱源西湖国家湿地公园景观健康评价指标权重

一级指标	权重	二级指标	权重	归一化权重
湿地环境指标（E）	0.45	湿地率 E1	0.105	0.2333
		湿地物种多样性 E2	0.125	0.2778
		地表水质达标率 E3	0.100	0.2222
		空气质量达标率 E4	0.040	0.0889
		土壤质量达标率 E5	0.040	0.0889
		环境噪声平均值 E6	0.040	0.0889
景观空间格局指标（L）	0.35	景观聚集度指数 L1	0.070	0.2000
		景观分离度指数 L2	0.070	0.2000
		景观均匀度指数 L3	0.070	0.2000
		景观多样性指数 L4	0.070	0.2000
		景观破碎度指数 L5	0.070	0.2000
社会经济功能指标（S）	0.20	文化含量与美学价值 S1	0.040	0.2000
		科研价值 S2	0.040	0.2000
		GDP 年均增长率 S3	0.030	0.1500
		农村居民人均收入 S4	0.030	0.1500
		第一产业产值增长率 S5	0.030	0.1500
		旅游业产值增长率 S6	0.030	0.1500

3.4 评价结果

基于云南洱源西湖国家湿地公园景观健康评价指标标准以及各项评价指标所属的等级级别及其相应的等级量化值，利用综合评判法求得云南洱源西湖国家湿地公园景观健康评价各项评价结果见表7和表8。从中可知，湿地公园的景观健康指数（LHI）为0.6730，健康等级为“健康”级别。其中，湿地环境指标、景观空间格局指标及社会经济功能指标的健康指数分别为0.6711，0.6600和0.7000，均于健康等级序列中的“健康”级别。

表 7 洱源西湖国家湿地公园景观健康各项指标评价结果

一级指标	LHI	二级指标	W	C	LHI
湿地环境指标（E）	0.6711	湿地率 E1	0.2333	0.30	0.0700
		湿地物种多样性 E2	0.2778	0.90	0.2500
		地表水质达标率 E3	0.2222	0.50	0.1111
		空气质量达标率 E4	0.0889	0.90	0.0800
		土壤质量达标率 E5	0.0889	0.90	0.0800
		环境噪声平均值 E6	0.0889	0.90	0.0800
景观空间格局指标（L）	0.6600	景观聚集度指数 L1	0.2000	0.90	0.1800
		景观分离度指数 L2	0.2000	0.50	0.1000
		景观均匀度指数 L3	0.2000	0.30	0.0600
		景观多样性指数 L4	0.2000	0.70	0.1400
		景观破碎度指数 L5	0.2000	0.90	0.1800
社会经济功能指标（S）	0.7000	文化含量与美学价值 S1	0.2000	0.70	0.1400
		科研价值 S2	0.2000	0.70	0.1400
		GDP 年均增长率 S3	0.1500	0.70	0.1050
		农村居民人均收入 S4	0.1500	0.90	0.1350
		第一产业产值增长率 S5	0.1500	0.50	0.0750
		旅游业产值增长率 S6	0.1500	0.70	0.1050

表 8 洱源西湖国家湿地公园景观健康评价结果

景观健康指数	指数	W_{LHIi}	C_{LHIi}	LHI_i
0.6730	LHI_1	0.45	0.6711	0.3020
	LHI_2	0.35	0.6600	0.2310
	LHI_3	0.20	0.7000	0.1400

从湿地环境指标这一数值的分析中我们可以看到，洱源西湖国家湿地公园湿地环境的健康分数是0.6711，依据健康评价准则里的等级标准是属于健康的等级，本文所选取的几个指标较为完整地反映了洱源西湖国家湿地公园的实际状况，表明公园在一定程度上具有自身恢复能力，可以发挥湿地环境能力，园区内的生态系统都能够进行良性演替，是适宜人类生产生活的环境。

从景观空间格局指标这一数值的分析中我们可以看到，洱源西湖国家湿地公园景观空间格局指数达到了0.6600，参照评判标准，该地自然生态处于健康状态。空间格局指数是衡量景观健康状态的主要参考数值。如果仔细考察这些数值会发现，在空间格局指数的下级，景观破碎度指数数值只有0.0658，表明该地景观分布完整，联系紧密，破碎度极低。从多样性的角度来考察，其指数为1.5636，达到了健康的标准，说明该地在景观多样性上表现比较优秀，景观的类型并不单一。从景观的分离状况观察，其指数为0.7357，说明湿地公园的景观分布较为合理，分散程度低，联系较为紧密。从景观的聚集度指标来看，该地的指数为0.9768，这一指数反映了公园内景观的分布非常匀称，集中程度也较高，其原因在于，湖泊湿地环境的本质特征，决定了它的分布情况是斑块少，面积大。从景观的均匀度来考察，这一地区在此数值上的得数0.6239，处于一般病态的水平，均匀度不高，也即是说湿地景观的分配是不合理的。

从社会经济功能指标这一数值的分析中我们可以看到，洱源西湖国家湿地公园社会经济功能指标的得分是0.7000，这是一个比较健康的指数水平。从人均收入、GDP 增长等来看，也处于较高的水平。从文化和美学的角度看，该地的得分是0.8200，这就说明该地区具有得天独厚的历史文化底蕴。从科研价值来看，其指数是 0.8100，也是一个比较高的指数，这就说明洱源西湖湿地资源具有较高的科研价值，因此要加强对当地湿地自然环境和生态系统完整的保护，保护湿地公园的科研价值，同时在景观健康的基础上建立科教区，发挥该地在科研和教育中的巨大作用。

4 不足及展望

此次研究在指标的选择上存在一些误差，因为在研究过程中涉及的领域很广，特别是对于公园和管理的经济指标在选择上存在着很大的难度，指标的确定存在着广泛性，一些内容并没有进行深入收集、研究和讨论。与此同时，评价的科学性也受到一些不易量化的指标权重的影响，外加个人的能力和收集资料的影响，导致评价的结果不够客观。由于本论文只是对洱源西湖国家湿地公园景观健康评价进行初步的研究评价，无论是从景观布局现状、社会经济功能还是环境结构的分析结果来说，均有待于进一步研究完善。

【参考文献】

[1] Bertollo P. Assessing ecosystem health in governed landscapes: A framework for developing core indicators [J]. Ecosyst Health, 1998, 4 (1) : 33-51.

[2] Bertollo P. Assessing landscape health: A case study from Northeastern Italy [J]. Environ. Man., 2001, 27 (3) : 349-365.

[3] 王宪礼，李秀珍. 湿地的国内外研究进展 [J]. 生态学杂志，1997，16 (1)：59-63.

[4] 宋兰兰，陆桂华，刘凌. 区域生态系统健康评价指标体系构架——以广东省生态系统健康评价为例 [J]. 水科学进展，2006，17 (1)：116-121.

[5] 严承高，张明祥，王建春. 湿地生物多样性评价指标体系及方法研究 [J]. 林业资源管理，2000，(1)：41-46.

[6] 陆庆轩，何兴元，魏玉良，等. 沈阳城市森林生态系统健康评价研究 [J]. 沈阳农业大学学报，2005，36 (5)：80-584.

[7] 葛娟，邓卫东. 景区旅游公路景观美学质量评价指标体系的构建方法 [J]. 公路交通技术，2010，4 (2)：47-153.

[8] 叶属峰，刘星，丁德文. 长江河口海域生态系统健康评价指标体系及其初步评价 [J]. 海洋学报，2007，29 (4)：128-135.

[9] 朝辉，王克林，徐联芳. 湿地生态系统健康评估指标体系研究 [J]. 国土与自然资源研究，2003，(4)：63-64.

[10] 曹宇，欧阳华，肖笃宁. 额济纳天然绿洲景观健康评价 [J]. 应用生态学报，2005，16 (6) : 1117-1121.

[11] 陆健健，何文珊，童春福，等. 湿地生态学 [M]. 北京：高等教育出版社，2006.

[12] 蔡燕，王会肖. 生态系统健康及其评价研究进展 [J]. 中国生态农业学报，2007，15 (2)：184-187.

湖北孝感老观湖国家湿地公园植物区系特征研究*

通过对湖北孝感老观湖国家湿地公园采用样线调查和样地调查相结合的方法，统计分析出湿地公园分布有维管束植物58科131属165种。其中蕨类植物2科3属3种，裸子植物1科2属2种，被子植物55科126属160种；种子植物的科、属分布较为丰富，植物区系成分相对多样复杂；同时物种区系特征与老观湖的形成息息相关。

1 研究区概况

湖北孝感老观湖国家湿地公园（以下简称湿地公园）于2015年12月由国家林业局批准试点，该公园位于汉江下游北岸，行政区划上隶属于湖北省孝感市，跨应城、汉川两市。湿地公园的地理坐标范围为东经113°27′27.7″~113°30′0.2″、北纬30°44′21.8″~30°47′53.8″，东西跨度为4.0km，南北跨度为6.3km。公园规划总面积为1244.79hm^2。湿地公园所在区域为湖沼洼地，海拔高程普遍在21~25m以下，所在区域属湿润地带，干旱指数0.76~0.92，降雨季节分配不均，7月中旬以后，多晴热少雨天气，是鄂中部伏、秋旱频发地区，多年平均气温16.1℃，极端最高温38.7℃，极端最低温-15.5℃。湿地公园为近代河湖相冲积沉积母质（Q4），一般厚3~10m。在水平方向上，越靠近湖中心，沉积物越细腻，淤泥质成分增高，质地越粘重。湖泊外围地层为湖积冲积物，周边水田均为水稻土。

2 研究方法

调查方法采用线路调查和样地调查相结合的方法进行。根据现场的情况将整个调查区域分为水体区域（湖泊为主）、湿生区域（湿地植物为主）以及旱生区域（旱生植物为主）。在每个取样区域内设置数个取样点，在每个取样点内按照植物群落调查方法随机调查样方。实际取样时根据情况对样方位置和数量进行调整。通过设置样地，调查不同群落类型的物种组成、结构等，并据此确定湿地公园植被的群系和群丛等基本单元。依据不同群落类型植物种类的复杂程度，根据不同调查对象设置不同大小的样地，并对样地中的各物种进行调查记录。

3 研究结果

3.1 维管束植物科、属、种构成

据实地调查和标本鉴定，湿地公园分布维管束植物58科131属165种。其中蕨类植物2科3属3种，裸子植物1科2属2种，被子植物55科126属160种。

3.2 种子植物区系分析

按照吴征镒院士中国种子植物属的分布区类型的划分标准[1,2]，将湿地公园分布的野生种子植物126个属划分为13个分布区类型6个分布区变型，占15个中国种子植物属的分布区类型的86.67%，占31个属的分布区亚型的19.35%（表1）。该统计数据表明，公园植物区系来源较为丰富，植物区系成分相对多样复杂。

* 马国强，李秋洁，杨钺，等. 湖北孝感老观湖国家湿地公园植物区系特征研究［J］. 林业调查规划，2017，42（1）：68-70，76.

表 1 湖北孝感老观湖国家湿地公园种子植物属的分布区类型统计

属分布区	属数	占总属数（%）
1 世界分布	36	28.57
2 泛热带分布	24	19.05
3 热带亚洲和热带美洲间断分布	2	1.58
4 旧世界热带分布	2	1.58
4.1 热带亚洲、非洲（或东非、马达加斯加）和大洋洲间断分布	1	0.79
5 热带亚洲至热带大洋洲分布	3	2.37
6 热带亚洲至热带非洲分布	4	3.16
7 热带亚洲（印度-马来西亚）分布	3	2.37
热带属（2~7）统计	39	30.90
8 北温带分布	20	15.87
8.4 北温带和南温带间断分布“全温带”	7	5.56
8.5 欧亚和南美洲温带间断分布	1	0.79
9 东亚和北美洲间断分布	6	4.76
10 旧世界温带分布	7	5.56
10.1 地中海区、西亚（或中亚）和东亚间断分布	3	2.37
10.3 欧亚和南部非洲（有时也在大洋洲）间断分布	2	1.58
11 温带亚洲分布	1	0.79
14 东亚分布	1	0.79
14.2 中国-日本分布	2	1.58
15 中国特有分布	1	0.79
温带属（8-15）统计	51	40.44
合计	126	100.00

（1）世界分布

在湿地公园内的种子植物中，世界分布属 36 属，占总属数的 28.57%，在拟建湿地公园内属数量最多。常见者有眼子菜属 *Potamogeton*、蓼属 *Polygonum*、马唐属 *Digitaria*、毛茛属 *Ranunculus*、酸模属 *Rumex*、酢浆草属 *Oxalis*、悬钩子属 *Rubus*、鬼针草属 *Bidens*、车前属 *Plantago*、茄属 *Solanum*、香蒲属 *Typha*、荸荠属 *Eleocharis*、毛茛属 *Ranunculus*、焯菜属 *Rorippa*、臭荠属 *Coronopus*、碎米荠属 *Cardamine*、堇菜属 *Viola*、繁缕属 *Stellaria*、酸模属 *Rumex*、商陆属 *Phytolacca*、老鹳草属 *Geranium*、拉拉藤属 *Galium*、鼠麴草属 *Gnaphalium*、飞蓬属 *Erigeron*、荇菜属 *Nymphoides*、狸藻属 *Utricularia*、黄芩属 *Scutellaria*、鼠尾草属 *Salvia*、灯心草属 *Juncus*、莎草属 *Cyperus*、芦苇属 *Phragmites* 等。

（2）泛热带分布

湿地公园内此类型有 24 属，占总属数的 19.05%。常见者有马齿苋属 *Portulaca*、莲子草属 *Alternanthera*、牛膝属 *Achyranthes*、苘麻属 *Abutilon*、卫矛属 *Euonymus*、天胡荽属 *Hydrocotyle*、鳢肠属 *Eclipta*、白酒草属 *Conyza*、马蹄金属 *Dichondra*、打碗花属 *Calystegia*、马鞭草属 *Verbena*、牡荆属 *Vitex*、苦草属 *Vallisneria*、鸭跖草属 *Commelina*、菝葜属 *Smilax*、狗牙根属 *Cynodon*、芦竹属 *Arundo*、金须茅属 *Chrysopogon*、狗尾草属 *Setaria*、棒头草属 *Polypogon*、白茅属 *Imperata* 等种类。主要是热带分布的次生种，在路边、田边旷地等受人为干扰的环境中常见。

（3）热带亚洲和热带美洲间断分布

在湿地公园内该属分布有 2 属，占本地区总数属的 1.58%，分别为紫茉莉属 *Mirabilis* 和凤眼莲属

Eichhornia。

（4）旧世界热带分布及其变型

在湿地公园内分布有3属，分别为乌蔹莓属 *Cayratia*、楝属 *Melia* 和水鳖属 *Hydrocharis*。

（5）热带亚洲至热带大洋洲分布

热带亚洲至热带大洋州分布有3属，分别为樟属 *Cinnamomum*、泥胡菜属 *Hemistepta* 和黑藻属 *Hydrilla*，占总属数的2.37%。该类型是一个古老的洲际分布类型，亚洲和大洋洲有共同属的存在，通常标志着两大洲在地质史上曾有过陆块的联接，使两地的物种得以交流。

（6）热带亚洲和热带非洲分布属

指旧世界热带分布区的西翼，即从热带非洲至印度—马来西亚（特别是其西部），有的属也分布至斐济等南太平洋岛屿，但不见于澳大利亚大陆的属。本湿地公园内共有4属，占总属数的3.16%，分别为荩草属 *Arthraxon*、莠竹属 *Microstegium*、芒属 *Miscanthus* 和菅属 *Themeda*。

（7）热带亚洲分布

湿地公园该类型的有3属，占总属数的2.37%，分别为蛇莓属 *Duchesnea*、构属 *Broussonetia* 和枫杨属 *Pterocarya*。

（8）北温带分布及其变型

湿地公园内此类型有28属，占总属数的22.22%，在拟建湿地公园内数量仅次于世界分布数，位居第二。常见者如紫堇属 *Corydalis*、荠属 *Capsella*、委陵菜属 *Potentilla*、车轴草属 *Trifolium*、悬铃木属 *Platanus*、柳属 *Salix*、杨属 *Populus*、桑属 *Morus*、葎草属 *Humulus*、胡萝卜属 *Daucus*、蒲公英属 *Taraxacum*、苦苣菜属 *Sonchus*、紫菀属 *Aster*、蒿属 *Artemisia*、蓟属 *Cirsium*、风轮菜属 *Clinopodium*、稗属 *Echinochloa*、卷耳属 *Cerastium*、地肤属 *Kochia*、野豌豆属 *Vicia*、茜草属 *Rubia*、婆婆纳属 *Veronica* 等。

（9）东亚及北美间断分布

湿地公园内属于此类型的有6属，占总属数的4.76%。常见者如莲属 *Nelumbo*、石楠属 *Photinia*、枫香属 *Liquidambar*、络石属 *Trachelospermum*、菰属 *Zizania* 等。

（10）旧世界温带分布及其变型

湿地公园内属于此类型的有12属，占总属数的9.51%。主要为鹅肠菜属 *Myosoton*、菱属 *Trapa*、水芹属 *Oenanthe*、稻搓菜属 *Lapsana*、野芝麻属 *Lamium*、筋骨草属 *Ajuga*、鹅观草属 *Roegneria*、窃衣属 *Torilis*、夹竹桃属 *Nerium*、女贞属 *Ligustrum*、苜蓿属 *Medicago*、山莴苣属 *Lagedium* 等。

（11）温带亚洲分布

湿地公园内有1属，占总属数的0.79%，为附地菜属 *Trigonotis*。

（12）东亚分布及其变型

湿地公园内属于此类型及其变型的有3属，占总属数的2.37%。主要为斑种草属 *Bothriospermum*、天葵属 *Semiaquilegia* 和白马骨属 *Serissa*。

（13）中国特有分布

湿地公园次类型有1属，占总属数的0.79%，为水杉属 *Metasequoia*。

4 讨论

4.1 湿地公园植物物种区系组成丰富多样

老观湖湿地公园分布的野生种子植物有126个属，划分为13个分布区类型6个分布区变型，占15个中国种子植物属分布区类型的86.67%，占31个属分布区亚型的19.35%。该统计数字表明，老观湖国家湿地公园内植物区系来源较为丰富，植物区系成分相对多样复杂。

4.2 湿地公园物种区系特征与老观湖的形成息息相关

北温带分布及其变型类型的属在该湿地公园中占有一定分量，说明该类型属的分布在湿地公园植被上有一定的优势，并且在该类型中草本物种居多数，不仅受到北温带向南延伸区系的影响，同时与老观湖周边湿地的形成有关。老观湖原是汈汊湖区的外围水域，为泛水湖，上源四龙河南流经草场垸至菱角荡入湖，下连三台湖、天门河，经汈汊湖入汉江，河湖相通，水位随涨随落，在泛水期间将上游的植物种子带到下游。而现在由于人工的影响，基本没有泛水发生，造成植物在该区域生长发育，形成该区域较多的温带成分。

【参考文献】

[1] 吴征镒. 中国种子植物属的分布区类型［J］. 云南植物研究，1991，13（增刊Ⅳ）：1-139.

[2] 吴征镒，周浙昆，李德铢，等. 世界种子植物科的分布区类型系统［J］. 云南植物研究，2003，25（3）：245-257.

国家湿地公园试点建设及验收：以云南普洱五湖国家湿地公园为例*

云南普洱五湖国家湿地公园位于云南省普洱市思茅区境内，地理坐标 22°42′~22°51′N，100°56′~101°00′E，由思茅河连接洗马湖、梅子湖、野鸭湖、信房湖和纳贺湖组成。湿地公园规划总面积 1148.43hm²，湿地总面积 486.91hm²，湿地率 42.40%。五湖湿地中梅子湖、信房湖和纳贺湖汇水区森林植被保存良好，形成了独特的"森林—湿地"复合生态系统，湿地水源完全依赖于大气降水和周边森林生态系统涵养的水源补给，是西南山地森林涵养湿地的典型代表。

2011 年 12 月 12 日，国家林业局批准云南普洱五湖国家湿地公园开展试点建设。按照《云南普洱五湖国家湿地公园总体规划》和国家林业局关于湿地公园试点建设的要求，遵循"保护优先、科学修复、适度开发、合理利用"的原则，开展了卓有成效的湿地建设工作。目前，云南普洱五湖国家湿地公园已成为云南省国家湿地公园试点建设的样板和典范。2017 年 6 月通过国家林业局专家组的现场验收评估，得到专家组的充分肯定，并于 12 月 22 日正式批准授牌。现结合云南普洱五湖国家湿地公园试点建设和验收工作的实际情况，谈一些粗浅的认识。

1 湿地公园的建设整改实行一票否决制

1.1 国家湿地公园建设误区

目前，大多数湿地公园在试点建设期间都取得了一定的成效，但由于湿地公园建设理念的不科学解读，导致很多建设误区，主要有以下几点：①过分强调旅游基础设施建设，把国家湿地公园理解为城市公园或者旅游区，公园建设简单地等同于旅游开发项目，耗巨资于旅游基础设施，反而破坏原有的自然湿地生态系统，如码头、音乐喷泉、硬化广场等湖滨利用改造；②片面强调使用园林造景手法的挖、堆、填，制造人造景观代替自然景观，很难实现营造出自然气息浓厚、物种丰富多样、结构稳定、功能完善的自然湿地生态系统，反而造成对自然生境的破坏；③违背湿地的生态特征建设湿地公园，如把沼泽变为景观水体或进行景观绿化，破坏了原有的自然栖息地。这些不科学的建设都会导致湿地公园不能通过验收检查。

1.2 实行一票否决制

《国家湿地公园试点验收办法》中第 4 条明确规定试点国家湿地公园具有下列情形之一的，不受理验收，并由省级林业主管部门监督整改：①未经国家林业局批准，擅自调整试点国家湿地公园规划边界、功能分区、公园名称的；②尚未建立国家湿地公园专门管理机构，或者管理机构未能有效履行管理职责。③新建自然保护区、森林公园、风景名胜区等与试点国家湿地公园规划范围重叠或者交叉；④试点国家湿地公园存在土地所有权、使用权或管理权属争议，或与社区利益相关者存在其他严重利益冲突；⑤未经国家林业局批准，试点国家湿地公园内土地被征占用或擅自改变用途；⑥在试点国家湿地公园内从事

---

* 赵荟，谢凌雁，王小菲，等. 国家湿地公园试点建设及验收：以云南普洱五湖国家湿地公园为例 [J]. 湿地科学与管理，2018，14 (2)：8-11.

开（围）垦湿地、开矿、开发房地产、建高尔夫球场或度假村、非法采石或挖沙等，以及其他造成生态系统严重破坏的开发建设活动。

在湿地公园建设及验收准备的过程中，首先严格按照《国家湿地公园试点验收办法》，对照检查是否有第 4 条中涉及的情形，如果有，必须马上进行整改。此外，与湿地公园批准试点建设时相比，湿地公园的水环境是否遭到破坏、水质是否恶化、生物多样性是否减少、湿地面积是否减小、湿地率是否降低等情况都会直接影响公园的验收结果。

2 重抓湿地保护恢复工作，保护湿地资源

2.1 湿地保护恢复常见问题

湿地公园保护恢复工作中最常见的问题：①对外界的干扰或威胁无管理措施或措施不力。湿地公园没有相应的规章制度和管理办法，没有设置保护管理站点，也未开展日常巡护工作，对挖沙、网箱养鱼、偷鱼、滥捕、放牧等现象没有相应的管理措施；②过度建设导致湿地自然环境丧失。湿地公园基础设施建设园林化、城市化过重，人工干预过度。普遍存在植物灌溉、景观用水过量导致生态用水得不到保障；③不科学的保护恢复措施导致湿地生态系统的破坏。湿地公园大面积引种有害外来景观植物，如再力花、凤眼莲、粉绿狐尾藻等。

2.2 普洱五湖湿地保护恢复措施

云南普洱五湖国家湿地公园以维护“森林—湿地”复合生态系统的结构与功能为核心，通过制定各项保护制度、公园勘界设碑、退塘还湿工程、入侵物种清除与控制、河道清淤、河道环境综合整治、自然驳岸恢复（图 1）、纳贺湖及洗马湖饮用水源地周边农村环境连片整治工程、普洱市中心城区五湖两库环境综合整治规划、湿地执法等一系列保护工程，改善和提升湿地生态系统和水环境。此外，通过梅子湖消落带生态恢复治理、面山茶地改良、洗马湖环湖截污管网建设、周边村落污水处理系统工程以及梅子湖、洗马湖、纳贺湖、团山箐、曼卖河小流域综合治理等工程，实现受损湿地生态系统结构和功能的有效恢复和保护（图 2）。

图 1 思茅河自然驳岸恢复

图 2 云南普洱五湖湿地公园保护成效

3 强化科研监测工作，科学指导湿地公园建设

湿地公园的生态监测是利用空间分析、生物监测和环境监测方法对湿地公园的湿地类型及特征、气象、水文与水环境、土壤环境等方面进行定期的动态测定和观察，构建监测指标体系，以准确反映湿地的生态现状及动态变化（马广仁，2017）。

普洱五湖国家湿地公园在信房湖、梅子湖、洗马湖分别建立固定水质监测点，纳贺湖建立 1 个自动水文监测站，拥有水质在线监测系统；梅子湖布设 18 个数字化网络 NVR 视频监测点，实时监测生态系统的动态变化以及旅游对湿地的影响；目前公园内共有 5 个气象监测站、3 处鸟类固定监测点和 17 个植物固

定监测样地，并于2011年和2016年分别进行公园动植物资源本底调查，调查结果显示，公园内的动、植物种类均呈上升趋势。普洱五湖湿地公园管理局还开展了《洗马湖不同退塘还湿措施生态监测研究》，实施退塘还湿恢复工程后，洗马湖水质整体变好。在湿地公园后期的保护恢复建设中，梅子湖将继续实施浮岛浮床法配合自然恢复法对消落带进行恢复治理。

4 加强科普宣传教育，营造科普氛围

国家湿地公园承载着向大众科普湿地相关知识的重要功能，湿地公园的建设应注重湿地知识的宣传和普及，让公众了解湿地、参与湿地的宣传和保护。

湿地公园的科普宣传要注重氛围的营造。一是在高速、国道、省道沿线及机场、火车站等人流量较大的区域设立大型的湿地宣传牌和道路标识，让游客进入普洱市就感觉进入了普洱五湖国家湿地公园；二是在公园范围内全面考虑服务标识、安全标识、指示标识及科普宣传标识体系建设，形成风格一致的标示标牌系统（图3）；三是建立科学的湿地知识解说体系，培养专职讲解员，在湿地公园重要节点设置解说标牌，便于大众科普学习；四是利用爱鸟周、世界湿地日，积极开展认识湿地、植物越野赛、“普洱五湖 · 美丽湿地”摄影大赛等系列活动，不断提高民众对湿地的认识度和参与度，提升湿地宣传的广度和影响力；五是设计湿地公园Logo，建设湿地公园官方网站和微信公众平台，制作并发放湿地公园、湿地知识宣传册和湿地公园动植物图鉴等进行多元化宣传。六是湿地公园管理局与思茅四中、云南农业大学热作学院等搭建共建共育的合作平台，挂牌成立湿地文化科普宣教基地。

图3 云南普洱五湖湿地公园标示标牌

5 收集相关基础资料，做好归档整理工作

全面收集湿地公园在试点建设期间的各项工程建设材料，包括林业局、水利局、规划局、住建局等各部门整合建设在湿地公园及其周边的建设项目。通过文字、图表、照片、视频等多种形式记录工程实施前、中、后的情况，形成档案资料，以反应整个湿地公园的建设情况。其次，需要收集整个湿地公园试点建设期间开展日常巡护工作和各项监测活动的记录资料，包括环保部门有关空气和污染源的监测资料、水利部门有关水情和水质的监测资料、气象部门的监测资料等需要进行归纳整理，形成一整套能反映湿地公园整体情况的基础资料库，以备在指导湿地公园保护和恢复时提供基础支撑。另外，还需要收集湿地公园开展各项培训工作、科普宣教活动、合理利用活动等相关资料，按照湿地公园管理要求分门别类的归纳到湿地生态系统基本情况、湿地保护与恢复、科普宣教、科研监测、基础设施建设、管理能力建设、合理利用与社区共管等各项内容，以便查阅。

目前，我国湿地公园档案管理仍然以传统手工登记、管理为主，信息化程度低，设施配备不齐全。近年来，随着我国经济的发展，以网络和计算机为核心的信息时代的到来，促进了信息技术在各行各业的广泛应用。信息技术具有时效性、广泛性和数据等特点，对于提高档案资料更新速度，增加湿地公园

档案资料的可信度，确保湿地公园档案的存放等有着重要意义（唐希红，2016）。因此，在湿地公园建设过程中应该加强信息化程度，实现信息化管理，提高湿地公园档案管理水平。

6 争取地方政府支持，加强制度管理建设

国家湿地公园试点建设及验收工作是一项综合性系统工程，涉及林业局、水务局、农业局、住建局、规划局、交通局等多个部门，沟通协调难度巨大。国家湿地公园的申报主体是地方政府，首先应该充分调动地方党委政府对湿地保护和生态环境建设的积极性，最大限度地取得地方党委政府的支持和相关部门的协作配合。云南普洱五湖国家湿地公园成立了由市人民政府副市长任组长，市人民政府副秘书长和思茅区人民政府副区长任副组长，各个职能部门局长为成员的湿地公园建设领导小组，负责普洱五湖湿地公园建设协调推进工作，针对国家湿地公园的验收标准，细化分解验收工作，确保湿地公园建设与验收工作任务落到实处。

为进一步明确各成员单位在湿地保护、宣教、灾害预防与控制的责任与义务，使湿地公园的建设走上更加规范化、制度化、法制化的道路，普洱市人民政府正式出台《云南普洱五湖国家湿地公园保护管理办法》，并制定了《云南普洱五湖国家湿地公园巡护制度》《云南普洱五湖国家湿地公园监测管理制度》《云南普洱五湖国家湿地公园安保工作管理规范》《云南普洱五湖国家湿地公园游客公约》和《云南普洱五湖国家湿地公园生态保护制度》等一系列规章制度，确保湿地公园的建设管理工作有章可循。

7 强化技术单位指导，编制验收专题报告

云南普洱五湖国家湿地公园管理局在公园建设管理过程中积极争取国家林业局昆明勘察设计院、国家高原湿地研究中心、云南大学、普洱学院等技术单位的专业指导，科学地保护和恢复湿地。

国家湿地公园试点建设验收材料的编制不仅是验收工作中非常重要的支撑材料，也是对湿地公园试点建设以来各项建设成果的综合提炼以及各种建设经验的高度总结。普洱五湖湿地管理局专门委托国家林业局昆明勘察设计院根据湿地公园的实际情况，针对国家湿地公园的验收标准，逐条逐项进行分析研究，编制了一整套云南普洱五湖国家湿地公园（试点）建设验收材料专题报告，包括自查评估报告、建设情况报告、整改工作报告、规划执行情况报告、生物多样性监测评价报告和环境监测报告，充分展示了云南普洱五湖国家湿地公园试点建设成效，为湿地公园的验收提供了科学依据。

总之，湿地公园的试点建设是一项综合性系统工程，只有在国家林业局湿地管理部门的精心指导和支持下，在地方党委、政府的组织领导下，协调林业、水利、环保、农业、住建、规划、气象、国土、交通等相关职能部门齐抓共管，并积极引入技术单位进行技术支撑，才能更好地保护湿地生态系统的完整性，确保湿地公园的可持续发展。

【参考文献】

马广仁. 国家湿地公园生态监测技术指南［M］. 北京：中国环境出版社，2017.
唐希红. 关于公园档案管理的思考［J］. 办公室业务，2016，(3)：70-71.

云南南盘江青鱼湾省级湿地公园功能区划及周边社区产业引导*

湿地作为地球上水陆相互作用形成的独特生态系统，不仅为人类提供大量生活和生产资料，而且对保护环境、维护生态系统平衡、保护生物多样性、蓄滞洪水、涵养水源、补充地下水源、稳定堤岸、控制土壤侵蚀、降解污染、净化空气、调节气温及湿度等方面都起着重要作用。湿地公园作为我国湿地保护的重要形式[1-2]，截至2017年底，全国已建各类国家湿地公园898处。目前，国家湿地公园的申报由试点向晋升制平稳过渡。本文以申报省级湿地公园的云南南盘江青鱼湾湿地公园为例，对湿地公园规划设计思路及其周边社区产业引导进行探讨，以期为同类型湿地公园的规划建设提供参考。

1 概况

拟建的云南南盘江青鱼湾湿地公园位于云南省昆明市宜良县城东北部，主要由“古城湾”北片区、古城桥闸至汇东桥新河道、“青鱼湾”3个片区组成。公园主入口距宜良县政府直线距离约4km，距国家级风景旅游区——石林、九乡分别为24km和38km（图1）。地理坐标位于北纬23°4′47″~23°1′54″，东经8°22′52″~8°24′9″，湿地公园规划总面积179.82hm²。其中，湿地面积为130.74hm²，湿地率为72.70%。

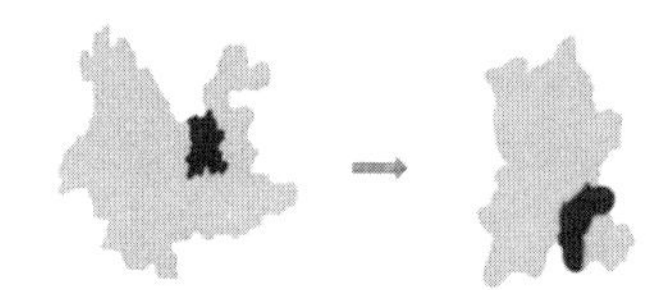

昆明在云南的位置　宜良在昆明的位置

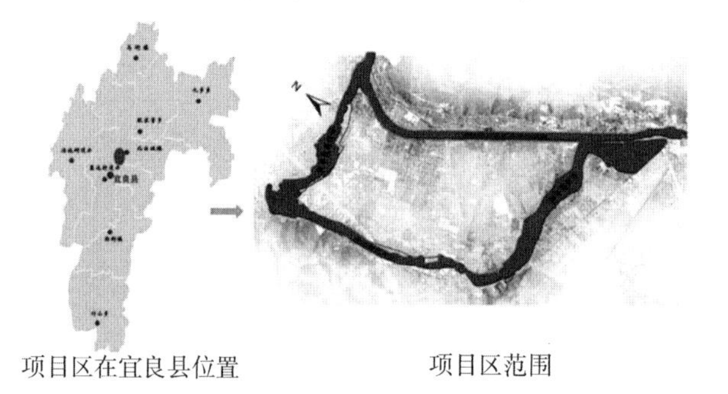

项目区在宜良县位置　项目区范围

图1　湿地公园区位

1.1 水系

南盘江作为宜良县境内的主要河流，为西江正源，属珠江水系。在宜良县境内控制径流面积4687km²，年过水量19.96亿m³，为沿岸企业提供工业用水和灌溉沿岸5.3万亩农田，保护着沿岸14.43万亩农田和24万人的生命安全，被誉为宜良的“母亲河”。南盘江青鱼湾湿地公园内的水系主要由北古城桥闸至汇东桥之间南盘江改直新河道及老河道“古城湾”组成，位于珠江水系上游，生态区位极为

* 赵荟，刘永杰，敖明舒，等．云南南盘江青鱼湾省级湿地公园功能区划 及周边社区产业引导［J］．林业调查规划，2018，43（6）：122-127.

重要。

1.2 湿地资源

根据全国第二次湿地资源调查结果及《湿地分类（GB/T 24708—2009）》，宜良县南盘江青鱼湾湿地公园主要由河流湿地和人工湿地组成，湿地总面积 130.74hm^2（表 1）。

表 1 湿地公园湿地类型

序号	湿地类	代码	湿地型	面积（hm^2）	占湿地总面积比重（%）	占湿地公园总面积比重（%）
1	河流湿地	Ⅱ1	永久性河流湿地	103.24	78.97	57.41
2	人工湿地	Ⅴ3	水产养殖场	27.50	21.03	15.29
合计				130.74	100.00	72.70

1.3 动植物资源

南盘江青鱼湾湿地公园规划范围及附近区域共有种子植物 92 科 298 属 409 种（包括岸边栽培植物在内）。其中，裸子植物 3 科 3 属 3 种，被子植物 89 科 295 属 406 种。湿地公园范围及其周边共有哺乳动物 27 种，隶属于 6 目、12 科、23 属，脊椎动物 29 目 72 科 172 属 218 种，其中，两栖类 2 目 6 科 8 属 11 种，爬行类 1 目 8 科 20 属 25 种，鸟类 15 目 34 科 92 属 122 种，鱼类 5 目 12 科 29 属 33 种。33 种鱼中土著鱼类共有 24 种。宜良当地将鱼纲、鲤形目、鲤科、鲅亚科的云南倒刺鲅称为青鱼，亦是青鱼湾得名的原由。

1.4 旅游资源

宜良是春城昆明近郊的旅游大县，距离昆明主城区仅 45km，与昆明长水机场相邻，与昆明新区呈贡接壤，临近昆明信息产业中心和空港经济区，毗邻玉溪、曲靖，处于滇中经济区半小时经济圈，是昆石黄金旅游县的必经之地。宜良县被誉为“花乡水城”“滇中粮仓”“烤鸭之乡”，它作为云南乃至全国的一个重要旅游目的地，旅游资源丰富，各类特色景区景点星罗棋布，以其风情万种的旅游资源和心旷神怡的旅游精品，吸引着八方游客。昆河铁路、南昆铁路、昆石公路、昆九公路横穿全境。据辅城之地利，享交通之便利，为宜良旅游实现跨越发展提供了重要依托。

1.5 公园面临的挑战

1.5.1 项目区湿地退化严重，急需全面恢复

由于项目区为南盘江在宜良县范围内周边居民较为密集的河段，水体水质受生产、生活的影响较大，生态入侵现象较为严重，河道淤积、原生植被日渐萎缩、野生动植物栖息地破坏等使湿地生态系统受到较大破坏，生态功能日益退化。

1.5.2 项目区周边存在污染企业，需要搬迁

南盘江汇东大桥河段左岸现有 1 个水泥厂和 3 个化肥厂，产生大气污染和水污染，对周边湿地造成了严重威胁，也对周边居民生活造成了困扰。目前，工厂搬迁已结合宜良县新工业区的建设而提上了议程，湿地公园的建立也将推动这些工厂的搬迁。

1.5.3 项目区鱼塘承包经营权难以短期收回

湿地公园“古城湾”北片区由于历史原因，现已隔划成大大小小的鱼塘，且均已将鱼塘经营权承包给当地渔农，为当地农民带来了丰厚收入，但渔业养殖对水环境造成了严重污染。该区域是湿地公园恢复的重点区域，但由于短期收回鱼塘经营权会大大增加湿地公园建设成本，因此在湿地公园建设初期对该区域进行生态养殖产业引导，在承包合同到期收回鱼塘经营权后对再实施生态系统恢复和景观提升等工程。

2 规划目标及功能区划

南盘江青鱼湾湿地公园坚持“全面保护、生态优先、突出重点、合理利用、持续发展”的方针，在保护好生态环境和区内动植物资源的前提下，开展湿地科普教育、湿地生态旅游等活动，充分发挥湿地公园独特的地理优势和自然资源优势。借助国家生态建设的契机及退耕还湿等相关有利政策，以可持续发展理论为指导，实现社会、经济、环境的协调发展，实现人与自然的和谐共生。

2.1 目标定位

公园建设目标定位为“立足现状、改造景观、提升品位”；中国大江大河上游河流湿地重度污染河段生态治理的典范；滇中地区河流湿地极具代表性的乡土湿地植物群落恢复的典范；“青鱼湾”土著鱼自然繁衍栖息生境恢复典范。通过南盘江青鱼湾湿地公园项目的建设，充分发挥城市周边湿地资源在改善生态环境、美化城市、科普宣教和休闲游乐等方面的综合效益，保证湿地资源的可持续利用，推动生态文明建设，促进人与自然和谐相处。将南盘江青鱼湾湿地公园建设成为整体形象鲜明、基础设施完善、湿地景观独特、科普宣教与游览观光兼备，并且具有浓郁的文化特色及湿地风情的生态湿地公园。使其成为宜良县城市的新名片，珠江流域河道生态治理的新典范。

2.2 总体布局

云南南盘江青鱼湾湿地公园形成“一环、三片区”的空间总体布局结构（图2），“一环”即南盘江新老河道分流及交汇所形成的环状水域，“三片区”即：“古城湾”北片区、古城桥闸至汇东桥新河道片区、“青鱼湾”片区。其中，规划核心区“青鱼湾”片区总体布局结构为“一轴、四线、六心”。“一轴”即贯穿整个片区的水域空间轴线；“四线”表示四条游览路线，即生态观光游线、科普宣教游线、娱乐休闲游线和户外健身游线；“六心”表示“荷香浮影”“鱼游千里”“流水无争”“飞鸟不穷”“花香满池”“田园风光”六个景观节点（图3）。

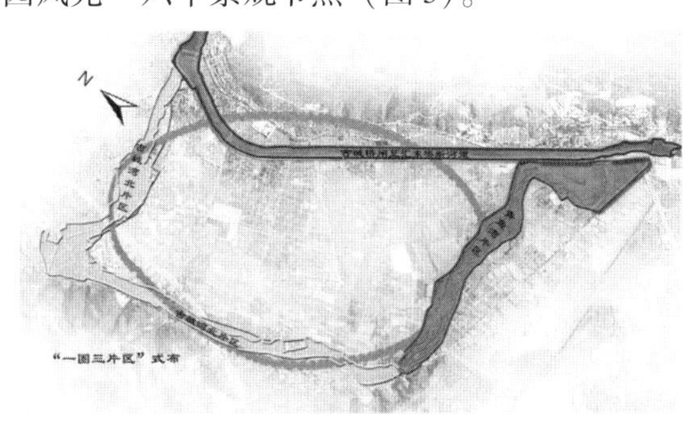

图2 湿地公园总体布局

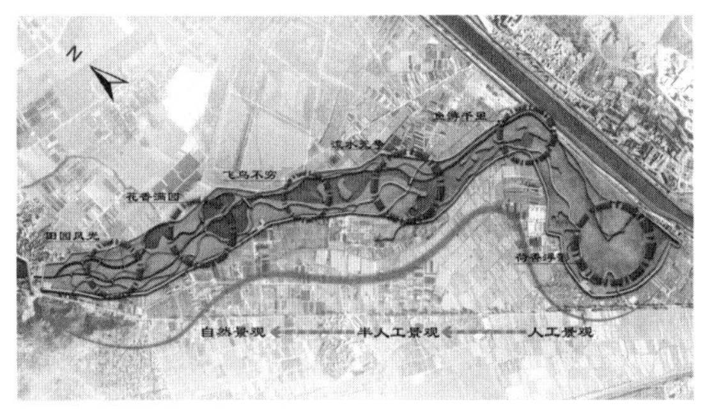

图3 “青鱼湾”片区景观节点

2.3 功能区划

根据湿地公园区域内资源特征和分布情况，以及后期治理措施及利用方式的差异，为实现规划建设目标，分区施策地保护、恢复及利用，按照区划原则，将公园划分为既相对独立、又相互联系的不同地理单元，明确各单元的建设方向并采取相应的管理措施。

结合南盘江青鱼湾湿地公园现状条件和相关规范，将湿地公园划分为以下4个功能区：保育恢复区、宣教展示区、生态游憩区、管理服务区（图4，表2）。另外，由于公园周边居民点较多，人类活动频繁，因此特别设立缓冲带。“青鱼湾”片区边界根据实地的情况向外延伸10~20m的带状区域作为缓冲带。该区域为湿地公园界线范围外的具有引导性质的概念性延伸区域，但不属于湿地公园范围。

图 4 湿地公园功能分区图

表 2 湿地公园功能分区面积

功能分区	面积（hm^2）	比例（%）	备注
保育恢复区	71.51	39.77	
宣教展示区	2.81	1.56	
生态游憩区	102.57	57.04	
管理服务区	2.93	1.63	
缓冲带	22.19		缓冲带面积不计入湿地公园总面积
公园总面积	179.82	100	此面积不含缓冲带面积

2.3.1 保育恢复区

保育恢复区由“古城湾”北片区的瓦仓河、古城桥闸至汇东桥新河道和“青鱼湾”片区的水域组成，目前该区域水质均受到不同程度的污染，两岸开垦及植物入侵现象严重，为保证湿地公园生态系统的恢复和生态功能的发挥，在划分时以河流为核心，以湿地生态系统的相对完整性为准则，以生态系统功能的保护和恢复为目的进行生态保护恢复区的划分。

2.3.2 宣教展示区

宣教展示区由湿地科普中心、湿地植物认知园、湿地展示长廊、观鸟设施等构成。其中，湿地科普中心位于湿地公园南门入口处，展馆内以图片、标本、模型、多媒体等方式向游客展示湿地知识和南盘江的文化历史。而室外布设的湿地植物认知园、湿地展示长廊、观鸟设施等，以一种生态亲自然的方式进行娱教于乐的宣教。

2.3.3 生态游憩区

南盘江青鱼湾湿地公园地处宜良新城区规划范围内，为了给市民提供一个环境优美，亲近自然的休闲场地，于保育恢复区外围，在不影响湿地生态系统功能的前提下设置生态游憩区。该区域主要开展生态旅游、运动健身、观赏花卉、蔬果采摘等活动。

2.3.4 管理服务区

交通便利、土地权属明确、服务设施建设便利，集聚效应显著的地方宜于建设管理服务区。因此，在湿地公园每个入口处设置管理服务区，既便于游客的接待，又便于湿地公园日常管理和服务工作的开展。

2.3.5 缓冲带

湿地公园内“青鱼湾”片区为生态保护和休闲游憩重点区域。由于河流湿地呈线性分布，为使河流湿地周边土壤径流对河道进行有效补给，往往需要对河岸外延一定区域进行汇水面保护。因此，以因地制宜、和谐共管为原则，在湿地公园规划边界处根据实地情况向外延伸 10~20m 的带状区域作为缓冲带。这一区域原则上不属于湿地公园范围，但该区将来的土地利用规划要服从于生态保护恢复这一目标，规划需与湿地公园格调相和谐。缓冲带的意义在于既充分调动周边居民参与湿地公园保护的积极性，又对其合理权益给予保障，同时减低公园建设征地成本及后期管理成本，实现双赢。

3 周边社区产业引导

在湿地公园建设过程中，协调好公园周边社区关系，做好区域协调及相关产业引导规划，对湿地公园的顺利实施起到关键作用。现结合南盘江青鱼湾湿地公园自身的资源条件，对湿地公园及其周边社区产业进行引导规划。

3.1 产业引导原则

（1）突出地方特色，发展优势产业；

（2）经济运行与湿地生态环境相协调；

（3）以湿地公园为突破口，带动县域产业结构调整；

（4）合理发展旅游产业，推动产业转型升级。

3.2 产业引导目标

根据宜良所处的区位优势以及南盘江青鱼湾湿地公园自身的资源条件，该区域拟从生态渔业养殖产业、乡土湿地苗木产业、社区生态种养和生态旅游产业几方面对湿地公园内围、外围区域社区居民生产生活方式进行相关的产业引导，从而达到控制湿地公园周边污染源，带动周边社区生态产业发展，发展宜良特色生态农业优势产业，推动产业的联动发展，带动县域产业结构的调整，促进经济与环境保护协调健康发展。

3.3 生态渔业养殖产业引导

“古城湾”北片区原为老河道，现已围成大小不等的鱼塘，并存在填塘成地的现象。土地权属为国有，现使用权现多以承包经营的方式由个体业主承包经营。由于鱼塘的承包经营权期限难以在短期内收回，为兼顾当地农民利益及湿地公园建设成本，将采用到期回收承包经营权的方式。因此，“古城湾”北片区在近、中期内主要以产业引导为主。具体措施如下：

（1）控制沿河污染源：“古城湾”区域沿河有造纸厂、养猪场、奶牛场等污染严重的企业。宜良县相关部门已责令关停沿河造纸厂；沿河养猪场及奶牛场将结合“宜良县耿家营畜禽养殖园区”建设项目进行搬迁，相关部门已向沿河猪、牛养殖户下发了《限期搬迁通知书》。这些举措使得“古城湾”区域重大污染源得到了有效截断。

（2）鼓励生态渔业养殖：目前，项目区内鱼塘很少采用生态养殖模式，由于长期大量投饵、用药，导致水体富营养化严重、本土生物种群崩溃、藻类大量繁殖，使该区域存在食品安全、水质安全隐患。养鱼污水排入瓦仓河，造成湿地公园主水源水质污染严重，入侵藻类大量繁殖，水体恶化。湿地公园建设鼓励采用生态养鱼模式，结合青鱼湾这一公园主题建立以青鱼为主的生态鱼养殖产业，从当前青鱼消费产业看，具有巨大的市场需求空间。但考虑到产业转型确实需要大量的资金和技术的投入，建议建立适用于项目区的生态补偿机制，达到兼顾渔业生产和生态修复的目标。

（3）远期措施：在湿地公园建设的中后期，随着鱼塘承包经营权的收回，“古城湾”古城桥闸至小塘营村段将对鱼塘水系进行疏通，规划建设鱼塘生态驳岸、垂钓平台、沿河游憩步道等，并针对“古城湾”北片区景观相对单调、重复性较高的现状，对该区域的巡护道路两侧、瓦仓河两侧及鱼塘埂进行植物搭配以优化景观，形成乡村野趣味较重的景致。结合生态渔业养殖，将“古城湾”北片区建设成为宜良县渔业自然增殖放流的最佳场所，也将成为宜良县乃至昆明市最佳的自然垂钓场所。

3.4 乡土湿地苗木产业引导

宜良县土地肥沃、气候湿润、水资源丰富、阳光充足，拥有得天独厚的自然条件和区位优势，是云南省最大的盆花、盆景和花卉苗木生产基地。目前，宜良花卉苗木总面积达 3 万亩，年产值 2.3 亿元，从业人员 4 万多人，种植以云南山茶花、栀子花、桂花、三角梅和兰花为特色的近 2000 余种。

由于滇中地区经济基础好，城市密集，乡土化湿地生态恢复需求大。乡土湿地苗木发展将为宜良县花卉苗木产业锦上添花。宜良县水资源丰富，是滇中乡土湿地植物驯化培育的绝佳场所。由于水源充足、交通便利，湿地公园周边苗圃地是宜良优质的苗木供应基地。随着滇中地区各个湿地公园建设对乡土苗木的增长需求，以及宜良县南盘江青鱼湾湿地公园乡土湿地苗木的需求撬动，湿地周边的苗圃地的湿地植被恢复也将突出乡土化的原则，大量采用乡土湿地植物，打造滇中地区河流湿地极具代表性的乡土湿地植物群落恢复的典范。因此，通过建设滇中乡土湿地植物苗木基地，把湿地公园作为宜良县乡土湿地苗木繁育种植的示范窗口，带动宜良县乡土湿地苗木产业的发展，拓宽宜良县作为云南花卉苗木产业大县的发展道路。

3.5 社区生态种养引导

湿地公园内围及外围村庄居民第一产业主要种植水稻、玉米、蔬菜等。为解决湿地公园周边农村面源污染问题，鼓励农民使用测土配方施肥技术，合理控制用肥用药；鼓励农民采用稻鱼、稻鸭等模式进行生态种养，开展生态循环农业；引入第三方公司，对符合湿地公园生态生产引导的湿地公园周边社区农产品结合湿地公园品牌进行营销，提高农产品附加值，提高农民进行生态生产的积极性，使湿地公园及其周边社区协调可持续发展；整合清洁乡村、美丽乡村等建设，鼓励农户利用自家房前屋后建立家庭式湿地净化系统，既能美化环境，又能发挥污水净化功能。

3.6 生态旅游产业引导

充分调动湿地公园周边劳动力参与湿地公园建设及运营；吸纳引导湿地公园周边居民结合湿地公园游客需求开展相关的休闲旅游项目经营。湿地公园建成运营后，由运营方吸收湿地公园周边居民进行生态旅游导游、接待、餐饮、住宿服务等业务培训，鼓励居民利用资源及区位优势，在湿地公园周边开展相应服务，提高其服务水平和能力，为居民增收创富提供新渠道；培育旅游服务特色，探索湿地生态旅游特色消费的有效途径和形式，起到湿地有效保护与合理利用的示范和辐射作用。对湿地公园周边居民的湿地环保践行程度作出评估，对符合要求的农户授牌“湿地人家”示范点，鼓励其提供湿地生态旅游优质服务，通过实际体验使游客感受湿地保护的点滴行动。

4 结语

湿地资源作为兼具维护生态平衡、促进经济发展、推广科普教育、实施科学研究等多种功能的载体，对其进行有效保护和合理利用广泛得到了国际社会的重视。国家林业局在《推进生态文明建设规划纲要》中划定了湿地保护红线，即到 2020 年中国湿地面积不少于 8 亿亩。湿地公园作为我国湿地保护的重要形式，湿地公园的建设成为分步落实该纲要的重要途径。云南南盘江青鱼湾湿地公园在规划构思和周边社区产业引导等方面做了相应探索，以期为国内同类湿地公园的建设和管理提供借鉴经验。

【参考文献】

赵树丛. 加快林业治理体系和治理能力现代化充分发挥生态林业民生林业强大功能——在全国推进林业改革座谈会上的讲话［J］. 林业资源管理，2014，(5)：1-6.

周生贤. 推进生态文明建设美丽中国——在中国环境与发展国际合作委员会 2012 年年会上的讲话［J］. 理论参考，2013，(2)：8-9.

云南程海国家重要湿地生态系统健康评价*

湿地生态系统健康是生态系统健康的一个重要组成部分，湿地生态系统健康评价是从整体上对湿地生态系统进行评估，不仅反映湿地生态系统本身的物理、化学、生态功能的完整性，还能反映湿地生态系统对人类福祉的影响，间接反映经济发展、人类活动对湿地生态系统的扰动（崔嫱，赵鹏宇，冯文勇等，2015）。

2009年9月，国家林业局湿地保护管理中心委托中国科学院遥感应用研究所承担并实施湿地生态系统评价体系研究项目，构建新的分类指标体系。湿地生态系统健康评价指标体系在充分理解VOR模型和PSR模型内涵的基础上，从湿地发生学的原理出发，以湿地水、土壤和植被三要素为主线，综合考虑景观格局变化及社会经济、人类活动的影响，指标选取以科学性、逻辑性、可操作性、可测量性和可报告性为主要原则（麦少芝，徐颂军，潘颖君，2005；付会，刘晓丹，孙英兰，2009；李春华，叶春，赵晓峰等，2012；杨予静，李昌晓，丽娜·热玛赞，2013；钱逸凡，楼毅，初映雪等，2016;）。从2011年国家林业局湿地保护管理中心已启动包括程海国家重要湿地等64处重要湿地的生态系统评价工作。本研究运用该评价体系，对程海国家重要湿地进行湿地生态系统健康评价，进一步验证指标体系的合理性和可操作性，为湿地管理部门制订合理的湿地保护对策提供科学依据，提高湿地生态环境管理水平。

1 研究区概况

程海位于云南省西北部丽江市的永胜县中部，距离永胜县城约20km，地理坐标为东经100°38′~100°41′，北纬26°27′~26°38′。程海为云南省九大高原湖泊之一。2000年，程海在国家林业局等17部委编制的《中国湿地保护行动计划》中被确定为国家重要湿地。根据《云南省第二次湿地资源调查》成果，程海湿地面积为7619.39公顷；程海分布有国家Ⅱ级重点保护物2种——灰燕鸻 *Glareola lactea*、小灵猫 *Viverricula india*。程海是较为典型的封闭式陆湖，其水质的矿化度以接近盐湖下限，湖水pH值9~10，属于微碱性水（胡文英等，1992）。程海是全世界能天然生长螺旋藻中国唯一的湖泊，自20世纪80年代国内著名藻类学者在程海发现了天然生长的螺旋藻后，螺旋藻养殖加工成为永胜县重要的经济产业。

2 评价标准

2.1 评价指标

湿地生态系统健康评价指标体系包括水环境指标、土壤指标、生物指标、景观指标和社会指标共5个一级指标，13个二级指标（表1）。

2.2 评价方法

评价采用的数据来源于2014—2015年的《永胜县统计年鉴》《云南省第二次湿地资源调查》成果，《云南湿地》（杨岚，李恒 2009），《中国湿地资源——云南卷》（温庆忠，2015），2016年1~6月《程海湖及入湖河流水质监测报告》，2016年《程海湿地土壤检测报告》，2015年3月23日和2016月2月14日的GF1_ PMS1影像图，以及相关文献资料等；评价指标的权重确定方法、指标计算方法和指标标准化方法

---

* 张齐立，张法强，戴柔毅，等. 云南程海国家重要湿地生态系统健康评价［J］. 湿地科学与管理，2018，14（3）：19-22.

表 1 湿地生态系统健康评价方法

一级指标	二级指标	所需数据	数据来源	指标计算方法	指标标准化方法
水环境指标	地表水水质	淡水水质类别数据	监测数据	根据国家标准[1]将地表水划分Ⅰ，Ⅲ，Ⅲ，Ⅳ，Ⅴ类5级和劣Ⅴ类，共分为六大类	分别对应分值为10，8，6，4，2，0
	水源保证率（P_{sy}）	多年平均降水量、蒸发量、多年平均地下水出流量、当年湿地蓄水量	监测数据	$P_{sy}=W/\bar{Q}$，水源保证率（P_{sy}）用湿地生态系统的当年蓄水量（W）与湿地生态系统多年平均需水量（$\bar{Q}$）的比值来表示	$S_{sy}=\begin{cases}P_{sy}\ (0\leqslant P_{sy}\leqslant 10)\\ 0\ (P_{sy}>10)\end{cases}$
土壤指标	土壤重金属含量（P_N）	现地土壤样本	土壤检测报告	在现地采集土壤样本，带回实验室用原子吸收光谱法测定铜（Cu）、锌（Zn）、铅（Pb）、铬（Cr）、镉（Cd）五种重金属元素的含量。根据五种重金属元素的含量计算内梅罗综合污染指数，据此计算土壤重金属含量指标分值。 $P_N=\{[(P^{1}均^{2})+(P^{1}最大^{2})]/2\}^{1/2}$	$S_{PN}=\begin{cases}0(P_N>3)\\ \frac{3-P_N}{2.3}\times 10(0.7<P_N\leqslant 3)\\ 10(P_N\leqslant 0.7)\end{cases}$
	土壤 pH（S_{pH}）	现地土壤样本	土壤检测报告	在现地采集土壤样本，带回实验室用电位法进行测定	$S_{PH}=\begin{cases}0(pH\leqslant 4 或 pH\geqslant)\\ \frac{9-pH}{2}\times 10(7<pH<9)\\ \frac{pH-4}{1.5}\times 10(4<pH<5.5)\\ 10(5.5<pH<7)\end{cases}$
	土壤含水量（TR）	现地土壤样本	土壤检测报告	在现地采集土壤样本，带回实验室用烘干称重法进行测量	$S^{w}=\begin{cases}TR_{avg}\times 100(0\leqslant TR_{avg}<1)\\ 10(TR_{avg}\geqslant 1)\end{cases}$
生物指标	生物多样性（BI）	野生维管束植物数量、野生高等动物数量、中国特有的野生高等动物种数、中国特有的野生维管束植物种数、受威胁的野生高等动物种数、受威胁的野生维管束植物种数	统计数据	区域生物多样性评价标准[2]	$S_{bi}=\begin{cases}0(BI\leqslant 20)\\ \frac{BI-20}{40}\times 10(20<BI<60)\\ 10(BI\geqslant 60)\end{cases}$

（续）

一级指标	二级指标	所需数据	数据来源	指标计算方法	指标标准化方法
生物指标	外来物种入侵度（P_{in}）	外来入侵动物数量、外来入侵植物数量、外来入侵微生物数量、本地野生高等动物和野生维管束植物种数	统计数据	用评价区域内外来入侵物种数与本地野生高等动物和野生维管束植物种数之和的比值来表示	$S_{in}=\begin{cases}\frac{0.1441-P_{in}}{0.1441}\times 10 & (0\leq P_{in}\leq 0.1441)\\ 0 & (P_{in}>0.1441)\end{cases}$
景观指标	野生动物栖息地指数（S_{WAHI}）	有效湿地斑块面积、单位面积湿地斑块数量和植被覆盖度	遥感图像解译和反演	$S_{WAHI}=S_{size}\times 0.4+S_{num}\times 0.3+S_{cover}\times 0.3$，分别对有效湿地斑块面积（$V_{size}$）、单位面积湿地斑块数量（$V_{num}$）和植被覆盖度（$V_{cover}$）进行标准化	指标已标准化
	湿地面积变化率（A_{zzl}）	湿地、盐碱化、沙化、植被退化后的土地数据统计，两期湿地分布图	遥感影像数据	以现有湿地面积与前一年同时期湿地面积的百分比（A_{zzl}）来表示，两期湿地面积通过解译两年同时相的遥感影像获得	$S_{zzl}=\begin{cases}0 & (A_{zzl}\leq 0.65)\\ A_{zzl}-0.65\times 10 & (0.65<A_{zzl}<1)\\ 10 & (A_{zzl}\geq 1)\end{cases}$
	土地利用强度（P_{Lu}）	评价区土地利用图，农业、建设用地、沙地、畜牧业土地统计数据及位置或者最新的土地利用图，或者遥感土地利用分类图	统计数据结合遥感图像解译数据	以待评价湿地或其所在最小行政单元内农业、建设用地、沙地、畜牧业土地面积占评价区域土地总面积的百分比（P_{Lu}）来表示	$S_{Lu}=\begin{cases}10-\frac{P_{Lu}}{0.1}\times 2 & (P_{Lu}<0.1)\\ 8-\frac{P_{Lu}-0.1}{0.1}\times 2 & (0.1\leq P_{Lu}\leq 0.2)\\ 6-\frac{P_{Lu}-0.2}{0.2}\times 2 & (0.2\leq P_{Lu}\leq 0.4)\\ 4-\frac{P_{Lu}-0.4}{0.4}\times 2 & (0.4\leq P_{Lu}\leq 0.8)\\ 2-\frac{P_{Lu}-0.8}{0.2}\times 2 & (P_{Lu}\geq 0.8)\end{cases}$
社会指标	人口密度（R_d）	辖区面积、总人口	统计数据	人口密度（R_d）用人口总数与待评价湿地保护区所在的最小行政单元面积的比值表示	$S_{Rd}=\begin{cases}\frac{600-R_d}{600}\times 10 & (0\leq R_d<600)\\ 0 & (R_d\geq 600)\end{cases}$

（续）

一级指标	二级指标	所需数据	数据来源	指标计算方法	指标标准化方法
社会指标	物质生活指数（Y_{income}）	评价区居民人均收入	统计数据	以待评价湿地保护区所在的最小行政单元内人均收入水平（Y_{income}）表示	$S_{incom}=\begin{cases}\frac{Y_{sta}-Y_{incom}}{Y_{sta}}\times 10 & (0\leq Y_{incom}\leq Y_{sta})\\ 10 & (Y_{incom}\geq Y_{sta})\end{cases}$ Y_{sta}为云南省 2015 年人均 GDP 值
	湿地保护意识（S_{ys}）	湿地周边问卷调查数据	湿地周边问卷调查数据	以调查人员中具有湿地保护意识的人员（N_y）占问卷调查总人数（N_v）的比例来表示	$S_{ys}=N_y/N_V*10$

注：［1］《地表水环境质量标准》（GB 3838-2002）；［2］《区域生物多样性评价标准》（［S］. HJ623—2011）

依据钱逸凡等（2016）相关评价方法。为了统一量纲，各指标标准化到0~10（表1）；湿地生态系统健康由综合健康指数表示，综合健康指数得分=∑标准化指标×指标权重，据此将湿地生态系统健康状况分为好[7~10]、中［3~7］、差［0~3］3个级别。

3 结果与分析

3.1 评价结果

程海国家重要湿地生态系统综合健康指数为5.88，健康等级为“中”（表2）。程海湿地健康状况表现为：程海水质较差，土壤偏碱性且土壤多为砂石，含水量较低，生物多样性状况较差，外来物种入侵度小。湿地面积变化很小，湿地周边土地利用强度较大，野生动物栖息地适宜度中等；经济发展水平较低，居民对湿地的认知不足，湿地保护意识欠佳。

表2 湿地生态系统评价综合健康指数

一级指标	二级指标	原始值	标准化值	权重	综合健康指数
水环境指标	地表水水质	Ⅳ	4	0.0928	5.88
	水源保证率	18.04	10	0.1015	
土壤指标	土壤重金属含量	2	4.35	0.0814	
	土壤pH值	8.38	3.1	0.0814	
	土壤含水量	0.19	1.9	0.0772	
生物指标	生物多样性	5.75	5.75	0.1101	
	外来物种入侵度	0.01	9.29	0.0956	
景观指标	野生动物栖息地指数	4.4	4.4	0.0595	
	湿地面积变化率	1.02	10	0.0624	
	土地利用强度	0.42	3.98	0.061	
社会指标	人口密度	86.9	8.55	0.0626	
	物质生活指数	4.59	4.59	0.0646	
	湿地保护意识	0.53	5.3	0.05	

3.2 讨论与分析

3.2.1 水环境状况

根据环保部门提供的水质监测数据，综合评价程海水质，湿地内水质属于Ⅳ类，表明湿地水质较差。分析其原因，主要包括螺旋藻养殖、农村居民生活污染、农田化肥、水土流失等几个方面。目前在程海南岸分布4家螺旋藻养殖企业，每家企业都依据各自的生产状况建设了不同规模的养殖废水利用处理系统，但大规模的养殖池和养殖废水离湖体较近，成为很大的风险源。程海流域分布10个村委会，人口数约3.8万人，虽然部分村庄已经建成农村污水处理设施，但农村生活污水收集率低，污水随意排放严重，存在截污管道覆盖不全的问题。部分村庄垃圾随意丢弃现象较为普遍，这些垃圾一方面会堵塞沟渠，另外一方面会随径流冲刷进入程海，污染水体。程海流域分布较大面积的耕地，农业生产过程中施用化肥后的流失也是导致水质变差的因素。程海流域属于水土流失严重地区，在降雨期土壤和泥沙随雨水大量流失直接进入河道水体中，这都将对程海的水质造成影响。

3.2.2 土壤环境状况

根据《程海湿地土壤检测报告》，湿地土壤中铬、镉、铜超标，其中铜超标较严重，超过《土壤环境质量标准》（GB 15618—2008）标准值2倍多。由于湿地周边农田较多，可能人为大量使用含铜农业化学物质和有机肥，造成土壤含铜量达到原始土壤的几倍。程海属于微碱性水，湿地内土壤平均 pH 值为 8.38，该地区土壤总体呈盐碱化现象，植物种类较少，尤其大多数亚热带的水生高等植物不能在这样的条件下生存。湿地内土壤平均含水量仅为 19.1%，主要是由于该地区土壤存在一定程度的盐碱化，使得土壤颗粒保水能力差。

3.2.3 生物环境状况

日益恶化的水环境条件，威胁着水生动植物的生存。根据《云南省第二次湿地资源调查》成果、《云南湿地》和《中国湿地资源-云南卷》，程海有水生植物 23 种，隶属 18 科 22 属，程海水生高等植物分布深度退缩，分布面积减少，资源量降低，对于水质和生态系统保护是一个十分不利的信号，是水生生态系统进一步退化的标志；程海湖边共观察记录到水鸟 35 种，分属 7 目 11 科，占云南省水鸟物种总数的 29.9%，多数物种种群数量偏低；程海共记录有鱼类 24 种，隶属于 6 目 12 科 23 属，多种土著鱼类濒临灭绝。由于早期引入银鱼养殖之后，捕捞银鱼的网眼细密，对其他土著鱼种的生存造成严重影响。程海鱼类存在多样性降低、种群数量减少的趋势，生态服务价值显著降低。

3.2.4 景观环境状况

程海湿地植被覆盖度有待提高、景观破碎化程度较大，湿地对野生动植物的承载能力为中等。由于耕地侵占、建设开发等人为因素导致程海湖滨带破坏，湖滨带生态系统严重退化，水生植物也逐渐消亡，造成湖泊湖滨带生态系统的缺失，威胁着湖泊的生态平衡安全。湿地保护范围内无社区居民，但湿地周边人口密集，农业集中发展，土地利用强度较大。随着人口的增加以及人们生活水平的提高，农业的大力发展，生境的破坏、水消耗和农业污染的速度还将增加，给程海生态系统带来越来越大的威胁，这可能导致景观环境更趋于简单化，生态功能进一步退化。

3.2.5 社会环境状况

永胜县是国家级扶贫开发重点县、云南省限制开发区和生态脆弱的贫困县，贫困人口占全县人口的四分之一，属于典型的农业县，经济发展较弱，根据湿地管理部门提供资料，湿地所在永胜县 2015 年人均 GDP 远低于云南省平均值，县域经济发展滞后，面临保护与发展的共同问题。针对程海湿地评价，共发放调查问卷 51 份，合格问卷为 27 份，合格问卷率为 53%，表明周边居民对湿地的认知不足，湿地保护意识欠佳。

4 保护对策

本研究运用的湿地评价指标体系在程海国家重要湿地生态系统健康评价上具有良好的合理性和可操作性，可以为湿地预警和湿地保护恢复等提供决策依据。根据评价结果，结合分析程海湿地存在的问题，并提出相应的保护对策。

4.1 联合相关部门开展定点生态监测

联合林业、国土、环保、水利等相关部门在湿地范围内设立监测点，开展定点定期生态监测，使水环境、土壤环境监测常态化、目标化，查明湿地内土壤和水质污染源，严格控制污染物进入程海流域河段。同时积极转变生产方式，引入清洁、现代化企业，对程海湖螺旋藻养殖要严格进行污水处理，实现养殖污水，生活污水“零排放”，确保不让污水流入程海湖，提升工农业环保化、无害化程度，从源头上解决湿地污染问题。

4.2 完善农村生活污水与垃圾处理设施

通过一系列农村污染防治工程的实施，收集处理沿湖农村的生活污水和垃圾，完善污水和垃圾的收集处理系统和提升改造工作，进一步提高农村生活污水和垃圾的收集处置率。同时，加强农业废弃物的循环利用，减少农业面源污染的产生，削减入湖污染物。

4.3 开展面山林业生态修复工作

程海森林覆盖率较低，森林质量较差，物种较为单一，水源涵养能力较弱，需迫切进一步推进面山林业生态修复工作。一是封山育林，选择郁闭度小，林相单一，生态防护效能差的区域进行封山育林；二是退耕还林，对坡度25°以上的坡耕地，按照统筹规划、突出重点、分步实施，在流域内逐步进行退耕还林。退耕还林地区建议以经济果林为主；三是湖滨带生态修复，选择本地陆生和湿地植物，采取自然和人工相结合的修复方式，修复湖滨带生态环境，为维护湿地生态系统健康提供保障。

4.4 进行农业种植结构调整

以调整水肥高投入的作物为主，在污染较重的区域发展化肥投入低的、经济效益好的高效作物品种。通过农业种植结构调整，压缩水稻、玉米的种植面积，发展效益高污染低的水果种植，减少化肥的施用量，削减入湖污染物，提高农民经济收入，减少农业面源污染的同时，实现农业发展和农民增收。

4.5 优化土地利用配置

程海湿地周边土地资源优化配置应以土地资源承载力为约束，在全国主体功能区规划的基础上，充分发挥城市总体规划和土地利用总体规划的引导和控制作用，进一步强化国土空间管控，避免土地资源无序开发、城镇粗放蔓延和产业不合理布局，优化城镇布局，形成程海湖泊流域良好的空间结构，保持湿地完整的生态系统。

4.6 加强湿地保护宣传教育

普及湿地保护知识、提高群众湿地保护意识和法制意识，让群众了解湿地、关心湿地、爱护湿地，切实增强社会各界保护湿地的自觉性和责任感，积极开展湿地保护宣传活动，通过借助国际湿地日、爱鸟周等，开展湿地宣传周活动，采用多种形式，扩大湿地保护的影响力；建立湿地教育基地，设立宣传台，提供现场咨询宣传，发放湿地法律法规、湿地风光宣传册等资料，广泛普及湿地保护科学知识。采取多层次、全方位的宣教措施，激发其保护生态环境的意识，营造湿地资源保护的良好社会氛围（盖世广，窦志国，汤日红，2017）。

【参考文献】

崔嫱，赵鹏宇，冯文勇，等，2015. 山西滹沱河山区湿地生态系统健康评价［J］. 湿地科学与管理，11（3）：16-19.

付会，刘晓丹，孙英兰，2009. 大沽河口湿地生态系统健康评价［J］. 海洋环境科学，28（3）：329-333.

盖世广，窦志国，汤日红，2017. 湖泊湿地生态系统管理研究概述［J］. 湿地科学与管理，13（4）：67-70.

胡文英，季江，潘红玺，1992. 程海的水质状况及咸化趋势［J］. 湖泊科学，4（2）：60-66.

李春华，叶春，赵晓峰，等，2012. 太湖湖滨带生态系统健康评价［J］. 生态学报，32（12）：3806-3815.

麦少芝，徐颂军，潘颖，君，2005. PSR模型在湿地生态系统健康评价中的应用［J］. 热带地理，25（4）：317-320.

钱逸凡，楼毅，初映雪，等，2016. 洞庭湖国际重要湿地生态系统健康和价值评价［J］. 湿地科学，14（4）：516-523.

温庆忠，2015. 中国湿地资源——云南卷［M］. 北京：中国林业出版社.

杨岚，李恒，2009. 云南湿地［M］. 北京：中国林业出版社.

杨予静，李昌晓，丽娜·热玛赞，2013. 基于PSR框架模型的三峡库区忠县汝溪河流域生态系统健康评价［J］. 长江流域资源与环境，22（Z1）：66-74.

中华人民共和国国家环境保护标准，2011. 区域生物多样性评价标准［S］. HJ 623-2011.

昆明捞渔河国家湿地公园规划构思*

湿地享有“地球之肾”的美誉，它是地球上水陆相互作用形成的独特生态系统。滇池位于云南省中部、昆明市西南角，为云贵高原第一大淡水湖泊，我国第六大淡水湖泊，素有高原明珠之称。现为我国“三河三湖”重点治理对象。作为35条主要入滇河流之一的捞渔河原称三板桥河，清代称屼蚋江，后因兴隆营（下庄）以下每年雨季洪水期鱼虾甚多，适宜捕捞，又称捞渔河。云南昆明捞渔河国家湿地公园是以捞渔河临近滇池河道、入湖口湿地及河道两边湖滨带湿地共同构成的一个相对独立的湿地生态系统，是滇池当前重要的湖滨湿地资源，是入滇河流以及滇池近岸退化湿地恢复的典型代表。

1 概述

云南昆明捞渔河国家湿地公园位于云南省昆明市滇池东岸，隶属于昆明滇池国家旅游度假区大渔片区，归昆明滇池国家旅游度假区管理委员会管理。地理坐标为108°48′46″~108°52′09″，北纬22°56′28″~23°0′49″。湿地公园总面积734.31hm^2，其中，湿地面积537.01hm^2，湿地率为72.74%。公园距离昆明市主城区18km，距昆明市行政中心6km，周边区域交通非常便利，是环滇池“生态圈、文化圈、旅游圈”建设的核心区域。

1.1 水文情况

云南昆明捞渔河国家湿地公园内有捞渔河和梁王河两条重要的入滇河流。捞渔河位于呈贡中部，源于烟包山东侧响水箐，全长30.9km，境内长28.7km，境内径流面积121.23km^2，最大流量10m^3/s，平均比降为4.93‰；梁王河源于梁王山麓，位于马金铺东北部，东西流向，全长22.9km，境内长20.1km，境内径流面积55km^2，最大流量20m^3/s。同时规划区具有长达10.65km的滇池湖泊岸线，滇池当前日常运行水位为1887.5m，最低工作水位1885.5m，特枯水年水位1885.2m，汛期限制水位1887.2m，20年一遇最高洪水位1887.5m。当前的水文条件有利于湿地公园建设需水量的供应和水位控制。

1.2 湿地资源

根据《全国湿地资源调查技术规程（试行）》的分类系统，捞渔河国家湿地公园共有4个湿地类、6个湿地型，各类型湿地面积总计537.01hm^2，占规划区总面积的72.74%，即湿地率为72.74%。

表1 湿地公园湿地类型现状表

代码	湿地类	代码	湿地型	面积（hm^2）	占湿地总面积的比例（%）	占湿地公园总面积比例（%）
II	湖泊湿地	II1	永久性淡水湖	470.19	87.49	63.65
III	河流湿地	III1	永久性河流	5.37	1.01	0.73
IV	沼泽湿地	IV2	草本沼泽	27.63	5.17	3.76
		IV4	森林沼泽	19.19	3.59	2.61
V	人工湿地	V1	库塘	10.61	1.99	1.44
		V4	输水河	4.02	0.75	0.55
合计				537.01		72.74

* 赵荟，刘永杰，敖明舒，等. 昆明捞渔河国家湿地公园规划构思［J］. 林业调查规划，2018，43（4）：139-144，149.

1.3 动植物资源

据调查，公园范围当前有陆生自然植被1个植被型、1个植被亚型、3个群系；水生湖泊植被有1个植被型、4植被亚型、17个群系。维管束植物143科、358属、596种（其中包括部分人工栽培植物）。蕨类植物15科、20属、24种；裸子植物3科、6属、6种；被子植物125科、332属、566种。重点保护植物有野菱 *Trapa incisa* Sieb. et Zucc. var. *quadricaudata* Gluck、金荞麦 *Fagopyrrum dibotrys*（D. Don.）Hara 和喜树 *Camptothecaacuminata* Decne，三种均为国家二级重点保护野生植物。

湿地公园分布有动物132种，其中哺乳动物11种，隶属5目7科10属。鸟类88种，分属于14目31科，有83种鸟类属于"国家保护的有益的或者有重要经济、科学研究价值的陆生野生动物"，被列入《濒危野生动植物种国际贸易公约》的共计4种，包括黑鸢 *Milvus korschum*、普通鵟 *Buteo buteo*、黑翅鸢 *Elanus caeruleus*、红隼 *Falco tinnunculus*。两栖动物5种，隶属于1目、3科。爬行动物11种，隶属于1目、5科。鱼类17种，隶属于7目10科16属。

1.4 湿地生态系统评价

捞渔河发源于滇池周边山脉，途经昆明市新建城区后汇入滇池，是典型的城市与河流交汇区，其保护与恢复工作对我国城市周边河流及湖泊的保护建设具有示范意义。滇池在长期的自然演化和人类利用过程中，形成了多种类型的岸线形态，捞渔河湿地公园在10.65km的岸线上，集中了滇池几乎所有的岸线形态，如岩岸、沙滩岸线、杨柳、加杨岸线、芦苇荡、民居防浪堤、入湖口冲积扇、湖滨半岛、残存的渔船码头，是滇池岸线形态的活标本。

捞渔河湿地是滇池东岸典型的入湖口湿地，具有较为广阔的生态恢复空间，是开展滇池入湖河流治理、湖滨带和入湖口湿地生态系统恢复的理想场所，通过恢复重建湖滨带，为滇池水生植被恢复提供生存空间、提升环滇池湿地水质净化能力，促进滇池湿地生态系统良性循环，对滇池生态恢复具有重要的作用。

1.5 公园面临的挑战

1.5.1 生态系统受损严重

1950—1970年进行的围湖造田，使滇池很多重要的湖湾、沿岸"沟潭"被夷为平地。而这些湖湾、龙潭及之间的连接沟渠是水生植物分布的重要区域，也是鱼虾等重要栖息和繁殖区域，尤其是一些土著物种重要的栖息地[1]。但随着这些"沟潭"系统被改造成农田、鱼塘之后，这些区域水生植物群落遭受严重破坏，生物多样性急剧较少，生态系统稳定性下降，自净能力降低。其中也包括滇池东岸以农田岸线为主的捞渔河入湖口周边区域。

1.5.2 湿地公园面临的生态压力巨大

随着昆明城市建设重心的"南下"，当前昆明呈贡新城建设进程日渐加快，目前昆明呈贡新城发展的南端已经临近捞渔河国家湿地公园，且捞渔河流经的呈贡新城段是大学城片区，整体水质受到沿途市民生产、生活的影响较大。从整个滇池岸线看，北岸自然岸线已经完成被围湖造地破坏，西岸为西山悬涯岸线，湖滨湿地面积一直很少，仅有南岸、东岸存在一定的自然岸线，也是生态恢复的重点区域，东岸由于是滇池区域下风向和水流中上游区，对滇池湖体净化的作用极为重要。但由于城市化进程的影响，其承受的生态压力巨大。

1.5.3 主体水质恢复难度大

湿地公园一部分水源来自捞渔河及梁王河，另一部分水源为污水处理厂处理后的中水排入，但公园水体主要为滇池滨湖水域，其水质完全由滇池外海水质决定，短期内提升难度较大。由于滇池无大江大河良好水源的注入，自净能力十分有限，加之社会经济迅速发展导致污染物持续超量流入，滇池生态系统迅速退化。70年代中后期滇池外海、草海水质为Ⅲ类，但至90年代，已全面恶化为劣Ⅴ类[2]。滇池也成为国内"三河三湖”中治理难度最大的湖泊。近十几年来，国家和地方对滇池治理投入甚巨，取得一定的成绩，滇池水环境恶化的趋势总体得到遏制，但要在短期内取得绝对性的治理成效，任务极为艰巨。

2 总体思路

2.1 规划构思

认真贯彻落实《国务院办公厅关于加强湿地保护管理的通知》精神，认真执行《国家林业局关于做好湿地公园发展建设工作的通知》以及国务院办公厅2016年12月印发的《湿地保护与修复制度方案》，遵循“保护优先、科学修复、合理利用、持续发展”的基本原则，以保护湿地公园范围内水系及湿地资源，修复捞渔河入湖口受损湿地生态系统及野生动植物栖息地、充分发挥湿地生态功能为出发点，注重挖掘和展示湿地的自然生态特征和地域文化景观特色，打造高原入湖口湿地保护与受损生态系统修复的典范，树立滇池流域生态环境治理样板。

云南昆明捞渔河国家湿地公园紧邻主城区，现为云南省科学普及教育基地和昆明市环境教育基地，宣教基础良好，交通条件便利，具有极高的科普宣教价值。通过为市民营造优美的湿地游憩环境，强调人与自然的和谐，让公众在领略湿地自然风光、认识湿地的同时，了解湿地文化及其在生态文明进程中的作用，提升人们保护湿地的自觉意识。通过湿地公园建设，充分发挥湿地的多种功能，实现湿地保护与发展的协调推进。

2.2 公园范围划定

基于区域生态系统典型性、系统相对完整性和管理的可行性，捞渔河国家湿地公园建设范围沿当前滇池湖岸线北起杜家村，南至大湾村度假区域界南侧，岸线全长10.65km，西至管委会具体管辖行政边界。向湖岸线外围（东面）以滇池一级保护区为基线，根据地形地势、权属关系和生态系统保护的科学性，局部延伸到环湖东路。此外，捞渔河河道及河道两岸护岸林过环湖路向东延伸至昆玉高速公路西侧、捞渔河与梁王河交汇口一带，河道总长为3.8km，河道宽25m包含河道两侧各宽50m的护岸林，共125m宽。

图1 湿地公园范围图

2.3 公园定位

2.3.1 性质定位

充分考虑捞渔河独特而重要的生态区位以及地理位置，结合其环境特征和资源禀赋，将云南昆明捞渔河国家湿地公园的性质定位为：以入湖口及湖滨湿地生态保护与水质净化功能提升为基础，大力开展土著生物栖息地恢复重建，同时兼顾湿地景观及湿地文化科普宣教平台搭建，建设一个集生境保护与恢复、滇池治理示范、公众湿地生态体验及科普宣教于一体的城市近郊公益型国家级湿地公园。

2.3.2 功能定位

高原入湖河口及湖滨带湿地生态系统保护及生境重建的典范；

滇中乡土湿地植物种质资源保存基地、湿地动物栖息家园；

大城市近郊人与湿地和谐共处、相互融合的经典样板；

以滇池流域变迁及治理成果展示为主的湿地自然学校；

昆明乃至云南生态文明建设的重要抓手及昆明的生态会客厅。

2.4 公园建设目标

（1）保护捞渔河入湖口及大渔片区湖滨带湿地生态系统结构；全面开展湿地公园管辖水域的封育保护；把湿地公园建设成为长江上游湿地保护网络的重要组成部分。

（2）修复动物栖息地，恢复自然岸线的湿地群落结构，提升其水质净化与水源涵养等生态功能；把湿地公园建设成为高原湖泊湖滨湿地系统保护与修复的样板和高原湖泊湖滨带湿地生物多样性保护与恢复的典范。

（3）提供一个可以供市民和游客亲近自然，体验高原湿地风情和生态文化的高品质秀丽生态空间；把湿地公园建设与城市人居环境质量优化相关联，打造昆明对外展示生态建设成果的窗口及昆明的生态会客厅。

（4）建设滇中地区乃至全国受损湿地保护和修复的科研实践及科普宣教基地，为滇池水环境改善以及我国高原湖泊湿地保护提供示范，从而提升其环境功能和社会功能。

3 功能分区及建设内容

根据湿地公园区域内资源特征和分布情况，以及后期治理措施及利用方式的差异，为实现规划建设目标，分区施策的保护、恢复及利用，将公园划分为既相对独立、又相互联系的不同地理单元，明确各单元的建设方向并采取相应的管理措施。

3.1 区划原则

（1）基于资源现状的分布情况，有利于生态系统完整性的保护；

（2）有利于规避主要外界胁迫因子的影响，妥善处理保护与合理利用的关系；

（3）各分区功能明确、相互协调，区划界线清晰、便于管理；

（4）规划分区尽量保持原有的自然、人文等单元界限的完整性。

3.2 功能分区结果

根据区划原则，充分考虑捞渔河的实际情况，综合各方面因素，将云南昆明捞渔河国家湿地公园划分为湿地保育区、恢复重建区、宣教展示区、合理利用区和管理服务区 5 个功能分区：

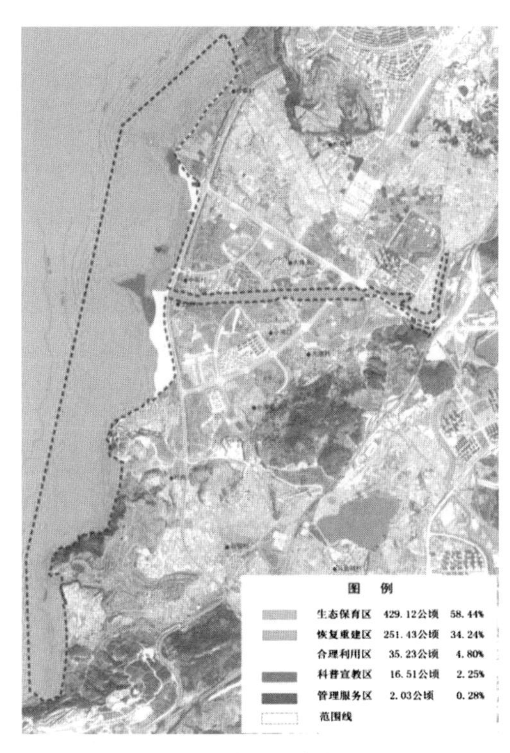

图2 湿地公园功能分区

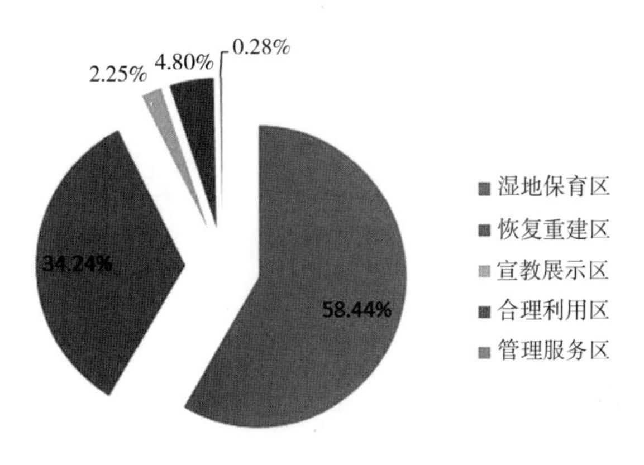

图3 湿地公园各功能分区面积比例图

3.3 各功能区建设目标及内容

3.3.1 湿地保育区

依据湿地保护管理规定、验收要求办法和规划区现状，将云南省滇池保护条例规定的一级保护区中部分栖息条件较好，不宜进行过多人工干预的区域划为湿地保育区。主要包括离湖岸 50m 之外的湖面和部分近岸湖滨湿地。这一区域为水禽良好的栖息地，生物多样性较为丰富，以自然恢复和演替为主，尽量减少和避免人工干预。

（1）建设目标

依据相关的法律、法规，对该区的湿地生态系统进行严格保护。为捞渔河国家湿地公园生态系统整体恢复提供空间，从而提升规划区的湿地生态功能，同时作为其他区域生态修复的对比参照，后期可进行生态修复成效评估。

（2）主要建设内容

该区域建设内容主要包括：污染物清理、湖岸保护、入侵物种清除与控制、非法渔具清除、科研监测点、植物调查样地、勘界标桩、警示标牌、动植物保护标识牌、四退工程（退塘、退田、退人、退房）、环湖截污工程、河道及水体日常清理和巡护管理等。

3.3.2 恢复重建区

该区主要包括滇池一级保护区范围内除湿地保育区外的区域，以及部分一级保护区外适宜开展生态恢复的区域。通过调查和查阅相关文献资料，当前滇池东岸附近湖泊水体透明度为 80~100cm，沉水植物最大生长深度不超过 2m，挺水植物最大水深一般小于 1.5m[3-6]。因此把滇池常水位（1887.5m）以下 2m 深作为人工促进恢复的有效深度，结合湖床岸线地形图分析，当前规划区内 2m 水深湖床等高线（1885.5m）与离湖岸线 50m 距离大多契合，为了管理上和分区识别上的可行性和便利性，以离湖岸线 50m 作为恢复重建区水域界线。

（1）建设目标

通过营建各类乡土植物生境，实施各项生态恢复工程，拟实现以下目标：首先，使公园内水体环境得到根本改善，达到“水清”目标；其次，实现湿地公园内乡土典型植物群落（如海菜花等[7]）的有序恢复，达到“岸绿”目标；再次，在生态恢复过程中兼顾景观需求，实现景观与生态功能发挥的高度融合，达到“景美”目标；最后实现生态系统承载能力的提升，湿地生态系统功能的全面发挥。

（2）主要建设内容

该区域建设内容主要包括：拆除防浪堤、恢复自然岸线、修复捞渔河河道、恢复生态驳岸、公园清淤、建设水质净化示范区、设置蓝藻应急防治预案、科研监测点、植物调查样地、恢复近岸水生植被、恢复湖滨带植被、建设生境岛屿及生物廊道、鱼类栖息地恢复、水禽栖息地恢复、近岸中山杉林的优化提升[8]、乡土植物苗木繁育基地建设等。

3.3.3 宣教展示区

在可以综合展示湿地保育及修复成效、科学研究示范、近自然体验、生态互动宣教体验等区域，开展多形式、多层次的宣教活动，这一区域划为宣教展示区。由于宣教形式的多样性，宣教区呈分散的点、线、面镶嵌在湿地保育区、恢复重建区及管理服务区中，主要为捞渔河临近入湖口一段两侧、规划区北部拟建高原湿地植物展示园以及大湾典型湖湾展示区域。

（1）建设目标

充分发挥湿地公园便利的交通条件以及良好的宣教基础，综合展示滇池生态系统的演变过程及治理成效，建设云南省首个以湿地生态为师、以志愿者为载体、面向大众的自然学校，向大众普及湿地科学知识、传播生态修复理念、推进生态文明建设。

（2）主要建设内容

该区域建设内容主要包括：湿地宣教中心、科普展示长廊、观鸟设施、水生动物观察站、高原湿地植物园、生态技术展示园、湿地记忆文化长廊、科普服务中心、亲水文化乐园、湿地自然学校等。设置科学的解说体系，主要包括交通标识系统、服务标识系统、公园内部的游览道路、声像展示系统、导游图、导游画册以及培训导游员、解说员、咨询服务员等。

3.3.4 合理利用区

主要分布于环滇池一级保护区与环东湖东路间具备生态游憩、展示利用功能的区域。主要为市民提供亲近湿地、享受自然美景的生态空间。

（1）建设目标

通过合理利用区的建设，协调湿地公园保护与为市民提供生态憩息空间的矛盾，满足人们对湿地美景感受与体验的需求。最终实现在保护中利用，在利用中保护，以小面积的合理利用实现湿地公园保护的可持续。

（2）主要建设内容

该区域建设内容主要包括：景区大门、游览栈道、休憩设施、观景平台、垃圾收集设施、环保厕所、游客服务商店等。

3.3.5 管理服务区

根据后期管护需要管理服务区分为三个小片区：北部管理点为环湖东路与渔浦路交汇口西侧，是湿地公园未来重要的游客接待及科研交流服务区；中部管理点建于原滇池航运规划码头处，主要为后期水体巡逻和漂浮物清理提供中转场地，南部为大湾一级保护区外，主要为南部管理提供巡防点。

（1）建设目标

管理服务区是为公园建立长效机制提供保障的重要支撑，通过管理用房等相关基础设施的建设，为公园生态恢复建设、日常巡护、游客疏导、科研监测、野生动物救护及科普宣教等提供支持，为公园良性运转提供坚实保障。

（2）主要建设内容

该区域建设内容主要包括：游客服务中心、湿地管理中心、保护管理点建设用房、游客服务设施和部分科研监测站、湿地科研监测中心等。

4 结语

由于捞渔河湿地具有悠久的利用历史，其退化及治理过程均是科学规划构思的依据，因此在湿地公园规划过程中首先通过查阅大量的文献资料，重点对历史资料深入挖掘整理，研究其生态退化过程，为科学的进行恢复治理提供依据。其次，利用不同时期的遥感卫星影像资料，进行纵向对比研究，追溯分析规划重点区域生态空间的演变历程。然后，充分参考滇池最新的研究成果作为湿地公园规划的科学支撑。

总之，在捞渔河国家湿地公园的规划构思过程中充分吸收了各方专家的智慧，在建设理念、规划布局、功能分区、建设内容等方面能够为国内同类湿地公园提供一定的借鉴价值。但由于该公园尚未建设完成，本文缺乏对该规划实施结果的追踪评价与分析，因此未来需要进一步对云南昆明捞渔河国家湿地公园的建设、实施情况及实施效果等进行追踪研究，以便为国内同类湿地公园的建设和管理提供更深入的借鉴经验。

【参考文献】

[1] 李根保，李林，潘珉，等. 滇池生态系统退化成因、格局特征与分区分步恢复策略［J］. 湖泊科学，2014，26（4）：485-496.

[2] 欧阳志宏，郭怀成，王婉晶，等. 1982—2012 年滇池水质变化及社会经济发展对水质的影响［J］. 中国环境监测，2015，31（2）：68-73.

[3] 杨赵平，张雄，刘爱荣. 滇池水生植被调查［J］. 西南林学院学报，2004，24（1）：27-30.

[4] 赵晟，吴学灿，夏峰. 滇池水生植物研究概述［J］. 云南环境科学，1999，18（3）：4-8.

[5] 周虹霞，孔德平，范亦农，等. 滇池大型水生植物研究进展［J］. 环境科学与技术，2013，36（12M）：187-194.

[6] 李恒. 云南高原湖泊水生植被的研究［J］. 云南植物研究，1980，2（2）：113-141.

[7] 舒树森，杨君兴，崔桂华，等. 滇池东岸回植海菜花技术初探［J］. 安徽农业科学，2007，35（29）：9240-9241

[8] 陈静，孔德平，范亦农，等. 滇池湖滨带湿生乔木湿地构建技术研究［J］. 环境科学与技术，2012，35（12）：100-103.

滇西北程海保护治理现状及发展对策*

云南是国内天然湖泊分布较多的省份之一。其中，面积大于 30 km^{2}的有滇池、洱海、抚仙湖、星云湖、杞麓湖、程海、泸沽湖、阳宗海、异龙湖等 9 个湖泊[1-2]。九大高原湖泊（以下简称“九湖”）是云南省生态体系的重要组成部分，是云南省的重要风景名胜区，流域内人口稠密，人为活动频繁。因此，加强九湖的保护治理，对云南省争当生态文明建设排头兵、筑牢西南生态安全屏障意义重大。

程海是云南省九大高原湖泊中的第四大湖泊[3-4]，对维护区域生态平衡，以及社会经济的发展起着至关重要的作用[5]，但是近年来由于水位下降、水体污染、富营养化程度加剧，以及湖周围生态系统退化[6]等原因，导致区域资源开发利用与保护矛盾突出。现阶段如不及时采取保护治理措施，将严重影响当地的可持续发展及资源的可持续利用。近年来，一些学者在程海生态系统服务与健康[4,7]、生态建设与保护[5-6,8-9]、水位水质[10-12]、生态承载力[13]、保护立法[14-15]、旅游发展[3]、环境保护与治理[16-20]方面做了一些探讨，但保护治理方面深入的研究较少。因此，本文总结了程海保护治理过程中存在的主要问题，提出了科学保护治理对策，以期为云南九湖流域的综合治理与保护提供参考。

1 程海基本情况

程海古名程河[5]，又名黑伍海[9,21]，位于云南省丽江市永胜县金沙江流域干热河谷地带[10]，地理坐标位于北纬 26°27′~26°38′，东经 100°38′~100°41′之间。属亚热带高原季风气候[16]，全年盛行南风[13]。年平均气温 19.1℃[6]，≥10℃的年活动积温达 6400℃，日照时数 2700 h[8]，年平均降雨量 755.9 mm，年平均蒸发量 1814.2 mm。程海南北长 19.2 km，东西最宽约 5.4 km，水域面积约 74.6 km^2，现有入湖大小河流、冲沟 47 条[19]。平均水位约 1496 m，蓄水量为 16.0 亿 m^3，湖岸线长 47.5 km，最大水深 32.2 m，平均水深 23.7 m，年平均水温 17.8℃，pH 值约为 9.4。程海是云南省唯一的封闭型深水湖泊[19]，是滇西第二大淡水湖，也是世界上天然生长螺旋藻的三大湖泊之一[3]，共计有鱼类 25 种，浮游植物 125 种。

2 程海水体污染成因分析

近年来，由于程海流域城镇化进程加快，工农业生产发展较快，污染物大量入湖，且因程海是一个断层陷落封闭型湖泊，其水循环过程受阻，水质已从早期的Ⅰ类下降为目前的Ⅳ类（氟化物、pH 除外）。主要污染源有面源污染、点源污染和内源污染 3 大类。

2.1 面源污染

（1）生活污水。据调查，程海周边村镇生活污水收集系统已初具规模，但由于工程选址、设计、建设、施工和后续管理（基本无人管理）都存在问题，出现了污水收集主管堵塞断裂、支管不足、沟渠淤积、污水不能进入处理系统、处理系统不能正常运行等问题，污水处理数量仅为 30%左右，远低于污水排放量。

（2）垃圾及人畜粪便。通过农村能源建设和农村环境综合整治项目建设，农村环境卫生状况有所改善，但未达到目标要求，在垃圾、人畜粪便污染防治方面都未做到位，农村生活垃圾处置率、生态公厕

* 赵金龙，朱仕荣，吕开家，等．滇西北程海保护治理现状及发展对策［J］．林业资源管理，2019，(3)：49-53.

使用率，以及畜禽粪便污染去除率较低。

（3）农田污染物。程海周边耕地广布，随着蔬菜大面积种植和设施农业的发展，耕地利用强度增大，流域区农药化肥使用种类和总量都在持续增长。虽然通过测土配方和中低产农田改造得到一定程度的控制，但农药化肥和农田固废仍为程海主要污染源。

2.2 点源污染

（1）引水工程。为了使程海水面不致继续下降，启动了仙人河引水工程给程海补水。该工程的修建，虽然对维持程海的水位起到一定作用，但由于仙人河途经永胜县城，将县城生产生活污水带入程海造成污染。

（2）螺旋藻养殖。由于20世纪90年代初螺旋藻试养到养殖产业化发展过程中，对环境污染问题及其风险认识不足，养殖产业布局于湖泊东南岸，紧邻湖边，遗留下风险隐患。螺旋藻养殖过程中使用Na_2CO_3，NH_4HCO_3等营养盐类，养殖废水具有污染成分复杂、pH值高、氮磷含量严重超标、排放量大等特点，虽然企业作了一定处理，但是废水处理过程仍然存在着设备不正常、管理不完善等原因，导致其非正常排放，致使程海水体受到污染。

2.3 内源污染

（1）大气沉降。污染物质可通过湖面降水、干沉降和湍流直接进入湖水。大气沉降带来的营养物质多为溶解态，生物易吸收，程海湖面每年平均接纳大气沉降带来的TN，TP负荷量较大。

（2）湖中有机物。主要污染源为湖底污染淤泥及湖中腐败的动植物残体等。一是外部来水中的氰化物、其他含氮磷营养物质、有机物富集于湖中，不断增加了湖内这些物质的含量；二是程海水体富营养化，藻类大量繁殖，秋末水华现象频发；三是程海中包括银鱼在内的水生动物在产卵后成体死亡。

3 保护治理现状及存在问题

3.1 保护治理现状

（1）开展程海补水工程。羊坪河与仙人河道连通程海应急补水工程已竣工，每年引1000多万m^3水进入程海；南瓜坪等水库补水工程已开工建设。

（2）实施“五退四还”工程。在程海一级保护区内实行退房、退塘、退人、退田、退抽水泵，还湖、还湿地、还草、还林工程。

（3）调整产业结构。发展现代生态农业，建设高效生态农业示范区，农业面源污染防治示范区；推进节水灌溉工程；严格控制沿湖畜禽养殖。

（4）实施面山修复工程。建设县城至程海绿色通道、环湖公路绿色廊道、程海湖滨带、程海面山绿色生态屏障；综合治理程海流域泥石流和程海入湖河道及冲沟。

（5）实施污水及垃圾收集处理工程。全面“禁磷”和“禁白”，开展治污工程和提升村、镇人居环境行动。

（6）实施红线定桩工程。划定了程海一级保护区红线范围，开展一级保护区管理工作。

（7）实行河长制。程海全面建立河长制，设立市、县、乡、村四级河长。47条入湖河道、冲沟纳入河长制管理范围。

（8）开展宣传发动群众工作。宣传动员当地社会力量全面投入程海保护治理行动。

（9）提升监察及监测管理工作水平。成立副处级程海保护和管理委员会，开展程海流域联合执法工作。

3.2 存在问题

（1）水位持续下降。程海年平均降雨量为755.9 mm，年平均蒸发量为1814.2 mm，蒸发量是降雨量的近2.4倍，加上长期以来人们对水资源的竞争性开发、掠夺性经营、粗放性管理，用水效益低等因素[1]，程海水位持续下降，水量逐步减少。当前，程海的平均水位为1496 m，比法定最低控制水位1499 m下降了3 m，蓄水量减少近3.8亿m^3。

（2）水污染现象持续存在。程海流域水污染尚未得到有效控制，水污染现象持续存在：①程海沿湖村落污水截污管网不完善，还未建设好环湖排污管网，造成源头上无法全面收集；②现有的污水处理系统简易，不但运行成本高，而且污水处理效果不太好，只能直接排入程海造成污染；③流域内耕地利用系数较大，农作物（水稻、玉米、小麦、大豆、大蒜、红花等）、经济林果“大水大肥大药”现象普遍存在，农药、化肥成为流域面源污染罪魁祸首，目前无有效治理措施；④程海周边螺旋藻厂等企业产生具有较高pH值、氮磷含量严重超标的废水，造成严重的企业点源污染。

（3）水体生态修复任务繁重。由于水位下降、银鱼过度繁殖等影响，营养物质积累于湖体、水中营养物质浓度升高，湖泊富营养化进程加快，海菜花等水生植物消失，红翅鱼、白鱼等土著鱼种群数量锐减，濒临灭绝。

（4）面山生态修复急需进行。程海面山区域地处中亚热带高原季风气候区，属金沙江干热河谷地带，“焚风”持续时间长，稀树灌木草丛植被广布，森林覆盖率较低，森林涵养水源功能低，水土流失严重。“十三五”以来，当地林业主管部门虽然已逐年加大程海面山人工造林力度，但总体治理成效并不显著，仍有大面积的荒山荒地急需进行生态修复。

（5）流域城镇化缺乏规划。程海流域农村建房增量、体量，风貌及用途缺乏统一规划，总体设计和空间优化不足，无序建房，乱搭乱建乱修的现象普遍存在，造成了对资源开发约束力刚性不足，生产、生活、生态空间交织。

（6）执法监管比较困难。一方面，程海管理局作为新组建的单位，职能职责还需进一步理顺，一线监察执法队伍监管水平还需进一步提高，执法人员、设备不足，缺乏科技支撑，执法监督管理能力与新时期湖泊保护要求差距较大；另一方面，部分沿湖村民对程海保护思想认识不到位，支持力度不够，参与程度不深，偷鱼钓鱼、乱扔垃圾的现象屡禁不止。

4 对策建议

根据程海的环境问题及其成因，明确治理的重点和难点，科学制定保护治理措施和技术方案，以及管理对策、保护对策和科技对策，对症下药的制订“一湖一策”保护战略。

4.1 加强水资源保护

（1）提升水资源利用效率。按程海流域范围制定相应的“三线一单”指标，严控水资源开发利用强度，严控湖体取用水量，统筹程海水资源与城镇再生水、农田和城镇雨洪水的分质利用，全面提升用水效率。

（2）建立健全节约用水机制。强化行业用水监管，提高用水效率，推进节水型企业、节水型公共机构、节水型单位、节水型居民小区节水达标建设。推进再生水配套工程建设，提高再生水利用率，缓解区域水资源供需矛盾。大力发展农田节水灌溉，加快推进农田水利改革进程，在流域内建设高效节水灌区。

（3）推进引水工程建设。科学划定水源保护区，科学制订引水、补水方案，推进科学调水及引水工程，加快湖泊水体的补给。

4.2 加强水污染防治

（1）加强污染物排放及收集管理。一方面，加强程海污染物达标排放监管，将治理任务落实到流域内各排污单位，依法取缔非法设置的入湖排污口，严厉打击废水污水直接入湖和垃圾倾倒等违法行为。

另一方面，加快程海沿湖城镇、村落截污治污工程建设及提升改造，实现环湖全面截污，同时使用廉价而高效的污水处理系统。

（2）加强面源污染防治。要最大限度削减农业面源污染负荷，调整流域种植结构，大力发展绿色、生态和观光农业，促进产业转型升级，推广生态种植模式，打造程海流域绿色食品牌，加快开展程海流域农田径流污染防治，积极引导和鼓励农民使用测土配方施肥、生物防治、精细农业等技术，实现程海流域化肥农药减量增效。

（3）加强点源及内源污染治理。由于水位下降、银鱼过度繁殖、螺旋藻养殖等影响，营养物质积累，湖泊富营养化进程加快。因此，要继续加大程海银鱼的集中捕捞，加快程海水污染负荷研究，评估螺旋藻养殖对程海的污染负荷，加强螺旋藻生产企业监管，减少生产废水排放，改善湖泊水质。

4.3 加强水环境生态修复

（1）加强河道环境治理。重点对程海流域内13条入湖河流实施治理，控制住最大体量污染源，确保彻底消除Ⅳ类及以下入湖水体。

（2）加强湿地保护和恢复。全面保护和恢复湿地，构建健康湿地生态系统。根据《全国湿地保护“十三五”实施规划》，申请实施一批湿地保护项目，采取湿地保护、退耕还湿、退化湿地修复等措施，强化湿地生态系统的保护和恢复。同时，做好程海流域国家、国际重要湿地认定，积极申报国家湿地公园，全面推进湿地保护。

（3）加强水生生物资源保护。开展珍稀濒危水生野生动植物保护工作，加强保护水生动物的产卵场、洄游通道等环境。加大水生生物增殖放流力度，降低对土著鱼类的捕捞强度，改善渔业种群结构，防治外来物种入侵，开展生物治理，维护水生生物多样性。

4.4 加强面山生态修复

加强山水林田湖草系统治理。以水源涵养、水土保持、水质净化、生物多样性保护为重点，实施程海流域面山修复、湖滨生态景观廊道修复、湖滨生态湿地建设等生态修复建设，构建程海绿色生态屏障。以推进“五退四还”为重点，开展入湖河道生态化治理，加强程海岸带生态恢复、优化湖滨带生态系统结构，完善和提升湖滨带生态功能；以程海面山治理为重点，以乡土树种、生态景观类树种为主，乔、灌、草结合，实施流域造林绿化工程，提高流域森林覆盖率、生物多样性和景观多样性水平。

4.5 加强程海流域空间管控

（1）严格管控沿湖开发利用。严格执行《永胜县程海镇建设用地管理办法》和《永胜县人民政府关于程海沿湖禁止新增建设项目的通告》，加强农村建房规范管理，实行统一规划，严控程海湖周边农村建房增量、体量，风貌及用途，对沿湖村庄严管、严控，坚决制止无序建房，杜绝乱搭乱建乱修行为。健全完善《永胜县重大项目联审联批会议制度》，凡是在程海流域范围内投资开发建设的项目，按照国家规定的程序实行在线平台并联审批，不符合《程海保护条例》《永胜程海总体规划》的项目一律不予审批。

（2）加快推动生态搬迁。完成一级保护区内违法违规建筑拆迁退出，妥善安置搬迁群众，合理选择安置地点，高水准规划建设安置住房，建立完善生态补偿机制，全力巩固好“三线”生态搬迁成果，努力维护和展现好湖泊的碧波美景。

4.6 全面加强依法监管

（1）加大执法监管力度。按照保护优先、从严管控的要求，科学修订《程海保护条例》，以适应更高标准的保护要求。构筑全方位执法监管网络，实行源头监控、过程严管、违法严惩；定期排查环境安全隐患，并限时落实整改措施，严防重大环境污染事件发生。

（2）加大科技投入。加大程海水质监测预警体系建设，不断提升水质预报、预警能力，形成从湖体到流域全覆盖的水质监测预警体系。

(3) 建立日常监督巡查制度。落实程海管理执法监管责任主体、人员、经费和设备，完善监督考核机制，加强程海督察巡查巡视。按照属地管理权限，程海管理局要建立湖泊日常监督巡查制度，细化巡查职责、内容、频次、要求、奖惩等。针对偷鱼钓鱼、乱扔垃圾的群众，巡查人员应给予批评和教育。

5 结语

程海保护治理是一项涉及面较广，需长期推进的系统工程。云南省各级政府历年来都把程海保护治理作为当地经济社会发展的大事来抓，但目前还存在许多亟待解决的难题。下一步，应继续以湖泊保护治理统领当地经济社会发展全局，坚持"让湖泊休养生息"的理念，坚持规划引领、生态优先、科学治理、绿色发展、系统保护的原则，以全面推行河（湖）长制为基础，以明晰监管责权为核心，以优化机构设置为支撑，以加强基层监管力量为抓手，以强化乡镇统筹能力为保障，因地制宜地调整优化程海管理体制机制，形成多层级联动、全社会参与的程海保护治理新格局。采取"一湖一策"的方式，全面推进流域"山水林田湖草生命共同体"建设，让程海生态环境实现良性循环。

【参考文献】

[1] 董云仙，吴学灿，盛世兰，等. 基于生态文明建设的云南九大高原湖泊保护与治理实践路径［J］. 生态经济，2014，30（11）：151-155.

[2] 孔燕，余艳红，苏斌. 云南九大高原湖泊流域现行管理体制及其完善建议［J］. 水生态学杂志，2018，39（3）：67-75.

[3] 陈梅，王晶. 云南丽江程海休闲旅游发展研究［J］. 旅游纵览：行业版，2011，（5）：55-57.

[4] 赵润，董云仙，谭志卫. 程海流域生态系统服务功能价值评估［J］. 环境科学导刊，2014，33（4）：19-23.

[5] 周晓艳. 程海湖流域林业生态环境建设现状及发展对策分析［J］. 绿色科技，2019，22（4）：60-61.

[6] 周兴中. 程海湖流域生态环境现状及保护［J］. 云南环境科学，1999，18（3）：9-11.

[7] 张齐立，张法强，戴柔毅，等. 云南程海国家重要湿地生态系统健康评价［J］. 湿地科学与管理，2018，14（3）：19-22.

[8] 杜菊芳. 程海湖流域生态现状及综合治理措施探讨［J］. 林业调查规划，2006，（S1）：130-132.

[9] 单振光，王焕校. 程海的环境及保护［J］. 云南师范大学学报：自然科学版，1989，9（2）：79-87.

[10] 董云仙，谭志卫，朱翔，等. 程海水质变动特征与水安全预警因素识别［J］. 安全与环境学报，2012，12（4）：136-140.

[11] 游永财，杨世美. 程海湖水位与水质变化浅析［C］//云南省水利学会第九届四次理事会暨2014年度学术交流会议论文集. 云南：云南省科学技术协会，2014.

[12] 杨耀玕. 程海近10年富营养化趋势分析及水质目标建议［J］. 科技经济导刊，2016，（25）：84-85.

[13] 杨世美，汪涛，王泽平，等. 程海湖水生态承载力变化研究［J］. 水利水电快报，2018，39（2）：39-44.

[14] 于潇泓. 云南省湖泊保护立法体系研究［D］. 昆明：昆明理工大学，2017.

[15] 王金玲. 云南省九大高原湖泊统一环境立法构建研究［D］. 昆明：昆明理工大学，2004.

[16] 程静. 对永胜县程海流域环境治理的思考［J］. 林业调查规划，2005，30（3）：42-45.

[17] 周兴中. 程海湖流域生态环境现状及保护［J］. 云南环境科学，1999，18（3）：9-11.

[18] 紫利群. 环境治理中多主体协同体系的构建——以丽江程海污染治理为例［J］. 中共四川省委党校学报，2017，（3）：102-106.

[19] 董云仙，张晓旭，谭志卫，等. 程海水环境保护和治理的重点与难点［J］. 环境科学导刊，2017，36（2）：51-59.

[20] 刘成安. 从利用德国促进贷款云南程海湖水体综合治理保护示范项目谈高原湖泊治理新模式［C］//科技创新与水利改革. 南京：河海大学出版社，2014：514-516.

[21] 李贵祥，方向京，孟广涛，等. 程海湖滨区造林的土壤条件分析及其应用技术［J］. 西部林业科学，2006，35（2）：113-116.

草原公园

创建草原自然公园，促进草原科学保护和合理利用*

引言

草原是我国面积最大的生态系统，草原发挥着重要的生态功能和生产功能，也是传承草原文化的重要载体、维护民族团结和边疆长治久安的重要基础，是生态文明建设的主阵地。我国长江、黄河、澜沧江、雅鲁藏布江、黑龙江等大江大河的源头都在草原，其中，黄河水量的80%、长江水量的30%来源于草原。从青藏高原往北，沿祁连山、贺兰山、阴山至大兴安岭的万里风沙线上，草原和森林是阻止荒漠蔓延的绿色屏障。草原拥有1.7万多种动植物，还是很多特有物种的主要分布区，生物多样性极其丰富。

自然保护地是保护草原生态系统的重要形式。中国正在改革自然保护地管理体制，旨在建立以国家公园为主体、自然保护区为基础、各类自然公园为补充的自然保护地体系，实现对重要的生态功能区的整体保护，构建国家生态安全屏障。除了现有自然保护地，还计划在草原、冰川等功能分明、资源禀赋高的区域新设立一批自然公园。草原是最大的陆地自然生态系统，在这场自然保护地体系重构过程中，草原自然公园从无到有，应运而生。

1 草原自然公园建设的必要性和紧迫性

在全国已建成的1.18万个自然保护地中，草原类型自然保护地主要是各级草原自然保护区，仅有40多个，面积仅占全国草原的0.6%左右，保护草原面积约24万公顷，分别占全国自然保护区总数的0.33%和面积的0.16%，占比远低于各类自然保护地占国土陆域面积的比例，这与我国草原大国的地位极不相称。其次，已经建立的国家级的草原保护区仅有4个，省一级仅9个，其余都是县市一级的保护区，保护等级普遍偏低，且很多典型的草原和草甸生态系统至今尚未保护起来。此外，多年来对草原的管理存在重视生产功能高于生态功能现象，加之气候变化等自然因素，我国草原退化、沙化、盐碱化现象严重，各类型草原都出现了大面积的退化，其中西北荒漠地区草原退化比例高达80%，出现重度退化。近年来，防止草原退化的生态建设工作不断加强，但力度还远远不够。

目前的草原自然保护现状远远不能满足草原资源保护和可持续利用的要求。草原自然公园作为自然保护地体系里的一般控制区，是基于生态保护的一种可持续的草原管理和资源利用方式。创建草原自然公园，是解决草原合理利用与生态保护矛盾的关键方式，是加强草原生态保护修复、完善以国家公园为主体的自然保护地体系的必然途径，也是维护国家生态安全、规范草原管理和合理利用、促进草原地区经济社会发展、传承发展优秀草原文化的迫切需要。

2 草原自然公园的定义及定位

草原自然公园是指具有较为典型的草原生态系统特征、有较高的生态保护和合理利用示范价值，以

* 唐芳林，刘永杰，韩丰泽，赵金龙. 创建草原自然公园，促进草原科学保护和合理利用 [J]. 林业建设，2020，(2)：1-6.

生态保护和草原科学利用示范为主要目的，兼具生态旅游、科研监测、宣教展示功能的特定区域。根据管理层级不同，草原自然公园分为国家级草原自然公园和地方级草原自然公园两大类。

草原自然公园是草原自然保护体系的重要组成部分，是草原生态系统除国家公园和自然保护区外的重要补充，也是开展生态旅游、科普宣教等保护与合理利用示范的主要区域。

3 创建草原自然公园的重要意义

3.1 贯彻落实生态文明思想

党的十八大以来，习近平总书记对草原工作高度重视，多次强调要加强草原生态保护修复。2014 年，在内蒙古调研时指出，要保护好草原生态环境，积极探索推进生态文明制度建设，为建设美丽草原、建设美丽中国作出新贡献。2016 年，在青海调研时强调，要保护“中华水塔”，加强高寒草原建设，加强退牧还草、退耕还林还草。2019 年全国“两会”期间，习近平总书记在参加内蒙古代表团审议强调指出，保护草原、森林是内蒙古生态系统保护的首要任务，要构筑我国北方重要生态安全屏障。2020 年 3 月在浙江考察时指出，原生态是旅游的资本，发展旅游不能以牺牲环境为代价，要让湿地公园成为人民群众共享的绿意空间，要把生态效益更好转化为经济效益、社会效益。这一系列关于草原保护和湿地等自然公园的论述，并融入习近平生态文明思想。开展草原自然公园建设，促进生态与生产协调发展，是贯彻落实“绿水青山就是金山银山”“山水林田湖草是一个生命共同体”的生态文明思想的具体实践。

3.2 完善草原自然保护体系

作为我国面积最大的陆地生态系统，与森林、湿地等其他类型自然保护地相比，现有草原自然保护地的数量较少、面积小。草原自然保护区建设起步早，发展却较为缓慢，主要原因是牧民担心草原放牧活动会受到限制。全国至今没有 1 个以草原冠名的国家公园或自然公园，草原保护目前是以国家公园为主体的自然保护地体系建设的一块明显短板。因此，创建草原自然公园是完善我国草原类自然保护地体系、补齐以国家公园为主体的自然保护地体系短板的具体举措。

3.3 夯实草原科研和监测基础

科技人才队伍及科研监测平台是草原发展的重要基础，而目前的基础工作较为薄弱。依托草原自然公园建设，强化全国草原科研及监测网络建设，加强人才队伍建设和培训力度，广泛推进 3S 技术、无人机技术等在草原管理中的应用，促进草原管理信息化、标准化。加强草原基础研究，以草原自然公园为主体推进良种、良法的研究和应用，加强草原自然公园在弹性精准草畜平衡方面的探索研究，建立高效的合理利用机制，发挥草原自然公园科研的支撑和引领示范作用。

3.4 促进草原绿色可持续发展

草原的有效管理是生态文明建设之基、牧区生产之源、牧民生活之本。近几十年来，草原，尤其是六大牧区的草原出现了大面积的“三化”现象，加剧了草原生态系统内部矛盾和外部的社会经济矛盾，导致长期以来草原的发展不可持续。建立草原自然公园，构建完善的管理体系，加强重要生态区草原保护和示范利用投入，探索自然保护和资源利用新模式，以生态建设产业化和产业建设生态化推进草原绿色发展，为牧区发展提供新动能，牧民增收创造新机遇。发挥草原自然公园生态扶贫、助民增收、巩固脱贫成效等方面的作用，强化发展成果全民共享。

3.5 强化草原综合服务功能

草原是重要的水源涵养区、生物基因库、碳库，具有防风固沙、涵养水源、固碳释氧、调节气候、维护生物多样性等多种重要生态功能。森林是地球的“肺”，湿地是地球的“肾”，草原则是地球的“皮肤”。草原自然公园能很好兼顾草原的生态保护和生产功能的发挥，发挥草原综合服务功能，除正常的草牧业生产功能和多样的生态功能外，还能增加草原的生态旅游、自然教育、休闲康养等服务功能，不断满足人民群众对优美生态环境、优良生态产品、优质生态服务的需要，凸显草原资源在牧区脱贫致富、乡村振兴、美丽中国等方面的支撑作用。

3.6 更好传承和弘扬草原文化

草原文化是中华优秀传统文化的重要组成部分，以草原自然生态为基础，崇尚敬畏自然、尊重自然、顺应自然，追求人与自然和谐共生的草原文化已经融入中化文明的基因，生生不息。草原文化中的生态理念和价值追求可以为生态文明建设提供智慧与启迪，激发人们自觉保护草原的内生动力。此外，“草原丝绸之路”自古以来就是我国对外联系的重要途径，而今的新疆、青海、甘肃、宁夏等草原省区是新时代下“一带一路”发展的重要节点。草原是草原文化孕育、传承和发展的沃土，如果草原遭受破坏甚至消失，就会动摇甚至丧失草原文化的根基。草原自然公园不仅是有效保护草原的重要方式，也是让公众了解自然、认识草原，传播草原优秀传统文化最直接的平台之一，对传承和弘扬草原文化起到重要的作用。

3.7 促进民族团结和固边稳疆

草原在保障牧民生产生活和促进牧区经济社会发展方面发挥着不可替代的作用。我国草原呈“四区”叠加特点，既是生态屏障区和偏远边疆区，也是少数民族聚居区和贫困人口集中分布区。我国少数民族人口的70%生活在草原地区，草原边境线占全国陆地边境线的60%，268个牧区和半牧区县很多是贫困县，牧民90%的收入来自草原。目前，这些地区经济社会发展相对落后，牧民人均可支配收入不到全国农民人均水平的70%。通过草原自然公园的建设，带动当地旅游业发展，让绿水青山更好地转化为金山银山，努力实现生态美与百姓富，是加强边疆民族团结，促进社会稳定和经济发展的有效方式。

4 创建草原公园的总体思路

4.1 指导思想

以习近平新时代中国特色社会主义思想为指导，认真贯彻落实习近平生态文明思想，牢固树立新发展理念，统筹推进草原自然公园建设。以构建系统的草原保护、监测体系和发挥草原自然公园在草原保护与合理利用中的示范作用为任务，全面提高草原保护管理水平，加快改善草原生态，实现草原的可持续利用和草原的有效管理，提升草原生态产品供给能力，不断满足人民对优美生态环境的需要。合理利用草地资源，培育草原地区发展新动能，提升新时代草原事业发展水平，推动形成草原地区生态改善、生产发展、农牧民富裕的良好局面，更好地支撑生态文明和美丽中国建设。

4.2 基本原则

——坚持生态优先，科学恢复。牢固树立尊重自然、顺应自然、保护自然的生态文明理念，注重草原生态系统健康稳定，构建人与自然和谐共处的草原画卷。开展科学监测及研究，对草原自然公园内退化的草原生态系统开展生态恢复，促进草原生态功能的全面发挥。

——坚持系统谋划，循序渐进。根据全国草原资源分布情况和生态区位情况和自然保护地体系建设情况，系统谋划全国草原自然公园布局，试点先行，有序推进草原自然公园建设，逐步完善草原自然公园管理和建设体系。

——坚持生态为民，绿色发展。基于草原的自然-社会-经济三重属性，合理区划草原自然公园功能区，因区施策，开展草原的合理利用，发展以生态产业化和产业生态化为主体的生态经济体系，强化示范带动作用，促进草原事业整体的绿色发展，发挥草原自然公园助民增收的功能。

——坚持因地制宜，体现特色。特色鲜明是草原自然公园的灵魂，根据全国不同区域内草原的特点、保护目标及社会需求，因地制宜将自然生态、草原文化、生物多样性、生态体验等要素良好的融入草原自然公园发展，建设各具特色的草原自然公园。

——坚持政府引导，社会参与。发挥政府在草原自然公园规划、建设、管理、监督、保护和投入等方面的引导作用，充分调动企业、牧民参与自然公园建设的热情，建立有效的多方投入机制，保障草原自然公园的持续发展。

4.3 总体目标

建立草原自然公园技术标准体系，制定保护恢复、生态旅游、科研监测、自然教育、示范利用及基础设施等标准；构建完善的管理、建设、运营技术支撑体系，形成具有草原特色的建设和管理投入保障机制，构建完善的草原自然公园体系，在以国家公园为主体的自然保护地体系中发挥草原保护的独特价值。根据全国草原资源分布情况，在草原类国家公园和草原类自然保护区优化整合的基础上，开展草原自然公园规划布局，设立若干国家级草原自然公园和若干地方级草原自然公园，完善草原自然保护体系，构建布局合理、类型丰富、利用合理、建设规范、管理有效的草原自然公园体系，实现草原自然公园生态与生产的有机结合，为草原事业健康发展提供坚强的基础。

4.4 设立标准和分类

（1）符合以下要求的区域可申报建立国家级草原自然公园：一是草原生态系统特征在全国内具有典型性，或者是重要的草原动植物分布区，或者区域生态地位重要、草原保护利用具有全国性示范意义；二是自然景观优美或者具有较高历史文化价值；三是拟申报区总面积不低于500hm^2，草原面积不低于申报区面积的60%；四是资源的所有者愿意按草原自然公园的理念进行管理，规划范围边界清晰，土地所有权、使用权及管理权属关系明确；五是拟申报区域没有与现有国家级自然保护地交叉重叠；所在位置交通方便、具有通达性。

（2）草原自然公园的分类：一是根据管理层级不同，草原自然公园可分为国家级草原自然公园和地方级草原自然公园；二是根据公园主体是否为天然草原，可分为天然草原自然公园和人工型草原自然公园；三是根据《草地分类》（NY/T 2997—2016），根据主要草原特征，可分为温性草原类、高寒草原类、温性荒漠类、高寒荒漠类、暖性灌草丛类、热性灌草丛类、低地草甸类、山地草甸类和高寒草甸类等九大类草原自然公园。

4.5 草原自然公园空间布局

（1）建设范围：遵循应保尽保原则，全国范围内，除了国家公园和自然保护区已经纳入保护范围的草原，符合草原自然公园设立标准的草原区均纳入草原自然公园规范建设范围，其中包括自然保护地优化调整后适宜于设立草原自然公园的区域。

（2）空间布局：基于水热大气候带特征、植被特征、地形地貌、空间分布特征，全国草原分为四个分区：北方干旱半干旱草原区，基本特点是草原面积较大，集中连片，利用示范典型；青藏高寒草原区，特点是草原面积大，生态区位重要，草原类型较为单一；东北华北湿润半湿润草原区，特点是草原类型较为丰富，草原生产力较高；南方草原区，特点是草原生态系统草地类型丰富，草原利用方式也较为多样，但草原分布较为零散，点多面广。根据各区特点，制定不同标准，拟建国家草原自然公园及地方级草原自然公园若干。

（3）草原自然公园的功能区划分：草原自然公园属于国家自然保护地体系中的一般控制区，园区内原则上均可开展非损耗性的持续利用。立足于草原自然公园的自然保护和合理利用示范定位，为了实现草原自然公园精细化管理的需求，根据规划范围内生态系统特征及草原动植物分布情况等，草原自然公园可分为多个功能区：以生态保护和促进退化草原修复为主要目标的生态保育区；以生态旅游为主的旅游观赏区；以草畜平衡和生态及文化体验活动等利用示范为主的科学利用示范区；以管理、科研及科普宣教为主的综合服务区。这些功能区不是一成不变的，可以根据草原生态保护和利用状况进行动态调整。草原自然公园内可开展适度的服务于草原自然公园生态保护、生态旅游、科研监测和宣教展示等功能的设施建设，建设用地范围不超过草原自然公园总面积的5%。

4.6 草原自然公园保护利用建设基本要求

草原自然公园建设和管理必须遵循“生态优先、绿色发展、科学利用、高效管理”的基本方针，主要包括以下建设内容：

（1）生态保护和恢复：草原自然公园强调生态保护优先，辅以必要的科学修复。通过合理控制载畜量，针对不同区域综合采取轮牧、休牧、禁牧制度，促进退化植被自然恢复。对自然恢复较慢，难以恢复原生态的区域，辅以人工促进，可采取退耕还草、退牧还草、草原围栏、围封转移、生态移民、人工种（撒）草地等措施，对退化草原生态环境进行恢复。开展草原自然公园中的毒害草、黑土滩和农牧交错带已垦草原治理。恢复并提高草原涵养水源的功能，增强防风固沙和水土保持能力，丰富草原生物多样性，提高草原生产能力，改善草原生态环境。草原自然公园严禁乱开滥垦、乱采滥挖及其他非法侵占破坏草原自然公园。加强保护管理体制、机制建设，形成高效的保护恢复制度。

（2）合理利用及示范：在有效保护草原自然公园重要草原生态系统及自然资源的前提下，合理利用公园的各类资源，探索构建草原保护与利用新模式，发挥草原自然公园资源科学利用示范功能，为草原可持续利用及畜牧业集约式发展提供示范样板，增强草原自然公园在美丽中国、乡村振兴及巩固贫成效方面的支撑和引领示范作用。结合草原生态、地貌、美学特色和人文遗产价值的保护、挖掘与利用，发展以草原文化、草原风光、民族风情为特色的草原文化产业和旅游休闲业。开展草畜平衡、草种基地、人工改良种草等示范利用，积极吸纳当地牧民参与草原自然公园的建设、巡护、生态旅游和特色生态产品生产等，构建有效的社区共管、共建、共享模式，发挥草原助民增收，生态扶贫、巩固脱贫成效等功能。草原利用方式应符合草原保护及可持续利用原则，综合考虑草原保护及草原生态、经济等多种功能的有效发挥。

（3）生态旅游及科普宣教：合理利用草原自然公园的景观资源和文化资源，通过统一规划、适度的景点建设和旅游服务设施建设，突出草原自然景观特色及草原野趣，形成我国草原地区独具特色的生态旅游区，为人们提供优质的生态产品、满足自然体验需求。应充分发挥草原自然公园的科普宣教、文化展示及生态游憩旅游等服务功能，建设草地知识科普广场、草地科学馆、草原文化体验中心、观鸟屋、草原特色动植物观赏区等科普教育场所，并完善科普宣教设施设备，丰富宣传内容和宣传材料，建设科学完备、形式多样的展示、解说体系。在草原自然公园应在保持本区域自然和准自然状态下，为参观者提供精神上、教育上、文化上和游憩上的服务。

（4）科研监测能力建设：科研监测是实现公园可持续发展的重要支撑，也是衡量保护和管理水平的重要标志之一。科研监测的目标是通过开展草原生态系统的监测和研究，掌握草原自然公园内生态系统特征及其动态变化，探索和揭示草原生态系统演替规律，为有效保护草原生物多样性和草原生态系统、恢复草原植被、改善生态环境提供科学依据。草原自然公园应配备必要的草原监测设施，建立监测站点，构建管理信息系统，开展相应草原调查监测或专项科研项目，完备技术档案，掌握草原本底情况，具备条件的草原自然公园，应争取纳入国家草原定位监测网络体系，建立独立的科研支撑团队，不具备独立开展科研监测能力的可委托相关科研院所进行。充分利用科研监测成果，指导草原保护修复工作，对退化的草原生态系统进行修复。

（5）基础设施及管理能力：草原自然公园需按相关规定设置固定的管理机构，组建固定的管理队伍，提高管理队伍中专业人员比例，保证草原自然公园科学管理。管理机构根据各地特点，可是以机关事业单位，也可以是企业或集体经济组织。各级林草行政主管部门按照职能职责负责本行政区域内草原自然公园建设的组织、协调、指导和监督工作。

各个草原自然公园管理机构应建立培训机制，提高管理人员素质。并根据各级各地的相关法律法规和管理规定的要求，针对性地建立财务管理、工程项目管理、巡护监测、生态旅游、科普宣传、资源利用监管、社区协调等方面的规章制度，并明确岗位职责，严格执行。草原自然公园内应根据其规模、各功能分区的活动内容、环境容量、服务性质和管理需要等，配备齐全的管护设施、科研与宣传教育设施、游憩设施、交通与通讯设施以及必备的办公和生活设施，满足巡护、保育、宣教、生态旅游、防火、环保等管理的需要，以保游客、管护者的安全和草原自然公园的正常运行。

5 保障措施

5.1 加强组织领导

成立领导小组和专家委员会，强化草原自然公园顶层设计，统筹推进草原自然公园各项工作，动员和引导地方各级党委和政府积极开展草原自然公园建设前期工作，将草原自然公园发展和建设管理纳入地方经济社会发展规划，有序推进区域草原自然公园建设。

5.2 完善投入保障

建立和完善草原自然公园建设“中央支持、地方配套、企业自筹、社会投入”的多元化资金筹措机制，按照“谁投资、谁建设、谁受益”的原则，采取合资、合作和股份经营等运作模式建设草原自然公园，鼓励金融和社会资本参与草原自然公园生态保护与恢复等项目建设。健全生态保护补偿制度，加大财政转移支付力度，增加对生态移民的补偿扶持投入。建立完善野生动物肇事损害赔偿制度和野生动物伤害保险制度。

5.3 完善标准体系

开展《国家草原自然公园管理办法》《国家草原自然公园申报指南》《草原自然公园监测评估指标体系》等文件，指导草原自然公园申报、创建和监督管理。并充分借鉴国内外先进技术和体制机制建设经验，进一步构建完善的草原自然公园建设管理标准体系，为草原自然公园规范建设、有效管理提供支撑。

5.4 强化科技支撑

设立专项科研项目，引导科研成果落地转化，服务草原公园发展。结合已有的草地资源数据库，以3S技术、数据库技术、网络技术为支撑，建立全国草原自然公园基础地理信息、物种编目、社会经济、生态旅游、法律法规、标准规范、管理建设、科研监测等方面的数据库，并开发信息管理系统，对数据和信息进行有效管理，促进草原自然公园科学管理。

5.5 强化规划引领

规范草原自然公园总体规划的编制，提升规划设计质量和水平，突出公园建设的自然、生态、地域文化的特色，涉及草原自然公园周边社区群众利益的规划、决策和项目，应充分听取群众的意见，增强规划的科学性和可操作性，为草原自然公园有序健康发展有效支撑。提升草原自然公园保护与恢复、生态旅游、科普宣教、科研监测、资源利用等方面的水平，努力提高草原自然公园的建设水平。

5.6 优化队伍建设

建立健全草原自然公园管理及科研人才队伍建设，加强管理和科学利用草原人才培养，加强对基层技术人员和农牧民群众的技术培训，开展多形式、多层次的技术培训，优化草原自然公园管理和草原科学利用能力，提高专业化管理利用水平。

6 结语

草原是我国陆地上面积最大的生态系统，草原本身具有自然—社会—经济三重属性。2018 年党和国家机构改革，党中央决定组建国家林业和草原局，林、草统一管理，标志着国家更加注重发挥草原的生态功能，开启了统筹山水林田湖草系统治理的新阶段。草原自然公园的创建，是完善草原自然保护体系的必然需求，下一步，开展全面的草原自然公园建设和管理体系探索和研究，构建有效的草原自然公园体制机制将是草原发展事业的重要内容。

（致谢：包晓影，朱潇逸，汤惠敏，曹智伟，程燕芳，冷从斌，李雄，史川等对本文亦有贡献。）

【参考文献】

杜晓勤，2017.“草原丝绸之路”兴盛的历史过程考述［J］. 西南民族大学学报（人文社会科学版），12：1-7.
蒋高明，2017. 草原生态系统［J］. 绿色中国，10：54-59.
孙鸿雁，余莉，蔡芳，等，2019. 论国家公园的" 管控-功能" 二级分区［J］. 林业建设，3：1-6.
唐芳林，吕雪蕾，蔡芳，等，2020. 自然保护地整合优化方案思考［J］. 风景园林，27（3）：8-13.
唐芳林，王梦君，李云，等，2018. 中国国家公园研究进展［J］. 北京林业大学学报（社会科学版），17（3）：17-27.
唐芳林，2018. 国家公园体制下的自然公园保护管理［J］. 林业建设，4：1-7.
王关区，2013. 草原生态文化的概念与特征［J］. 实践（思想理论版）（4）：49-51.
韦惠兰，祈应军，2016. 中国草原问题及其治理［J］. 中国草地学报，38（3）：1-6.
尹剑慧，卢欣石，2009. 中国草原生态功能评价指标体系［J］. 生态学报，29（5）：2622-2629.
俞婷，2013. 新疆阿勒泰市草地退化的原因及对策分析［J］. 经济研究导刊（14）：103-104.
张宇，朱立志，2016. 关于我国草原类国家公园建设的思考［J］. 草业科学，33（2）：201-209.
2016年全国草原监测报告［R］. 中国畜牧业，2017，8：18-35.

中国草原自然公园建设的必要性*

草原自然公园是指具有较为典型的草原生态系统特征，有较高的生态保护和合理利用示范价值，以生态保护和草原科学利用示范为主要目的，兼具生态旅游、科研监测、宣教展示功能的特定区域。

中共中央办公厅、国务院办公厅印发的《关于建立以国家公园为主体的自然保护地体系的指导意见》（加文号）指出："将逐步建立以国家公园为主体、自然保护区为基础、各类自然公园为补充的自然保护地系统"，且明确"将自然保护地按照自然生态系统原真性、整体性、系统性及其内在规律[1]，依据管理目标与效能并借鉴国际经验，按生态价值和保护强度高低依次分为国家公园、自然保护区、自然公园等3类"。据全国绿化委员会办公室发布的《2019年中国国土绿化状况公报》统计，目前，我国已建立各级各类自然保护地1.18万处，占国土陆域面积的18%，领海面积的4.6%，其中，国家公园体制试点10处（表1），国家级自然保护区474处，国家级森林公园897处，风景名胜区1051处，地质公园613处，海洋特别保护区（海洋公园）111处，国家级湿地公园899处，国家沙漠（石漠）公园120个。另外，拥有世界自然遗产14项，世界自然与文化双遗产4项，世界地质公园39处。草原是我国陆地上面积最大的生态系统[2]，发挥着重要的生产生态功能，是传承草原文化的重要载体，是生态文明建设的主阵地，对维护民族团结和边疆长治久安意义重大。目前，我国已建成的各级草原、草甸类自然保护区数量不足100个，面积仅占全国草原的0.6%左右，占比远低于上述各类自然保护地的比例，是我国生态系统保护的最为薄弱的环节，因此，草原自然公园建设需尽快提上我国草原事业发展的日程，尽快完善以国家公园为主体的自然保护地体系[3]，补齐草原类自然保护地短板，满足国家生态文明建设的需要，实现生物多样性保护[4]，促进区域社会经济和谐发展，让民众共享草原供给的优质生态服务。

表1　国家公园体制试点情况统计

序号	体制试点名称	省区	涉及的行政区域	试点区所属生态功能区	试点面积（万 hm^2）
1	东北虎豹	吉林、黑龙江	吉林延边朝鲜族自治州北部，黑龙江牡丹江市南部，两省交界的老爷岭南部区域	大小兴安岭森林生态功能区、长白山生态功能区	146.12
2	祁连山	甘肃、青海	甘肃肃南县南部、武威市南部，青海海北藏族自治州北部	祁连山冰川与水源涵养生态功能区	502.00
3	大熊猫	四川、陕西、甘肃	四川省岷山片区、邛崃山-大相岭片区，陕西省秦岭片区和甘肃省白水江片区	秦巴生物多样性生态功能区、川滇森林及生物多样性生态功能区	271.34
4	三江源	青海	青海玉树藏族自治州、果洛藏族自治州北部，包括长江源、黄河源、澜沧江源3个园区	三江源草原草甸生态功能区	1231.00
5	海南热带雨林	海南	海南省中部，东起吊罗山国家森林公园，西至尖峰岭国家级自然保护区，南自保亭县毛感乡，北至黎母山省级自然保护区	海南岛中部山区热带雨林生态功能区	44.01
6	武夷山	福建	福建省北部，南平市西北部	禁止开发区	9.83

* 赵金龙，刘永杰，唐芳林，韩丰泽. 中国草原自然公园建设的必要性［J］. 中国草地学报，2020，42（4）：1-7.

（续）

序号	体制试点名称	省区	涉及的行政区域	试点区所属生态功能区	试点面积（万 hm^2）
7	神农架	湖北	湖北省西北部神农架林区，长江与汉水的分水岭区域	秦巴生物多样性生态功能区	11.70
8	普达措	云南	云南省迪庆藏族自治州，位于滇西北“三江并流”世界自然遗产中心地带	川滇森林及生物多样性生态功能区	6.02
9	钱江源	浙江	浙江省开化县，钱塘江的发源地	禁止开发区	2.52
10	南山	湖南	湖南省邵阳城步苗族自治县	武陵山区生物多样性及水土保持生态功能区	6.36

1 我国草原资源概况及保护建设存在的问题

1.1 资源概况

中国草原面积3.93亿 hm^2，约占全球草原面积12%，位居世界各国前列[5]。草原占中国国土面积的41%，是耕地面积的2.91倍，森林面积的1.89倍[6~7]，是我国陆地上面积最大的生态系统，发挥着重要的生态功能和生产功能，也是传承草原文化的重要载体、维护民族团结和边疆长治久安的重要基础[8]，是生态文明建设的主阵地。草原具有分布广泛、类型多样，生物多样性丰富等特点。

从地理分布上来看，中国北方草原面积最大，占全国草原总面积的41%，青藏高原草原占38%，南方草原占21%[9]。其中，中国传统牧区草原以集中连片的天然草原为主，主要分布在西藏、内蒙古、新疆、青海、四川、甘肃等6省（区），这六大牧区省份草原面积共2.93亿 hm^2，约占全国草原面积的3/4。中国南方地区草原以草山、草坡为主，大多分布在山地和丘陵[10]，面积约0.67亿 hm^2。依据水热大气候带特征、植被特征和经济利用特性，中国天然草原可划分为18个类、53个组、824个草原型[10]。包括高寒草甸类、温性荒漠类、高寒草原类等类型[9]。中国草原生物多样性丰富。草原上分布植物有1.5万余种，其中包括200余种我国特有的饲用植物，药用植物6000多种，如甘草、麻黄草、冬虫夏草等；草原上生活的野生动物有2000多种[9]，有野骆驼、野牦牛、藏羚羊等国家一级保护动物40多种。

1.2 草原类自然保护地建设情况

1979年，农业部、中国科学院等8个部委联合发出“关于加强自然保护区管理、区划和科学考察工作的通知”[11]，开启了我国草原类自然保护区建设事业新篇章。1982年，我国在宁夏固原县云雾山成立了第一个草原类自然保护区，即宁夏云雾山草原自然保护区，面积约4000 hm^2[12]。1984年，召开了“全国草地类自然保护区调查规划会议”[13]，会议通过了《我国草原、荒漠和南方草地自然保护区规划大纲》，提出了《我国部分省、区拟建草地类自然保护区的初步方案》[11]。方案中拟在云南、四川、内蒙古等18个省（区）建立草原类自然保护区。至1990年底，我国草原（草甸）类自然保护区已达到16个，主要分布在新疆、内蒙古、甘肃等省（区）。进入21世纪，草原草甸类自然保护区进入快速发展阶段。截至2018年底，我国在河北、山西、内蒙古等7个省（区）共建立各级草原草甸类自然保护区41个（表2）[14]，其中，国家级4个，省级12个，市级3个，县级22个，保护面积累计165.17万 hm^2。全国农业系统建立并管理的省级以上草原自然保护区有9个，保护草原面积约24万 hm^2。草原草甸类国家级自然保护区2个，保护草原面积约1.46万 hm^2[15]。

表 2 草原草甸类自然保护区统计

省（区）	县（市）	保护区名称	面积（hm^2）	主要保护对象	保护区级别	保护区始建时间
河北省	围场满族蒙古族自治县	围场红松洼国家级自然保护区	7970	亚高山草甸	国家级	1994.08.15
内蒙古自治区	阿鲁科尔沁旗	阿鲁科尔沁草原国家级自然保护区	136794	沙地草原、湿地生态系统及珍稀鸟类	国家级	1999.10.20
内蒙古自治区	锡林浩特市	锡林郭勒草原国家级自然保护区	580000	草甸草原、沙地疏林	国家级	1985.08.05
宁夏自治区	固原市原州区	宁夏云雾山国家级自然保护区	6660	黄土高原半干旱区典型草原生态系统	国家级	1982.04.03
河北省	滦平县	河北省白草洼省级自然保护区	17680	森林草原	省级	2007.10.25
河北省	丰宁满族自治县	河北滦河源省级自然保护区	21500	草原植被及其生境所形成的自然生态系统	省级	1997.10.28
河北省	围场满族蒙古族自治县	围场御道口省级自然保护区	32620	草原、湿地生态系统	省级	2002.05.29
山西省	五台县	山西省五台县忻州五台山省级草原草甸自然保护区	3333	亚高山草甸生态系统	省级	1986.12.01
内蒙古自治区	克什克腾旗	乌兰布统自然保护区	30089	草原、林地、湿地等生态系统	省级	1998.07.16
内蒙古自治区	科尔沁右翼中旗	科尔沁右翼中旗五角枫自然保护区	61641	五角枫、榆树疏林草原生态系统及珍禽	省级	1998.08.15
内蒙古自治区	多伦县	内蒙古自治区锡林郭勒盟多伦县蔡木山自然保护区	42477	天然次生林、草甸草原生态系统及珍稀野生	省级	1995.09.10
吉林省	长岭县	腰井子羊草草原保护区	23800	草原草甸生态系统、羊草草原	省级	1986.11.18
黑龙江省	林甸县	东兴草甸草原自然保护区	30529	草甸草原生态系统	省级	2010.10.08
黑龙江省	兰西县	黑龙江兰远草原省级自然保护区	15874	草原与草甸生态系统	省级	2011.12.23
新疆维吾尔自治区	新源县	新疆维吾尔自治区天山中部巩乃斯山地草甸类草地自然保护区	65000	草原草甸、野生牧草近缘种	省级	1986.07.05
新疆维吾尔自治区	福海县	福海县金塔斯山地草原类草地自然保护区	56700	山地草原生态系统	省级	1986.07.05
内蒙古自治区	翁牛特旗	灯笼河自然保护区	8000	草原生态系统	市级	2000.11.01
内蒙古自治区	察哈尔右翼中旗	辉腾锡勒自然保护区	16750	高寒湖泊湿地、草甸生态系统及珍稀动植物	市级	1998.08.01
黑龙江省	肇东市	宋站草原	14666	羊草草原生态系统	市级	1999.08.17
内蒙古自治区	固阳县	春坤山自然保护区	9500	山地草甸草原	县级	1999.12.20
内蒙古自治区	固阳县	内蒙古自治区固阳县红花敖包县级草原草甸自然保护区	6000	荒漠草原生态系统	县级	2005.03.20
内蒙古自治区	巴林右旗	阿布德龙台自然保护区	30000	草原生态系统	县级	2002.12.01

（续）

省（区）	县（市）	保护区名称	面积（hm^2）	主要保护对象	保护区级别	保护区始建时间
内蒙古自治区	克什克腾旗	贡格尔草原自然保护区	101900	草原、湿地生态系统及大鸨、蓑羽鹤等珍稀鸟类	县级	2000. 12. 15
内蒙古自治区	科尔沁左翼中旗	花胡硕天然榆树疏林草场自然保护区	34000	草原草甸及榆树林	县级	2002. 12. 10
内蒙古自治区	奈曼旗	奈曼旗青龙山保护区	7200	草原及山地原生植被、珍稀动植物	县级	2002. 03. 11
内蒙古自治区	扎鲁特旗	阿贵洞自然保护区	2500	草原草甸生态系统	县级	2000. 09. 28
内蒙古自治区	扎鲁特旗	格日朝鲁自然保护区	10000	草甸草原生态系统	县级	2000. 09. 28
内蒙古自治区	扎鲁特旗	王爷山自然保护区	15000	草甸草原生态系统	县级	2000. 09. 28
内蒙古自治区	陈巴尔虎旗	内蒙古自治区陈巴尔虎旗陈巴尔虎草甸草原县级草原草甸自然保护区	145667	草甸草原、湿地生态系统及珍稀野生动物	县级	1996. 08. 10
内蒙古自治区	新巴尔虎左旗	伊和乌拉自然保护区	10000	草甸草原生态系统和野生动植物	县级	2007. 12. 26
黑龙江省	泰来县	泰来东方红	32000	森林、湿地及野生动植物	县级	1999. 10. 01
黑龙江省	讷河市	黑龙江省讷河市青色草原县级草原草甸自然保护区	12564	大叶樟、小叶樟及羊草草原生态系统	县级	1992. 10. 29
黑龙江省	肇州县	黑龙江省肇州县卫星牧场草原县级内陆湿地自然保护区	3017	羊草草原	县级	2003. 05. 01
黑龙江省	林甸县	黑龙江省林甸县林甸县东北部草原野生中药材县级草原草甸自然保护区	30000	草甸草原	县级	1999. 10. 20
黑龙江省	杜尔伯特蒙古族自治县	黑龙江省杜尔伯特蒙古族自治县大黑山羊草草原县级草原草甸自然保护区	2522	羊草草原	县级	1986. 12. 02
黑龙江省	杜尔伯特蒙古族自治县	黑龙江五马沙驼子药材自然保护区	6667	野生中药材及草甸草原生态系统	县级	1986. 12. 02
黑龙江省	大庆市大同区	和平青龙	6500	盐碱草原草甸、森林生态系统及野生动植物	县级	2000. 03. 04
黑龙江省	兰西县	黑龙江移新草原自然保护区	136	草原及野生动植物	县级	1989. 10. 01
黑龙江省	青冈县	黑龙江立新草原自然保护区	366	羊草草原生态系统	县级	1989. 08. 01
黑龙江省	明水县	黑龙江引嫩河草原自然保护区	2067	草原生态系统	县级	1990. 06. 01
黑龙江省	肇东市	黑龙江四方山自然保护区	12000	草原生态系统	县级	1992. 02. 01

总体来看，我国以国家公园为主体的自然保护地体系建设过程中，直接以草原或草甸冠名的自然保护地仅有自然保护区 1 种，无国家公园和自然公园。草原类自然保护地建设缓慢，与森林、湿地、地质等类型自然保护地相比，数量明显偏少。

1.3 草原保护存在的问题

1.3.1 草原资源家底不清

由于历史沿革，以及之前国土、农业、林业等部门调查标准不一致等原因，草原与林地、湿地、“三化”土地等其他地类普遍存在交叉重叠的现象，而且多数省区自80年代后就没有开展全国草原资源普查，随着近年来草原开发利用强度增大，草原资源的类型、分布、面积等也发生了较大的变化。截至目前，自然资源部尚未官方公布我国最新的草原资源数据，家底不清的现状严重制约了草原生态保护工作的开展。

1.3.2 草原功能定位不当

长期以来，草原均被视为重要的生产资料，其功能定位偏向于生产利用方向，生态保护工作重视不够。加之大家对自然保护地的重要性认识不足[16]，致使草原类自然保护地建设数量较少，而且大部分都是地方一级的保护区，草原保护面积较小，长期超载过牧、滥垦、乱占草原现象突出，导致草原生态系统退化，成为我国生态文明建设的短板。

1.3.3 有关政策条例不利于自然保护地的申报

《中华人民共和国自然保护区条例》禁止在自然保护区内进行砍伐、放牧等活动。由于条例中有禁止放牧的条款，地方政府担心建立草原类自然保护地后会影响农牧民生计，土地权属的问题上相关利益群体还会产生纠纷，所以建立保护地的积极性不高[17]。因此，当前需要建立健全草原类自然保护地条例或管理办法，明确相关建设内容及可开展的活动，消除地方疑虑，提高申报的积极性。

1.3.4 投资力度不够

天然草原的保护的投入较少，导致草原类自然保护地建设速度较慢，草原保护基础设施及监理人员严重不足，与经济高速发展形成明显反差，严重制约草原保护事业发展。

2 草原自然公园建设的必要性

草原自然公园建设是我国“茶马古道”和“丝绸之路”经济带建设的重要内容，对加强草原生态系统保护，协调草原资源开发利用与保护之间矛盾，推进生态文明建设，维护国家生态安全，促进社会稳定和经济发展，弘扬优秀草原文化，完善我国自然保护地体系，提升草原生态系统服务水平意义重大。

2.1 是推进国家生态文明建设，实现中华民族伟大复兴的需要

草原作为一种重要生态资源，对其保护与建设是生态系统健康发展的基础，也是国家生态文明建设的重要抓手。监测表明，北方各类型草原都出现了大面积的退化[18]，而且退化速率正在加快。其中典型草原退化以中度和重度退化为主[19]；西北荒漠地区草原退化以重度退化为主；东北草原的退化以轻度退化为主；青藏高原高寒类草原、草甸和荒漠区均出现了严重的草原退化现象[20]。这大大加剧了沙尘暴等自然灾害的发生，生态系统遭到严重破坏，对国家的生态安全构成了日益严重的威胁。因此，加快草原自然公园建设，构建更为系统的草原类自然保护地体系，促进草原资源保护，是推进国家生态文明建设，实现中华民族伟大复兴的需要。

2.2 是筑牢祖国生态安全屏障，维护国家生态安全的需要

草原在我国生态主体功能区“两屏三带”中占据着重要的生态区位，是国家重要的生态屏障[21]。草原主要分布在生态脆弱地区，是干旱半干旱和高寒高海拔地区的主要植被，与森林共同构成了我国生态安全屏障的主体。在从青藏高原往北，沿祁连山、贺兰山、阴山至大兴安岭的万里风沙线上，草原和森林是阻止荒漠蔓延的天然屏障。因此，通过全面加强草原自然公园建设，进一步改善草原生态状况，不

断增强草原生态功能，是筑牢祖国生态安全屏障，维护国家生态安全的需要。

2.3 是加强边疆民族团结，促进社会稳定和经济发展的需要

草原既是重要的生态资源，也是宝贵的生产资料，在保障牧民生产生活和促进牧区经济社会发展方面发挥着不可替代的作用。我国草原呈“四区”叠加特点，既是生态屏障区和偏远边疆区，也是少数民族聚居区和贫困人口集中分布区[7,22]。我国少数民族人口的70%生活在草原地区，草原边境线占全国陆地边境线的60%，268个牧区和半牧区县很多是贫困县，牧民90%的收入来自草原。目前，这些地区经济社会发展相对落后，牧民人均可支配收入不到全国农民人均水平的70%。草原自然公园是一种集生态保护、适度放牧、生态旅游为一体的自然保护地，会受到广大农牧民群众的欢迎，在生态扶贫、为人民大众提供更多生态和旅游文化产品等方面，发挥着独特的作用。通过草原自然公园的建设，带动当地旅游业发展，让绿水青山更好地转化为金山银山，努力实现生态美与百姓富，是加强边疆民族团结，促进社会稳定和经济发展的需要。

2.4 是保护、传承和弘扬草原文化，开展生态旅游的需要

草原文化是中华优秀传统文化的重要组成部分，它以草原自然生态为基础，崇尚敬畏自然、尊重自然、顺应自然，追求人与自然和谐共生[23]。这些生态理念和价值追求可以为生态文明建设提供智慧与启迪，激发人们自觉保护草原的内生动力。草原是草原文化孕育、传承和发展的沃土，如果草原遭受破坏甚至消失，就会动摇甚至丧失草原文化的根基[5]。草原自然公园是公众了解自然、认识草原，传播草原优秀传统文化最直接的平台之一，对传承和弘扬草原文化起到重要的作用。此外，草原自然公园还具有独特的自然景观，丰富的动植物资源，清新的空气等，可开展生态旅游，为人们提供游憩、度假、康养、自然教育、文化娱乐等活动的场所，能满足人民群众对优美生态环境、优良生态产品、优质生态服务的需要。

2.5 是保护生物多样性，完善我国自然保护地体系的需要

我国是一个草原资源大国，草原覆盖着2/5的国土面积，是陆地上面积最大的生态系统[15]。在草原上分布有野生植物1.5万种，植物种类占世界植物总数的10%以上，有雪莲等珍稀濒危植物数百种，还分布着2000多种野生动物。由于人们对草原生态系统重要性的认识不足，盲目开垦、破坏草原、乱占草原，使草原面积减少、生态功能下降，生物多样性受到威胁。建设草原自然公园，采取科学合理的生态保护和修复，对草原上生物的栖息环境保护和生物多样性保护意义重大。此外，在全国已建成的1.18万个自然保护地中，草原类自然保护地数量不足100个。与森林、湿地等其他类型自然保护地相比，现有草原类自然保护地总体上数量少，面积小，而且全国至今没有1个以草原冠名的国家公园或自然公园，这与草原作为我国面积最大陆地生态系统的重要地位极不相称[24]。因此，建立草原自然公园既是完善草原类自然保护地体系的需要，也是完善我国自然保护地体系的需要。

2.6 是保护草原优质生态空间，提升生态系统服务水平的需要

森林是地球的“肺”，湿地是地球的“肾”，草原则是地球的“皮肤”。草原是重要的绿色水库、生物基因库、碳库，具有防风固沙、涵养水源、固碳释氧、调节气候、维护生物多样性等多种重要生态功能。长江、黄河、澜沧江、雅鲁藏布江、黑龙江等大江大河的源头都在草原，黄河80%的水量、长江30%的水量都来源于草原[25~26]。草原拥有1.7万多种动植物，还是很多特有、珍稀及濒危物种的主要分布区。我国草地碳储量约占全球草地碳储量的8%。近年来，城镇化建设、超载过牧、开垦、开矿、修建水利设施等活动，严重挤占了草原生态空间，生态资源保护压力较大。通过建设草原自然公园，将草原纳入生态红线进行保护，有助于保护草原优质生态空间，提升草原生态系统服务水平，维持区域生态平衡。

3 政策建议

（1）《草原法》对草原的保护是宏观面上的保护，没有对具体草原类型进行分层次保护。虽然《草原法》规定了基本草原，但基本草原的概念太过宽泛，且目前还没有比较具体的保护制度与措施。在目前这种状况下，加强草原保护，除了面上的保护外，点上也必须要有自己的阵地，将一些生态区位重要、生物多样性丰富、保护价值高、自然景观独特的草原建设成为草原自然公园，纳入生态红线保护和管理非常重要。

（2）中办、国办印发的《关于建立以国家公园为主体的自然保护地体系的指导意见》提出，将逐步建立以国家公园为主体、自然保护区为基础、各类自然公园为补充的新型自然保护地体系。目前，各类自然保护地正处于整合优化的重要时期，可以将那些最重要和最敏感的自然生态系统需要纳入国家公园和自然保护区进行严格保护，同时把一些生态空间和保护空缺用自然公园的保护形式来补充。建立草原自然公园，能够填补空白，补齐短板，完善自然保护地体系。

（3）自然资源部《关于做好自然保护区范围及功能分区优化调整前期有关工作的函》明确提出，要在草原、冰川等功能分明、资源禀赋高的区域建设一批自然公园。而且习近平总书记 3 月 31 日在浙江西溪国家湿地公园考察时，强调要将绿水青山建设得更美，把金山银山做得更大，让公园成为人民群众共享的绿色空间。当前，在以国家公园为主体的自然保护地体系中，草原自然公园长期缺位。因此，在加强草原保护的前提下，加快推进草原自然公园建设，并开展适度的草原旅游，对挖掘草原资源与民族民俗文化潜力，深入实践绿水青山就是金山银山理念，助力牧区脱贫攻坚、实现乡村振兴，为人民群众提供更多优质生态产品意义重大。

（4）草原自然公园是开展草原旅游的重要抓手，是基于生态保护的一种可持续的草地管理和资源利用方式，允许开展放牧、旅游等生态友好型的多功能可持续利用活动，是目前解决草地开发与保护问题的行之有效的途径之一。在具有典型性和代表性草原生态系统，或者生态区位重要、生物多样性丰富，或者生物物种独特，自然景观优美或者具有较高历史文化价值和自然教育价值的区域，只要土地使用权权属无争议，与其他自然保护地不重叠，相关利益群体有意愿，交通方便，有潜在客源，就可以开展可行性论证，规划建立草原自然公园。

（5）草原自然公园纳入生态红线范围管理，属于国家自然保护地体系中的一般控制区，可以在生态红线管理办法的约束下，非损伤性地可持续利用草原自然资源。允许开展适度放牧等草原生产活动，开展生态旅游、草原文化、体育体验活动，建设必要的保护、修复、科研、解说、游览、休憩、安全、环卫、管护和旅游接待服务设施。但是，由于草原自然公园属于自然保护地，地方上理解难免有偏差。因此，建议林草主管部门多到地方开展调研、指导、推动和宣传等方面工作，消除地方疑虑，增强地方草原自然公园建设积极性，把此项利国利民的大事做好。

【参考文献】

[1] 王玉琴. 大熊猫国家公园体制建设及社区发展初探［J］. 甘肃林业，2018，（3）：28-30.

[2] 高利芳. 内蒙古牧民合作社参与草原生态保护研究［D］. 呼和浩特：内蒙古农业大学，2012.

[3] 唐芳林，王梦君，李云，等. 中国国家公园研究进展［J］. 北京林业大学学报（社会科学版），2018，17（3）：17-27.

[4] 黄斌. 推进川西北生态经济区发展的思考［J］. 草业与畜牧，2012，（1）：56-60.

[5] 刘加文. 新时代草原保护的新任务新策略［J］. 中国畜牧业，2018，（18）：66-67.

[6] 卫草源. 我国草原事业发展取得瞩目成就［J］. 中国畜牧业，2018，（15）：55.

[7] 刘加文. 继往开来 大力推进草原保护工作再上新水平［J］. 中国畜牧业，2018，（15）：56-58.

[8] 滕飞，杨玉文. 草原丝绸之路经济带发展思路研究：经济-生态“二元”耦合视角［J］. 生态经济，2018，34（11）：

54-58.
[9] 刘源. 2016年全国草原监测报告 [J]. 中国畜牧业, 2017, (8): 18-35.
[10] 刘源. 2014年全国草原监测报告 [J]. 中国畜牧业, 2015, (8): 18-31.
[11] 金良, 姚云峰. 草地类自然保护区及其在中国的发展 [J]. 干旱区资源与环境, 2008, 22 (3): 170-174.
[12] 张信, 古晓林. 宁夏云雾山草原自然保护区功能评价及发展对策探析 [J]. 宁夏农林科技, 2010, (5): 58-60.
[13] 马忠业, 张爱玲, 孙涛. 我国天然草地自然保护区建设与发展现状 [J]. 草原与草坪, 2011, 31 (4): 93-96.
[14] 自然保护区网络. 全国自然保护区名录 [EB/OL]. http://www.zrbhq.com.cn/index.php?m=content&c=index&a=lists&catid=81.
[15] 张宇, 朱立志. 关于我国草原类国家公园建设的思考 [J]. 草业科学, 2016, 33 (2): 201-209.
[16] 刘源. 2015年全国草原监测报告 [J]. 中国畜牧业, 2016, (6): 18-35.
[17] 刘加文. 做好草原保护建设大文章 [J]. 中国草地学报, 2009, 31 (3): 1-3.
[18] 张自和. 我国的自然保护区及草地类自然保护区的建设与发展 [J]. 草业科学, 2014, 31 (1): 1-7.
[19] 俞婷. 新疆阿勒泰市草地退化的原因及对策分析 [J]. 经济研究导刊, 2013, (14): 103-104.
[20] 杨久春, 张树文. 近50年呼伦湖水系草地退化时空过程及成因分析 [J]. 中国草地学报, 2009, 31 (3): 13-19.
[21] 赵景学, 祁彪, 多吉顿珠, 等. 短期围栏封育对藏北3类退化高寒草地群落特征的影响 [J]. 草业科学, 2011, 28 (1): 59-62.
[22] 谢双红. 北方牧区草畜平衡与草原管理研究 [D]. 北京: 中国农业科学院, 2005.
[23] 李伟方. 加强草原执法监督工作 [J]. 中国畜牧业, 2016, (19): 59-60.
[24] 王关区. 草原生态文化的概念与特征 [J]. 实践, 2013, (4): 49-51.
[25] 曹鸿鸣. 重新审视草原的生态服务功能: 走出草原生态治理的误区 [J]. 中国发展, 2007, (3): 21-24.
[26] 张智山. 开发草原多种功能问题的思考 [J]. 中国草地学报, 2007, 29 (5): 102-105.

揭开国家草原自然公园的神秘面纱*

“天苍苍，野茫茫，风吹草低见牛羊。”从青藏高原往北，沿祁连山、贺兰山、阴山至大兴安岭，辽阔壮美的草原是天然的绿色屏障，为我们阻挡祖国边疆的万里风沙。那无边无际的绿色，随着古老的诗词吟唱，始终在人们心头萦绕。

国家林草局日前公布了敕勒川等39处首批国家草原自然公园试点建设名单，标志着国家草原自然公园建设正式开启。这种新型的草原保护利用模式一经推出，即受到各方面关注。

为何要建设国家草原自然公园？当草原功能从生产为主转向生态为主，如何保障农牧民和地方发展利益？未来将怎样建设国家草原自然公园？新华社记者进行了深入调研。

1 保护草原，是建设国家草原自然公园的首要任务

国家林草局草原管理司司长唐芳林介绍说，草原是我国面积最大的陆地生态系统，被誉为地球的“皮肤”，具有保持水土、涵养水源、固碳释氧、维护生物多样性等多种功能，与森林共同构成了我国生态安全屏障的主体。草原还是重要的生产资料，是广大农牧民生活的家园、草原文化的重要载体。

长江、黄河、澜沧江、雅鲁藏布江、黑龙江等大江大河的源头都在草原，黄河水量的80%、长江水量的30%来源于草原。我国草原上分布着1.5万余种野生植物，包括200余种我国特有的饲用植物，6000多种药用植物，如冬虫夏草、雪莲等。草原上还生活着2000多种野生动物，有野骆驼、野牦牛、藏羚羊等。

长期以来，由于对草原管理重视生产功能高于生态功能，开发利用过度，加上气候变化等自然因素，部分草原出现退化、沙化、盐碱化现象。如何处理好草原保护与利用的关系，是摆在我们面前的一个难题。近年来，国家加大了草原保护力度，实行了禁牧休牧和草畜平衡的财政奖补政策，草原生态明显好转，但整体依然脆弱。

“坚持生态保护第一，是建设国家草原自然公园的基本原则。”唐芳林说，国家草原自然公园设立后，将加大保护修复力度，在维护草原健康的前提下，适度开展可持续的利用活动，杜绝区域内乱捕滥猎、乱采滥挖、乱征滥占等破坏草原行为。

2 草原功能从生产转向生态，靠什么调动农牧民与地方积极性？

调研了解到，对创建国家草原自然公园，一些地方存在不少顾虑，包括是否允许放牧，对生态旅游、草业及其他生态产品的相关限定。这直接影响到地方建设国家草原自然公园的积极性。

草原自然公园是指具有较为典型的草原生态系统特征、有较高的生态保护和合理利用示范价值，以生态保护和草原科学利用示范为主要目的，兼具生态旅游、科研监测、宣教展示功能的特定区域。

“也就是说，在加强生态保护和修复的前提下，国家草原自然公园建设将探索可持续草原管理和资源利用方式。”国家林草局草原管理司开发利用监管处处长韩丰泽解释说，公园内允许依法开展草畜平衡基础上的适度放牧、生态旅游、草原民族民俗文化体验等活动，以及建设必要的保护、修复、科研、游览、休憩和旅游接待服务设施。

---

* 唐芳林，韩丰泽，董世魁，等. 揭开国家草原自然公园的神秘面纱［N］. 新华网. 2020-09-08.

在北京林业大学草业与草原学院教授董世魁看来，建设国家草原自然公园，并不会给当地农牧民的生产生活带来不利影响。国家草原自然公园的设立除了对草原面积有要求外，也提出土地使用权属无争议、与其他自然保护地不重叠、相关权利人有意愿等要求，尽可能“充分尊重原住农牧民及相关利益主体合法权益”。

“农牧民最爱草原，也最了解草原。现在很多农牧民都知道，过度利用导致草原生态系统退化这种方式不可持续。而通过适度放牧发展优质肉奶产品、科学合理开展生态旅游和自然体验，可能会收获更大的经济利益。”董世魁说，除了走高质量草畜产品开发的道路外，公园里可以探索设立生态保育、旅游观赏、科学利用示范等多功能分区，鼓励农牧民成为生态管护员、导游等，增加收入。

北京大学城市与环境学院旅游研究与规划中心教授吴必虎认为，虽然国家草原自然公园设立，并不以生态旅游发展为主要目的，但综合考虑生态承载量、广大群众对草原生态景观的体验需求等，不少草原自然公园也适合合理发展生态旅游。

“每种草原都有其独特的自然地理背景，要结合地方特色，充分利用附近火山、温泉、沙漠、文化古迹等进行旅游产品组合，发展研学、马术等草原特色旅游体验活动，满足人们对草原的休闲度假需求，拉动地方经济发展。”吴必虎说。

3 让制度为发展“护航”，促进草原保护与利用协调发展

多名专家建议，要加快制定国家草原自然公园管理办法等政策文件，指导草原自然公园规划编制，界定生态保护边界、框定合理利用空间、明确产业准入范围，从顶层设计上为公园建设管理提供依据。

“草原自然公园是实现草原生态、生产、生活‘三生’功能的有效载体，不能只讲绝对保护而不讲利用，更不能过度开发利用，必须要走绿色可持续发展道路。”国家林草局昆明勘察设计院高级工程师刘永杰说，放牧管理要求、发展生态旅游强度、生态旅游基础设施和配套设施体量怎样确定，以及如何加强草原管护队伍建设等内容，都应尽量在顶层设计中明确下来。这样既能打消基层顾虑，也利于从建设初期就进行规范。

韩丰泽说，将积极协调草原生态保护修复资金、科研和监测项目及防灾减灾资金等聚焦国家草原自然公园建设，同时引导地方加大投入。还要鼓励和支持社会力量参与建设，按照“谁投资、谁建设、谁受益”原则，保障建设者的合法权益。

草原自然公园：探索草原生态保护与绿色发展的新思路*

1 什么是草原自然公园

草原自然公园是指具有较为典型的草原生态系统特征、有较高的生态保护和合理利用示范价值，以生态保护和草原科学利用示范为主要目的，兼具生态旅游、科研监测、宣教展示功能的特定区域。在具有典型性和代表性的草原生态系统，或者生态区位重要、生物多样性丰富、生物物种独特、自然景观优美、具有较高历史文化价值和科研教育价值的区域，只要土地使用权属无争议，与其他自然保护地不重叠，相关权利人有意愿，基础设施比较便利，就可以开展可行性论证，规划建立草原自然公园。

草原自然公园属于国家自然保护地体系中的一般控制区，可以在生态红线管理办法的约束下，非损伤性地可持续利用草原自然资源，允许开展适度放牧等草原生产活动，开展生态旅游、草原文化、体育体验活动，建设必要的保护、修复、科研、游览、休憩和旅游接待服务设施。可以设置多个功能分区，包括以生态保护和促进退化草原修复为主要目标的生态保育区，以生态旅游为主的旅游观赏区，以草畜平衡及生态体验活动等利用示范为主的科学利用示范区，以管理、科研及科普宣教为主的管理服务区。功能分区可以是动态和弹性的，可以根据保护状况和利用的实际需要分时段、分区域进行设置和管理。

可见，草原自然公园是以国家公园为主体的自然保护体系的重要组成部分，是开展生态保护、生态旅游、草畜平衡示范、科普宣教等活动的区域，也是实践“绿水青山就是金山银山”理念、建设美丽中国的有效途径之一。

2 为什么要建立草原自然公园

建立草原自然公园，首先是加强草原生态保护的需要。作为重要的生态屏障，草原像皮肤一样覆盖着山川大地，占据了约40%的国土空间，发挥着保持水土、涵养水源、固碳释氧、维护生物多样性的生态服务功能。在我国天然草地上，有野生植物1.5万种，占世界植物种类总数的10%以上，有雪莲等珍稀濒危植物数百种，还分布着2000多种野生动物。因此，草原承担着重要的生态服务功能，是生态文明建设的主阵地。

其次，是发挥生产和经济功能以及生态扶贫的需要。在我国，草原既是生态屏障区和偏远边疆区，也是少数民族聚居区和贫困人口集中分布区。我国少数民族人口的70%生活在草原地区，牧区和半牧区牧民90%的收入来自草原。草原自然公园这种集生态保护、适度放牧、生态旅游为一体的自然保护地形式，将在生态扶贫、草原文化传承、为民众提供更多生态和旅游文化产品等方面发挥独特的作用。

再次，是丰富充实自然保护地体系的需要。当前，全国正在开展自然保护地整合优化工作，逐步建立以国家公园为主体、自然保护区为基础、各类自然公园为补充的新型自然保护地体系。显然，一些重要而敏感的草原生态系统需要纳入自然保护地体系进行严格保护，而一些生态空间和保护空缺也可以用草原自然公园的保护形式来补充和完善。

---

* 赵金龙和张丽荣．草原自然公园：探索草原生态保护与绿色发展的新思路［N］．光明日报，2020-06-13（5）．

最后，是传承和弘扬草原生态文化的需要。草原生态文化是中华民族优秀传统文化的重要组成部分，它以草原自然生态为基础，崇尚尊重自然、顺应自然、保护自然，追求人与自然和谐共生。这些生态理念和价值追求为生态文明建设提供了智慧与启迪，成为激发人们自觉保护草原的内生动力。建立草原自然公园能够让公众了解、认识草原，传承和弘扬先进的草原生态文化，为推动中华文明演进注入新的生机与活力。

3 草原自然公园如何建怎么管

建设草原自然公园，一要遵循生态保护优先的原则，促进草原生态系统服务功能全面发挥，维护区域生态平衡。对于生态区位重要、景观独特的区域，可以率先开展草原自然公园试点建设工作。二要坚持科学规划的原则，编制全国性的草原自然公园发展规划，构建布局合理、类型丰富、建设规范、管理高效、保障有力的草原自然公园体系。涉及草原自然公园周边社区群众利益的规划、决策和项目，应充分听取群众的意见，增强规划的科学性和可操作性。三要坚持突出特色的原则，根据全国不同区域内草原的特点、保护目标及社会需求，因地制宜将自然生态、草原文化、生物多样性、生态体验及合理利用示范等要素融入草原自然公园发展。在北方，景观尺度大，有条件的地方应恢复“风吹草低见牛羊”的美丽风光；在青藏高原，可以将雪域风光与藏地文化完美结合、精彩呈现；在南方，景观可以精致一些，不强求集中连片，而是体现山水林田湖草融合展示。此外，还应按照草原生态系统的演化规律，科学地开展保护修复和合理利用，在生态优先前提下，发展草原生态旅游和绿色产业，探索草原生态保护与畜牧业协同发展新模式。

在草原自然公园的管理上，一定要突出生态保护与修复。加强对重要的草原生态系统、草原自然遗迹及自然景观资源的保护，对退化生态系统进行以自然封育为主、人工修复为辅的生态修复，使草原生态系统进入良性循环与自然演替。开展草原巡护、防火和有害生物防控等活动，杜绝滥垦、滥采、滥挖等破坏行为，维护生物多样性，保持草原植被景观的原生性和完好性。

开展适度放牧和多功能利用示范。科学规划，进行禁牧、休牧、轮牧的分区建设，制定草原健康质量标准和草畜平衡的放牧模式。严格监管，在有效保护重要草原生态系统及自然资源的前提下，实现草原生态价值商品化，打造绿色产业示范区，为草原可持续利用、乡村振兴及巩固扶贫成效方面提供示范。

将科研监测与自然教育相结合。建立生态监测点，长期、连续性监测草原状况、生物多样性、有害生物、生态旅游影响因素等，掌握、探索草原生态系统特征及演替规律，为有效保护草原生态系统、恢复草原植被、改善草原生态环境提供科学依据。同时，以科普和生态文化展示为主题，开展自然教育活动。

严格落实各项管护措施，保障草原自然公园可持续发展。严厉打击乱捕滥猎、乱采滥挖等破坏草原资源、侵占国有财产的违法犯罪行为，加强生态环境损害责任追究。注重草原畜牧业、旅游发展与草原生态环境保护相协调，实现经济效益与生态效益的协调统一。因管理不善导致草原自然公园条件丧失的，或者对存在重大问题拒不整改或者整改不符合要求的，撤销其草原自然公园的命名，并追究相关责任。

广泛动员社会力量参与草原自然公园的建设与管理。建立多元化资金筹措机制，按照“谁投资、谁建设、谁受益”的原则，采取合资、合作和股份经营等运作模式，引导和促进资金整合。将草原自然公园建设与生态扶贫、乡村振兴相结合，纳入国家生态建设和地方国民经济发展规划，鼓励和支持社会各界参与建设，并且给予必要的信贷和税收优惠政策，保障建设者的合法权益。推进志愿者队伍建设，鼓励公众参与管理工作，开展自然教育，全面认识草原自然公园建设的意义和作用。

想了解创建国家草原公园？那就看首批试点的保山香柏场如何做的*

今年初，国家林业和草原局提出开展国家草原自然公园试点建设工作部署。8 月 29 日，在内蒙古自治区呼和浩特市敕勒川草原举行了国家草原自然公园试点建设启动会，并公布内蒙古自治区敕勒川等 39 处国家草原自然公园试点名单。

从国家林业和草原局提出到国家草原自然公园试点建设启动，各个试点建设国家草原自然公园是如何开展工作的？笔者将以试点名单中的云南省保山香柏场国家草原自然公园的试点准备，向读者解析试点自然公园的推进历程，为拟创建国家草原自然公园的单位提供参考。

保山市、隆阳区政府一直注重草原资源的保护和修复。国家林业和草原局草原管理司《关于开展国家草原自然公园创建试点工作的函》一经下发，保山市林草局就根据函件工作要求，积极开展国家草原自然公园创建试点工作。经前期对辖区内草原资源的调查梳理，并结合国家草原自然公园设立的基本要求，保山市隆阳区香柏场因其典型的山地草甸特征、丰富的生物资源、美丽的草原-森林景观和重要生态区位，被列为保山市开展国家草原自然公园试点创建的重点，第一时间向云南省林草局提出将香柏场草原申报为国家草原自然公园试点建设的请求，得到省林草局的肯定和支持，由省林草局统一向国家林草局提交了试点申请。同时，保山市及隆阳区政府成立创建草原自然公园领导小组，并明确由市林草局作为业务指导单位，隆阳区林草局及香柏场草原所在地瓦马乡人民政府作为具体申报责任主体进行草原自然公园的试点建设。申报主体主要从以下三方面开展试点准备工作。

1 明确技术支撑单位

国家林业和草原局昆明勘察设计院自然保护地方面丰富的规划实践经验和草原自然公园前期研究积累，让保山市和隆阳区林草局确定昆明院作为草原自然公园创建技术支撑单位，该院专门组建了香柏场国家草原自然公园规划组负责相关技术服务。

2 深入开展资源调查分析

根据分析，拟建保山香柏场国家草原自然公园位于保山市隆阳区西北部，云南省西南部，处怒江与澜沧江分水岭。公园草原面积广阔，部分区域与森林交错，四周被茂密的森林环绕，围合成一个类似世外桃源的云中草原，是典型的经人为活动持续干扰而形成的较为稳定的次生草地生态系统，也是南方极具代表性的山地草甸-森林复合生态系统，在南方山地草甸维持与监测、草原与森林之间的自然演替等方面均具有重要研究价值和自然教育价值。公园区域立体气候明显，动植物资源丰富度高，区域内记录有多种珍稀、濒危和保护动植物；景色四季更迭，特点各异。规划区交通便利，通达性好。规划范围内土地所有权均为集体，使用权大部分已承包给当地一家旅游公司，土地权属明确、无争议，相关权益人均同意建设草原自然公园。本次规划总面积 841 公顷，草地面积占总面积约 60%。香柏场草原满足创建国家草原自然公园试点要求的基本条件。

---

* 刘永杰. 想了解创建国家草原公园？那就看首批试点的保山香柏场如何做的 [N]. 林草新闻. 2020-09-03.

3 推进总体规划编制工作

今年是草原自然公园建设元年，规划等缺乏相关的标准和规范。但申报当地单位先行先试，积极协调各方，不断推进香柏场草原自然公园的规划编制工作。目前，在基本条件分析的基础上，完成了《云南省保山香柏场国家草原自然公园总体规划》编制工作。《规划》以有效保护草原（草地）及共生的动植物、保持可持续的草原生产力和健康的草原生态系统、维护良好的典型草原景观为目的，通过实施各类保护修复措施，改善草原生态功能，优化野生动植物栖息、繁衍生存的环境。通过有效的管理团队和基础设施能力建设，提升草原生态系统有效管理和合理利用水平，促进草原持续健康发展。通过科普宣教及科研合作交流，提升公众环保意识，传播草原文化，保护自然和历史文化遗产，促进科研和监测，培养专业人才，增强区域科研力量，最终建成服务于“公众游憩康养、自然教育和科学研究”，服务于地方经济发展和生态文明建设，集“保护、游憩、科研、教育和社区发展”五大功能于一体的草原自然公园，成为云南省乃至国内草原生态保护与合理利用协调统一的典范。

如今，试点名单的公布，云南省保山香柏场国家草原自然公园的创建进入实质性的试点阶段。进一步推进试点工作是草原自然公园建设的重要内容，也需要汇聚各方智慧和力量，最终真正让草原自然公园成为乡村振兴战略的重要抓手，保护、传承和弘扬优秀草原文化，开展生态旅游的重要阵地。

草原自然公园，中国草原保护与利用的新探索*

自然保护地是保护草原生态系统的重要形式。中国正在改革自然保护地管理体制，建立以国家公园为主体、自然保护区为基础、各类自然公园为补充的自然保护地体系，实现对重要的生态功能区的整体保护，构建国家生态安全屏障。草原是面积最大的陆地自然生态系统，在这场自然保护地体系重构过程中，草原自然公园从无到有，应运而生。

我国草原自然保护区建设起步早，但发展缓慢，主要原因是牧民担心草原放牧活动会受到限制。全国至今没有1个以草原冠名的国家公园或自然公园，草原保护目前是以国家公园为主体的自然保护地体系建设的一块明显短板。

1982年，我国在宁夏固原县云雾山成立了第一个草原类自然保护区，即宁夏云雾山草原自然保护区，面积约4000公顷。至2018年底，我国在河北、山西、内蒙古等7个省（区）共建立各级草原、草甸类自然保护区41个，约占全国自然保护区总数的0.3%。草原保护面积165.17万公顷，仅占全国草原面积的0.4%左右。数量及面积占比均低于森林、湿地等类型自然保护地，这与我国草原大国的地位极不相称。而已经建立的国家级的草原保护区仅有4个，省级仅12个，其余都是县（市级）的保护区，保护等级普遍偏低，且很多典型的草原和草甸生态系统至今尚未保护起来。

此外，多年来，我国对草原的管理存在重视生产功能而不重视生态功能的现象，加之气候变化等自然因素，我国草原退化、沙化、盐碱化现象严重，各类型草原都出现了大面积的退化，其中西北荒漠地区草原退化比例高达80%，出现重度退化。近年来，防止草原退化的生态建设工作不断加强，但力度还远远不够。草原自然保护的现状远远不能满足草原资源保护和可持续利用的要求。

草原自然公园作为自然保护地体系里的一般控制区，是基于生态保护的一种可持续的草原管理和资源利用方式。

草原自然公园是指具有较为典型的草原生态系统特征、有较高的生态保护和合理利用示范价值，以生态保护和草原科学利用示范为主要目的，兼具生态旅游、科研监测、宣教展示功能的特定区域。根据管理层级不同，草原自然公园分为国家级草原自然公园和地方级草原自然公园两大类。

草原自然自然公园是草原自然保护体系的重要组成部分，是草原生态系统除国家公园和自然保护区外的重要补充，也是开展生态旅游、科普宣教等保护与合理利用示范的主要区域。

草原自然公园建设对推动全国草原科研及监测网络建设，加强人才队伍建设和培训力度，促进草原管理信息化、标准化有一定帮助，同时也有利于推进良种、良法的研究和应用，探索弹性精准草畜平衡，建立高效的合理利用机制。

与森林生态系统不同，草原具有自然—社会—经济三重属性。草原的有效管理是生态文明建设之基、牧区生产之源、牧民生活之本。近几十年来，草原生态系统内部矛盾和外部的社会经济矛盾凸显，这非常不利于草原生态保护和可持续利用。草原自然公园能帮助草原地区构建完善的管理体系，加强重要生态区草原保护和示范利用投入，探索自然保护和资源利用新模式，以生态建设产业化和产业建设生态化推进草原绿色发展，为牧区发展提供新动能，为牧民增收创造新机遇。

草原自然公园是基于生态保护的一种可持续的草地管理和资源利用方式，允许开展适度放牧等草原

---

* 赵金龙和刘永杰. 草原自然公园，中国草原保护的新探索［M］. 中国林业. 2020.

生产活动，开展生态旅游、草原文化、体育体验活动，建设必要的保护、修复、科研、解说、游览、休憩、安全、环卫、管护和旅游接待服务设施。园区内原则上均可开展非损耗性的持续利用。比如，可分为多个功能区：以生态保护和促进退化草原修复为主要目标的生态保育区；以生态旅游为主的旅游观赏区；以草畜平衡和生态及文化体验活动等利用示范为主的科学利用示范区；以管理、科研及科普宣教为主的综合服务区。

这样看来，草原自然公园能很好兼顾草原的生态保护和生产功能，发挥草原综合服务功能，除正常的草牧业生产功能和多样的生态功能外，还能增加草原的生态旅游、自然教育、休闲康养等服务功能，不断满足人民群众对优美生态环境、优良生态产品、优质生态服务的需要，凸显草原资源在牧区脱贫致富、乡村振兴、美丽中国等方面的支撑作用。

我国少数民族人口的70%生活在草原地区，268个牧区和半牧区县很多是贫困县，牧民90%的收入来自草原。目前，这些地区经济社会发展相对落后，牧民人均可支配收入不到全国农民人均水平的70%。草原自然公园是一种集生态保护、适度放牧、生态旅游为一体的自然保护地，能带动当地旅游业发展，繁荣牧区经济，加强边疆民族团结，会受到广大农牧民群众的欢迎。

不仅能有效保护草原，草原自然公园还方便公众了解自然、认识草原，传播草原优秀传统文化。草原文化是中华优秀传统文化的重要组成部分，以草原自然生态为基础，崇尚敬畏自然、尊重自然、顺应自然，追求人与自然和谐共生的草原文化已经融入中化文明的基因，生生不息。草原文化中的生态理念和价值追求可以为生态文明建设提供智慧与启迪，激发人们自觉保护草原的内生动力。

时间与空间多重奏下的斑斓草原
——云南香柏场国家草原自然公园*

彩云之南，万绿之宗，目之所及之处，无一不郁郁葱葱。但就算你踏遍藤缠蔓绕，古木葱茏的热带雨林，看足绿沁于水，鸟携鱼行的万亩湿地，品够深篁幽翠、气节脱俗的苍苍竹海，当踏进香柏场草原的那一刻，也一定会被它与众不同的气质所吸引。

图 1　香柏场景致

香柏场坐落在云南保山市隆阳区东北部的瓦马彝族白族乡（东经 99°3′0″~99°4′51″，北纬 25°27′44″~25°29′58″），与大理云龙县边界雪山梁子接壤，海拔 2614~3578 米，属滇西横断山区怒山山脉南段，处怒江与澜沧江分水岭，属高原山区地形。保山市隆阳区整体上地质属于“滇西褶皱带”的中西部，地层发育齐全，从上寒武系到白垩系均有分布，是一个古生带和少量中生代地层组成的“保山褶皱束”。境内地形切割较深，山川并列，谷盆相间，地貌起伏的水平差异和垂直变化很大。出露地层为砂岩、贝岩及灰岩互层，片岩及花岗岩次之。褶皱强烈，岩石破碎，灰岩区岩溶液发育。

---

* 史川，赵金龙，汤惠敏．时间与空间多重奏下的斑斓草原景 云里香柏场——云南香柏场国家草原自然公园［J］．地球，2020，14-16.

图2　盛放的杜鹃花

图3　圈　舍

隆阳区整体处于亚热带季风气候区，属亚热带高原山地气候。在气候类型和特殊地理位置的双重作用下，香柏场形成了立体气候明显，四季分明，地貌富于变化的鲜明特点。这里春季万物复苏，百花争艳，鸟儿欢歌，充满无穷生机；夏季山间溪流潺潺，远望绿浪涛涛，近看盘根错节，千姿百态，别有看点；秋季牛羊成群，野果丰硕，层林尽染，连片的枯黄草甸，单一的色调，废弃的圈舍、树林、草坡组合呈现出一副极为震撼的“荒凉美”，是摄影爱好者的绝佳素材；冬季琼枝玉树，素裹银妆，积雪覆盖在松软干净的草甸上，各类树木与草地交错镶嵌在雪海中，宛若仙境。香柏场草原随四季荣枯，变化莫测，色彩各异，无论何时来到香柏场，沿着山麓向上攀登，湿性森林的幽幽层叠、稀树草原的孤寂飘逸、山地草原的豪情大气、矮林枯木的坚韧隽永递次呈现时，你定会禁不住赞叹大自然的鬼斧神工。

图4　香柏场四季

优越独特的地理位置和气候条件孕育了香柏场丰富的生物多样性：有4个植被型、5个植被亚型、5个群系、24个群丛，维管束植物43目90科242属420种，其中珍稀、濒危和保护植物17种，特有植物84种，含云南省特有种12种、中国西南特有种46种、广布中国的特有种26种。苔藓矮林、湿性阔叶林、灌丛和草甸等相互镶嵌，形成了独具特色的山地草原-森林景观。草原四周傲然而立的杜鹃林、石栎林、青冈林、杨桦林等是野生动物重要的栖息繁育庇护所，共有151种野生陆生脊椎动物在这里繁衍生息，其中包括黑熊、黄喉貂、红腹角雉等17种国家级保护动物。草原上特产的野蕨菜、野莴笋、野芹菜、野香菇只需简单加工就变成山下村民餐桌上的美味佳肴，也成为城市游客牵肠挂肚的念想；党参、重楼、回心草、野蜂蜜，野生药材具有良好的保健或药用价值，是发展“后备箱经济”的主力军。

香柏场属于次生草原，多年前这里还是郁郁葱葱的森林，而森林退化形成次生草原的原因就藏在了香柏场的名字里。“香柏场”一名来源于当地人在山上解香柏树大板的故事：以前香柏场盛产香柏树，当地人经常上山解香柏树大板，并运出来卖。有三人相约在香柏场解大板，解了堆成小山似的香柏大板后，他们觉得卖了够生活几年了，就相约美餐一顿进行庆祝，然而三人都起了贪心，想独占那些香柏大板，于是各自在自己所准备的饭菜里下毒毒害其他人，互相毒害后，他们都倒下了，而香柏场的传说却留了下来，也造就了香柏场地名。故事影射了过于贪婪、过度的索取会对自然造成不可逆转的破坏，终将什么也得不到。故事里蕴含的哲学思想与国家草原自然公园“人与自然和谐发展”的建设主旨也完美契合，为香柏场国家草原自然公园的建设积累了更多的人文韵味。

香柏场是当地有名的“盐马古道”，此称谓的由来有一段历史渊源：过去，香柏场所处的保山市隆阳区西山片区的人们吃盐，需要到大理市云龙县石门井去买，由于交通不便，人们只能通过人背马驮的方式运输，一般人背着篮子走路去，条件好的还能赶着一头骡子去。买盐人途径安邦村翻过香柏场几道山岭才能到达石门井。相传石门井的卖盐人非常聪明，总是在斤两上克扣，然后又把扣下的盐块当礼物送给不知情的买盐人做人情，这样一来二去，蒙在鼓里的买盐人都愿意到石门井买盐。石门井的卖盐人生意也越来越好，去的人也越来越多，走着走着就从香柏场走出了一条山间道路，便是今天我们所说的“盐马古道”。由于山高坡陡，路途遥远，每次去一个单边都要花上两三天时间，路上非常艰辛，加之常有黑熊出没，危险程度不言而喻。后来，本地的一些群众常把亲属的过世，婉转的说成是“去山上背盐了”，以掩失去亲人的痛苦，也从侧面反映出当时背盐路上的漫长与艰辛。

高耸云端的香柏场大多时候安然静谧，而坐落山下的瓦马彝族白族乡却总是被浓浓的烟火气息萦绕。素有“北冲彝乡，鸡鸣三地”之称的瓦马乡是以彝族、白族为主的民族乡，共居住着彝族、白族、苗族、傈僳族、满族等15种少数民族，生活在这里的各个民族，互帮互助，互相取长补短，民族团结，文化繁荣，形成当地各民族文化百花齐放又一片和气的独特民俗氛围。瓦马乡文化遗产丰厚且广泛存于民间，其中不乏有极高历史价值和优秀艺术创造力的文化瑰宝，比如具有浓郁民族韵味的非物质文化遗产——芦笙。每到各族传统节日的到来，或逢娶亲嫁女等喜庆之日，吹笙，唱跳，吃手工制作的核桃油“油煎粑粑”、吃杀年猪时腌制的挂火腿、腊猪脚、土鸡等仪式的举行使这个处于宁静之地的乡镇变得熙来攘往、觥筹交错，一片好不热闹的祥和景象。

但在人们欢歌的同时，香柏场却也在过度的索取中容颜渐枯。因过度放牧导致草场退化，水土流失加剧，2010年以后，这里多次发生泥石流。为了扭转香柏场草原因过度放牧而日渐退化的趋势，当地政府自2015年对这片草原实行禁牧至今。但是，生态逐渐向好之际，繁茂的牧草经年累积形成的厚厚枯草垫不仅严重影响新草生长，还成为严重的火灾隐患。且在自然力的作用下，如今箭竹丛生，原来相对稳定的草原生态系统正在被打破。如何找到草原修复保护与合理开发利用之间的平衡点，如何让香柏场的历史痕迹不被时间磨灭，如何利用天然的资源优势为村民们增加福祉？草原自然公园的生态保护与合理利用协调发展的建设思路为破解这些难题提供了方向。

图5 箭竹丛生

为更好实现草原的生态文明建设，统筹“山水林田湖草”综合治理，在2018年国家进行机构改革中，将草原划由新组建的国家林业和草原局管理。针对草原整体退化情况严重，生态系统功能受损现状国家林草局从整体生态系统保护的角度出发，结合草原特殊的生态、生产特性，遵循中共中央办公厅 国务院办公厅印发的《关于建立以国家公园为主体的自然保护地体系的指导意见》相关要求，以加强草原保护、规范草原管理、发展草原旅游、传承草原文化为重点，提出开展草原自然公园试点建设，促进完善以国家公园为主体的保护地体系，填补草原保护体系中自然公园的空白。2020年3月，草原管理司下发了《关于开展国家草原自然公园创建试点工作的函》（草监〔2020〕6号），强调草原自然公园是以国家公园为主体的自然保护地体系的重要组成部分，是生态文明和美丽中国建设的重要内容，也是乡村振兴和决战脱贫攻坚的重要举措，要求各地根据实际情况，开展草原自然公园试点建设工作。由此，草原自然公园试点建设正式拉开了序幕。

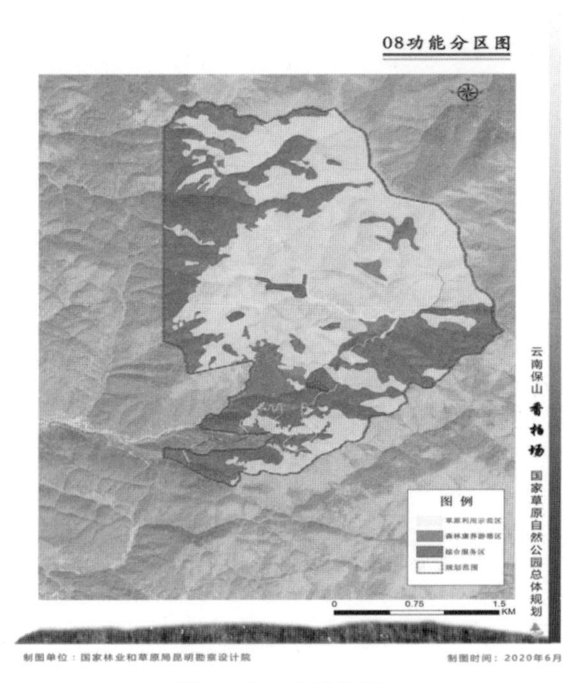

图6 公园功能分区图

保山市、隆阳区政府领导和相关部门非常重视生态文明建设，注重区内草原资源的保护和修复，并根据草原管理司函件的工作要求，积极开展国家草原自然公园创建试点工作。经过前期对辖区内草原资源的调查梳理，并结合草原自然公园设立的基本要求，隆阳区香柏场草原因其典型的山地草原特征、丰富的生物资源、美丽的草原-森林景观和重要生态区位，被列为保山市开展草原自然公园试点建设的重点，香柏场国家草原自然公园的建设被寄予厚望。

自然公园以保护香柏场区域典型的南方山地草甸类型生态系统及其中特有的珍稀动植物栖息地为目标开展建设，规划总面积841.86hm^2，其中草地面积为487.84hm^2，占规划区总面积的57.95%。共划分三个功能分区：兼具草原自然公园管理、生态旅游、自然教育服务及内外交通衔接的综合服务区；以山地草原为主体发展可持续性草牧业和生态旅游的利用示范区；以及以发挥草原-森林复合生态系统优势、打造独特的林间游憩体验的森林康养游憩区。

公园规划以“秘境横断山，云里香柏场，斑斓草原景，风雪盐马道”为形象定位，以把香柏场建立为“山地草原-森林复合生态系统保护典范”“南方山地草原科学合理利用、生态扶贫的典型代表”“山地草原生态系统科研、自然教育综合基地”“生态旅游、民族文化体验及野外探险胜地”为发展目标，使其兼具云南草原文化自然教育学校，保山市隆阳区西北生态屏障，瓦马乡生态文化展示平台等功能，实现草原生态保护与利用、文化发扬与传承、生态扶贫与发展等多方面协同共赢。

图 7　遥望横断山

嫣红绿海，兽栖奇木，这个秘境尚有无限惊喜等待发掘；马蹄踏踏，马铃锵锵，回荡着百年盐马古道流于历史的回响；笙歌起舞，酒醇腊香，多民族文化交融世世呈祥。不比呼伦贝尔相辽阔，却独得三分百变灵秀；不与鄂尔多斯争壮美，也巧取数百生灵的活力盎然。山与水娟秀，花与草艳茂，人与景祥和，是你不可错过的香柏场。

锡林郭勒草原上的生态明珠
——内蒙古毛登牧场国家草原自然公园*

展开美丽的华夏盛卷，在祖国的正北方，辽阔的锡林郭勒草原为广袤的大地披上浅浅的绿装。这片草原的面积达19.2万平方公里，占内蒙古自治区草原面积的1/4，是世界闻名的大草原，也是我国四大草原（内蒙古呼伦贝尔大草原、内蒙古锡林郭勒大草原、新疆伊犁草原以及西藏那曲高寒草原）之一。锡林郭勒草原属中温带半干旱、干旱大陆性季风气候，草原类型多样且保存较为完好，生物多样性丰富，包含草甸草原、典型草原、沙地疏林草原和河谷湿地生态系统，是我国北方重要的生态安全屏障。

在锡林郭勒大草原腹地，有一片极具典型性的天然草原——毛登牧场，这里碧野千倾、骏马奔驰，有画卷般壮丽的天然草原；这里绿波起伏、牛羊隐现，有诗词般曼妙的四季美景。毛登牧场风光旖旎、物产丰美，不仅是华北地区重要的绿色畜牧产品生产基地，也是祖国北疆重要的生态屏障和绿色长城，俨然已成为生态安全屏障的尖兵。

内蒙古毛登牧场位于锡林郭勒盟府所在地锡林浩特市以东36公里处，北边与锡林郭勒国家级草原自然保护区（全国唯一被联合国教科文组织纳入国际生物圈监测体系的国家级自然保护区）接壤。海拔高度910~1377米，地形南高北低，以平原和低山丘陵地形地貌为主，主要为侏罗系地层，以岩浆岩为主。这里浓缩了锡林郭勒大草原典型的植被类型和地质地貌，是欧亚大陆草原区亚洲中部草原亚区保存比较完整的原生草原部分。

图1 低山丘陵地貌

1 辽阔草原绚丽景

由于受东部大兴安岭山地的影响，毛登牧场具有由半湿润向半干旱地区过渡的特征，春季较长且伴

* 刘永杰，夏磊，程燕芳．锡林郭勒草原上的生态明珠——内蒙古毛登牧场国家草原自然公园［J］．地球，2020，6-13.

有大风，冬季受蒙古高压气流控制寒冷干燥，夏季受季风影响较为温暖和湿润。独特的气候类型和特殊地理位置孕育了毛登牧场旖旎的自然风光，这里放眼是无边的草原，举目是辽阔的天空，四季是更迭的画卷。

初春，冰雪消融，大地复苏。嗒嗒的马蹄唤醒了沉寂的草原，绵绵的细雨丰盈着春日的色彩。白日里，天湛蓝、云似玉，草长莺飞、蜂飞蝶舞，一派盎然生机。而夜晚则万籁俱静，繁星如同钻石镶嵌在丝绒般的夜空，和星轨在浩森的天际交织出漫天的璀璨，如梦似幻。

盛夏，芳草萋萋，野花遍地。红的山丹花，粉的干枝梅，紫的串铃草，白的唐松草，……如繁星在天，似落英点水。清风吹来，掀起层层草浪，遍地的野花便随着蒙古百灵清脆的歌声用绵延数十里的绚烂涌向天际。在天的另一边，牧羊人轻挥着羊鞭儿，羊群就仿佛在绿色的草海上游移，时而似翻卷的浪花，时而又像飘动着的白云。

深秋，天地玄黄，尽显苍劲。往日的生机盎然变成秋霜肃杀，但这个时节的牛羊却格外的肥硕健壮，生命在这个季节里完成一次转换，牧人们也迎来丰硕的收获。作为全国最大的全封闭管理式典型草原生态保护区，打草也成为了毛登牧场别具风情的人文景观。连绵的群山用平滑而优美的曲线勾勒出一幅草原秋景图，一捆捆方方正正的草垛散落在金色的原野上，远远看去像极了一幅油画。

凛冬，千里冰封，万里雪飘，茫茫雪原，浑然天成。起伏的山峦光影，散落的牛羊马群，尽显草原的沉静与辽阔。你可以在雪地里体验骑马踏雪疾行，或去升腾着炊烟的蒙古包里小坐，亦或是赴一场冬季那达慕的燃情，北国冬韵在这里也能体验个淋漓尽致。

2 天地大美万物灵

独特的自然环境也造就了毛登牧场动植物的典型性和多样性。毛登牧场共记录有维管植物 37 科、98 属、152 种，其中记录有常用药用植物 27 科 57 种，如砂韭、草麻黄、北柴胡、瓣蕊唐松草等。这里有人工草地和天然草地 2 个类型，主要为羊草和针茅 2 个群系，有羊草+大针茅群丛、大针茅+羊草群丛、克氏针茅+隐子草群丛、冷蒿+克氏针茅群丛、芨芨草+羊草群丛 5 个群丛。在草原丰富的禾本科植物中，有一个种群尤为特别——针茅，针茅是禾本科家族中较为特别的成员，当成熟的颖果掉落在地，它就开始自我播种了。其奥秘在于针茅的颖果，其下端尖细且密生倒毛，其上端有一根柔软的长芒，会随着环境湿度的变化呈现卷曲或伸直状。干燥时卷曲的芒柱会缠住周围的杂草，而在受潮时伸长的芒柱便将颖果带向土中，由于颖果底部倒毛的作用，颖果就被一步步带入土中，如此针茅便完成了播种。其中尤以大针茅最具代表性（学名：*Stipa grandis* P. A. Smirn.），牧民们也常称其为长芒草、锥子草，它以其独特的生长习性适应了草原地区的干旱条件，成为毛登牧场乃至亚洲中部草原亚区最具代表性的建群植物之一，常与羊草、糙隐子草组成大针茅草原，是我国草原地带极为重要的一类天然草场，不仅适于放牧，还是干性草原地带的重要刈割草场。

毛登牧场有脊椎动物 27 目 46 科 29 属 121 种，其中有狼、赤狐、达乌尔猬等珍稀保护动物。草原狼在牧民心中是“腾格里（天）派下来的守护神”，是蒙古民族的精神寄托，在与狼长年共生中牧民们不仅学会了团结协作与奉献的精神，还懂得了草原生存的自然法则，合理规定载畜量，及时进行转场，不过度捕杀草原狼和其他草原生灵，在不自然间巧妙的维持着草原生态系统的均衡。

除了走兽，毛登牧场还是鸟类繁殖、栖息的乐园。牧民们从来不主动伤害鸟类，在他们心中鸟类就是人类的朋友。短趾百灵、角百灵、斑翅山鹑、鹌鹑、黑喉石即鸟、穗即鸟、漠即鸟、布氏鹨……这些可爱的小精灵时而展翅盘旋，时而在草原上闲情踱步。运气好时，你还会发现大鸨、普通鵟、大鵟、草原雕、猎隼、蓑羽鹤、红脚隼、红隼等珍稀鸟类。

3 厚重蒙元文化情

翻开古老的史册，锡林郭勒大草原不仅是蒙古族的发祥地之一，还孕育了灿烂的游牧文明。毛登牧场也完整的传承了锡林郭勒草原古朴的民族风情、特有的民族生活方式以及淳厚的民俗文化，并在新的发展时期演绎着游牧民族与天然草原的和谐共存。依托周边牧民生活及传统那达慕景区的发展，毛登牧场以蒙古乐器、民族舞蹈和民族服饰表演为民族文化艺术；以搏克、赛马和射箭为民族体育运动；以奶食品、手把肉、烤全羊等为蒙古族风味食品；以草原那达慕、祭敖包、马奶节为传统节日，构成了浓郁的民俗风情。

此外，锡林郭勒大草原还是我国优良马种——蒙古马生育繁衍的核心区之一，锡林郭勒盟也以“中国马都”之名蜚声四海，毛登牧场也是重要的蒙古马放牧基地，具有浓厚的蒙古马文化气息。冷兵器时代，在半野生状态下生存的蒙古马适应各种气候，凭借惊人的速度和耐力成为13世纪蒙古人驰骋亚欧大陆的铁骑。草原的宽广容纳万马奔腾，这里的先民也在漫长的游牧生活中，积累了丰富的养马、驯马经验。蒙古马以其坚韧不拔、顽强拼搏的精神结伴人类进程，不仅是蒙古人的交通工具，也是蒙古族文化的重要组成部分，世世代代鼓舞着无数的草原儿女自强不息、奋勇向前。在2014年1月27日（农历马年）前夕，习近平总书记特别来到毛登牧场参加了冬季那达慕的“五畜祈福”仪式，向全国人民寄以新春的祝福，并鼓励各族人民要继续弘扬吃苦耐劳、锲而不舍、一往无前的“蒙古马精神”，守望相助、团结奋斗。

4 绿色发展新征程

岁月不居，时节如流。毛登牧场历经机耕农场、生产建设兵团、国有农牧场等历史变迁，以往过量的农牧业的发展导致草原出现不同程度的退化。新时期，在习近平生态文明思想的指引下，锡林浩特市政府实施了围封转移、围栏封育等措施，牧场也积极推进“退化草原人工种草修复国家试点项目”建设，草原生态环境呈现局部好转的态势。但同新形式下加强草原生态保护，提升草原生态和生产等综合服务功能的需求还有存在差距。习近平总书记心系草原，情满草原，要求统筹山水林田湖草系统治理，全面加强草原保护，创新草原利用方式，尤其是多次向内蒙古强调要加强生态文明建设的战略定力，探索以生态优先、绿色发展为导向的高质量发展新路子，加大生态系统保护力度，守护好祖国北疆这道亮丽风景线，为建设美丽草原、建设美丽中国作出新贡献。

十九大全国机构改革以来，草原转隶新组建的国家林业和草原局管理。为加强草原保护，发展草原旅游，传承草原文化，规范草原合理利用，促进完善以国家公园为主体的自然保护地体系，推动草原自然公园建设，国家林业和草原局根据《中共中央办公厅国务院办公厅印发<关于建立以国家公园为主体的自然保护地体系的指导意见>的通知》，于2020年初开展国家草原自然公园创建工作，并于今年8月在内蒙古呼和浩特市举行了“国家草原自然公园试点建设启动会”。毛登牧场因其典型的温性草原景观、丰富的生物资源、独特的蒙元文化、祖国北疆的重要生态区位、深厚的科研积累及丰富的绿色发展实践经验，被列为首批国家草原自然公园试点建设单位。

锡林浩特市政府领导和相关部门非常重视试点推进工作，并根据草原管理司函件的工作要求，积极开展国家草原自然公园规划建设工作。自然公园规划面积17479.42公顷，草原面积17434.23公顷，占自然公园总面积的99%。自然公园以“锡盟草原情，蒙元文化窗”为形象特色，以“打造祖国北方绿色生态安全屏障尖兵、草原生态保护和绿色发展的国家级样板、弘扬厚重蒙元文化和新时代生态文明思想的主阵地、草牧业科学研究和草原生态宣教的新高地”为四大发展目标，探索草原生态保护与草牧业协同发展新模式，走绿色可持续发展道路。根据公园内土地利用现状，从维护草原生态系统的健康稳定、草牧业合理利用、生态旅游和高效管理的需要出发，为更好地处理保护管理与合理利用之间的关系，充分发挥草原自然公园生态、社会和经济效益功能，把草原自然公园规划为利用示范区和综合服务区两个功能区，合理规划生态旅游、科研监测、文化体验及自然教育等内容，开展必要的保护、修复、科研、游览、休憩和旅游接待服务设施建设。

云生万古，日照长空，这里有长风吹不尽的流云聚散卷舒；苍穹之下，碧野千里，这里有古老民谣传唱的草原胜境；坚韧不拔，勇往直前，久久为功的蒙古马精神将在这里继续谱写出生态保护与发展的传奇！

沙漠公园

建立沙漠公园体系，促进国家公园体制建设*

沙漠公园是为了保护荒漠生态系统的完整性划定的、需要特殊保护和管理，并适度利用其自然景观，开展生态教育、科学研究和生态旅游的自然区域。唐芳林认为，沙漠公园是有代表性的荒漠生态系统，非常符合自然保护地的特征，会成为我国自然保护地体系的组成部分，也会成为国家公园体制建设的组成内容。

沙漠公园本质上应该定位为自然保护地。自然保护地是一个明确界定的地理空间，通过法律或其他有效方式获得认可、得到承诺和进行管理，以实现对自然及其所拥有的生态系统服务和文化价值的长期保护。自然保护地的主要功能在于开展科学研究，保护荒野地，保存物种和遗传多样性，维持环境服务，保持特殊自然和文化特征，提供教育、旅游和娱乐机会，持续利用自然生态系统内的资源，维持文化和传统特征等。自然保护地对生物多样性保护至关重要，它是几乎所有国家和国际保护战略的基础，设立自然保护地是为了维持自然生态系统的正常运作，为物种生存提供庇护所，并维护难以在集约经营的陆地景观和海洋景观内进行的生态过程，同时也是我们理解人类与自然界相互作用的基线。

2016 年 1 月 26 日，在中央财经领导小组第十二次会议上，习近平总书记听取国家林业局关于森林生态安全问题汇报后，特别强调“要着力建设国家公园，保护自然生态系统的原真性和完整性，给子孙后代留下一些自然遗产。要整合设立国家公园，更好保护珍稀濒危动物。”明确了国家公园要加强自然生态系统、珍稀濒危物种保护的根本要求。为此，国家林业局按照职能要求，积极贯彻中央精神，推进国家公园试点建设。在这样的形势下，沙漠公园建设也在积极推进。

唐芳林回顾了自然保护地体系的发生和发展历程，分析了世界国家公园建设的现状和问题，诠释了国家公园、国家公园体制与自然保护地体系的关联，提出了建立沙漠公园体系、促进国家公园体制建设的观点。唐芳林认为，建立国家公园体制不是单纯地建立几个国家公园实体，而是通过建立国家公园体制这个改革抓手，解决目前存在的生态系统不够完整、生态空缺仍然存在、管理有效性不足等问题，理顺管理，重构自然保护地体系，推进生态文明建设。

和森林、湿地一样，沙漠也是地球上的一种自然现象，除了人为原因导致的沙化土地需要采取人为措施加以恢复、通过人工干预重建生态系统外，大部分自然形成的沙漠是不能违背自然规律去强行干预的。一些典型的沙漠生态系统可以被保护起来，建立沙漠公园，在保护的前提下合理利用沙漠景观资源。沙漠公园和自然保护区、森林公园、湿地公园等自然保护地一样，都是重要的保护地类型，其中具有国家和国家代表意义的大面积自然保护地，可以建立国家公园实体，以保护完整的自然生态系统和大尺度的生态过程。国家公园、自然保护区、森林公园、湿地公园、地质公园、海洋公园、沙漠公园等，组成了完整的自然保护地体系，构成了生态安全屏障，配合相应的管理体制，就实现了建立国家公园体制的目标。因此，沙漠公园建设是贯彻国家公园体制建设的一项重要工作。

---

* 唐芳林．建立沙漠公园体系，促进国家公园体制建设［N］．中国林业网．2016-10-26.

第五篇
自然保护地相关研究

建立以国家公园为主体的自然保护地体系是贯彻习近平生态文明思想的重大举措，是党的十九大提出的重大改革任务。根据《关于建立以国家公园为主体的自然保护地体系的指导意见》中“加强顶层设计，理顺管理体制，创新运行机制，强化监督管理，完善政策支撑，建立分类科学、布局合理、保护有力、管理有效的以国家公园为主体的自然保护地体系”有关要求，编写团队借鉴国内外自然保护地体系建设经验，就我国自然保护地体系建设中存在的典型问题进行分析探讨，并从自然保护地类型划分、监督管理体制、运行机制开展系统研究，为我国国家公园群建设、云南生物多样性保护提供建设思路。同时借鉴国际经验，深入剖析我国生态环境监管改革实际，编写团队从生态保护“大部制”的角度提出了改革建议。

2018年国务院机构改革，国家林业和草原局加挂国家公园管理局牌子，将自然保护地纳入统一管理，从根本上解决“九龙治水”、交叉重叠等顽疾，我国自然保护事业进入新纪元。紧跟改革的步伐，编写团队对建立国家公园体制，改革自然保护地体系的背景、意义、问题、策略进行深入研究，充分结合国家公园体制试点发现的重点难点问题开展专题研究，系统提出了自然保护地体系的类型划分，研究中阐述了自然保护地、自然保护地体系的概念辨析，借鉴了美、俄、英、日等15个国家的自然保护地类型体系，参考IUCN保护地管理分类体系，就我国国家公园（体制试点）、自然保护区、风景名胜区等15种自然保护地类型的定义、主要功能进行对比分析，提出了我国自然保护地体系的类型划分原则和类型构成，进一步对每一类自然保护地将要发挥的作用、功能定位、管控原则、与原自然保护地的对应关系进行明确。

按照国家林草局总体工作部署，在对西藏林芝、云南怒江、四川卧龙等地开展实地调研的过程中，逐步形成“构建地球第三极国家公园群”的思路和建议，重点从重大意义、面临的威胁和保护的紧迫性、国家公园群构建思路和建议方案三个层面进行统筹谋划，旨在将全国生态区位最重要的自然生态系统纳入整体保护。

研究团队所做的自然保护地相关研究也是对以国家公园为主体的自然保护地体系研究的有益补充。

关于构建地球第三极国家公园群研究报告*

党的十九大提出建立以国家公园为主体的自然保护地体系，全方位维护国土生态安全空间，是生态文明建设的重大举措。国家公园的主体性如何体现，在哪些地方建立国家公园，如何构建自然保护地体系，这些疑问是解决我国生态文明制度体系形成、主体功能区制度健全的关键性问题。国家林草局高度重视国家公园体制建设工作，将国家公园体制试点调研列为2018年重大调研任务。根据安排，组成了以我为组长，相关司局和单位共同参与的调研组，自去年5月开始，我率调研组分赴西藏林芝、云南怒江、四川卧龙等地开展实地调研，调研组其他同志还分赴青海、甘肃等省考察，了解地方各类保护地建设情况，分析地形地貌、召开座谈会，吸收了中科院等方面的科研成果，听取了地方领导和专家意见。通过综合研判，我认为青藏高原生态区位极其重要，具有建立一系列国家公园的资源条件，具备建立以国家公园为主体的自然保护地体系的有利条件，对于整体保护地球第三极自然生态系统、亚洲水塔和高原净土具有世界性的战略意义，是我国国土生态安全体系不可或缺的重要组成部分，提出了“构建地球第三极国家公园群”的思路和建议。

1　基本情况和战略重要性

青藏高原是地球上最高的高原，平均海拔高度在4000米以上，是地球的高极，有“世界屋脊”之称，也被称为除了北极、南极外的“地球第三极”。它的边界，向东是横断山脉，向南和向西是喜马拉雅山脉，向北是昆仑山脉。青藏高原的主体在中国，包括中国西藏自治区全部、和青海省、新疆维吾尔自治区、甘肃省、四川省、云南省的部分，也延伸到不丹、尼泊尔、印度、巴基斯坦、阿富汗、塔吉克斯坦、吉尔吉斯斯坦等国，总面积大约250万平方公里。相比南极、北极，它是唯一有着人类丰富生存活动的极地地带，对我国、亚洲甚至北半球的人类生存环境和可持续发展起着重要的环境和生态屏障作用。习近平总书记在致第二次青藏科考的贺信中指出，青藏高原是世界屋脊、亚洲水塔，是地球第三极，是我国重要的生态安全屏障、战略资源储备基地，是中华民族特色文化的重要保护地。

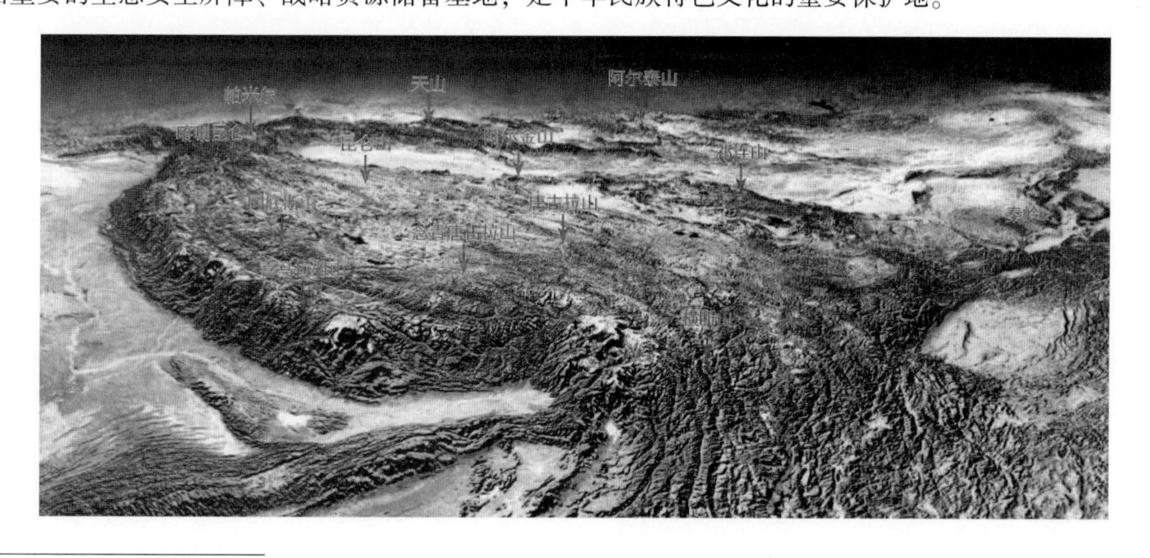

* 李春良，唐芳林，田勇臣，等．关于构建地球第三极国家公园群研究报告．2018.

地球第三极对中国乃至全球的气候和生态都有最重要的战略性的影响，主要表现在以下四个方面：

（1）以青藏高原为核心的第三极是全球气候变暖最强烈的地区，也是未来全球气候变化影响不确定性最大的地区。该地区对于全球大气环流发挥着至关重要的作用，对于应对气候变化有着不可替代的重要作用。夏季，广袤高原的温度升幅要高于印度洋的温度升幅，形成了压力梯度，从而形成了印度季风，影响大范围的气候。包括青藏高原草原在内的冻土中大约储藏着全球土壤碳的2.5%。预计未来的气温升高，以及由此引发的生态系统的变化可能导致永冻土濒临消失。其产生的连锁反应就是释放出该地区大部分的土壤碳。该地区生态环境极其脆弱，面临着极大的环境不确定性。

（2）“亚洲水塔”关系到我国西部及周边邻国生命共同体的生态安全。以青藏高原为主体的第三极，有众多的高山山脉，分布着除南北极之外最大的冰川群，滋润了数量众多的河流和湖泊，包括雅鲁藏布江的源头杰玛央宗冰川、纳木那尼冰川等，是亚洲冰川作用中心和“亚洲水塔”，也是亚洲乃至北半球环境变化的调控。该区域涵盖了中国西藏自治区全部和新疆维吾尔自治区、青海省、甘肃省、四川省、云南省的部分，不丹、尼泊尔、印度、巴基斯坦、阿富汗、塔吉克斯坦、吉尔吉斯斯坦的部分或全部，总面积约250万平方千米。地球第三极对亚洲大陆乃至全球的气候变化、人口分布、经济、社会、民族、文化发展等方面产生了决定性的深刻影响。

（3）青藏高原是我国国土生态安全空间的关键区域和重要战略资源储备基地。青藏高原是地球上最年轻、海拔最高的高原，西起帕米尔高原和兴都库什、东到横断山脉，北起昆仑山和祁连山、南至喜马拉雅山区，平均海拔超过4000米，由巨大的山系、广袤的高原面、宽谷和湖盆的组合体，集中了地球上超过8000米的所有14座山峰，包括海拔8844.43米的珠穆朗玛峰。青藏高原在我国气候系统稳定、水资源供应、生物多样性保护、碳收支平衡等方面具有重要的生态安全屏障作用。青藏高原还是铜、铬、钴、铅、锌、金、铂族和稀土等战略性资源的储备地。

（4）青藏高原是亚洲江河文明发源地、中华民族文化特色的重要保护地。青藏高原的隆升使其成为长江、黄河、恒河、印度河等亚洲大江大河的发源地，孕育了诸如两河文明、印度文明和中华文明，造福了亚洲人民。与南极、北极相比，地球第三极是地球的高极，具有气候寒冷的共同性，也有空气稀薄、气压低的独特性。大部分区域是人类生活的禁区，至今仍然保持着原始的自然状态，是地球上最后的净土。这里既有独特的高原雪域风光，又有藏民族等多民族与大自然相融合的“天人一体”人文景观，成为全人类的自然和文化遗产。习近平总书记高度重视青藏高原的生态环境保护与发展，他指出要“守护好地球上最后一方净土、建设美丽的青藏高原，让青藏高原各族群众生活更加幸福安康”。

2 面临的威胁和加强保护的紧迫性

面临全球气候变化和人为活动加剧带来的影响，地球第三极也面临着威胁。冰川融化、雪线上升、草地退化、水土流失、荒漠化加剧、高原生物多样性减少等，都严重威胁着亚洲水塔的生态环境，我国最重要的生态安全屏障亟待加强保护。人类命运共同体和“一带一路”倡议的推进，也迫切需要开展青藏高原生态环境保护和国际合作。这是事关中华民族永续发展的大事，建立大尺度的地球第三极国家公园具有必要性和紧迫性。

（1）青藏高原超常变暖正在影响“亚洲水塔”和生态屏障的安全，亟待实施最严格保护的大尺度自然保护地制度。青藏高原是全球气候变暖极强烈的地区，变暖幅度是全球平均值的2倍，青藏高原超常变暖正在影响亚洲水塔和生态屏障的安全。位于地球第三极范围的中国境内，已经初步形成了以自然保护区为主体的自然保护地体系，面积超过50万平方千米，为保护高原生态环境发挥了重要的作用。但是，由于这些保护区还存在保护空缺，一些保护价值高的重要区域还没有被纳入保护地，系统性、完整性、联通性还不够，管理上也亟待加强，因此，有必要进行重新梳理，整合建立一系列国家公园，理顺管理体制，加大投入，实行严格保护和系统保护，确保国家重要生态系统纳入生态红线，实现全面保护、严格保护、永久保护。

（2）“一带一路”战略积极推进，实现“人类生命共同体”的绿色愿景任重道远，中国作为共同体的倡导者和引导者具有不可推卸的历史责任。地球第三极处于“一带一路”的核心区域，与30多亿人的生存与发展环境密切相关。从国际保护角度来看，根据保护对象分布和管理需要，应由多国、多省区建立一系列国家公园，组成分布合理的国家公园群和自然保护地网络，守护好地球最后一方净土，更加充分体现“构建人类命运共同体”的生态意义。地球第三极范围涉及过广、地跨多省区甚至多国，短时期内难以实施管理，中国率先建立地球第三极国家公园群，将为深度参与全球生态治理、构建“人类命运共同体”贡献中国智慧和中国方案。

（3）实施地球第三极国家公园群保护行动，让青藏高原各族群众生活更加幸福安康。与第二级台阶的中部和第三极台阶的东部沿海的人口稠密的情况不同，地球第三极区域地广人稀，国家公园内人口稀少，保护和发展的矛盾并不突出，建设条件好，能够将国家生态保护战略行动尽快付诸实施并产生效益。通过生态搬迁和生态公益岗位的设置，既能解决国家公园生态保护的问题，也能结合精准扶贫提高民生水平。在保护好青藏高原的自然环境前提下，通过发展绿色产业，保护传统文化，使当地人民能够脱贫致富，与全国人民一道同步实现小康，增强人民的幸福感和获得感。实施生态移民搬迁，人退野进，把生活在4500米以上高海拔的居民通过扶贫和移民搬迁迁移到较低海拔的区域，把本来属于野生动物的领地还给野生动物。对处于边境地带的村落，改善民生设施，结合扶贫，增加生态护林员、护草员、护湿员等岗位，保障居民基本生活条件，巩固边防。

（4）建立地球第三极国家公园群，能够更好地体现国家重要生态资源“国家所有、全民共享、世代传承”。利用独特的景观资源，在确保生态影响轻微的前提下，开展生态旅游，在国家公园周边建立特色小镇，为国民提供体验自然魅力的游憩机会，对于开展爱国主义教育、培养国民认同感和自豪感，将起到不可替代的作用。

3 建立国家公园的构想和建议方案

根据调研分析，近期以青藏高原为主体的中国境内建立一系列国家公园，以守护“亚洲水塔”为保护目标，建立“地球第三极国家公园群”；远期以积极推进“人类生命共同体”为愿景，建立地球第三极跨境自然保护国际网络。

基于本次调研情况，拟提出羌塘、珠穆朗玛峰、雅鲁藏布大峡谷等19个国家公园候选区，集中分布在西藏、新疆、青海、甘肃、四川、云南6个省市，以“亚洲水塔”生态安全紧密相关的主要山脉、江河湖水系、冰川遗迹，以及大熊猫、雪豹、藏羚羊等珍稀野生动植物为主要保护对象，整个保护面积达到约98万平方千米。

表1 地球第三极国家公园群候选区汇总

序号	名称	位置	主要保护对象	大致面积（km^2）
1	羌塘国家公园（羌塘、色林错）	西藏	高寒草原生态系统、金丝野牦牛、黑颈鹤	500000
2	珠穆朗玛峰国家公园	西藏	世界极高山群	34000
3	雅鲁藏布大峡谷国家公园	西藏	垂直顶极生态系统	9000
4	冈仁波齐-玛旁雍错国家公园	西藏	藏族的神山和圣湖	3000
5	羊卓雍措国家公园	西藏	喜马拉雅山北麓最大的内陆湖泊	2000
6	念青唐古拉山-纳木错国家公园	西藏	现代冰川遗迹西藏第一大内陆湖	2000
7	青海三江源国家公园	青海	长江、黄河、澜沧江的发源地	123100
8	青海湖国家公园	青海	水禽栖息地的国际重要湿地、普氏原羚唯一栖息地	4900

（续）

序号	名称	位置	主要保护对象	大致面积（km^2）
9	帕米尔国家公园	新疆	亚洲主要山脉汇集处雪豹、马可波罗盘羊等珍稀保护动物	15000
10	阿尔金山国家公园	新疆	高原脆弱生态环境	45000
11	昆仑山国家公园	新疆	亚洲中部最大山系藏羚羊和藏岩羚羊	100000
12	祁连山国家公园	甘肃、青海	黄河流域重要水源地雪豹等珍稀野生动物	50200
13	大熊猫国家公园	四川、陕西、甘肃	保护国宝级珍稀濒危野生大熊猫栖息地	27000
14	若尔盖国家公园	四川	高寒泥炭沼泽湿地生态系统和黑颈鹤等珍稀野生动物	2000
15	普达措-白马雪山国家公园	云南	第三纪古热带生物区系；全球生物多样性区	3800
16	梅里雪山国家公园	云南	地球上罕见的低纬度、高海拔季风海洋性现代冰川	1000
17	玉龙雪山-老君山国家公园	云南	亚欧大陆最南端的现代季风海洋型冰川	2000
18	高黎贡山国家公园	云南	青藏高原和中南半岛的南北生物走廊	1000
19	怒江国家公园	云南	三江并流世界自然遗产地核心区	5800
合计				980800

其中，将以下候选区作为国家公园建设的优先区：

（1）羌塘国家级自然保护区。羌塘高原位于西藏北部，平均海拔5000米，湖泊广布，其湿地面积占我国湿地总面积的25%，广袤的荒野上生长着数十万只藏羚羊、野牦牛等特有大型野生动物资源，是可以和非洲草原相媲美的野生动物乐园，被誉为“地球上最后的净土”。这里还是我国气候变化的启动区，草原生态系统健康与否关系着我国西部的气候安全。在羌塘自然保护区和色林错自然保护区的基础上，建立羌塘国家公园，面积约60万平方千米，成为世界上最大的国家公园。

（2）珠穆朗玛峰国家公园。作为地球最高峰的珠穆朗玛峰，具有全球意义。设立珠穆朗玛峰国家公园面积约为3.4万平方千米，包括了喜马拉雅山脉生物多样性极为丰富的区域和世界极高山群，建设珠峰国家公园并对其进行有效的管理是保护资源和自然文化遗产的有效途径，是实施环境教育、弘扬生态文明的最佳场所。

（3）雅鲁藏布大峡谷国家公园。西藏雅鲁藏布大峡谷国家公园建设于西藏自治区东南隅林芝市，面积约为1万平方千米。全长504.6千米，最深处6009米，是不容置疑的世界第一大峡谷。范围内集合了热带到寒带的几乎所有生态系统类型，堪称地球缩影。雅鲁藏布大峡谷国家公园具有国家代表性和全球意义，既可以保护好这一极为宝贵、罕见的全球生态系统缩影景观系统，又能有效地保护区内丰富的生物多样性资源和世界第一大峡谷自然奇观，并有效维持大峡谷保护区水汽通道的功能。

（4）冈仁波齐-玛旁雍错国家公园。冈仁波齐-玛旁雍错国家公园包含西藏著名“神山”冈仁波齐和“圣湖”玛旁雍错，位于西藏阿里地区。冈仁波齐峰是西藏最著名的神山，受到佛教、印度教、耆教和苯教的尊崇，佛教信徒和苯教徒更把它看作世界的中心，是朝圣者心中的明灯，万千宗教教徒的精神家园。玛旁雍错湿地自然保护区是国际重要湿地，是西藏淡水储量最大的湖泊，拉昂错又为典型的高原咸水湖，在全球高寒湖泊湿地生态系统中具有很强的代表性。

（5）青海三江源国家公园。三江源地处青藏高原腹地，是长江、黄河、澜沧江的发源地，是我国淡水资源的重要补给地，特殊的地理位置、丰富的自然资源、重要的生态功能使其成为我国重要生态安全屏障。2015年12月，中央全面深化改革领导小组第十九次会议审议通过《三江源国家公园体制试点方案》。试点区域总面积12.31万平方千米。

（6）昆仑山国家公园。昆仑山国家公园处于亚洲中部大山系，也是中国西部山系的主干。该山脉西起帕米尔高原东部，横贯新疆、西藏间，伸延至青海境内，全长约2500千米，平均海拔5500~6000米，宽130~200千米，西窄东宽，国家公园保护面积达5万平方千米。昆仑山在中华民族的文化史上具有“万山之祖”的显赫地位，古人称昆仑山为中华“龙脉之祖”。

（7）祁连山国家公园

祁连山是我国西部重要生态安全屏障，是黄河流域重要水源地，是国家重要生态功能区之一，具有维护青藏高原生态平衡，阻止腾格里、巴丹吉林和库木塔格三大沙漠南侵，保障黄河和河西走廊内陆河径流补给的重要功能。祁连山国家公园体制试点区总面积5.02万平方千米，其中，甘肃片区面积3.44万平方千米，青海片区面积1.58万平方千米。

（8）大熊猫国家公园

大熊猫是我国独有的国宝级珍稀濒危野生动物，是生物多样性保护旗舰物种，也是我国于世界各国交流的和平使者。2017年1月大熊猫国家公园被纳入体制试点。按照保护大熊猫栖息地完整性和原真性的原则，将大熊猫野生种群高密度区、大熊猫主要栖息地、大熊猫局域种群遗传交流廊道划入国家公园，总面积约2.7万平方千米，包括四川、陕西、甘肃三个片区。

（9）普达措、白马雪山国家公园

地处横断山脉亚洲地势第一阶梯（青藏高原）向第二阶梯（云南高原）过渡的陡降坡度带上，是中国和全球重要的生物多样性富集区和物种基因宝库，也是全球景观类型、生态系统类型和生物物种最丰富、特有物种最集中、民族文化丰富多样的地区。2006年8月1日，云南普达措国家公园试运营，成为中国大陆第一个具备国家公园性质的保护地，2015年4月被列为全国国家公园体制试点区。下一步规划将国家公园范围扩展到白马雪山等横断山和三江并流核心区。

地球第三极国家公园群的宏大构想一旦实现，将全国生态区位最重要的自然生态系统纳入整体保护，将产生巨大的生态服务功能，为国土生态安全提供可靠的屏障。总面积约达93.08万平方千米，约占国土面积的9.7%，加上其余国家公园，总面积将超过全国自然保护地面积的50%，足以在面积上占据主体地位，可以为构建以国家公园的自然保护地体系提供基础性的支撑，促进我国的保护地体系进一步完善，对美丽中国建设起到保障作用。通过地球第三极国家公园群的逐步建立和完善，以国家公园为主体的自然保护地体系，保护好我国高原地区的生态环境，发挥“亚洲水塔”的生态服务功能，是生态保护的战略性行动，具有世界性的全局影响。结合“一带一路”倡议，以构建“人类命运共同体”的理念，与巴基斯坦、尼泊尔等国开展合作，推动临近国家建立国家公园，开展跨境保护行动，引领全球生态治理，为全球治理贡献中国智慧和中国力量，具有全球意义。

建立地球第三极国家公园群，是一项庞大的系统工程，需要统一认识，由国家主导，进行系统的规划，做好顶层设计，统筹各方面利益关系，加快推进。西藏、青海等省都十分重视，正在谋划建立以国家公园为主体的自然保护地体系。国家林业和草原局（国家公园管理局）对高度重视推进地球第三极国家公园群建设工作，目前，三江源、大熊猫、祁连山、普达措已经纳入国家公园体制试点，正在加快推进各项工作。国家公园规划研究中心等专业科技咨询机构正在开展珠峰、羌塘、雅鲁藏布大峡谷、青海湖、昆仑山等拟建国家公园的前期规划和研究工作。

国家公园是生态文明建设的重要载体，建立地球第三极国家公园群对于构建以国家公园为主体的自然保护地体系具有决定性的作用，是建设美丽中国的重大举措，是全面建成社会主义现代化强国的重要战略任务，事关中华民族永续发展的根本大计，也是大国的责任担当。要在以习近平同志为核心的党中央坚强领导下，深入贯彻落实习近平生态文明思想，统筹推进“五位一体”总体布局、协调推进“四个全面”战略布局，忠诚履职尽责，积极担当作为，加快青藏高原地球第三极国家公园建设进程。

自然保护领域一场深刻的历史性变革*

在国家林业和草原局加挂国家公园管理局牌子，将自然保护地纳入统一管理，建立以国家公园为主体的自然保护地体系，这一重大举措必将在自然保护领域带来一场深刻的历史性变革。这是以习近平同志为核心的党中央站在中华民族永续发展的高度做出的生态文明建设的重大决策，将对中国的自然保护事业乃至美丽中国建设产生深远的影响。这次改革，从时间维度看，使自然保护运动在生态文明建设新时代直接进入 2.0 版；从空间维度看，将所有自然保护地纳入统一管理，将解决保护地空间规划重叠的问题；在管理体制上，将从根本上解决“九龙治水”、交叉重叠等顽疾，改革的力度前所未有。这是中国国家公园发展进入新纪元的标志性事件，在自然保护领域具有里程碑式的划时代意义。

1 保护自然生态系统关乎人类社会可持续发展

国内外经验表明，保护意识和行为的产生往往是破坏的行为结果倒逼出来的。在漫长的历史长河中，人类享受着自然的供给，人们对自然资源的索取没有超过自然界自我恢复的阀值，人与自然相对相安无事。随着人类数量的增长以及利用自然手段和能力的增强，特别是工业化以来的两百余年来，资源的短缺和环境的退化现象从局部蔓延到全局，生态环境问题成了全球性问题。具有五千多年文明史的中国发展到今天，遇到了前所未有的资源趋紧、生态退化、环境污染加剧、生物多样性锐减的严峻局面，我们赖以生存的自然环境面临严重威胁。保护原生自然生态系统、修复退化生态环境成了我们这几代人的历史重任。相比破坏了再来投入资金修复（有的生态系统一旦破坏就无法修复），投资自然保护能够获得最大化的费效比，因此，国家十分重视自然保护事业。

2 建立自然保护地是保护自然生态系统的理想模式

自然生态系统是人类赖以生存的生命支持系统，它既是人类的生存空间，又直接或间接地提供了各类基本生产资料。构成自然生态系统的水、空气、土壤和动植物等生态要素是人类须臾不可离开的物质条件，保持一个完整的、健康的自然生态系统，直接关系到经济社会可持续发展，事关国家兴衰和民族存亡，是国家安全的重要组成部分。世界上公认，建立自然保护地是迄今为止最有效的保护自然生态系统、维护生物多样性的理想模式。

3 我国的自然保护地成绩显著，问题也不少

新中国成立以来，特别是改革开放以来，我国的自然生态系统和自然遗产保护事业快速发展，取得了显著成绩，建立了自然保护区、风景名胜区、森林公园、地质公园等多种保护地类型，数量达 10369 处，面积约占陆地国土面积的 18%，基本覆盖了我国绝大多数重要的自然生态系统和自然遗产资源。

但同时，自然保护地存在的问题也相当突出，一是缺乏统一的空间规划。从“条”方面，各类自然保护地分属林业、环保、国土、农业、水利、海洋等部门管理，交叉重叠，有的自然保护地同时挂着自然保护区、风景名胜区、森林公园、地质公园、自然文化遗产地、A 级旅游区等多个牌子，面积重复，数

---

* 唐芳林．自然保护领域一场深刻的历史性变革［N］．中国绿色时报，2018.

据打架，各自为政，效率不高。从“块”方面，完整的生态系统被行政分割，碎片化现象突出。二是产权不够明晰。全民所有自然资源产权人缺位，同一个自然保护区多部门管理，社会公益属性和公共管理职责不够明确，土地及相关资源产权不清晰，保护管理效能不高，盲目建设和过度开发的“公地悲剧”现象时有发生。三是管理机构重叠、职责交叉、权责脱节。建设管理缺乏科学完整的技术规范体系，保护对象、目标和要求还没有科学的区分标准。

这些问题的存在，使自然保护领域发生一些怪现象：自然保护区管理人员不买景区门票就进入不了保护区巡山护林；同一块土地，林业和国土部门土地分类标准不统一，土地台账对不上；一些城镇划入了自然保护区，区内人为活动与管理条例发生冲突，矿产资源管理部门在自然保护区颁发矿产勘探和开采权，风景名胜区和自然保护区重叠，利用和保护发生矛盾；执法部门难以执法到位，社区贫困，群众诉求难以满足，频频上访；有的自然保护区权衡利益后“跳槽”，时而归 A 部门管理，时而归 B 部门管理；检查过多，地方难以应付，有些问题却迟迟难以解决；协调工作量大，出台一个国家公园试点的文件，需要十三个部委局盖章，等等。问题和矛盾不断积累，出现了新疆卡拉麦里山自然保护区十年六次调减面积超过 6000 平方公里，野生动物为开矿让路，以及甘肃祁连山长期破坏自然保护区资源问题得不到及时解决等典型事件，触目惊心。现状已经适应不了生态文明建设的需求，问题已经到了非改不可的时候。

4 建立国家公园体制，改革自然保护地体系

国家公园是人类文明发展到一定阶段后的必然产物，它的出现推动了自然保护事业的兴起和发展，不仅创造了人类社会保护自然生态环境的新形式，同时也引发了世界性的自然保护运动。自 1872 年黄石国家公园诞生以来，国家公园这种自然保护地的模式已经在全球 200 多个国家通行。

中国将国家公园定位为自然保护地最重要类型之一，国家公园是指由国家批准设立并主导管理，以保护具有国家代表性的大面积自然生态系统为主要目的，兼有科研、教育、游憩等功能，实现自然资源科学保护和合理利用的特定陆地或海洋区域。将最具有生态重要性、国家代表性和全面公益性的核心资源纳入国家公园，实行最严格的保护，属于全国主体功能区规划中的禁止开发区域，是国家国土生态安全屏障的主要载体，是全民整体利益的组成部分，用国家意志和国家公权力行使管理权，是统筹国家利益和地方利益的载体，也是中央规范地方行为的工具。与一般的自然保护地相比，国家公园范围更大、生态系统更完整、原真性更强、管理层级更高、保护更严格，突出原真性和完整性保护，是构建自然保护地体系的“四梁八柱”，在自然保护地体系中占有主体地位。通过建立国家公园体制，改革自然保护领域存在的问题，建立以国家公园为主体的自然保护地体系，恰逢其时。

5 生态文明体制改革具有系统性、科学性

建立国家公园体制，是践行生态文明战略的重大部署，改革成败与否，关系着占国土面积五分之一的高价值生态空间的安全性，关系着能否持续不断地提供生态服务功能和生态安全庇护，其意义十分重大。因此，这次改革绝不是修修补补、小打小闹，而是脱胎换骨，具有系统性和革命性。应该说，对于自然保护地多头管理、权责不明等弊端，人们都深有感触，对于怎么改，也都有一些倾向，但一把部门利益甚至个人利益摆进去，就会影响判断力和客观性、公正性。

中央对此有着深邃的洞察和清醒的认识，习近平总书记多次强调，要建立统一行使全民所有自然资源资产所有权人职责的体制，使国有自然资源资产所有权人和国家自然资源管理者相互独立、相互配合、相互监督。山水林田湖草是一个生命共同体，由一个部门负责领土范围内所有国土空间用途管制职责，对山水林田湖草进行统一保护、统一修复是十分必要的。他还特别指出，要着力建设国家公园，保护自

然生态系统的原真性和完整性，给子孙后代留下一些自然遗产。《生态文明体制改革总体方案》明确要求，中央政府主要对石油天然气、贵重稀有矿产资源、重点国有林区、大江大河大湖和跨境河流、生态功能重要的湿地草原、海域滩涂、珍稀野生动植物种和部分国家公园等直接行使所有权。《建立国家公园体制总体方案》提出，优化自然保护地体系，建立统一事权、分级管理体制，建立统一管理机构。《深化党和国家机构改革方案》明确，将国土资源部、住房和城乡建设部、水利部、农业部、国家海洋局等部门的自然保护区、风景名胜区、自然遗产、地质公园等职能整合，组建国家林业和草原局，加挂国家公园管理局牌子。国家公园管理局作为全民所有自然资源资产所有权人的代表，将承担生态保护功能的自然生态空间和自然资源资产统一管理起来，从而实现真正意义的严格保护、系统保护和整体保护。

在党和国家机构改革的方针下，在自然保护领域自上而下做好了顶层设计，坚持一类事项原则上由一个部门统筹、一件事情原则上由一个部门负责，加强相关机构配合联动，避免政出多门、责任不明、推诿扯皮。在空间上统一规划，把所有的自然资源统一归自然资源部确权登记，把分散在各部门的自然保护地全部纳入新成立的国家公园管理局统一管理，这将从根本上解决九龙治水的问题，体现了在自然保护领域管理体制改革的先进性。

6 统一高效的国家公园体制，在全球范围都具有先进性

经过上百年的探索实践，国家公园的理念和发展模式已成为世界上自然保护的一种重要形式。全球已有 200 多个国家和地区建立了上万个国家公园，总保护面积超过 400 万平方公里，占全球保护面积的 23.6%。

总体来看，国外国家公园主要有三种管理体制。

一是自上而下的垂直管理体制。这种体制最为普遍，实行的国家最多，包括美国、巴西、阿根廷、澳大利亚、等。作为世界上第一个国家公园的诞生地，美国国家公园走过了 145 年的曲折历程，建立了成熟的国家公园体系，国家公园管理局管理着 59 个国家公园，以及国家历史公园等 20 多种类型共 417 处国家公园管理单位，总面积为 34.2 万平方公里，约占国土面积的 3.6%；由于美国的自然保护地体系由国家公园管理局、林务局、鱼和野生动物管理局、土地局等部门分别管理，不是“大部制”管理，相对分散，各行其政，完整性仍然受到影响，彼此之间也有难以协调的问题。巴西是生物多样性大国，其国家公园的管理模式为中央集权型管理，自上而下实行垂直领导并辅以其他部门合作和民间机构的协助，管理体系健全，层次清晰，职责划分明确，值得参考借鉴。阿根廷国家公园历史悠久，1934 年成立国家公园管理委员会，正式确立了国家公园为主的自然保护体系。阿根廷的自然保护体系以国家公园为主，此外还有自然保护区、濒危物种保护区、人类文化和自然遗产保护区等。国家公园管理局隶属于阿根廷环境与可持续发展部。国家公园管理局是阿根廷国家公园及其他保护地的管理机构，不仅负责对全国国家公园的管理，同时也要负责自然保护区、世界遗产、国家纪念地等的管理，内设机构简单明了，部门设置科学，职责划分合理。

二是自上而下与地方自治相并行的管理体制。最典型的是加拿大和日本。加拿大的管理机构建立最早，经过一百多年的发展逐步形成，内设机构健全，分为国家级和省级国家公园，国家级国家公园由联邦政府实行垂直管理，省级国家公园由各省政府自己管理，两级机构没有交叉也不相互联系。

三是地方自治型管理体制。采取这种体制的国家较少，代表性国家是德国。德国国家公园的建立、管理机构的设置、管理目标的制定等一系列事务，都由地区或州政府决定，联邦政府仅为开展此项工作制定宏观政策、框架性规定和相关法规，基本不参与具体管理。

在借鉴国际先进作法和经验的基础上，结合中国自然保护地实际，以加强自然生态系统原真性、完整性保护为基础，以实现国家所有、全民共享、世代传承为目标，理顺管理体制，创新运营机制，健全法治保障，强化监督管理，构建统一规范高效的中国特色国家公园体制，建立分类科学、保护有力的自

然保护地体系。国家公园管理局负责管理以国家公园为主体的自然保护地体系，肩负着守护者、管理者、使用的监管者、生态产品的供给者、生态文化传播和对外交流的使者等角色，以构建生态安全屏障、保护野生动植物、维护生物多样性、满足人民认识自然和亲近自然的精神文化需求、确保国家的重要生态资源全民共享、世代传承的职责，以建设美丽中国、维护中华民族永续发展的生态空间为使命。成立国家公园管理局的做法与国际上绝大多数国家做法相近，又结合中国国情，体现了中国特色，具有科学性和前瞻性，一旦实施，将在全球自然保护地体系治理方面独树一帜，为发展中国家保护自然生态环境提供中国经验。

7 建立自然保护地体系是千秋伟业

构建国土空间开发保护制度，科学划定生态空间、生产空间和生活空间，按照主体功能区分别制定配套政策，严格保护生态空间，适度控制生产空间，合理利用生活空间，实现生产发展、生活富裕、生态良好的可持续发展目标。其中，将由不同层级的自然保护地组成的完善的自然保护地体系，纳入生态红线管理，实现系统保护、完整保护、严格保护，是美丽中国建设和中华民族永续发展的基础。按照规划，中国将在2030年建立起完善的自然保护地体系。笔者预估，届时我国的自然保护地面积会超过陆地国土面积的20%，其中大部分重要的生态空间将被纳入国家公园，用国家意志和国家力量来进行永久保护，这是一项功在当代、利在千秋的伟大事业。

8 增强“四个意识”，加快改革进程

改革是对权利的再分配和利益格局的再调整，必然伤及一些既得利益方。这次调整，中央的方针非常明确，态度非常坚决。一些部门将移交自然保护地的管理职能，国家公园管理局将承接一些新的职能，这对利益相关者是一个考验。我们必须坚持正确改革方向，增强“四个意识”，坚定“四个自信”，坚决维护以习近平同志为核心的党中央权威和集中统一领导，把握好改革发展稳定关系，抓住机遇，有重点地解决阶段性突出矛盾，以“功成不必在我”和自我革命的精神，把工作做深做细，不折不扣把深化机构改革的要求落到实处。一是组建精干高效的国家公园管理局，立足长远设置内设机构。二是选好配强干部队伍，组建专家委员会。正确的路线确定以后，干部就是决定的因素，自然保护专业性强，从业人员的专业经验尤为重要。三是尽快制定标准和技术体系。四是加快制定《国家公园法》。五是开展自然保护地分类，制定国家公园发展规划。

在历史上，美国的西奥多．罗斯福、约翰．穆尔等人因为大力推动自然保护运动而被后人铭记。以国家公园体制建设为标志，中国正在掀起一场新的自然保护运动，这场由习近平总书记亲自推动的新时代的国家公园和自然保护运动站在了新的起点和高度上，这既是新时代生态文明建设的现实需求，更是中华民族永续发展的千年大计，其规模和影响力更加巨大，是关乎13亿人的生态空间的大事，必将产生更加深远的历史意义。中国构建以国家公园为主体的自然保护地体系，必将在中国历史上留下一座生态文明建设的丰碑。

整合机构，改革生态环境监管体制*

党的十九大报告提出："改革生态环境监管体制。加强对生态文明建设的总体设计和组织领导，设立国有自然资源资产管理和自然生态监管机构，完善生态环境管理制度，统一行使全民所有自然资源资产所有者职责，统一行使所有国土空间用途管制和生态保护修复职责，统一行使监管城乡各类污染排放和行政执法职责。构建国土空间开发保护制度，完善主体功能区配套政策，建立以国家公园为主体的自然保护地体系。"这是十分必要和迫切的。

随着国家公园体制试点工作的推进，以及建立以国家公园为主体的自然保护地体系的需要，建立统一的国家公园管理机构成为当务之急。这又需要放在机构改革的大盘子里面来进行顶层设计，自然资源资产的登记、使用和监督要统筹规划，需要建立相应的机构来分别行使自然资源资产的所有权、使用权、监管权，实现统一登记、统一管理、统一监督。新的机构设立要考虑通过改革来克服"九龙治水"带来的弊端，形成统一、高效、分级的管理体制，又要立足实际，避免大拆大分带来原有工作基础的丧失和现有资源的破坏，最大限度提高效率，最大限度减小改革成本。在机构和编制总量不增的前提下，设立机构就必须在现有基础上通过整合机构、划分职能，实现三个"统一行使"。

综合权衡，可以考虑以下方案：

由国土资源部统一行使全民所有自然资源资产所有者职责；在国家林业局基础上组建生态保护部，统一行使所有国土空间用途管制和生态保护修复职责；由环保部统一行使监管城乡各类污染排放和行政执法职责。

要完成以上职能调整，需要把国土资源部现有的自然资源具体管理职能剥离；把分散在林业、环保、国土、农业、水利、海洋等部门的生态保护职能集中的新的生态保护部，把国家林业局目前承担的林业产业职能剥离到农业部和工信部；把环保部目前承担的自然生态保护职能剥离到生态保护部，环保部专心承担水、气、声、渣等各类污染排放和行政执法。

目前，有环保部在履行环境监管职责，包括无机的污染排放、有机的自然生态保护，还具体管理约10%的自然保护区，有"既当运动员又当裁判员"之嫌；林业、农业、国土、水利、住建、海洋部门具体管理各类自然生态系统，比较分散，需要整合。本着降低改革成本的原则，不宜将已经形成体系的林业部门拆分，相反应该加强。目前国家林业局具体管理着80%以上的自然生态系统，包括森林、湿地、荒漠，以及野生动植物和生物多样性保护，包括自然保护区、森林公园、湿地公园、天然林、公益林等。林业管理机构健全，上到中央部门，下到乡镇林业站，国家、省、市、县、乡五级都设有健全的机构，目前全国林业系统有事业单位36244个，仅国家林业局就有70个司局级机关和事业机构，除了几个平原省市，绝大部分省、自治区都有正厅级的林业厅（局）。人力资源有保障，管理监督、执法、科研、调查规划、宣传教育、森林防火、病虫害防治等领域都有人力保障，基层的保护站、护林员、生态管护员遍及全国，截止到2014年底，全国林业系统在岗人数118.04万人，还有不在编的生态护林员37万人（随着生态扶贫的深入，这个数字还在快速增加）。林业法制体系健全，经费投入渠道稳定，中国在人才培养、科技支撑、政策保障、灾害防治等保障体系方面，在世界上都算得上是完善的，具有良好的基础条件。相比美国的生态资源分散在林务局、鱼和野生动物管理局、国家公园管理局、水土保持局等部门，

---

* 唐芳林．整合机构，改革生态环境监管体制．2018.

中国的林业部门事实上已经实现了“大部制”。

但同时，林业还同时承担着商品林、经济林、木材加工等产业职能，过多的职责使得这个自1998年机构改革时由林业部降格成为副部级的国家林业局有“头小身子大”“小马拉大车”的现象，有一些力不从心。商品林、经济林等林业种植业属于大农业的范畴，可以剥离给农业部门。林产加工业属于工业范畴，可以剥离给工信部。

在国家林业局基础上新组建的生态保护部，负责统一行使所有国土空间用途管制和生态保护修复职责，其下可以设立林务局，管理和指导森林保护，推进国土绿化；设立国家公园管理局，管理以国家公园为主体的自然保护地体系，包括全部国家公园、自然保护区、森林公园、湿地公园、海洋公园、地质公园等自然保护地，承担生物多样性保护和湿地保护国际公约。设立专业司局负责野生动植物保护、森林消防、空间规划、生态修复、国际合作等职责，实现“山、水、林、天、湖、草”的统一保护，彻底克服多头管理带来的生态资源和国土空间因为部门分割而导致的碎片化管理弊端。

借鉴国际经验，一些国家通过设立长期稳定的生态监管部门，实现了重要生态资源的保护和利用。美国国土的土地面积为916万平方公里，其中大约33%为森林覆盖，除了私人林地、州县等地方政府拥有的公园森林之外，有将近100万平方公里为国家森林、草地和公园。包括两大部分，主要部分是由1905年建立的农业部林务局负责管理的国家森林，包括分布于40多个州和美国属地的135处森林和草地，总面积大约有78万平方公里。另外一部分是1916年在国土资源部下面设立的国家公园管理局，负责管理59个国家公园，所涵盖的绝大部分也是森林草地。美国一百多年来长期稳定的林务局和国家公园管理局，使国家森林和草地纳入联邦政府直接管理，确保了重要生态资源的有效保护。

国家林业局昆明勘察设计院院长唐芳林长期从事国家公园和自然保护地规划和研究，他认为，中国有必要建立国家森林体系，把重要的关系国计民生和生态安全的重要森林资源纳入国家森林体系中，由中央林业主管部门直接行使所有权和监管权。事实上，中国目前已经具有良好的基础，这就是国有林区和国家重点公益林。公益林是指为维护和改善生态环境，保持生态平衡，保护生物多样性等满足人类社会的生态、社会需求和可持续发展为主体功能，主要提供公益性、社会性产品或服务的森林、林木、林地。国家级公益林是指生态区位极为重要或生态状况极为脆弱，对国土生态安全、生物多样性保护和经济社会可持续发展具有重要作用，以发挥森林生态和社会服务功能为主要经营目的的防护林和特种用途林。目前，一些公益林已经被划入自然保护区等自然保护地，但大部分还没有被纳入。大型的国有林区，正在明确由国家林业局代行自然资源产权所有人职责，国家重点公益林则已经纳入国家生态补偿和管理范畴，停止天然林商业性采伐，就是把生态价值高的森林纳入保护，以实现森林生态系统的生态服务功能和资源可持续利用。国有林区和国家重点公益林都已经符合自然保护地的特征，可以进一步明确其法律地位，明确由中央林业主管部门直接管理，作为自然保护地体系的主要组成部分。这也是构建国土空间开发保护制度和完善主体功能区配套政策的具体举措，对生态文明建设具有决定性的重要意义和深远的历史性意义。

任何部门都会有其利益诉求，当某种部门利益同时也和大众利益相一致时，就会成为公共利益和国家利益。国土、林业、环保等部门的主要利益述求都是生态保护，通过整合机构和合理划分职能，可以实现国土空间用途管制和所有权、使用权、监管权的有效分离和分别统一行使，最大限度体现公共利益，促进生态文明建设。

自然保护地体系类型划分专题研究报告*

1 自然保护地体系相关概念

1.1 体系

关于“体系”这个名词，辞海中的释义是“体系是指若干有关事物或某些意识相互联系而构成的一个整体”。从词义上看，体系泛指一定范围内或同类的事物按照一定的秩序和内部联系组合而成的整体，是不同系统组成的系统。近义词有体制（一定的规则和制度）、系统（部分组成的整体），对应的英文词有 system（系统；体系；体制）；setup（组织结构）；institutions（机构）；framework（体制）等。体系具有系统性、完整性、联系性、功能性等特征。

1.2 自然保护地

受保护的区域被称为保护地（protected area，有时也译为保护区），建立保护地是世界各国保护自然的通行做法。

《生物多样性公约》（CBD）将保护地定义为：指一个划定地理界线，为达到特定保护目标而制定或实行管制和管理的地区。

世界自然保护联盟（IUCN）对保护地也有明确的定义：保护地是一个明确界定的地理空间，通过法律或其他有效方式获得认可、得到承诺和进行管理，以实现对自然及其所拥有的生态系统服务和文化价值的长期保护。自然保护地是指以保护特定自然生态系统和景观为目的，由政府划定、法律认可、边界和权属清晰、受到有效管理的地理空间。

设立自然保护地是为了维持自然生态系统的正常运作，为物种生存提供庇护所，并维护难以在集约经营的陆地景观和海洋景观内进行的生态过程，同时也是我们理解人类与自然界相互作用的基线。自然保护地有多重目的，包括科学研究、保护荒野地、保存物种和遗传多样性、维持环境服务、保持特殊自然和文化特征、提供教育、旅游和娱乐机会、持续利用自然生态系统内的资源、维持文化和传统特征等。

1.3 自然保护地体系

自然保护地是国家和国际实施保护战略的重要基础，单个和零散的自然保护地难以满足全面需求。为了更有效地实现生态目标，需要在不同空间尺度和保护层级上合作并运行若干数量的自然保护地，构成具有一定共性、彼此关联的保护网络，这就形成了自然保护地体系。

IUCN 强调自然保护地不应被视为隔离的实体，而应作为更大范围内的自然保护地域的组成部分。自然保护地体系的首要目标是增加生物多样性就地保护的有效性，就地保护要取得长远成功，就要求自然保护地全球体系中涵盖世界各种不同生态系统的代表性样本。2004 年，生物多样性公约的自然保护地项目为自然保护地体系总目标提出的标准是建立和维持“综合的、有效管理的和具有生态代表性的国家和区域自然保护地体系”。IUCN 世界保护地委员会认为自然保护地体系具有以下五种相互关联的特点：

一是代表性、综合性和均衡性。自然保护地作为一个国家完整生态类型最高质量的代表，应包括自然保护地代表的所有生态系统类型的均衡样本；

---

* 唐芳林. 自然保护地体系类型划分专题研究报告. 2018.

二是充分性。完整、足够的空间范围和相关组成单元的保护，辅之以有效管理，用来保护构成国家生物多样性的生态过程和/或物种、种群、群落和生态系统的长久生存能力；

三是连贯性和互补性。每个自然保护地为整个自然保护体系，以及国家的可持续发展目标提供积极的贡献；

四是一致性。管理目标、政策和在可比条件下通过标准化方式进行管理分类的应用，使该管理分类体系内每一自然保护地的目标明确、清晰，并尽最大可能利用各种管理和利用的机会支持总目标的实现；

五是成本、效率和平等性。保持适当的收支平衡、收益分配的平等，注重效率，以最少的数量、最小的面积来实现保护体系的总体目标。

2 国际经验借鉴

2.1 世界保护地概况

1864 年美国约瑟米蒂谷被列入受保护的地区，这是世界上第一个现代的自然保护地。1872 年美国建立了黄石国家公园，被公认为是世界上第一个国家公园。此后，各种类型的自然保护地在全球相继被建立起来。根据世界自然保护地数据库（World Database on Protected Areas，简称 WDPA）统计，到 2016 年 4 月，全球已经设立了 217，155 个自然保护地，其中陆地类型的 202，467 个，覆盖占全球陆地面积的 14.7%，海洋类型 14，688 个，覆盖全球海洋面积的 4.12%（覆盖国家管辖的沿海和海洋面积的 10.2%）。其中，冠以国家公园之名的有上万个。按照 IUCN 的保护地体系分类标准，符合Ⅱ类即国家公园的自然保护地有 5625 个。

2.2 保护地体系特点

在保护地 100 多年的发展历程中，世界上几乎所有国家或地区都建有自然保护地，而且几乎所有国土面积大一些的国家都不是单一的自然保护地形式，而是构建一个分类分级的自然保护地体系。例如，美国的自然保护地系统由 8 类 7 部门管理，每大类中又分不同的小类，如国家公园系统包括 20 个类型。加拿大、俄罗斯自然保护地体系简单，仅 3~4 类，主要以国家公园、自然保护区和国家禁猎区（庇护所）为主。

表 1 部分国家自然保护地类型

国家	自然保护地类型名称
美国	国家公园系统、国家自然地标系统、国家森林系统、国家野生动植物庇护区系统、国家景观保护系统、海洋保护区系统、印第安保留区、国防部保护区
加拿大	国家野生动物保护区、国家公园、国家海洋保护区、国家候鸟庇护所
俄罗斯	自然保护区、国家公园、自然庇护所、其他特殊功能保护区
巴西	国家公园、野生生物保护区、生态站、野生动物庇护所、自然遗迹、环境保护区、特殊生态价值区、国家森林、动物保护区、可持续利用保护区
英国	国家公园、国家优美自然景观区、特殊科研价值保护区、国家自然保护区、地区级重要地理地貌保护区
法国	国家公园（荒野地）、国家自然保护区、海洋国家公园、生物保护区、国家狩猎和野生生物保护区、分类区/注册区、海岸线和湖岸保护区
德国	自然保护区、国家公园、景观保护区
挪威	国家公园、风景保护区、自然保护区、其他类型
日本	自然公园体系、自然环境保全区、森林生态系统保护区、野生动物保护区
南非	特殊自然保护区、国家公园、自然保护区（包括荒野地）、保护的环境区、世界遗产地、海洋保护区、特别保护森林区、森林自然保护区、森林荒野地和高山盆地区（山脉集水区）

（续）

国家	自然保护地类型名称
肯尼亚	国家公园、自然保护区、自然保留地、森林保护地、自然遗产地、狩猎保留地、海洋公园、海洋保留地
澳大利亚	严格意义保护区、荒野地、国家公园、自然纪念物保护区、生境/物种管理区、陆地/海洋景观保护区、自然管理保护区
阿根廷	国家公园、自然遗迹、国家保护区、严格的自然保护区、原野保护区、自然教育保护区
津巴布韦	野生动物管理区、国家森林、狩猎区、植物保护区、游憩公园、国家公园、禁猎区、国际重要湿地、禁伐林、植物园、世界遗产、联合国教科文组织生物保护圈、自然保护区、国家历史纪念区
新西兰	国家公园、保护公园、荒野地、生态区域、水资源区域、各类保护区等

欧洲国家众多、历史悠久，土地开发建设活动深入到每个国家的各个角落，在欧洲的保护地中主要是景观保护类型而不是纯自然生态系统保护类型，每个国家均有自己的保护地体系，保护地数量及其占国土面积比例都很高。在整个欧洲层面就有特别保护区（SAC）、社区保护区（SCI）、特殊保护区（SPA）、生物基因保护网络（BR）、欧洲示范保护区 A 类和 C 类等不同类别，与之相关的管理机构包括欧盟委员会和欧洲理事会。在国家层面来看，以英国为例，国际层面到联邦属地层面就有 35 种保护地类别，还有各种属于地方级别的保护地类型，其中最为核心的 5 个保护地类别包括国家公园（NP）、国家优美自然风景区（AONB）、特殊科研价值保护区（SSSI）、国家自然保护区（NNR）和地区级重要地理地貌保护区（RIGS）。每一类保护地的管理目标都不相同，同一个自然空间区域中设立一类保护类型来实现全面整体的保护，由于英国允许土地私有，每个联邦属地的法律都不相同，很多保护地都是私人所有或非政府机构所有，保护地与管理机构之间关系复杂，呈现一种“多对多”的关系。

各国根据自身特点，在构建自然保护地体系考虑因素方面存在一定的差异，大致存在三个途径：

一是按照管理形式的差异进行分类，主要还是因保护对象不同采取不同的管理形式，这意味着管理部门也不一样；

二是管理目标不一样，也就是管理效能方面有差异，如自然保存、完整性保护、保护性利用、可持续利用等；

三是管理措施不一样，按照保护管理措施的严格程度形成保护体系。

从总体上看，有两个基本特征：一是大多数国家基本上根据管理目标以及相应的保护管理效能构建自然保护地体系，这是全球主流；二是除了授牌或认证形式的命名（如自然文化遗产地、国际重要湿地、生物圈保护区、绿色保护地等）外，自然保护地之间不存在交叉、重叠或重复命名现象。

2.3 世界自然保护联盟（IUCN）保护地管理分类体系

世界自然保护地类型多样，为了减少专业术语带来的混淆，使各国使用“共同的语言”交流，世界自然保护联盟（IUCN）从 20 纪 60 年代开始对全球所有自然保护地进行分类整理，目前根据保护地的主要管理目标和管理方式，把保护地分为 6 类，分别为严格的自然保护区/原野保护区、国家公园、自然文化遗迹或地貌、栖息地/物种管理区、陆地景观/海洋景观保护区、自然资源可持续利用保护区。

该分类成果明确了各类保护区的保护管理效能，形成了一个较完整的管理目标系列，即科学研究、荒野保护、保存物种和遗传多样性、维持环境服务、保护特殊自然和文化特征、教育、旅游和娱乐、持续利用自然生态系统内的资源、维持文化和传统特征。

IUCN 分类体系强调，不同类别的自然保护地具有同等的重要性，应该针对特定管理要求以及管理目的选择合适的管理类别。其优点在于，IUCN 的保护地分类体系强调了保护地管理的重要性，并且明确不同人为干扰强度对应不同管理政策，为全球不同保护区分类体系的改进、交流提供了便利和范式。

表 2 IUCN 保护地管理分类体系

分类	名称	简要描述
Ⅰa	严格的自然保护区	是指严格保护的原始自然区域。首要目标是保护具有区域、国家或全球重要意义的生态系统、物种（一个或多个物种）和/或地质多样性。
Ⅰb	原野保护区	是指严格保护的大部分保留原貌，或仅有些微小变动的自然区域。首要目标是保护其长期的生态完整性。
Ⅱ	国家公园	是指保护大面积的自然或接近自然的生态系统，首要目标是保护大尺度的生态过程，以及相关的物种和生态系统特性。
Ⅲ	自然文化遗迹或地貌	是指保护特别的自然文化遗迹的区域。
Ⅳ	栖息地/物种管理区	是指保护特殊物种或栖息地的区域。首要目标是维持、保护和恢复物种种群和栖息地。其自然程度较上述几种类型相对较低。
Ⅴ	陆地景观/海洋景观保护区	是指人类和自然长期相处所产生的特点鲜明的区域，具有重要的生态、生物、文化和风景价值。
Ⅵ	自然资源可持续利用保护区	是指为了保护生态系统和栖息地、文化价值和传统自然资源管理制度的区域。目标是保护自然生态系统，实现自然资源的非工业化可持续利用。

3 我国自然保护地类型现状

3.1 现有类型

目前，我国具有自然保护功能的自然保护地至少包括自然保护区、风景名胜区、森林公园、湿地公园、沙漠公园、沙化土地封禁保护区、地质公园、海洋特别保护区、水产种质资源保护区、水利风景区、饮用水水源保护区、城市湿地公园、重点保护野生植物保护点、自然保护小区等类型的自然保护地，以及我国正在开展的国家公园体制试点等。

表 3 我国现有的自然保护地类型（2017 年底）

序号	类型	数量/个（国家级）	总面积/万平方公里	占国土面积比例/%
1	国家公园（体制试点）	10	21.6549	2.3
2	自然保护区	2750（474）	147	15.31
3	风景名胜区	962（881）	11.1	1.16
4	地质公园	485（207）	—	—
5	森林公园	3234	18.0171	1.88
6	湿地公园	979	3.1951	>0.33
7	沙漠公园	55	0.2973	0.03
8	国家沙化土地封禁保护区	61	1.5438	0.16
9	海洋特别保护区	67	6.9	0.72
10	水产种质资源保护区	523	12.8	1.33
11	水利风景区	2500	—	—
12	全国重点饮用水水源保护区	618	—	—
13	城市湿地公园	37	—	—
14	重点保护野生植物保护点	154	—	—
15	自然保护小区	约 50000	1.5	0.16

（续）

序号	类型	数量/个（国家级）	总面积/万平方公里	占国土面积比例/%
		国际层面		
1	世界自然与文化遗产	52	6.8	0.71
2	生物圈保护区	32	7.3	0.76
3	国际重要湿地	49	4.0	0.41
4	世界地质公园	37	—	—

据不完全统计，各种类型的自然保护地超过1万个，面积约占陆地国土面积的18%，超过世界平均水平，有效保护了我国90%的自然生态系统、85%的国家重点保护动物和86%的国家重点保护植物以及绝大多数自然遗迹，部分区域生物多样性遭受严重威胁的局面得到缓解，一些濒危物种种群得到了恢复。在这些自然保护地中，起步最早、数量最多、面积最大、保护效果最好的是自然保护区，构成了我国自然保护地的主体。

自然保护区、风景名胜区依据国务院颁布的相关条例进行管理，其他各类自然保护地依据各主管部门或地方颁布的规章进行管理。除了重点保护野生植物保护点、自然保护小区的定义还不够明确之外，其他自然保护地在条例或规章中都进行了明确。

表4　我国现有自然保护地定义、主要功能及依据

序号	类型	定义	主要功能	依据文件
1	国家公园（体制试点）	是指由国家批准设立并主导管理，边界清晰，以保护具有国家代表性的大面积自然生态系统为主要目的，实现自然资源科学保护和合理利用的特定陆地或海洋区域。	首要功能是重要自然生态系统的原真性、完整性保护，同时兼具科研、教育、游憩等综合功能。	《建立国家公园体制总体方案》（中办发［2017］55号）
2	自然保护区	是指对有代表性的自然生态系统、珍稀濒危野生动植物物种的天然集中分布区、有特殊意义的自然遗迹等保护对象所在的陆地、陆地水体或者海域，依法划出一定面积予以特殊保护和管理的区域。	严格保护具有代表性的自然生态系统、珍稀濒危野生动植物物种的天然集中分布区、有特殊意义的自然遗迹等，开展科学研究、教学试验、参观考察、旅游以及驯化、繁殖珍稀、濒危野生动植物等。	《自然保护区条例》（国务院令，1994年颁发，2017年修订）
3	风景名胜区	是指具有观赏、文化或者科学价值，自然景观、人文景观比较集中，环境优美，可供人们游览或者进行科学、文化活动的区域。	严格保护景观和自然环境，保护民族民间传统文化，开展健康有益的游览观光和文化娱乐活动，普及历史文化和科学知识	风景名胜区条例（国务院令，2006年颁布，2016年修订）
4	地质公园	是以具有特殊的科学意义、稀有的自然属性、优雅的美学观赏价值，具有一定规模和分布范围的地质遗迹景观为主体，融合自然景观与人文景观并具有生态、历史和文化价值；以地质遗迹保护，支持当地经济、文化和环境的可持续发展为宗旨，为人们提供具有较高科学品位的观光旅游、度假休闲、保健疗养、科学教育、文化娱乐的场所。	保护地质遗迹、普及地学知识、营造特色文化、发展旅游产业，促进公园所在地区社会经济可持续发展。	地质遗迹保护管理规定（原地质矿产部令，1995年发布）

（续）

序号	类型	定义	主要功能	依据文件
5	森林公园	是指森林景观优美，自然景观和人文景物集中，具有一定规模，可供人们游览、休息或进行科学、文化、教育活动的场所。	主体功能是保护森林风景资源和生物多样性、普及生态文化知识、开展森林生态旅游。	《森林公园管理办法》（原林业部令，1994 年发布，2016 年修改）、《国家级森林公园管理办法》（国家林业局令，2011 年发布）
6	湿地公园	是指以保护湿地生态系统、合理利用湿地资源为目的，可供开展湿地保护、恢复、宣传、教育、科研、监测、生态旅游等活动的特定区域。	保护湿地生态系统、合理利用湿地资源、开展湿地宣传教育和科学研究，并可供开展生态旅游等活动。	《湿地保护管理规定》（原国家林业局令，2013 公布，2017 年修改）、《国家湿地公园管理办法（试行）》（林湿发［2010］1 号）
7	沙漠公园	以典型性和代表性沙漠景观为主体，以保护荒漠生态系统为目的，在促进防沙治沙和保护生态功能的基础上，合理利用沙区资源，开展公众游憩、旅游休闲和进行科学、文化、宣传和教育活动的特定区域。	保护荒漠生态系统、合理利用沙漠资源，开展公众游憩休闲或进行科学、文化、宣传和教育活动。	《国家沙漠公园试点建设管理办法》（林沙发〔2013〕232 号）
8	沙化土地封禁保护区	对于不具备治理条件的以及因保护生态的需要不宜开发利用的连片沙化土地，由国家林业局根据全国防沙治沙规划确定的范围，按照生态区位的重要程度、沙化危害状况和国家财力支持情况等分批划定为国家沙化土地封禁保护区。	封禁保护不具备治理条件以及因保护生态需要不宜开发利用的连片沙化土地区，开展固沙压沙等生态修复与治理、成效监测、宣传教育。	国家沙化土地封禁保护区管理办法（林沙发［2015］66 号）
9	海洋特别保护区	是指具有特殊地理条件、生态系统、生物与非生物资源及海洋开发利用特殊要求，需要采取有效的保护措施和科学的开发方式进行特殊管理的区域。	严格保护珍稀、濒危海洋生物物种和重要的海洋生物洄游通道、产卵场、索饵场、越冬场和栖息地等重要生境，开展生态养殖、生态旅游、休闲渔业、人工繁育等。	海洋特别保护区管理办法（国家海洋局，2010 年发布）
10	水产种质资源保护区	是指为保护水产种质资源及其生存环境，在具有较高经济价值和遗传育种价值的水产种质资源的主要生长繁育区域，依法划定并予以特殊保护和管理的水域、滩涂及其毗邻的岛礁、陆域。	保护具有较高经济价值和遗传育种价值的水产种质资源及主要生长繁育区域，设立特别保护期进行严格保护，依法开展科学研究、教学实习、参观游览、影视拍摄等。	水产种质资源保护区管理暂行办法（农业部令，2011 年发布）
11	水利风景区	是指以水域（水体）或水利工程为依托，具有一定规模和质量的风景资源与环境条件，可以开展观光、娱乐、休闲、度假或科学、文化、教育活动的区域。	以培育生态，优化环境，保护资源，实现人与自然的和谐相处为目标，强调社会效益、环境效益和经济效益的有机统一。	水利风景区管理办法（水利部 2004 年发布）
12	饮用水水源保护区	指为防止饮用水水源地污染、保证水源水质而划定，并要求加以特殊保护的一定范围的水域和陆域。饮用水水源保护区分为一级保护区和二级保护区，必要时刻在保护区外划分准保护区。	保护地表水饮用水和地下水饮用水水源。饮用水水源地都应设置饮用水水源保护区。	饮用水水源保护区污染防治管理规定（［89］环管字第 201 号，2010 年修正）、水利部关于印发全国重要饮用水水源地名录（2016 年）的通知（水资源函〔2016〕383 号）

（续）

序号	类型	定义	主要功能	依据文件
13	城市湿地公园	是指利用纳入城市绿地系统规划的适宜作为公园的天然湿地类型，通过合理的保护利用，形成保护、科普、休闲等功能于一体的公园。	能供人们观赏、游览，开展科普教育和进行科学文化活动，并具有较高保护、观赏、文化和科学价值。	《国家城市湿地公园管理办法）（试行）（建城［2005］16号）
14	重点保护野生植物保护点	在自然保护区外的其他区域，县级以上地方人民政府野生植物行政主管部门和其他有关部门可以根据实际情况建立国家重点保护野生植物和地方重点保护野生植物的保护点或者设立保护标志。	保护国家和地方重点保护野生植物物种天然分布点。	野生植物保护条例（国务院令，1997年）；农业野生植物保护办法（农业部令，2002年）
15	自然保护小区	一般面积较小，是由县级以下（含县级）的行政机关设定保护的自然区域，或者在自然保护区的主要保护区域以外划定的保护地段。	保护重点保护野生动物栖息地和珍贵植物原生地，有保存价值的原始森林、原始次生林和水源涵养林，有特殊保护价值的地形地貌、人文景观、历史遗迹地带，机关、部队、企事业单位的风景区、旅游点、绿化地带，自然村的绿化林、风景林和烈士纪念碑、烈士陵园林地等。	广东、江西、浙江、福建等省社会性、群众性自然保护小区暂行规定（1993年）

3.2 与IUCN保护地管理体系的对应分析

对照IUCN的分类体系，很难将中国的各类自然保护地一一对应到相应的类别中。例如，自然保护区一般被认为是严格自然保护区，应该被归到Ia类，但实际上6个类别中都有。这是由于IUCN是基于管理目标进行分类，而我国的自然保护地类型是基于管理对象划分，这就使得IUCN的分类体系在中国不是作为管理工具而是作为分析工具使用。

有一些大型的自然保护地同时具有几类特征，如国家公园的大部分面积都是严格保护的，但也有自然展示和游憩利用的区域，不能把一个完整的保护地单元归类到多个不同的管理类别中去。现行法律也没有按照这些分类来制定，而习惯采用自然保护区、森林公园等进行区别化管理。

因而，我国的自然保护地体系建设亟需结合中国国情，尽快研究制定符合我国实际的自然保护体系分类标准，分析我国自然保护地的构成，为优化完善我国的自然保护地体系提供重要依据。

表5　中国现有自然保护地主要类型与IUCN保护地管理类型对应表

中国现有自然保护地主要类型	IUCN保护地管理类型						
	Ia 严格保护区	Ib 原野保护区	II 国家公园	III 自然历史遗迹	IV 物种/栖息地管理区	V 陆地/海洋景观	VI 资源可持续利用
国家公园（体制试点）			√				
自然保护区	√	√	√	√	√	√	√
风景名胜区			√	√	√	√	√
地质公园			√	√	√		
森林公园	√	√	√	√	√	√	√
湿地公园	√	√	√	√	√	√	√
沙漠公园	√	√	√	√	√	√	√

（续）

中国现有自然保护地主要类型	IUCN 保护地管理类型						
	Ia 严格保护区	Ib 原野保护区	II 国家公园	III 自然历史遗迹	IV 物种/栖息地管理区	V 陆地/海洋景观	VI 资源可持续利用
沙化土地封禁保护区	√	√					
海洋特别保护区	√	√	√	√	√	√	√
水产种质资源保护区	√				√	√	√
水利风景区			√	√	√	√	√
饮用水水源保护区	√	√	√	√	√	√	√
城市湿地公园					√	√	√
重点保护野生植物保护点					√		√
自然保护小区					√		√

3.3 存在问题

60 多年来的自然保护事业虽然取得了显著成效，但积累的矛盾和问题也不容忽视。十八届三中全会提出的建立国家公园体制的重要目标是使各类保护地交叉重叠、多头管理的破碎化问题得到基本解决，牵出了一些深层次的问题，随着政府重视度和社会关注度的升高、环保督察能力的增强以及问责力度的加大，使各种问题集中暴露。主要表现在以下方面。

3.3.1 自然保护地布局不合理，出现保护空缺

自然保护地缺乏系统规划和通盘考虑，由地方自下而上申报、各部门为主审批，容易受地方态度影响。一些地方积极性高一些，这个地方的自然保护区面积和数量就大一些；一些地方担心自然保护区限制经济发展，积极性不高，这些地区有的重要自然生态系统没有被纳入保护，出现生态保护的空缺。经济欠发达的西部面积比例大，仅西藏就有 1/3 的国土面积被纳入自然保护区。经济发达的地方自然保护地数量和面积相对较少，一些生物多样性富集的区域未被纳入保护。

3.3.2 自然保护地分散，完整性、联通性不足，破碎化、孤岛化现象显现

客观上，我国人口众多，许多山区都有人居住，特别是南方，很难找到完整的没有人居住的区域，划设自然保护区时，难以避开居民点和集体耕地、林地，而当时也没有能力进行移民搬迁，自然保护区被隔离成斑块状，联通性不够。为了行政审批和管理上的方便，自然保护地范围一般并未完全按照山系、水系等自然生态系统来区划，而主要限制在县、市级行政范围内，很少有跨地、跨省的。“山水林田湖草”这一完整的生命共同体被切割成斑块状的各类保护地，形成破碎化局面，影响了其系统性、整体性的生态功能的发挥。

3.3.3 多头管理，交叉重叠，影响生态服务功能整体发挥

我国自然保护地多年来形成了多部门的管理体制，存在职能交叉、法规冲突、边界重叠等问题，使得同一区域管理目标不一致，建设标准不统一，产生了完整生态系统的管理破碎化。同时，自然生态系统被行政界线和部门管理分割，部分自然保护地出现破碎化、孤岛化现象，自然保护地只形成了数量上的集合而没有形成系统化、统一化的有机整体，影响生态系统的稳定性，影响生态空间功能的充分发挥。

3.3.4 自然资源产权不够清晰，非国有土地进入自然保护区，管理难度大

抢救性保护的一个特征是现场工作不细致，行政性命令多于群众性协商，结果把一些低保护价值的非国有土地都划入了自然保护区，集体土地即使有协议，也因为补偿不够或者比较效益失衡、契约意识

缺乏而产生矛盾，给依法管理带来困扰。一些南方林区把农民有承包证的耕地和有林权证的林地都划进来了，甚至有一些建制的乡镇、县城都划进了自然保护区，给后来的管理留下了许多不便。如西藏珠峰保护区把定日等四个县全部划入了自然保护区，建设活动受到限制。自然保护区和林区、农区、牧区犬牙交错，随着监控手段的提高和监督问责力度的加大，一些在自然保护区开展生产生活活动和建设的现象不断被曝光，将这些矛盾冲突暴露无遗。

3.3.5 经济发展和自然保护矛盾尖锐，地方积极性下降，社区关系不够协调

自然保护地内居民按照物权法和土地承包办法、林权证等主张权益，和自然保护区条例、一些保护地管理办法等相冲突，导致基层保护地管理人员和居民矛盾加剧，陷入执法困境。

而且，自然保护区大多数都地处偏远，周边居民发展条件差，靠山吃山的传统对自然资源的依赖较重。维稳、扶贫攻坚的刚性需求和生态保护的红线产生碰撞，基层自然保护区管理人员工作处境艰难，和社区关系不够和谐。那种和村民、集体签订保护协议把集体土地纳入自然保护区的做法只是权宜之计，其关系也是脆弱的，随着比较效益发生变化，矛盾随时可能爆发。

3.3.6 人才缺乏，经费投入不足

由于工作条件艰苦和待遇较低，自然保护区等保护地基层管理机构留不住专业人才，大部分自然保护区目前只能达到“看管”的护林员水平，科普监测等活动难以开展。

尽管我国已经建立了上万个自然保护地，面积占国土面积的 18%左右，因为以上种种问题的存在，影响了生态服务功能发挥，难以提供生态安全保障。亟待用改革的思路解决这些问题，通过制度创新，优化完善以国家公园为主体的自然保护地体系。

4 自然保护地体系类型划分建议

4.1 分类原则

我国的自然保护地体系，不能照搬国外做法，需结合中国实际，构建具有中国特色的自然保护地新分类体系，实现建立分类科学、保护有力的自然保护地体系的目标。

4.1.1 保护优先、定位明确

自然保护地体系中的各类保护地都应将保护作为主体功能，其他功能的发挥必须在保护优先的前提下开展，避免开发利用对自然产生不可逆转的影响。保护地分类体系中各类自然保护地的特征显著，功能定位清晰明确，与其他类型的差异易于识别。

4.1.2 系统完整、形式多样

全面梳理我国现有的自然保护地，进行保护地的空缺分析，按照自然资源的重要程度、保护和利用的严格程度，兼顾事权划分、保护对象等因子，构建涵盖各种自然保护形式、使用各种保护条件要求的体系。

4.1.3 管理高效、操作简便

综合考虑管理者的需求，能够将自然保护地快速、便捷的对应到分类体系中，并准确地制定出相应的管理目标。

4.1.4 立足实际、科学衔接

充分吸收现有自然保护地、全国主体功能区及生态保护红线等成果，立足实际，本着震动最小、改革成本最小的精神，科学合理进行分类。为与国际接轨，促进国际合作，充分借鉴国际自然保护地分类管理经验，构建既与国际接轨又有中国特色的自然保护地新体系。

4.2 自然保护地新体系的类型构成

根据以上原则，将自然保护地分为国家公园、自然保护区、生态功能保护区、风景名胜区等类型，各类的主体功能及特性如下。

4.2.1 国家公园

国家公园是指由国家批准设立并主导管理，边界清晰，以保护具有国家代表性的大面积自然生态系统为主要目的，实现自然资源科学保护和合理利用的特定陆地或海洋区域。

国家公园主要保护具有国家或全球意义的重要自然生态系统的完整性和原真性，维持大尺度的生态过程，构筑国家重要生态安全屏障，保护景观多样性及特殊文化。在保护的前提下，有限利用自然资源，兼具科研、生态教育、游憩体验等综合功能。

优先在国土生态安全屏障的重要生态节点、关键区域整合各类自然保护地和生态廊道设立国家公园。

4.2.2 自然保护区

自然保护区是指对有代表性的自然生态系统、珍稀濒危野生动植物物种的天然集中分布区、有特殊意义的自然遗迹等保护对象所在的陆地、陆地水体或者海域，依法划出一定面积予以特殊保护和管理的区域。

自然保护区主要保护具有区域、国家或全球意义的自然生态系统、生物多样性及自然遗迹，维护国家生态安全。自然保护区对人类活动要进行限制，禁止过度开发利用自然资源，可适度开展科研、生态教育和体验等活动。以现存的自然保护区为主。

4.2.3 自然公园

自然公园是指在维护国家和区域生态安全中发挥着重要生态功能，具有独特文化和景观价值，在保护的前提下允许适度利用的区域。主要保护该区域的森林、湿地、海洋、地质、沙漠、物种等自然资源，以及所承载的物种多样性、遗传多样性、地质地貌多样性和景观多样性。在保护前提下，兼具科研、科普教育、旅游休闲等功能，维持生态、经济与社会效益的可持续性，实现自然资源的可持续性利用。包括现有的风景名胜区、森林公园、海洋公园、湿地公园、地质公园、冰川公园、草原公园、沙漠公园、矿山公园等，以及水产种质资源保护区、野生植物生境保护点、自然保护小区、野生动物重要栖息地、具有保护价值的风景林和民俗林等。

表6 我国自然保护地体系类型构成方案

类型	维护生态安全作用	功能定位	管控原则	对应的现有自然保护地
国家公园	维持大尺度的生态过程，构筑国家重要生态安全屏障。	首要功能是重要自然生态系统的原真性、完整性保护，同时兼具科研、生态教育、游憩体验等功能。	实行最严格的保护；自然资源科学保护和有限利用。	经评估符合条件的国家公园体制试点；整合划入的自然保护区、风景名胜区、森林公园、湿地公园等自然保护地。
自然保护区	维护国家生态安全，构筑国家和区域重要生态安全屏障。	保护具有典型性、代表性的自然生态系统、生物多样性及自然遗迹，兼具科研、科普教育、生态旅游等功能。	实行严格保护；限制人类活动；禁止过度开发利用自然资源。	除划入国家公园、特殊的野生动植物自然保护区之外的现有自然保护区。
自然公园	维护区域生态安全，构筑区域重要生态安全屏障。	保护自然资源及所承载的从景观到物种不同尺度的多样性，兼具科研、科普教育、旅游休闲等功能，维持生态、经济与社会效益的可持续性。	实行一般保护；可采取积极的人为干预措施维护保护对象种群及其生境。在保护的前提下，允许可持续性的自然资源利用。	特殊的野生动植物自然保护区、森林公园、海洋公园、湿地公园、地质公园、冰川公园、草原公园、沙漠公园、矿山公园等，以及水产种质资源保护区、野生植物生境保护点、自然保护小区、野生动物重要栖息地、具有保护价值的风景林和民俗。

云南：展示中国生物多样性保护成果的重要舞台*

1999年，中国举办的首届世界园艺博览会在云南昆明举行。时隔20年，云南与世园会的缘分在北京得到了延续：2019年4月28日，北京世界园艺博览会在延庆开幕——这是继1999年昆明世园会后，我国举办的级别最高、规模最大的国际性园艺博览会。作为曾经举办过同类博览会的云南省，此次在北京世园会亮相的云南园是一座3000平方米的多彩园林：流线型的“茶马古道”贯穿南北，吉象迎宾、雀舞广场、茶语清心、风花雪月、湖光山色、沁芳坪、茶马印记、云峰飞瀑、枕峦亭、云岭花台、樱花谷、石林可园共“十二景”点缀其中，以小见大地集中展示了云南丰富的生物多样性和多彩的生态文化。

中国是世界上生物多样性最丰富的国家之一，而云南又是中国生物多样性最丰富的省份。多样的地貌类型、复杂的地质条件，使得云南几乎具有除海洋以外的所有气候类型。在横断山区不到10公里的水平空间内，就会产生从雪山冰川、高原湿地到干热河谷的气候变化，可谓“一山有四季，十里不同天”。从海拔6740米的梅里雪山到海拔仅76.4米的红河河口，珠江、红河等江河发育其中，金沙江、澜沧江、怒江奔流其间，低纬度地区急剧的垂直变化，再加上大自然的鬼斧神工，形成了举世罕见的地理多样性，孕育出极其丰富的生物多样性。

云南素有“动物王国”“植物王国”的美誉。虽然全省面积只占全国的4.1%，却拥有超过全国50%的各类群生物物种数。例如，滇西南盈江县是名副其实的全国鸟类资源第一县，以占全国不到万分之五的土地面积，拥有占全国鸟类总数的三分之一，鸟类资源超过650种。西双版纳热带雨林中，望天树以近80米的高度成为树高冠军，陆地上体型最大的哺乳动物亚洲象穿行其中，无数的鱼虫鸟兽生活其间，是不可多得的“绿宝石”。

虽然复杂的地形地貌带来了交通不便，但相对隔绝和封闭的地理空间却孕育出独特的民俗习惯。云南世居少数民族有25个，即使是同一民族，也因为地域不同而产生迥然不同的文化习俗。在长期保护和利用生物资源的过程中，当地居民与周边环境和谐共生，产生了优秀的生态文化，红河哈尼梯田、傣医傣药、藏医藏药等优秀民族文化中就蕴含着独特的生态智慧。

新中国成立以来尤其是党的十八大以来，云南在保护、保存、保育生物多样性方面做出了突出贡献：在就地保护方面，建立了160个自然保护区以及森林公园等众多自然保护地，在全国率先探索建立国家公园，其中普达措被纳入国家试点；在保育野生动植物方面，启动了滇西北生物多样性保护行动，开展亚洲象、绿孔雀保护计划，西双版纳勐仑植物园保护和收集活植物12000多种；在保存物种基因方面，昆明植物研究所正在建立中国西南野生生物种质资源库，将收集并保存19000多种种质资源，有望成为中国的“诺亚方舟”；在改善生态环境方面，天然林保护、退耕还林等工程持续推进，长江、珠江等大江大河上游及源头防护林和水土保持工程建设持续开展，滇池治污取得积极进展，抚仙湖、洱海等高原湿地保护也在全力推进……

2015年，习近平总书记在云南考察时，要求云南成为生态文明建设排头兵。为此，云南提出了“把云南建设成为中国最美丽省份”的新命题，出台了全国第一部生物多样性保护法规《云南省生物多样性保护条例》，颁布了《云南省陆生野生动物保护条例》《云南省湿地保护条例》《云南省国家公园管理条例》等地方性法规，建立了相应的工作协调机制。

---

* 唐芳林．云南：展示中国生物多样性保护成果的重要舞台［N］．云视网评．2019-04-30.

然而，我们必须清醒地认识到，作为全球34个物种最丰富且受到威胁最大的热点地区之一，云南的生物多样性保护仍然面临许多威胁因素：支撑发展的环境承载力不足、资源约束趋紧、环境污染加剧、生物多样性丧失、外来物种入侵、资源保护与消除贫困的矛盾突出等，加上受全球气候变化影响明显，这些都构成云南生物多样性保护的巨大挑战——而这，不仅是云南面临的问题，也是中国面临的挑战，更是全球面临的现实威胁。

人类是一个命运共同体，为了使我们的地球家园不至于像科幻影片所描述的那样去"流浪"，全世界需要采取切实、共同的行动。

2020年，联合国《生物多样性公约》第十五次缔约方大会将在中国云南举办。这次大会的重要任务之一就是要确定2030年全球生物多样性保护的目标，同时确定未来十年生物多样性保护的全球战略。显然，这样一次具有里程碑意义的大会选择在云南召开，既是对云南生物多样性资源地位和保护工作的认可，也是将云南作为宣传推广我国生物多样性保护成果的重要舞台，必将产出全球生物多样性保护框架中国方案等一系列成果。

挑战与机遇并存，让我们期待中国云南在世界生物多样性保护舞台的精彩表现！

国家公园体制试点亟待重点突破*

党的十九大提出要建立以国家公园为主体的自然保护地体系，目前在全国开展了10处国家公园体制试点。祁连山国家公园体制试点肩负着为全国生态文明制度建设积累经验，为今后其他国家公园建设提供样板示范的使命。为进一步总结祁连山国家公园试点工作成效，根据中央党校46期中青一班调研活动统一安排，青海“生态文明与国家公园体制”调研组一行8人于5月9-15日赴青海祁连山开展调研活动。通过实地调研，看到了青海省在生态保护方面付出的巨大努力和取得的显著成绩，也了解了农牧民的疾苦，体会了基层干部工作的艰辛。看到冰川消融、湖面扩大、冻土融化等气候变化带来的生态挑战，感到了生态保护的紧迫性，理解了祁连山生态保护对维持黄河水源地生态平衡、河西走廊绿洲稳定的极端重要性，建立国家公园体制的必要性，真切体会到了习近平总书记对生态文明建设的战略眼光和“以人民为中心”的家国情怀。

祁连山国家公园体制试点具有典型性，问题带有普遍性，总结分析祁连山国家公园体制试点经验，可以为全国国家公园体制建设和政策制定提供重要的参考。调研组坚持问题导向，通过总结成绩、梳理问题、剖析原因，深刻把握主要矛盾和规律特征，提出相关政策建议，供决策和管理部门参考。

1 祁连山国家公园体制试点成效

习近平总书记特别关注祁连山的生态问题，多次作出重要批示。党中央、国务院十分重视祁连山生态保护工作，做出了开展祁连山国家公园体制试点的战略决策。2017年起，中央深改组启动建立祁连山国家公园体制试点工作。2017年9月，中共中央办公厅国务院办公厅印发了《祁连山国家公园体制试点方案》，确定试点建立祁连山国家公园，主要目的是保护祁连山生物多样性和自然生态系统原真性、完整性，构建生态安全屏障。

青海省委、省政府高度重视生态保护，认真贯彻落实习近平总书记重要指示批示精神，近两年来青海省在国家相关部门的支持下，与甘肃省一道，按照党中央、国务院的决策部署，开展了国家公园体制试点、生态修复试点、生态保护红线试点、自然资源统一确权登记及负债表编制试点等工作，取得了明显成效。经过两年来的努力，祁连山国家公园管理体制初步建立，试点区生态保护意识有了很大提高，域内生态保护状况发生了明显变化，习近平生态文明思想开始在这里落地生根，生态文明建设理念深入人心，山水林田湖草生命共同体严格保护和系统修复工作正在推进，巩固了西北生态安全屏障。

1.1 解决了跨地区保护的问题，实现了自然生态系统的整体保护

祁连山共属青海、甘肃两省，被分割为多个保护地，长期以来，保护管理效能低下，生态系统的整体保护和系统修复十分急迫。国家公园按照整体保护需求跨省设立，打破了行政界线。国家公园总面积5.02万平方公里，其中，青海省片区总面积1.58万平方公里，占总面积的31.5%；甘肃片区3.44万平方公里，占总面积的68.5%。有效修复高原山地生态系统，打通动物活动迁徙廊道，增强雪豹等珍稀动物栖息地的适宜性、连通性，保护和恢复野生种群，对于保护生物多样性、维护西北生态安全具有重要意义。

---

* 唐芳林，王斌，杨汝坤，等．国家公园体制试点亟待重点突破——祁连山国家公园体制试点（青海片区）调研报告．中央党校中青一班46期青海调研组．2019.

1.2 解决了交叉重叠的碎片化问题，实现了自然保护地整合

通过整合相关区域和各类保护地，解决历史遗留问题，把不合理的部分调整出去，该退出的矿点及时关停清理，把该保护的都纳入保护，合理划定范围，实现该保尽保。如青海片区就整合了青海祁连山省级自然保护区、仙米国家森林公园、祁连黑河源国家湿地公园等自然保护地，较原省级保护区 8344 平方公里范围扩大了一倍。

1.3 解决了多头管理、政出多门的问题，实现了统一管理

依托国家林业和草原局西安专员办成立国家公园管理局，在两省设二级管理局，统一行使国家公园自然资源资产管理权，基本上形成了统一管理的格局，改变了以前那种“九龙治水、七虎镇山”的状况，工作效率得到了极大的提高。

1.4 整体保护和系统修复取得初步成效，提供了可复制可推广的经验

长期以来祁连山局部生态破坏问题十分突出，通过开展祁连山国家公园体制试点，创新生态保护管理体制机制，整合优化现有保护地，增强生态系统连通性，统筹跨区域生态保护与建设，实施山水林田湖草整体保护、系统修复、统一管理，更加有效地保护祁连山自然生态系统原真性、完整性，可为全国的国家公园建设提供模式示范。

1.5 探索了促进国家公园及周边绿色发展新途径

祁连山地区经济结构单一，农牧民群众增收渠道窄，脱贫任务重。面对欠发达地区实际，创新生态补偿和生态惠民政策，破解保护地区域内的矿业权退出难题，探索保护生态与发展经济的绿色之路、协调之路。通过开展国家公园体制试点，统筹保护与利用，构建政府主导、社会参与的生态保护体系，实施生态移民，推进绿色发展，转变传统农牧业生产方式，健全生态保护补偿机制，更好地发挥生态服务功能，促进当地贫困人口脱贫致富。

2 存在的问题和挑战

祁连山的生态文明建设实践，不仅进一步维护了区域生态安全和社会经济可持续发展，而且摸索出了一些西部地区践行“绿水青山就是金山银山”理论的有益经验。在充分肯定成绩的同时，对标习近平生态文明思想和党中央、国务院相关政策文件的要求，祁连山国家公园体制试点还存在一些问题和挑战。

2.1 国家公园体制试点任务紧迫

2.1.1 统一规范的运行管理机制还有待完善

依托国家林业和草原局西安专员办在兰州挂牌成立了祁连山国家公园管理局，甘肃、青海分别成立了管理局，但省以下分局及所站管理机构尚未组建完成，央地事权划分、各级管理机构的隶属关系和职责分工等还不够具体、清晰，机构编制、经费渠道、综合执法等还有待进一步改革到位。省以下实行垂直管理以后，州、县一级政府的责权利划分有待进一步清晰。

2.1.2 自然资源统一确权登记成果和管理者职责尚未移交

祁连山国家公园内全民所有自然资源资产所有权由中央政府直接行使，试点期间由国家林业和草原局代行，目前自然资源资产确权登记和管理者职责移交尚未完成。国家公园自然资源资产属于全民所有，实际操作中，国有土地使用权通过草场承包经营等方式给予了当地居民无偿使用，还提供补助，这体现了党执政为民的理念和政府对人民切身利益的关心，大部分群众对此心存感恩之心。但长期的所有权与经营权分开，也使一部分人产生模糊认识，把经营权误以为是所有权，当全民所有的草场需要转换作为体现全民整体利益的生态空间使用时，还需要做大量工作。

2.1.3 因生态空间与生产空间重叠，移民搬迁政策措施不到位

按目前国家公园规划，青海片区的核心保护区常住人口有 6347 人，加上放牧活动涉及到核心保护区的居民共有 11764 人。核心保护区内移民搬迁资金和政策未到位，人类生产生活活动与生态保护、资源管理、监督执法等活动产生矛盾。

2.2 山水林田湖草整体修复理念有待提升

2.2.1 部分项目没有充分发挥自然恢复作用

在项目设计和施工过程中，忽视了自然生态系统所具有的自我恢复能力，存在人工过度干预和工程化、景观化的问题，出现了为完成投资而搞工程的苗头，甚至在施工过程中出现人为破坏自然河岸、过度修建硬化河道和堤坝、大规模人工种草等现象。

2.2.2 项目之间生态联动性不足

在项目设计和实施中，仍存在护山、治水、管田、育林各自为战的局面，特别是流域治理项目在统筹兼顾防洪涝灾害、防治水污染、维护水生生态系统、提供流域生态用水等多重功能方面，仍有提升改进空间。

2.2.3 因技术标准缺乏而影响项目规范管理和资金投入使用效率

祁连山生态修复工程涉及面广，只有专业技术标准，缺乏系统修复和综合治理的技术标准。部分工程项目参建方、设计方、监理方缺乏生态理念和技术知识，与山水林田湖草生命共同体理念还存在不相适应的问题，从而导致部分工程治理措施针对性不强。尽管 EPC 管理模式提高了工作效率，但是发挥当地积极性不足，群众参与程度不高，没有通过广泛吸纳当地劳力提高群众收入实现生态富民的效果。

2.3 在生态富民和绿色发展方面路子不多

国家公园及周边区域产业结构单一，主要依靠畜牧、矿产、旅游等产业。祁连山国家公园建立后，畜牧业受到一定的影响，矿产资源开发也要逐步退出，产业替代和转型面临巨大挑战。作为重要转型方向的旅游业和生态牧业，目前尚缺乏有影响的品牌，两个产业之间的相互融合与带动也不够。

3 对策和建议

调研组认为，建立国家公园体制是为保护具有国家代表性的重要自然生态系统的一种制度性安排，山水林田湖草生态修复是维护和提升生态安全的必要手段，绿色发展和生态富民是实现国家公园生态服务功能的价值体现。祁连山国家公园体制试点中发现的问题具有普遍性，寻求破解问题的方法也具有推广价值。为加快祁连山乃至其他国家公园体制试点，提出如下建议：

3.1 加快推进国家公园体制试点任务落实

国家公园体制试点的关键在于试体制，要抓住建立体制机制这个牛鼻子，做好配套改革，形成管理规范的国家公园实体。

3.1.1 加快完善管理体制和运行机制，加紧完成好试点工作任务

要推动中央事权行使到位，地方的配合和协同管理、社会管理责任履行到位，加快全民所有自然资源资产所有权管理职责移交，划转部分地方编制成为中央编制，整合资金渠道，统筹完成省级以下机构组建，加紧推进综合执法队伍建立、自然资源资产管理体系建设、生态保护修复重大工程实施、廊道联通与受损栖息地修复、公益岗位设置、生态移民搬迁、精准扶贫、转产就业、矿业权退出补偿、开发利用监管、资金保障、生态保护补偿等试点任务落实。

3.1.2 合理划定国家公园的功能区，确保核心保护区成为无人区

科学区划国家公园及周边的生产、生活、生态空间，合理划分国家公园功能区，实行差别化管理方

式，满足严格保护并兼顾合理利用。核心保护区禁止人为活动，尽量避免将不具备搬迁条件的人口密集区划入核心保护区，已经有人又确实需要纳入核心保护区的区域，必须创造条件实行异地安置。一般控制区可以适度开展生态旅游和绿色可持续发展产业，加强生态保护与放牧等生产活动之间的协调。

3.1.3 妥善开展生态移民搬迁

国家公园内的居民只能减少，不能增加。现在核心保护区内的居民每平方公里不足1人，移民搬迁的效费比是很高的。核心保护区移民搬迁，这是必须要面对的问题，也是建立国家公园必须要付出的改革成本。要整合资金投入，调整资金使用重点方向，把核心区生态移民搬迁列入国家投资计划，稳妥推进。可规划建设国家公园入口特色小镇，接纳生态移民，妥善解决当地居民的民生问题，帮助其摆脱对自然资源的过度依赖。要增加生态公益岗位，实现“一户一岗”，让当地牧民参与到国家公园生态保护中来。对利益受损者进行补偿和适当安置，要确保移民的收入不下降、生活有保障、发展有门路。对于短期内确实难以搬迁的居民，可以采取以时间换空间的方式，现阶段核心保护区范围不宜盲目扩大，通过因势利导制定政策，尊重居民意愿，采取自愿搬迁的方式逐步搬迁，今后随着国家公园范围内居民减少，再调整和扩大核心保护区范围。

3.1.4 加强国家公园管理机构能力建设，强化保护管理

统筹全省国家公园及自然保护地管理建制，选好配强领导班子。加强能力建设，推进综合执法常态化、规范化、制度化；组织开展专项教育培训和宣传活动，引导社会舆论正确方向，形成群众主动保护、社会广泛参与、各方积极投入建设国家公园的良好社会氛围。

3.2 尊重自然规律开展生态修复

针对生态修复过程中过于工程化的问题，一定要转变观念，按照“保护自然、顺应自然”的理念，用生态的方法开展生态修复。

3.2.1 切实提升山水林田湖草生命共同体理念

要抓住“水”这个矛盾的主要方面，围绕水资源来统筹各生态要素治理。以水为限制因子开展生态修复适宜性评价，治水与护山相衔接，治水与造林种草相衔接，治水与深耕深松相衔接，治理和保护湖泊，抓紧推进河流域水污染防治和水生态修复，整体提升生态功能。加强统筹协调，形成系统合力。

3.2.2 充分发挥生态系统的自然恢复力

自然生态系统有一定的自恢复能力，要消除不合理的人为干扰破坏活动，非到必要时不使用人为工程措施。确需开展生态工程时，决不能损害已有生态系统的结构与功能，也不能简单地以工程完成量单一指标考核生态保护修复成效。对于河流水系生态修复，除在人口稠密区以提高防洪能力为目标，否则不能随意清除河滩河道植被和建设大量硬化堤坝。

3.2.3 完善生态修复工程标准化规范化管理体系

将行之有效的技术方法总结提炼，编制涵盖多专业的综合技术标准来规范各类生态修复工程环节。要强化科技支撑，加强对管理、设计、施工人员的生态学知识培训，同时大力吸收当地群众参与生态建设。

3.3 积极探索国家公园生态产业发展新途径

绿水青山就是金山银山，既要实现国家公园的生态价值，又要实现富足的周边区域经济，促进国家公园可持续发展。为了实现国家公园“生态美、百姓富”的核心功能，国家公园及其周边的经济必须走绿色发展、生态富民的新道路。

3.3.1 发展生态农牧业

加快草场承包权的流转，按市场机制组建若干有一定规模的生态大牧场，推动生态畜牧业上台阶、

牧场休闲上规模、体验旅游上档次。同时，要与美丽乡村建设相结合，鼓励农牧民发展农家乐、牧家乐。开发国家公园生态产品，实施国际国内公认的绿色有机生产基地和食品认证、地理标志认证，并选择有代表性的生态产品作为国家公园特许经营产品进行推广和营销。

3.3.2 发展生态旅游

游憩是国家公园的一个重要功能，要充分发挥国家公园生态教育职能，在一些具备条件的保护站点和适度利用区同步建设生态体验和自然教育基地，开展生态监测、生态体验、自然教育、自然观光等活动，使游客和公众参与生态保护的同时，获得自然教育、高原养生、生态休闲等多种体验和乐趣。

3.3.3 妥善实施产业退出

加大补助力度，逐步退出国家公园内的矿权。对核心保护区内的放牧活动，要探索将牧民草场承包经营权转移到国家公园管理局，进行资产管理和特许经营。同时，按照受保护的面积和重要性权数比重，提高草原奖补资金标准，增加对重要生态功能区的转移支付规模。

在中国建立国家森林的探讨*

国家森林一般是指由国家林业主管部门直接行使管理职责的国有森林，长期甚至永久作为国家的生态屏障和实现自然资源可持续利用的土地空间。建立专门的国家森林，由专门的国家林业机构直接行使所有权，有利于利用国家意志和力量来确保重要的森林资源受到保护管理，体现全民所有森林资源的公益性；同时，对于保护和永续利用重要森林资源、确保生态安全和储备战略性木材资源具有重要意义。

1 可供借鉴的国际经验

现代以来，许多国家都设置了国家森林这种土地保护和管理类型，作为重要的国土生态安全屏障和重要资源的储备地。在这些国家，国家森林成为了自然保护地不可或缺的重要组成部分，在生态保护和森林资源可持续利用方面发挥着不可替代的作用。

在美国，国家森林是指由联邦政府直接管理的国有森林，主要包括两部分：一是 1905 年建立的由农业部林务局负责管理的国家森林，包括分布于 40 多个州和美国属地的 135 处森林和草地，总面积大约 78 万平方公里；二是 1916 年在国土资源部下设的国家公园管理局，负责管理 59 个国家公园，所涵盖的绝大部分也是森林和草地。人们在国家森林可以露营、骑车、登山、攀岩，有的地方还可以垂钓和狩猎。如今，国家森林不仅为美国人民提供清洁的水源、空气，储存碳汇，为工业和社区提供木材、矿产、石油和天然气等资源，还发挥着巨大的社会效益，成为美国人民的绿色公共财产。

芬兰 35%的森林属于国有，主要承担生态、文化、社会和经济四重职责：1. 由于包括各种具有代表性的栖息地，国家森林的保护区被当作自然遗产进行保护，同时采取各种措施管理和修复濒临灭绝物种的栖息地，促进恢复其自然特征；2. 国有林地上的很多自然保护遗址属于文化遗产，呈现古代芬兰生计状况，包括建筑工艺以及人与自然的关系，具有重要的文化历史价值；3. 森林生态旅游休闲、徒步服务等业务可以为当地提供大量就业机会，此外，林务局还为社会提供志愿者活动、为学生提供实训学习机会，并举办森林游览和专题讨论会。4. 除了以工资、税收、采购和报酬的方式分配给不同主体，净利润交付给国家外，国家森林的间接经济影响也十分可观，包括游客的健康收益、狩猎和捕鱼活动创造的收入、休闲和野外活动创造的收入等。

在巴西，国家森林是一种可持续利用的保护地，主要目的是在各种限制下对森林进行开发利用，要求至少保留 50%的原生森林、保护沿水道和陡峭斜坡的森林等。目前，有超过 10%的亚马逊热带雨林被作为国家森林加以保护。

2 全民共享的重要手段

我国的森林资源产权分为国有和集体两种。目前，对于集体林，已经通过集体林权制度改革明确；而对于全民所有的国有林，产权人还不够清晰。根据生态环境监管体制改革的要求，亟需设立国有自然资源资产管理和自然生态监管机构，统一行使全民所有自然资源资产所有者职责和所有国土空间用途管制和生态保护修复职责。森林资源作为重要的自然资源，统一确权登记、统一行使用途管制和生态修复职责势在必行。

---

* 唐芳林. 在中国建立国家森林的探讨［J］. 林业建设，2018，(1)：6-9.

事实上，中国目前已经具备建立国家森林体系的良好基础，这就是国有林区和国家重点公益林。

生态公益林是指以保护和改善人类生存环境、维护生态平衡、保存种质资源、科学实验、森林旅游、国土安保等需要为主要经营目的的林地，主要提供公益性、社会性产品或服务。国家级公益林是指生态区位极为重要或生态状况极为脆弱，对国土生态安全、生物多样性保护和经济社会可持续发展具有重要作用，以发挥森林生态和社会服务功能为主要经营目的的重要公益林。目前，一些公益林已经被划入自然保护地，但大部分尚未被纳入。大型国有林区正在明确由国家林业和草原局代行自然资源产权所有人职责，国家重点公益林则已被纳入国家生态补偿和管理范畴。停止天然林商业性采伐，就是把生态价值高的森林纳入保护，以实现森林生态系统的生态服务功能和资源可持续利用。

国有林区和国家重点公益林都符合国家森林的特征，可以进一步明确其法律地位，由国家林业主管部门直接管理，作为自然保护地体系的主要组成部分，共同构建国土生态空间安全骨架——这也是构建国土空间开发保护制度和完善主体功能区配套政策的具体举措，对生态文明建设具有重要而深远的历史性意义。

3 资源条件和有利保障

根据《第八次全国森林资源清查结果报告》（2013 年），中国的森林覆盖率为 21.63%，森林面积达 20769 万公顷，天然林面积达 12184 万公顷，其中权属为国有的森林面积达 9384 万公顷。随着天然林保护工程和大规模国土绿化行动的继续开展，森林资源还将不断增长。因此，从林木权属、林地起源等方面，中国已具备建立国家森林的良好资源条件。

目前，绝大部分天然林已经纳入自然保护区并作为国家公益林进行保护，没有进入自然保护地的天然林和部分人工林也被纳入地方事权的公益林进行管理。管理机构完善，人力资源充足，经费投入渠道稳定，法制体系初步建立，再加上完善的人才培养、科技支撑、政策保障、灾害防治等基础条件，这些都为国家森林的建设提供了强有力保障。

国家森林一般应该是国有林，但国有林不一定要全部纳入国家森林来管理，部分已经纳入自然保护地得到有效管理的森林和部分适合由地方政府实施管理的森林，可以不纳入国家森林来管理。在国有林区、国有林场、国家公益林、国家木材安全储备林等基础上，建议通过“多规合一”和自然资源产权登记等工作，把尚未纳入国家公园、自然保护区等可靠自然保护地的重要森林资源，都纳入国家森林管理，与国家公园、自然保护区等一道构成完善的自然保护地体系，作为国家的绿色基础设施永久保护、永续利用。在现阶段的国务院机构改革方案中，国家林业和草原局加挂国家公园管理局牌子，统一行使生态保护和修复职责，确有必要。待空间规划完成后、产权登记结束、合理划分职责职能后，可以考虑将两个部门分设，分别实施自然生态系统保护和退化生态统修复职责。下一步，要严格保护自然保护地和国家森林，放开人工林经营，下放一般性森林的管理权限，调动地方积极性；同时加快社会资本进入林业行业，成立专业化投资公司和服务企业，推动国土绿化和林业产业发展。

建立国家森林是一项复杂的系统工程，需要深入的研究和完善的顶层设计。令人欣慰的是，在推进生态文明体制机制建设的大好形势下，我国建立国家森林的条件已基本具备，时机也恰逢其时。

4 背景链接：现代林业的使命变迁

传统意义上的“林业”是以满足木材和林产品供给为主要目的的行业，具有明显的产业特征。20 世纪 50 年代末，我国专门成立“森林工业部”生产木材，为国家经济建设做出特殊贡献。

1998 年，我国启动天然林保护工程，此举标志着中国林业进入了新的发展阶段。“发达的林业产业体系和完备的林业生态体系”的提法把产业和生态并重，我国开始实行“公益林”和“商品林”分类经营。

随着时代发展，林业后来又成为以生态保护为主的事业，提供生态产品的需求和功能愈发迫切。进入21世纪以后，随着中国的经济快速发展，生态环境问题凸显，人们对美好生态环境的需求不断增长，森林保护成为全民共识，“绿水青山就是金山银山”的重要理念深入人心，标志着中国林业发展进入新时代。

尽管林业提供林产品的功能仍然是刚性需求，但其主要是通过人工商品林、经济林和进口林产品来实现。鉴于生态环境无法进口，天然林因此被赋予了生态保护的重任；同时，扩大森林面积、提升森林质量、增强生态服务功能也成为中国林业最重要的使命。

【参考文献】

李嘉，张晖，等，2018. 芬兰国有林经营管理经验借鉴.《世界林业研究》编辑部林业知识服务专题，第三期.

王梦君，唐芳林，孙鸿雁，等，2016. 国家公园范围划定探讨［J］. 林业建设（2）：21-25.

张建龙，等，2015. 中国林业年鉴［M］. 北京：中国林业出版社.

张希武，唐芳林，2014. 中国国家公园的探索与实践［M］. 北京：中国林业出版社.

https：//en. wikipedia. org/wiki/National_ Forest_ Management_ Act_ of_ 1976. 2017. 12. 20.

https：//en. wikipedia. org/wiki/National_ Forest. 2017. 12. 7.

https：//www. nationalforests. org/our-forests. 2017. 12. 6.

自然保护地整合优化方案思考*

自然保护地整合优化是构建以国家公园为主体的自然保护地体系的重要组成部分，是推动建立分类科学、布局合理、保护有力、管理有效的自然保护地体系的关键路径。为解决自然保护地交叉重叠、多头管理、生态系统破碎、区划不合理等问题，从技术和操作层面，提出了以自然资源和保护现状研究为基础，以资源价值评估为依据，通过整合、归并、优化、转化、补缺5项任务探索自然保护地整合优化方案，为中国自然保护地整合优化提供路径和方法。

1 概述

1.1 背景

自然保护地是中国自然生态空间中最重要和最精华的部分，是美丽中国的象征，是中国生态建设的核心，是实施保护战略的基础，在维护我国生态安全中占据首要地位。2019年1月23日，在习近平总书记主持的中央深化改革委员会第六次会议中，审议通过了《关于建立以国家公园为主体的自然保护地体系指导意见》（以下简称《指导意见》）。2019年6月15日，中共中央办公厅、国务院办公厅颁布实施《指导意见》，标志着我国自然保护地进入全面深化改革的新阶段，表明了中国正在快速推进自然保护地体系重构。

建立以国家公园为主体的自然保护地体系，顶层设计已经构建，实践路径急需探索。笔者从技术和操作层面创新思路和举措，思考和探索我国自然保护地整合优化的解决方案，以期为自然保护地整合优化方案提出完整、系统、可操作的思路、方法和路径。

1.2 中国自然保护地现状及存在的问题

中国自1956年建立广东鼎湖山第一个自然保护区以来，历经60多年发展，取得了巨大成就。建立了自然保护区、风景名胜区、地质公园、森林公园、冰川公园、沙漠公园、湿地公园、海洋特别保护区、水产种质资源保护区、自然保护小区、野生动物重要栖息地等数量众多、类型丰富、功能多样的各类自然保护地约1.18万个，180余万平方公里，形成了以自然保护区为主体、各类自然公园为补充的自然保护地体系，在保存自然本底、保护生物多样性、维护生态系统稳定、改善生态环境质量和保障国家生态安全等方面发挥了重要作用。

由于我国自然保护地没有经过系统的整体规划，大多由部门主导、地方自下而上申报而建立，局限于地方分割、部门分治的现实，因此存在一系列问题，顶层设计不完善、法律法规不健全、空间布局不合理、分类体系不科学、管理体制不顺畅、产权责任不清晰，主要表现在定位模糊、多头管理、交叉重叠、边界不清、区划不合理、保护与发展矛盾突出等方面，出现空间分割、生态系统破碎化现象；尚未形成整体高效、有机联系、互为补充的自然保护地体系，管理效能降低，有碍整体功能的发挥；不能真正为大众提供优质生态产品并支撑经济社会可持续发展，与新时代发展要求不相适应，新形势下自然保护地体系重构迫在眉睫。

---

* 唐芳林，吕雪蕾，蔡芳，等. 自然保护地整合优化方案思考［J］. 风景园林，2020（3）.

1.3 改革自然保护地管理体制，建立以国家公园为主体的自然保护地体系

建立以国家公园为主体的自然保护地体系，是我国生态文明体系的重要制度设计，是贯彻落实习近平新时代中国特色社会主义思想的重要举措。有利于加大生物多样性和地质地貌景观多样性的全面保护，世代传承珍贵自然遗产；有利于推动山水林田湖草生命共同体的完整保护，可持续提供优质生态产品和生态服务；有利于加强对国家生态重要区域典型自然生态空间的系统保护，夯实国土生态安全的基石。在我国自然保护史上具有划时代的重要意义。

自然保护地整合优化，是保护中华民族赖以生存的生态环境、实现生态环境治理体系和治理能力现代化的基础性工作，是构建以国家公园为主体的自然保护地体系的重要组成部分，是推动建立分类科学、布局合理、保护有力、管理有效的自然保护地体系的关键路径，在自然保护地管理体制改革中至关重要。

2 自然保护地整合优化思路及原则

2.1 整合优化思路

自然保护地整合优化是一项综合而复杂、系统而庞大的工作，对标《指导意见》要求，从整合优化对象、目标任务等方面，系统梳理现有自然保护地以及现有自然保护地以外的保护空缺区，按照全覆盖要务，全部纳入整合范畴。在不减少保护面积、不降低保护强度、不改变保护性质的前提下，解决自然保护地交叉重叠的问题；打破按行政区划设置、按资源分类造成的条块割裂局面；做到一个保护地、一套机构、一块牌子；满足自然保护地全部纳入生态红线的需求，为我国自然保护地整合优化方案提供指导和依据，实现山水林田湖草生命共同体系统性、原真性、完整性保护。

2.2 整合优化原则

自然保护地整合优化坚持保护第一，全面覆盖，科学、先进与实用相结合等原则。

1）坚持保护第一的原则。坚持保护第一，牢固树立尊重自然、顺应自然、保护自然的生态文明理念。

2）全面覆盖原则。全面覆盖我国现有的自然保护地和保护空缺区，做到“应保尽保”。

3）科学、先进与实用相结合原则。路径构成明确清晰，针对性、可操作性强，技术先进、科学有效。

3 自然保护地整合优化路径

3.1 整合优化办法

采用分级整合优化的方法进行，以县为单位进行自然保护地基础数据收集和摸底，在此基础上以地级市为单位编制资源价值评估报告和自然保护地整合优化方案，进而统筹形成省级资源价值评估报告和自然保护地整合优化方案，最后编制国家层面的自然保护地整合优化方案。

自然保护地总数相对较少的省份可以以自然保护地为单位进行基础数据收集和资源价值评估，同时进行保护空缺分析，在此基础上直接编制省级资源价值评估报告和自然保护地整合优化方案。

目前，自然保护地的主管部门为国家林业和草原局，自然保护地整合优化的实施主体为各级地方政府及林业主管部门。

3.2 整合优化路径构思

整合优化是一项政策与技术紧密结合的工作，也是一项系统性、科学性、综合性、创新性的工作。通过一系列的基础研究和对比分析，提出以自然资源和保护现状研究为基础，以资源价值评估为依据，按照分析保护空缺，开展“整合、归并、优化、转化、补缺”5项任务，重构自然保护地体系“三+三”RBS（Resource Breakdown Structure，资源分解结构）矩阵多层级结构模式的整合优化方案路径（图1）。

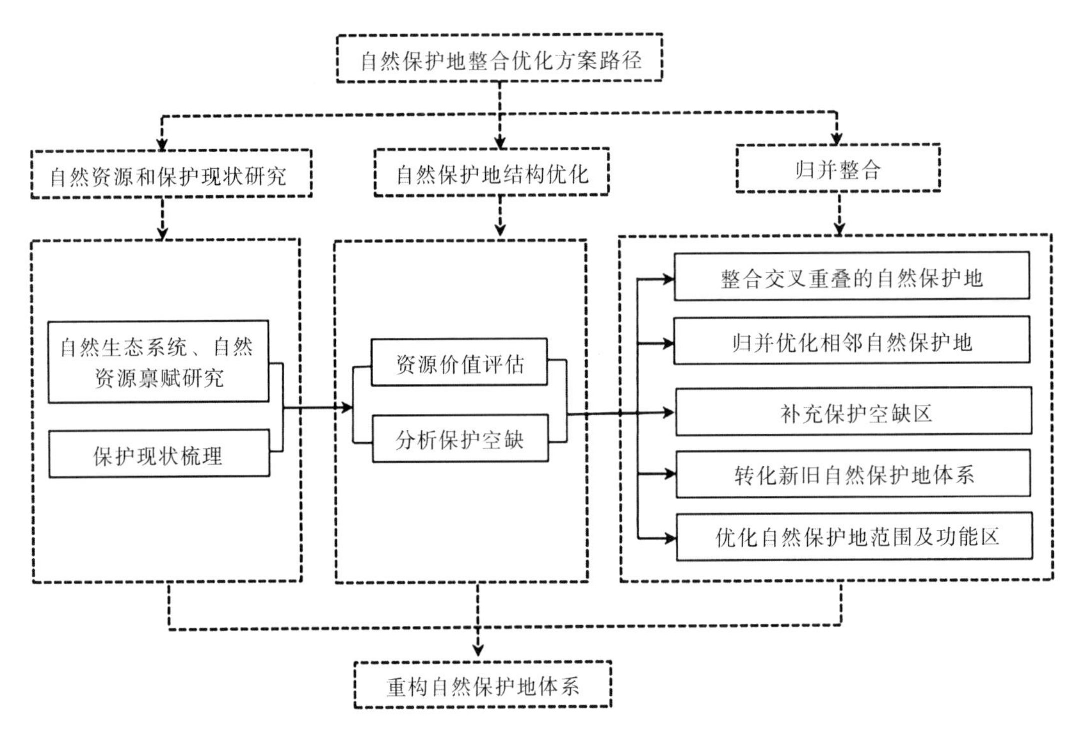

图 1　自然保护地整合优化流程图

3.3　整合优化路径分解

“三+三” RBS 矩阵多层级结构模式：左右平行三步、上下垂直三层矩阵。

（1）左右平行三步是实施路径：在厘清本底资源的前提下，构建由自然资源和保护现状研究、自然保护地结构优化、归并整合 3 个步骤组成的自然保护地整合优化平行路径。

（2）上下垂直三层是任务及工作层：主要有自然资源和保护现状研究任务，包括自然生态系统、自然资源禀赋研究，保护现状梳理 2 项工作内容；自然保护地结构优化任务包括资源价值评估和分析保护空缺 2 项工作内容；归并整合任务包括整合交叉重叠的自然保护地、归并优化相邻自然保护地、补充保护空缺区、转化新旧自然保护地体系、优化自然保护地范围及功能区 5 个方面工作内容（图 1）。

3.4　整合优化路径实施

3.4.1　自然资源和保护现状研究

（1）自然生态系统、自然资源禀赋研究。

自然生态系统、自然资源禀赋研究是自然保护地整合优化的基础，可以通过基础研究、综合评价、内容确定分步实施。重点在于摸清区域生态地理分区、自然生态系统类型与空间分布，重点保护物种空间分布、代表性自然遗迹和自然景观分布，区域所承载的自然资源、生态功能和文化价值等内容，进而确定区域保护布局、保护层级、保护目标、保护对象、保护范围等内容，同时绘制“重点保护区域布局图”，为自然保护地结构优化、归并整合提供依据和基础（图 2）。

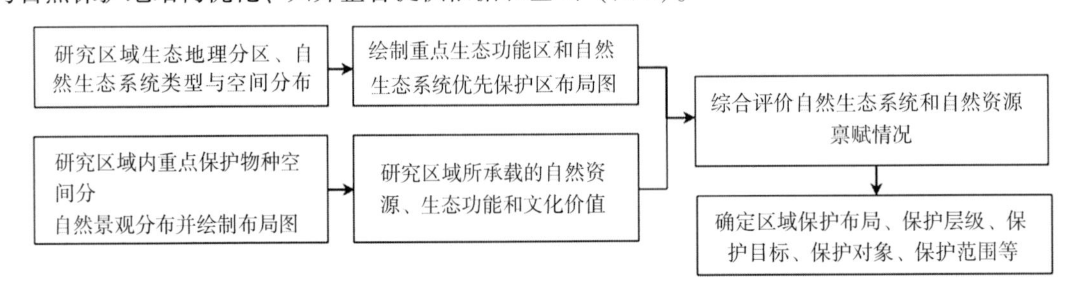

图 2　自然生态系统、自然资源禀赋情况梳理研究流程图

（2）保护现状梳理。

梳理和研究区域内现有自然保护地，按照区域自然保护地名录梳理、档案资料收集整理、交叉重叠自然保护地梳理和统计、保护地核心区梳理和统计、保护管理现状和社会经济现状调研、存在问题收集分析等操作步骤进行，同时将现有自然保护地范围及功能分区矢量化，完成“区域自然保护地一张图”和“现有自然保护地一览表”（表1），彻底摸清区域自然保护现状，为自然保护地整合优化打下坚实基础。

表1 现有自然保护地一览表

序号	保护地类型	保护地级别	保护地名称	总面积	交叉重叠面积	核心区面积	批复文号	自然生态系统类型	主要保护对象	保护层级	自然环境状况	保护成效	社区发展情况	存在的问题	备注
1	自然保护区	国家级	—	—	—	—	—	—	—	—	—	—	—	—	—
2	…	…	…	…	…	…	…	…	…	…	…	…	…	…	…

注：“—”根据现有自然保护地情况填写。

3.4.2 自然保护地结构优化

（1）资源价值评估。

资源价值评估是自然保护地整合优化的依据，自然保护地的建设以资源及其所承载的价值保护为主要目的，尽管不同类型的自然保护地保护对象或管理目标有所差异，但均以资源为基础，因此资源评价成为判别自然保护地的保护价值和确定自然保护地等级的重要途径，其指标也成为自然保护地分类体系的重要依据。

由于保护对象和管理目标的不同，各类自然保护地在评价指标的选取时会有所差异，而各类自然保护地又在一定程度上提到了“自然景观”的保护，使得典型性（代表性）、稀有性（特殊性、奇特性）、自然性（原始性）、完整性、多样性、科学价值、美学价值（观赏价值）、社会和经济价值等指标成为各类自然保护地资源评价最为常用的指标（表2）。

表2 各类自然保护地资源评价指标

评价指标	自然保护区	风景名胜区	森林公园	湿地公园	沙漠公园	地质公园	海洋特别保护区	水利风景区	水产种质资源保护区	国家公园
稀有性	*	*	*	*	*	*	*	*	*	*
典型性	*		*	*	*	*	*	*	*	*
自然性	*		*		*	*	*		*	*
多样性	*		*	*	*			*	*	*
完整性	*				*	*	*			*
脆弱性	*				*					*
重要性	*								*	
面积适宜性	*			*		*	*		*	
美学价值		*	*	*		*	*	*		*
科学价值	*	*	*	*	*	*	*			*
社会和经济价值	*	*		*	*	*	*		*	*
生态环境质量		*	*	*	*			*	*	
历史文化价值		*		*			*			*
利用条件		*	*		*			*		
生态服务功能		*						*		
地带度			*		*					

（续）

评价指标	自然保护区	风景名胜区	森林公园	湿地公园	沙漠公园	地质公园	海洋特别保护区	水利风景区	水产种质资源保护区	国家公园
种群结构	*									
社会认同度		*								
社会影响力		*	*		*					
湿地水资源				*						

注：* 表示该类自然保护地现有的评价指标。

在参考借鉴国内现有研究成果和技术标准规范及有关理论、方法和模型研究工作的基础上，通过对国内现有各类自然保护地的相关评价标准所用的指标频度分析、判断，逐级筛选出代表性、稀有性、多样性、脆弱性、原真性、完整性、生态价值、科学价值、美学价值、经济和社会价值 10 个最具概括性又简洁易度量的概念和参数作为评价指标，作为科学划定自然保护地类型的依据（图 3）。

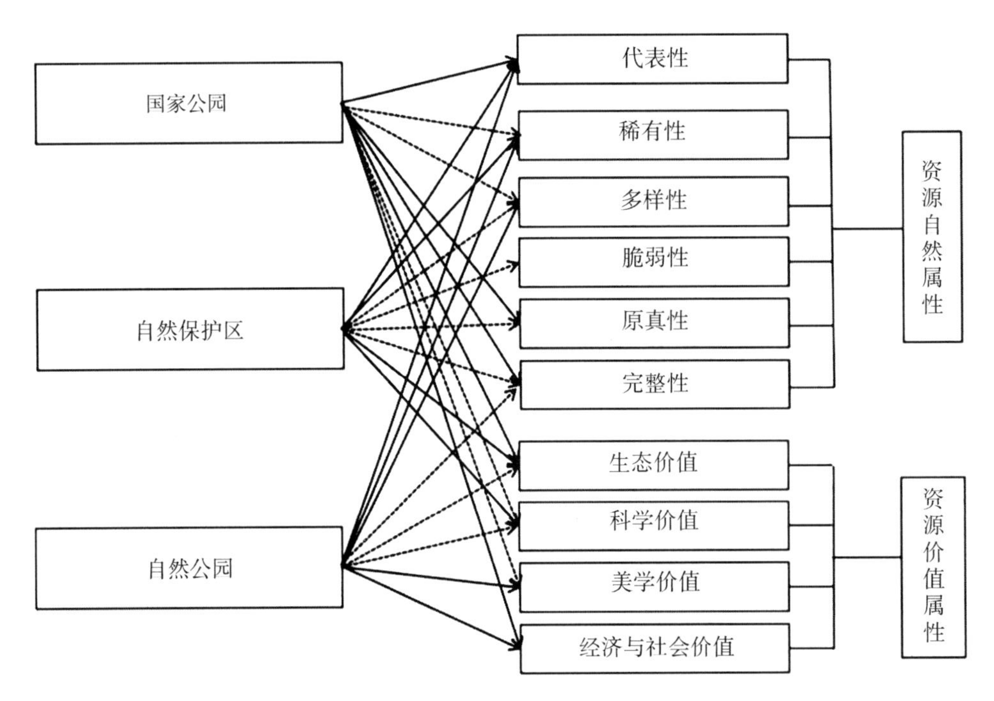

图 3　自然保护地资源评价指标关系图

（2）分析保护空缺。

通过对“重点保护区域布局图”与“区域自然保护地一张图”叠加分析，结合资源价值评估结果，梳理出区域内生态功能重要、生态系统脆弱、自然资源价值较高，但未列入现有自然保护地的保护空缺，适时有效纳入自然保护地体系并归类，做到应保尽保。保护空缺区研究参数见表 3。

表 3　保护空缺区一览表

序号	保护空缺区名称	面积	保护层级	功能定位	保护目标	自然生态系统类型	主要保护对象	资源概况	备注
1	保护空缺 1	—	—	—	—	—	—	—	—
2	…	…	…	…	…	…	…	…	

注：“—”根据保护空缺区具体情况填写。

3.4.3 归并整合

（1）整合交叉重叠的自然保护地。

整合交叉重叠的自然保护地建立在保护地自然资源价值科学评估的基础上，通过区域自然资源价值评估、保护现状研究和保护空缺分析，全面掌握区域重要自然生态系统、自然遗迹、自然景观及其所承载的自然资源、生态功能和文化价值、现有自然保护地情况等，清楚了解各区域的保护对象特别是保护层级，在此基础上界定自然保护地类别，按生态价值和保护强度高低依次分为国家公园、自然保护区和自然公园，优先整合设立国家公园，再整合设立自然保护区，最后整合设立自然公园。自然保护地整合后，保留世界自然文化遗产地、生物圈保护区、国际重要湿地、世界地质公园等国际性牌子（图4）。

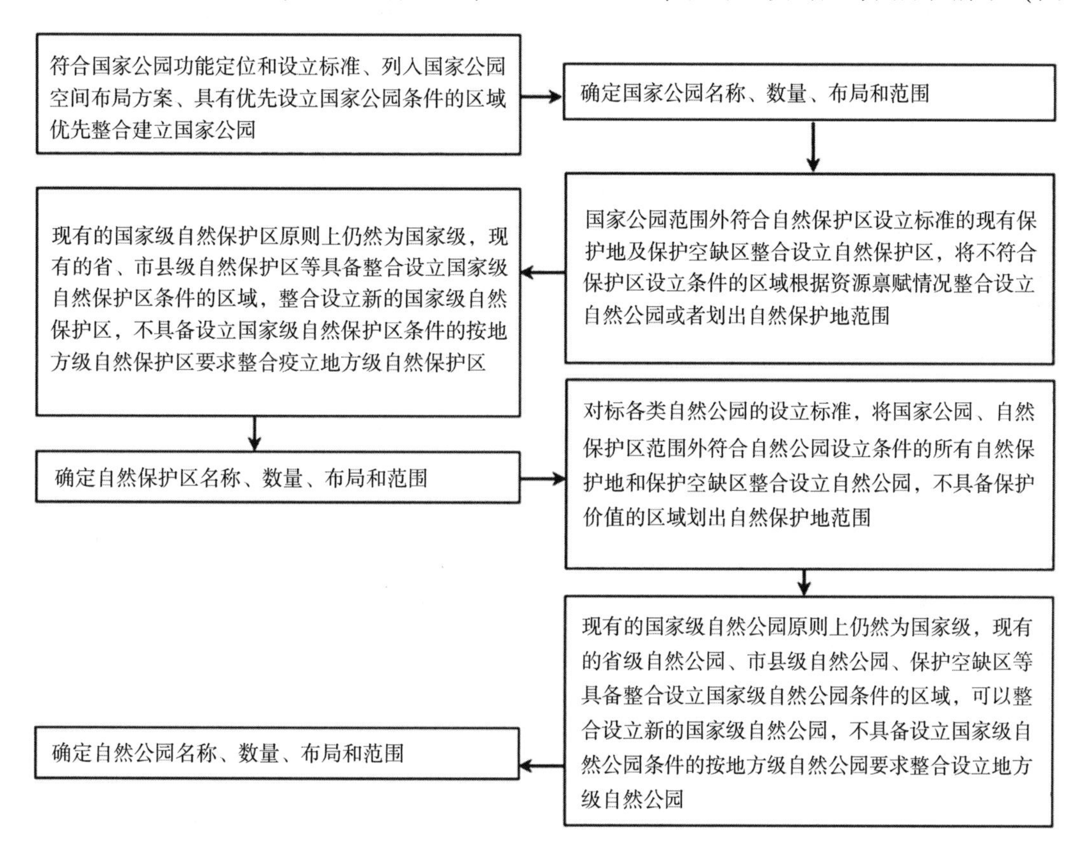

图4 整合交叉重叠的自然保护地流程

国家公园可以根据需要整合各级各类的自然保护地，自然保护区主要整合各级自然保护地区、野生植物原生境保护区、野生动物重要栖息地、自然保护小区等，自然公园主要整合不符合国家公园和自然保护区设立条件的自然保护地，以风景名胜区、湿地 公园、森林公园、地质公园为主。

（2）归并优化相邻自然保护地。

在交叉重叠的自然保护地整合之后，拟设自然保护地的名称、布局和大致范围已基本明确，在此基础上进一步细化研究，对同一自然地理单元、类型属性一致、生态过程联系紧密的相邻或相连的自然保护地，打破因行政区划、资源分类设置造成的条块割裂状况，按照自然生态系统完整、物种栖息地连通、保护管理统一的原则进行合并重组。合并重组建立在资源价值评估基础之上，根据区域自然资源价值进行合理归类后，再进行归并优化，不搞一刀切。优先归并同类自然保护地，再归并同山系、水系、湖泊的自然保护地。有条件的情况下建立生态廊道。

按照资源禀赋、主要保护对象、资源管理体制等要素，先科学评估，再对标各类保护地的设立条件，确定归并后的自然保护地类型。

（3）补充保护空缺区。

进一步研究保护空缺区域与周边自然保护地的关系，将生态系统类型相同、主要保护对象和保护目标一致的保护空缺区域补充并入周边自然保护地。生态地理分区和生态系统类型不同、主要保护对象不一致且规模较大的区域可根据不同类型保护地的设立条件，设立新的自然保护地。

（4）新旧自然保护地体系转化。

在对现有各类自然保护地科学评估的基础上，进行整合优化，同时完成新旧自然保护地体系转化（表4）。

表4 新旧自然保护地体系转化一览表

<table>
<tr><th rowspan="2">序号</th><th colspan="5">整合优化后自然保护地</th><th colspan="3">整合优化前自然保护地</th></tr>
<tr><th colspan="3">类别</th><th>名称</th><th>面积</th><th>名称</th><th>级别</th><th>面积</th></tr>
<tr><td rowspan="5">1</td><td colspan="3" rowspan="5">国家公园</td><td rowspan="5">×××国家公园</td><td rowspan="5">…</td><td>××自然保护区</td><td>国家级、地方级</td><td>…</td></tr>
<tr><td>××风景名胜区</td><td>国家级、地方级</td><td>…</td></tr>
<tr><td>××森林公园</td><td>国家级、地方级</td><td>…</td></tr>
<tr><td>保护空缺区</td><td>…</td><td>…</td></tr>
<tr><td>…</td><td>…</td><td>…</td></tr>
<tr><td rowspan="7">2</td><td colspan="3" rowspan="7">自然保护区</td><td rowspan="5">××国家级自然保护区</td><td rowspan="5">…</td><td>××自然保护区</td><td>国家级、地方级</td><td>…</td></tr>
<tr><td>××水产种质资源保护区</td><td>国家级、地方级</td><td>…</td></tr>
<tr><td>××野生植物原生境保护区</td><td>地方级</td><td>…</td></tr>
<tr><td>保护空缺区</td><td>…</td><td>…</td></tr>
<tr><td>…</td><td>…</td><td>…</td></tr>
<tr><td rowspan="2">××省级自然保护区</td><td rowspan="2">…</td><td>××自然保护区</td><td>地方级</td><td>…</td></tr>
<tr><td>自然保护小区</td><td>地方级</td><td>…</td></tr>
<tr><td rowspan="11">3</td><td rowspan="11">自然公园</td><td rowspan="6">风景名胜区</td><td rowspan="4">国家级</td><td rowspan="4">××国家级风景名胜区</td><td rowspan="4">…</td><td>××风景名胜区</td><td>国家级、地方级</td><td>…</td></tr>
<tr><td>××森林公园</td><td>国家级、地方级</td><td>…</td></tr>
<tr><td>保护空缺区</td><td>…</td><td>…</td></tr>
<tr><td>…</td><td>…</td><td>…</td></tr>
<tr><td rowspan="2">地方级</td><td>××地方级风景名胜区</td><td>…</td><td>××风景名胜区</td><td>地方级</td><td>…</td></tr>
<tr><td>…</td><td>…</td><td>…</td><td>…</td><td>…</td></tr>
<tr><td rowspan="4">森林公园</td><td rowspan="2">国家级</td><td>××国家级森林公园</td><td>…</td><td>××森林公园</td><td>国家级、地方级</td><td>…</td></tr>
<tr><td>…</td><td>…</td><td>…</td><td>…</td><td>…</td></tr>
<tr><td rowspan="2">地方级</td><td>××地方级森林公园</td><td>…</td><td>××森林公园</td><td>地方级</td><td>…</td></tr>
<tr><td>…</td><td>…</td><td>…</td><td>…</td><td>…</td></tr>
<tr><td>…</td><td>…</td><td>…</td><td>…</td><td>…</td><td>…</td><td>…</td></tr>
</table>

5）优化自然保护地范围和功能分区。

在整合优化现有自然保护地的过程中，不断优化保护地的范围边界。以资源禀赋为基础，以保持生态系统完整性为原则，以更利于保护和管理为目标，对整合优化后的自然保护地边界范围和功能分区进行优化。

国家公园和自然保护区按核心保护区和一般控制区进行管控，自然公园原则上按一般控制区管理。自然保护地整合优化要满足保护强度不降低的要求，通过保护地核心区面积不减少来控制，保护地范围确定后，要根据保护对象、保护目标、自然资源价值和保护需求进一步优化功能分区，满足区域内保护地核心区面积不减少的要求。

4 整合优化成果

自然保护地整合优化方案的成果包括文本、附表、附图、附件等部分，各部分要求如下。

文本包括但不限于以下内容：总论（包括背景、指导思想、基本原则、主要目标、主要依据等）；重要性、必要性和可行性分析；自然地理及社会经济概况（区位、自然地理、社会经济概况）；自然资源和保护现状研究（自然生态系统、自然资源禀赋研究，保护现状梳理，存在的主要问题及对策）；自然保护地结构优化（资源价值评估、分析保护空缺）；自然保护地归并整合（整合交叉重叠的自然保护地、归并优化相邻自然保护地、补充保护空缺区、转化新旧自然保护地体系、优化边界范围及功能分区）；整合优化结果，整合优化成效评价、实施计划、组织管理、保障措施、监督措施等。

附表包括但不限于以下表格：现有自然保护地范围现状情况调查表、现有自然保护地保护价值概况一览表、自然保护地社会经济情况统计表、现有自然保护地管理机构设立情况调查表、自然保护地交叉重叠情况调查表、保护空缺区一览表、现有自然保护地存在问题统计表、自然保护地整合优化情况一览表等。

附图包括但不限于以下图纸：区位图、林地保护等级分布图、植被分布图、重点保护野生动物分布图、重点保护区域布局图、现有自然保护地布局图、保护空缺区布局图、整合优化后自然保护地布局图、整合优化后自然保护地范围图等。

附件包括与自然保护地整合优化相关的文件。

管控区划、功能区划、勘界定标等，是整合优化成果的落地，内容较多，将另文专述。

5 结论

对于这样一项综合而复杂、系统而庞大的工程，整合优化方案编制前需要做好充分的准备，应认真深入调研，只有把区域自然生态系统、自然资源禀赋、自然保护现状和保护空缺区等都掌握得非常清楚，研究非常透彻之后才能着手整合交叉重叠的自然保护地、归并优化相邻自然保护地，补充保护空缺、转化新旧自然保护地体系、优化保护地范围及功能分区，进而逐步重构自然保护地体系。

自然保护地整合优化中的各项工作是相辅相成、密不可分的，实际操作中要将各项工作结合起来，循序渐进、反复推敲、前后验证、多方案比选，随着研究的深入和工作的开展，整合优化方案要在不断地比较和验证中进行调整和优化，以使自然保护地体系重构更科学、更系统、更合理，更具有可操作性和可实现性。

【参考文献】

耿国彪，2019. 为经济社会可持续发展奠定生态根基：国家林草局有关负责人就《关于建立以国家公园为主体的自然保护地体系的指导意见》答记者问［J］. 绿色中国（12）：33-35.
李春良，2019. 深入贯彻落实习近平生态文明思想 建立具有中国特色的自然保护地体系［J］. 旗帜（8）：37-38.
彭建. 2019. 以国家公园为主体的自然保护地体系：内涵、构成与建设路径［J］. 北京林业大学学报（社会科学版），18（1）：38-44.
唐芳林，王梦君，孙鸿雁，2019. 自然保护地管理体制的改革路径［J］. 林业建设（2）：1-5.

唐芳林，2018. 国家公园体制下的自然公园保护管理［J］. 林业建设（4）：1-6.
唐小平，蒋亚芳，刘增力，等，2019. 中国自然保护地体系的顶层设计［J］. 林业资源管理（3）：1-7.
唐小平，栾晓峰，2017. 构建以国家公园为主体的自然保护地体系［J］. 林业资源管理（6）：1-8.
王凤武，疏良仁，周雄，等，2019. 国土空间规划体系下广西花山国家级风景名胜区边界调整策略［J］. 规划师 35（21）：65-70.
我国自然保护地进入全面深化改革的新阶段，2019. 国家林草局有关负责人就《关于建立以国家公园为主体的自然保护地体系的指导意见》答记者问［J］. 国土资源（7）：36-37.
《关于建立以国家公园为主体的自然保护地体系的指导意见》（一）［J］. 城市规划通讯，2019，（13）：1-2.

抓住机遇　乘势而上

2013年党的十八届三中全会提出“建立国家公园体制”以来，“国家公园”从冷门变成热词，形成了浓厚的研究和建设氛围。经过近7年的国家公园体制试点，2021年10月，习近平总书记在《生物多样性公约》第十五次缔约方大会领导人峰会上宣布，中国正式设立三江源、大熊猫、东北虎豹、海南热带雨林、武夷山等第一批国家公园。标志着我国生态文明领域又一重大制度创新落地生根，也标志着国家公园由试点转向建设新阶段。

国家林业和草原局（国家公园管理局）党组高度重视国家公园建设工作，林业、草原、国家公园三位一体统筹推进，抓工作深入有力，成效明显，成绩巨大。随着国家公园建设工作的不断推进，国家公园建设上升到国家战略的高度，是“国之大者”。准确理解中央关于建立国家公园体制的精神，这里面有着：

清晰的改革逻辑：在生态建设领域，针对自然保护存在的突出问题，在现有自然保护地基础上整合建立若干国家公园实体，由若干实体单元组成国家公园体系，改革现行管理体制，建立国家公园体制，构建国土空间开发保护制度，建立归属清晰、权责明确、监管有效的自然资源资产产权管理制度，形成系统完整的生态文明制度体系，用最严格的制度和最严密的法治为生态环境保护修复提供可靠保障，实现生态环境治理体系和治理能力现代化。

明确的思路方向：站在中华民族永续发展的高度，以习近平生态文明思想为指导，从解决历史遗留问题入手，通过建立国家公园体制，构建完善的生态文明制度，保护中华民族赖以生存的生态环境，实现生态环境治理体系和治理能力现代化，为当代人提供优质生态产品，为子孙留下自然资产，为中华民族永续发展提供绿色生态屏障。

建立国家公园体制是手段；完善国家公园为主体的自然保护地体系是方法和路径；构建生态文明体制，推进自然资源科学保护和合理利用，保持一个健康稳定的自然生态系统和维护生物多样性，促进人与自然和谐共生、建成美丽中国是目标。

明确的改革目标：从制度上确保重要生态资源得到严格保护，实现生态环境治理体系和治理能力现代化，为中华民族永续发展奠定生态之基。

当前，中国国家公园建设面临着重大历史机遇期和难得的机会窗口期。纵观世界国家公园发展历程，都是社会经济发展到一定阶段后，规模化地快速建立一批国家公园实体，形成自然保护地基本格局，制定国家公园法律，成立国家公园管理局，奠定国家公园体制基础。

中国目前正处于这样的历史机遇期和重要的窗口期，有以习近平同志为核心的党中央的坚强领导，有先进的习近平生态文明思想引领，快速推动国家公园体制的条件已经成熟，必须抓住机遇，乘势而上，构建国家公园的基本骨架，从建立国家公园到形成国家公园体制，再到建立国家公园体系，奠定中国国家公园在全球的重要地位和在中华民族永续发展中的历史地位。

当前，一是要抓住历史机遇期，加快推进国家公园管理机构设置等各项工作落实落地。二是要加强国家公园管理机构能力建设。三是要科学规划，强化保护。尽快由国家明确国家公园空间布局方案，明确中央直管国家公园名单，对拟设立国家公园区域的各类自然保护地进行整合优化，开展前期工作，成熟一个设立一个。四是要调整利益关系，推进国家公园区域内全民所有自然资源资产所有权委托代理机制，实现归属清晰，权责明确。五是要建立资金保障体系。从源头整合国家公园区域各类资金，加大投入，理顺国家公园资金投入渠道。建立国家公园基金，探索发行绿色生态彩票，调动社会力量支持生态建设，让“绿彩”像体彩、福彩一样，发挥全民公益性。六是要建立法律制度保障体系。尽快出台《国家公园法》，加快制定《自然保护地法》，抓紧修订《自然保护区条例》，制定特许经营等管理办法。七是要完善执法体系。争取在国家公园派驻国家公园警察机构。八是要妥善解决历史遗留问题。科学论证国家公园范围边界，有序退出园内工矿企业；允许一些地区调整行政区划。九是要科学合理利用。制定国家公园社区产业转型和绿色发展意见；特许经营项目和利益尽量留在当地，让资源变资产，资产变资本，补偿变股金，农牧民变股民，实现“生态美、百姓富”。

在时代的大潮中，没有旁观者。国家公园是一种情怀，一旦热爱，终身难以割离。无论身在何处，都始终对国家公园怀有美好憧憬：守得住青山绿水，富得了一方百姓，迎得来八方宾客，对得起子孙后代。愿与国家公园建设的同仁一道携手前行，奉献微薄之力。

道阻且长，行则将至；行而不辍，未来可期！

唐芳林
2022 年 4 月